田湾核电厂三期工程改进项论文集

江苏核电有限公司　编

中国原子能出版社

图书在版编目（CIP）数据

田湾核电厂三期工程改进项论文集 / 江苏核电有限公司编. — 北京 : 中国原子能出版社, 2022.12

ISBN 978-7-5221-2203-8

Ⅰ. ①田… Ⅱ. ①江… Ⅲ. ①核电站-建设-连云港-文集 Ⅳ. ①TM623-53

中国版本图书馆 CIP 数据核字(2022)第198199号

田湾核电厂三期工程改进项论文集

出版发行	中国原子能出版社（北京市海淀区阜成路 43 号 100048）
责任编辑	张　梅　郭文传
责任校对	冯莲凤
责任印制	赵　明
印　　刷	北京中科印刷有限公司
开　　本	787 mm×1092 mm 1/16
印　　张	47. 75　　彩插 24　　**字　数** 1230 千字
版　　次	2022 年 12 月第 1 版　2022 年 12 月第 1 次印刷
书　　号	ISBN 978-7-5221-2203-8　　**定　价** 198. 00 元

出版电话：010-88821453
发行电话：010-68452845

编 委 会

重要来访

Important Visit

环保部副部长李干杰莅临田核核电指导工作

国防科工局副局长、国家核应急办主任王毅韧莅临田湾检查指导工作

中核集团总经理钱智民一行到田湾核电检查安全生产

江苏省政府副秘书长王志忠，连云港市委书记杨省世，中国核工业集团公司副总经理俞培根亲临 5 号机组开工动员会及现场检查，总经理魏国良陪同

国家外专局刘树和司长一行到田湾核电交流

中国核电顾健副总经理一行莅临田湾核电检查指导工作

重要活动

Important Activities

5~8 号机组第一次总经理协调会

5、6 号机组项目申请报告核准评估会及专家现场踏勘

5、6号机组工程总承包合同签字仪式

5号机组开工动员会

5号机组 FCD
开工现场

6号机组 FCD
开工现场

5号机组反应堆厂房穹顶吊装就位

6号机组穹顶吊装就位

蒸汽发生器
SG1 发运

汽轮机高中压转
子通流间隙测量

主控室调试
工作场景

刘兆华董事长
检查指导施工
现场工作

洪源平副总经理检查机组施工进展

5 号机组首次并网

张毅总经理检查 5 号
机组商运条件

5 号机组 PAC 签字仪式

6 号机组 PAC 签字仪式

5 号机组 FAC 签字仪式

6 号机组 FAC 签字仪式

5、6 号机组建筑安装、工艺系统与设备单项竣工验收

中国共产党江苏
核电有限公司
第四次代表大会

中央企业先进
基层党组织

文体活动

Recreational and Sports Activities

“田”天向上，“湾”众一心 第四届田湾核电基地春季长跑活动（女子）

江苏核电成立二十周年文艺汇演

公司代表队参加 2016 年连云港市女职工
广场健身操舞大赛

社会责任

Social Responsibility

公司爱心基金会到宿城中心小学发放助学金

全国核科普教育基地

2016年田湾核电“春蕾”奖学金颁发仪式

2015年度江苏省文明单位荣誉称号

“全国质量奖”获奖组织确认证书

2015年全国“安康杯”竞赛优胜单位

田湾核电厂 1~6 号机组全景

5、6 号机组全景

前言 PREFACE

随着核能在应对全球气候变化、发展低碳经济、优化能源结构等方面的重要性日益凸显，我国核电发展进入了千载难逢的战略机遇期。

随着核电项目工程建设高速发展，如何将核电工程领域丰富的设计经验、创新成果有效地应用于工程建设，实现经验和知识的传承日益成为核电建设者关注的内容。

田湾核电厂5、6号机组采用了M310加改进型压水堆核电技术（CNP1000），是国内M310压水堆核电机组的收官之作，属国家重点工程、江苏省“十三五”期间重大投资建设项目，由中国核能电力股份有限公司、上海禾曦能源投资有限公司、江苏省国信资产管理集团有限公司共同参股投资建设的商业性核电厂。

目前国内已有多个M310型机组在运行，包括福清核电厂1-4号机组、秦山二期及其扩建工程、方家山、阳江核电厂等，可以说相关系统和设备经过多个工程的建设及多年的运行积累了丰富的经验，比较成熟和完善，但因为日本福岛核事故原因，相关系统和设备必须根据新的安全要求进行优化和改进，参考福岛核事故的经验反馈、HAF102及“十二五”新建电厂核安全要求，结合概率安全分析、在建机组核安全审议共性问题的解决方案、以及国内外同类机组的运行经验反馈，机组按照最高安全标准，以“引进技术、消化吸收、推进国产化”作为指导思想，大力推进设计自主化和设备制造国产化，以降低造价，在满足“安全、质量、进度、投资”要求的前提下，优先选用国产设备，设备国产化率已达90%以上。结合国内外同类型机组运行经验反馈，实施了41项重大技术改进及350项重要技术改进，机组的安全性、可靠性方面得到了显著提升，主要安全指标达到或接近三代核电技术标准。通过以上的技术改进和措施，田湾5、6号机组能够完全满足核安全局应对福岛核事故的审评要求。因此相关设计优化和设计改进对其他工程和后续机组的建设具有重要的参考价值。

本书收集了5、6号机组108篇优秀论文，涵盖了设计、安装、调试、运维等领域和专业。是工程参与者深入研究业务的辛勤劳动成果和智慧结晶。可以作为后续核电工程建设和运维参考或借鉴，以期为中国核电的健康发展提供助力。

鉴于编写人员工作精力和水平有所限，本书难免存在纰漏甚至错误，敬请广大读者给予批评和指正！

目录 CONTENTS

反应堆及其冷却系统设计改进

安全系统及设施设计改进

辅助系统及设施设计改进

常规岛系统及设施设计优化

电气和仪表系统及设施设计改进

反应堆及其冷却系统设计改进

主给水有效隔离技术研究

赵嘉明，吴　冰，皮　月，田卫卫，赵　斌，刘得印

摘要：本文针对田湾核电厂 5、6 号机组，提出了集三套给水隔离措施为一体的主给水有效隔离技术方案，然后采用 PIPNET 软件进行了整个供水系统的建模仿真计算，确定了新增核级气液联动隔离阀的关闭时间以及管道等的设计参数。解决了主蒸汽管线破裂（MSLB）叠加安全停堆地震（SSE）时，主给水能够有效隔离，降低安全壳超温超压的风险，保证安全壳的密封性，避免放射性物质的释放。此外，在应对蒸汽发生器传热管破裂事故时，防止蒸汽发生器发生满溢，被隔离的事故蒸汽发生器不会有大量放射性物质释放至环境中。另外，在给水管线破裂情况下，保证隔离事故蒸汽发生器；在给水出现控制故障期间，也可以隔离相应的给水防止蒸汽发生器满溢。该项主给水隔离技术对整个电厂的安全可靠运行具有重要的意义。

关键词：主给水有效隔离；气液联动隔离阀；水锤；PIPNET 软件；关闭时间

1　引言

福岛核事故后，世界核电可持续发展对核电安全改进和创新提出了更高标准的要求。如何在二代改进型压水堆核电技术方案的基础上，进一步提高机组的安全性，是田湾核电厂 5、6 号机组设计考虑的关键问题之一。按照福岛核事故后国际以及国家的最高安全要求，田湾核电厂 5、6 号机组共实施了 43 项技术改进措施，其中就包括“主给水有效隔离技术”的设计改进，以保证主蒸汽管线破裂（MSLB）叠加安全停堆地震（SSE）时，主给水能够有效隔离，降低安全壳超温超压的风险，保证安全壳的密封性，避免放射性物质的释放。

原二代核电机组的主给水流量调节系统的给水调节阀及隔离阀位于非抗震的汽轮机厂房，属于非安全级设备。在主蒸汽管线破裂（MSLB）叠加安全停堆地震（SSE）时，主给水难以有效隔离。在核电项目的安全评审过程中，核辐射安全中心多次提出主给水难以有效隔离的问题。国家核安全局也对给水隔离问题高度重视，在召开“M310 改进型核电厂安全分析和环评共性问题讨论会”中已将主给水有效隔离问题作为会议议题之一。

目前国际上先进的三代核电技术，例如法国的 EPR，美国的 AP1000 均已采用更可靠的主给水隔离方案。可见，针对二代改进型核电田湾厂 5、6 号机组，有必要对二代核电机组遗留的主给水难以有效隔离的问题，进行设计优化。这些优化工作的开展，主要结合对整个电厂影响较小方面考虑，并同时考虑电厂经济性，以电厂的安全性和可靠性作为主要目标，最终研制出满足新建二代改进型压水堆核电技术指标要求和具备工程可实施性的主给水隔离技术方案，该项工作对主给水隔离系统和整个电厂的安全可靠运行具有重要的意义。

2 主给水有效隔离技术方案

结合田湾核电厂5、6号机组工程总体设计方案，基于已掌握的核电厂设计技术，在广泛调研国内外先进核电技术中主给水有效隔离技术的基础上，深入开展相关分析和计算，来确定主给水有效隔离的总体技术方案，总体设计思路见图1。

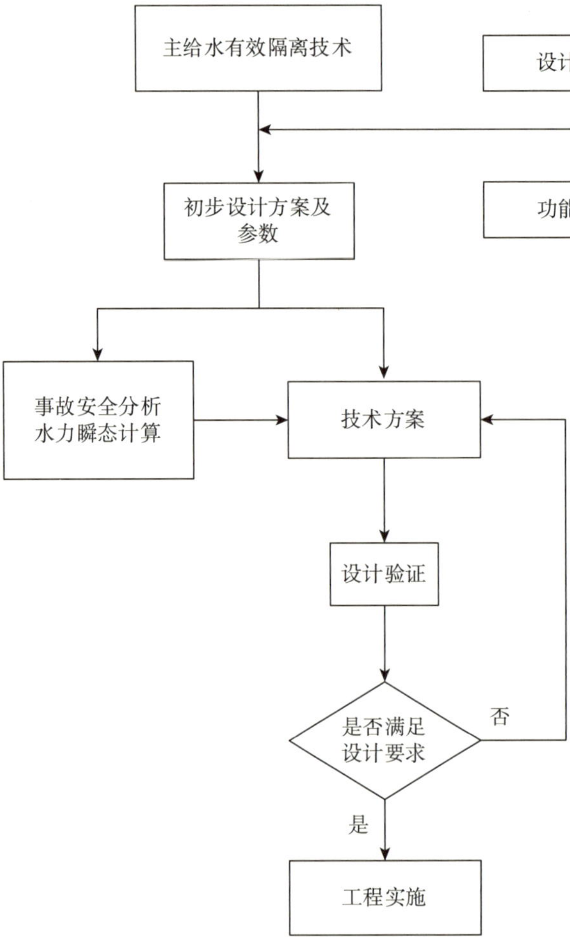

图1 总体设计思路示意图

主给水有效隔离在应对主蒸汽管道破裂叠加安全停堆地震的工况下，起到了保护核电厂第三道屏障安全壳完整性的功能，避免了大量放射性释放。针对田湾核电厂5、6号机组，在进行事故分析时，需要进行各种假设，甚至是最严苛的假设，因此为了满足事故分析需求，提高电厂安全性和可靠性，同时要尽可能缩小对厂房布置结构以及经济性带来的影响，对主给水隔离技术方案的设计和布置，尤其是主要设备，提出了更高的要求。经过研究确定采用多样化冗余的三套给水有效隔离措施。

第一套给水隔离措施，通过在安全壳外新增核级的给水隔离阀，该阀门为汽液联动隔离阀，为阀门配置A/B列保护信号分别控制阀门的两套执行机构，这样可接受保护系统核级给水隔离 A/B 列信号，在丧失一列电的情况下或者一套执行机构出现问题的情况下，仍能保证阀门的可操作性。

从经济性和安全性考虑，增加一个核级汽液联动隔离阀之后，取消了设置在安全壳外核级管道上的一个止回阀。直接采用核级汽液联动隔离阀作为壳外的隔离阀，主给水系统在安全壳内是封闭的回路，该设置是可以满足安全壳隔离规范要求的。此外将核级汽液联动隔离阀安装在原止回阀位置，安装就位后其执行机构顶部高于 15.5 m 楼板的下底面约 200 mm，所以将阀位置移动到 15.5 m 楼板的检修孔洞下面。阀门执行机构伸入 15.5 m 楼板检修孔洞约 200 mm。考虑给水隔离阀门检修的需要，在 15.5 m 板底增设 1 t 的检修用手动单轨吊，最终实现方案的布置可行性。该设置减小对厂房结构和布置的影响。

由于管道上新增的核级隔离阀，会对给水隔离的有效性和可靠性、引起水力瞬态的可接受性起到至关重要的影响，同时基于事故分析和水力瞬态对阀门的关闭时间有较严格要求，因此普通隔离阀不能满足要求，需要选择更优的阀门。汽液联动隔离阀具有快速关闭的特性，避免了主给水隔离时间过长带来的主蒸汽管道破口质能释放过多，进而带来安全壳超温超压风险。但其快速关闭性能极其容易引起水锤效应，对整个系统管路和设备的设计压力都有一定程度的影响，需要进行水锤分析进而确定阀门的关闭时间。

第二套给水隔离措施，在核岛电气厂房设置核级断路器，用于控制主给水泵的开关。该断路器接受保护系统发出的核级给水隔离信号。在地震情况下，可以通过断路器的可靠断开来停泵，进而来实现主给水的有效隔离。

可见，第一套和第二套隔离措施，解决了主蒸汽管道破裂叠加安全停堆地震情况下主给水难以有效隔离问题。这两套给水隔离措施可以可靠隔离主给水，可以控制进入安全壳的质量和能量释放，进而控制该事故下质能释放带来的安全壳高温高压的风险，保证安全壳作为第三道屏障的完整性，电厂能够处于安全可控状态。

第三套给水隔离措施，保留原来位于常规岛的给水调节阀及其下游隔离阀。其中主路和旁路给水调节阀及其下游隔离阀接受保护系统发出的核级给水隔离信号。调节阀可以实现快速关闭隔离功能，如果其失效，可以采用其下游的给水隔离阀实现给水的隔离功能。

另外，通过主给水的有效隔离叠加辅助给水的流量调节设计，避免了事故蒸汽发生器和完好蒸汽发生器不会发生满溢，同时被隔离的事故蒸汽发生器不会有大量放射性物质释放至环境中。此外，除了在较严重的给水管线破裂和蒸汽管线破裂事故情况下，可以隔离事故蒸汽发生器，在给水出现控制故障期间，也可以隔离相应的给水防止蒸汽发生器满溢。

3 主给水水锤模拟分析

田湾核电厂 5、6 号机组有三套给水隔离措施，隔离阀的关闭均会引起管道内流体流速的突变，如果设计不当，就会引起管道的剧烈震动、设备连接松动、阀门设备等被损坏等。更严重时整个管道断裂破坏，使水路系统中断，进而造成严重的损失与危害。因此，需要对整个给水系统建立水力模型（从主给水泵入口开始一直到蒸汽发生器），进行水锤模拟，结合正常运行和事故运行情况，以及主给水泵和隔离阀门的动作情况（包括一组隔离措施动作，两组隔离措施动作以及三组隔离措施动作，同时考虑不同隔离措施的组合），进行了主给水系统水锤敏感性计算分析，最终确定了该系统的管道设计压力、设计规格、各隔离措施的合理性以及新增的核级汽液联动隔离阀的关闭时间。

3.1 模型建立和边界条件

PIPENET 软件是目前先进可靠的管网流体计算与分析软件。本文采用 PIPNET 软件对田湾核电厂 5、6 号机组的主给水供水系统建模，见图 2。模型涵盖了整个主给水供水系统的水源、主给水水泵、高压加热器、主给水调节阀、主给水隔离阀、孔板、文丘里管等主要设备和管道。

计算以主给水系统额定运行工况为基础，进入每台蒸汽发生器的给水流量为542 kg/s，主给水母管的总流量为 1626 kg/s，蒸汽发生器入口的给水压力为 6.88 MPa。主给水隔离阀的关闭模式按照线性考虑。孔板压降 50 kPa，文丘里管压降 18.1 kPa。

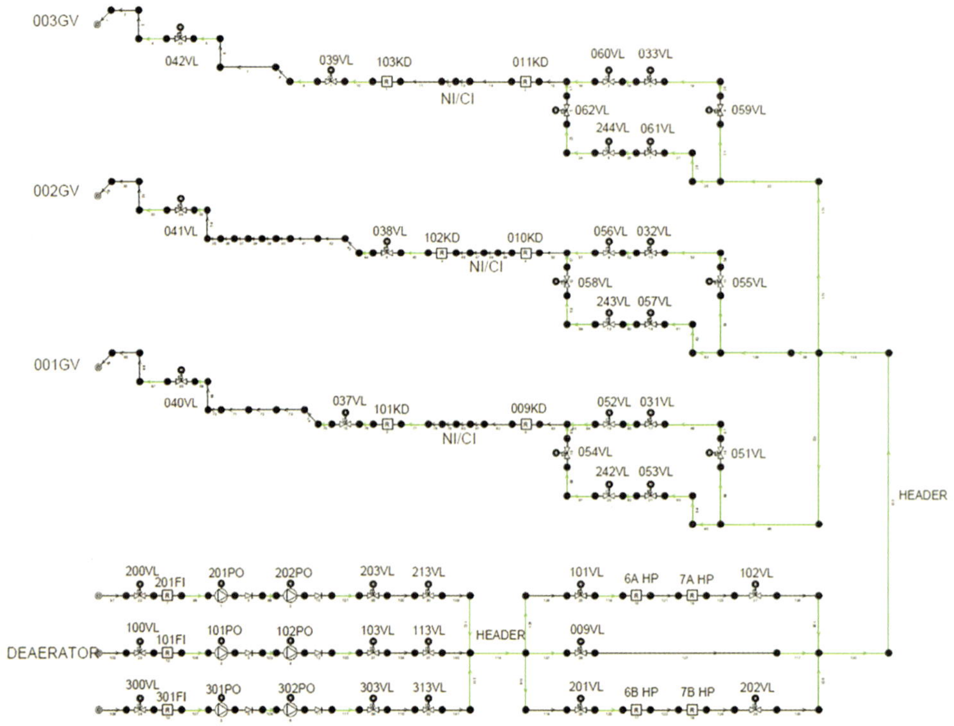

图 2 主给水供水系统仿真计算模型

3.2 仿真计算及分析

对于阀门关闭时间，原则是关得越快，水锤效应越明显，管道内流体的压力越高，因此要适当控制阀门的关闭时间，使得阀门、管道的设计协调起来。

因为田湾核电厂 5、6 号机组给水隔离措施中有三道隔离阀均可以实现给水隔离功能，因此要充分考虑实际情况中会有几道隔离阀关闭，不同的关闭组合可能引起的水锤效应也不同，进而选取一个可以包络的关闭时间。本文主要给出新增加的气液联动隔离阀的关闭时间分析，其他隔离阀的关闭时间以及阀门和管道的设计都是尽可能采用原有成熟的设计参数，通过水锤模拟计算可以满足要求，同时这种做法减少了设计成本提高了经济性。

如果仅一道隔离阀关闭的情况，经过模拟计算，隔离阀进口的压力远比出口压力大，并且当关闭时间为 4 s 时，引起的峰值压力超过了 12.3 MPa，当关闭时间为 5 s 时，引起的峰值压力小于 12.3 MPa，具体见图 3 和图 4，图中曲线 1 为阀门出口压力曲线随时间的变化，曲线 2 为阀门入口压力曲线随时间的变化。因此对于气液联动隔离阀门关闭时间的要求为≥5 s。

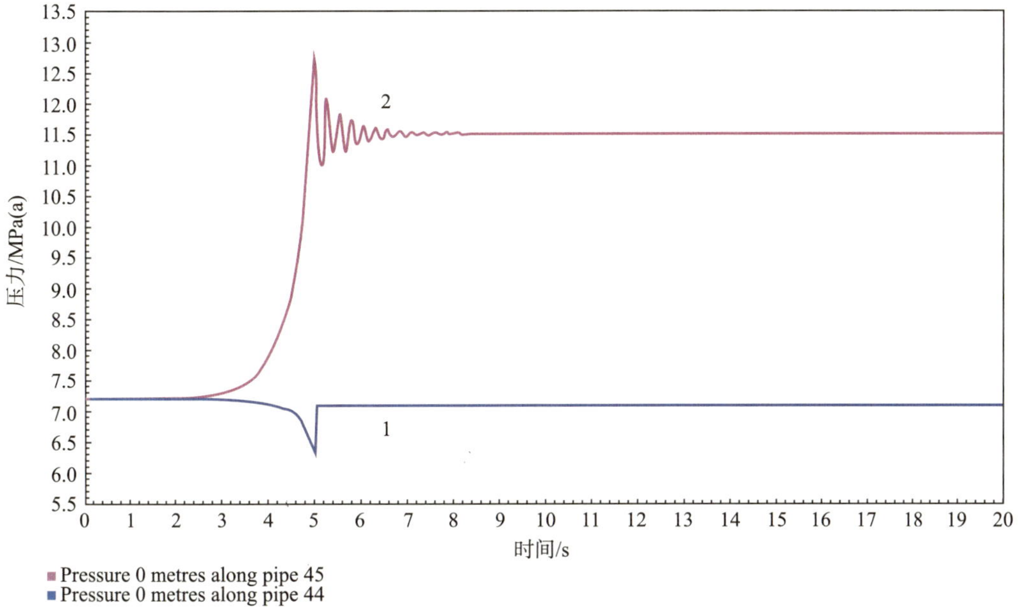

图 3　气液联动隔离阀进出口水锤压力随时间变化规律（关闭时间 4 s）

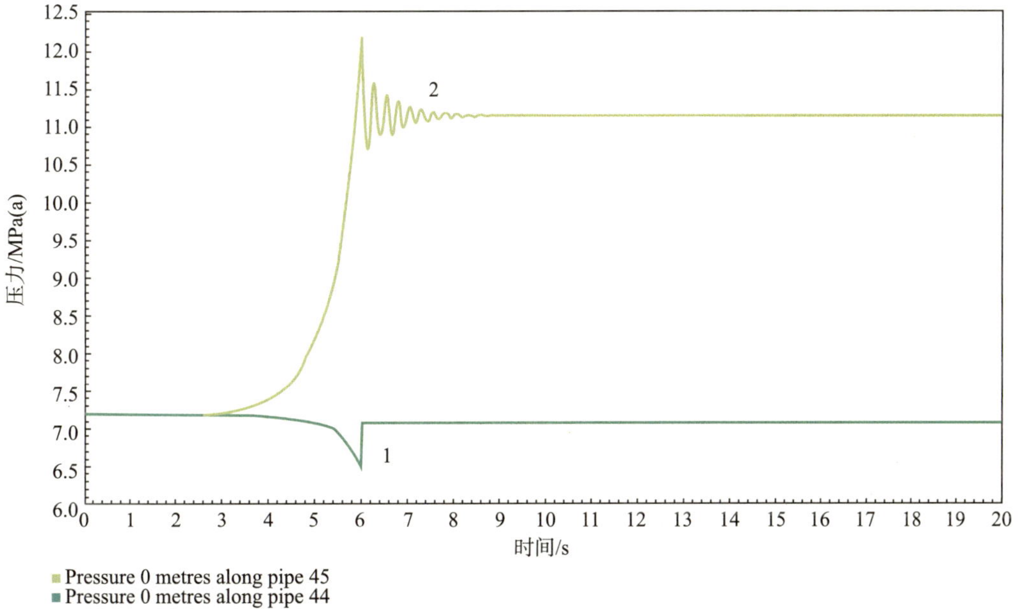

图 4　气液联动隔离阀进出口水锤压力随时间变化规律（关闭时间 5 s）

如果仅两道隔离阀关闭的情况，可能的组合是仅气液联动隔离阀门与主给水调节阀动作，或者仅气液联动隔离阀门与主给水调节阀下游隔离阀动作，通过多次模拟计算，分析得出的结论是，其中气液联动隔离阀门与主给水调节阀的组合动作更苛刻，并且如果气液联动隔离阀门的关闭时间比主给水调节阀的关闭时间短，会引起更大的水锤力，如果气液联动隔离阀门的关闭时间比主给水调节阀的关闭时间长，会引起相对较小的水锤力。如果气液联动隔离阀门的关闭时间与主给水调节阀的关闭时间一样，引起的水锤压力相当于是一道阀门关闭的情况。可见，这种两道隔离阀关闭的情况下，对于气液联动隔离阀门关闭时间的要求为大于等于 5 s。

如果三道隔离阀关闭的情况，即隔离当气液联动隔离阀门与主给水调节阀下游隔离阀接收信号进行隔离关闭时，通过多次模拟计算，并结合两道隔离阀以及一道隔离阀的结论，对于气液联动隔离阀门关闭时间的要求为大于等于 5 s。

可见，经过模拟计算分析，可以看出只要气液联动隔离阀的关闭时间大于等于 5 s，其所产生的水锤压力就能够接受，不会超出预先设定的系统设计压力 12. 3 MPa。但是考虑到设备生产加工以及信号传输问题，在设计中考虑了一定的余量，将新增加的核级气液联动隔离阀的关闭时间确定为大于等于 6 s。

4 气液联动隔离阀设备参数确定

结合田湾核电厂 5、6 号机组三套给水隔离措施的设计，此处主要给出该新增气液联动隔离阀的设计参数。将其设置为安全 2 级/规范 2 级/抗震 1A 类的阀门，阀门的执行机构电气附件为 1E 级/鉴定等级为 K3/抗震 1A 类。该阀门的其他要求如下

介质	水
放射性	无
正常位置	开启
失效-安全位置	关闭
具有隔离功能	是
设计压力	12. 3 MPa（a）
设计温度	240 ℃
快关时间	6~12 s
事故安全位置	关闭
阀门入口管道规格	406. 4 mm×30. 96 mm
阀门出口管道规格	406. 4 mm×21. 44 mm
额定流量	1953 t/h
最大流量	2160 t/h

值得说明的是，其中快关时间的上限和下限值是根据汽液联动隔离阀的本身设计尤其是两套执行机构设计，并根据事故安全分析对于阀门快速关闭时间的上限要求，以及主给水水锤模拟对阀门快速关闭时间的下限要求最终确定的合理时间范围。

5 结论

主给水有效隔离技术改进作为田湾核电厂5、6号机组工程设计重大改进项之一，设置三套冗余的、多样化的给水隔离措施，提高了主给水有效隔离的可靠性。该技术主要围绕配置核级汽液联动隔离阀、主给水泵可靠断路器、给水调节阀及其上下游隔离阀，并为其设计合适的参数，使得在正常工况下以及事故工况下均可以实现主给水的有效隔离。其中两套给水隔离措施可以实现主蒸汽管线破裂叠加安全停堆地震时主给水的有效隔离。

在该技术方案确定过程中首次采用商用PIPNET软件，充分模拟了整个二回路主给水供水系统的水锤效应，对于水锤效应的响应不只停留在理论研究的基础上，而是在工程应用中确定了隔离的关闭时间限值；设计了具有适应本项目快速关闭、拥有冗余执行功能的气液联动阀作为核岛的核级抗震隔离系统主要设备之一，能够实现地震情况下的主给水的有效隔离。

该主给水有效隔离措施在事故安全分析中已证明，能有效应对正常以及事故运行情况下主给水的有效隔离，可以消除事故情况下主蒸汽带来的安全壳内超温超压的风险，保证了核电装置重要屏障之一——安全壳的完整性，避免了可能的大量放射性释放带来的灾难。可以防止蒸汽发生器满溢，隔离事故蒸汽发生器，大大提高了核电厂的安全性和可靠性。

参考文献

[1] 王学芳,叶宏开,汤荣铭,等.工业管道中的水锤[M].北京:科学出版社,1995.

[2] IAEA. Considerations on the Application of the IAEA Safety Requirements for Design of Nuclear Power Plants.

[3] HAF102, 2016.

[4] 李艳霞.水锤的起因与预防[J].山西建筑,2003,34(2):90-92.

丧失 SAR 工况 ASG&GCT-A 可靠带热改进

赵嘉明，杨　轶，侯　婷，王佳明，于　沛，李嫦月

摘要：本文针对田湾核电厂 5、6 号机组，结合现有厂房空间等限制条件，提出了丧失 SAR 工况 ASG&GCT-A 可靠带热改进方案。分析了大气排放系统的调节阀延长可用时间的几种可能方案，最后确定再为每个大气排放调节阀设置一个合理的压缩空气缓冲罐来实现可用时间的延长。另外，为辅助给水系统汽动泵和调节阀设置合适的压缩空气缓冲罐。此外，给出了压缩空气缓冲罐的计算方法。该项改进增强了蒸汽发生器的水位调节以及大气排放的可用性，避免了蒸汽发生器满溢，并保证持续从二次侧导出堆芯余热。该项改进对电厂的安全可靠运行具有重要的意义。

关键词：大气排放阀；辅助给水调节阀；辅助给水汽动泵；压缩空气缓冲罐；可靠带热

1　引言

在压水堆核电厂的设计中，在停堆的初始阶段由蒸汽发生器来实现第一阶段的冷却。具体措施是通过辅助给水系统或启动给水系统为蒸汽发生器供水，蒸汽通过汽轮机旁路系统或大气排放系统排出，从而实现对一回路的充分冷却。在凝汽器失去真空或压力不正常的情况下，会导致汽轮机旁路系统不能使用，此时必须通过大气排放系统把蒸汽排向大气实现冷却功能，将反应堆冷却剂系统冷却到允许余热排出系统投入工作的工况点。

福岛事故后，如何在二代改进型压水堆核电技术方案的基础上，进一步提高机组的安全性，是田湾核电厂 5、6 号机组设计考虑的关键问题之一。按照福岛核事故后国际以及国家的最高安全要求，田湾核电厂 5、6 号机组共实施了多项技术改进措施，其中就包括“ASG/GCT-A 系统调节阀供气”的设计改进，以增强蒸汽发生器的水位调节以及大气排放的可用性，保证持续从二次侧导出堆芯余热。

目前，田湾核电厂 5、6 号机组的辅助给水系统供水管线上设有辅助给水调节阀，该阀门用于调节进入蒸汽发生器的给水流量。由于该阀门为气动阀门，在失去供气时，阀门保持开启状态，不能用于调节进入蒸汽发生器的辅助给水流量大。大气排放系统（GCT-A）设置在反应堆安全壳外安全阀下游和主蒸汽隔离阀上游，与相应的主蒸汽管道相连。该系统包括三条排放管道，每条排放管道上装有一台气动的大气排放阀。大气排放阀为气动调节阀，电厂正常运行工况下为关闭状态。

以往的 ASG/GCT-A 系统调节阀虽然均设有专用压缩空气缓冲罐，以便阀门失去压缩空气系统（SAR）后使用。然而，目前压缩空气罐的设置并不能满足福岛核事故后的要求，仍然存在二次侧导热时间有限的问题。因此，有必要在田湾核电厂 5、6 号机组中解决这个问题，该项工作对提高电厂的安全可靠运行具有重要的意义。

2　丧失 SAR 工况下二回路可靠带热方案

2.1　大气排放系统的优化方案

对于大气排放系统，现运行的三环路 M310 型核电机组中，每台大气排放阀配有一个压缩空气缓冲罐，当失去压缩空气系统供气时，该压缩空气缓冲罐要满足阀门的用气要求。用气量主要考虑两个方面：第一，至少维持大气排放阀热停堆 2 h 可用，并且在热停堆（292 ℃）2 h 后保证反应堆以 28 ℃/h 的冷却速率冷却到余热排出系统可以启动的工况即 180 ℃。因此，假设发生厂内电源丧失，压缩空气系统不可用，压缩空气缓冲罐必须满足大气排放阀连续工作 6 h 的要求；第二，根据业主的运行经验反馈，压缩空气缓冲罐还需要满足大气排放阀 6 次全开关的用气要求。

然而，福岛核事故后，对于大气排放阀的连续工作时间提出了更高的要求，要求从 6 h提升到 11. 25 h。基于对电厂影响最小的情况下开展该项优化工作，主要从以下几个方面考虑：

（1）首先考虑降低阀门的耗气量或者阀门的最小动作压力。

经过和厂家的沟通和协调，大气排放阀的制造厂反馈可通过采用不同的阀芯来降低阀门最小动作压力，但是耗气量基本无变化。最小动作压力从 0. 5 MPa（a）调整到 0. 35 MPa（a）。通过计算仍然不能解决上述问题。

（2）其次考虑增加压缩缓冲罐的压力。

增加缓冲罐压力，需要设计新的供气回路和设备，对厂房和布置带来更多影响，并且增加成本，而且目前没有成熟设计经验。

（3）最后考虑增加压缩空气缓冲罐的数量。

增加缓冲罐的数量需要考虑厂房的现实情况。由于楼层高度和厂房内布置空间限制，压缩空气缓冲罐容积不能无限度增大，最大只能布置底座不超过 1200 mm×1100 mm，高度不超过 3600 mm 的罐子，每个大气排放阀对应该空间下能做到的最大罐子容积为 2. 77 m^3，数量为 2 个。通过对压空罐进行计算，能够满足事故分析对时间上的要求，对厂房布置和结构的影响最小，并且成本不高。此外，通过将两个罐子联通的方式，更有利于长期对大气排放阀进行供气。

以上的具体计算方案在第 3 部分进行介绍。

2.2 辅助给水系统的优化方案

辅助给水系统供水管线的主要配置包括辅助给水泵和辅助给水泵出口管线上的辅助给水调节阀。如果辅助给水泵不能调速，那么辅助给水调节阀对于辅助给水流量的调节就显得非常重要。田湾核电厂5、6号机组的辅助给水系统除了辅助给水调节阀可以进行辅助给水流量的调节，在进行辅助给水汽动泵采购时要求辅助给水汽动泵在需要时也可以进行辅助给水流量的调节。并且为辅助给水调节阀和辅助给水汽动泵均设置压缩空气缓冲罐，来延长给水调节的时间，以满足事故分析要求。通过计算分析，最终确定为辅助给水系统的给水调节阀，每个阀门配置1个3.9 m^3的压缩空气缓冲罐，为每台辅助给水汽动泵配置了11.25 h的应急压空罐。可见，辅助给水系统具备了两套给水调节方案，并且能够满足事故分析的要求。图1为辅助给水系统气动调节阀增加压缩空气缓冲罐的示意图。

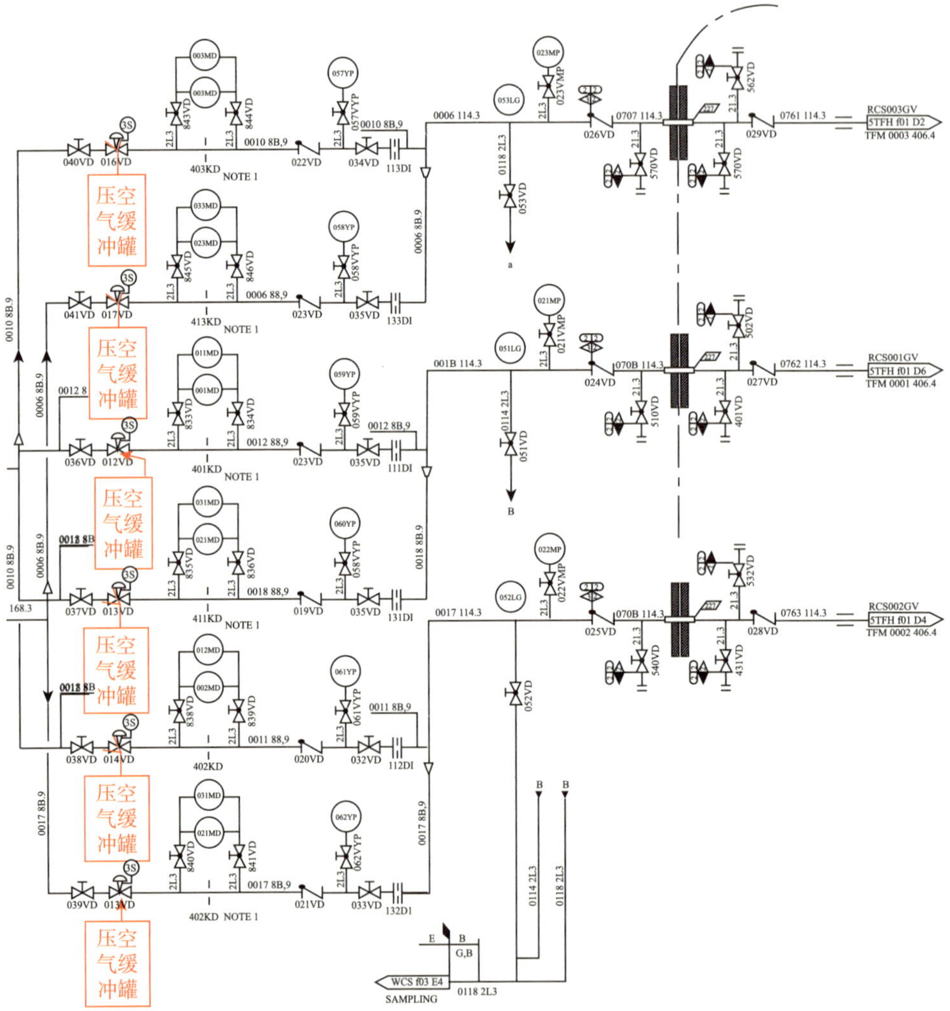

图1 辅助给水系统方案示意图

此外，在 SBO 工况下，需同时采用 ASG 汽动泵和 GCT-A 联合进行二次导热，进而对一次侧降温、降压，使电厂维持在退防模式的情况下，需要控制相应的汽动泵和调节阀在规定时间内的可用性，该位置也满足要求。

3 压缩空气缓冲罐计算

在第 2 部分的二回路可靠带热方案中，设置了很多压缩空气缓冲罐，下面就以为辅助给水调节阀供气的压缩空气缓冲罐为例，给出计算方法。对于压缩空气缓冲罐的容积，主要考虑仪表用压缩空气分配系统的供气压力、调节阀要保持的动作时间、阀门的耗气量、阀门的最小动作压力等等。

压缩空气罐内是相对高压下的气体，其容积计算基于气体状态方程。

首先，根据阀门供应商提供的数据换算出环境温度下阀门动作需要的耗气量，该计算过程采用气体状态方程，如下所示：

$$\frac{P_1V_1}{T_1}=\frac{P_2V_2}{T_2} \tag{1}$$

其中：

P_1——厂家提供的阀门耗气量对应的压力；

V_1——厂家提供的阀门耗气量；

T_1——厂家提供的阀门耗气量对应的温度；

P_2——厂家提供的环境温度下阀门动作压力；

V_2——环境温度下阀门动作需要耗气量；

T_2——环境温度。

其次，根据阀门供应商提供的阀门最小动作压力换算出仪表用压缩空气分配系统的供气压力下对应的应急压缩空气罐的容积，该过程可近似认为是绝热过程，对应采用绝热下的气体状态方程，如下所示：

$$P_2(V_2+V)=P_3V \tag{2}$$

其中：

P_2——厂家提供的环境温度下阀门动作压力；

V_2——环境温度下阀门动作需要的耗气量；

P_3——仪表用压缩空气分配系统的供气压力；

V——应急压缩空气罐的容积。

对于厂家提供的阀门耗气量 V_1，阀门供应商提供的阀门耗气量分为两部分：一部分是维持阀门状态的耗气量 V_1'；另外一部分是阀门一个行程的耗气量 V_1''。

对于阀门的耗气量 V_1，要考虑事故后阀门保持动作时间 t，以及该时间内阀门的行程数 n。

$$V_1=V_1't+V_1''n \tag{3}$$

事故后阀门保持动作时间 t 根据设计分析方案情况选取。

阀门行程数，根据实际运行情况，保守考虑每小时 1 次。

仪表用压缩空气分配系统的供气压力 P_3，正常运行期间，供气管网的压力范围为

0.86 MPa（a）$\leqslant P_3 \leqslant$1.0 MPa（a）。如果处于特殊稳态运行，需要一台应急压缩机自动启动保证向各用户供气，此时管网压力为 0.78 MPa（a）。如果第二台应急压缩机自动启动，此时管网压力为 0.76 MPa（a）。当压力降到 0.68 MPa（a）时，优先保证核岛用气，向常规岛和 BOP 供气管路自动切断。根据工程设计最恶劣情况考虑，对应的仪表用压缩空气分配系统的供气压力 P_3，应采用该系统向核岛供气的最低压力 0.68 MPa（a）。但也可根据实际运行情况进行分析。

根据上述计算，最终确定了每个压缩空气缓冲罐的体积，确定了辅助给水系统和大气排放系统在丧失 SAR 情况下的可用时间。且均满足事故分析的要求。

4 结论

丧失 SAR 工况 ASG&GCT-A 可靠带热改进，是田湾核电厂 5、6 号机组工程的重要改进项之一，为辅助给水系统汽动泵和调节阀设置合适的压缩空气缓冲罐。分析了大气排放系统的调节阀延长可用时间的几种可能方案，然后从对厂房布置结构经济性等方面综合分析，确定再为每个大气排放调节阀设置一个合理的压缩空气缓冲罐来实现可用时间的延长。通过对两个系统的改进，增强了蒸汽发生器的水位调节以及大气排放的可用性，避免了蒸汽发生器满溢，并保证持续从二次侧导出堆芯余热，满足事故分析对上述系统运行的时间要求 11.25 h。

另外，给出了压缩空气缓冲罐的计算方法，主要基于气体状态方程进行推导。从计算分析中也可以看出，对于压缩空气罐延长可用时间的关键因素主要是，一个是阀门的最小动作压力，还有阀门的耗气量，另外就是压缩空气罐自身的储压能力以及自身的容积。

参考文献

[1] IAEA, Considerations on the Application of the IAEA Safety Requirements for Design of Nuclear Power Plants.

[2] HAF102, 2016.

田湾核电厂5、6号机组H4管线改进综述

齐　实[1]，赵　斌[1]，王广飞[1]，皮　月[1]
(1. 中国核电工程有限公司，北京 100840)

摘要：在LOCA事故后状态下，安注系统（RIS）向反应堆冷却剂系统注水，余热从破口排出。安全壳喷淋系统（EAS）按照再循环模式运行，以保证安全壳内部降温降压。此工况下，为了应对超设计基准事故（安全壳喷淋泵或安注泵丧失），发展了H4规程。在H4规程操作中，由于连接安喷安注系统的管线上设置的为手动阀，事故后需人员到现场手动打开，而该处放射性水平较高，对现场操作人员有很大的辐射危害。在后期电厂的设计中，需要避免此类危害的存在，对H4管线进行设计改进，更加安全地实现安喷安注互为备用的功能，同时也增加H4管线在其他工况下的应用，进而提高核电厂应对事故的能力，提高核电厂的安全设计水平。

关键词：改进策略；H4管线；减少辐射危害

1　研究背景和目的

在LOCA事故后，安注系统（RIS）向反应堆冷却剂系统注水，余热从破口排出。安全壳喷淋系统（EAS）按照再循环模式运行，以保证安全壳降温。这种状态必须维持几个月。此工况下，为了应对超设计基准事故：两列安喷（EAS）泵同时丧失或两列低压安注（LHSI）泵同时丧失，发展了H4规程（安全壳喷淋泵或安注泵丧失）。H4规程规定，利用连接管道使LHSI泵与安喷泵互为备用。此连接管道称为H4管线。

原设计中H4管线上设置的为手动阀，在H4规程实施中，需要人员到现场进行阀门的操作。H4管道位于LHSI泵上游，且使用频率非常低，为了防止管道内存有气体可能造成LHSI泵的气蚀，在H4规程实施时，才对此管道进行充水排气。事故后人员操作处的放射性水平很高，对人员有很大的辐射危害。为了改进上述不足，需要进行H4管线设计改进。

此外在进行H4管线改进时，考虑到在LOCA事故后长期再循环阶段之外的其他工况下，也能够实现安喷安注互为备用的功能，提高核电厂应对事故的能力，提高核电厂的安全设计水平。

2　设计改进描述

2.1　原设计情况

原连接管道由两个系统相应系列管道的硬性连接组成：一方面将EAS系列A同RIS

系列 A 连接，另一方面将 EAS 系列 B 同 RIS 系列 B 连接。详见图 1（以 A 列为例）。

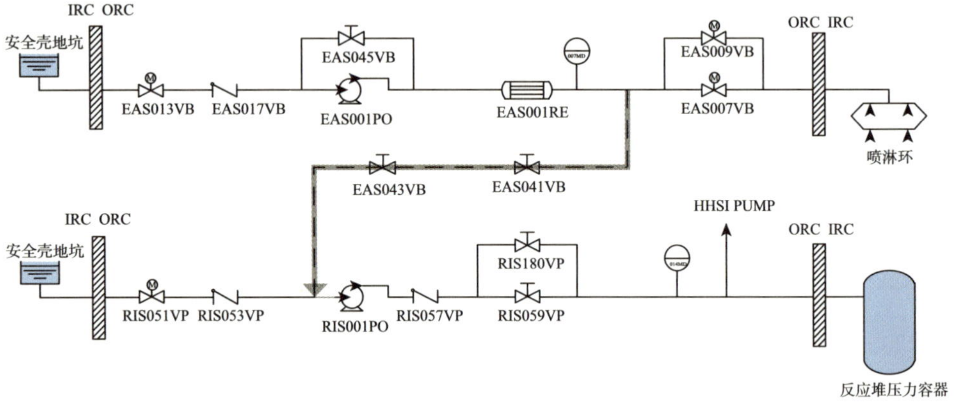

图 1　原 H4 连接方案

每个 H4 管线将一给定系列的 EAS 热交换器出口与同一系列的低压安注泵进口接管连接起来。由两个串联的手动阀将 EAS 与 RIS 系统隔离。

在安全壳喷淋泵失效的事件中，将 H4 管线上的阀门打开，就可以使安注流量通过安全壳喷淋热交换器进行冷却，从而将堆芯余热排出安全壳。

与此类似，在低压安注泵失效的事件中，上述同一连接管道使安注流量得到冷却，并维持堆芯淹没。

在 H4 工况，反应堆冷却剂进入 EAS 地坑，依次通过下列途径再次注入堆芯：

（1）EAS 泵或 EAS 泵旁路管线；

（2）EAS 热交换器；

（3）H4 连接管线；

（4）LHSI 泵；

（5）LHSI 注入管线。

但是，不管是 EAS 泵运行还是 LHSI 泵运行，EAS 和 RIS 回路这种偏离原设计本意的使用方法要求安装专门设备（如旁通管、孔版），以改善它们的水力特性，特别对 LHSI 泵运行情况。

针对 H4 连接的专门设备如下：

（1）每台 EAS 泵增加一个装有止回阀的旁路，可以大大减小 LHSI 泵上游的压力损失；

（2）每台 LHSI 泵出口端设置旁路管线，其上安装一块限流孔板以限制流量，消除 LHSI 泵上游所有的汽蚀和低压积气的风险。

原 H4 连接管线，设置的是手动阀，需要人员到现场进行阀门的操作。H4 管道位于 LHSI 泵上游，且使用频率非常低，为了防止管道内存有气体可能造成 LHSI 泵的气蚀，在 H4 规程实施时，才对此管道进行充水排气。事故后安全壳内的放射性水平依旧很高，对现场操作人员有很大辐射危害，而且原 H4 连接管线的使用，已经偏离了安喷系统回路及安注系统回路的原设计本意，所以需要安装专门的设备，以改善它们的水力特性。

2.2 设计改进描述

针对每个系列，具体的改进方案如下（以 A 列为例，详见图 2）：

（1）取消原 H4 管线和 EAS 泵的旁路管线；

（2）新增两条 H4 管线，一条连接 LHSI 泵出口与 EAS 泵出口（EAS 换热器上游），在此称为 H4.1 管线；另一条连接 EAS 换热器下游与 LHSI 注入管线（位于 HHSI 连接点的上游），在此称为 H4.2 管线；

（3）每条新增 H4 连接管线上设置两台能在主控室控制的电动隔离阀和一个限流孔板。

（4）新增一条 EAS 泵和换热器的旁路管线，其上设置一台电动隔离阀，一台止回阀和一个限流孔板。

（5）将原 LHSI 泵出口母管上的手动隔离阀（RIS059VP、060VP）改为电动阀，可在主控室操作。

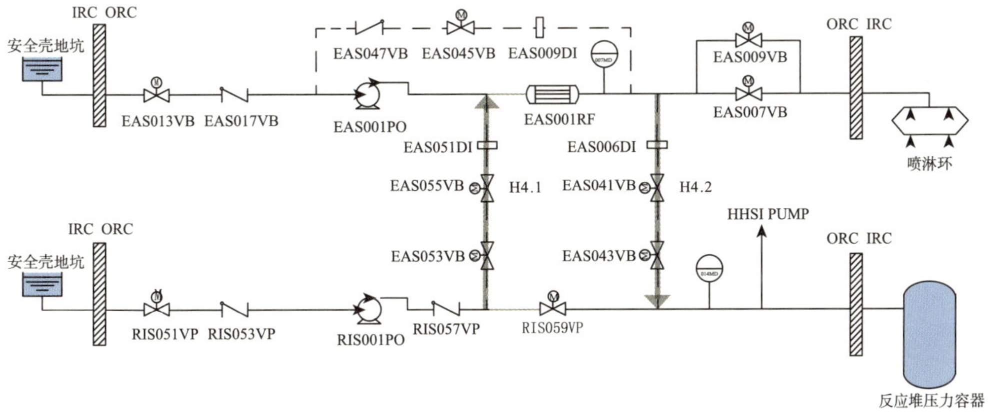

图 2 改进后的 H4 连接方案

2.3 运行方式描述

核电厂正常运行时，所有新增的隔离阀均关闭，RIS 与 EAS 相互隔离。H4 管线内充满水，且布置在泵出口，无气蚀风险。因此 H4 管线投运前无须再进行充水排气操作。

运行模式一：

在 LOCA 事故后，在两列安全壳喷淋泵失效的事件中，在主控室手动关闭低压安注泵出口主路上的电动阀（RIS059VP），打开两条新增 H4 管线上的电动隔离阀，反应堆冷却剂依次通过 LHSI 安全壳地坑、LHSI 泵、H4.1 连接管线、EAS 换热器、H4.2 连接管线，再通过安注管线注入堆芯。

运行模式二：

在 LOCA 事故后，在两列低压安注泵失效的事件中，在主控室手动关闭 EAS 换热器出口主路上的电动隔离阀（EAS007VB、009VB），打开 H4.2 连接管线上的电动隔离阀，打开 EAS 泵和换热器的旁路管线上的电动阀。反应堆冷却剂依次通过 EAS 安全壳地坑、EAS 泵、EAS 换热器、H4.2 连接管线，再通过安注管线注入堆芯。由于此工况下注入堆芯的流量小于 EAS 泵的额定流量，为了保护 EAS 泵，设置了旁通管线。

运行模式三：

在其他事故工况下，如需要安注冷却堆芯，但两列低压安注泵均失效，此时可以利用 H4 管线实现用安喷来备用安注的功能。此运行模式的操作方法与运行模式二相同。

运行模式四：

在其他事故工况下，如需要安喷来冷却安全壳或地坑水，但两列安喷泵均失效，此时可以利用 H4 管线实现用低压安注泵来备用安喷泵的功能。在主控室手动关闭低压安注泵出口主路上的阀门（RIS059VP），打开 H4.1 管线上的电动隔离阀，反应堆冷却剂依次通过 LHSI 安全壳地坑、LHSI 泵、H4.1 连接管线、EAS 换热器，再通过安喷管线喷入安全壳。

上述操作均在主控室手动完成，防止了人员在现场受辐照的风险。能够快速实现安喷安注互相备用的功能。

3 结论

与目前我国在役及某些在建核电厂的安喷安注互为备用（H4）设计相比，本文提出的安喷安注互为备用（H4）管线改进方案可使 H4 规程操作在主控完成，不需人员到现场操作，减少人员受辐照风险；使 H4 管线能够快速实现 RIS/EAS 互为备用；优化了 H4 工况下系统流程，防止设备故障扩大事故。

安喷安注互为备用（H4）管线改进方案能够提高核电厂应对超设计基准事故的能力，提高我国百万千瓦级核电厂的安全设计水平，是国内二代改进型核电厂设计中与执照申请相关的关键性优化改进。

非能动二次侧余热排出系统换热冷侧回路设计

李丽娟[1]，陈彦霖[1]
（1. 中国核电工程有限公司，北京 100840）

摘要： 二次侧非能动冷却系统（PRS）在事故工况下通过蒸汽发生器以非能动的方式导出堆芯余热，保证反应堆安全，并通过高位冷却水源对冷却水箱补水，满足 PRS 系统在事故后持续排热。本文论述了为二次侧非能动冷却系统提供可靠热阱，PRS 换热水箱及其辅助回路的设计。包括应用辅助回路 FLOWMASTER 模型确定设计参数、水量的保证、水质的管理以及水箱设计和不同状态时水箱内部工况计算等。

关键词： 二次侧非能动冷却系统；设计参数；核电厂

1 设计要求

按照《福岛核事故后核电厂改进行动通用技术要求（试行）》，以及田湾核电厂扩建工程 5、6 号机组总体改进策划要求，田湾核电厂扩建工程 5、6 号机组增设二次侧非能动冷却系统（PRS），能够在发生全厂断电事故叠加辅助给水系统汽动泵系列失效事故，和全部丧失给水事故工况下，在不超过冷却剂压力边界设计条件的前提下，通过蒸汽发生器以非能动的方式导出堆芯余热及反应堆冷却剂系统各设备的储热，在 6 h 内保证反应堆的安全，并通过非能动应急高位冷却水源系统对 PRS 水箱补水，以满足 PRS 系统在事故后 72 h 内持续排热。增设该系统，能够丰富田湾核电厂扩建工程 5、6 号机组的严重事故预防措施，进一步提高机组的安全性。

换热水箱为二次侧非能动冷却系统（PRS）提供冷却水源，其水装量设计需要满足事故后堆芯余热排出的需求。PRS 系统投入后，换热水箱内的冷却水，作为 PRS 系统的热阱。水箱容积的设计应保证 PRS 系统能够连续运行 6 h 而不会导致应急余热冷却器裸露。PRS 运行 6 h 蒸发损失的水体积为 360 m^3。冷却水箱与非能动应急高位冷却水源相连，可在 6 h 后对冷却水箱补水，以满足 PRS 系统在事故后 72 h 内持续排热，6～72 h 内给冷却水箱的补水总量不应少于 1600 m^3，同时在补水过程中应保证传热管不裸露。

为实现 PRS 系统功能要求，换热水箱的循环处理回路配置了充水、排气、疏水、溢流管线以及相关仪表和阀门，同时设置循环水泵和加药设施以防止换热水箱微生物滋生和水质降低。为了应对极端天气，确保换热水箱不结冰，设置了电加热箱。

2 换热水箱设计

PRS 换热水箱属于 ET 厂房的一部分，与 ET 厂房一起设计。该水箱设置在 ET 厂房的顶部，为土建构筑物，内表面采用钢覆面。底标高为+30.0 m。

为了进一步提高和保证换热水箱里的水质，将水箱优化为封闭设计。顶盖封闭，设置人员检修孔。PRS 系统蒸汽排放装置位于 PRS 系统冷却水箱内，由 U 形管、导热水箱组成。事故后水箱内的水不断被加热，水箱内压力不断升高，将 U 形管内水压出后，蒸汽通过 U 形管进入导热水箱，再通过导热水箱上的管道排入大气。

PRS 系统投运时，3 台换热器将热量传递给 PRS 冷水箱中的水，水池中的水沸腾产生蒸汽。其蒸汽通过 U 形管排放至导热水箱，再由蒸汽排放管排放至大气，U 形管外径 610 mm，共 6 根，每三根并列布置在一个导热水箱与换热水箱之间。两个导热水箱相对位于换热水箱的两个对角。

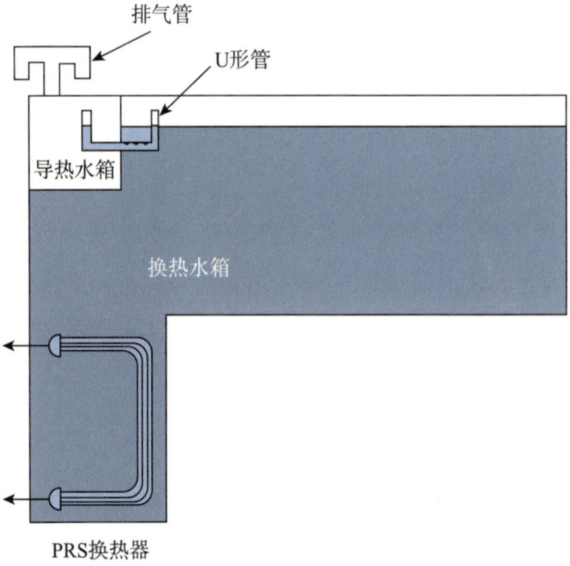

图 1 水箱及蒸汽排放装置示意图

换热水箱 PRS001BA 设计参数如下：

安全等级：	LS
抗震等级：	1
质保等级：	QA1
设计压力（内）：	0.2 MPa（a）（液面）
设计压力（外）：	0.1 MPa（a）
设计温度：	130 ℃

总容积：923 m^3

有效容积（不含淹没换热器所需的水容积）：376 m^3

正常温度：7~50 ℃

正常压力：0.1 MPa（a）（液面）

2.1 换热水箱水量设计

PRS 系统三列换热器共用一个冷却水箱，且布置在冷却水箱底部，要求在整个机组运行期间（包括 PRS 投入运行期间），该冷却器都浸泡在水中，不允许裸露。水箱设计总容积为 960 m^3（水箱正常液位 10.65 m），其中有效容积约为 376 m^3（不含淹没换热器所需的水容积），并可以通过非能动应急高位冷却水源系统对冷却水箱进行补水，以满足 PRS 系统在事故后 72 h 内持续排热。

为防止 PRS 冷却水箱内水在低温环境下结冰，将 PRS 冷却水箱水温控制在 7 ℃以上；为满足 PRS 传热要求，冷却水箱初始水温应不高于 50 ℃。

2.2 换热水箱水质管理

为了保证水质以减少离子对换热器及其连接管道的腐蚀，较少微生物对换热器覆盖而影响换热效率，主要从以下几个方面消除影响：

（1）设置钢敷面；

（2）备用时水体与外部环境隔离；

（3）循环、过滤；

（4）添加氧化剂。

每个环路的蒸汽发生器二次侧都设置一个非能动余热排出系列。每个系列包括一条蒸汽管线、一条冷凝水管线、一台应急余热排出冷却器以及必要的阀门、管道和仪表，应急余热排出冷却器为“C”形结构，浸泡在换热水箱底部。应急余热排出冷却器作为 PRS 系统的关键设备，来自蒸汽发生器的蒸汽在传热管内冷凝成水，将热量传导至管外的换热水箱中的水。

为了保证换热水箱水质，设置了一台循环水泵对水箱中的水进行循环加药等措施，泵前设置一台前置过滤器（5 μm），采用滤芯式过滤器。化学加药箱用于向换热水箱中的冷却水添加 30%体积浓度的双氧水（H_2O_2），保证换热水箱中双氧水浓度在（50±20）× 10^{-6}，从而保持水箱内氧化性环境，防止水箱内滋生藻类物质。为了应对极端天气，确保 PRS 换热水箱不结冰，设置了 2 台电加热箱，电加热箱内设有电加热器 PRS001/002RS，配合循环水泵对 PRS 换热水箱进行加热。

换热水箱原来设计为布置在安全壳外侧 ET 厂房的顶部的混凝土结构不锈钢衬里的设备，布置在安全壳外侧 ET 厂房的顶部，底标高为+30.0 m，水箱敞口，顶盖上表面标高为+42. 05 m。水箱上部有平台，可方便人员进行水箱的净化以及换热器的维修。PRS 应急余热排出冷却器投入运行后，冷却水箱内水温上升，达到沸点时，产生的蒸汽通过房间侧墙上的孔洞排放到环境中（见图 2）。

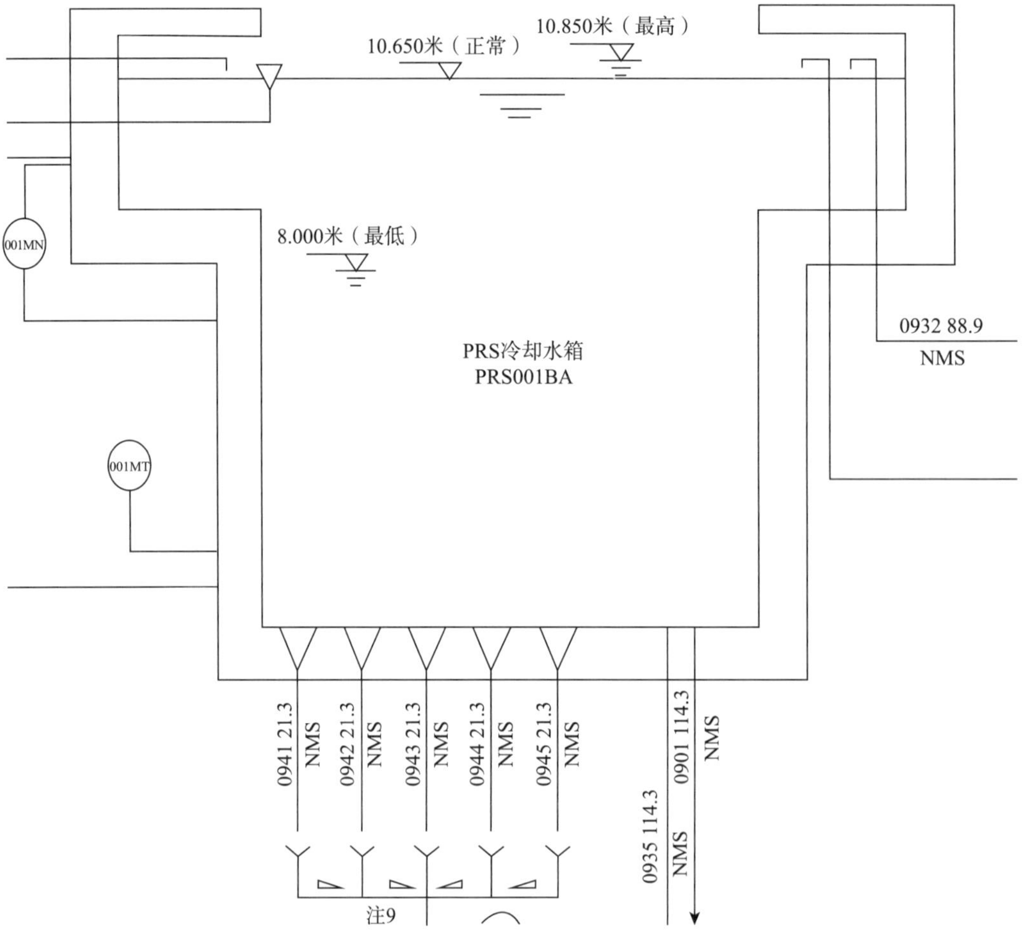

图 2　原水箱及蒸汽排放装置示意图

为了改善和提高了 PRS 换热水箱的水质管理效果，设计改进为 PRS 换热水箱采用封闭设计，为水箱增加混凝土顶盖并预留检修人孔（加盖密封）。水箱顶盖上表面标高为+42. 35 m。PRS 换热水箱设置 2 个导热水箱，分别布置于换热水箱的两个对角，每个导热水箱内侧净尺寸为 3. 6 m×3. 215 m×3. 35 m，每个导热水箱和换热水箱间设 U 形蒸汽排放管。PRS 应急余热排出冷却器投入运行后，冷却水箱内水温上升，达到沸点时，产生的蒸汽经 U 形水封管排放至导热水箱，再经导热水箱顶部的蒸汽排放管排放至大气。

U 形水封管为 DN600 的管道，U 形水封管位于冷却水箱中的水平管段部分，在管道上侧设置 3 个直径为 3 mm 的小孔，小孔距离液面的深度为 105 mm。每个导热水箱设置 3 根 U 形水封管及 3 根蒸汽排放管。蒸汽排放管的规格为 DN600。

示意图见图 3。

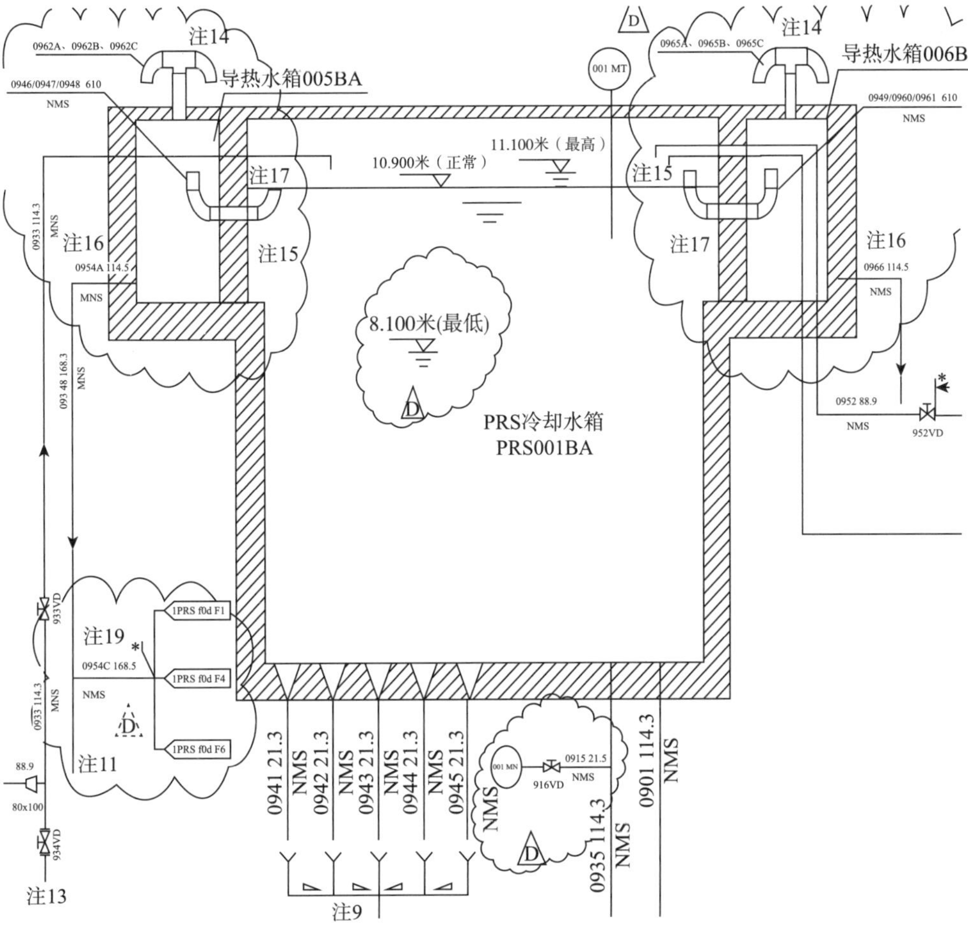

图 3　U 形排放管示意图

为进一步保证水质要求，换热水箱的循环处理回路配置了充水、排气、疏水、溢流管线以及相关仪表和阀门，同时设置循环水泵和加药设施以防止换热水箱微生物滋生和水质降低。为了应对极端天气，确保换热水箱不结冰，设置了电加热箱。流程简图见图 4。

2.3　水箱设计参数的确定

1）设计压力

水箱备用时液面为大气压，水箱外界为大气压。水箱最高液位 11.1 m，最低液位 8.5 m，正常液位 10.9 m。水箱内液面压力为大气压，最大压力为水箱底部压力 $P_{\max}$，$P_{\max}=0.211$ MPa。

事故后初期，U 形管内充满液封，随着冷却水箱内压力升高，U 形管内的水被压出进

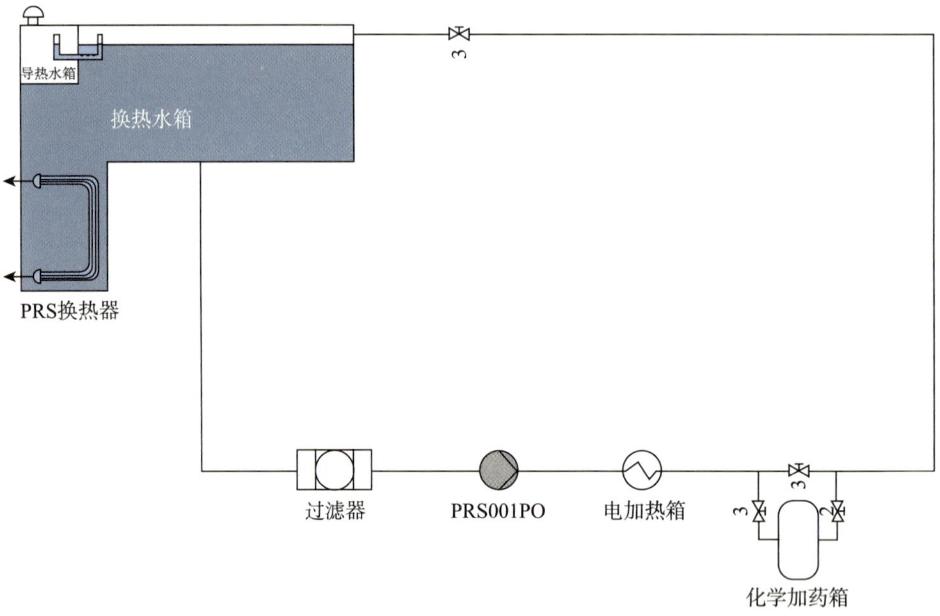

图 4 PRS 循环水箱净化处理回路流程简图

入到导热水箱。由于 U 形管上水平段有 3 个小孔用于补水，小孔距离液面 0. 105 m，在这 0. 105 m 的液位消失前，水会不断补充进 U 形管，并进而被压出到导热水箱。在这 0. 105 m高的液面由于蒸发、补充进 U 形管液封进而被压出到导热水箱等原因而消失后，U 形管液封不再获得补充。U 形管内液封高度差最大为 0. 305 m，折算成压力为 3. 05 kPa。即冷却水箱内压力为 0. 103 05 MPa（a）时，可将 U 形管内液封完全压出。冷却水箱液封打开需要压力不会超过上述计算的事故后冷却水箱的内部压力。图 5 是事故后水箱内液封高度等的示意图。

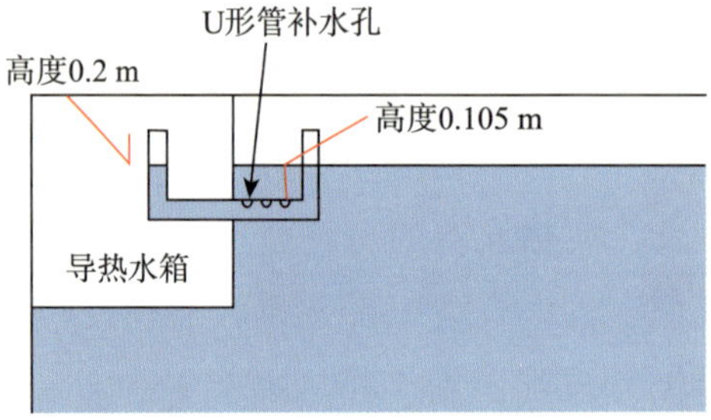

图 5 冷却水箱液封示意图

对应的箱底最大压力为 0. 214 05 MPa。

事故后壳外大气压力 P_0 = 0. 1 MPa，PRS 冷却水箱蒸汽排放装置在最大可能蒸汽流量下的蒸汽排放阻力为 1. 12 kPa。所以在事故后的最大可能蒸汽流量下，PRS 冷却水箱内部压力 $P = P_0 + \Delta P$ = 0. 101 MPa（a），此时水箱底部压力为 0. 101+0. 111 = 0. 212 MPa（对应最高液位），0. 101+0. 085 = 0. 186 MPa（对应最低液位）。

2）设计温度

PRS 冷却水箱的 3 个阶段：

（1）系统备用；

（2）系统开始投运，压力将聚集的水封排出；

（3）事故后蒸汽排放通道打开，蒸汽排放。

3个阶段的蒸汽温度考虑该压力下对应的饱和蒸汽温度。

（1）水箱备用时，0.211 MPa（a），水温不超过50 ℃。

（2）系统投运后，压力集聚将水封排出，0.214 05 MPa（a）对应饱和蒸汽温度为122.4 ℃。

（3）之后蒸汽排放通道打开，蒸汽排放，此时，水箱底部压力为0.212 MPa（绝压）对应饱和蒸汽温度为122.1 ℃。

0.186 MPa（a）对应饱和蒸汽温度为117.5 ℃。

表1　水箱压力数据表

	水箱上部气空间或液面压力、温度	水箱底部压力、温度
PRS系统备用	0.1 MPa（a），水温不超过50 ℃.	0.211 MPa（a），水温不超过50 ℃.
PRS系统投运，将水封排出	0.1030 5 MPa（a），100.5 ℃	0.2140 5 MPa（a）、122.4 ℃
PRS系统运行，蒸汽排放	0.101 MPa（a），100.034 ℃	0.212 MPa（a）到0.186 MPa（a），122.2 ℃到118.08 ℃

0.18 MPa（a）对应饱和蒸汽温度为117 ℃

0.22 MPa（a）对应饱和蒸汽温度为123 ℃

根据以上分析计算，确定水箱液面的设计压力为0.11 MPa（a），水箱液面的设计温度为110 ℃。

2.4　水箱备用、投运及维护

在反应堆初始启动之前，应设置补水接管为冷却水箱充水。充水完成后，将冷却水箱的补水接口隔离。

在机组正常运行和设计基准事故下，PRS系统处于隔离状态，不投入运行。循环处理回路定期对冷却水箱进行净化和加热。

超设计基准事故触发PRS系统投运后，不考虑循环回路的运行，但要根据水箱液位报警及时给换热水箱补水。

循环水泵和电加热器的运行联锁以及液位、水温、压力、流量等参数监视主要在主控室通过电站计算机信息和控制系统（KIC）/远程停堆室（KPR）进行，当KIC/KPR系统不可用时，可通过后备盘（BUP）对PRS冷却水箱的窄量程液位进行显示。

PRS冷却水箱循环回路部分的阀门均为手动操作。

定期取样检查水质：

在水箱的循环处理回路上定期取样，进行水箱的水质检查。取样频度暂定为每月一次，根据一段时间的检查结果进行分析评判后可以适当调整取样的频度。

3 换热水箱辅助回路设计

3.1 辅助回路设置

为了保证冷却水箱水质，循环处理回路设置了化学加药箱、循环水泵、电加热箱和过滤器等设备，均位于ET厂房内。

循环水泵用于对水箱中的水进行循环加药等。设置1台前置过滤器（5 μm），采用滤芯式过滤器。

化学加药箱用于向冷却水箱中的冷却水添加30%体积浓度的双氧水（H_2O_2），保证冷却水箱中双氧水浓度在（50±20）×10^{-6}，从而保持水箱内氧化性环境，防止水箱内滋生藻类物质。

为了应对极端天气，确保PRS冷却水箱不结冰，设置了2台电加热箱，电加热箱内设有电加热器PRS001/002RS，配合循环水泵对PRS冷却水箱进行加热。

3.2 辅助回路计算

PRS冷却水箱循环处理回路采用FLOWMASTER程序建立冷却水箱的水力学模型。

由于主要模拟的是循环净化回路的流体循环过程，冷却水箱建模采用的无线横截面的水箱，水箱高度恒定在10.9 m，在循环处理过程中，池面顶部压力为大气压。模型建立如图6所示。

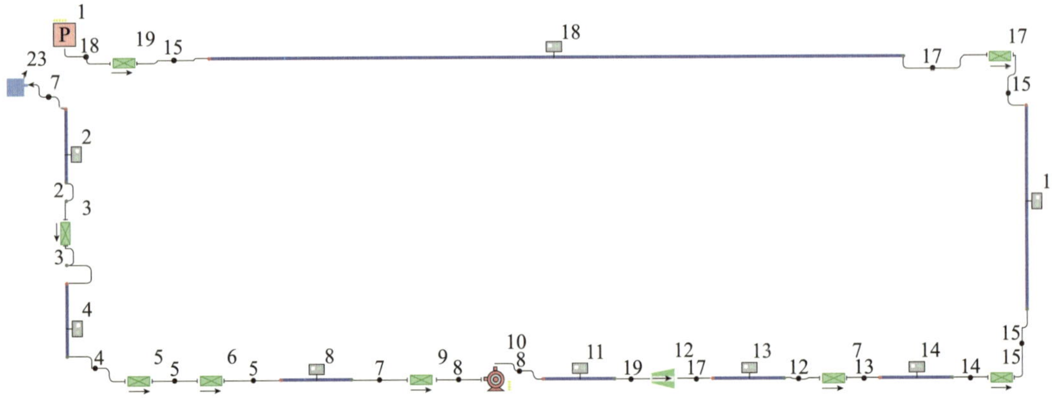

图6 PRS冷却水箱循环处理回路模型图

PRS系统中使用的调节阀、隔离阀、止回阀等，在系统运行的过程中，除个别阀门外，大部分阀门一般不做状态改变的动作，本文将不动作阀门作为一般阻力件处理。

PRS系统有一台离心泵PRS001PO，额定流量为30 m^3/h，将泵压头随流量变化的特性曲线如图7所示，输入软件中以确定在运行工况下泵所处的工作点的等特性参数。

其中计算汽蚀余量NPSHa采用的公式为：

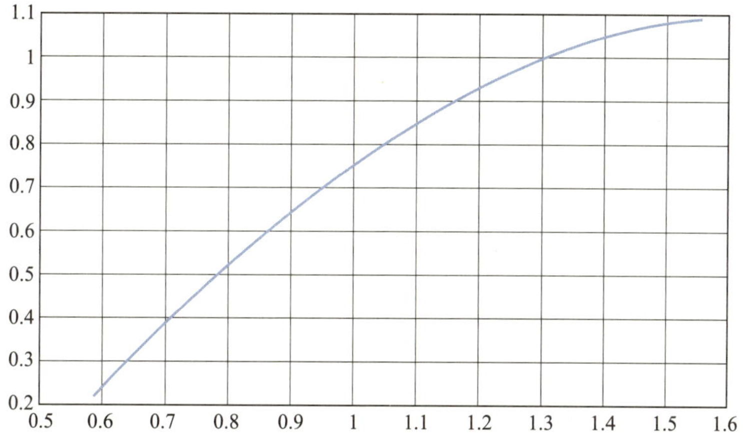

图 7　PRS001PO 特性曲线

$$\text{NPSHa} = \frac{P_A}{\rho g} + \frac{C_A^2}{2g} + Z_{AS} - \sum H_{AS} - \frac{P_V}{\rho g} \tag{1}$$

式中，

$\frac{P_A}{\rho g}$——吸入液面压强水头，本文中取值为泵前吸入压力；

$\frac{C_A^2}{2g}$——吸入液面速度水头，对于泵前吸入点，c_A 为管道内流体流速 v；

Z_{AS}——高度水头，泵前吸入点处高度水头与泵水平线相平，取值为 0；

$\sum H_{AS}$——阻力损失，泵前吸入点与泵距离可以忽略，阻力损失可以忽略；

$\frac{P_V}{\rho g}$——泵入口饱和蒸汽压力对应的水头。

该公式经简化后泵汽蚀余量 NPSH 的计算公式为：

$$\text{NPSH} = \frac{P_A}{\rho g} + \frac{v^2}{2g} - \frac{P_V}{\rho g} \tag{2}$$

若 NPSH≥必需汽蚀余量 NPSHR，泵不会发生汽蚀，则认为满足泵运行条件。

目前 PRS 水箱设计总容积为 923 m^3，其中有效容积约为 376 m^3（可供蒸发的水容积），淹没换热器所需的水容积 539.5 m^3（此部分水容积不供蒸发），在水箱循环净化过程中进出流量为稳态，近似认为水箱内液位保持不变。

通过查取管道三位布置图水箱底部与泵入口高差为：3.886 m。

经循环回路模型计算得出以下数据：

（1）冷却水箱出口压力值：0.2069 MPa；

（2）由水池到泵入口处的沿程阻力压降：0.1854 MPa；

（3）由泵出口压力值：0.1742 MPa；

（4）由泵出口处到水箱回水入口处的压降：0.0353 MPa；

（5）循环处理系统投运时，泵的气蚀余量为：

$$\mathrm{NPSH}=\frac{P_A}{\rho g}+\frac{v^2}{2g}-\frac{P_V}{\rho g}$$
$$=16\ \mathrm{m}>\mathrm{NPSHR}=8\ \mathrm{m}$$

由计算可知，PRS001PO 吸入口不存在气蚀，PRS 冷却水箱循环处理回路具备将水池中的水有效循环的能力。

4 结论

通过对田湾核电厂5、6号机组PRS换热水箱的设计及优化，取得了以下的成效：

（1）满足PRS换热需求；

（2）进一步改善和提高了PRS换热水箱的水质管理效果；

（3）通过对PRS换热水箱采用封闭的优化设计，可以避免水面蒸发而造成水装量减少，进而减少补水操作等管理，可以减少运行人员为保证水质的现场维护操作。

福岛核事故改进项 RRW 系统设计及系统提前投用分析

刘亚光[1]，于　沛[1]，李丽娟[1]
（1. 中国核电工程有限公司，北京 100840）

摘要：中长期排热冷却水系统（RRW）用于在事故发生 72 h 后，正常冷却手段无法恢复的情况下，导出安全壳内堆芯余热及乏燃料水池内的乏燃料衰变热，使安全壳内压力和乏燃料水池温度不超过限值。RRW 系统通过接入 RRI 系统对用户进行冷却，本文旨在对设计过程中 RRW 系统与 RRI 系统的连接及流量匹配时存在的问题进行梳理，以对运行阶段系统定期试验及系统投运提供运行指导。另外结合系统配置情况，对事故后 RRW 系统提前投运的可能性分析评估，最大程度减轻事故后机组的损失。
关键词：中长期排热冷却水系统；堆芯；乏燃料水池；福岛核事故；改进项

1　背景描述

在核电厂运行过程中，假设发生全厂断电+丧失最终热阱+一回路小破口失水事故的超设计基准事故，安全壳内环境条件将无法得到有效缓解。所以，为进一步提高核电厂安全性，田湾核电厂 5、6 机组中设置了临时措施（安全壳临时喷淋等）。而本项目新增的中长期排热系统为固定设施（放置在 PD，CT 子项内）。如果安喷系统 12 h 内可以修复，可以考虑提前投入中长期排热系统以缓解安全壳内的环境条件。

2　系统设计说明

安全壳及乏燃料水池事故后中长期排热系统为新增系统，该系统分为两个部分：中长期排热冷却水系统 RRW 和中长期排热厂用水系统 SEW。

2.1　系统功能

在“全厂断电（SBO）+丧失最终热阱（LUHS）+一回路小破口失水事故（SB-LOCA）”工况下排出堆芯及乏燃料水池的余热；

在乏燃料水池失去 RRI/SEC 正常冷链冷却的情况下可通过 RRW 和 SEW 系统导出乏燃料水池的余热。

2.2　系统配置

2.2.1　中长期排热冷却水系统（RRW）

1）用户热负荷及流量要求

堆芯热负荷按照事故停堆后 72 h 考虑。

2）中间波动箱

中间波动箱用于吸收 RRW 系统运行时的体积波动，并且为中间循环泵提供足够的吸入压头。主体材料：不锈钢，有效容积：不低于 5.5 m^3。

3）中间循环泵

2.2.2 中长期排热厂用水系统（SEW）

中长期排热厂用水系统要求设计满足各工况安全水池液位接近安全液位、RRW 系统中间换热器污垢、冷却塔填料阻力最大时也能提供 RRW 系统中间换热器所需的最低热工设计流量。

2.3 系统安全要求

系统无冗余列及实体隔离的要求。

2.4 系统控制要求

2.4.1 RRW 系统控制要求

所有阀门仪表均为就地设置。所有阀门均手动操作。在机组正常运行工况下的定期试验为手动控制。该系统应对 SBO 工况，当失去应急柴油机时，后备柴油发电机组供电。

2.4.2 SEW 系统控制要求

所有阀门仪表均为就地设置。所有阀门均手动操作。在机组正常运行工况下的定期试验为手动控制。该系统应对 SBO 工况，当失去应急柴油机时，后备柴油发电机组供电。

2.5 系统运行

2.5.1 正常运行

机组处于正常功率运行时，本系统处于停运状态，但是会对系统及设备进行定期试验从而验证其功能。

2.5.2 事故运行

系统启动的所有步骤应在事故发生的 72 h 内完成，系统投用时，首先通过操作相应的手动阀门，隔离 RRI 系统中不必要的管线，确认 EAS、RIS、PTR 用户所在管线处于连接状态。

关闭中间波动箱补水管阀门，将冷却塔供水阀门置于开启状态，启动 SEW 终端循环泵，使中长期排热厂用水系统处于运行状态，并确认运行参数是否正常，对系统完成检查。然后启动 RRW 系统中间循环泵，使 RRW 系统处于运行状态，并确认运行参数是否正常，对系统完成检查。当两个系统都进入正常运行状态时，系统启动即已完成。

单机组投运后，如果所接入的机械通风冷却塔失效，可以操作相关的隔离阀，切换至另一机组未失效的机械通风冷却塔。

3 RRW 系统 12 h 投入设计修改分析

3.1 事故工况描述及地坑水温度分析

虽然 RRW 系统设计在事故后 72 h 投入运行，但考虑到严重事故后缓解系统能用则用的原则，需要对严重事故后 RRW 系统提前投入导出安全壳内热量的可用性进行分析。

RRW 系统针对丧失最终热阱的工况下投入运行，为了验证该系统在严重事故后提前投入的可用性，需要对严重事故后地坑水温进行分析。

参考国内同类型电厂严重事故分析方法，最终确定了 4 个典型严重事故序列用于计算严重事故后安全壳内地坑水温。分别是：

(1) 主蒸汽管道大破口事故；

(2) 一回路双端断裂大破口事故；

(3) 全厂断电事故；

(4) 一回路小破口事故。

在所有的事故中，假设事故初始阶段安全壳喷淋失效，并且丧失最终热阱，在事故后 12 h 恢复一列喷淋，并投入中长期排热系统，用于冷却地坑水，带走安全壳内的热量。所选取事故的其他主要假设如表 1 所示。

表 1 主要假设

序号	始发事故	安注箱	安注泵	辅助给水	严重事故卸压阀	堆腔注水系统
1	主蒸汽管道大破口（主蒸汽隔离阀有效）	3	失效	失效	有效	有效
2	一回路双端断裂大破口	2	失效	失效	有效	有效
3	全场断电	3	失效	失效	有效	有效
4	一回路小破口	3	失效	失效	有效	有效

事故发生后，从破口释放的冷却剂进入安全壳，使得安全壳压力温度迅速上升，当堆腔注水系统投入后，从压力容器外壁面带走的热量转变为水蒸气进入安全壳，使得安全壳压力、温度持续上升，由于安全壳内热结构的吸热，水蒸气在安全壳壁面冷凝，进入地坑水中。

在事故后 12 h，在所有计算的严重事故序列中，安全壳地坑水温度最高达到了 112 ℃。

此时恢复一列安全壳喷淋，并投入安全壳中长期排热系统。由于最初阶段安全壳喷淋系统通过换料水箱取水，水温较低，能够使安全壳压力迅速下降，同时降低安全壳地坑水温。虽然 RRW 系统带热功率低于此时的堆芯衰变热，但考虑到安全壳热构件具有一定的吸热能力，仍能够使得安全壳地坑水温逐渐下降，并使安全壳温度、压力逐渐下降。

在安全壳喷淋系统切换至再循环阶段时，安全壳地坑水温为 95 ℃左右，低于 RRW 系统运行对水温的要求。

即使在事故后 12 h 投入安全壳喷淋系统时直接进入再循环阶段，其地坑水温为 112℃。

3.2 RRW 系统设计能力

3.2.1 概述

中长期排热冷却水系统（RRW）热负荷按事故后 72 h 考虑。

当丧失 RRI/SEC 正常冷链时，RRW 系统应具备可运行条件，为安全壳喷淋系统（EAS）、反应堆和乏燃料水池冷却和处理系统（PTR）和安全注入系统（RIS）中需要投运的换热器提供冷却。

该系统必须设计有足够的换热能力以满足 EAS 换热器及其泵电机、PTR 换热器和 RIS 泵电机的热量导出要求。

在中长期排热厂用水（SEW）最高温度为 33 ℃时，中长期排热冷却水（RRW）正常设计温度为 40 ℃，最高允许温度为 45 ℃。

3.2.2 对 RRW 系统各用户热负荷和用水量表的说明

反应堆换料水池和乏燃料水池冷却和处理系统在贮存工况下及换料工况下，均为一台 PTR 板式换热器投入运行，PTR 系统乏燃料水池温度要求不高于 95 ℃。

安全壳喷淋系统及安全注入系统运行时仅一个系列投入运行，因此热负荷及冷却水流量均为一台设备用量。

1）设计工况（见表 2）

表 2　设计工况

事故停堆后时间/h	安全壳内需要导出的热量/MW	地坑水入口温度/℃	地坑水流量/（t/h）	地坑水出口温度/℃	RRW 冷却水入口温度/℃	RRW 冷却水出口温度/℃	RRW 冷却水流量/（t/h）	冷却水侧压降/MPa
72	12	95	1014	84.7	40	92.2	200	0.001

事故后 72 h，在地坑水水温 95 ℃，SEW 在设计供水温度下，RRW 系统供水温度为 40 ℃时，可导出安全壳堆芯热负荷为 12 MW。

2）12 h 投入工况（见表 3）

表 3　12 h 投入工况

安全壳内需要导出的热量/MW	地坑水温度/℃	地坑水流量/（t/h）	地坑水出口温度/℃	RRW 冷却水入口温度/℃	RRW 冷却水出口温度/℃	RRW 冷却水流量/（t/h）	冷却水侧压降/MPa
15.0	112	1014	99.3	45	109.51	200	0.001

如果事故后 12 h 投入 RRW 系统，在 SEW 设计供水温度下，RRW 系统供水温度为 45 ℃，地坑水水温为 112 ℃时，最大可导出堆芯余热为 15 MW。

经计算，事故后 12 h 投入 RRW 系统，RRW 中间循环水泵的有效汽蚀余量（NPSHa）为 14 m，泵的必需汽蚀余量（NPSHr）≤6 m。

3.3 SEW 系统可用性分析

SEW 系统为开式循环冷却回路。机组正常运行期间，SEW 系统管路不充水。系统投入前，需要进行充水。SEW 系统充水可在 6 h 内完成。考虑到人员响应、故障排除等所需时间，SEW 系统能够在事故发生后 12 h 正式投入运行。

4 分析评价

在不影响接口系统（RRI）的原有功能的情况下，增设了安全壳及乏燃料水池事故后中长期排热系统，通过冷却塔将热量排放到大气中，对原有排热系统形成了有效的补充，相比同类型机组提高了应对严重事故的措施。

在事故后 12 h 投入 RRW 系统，虽然不足以带走全部堆芯热负荷，但考虑到安全壳内结构吸热，该运行方式能够缓解严重事故后的环境条件。

5 结论

在事故后 12 h，安全壳内压力较高，热负荷较大，但经过计算，地坑水温低于 RRW 系统最大允许温度，RRW 中间循环泵的有效汽蚀余量（NPSHa）大于其必需汽蚀余量（NPSHr），满足泵汽蚀余量要求，且 SEW 能够在 RRW 系统投入之前建立循环，满足 RRW 系统投入的条件，RRW 系统在事故后 12 h 可投入运行，以缓解严重事故后的环境条件。

设备冷却水系统为化学与容积控制系统下泄热交换器供水方案研究

付浩然[1]
(1. 中国核电工程有限公司，北京 100840)

摘要：在核电厂的运行中，一回路的冷却剂通过化学与容积控制系统的下泄热交换器，由设备冷却水系统供水冷却，以保证化学与容积控制系统下游除盐装置可用。其温度控制通过设备冷却水侧 RRI155VN 阀门调节热交换器壳侧设备冷却水流量实现。目前对于福清核电厂 1~4 号机组 RRI155VN，当冬季设备冷却水供水温度较低时，RRI155VN 阀门关到最小开度 10%依然无法满足 RCV 要求。同时因阀门调节范围过大，且长期运行在小开度下，阀门的调节性能较差。为解决以上问题，本文提出两套方案，通过对管壳式换热器换热计算和 flowmaster 建模水力计算等方式进行方案研究，并结合仪控、布置、设备等专业进行方案比选，最终提出了可行性建议。

关键词：核电厂；下泄温度；调节阀；换热计算；Flowmaster

1 引言

1.1 背景介绍

在核电厂的运行中，一回路冷却剂需经过化学与容积控制系统（RCV）以进行化学与容积控制。但由于其温度较高，为保证后续功能的执行，一回路冷却剂进入化学与容积控制系统后，需要首先经过下泄热交换器进行冷却。

化学与容积控制系统下泄热交换器（RCV002RF）为管壳式换热器，一回路冷却剂在管侧流动，壳侧由设备冷却水系统（RRI）供应冷却水进行冷却。RCV002RF 出口的温度仪表 RCV002MT 通过闭环调节控制供水管线下游调节阀（RRI155VN）的开度，控制供水流量，将下泄热交换器出口的一回路冷却剂的温度控制在要求范围内。同时，为了防止阀门误关导致 RCV002RF 丧失冷却水，RRI155VN 设置了 10%的开度下限。供水方案见图 1。

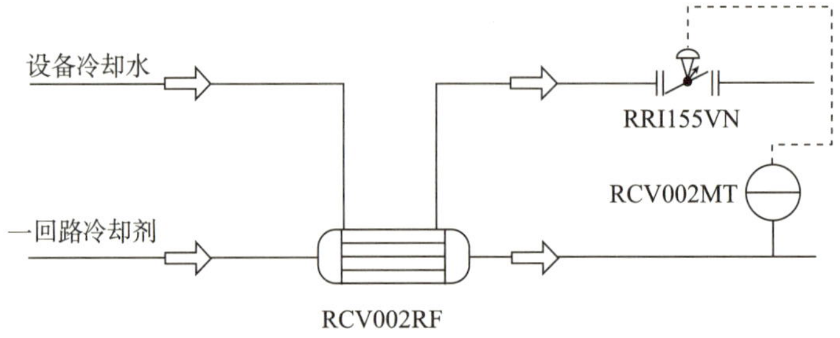

图 1 现阶段设备冷却水系统为 RCV002RF 供水配置图

某 M310 机 RCV002RF 在冬季运行设备冷却水系统（RRI）供水温度较低时，因设计工况按照设冷水最高供水温度 35 ℃进行设计，其下游调节阀开度达到设定的最小开度 10%时，RCV002RF 出口一回路冷却剂温度依然比设定温度低。其同时因阀门调节范围过大，且长期运行在小开度下，阀门调节性能较差，导致下泄温度波动过大。RRI155VN 设计工况见表 1。以上问题会对 RCV 正常运行造成影响，进而会影响除盐床效率，影响核电厂的正常安全运行。

表 1　RRI155VN 设计工况

工况	壳侧（RRI）流量/（t/h）	管侧（RCV）流量/（t/h）
正常工况	28	13.53
最大下泄	135	27.06
反应堆设计工况升温末期	244.2	27.06

1.2　研究内容

针对以上问题，本文以某机组为例，为解决冬季设备冷却水温度过低时，阀门关闭至阀门下限依然无法满足温度要求以及阀门在正常运行工况下可调范围较小的问题，提出一套可行的设计方案。

2　问题分析

2.1　换热计算

2.1.1　冬季设备冷却水系统供水温度

如上节所述，RRI155VN 是以设备冷却水的供水温度 35 ℃设计的，但当冬季海水水温降低，会导致设冷水水温远低于 35 ℃。

通过现场监测数据，设备冷却水的最低供水温度为 10 ℃。

2.1.2　换热器热力计算

根据 2.1.1 节计算结果，以设冷水温度最低时 10 ℃作为输入条件，此时维持 RCV002RF 侧下泄温度为 35 ℃所需冷却水流量展开计算。

通过 ASPEN 软件建立计算模型，计算结果如表 2 所示。

表 2　计算结果

	热侧（RCV）管侧	冷侧（WCC）壳侧
进口温度/℃	140	10
流量/（m^3/h）	13.53	13
出口温度/℃	35.3	113.63

根据以上计算结果，当设冷水温度降低到 10 ℃，进入 RCV002RF 的流量应为13 m^3/h。

2.2 RRI155VN 调节范围

利用 flowmaster 软件建立模型，如图 2 所示。

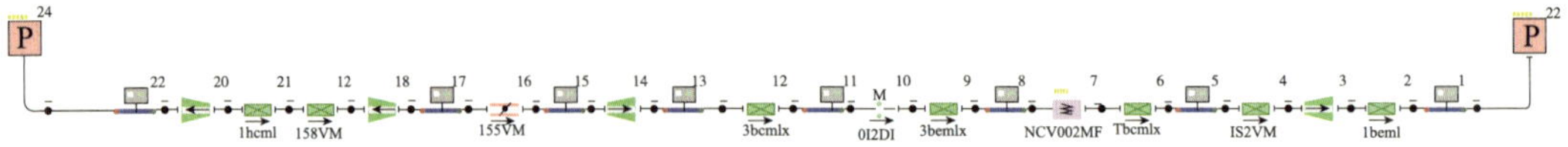

图 2 设备冷却水系统为 RCV002RF 供水模型

表 3 RRI155VN 开度—流量表

开度/%	流量/（m^3/h）
4	13
5	14.2
7	16.69
8	18.5
10	24.9
10.5	28

根据表 3，对于 RRI155VN，要达到 13 m^3/h 的流量，需要将开度关闭到 4%，该开度已远低于设定开度 10%。且阀门在小开度下，调节精度变差，调低阀门下限不可行。

2.3 问题分析

根据上述分析，得出以下结论：

（1）目标机组地区，冬季设备冷却水系统最低供水温度为 10 ℃，此时，要保证下泄热交换器管侧出口一回路冷却剂温度在 35 ℃，对应的设备冷却水流量应为 13 m^3/h。

（2）当设备冷却水流量在 13 m^3/h 时，此时 RRI155VN 对应的开度为 4%，该开度远低于阀门设定的开度下限 10%。且对于 RRI155VN，当阀门开度低于 10%时，调节精度急剧变差，调低阀门开度下限不可行。

3 提出方案

为解决由于冬季冷却水温度过低，导致 RCV002RF RCV 侧下泄温度达不到设定值的问题，本文提出以下方案对设备冷却水系统进行改造。

3.1 方案一：RCV002RF 并联旁通管线

RCV 下泄热交换器加装冷却水旁通管线，并设置阀门，当冬季冷却水温度过低时，打开旁通管线的调节阀，通过调节旁通水量，保证 RRI 的供水温度在 RRI155VN 的流量调节范围内，通过 RRI155VN 的流量调节，维持 RCV 侧温度在 35 ℃。方案如图 3 所示。

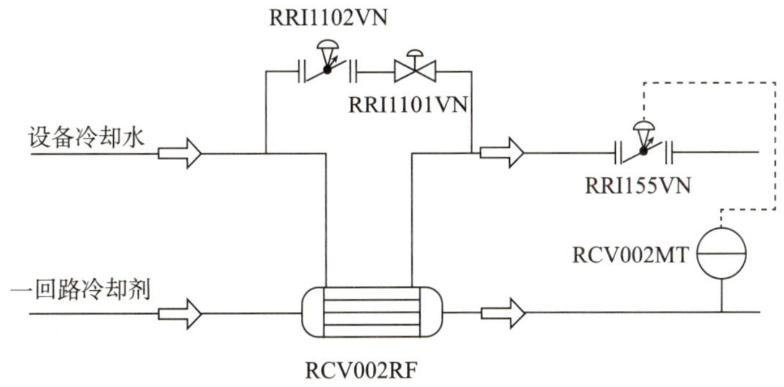

图 3　旁通 RCV002RF 设备冷却水供水方案

方案说明：

旁通管线设置两个阀门，一个气动开关阀 RRI1101VN（主控室操作），一个手动调节阀 RRI1102VN。在调试阶段，手动调节 RRI1102VN，使在 RRI1101VN 全开的情况下，旁通管线与经过 RCV002RF 管线的流量相同。在运行时当 RRI155VN 达到最小开度 RCV002MT 温度依然低于 35 ℃或温度波动时，此时通过缓慢打开旁通管线阀门，旁通一部分设冷水。减少通过 RCV002RF 设冷水的流量，维持下泄温度稳定。同时，维持通过 RRI155VN 的总流量留在调节精度较高的阀门开度范围内（10%～75%），此时，改变 RRI155VN，会同等比例的改变通过 RCV002RF 与旁通管线的流量，实现对流量的调节，并通过旁通的方式，满足设冷水温度较低时，RCV 对下泄温度的要求，并增大了在正常运行工况下 RRI155VN 的调节范围。

3.1.1　工况确定

由 2.1.3 节计算得出，当设备冷却水系统供水温度达到最低温度时，此时进入 RCV002RF 的设冷水流量应为 13 m^3/h。

3.1.2　系统计算

1）建立模型

以设冷水温度最低时 10 ℃进行计算，此时维持 RCV002RF 侧下泄温度为 35 ℃所需冷却水流量为 13 m^3/h。

利用 flowmaster 软件建立模型，模型如图 4 所示。

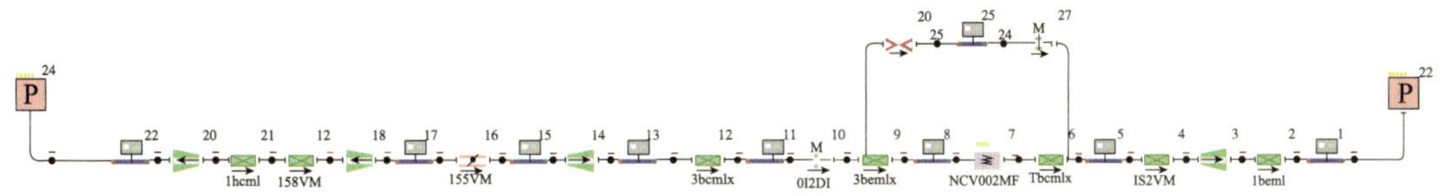

图 4　方案一 flowmaster 水力计算模型

根据福清 34-Cv and torque calculation Fuqing 输入 RRI155VN 开度—阻力曲线，详情见图 4。

2）阻力计算

以 RRI155VN 开度为 0.1，设冷水温度为 10 ℃，作为输入，使旁通流量加 RCV002RF 流量后的总流量落在 RRI155VN 的调节范围内，此时旁通流量应为 $12m^3/h$ 左右。计算结果如表 4 所示。

表 4　方案一阻力计算表

设冷温度/℃	RCV 温度/℃	RCV 流量/(m^3/h)	开度	公称直径	外径/mm	壁厚/mm	内径/mm	流量/(m^3/h)	旁通流量/(m^3/h)	总流量
10	140	13.53	0.1	3	88.9	3.18	82.54	7.99723	16.939	24.9362
10	140	13.53	0.1	2	60.3	2.77	54.76	14.9982	9.93	24.9282
10	140	13.53	0.1	1.5	48.3	3.68	40.94	19.17	5.75	24.92
10	140	13.53	0.1	1	33.4	3.38	26.64	22.75	2.15	24.9

由表可看出，2 寸及以下管道全开导致 RCV002RF 流量均大于 13 m^3/h，不满足要求。所以应选择 3 寸管道，并加装调节阀，在调试阶段使两侧流量均为 12.5 m^3/h。

3）混合温度

混合后的温度满足以下计算公式：

$$(T_1 - T_c) = Q/(c_1 m_1) \tag{7}$$

$$(T_c - T_2) = Q/(c_2 m_2) \tag{8}$$

式中，

T_1，T_2——分别表示热流体、冷流体的温度，℃；

c_1，c_2——分别表示热流体、冷流体的平均定压比热，J/（kg·℃）；

m_1，m_2——分别表示热流体、冷流体的质量流量，kg；

T_c——表示混合后的温度，℃；

Q——表示换热量，J。

通过以上公式计算，混合后的温度如表 5 所示。

表 5　方案一混合温度计算表

	温度/℃	流量/(t/h)	混合后的温度/℃
002RF 出口	120	13	
旁通	10	12	67.2

以上温度低于管道与阀门的设计温度。

4）阀门开度计算

在存在旁通阀的条件下，对于正常运行工况和最大下泄条件下进行计算 RRI155VN 对应的开度。

表 6　RRI155VN 工况流量表

工况	RRI155VN 流量/(m^3/h)	RCV002RF 流量/(m^3/h)	RRI155VN 开度/(%)
冬季工况	26.03	13.3	10.2
正常工况	53.41	28.3	20.5
最大下泄	251	135.3	68

由表 6 可以看出，在当 RRI155VN 在正常运行工况和最大下泄之间进行调节时，其调节开度范围为 20.5%下泄之间进行。相比于之前调节范围明显增大。当冬季设冷水水温较低时，显著增大了其条件范围。对于调节时水温的稳定起到帮助作用。

3.1.3　结果分析

根据以上计算结果，该方案能够有效解决设备冷却水温度较低时，RCV002RF 出口一回路冷却剂温度达不到设定值的问题，同时，当冬季设冷水水温温度较低时，可调范围增大，解决了调节温度不稳定的情况。且混合后温度低于设计温度，执行简单。

3.2　方案二：RRI155VN 并联小流量管线

RRI155VN 阀门并联小流量管线，并加装流量调节阀，并将调节阀与 RCV002MT 联锁（接主控室）。当冬季冷却水温度过低时，RRI155VN 达到最小开度依然无法满足温度调节需求时，利用小流量管线，调节冷却水流量。具体方案见图 5。

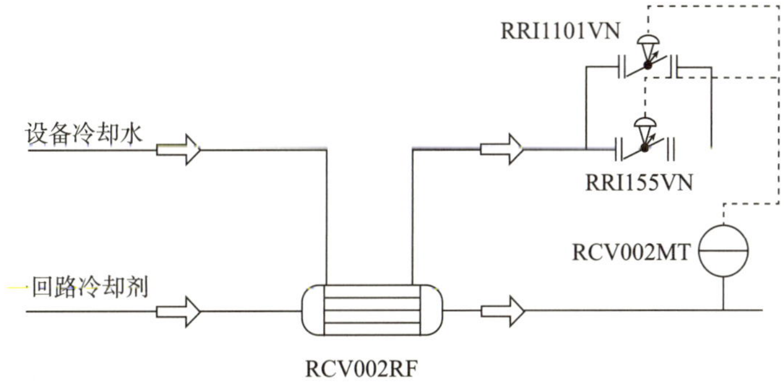

图 5　RRI155VN 并联小流量管线并加装调节阀

方案说明：

当 RRI155VN 达到最小开度 RCV002MT 温度依然低于 35 ℃或温度波动时，此时打开小流量管线调节阀，取消 RRI155VN 的关闭下限设置，之后关闭 RRI155VN，通过小流量调节阀调节设冷水流量，控制 RCV 侧下泄温度。小流量调节阀与 RCV002MT 联锁，通过 RCV002MT 的问题调节流量。

3.2.1　工况确定

由 2.1.3 节计算得出，当设备冷却水系统供水温度达到最低温度时，此时进入 RCV002RF 的设冷水流量应为 13 m^3/h。

3.2.2 系统计算

以设冷水温度最低时（业主提供）10 ℃进行计算，此时维持 RCV002RF 侧下泄温度为 35 ℃所需冷却水流量为 13 m^3/h。

1）建立模型

利用 flowmaster 建立模型，模型如图 6 所示。

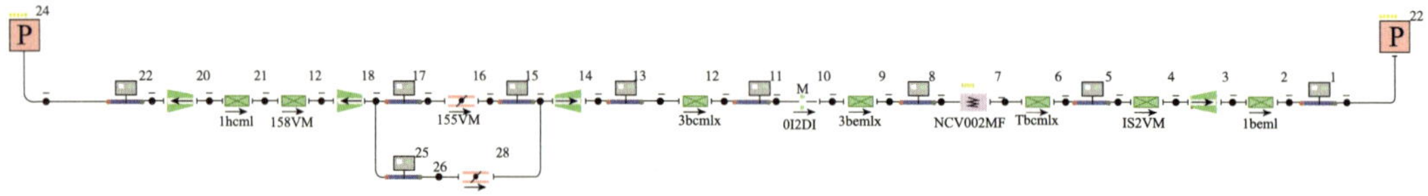

图 6　方案二 flowmaster 模型

输入 RRI155VN 开度-阻力曲线，同图 3。

2）管径计算

管径应满足调节阀全开的工况下，流量在 28 m^3/h 左右。

通过模型计算，可选择的管径如表 7 所示。

表 7　方案二管道尺寸表

管道	公称直径		外径	管表号	壁厚	管道	设计参数	
编号	in	mm	mm		mm	等级	温度/℃	压力/MPa（g）
RRI1101	2	50	60.3	API	3.18	NADB	120	1.2

此时，调节阀的运行参数如表 8 所示。

表 8　方案二调节阀运行参数表

	工况 1	工况 2	工况 3	工况 4
流量/(m^3/h)	28.53	24.41	18.98	13.2
上游压力/MPa（g）	0.67	0.67	0.67	0.67
下游压力/MPa（g）	0.21	0.21	0.21	0.21
压降/MPa（g）	0.46	0.46	0.46	0.46

3）出口温度

根据 2.1.3 节的计算结果，此时，RCV002RF 壳侧出口设备冷却水温度为 120 ℃，此时，该温度已经远超过福清核电厂 1～4 号机组 RCV002RF 出口设备冷却水系统管道与设备的设计温度。

4　方案比选

通过该设计分析，方案一与方案二均可有效解决冬季设备冷却水系统温度较低时，化学与容积控制系统下泄热交换器出口一回路冷却剂温度达不到设定值的问题，本节从综合角度上进行对比分析（见表9）。

表9 方案比选表

专业	方案一	方案二
系统	优点： (1) 换热器出口设冷水最高运行温度可达到120 ℃，超温管段短，易于改造。 (2) 该改造保留了RRI155VN开度下限10%的设计，可以有效防止阀门误关导致化学与容积控制系统下泄热交换器丧失冷却水的问题 缺点：RRI155VN在冬季工况下可调范围小，对调节精度要求高	优点：新增阀门在冬季工况下可调范围高，调节精度高 缺点： (1) 换热器出口设冷水最高运行温度可达到120 ℃，远超出已有项目换热器出口设冷水管线及设备设计温度，需重新进行力学计算。 (2) 该方案无法解决冬季调节范围的问题
仪控	优点：改造方案易实现，无需增加新的逻辑	缺点：新增调节阀如选用闭环调节阀，要获得理想的调节效果，首先需要确定准确的运行工况参数，还需合理确定调节器各参数的整定值
布置	缺点：布置专业分析后意见为在阀门RRI155VN两侧增加旁通管，因管线RRI104布置设计空间较为紧凑，有效直管长度较短，因此增加旁通分支管存在一定难度	缺点：换热器出口设冷水最高运行温度升高，需要重新进行力学计算，对布置方案进行可行性分析
经济性	优点：新增设备少，投入成本低。 隔离阀×1×0.05万元； 手动调节阀×1×0.16万元； 管线：较短，忽略。 总投入：0.21万元	缺点：需要重新补充一个电动调节阀，成本高。 电动调节阀×1×11万元； 管线：较短，忽略。 总投入：11万元

经过以上对比分析得出以下结论：

方案一可操作性高，保留了RRI155VN开度下限10%的设计，安全性好。且超温管段较短，无需更换管线，一次投入费用低，建议采用方案一。

5 结论

本文针对设备冷却水系统为化学与容积控制系统下泄热交换器冬季供水温度低时，下泄热交换器出口一回路冷却剂温度达不到设定值及正常运行工况下阀门可调节范围小的问题展开分析，以某M310机组为实际分析对象，展开以下研究：

（1）利用平潭站海水条件，计算出福清厂址海水T7温度，并利用HTRI软件计算出福清厂址设备冷却水系统可能出现的最低供水温度；

（2）建立管壳式换热计算模型，通过热力计算得出当设备冷却水系统最低供水温度时

RCV002RF 出口一回路冷却剂达到设定值时设备冷却水系统供水流量；

（3）通过 flowmaster 软件建模，分析达到设备冷却水系统最低供水流量时对应 RRI155VN 的开度，并经过分析，目前阀门设计不满足该流量调节要求；

（4）针对以上分析得出的结果提出两套改造方案，并在上述结论的基础上，利用 flowmaster 软件建模确定水力特性与管道、设备选型，同时通过换热计算，确定换热后设备冷却水温度；

（5）从系统、仪控、布置等专业角度对两套方案进行比选。

通过上述研究，得出方案一 RCV002RF 并联旁通管线可以有效解决设备冷却水系统为化学与容积控制系统下泄热交换器冬季供水温度低时，下泄热交换器出口一回路冷却剂温度达不到设定值及正常运行工况下阀门可调节范围小的问题，同时，该方案保留了阀门开度下限的设置，可以避免阀门误关导致的 RCV002RF 丧失设冷水的情况出现，且新增逻辑简单，可实现程度高，经济性更优，适用于核电厂改造和新核电厂设计优化。

参考文献

[1] FQY57120018195T44GN CV calculation and Actuator operation force calculation method and report Nuclear Island Closed Loop Control Valves.

[2] 换热器工程设计手册

[3] FQX17RCVD09B30745GN 化学和容积控制系统手册第 9.2 节

[4] FQ4-RCV-SSC-002566 4RCV002MT 设定值变更单

[5] FQX17RRI002B30745GN 设备冷却水系统手册第 2-5 章

二代改进型压水堆核电厂乏燃料水池冷却和净化系统持续改进策略研究

李　博[1]，皮　月[1]，张　倩[1]
（1. 中国核电工程有限公司，北京 100840）

摘要：核电厂在整个寿期内需不断更换新的核燃料并卸出已使用过的乏燃料。乏燃料具有持续放出衰变热、有放射性、在特定情况下可能重返临界等特点，因此，对于任何形式的核电厂，乏燃料的贮存、冷却及屏蔽都是无法回避的问题。本文以田湾核电厂为例，研究乏燃料水池持续改进的方向和内容，并为后续二代改进型压水堆核电厂乏燃料水池冷却系统的持续改进提供参考和借鉴。

关键词：改进策略；乏燃料水池冷却系统

1　研究背景和目的

核电厂在整个寿期内需不断更换新的核燃料并卸出已使用过的乏燃料。乏燃料具有持续放出衰变热、有放射性、在特定情况下可能重返临界等特点，因此，对于任何形式的核电厂，乏燃料的贮存、冷却及屏蔽都是无法回避的问题。田湾核电厂 5、6 号机组原计划于 2011 年 4 月进行 FCD，后因为福岛核事故暂停，并在 2015 年恢复重启。福岛核事故后核电安全改进和创新为世界核电发展提出了更高标准的要求。

田湾核电厂 5、6 号机组参照福清核电厂 1、2 号机组的换料模式，按 12 个月换料设计，具备过渡到 18 个月换料的能力。在田湾核电厂的最初乏燃料水池冷却系统（PTR）的设计中，仍是按照 1/3 堆芯卸料进行设计。然而随着燃料装卸技术的革新和运行管理水平的提高，实际卸料方式和卸料结束时间相对于原设计基准出现了很大变化，实际每次换料采取全堆芯卸料方式，卸料结束时间较设计考虑 14 天提前到 8 天左右，这样导致乏燃料水池（简称乏池）实际热负荷（10 MW 左右）远大于设计基准的假设。在功率运行工况下，乏燃料水池热负荷不会超出设计范围，但是在换料大修期间，由于上述换料方式的改变会出现 PTR 单列系统运行乏池冷却能力不足的问题。

根据福岛核事故后通用技术要求，PTR 系统应具备冗余的核级液位测量仪表以及相应的临时补水管道。这些要求在原参考核电厂的设计中，都是缺失的。针对这些新的设计要求，研究 PTR 系统的改进策略具有重大的意义。

2　总体策略

田湾核电厂 5、6 号机组原设计为 M310 堆型，以福清一期工程为参考核电厂。改进工作应充分考虑福清一期工程两台机组投入商业运行后，运行过程中的经验反馈，以使得乏池系统的配置和安全性得到最优化提升，并达到三代核电的技术要求。

改进应保证乏池系统能够带出核电厂正常功率运行以及停堆换料期间不同层次的热负荷，并留有一定的备用能力。同时改进在原设计的基础上进行适应性的调整，以减小对厂房结构、布置工作的影响，保证田湾核电厂5、6号机组施工、采购等工作在设计节点内有效展开。

同时，在方家山等早期在运核电厂中，由于原系统设计方案以及系统配置的限制，在转运舱和装载机之间进行倒水时，由于占用倒水管道和冷却管道的重合，需停止乏池的冷却。虽然由于乏池整体热容量较大，短时间失冷对乏燃料组件的安全不会带来影响，但出于运行便利性以及核安全的较高要求，采取增加专门倒水回路的措施可以避免复杂的运行模式。

以上相关电厂中乏池的经验反馈，均对田湾核电厂5、6号机组中的乏池系统设计有较大的借鉴意义。综合考虑，田湾核电厂5、6号机组的PTR设计改进应按照以下策略展开：

（1）吸取核电厂的运行经验反馈；

（2）保证不同换料工况的冷却能力和冗余度；

（3）考虑新技术手段，达到三代核电中乏池冷却系统的标准；

（4）跟踪系统设计规范的更新，系统设计应满足新的法规规范要求。

3 具体策略实施以及相关改进技术方案

基于上述改进策略，田湾核电厂乏池冷改进方案中共包含八个方面：①乏池冷却能力的改进；②跨接管线的改进；③倒水回路的改进；④除盐器入口管线的改进；⑤增设应急补水管线；⑥盲板法兰改进；⑦燃料格架由原硼钢变更为硼铝格架；⑧乏燃料水池监测改进。

具体策略实施主要包括以下几个方面。

1）总结运行经验反馈，并充分落实。

我国是过去30年世界范围内唯一持续进行核电建设的国家，同时二代压水堆核电厂运行了相当的堆年。中核集团作为集设计、建造、运行为一体的大型核电单位，成熟的经验反馈对于反馈运行经验、提升设计能力、优化核电厂设计具有重要的意义。同时乏池冷却系统，作为应对核电厂乏燃料组件贮存的重要系统，随着对安全性要求的提升，受到了运行人员以及安审、公众的特别重视。

在过去的年份内，运行人员向设计单位提供了较多的运行反馈，包括跨接管线、倒水回路、盲板法兰、除盐器入口管线的改进等，田湾核电厂5、6号机组项目对以上建议反馈均进行了完整的设计改进。

运用经验反馈，扩展了乏池系统的功能。如跨接管线改进（见图1），使得乏池的除盐回路具备了为反应堆换料水池提供净化的能力，将反应堆换料水池和乏池的水质管理统一到了同一净化回路下，并为换料期间快速优化反应堆换料水池的水质、推进核电厂的换料操作、缩短换料操作时间，并进一步提升核电厂的经济性提供了一种简单、经济的操作方案，使得系统的运行能力得到丰富，提升了系统的经济性。

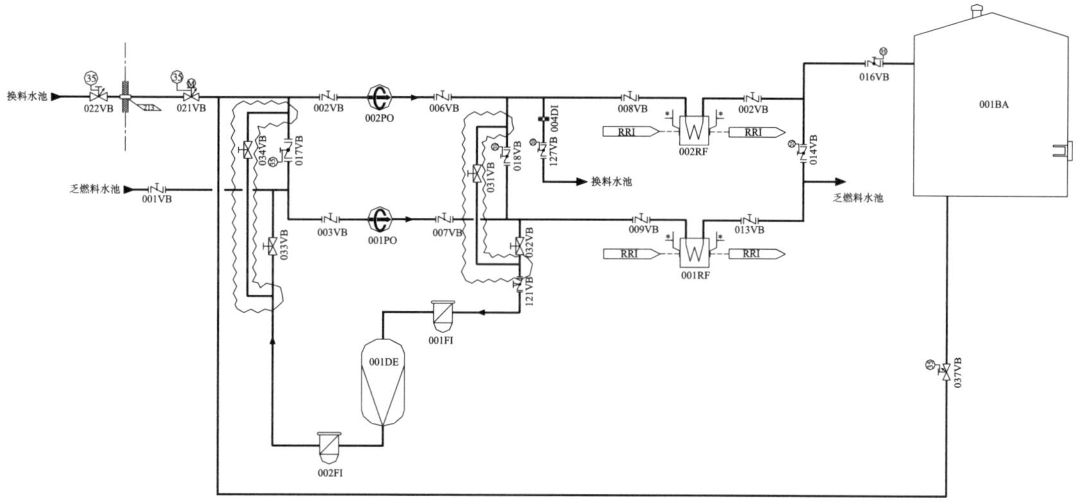

图 1　跨接管线流程简图

根据经验反馈，提升了对运行、维护人员的辐射防护能力。如盲板法兰（见图 2）、除盐器入口管线的改进（见图 3）。盲板法兰的改进有助于减小换料后的操作盲板法兰时引起的热点辐照剂量。除盐器入口修改为法兰连接的改进有助于消除对除盐器检修由于必需的原切割操作引起的长时间照射剂量。通过对设备形式的优化，可大幅减少操作人员的剂量照射，践行了对于核电设计的 ALARA 原则，体现了我国核电设计对细节的关注和提升，是良好设计的重要体现。

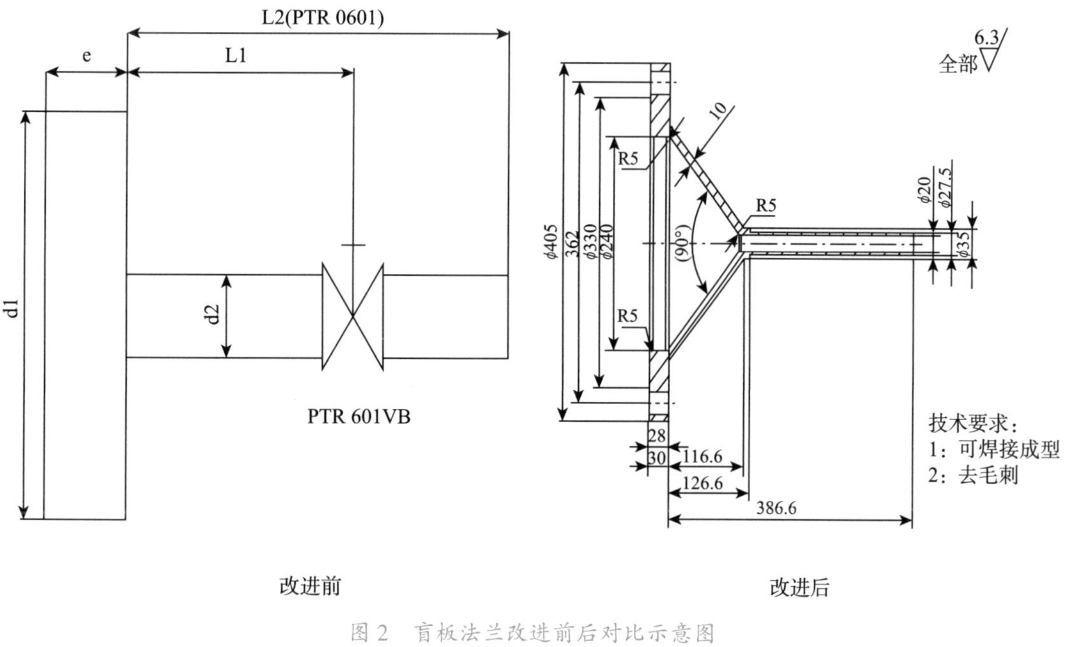

图 2　盲板法兰改进前后对比示意图

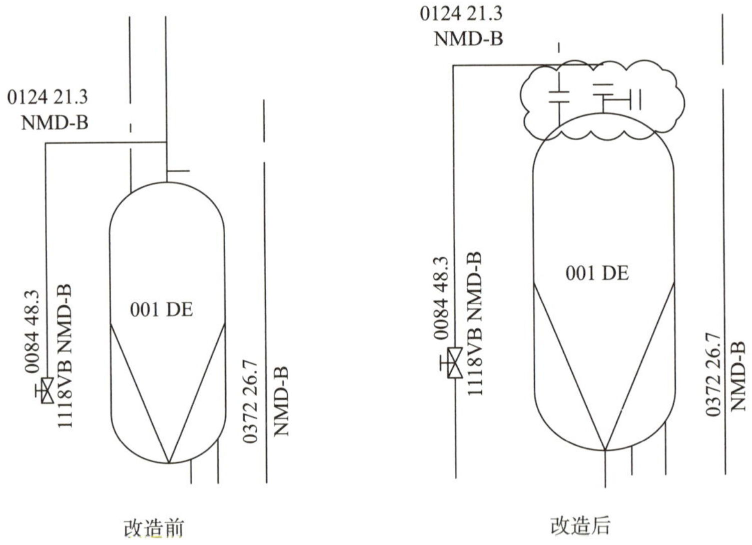

图 3　除盐器入口管线的改进

原参考核电厂的设计，在进行装载井和转运舱之间的倒水时需停止乏池的冷却，长达 5 h 的乏池失冷状态，对乏燃料的贮存存在较大的风险。借助增加冷却泵的改进，对于乏池功能进行梳理，对设备分工进行调整归纳，利用新增的 006PO 执行倒水的功能（如图 4 所示），对于提升乏池的贮存安全性具有重要的意义。同时简化了孔板的功能，便于调试的开展、以及提升运行能力。

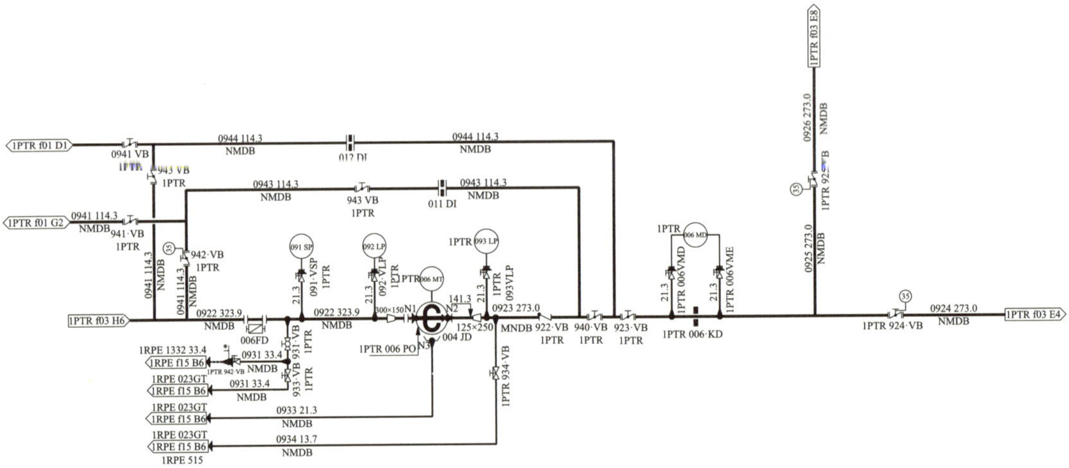

图 4　改进后 PTR 倒水回路流程简图

经验反馈是设计中重点强调的工作内容，田湾核电厂 5、6 号机组项目的乏池系统改进，践行了经验反馈的要求，执行了“设计→运行→设计”的台阶提升路线，对于优化电厂的运行能力，提升设计院的设计能力具有良好的榜样作用。

2）保证不同工况下的乏池冷却冗余度

原参考核电厂的乏池系统设计，是基于部分堆芯换料的理念。随着换料装备技术的发展，核电厂基本采用了整堆倒料的换料方式。这缩短了换料大修时间，提升了核电厂的经济性，但同时带来乏池冷却能力不足的风险。特别是停堆换料期间，全部堆芯进入乏池后，两列乏池需全部投入运行才能满足乏池的温度限制要求，此时缺乏相应的备用冷却列，不满足三代核电设计中对于冗余、备用的理念要求。

充分考虑设计理念基础的变更，以及核电厂实际运行能力的提升、变化，田湾核电厂5、6号机组项目新增了一列冷却列（如图5所示）。核电厂功率运行时，PTR的3个冷却列中（001PO-001RF，002PO-002RF和006PO-003RF）的一列投入运行，其他两列作为备用；换料大修期间，PTR的3个冷却列001PO-001RF和006PO-003RF的一列或两列投入运行，002PO-002RF作为PTR另外两个系列的备用或作为RRA的备用。

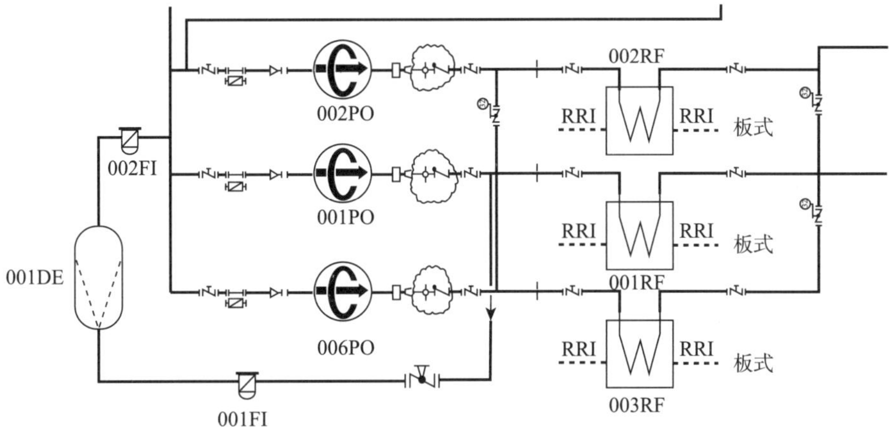

图5　改进后PTR冷却回路流程简图

新增一列后，乏池冷却列达到了3列。充分考虑从热停到换料完成的全部操作过程中，乏池基准热负荷的变化引起的运行列的变化，并统筹考虑整个过程中乏池的系统操作。对乏池的重要系统功能进行重新分配，将倒水工况从孔板调节组中剥离，使其只承担了核电厂功率运行下的冷却以及换料时的冷却流量调节功能，将其装载井和转运舱之间的倒水工况功能转由新增的泵承担。这对于乏池孔板的参数设定以及运行调整具有相当的便易性。

因此PTR系统的冷却能力以及冗余度达到了三代核电技术的要求，其在不同工况下，均具有必备的能动冗余度，并具有了良好的运行能力。

3）跟踪新技术的发展，优化设计

推进中国制造是核电建设中承担的重要任务。格架材料对于乏燃料贮存的安全具有重要的意义，其格架尺寸大小对乏燃料贮存的密集程度具有决定性的作用，并进一步决定了乏燃料贮存的经济性（格架布置如图6所示）。

硼铝格架一直以来由国外垄断，田湾核电厂5、6号机组项目上实现了硼铝格架的国产研发制造，并经过合理的、充分的验证，达到了实际应用的标准。为推进中国制造的能力提升，田湾核电厂5、6号机组项目将原硼钢燃料格架变更为硼铝燃料格架，推进国内材料的产业发展。

同时变更为硼铝材料后，乏池的可贮存乏燃料组件数量增加，提升了核电厂湿式乏燃料组件的贮存年限，提升了核电厂的运行经济性。

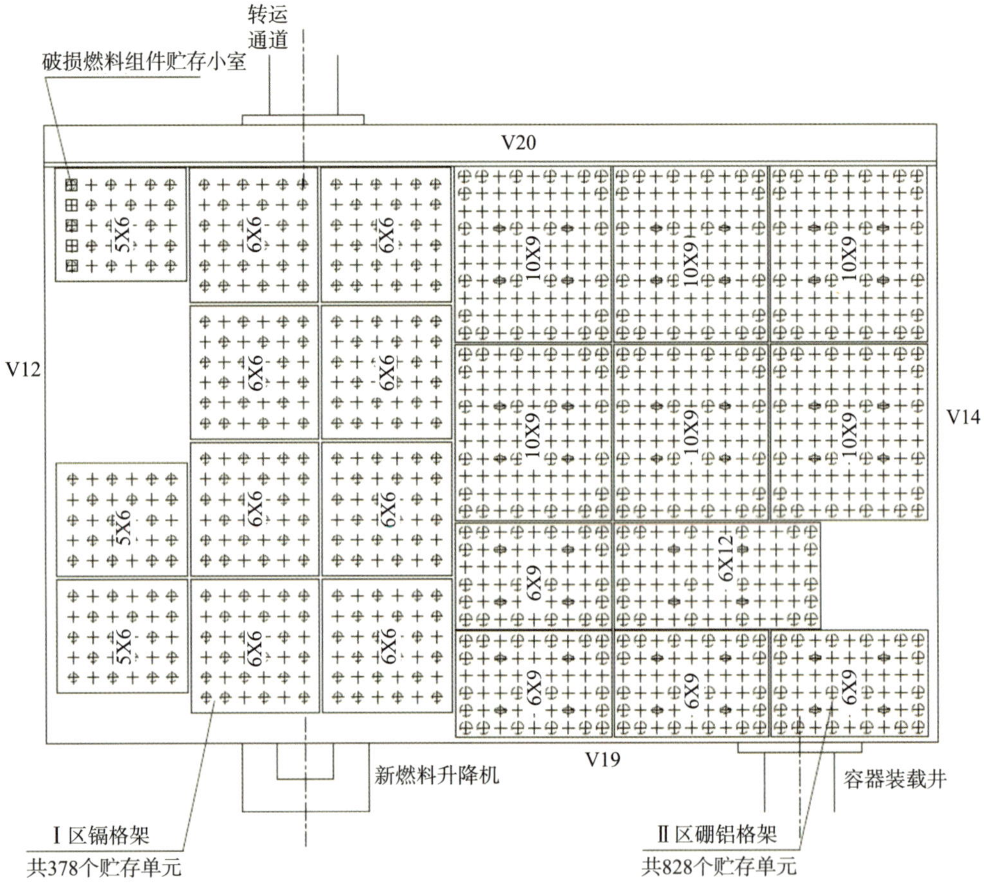

图 6　格架布置图

4）落实福岛经验反馈和新的法规要求，提高乏燃料水池状态监测能力

福岛核事故后，对国内电厂的设计重新进行了审查，对极限状态下的涉核部分，如乏池和一回路，增加了一定的应对措施，避免了燃料组件失冷干烧，最终保证乏燃料组件的安全性。

事故应急补水（如图 7 所示）采用了增加厂房外直接补水接口，接口配置消防连接头，保证了操作可到达性以及操作的便易性，在乏池沸腾蒸发的可承受时间内，能够保证对乏池进行补水操作，为恢复核电厂能动安全以及其他事故应对措施，提供足够的操作手段。

原参考项目的乏池水温、水位的检测，均为非抗震级别，不满足地震情况下具备对水池进行持续检测的要去。为提升乏池的安全性，田湾 5、6 号项目乏池共设置三个温度监测仪表，包括非核级就地监测仪表 034LT、非核级开关量仪表 037ST 和非核级有抗震要求的 032MT。设置三个液位监测仪表，包络非核级液位仪表 043MN，以及冗余设置的核级液位仪表 041/042MN。其中液位仪表 041/042MN 和温度仪表 032MT 设计满足《福岛核事故后核电厂改进行动的通用技术要求》。改进后的乏池系统对乏燃料水池的状态检测能力得

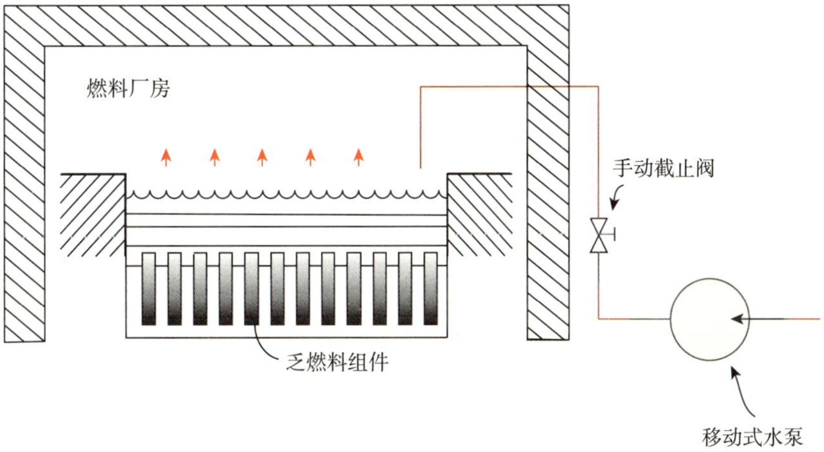

图 7　乏燃料水池增设应急补水管线方案示意图

到了相当的提升，电厂运行的安全性得到了足够的保证。

严格遵守福岛核事故后的改进规范，全范围考虑事故的应对操作，对核电厂的安全运行具有良好的实践价值。

5）丰富系统运行工况，灵活运行人员的操作

原反应堆换料水池的净化由表面撇沫回路以及过滤回路的两台过滤器予以保证。停堆开盖后，原积攒在一回路相关流动死区的大量杂质集中通过一回路顶盖释放进入到反应堆换料水池，对水池的透明度造成了一定的干扰，对放射性造成了一定的升高。而原工作配置的过滤器除盐、净化能力不足，无法满足换料水池对水质提升的时间要求。同时停堆后，化学和容积控制系统不再工作，核电厂缺乏其他可靠手段。

通过乏池冷却系统的第二列与余热排出系统之间的接管，通过乏池第二列带动一回路循环，并利用乏池冷却系统的除盐回路对水质进行净化。由于除盐器的净化能力优于除盐器，同时除盐回路与过滤回路同时运行，也缩短了水质的处理时间。

同时增设了冷却列与除盐回路之间的隔离措施，保证不同列在承担不同功能时，列间不存在相互干扰。

以上的设计考虑，充分从运行的角度出发，在原设计的基础上，对于运行人员在保证核安全的背景下，进行灵活操作提供了足够的系统配置。

同时也扩宽了原乏池冷却系统不同子系统的功能，丰富了系统工况，提升了系统和设备的利用率，有助于提升设备和核电厂的经济性。

通过每个改进策略指导，从不同的角度考虑 PTR 系统的改进，从而使 PTR 系统每个方面能力都得到提升。

4　改进技术中需重点关注的技术问题

1）冷却工况的选取和状态的区分

针对新的换料工况，需要对各种不同的工况进行分析，最后确定最大的正常换料以及

事故工况的衰变热。正常贮存工况冷却和换料工况冷却的设备选择分析也是系统设计研究的技术重点。

2）运行工况和运行状态的区分

新增的冷却列除承担冷却功能外，也承担了舱室之间的倒水工况，除盐回路除承担乏池的净化外，也承担了换料水池的净化，如何区分不同工况之间对与列间的隔离，是本系统设计研究的一个重点。

针对改进技术中的难点问题，应专门识别并及早开展研究，确保改进方案合理有效。

5 结论

田湾核电厂5、6号机组乏燃料水池冷却系统，满足了HAF102，NB/T20178等法规中的相关要求，并通过乏池系统改进策略研究，确定了适用于田湾核电厂5、6号机组的乏燃料水池冷却系统设计方案。乏池系统改进研究的相关成果可以用于后续的工程设计参考和核电厂的运行修改。

田湾核电厂扩建工程5、6号机组的乏池冷却系统设计深入调研了设计背景，对设计细节进行了充分的优化分析，使得田湾核电厂5、6号机组的乏池冷却系统具备、达到了三代核电设计标准的安全性和运行能力，充分表征了我国在过去30年的核电设计中所积累的设计经验和设计能力，是我国核电实力的象征，其设计细节及理念已充分体现在我国三代压水堆核电技术“华龙一号”中，对于促进核电走出去具有良好的示范作用。

硼铝乏燃料格架抗震分析方法研究

杨林民[1]，盛　锋[1]，王春明[1]
（1. 中国核电工程有限公司，北京 100840）

摘要：乏燃料格架是放置于乏燃料水池中，用于水下贮存乏燃料组件。在地震载荷作用下，由于结构与水之间的流固耦合作用，会使得格架结构对于地震载荷的响应与在空气中的设备有很大不同。本文对乏燃料格架在地震载荷作用下与水之间的流固耦合分析方法进行了研究。格架与水的流固耦合效应通过附加质量和激励修正系数考虑，并分别通过有限元分析和理论公式计算得到。在乏燃料格架的抗震分析中，在考虑流体附加质量的同时，也对地震激励进行修正，保证了常规地震分析方法仍然可以使用，从而得到乏燃料格架在地震载荷下的力学响应。

关键词：乏燃料格架；附加质量；地震激励修正系数

1　引言

乏燃料格架是相对独立地放置于乏燃料水池中的一种燃料组件水下贮存装置。作为抗震类设备，在地震载荷作用下，乏燃料格架必须要满足结构完整性要求。但是，在地震载荷作用下，由于结构与水之间的流固耦合作用，会使得格架结构对于地震载荷的响应与在空气中的设备有很大不同。并且，由于格架布置比较紧密，格架与水之间是窄间隙的强耦合作用，与容器内装不满液体情形的流固耦合作用不同，与无限大水域情形的流固耦合作用相比也要复杂得多。本文主要研究工程上如何考虑这种窄间隙的流固耦合分析，并通过简便可操作的方法来实现，以解决工程设计中的实际问题。

2　理论基础

2.1　附加质量

在工程上，流固耦合问题主要有以下三种情形：容器内装不满液体情形、无限大水域情形和窄间隙水域情形。对于前两种情形，相关文献[1-3]都有比较明确的方法描述，比如采用 HOUSNER 理论法或者公式法计算附加质量。对于第三种窄间隙水域情形，ASME N1400 中有一定描述，并指出，狭长水隙中的耦合效应比在无限流体介质中要强得多，但未涉及如何计算。Fritz[4]提出了针对同心圆柱体内含水结构的耦合附加质量计算公式，可以得到附加质量的理论解。但是，对于工程上应用的窄间隙水域中的复杂结构，目前还缺乏很好的理论解。本文采用简化方法来解决这个工程实际问题。

根据理想势流理论与导热基本定律之间的比拟分析[5]，可以得到附加质量的理论计算方法。

分析基于以下假设进行：

（1）流体为理想流体；

（2）流体流动为有势流动；

（3）固体结构为刚性物体。

流体压力的拉普拉斯方程可表示为：

$$\frac{\partial P}{\partial \bar{n}} = -\rho \bar{X}''_n \tag{1}$$

导热基本定律可表示为：

$$\frac{\partial T}{\partial \bar{n}} = -\frac{1}{k}\bar{q} \tag{2}$$

式中，k 为导热系数，T 为温度，P 为流体压力，ρ 为流体密度，$\bar{q}$ 为热流密度，$\bar{X}''_n$ 为固体边界法向加速度。

比较以上两个方程可知：在固体边界施加热流密度，对其进行稳态热分析，再沿固体边界对温度进行积分，即可获得固体在流体中运动引起的耦合水附加质量。

本文采用有限元方法[6]来实现上述附加质量的计算。对乏燃料水池和乏燃料格架进行一定的简化，建立有限元计算模型进行计算即可得到格架与水之间的流固耦合效应引起的附加质量。

2.2 地震激励修正

在对无限大水域中结构采用附加质量法考虑流固耦合作用来进行抗震分析时，一般是将液体的附加质量均布在结构上作为等效密度，再对结构进行常规抗震分析。这种处理方法认为水对结构仅仅起惯性力的作用，而忽略了水对结构的刚度贡献，即水对于结构的运动还具有阻尼作用，这是保守的。

本文基于乏燃料格架结构在空气中和在水中运动方程的对比进行分析[7]。

在楼层激励下，忽略任何阻尼效应，格架在空气中的运动方程为：

$$MX'' = K(X_f - X) \tag{3}$$

式中，M 为格架质量；K 为格架刚度；$X(X'')$ 为格架绝对位移（加速度），$X = X_f + x$；$x(x'')$ 为格架相对位移（加速度）；$X_f(X_f'')$ 为基础位移（加速度）。

将同一格架浸入水中，则其运动方程如下：

$$x'' + K/(M + M'' + M_h)x = -(M + M'' - M_1)/(M + M'' + M_h)X_f'' \tag{4}$$

式中，M'' 为格架内含水的质量；M_h 为格架与水之间的流固耦合效应引起的附加质量；M_1 为格架排开水质量与格架内含水质量之和。

令 $\beta = [M/(M + M'' + M_h)]^{\frac{1}{2}}$，$\alpha = (M + M'' - M_1)/(M + M'' + M_h)$，则 $\beta < 1$，$\alpha < 1$。对比上述方程可知，格架浸入水中会使结构刚度变为在空气中刚度的 β^2 倍，从而引起

自然频率变为在空气中自然频率的 β 倍；同时使激励加速度变为在空气中激励加速度的 α 倍。

因此，用 $(M+M''+M_h)$ 替代 M，用 $\alpha X_f''$ 替代 X_f''，即，在考虑附加质量的同时，也对地震激励进行修正，无需对计算模型的刚度进行修改，就可以得到考虑水与格架之间窄间隙流固耦合效应情况下格架对于地震的力学响应。

3 工程应用

3.1 结构描述及要求

本文以田湾核电厂扩建工程 5、6 号机组的 9×10 型乏燃料格架为例进行阐述。

乏燃料格架主要材料为 022Cr19Ni10，布置在乏燃料水池中，相邻格架之间的最小间距为 25 mm，如图 1 所示。9×10 型格架结构如图 2 所示，由底板、方钢管以及挡板等焊接形成多个方形贮存小室，用于装载燃料组件；格架底板下部有 24 个支腿，坐落于乏燃料水池中。

乏燃料格架分析主要考虑自重和地震两种载荷。本文仅对自重叠加 OBE 地震载荷进行分析，要求结构应力不应超过材料抗拉强度的 30%，即 $\sigma \leqslant 0.3\sigma_b = 143$ MPa。

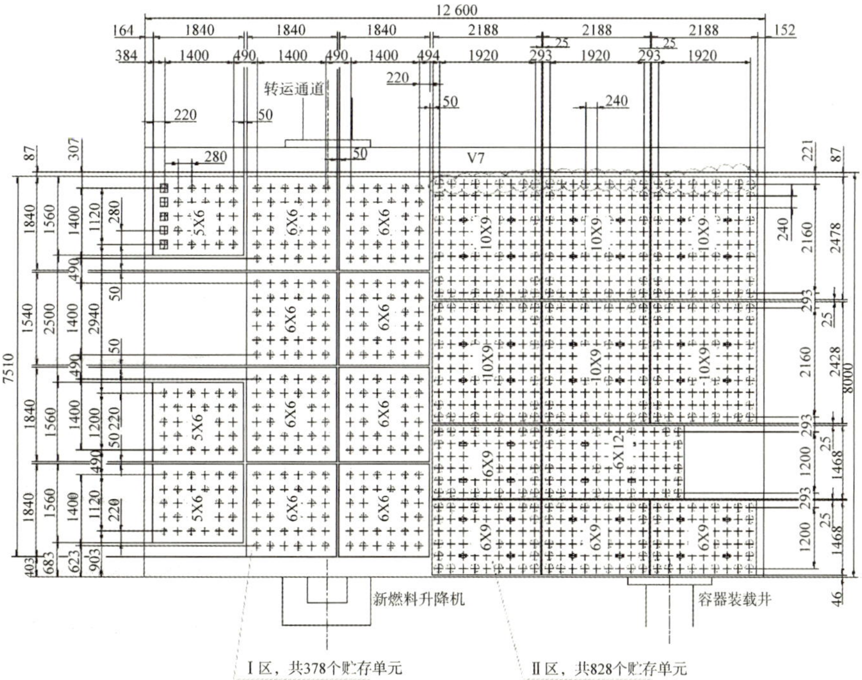

图 1　乏燃料水池中格架布置

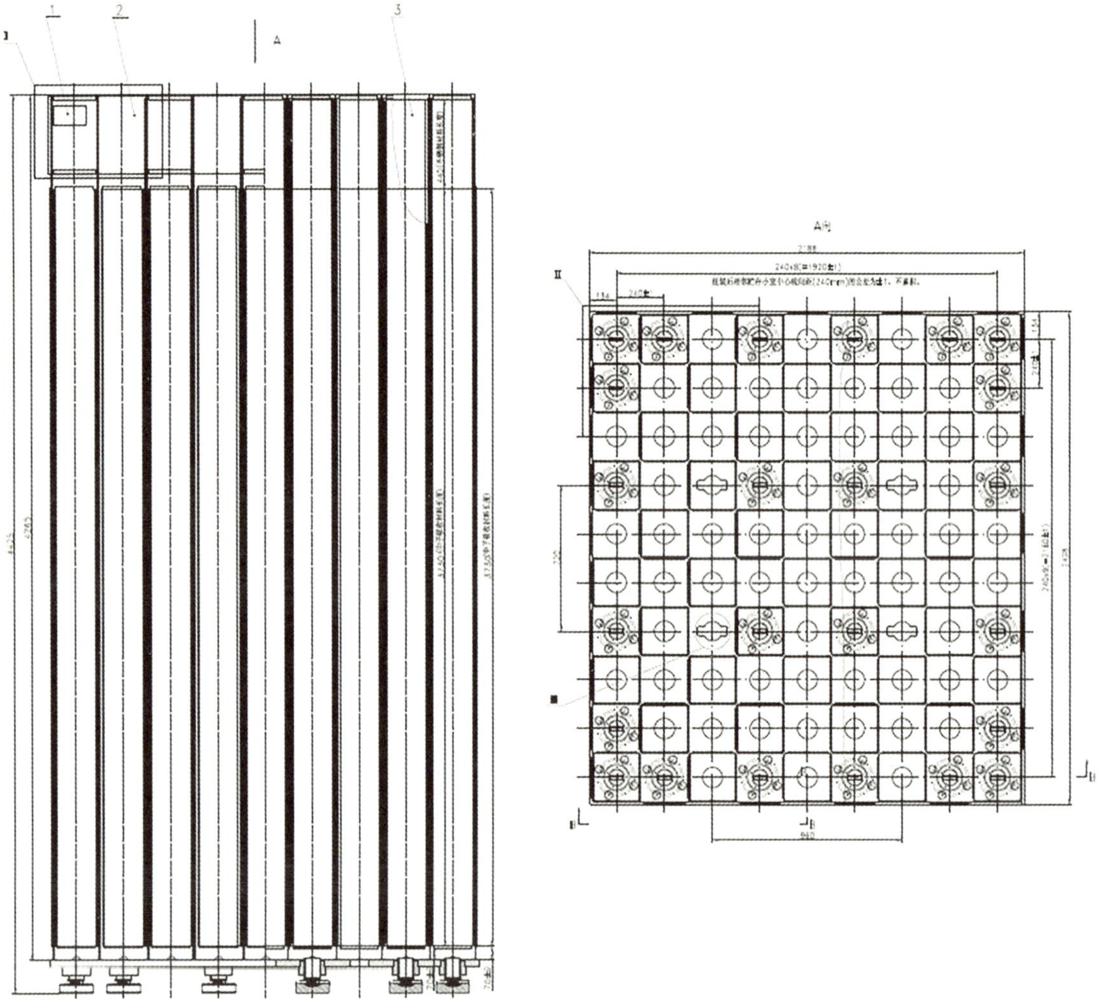

图 2 格架结构示意图

3.2 计算方法与模型

3.2.1 计算方法

利用 ANSYS 15.0 软件，采用有限元方法进行计算。

考虑附加质量对格架在液体中的模型进行了模态分析，采用 BLOCK LANCZOS 法提取结构模态，采用修正后的响应谱，用响应谱法计算结构地震响应，并对残余质量进行了修正。对格架在自重载荷下的计算结果与地震载荷下的计算结果进行叠加，取最不利组合的应力结果进行评定。

3.2.2 计算模型

格架有限元模型如图 3 所示，主要采用壳单元 SHELL181 进行模拟，附加质量采用质量单元 MASS21 进行模拟。硼钢板、格架内含水、乏燃料组件及控制棒组件的质量以等效密度考虑。将底板上、与支腿连接区域的节点施加3个方向平动位移约束作为计算的约束条件。

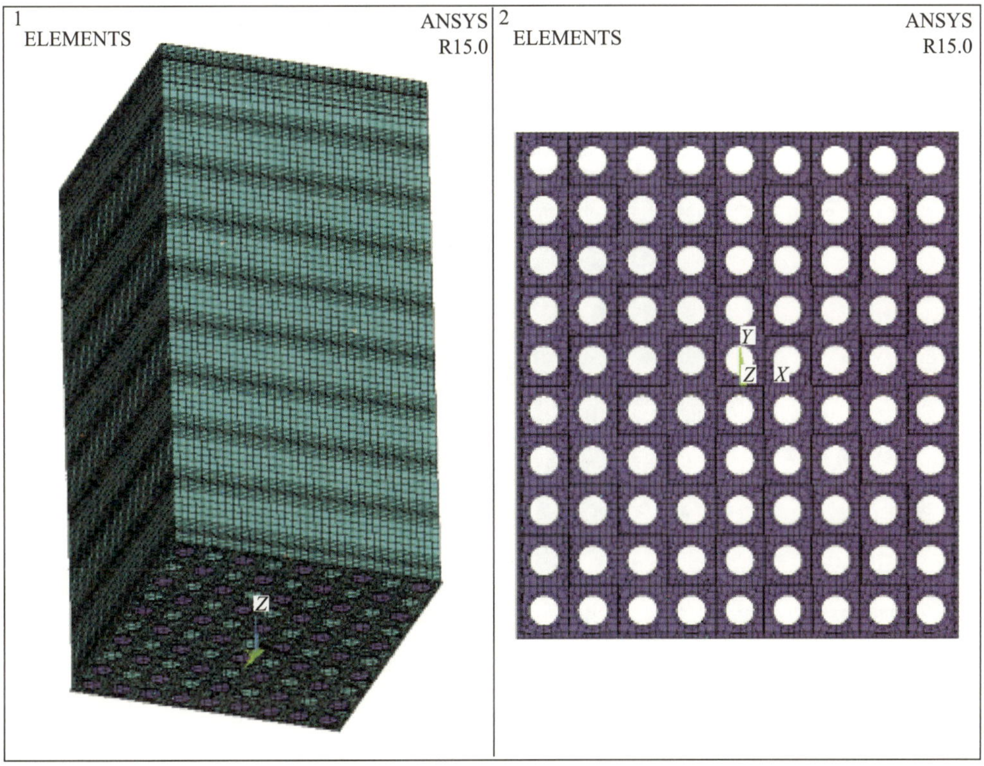

图3 格架有限元计算模型

3.3 结果及分析

采用有限元方法计算得到格架附加质量，并采用公式法计算得到地震激励修正系数，如表1所示。

表1 单位加速度载荷下的附加质量计算结果

参数	X方向	Y方向
附加质量（10^3kg）	33.8	55.6
地震激励修正系数	0.496	0.416

由自重叠加OBE地震产生的格架本体结构应力分布如图4所示，最大应力值约为132 MPa，位于格架底部连接块区域，小于许用值143 MPa，满足相关要求。

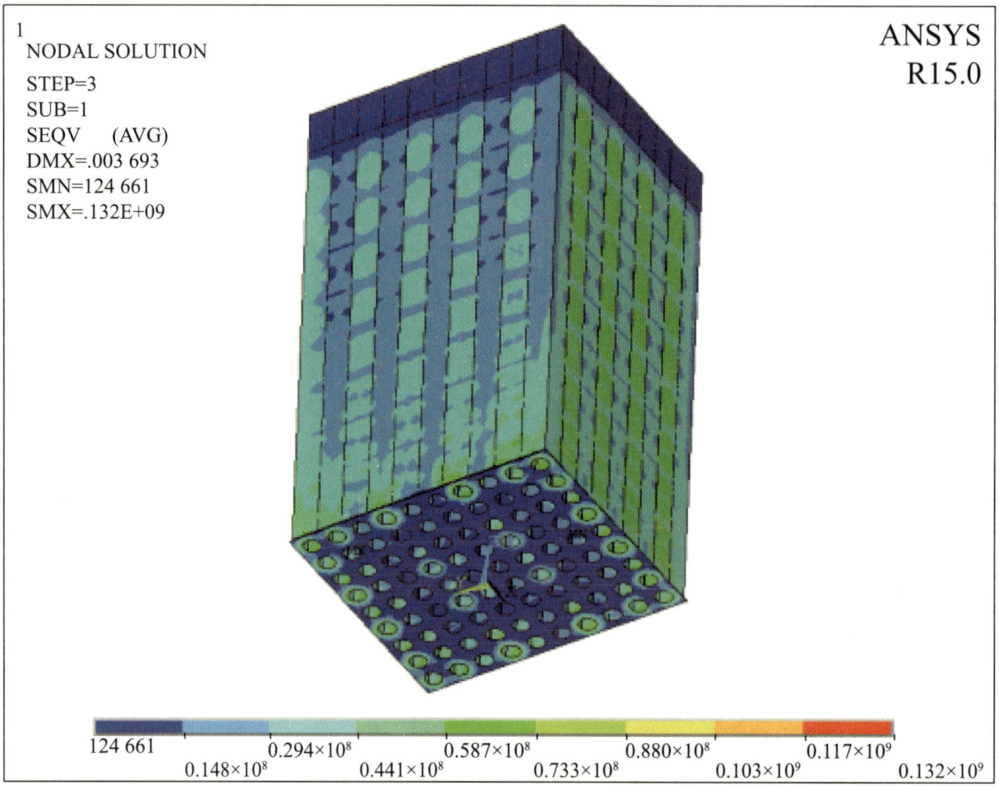

图 4 自重叠加 OBE 下格架本体应力分布

4 结论

本文通过对乏燃料格架抗震分析方法进行研究，得到了简化的格架流固耦合分析方法，即附加质量和地震激励修正系数计算方法，并用于田湾核电厂 5、6 号机组的乏燃料格架抗震分析。在考虑附加质量的同时，也对地震激励进行修正，保证了采用常规地震分析方法也可以得到乏燃料格架在地震载荷下的力学响应。

参考文献

[1] G W Housner. Dynamic Pressures on Accelerated Fluid Containers[J]. Bull. Seism. Soc. Am., 1957,47(1):15-35.

[2] American Society of Civil Engineers.Seismic Analysis of Safety related Nuclear Structures and Commentary on Standard for Seismic Analysis of Safety related Nuclear Structures[R].1998.

[3] ASME 核电规范与标准[S].2004.

[4] R J Fritz. The Effect of Loquids on the Dynamic Motions of Immersed Solids, Journal of Engineering for Industry[R]. 1972:167.

[5] Note FRAMATOME EEXM-DC-294, Rev. A. Ling AoSpentFuel Storage Rack, Hydrodynamic Behavior of ALine of Modules[R].2000.

[6] Samuel Levy, John P. D. Wilkinson. The Component Element Method in Dynamics with Application to Earthquake and Vehicle Engineering[R].McGraw-Hill.Inc, 1976.

[7] Note FRAMATOME EEXM-DC-287, Rev. A. Ling AoSpentFuel Storage Rack, Region 2 Boron Stainless Steel Mechanical Design[R].2000.

[8] 姚谦峰,常鹏.工程结构抗震分析[M].北京:清华大学出版社,北京交通大学出版社,2012.

[9] R.克拉夫,J.彭津.结构动力学[M].王光远,等译.北京:高等教育出版社,2006.

田湾核电厂 5、6 号机组地震仪表系统设计优化

姜明月[1]，何　静[1]
（1. 中国核电工程有限公司，北京 100840）

摘要：为了满足相关法规标准的要求，同时考虑运行电厂对地震仪表使用情况的经验反馈，提升核电厂的抗震防护能力，相比以往 M310 堆型的项目，田湾核电站厂 5、6 号机组地震仪表系统在保留该系统原有报警和提供地震信息的功能基础上，增加了地震自动停堆功能，同时对地震动拾震器等进行了优化，以降低地震引起核事故的风险。优化设计后的高可靠性地震仪表系统，对于新建核电厂或在役核电厂改造，均具有较强的应用前景。

关键词：地震；自动停堆；停堆逻辑

1　引言

在发生强地震动时，核电厂的系统、构筑物和部件都可能遭受破坏，影响整个核电厂的安全运行，因此核电厂在选址、设计和制造过程中都要关注核电厂的抗震防护能力，并设置地震仪表系统，通过对地震动数据进行采集、分析后通知操纵员进行相关地震响应操作。

日本福岛核事故发生后，核电厂在地震条件下的安全性引起了广泛关注。作为福岛核事故的重要经验教训，许多国家都强调提升核电厂抗震设防及地震次生灾害的应对。与核电厂抗震设防密切相关的地震自动停堆问题也得到了更多的探讨和关注。2011 年 5 月国际原子能机构（IAEA）核电厂仪控工作组（TWG-NPPIC）会议，建议重点考虑增设地震自动停堆系统以应对超设计基准的严重事故。同样，我国在《“十二五”期间新建核电厂安全要求》中，也提出我国新建核电厂“宜设置地震自动停堆系统”。

田湾核电厂 5、6 号机组以前的地震仪表系统仅有对地震数据的记录及报警功能，并不能实现自动停堆。为了更好地适应国际核电市场需求、满足核电厂安全评审要求，提高核电厂的安全性，需在田湾核电厂 5、6 号机组中增设地震自动停堆功能，并对与停堆功能相关的拾震器进行布置上的优化，从而保证在强地震情况下自动停堆，同时避免核电厂局部震动造成误触发停堆。

2　现有设计情况

由于所处位置地质条件和各核电厂设计要求不同，各国在地震自动停堆系统的设计上略有差异。美国仅在地震活跃地区加利福尼亚州的两座核电厂设置了自动停堆功能，这两

座核电站的地震自动停堆系统设计为安全级。日本处于亚欧板块与太平洋板块的交界处，板块相互挤压导致地震频发，因此自动停堆功能在日本应用较早，且地震仪表系统设计为安全级。中国台湾地区的核电厂设计源于美国，台湾核安全监管当局要求在役的6台核电机组设置自动停堆功能，该功能设计为安全级。俄罗斯VVER-1000反应堆安装了工业抗震保护系统，该系统作为反应堆保护系统的子系统，设计为双通道安全级系统，在2个不同标高分别设置了4个测点采集地震信号，每个通道进行4取2逻辑表决，分别发出停堆触发信号。我国田湾核电厂的VVER堆型也设置了该功能。中国CAP1400国核示范工程中也增设了地震自动停堆系统，该系统在核岛底板设置4个测点进行信号采集，每个通道进行4取2符合逻辑表决后，发出停堆触发信号。

3 优化方案的提出

3.1 自动停堆功能优化

考虑国际上各不同堆型的自动停堆功能设计，以及国内VVER的设计和运行经验，田湾核电厂5、6号机组的地震仪表系统设计在保留以往M310堆型的地震仪表系统地震监测和报警功能的同时，增加了地震自动停堆功能。该功能由地震仪表信号提供触发信号，在多样化驱动系统内实现表决逻辑。自动停堆系统不直接执行安全功能，而是在核电厂纵深防御设计理念的指导下，为核电厂增加额外保护措施，因此其安全分级划分为非安全级。

3.1.1 停堆阈值的设定

低阈值有助于增大停堆与强地震到达之间的时间裕量，而高阈值则会降低因低地震加速度、余震或其他强机械振动等虚假原因造成误停堆的可能性。日本针对SL-1级地震（相当于OBE）、抗震I类设备考虑停堆阈值，一般为0.8~0.9OBE，俄罗斯要求超出OBE时自动停堆，美国核电站采用累积绝对速度和反应谱联合报警，韩国按SSE确定停堆阈值，IAEA建议参考SL-2（相当于SSE）确定停堆阈值。

因此，自动停堆阈值需结合核电厂本身的抗震设计，厂址的地震特性等合理确定，一般在SL-1~SL-2之间。5、6号机组地震仪表系统停堆阈值暂选取为2/3SL-2，后期可根据现场实际要求，加以调整。

3.1.2 自动停堆逻辑设计

为防止因局部振动引起仪表超出限值导致误停堆，每个机组分别设置4个用于自动停堆的三轴向时程加速度仪，当加速度仪测到超过预定阈值的强震动时，发出停堆触发信号至地震仪表系统的中央处理机柜报警箱。每个加速度仪对应两个ON/OFF信号输出，保证在一个硬接线信号出现故障时，另外一个信号可以正常工作，防止出现误触发引起地震停堆。各机组的报警箱将地震触发信号送往多样化驱动系统参与表决，在多样化驱动系统的两个处理单元上分别完成退防表决逻辑；再将多样化驱动系统表决后的信号通过逻辑处理后，送出停堆信号，以降低出现误停堆的概率，保证核电厂的可用性。以5号机组为例，具体逻辑如图1所示。

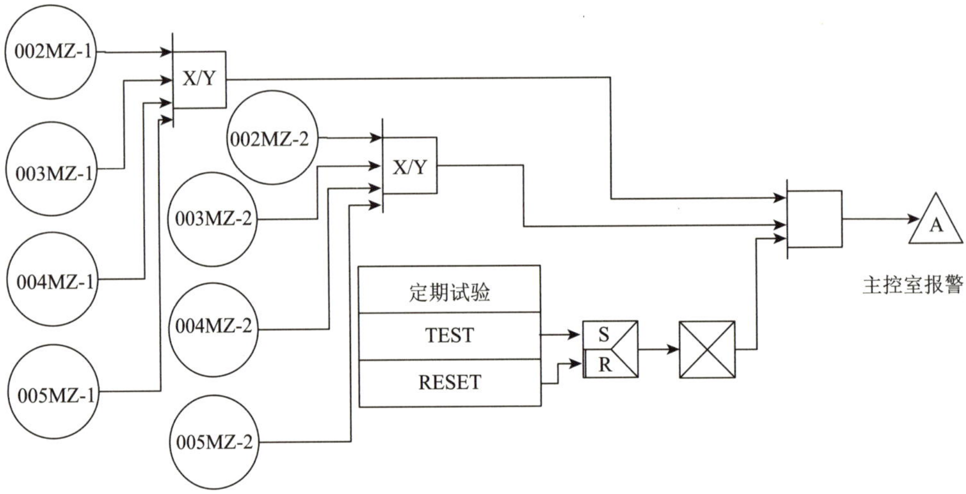

图 1　自动停堆触发逻辑

为保证地震自动停堆功能的可用性和可靠性，地震仪表系统增设了定期试验功能。地震仪表系统中央处理机柜侧输入测试信号，多样化驱动系统侧对相应信号进行读取，进而完成两者之间硬接线连接性的定期试验，同时保证测试信号不会触发报警，避免对操纵员产生不必要的干扰。各个地震自动停堆传感器发出的触发信号设有单独的指示，同时，非试验情况下地震自动停堆触发信号及地震自动停堆都设有报警功能。

该逻辑设计通过冗余信号设置及定期试验设计可提高系统的可靠性，避免因单一设备故障导致的停堆功能不可用情况。

3.2　仪表布置优化

相比以往 M310 堆型的项目，田湾核电厂 5、6 号机组地震仪表系统在保留该系统原有报警和提供地震信息的功能基础上，增加了地震自动停堆功能，因此，对拾震器仪表布置也进行了相应的优化，保证 4 台加速度仪空间上尽可能分隔，防止局部振动同时误触发多台仪表超出限值导致地震误停堆。5、6 号机组的仪表及机柜布置位置及相关功能见图 2 和图 3。

其中，位于自由场、5 号安全壳基础、核辅助厂房基础的三轴向时程加速度仪具有触发记录功能，当 3 个三轴向时程加速度仪中的任意一个判别有达到或超过设定阈值（$0.01g$）的地震加速度值时，仪表将采集和记录自由场和 5 号机组完整的地震动加速度数据，同时在 5 号机组主控室显示提示信息。位于 6 号安全壳基础的一个三轴向时程加速度仪具有触发记录功能，当判别有达到或超过设定阈值（$0.01g$）的地震加速度值时，仪表将采集和记录 6 号机组的地震动加速度数据，同时在 6 号机组主控室显示提示信息。5、6 号机组共用一个自由场加速度传感器，当自由场的 3 个表面分量（2 个水平和 1 个垂直分量）水平向矢量合成峰值$\geqslant 0.095g$ 或垂直峰值$\geqslant 0.063g$ 时，地震报警子系统将向 5 号和 6 号机组主控室同时发出 OBE 报警。

每台机组设置了 4 台加速度仪参与地震自动停堆功能，且保证 4 台加速度仪保持一定的距离，尽可能分布在不同房间内，且所在房间无大型转动、撞击设备。当位于 5 号安全

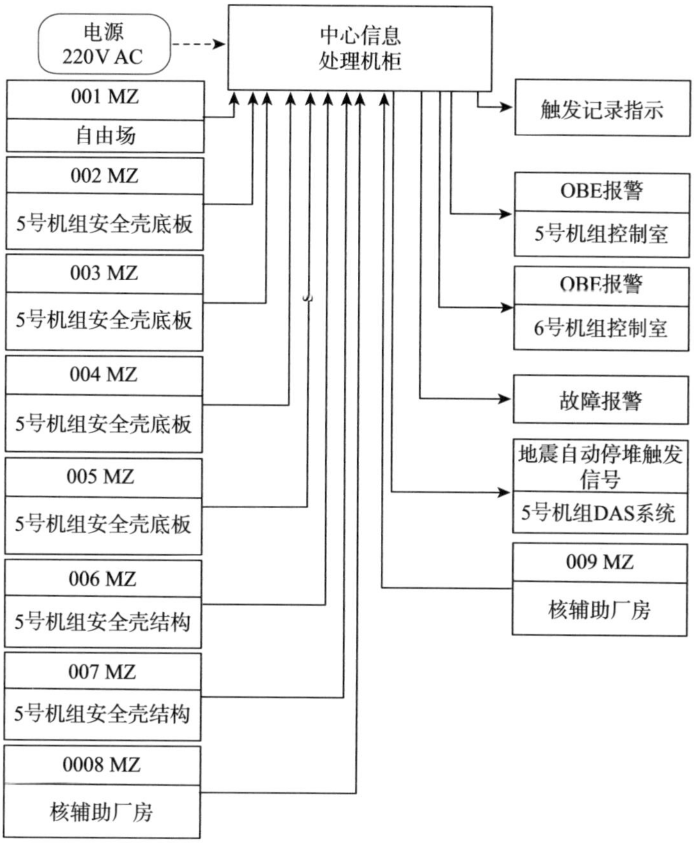

图 2　5 号机组加速度传感器布置位置

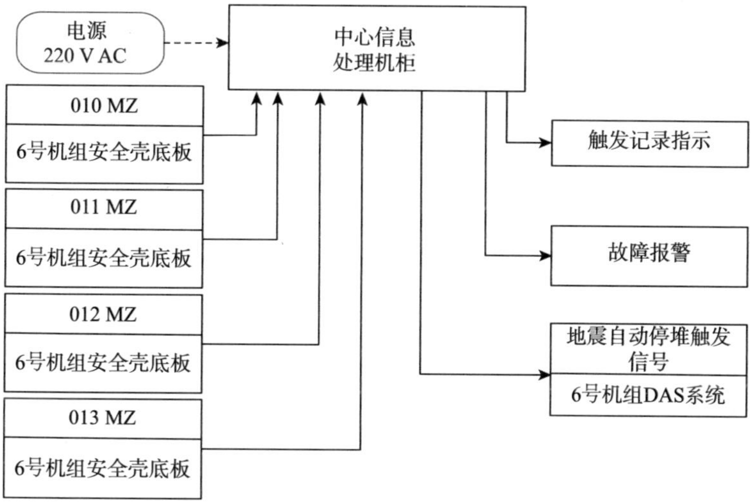

图 3　6 号机组加速度传感器布置位置

壳基础的4个三轴向时程加速度仪以及6号安全壳基础的4个三轴向时程加速度仪采集到有达到或超过预置阈值的地震时，产生ON/OFF信号送往报警箱，经各个机组相应的报警箱分别转换为8个自动停堆信号，送往多样化驱动系统，进行逻辑表决后触发停堆。

综上所述，地震自动停堆功能从其测点数量、布置位置及停堆逻辑多方面综合考虑，极大降低了出现误触发停堆的可能性，保证核电厂的可用性。

4 结语

为进一步提高核电厂的安全性，满足相应国际法规标准的要求，我国及其他一些国家和地区，都提出在核电厂地震仪表系统中增设自动停堆功能的要求。本文系统总结了国际上主要国家自动停堆功能的设计特点，对这些设计进行比对分析，提出在田湾核电厂5、6号机组地震仪表系统中增设自动停堆功能的设计方案。

田湾核电厂5、6号机组地震仪表系统在保证地震仪表系统的报警和地震信息记录功能的基础上，在每个机组的安全壳基础上增设4个三轴向加速度仪，每个加速度仪对应两个ON/OFF信号输出，分别在不同多样化驱动系统机柜中进行逻辑运算后再触发停堆。增设自动停堆功能后的核电厂具有较高的安全性，且最大限度降低误触发的可能，保证了核电厂的可用性，即兼顾了安全性和经济性，对新建电厂和在役电厂改造均有较好的推广价值和应用前景。

参考文献

[1] 国家核安全局."十二五"期间新建核电厂安全要求(报批稿)[Z].2013.

[2] IAEA. Seismic design and qualification for nuclear power plants[R].Safety Guide NS-G-1.6, Vietnam, Austria, 2003.

[3] 核电厂地震仪表准则[S]:NB/T 20076—2012.

[4] 压水堆核电站核岛电气设备设计和建造规则:RCC-E—2005[S].

中长期排热冷却水系统调试方法研究

刘　飞
(中国核电工程有限公司，北京 100840)

本文主要论述了田湾核电厂5、6号机组新设计的中长期排热冷却水系统（RRW）的调试方法，通过设计合理且完整的调试试验项目，确定易于判断的验收准则试验项目、逻辑顺序和执行阶段，来全面检验整个RRW系统的设计、制造和安装符合设计要求。本文论述的调试方法对后续国内其他核电项目中长期排热冷却水系统的调试试验有一定的借鉴意义。

1　引言

调试是核电厂投产前的一个重要工程阶段。调试阶段的任务是将核电厂已安装的部件和系统投入运行并进行性能验证，以确认是否符合设计要求和满足性能标准。

日本福岛核事故后，根据我国核能政策的调整和国际趋势的发展，国内新建核电站将采用安全性更高、抗事故能力更强的先进压水堆核电技术。中长期排热冷却水系统（RRW）是田湾核电厂5、6号机组新设计的系统，用于应对严重事故。目前没有针对该系统进行调试的方法，导致调试难度和工作量的增加。为保证中长期排热冷却水系统调试工作顺利且有序的开展，本文重点分析中长期排热冷却水系统的调试方法，以验证中长期排热冷却水系统其性能符合设计要求和满足性能标准。

2　中长期排热冷却水系统功能说明

中长期排热冷却水系统主要用于在事故发生72 h后，正常冷却手段尚无法恢复的情况下，将安全壳内堆芯余热及乏燃料水池内的乏燃料衰变热通过中长期排热厂用水系统（SEW）传递至环境大气，使安全壳内压力和乏燃料水池温度不超过限值。中长期排热冷却水系统在机组正常运行期间不运行，但需要进行定期试验以检验其可用性。同时事故后，在投入运行的核岛换热器和环境大气之间形成屏障，防止放射性物质不可控制地释放到环境大气。

中长期排热冷却水系统（RRW）的主要功能如下。

（1）在全厂断电（SBO）+丧失最终热阱（LUHS）+一回路小破口失水事故（SB-LOCA）及SBO+LUHS+异常全堆芯卸料工况下排出堆芯及乏燃料水池的余热；

（2）在乏燃料水池失去设备冷却水系统/重要厂用水系统正常冷链冷却，并且有效补水丧失的情况下通过RRW系统导出乏燃料水池的余热。

（3）从辐射安全的角度，当被冷却的换热器可能受污染时，防止放射性物质不可控制的释放到大气中。

3 系统配置

中长期排热冷却水系统热负荷按事故后 72 h 考虑。当丧失设备冷却水系统/重要厂用水系统正常冷链时，RRW 系统应具备可运行条件，为安全壳喷淋系统（EAS）、反应堆和乏燃料水池冷却和处理系统（PTR）和安全注入系统（RIS）中需要投运的换热器提供冷却。该系统必须设计有足够的换热能力以满足 EAS 换热器及其泵电机、PTR 换热器和 RIS 泵电机的热量导出要求。为了实现上述系统功能，每台机组的中长期排热冷却水系统包括一台循环泵（001PO），一台板式换热器（001RF），一台波动箱（001BA）。热交换器位于泵的入口，将热量传递给中长期排热厂用水系统。波动箱接在泵的吸入端的母管上，波动箱提供：泵的吸入压头；对水的膨胀、收缩和可能的泄漏提供补偿；吸收压力的波动。

RRW 介质正常状态下为除盐水，当除盐水无法补充时，可采用临时补水口补充饮用水（SEP）或消防水。

每台机组 RRW 系统的冷却对象：两台安全壳喷淋系统热交换器；反应堆换料水池和乏燃料水池冷却及处理系统（PTR）热交换器；两台安全壳喷淋泵电机；两台安全注入泵电机。

4 调试内容说明

RRW 系统安装完毕后，便进入到调试阶段，通过系统调试验证其性能符合设计要求。基于中长期排热冷却水系统的功能和系统配置，确定需要进行调试的设备包括波动箱、循环泵、热交换器，调试内容包括初步试验、子系统试验、系统试验。

4.1 初步试验内容

RRW 系统流体管线在现场最终安装完成后应先进行系统冲洗。同时在此阶段需要完成 RRW 系统仪表和模拟控制通道试验、逻辑控制通道试验、循环泵电机试验。

RRW 系统仪表和模拟控制通道试验确保以下内容符合要求：传感器和执行机构的性能；预处理卡件、I/O 卡件、隔离卡件的性能，就地的指示、记录的性能；接线和设计值满足要求；硬件和软件均符合要求；就地控制性能正确。

RRW 系统逻辑控制通道试验用于验证：执行器和接触器性能正确；信号处理正确；就地的状态指示正确；就地的控制正确；就地报警指示正确。

RRW 系统循环泵电机试验检查：电机的转动方向正确；监测电流参数、振动水平、轴承和线圈的温度等参数符合要求。

4.2 子系统试验

RRW 系统的子系统试验包括波动箱试验和循环泵启动试验。

1）波动箱试验

该试验检验与波动箱水位探测器有关的信息处理通道的性能。

试验时波动箱内充满除盐水，在波动箱的充水和排水过程中，通过波动箱的液位达到规定的整定值时引发波动箱液位报警，来验证其信息处理通道的正确运行。

2）循环泵启动试验

该试验校核循环泵的启动情况，验证循环泵的额定流量。

在循环泵启动时，需要记录电机的电气参数（启动电流、启动时间等），并与规定值进行对比；在稳定运行时，需要记录循环泵的参数（电气参数、入口和出口压力、流量、温度、振动等）。

4.3 RRW 系统综合试验

RRW 系统的综合试验用于验证 RRW 的热交换器换热能力。

综合试验需要测量热交换器热侧和冷侧的温度和流量；现场测定的热功率必须大于或等于根据试验条件计算的理论值，才能确保换热能力符合要求。

4.4 试验项目逻辑顺序和执行阶段

调试人员可以根据中长期排热冷却水系统设备和部件安装进度、调试工作的计划安排和系统投入运行的时间，在预运行试验阶段完成中长期排热冷却水系统调试。完成初步试验后，才能进行子系统试验，然后再进行系统综合性能调试。

5 结束语

中长期排热冷却水系统（RRW）是田湾核电厂 5、6 号机组新设计的系统，为保证中长期排热冷却水系统调试工作顺利进行，本文通过对中长期排热冷却水系统功能、系统配置等进行分析，确定需要进行的调试试验内容、试验项目逻辑顺序和执行阶段。本文所描述的调试方法对其他核电项目中长期排热冷却水系统的调试提供了指导。

参考文献

[1] 中国核电工程有限公司.田湾核电厂 5、6 号机组事故后中长期排热冷却水系统手册 2-5 章[R].2017.

[2] 中国核电工程有限公司.田湾核电厂 5、6 号机组核岛调试总大纲[R]. 2017.

田湾核电厂 5、6 号机组主泵轴封改型对事故规则的影响

张圣陶[1]，易　珂[1]
（1. 中国核电工程有限公司，北京 100840）

田湾核电厂 5、6 号机组采购了奥地利 ANDRITZ 公司生产的反应堆冷却剂主泵。该主泵与以往电站使用的三菱重工 100D 型主泵相比轴封系统变化较大，可能影响机组的运行和事故处理。本文通过对比两种主泵轴封的设计差异，并分析不同工况下主泵轴封的作用，对轴封改型后对事故规则造成的影响进行了初步的分析。根据分析，主泵轴封虽然形式上发生了较大变化，但由于其净轴封注入量、轴封最大流量等关键参数均与以往电站变化不大，在需要通过主泵轴封维持一回路水装量和硼化等工况下，ANDRITZ 主泵轴封能满足设计要求。

1　概述

1.1　主泵及其功能

反应堆冷却剂泵又称主泵，它是反应堆冷却剂系统中唯一高速转动的设备，一回路每个环路上有一台主泵，用于驱动高温高压、具有放射性的冷却剂，使冷却剂以很大流量通过反应堆堆芯，连续不断地把堆芯中产生的热量传递给蒸汽发生器二次侧给水。

1.2　主泵轴封

主泵轴向的密封是通过轴封系统来保证的。该系统由三级串联的轴封组成。

由化学和容积控制系统（RCV）来的高压冷却水注入到泵径向轴承和一号轴封之间，其主要作用为保证主泵轴承的润滑；通过三个串联的轴封，保证一回路水不向外泄漏；保证主泵轴承和轴封的冷却。

2　两型主泵及主泵轴封差异

2.1　主泵设计参数对比

ANDRITZ 主泵方案与现有电站中所使用的 100D 型主泵相比，实现的功能相同，仅在具体设计细节上存在一定差异。

其中从设计接口角度来说，密封注入流量分配、设备冷却水水量及热负荷等有较大变

化。具体设计结构上ANDRITZ主泵轴封引入了高压冷却器的设计并取消了100D型主泵的热屏结构。由此给化学和容积控制系统、设备冷却水系统、核岛氮气与分配系统、核岛疏水和排气系统的设计及接口带来了一定影响。

主泵改型同时对系统设计、安全分析、电气仪控、管道布置、土建、运行等相关专业都带来了影响。表1给出了两型主泵主要设计细节及参数对照。

表1　两型主泵信息差异对照表

	ANDRITZ主泵	三菱100D主泵
停机密封	有	无
REA立管	无	有
热屏	无	有
轴封	3级	3级
轴封注入流量	1.92 m^3/h	1.8 m^3/h
高压冷却	有	无
转速	1488 r/min	1488 r/min
容量（最佳估算）	23 790 m^3/h	24 290 m^3/h
设计温度	343 ℃	343 ℃
设计压力	17.23 MPa（a）	17.2 MPa（a）
入口温度	293 ℃	293 ℃
扬程	97.2 m	91 m

2.2　主泵轴封设计差异

1）ANDRITZ主泵轴封设计

ANDRITZ主泵为三级轴封，每一级均为动压轴封，整个压力平均分配到三级轴封上。

对于ANDRITZ主泵，在正常运行工况下，主泵轴封注入流量为1.920 m^3/h，其中约0.8 m^3/h返回RCV系统。轴封注入流量的第一部分在完成泵轴润滑和下部径向轴承的冷却后汇入主冷却剂。第二部分通过孔板将压力由15.9 MPa降至10.6 MPa，并进入2号轴封腔室，之后再由孔板将压力由10.6 MPa降至0.3 MPa并最终作为高压泄漏的一部分返回RCV系统。第三部分轴封注入水由孔板将压力由15.9 MPa降至5.3 MPa后，进入3号轴封腔室，再由孔板将压力从5.3 MPa降至0.3 MPa，并最终汇入高压泄漏中。

低压泄漏是指从3号轴封上单独泄漏出的流量，其压力已由5.3 MPa降为环境压力。

ANDRITZ主泵高压泄漏最终返回至RCV系统中。正常工况下，高压泄漏流量为0.8 m^3/h；而低压泄漏则通往反应堆冷却剂疏水箱（RPE001BA）。低压泄漏流量在正常工况下为0.005～0.01 m^3/h。正常工况下，轴封泄漏温度为30～60 ℃，其最小温度为20 ℃，最大为70 ℃。

事故工况下，为缓解机组状态主泵轴封流量有可能最大增加到4.5 m^3/h。

为防止在密封失效或注入水不可用的情况下反应堆冷却剂泄漏，ANDRITZ主泵在3号

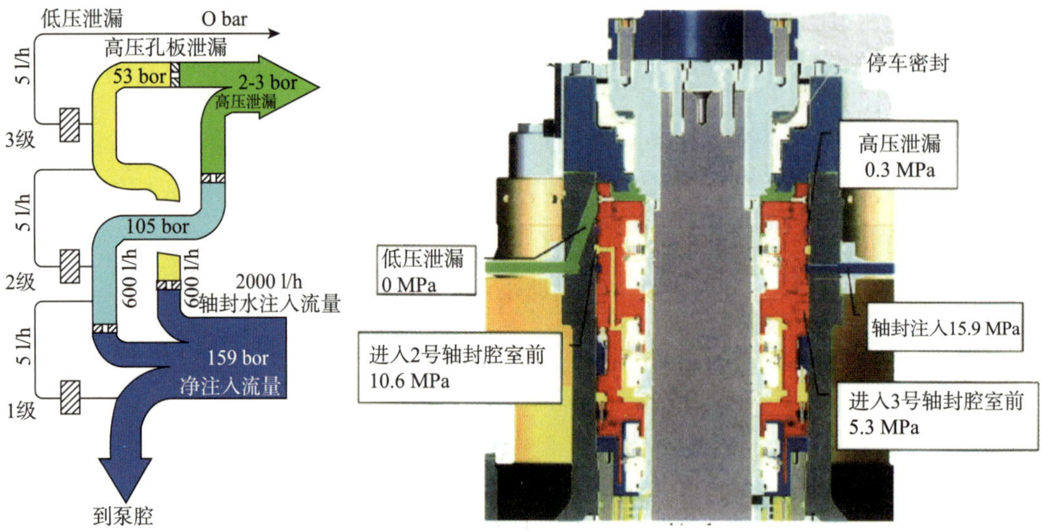

图 1　ANDRITZ 主泵轴封示意图

轴封上设计了停机密封（Stand still seal）。停机密封需要氮气加压已实现，其要求的氮气压力至少为 0.6 MPa。

2）100D 主泵轴封设计

100D 主泵轴封也是三级密封，其 1 级密封为静压轴封，承担绝大部分压差，2、3 级轴封承担较小的压差。

100D 主泵轴封有 RCV 注入和反应堆硼和水补给系统（REA）注入两个注入点。

在正常运行工况下，RCV 系统给 100D 主泵轴封提供 1.8 m^3/h 注入水，其中 0.68 m^3/h 经一号轴封返回 RCV 系统。其 1 号轴封的一部分经泵隔热屏和迷宫式密封进入反应堆冷却剂系统之前，润滑和冷却泵轴承。其余部分沿泵轴向上流。由 2 号密封构成的屏障使大部分流量通过 1 号轴封引漏管道容积控制箱（RCV002BA）进行循环。剩余流量流过 2 号轴封并通过 2 号轴封引漏接管流至反应堆冷却剂疏水箱。3 号轴封由 REA 通过密封立管供给，其一部分进入 2 号轴封引漏管线，另一部分沿 3 号轴封向上流动，通过 3 号密封引漏管线直接引至核岛疏水排气系统（RPE）。

正常工况下，1 号轴封压差为 15.5 MPa，注入流量为 1.8~3.0 m^3/h；2 号轴封压差为 0.16 MPa；3 号轴封的压力为 1.05×10^5 Pa（g），流量为 0.0008 m^3/h。

事故工况下，也要求主泵轴封流量最大许用值能满足 4.5 m^3/h 的要求。

100D 主泵在反应堆冷却剂系统卸压时，靠 RCV002BA 中水的重力进行密封水注入。

3　主泵轴封在运行中的作用

3.1　不同工况下主泵轴封的作用

1）正常运行工况

主泵轴封在正常运行工况下主要实现维护轴封性能，保证一回路压力边界的完整性；与上充、下泄功能配合，保持一回路水装量两个功能。

2）异常及事故工况

在事故工况下，当一回路水装量可以通过上充或安注手段维持时，主泵轴封的功能与正常运行时差别不大；但当一回路补水手段不能满足维持一回路水装量时，需要通过主泵轴封来维持一回路水装量并补偿因一回路冷却造成的冷却剂体积收缩，此时要求的轴封水最大流量可达到4.5 m^3/h。

在超设计基准事故中，如在全厂失电的工况下，则需要通过水压试验泵或相邻机组RCV系统提供轴封注入，以维持一回路水装量。

3.2 事故规则中使用到的轴封注入功能

（1）蒸汽发生器传热管泄漏（无安注）故障及事故运行规则（IRCP8）中，在稳定核蒸汽供应系统（NSSS）时，隔离RCV下泄，并稳压器水位保持在整定值附近，设置每台主泵的密封注入流量>1.5 m^3/h。

（2）失去220VAC电源柜时的运行规则（I11C）中，在稳定机组状态的过程中，隔离上充和下泄管线后，通过反应堆冷却剂泵轴封水注入并投入过剩下泄回路来控制稳压器水位。

（3）化学和容积控制系统故障运行规则（IRCV1）中，在上充和下泄同时失效时，过渡到RRA工况中，硼化的唯一途径是通过密封水注入。因为密封水注入和密封水泄漏之间的不平衡注入流量约为4 m^3/h（对于3台反应堆冷却剂泵而言），因此也以4 m^3/h的速率进行硼化，直至反应堆冷却剂硼浓度达到冷停堆所需的硼浓度为止。

（4）在安全壳内仪表用压空系统故障运行规则（ISAR2）中，在一回路冷却降压阶段，通过控制主泵密封水注入流量（1.1～3.5 m^3/h）来保持液位在量程的20%～60%之间。另外，通过密封水注入用7000 ppm的硼水硼化，再以2000 ppm的硼水硼化。

（5）失去全部厂外电源的同时A列柴油发电机组不可用（I4A）和失去全部厂外电源的同时B列柴油发电机组不可用（I4B）中，在机组稳定后，一回路进入冷却降压阶段，通过轴封注入流量来维持稳压器水位已达到的值。轴封注入流量可增加到每台泵4.5 m^3/h。

（6）全厂断电事故运行规则（RRA未接入-H3.1、RRA接入-H3.2）中，因失电导致上充功能不可用，反应堆处于自然循环状态，此时需要通过水压试验泵维持密封水注入流量6 m^3/h。目的是调节、补偿主回路因降温造成的冷却剂体积收缩。

3.3 轴封改型对事故的影响

1）保证一回路完整性

主泵轴封是一回路唯一的开口。在事故工况下，要保证一回路完整性就必须保证主泵轴封的完整性。

由于在ANDRITZ主泵轴封系统中，由高压冷却器取代了热屏。而当高压冷却器管侧破裂时，有可能会导致安全壳旁通型LOCA，此时为防止出现安全壳外泄漏，应通过关闭高压冷却器设冷水进出口阀门以及高压冷却器管侧进出口隔离阀来隔离高压冷却器。当高压冷却器隔离时，由于轴封水温度不断增高，有可能会对泵轴、轴承以及密封等产生热冲击，由此带来的影响需进一步分析确定。

另外，在主泵停运时，ANDRITZ 主泵可通过停机密封保证一回路的完整性。

2）维持一回路水装量

由 3.2 节中对事故规则中涉及轴封的相关内容可以看出，在上充或安注不可用的情况下，主要通过轴封注入来稳定稳压器水位。

当正常喷淋不可用时，通过辅助喷淋来实现降压，此时需要通过最大流量的密封水来保证一回路水装量。

主泵轴封的净注入流量（即轴封水注入泵腔中的流量）为轴封注入流量与轴封泄漏流量之差。

在正常运行工况下，ANDRITZ 主泵的净注入流量表示为 1.12 m^3/h，与 100D 主泵的净注入流量 1.12 m^3/h 相同。因此，结合 ANDRITZ 主泵在不同压力下的轴封泄漏流量，认为在 IRCP8 等规程中，通过主泵轴封水来稳定稳压器水位的措施；以及在 IRCV1 中，当上充下泄不可用时，通过密封水硼化的速率等措施在维持原有设计的条件下即能够满足设计要求。

另外，通过分析参考电站的事故工况，由于 ANDRITZ 主泵最大轴封也能达到参考电站的对应流量 4.5 m^3/h。因此在事故处理过程中的主要策略不需要改变。

在事故处理策略不变的前提下，通过最大轴封注入流量能补偿由于降温而导致的一回路冷却剂收缩（最终的降温速率需要事故分析进一步核算）。

4 小结

本文主要分析了 ANDRITZ 主泵轴封改型对事故规则造成的影响。根据目前资料显示，主泵轴封虽然形式上发生了较大变化，但由于其净轴封注入量、轴封最大流量等关键参数均与参考电站变化不大，在需要通过主泵轴封维持一回路水装量和硼化等工况下，ANDRITZ 主泵轴封能满足设计要求。

参考文献

[1] 田湾核电站扩建工程 5、6 号机组 反应堆冷却系统手册，TWX17RCP002N00145GN，Rev. B CFC.

[2] 技术档案：反应堆冷却剂系统手册、主回路管道小破口故障及事故运行规则（A1.1）、蒸汽发生器传热管破裂故障及事故运行规则（A3）等.

田湾核电厂5、6号机组蒸汽发生器给水控制功能画面设计

李　骜[1]　陆　斌[1]
（1. 中国核电工程有限公司，北京 100840）

摘要：蒸汽发生器给水控制用于调节核电厂蒸汽发生器二次侧水位在需求定值上，以保证机组的安全稳定运行，其功能要求集成度高，操作要求复杂，并且在田湾核电厂5、6号机组上，对主给水隔离措施，蒸发器防满溢设计，二回路应急补水等进行了重要技术改进，对蒸汽发生器给水控制及其功能画面的设计产生了重大影响。本文通过开展核电厂正常运行和事故运行工况下蒸汽发生器给水控制的需求分析和功能分析，提炼整理出蒸汽发生器控制功能包含的主要控制功能模块，将主要控制功能模块中的主要操作步骤所需的监视和控制信息进行合理有效的组织集成，并在此基础上设计用于蒸汽发生器给水控制的功能画面，便于操纵员快速准确获得所操作或监视的设备和参数的状态及上下游情况的全面了解，提高执行效率，减少人因失效，减轻操纵员负担。

关键词：蒸汽发生器；给水控制；失水事故

1　引言

蒸汽发生器给水控制是压水堆核电厂极其重要的控制功能[1]，用于调节核电厂蒸汽发生器二次侧水位在需求定值上，以保证机组的稳定运行。一方面，相较于单一的系统运行，蒸汽发生器给水控制功能要求集成度高，操作要求复杂，涉及核电厂的多个系统；另一方面，虽然当前数字化核电厂的DCS系统中已设计了蒸汽发生器给水相关的系统画面，然而系统画面提供的信息欠缺综合性，操纵员需在不同系统画面间频繁切换，且无法满足在控制蒸汽发生器给水过程中同时监视多个系统参数、操作多个系统设备的要求，没有充分体现出DCS系统的优势[2]。因此，本文通过开展田湾核电厂5、6号机组正常运行和事故运行工况下蒸汽发生器给水控制的需求分析和功能分析，设计用于数字化核电厂蒸汽发生器给水控制的功能画面，以实现蒸汽发生器给水控制功能信息完整性和全局性之间的平衡，使得蒸汽发生器给水控制功能既有足够的针对性，又不至于过于细致而丧失综合性，从而利于操纵员在核电厂正常和事故运行工况下有效执行蒸汽发生器给水控制功能。

2　蒸汽发生器给水控制功能分析

核电厂的两大总目标为受控发电（可用性目标）和防止向环境释放放射性（安全目标）。围绕两大目标，核电厂的运行概括来说可分为正常运行和事故运行，正常运行和事

故运行是核电厂中最重要，同时也是最复杂的运行工作，以下将分正常运行和事故运行两种情况来对蒸汽发生器给水控制功能要求进行分析。

2.1 正常运行对蒸汽发生器给水控制的任务要求

本节对核电厂正常运行时蒸汽发生器给水控制控制的任务要求进行分析，包括两个方面：首先对正常运行工况下各运行阶段的运行任务进行功能分析；其次，根据功能分析结果选取典型的操作进行分析，最终确定满足任务要求的蒸汽发生器给水控制设备和监视信息。

2.1.1 正常运行时分工况功能分析

下文选取田湾核电厂5、6号机组正常启动和正常停闭两类典型工况，通过梳理各工况下不同运行阶段的主要任务，进行蒸汽发生器给水控制控制相关的功能要求分析，分析结果如下：

表1 核电厂的正常启动功能分析表

运行阶段	运行任务	所需的蒸汽发生器给水相关功能
机组从冷停堆到热备用工况	蒸汽发生器启动准备	辅助给水电动泵给蒸汽发生器充水
		监测蒸汽发生器水位
	一回路系统升温到180 ℃	核对通向汽动辅助给水泵的蒸汽隔离阀关闭
		用辅助给水建立并保持辅助给水水位在窄量程水位
	稳压器形成汽腔	—
	余热排出系统的隔离	—
	一回路系统继续升温升压	—
	蒸汽发生器供水切换到主给水	如果由主给水控制的蒸汽发生器水位满足要求，则停止运行中的辅助给水泵，并将控制阀全部打开
		如果由主给水控制的蒸汽发生器水位满足要求，则停止运行中的辅助给水泵，并将控制阀全部打开
从热备用到低功率运行之间的功率提升	功率提升到C20闭锁点（10%额定功率）	蒸汽发生器水位由旁路给水阀自动控制
		核对主给水控制阀处于蒸汽发生器水位的控制之下（自动方式），并完全关闭
		打开主给水控制阀的电动隔离阀
	蒸汽发生器水位控制从旁路切到主给水调节阀，与使汽机同步	蒸汽发生器水位处于自动方式，主阀关闭，启动第二台汽动给水泵
		核对蒸汽发生器水位是由主给水控制阀控制的，随着蒸汽发生器水位整定值而动

表 2　核电厂的正常停闭功能分析表

运行阶段	运行任务	所需的蒸汽发生器给水相关功能
从最小负荷到热停堆工况	在减负荷开始前所进行的操作和检查	—
	负荷降低到 10%FP	关闭主给水隔离阀
	从热备用到热停堆	用主给水旁路阀将蒸汽发生器水位保持在零负荷整定值
电站停运，从热停堆到维修冷停堆	第一阶段，由二回路系统降温和由稳压器喷淋降压	如果凝汽器不可用，手动操作辅助给水控制阀，调节辅助给水窄量程流量，将蒸汽发生器水位调节到窄量程的 34%左右
		如果凝汽器可用，开启和关闭给水旁路控制阀，调节蒸汽发生器水位
		停运正在运行中的汽动给水泵
		用主给水小流量控制阀对蒸汽发生器供水
	第二阶段，由余热排出系统降温	—

2.1.2　正常运行时典型操作分析

根据以上功能分析结果，在核电厂正常运行时，尤其是进行启停堆时，蒸汽发生器给水控制的典型操作包括主给水控制阀调节蒸汽发生器水位，由旁路给水阀自动控制蒸汽发生器水位等，以旁路给水阀自动控制蒸汽发生器水位操作为例，建立表 3 所示的典型操作信息表。

表 3　旁路给水阀自动控制蒸汽发生器水位典型操作信息表

主要操作	操作的设备	监视内容
确保主控制阀和旁路控制阀关闭	主给水控制阀和旁路控制阀	—
投运电动给水泵	电动给水泵	—
开启旁路隔离阀	旁路隔离阀	—
将旁路控制阀置于低负荷蒸汽发生器水位自动控制之下	旁路控制阀	蒸汽发生器水位
核对蒸汽发生器水位由低负荷控制阀保持	—	蒸汽发生器水位
如果自动水位控制失灵，则将 ARE 旁路控制阀切换到手动	旁路控制阀	—

2.2　事故运行对蒸汽发生器给水控制的任务要求

本节对机组事故运行时蒸汽发生器给水控制的任务要求进行分析，与正常运行时类似，同样包括两个方面：首先对事故运行时的可用性目标逐层进行功能分析；其次，根据目标分解结果选取典型的操作进行分析，最终确定相关的任务要求。

1）事故运行时分工况功能分析

选取田湾核电厂5、6号机组失水事故和蒸汽发生器传热管破裂两类典型事故工况，通过梳理各工况下不同运行阶段的主要任务，进行蒸汽发生器给水控制控制相关的功能要求分析，分析结果如表4。

表4　失水事故功能分析表

运行阶段	运行任务	所需的蒸汽发生器给水相关功能
诊断和自动动作	复归辅助给水全开信号	辅助给水复归按钮将调阀复位
	确认辅助给水流量平衡，调至80 m^3/h	辅助给水调节阀，辅助给水流量计
稳定后撤至安全状态	确认辅助给水电动泵在运行，并且相应的2个调节阀开启；确认汽动泵在运行，并且相应的2个调节阀开启；检查辅助给水去2台蒸发器的流量建立。	控制辅助给水电动泵，辅助给水汽动泵，辅助给水调节阀，监视辅助给水流量
	用辅助给水泵出口调节阀调节辅助给水流量维持蒸发器水位在-0.64 m	辅助给水调节阀，辅助给水流量计，蒸汽发生器水位窄量程液位计

表5　蒸汽发生器传热管破裂事故功能分析表

运行阶段	运行任务	所需的蒸汽发生器给水相关功能
识别隔离事故蒸汽发生器	复归辅助给水全开信号	辅助给水复归按钮将调阀复位
	关闭辅助给水调节阀	关闭辅助给水调节阀
	关闭主给水阀门	关闭主给水调节阀和隔离阀
平衡一回路和事故蒸汽发生器压力	调节向可用蒸汽发生器的辅助给水流量，控制其液位在零负荷水位-0.6 m	辅助给水调节阀，辅助给水流量计，蒸汽发生器水位窄量程液位计
过渡到后备状态	调节蒸汽发生器排污系统流量使故障蒸汽发生器以1.5 MPa/h的速率降压，通过调节排污流量稳定故障蒸汽发生器水位	蒸汽发生器排污阀门，蒸汽发生器压力，蒸汽发生器水位窄量程液位计

2）事故运行时典型操作分析

根据以上功能分析结果，在核电厂发生事故时，蒸汽发生器给水控制的典型操作包括辅助给水控制，监视蒸汽发生器水位等。以辅助给水控制为例，建立表6所示的功能分析表。

表 6　辅助给水控制典型操作信息表

主要操作	操作的设备	监视内容
复归辅助给水全开信号	辅助给水调节阀复位按钮	—
调节向可用蒸汽发生器的辅助给水流量	辅助给水调节阀	辅助给水流量计
蒸汽发生器水位在窄量程范围内	—	蒸汽发生器水位窄量程液位计

3　蒸汽发生器给水控制人机接口设计

在第 2 节中通过开展核电厂正常运行和事故运行工况下蒸汽发生器给水控制的需求分析和功能分析，得到蒸汽发生器给水的主要典型操作，并对典型操作建立信息表，分类整理出蒸汽发生器给水控制的控制信息和监视信息。本节将在上文工作的基础上，通过确立控制模块，筛选分类信息，按照优化布置的原则设计出蒸汽发生器给水控制的功能画面。

3. 1　主要控制功能模块确立

在核电厂启停工况和事故工况下，操纵员根据电厂负荷进行蒸汽发生器给水流量控制，进行给水流量调节阀大小阀切换、水位调节，辅助给水流量调节等操作，需要设计针对以上各操作的控制模块和信息，以便于操纵员快速有效的执行相关操作，因此给水泵泵速调节模块、水位调节模块、辅助给水控制模块、蒸汽发生器排污模块等。

3. 2　筛选和分类信息

在对各个控制模块涉及的系统设计和功能进行详细的分析后，建立如表 5、表 6 的功能分析表，梳理出各个控制功能所需的所有信息清单，并对清单中的内容进行精简和优化，主要的筛选和分类原则如下。

（1）给水流量主调节阀和旁路调节阀以及上下游隔离阀应直接包含在该控制模块中；

（2）为保证操作和信息反馈的一致性、有效性，将调节阀控制所对应的信息反馈，如调节阀开度、给水流量等信息直接包含在该控制模块中；

（3）为便于操纵员了解给水流量调节阀上游的运行情况等信息，比如高压给水加热器的液位、温度等信息，而这些信息与给水流量可控制功能无直接关系，可增加去往高压给水加热器分系统的导航链接。

3. 3　信息显示的优化布置

在完成信息分类整理后，在蒸汽发生器相关系统画面的基础上，以简化流程的方式在功能画面上布置水位调节模块、给水泵泵速调节模块、辅助给水控制模块、蒸汽发生器排污模块，要清楚地显示各个系统和设备的上下游关系。然后合理布置指示灯和读数指示的位置。用深色背景对不同系统加以区分以增强显示的可读性。导航链接一般采用就近布置的原则。通过上述方法绘制出蒸汽发生器给水控制功能画面的草图，见图 1 所示。

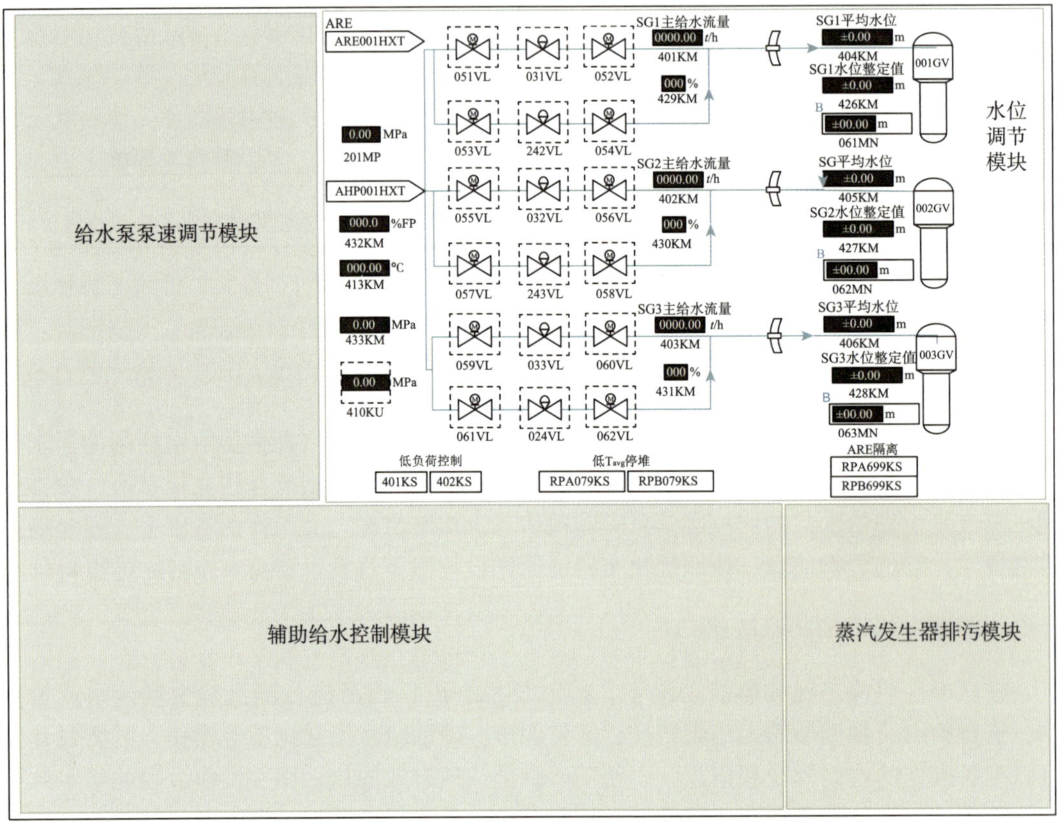

图 1　蒸汽发生器给水控制功能画面

4　结论

本文通过开展田湾核电厂 5、6 号机组正常运行和事故运行工况下蒸汽发生器给水控制的运行任务分析和功能分析，设计用于数字化核电厂蒸汽发生器给水控制的功能画面，以便操纵员在核电厂正常和事故运行工况下有效执行蒸汽发生器给水控制功能。随着设计深入，蒸汽发生器给水控制功能化的设计，将会进行运行相关的验证工作，并充分结合运行核电厂的经验反馈，逐步完善人机接口，以提高其实用性和可靠性，使其满足数字化运行的需求。

参考文献

[1] 贺禹，苏林森. 900MW 压水堆核电站系统和设备[M].北京：原子能出版社，2004.

[2] 徐钊，李力. 数字化核电厂总体运行状态显示功能设计[J].核动力工程，2014.

田湾核电厂5、6号机组功率工况地震概率安全分析研究

李灵芝[1]
(1. 中国核电工程有限公司，北京 100840)

摘要：本文以田湾核电厂5、6号机组为研究对象，开展了核电厂功率工况的地震概率安全分析研究。通过设备清单建立及筛选、地震始发事件分析建立地震前端树、地震事件树和地震故障树。运用多方案概率地震危险性分析方法得到地震危险性曲线，对SSCs进行易损度分析得到易损度数据。通过数据输入得到地震导致堆芯损伤频率的定量风险结果，找出了地震风险重要贡献源，发现了地震风险薄弱环节，并且提出了相应的改进建议。

关键词：地震概率；机电厂安全；地震PSA模型

1 引言

地震灾害是威胁核电厂安全最重要的外部灾害之一。在我国国家核安全局颁布的核动力厂设计安全规定HAF102[1]中明确要求对核电厂各种外部灾害发生频率和后果进行评价。日本福岛核事故再次引起了全世界对核电厂外部灾害事件的关注，特别是地震外部灾害。近年来，我国国家核安全局提出核电厂应开展包括各灾害事件在内的全范围概率安全评价（PSA），以论证核电厂满足概率安全目标。为了响应核监管部门的最新要求，评估核电厂的地震风险，识别核电厂抗震设计中的潜在薄弱环节，本文参考美国EPRI出版的地震PSA导则EPRI 1002989[2]和EPRI 3002000709[3]中介绍的方法，以田湾核电厂5、6号机组为研究对象完成了功率工况的地震PSA。

本文分别介绍了地震PSA中各关键要素的分析内容，包括地震危险性分析、地震设备清单、地震易损度分析、地震PSA建模和定量化[4]。然后讨论了目标电站的地震PSA定量化的结果，给出核电厂的地震风险见解。

2 地震危险性分析

地震危险性分析的目的是综合核电厂厂址地区的地震历史、地震学和地质学特点，估计不同地面运动强度下的地震发生频率[2-3]。通常所考虑的地面运动强度范围从安全停堆地震（SSE）以下扩展到几倍SSE的水平。

基于地震安全评价报告的结果，对核电厂厂址进行了概率论地震危险性分析。在对地震安全评价报告基本信息和认识的复核后，补充了近年来关于区域地震资料、区域和近区

域地质构造资料、区域地震构造认识等的新认识和新变化，确定了对厂址地面运动参数有重要影响的重要过程、重要地震结构和模型参数等关键影响因素。通过分配不同的权重值来表征关键影响因素的不确定性，构建逻辑树，并确定了逻辑树的分支以定义一组危险曲线。考虑地震动参数衰减关系，地震重现频率和地震源数据来计算不同地面运动水平的年超越频率和权重。

田湾核电厂5、6号机组厂址地震危险性曲线如图1所示，该组曲线由分析中获得的1920条年超越频率在$10^{-2}\sim10^{-7}$的危险性曲线通过加权统计得到[5]。地震危险性分析还获得了一组厂址特定UHRS谱[5]，平均UHRS谱以图2所示为例。

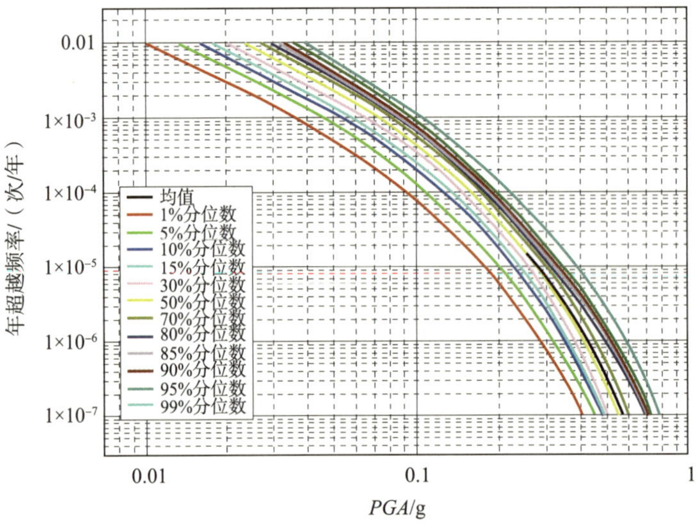

图1　不同分位数水平及均值地面峰值加速度危险性曲线

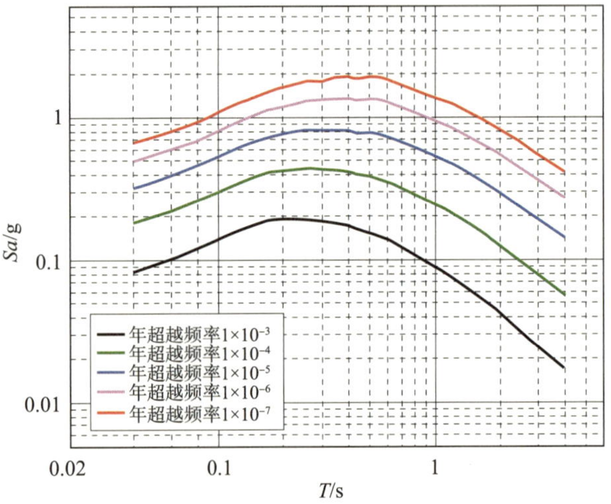

图2　均值地震动加速度反应谱（UHRS）

3 地震设备清单

3.1 地震设备清单的建立

地震设备清单（SEL）对地震PSA分析结果的完整性和准确性非常重要。它应覆盖地震失效可能对核电厂安全有影响的所有结构、系统和部件（SSCs）。电厂地震设备清单建立的关键步骤如下：

1）包括核电厂内部事件PSA模型中已考虑的所有SSC；

2）包括地震失效可能引起始发事件的SSC；

3）基于设计信息和核电厂走访结果，增加可能从内部事件模型中筛除但其地震失效可能会影响PSA模型安全功能的SSC；

4）增加容纳上述设备的建筑物和厂房。

3.2 地震设备清单的筛选

地震设备清单筛选工作的目的是将抗震能力足够高，对地震失效导致堆芯损坏频率（CDF）贡献足够小的设备筛除，从而减少需要进行详细的地震易损度计算的工作量，减少需要添加到地震PSA模型中的地震失效基本事件的数量。

在进行地震设备清单筛选时，根据EPRI 3002000709导则中建议的筛选方法对地震设备清单进行了筛选，以识别出具有重要风险贡献应开展地震易损度分析的SSC。主要步骤如下：

1）筛除固有抗震能力较强的设备，例如管道、非能动的阀门和过滤器等；

2）参照EPRI 3002000709将其余所有SSC赋予初始代表性的地震易损度数值；

3）建立初始的地震PSA模型，以代表性地震易损度数值进行初始定量化；

4）按照SSC的重要度进行排序；

5）对风险重要的SSC开展地震易损度分析，获得特定的地震易损度；

6）对地震PSA模型进行迭代定量化，以识别新的风险重要的SSC。

采用上述过程进行了地震设备清单的筛选，确定了需开展地震易损度分析的SSC清单。

4 地震易损度分析

地震易损度分析参考EPRI TR-103959[7]中的分离变量法。每个SSC的三个易损度参数分别是地面运动加速度能力中值A_m，随机性对数标准偏差β_R和不确定度对数标准偏差β_U。

给定这些易损度参数，即可计算得到每个SSC在不同地面运动加速度a下对应不同置信度Q的条件失效概率，公式如式（1）[2-3]所示：

$$F(a)=\Phi\left[\frac{\ln\left(\frac{a}{A_m}\right)+\beta_U\Phi^{-1}(Q)}{\beta_R}\right] \tag{1}$$

田湾核电厂5、6号机组典型设备类的易损度示例如表1所示。

表1 核电厂典型设备类易损度示例

设备类	失效模式	A_m/g	β_R	β_U	HCLPF/g
燃料组件	结构失效	0.71	0.26	0.42	0.23
堆内构件	结构失效	2.39	0.25	0.43	0.78
一回路辅助管道	结构失效	1.51	0.29	0.61	0.34
稳压器支承	结构失效	1.73	0.22	0.46	0.56
辅助给水箱	壳体屈曲与锚固失效	1.76	0.17	0.60	0.50
辅助给水系统汽动泵	功能失效	1.68	0.21	0.44	0.58
重要厂用水系统电动泵	锚固失效	1.40	0.20	0.32	0.59
余排热交换器	锚固螺栓拉伸失效	1.31	0.24	0.26	0.58
380 V 配电盘	功能失效	1.30	0.30	0.35	0.44
110 V 直流配电盘	功能失效	0.82	0.24	0.38	0.29

5 地震 PSA 模型的构建

在内部事件一级PSA模型的基础上，利用RiskSpectrum软件构建目标核电厂的地震PSA模型。总体建模假设如下：

1）假设非抗震类系统和设备在地震条件下由于其抗震能力低而必然失效；

2）由于厂外电的低抗震能力假设厂外电源必然丧失，且不考虑24 h内厂外电源的恢复措施，地震下的各类事故均考虑叠加厂外电源丧失的影响；

3）建模时以电气柜整体模化地震失效，不考虑接触器和断路器单独的地震失效；

4）同一厂房和同一楼层标高的相同系统中同类或冗余设备，如果设备锚固安装情况相同，则相关性因子取1，即认为100%相关；否则相关性因子取0，即认为是0相关；

对地震设备清单剩余SSC进行了失效模式和影响分析（FMEA），建立了地震前端树模型，以识别地震后的核电厂损伤状态，即地震导致的始发事件[2]。在地震前端树模型中还对地震可能导致的多重始发事件叠加的情况进行了考虑。核电厂的地震前端树如图3所示，并在表2中给出了在前端树识别的所有地震导致的始发事件类。

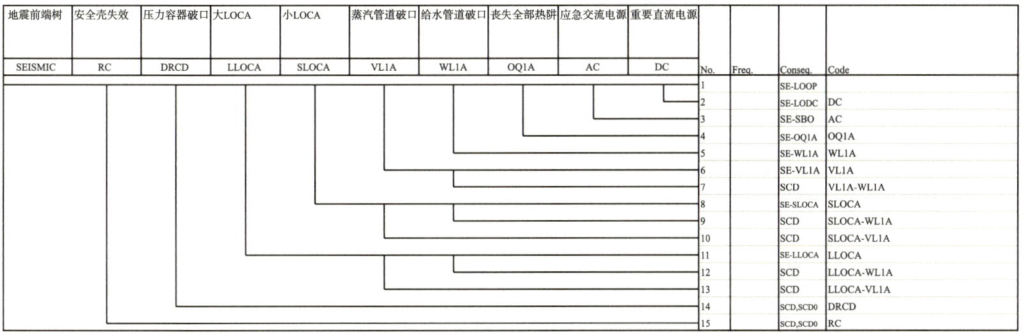

图 3　地震前端树模型

表 2　地震引起的始发事件类

序号	编码	地震导致的始发事件类
1	SCD0	地震直接导致堆芯损坏
2	SE-LLOCA	地震导致大 LOCA
3	SE-SLOCA	地震导致小 LOCA
4	SE-VL1A	地震导致蒸汽管道破口
5	SE-WL1A	地震导致给水管道破口
6	SE-OQ1A	地震导致丧失热阱
7	SE-SBO	地震导致丧失应急交流电源
8	SE-LODC	地震导致丧失重要直流电源
9	SE-LOOP	地震导致丧失厂外电源或其他瞬态

通过地震前端树模型的分析，识别出了地震后核电厂的损伤状态，除地震直接导致堆芯损坏的序列（图 3 中编码为 SE-CD 的序列）外，其他地震始发事件类将参照内部事件 PSA 模型进行事故序列分析。地震事件树示例如图 4 所示。

修改核电厂内部事件 PSA 模型中的故障树，将 SEL 中剩余 SSC 的地震失效模式纳入其中。在内部事件一级 PSA 模型基础上，将 SSC 的地震失效基本事件以“或门”的形式与其随机失效连接。构筑物的失效影响和相同设备之间地震失效相关性的影响也在故障树中模化。

6　定量化结果和风险见解

地震 PSA 的定量化由 RiskSpectrum 软件和其附加模块 HazardLite 完成。首先在 HazardLite 中计算地震危险曲线和易损度曲线的卷积分，然后将输出文件导入 RiskSpectrum，以完成模型的最小切割集（MCS）求解和其他定量化分析。

卷积分过程可由式（2）[2-3] 表示：

$$CDF = -\int_{0}^{+\infty} F(a)\ \frac{\mathrm{d}H(a)}{\mathrm{d}a}\mathrm{d}a \tag{2}$$

其中：

CDF 是地震引发的堆芯损坏频率；

F（*a*）表示电厂级别的地震易损度曲线；

$\frac{\mathrm{d}H}{\mathrm{d}a}$是地震危险性曲线的微分式。

在计算过程中，以 PGA＝0.05 g 为步长，在 0.05 g 至地震危险性分析可信数据范围的最大值 0.85 g 的 PGA 范围内设置 16 个离散区间。假设超过 0.85 g 的地震事件直接引起堆芯损坏。

表 3 给出了地震引起核电厂堆芯损坏频率点估计值结果为 8.82×10^{-7}/堆年，表明核电厂的地震风险相对较低。

表 3　地震 CDF 定量化结果

均值（/堆年）	分位值（/堆年）		
	5%	50%	95%
8.82×10^{-7}	1.01×10^{-7}	1.18×10^{-6}	9.31×10^{-6}

各加速度区间的地震风险贡献如表 4 和图 4 所示。地震风险贡献最高的 PGA 在 0.35 g~0.55 g，其地震风险约占总地震 CDF 的 56.81%。PGA 超过 0.65 g 及 0.20 g（SSE）以下的地震事件对核电厂的地震风险贡献非常低，其原因是发生频率非常低或地面运动强度非常低。

表 4　各加速度区间地震 CDF 结果

序号	区间编码	加速度/g	地震 CDF（/堆年）	百分比
1	SE01	0.05~0.10	2.05×10^{-9}	0.23%
2	SE02	0.10~0.15	3.62×10^{-9}	0.41%
3	SE03	0.15~0.20	6.43×10^{-9}	0.73%
4	SE04	0.20~0.25	1.55×10^{-8}	1.76%
5	SE05	0.25~0.30	3.80×10^{-8}	4.31%
6	SE06	0.30~0.35	7.80×10^{-8}	8.85%
7	SE07	0.35~0.40	1.17×10^{-7}	13.24%
8	SE08	0.40~0.45	1.37×10^{-7}	15.53%
9	SE09	0.45~0.50	1.31×10^{-7}	14.81%
10	SE10	0.50~0.55	1.17×10^{-7}	13.24%
11	SE11	0.55~0.60	9.34×10^{-8}	10.59%
12	SE12	0.60~0.65	6.92×10^{-8}	7.85%
13	SE13	0.65~0.70	3.48×10^{-8}	3.95%
14	SE14	0.70~0.75	1.76×10^{-8}	2.00%

续表

序号	区间编码	加速度/g	地震 CDF (/堆年)	百分比
15	SE15	0.75~0.80	9.48×10^{-9}	1.07%
16	SE16	0.80~0.85	5.35×10^{-9}	0.61%
17	SE17	>0.85	7.33×10^{-9}	0.83%
合计			8.82×10^{-7}	100%

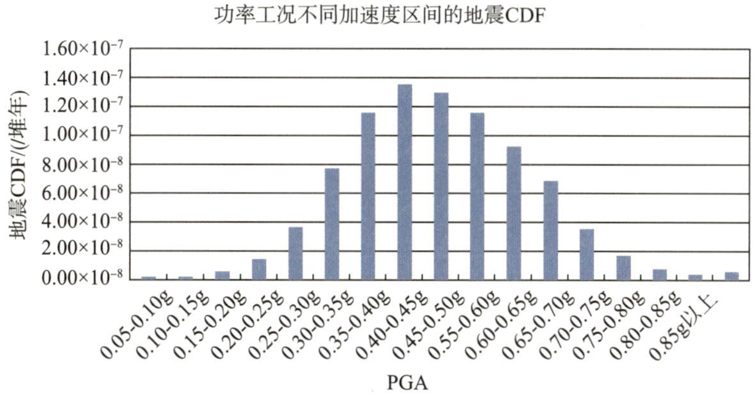

图 4　各地震加速度区间的地震风险贡献柱状图

图 5 显示了不同地震始发事件类的风险贡献。其中，地震导致丧失厂外电源的风险贡献占总地震 CDF 的 36.75%，排名第一；其次是地震导致丧失重要直流电源事故，地震风险贡献为 24.29%，这表明由于电力供应系统抗震能力较低，对地震条件下核电厂缓解事故的能力非常重要。地震引起的管道破坏风险贡献率很低，符合管道高抗震能力高的一般经验。

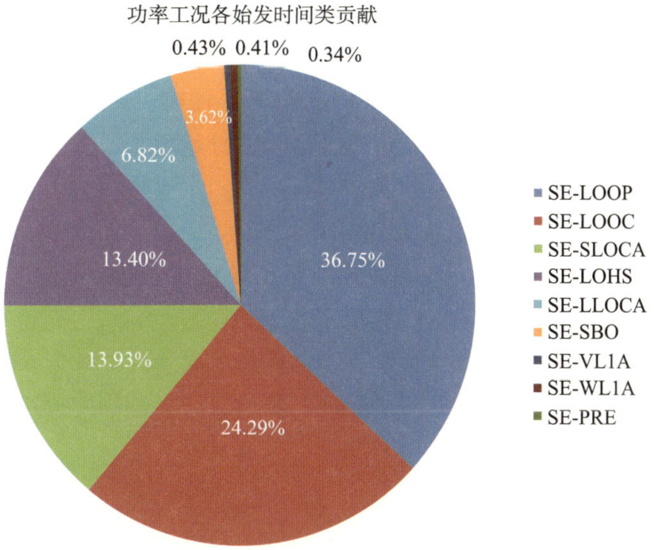

图 5　地震始发事件类的地震风险贡献饼图

地震PSA模型中进行了SSC的重要度和敏感度分析，风险降低因子（RDF）、风险增加因子（RIF）以及敏感度前10的SSC（表5）。

表5 重要度和敏感度分析结果

序号	SSC编码	SSC描述	RDF	RIF	敏感度
1	RCPINTN2	燃料组件	1.49	9.88	3.97
2	RCSCRDM	控制棒驱动机构	1.42	9.92	3.71
3	PTR001BA	PTR换料水箱	1.35	3.89	2.76
4	RCP0102	RCP系统辅助管道	1.09	5.69	1.72
5	RRI001BA	波动箱RRI001/002BA	1.07	4.96	1.57
6	LNA001TB	LNA/LNB/LNC/LND交流不间断电源	1.06	2.12	1.46
7	LLA001TB	380V配电盘和变压器	1.04	4.36	1.36
8	LBA001TB	LBA/LBB/LBP001TB110V直流配电盘	1.04	4.36	1.36
9	LBA001RD	LBA/LBB/LBP 110V蓄电池充电器	1.04	4.36	1.35
10	WAL-L509	L509房间周围隔墙	1.03	1.28	1.22

从重要度和敏感度分析可以看出，核电厂最重要的地震风险贡献者包括：LNE360CR配电箱、辅助给水箱、直流和交流电力电气元件、应急柴油发电机和主控室天花板，其中大部分是表1中抗震能力相对较低的设备。

7 结论

根据EPRI地震PSA导则介绍的方法，对典型的M310三环路核电厂开展了地震PSA分析，评价目标核电厂的地震风险并识别核电厂抗震设计的潜在薄弱环节。根据厂址的地震学和地质信息、核电厂的设计资料和走访结果，得到核电厂特定的地震危险性曲线和地震易损度。此外，基于内部事件PSA建立的地震PSA模型，模化地震事件对核电厂产生的影响和地震导致各类事故后的核电厂响应，最后进行地震PSA定量化分析，得到目标核电厂的地震风险见解如下：

目标核电厂地震导致的CDF值为8.82×10^{-7}/堆年。

地震风险贡献最高的PGA范围是0.35 g~0.55 g的加速度区间，SSE以下和PGA在0.65g以上加速度区间的地震风险水平较低。

地震引起的丧失厂外电源和丧失重要直流电源是地震条件下较为重要的事故类。

由于其较低的地震易损度和功能的重要性，燃料组件、控制棒驱动机构、PTR换料水箱、重要的直流和交流配电盘等是重要的地震风险贡献源。

参考文献

[1] 国家核安全局. 核动力厂设计安全规定. HAF102，2016.

[2] Electric Power Research Institute. Seismic Probabilistic Risk Assessment Implementation

Guide. EPRI：EPRI 1002989，2003.

[3] Electric Power Research Institute. Seismic Probabilistic Risk Assessment Implementation Guide. EPRI：EPRI 3002000709，2013.

[4] International Atomic Energy Agency. Probabilistic Safety Assessment for Seismic Events. IAEA：IAEA-TECDOC-724，1993.

[5] 中国地震局地球物理研究所. 福建福清核电厂多方案概率地震危险性分析报告. 14FC3007. 中国地震局地球物理研究所. 2014.

[6] Electric Power Research Institute. A Methodology for Assessment of Nuclear Power Plant Seismic Margin (revision 1). EPRI：EPRI NP-6041-SL，1991.

[7] Electric Power Research Institute. Methodology for Developing Seismic Fragilities. EPRI：EPRI TR-103959，1994.

田湾核电厂5、6号机组蒸汽发生器排污系统设计优化研究

郭家广[1]，高宇明[1]，狄婷婷[2]
（1. 江苏核电有限公司；2. 东北电力设计院有限公司）

摘要：本文结合田湾核电厂5、6号机组，对蒸发器排污水系统中的除盐系统进行优化设计，并经方案比较，给出最佳的优化方案。

关键词：核电厂；蒸汽发生器排污系统；树脂

1 引言

田湾核电厂5、6号机组蒸汽发生器排污（APG）系统原设计将导致每年42 m^3的APG系统废树脂、约250万元的APG系统树脂采购费用产生，而且在更换树脂或故障状态下将降低蒸汽发生器供水水质。为响应节能减排要求，同时应对上述问题，本文对现有APG系统设计进行了设计优化，为APG系统增加了一套独立的净化单元，该净化单元与凝结水精处理（ATE）系统共用再生单元。该方案达到了节能减排的目标，降低了运行成本，同时有助于对化学性能指标的控制和提高。并对其他项目的蒸汽发生器排污水处理设计提供参考。

2 概述

蒸汽发生器传热管面积占一回路承压边界总面积的80%左右，且管壁较薄。机组运行时，无法避免燃料组件的破损，蒸汽发生器一回路侧会向二回路侧泄漏，造成二回路介质含放射性，使得运行、维修人员受照剂量增加[1]；在汽轮机凝汽器的不严密处有冷却水漏入汽轮机凝结水；凝结水系统及加热器疏水系统中有设备和管道的金属腐蚀产物而污染了凝结水。其中，凝汽器的泄漏往往是引起高参数机组结垢、积盐和腐蚀等故障的重要原因[2]，因此需要蒸汽发生器排污系统和凝结水精处理系统减少介质中的固态和离子态杂质，使水质达到规定标准，以达到保护设备、减少运维成本，同时降低运维人员受照量的目的。

根据参考核电厂的经验反馈，用于APG系统除盐装置的前置阳床的IRN97树脂难以建立再生回用方案，用于混床的IRN160树脂因粒径和真实密度的影响，无法进行水力分离，也无法循环回用，以上二种树脂均为一次性使用的抛弃型树脂。按目前田湾核电厂的运行情况计算，两台机组每年将产生约42 m^3的废弃APG系统树脂，产生约250万元的采购费用，增加了核电厂固体废物产量，并且后期这些树脂的处理方式是交由专业厂家或有

需求单位进行处理，秦山核电厂反馈需支付600元/t，红沿河核电厂支付约为2000元/t。同时，处理树脂将对环境产生污染。

为节能减排，同时应对上述问题，本文对现有APG系统设计进行优化，以强化APG系统的连续除盐净化功能，减少放射性废物的生产量，降低树脂采购费用，提高机组经济性。

3 优化方案研究

3.1 原设计方案概述

根据参考核电厂，蒸汽发生器排污系统原设计方案如下：

图1为APG系统流程简图。正常功率运行时，蒸汽发生器排污水在净化前和净化后的水质数据如表1所示。设计优化目标原则上要求出水水质与ATE系统的相当。

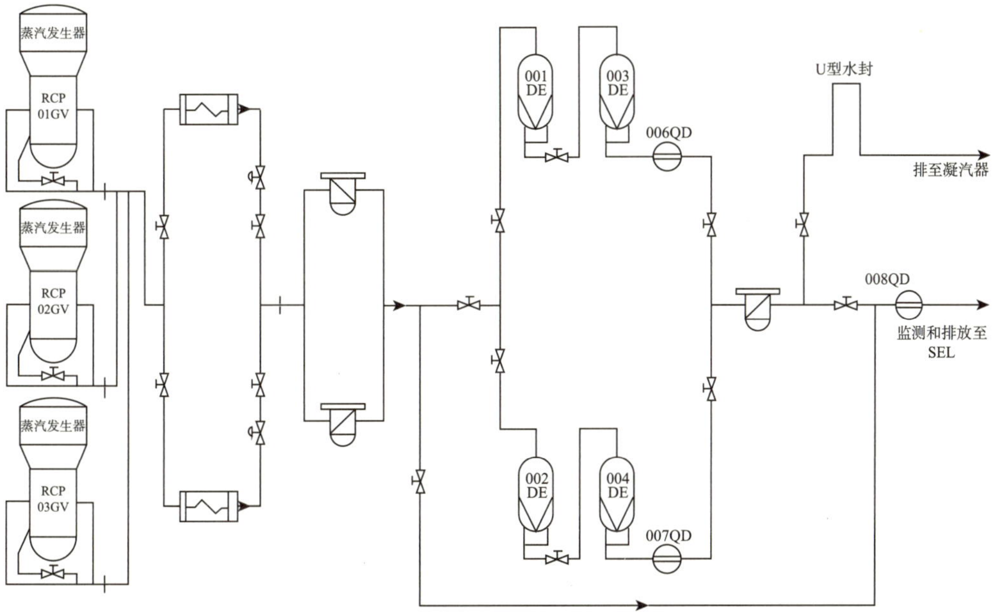

图1 现有APG系统流程简图

表1 蒸汽发生器排污水在净化前和净化后的水质指标汇总表

参数	处理前期望值	处理后指标
pH（25 ℃）	8.9~9.6	8.9~9.6
阳离子电导率（25 ℃）	< 1.0 μS/cm	< 1.0 μS/cm
Na^+	< 0.02 mg/kg	< 0.005 mg/kg
SiO_2	< 1.0 mg/kg	< 0.02 mg/kg
悬浮固体	< 1.0 mg/kg	< 0.1 mg/kg

APG 系统按照最大排污量 70 t/h 设计。蒸汽发生器排污水经冷却和减压后，流体被引至处理系列，通过两条并联的除盐管路进行净化，每条处理系列都串联一台阳离子交换器（001DE 或 002DE）、一台混合床离子交换器（003DE 或 004DE）。每一列的设计处理能力为 35 t/h。如果因为某一列更换树脂或者设备故障导致系统长时间在低排污量下运行，会影响蒸汽发生器的供给水质。

处理系列中的流量在 003DE、004DE 下游测量，用自动记录装置（006QD 和 007QD）进行监测，积算每条处理系列的处理流量并由此来估计树脂的运行状况。

除盐器与固体废物处理（9TES）系统和核岛除盐水分配（9SED）系统连接，以便输送废树脂。

在处理系列的出口，流体经凝汽器真空保护水封后被输送到凝汽器补给水室（CEX），该水封由常规岛除盐水分配（SER）系统提供除盐水。为了 使 APG 系统在其停用时间中高于大气压力，水封的水位应比过滤器液位高 12 m。在放射性和在排污水不能复用时，处理后的排污水可由另一条支路引至 SEL 系统。

该系统设置有一条旁路管，在阳床更换树脂时旁路流量为 35 m^3/h，在净化单元无法使用时旁路流量为 70 t/h。

原 APG 系统设计方案将使两台机组每年产生约 42 m^3 的废树脂和约 250 万元的树脂采购费用，且后期树脂的处理也产生费用，同时对环境有污染；现有设计方案在更换树脂或故障状态下将降低蒸汽发生器供水水质。

3.2 方案优化目标梳理

1）降低每年两台机组 APG 系统树脂采购费用约 250 万元；

2）减少每年 42 m^3的 APG 系统废树脂的产生；

3）强化 APG 系统的连续除盐净化功能。

3.3 优化方案可行性分析

原 APG 系统不具备树脂再生能力，这是产生大量固体废弃树脂的根本原因。现在市面上可再生树脂满足采购要求。

树脂再生分为体内再生和体外再生两种方式。

（1）树脂体内再生工艺：树脂体内再生工艺中净化床也是再生床。工艺系统需配置一套酸、碱再生剂罐、压缩空气系统、除盐床，以及相关的管道、过滤器、泵、阀等。体内再生工艺初始投资较小，系统内管道较短，树脂磨损较少。但体内再生工艺混床的再生效率较低，再生过程产生大量废水，同时存在再生剂造成污染的风险。

（2）树脂体外再生工艺：体外再生在专用的再生器内进行。工艺系统较体内再生系统需增加分离塔、再生塔等。体外再生有利于提高再生效率，再生剂也不会漏入出水中而污染水质。设备所需要的停车时间可以缩短，效率大为提高。体外再生还可以几台设备共用同一套再生系统，减少设备数量。但是由于体外再生需将树脂压进、压出，树脂的磨损率较大。

下面对体内再生和体外再生两个技术方向的方案进行比较分析。

1）原设备体内再生方案可行性分析

（1）阳床+混床体内再生方案经调研，从净化效果来看，这种再生方案会降低净化单元的净化能力。

其原因在于再生后的树脂体积会有一定的变化，导致阴阳树脂界面随时间产生变化，使得再生时会产生 HCl 污染阴树脂，NaOH 污染阳树脂的问题，最终使得净化单元的净化能力降低。

从设备、系统角度来看，这种方案需使阳床和混床具有体内再生能力，同时增加酸、碱输送、贮存及计量系统，压缩空气系统、废水中和处理系统等，增加了系统复杂程度和机组运行管理难度。同时该方案需重新设计、制造混床，增加了投资。

（2）阳床+阴床+阳床再生方案

对标分析田湾核电厂 1、2 号机组 APG 系统净化单元设计，其蒸汽发生器排污系统配置方案是阳床+阴床+阳床，采用体内再生的方式。

若参照该方案，从净化效果来看，不会降低净化单元的净化能力。从设备角度来看，将增加两个树脂床，并使树脂床具有再生功能，将增加设备、系统复杂程度和机组运行管理难度。

此外，以上体内再生方案需再生后中和酸、碱，以及再生后的树脂需大量水冲洗，增加了核岛的废水生产量；再生期间不能保证水质；这种方案中再生剂管道直接与二回路水体相通，存在污染水体的风险；盛酸、碱的设备、管道在核岛厂房内穿行，存在泄漏以及产生酸雾、碱雾的风险。根据调研，国内有火电机组采用体内再生的方式，酸、碱管线所在房间设备因酸雾腐蚀明显，已进行改造；从运维、管理角度，增加该再生系统将增加管理、运行工作量。

M310 型机组的一大特点是设备紧凑、体积较小，APG 系统原设除盐器周围没有空间布置多余的设备。重新调整设备布置涉及工作量较大，存在投资大、工程进度不满足要求的风险。

通过以上调研、分析，树脂在除盐床体内再生的方案从工程进度、质量、投资三个方面均不能满足田湾核电厂 5、6 号机组工程 APG 系统设计方案优化的要求。

2）体外再生方案可行性分析

（1）设计专用再生系统的方案

这种方案为 APG 系统净化单元的树脂建立独立的再生系统，新增的主要功能设备包括阳树脂再生床、混床树脂分离塔、混床阳树脂再生床、混床阴树脂再生床，以及供酸供碱的设备、管道。

这种方案引入设备多、投资大、对控制逻辑改变较大、增加运行管理成本。更重要的原因是 APG 系统最大污水量仅 70 t/h（正常运行期间 30 t/h 左右），设计、制造这样小流量的分离塔的效率和经济性都较低，不为采用。

（2）利用机组现有树脂再生系统的方案

体外再生的一大优点是可以几台设备共用同一套再生系统，减少备用设备。该方案中 APG 系统混床树脂再生利用 ATE 系统的树脂分离塔将阴树脂和阳树脂分开，并利用 ATE 系统的阳树脂再生床、混床阳树脂再生床、混床阴树脂再生床进行再生，以及供酸供碱的设备、管道，可以有效减少设备数量，减轻运行管理压力。

由于核岛内 APG 系统净化单元树脂运至常规岛 ATE 系统再生需要通过复杂的解控手续，难以控制审批时间。此外，APG 系统原设阳床和混床树脂填装数量均为 1.5 m^3，不能满足 ATE 系统树脂分离塔运行条件（表 2）。

表 2　APG、ATE 系统主要功能设备树脂装量列表

系统	APG		ATE	
项目	原设阳床	原设混床	阳床	混床
树脂填装量/m^3	1.5	1.5	14.52	9.642
分离塔装量/m^3		9.642		

为同时解决以上问题，在保留现有 APG 系统设计的基础上，在常规岛新增设适应 ATE 系统再生系统的阳床和混床。符合尽可能利用现有资源的基础上，降低运行管理难度的原则。

综合考虑方案的需求满足性、经济性、工程进度计划，特别考虑控制逻辑、后期的运维管理便利性，利用 ATE 系统的再生单元的方案是相对好的方案。

4　利用 ATE 系统树脂再生系统方案介绍

4.1　方案总体介绍

通过方案比选，选择利用 ATE 系统再生设备的方案。该方案在常规岛增设一套 1×100%的阳床加混床的除盐床，其树脂可利用 ATE 系统的再生系统进行再生。

新增 APG 系统净化单元流程简图如图 2 所示。增设手动旁路阀和二台边界隔离阀作为处理前后的排污水的接入和接出点，新增阀门和管道与原系统相适应。

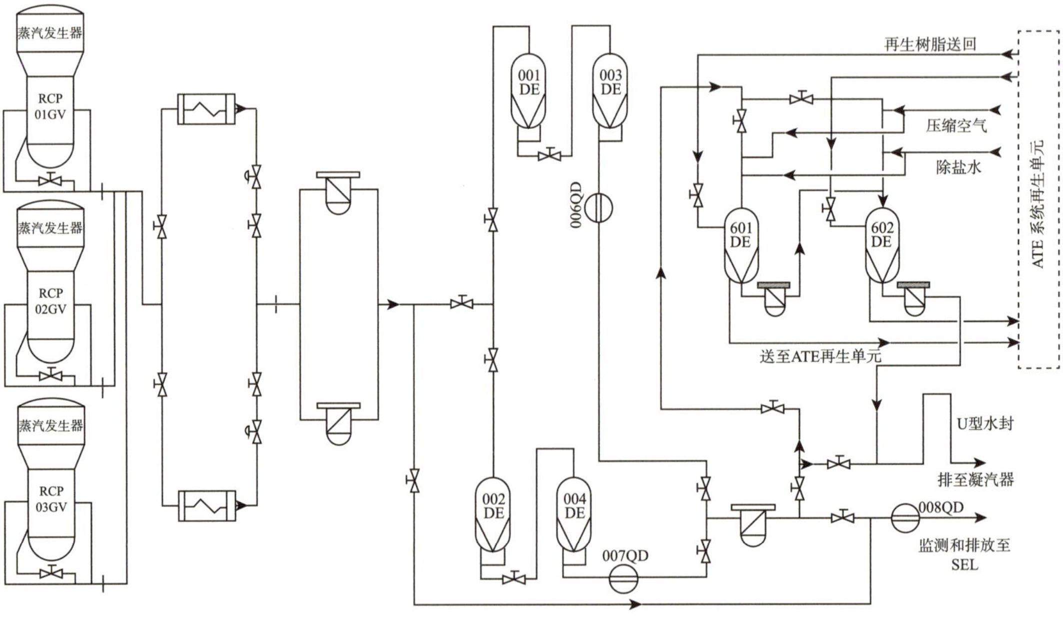

图 2　APG 系统新增净化单元流程简图

日常运行期间只有新增除盐装置运行，原有除盐床作为备用。只有在新增除盐床不可用或二回路放射性监测达到剂量限值时会切换到原有 APG 系统除盐装置运行。

4.2 优化后系统工艺简介

新增除盐装置与原 APG 系统的接口位于常规岛厂房倒 U 型水封管道上游，具体位置在常规岛厂房内可根据现场的实际情况确定，通过在新增处理装置上游增设隔离阀实现新增除盐装置与原有排污管线的隔离。

在新增除盐装置投运后，原 APG001-004DE 长期作为备用处理设备，当 KRT 系统监测排污水的放射性指标到 4500 Bq/m^3时，KRT002/003/004MA 中的任意一台发出报警，此时系统会由操纵员切换到原有 APG 系统的除盐装置，同时隔离新增除盐系统以防止放射性的排污水引到常规岛除盐装置。

新增除盐装置与原 APG 系统除盐装置之间可以通过手动方式来切换。新增除盐装置树脂再生前，需要对树脂手动取样测量其放射性，以防止污染 ATE 系统再生装置。

当前置阳床发生压降过大，表明载留了大量的固体，或因出口电导超标以及混床出口电导率升高而指示失效时，以及当运行人员认为有必要时，前置阳床、混床将分别退出运行。当上述任一种情况发生时，失效的树脂将分别用水力输送至 ATE 系统的再生系统进行反洗和彻底的化学再生。

当混床失效后，将手动取样测量放射性满足要求的阴、阳树脂全部送至 ATE 系统树脂分离塔（卸出率 99.9%），同时将贮存在再生系统内并已再生好的备用树脂送入卸空的混床。在分离塔内，先对阳、阴树脂进行擦洗，然后通过反洗使阳、阴树脂分层。分层后阴树脂在塔的上部，阳树脂在下部。上部阴树脂送至阴再生塔再生，再生剂为高纯度烧碱（NaOH）。底部阳树脂送至阳再生塔再生，其再生剂为盐酸（HCl）。再生剂将通过配药装置分别进入各再生塔。而在反洗分层后位于阳、阴树脂交界面处的混脂层则留在分离塔内，待与下一次混床失效树脂再生时一并处理。阳、阴树脂分别再生结束后，将分别输送至树脂贮存塔中混合、贮存备用。

每次转移树脂结束后，根据需要手动对树脂捕捉器进行反冲洗，尽可能消除树脂微小碎片进入系统的可能。

为完成树脂再生的工作，为新增净化设备配给合适等级的电源，用于擦洗和混床树脂混合的压缩空气，用于在再生的酸、碱和用于冲洗的除盐水。为方便运行管理，新增 APG 系统净化单元仪控部分设计在 ATE 系统的 PL 实现。

4.3 设备运行相容设计

为了充分利用 ATE 系统的设备，保证分离塔分离能力，同时使 APG 系统与 ATE 系统树脂可互用，APG 系统和 ATE 系统的阳床和混床树脂填装量保持一致，分别为 14.52 m^3 和 9.642 m^3，混床中阴树脂和阳树脂的填装比例均为 2∶1，装填量及填装周期如表 3 所示。

表 3　APG 系统和 ATE 系统的阳床和混床树脂填装量及再生周期汇总表

系统 项目	APG				ATE	
	原设阳床	原设混床	新增阳床	新增混床	阳床	混床
树脂填装量/m^3	1.5	1.5	14.52	9.642	14.52	9.642
周期	1 个月	6 个月	4~6 个月	一个燃料循环	1~2 天	5 天
分离塔装量/m^3	9.642					

APG 系统新增阳床使用周期由原设阳床的 1 个月延长至 4~6 个月。ATE 系统阳床使用周期为 1~2 天，阳床再生过程用时约 3 h，可根据 APG 系统和 ATE 系统运行情况对 APG 系统新增阳床树脂进行再生操作；混床的再生周期由改进前的 6 个月延长至一个燃料循环，可在机组大修期（此时 ATE 系统停运）找窗口进行再生操作。有效降低了 APG 系统再生操作频率，增加了再生操作的灵活性。在新增阳床再生或出现排污水含放射性时，APG 系统切换至原设计除盐床运行，不存在由于 APG 系统处理能力下降而降低水质指标的问题。

考虑 APG 系统原设计和新增树脂存在板结的可能性，将制定定期试验规程，根据实际运行情况确定实际再生时间。

4.4　设备与土建相容性设计

现阶段的改进设计需要综合考虑现场土建、安装的限制条件，在系统技术方案和系统容量确定后，需要在满足吊运、安装作业的前提下确定设备尺寸。

1）布置在核岛厂房

将 APG 系统的新增罐子布置在核岛厂房便于 APG 系统的运行管理。但这种方案存在以下问题：

（1）靠近 APG 系统设备周边无布置新增罐体空间；

（2）树脂再生操作需解控手续；

（3）输送酸、碱的管道存在泄漏的风险；

（4）输送树脂的管道长度超 100 m，将加剧树脂磨损，提高树脂补充数量，增加成本。

2）布置在 ATE 系统分离塔附近

为了解决上述方案存在的问题，将新增设备布置在常规岛靠近 ATE 系统分离塔的位置是较好的选择。经核实，ATE 系统分离塔附近有安装空间。

第一种方案是安装在 0 m 层（B 轴，11-12 轴间放置两台），如图 3 所示。此安装位置就在设备吊装口边上，设备引入容易，同时对其他设备管道影响较小。但此布置方案需将在 0 m 层的楼板上再增加 72 t 的载荷，经土建结构专业初步核实，不满足楼板荷重要求。

第二种方案是安装在-7.5 m 层（B 轴，8-9 轴间放置一台，9-10 轴间放置一台），如图 4 所示。这种方案需要在柱子两侧一边摆一个罐子，管道及阀门需要绕柱子布置，这个位置靠近设备运输通道，虽然会造成运输比较拥挤，但满足运输要求。该方案不存在楼板荷重的问题。新增除盐床布置按第二种方案布置。

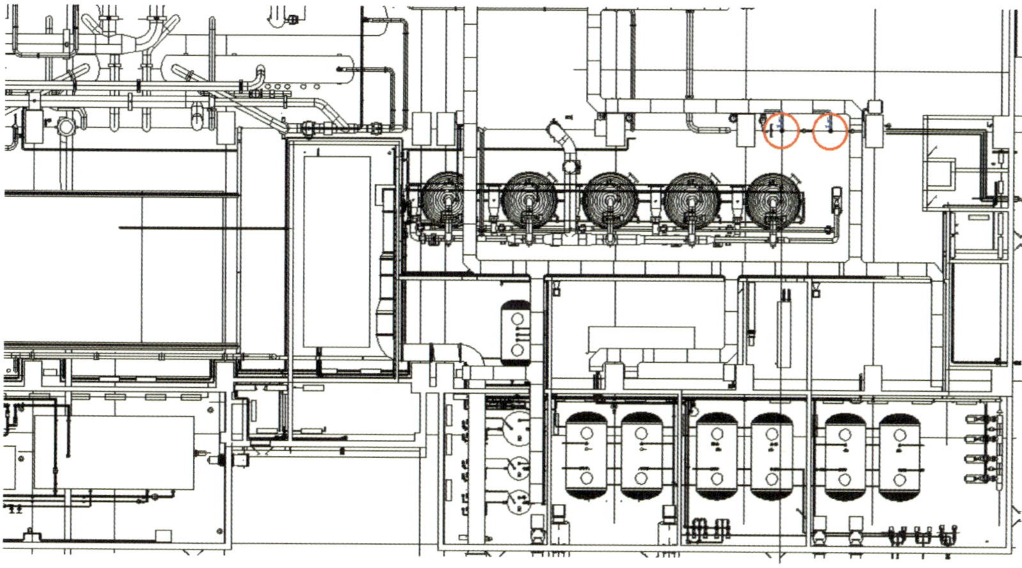

图 3　新增除盐床在 0 m 层的布置位置示意图

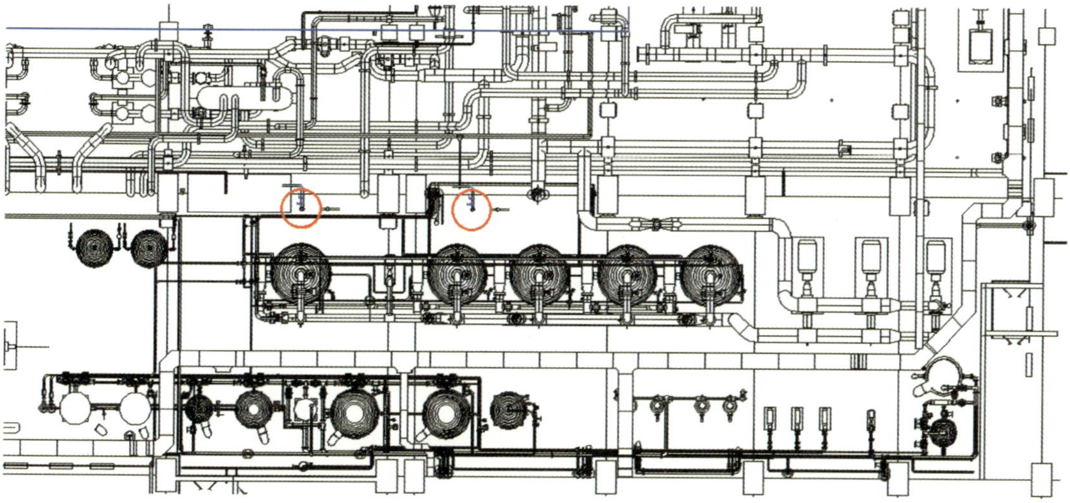

图 4 新增除盐床在-7.5 m 层的布置位置示意图

所选择的布置方案的设备引入路径如图 5 所示。设备自 0 m 层检修孔吊入后，经设备通道至安装位置，通道最小宽度为 3 m，综合考虑该通道宽度、高度，设备高度、设备效率，确定新增阳床外径为 2100 mm，新增混床外径为 2800 mm。

4.5　对辐射防护分区的影响

根据实际运行情况，中核核电运行管理有限公司已针对秦山核电厂扩建项目（方家山核电厂）蒸汽发生器排污系统废树脂进行了取样分析，确认秦山核电厂扩建项目两台机组商运至 2015 年底期间产生的所有批次的蒸汽发生器排污系统废树脂 γ 核素分析结果均小

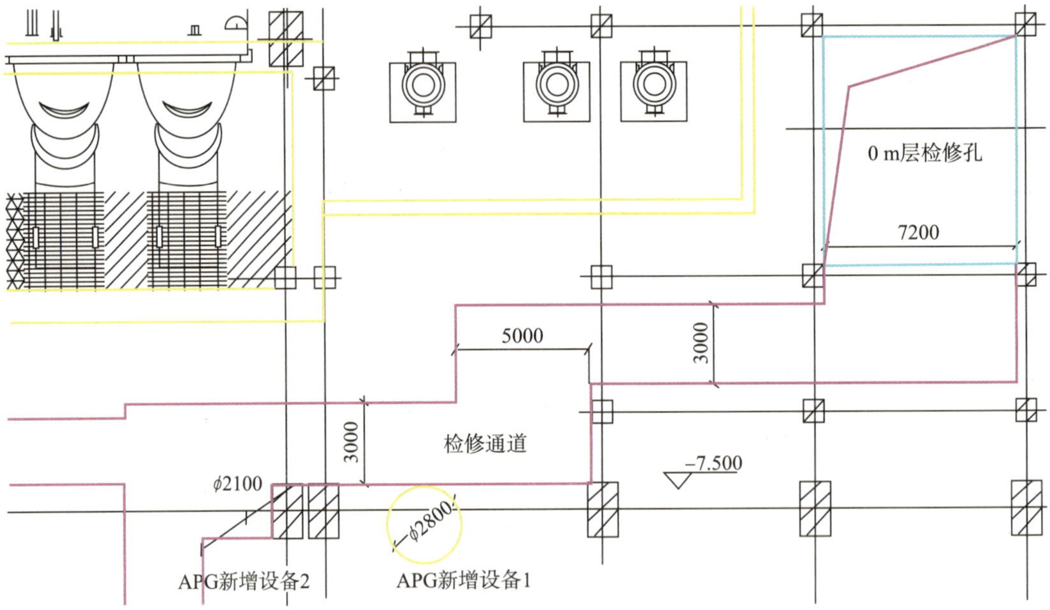

图 5　设备调运通道示意图

于探测限，γ 核素活度浓（指可以发射 γ 光子的核素活度浓）最大值小于 0.006 2 Bq/g，满足清洁解控条件。

APG 系统原设阳床除盐床和混床 001-004DE 设备位于控制区设备位于控制区橙区内。新增的除盐床设置在汽轮机厂房，属于监督区（白区，场所剂量率≤2.5 μSv/h）。虽然 M310 机组 APG 系统树脂至今未发生放射性超标事件，但其存在放射性超标的可能性。根据初步辐射防护分析，正常工况下，该方案不会对原辐射防护分区造成影响。若二回路放射性超标时，则切换至原设除盐床运行，除盐器中的树脂可能会不满足清洁解控要求，最终判断需利用离线取样测量。

4.6　投资分析

两台机组 APG 系统方案优化初始投资核算如表 4 所示。

表 4　两台机组改进初始投资核算表

项目	设计	设备	阴树脂	阳树脂	安装
数量	—	2 套	6.42 m^3×2	17.72 m^3×2	—
成本/万元	100	300	59.06	120.50	60
总计/万元			640		

注：安装费用按设备费的 20%计算；陶氏阴树脂单价 4.6 万元/m^3·树脂单价 3.4 万元/m^3，将根据政策情况决定是否上调 35%。德国戴尔树脂单价现略低于陶氏，不存在价格上调的问题。

根据上表，两台机组将一次性投资约 640 万元。但将减少每年 42 m^3的 APG 系统废树脂的产生，及由此带来的管控-解控等一系列支出，目前方家山核电厂每年更换树脂费用大于 250 万元，预计 2~3 年可收回成本。

5 结论

田湾核电厂5、6号机组APG系统设计优化按与ATE系统净化单元共用再生设备的方案执行，考虑了系统设计的安全可靠性、新增设备与周围环境的兼容性、运维管理的方便性等，并对新增除盐床做了适应性设计和布置，每年将降低两台机组APG系统树脂采购费用约250万元；减少每年42 m^3 的APG系统废树脂的产生；增强SG排污水处理系统的连续除盐净化功能，达到了节能减排的目标，降低了运行成本，同时有助于对化学性能指标的控制和提高。对其他项目的蒸汽发生器排污水处理设计提供参考。

参考文献

[1] 孙林森,等. 900 MW压水堆核电站系统与设备[M].北京:原子能出版社,2005:93-94.
[2] 卫泳波.化学水处理系统和设备[M].北京:中国电力出版社,2008:88-94.

田湾核电厂一回路严重事故条件下压力容器水位测量方案研究

陈学坤[1]，朱加良[1]，何　鹏[1]，杜　茂[2]，徐　涛[1]，陈　静[1]，王雪梅[1]
（1. 中国核动力研究设计院核反应堆系统设计技术国家级重点实验室，成都 610041；
2. 福建福清核电有限公司，福建 福清 350318）

摘要：本文针对田湾核电厂 5、6 号机组 EOP 和 SOP 下事故后压力容器水位监测需求，在分析 M310 机组现有测量配置方案的基础上，新增差压测量仪表进行严重事故工况下压力容器水位测量。文中首先对新增仪表进行了调研和分析，确认其鉴定条件能够覆盖本项目严重事故条件。其次，对于压力容器水位计算方法，参考 ICCMS 系统方案，对其测量适用性进行了分析和论证。论证结果表明，该测量方案能够在严重事故工况下，指示压力容器水位变化情况，实现 EOP 和 SOP 下事故后压力容器水位测量。

关键词：严重事故；压力容器水位测量；变送器

1　引言

2009 年 4 月，国家相关部门核准了田湾核电厂 5、6 号机组的立项审批。2011 年福岛事故后，国家暂停对核电新项目的建设审批。2015 年 4 月，田湾核电厂 5、6 号机组建设项目在国家以及各级相关单位推动下得以重启。但是根据目前国内外三代核电厂的安全功能需求，本项目需要针对 M310 进行一系列的设计改进，以满足事故、严重事故工况下核电厂的安全设计要求。

反应堆压力容器水位是核电厂设计和运行关注的重点参数，是堆芯冷却监测的重要功能之一。事故工况下，堆芯会随着冷却能力的下降而逐步升温，长时间的裸露会导致堆芯损伤，压力容器水位与堆芯出口温度一样，可直观反应堆芯的冷却能力，在失水事故发生时可监测堆芯淹没情况，为操作员选择事故处理规程提供依据，进一步提升复杂工况下的核电厂安全性。

2　设计要求

在目前田湾核电厂低功率和停堆工况的 SAMG 设计中，事故工况下，需监测反应堆压力容器水位变化情况。当压力容器顶盖打开，堆芯出口热电偶不可用的情况下，需要根据条件“压力容器水位低”向反应堆冷却剂系统注水。

在前期 M310 设计中，未考虑严重事故后压力容器水位测量。因此现阶段压力容器水位测量方案需考虑相关仪表在严重事故工况下的可用性，必须能够在严重事故工况下，指示压力容器水位变化情况。

3 系统设计

田湾核电厂5、6号机组压力容器水位测量保留了M310的窄量程、宽量程、参考量程仪表RCP090/091MN、RCP092/093MN和RCP094/095MN。

对于上述M310水位测量仪表配置方案，其水位信号处理、计算过程在堆芯冷却监测系统（ICCMS）机柜中进行。该方案中，首先利用反应堆冷却剂压力和稳压器压力计算一回路绝对压力，进而计算在绝对压力下的饱和温度，再通过饱和温度、环路温度以及堆芯热电偶测量温度计算压力容器内水密度与蒸汽密度。基于此，利用差压公式得出反应堆压力容器水位。当所有反应堆冷却剂泵都停止运行时，系统给出反应堆压力容器的精确水位；当至少有一台反应堆冷却剂泵运行时，指示出水位变化趋势。具体测量原理如图1所示。

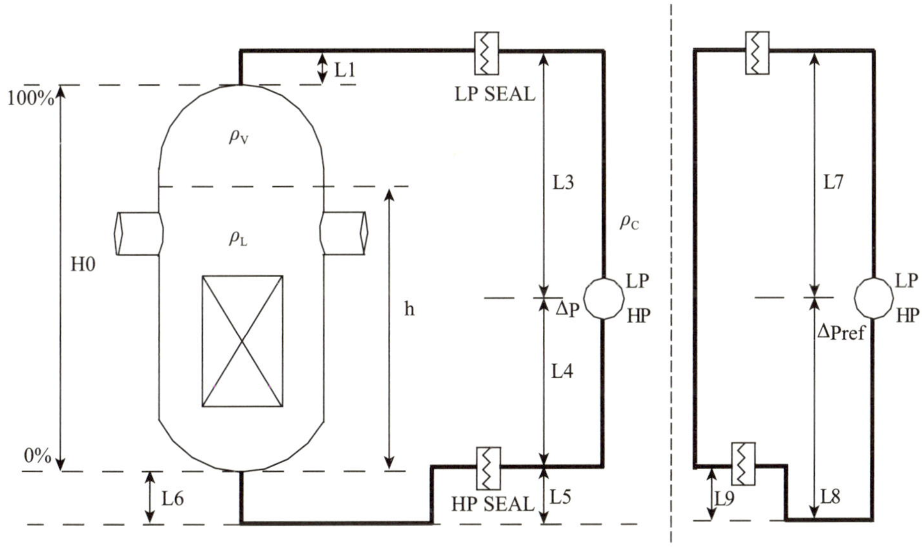

图1 水位差压测量原理图

在传统M310项目中，窄量程、宽量程、参考量程仪表均是PAMS参数，仅要求在设计基准事故下执行测量功能，未进行严重事故鉴定。如果将上述仪表整体升级为满足严重事故鉴定条件仪表，对核电厂经济性影响较大。另外，针对EOP和SOP测量需求，压力容器水位为严重事故工况下“可能用到”的参数，单独针对严重事故增加相应测量仪表既能满足设计要求。同时，在目前M310成熟方案的基础上新增专用于严重事故的仪表对系统设计及仪表布置影响较小，易于实现。基于上述考虑，对于严重事故压力容器水位测量，通过增加专用仪表来实现。

4 仪表可用性分析

4.1 鉴定分析

根据市场调研情况，新增的严重事故条件下水位差压变送器采用 ROLLS ROYCE 公司的 BIBLOC 系列变送器。该系列变送器前期已根据 RCC-E（2005）标准进行鉴定，后续也针对国外三代核电严重事故条件进行了补充鉴定，实际补充鉴定条件如图 2 所示。针对田湾核电厂 5、6 号机组，对于新增的严重事故环境条件，需对该系列变送器进行分析，确定其能够覆盖田湾核电厂严重事故环境条件。对于田湾核电厂严重事故压力条件，BIBLOC 系列变送器实际曲线在 30 s~12 h 内压力为 5.0 bar，略低于田湾核电厂严重事故 5.2 bar 压力条件。由于变送器承压部分为不锈钢外壳，对压力变化不敏感，并且变送器实际鉴定事故压力时间约为 7 天，远远超过田湾核电厂要求的 72 h，因此 BIBLOC 系列变送器能够满足田湾核电厂严重事故压力鉴定条件。对于严重事故温度条件曲线，不能完全包络，需对其进行进一步分析。BIBLOC 系列变送器实际的事故温度鉴定曲线田湾项目严重事故温度鉴定条件对比情况如图 2 所示。

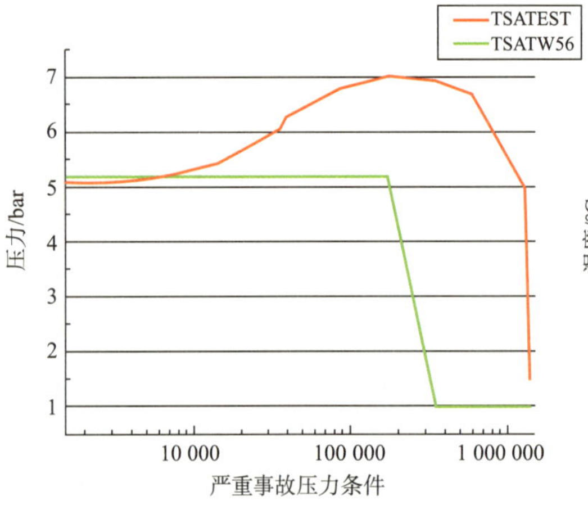

（a）变送器严重事故压力曲线

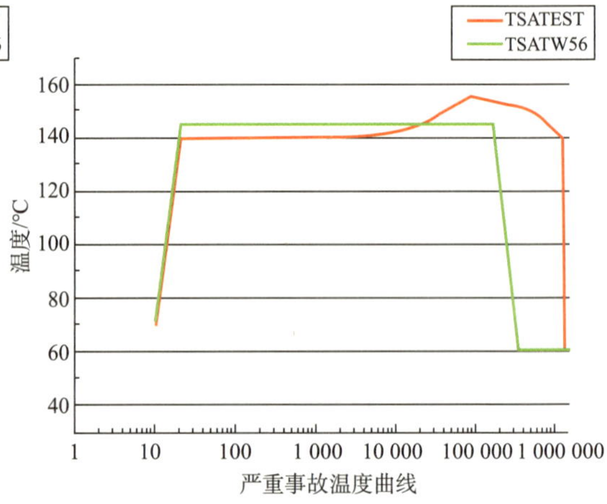

（b）变送器严重事故温度曲线

图 2　变送器严重事故压力和温度曲线

由图 2 可知，在 30 s~12 h 时间段内，变送器实际鉴定试验温度为 140 ℃，略低于田湾核电厂严重事故温度鉴定条件 145 ℃。由于温度条件对变送器精度影响较大。所以针对此问题，需对变送器原理进行分析，建立变送器测量误差与热冲击之间的试验模型，如图 3 所示。

BIBLOC 变送器采用差动式测量原理，测量部件主要包含膜片、磁芯、线圈以及位于安全壳外的信号处理单元。测量过程中，膜片首先将与其接触的压力信号转化为变送器内部的磁芯与线圈的相对位移，该位移使得线圈电感发生变化，进而将电感信号通过调制、放大和处理来表征压力信号。但是，变送器内部温度的变化也对线圈电感变化存在影响。因此，在变送器制造过程中，会考虑温度补偿方法，通过实时测量变送器内部线圈温度进

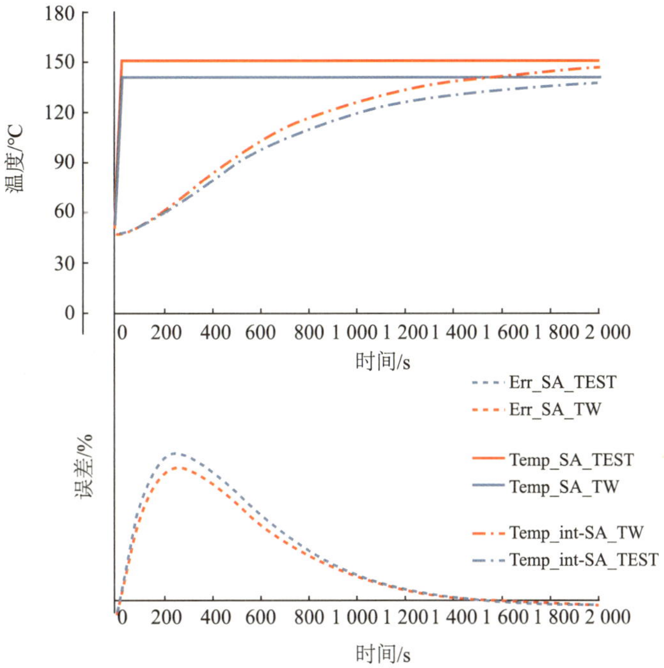

图 3　热冲击条件下变送器测量误差

行信号补偿。由于信号补偿采用的温度信号是线圈温度信号，而不是实际的外界环境温度信号，该补偿过程存在滞后。对于该过程具体分析如下：

对于温度冲击响应，变送器首先通过膜片来感知环境温度，之后将环境温度传递至磁芯、线圈，位于安全壳外的信号处理单元通过监测线圈电阻的变化来获取变送器内部温度场的变化，进而对测量值进行补偿。由于变送器内部线圈与磁芯材料导热系数不一致，环境温度从膜片传递到线圈存在延时，导致变送器内部温度场的变化并不能够实时、真实的通过线圈电阻来获取。因此，温度突然变化的过程中，变送器的温度补偿总是滞后的，所以在该过程中温度补偿效果不明显，变送器测量精度较差，对应图 3 曲线 200~600 s 时间段。当温度趋于稳定时，线圈温度与外界环境温度一致，补偿效果恢复，变送器精度恢复，对应图 3 曲线 600 s 后时间段。因此，在温度冲击过程中，变送器内部的温度补偿存在滞后，从而导致该过程中变送器精度较差，当温度趋于稳定时，变送器精度恢复。

根据上述分析结果，BIBLOC 系列变送器仅对温度冲击变化有影响，而且仅在冲击响应 2~5 min 内变送器精度会降低，当温度趋于稳定时，变送器精度恢复。另外，变送器实际鉴定试验时间远大于田湾核电厂鉴定时间。

综上所述，BIBLOC 系列变送器满足田湾核电厂严重事故温度压力条件，能够用于严重事故工况下压力容器水位测量。

4.2　精度计算

对于上述差压变送器 RCP096MN，供货商给出的事故后精度计算公式如下：

$$u(\Delta P)=1.96\sqrt{\left(\frac{e_1}{1.96}\right)^2+\frac{e_2^2}{\sqrt{3}}+\frac{e_3^2}{\sqrt{3}}+\frac{e_4^2}{\sqrt{3}}+\frac{e_5^2}{\sqrt{3}}+\frac{e_6^2}{\sqrt{3}}+\frac{e_7^2}{\sqrt{3}}+\frac{e_8^2}{\sqrt{3}}+\frac{e_9^2}{\sqrt{3}}} \tag{1}$$

其中：e_1 为基准精度，包括变送器的线性度、回差、死区、重复性和标定误差；e_2 为换料周期内漂移的影响；e_3 为温度变化 30 ℃时的影响；e_5 为静压对零点的影响；e_6 为事故工况下 106 Gy 辐照的影响；e_7 为温度变化 106 ℃时对毛细管和膜片的影响；e_8 为地震载荷的影响；e_9 为严重事故工况的影响。RCP096MN 严重事故后精度如表 1 所示。

表 1　RCP096MN 严重事故后精度

量程范围/kPa		SPAN	e1	e2	e3	e5	e6	e7	e8	e9	u（△P）
最小值	最大值	(%kPa)	(%span)	(%span)	(%span)	(%span)	(%span)	(%span)	(%span)	(%span)	(%span)
-110	40	150	0.5	0.31	0.131 3	0.016 8	1.94	0.046 4	0.476 9	0.867 6	±3.524%

5　压力容器水位计算

5.1　计算原理及方法

反应堆压力容器水位是以液态水在反应堆压力容器中所占体积份额的形式给出的。一回路冷却剂在反应堆内有两种存在状态，一种是密度为 ρ_L 的液态水，另外一种是密度为 ρ_V 的水蒸气。两种状态既可能是有明显分界面，也可能是两相混合物。

根据差压仪表测量原理（图 1），压力容器水位由以下公式计算：

$$\rho_V g(H-h+L_1)+\rho_L gh-\rho_C g(L_3+L_4+L_5-L_6)=\Delta P \tag{2}$$

修正后，压力容器水位：

$$h=\frac{C+\Delta P-H_0[1+\alpha(T_{\mathrm{DENS}}-20)]\rho_V g}{(\rho_L-\rho_V)g} \tag{3}$$

其中：

$$C=\rho_C g(L_3+L_4+L_5-L_6)-\rho_V gL_1 \tag{4}$$

式中相关参数定义如下：

ΔP 为测量差压；

C 为压力容器水位测量修正值；

H 为热态压力容器高度；

H_0为 20 ℃时压力容器高度；

α 为热膨胀系数；

T_{DENS} 为压力容器水密度计算温度；

ρ_V 为蒸汽密度；

g 为重力加速度；

ρ_L 为压力容器内水密度；

ρ_C 为毛细管内水密度

其中，P_{ABS} 为绝对压力，与压力容器水密度计算过程中的 P_{ABS} 一致。

5.2 对比分析

由于在水位计算过程中借鉴了 M310 项目中 ICCMS 系统对差压水位处理的经验，本文针对严重事故水位计算方法与 ICCMS 系统水位计算方法有差异的内容进行对比分析。

1）仪表配置方案

在 M310 项目中，毛细管内的参考压差通过参考量程仪表 RCP094/095MN 进行测量，测量配置方案如图 1 右侧示意所示。在田湾核电厂中，对于严重事故工况条件下，需要新增仪表 RCP096MN（用于压力容器水位测量）和仪表 RCP099MN（用于确定 RCP096MN 毛细管所产生的差压），仪表均需满足严重事故鉴定要求。综合考虑仪表布置及测量需求，取消参考量程差压仪表 RCP099MN，利用毛细管内水的平均密度来计算 RCP096MN 毛细管内水位差压，从而补偿压力容器水位。鉴于此，将毛细管内水的平均密度设置为可调参数，便于现场对比计算和校准。

2）水密度计算过程中 T_{DENS} 的选择

在堆芯冷却监测系统（ICCMS）计算中，T_{DENS} 的选择过程如下：

以堆芯中部两支选定的热电偶（RIC018MT 和 RIC024MT（A 列）、RIC017MT 和 RIC025MT（B 列））作为判断依据。

当上述两个堆芯热电偶测量温度大于 400 ℃时，选择一回路饱和温度作为水位计算温度值；当所有堆芯温度小于 380 ℃时，若主泵全部停运，则将堆芯热电偶温度和饱和温度的较低值作为水位计算温度值；若至少有一台冷却剂泵运行，则将 3 个环路冷热管段温度有效值的平均值作为水位计算温度值。

严重事故工况条件下，主泵已经停止运行。如果按照目前 M310 堆芯测量系统成熟设计方案，用于计算压力容器内水密度的 T_{DENS} 应在饱和温度和堆芯中部两支选定的热电偶测量温度之间选择。

由此，对于用于压力容器水密度计算的 T_{DENS} 值，应由堆芯测量系统机柜 ICCMS 送出。综合分析堆芯热电偶布置方案，RIC018MT 和 RIC024MT（A 列）、RIC017MT 和 RIC025MT（B 列）位于堆芯中部，其温度值较高。当主泵全部停运时，在堆芯中部热电偶和饱和温度之间选择较低值作为密度计算温度值。根据计算原理，用于计算的温度值越低，水密度越大，计算水位越低，计算结果越保守。由此，结合 ICCMS 系统实际输出情况，选择堆芯平均温度来计算事故条件下压力容器内水密度，即 $T_{DENS} = T_{RIC-AVG}$，同样也是考虑保守原则。另外，当压力容器开盖后，堆芯平均温度对于水位计算不可用，此时，水位必然已经低于主管道法兰面，主管道水位同样不可用。此时选择该压力条件下的饱和温度（约为 100 ℃）作为水密度计算的 T_{DENS}（图 4）。

3）P_{ABS} 的选择

上述计算公式中，P_{ABS} 表示绝对压力，采用一回路压力仪表 RCP237MP 和安全壳大气压力 ETY105MP，该仪表均在严重事故下可用，满足严重事故鉴定条件。

$P_{ABS} = P + P_{ETY} + 0.1$，（$P$ 由 RCP237MP 测得，P_{ETY} 由 ETY105MP 测得）。

对于 M310 机组，P_{ABS} 的确定通过 2 个 RRA 吸入口压力、3 个稳压器压力进行复杂的判断流程进行压力选择。但是，现阶段随着核级仪表技术的发展，仪表可靠性有了很大的

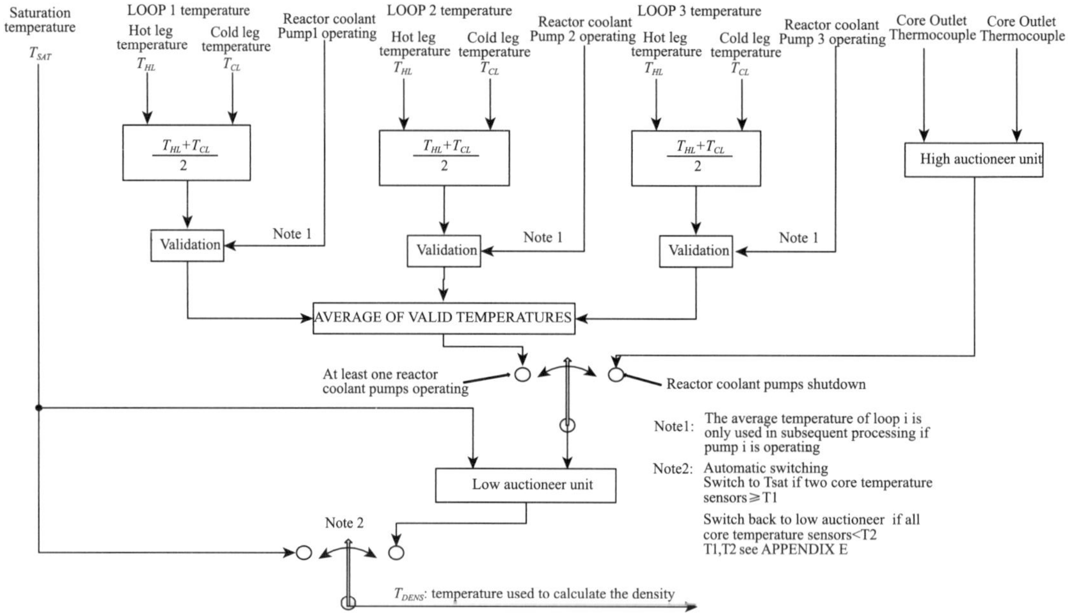

图 4　水密度计算温度选取原理图

提高。因此三代核电项目中简化了一回路绝对压力的计算，仅配置一回路相对压力仪表和安全壳大气压力仪表，二者和值即可表征一回路绝对压力。田湾核电厂严重事故压力容器水位计算过程中 P_{ABS} 的确定也采用三代核电的配置方案。

5.3　不确定度分析

由于测量的不完善，通过测量不可能得到真实值，由测量获得的值仅是被测量的估计值，并且这个被测量的估计值是个统计值，具有概率分布，测量不确定度就是表征该分布分散性的参数。

对于上述差压水位测量方法，其仪表直接输入来源主要有测量差压值 ΔP，一回路冷却剂压力 P，安全壳大气压力 P_{ETY}，堆芯平均温度 $T_{DENS}=T_{RIC-AVG}$ 以及现场补偿校准参数 C。即反应堆压力容器水位的测量函数可以进一步表达为：

$$h=f(\Delta P,\ P_{ABS},\ T_{RIC-AVG},\ C) \tag{5}$$

对应的水位不确定度计算方法为：

$$u(h)=\sqrt{\left[\frac{\partial f}{\partial \Delta P}\right]^2 u(\Delta P)+\left[\frac{\partial f}{\partial P_{ABS}}\right]^2 u(P_{ABS})+\left[\frac{\partial f}{\partial T_{RIC-AVG}}\right]^2 u(T_{RIC-AVG})+\left[\frac{\partial f}{\partial C}\right]^2 u(C)}$$

其中：$u(\Delta P)$ 为差压测量仪表 RCP096MN 自身不确定度；$u(P_{ABS})=\sqrt{u(P)^2+u(P_{ETY})^2}$ 为一回路绝对压力不确定度；$u(T_{RIC-AVG})$ 为堆芯热电偶平均不确定度，$u(C)$ 为现场校准补偿参数不确定度。

严重事故工况下压力容器水位测量原理与堆芯冷却监测系统一致，仅仅是仪表配置方案和补偿校准处理方法不同。所以其不确定度的计算，可以类比堆芯冷却监测系统水位测量不确定度进行分析。具体分析过程如下：

由于严重事故工况下主泵已经停止运行，现场补偿校准参数 C 相较于原堆芯测量系统的参考差压值 ΔP_{ref}，可不考虑主泵运行状态，其相对不确定度影响因素较少。同时，在正常运行工况下，可以通过与参考差压仪表 RCP094/095MN 实测值进行比较和计算分析，能够对其补偿校准效果进行调整。故此，正常运行工况下由毛细管内水位引起的不确定度不低于 ICCMS 系统方案。并且在严重事故工况下，可以根据事故工况条件预设毛细管内水的密度，对计算过程进行校准补偿。

根据上述不确定度计算方法得：

$$u(T_{RIC-AVG}) = \frac{\sqrt{40}}{40}u(T_{RIC}) < u(T_{RIC}) \tag{6}$$

故由热电偶平均温度引起的不确定度也小于堆芯测量系统计算方案。

综上可知，在正常运行工况下，现场补偿校准参数可根据参考量程仪表 RCP094/095MN 对比校准和计算分析，水位测量不确定不高于堆芯测量系统水位计算方案。在事故工况下，可根据事故条件预设毛细管内水密度对压力容器内水位进行补偿。另外，由于热电偶自身不确定度相对较小，故严重事故下压力容器水位计算不确定度主要取决于事故条件下新增仪表 RCP096MN 的不确定度。

6　结论

针对田湾核电厂 5、6 号机组，根据 EOP 和 SOP 测量需求，事故工况下，需监测反应堆压力容器水位变化情况。当压力容器顶盖打开，堆芯出口热电偶不可用时，需要根据条件“压力容器水位低”向反应堆冷却剂系统注水。由此，需要新增严重事故工况下压力容器水位测量仪表。本文首先从仪表鉴定和不确定度两方面分析，确定了 BIBLOC 系列变送器在本项目严重事故条件下可用。其次，根据差压水位测量原理，本文给出了严重事故条件下压力容器水位计算方法并分析了测量不确定度。在事故工况下，压力容器水位计算不确定度主要取决于事故条件下新增仪表自身的不确定度。根据目前 BIBLOC 系列变送器的事故工况精度，能够在事故工况下指示压力容器水位，为操作员选择事故处理规程提供依据，进一步提升复杂工况下的核电厂安全性。

参考文献

[1] HAF102,反应堆压力容器水位测量不确定度研究[J]. 核科学与技术，2017.

[2] Technical note for Severe Accident Qualification for BLBLOC Pressure Transmitters, Rolls-Royce, 2017.

[3] Equipment Operation and Maintenance Manual (EOMM) for Pressure Transmitters, Rolls-Royce, 2017.

主泵模型改变对反应堆冷却剂系统力学分析的影响

叶献辉[1]，余晓菲[1]，熊夫睿[1]，卢岳川[1]，李丽娟[1]
（1. 中国核动力研究设计院，成都 610041）

1 引言

田湾核电厂 5、6 号机组是改进型的核电机组，其总体设计参考福清核电厂一期的 M310 堆型。对反应堆冷却剂系统（主系统）来说，重要的一项变化就是主泵模型发生了变化[1]。虽然仅仅主泵模型的变化，其将引起整个系统载荷的变化，这就要求对主泵模型的力学参数进行适用性论证，包括整个主系统重新进行自重、热膨胀、地震及失水事故分析（LOCA）动力学响应等力学分析计算，并将计算结果提供给土建设计、主设备设计、辅助系统设计进行分析，评价系统中各结构的完整性和功能性，以证明新主泵模型下田湾核电厂 5、6 号机组的设备和管道应力满足规范和相关法规的要求。本文综述了田湾核电厂 5、6 号机组主泵模型改变对主系统力学分析的影响。

2 结构描述

用于分析的主系统由并联到反应堆压力容器上的三个环路组成。每个环路由一台蒸汽发生器和一台主泵，它们通过主管道与反应堆压力容器组成一个环路，在其中一个环路上通过波动管连接一台稳压器[2]，主系统布置如图 1 所示。

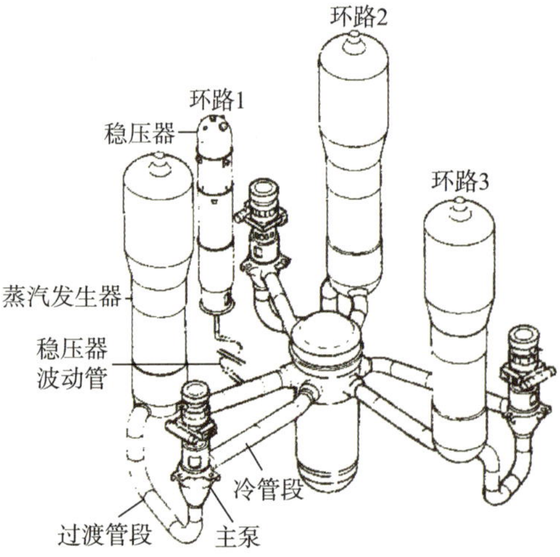

图 1　主系统布置示意图

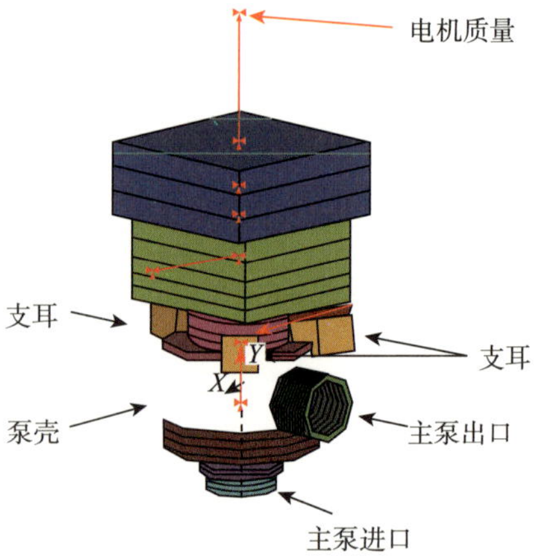

图 2　主泵模型示意图

本文讨论的两种主泵模型，其结构类似，如图 2 所示[1]，主要力学参数如表 1 所示。由表可知，模型 B 较模型 A 重量有所增加，重心略有提高，并且 1 阶和 2 阶频率也有所增大。

本文分析讨论时其他各主设备结构尺寸和材料，主管道布置、结构尺寸和材料，波动管布置及各支承参数相同。

表 1　两种主泵的主泵力学参数

参数	模型 A：参考核电厂	模型 B：田湾核电厂 5、6 机组
质量	116. 43 t	120. 15 t
重心（相对出口）	2792. 2 mm	2804. 7 mm
一阶固有频率*	6. 28 Hz	6. 35 Hz
二阶固有频率*	8. 43 Hz	8. 55 Hz

注：频率计算时含主泵支承结构。

3　主系统力学分析

主系统结构分析包括静力分析、地震分析和 LOCA 动力分析三大部分，给出了系统的静动力响应，为主设备、管道、支撑以及土建结构的力学分析等提供载荷[3]，验证其是否能够满足设计要求。

一般情况下静态载荷，即重力和热膨胀载荷，受主泵模型影响较小，因此本文重点研究主泵模型改变对主系统动力响应的影响。

3.1　地震响应分析

1）地震计算模型

根据相关解耦准则[4]，利用 ANSYS 程序[5]分别针对两个模型建立了主系统与厂房内部构件耦联的有限元计算模型。计算模型主要由梁单元、管单元、集中质量单元和各类弹簧单元组成。模型的非线性因素主要包括：蒸汽发生器、主泵和稳压器的横向支承存在间隙，可采用 ANSYS 程序中带间隙的非线性弹簧单元进行简化模拟；蒸汽发生器、主泵竖向支承腿拉压刚度不同；可采用 ANSYS 程序中的非线性弹簧单元进行简化模拟[2]。另外，此次计算分析中不考虑主设备的材料非线性。主系统地震分析模型如图 3 所示。

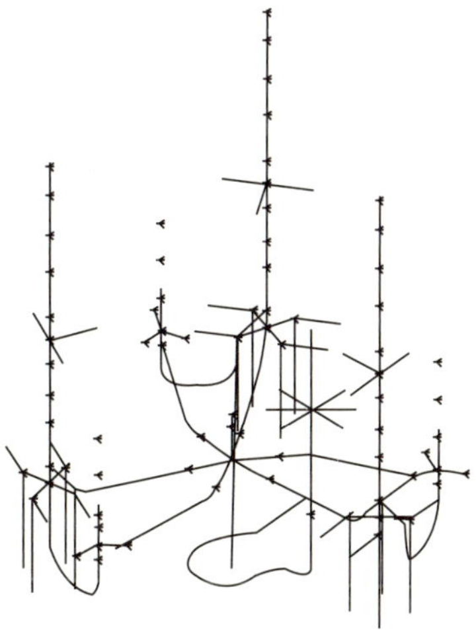
图 3　主系统非线性地震分析模型

2）地震输入

核电厂的地震输入一般分为 2 类：运行安全地震动（SL-1）和极限安全地震动（SL-2）。结构设计应能保证 SL-1 工况下核电厂的正常运行，SL-2 工况下核电厂安全停堆而不发生涉及安全的结构破坏。由于主系统含非线性，地震分析通常都是采用时程法，输入是加速度时程曲线。图 4 给出 SL-1 下一组典型的时程曲线，包括 x、y 和 z 三个方向。

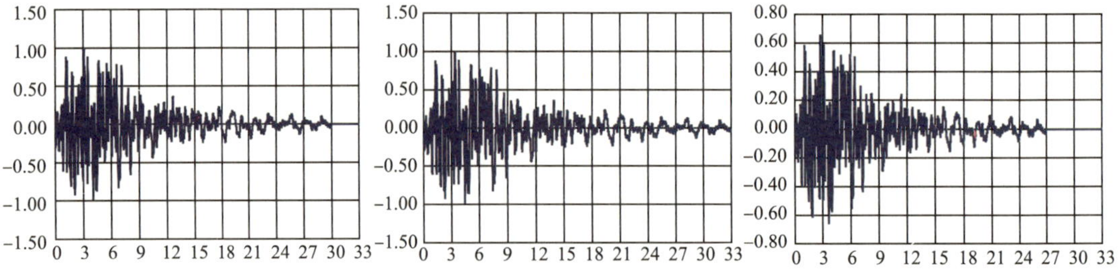

（a）水平X向　（b）水平Y向　（c）垂直Z向

图 4　SL-1 地面加速度时程

3）地震结果

采用 New-Mark 直接积分法和 Newton-Raphson 迭代法求解地震运动控制方程：

$$[M]\{\ddot{u}\}+[C]\{\dot{u}\}+[K]\{u\}=\{F^a\} \tag{1}$$

其中：$[M]$，$[C]$ 和 $[K]$ 分别为结构质量、阻尼和刚度矩阵；$\{\ddot{u}\}$，$\{\dot{u}\}$ 和 $\{u\}$ 分别为节点加速度、速度和位移矢量；$\{F^a\}$ 为地震作用载荷矢量。

由于篇幅所限，本文只给出了主系统关键位置的地震载荷极值，包括蒸汽发生器和主泵支承（表 2）以及主管道弯头位置（表 3）。由表 2 可知，两个主泵模型下地震响应载荷数值上偏差不大，最大偏差在 15%，发生在 SL-2 下主泵的阻尼器，这说明载荷变化较大位置是主泵支承载荷，这与实际情况——更换了主泵模型是相符合的。表 3 载荷变化趋势基本相同，两模型下各弯头地震载荷变化较小，都在工程可以接受的范围内。

表 2　主泵与蒸汽发生器支承地震载荷（力/10^4 N）

主设备	位置	SL-1			SL-2		
		模型 A	模型 B	差异	模型 A	模型 B	差异
主泵	支承腿	140.44	157.87	12%	159.01	156.36	−2%
	横向阻尼器	130.71	148.04	13%	177.62	151.81	−15%
蒸汽发生器	支承腿	250.98	236.30	−6%	292.96	319.17	9%
	下部横向支承	178.62	177.30	−1%	255.12	229.18	−10%
	上部抱环	298.56	289.73	−3%	439.56	448.65	2%
	上部阻尼器	595.41	572.56	−4%	935.28	976.03	4%

表 3　f 主管道弯头的地震载荷（力矩/10^4 N. m）

位置	SL-1			SL-2		
	模型 A	模型 B	差异	模型 A	模型 B	差异
蒸汽发生器进口弯头	145.78	159.28	9%	187.02	163.65	−12%
蒸汽发生器出口弯头	156.47	137.53	−12%	177.39	194.67	10%

续表

位置	SL-1			SL-2		
	模型 A	模型 B	差异	模型 A	模型 B	差异
过渡段弯头	93.07	85.06	-9%	93.22	93.42	0%
主泵进口弯头	118.14	106.23	-10%	131.34	117.98	-10%
冷段弯头	48.51	45.95	-5%	52.90	57.81	9%

进一步深入分析发现两个主泵模型载荷地震较小，其说明两个主泵模型本身力学特性差异较小。由表 1 可知，主泵重量增加仅 3%，重心增加约 12 mm，1 阶和 2 阶频率也仅变化 1%。从上述参数变化可以预计系统地震载荷变化较小，计算结果也可以证明了这一点。Andritz[1] 也研究不同主泵结构对主系统抗震设计的影响，给出了系统地震响应随主泵结构变化的载荷，发现相关位置地震载荷变化较大，其原因是主泵动力特性（频率变化 23%）变化比较大引起。因此通过研究，更加清楚了解主泵参数对主系统地震载荷的影响规律。

3.2 LOCA 动力响应分析

1）LOCA 分析载荷

失水事故就是一种假想的管道破裂事故，发生失水事故以后，冷却剂向外喷射或流失，产生喷射推力和引起压力壳内压力变化，使反应堆冷却剂系统受到很大的外载荷作用，可能产生甩管和设备损坏的严重后果。根据法国一些核电厂的设计经验[6]，需要选取了 11 个破口，各个破口的位置如图 5 所示。本文选取主泵进口管道破裂（R5）和主泵出口管道破裂（R6）进行讨论。

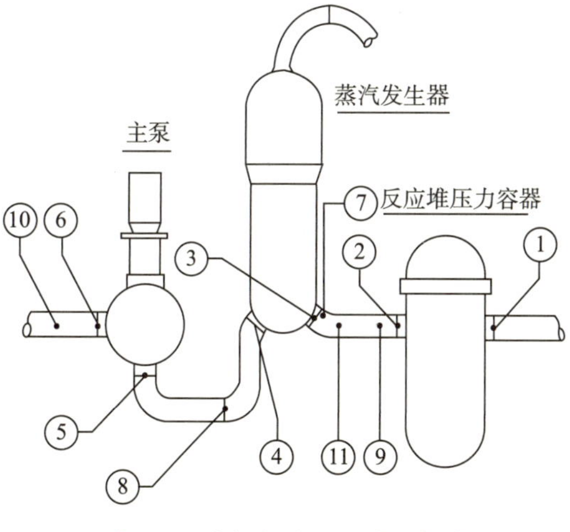

图 5　11 个假想破口位置示意图

2）LOCA 分析模型

完整的主系统 LOCA 分析包括两步：热工水力分析确定其力函数、系统动力分析求其响应。因此分析也包含两个模型：水力载荷分析模型和动力响应分析模型。本文仅研究动力响应情况，故只讨论第二个模型。

LOCA 动力响应分析模型与地震分析模型类似，主要不同如下：①在模型中不考虑反应堆压力容器，在反应堆压力容器进出口接管处加上其在内压作用下的位移。因为反应堆压力容器水平支承限制其中心的位移，且水力载荷对其冲击相对较小。②不再与反应堆厂房耦连，因为其输入是 LOCA 水力载荷，不再是地震传来的地面运动。③由于部分破口下水力载荷较大，主管道和主设备支承需考虑材料的弹塑性，同时需考虑主管道上的甩击限制器的作用。主系统 LOCA 动力分析模型如图 6 所示。

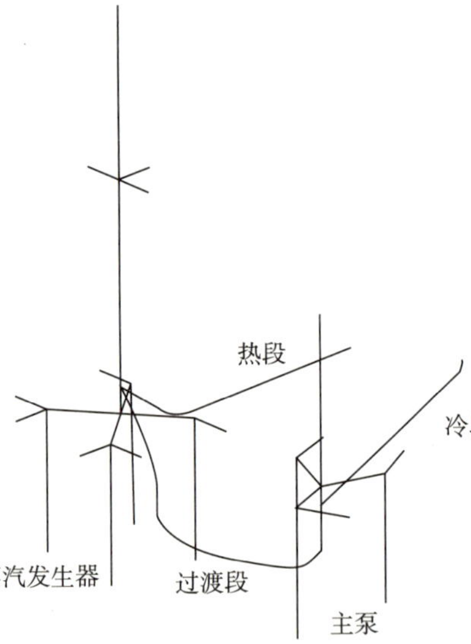

图 6　主系统非线性 LOCA 分析模型

3）LOCA 分析结果

LOCA 运动控制方程与式（1）形式相同，只是此时载荷 $\{F^a\}$ 为管道破裂产生的水力载荷，采用 Newmark 迭代法计算主系统在 0.25 s 内 LOCA 动力响应。

表 4 给出了主泵与蒸汽发生器支承 LOCA 载极值。由表 4 可知，模型 B 和模型 A 的载荷相比，较小的载荷较为敏感外，载荷总体变化很小，变化位置较大 R6 破口下主泵支承腿受压载荷，为 8%。这说明主泵模型改变对 LOCA 动力响应影响较小。表 5 给出的主管道的载荷也表明此规律，不再赘述。

表 4　主泵与蒸汽发生器支承 LOCA 载荷（力/10^4 N）

主设备	位置	R5		R6	
		模型 A	模型 B	模型 A	模型 B
主泵	支承腿	462.02	460.59	328.87	329.63
		-83.05	-84.53	-210.15	-226.75
	横向阻尼器	0.02	0.02	540.26	536.22
		-83.46	-81.58	-34.94	-47.69
蒸汽发生器	支承腿	347.22	347.21	31.15	30.75
		-217.27	-217.26	-52.5	-53.37
	下部横向支承	-273.7	-273.7	-56.27	-56.71
	上部抱环	-312.3	-312.3	0	0
	上部阻尼器	12.81	12.81	32.86	33.17
		-96.31	-96.31	-68.25	-68.06

表 5　LOCA 下主管道弯头的合力矩（力矩/10^4 N · m）

位置	R5		R6	
	模型 A	模型 B	模型 A	模型 B
蒸汽发生器进口弯头	221.6	221.6	96.3	96.1
蒸汽发生器出口弯头	703.5	703.5	354.9	356.0
过渡段弯头	512.5	512.5	103.2	103.7
主泵进口弯头	469.0	469.0	195.2	193.9
冷段弯头	102.3	99.9	138.9	139.0

4　结论

田湾核电厂 5、6 号机组相比参考核电厂福清核电厂 1、2 号机组更换了主泵模型，本文系统地分析了主泵模型参数变化对主系统动力响应的影响，建立主系统抗震分析和 LOCA 动力分析三维非线性模型，得到给出了相关部件应力分析所需的地震和 LOCA 载荷。对比分析发现主泵模型参数变化总体上对主系统动力响应载荷影响较小，对载荷有所变化的后续也进行了进一步评价，证明其满足规范要求。

通过全面的力学分析论证和评价，证明主泵模型更换后主系统满足规范和相关法规的要求，为田湾核电厂 5、6 号机组的安全性提供有力保障。

参考文献

[1] Andritz.RCP set simplified beam model[R].2016.

[2] 叶献辉,兰彬,张毅雄,等.不同主泵结构对主系统抗震设计的影响分析,核动力工程[J].35(6):66-69.

[3] 毛庆,曾忠秀,王伟.秦山核电二期工程反应堆主冷却剂系统和辅助系统力学分析,核动力工程[J].24(S1):114-118.

[4] US. NRC, SRP3.7.2, SEISMIC SYSTEM ANALYSIS, 2006.

[5] ANSYS, User's Manual for Revision 12.1,2009.

[6] 齐欢欢,曾忠秀,张毅雄.基于 ANSYS 二次开发的反应堆冷却剂系统 LOCA 非线性动力分析[J].核动力工程,2011, 32(S1):98-103.

基于遗传算法的核级管道力学性能优化研究

白晓明[1]，郑连纲[1]，王新军[1]，张　锐[1]，杨　杰[1]
（1. 中国核动力研究设计院，成都 610041）

本文对田湾核电厂中核级管道力学性能优化过程中出现的一些问题进行了归纳、分析与总结，以供后续项目借鉴。

1　引言

在核蒸汽供应系统中，核级管道数量众多且布置复杂。为使核级管道能满足设计规范，对支架位置及功能的优化是设计过程中的重要环节。传统的优化过程通过大量的人工试算完成，该过程人力成本高且严重依赖工程经验，更重要的是难以得到力学性能最优布置方案。本文提出了一种基于遗传算法的智能优化布置方法，该方法通过将管道力学分析与遗传算法结合，实现了管道优化布置的自动化。结果显示，该方法能有效对多个支架位置和功能进行同步优化，并快速获得力学性能最优的布置方案，与传统方法相比具有更高的效率和实用性。

核级管道布置在土建与主设备布置之后进行，使得管道走向和支架位置在空间上受到很多限制。同时需要确保管道在自重、热膨胀和地震等载荷的作用下满足相应设计规范要求。因此，在管道的布置过程中需要综合考虑空间限值和其受力情况，通过一系列的试算得到满足设计规范的布置方案[1]。

以往管道自动优化布置研究大多以最大应力或经济成本等假想参数为优化目标，并未考虑 ASME、RCC-M 等核电设计规范，无法应用于工程问题[2-4]。本文介绍了一种基于遗传算法[5-6]的核级管道力学性能优化方法，以管道支架位置和功能为优化参数，空间限值为边界条件，各类工况下的力学评定准则为优化目标，通过遗传算法自动寻找力学性能最优布置方案。与传统方法相比，该方法能够有效地提高管道优化布置的效率，并能确保优化结果为最优布置方案。

2　核级管道的力学评定准则

为保证核蒸汽供应系统及核岛配套设施的管道在力学上能够满足结构完整性、功能性及能动性要求，核级管道需要在设计工况、正常和扰动工况、紧急工况、事故工况和试验工况下满足相应的评定准则。以 RCC-M 规范[7]为例，针对 RCC-M 2、3 级管道，需要评定的工况、评定准则及规范章节如表 1 所示。

表 1　RCC-M 2 级和 3 级管道评定准则

工况	评定准则	规范章节
设计工况	O 级	C3652
正常工况	A 级	C3653
异常工况	B 级	C3654
紧急工况	C 级	C3655
事故工况	D 级	C3656
试验工况	试验	C3657

O 级准则需满足：

$$S_{SL}=\frac{PD_0}{4t_n}+0.75i\frac{M_A}{Z}\leqslant S_h \tag{1}$$

其中，S_{SL}为 O 级准则应力计算值；P 为设计压力；D_0为管道外径；t_n为公称壁厚；M_A为由重量和其他持续性载荷引起的合力矩；Z 为管道截面模量；i 为应力增强系数；S_h为设计温度下材料基本许用应力。

A 级准则需满足：

$$S_E=\frac{(iM_C)}{Z}\leqslant S_A \tag{2}$$

其中，S_E为 A 级准则中热膨胀应力计算值；M_C为热膨胀产生的力矩变化范围；S_A为热膨胀应力允许的应力变化范围。

如果式（2）不满足，则需要验证如下关系式：

$$S_{TE}=\frac{PD_0}{4t_n}+0.75i\frac{M_A}{Z}+i\frac{M_C}{Z}\leqslant (S_h+S_A) \tag{3}$$

其中，S_{TE}为 A 级准则中考虑持续载荷和热载荷的应力计算值。

由锚固点的任何单独非重复性位移产生的应力需要满足：

$$S'_{TE}=\frac{iM_D}{Z}\leqslant 3S_C \tag{4}$$

其中，S'_{TE} 为 A 级准则中非重复性位移应力计算值；M_D为非重复性位移产生的合力矩；S_C为室温下材料基本许用应力。

B 级准则需要满足：

$$S_a^{\mathrm{B}}=\frac{P_{\max}D_0}{4t_n}+0.75i\frac{M_A+M_B}{Z}\leqslant 1.2S_h \tag{5}$$

其中，S_a^{B} 为 B 级准则中考虑持续载荷和偶然载荷的应力计算值；$P_{\max}$为所考虑工况下的最大压力；M_B为由偶然载荷产生的合力矩。

C 级准则需要满足：

$$S_a^{\mathrm{C}}=\frac{P_{\max}D_0}{4t_n}+0.75i\frac{M_A+M_B}{Z}\leqslant 1.8S_h \tag{6}$$

其中，S_a^{C} 为 C 级准则中考虑持续载荷和偶然载荷的应力计算值。

D 级准则需要满足：

$$S_a^{\mathrm{D}} = \frac{P_{\max} D_0}{4t_n} + 0.75i \frac{M_A + M_B}{Z} \leqslant 2.4S_h \tag{7}$$

其中，S_a^{D} 为 D 级准则中考虑持续载荷和偶然载荷的应力计算值。

若压应力很低（$P_{\max}D_0/2t_n \leqslant S_h$），需要满足：

$$S_a^{\mathrm{D}'} = 0.75i \frac{M_A + M_B}{Z} \leqslant 1.9S_h \tag{8}$$

其中，$S_a^{\mathrm{D}'}$ 为 D 级准则中考虑内压之外持续载荷和偶然载荷的应力计算值。

此外，压应力应限于以下额定方程：

$$S_a^{\mathrm{D}''} = \frac{P_{\max} D_0}{2t_n} \leqslant 2S_h \tag{9}$$

其中，$S_a^{\mathrm{D}''}$ 为 D 级准则中仅考虑内压的应力计算值。

试验工况需要满足：

$$S_{\mathrm{test}} = \frac{P_e D_0}{2t_n} \leqslant 0.95S_y \tag{10}$$

其中，S_{test} 为实验工况应力计算值；P_e 为试验压力；S_y 为试验温度下材料屈服强度。

此外，对一些特殊管道还需要额外评定设备接口载荷、抗震阀门加速度、管道的功能能力与能动设备的可运行性等。

3 管道布置的优化方法

在管道布置的过程中，支架起到将载荷传递到更坚固的钢结构或土建结构的作用。因此，支架位置和功能的变化将直接影响管道应力分析的结果。在本文提出的优化方法中将以支架位置和功能为优化变量，利用遗传算法进行优化设计。基于遗传算法的管道优化布置流程为：首先生成包含多个随机初始解的初始种群，然后分别根据初始解建立软件 PEPS 的力学模型，通过选择相应的评定准则进行分析并最终计算适应度函数，最后通过比较不同个体的适应度值，淘汰劣质个体并将优良个体遗传到下一代。在每次个体适应度计算之后判断终止条件，一旦达到终止条件，输出当前结果。在遗传算法中，编码规则、适应度函数、约束条件和终止条件是影响算法有效性的重要因素。

3.1 编码规则

编码规则决定了优化变量的取值范围和精度。管道长度编码由实际加工精度确定，以避免无工程意义的优化，以 10 mm 为最小单位对管道长度进行编码。本文选用三种常用支架功能进行优化，通过将支架功能与自然数建立对应关系进行编码（表 2）。

表 2 支架功能及对应编码值

支架功能	无支架	限位支架	导向支架	紧固支架
编码值	0	1	2	3

3.2 适应度函数

由于优化布置结果需要同时满足式（1）~式（10）中的评定准则，根据短板理论，适应度函数 F 取所有评定方程中应力比值的最大值，如下：

$$F = \max\begin{pmatrix} \dfrac{S_{SL}}{S_h}, \dfrac{S_E}{S_A}, \dfrac{S_{TE}}{S_h + S_A}, \dfrac{S'_{TE}}{3S_C}, \dfrac{S_a^B}{1.2S_h}, \\ \dfrac{S_a^C}{1.8S_h}, \dfrac{S_a^D}{2.4S_h}, \dfrac{S_a^{D'}}{1.9S_h}, \dfrac{S_a^{D''}}{2S_h}, \dfrac{S_{test}}{0.95S_y} \end{pmatrix} \tag{11}$$

计算个体适应度时，需要重新计算各评定方程。评定方程的计算效率和精度将直接影响适应度结果。

3.3 约束条件

在遗传算法中，可通过上下边界、等式和不等式关系来定义优化变量的边界条件。在本文中，支架位置和功能通过上下边界约束条件限定，即

$$X_{lb} \leqslant X \leqslant X_{ub}$$

在定义支架位置时，X 为与支架位置有关的特征坐标，X_{lb} 为特征坐标下边界，X_{ub} 为特征坐标上边界。在定义支架功能时，X 为表 2 中支架功能对应编码，X_{lb} 为编码值下边界，X_{ub} 为编码值上边界。

3.4 终止条件

在遗传算法中，通过终止条件来判断优化结果是否达到最优，以停止计算。通常有三种方法进行终止判断，即在指定代内结果无明显改善、在指定时间内结果无明显改善和遗传代数达到限值。由于式（11）中的 F 对应各工况下的最大应力比值，在本文中定义连续 5 代种群适应度函数误差在 10^{-3} 以内为终止条件。

4 优化方案分析

4.1 分析模型

以图 1 中所示的一段核级管道为例进行优化分析。管道材料为 022Cr19Ni10，名义直径为 24.5 mm，RCC-M 规范级别为 2 级，设计温度均为 100 ℃，设计压力为 2.5 MPa。图 1 中可调整的支架分别记为#A ~ #E。虚线区域为支架可布置区域。

4.2 优化方案一

该方案仅优化支架位置。选取管道中#A ~ #E 五个位置的支架作为优化参数（#D 对应

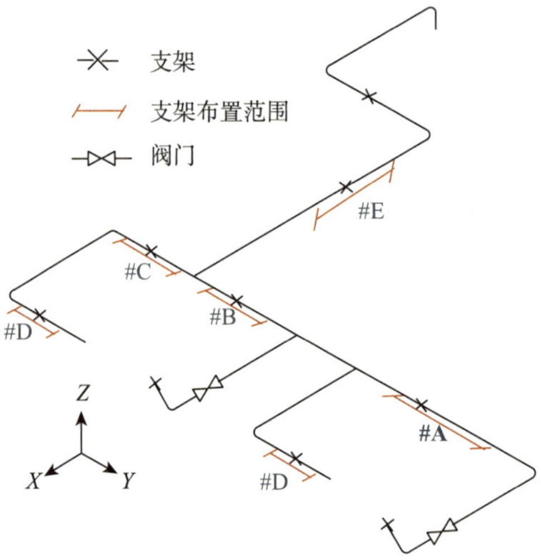

图 1　管道及支架示意图

两个特征参数相同的支架)。以支架附近的三通或弯头为原点，定义支架特征长度，待优化支架对应的特征长度范围如表 3 所示。

表 3　支架编号及对应长度范围

特征距离	支架编号				
	#A	#B	#C	#D	#E
最小值/mm	105	20	30	30	2010
最大值/mm	185	80	110	90	3030

优化过程对应的遗传代数-适应度值曲线如图 2 所示。在同时优化 5 个支架位置时，仅需要 9 代种群即可达到优化结果。在最后一代种群中，平均值与最佳值基本重合，说明该种群内的个体差异极小。比较最初代种群与优化结果可见平均值与最佳值均减小 10%左右，可见通过支架位置的优化能够有效减小式（1）~式（10）中的最大应力比。

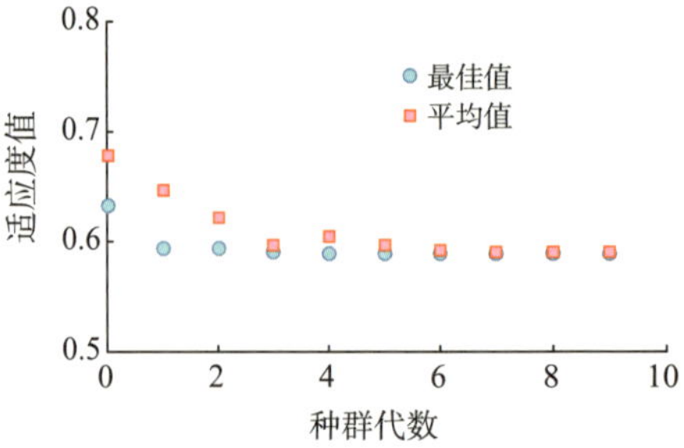

图 2　方案 1 遗传代数-适应度值曲线

4.3 优化方案二

该方案同时优化支架位置与支架功能。在支架的设计过程中，限位支架、导向支架与紧固支架是最常用的三种支架功能。优化过程对应的遗传代数-适应度值曲线如图 3 所示，可见在支架功能不固定时，初始种群的平均值已经接近应力限值 1，但在 5 代种群之后迅速降低到 0.5 左右，随着进一步的优化，应力比最终收敛在 0.4 左右。可见通过支架位置和功能的同步优化能够进一步减小应力比值。

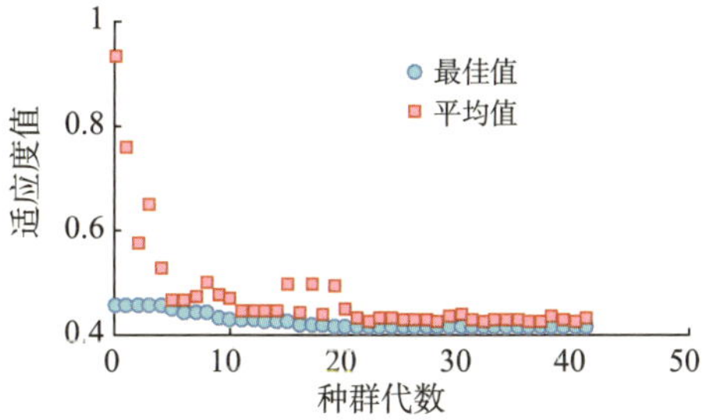

图 3　方案 2 遗传代数-适应度值曲线

对比未优化布置方案与两种优化结果的应力比值，如表 4 所示。由于 C 级准则和试验工况已经被隐含评定，不再重复计算。可见通过基于遗传算法的管道优化布置，能够有效地降低各评定方程中的最大值，起到合理设计，增加管道运行安全性的作用。

表 4　优化方案与初始布置方案的应力比值比较

评定准则及方程	O 级	A 级		B 级	D 级	最大值
初始方案	0.666	0.374	0.31	0.231	0.483	0.666
优化方案一	0.469	0.361	0.319	0.572	0.589	0.589
优化方案二	0.374	0.091	0.191	0.416	0.314	0.416

5　结论

文章结合现场实例，通过对田湾核电厂中核级管道力学分析的一些典型问题进行了归纳、分析和总结，提出了一种基于遗传算法的核级管道力学性能优化方法。通过预先限定管道支架位置和功能的边界条件，能够自动完成管道布置的优化过程，最终给出在当前条件下的力学性能最优的布置方案。与传统方法相比，基于遗传算法的核级管道力学性能优化方法能够极大地提升管道优化布置效率，同时能确保优化结果为最优解，具有显著的工程意义。

参考文献

[1] 王新军，卢喜丰，艾红雷，等. 核级高能管道系统优化分析[J]. 核动力工程，2014，35(04)：114-118.

[2] Chiba T, Okado S, Fujii I, et al. Optimum support arrangement of piping systems using

genetic algorithm [J]. Journal of Pressure Vessel Technology,1996,118(3): 507-512.

[3] Collina A, Zanaboni P, Belloli M. On the optimization of support positioning and stiffness for piping sys-tems on power plants[C]. 18th International Conference on Structural Mechanics in Reactor Technology, 2005.

[4] Mahinthakumar G,Kripakaran P,Baugh J, et al. Genetic Algorithm-Based Decision Support for Optimizing Seismic Response of Piping Systems [J]. Journal of Structural Engineering, 2005, 131(4):389-398.

[5] 匡芳君.群智能混合优化算法及其应用研究[D].南京:南京理工大学,2014.

[6] Holland J H. Adaptation in natural and artificial systems[M]. University of Michigan Press, Ann Arbor, 1975.

[7] AFCEN.Design and Construction Rules for Mechanical Components of PWR Nuclear Islands, RCC-M Section I: Subsection C [S],2002.

田湾核电厂 5、6 号机组堆芯熔融物冷却方案设计

李　杰[1]，王广飞[1]，赵嘉明[1]，赵　斌[1]
（1. 中国核电工程有限公司，北京 100840）

摘要：结合田湾核电厂 5、6 号机组工程总体设计方案，在广泛调研国内外先进核电技术中堆芯熔融物冷却的研究成果及应用实例的基础上，通过深入开展相关分析和计算，确定了堆腔注水冷却系统的配置及容量、运行策略、控制方案等，开发满足新建二代改进型压水堆核电技术指标要求和具备工程可实施性的堆腔注水冷却系统。严重事故分析及 PSA 计算结果表明在严重事故下启动堆腔注水冷却系统，可以保持压力容器的完整性，确保熔融物堆内滞留，机组大量放射性释放频率满足预期安全目标。对后续各堆型的堆芯熔融物冷却策略有一定的参考指导意义。

关键词：堆芯熔融物冷却；能动；非能动；堆腔注水

福岛核事故后，世界核电可持续发展对核电安全改进和创新提出了更高标准的要求。如何在二代改进型压水堆核电技术方案的基础上，进一步提高机组的安全性，尤其是提高机组应对涉及扩展工况及严重事故的能力，是田湾核电厂 5、6 号机组设计考虑的关键问题之一。

在新法规导则方面，国际原子能机构导则 NS-G-1.10 的 6.5 节明确要求实际消除由于底板熔穿导致安全壳后期损坏的严重事故工况。新版《核动力厂设计安全规定》（HAF102）中[1]，对严重事故的预防和缓解提出了要求，要求核电厂在设计中应尽实际可能地考虑设置严重事故预防和缓解措施，而熔融物堆内滞留在国际上也被认为是压水堆核电厂的一项重要的严重事故缓解措施。此外，在安全监管方面，美国核管会在 SECY-93-087 中涉及渐进型与非能动型轻水堆设计的熔融物冷却能力所提及 4 项准则中的准则 2 即为堆腔注水方法。

本项目在广泛调研分析国内外轻水堆堆芯熔融物冷却的研究成果及应用实例基础上，并根据福岛核事故的经验反馈，在发生严重事故时，进一步考虑全厂断电事故（SBO）且 SBO 柴油机丧失的工况的应对措施。增设一套“堆腔注水冷却系统”，在严重事故工况下，可以确保压力容器完整性，大大降低安全壳失效可能性。

1　堆芯熔融物滞留策略概要

为了实际消除早期或大量放射性释放的目标，新一代核电设计都采用了相应的策略应对熔融的堆芯，确保严重事故下堆芯熔融物的有效冷却。主要策略分为压力容器内熔融物滞留（IVR）和压力容器外熔融物滞留（EVR）。根据调研分析，对于 1000 MW 级核电厂

主要采用了 IVR 方案，即有足够的水对压力容器进行外部冷却在发生严重事故时，向反应堆堆腔内注入足够水量进行反应堆压力容器（RPV）外部冷却（ERVC），并与其他安全功能（如一回路卸压等）同时作用以保持压力容器的完整性，从而将堆芯熔融物滞留于压力容器中，防止大多数可能威胁安全壳完整性的堆外现象（安全壳直接加热、熔融物-混凝土反应等）发生。在这个过程中，堆芯熔融物衰变热量通过 RPV 壁面传出，并由注入堆腔的水带走这些热量。

目前，在国内外先进轻水堆设计中为实现 IVR，采用的堆腔注水方案分为能动型和非能动型或者两者的结合。如韩国 APR1400 前期采用停堆冷却泵，后期采用硼酸补给泵向堆腔进行能动补水；西屋 AP1000 设计主要利用合理布置堆腔，将事故状态下 RCS 外流水或内置换料水箱的水依靠重力非能动注入堆腔，形成自然循环冷却。国内自主创新三代核电技术“华龙一号”也设置了堆腔注水冷却系统，系统功能上大同小异，配置上增设了专用堆腔注水冷却泵及非能动堆腔注水箱，大大提高了该类型核电厂在严重事故管理方面的水平。

2 方案设计

2.1 堆腔注入流量需求分析

根据不同的事故序列，分析满足相关事故分析要求的堆腔注入流量，确定包络性事故序列所需的注水流量。最终的容量是由安全分析来验证的，必须与系统设计紧密结合。

首先初步确定田湾核电厂 5、6 号机组堆腔注水冷却系统的顶层方案及总体方案。根据事故分析给出的系统的容量要求，进一步明确系统功能、系统运行方式、系统主要设备设计参数等，并得出初步的系统流量。结合总体设计阶段给出的其他系统设计参数及运行情况（如安注、安喷系统），由事故分析专业开展进一步的事故分析，得出各事故序列下堆腔注入需求流量情况。

2.2 堆腔注水冷却系统设计

田湾核电厂 5、6 号机组堆腔注水冷却系统采用了能动加非能动的设计方案，增加了非能动的设计，可以应对 SBO 及 SBO 柴油机丧失导致的堆芯熔融事故；尤其考虑了事故后短期、中长期及长期的冷却策略，使得田湾核电厂 5、6 号机组能够充分应对严重事故堆芯熔融工况。

本改进为严重事故缓解措施，设计了通过消防水池+消防泵的能动注入系统和依靠高位水箱重力注入的非能动系统，以及包括安全壳喷淋泵+地坑收集水的长期冷却回路，在注水主回路上还增设了移动泵和消防车临时补水接口，具体的系统配置如图 1 所示。从而保证堆腔注水冷却系统有足够的水源及更多的可用水泵，提高了堆腔注水的可靠性，使核电厂的安全性指标得到进一步提高。主要包括 3 部分。

1）非能动部分

非能动部分将非能动应急冷却高位水源系统水箱中的水通过重力直接注入堆坑。田湾核电厂扩建工程 5、6 号机组建造 1 座高位水池，由 4 个单体水池和 2 个出水廊道组成。每组水池设置 1 个出水廊道。出水廊道内设置有水池进、出水管道和相应阀门。非能动采用

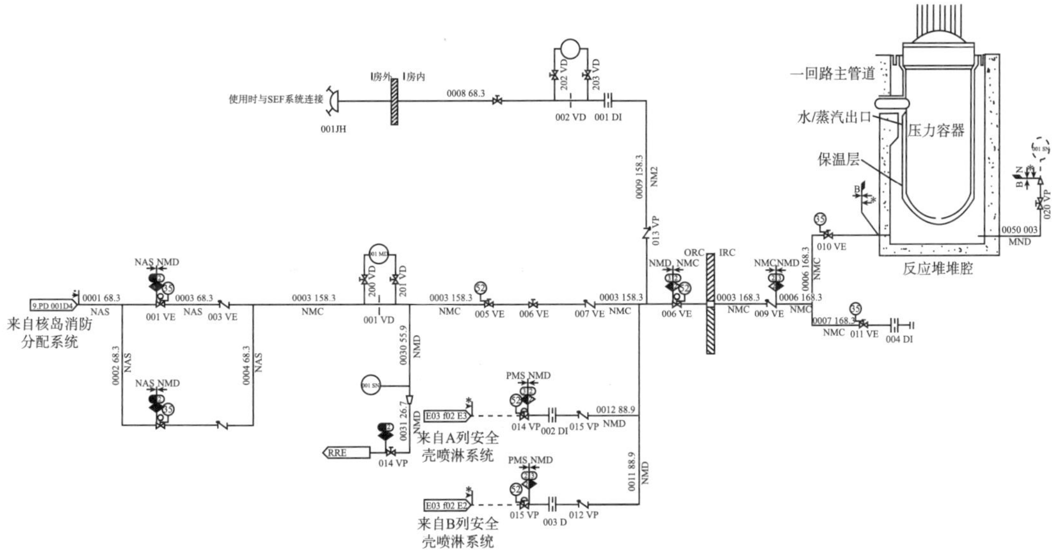

图 1 系统流程图

的应急冷却高位水源，同时为二次侧非能动排热系统、辅助给水贮水池（ASG 水池）、换料水箱补水（PTR 水箱）、乏燃料水池供水以及该新增的系统供水。由于非能动堆腔注水冷却系统设计为应对 SBO+SBO 柴油机丧失工况的前 6 个小时（之后考虑能动注水泵恢复或采用移动设施注入），而这段时间内 ASG 水箱和二次侧非能动排热系统水箱一般不需要补水，且这几个系统均是排出堆芯余热，因此不会与非能动堆腔注水冷却系统同时需要用水，所以可以满足堆腔注水冷却系统的注水要求。

根据非能动应急冷却高位水源系统布置方案开展计算分析表明，在高位水池最低水位处、安全壳最高背压时，两组水池均可以满足注入要求。同时，为保证注水持续时间，在下游设置限流孔板，保证安全壳最高背压时注入流量不低于 70 m^3/h。通过计算，第一组水池（SEF001/002BA）注水流量为 70～142 m^3/h，第二组水池注水流量为 70～166 m^3/h。

非能动设计由传统高压气罐的蓄压注入改进为高位水源非能动注入，进一步降低了工业风险，充分利用现有核电厂设施，降低了核电厂投资，进一步提高了核电厂的经济性和竞争力。

2）能动部分

能动堆腔注水冷却系统以消防水生产系统的消防水池作为注水水源，通过增设新管道建立注水通道：消防水生产系统→消防水分配系统（消防水分配）→新增管道（通过备用贯穿件进入安全壳）→堆腔空间。结合堆腔注水冷却系统的实际运行情况，确定了调节阀的工况点。根据消防水生产系统和分配系统以及堆腔注水冷却系统的布置 ISO 图、泵及阀门的主要设计参数确建立了堆腔注水冷却系统模型（见图 2）。考虑消防水池液位的变化及安全壳的背压在一定范围内波动，设置流量调节阀以匹配流量需求。通过计算得到了调节阀不同工况点的设计参数，进而满足堆腔注水冷却系统的设计要求。

3）长期冷却回路的设计

考虑了事故后长期冷却策略。在事故 72 h 后的长期冷却阶段，假设电源恢复，使用

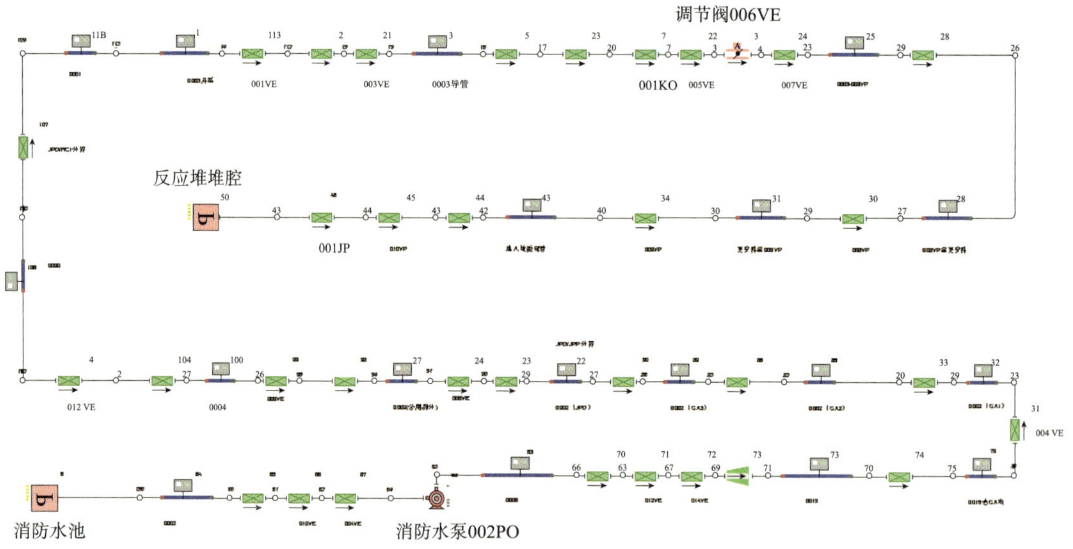

图 2　堆腔注水冷却系统模型

安喷泵从安全壳地坑取水并经安喷热交换器冷却后向堆腔循环注入，无需外部水源，满足了长时间堆芯衰变热的导出，维持压力容器长期淹没在冷却水中以保证压力容器完整性。

尽可能地利用已有其他系统的基础上，增设堆腔注水冷却系统，全面考虑了对现有系统的设计、布置、运行及安全分析等影响。通过流量计算，调节阀和孔板参数确定和选型，合理设计注入管线阻力特性，保证了前期大流量注入和后期小流量注水，最终满足事故分析对流量的需求。

2.3　堆腔注水系统的控制和运行策略设计

堆腔注水冷却系统针对堆芯熔融的严重事故，并考虑全厂断电工况。对于不同的工况，系统的启动方式（能动或非能动）、流量控制切换等可能会有不同的要求，根据相关分析结果重点开展系统的运行特性设计。

该系统仅在严重事故发生导致堆芯熔化时由操作员手动投入运行。操纵员在收到系统投入信号后应判断能动注入是否可用，以确定系统以能动或非能动注入的方式投入运行。当堆芯出口（热电偶）温度大于等于600 ℃时，主控室操纵员通知现场操纵员解除隔离阀行政隔离命令，并打开与消防水分配系统隔离阀，启动注水泵001PO或002PO，通过小流量返回管线建立循环。当堆芯出口温度超过650 ℃时，操纵员手动开启安全壳隔离阀，由消防水分配系统提供的消防水经由堆腔注水冷却系统的管道进入堆腔。当消防水分配系统无法供水或不能提供足够水量时，在系统上配备有临时注水接口，可利用移动式泵和消防水带（软管）从外部水源取水，注入堆腔。在堆腔注水运行时，在注水过程中操纵员通过流量、水位监测仪表判断堆腔内注水情况，在注水高度满足要求后，手动操作相关阀门，将注水流量调小，进入小流量长期补水阶段。温度传感器用来监测压力容器状态，判断压力容器是否失效。

当全厂断电且备用柴油发电机不可用时，非能动堆腔注水系统投运。在非能动系列运行期间，应积极采取措施解决能动注入系列的故障，使其能够尽快投入运行。

能动堆腔注水方式用于应对包括 SBO 叠加大 LOCA 事故等所需考虑的各种严重事故；非能动堆腔注水应对 SBO 且 SBO 柴油发电机不可用的严重事故工况；长期冷却回路在事故 72 h 后进行地坑到堆腔的循环注入冷却。在事故后 24 h 若电源恢复，安全壳喷淋泵恢复后，可提前投入运行长期冷却回路，避免严重事故后壳内水淹过高。当堆腔注水冷却系统无法正常提供堆腔注入流量时，系统还可通过移动式泵从厂外水源取水，经过临时注入管线向堆腔注水。故该系统运行策略设计较灵活多样。

3 安全分析

增设的堆腔注水冷却系统在核电厂正常工况和设计基准事故工况下不投入使用，不会对核电厂原有的安全水平造成负面的影响。目前的设计通过行政隔离和误启动报警等措施避免了系统的误启动。

采用确定论和概率论相结合的方法进行的安全分析结果表明，田湾核电厂 5、6 号机组通过堆腔注水冷却系统获得熔融物堆内滞留（IVR）的成功率理论值为 100%，且具有较大成功裕量。

同时，采用概率安全分析手段，考虑堆腔注水冷却系统、一回路快速卸压系统等严重事故缓解功能，得出内部事件和外部事件导致的大量放射性释放频率为 8.22×10^{-7}/堆年，满足《“十二五”期间新建核电厂安全要求》的安全目标（LRF<1×10^{-6}/堆年）。

总的来说，堆腔注水冷却系统在不降低核电厂安全要求的基础上提高了核电厂应对严重事故的能力。

4 结论

田湾核电厂 5、6 号机组堆芯熔融物应对策略落实新的法规导则要求，并汲取福岛核事故的经验，设计了能动加非能动的堆腔注水冷却系统，能应对包括 SBO 叠加大 LOCA 的各种严重事故工况。相较于其他二代改进型机组，尽可能地利用已有系统使得配置简化，降低核电厂投资，同时提高了核电厂在严重事故管理方面的水平，安全性和经济性达到了国内先进水平。对后续堆型的堆芯熔融物滞留策略研究设计有一定的指导意义。

（1）在尽可能地利用已有其他系统的基础上，增设了堆腔注水冷却系统，对其他系统的功能、布置和土建无较大影响，降低了总体投资。如果能够充分有效地实现堆腔注水的功能，则能够预防和缓解压力容器熔穿事故造成的对设备、堆腔土建结构以及安全壳地板的影响，以及减轻安全壳内其他设备的放射性污染后果，从而可消除大量的潜在的经济性风险。

（2）在安全审评中，增设堆腔注水冷却系统，对于满足新的法规导则在安全分析要求尤其是严重事故分析方面有很大的作用，核电站的安全性将会有较大程度的提高。

参考文献

[1] 国家核安全局. HAF102 核电厂设计安全规定[Z].2016.

反应堆一回路系统地震易损度分析

蔡逢春[1]，黄　茜[1]，叶献辉[1]，余晓菲[1]，江小州[1]，冯佳宾[1]，黄　旋[1]，沈平川[1]，刘　建[1]，卢岳川[1]，曾忠秀[1]
（1. 中国核动力研究设计院，成都 610041）

1　引言

构筑物或设备的地震易损度定义为对应某个地震运动加速度值（如峰值地面加速度值PGA或不同频率上的谱加速度值）的构筑物或设备的条件失效概率。地震易损度通常用设备的抗震能力中值（median capacity）及其内在随机性（aleatory uncertainty）和认知不确定性（epistemic uncertainty）的随机变量来表示。地震易损度分析方法[1-2]已被成熟应用于世界上许多核电厂的概率安全评估中。

设备易损度分析的目的是估计设备抵抗地震运动水平（用PGA表示）能力。通常，一个核电厂的地震危险是用PGA或在不同结构频率上的谱加速度来定义。因此，所有的易损度估计也参考相同的加速度（如PGA或谱加速度）。如果地震危险性曲线是定义在不同频率的谱加速度，那么这些谱加速度也可用于易损度，只要地震危险性和易损度都用相同的加速度来表示就行。

基于某个假设的失效模式和描述地震加速度能力概率分布的参数值，一条易损度曲线可以推导为一个PGA的函数来描述构筑物或设备失效的条件概率。地震加速度能力是一个随机变量，可完全由它的概率分布来描述。然而，对这个概率分布的参数、准确形状估计存在着不确定性，对构筑物或设备恰当的失效模式也存在不确定性。因此，根据不同的失效模式和对参数的假设，我们可以得到不同的易损度曲线。考虑这些不确定性的一种可行方式是把构筑物或设备的易损度表达为一组易损度曲线，每条曲线对应一个指定的主观不确定性的概率值。

选年超越概率为1×10^{-4}的均值一致危险响应谱（UHRS）作为田湾核电厂地震易损度分析的参考地震，参考地震的水平方向PGA为0.161 g[3]。

本文对田湾核电厂一回路系统的机械设备与电气仪控设备开展地震易损度计算与分析，为地震概率安全评估（SPSA）提供易损度数据。

2　易损度模型

本报告采用变量分离法[1-2]（SOV），针对一个构筑物或设备的某一特定失效模式，整个易损度曲线族可以用对地震加速度能力的中值（或最佳估计值A_m）和两个随机变量ε_R

和 ε_U 来表示，因此部件的地面加速度抵抗能力 A 可表示为：

$$A = A_m \varepsilon_R \varepsilon_U \tag{1}$$

式中，ε_R 和 ε_U 是中值为 1 的随机变量，分别表示中值的内在随机性（也叫偶然不确定性）和知识不确定性（认知不确定性）。在这个模型中，假设 ε_R 和 ε_U 是服从对数正态分布的，其对数标准差分别是 β_R 和 β_U，这样，基于公式（1）和对数正态分布的假设，便可以建立易损性曲线族，它们很好地描述了易损性的不确定性。

在失效模式和地震加速度能力参数都准确的情况下（即只考虑固有随机可变性 β_R），对应一个给定 PGA 值 a 的条件失效概率为：

$$f_o = \Phi\left[\frac{\ln\left(\frac{a}{A_m}\right)}{\beta_R}\right] \tag{2}$$

这里 Φ 是标准正态分布的累积概率分布函数。对一个中值地震加速度能力 $A_m = 0.87$ g 和 $\beta_R = 0.25$ 的设备，图 1 的中值易损度曲线显示了 f_o 和 a 之间的关系，其中地震加速度能力曲线 $A_m \exp(-1.65\beta_R)$ 到 $A_m \exp(1.65\beta_R)$（即 0.58 g 到 1.31 g）对应了中值的条件失效概率 5%到 95%。

当考虑认知不确定性 β_U 时，易损度本身成为一个（不确定的）随机变量 f'。对于任意给定的加速度值，易损度 f 是一个关于主观不确定性的概率密度函数。这个主观概率 Q（也称作置信度），即易损度 f 不超过 f' 的概率，和 f' 有如下关系：

$$f' = \Phi\left[\frac{\ln\left(\frac{a}{A_m}\right) + \beta_U \Phi^{-1}(Q)}{\beta_R}\right] \tag{3}$$

式中：Q 为主观概率（置信度），通过该值可以得到一组易损性曲线；Φ^{-1} 为正态分布累计概率分布函数的反函数。

以图 1 所示例子来说，在加速度 0.6 g 处，关于主观不确定性的不超越概率（置信度）95%的条件失效概率 f' 由式（3）计算得到为 0.79。在图 1 中加速度 0.6 g 处，对应主观概率 5%到 95%（置信区间）的条件失效概率范围是 0 到 0.79。如图 2 所示，把关于固有随机性的条件失效概率 f 在置信区间上离散化，并确定各条离散曲线对应的置信概率 q_i，用于后续 PSA 的计算分析。并且，所有的置信概率 q_i 相加的和应该等于 1。

图 1 还给出了一条均值（mean）易损度曲线，这条曲线通过公式（2）得到，只是把公式中的 β_R 替换为复合对数标准差 $\beta_C = (\beta_R^2 + \beta_U^2)^{\frac{1}{2}}$。

核电厂的构筑物、设备和部件的抗震能力值通常采用 HCLPF 值来表示。HCLPF 值是指在具有 95%置信度的易损性曲线上，对应具有 5%失效概率的地面运动水平，因此将 $f'=0.05$，$Q=0.95$ 代入式（3），或是将 $f'=0.01$，$Q=0.95$ 代入（2），可以得到 HCLPF 值为：

$$A_{HCLPF} = A_m e^{-1.645(\beta_R+\beta_U)} \tag{4}$$

$$A_{HCLPF} = A_m e^{-2.326\beta_c} \tag{5}$$

地震加速度能力中值 A_m 以及它的固有随机性和不确定性变异 β_R 和 β_U 的计算，是通过分析材料强度、抗震能力预测、地震反应分析及结构和系统和部件（SSC）鉴定等的安全裕度来得到。

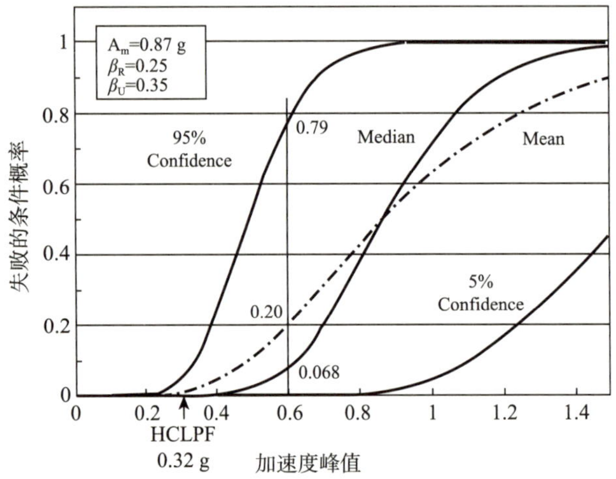

图 1 均值（mean）、中值（median）、5%置信度和 95%置信度的易损度曲线

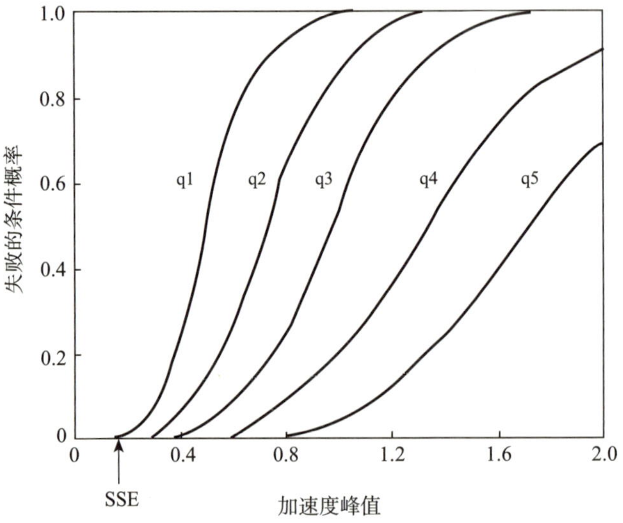

图 2 离散的易损度曲线族

3 机械设备的易损度

设备的中值抗震能力 A_m 表达为三个随机变量和参考地震的 PGA 即 PGA_{ref} 的乘积。

$$A_m = F_{EC} F_{RE} F_{RS} PGA_{ref} \tag{6}$$

其中，F_{EC}，F_{RE}，F_{RS} 依次是设备能力因子，设备（相对于结构的）响应因子和结构响应因子。每一个因子都假设具备对数正态分布形式。

3.1 设备能力因子

设备能力因子 F_{EC} 是造成设备功能失效的加速度水平和参考地震的加速度水平之间的

比值。设备的失效模式可能是结构的过度变形或设备支承的破坏。设备能力因子 F_{EC} 可以进一步分解为强度因子 F_S 和非弹性耗能因子 F_μ 的乘积，F_S 的计算公式如下：

$$F_S = \frac{S - P_N}{P_T - P_N} \tag{7}$$

其中 S 是对应某失效模式的设备承载能力强度，P_N 是正常运行载荷（如静载、运行温度载荷），P_T 是作用于设备上的总载荷（参考地震造成的载荷和正常运行载荷的总和）。对于较大地震水平，其他瞬态工况载荷很有可能与地震同时发生，在这种情况下 P_N 就应该包括这些瞬态工况载荷。

设备的非线性耗能因子 F_μ 取决于其延性系数 μ。脆性破坏和功能失效模式的 F_μ 的中值被认为是 1。对地震反应处于反应谱的加速度放大区的延性破坏的设备，可根据参考资料[2]来计算其延性。

3.2 设备响应因子

设备响应因子 F_{RE} 是设计计算中设备的反应与在参考地震载荷下的设备反应的比值：这两个反应是基于设计楼层响应谱与参考地震下的楼层反应谱计算得到的。F_{ER} 是设备响应计算中的固有安全系数。影响 F_{ER} 的重要变量有：鉴定方法；谱形——包含反应谱的拓宽和平滑，以及人工地震时程的生成；建模——影响振型和频率；阻尼；振型的叠加——反应谱分析方法；地震分量的组合。

对采用等效静力分析来鉴定的刚性设备，除了“鉴定方法”和地震分量组合，其他变量都不重要。总的设备响应因子是对以上各变量的安全系数的乘积。设备响应因子的中值和关于固有随机性和不确定性的对数标准差可按平方和平方根组合（SRSS）计算得到。

3.3 结构响应因子

结构响应因子 F_{RS} 要基于在设备安装处的构筑物地震反应特点。只有与生成楼层谱的结构相关的变量才需要在设备易损度分析中加以考虑。楼层谱的生成通常是通过时程分析得到的。对结构响应因子应考虑的变量如下：地震运动；结构阻尼；模态振型；振型叠加；土壤结构相互作用（SSI）。

如果设备失效时，其所在的构筑物仍处于弹性阶段，那么结构响应因子的计算中应该使用结构屈服前的阻尼。此时，结构反应并不考虑各地震分量的组合，因为地震分量组合需要根据设备的具体朝向在设备响应因子中考虑。

对每一个影响设备能力和反应的变量安全系数的变量，表征固有随机性的 β_R 和表征不确定性的 β_U 必须分别进行估算。实质上，β_R 表征的是地震运动的固有随机特性以及由这些随机特性造成的结构反应的随机性。对数标准差 β_U 则表征认知上的不确定性。

4 基于抗震鉴定试验的电器设备易损度

已开展抗震鉴定试验的电气机柜抗震能力可表示为[1]：

$$A = \frac{TRS_C}{RRS_C} \times F_D \times F_{RS} \times PGA \tag{8}$$

上式中，F_{RS} 为结构响应因子，TRS_C 与 RRS_C 的计算式为：

$$TRS_C = TRS \times C_T \times C_I \tag{9}$$

$$RRS_C = RRS \times C_C \times D_R \tag{10}$$

$$F_{Sf} = \min\left(\frac{TRS_C}{RRS_C}\right) \text{（机柜基频的后续频段）} \tag{11}$$

其中：

TRS 测试反应谱；

RRS 要求反应谱；

C_T TRS 的窄频段尖峰削峰因子；

C_C RRS 的窄频段尖峰削峰因子；

C_I TRS 的能力增加因子；

D_R RRS 的需求减小因子；

F_D 宽频输入谱设备能力因子，即将抗震鉴定试验值转化为抗震能力中值的因子；

F_{RS} 核电厂内部结构响应因子；

PGA 参考地震的峰值地面加速度；

F_{Sf} 功能性失效的强度因子。

在明确了抗震能力表达式后，需要对与抗震能力相关的各影响因子（C_T、C_C、C_I、D_R、F_D 与 F_{RS}）的中值、不确定性的对数标准差和随机性的对数标准差进行计算；继而，将各影响因子的中值代入式（9）进行计算，求得电气机柜的抗震能力中值 A_m，并将各影响因子的不确定性与随机性的对数标准差进行 SRSS 组合，得到电气机柜的 β_R 与 β_U。

4.1 窄带修剪因子

从易损度的角度而言[1]，具有窄频段尖峰的输入往往没有宽频输入严厉。因此，需要对 TRS 或 RRS 进行削峰处理，以 RRS 为例，削减因子 C_C 的中值 C_{Cm} 及其对数标准差 $\beta_{U\_C_C}$ 的计算公式如下：

$$\begin{cases} C_{Cm} = 0.3 + 0.86B & B \leqslant 0.4 \\ C_{Cm} = 0.5 + 0.36B & B > 0.4 \end{cases} \tag{12}$$

$$\begin{cases} \beta_{U\_C_C} = 0.37 - 0.5B & B \leqslant 0.4 \\ \beta_{U\_C_C} = 0.24 - 0.17B & B > 0.4 \end{cases} \tag{13}$$

式（12）与式（13）中，系数 B 为 0.8 倍峰值对应带宽与峰值的中心频率比值，$B = \frac{\Delta f_{0.8}}{f_c}$，如图 3 所示。

与 RRS 类似，TRS 的修剪因子 C_T 的中值 C_{Tm} 及 $\beta_{U\_C_T}$ 的计算式为：

$$\begin{cases} C_{Tm} = 0.3 + 0.86B & B \leqslant 0.4 \\ C_{Tm} = 0.5 + 0.36B & B > 0.4 \end{cases} \tag{14}$$

$$\begin{cases} \beta_{U\_C_T} = 0.37 - 0.5B & B \leqslant 0.4 \\ \beta_{U\_C_T} = 0.24 - 0.17B & B > 0.4 \end{cases} \tag{15}$$

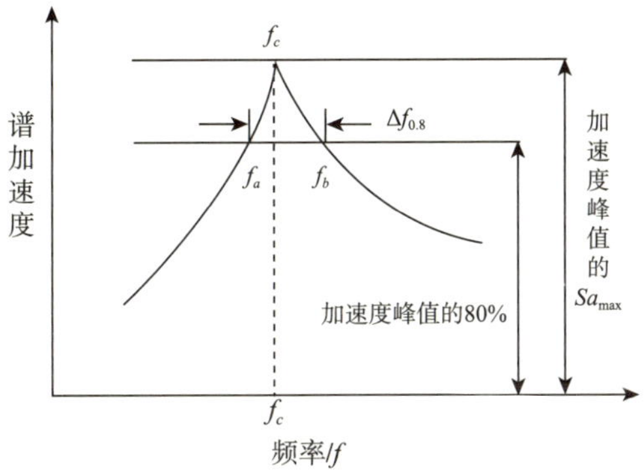

图 3 与窄带修剪因子的相关系数 B

特别需要指出的是，在做 TRS_C 与 RRS_C 的对比分析时，需比较电气机柜基频的后续频段，并保守地取比值的极小值进行后续分析。

4.2 能力增加因子

如图 4 所示，通常，*TRS* 为宽频谱，谱值取被检测设备抗震能力曲线的下限（被检测设备固有频率对应的抗震能力值，即设备的抗震能力谷值），由于设备的抗震能力谷值所对应的频率与 *RRS* 峰值对应频率重合的概率是很小的，因此，设备易损度计算时，将设备的抗震能力谷值与 *RRS* 的峰值进行比较会使得计算值偏小，需要采用能力增加因子 C_I 对设备的抗震能力计算值进行修正。

能力增加因子 C_I 的中值为 $C_{Im}=1.1$，对数标准差 $\beta_{U\_C_I}=0.05$。

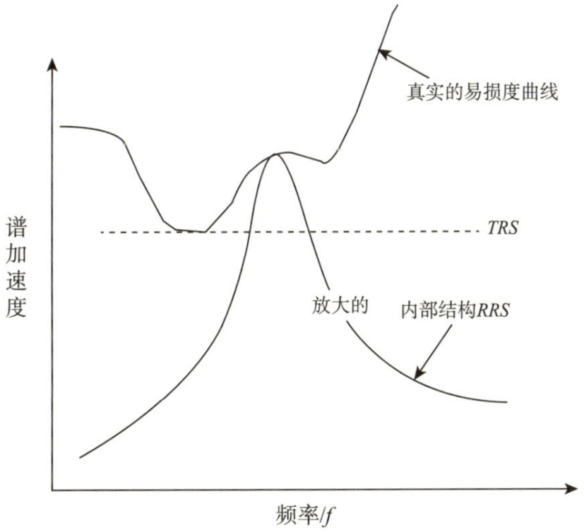

图 4 设备失效状态的鉴定试验要求反应谱与能力反应谱对比曲线

4.3 需求减少因子

UHRS 楼层反应谱的计算输入为地面加速度时程，由地面均值谱或中值谱转化而来。

正确的做法是采用多组加速度时程进行计算，这种方式得到的 UHRS 楼层反应谱为均值谱或中值谱。此时的需求减少因子 D_R 的中值 $D_{Rm}=1$，对数标准差 $\beta_{U\_D_R}=0$。

若仅采用了 1 组加速度时程进行 UHRS 楼层反应谱计算，则得到的 UHRS 谱值比采用多组加速度时程得到的 UHRS 楼层反应谱高，需要采用需求减少因子进行折减。此时的 $D_{Rm}=0.92$, $\beta_{U\_D_R}=0.04$。

特别地，若设备安装距地面较近，取 $D_{Rm}=1$, $\beta_{U\_D_R}=0$。

4.4 宽频输入谱设备能力因子

通常情况下，*TRS* 谱存在一定的偏差，为了将 *TRS* 校准到中值，以消除其保守性，引入了宽频输入谱设备能力因子 F_D 。

宽频输入谱设备能力因子 F_D 的中值 F_{Dm} 及对数标准差 $\beta_{R\_F_D}$、$\beta_{U\_F_D}$ 取值来源于参考资料[1]，具体数值如表 1 所示。

表 1　宽频输入谱设备能力因子 F_D 取值

数据	F_{Dm}	$\beta_{R\_F_D}$	$\beta_{U\_F_D}$
地震中能正常运行	1.4	0.09	0.22
地震后能正常运行（无异常）	1.95	0.09	0.28
地震后能正常运行（异常）	1.1-1.65	0.09	0.28

5 计算结果与结论

基于上述的分析方法，对田湾核电厂一回路系统的关键机械设备与电气仪控设备的地震易损度进行了分析[4-11]，计算结果给出了设备的抗震能力中值、随机性对数标准差、不确定对数标准差及高置信度低失效概率抗震能力值（HCLPF 值）。

部分机械设备主要包括燃料组件、堆内构件、控制棒驱动机构、稳压器支承装置和主泵轴封管道系统，机械设备的易损度汇总结果见表 2。

表 2　机械设备的易损度

序号	设备名称	失效模式	失效影响	*Am/g*	β_U	β_R	HCLPF/*g*
1	燃料组件	结构失效	控制棒不能下插	0.71	0.42	0.26	0.23
2	堆内构件	结构失效	控制棒不能下插	2.39	0.43	0.25	0.77
3	控制棒驱动机构	结构失效	控制棒不能下插	0.77	0.5	0.17	0.26
4	稳压器支承装置	结构失效	冷却剂泄漏	1.73	0.46	0.22	0.56
5	辅助管道	结构失效	冷却剂泄漏	1.51	0.61	0.29	0.34

部分电气仪控设备主要包括水位、流量传感器以及停堆短路器机柜，电气仪控设备的易损度汇总结果见表 3。

表 3　电气设备的易损度

序号	设备名称	失效模式	失效影响	Am/g	β_U	β_R	HCLPF/g
1	停堆断路器	功能失效	地震中能正常运行	1.72	0.34	0.21	0.69
			地震后能正常运行	2.4	0.38	0.21	0.91
2	压力传感器	功能失效	地震中能正常运行	3.04	0.4	0.22	1.1
			地震后能正常运行	4.23	0.43	0.22	1.44
3	稳压器水位传感器	功能失效	地震中能正常运行	7.63	0.31	0.21	3.22
			地震后能正常运行	10.63	0.36	0.21	4.16

从计算结果可以看出，反应堆一回路系统的设备中，燃料组件抗震能力最弱，其次是控制棒驱动机构。燃料组件与控制棒驱动机构是反应堆一回路系统的抗震能力的薄弱环节。

参考文献

[1] Electric Power Research Institute, Methodology for Developing Seismic Fragilities, EPRI TR-103959, Palo Alto, CA, June 1994.

[2] Electric Power Research Institute, Seismic Fragility Application Guide Update, EPRI 1019200, Palo Alto, CA, 2009.

[3] 中国核电工程有限公司,0603 地震设备清单筛选准则及地震危险性分析数据,WDMB-000840-WDNC,2017.12.

[4] 黄茜,堆内构件地震易损度计算报告,TWXS-400176-BG3,2019.2.

[5] 叶献辉,燃料组件地震易损度计算报告,TWXS-400176-BG4,2019.2.

[6] 黄茜,控制棒驱动机构地震易损度计算报告,TWXS-400176-BG5,2019.2.

[7] 叶献辉,稳压器支承装置地震易损度计算报告,TWXS-400176-BG6,2019.3.

[8] 冯佳宾,RCP 系统辅助管道地震易损度计算报告(1RCP0102-0103-0104-0914),TWXS-400176-BG7,2019.6.

[9] 蔡逢春,停堆断路器(RPA001TB)地震易损度计算报告,TWXS-400176-BG19,2019.2.

[10] 江小州,稳压器压力传感器地震易损度计算报告(1RCP005MP-006MP-013MP),TWXS-400176-BG11,2019.1.

[11] 黄茜,稳压器水位传感器地震易损度计算报告(1RCP007MN-008MN-011MN),TWXS-400176-BG12,2019.2.

田湾核电厂5、6号机组反应堆压力容器主螺栓预紧过程分析及优化

潘　恒[1]

（1. 江苏核电有限公司，江苏省连云港 222000）

摘要：为了探究单体螺栓拉伸机对压力容器主螺栓的预紧，本文论述了压力容器主螺栓预紧方案，并用单体螺栓拉伸机进行主螺栓载荷标定试验，确定主螺栓预紧各阶段、每组泵站油压，按该油压实施压力容器主螺栓预紧。对主螺栓预紧后存在问题进行总结探究，提出第三阶段增加油压，用于补偿因弹性交互作用导致螺栓残余伸长量变小的优化方案，最终实现减少需调整主螺栓的数量，提高了主螺栓预紧的效率。

关键词：单体螺栓拉伸机；主螺栓预紧；泵站油压；残余伸长量；弹性交互作用

1　前言

反应堆压力容器（RPV）是核电厂核岛一回路冷却剂系统的重要压力边界，是核电站的核心设备之一。田湾核电厂5、6号机组M310堆型的RPV由压力容器半球形顶封头、顶盖法兰、筒体段、筒体法兰以及58颗主螺栓组成。为了防止冷却剂物质泄漏，顶盖法兰和筒体法兰密封面处用表面镀银的双道金属“C”型环进行密封。密封结构简图如图1所示。RPV的密封性是保证核电站安全运行的关键因素之一，而主螺栓的预紧过程、最终残余预紧载荷大小及其均匀性是保证RPV密封性能的重要前提[1]。

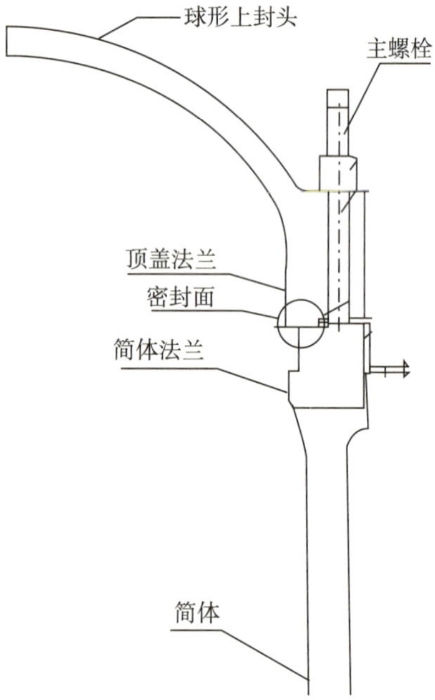

图1　反应堆压力容器密封结构简图

田湾核电厂5、6号机组受整体拉伸机生产进度等因素制约，调试阶段压力容器主螺栓预紧需通过单体螺栓拉伸机（即一次仅能对1颗主螺栓进行拉伸的设备）完成，为田湾核电厂压力容器首次使用单体螺栓拉伸机进行主螺栓预紧，田湾核电厂暂无相关使用经验。

为更好地使用单体螺栓拉伸机完成对主螺栓的预紧，提高单体螺栓拉伸机作业效率，本文对主螺栓分阶段、分步预紧的实施方案进行简介，并根据螺栓标定曲线制定了液压泵站合理油压。结合5号机组冷试前主螺栓预紧后的数据分析，提出第三阶段主螺栓预紧适当增加泵站油压的优化措施，后经调试期间5、6号机组压力容器密封主螺栓预紧多次验证该措施可有效减少调整阶段需调整的主螺栓数

量，实现有效提高单体螺栓拉伸机的使用效率。

2 主螺栓预紧方案选定及主螺栓标定试验

2.1 主螺栓预紧方案

目前国内对使用单体拉伸机进行主螺栓预紧有大量理论研究及理论方案，其中将 58 颗主螺栓分 4 组，采用 4 部单体螺栓拉伸机间隔加载，分三个阶段[2]进行分步拉伸预紧，最后进行调整拉伸，从而使所有主螺栓残余伸长量满足设计要求的方法最为安全、科学、便捷。田湾核电厂 5 号机组冷态试验前压力容器主螺栓预紧拟采用该方式对 58 颗主螺栓进行预紧，主螺栓预紧三个阶段拉伸分别采用 65%、80%、100% 的理论油压，第一组至最后一组油压呈递减趋势。三次拉伸结束后，对主螺栓最终拉伸量不满足要求的主螺栓进行拉伸调整，从而保证所有主螺栓的最终拉伸量满足设计要求值，拉伸过程详情见图 2。

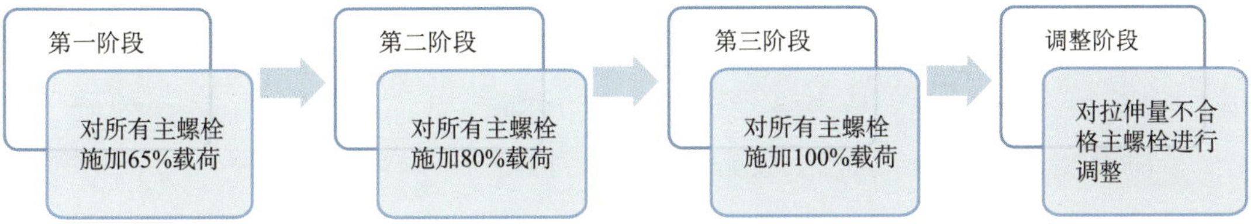

图 2 拉伸过程解析图

58 颗主螺栓的分组及拉伸器对应主螺栓工作区域划分见表 1（表中编号为主螺栓孔编号，因出厂试验部分主螺栓与主螺栓孔编号不一致）。

表 1 58 颗主螺栓的分组及拉伸器对应主螺栓工作区域划分

组号	主螺栓螺栓孔编号				组号	主螺栓螺栓孔编号				拉伸器对应主螺栓工作区域
第 1 组	58	15	29	44	第 9 组	57	14	28	43	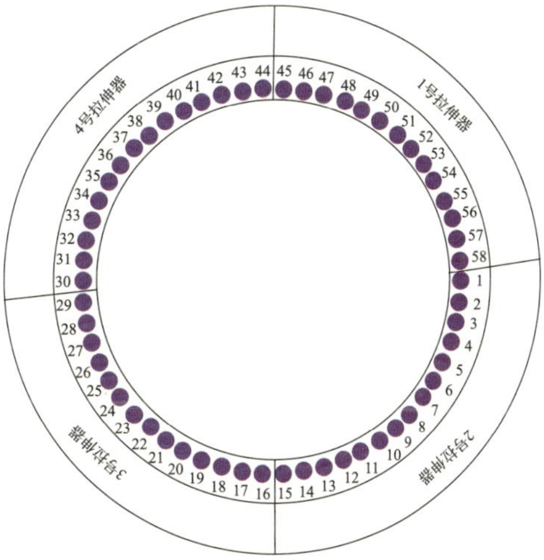
第 2 组	51	7	22	36	第 10 组	48	5	19	34	
第 3 组	54	11	25	40	第 11 组	55	12	26	41	
第 4 组	47	4	18	33	第 12 组	52	8	23	37	
第 5 组	56	13	27	42	第 13 组	45	1	16	30	
第 6 组	49	6	20	35	第 14 组	50	3	21	32	
第 7 组	46	2	17	31	第 15 组	10	39			
第 8 组	53	9	24	38						

2.2 主螺栓标定试验

单体螺栓拉伸机对主螺栓预紧最大的问题在于单体拉神机配套液压泵站油压的确定，故需对要使用的拉伸机泵站与主螺栓进行油压-拉伸量、残余伸长量螺栓标定试验，即螺栓标定试验。螺栓标定试验通常随机抽取 1~2 颗主螺栓，在液压拉伸机输出各级油压下执行螺栓拉伸和卸载操作，并统计出拉伸机保压时主螺栓的拉伸量和旋紧主螺母卸压后主螺栓的残余伸长量[3]。

从 5 号机组 8 颗主螺栓备件中随机抽取 2 颗主螺栓用于 5 号机组螺栓标定试验，泵站油压从 100 bar 开始，每次递增 10 bar，主螺栓的拉伸量和残余伸长量通过安装于主螺栓中的拉伸量测量杆测量。用 5 台拉伸器（4 用 1 备）分别对第 1 根主螺栓进行螺栓标定试验，确定 5 台拉伸器性能完全一致。再用 5 台拉伸器分别对第 2 根主螺栓进行螺栓标定试验并比对，确定两根主螺栓性能几乎无差异。由于主螺栓标定试验数据较多，将试验数据节选部分（700~1280 bar，间隔 20 bar）汇总统计，详情见表 2。

表 2 主螺栓标定试验结果统计表

泵站油压 P/bar	螺栓拉伸量 Z/mm	残余伸长量 ΔZ_0/mm	泵站油压 P/bar	螺栓拉伸量 Z/mm	残余伸长量 ΔZ_0/mm
700	2.165	0.907	1000	3.077	1.297
720	2.237	0.939	1020	3.126	1.322
740	2.325	0.949	1040	3.186	1.347
760	2.347	0.985	1060	3.243	1.375
780	2.398	1.010	1080	3.303	1.413
800	2.469	1.041	1100	3.418	1.437
820	2.515	1.061	1120	3.458	1.462
840	2.573	1.084	1140	3.536	1.487
860	2.644	1.114	1160	3.562	1.512
880	2.697	1.136	1180	3.631	1.542
900	2.776	1.167	1190	3.656	1.552
920	2.822	1.191	1200	3.688	1.567
940	2.897	1.224	1220	3.765	1.599
960	2.944	1.242	1240	3.821	1.627
980	3.005	1.269	1280	3.980	

根据表 2 绘制田湾核电厂 5 号机组主螺栓拉伸量与泵站油压的标定曲线，详情见图 3，螺栓伸长量 ΔZ 与泵站压力 P 关系为：

$$\Delta Z=0.003\ 1P+0.012\ 2 \tag{1}$$

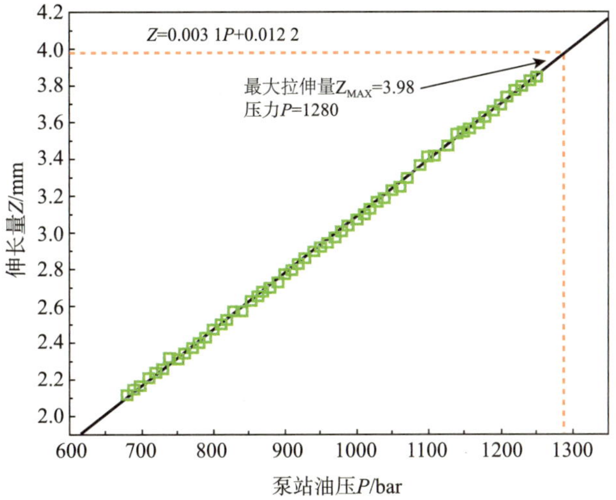

图 3　主螺栓拉伸量与泵站油压的标定曲线

根据表 2 绘制田湾核电 5 号机组旋紧螺母后残余伸长量与泵站油压的标定曲线，详情见图 4，主螺栓残余伸长量 ΔZ_0-泵站压力 P 关系为：

$$\Delta Z_0=0.001\ 32P-0.018\ 55 \tag{2}$$

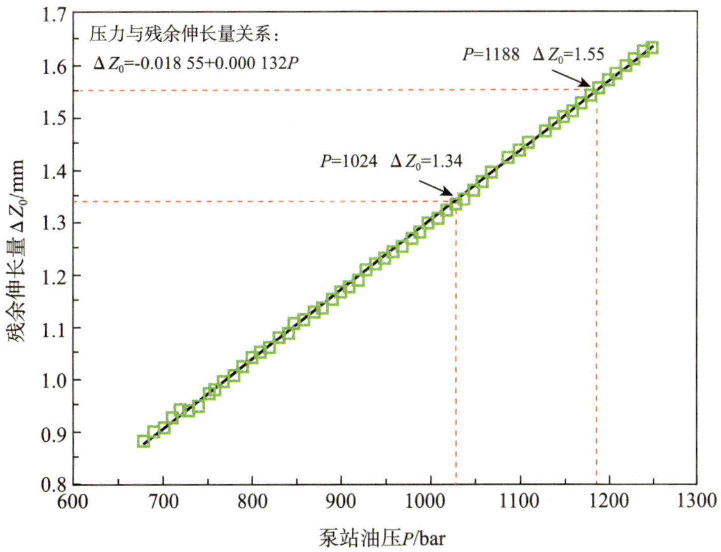

图 4　残余伸长量与泵站油压的标定曲线

3 田湾5号机组冷试前压力容器主螺栓预紧

3.1 主螺栓设计伸长量及对应泵站油压

查阅《田湾核电站扩建工程5、6号机组反应堆压力容器使用说明书》3.2主螺栓预紧小节中，田湾5、6号机组两种工况下螺栓剩余伸长量的取值如下[4]：

（1）役前水压试验，螺栓剩余伸长量：1.55±0.03 mm；

（2）正常运行，螺栓剩余伸长量：1.34±0.03 mm；

注：主螺栓在拉伸时，最大拉伸量为3.98 mm。

对照表2载荷标定试验结果和图3螺栓标定曲线，田湾5、6号机组两种工况下螺栓剩余伸长量对应的单体拉伸机移动液压泵站压力取值如下：

（1）役前水压试验，单体螺栓拉伸机泵站压力：1190 bar

（2）正常运行，单体螺栓拉伸机泵站压力：1040 bar

注：主螺栓拉伸过程中，单体螺栓拉伸机最大允许泵站压力为1280 bar。

3.2 冷试前主螺栓预紧液压泵站油压确定

RPV主螺栓分阶段、分步预紧可采用同一拉伸阶段，使用相同拉伸载荷和不同拉伸载荷2种方式对各组主螺栓进行预紧。相关理论研究表明：对各组主螺栓采用上述2种预紧方式在第二、第三拉伸阶段的预紧载荷大小（只考虑预紧载荷设定值）如图5所示，结果表明：各组主螺栓在同一拉伸阶段、使用不同拉伸载荷的预紧方式，其主螺栓残余预紧载荷均匀性更好。

根据图5载荷分布并结合相关理论研究使用单体螺栓拉伸机对压力容器主螺栓预紧经验，最终决定田湾核电站5号机组冷态试验压力容器主螺栓预紧采用同一阶段，不同拉伸载荷的方式，三个拉伸阶段和调整阶段移动液压泵站压力初步确定，详情见表3。

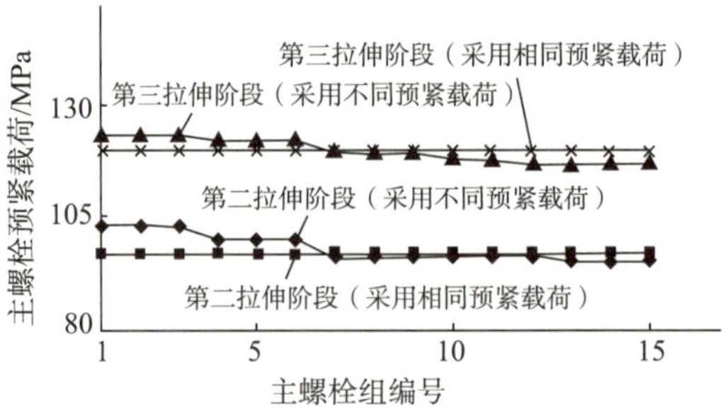

图5 两种预紧方式在第二和第三拉伸阶段的预紧载荷大小

表 3　田湾 5 号机组冷试前压力容器顶盖密封移动液压泵站压力表

组号	主螺栓伸长量要求：(1.55±0.03) mm 第一阶段拉伸 65% 载荷/bar	第二阶段拉伸 85% 载荷/bar	单体螺栓拉伸机参考泵站压力：1190 bar 第三阶段拉伸 100% 载荷/bar	调整阶段 载荷/bar
1.	820	1050	1220	
2.	820	1050	1220	
3.	820	1050	1220	
4.	820	1050	1220	
5.	800	1020	1210	
6.	800	1020	1210	
7.	780	990	1190	
8.	780	990	1190	1230
9.	780	980	1190	
10.	760	980	1180	
11.	760	980	1180	
12.	760	980	1180	
13.	740	970	1170	
14.	740	970	1160	
15.	740	970	1160	
平均值	782	1005	1193	1230

3.3　冷试前压力容器主螺栓预紧实施及结果

5 号机组冷试前压力容器主螺栓预紧按计划实施，采用表 3 确定的泵站压力对主螺栓进行分阶段、分步预紧。为更好地记录主螺栓分阶段拉伸过程中每组主螺栓拉伸量的变化，开始拉伸前和拉伸每个阶段完成后，用母表（含校准坐）分别对 58 颗主螺栓的数据进行测量，每测量 5 颗须母表进行一次校准，确保母表测量数据的准确性，通过测量数据计算出螺栓残余拉伸量。三个阶段拉伸结束后，计算拉伸量不满足设计要求的主螺栓需要调整的拉伸量，再次按原分组对其拉伸，对主螺栓拉伸量的拉伸量进行调整。再次 58 颗主螺栓拉伸量进行测量并计算残余伸长量，确定主螺栓最终残余伸长量均满足设计要求的拉伸量，需记录的过程数据要求如下：

（1）Z_0：开始拉伸前，手动旋紧 58 颗主螺母测量并记录主螺栓伸长量测量杆初始值 Z_0;

（2）Z_1：第一阶段拉伸结束后，测量并记录主螺栓伸长量测量杆拉伸值 Z_1；

（3）Z_2：第二阶段拉伸结束后，测量并记录主螺栓伸长量测量杆拉伸值 Z_2；

（4）Z_3：第三阶段拉伸结束后，测量并记录主螺栓伸长量测量杆拉伸值 Z_3；

（5）Z_4：调整阶段拉伸结束后，测量并记录主螺栓伸长量测量杆拉伸值 Z_4；

（6）ΔZ：每个阶段拉伸结束后，测量并计算主螺栓伸长量拉伸值 ΔZ，$|\Delta Z_n| = |Z_n - Z_0|$。

表 4 为节选 5 号机组冷试前压力容器密封主螺栓预紧过程第 1 组主螺栓过程数据记录。

表 4　田湾 5 号机组冷试前压力容器密封主螺栓预紧拉伸量数据记录表

组号	螺栓孔号	Z_0	第一阶段结束		第二阶段结束		第三阶段结束		调整阶段	ΔZ_4
			Z_1	ΔZ_n	Z_2	ΔZ_n	Z_3	ΔZ_n	Z_4	
1	15	1.414	0.526	0.888	0.212	1.202	−0.125	1.539	−0.125	1.539
	29	1.058	0.146	0.912	−0.125	1.183	−0.48	1.538	−0.480	1.538
	44	1.030	0.178	0.852	−0.082	1.112	−0.433	1.463	−0.516	1.546
	58	1.258	0.999	0.259	0.051	1.207	−0.212	1.470	−0.280	1.538

对 5 号机组冷试前压力容器密封主螺栓预紧过程数据汇总统计详见表 5，主螺栓预紧三个阶段拉伸完成后，需调整主螺栓数量为 35 颗，占比 60%；需调整主螺栓拉伸量偏小占比最大，数量为 31 颗；所有主螺栓残余伸长量小于设计理论值 1.55 mm 数量为 50 颗，占比超 86%，故本次主螺栓预紧存在主螺栓整体残余拉伸量偏小问题。

表 5　田湾 5 号机组冷态试验前主螺栓拉伸量分布统计

类别	合格主螺栓	
残余伸长量	1.52～1.55 mm	1.55～1.58 mm
数量	19	4
占比	32.75%	6.90%
类别	需调整主螺栓	
残余伸长量	<1.52 mm	>1.58 mm
数量	31	4
占比	53.45%	6.96%

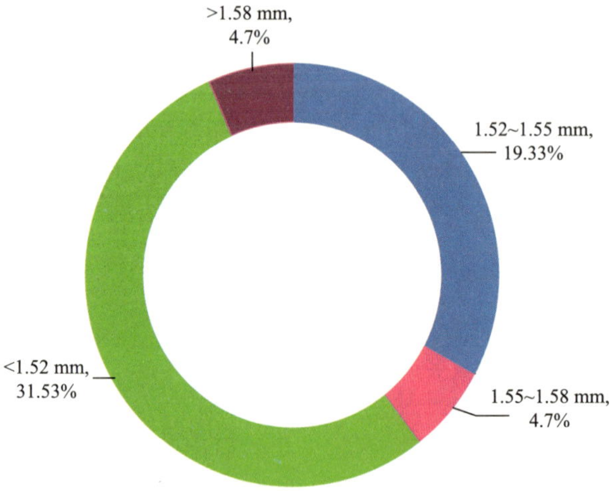

4　反应堆压力容器主螺栓预紧问题探究及优化

4.1　主螺栓预紧问题原因探究

对 5 号机组冷试前反应堆压力容器密封主螺栓预紧总结发现，存在主螺栓整体残余拉伸量偏小和需调整主螺栓数量过多问题。

查阅大量探索主螺栓预紧过程的文献总结发现：拉伸后的主螺栓残余伸长量普遍偏小的原因可能是由于螺栓-法兰弹性交互作用的负作用[5]，即螺栓-法兰连接系统中，螺栓通过产生一定伸长量将足够的预紧载荷施加在法兰上。当不能同时对所有螺栓施加预紧载荷时，后续加载螺栓夹紧法兰会改变已加载螺栓的伸长量，造成其载荷变化。

弹性交互作用有两种表现形式：

正作用：在法兰密封机构中，加载任意螺栓造成对侧螺栓的载荷增加。这是由于加载螺栓附近的法兰间隙减小，使法兰盘以靠近加载处的垫片外沿为支点发生整体偏转，造成对侧螺栓被拉伸，载荷增加。

负作用：加载任意螺栓造成相邻螺栓的载荷降低。这是由于加载螺栓时法兰垫片被压缩变形，造成相邻螺栓的伸长量减小，载荷降低。

5 号机组主螺栓预紧表现为：主螺栓拉伸量变化表现为变小，即拉伸预紧后面的主螺栓时会对前面已预紧的主螺栓产生了卸载，使其残余预紧载荷减小，是弹性交互作用的负作用的表现。

4.2 主螺栓预紧优化方案

弹性交互作用常见的解决方式为：工程现场多积累调整经验，探寻因弹性交互作用导致残余伸长量变化规律，通过合理措施补偿弹性交互作用产生的衰减量，从而使残余伸长量满足设计要求。

主螺栓预紧第一阶段后，顶盖法兰与筒体法兰在第一阶段预紧载荷的作用下紧密贴合，第一阶段预紧结束后将压力容器上、下法兰和主螺栓可以看作整体，随着第二阶段、第三阶段的加载，不考虑泵站压力误差等因素影响，仅考虑不同组螺栓因弹性交互作用从而导致主螺栓预紧拉伸量衰减，计算理论情况下其拉伸量衰减量。

根据螺栓标定曲线趋势分析，单根主螺栓残余伸长量与泵站压力关系为：

$$\Delta Z_0 = 0.001\,32P - 0.018\,55 \tag{3}$$

如表 6 所示，通过平均压力计算理论参与值，并于实际残余伸长量比较，计算每个阶段的衰减量。

表 6　各阶段平均残余量及平均衰减量

阶段	平均压力/bar	理论平均残余伸长量/mm	实际平均残余伸长量/mm	平均衰减量/mm
第一阶段	782	1.101 36	0.856	0.158
第二阶段	1005	1.308 05	1.196	0.112
第三阶段	1193	1.556 21	1.515	0.041

通过表 6 对比衰减量发现：第一与第二阶段平均衰减量相差不大，第三阶段平均衰减量显著减小，即第二阶段后压力容器顶盖整体越来越趋向于刚体，弹性交互作用负作用效果显著降低。第三阶段平均衰减量极为接近主螺栓设计允许的拉伸量偏差。

假设第二阶段后压力容顶盖为刚体，通过第三阶段适当增加理论压力的方式来补偿因弹性交互作用导致主螺栓衰减的平均衰减量 0.112 mm，理论补偿平均压力可通过螺栓伸长量-载荷关系来计算：

$$\Delta Z = 0.0031P + 0.0122 \tag{4}$$

计算出需增加的理论油压为 31.5 bar。

通过上述理论推算：主螺栓预紧第三阶段拉伸时，通过适当增加泵站压力来补偿第二阶段的衰减量，理论上可有效减少需调整螺栓的数量，补偿理论数值为 31.5 bar。

4.3 主螺栓预紧优化方案验证

经过理论分析 5 号机组热试后装料压力容器主螺栓预紧时，第三阶段主螺栓预紧油压从第 1 组至第 15 组呈递减趋势，在原理论油压的基础上增加 5~30 bar 的压力，经实践验证通过第三阶段增加油压的方式可有效减少调整阶段需调整主螺栓的数量。

后续 6 号机组冷试、热试和装料等多次压力容器主螺栓预紧再次证实这一方式的可行性。图 6 记录了调试期间不同阶段主螺栓预紧需调整的主螺栓数量变化图，从图中可以看出：第三阶段适当提高理论油压的方式，可有效减少需调整拉伸量的主螺栓数量。

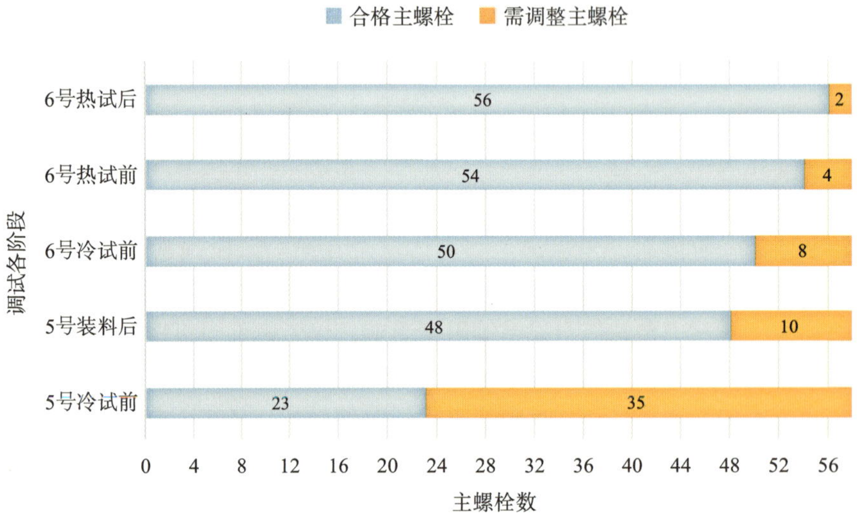

图 6 调试期间不同阶段主螺栓预紧需调整的主螺栓数量变化图

5 结论

根据预紧方案，通过自主实施主螺栓标定试验并结合相关理论研究确定了各阶段、每组单体螺栓拉伸机泵站油压，最后使用该油压实施 5 号机组冷试前压力容器主螺栓预紧。充分分析预紧实施后的过程数据发现：存在调整阶段需调整的主螺栓数量过多的问题。对该问题进行了探索提出合理的优化措施，主要结论如下：

（1）按分阶段拉伸理论油压实施主螺栓预紧后，主螺栓拉伸量由于弹性交互作用，产生卸载导致主螺栓伸长量变小，从而使需要调整的主螺栓数量大量增多；

（2）第三阶段适当提高理论油压，可以有效减少需调整的主螺栓数量，缩短整个主螺栓预紧时间。

通过此次探索，总结了主螺栓预紧每阶段、每组泵站油压的规律，加深了对主螺栓预紧过程的认识，增进了使用单体螺栓拉伸机进行主螺栓预紧的经验。本次探索优化解决了单体螺栓拉伸机分阶段、分步对主螺栓预紧时，需要调整主螺栓数量过多的问题，极大地提高了单体螺栓拉伸机的作业效率。

参考文献

[1] 胡大芬,刘刚,王春发,等. CPR1000 反应堆压力容器主螺栓预紧过程分析[J]. 压力容器,2015,32(11):6-11.

[2] 王小兵, 隆涛, 樊一军,等. 反应堆压力容器主螺栓预紧工艺优化仿真分析[J]. 核动力工程, 2018, 39(06):68-72.

[3] 曾鹏,杨敏,罗英,等.田湾核电站扩建工程 5、6 号机组反应堆压力容器使用说明书,成都,中国核动力研究院,2019.

[4] 陈涛, 聂照宇, 胡大芬,等. 反应堆压力容器主螺栓水压试验拉伸量调整力学分析评价[J].装备环境工程, 2019, 16(02):14-18.

[5] 顾新荣.压力容器螺栓拉伸优化[J].电工技术,2020(18):132-136.

硼浓度监测装置在压水堆核电厂的应用

鄢 诚[1]
(1. 江苏核电有限公司，江苏省连云港市 222000)

摘要：介绍了我国目前在役压水堆核电厂用硼浓度监测装置的工作原理，分析了该设备的标定方法及提高设备测量可靠性的措施。

关键词：压水堆核电站；硼浓度；在线监测

1 引言

在中国大陆当前运营的压水堆核电机组中，为了实现对堆芯过剩反应性的补偿控制，展平堆芯功率分布，充分利用核燃料，提升核电厂的安全性，并降低成本，一般将硼加入一回路冷却剂——也就是水中。除了安全、经济方面的考虑，在核电厂的 NS/SG（蒸汽发生器冷却正常停堆模式）、NS/RRA（RRA 冷却正常停堆模式）、RCS（换料停堆模式）、MCS（维修停堆模式期间），都需要继续向水中注入硼，确保堆芯反应性持续处于亚临界。为了监控一回路冷却剂中硼的含量，避免一回路冷却剂中的硼因非预期的稀释，从而使得功率系数变化，使用硼控制反应性的核电站需要可独立运行、稳定性高、故障率低的在线硼浓度测量系统，保证反应堆在 RP（反应堆功率运行模式）期间平稳安装运行。[1]

为了连续在线监测硼浓度，硼浓度监测装置应运而生。它不仅可以准确测量反应堆和一次回路系统中的硼浓度，在硼稀释事故发生时还可以及时向主控发出报警，确保操纵员及时采取措施。为了保证硼浓度监测装置的准确性和可靠性，仪控人员需要对硼浓度监测装置进行定期维护与标定。

2 硼浓度监测装置工作原理

在反应堆冷却剂中，硼酸的物理、化学性质稳定，对热中子具有很大的吸收截面，且与堆芯其他材料的相容性好，因此在压水堆核电站，广泛采用硼酸作为反应性控制的化学毒物。硼浓度监测装置是一回路取样系统的一部分，其测点在反应堆冷却剂 2 号环路热段(即 2 号蒸汽发生器上游)，测量后的样水返回容控箱或核岛疏水排气系统。监测装置由以下几部分构成：上位机、就地显示箱、中子探测器、温度探测器和中子源。在天然硼中，^{10}B占 19.8%，其中子俘获截面为 3813 靶，^{11}B 占 80.2%，其中子俘获截面非常小，为 5.5×10^{-3}靶；其在水中的溶解度大，理化性质稳定。且不受辐照温度影响，对一次回路材料无腐蚀。一回路中的^{10}B 与中子源发出的慢化的热中子发生（n、α）反应，即为：$^{10}_{5}B+^{1}_{0}n=^{7}_{3}Li+^{4}_{2}He$反应。电离的 α 离子与硼浓度有关。硼浓度越大，反应越多，产生的 α 离子量就越大。硼计数管中的气体和 α 离子产生二次电离，产生的脉冲信号再经处理，从而计算出硼浓度。

在线监测过程中，当一回路中的硼浓度发生变化时，会触发以下几种报警：

a. 如果硼浓度的设定值与实际测量值产生偏差，当偏差超出预期值时，设备会触发硼浓度偏差报警；

b. 如果硼浓度小于低值报警预设值，则会触发低值报警；

c. 如果硼浓度值大于高值报警预设值，则触发高值报警。

以上报警都会送主控操作员站显示，以便操纵员及时采取措施，防止反应堆功率意外增长，确保机组安全运行。

测量回路中的温度变化会引起硼吸收截面的变化，从而增加测量误差。因此，应在取样回路中设置贴片式温度仪表，根据不同的温度对测量计数率进行温度修正，从而最大程度地减小温度引起的测量误差。^{238}Pu-Be 中子源和^{241}Am-Be 中子源的中子平均能量（4 MeV）、中子产额（2.2×10^6 n/Ci. s）相同，但半衰期分别为 87.7 年和 433 年。在单位时间内两种中子源衰变程度不同。因此，在使用^{238}Pu-Be 中子源作为硼浓度监测装置的中子源时，也应考虑不同中子源对测量的影响，并加以修正。

3 硼浓度监测装置的标定试验

为了确保测量的准确性，必须定期对装置进行标定。具体的标定步骤是：测量不同浓度的标准硼酸溶液的相应计数率值，并将它们代入计数率与硼浓度计算公式，确定公式中各未知的等温标定系数，最终确定计数率与硼浓度的计算关系。测量回路中的温度如不恒定，将会影响硼吸收截面，导致测量不准。为保证标定过程中标准硼酸溶液温度恒定，需要配置一台带温度控制功能的恒温装置。同时恒温装置应具备温度设定及自动加热功能，标定前将标准硼酸溶液预热至日常工作温度（一般为 30 ℃），并确保标定全程温度恒定以减少温度引起的误差。标定前应使用除盐水彻底冲洗校准装置内部容器，防止残余硼结晶对标定产生影响。

校准测试内容包括三个部分：坪曲线绘制、阈压曲线绘制、等温标定试验。在绘制坪曲线之前，需要先组装校准装置并加水预热 2 h，从低到高逐渐更改高压值。计数率稳定后，记录数据并计算出平均计数率。计数率前期会平稳过渡，待出现剧增时停止升高压；根据测量数据结果，以高压值为横坐标，平均计数率为纵坐标绘制坪曲线。根据坪曲线的特点，选择在较平坦的区域的某一点对应的高压值作为探测器的工作高压，其他状态保持不变。

绘制阈压曲线时，从低到高逐渐更改甄别阈压值，计数率稳定后，记录数据并计算出平均计数率。计数率经平稳过渡后，停止测量。根据测量数据，以甄别阈压值为横坐标，平均计数率为纵坐标绘制阈压曲线。根据阈压曲线的特点，选择在较平坦的区域的某一点对应的电压作为对输入信号的甄别阈。

等温标定试验是：当硼酸溶液标定回路的温度在（30±1）℃时，连续改变回路中硼酸溶液的浓度来获得相应的中子计数率，并利用计算获得未知的等温标定系数。方法是用一定体积的去离子水置换等体积的硼酸溶液，以使硼浓度稀释至期望的浓度。根据某核电站硼浓度监测装置 0~2500 mg/L 的量程，可将量程分为两部分，并分段进行拟合。第一部分为 0~1000 mg/L，另一部分为 1000~2500 mg/L。硼浓度的试验点可参照表 1 准备。

表 1　标定试验置换体积参考表

序号	置换体积/L	理论硼浓度/（mg/L）
1	0. 0	2500. 00
2	3. 5	2294. 80
3	3. 5	1960. 14
4	3. 5	1674. 29
5	4. 0	1395. 24
6	4. 0	1162. 70
7	5. 0	920. 47
8	5. 5	709. 53
9	7. 0	502. 58
10	8. 0	335. 06
11	9. 0	209. 41
12	12. 0	104. 70
13	12. 0	52. 35
14	12. 0	26. 18
15	全部置换	0. 00

4　常见问题分析

在硼浓度探测装置的实际使用中，存在一些常见问题：

第一，压水堆核电厂一回路的硼浓度测量，为手工滴定法测量与中子吸收法仪表相结合，即手工取样与在线仪表互相配合。化学分析人员定期从同一测点取样并滴定分析，将滴定结果与在线硼浓度探测装置的测量值比对。当测量结果偏差超过电厂的化学监督大纲要求时，仪控人员就应核实硼浓度探测装置的准确性。在核电机组正常运行期间，该缺陷最为常见。硼浓度探测装置的脉冲放大模块、高压模块等硬件设备出现漂移时，均会导致这一缺陷。每次出现此类测量偏差大的缺陷时，应记录在线仪表与手工取样的偏差情况，根据偏差情况采取不同处理措施。如果在线仪表总是偏大或偏小，可以通过调整硼浓度探测装置的零浓度修正参数来修正。如果发现偏差无固定规律，也可以延长测量循环时间。目前，硼浓度监测装置的高压值、甄别阈值均为人工手动调节。如能做到设备控制系统自动监测高压值、甄别阈值，并根据反馈信息主动调节干预，实现硼浓度探测装置重要参数的手/自动控制，就可以提高硼浓度监测装置的准确性。

第二，在新机组调试阶段，出现过一些硬件故障导致的硼浓度探测装置测量失准缺陷。例如，某电站的硼浓度探测装置在设备调试期间运行正常，但突然出现在线仪表测量与手工取样分析偏差大的缺陷。检查发现硼浓度探测装置的温度测量仪表内部接线接触不良，温度测量异常，温度修正系数计算错误导致硼浓度测量偏差。如出现温度仪表不可用导致的硼浓度测量异常缺陷，可以临时取消温度修正功能，并通过更改零浓度修正参数来暂时确保仪表准确度。但取消此功能会增加硼表探测装置失准的概率。待温度仪表完成维修后应重新启用温度修正功能。国内硼浓度探测装置一般仅设置一支三线制铂热电阻测量回路温度，如增加备用温度测量仪表，可以提高硼浓度监测装置的准确性。

第三，目前硼浓度探测装置的等温标定试验，既需要人员在设备控制系统的工控机处，连续记录实时计数率并计算硼浓度稀释结果；又需要人员不断稀释等体积硼酸溶液，并开展滴定分析工作。工作量大、繁琐且耗费人力。且等温标定试验一般持续时间为20~30 h左右，为缩短大修工期，一般均为连续作业。这对人员的素质、体力提出了很高的要求。如能在原硼浓度探测装置软件的基础上，开发针对等温标定试验的自动数据统计、结果处理功能，可以优化工作方式，减轻人员负担，避免人因失误，进一步提高硼浓度监测装置的可靠性。

参考文献

[1] 桂龙刚.新型硼表一次仪表研制[D].南华大学,2014.

溶氢表在压水堆核电厂的应用

郧　诚[1]
（1. 江苏核电有限公司，江苏连云港 222000）

摘要：压水堆核电厂一回路核取样系统的在线溶氢表为运行、化学人员提供连续、实时的一回路冷却剂系统中溶解氢浓度。本文结合在线溶氢表在压水堆核电厂的应用情况，汇总设备调试、运行期间遇到的各类问题并进行分析，为压水堆核电厂在线溶氢表的调试、维护保养提供一些思路及建议。

关键词：压水堆核电厂；分析仪表；溶氢表

1　设置溶氢表的必要性

轻水作为压水堆核电机组一回路冷却剂系统中的载热流体。在机组功率运行期间，一回路中的水长期受到多种射线的照射，如γ射线等，会发生辐照分解反应产生氧。氧的存在会导致压力容器、主泵、蒸汽发生器等主设备的结构材料发生腐蚀，严重威胁机组运行安全。在压水堆核电机组，通过化容控制系统向一回路冷却剂系统中充入氢气以抑制氧的产生。

一回路水中溶氢浓度是重要的运行技术参数之一。机组功率运行期间，当溶氢浓度超出运行技术规范要求范围时，机组状态将后撤。一回路水中溶氢浓度通过在线溶氢表与便携溶氢表配合测量，两者定期比对，确保测量准确。便携溶氢表存在人工测量耗时长、放射性废液排放多、人员接受剂量大、放射性液体可能外泄的多种问题。在线溶氢表的优点有：在线连续测量、不产生放射性废液、人员辐照剂量低、维护频率低等。因此，在线溶氢表的稳定准确运行，对于一回路冷却剂系统水化学监测、保证机组安全稳定运行具有很重要的意义。

2　在线溶氢表介绍

以某压水堆核电厂为例，其核取样系统各配备 1 套在线溶氢表，测量原理为热导式。

该溶氢表由 3 个部分组成：预处理装置、二次表、标定装置。

（1）预处理装置是分析系统的重要设备，由氢传感器、流通池、压力表、浮子流量计、过滤减压阀、多个阀门组成，实现对分析样品的取样、减压、节流、测量、排放。

（2）二次表接收、转换、远传氢传感器上传的氢浓度信号，配有一块彩色触摸屏。具有信号转换、数据处理、显示、操作、故障诊断、设备维护等功能；

（3）标定装置由备用流通池、浮子流量计、气瓶、减压阀等组成。当开展溶氢表标定工作时，将氢传感器从预处理装置拆掉，安装至标定装置的备用流通池中，通入标准氢气，在二次表中进行标定操作。

3 在线溶氢表测量原理

（1）不同气体的导热系数不同，多组分气体的导热系数随着气体组分含量的变化而变化。如以空气为参比，在标准气压和 0 ℃时，各种气体的相对热导率如表 1 所示。

表 1 各气体相对热导率（标准气压，0 ℃）

气体	空气	H_2	CH_4	O_2	N_2	CO	NH_3	Ar	CO_2	SO_2
相对热导率	1.00	7.15	1.25	1.013	0.996	0.96	0.89	0.684	0.605	0.35

从中可看出，氢气热导率比其他气体高。当混合气体中背景气体（如 N_2等）或其他成分基本保持恒定时，混合气体的热导率基本取决于氢气的含量，这样根据混合气体热导率的不同，就可测出所含氢气多少。

（2）溶氢表的氢传感器利用通电加热的铂丝作为敏感元件，以测量混合气体导热率的变化。当被测混合气体中氢含量变化时，热导率随之变化，铂丝电阻值也随之改变，在惠斯通电桥中产生不平衡电压，经过数据处理在二次表显示溶解氢的含量。

（3）那么如何保证待测气体中成分恒定呢？溶氢表的氢传感器含有一个选择性电极膜，仅允许氢气透过。另有一根氮气管线通入氢传感器，提供稳定氮气作为参比气及吹扫气，以保证进入氢传感器测量室的待测气体成分仅为恒定氮气+待测氮气。

（4）溶氢表传感器的工作分为两个周期。第一是吹扫周期，氮气进入电极膜下方的热敏元件夹层，将上一周期残余气体排出，并为下一次测量定义参比点；第二是测量周期，停止氮气供应。并允许待测样水中的溶解氢气通过电极膜扩散，氢气进入热敏元件夹层，氮气与氢气在测量室内混合，混合气体热导率发生变化，通电加热的热敏元件电阻值发生变化，产生的电压信号经数据处理转换为溶解氢浓度[1]。

4 溶氢表常见问题及解决方法

4.1 溶氢表调试的重要步骤是使用 99.999%标准氢气对仪表进行标定。但在溶氢表调试期间，仪表所在房间的通风系统尚不可用，一旦氢气释放到环境后，将在房间顶部聚集无法散出。而调试阶段各专业工作交叉开展，动火作业频繁，极易发生氢爆事故。而且根据经验反馈，同行电站在开展溶氢表标定时，发生过氢爆事故。而通过临时管线将氢气引出室外的方案，由于房间距离室外较远，管线沿途不可控，且具有易漏气、易产生静电等缺点，同样有很大风险。以下工作方案供参考：

（1）将试验场所由不通风的室内改至室外。将溶氢表二次表、氢传感器、标定流通池拆至最近的室外空地。使用拖线盘，就近从施工临时配电箱取 220 VAC 为溶氢表二次表供电。由于标定过程中，需核对二次表示数与 DCS 示数是否一致，因此还需预制一根测量电缆，将室外二次表与室内溶氢表二次表的原测量电缆相连，并对新增电缆进行通道试验，以验证其精度误差满足要求。

（2）在夜间无人时实施标定试验，并确保周围环境无动火作业，无电火花产生条件。氢气直接排放至大气，避免在室内聚集，规避氢爆风险。

（3）在室外组装由氢气瓶、减压阀、流量计、备用流通池组成的标定装置，使用氮气瓶、检漏液对标定装置查漏，验证气密性后再通入氢气。在标定结束后还应使用氮气吹扫标定装置，避免氢气残留。

（4）规范使用铜扳手、漏氢检测仪等工器具，正确使用三相交流、监护等防人因失误工具，并进行开工前演练。

4.2　溶氢表所在的仪表柜内有一根氮气供应管线及过滤减压阀，向氢传感器持续供应恒压氮气。溶氢表在正常投运及短期停运时，都需有稳定氮气供应。分享两则某压水堆核电厂的经验反馈：

（1）机组功率运行期间，溶氢表突然出现信号异常。仪控人员现场检查时，发现氮气过滤减压阀的过滤器内有水，打开排气口有水排出，氢传感器内进水故障。经排查发现蒸汽发生器充氮工作期间，氮气消耗量大。在液氮补注过程中，充氮点位于低位，而氮气管网压力低于当充氮点液位对应压头，导致氮气管线返水。水沿氮气管网进入氢传感器，仪表因此故障而出现信号异常；

（2）机组功率运行期间，溶氢表突然出现溶解氢浓度突然降低至 20 mL/kg 以下。而一回路溶解氢浓度要求范围为 20~35 mL/kg。经紧急排查，发现氮气站进行液氮充注工作时，运行当班值切换到备用氮气供应管线。但各氮气用户的用量大，备用氮气供应管线的调节阀调节能力有限，导致氮气管网压力低，溶氢表失去氮气供应，仪表无法正常测量，使得溶解氢浓度突然降低至低限值[2]。

根据以上经验反馈，仪控人员在开展巡检工作时，除了记录溶解氢浓度外，也应重点关注氢传感器的氮气过滤减压阀，检查氮气压力示值是否正常、过滤器内是否有水。

4.3　溶氢表设置在一回路核取样系统下游，其系统结构如图 1。

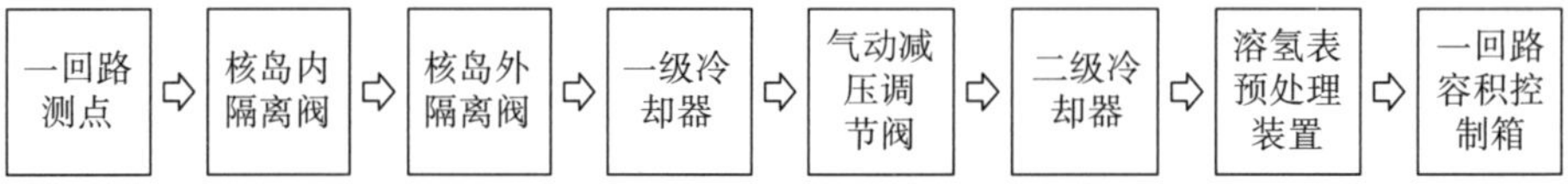

图 1　一回路核取样系统流程图

溶氢表传感器前端有一层电极膜，对压力、流量变化敏感。溶氢表上游为一回路冷却剂系统，下游为一回路容积控制箱，溶氢表同时受到上、下游系统压力、流量波动的影响：

（1）在下游，溶氢表样水直接通过管线进入一回路容积控制箱，中间无任何缓冲设备。查询溶氢浓度与容控箱压力历史曲线（见图 2），可以看出容控箱压力升高时，溶氢表测量值同样会上升，其波动趋势一致，下游系统的压力波动会导致溶氢表测量值变化。

（2）在上游，气动减压调节阀的功能是根据溶氢表上游压力与溶氢表下游容控箱压力的差值信号，使用 PID 算法自动调节取样回路样水压力、流量，以保证溶氢表能稳定运行。气动减压调节阀将取样管线压力从 15.4 MPa 降至 0.7~0.9 MPa。但该阀门为单级减压调节阀，存在阀芯阀座易冲蚀损坏、调节性能差、控制流量不稳定、阀门内漏等问题，

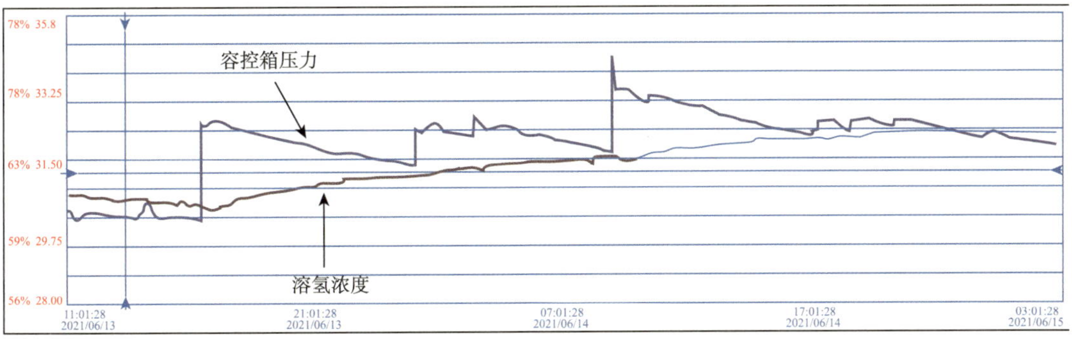

图 2　溶氢浓度与容控箱压力历史曲线

多种因素叠加使得取样系统无法投入自动调节模式。当取样系统上下游出现压力瞬态变化时，气动减压调节阀极易超调，引起取样回路压力达到保护值，使得上游核岛隔离阀关闭导致溶氢表断流，无法确保溶氢表传感器处的压力、流量保持恒定。取样系统的压力、流量无法自动调节是各同行电站的共性问题，经调研同行电厂运行维修经验，考虑将原单级减压调节阀替代为多级减压调节阀，以提升调节性能、控制流量稳定、延长阀芯阀座寿期，保证溶氢表的可靠运行。

4.4　由于某设计变更，溶氢表所在的仪表柜门与其他新增重要设备干涉，除非将新增设备推开否则正常情况下无法打开柜门操作溶氢表。但新增设备重量大、移动困难，且人员接受剂量大，该新增设备也不允许长时间退出运行。这使得仪控人员日常巡检时无法对溶氢表进行操作，无法调节仪表流量以修正取样系统压力、流量波动带来的测量误差。后通过溶氢表柜门切割改造解决了与新增设备干涉的问题，使得溶氢表流量调节可正常开展，既能保证溶氢表稳定运行，又能降低人员接受剂量。

4.5　化学部门使用的便携式溶氢表与在线溶氢表品牌相同，传感器均为热导式测量原理。根据传感器说明书，当样水温度在 20~50 ℃时，在线表（量程 0~50 mL/kg）传感器精度±0.1 mL/kg；便携表（量程 0~60 mL/kg）传感器精度为±0.2 mL/kg。其精度基本一致。

但在线溶氢表取样点为 RCP 三环 5M1RCP013 LG，便携溶氢表取样点为 RCV 净化床上游 5M1RCV015 LG，取样点不同，减压调节阀开度不同，取样管线中的压力、流量存在一定差异。由于减压调节阀性能限制，将两路取样管线的压力、流量调至完全一致有一定困难。便携表测量后的样水对空排放至手套箱内排放口，在线表的样水是返回容控箱，因此在溶氢手工测量比对前，应当尽量将两个取样管线的压力、流量调至相近，以减少测量误差。在制定化学相关规范时，应考虑到在线溶氢表与便携溶氢表的自身误差，以及取样系统带来的误差，合理制定在线溶氢表与手工取样分析值的绝对偏差。

4.6　仪控人员在维护过程中应注意，溶解氢浓度是一个动态量，具有时效性。根据核电站化学监督大纲，化学部门每周一次开展一回路溶解氢取样分析活动（通常为每周三）。当出现在线测量与手工测量偏差超过 3 mL/kg 时，化学部门将通过生产管理系统提出缺陷，并在缺陷通知单描述中告知手工取样测量结果。由于缺陷、工作票流程审批需要时间，仪控部门响应缺陷、出票处理缺陷的时间一般为周四或周五。由于溶解氢浓度数据的时效性，到处理日时，缺陷描述中的手工取样测量结果已非最新值。仪控人员在处理缺陷时，若以缺陷描述中的手工取样测量结果为参照，将引入新的误差，进一步导致在线溶氢表缺陷数量增多。

为降低在线溶氢表缺陷数量，可参考以下工作方法执行：化学人员进行溶氢取样前，通知仪控人员到场见证，共同检查在线仪表压力、流量是否在合适范围内。开始取样后共同关注两台仪表的状态是否出现异常。便携表取样出结果后仪控与化学人员共同比对测量值偏差，如偏差超出允许范围，则重新检查取样系统压力、流量情况，检查无误后重新取样分析。若发现确实为仪表故障后，再通过缺陷流程处理缺陷。

5 总结

在 M310 堆型机组，测量一回路冷却剂中溶解氢浓度，有在线溶解氢表、相分离-气相色谱法、便携溶氢表、容控箱理论计算四种方法[3]。在线溶氢表是核取样系统的重要仪表，是连续监测一回路冷却剂系统溶解氢指标的唯一手段，具有很大的优越性。因此，确保溶氢表的稳定性、准确性、可靠性，对于保证机组安全稳定运行具有很重要的意义。

参考文献

[1] 陈明.热导式溶解氢分析仪在核电站水质监测中的应用[J].中国仪器仪表,2014(08).
[2] 修璐倩.在线溶解氢表在压水堆核电厂的常见问题及解决措施[J].山东工业技术,2019(11).
[3] 杨威.压水堆核电站一回路冷却剂溶解氢含量测定方法概述[J].山东工业技术,2015(20).

安全系统及设施设计改进

安全壳过滤排放系统屏蔽设计改进

朱治钢[1]，张　晔[1]，尤　伟[1]，王晓霞[1]，米爱军[1]
（1. 中国核电工程有限公司，北京 100840）

摘要：本文对田湾核电厂5、6号机组安全壳过滤排放系统在严重事故条件下的辐射屏蔽设计进行了改进，全面考虑严重事故后执行规程操作人员的辐射防护，通过墙体和屏蔽门材料的厚度计算及分析，确保事故后操作人员的受照在限制范围内。

关键词：安全壳；过滤排放系统；屏蔽设计；核电厂

1 引言

本文基于事故后安全壳过滤排放系统（EUF）的运行情况，针对严重事故工况下EUF操作间进行屏蔽设计改进。严重事故发生后，安全壳过滤排放系统要对安全壳进行泄压处理，因此造成大量气溶胶滞留在系统过滤器中，使得EUF的文丘里水洗器过滤器和金属纤维过滤器含有放射性核素。执行事故规程的操作人员在EUF设备间操作和停留期间需满足剂量限值的要求，对EUF设备和其相邻操作间NB825b不同时刻的剂量率和累积剂量进行计算分析，将NB825a和NB825b之间的屏蔽门和墙体进行设计改进，以到达剂量限值的要求。

2 EUF系统布置及运行

2.1 EUF系统介绍

文丘里水洗器（9EUF001BA）是安全壳过滤排放系统的主要设备。文丘里水洗器中装有一组文丘里喷管，可以通过喷管产生的流动特性去除排放气体中的气溶胶和碘。金属纤维过滤器（9EUF002BA）也是安全壳过滤排放系统的设备，该过滤器主要用于过滤排气中少量的微小粒径的气溶胶和夹带的液滴。

在严重事故后，安全壳内的大气先进入文丘里水洗器，经过水洗的作用，大部分的气溶胶和碘滞留在容器中。文丘里水洗器作为安全壳过滤排放系统的主要设备，同时也是放射性核素滞留的主要介质，在设计中考虑系统滞留的放射性物质都集中在文丘里水洗器上，以文丘里水洗器为主要的源项设备进行屏蔽计算和设计。

2.2 设备间布置

在核辅助厂房中，NB825a房间为安全壳过滤排放系统设备间，EUF系统的文丘里水洗器和金属纤维过滤器放置在此房间中；NB825b 房间为安全壳过滤排放系统阀门操作间，布置 EUF 系统相关阀门设备，房间平面布置图如图 1、图 2 所示。

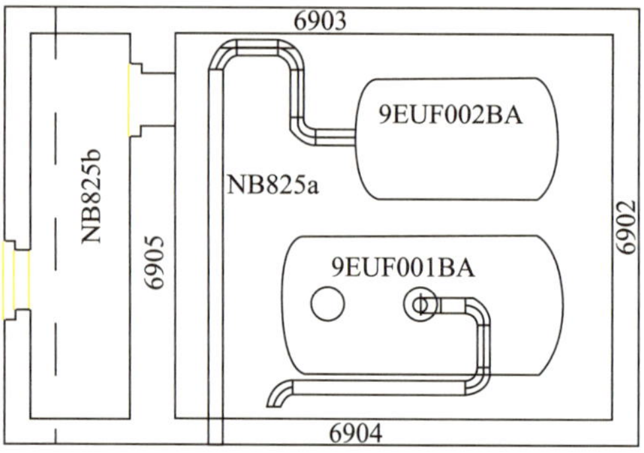

图 1　EUF 布置间及其阀门操作间俯视图

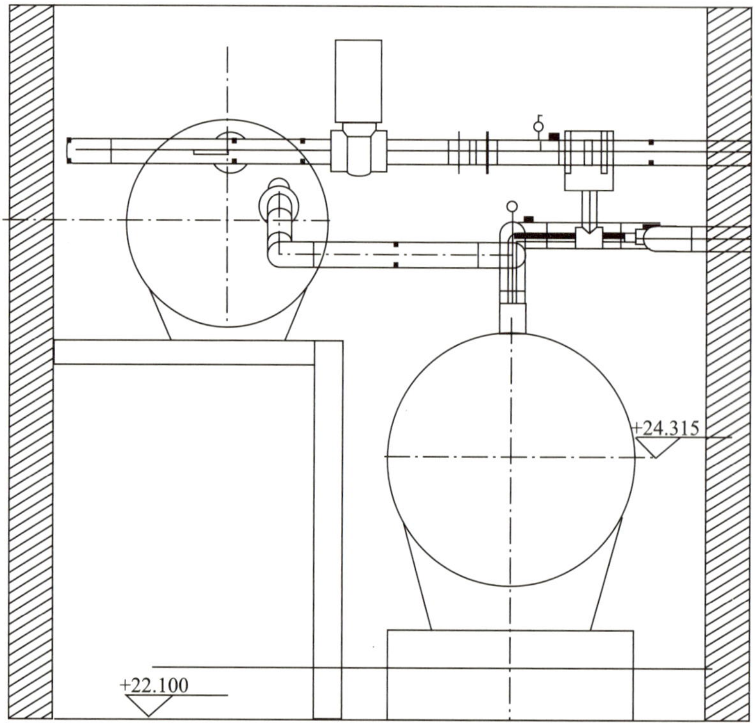

图 2　EUF 布置间剖面图

2.3　事故源项

采用停堆 24 h 的堆芯积存量为初始堆芯源项，严重事故后释放进入安全壳大气中的源项参照 S2 源项释放份额。S2 源项表示的是对应于安全壳晚期超压失效，即严重事故发生一天或几天后，由于安全壳内压力缓慢升高最终超过规定值后丧失了安全壳密封而产生的核素向环境大气的直接释放，此时只有悬浮在安全壳大气中的核素才可以通过 EUF 系统过滤释放到外界环境中，而沉积吸附在安全壳内的核素并不释放到外界环境中。

S2 源项提供的释放核素种类、代表元素与释放份额如表 1 所示。

表 1　释放核素种类、代表元素与释放份额

种类	代表元素	释放份额
稀有气体	Xe, Kr	75.00%
卤素	I, Br	3.25%
碱金属	Cs, Rb	5.50%
碲族	Te, Sb, Se	5.50%
钡、锶	Ba, Sr	0.60%
贵金属	Ru, Rh, Pd, Mo, Tc, Co	0.50%
铈族	Ce, Pu, Np	0.08%
镧系	La, Zr, Nd, Eu, Nb, Pm, Pr, Sm, Y, Cm, Am	0.08%

2.4 扩散系数

安全壳大气的特性决定了 EUF 系统开启后气体及悬浮在大气中的气溶胶从安全壳向过滤器的排放过程。在排放过程的分析中，引入扩散系数的概念，安全壳大气成分扩散到过滤器中的扩散系数 L 定义如下：

$$L(t) = \frac{\dot{m}(t)}{M(t)} \times 3600 \tag{1}$$

$\dot{m}$：安全壳大气进入过滤器的质量流率，kg/s；

M：安全壳大气质量，kg。

扩散系数 L 的物理意义为：t 时刻，安全壳大气排放的质量流率与此时安全壳大气质量的比值。

扩散系数与质量流率和安全壳大气质量相关，在整个泄压排放过程中，一方面安全壳内气体向 EUF 系统排放；另一方面，安全壳内不断有气体和气溶胶产生，这造成了安全壳大气的成分、温度与压强都不断变化，因此扩散系数也随时间变化。

在本次计算中，根据严重事故下的泄压排放过程，以严重事故发生时刻后 24 h 为起始时间点，得到 EUF 事故工况下的扩散系数随时间变化曲线如图 3 所示。

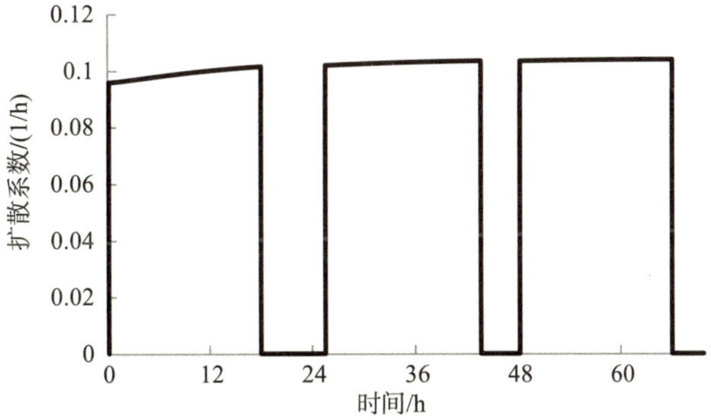

图 3　扩散系数 L 事故期间的变化曲线

从图 3 可以看出过滤器开启的不同时段扩散系数 L 不是恒定值，计算中取某一时段 L 的平均值，作为其时间段的扩散系数，平均化后的 L 值如表 2 所示。

表 2　不同时段的 L 值

时段	L 值/（1/h）
$0 \sim t_1$	0
$t_1 \sim t_2$	0.0984
$t_2 \sim t_3$	0
$t_3 \sim t_4$	0.1028
$t_4 \sim t_5$	0
$t_5 \sim t_6$	0.1040
$>t_6$	0

2.5　EUF 中的核素滞留

过滤器滞留固态及水溶性气态核素，计算中假设惰性气体完全排放，不考虑可溶惰性气体的滞留，同时还包括衰变生成放射性子核的影响。安全壳中 95%的碘以 CsI 的形态存在，剩下的 5%以分子碘和 HI 的形式存在，在分子碘和 HI 中，将有 3%形成有机碘，一般以形 CH_3I 式存在，即安全壳中只有 0.15%的碘以有机碘形式存在，因此在计算中忽略有机碘，假定碘全以 CsI 气溶胶形式存在，且过滤器对所有固态核素的滞留系数均为 1。

根据扩散系数 L 的定义，同时考虑过滤器滞留的放射性核素，在任意一个 L（t）恒定的时间段 $t' \sim t''$ 内，安全壳大气与过滤器中源于堆芯裂变产物的核素总活度随时间的变化式为：

$$A_{3总}(t) = A_{2总}(0) - A_{2总}(t')\, e^{-L(t)(t-t')} \tag{2}$$

其中，角标“2”表示“安全壳大气”，“3”表示“过滤器”，“i”代表“第 i 种核素”，“总”代表“总量”。上述方程不同时段的解如表 3 所示。

表 3　EUF 过滤器不同时段的核素累积方程

不同时段	$A_{2i}(t)$	$A_{3i}(t)$
$0 \sim t_1$	$A_{2i}(0) * e^{-(L(t)+\lambda_i)*t}$	$A_{2i}(0) * e^{-\lambda_i * t} - N_{2i}(0)\, e^{-(L(t)+\lambda_i)t}$
$t_1 \sim t_2$	$A_{2i}(t_1) * e^{-(L(t)+\lambda_i)*(t-t_1)}$	$A_{2i}(0) * e^{-\lambda_i * t} - N_{2i}(t_1)\, e^{-(L(t)+\lambda_i)(t-t_1)}$
$t_2 \sim t_3$	$A_{2i}(t_2) * e^{-(L(t)+\lambda_i)*(t-t_2)}$	$A_{2i}(0) * e^{-\lambda_i * t} - N_{2i}(t_2)\, e^{-(L(t)+\lambda_i)(t-t_2)}$
$t_3 \sim t_4$	$A_{2i}(t_3) * e^{-(L(t)+\lambda_i)*(t-t_3)}$	$A_{2i}(0) * e^{-\lambda_i * t} - N_{2i}(t_3)\, e^{-(L(t)+\lambda_i)(t-t_3)}$
$>t_4$	$A_{2i}(t_4) * e^{-(L(t)+\lambda_i)*(t-t_4)}$	$A_{2i}(0) * e^{-\lambda_i * t} - N_{2i}(t_4)\, e^{-(L(t)+\lambda_i)(t-t_4)}$

在时间段 $t' \sim t''$ 内，过滤器中滞留的放射性核素总活度可以表示为：

$$A_{3总}(t) = \sum_i \left[A_{2i}(0) * e^{-\lambda_i * t} - A_{2i}(t')\, e^{-(L(t)+\lambda_i)t}\right] \tag{3}$$

使用严重事故发生 24 h 时刻堆芯积存量，结合表 1 源项释放份额得到严重事故发生 24 h 时刻安全壳大气中放射性核素的活度浓度，再结合表 2 EUF 系统的扩散系数及表 3 中 EUF 系统的核素累积方程，得到严重事故后 EUF 系统各时刻放射性核素的活度，将事故后 EUF 文丘里过滤器总活度列出，如表 4 所示。

表 4　严重事故后 EUF 文丘里过滤器中的总活度

时间	17.9 h	46.4 h	71.7 h	7 天	15 天	30 天
总活度/GBq	4.27×10^{8}	4.06×10^{8}	3.60×10^{8}	2.32×10^{8}	1.47×10^{8}	9.75×10^{7}

3　屏蔽设计改进

根据上文条件计算得到的严重事故后不同时刻 EUF 文丘里过滤器累积的核素种类和活度结果，对 NB825a 及 NB825b 房间的墙体及屏蔽门进行设计改进，以满足事故后操作人员的受照量满足剂量限值的要求。

根据相关事故规程的要求，在严重事故后 30 天，操作人员在 NB825b 房间操作阀门，需花费大约 30 分钟，因此选取 EUF 系统文丘里过滤器 30 天的源项数据进行屏蔽设计计算，按照操作人员的单年总受照剂量不超过 50 mSv（GB 18871—2002《电离辐射防护与辐射源安全基本标准》）的要求，同时综合考虑人员到达目标房间过程中的其他受照，给操作间人员预留 25 mSv 的累积受照值剂量，因此人员在 NB825b 停留的累积剂量不超过 25 mSv。

设备间与操作间墙外及门外的剂量结果如表 5 所示。经计算，为达到辐射防护的设计要求，图 1 中 NB825a 与 NB825b 之间墙体 6905 需布置成 700 mm 厚的重混凝土（密度 3.4 g/cm^3），若考虑普通混凝土（密度为 2.2 g/cm^3）则需要达到 1000 mm；墙体 6905 上的防护门厚度需达到 300 mm（碳钢，密度 7.8 g/cm^3）；EUF 设备间整体的底板和顶板厚度可保持之前设计不变。

表 5　EUF 设备间墙厚及屏蔽门计算结果

屏蔽体	点位	厚度/mm	剂量率/（mSv/h）	2 倍安全系数	操作人员所受累积剂量值/mSv
墙	墙外 30 cm	700	12	23.9	12
钢制门	墙外 30 cm	200	15.5	31	15.5

4　结束语

本文依据严重事故后的堆芯及存量及源项释放假设并结合 EUF 系统运行的实际情况，得到事故后文丘里水洗器中不同时刻的放射性核素信息，依据上述条件进行了操作人员事故后受照的计算分析，从而对 EUF 设备间的墙体及屏蔽门提出设计改进方案。

参考文献

[1] 电离辐射防护与辐射源安全基本标准:GB 18871—2002[S].

[2] 压水堆核动力厂厂内辐射分区设计准则:NB/T 20185—2012[S].

[3] 压水堆核电厂辐射屏蔽设计准则:NB/T 20194—2012[S].

[4] 朱治钢.EUF 辐射防护设计计算书[R].2017.

[5] 文丘里水洗器工程布置简图[R].2016.

[6] 纤维过滤器工程布置简图[R].2016.

田湾核电厂5、6号机组辐射防护设计优化研究

李晓静[1]，徐　亚[1]，刘　笋[1]，王晓霞[1]，米爱军[1]
（1. 中国核电工程有限公司，北京 100840）

摘要：田湾核电厂5、6号机组属于二代改进型机组，核岛采用M310型反应堆。根据国内已运行电厂的经验反馈，M310型机组在运行过程中某些设备、管道等会产生放射性热点，影响辐射分区管理及人员操作，需进行设计上的改进。本文在对M310机型核电机组核岛厂房热点现场调研的基础上，总结了同类型电厂核岛厂房内的热点分布情况，并分析了热点形成原因，从改进系统设计、增加辐射屏蔽、修改规程等方面提出了改进建议。

关键词：核电厂；辐射防护；放射性热点；辐射分区；设计优化

1　引言

田湾核电厂扩建工程5、6号机组属于二代改进型M310机组，目前国内已有多个M310型机组在运行，包括福清核电厂1~4号机组、秦山二期及其扩建工程、方家山核电厂等。本文对M310机型核电现场核岛厂房可能出现的放射性热点进行了分析和归类，结合厂房和系统设计特征、辐射防护要求，分析了热点形成原因，并从改进系统设计、增加辐射屏蔽、修改规程方面提出了改进建议。形成放射性热点的主要原因是放射性物质在设备及管道内的沉积，且没有有效地对沉积物进行冲洗、去除。屏蔽改进解决放射性热点问题的最终目的是降低工作人员的受照风险。从减小辐射源（本文特指减小设备中放射性物质沉积）来看，部分热点可以通过对系统进行改造得到解决，在系统设计中，可改变管道的布置，或者增加冲洗回路和装置，减少放射性物质沉积。从加强设备屏蔽来看，部分热点在不影响其他系统安全运行的基础上增加屏蔽措施（如隔墙、铅屏蔽台架、屏蔽套筒等）可以有效减小对工作人员的照射。从人员管理的角度来看，部分热点可以通过修改规程，对人员和操作方式进行管理，从而减小人员受照风险。

2　M310机组热点调研结果及分析

2.1　M310型机组热点总结

本文在对M310机型核电机组核岛厂房热点现场调研的基础上，总结了同类型电厂核岛厂房内的热点分布情况，反应堆厂房的放射性热点主要集中在停堆换料大修期间；燃料厂房和连接厂房的热点主要集中在PTR系统管道和阀门上；核辅助厂房的热点主要集中

RCV 系统相关管线、设备和阀门上，见表 1。

表 1　M310 机型核电现场热点调研及测量结果汇总

厂房	房间号	辐射源	热点描述
R 厂房	R430	乏燃料组件	转运通道的屏蔽层与安全壳钢衬之间还有约 10 cm 的缝隙，缝隙之间的屏蔽不充分，导致转运时转运通道周围缝隙剂量很高。缝隙外最大值约为 200 mSv/h
	R330/R422	PTR601VB 和 PTR602VB	法兰面及其下部的细管为这段管道的盲端，当反应堆水池排水时会有放射性沉积物沉积于此。1PTR601VB 接触剂量率 25 mSv/h，PTR602VB 接触剂量率 6.7 Sv/h
K 厂房	K712	乏燃料组件	当燃料吊装机吊运乏燃料组件靠近闸门时，由于装载井一侧缺少水屏蔽，导致装载井一侧剂量率上升，进而使得 K712 等房间（绿区）的剂量率超过分区控制值
	K712	乏燃料水池池水	该房间为绿区，但乏燃料水池净化能力不足，导致燃料操作位置处剂量率超标。福清 101 大修时乏燃料水池总 γ 比活度为 490 MBq/t（期望值<100 MBq/t）
	K212	PTR042 管道	该房间为绿区，但在燃料厂房转运舱去污排水后在 PTR 系统管道内某处可能有热粒子沉积。表面最大接触剂量率为 210 mSv/h，环境剂量率 120~150 μSv/h
	K216	PTR001/002PO	该房间为绿区，但在换料水池正常排水时泵前后剂量率超过分区控制值。表面最大剂量率 0.034 mSv/h
	K316	PTR003PO 和 PTR005FI	乏池撇沫时 PTR003PO 表面最大接触剂量率为 0.05 mSv/h，PTR005FI 表面最大接触剂量率为 25 mSv/h
	K217	PTR 系统管道	该房间为绿区，但在换料水池池底排水时，K217 房间门口一处热点。铅屏蔽后的剂量率为 1.7 mSv/h
N 厂房	NA213	REA011FI 和 RCV 下泄管道	REA011FI 过滤器最大接触剂量率为 8.0 mSv/h，RCV 下泄管道接触剂量率为 0.83 mSv/h
	NB224	RCV 下泄管	RCV 下泄管道存在 U 形管段表面剂量率较高，而且需要定期巡检。接触剂量率达 3.5 mSv/h
	NA215	RCV002RF	设备和管道表面剂量率较高，而且需要定期巡检。接触剂量率可达 3 mSv/h
	NA217/218/219	RCV 上充泵	上充管表面剂量率较高，而且每天每班均有多次巡检，巡检人员受照风险大。接触剂量率最高达到 1.45 mSv/h
	ND460	RCV015VP	房间内 RCV015VP 管道弯头为热点，接触剂量率约为 0.95 mSv/h，可能是由热粒子沉积造成
	ND331	RCV 地面管道	房间内 RCV 地面管道为主要热点，环境剂量率为 20~30 μSv/h

续表

厂房	房间号	辐射源	热点描述
N 厂房	ND331、ND472	废树脂传输管	废树脂传输管道剂量率超过该房间分区控制值
	NF265	废物固化桶	NF265 环境剂量率为 120～150 μSv/h，房间门外（经屏蔽门屏蔽后）环境剂量率为 8～15 μSv/h，超过白区控制值
W 厂房	W213	PTR019-6 管道	该房间为绿区，但 PTR019-6 管道 U 形管段表面剂量率超过分区控制值。环境剂量率约 35 μSv/h

2.2 形成放射性热点原因分析

根据上述热点调研总结的结果，可以看出，形成放射性热点的原因主要有以下几方面：

（1）各系统流体中放射性物质在各个阀门、管道的沉积。如 R330/R340 房间内的 PTR601VB 和 PTR602VB 阀门，法兰面及其下部的细管为这段管道的盲端；K212 房间内的 PTR042 管道，此管段为较长的水平管道；W213 房间内的 PTR019-6 管道存在 U 形弯管段；NB224 房间内的 RCV 下泄管存在 U 形管段等等。这些阀门、大小管道接头和弯管等位置都有利于放射性物质的沉积，形成高放射性热点。如图 1 和图 2 所示。

图 1　W213 房间内 PTR 管道布置

（2）放射性物质在过滤器、换热器等设备内的沉积。如 NA213 房间内的反应堆硼和水补给系统过滤器 REA011FI 过滤器、NA215 房间内的 RCV 非再生热交换器 RCV001EX 和 RCV 密封水热交换器 RCV002RF 等。如图 3 所示。

（3）放射性废物废树脂、废过滤芯等都具有较高放射性，在其更换、传输、暂存、转运、处理过程中会产生放射性热点，如 ND331、ND472 房间在废树脂转运时房间内剂量率水平超标。

（4）乏燃料组件本身具有极强的放射性，在转运、吊运的环节中会有较大的放射性。如安全壳环廊 R430 房间，当有燃料正在转运时，转运通道的屏蔽层与安全壳钢衬之间还有约 10 cm 的缝隙，缝隙之间的屏蔽不充分，导致转运时转运通道周围缝隙剂量很高。如图 4 所示。

图 2　NB224 房间 RCV 下泄管 U 形管段

图 3　NA213 房间 REA011FI 过滤器

图 4　燃料转运通道侧面

3　屏蔽设计改进

3.1　改进系统设计

根据上述放射性热点原因分析，热点主要沉积在 PTR 和 RCV 系统的管道、阀门和设备中。

根据福清核电厂 1 号机组 101 大修的运行经验反馈，核电厂大修时出现过乏燃料水池总 γ 比活度为 490 MBq/t（期望值<100 MBq/t）的情形，可以初步推断出乏燃料水池净化能力不足，需要增加泵和清洁净化设备等技术改进提高净化效率以降低反应堆换料水池和

乏燃料水池冷却和处理系统（PTR）源项。某些大小头、弯管、U 形管、长距离的水平管，如 PTR 的阀门 1PTR601VB 和 1PTR602VB 的管道盲端处，都容易使放射性物质沉积，形成放射性热点，造成热点处剂量率水平超标。

因此，针对 PTR 系统从改进系统设计方面提出以下屏蔽改进建议：

（1）增加系统循环水泵，增加净化设备；

（2）增加冲洗净化管线；

（3）设计优化管线布局，减少易沉积管段。

PTR 系统的改进设计措施如表 2 所示。

表 2　针对 PTR 系统的设计改进措施

厂房	房间号	辐射源	改进措施及要求
R 厂房	R330/R422	PTR601VB 和 PTR602VB	已经考虑将管道盲板改为圆锥面，并加大下部管道的管径，以减少沉积和加快排水
K 厂房	K217	PTR 系统管道	PTR 系统增加除盐过滤回路跨接管线；PTR 系统增加一个冷却列，在电厂正常功率运行期间，一个冷却列投入运行，在换料大修期间，两个冷却列投入运行。可提升一回路水质，以及减少放射性热粒子的沉积
	K712	乏池水	

3.2　增加辐射屏蔽

核电厂中存在多种高放射性的辐射源，如乏燃料组件、主冷却剂、废树脂和废过滤芯等，部分房间由于这些高放射性源以及管道热点存在屏蔽薄弱的地方，在不影响系统安全运行的基础上可以增加辐射屏蔽以减少对工作人员的照射。

屏蔽结构的主要功能是依据其他工程同类型机组的运行经验，对设计辐射分区与运行辐射分区剂量率不一致的房间内的主要超标设备提供屏蔽改进措施，以使改进后的运行辐射分区剂量率满足相应设计分区剂量率的要求。

增加屏蔽结构需结合现场布置情况，并且不能影响系统的正常运行。针对不同的超标设备，可采用的屏蔽结构形式和屏蔽厚度有所区别，主要采用可拆卸式结构、屏蔽板、屏蔽套筒、屏蔽罩等形式。屏蔽厚度需要根据各放射性系统的设计及工艺过程，结合现场放射性设备及管道的剂量率水平实测值，进行相应的屏蔽计算分析得到。

对于高放射性的过滤器和除盐器，应尽量将设备单独布置在隔间内。

对于乏燃料组件转运过程中的屏蔽薄弱地方，利用铅丝砖对屏蔽薄弱处进行封堵，并且在燃料转运期间对此区域实施有效隔离，防止出现意外照射。表 3 给出了热点房间增加辐射屏蔽的措施和要求。

表 3　热点房间增加辐射屏蔽的措施和要求

厂房	房间号	辐射源	改进措施及要求
R 厂房	R430	乏燃料组件	本工程已利用铅砖铅丝对转运通道的屏蔽层与安全壳钢衬的缝隙进行封堵

续表

厂房	房间号	辐射源	改进措施及要求
K厂房	K316	PTR003PO 和 PTR005FI	本工程已增加屏蔽隔间，混凝土墙厚 30 cm
	K212	PTR042 管道	采用可拆卸屏蔽结构进行屏蔽
W厂房	W213	PTR019-6 管道	采用可拆卸屏蔽结构进行屏蔽
N厂房	NA215	RCV002RF	设置可拆卸屏蔽组合板，考虑增加固定框架
	NA217/218/219	RCV 上充泵	采用地面设支撑架加屏蔽罩形式
	NA213	REA011FI	设置 REA001FI 屏蔽套筒

3.3 修改规程

对于部分热点，可以通过修改规程，对人员和操作方式进行管理，从而减小人员受照风险。如对于 NA217/218/219 上充泵房间，上充泵的入水弯管为热点，接触剂量率最高达到 1.45 mSv/h。3 个上充泵间为辐射防护巡检位置，虽然剂量率未超过分区控制值，但房间每天每班均有多次巡检，巡检人员受照风险大。屏蔽改进除了可以增加屏蔽结构，也可增加摄像头装置，部分可代替人员现场巡检作业。

对于 K712 容器装载井房间，当燃料吊装机吊运乏燃料组件靠近闸门时，由于装载井一侧缺少水屏蔽，导致装载井一侧剂量率上升，进而使得 K712 等房间（绿区）的剂量率超过分区控制值。K513 乏燃料贮存水池靠近水闸门位置布置有燃料组件离线啜吸装置，以监测燃料组件破损。当装载井中无水时，对破损较大的组件进行离线啜吸吊装路径过程中也存在射线穿透水闸门使装载井一侧剂量率超标的风险。建议调整相关操作规程，规定在燃料吊装和进行离线啜吸时装载井水位须保持在一定高度以上。在操作过程中，操作人员应注意监测仪表实时数据，在发生异常时采取相应措施。

对于 ND311 和 ND472 房间，由于放射性较高的树脂转运周期较长（大概一年 1～2 次），且转运时间一般在 30 分钟左右。目前考虑树脂传送时对这两个房间进行管控和隔离。

对于其他一些热点房间，剂量率水平相对比较低，也未超过设计辐射分区控制值，但人员需经常巡检，则可设置警示牌提醒工作人员。

4 结束语

本文主要总结了国内已运行的 M310 型机组现场调研的放射性热点调研结果，结合厂房和系统设计特征、辐射防护要求，分析了热点形成的原因，并从改进系统设计、增加辐射屏蔽、修改规程方面提出了屏蔽改进建议，为辐射防护设计优化提供依据。

参考文献

[1] 中华人民共和国国家标准.电离辐射防护与辐射源安全基本标准:GB 18871—2002[S]. 北京:

标准出版社,2002.
[2] 夏益华,等.辐射防护最优化原则及其应用[M].原子能出版社,2000.
[3] HAF102—2016.核动力厂设计安全规定[Z].
[4] HAD102/12 核电厂辐射防护设计[Z].
[5] 中华人民共和国能源行业标准. 压水堆核电厂辐射屏蔽设计准则:NB/T 20194—2012[S].北京:原子能出版社,2013.
[6] 中华人民共和国能源行业标准.压水堆核动力厂厂内辐射分区设计准则:NB/T 20185—2012[S]. 北京:原子能出版社,2013.
[7] 0603XNI-FSC01 核岛辐射分区说明[R].
[8] 0603XNI-FSS01 停堆工况下辐射分区及说明[R].
[9] 0603XNI-FSS14 核电厂核岛厂房放射性热点调研报告[R].
[10] 0603XNI-FSS20 屏蔽改进分析报告[R].
[11] 0603G0154 辅助系统主要超标设备屏蔽结构设计规格书[R].

设备闸门二级 PSA 分析

刘宝君[1]，徐小刚[1]，王春明[1]
（1. 中国核电工程有限公司，北京 100840）

摘要： 安全壳极限承载能力是严重事故预防中的重要组成部分，工程设计中通常按照规范中给定的设计分析方法进行极限承载力计算，具有较大的保守性，难以真实反映闸门的极限承载力。极限载荷分析方法采用理想弹塑性材料，通过理论或数值方法求得结构所能承受的最大载荷；非线性屈曲分析方法充分考虑了结构缺陷和材料的非线性影响，能够得到真实的结构屈曲能力，通过采用极限载荷分析方法和非线性屈曲分析方法确定设备闸门的极限承载能力，根据材料性能抽样结果，最终得到设备闸门的二级 PSA 结果。

关键词： 设备闸门；极限载荷分析；非线性屈曲分析；PSA

1 引言

日本福岛核事故发生后，世界各国对核电厂开展了各种安全检查和评估工作，其中安全壳的极限承载能力是严重事故预防中的重要组成部分。设备闸门是安全壳上的贯穿件，其主要功能是在核电厂建造和停堆换料期间，作为反应堆厂房内大型设备（如蒸汽发生器等）的进出通道。在核电厂运行期间和事故状态下，设备闸门处于关闭状态，与反应堆安全壳一起组成第三层屏蔽，防止放射性物质外泄，是安全壳压力边界的一部分。所以确定设备闸门的极限承载力是保证安全壳压力边界完整的重要部分。本文通过规范公式的方法和有限元方法对设备闸门的极限承载力进行分析，按计算结果的最小值来确定其极限承载力。

2 极限承载力的分析方法

在设备闸门的工程设计过程中，通常采用公式法[1,4]、试验方法、有限元分析方法[3]来确定结构的极限承载力。其中公式法计算比较简便，耗时少，但计算结果过于保守，不能真实地反应结构的极限承载力；试验方法可以得到结构真实的极限承载能力，但属于破坏性试验，耗资巨大，相对来说性价比太低；随着计算机软件技术和硬件性能的飞速发展，有限元分析方法越来越多地应用在工程设计中，并且计算结果更加接近工程实际结果，降低规范公式法的保守性，是目前力学分析的主要手段。

极限载荷分析法建立在结构材料为理想弹塑性的基础上，通过理论或数值方法求得结构所能承受的最大载荷或载荷组合。在该载荷或载荷组合作用下，将载荷增量不再增加或增加微小量，而位移或变形增加很快或无限增加时所对应的载荷定义为极限载荷。

计算中取自重、安全壳的设计压力及其对应的位移边界条件作为基准加载条件，考虑 n 倍的基准载荷作为最大加载载荷，采用理想弹塑性材料模型。计算中载荷按照载荷步逐步施加到结构上，直到载荷不增加而变形出现无限增大的情况，此时的载荷即为极限载荷，对应的载荷因子 α，即极限载荷与最大加载载荷的比值。极限载荷可以通过最大加载载荷乘以载荷因子 α 获得。

3 设备闸门的极限载荷

3.1 有限元模型与边界条件

设备闸门结构的有限元模型如图 1 所示。

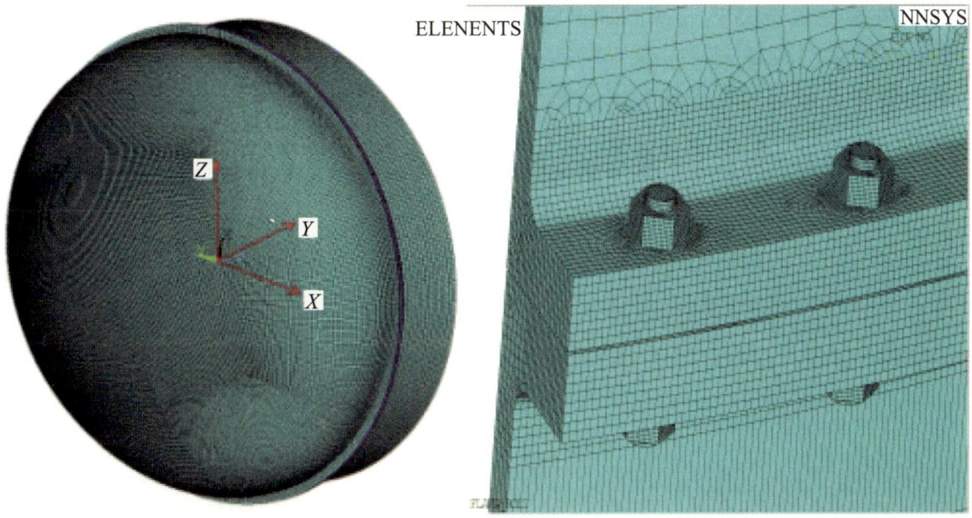

图 1 设备闸门的有限元模型

设备闸门的贯穿件筒体与安全壳内壳相连接，考虑安全壳混凝土变形的影响，在设备闸门与安全壳连接位置处施加相应的位移条件。

3.2 设备闸门筒体的极限载荷

对上述模型按照第 2 节的方法进行计算，从塑性应变的结果中可以看出，第 52 子步载荷因子 0.5075 时对应的载荷作为设备极限载荷仿真值，此时对应的结构塑性应变为 0.179%。极限压力 4.2×0.5075 = 2.1315 MPa（设计压力 0.42 MPa，取 n = 10 倍），根据 RCC-M ZVI3000 中关于支撑件的极限载荷系数的规定，考虑 1.1 倍的系数，可以给出设备极限载荷为：2.1315/1.1 = 1.937 MPa。

作为参考，图 2 中给出了结构上塑性变形较大位置附近某节点的第一主应变随载荷因子变化曲线。从图中可以看出，载荷因子为 0.5075 时塑性应变很小，主应变随载荷因子变化曲线较缓，按此方法得到的极限载荷结果具有保守性。

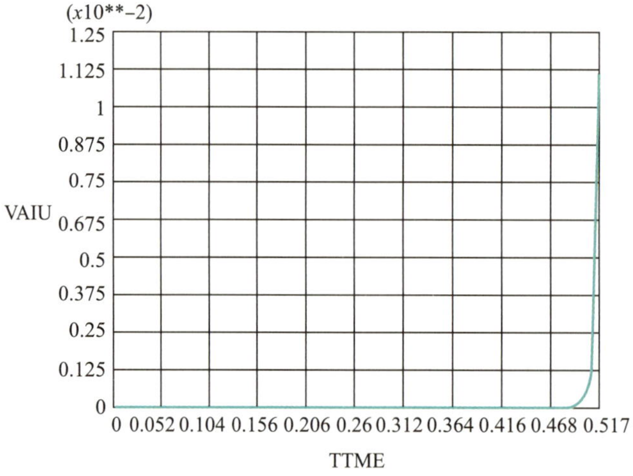

图 2　封头节点主应变随载荷因子变化曲线图

3.3　设备闸门螺栓法兰的极限载荷

同上节的有限元模型，筒节和安全壳连接部分施加 1.0 MPa 内压时安全壳产生的位移，同时，设备闸门外表面施加 alpha×1.0 MPa 的压力，其中 alpha 值取 1。当对应的载荷因子 α 达到 1 时，程序自动停止计算，这时的载荷也达到施加的位移和压力载荷。法兰和螺栓的应变结果见图 3。

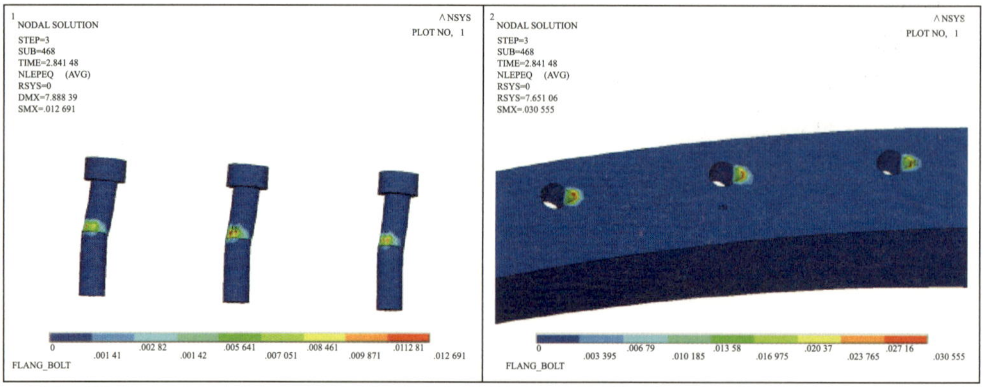

图 3　螺栓和法兰的塑性应变结果

从图 3 的结果来看，当 α 达到 0. 84 时，螺栓上的等效应变仅为 1. 2%，而法兰上的螺栓孔的位置应变达到 3%，我们认为此时设备没有达到失效的程度。此时的极限压力为 1 MPa×0. 842＝0. 842 MPa。

3.4　设备闸门非线性屈曲极限载荷

采用非线性屈曲分析方法进行闸门的屈曲分析，计算得到的典型位置的位移与载荷的变化关系见图 4。

从图 4 中可以看出设备闸门非线性屈曲分析下的位移载荷变化关系图，过了第一个峰值后随着位移的增加，载荷呈下降趋势。根据 ASME 规范，取 1.5 的安全系数，得到在材料屈服强度为 202 MPa 时闸门屈曲极限载荷值为：0.756 MPa。

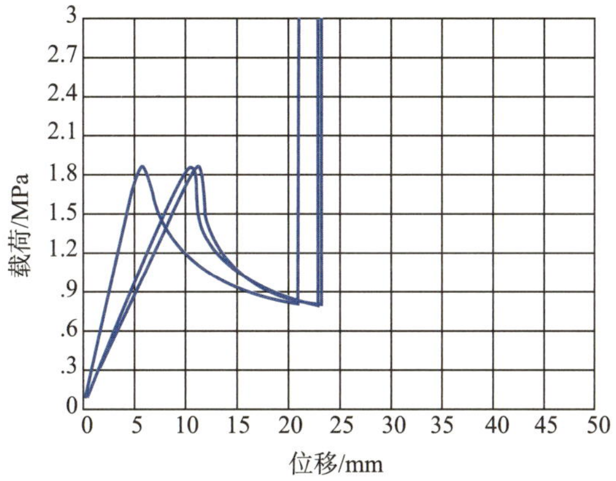

图 4　闸门典型位置的位移与载荷变化关系

4　计算结果

表 1　极限载荷定　　单位：MPa

筒体极限载荷	螺栓法兰极限载荷	屈曲极限载荷	极限载荷值
>1.937	>0.842	>0.756	>0.756

综合设备闸门极限载荷数值仿真结果，以及筒体和封头屈曲许用外压的结果，取三者最小值作为设备闸门的极限载荷。最终得到设备闸门极限载荷为表压：0.756 MPa（即极限载荷绝对压力：0.856 MPa）。

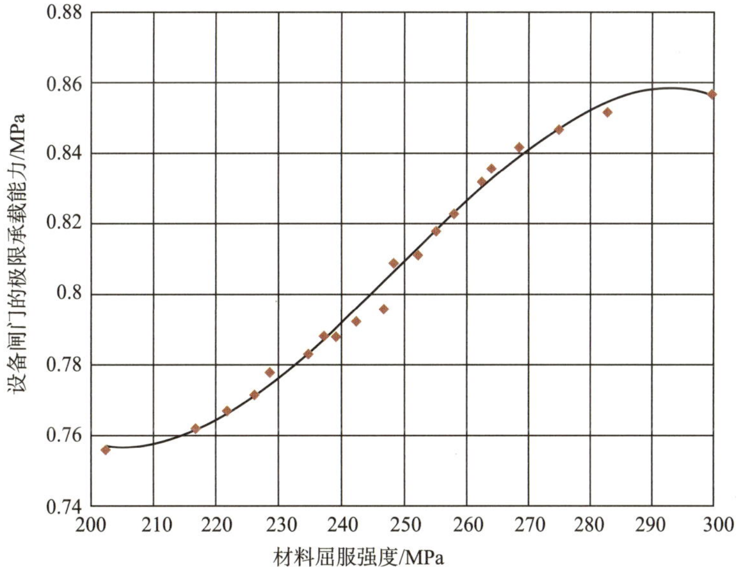

图 5　材料抽样数据下的极限承载力

如图 5 所示，确定极限承载力的取值方法后，根据设备材料不同的屈服强度，可以得到结构在材料性能抽样数据下的极限承载力。

5 结论

本文通过对设备闸门极限承载力的分析，得到如下结论：

（1）根据规范公式评定设备极限承载力的方法适用于设计阶段，由于结果偏于保守，不能真实反映设备的极限承载力；

（2）试验方法能够真实地反映闸门结构的实际极限能力，但耗资巨大，目前阶段难以采用试验方法获得设备闸门的极限能力；

（3）利用有限元软件对设备闸门筒体、螺栓、法兰和非线性屈曲性能的分析比较，得到设备闸门各部分的极限载荷，取 20 组材料抽样数据计算后得到设备闸门整体的二级 PSA 结果。

参考文献

[1] Jack R Benjamin, et al. A Methodology for Assessment of Nuclear Power Plant Seismic Margin [R].EPRI NP-6041-SL Rev.1, 1991.

[2] B.W. Spencer, et al. Risk-Informed Assessment of Degraded Containment Vessels [R]. NUREG/CR-6920, Sandia National Laboratory, prepared for U. S. Nuclear Regulatory Commission, November 2006.

[3] Bertrand Ciree, Georges Nahas. Mechanical Analysis of the equipment hatch behavior for the French PWR 900MWe under severe accident [R].Transactions, SMiRT 19, August 2007.

[4] RCC-M Design and Construction Rules for Mechanical Components of PWR Nuclear Islands 2007 edition[S].2007.

[5] NF EN 13445-3 V1 European Standard-Unfired pressure Vessels-Part 3 Design[R].

[6] Preliminary Design-Probabilistic Safety Analysis [R].Edition 2008.

人员闸门二级 PSA 分析

徐小刚[1]，田金梅[1]，弓振邦[1]
（1. 中国核电工程有限公司，北京 100840）

摘要： 确定人员闸门的极限承载能力，是安全壳极限承载能力分析和严重事故管理导则制定的重要组成部分。根据规范给定的弹性方法进行核电设备的工程设计与力学分析具有较大的保守性[3]，为设备的实际承载能力留下了较大的裕度。极限载荷分析法建立在结构材料为理想塑性的基础上，通过理论或数值方法求得结构所能承受的最大载荷，其分析结果更加接近于结构的实际承载能力。非线性屈曲分析方法充分考虑了结构缺陷和材料的非线性影响，能够得到真实的结构屈曲能力，是二级 PSA 分析中闸门极限承载能力分析中的重要部分。本文通过采用极限载荷分析和屈曲分析确定人员闸门的极限承载能力。根据材料性能抽样结果，获得田湾核电厂 5、6 号机组人员闸门的二级 PSA 结果。

1 引言

福岛核事故后，法国等核电大国都陆续开展了安全壳极限承载能力分析工作[1,2]，并采用概率分析的方法进行闸门的安全分析。人员闸门是安全壳上的贯穿件，供人员和小型设备进出安全壳。人员闸门由一个圆柱形钢壳和两端平封头组成。圆柱壳锚固在预应力混凝土安全壳的壳壁上，并与钢衬里焊接，两个铰接的门板分别固定在两端的门框上，形成密封空间。确定人员闸门的极限承载能力，是安全壳极限承载能力分析和严重事故管理导则制定的重要组成部分。

根据规范给定的弹性方法进行核电设备的工程设计与力学分析具有较大的保守性[3]，为设备的实际承载能力留下了较大的裕度。极限载荷分析法建立在结构材料为理想塑性的基础上，通过理论或数值方法求得结构所能承受的最大载荷，其分析结果更加接近于结构的实际承载能力[4,5]。非线性屈曲分析方法充分考虑了结构缺陷和材料的非线性影响，能够得到真实的结构屈曲能力，是二级 PSA 分析中闸门极限承载能力分析中的重要部分。本文通过采用极限载荷分析和屈曲分析确定人员闸门的极限承载能力。根据材料性能抽样结果，获得田湾核电厂 5、6 号机组人员闸门的二级 PSA 结果。

2 设备特性

人员闸门的规范等级为 RCC-M 2 级，抗震类别 1F，材料 20HR 的主要性能抽样结果[6]见表 1。

表 1　材料 20HR 屈服强度抽样结果

抽样次数	钢的屈服强度/MPa
1	252.13
2	262.59
3	248.43
4	299.75
5	216.62
6	264.07
7	221.45
8	202.01
9	242.17
10	236.94
11	238.94
12	255.07
13	268.46
14	228.54
15	258.12
16	234.74
17	282.71
18	274.83
19	226.15
20	246.62

3　极限承载能力分析方法

采用 ANSYS 进行塑性极限载荷分析[7]，获得人员闸门筒体的极限载荷；采用非线性屈曲分析确定结构的屈曲承载能力。取两组分析结果的最小值得到人员闸门的极限承载能力，最后根据材料性能抽样结果，获得人员闸门的二级 PSA 结果。

3.1　边界条件的确定

根据对安全壳 1.22 MPa 内压下的位移计算结果，可以得到本文计算坐标系下人员闸门边界上的最大相对位移，见表 2。

表 2　人员闸门边界相对位移

位移方向	位移 /mm
水平方向（有限元 DY）	21.1
垂直方向（有限元 DX）	-14.6
筒体轴向（有限元 DZ）	-7.5

表中，X 向是垂向，Z 是筒体轴向，Y 向是与门板平行的水平方向，见图 1。

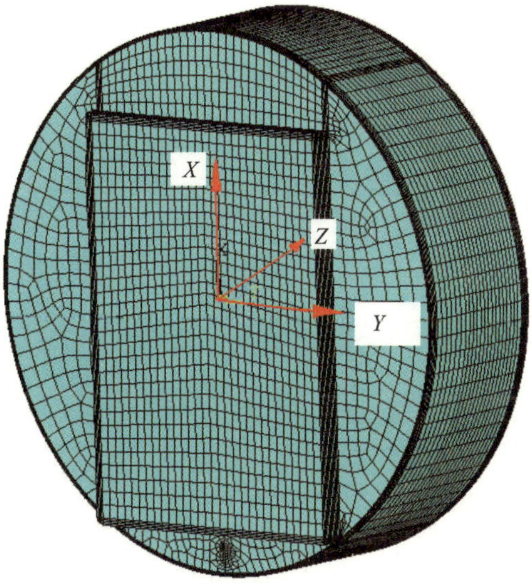

图 1　人员闸门极限载荷力学计算坐标系

根据边界的变形情况，将人员闸门在径向的边界相对位移简化为椭圆形。椭圆的长轴为 $DY/2$，短轴为 $DX/2$。人员闸门直径 $D_0=2.9$ m，假定边界上某点坐标为（NX，NY，NZ），边界上任意点在径向的位移可以记为：

$UX=(DX/2)/(D_0/2)\times NX=DX/D_0\times NX$

$UY=(DY/2)/(D_0/2)\times NY=DY/D_0\times NY$

轴向的位移非常小，同样假定位移为椭圆形，轴向位移采用节点的 X 坐标表达：

$UZ=DZ/D_0\times NX$。

3.2　极限载荷方法

目前，核电厂的设备评定通常基于线弹性材料模型进行计算校核，计算中设备可能出现局部的高应力区域，其应力计算值往往超过屈服极限。线弹性模型的工程处理方法具有较大的保守性，未能充分考虑结构在塑性阶段的实际承载能力。采用线弹性材料模型进行评定，从安全角度而言是保守的，其优点是设计分析过程简单。

为充分反映结构的实际承载能力，需要采用塑性极限载荷分析法。塑性极限载荷分析法作为一个全新的计算工具，在工程应用的许多领域为结构承载能力提供了更真实的评价。极限载荷分析法建立在结构材料为理想塑性的基础上，通过理论或数值方法求得结构所能承受的最大载荷或载荷组合。在该载荷或载荷组合作用下，将载荷增量不再增加或增加微小量，而位移或变形增加很快或无限增加时对应的载荷定义为极限载荷。

计算中取自重、1.22 MPa 的安全壳内部压力及其对应的边界条件作为基准加载条件，考虑 2 倍的基准载荷作为最大加载载荷，采用理想塑性材料模型。计算中载荷按照载荷步逐步施加到结构上，直到载荷不增加而变形出现无限增大的情况，此时的载荷即为极限载荷，对应的载荷因子 α，即极限载荷与最大加载载荷的比值。极限载荷可以通过最大加载载荷乘以载荷因子 α 获得。

4 计算结果与极限载荷确定

4.1 设备极限载荷

极限载荷分析采用理想塑性材料模型，取材料抽样给出的最低屈服强度值进行计算。

当载荷因子 0.615 时对应的载荷作为闸门筒体极限承载能力仿真值。给出极限承载压力为：$1.22\times2\times0.615=1.501$ MPa。此时结构上的应力分布和应变分布见图 2。采用不同材料性能进行计算，得到结构的极限承载能力在 1.501~2.135 MPa。

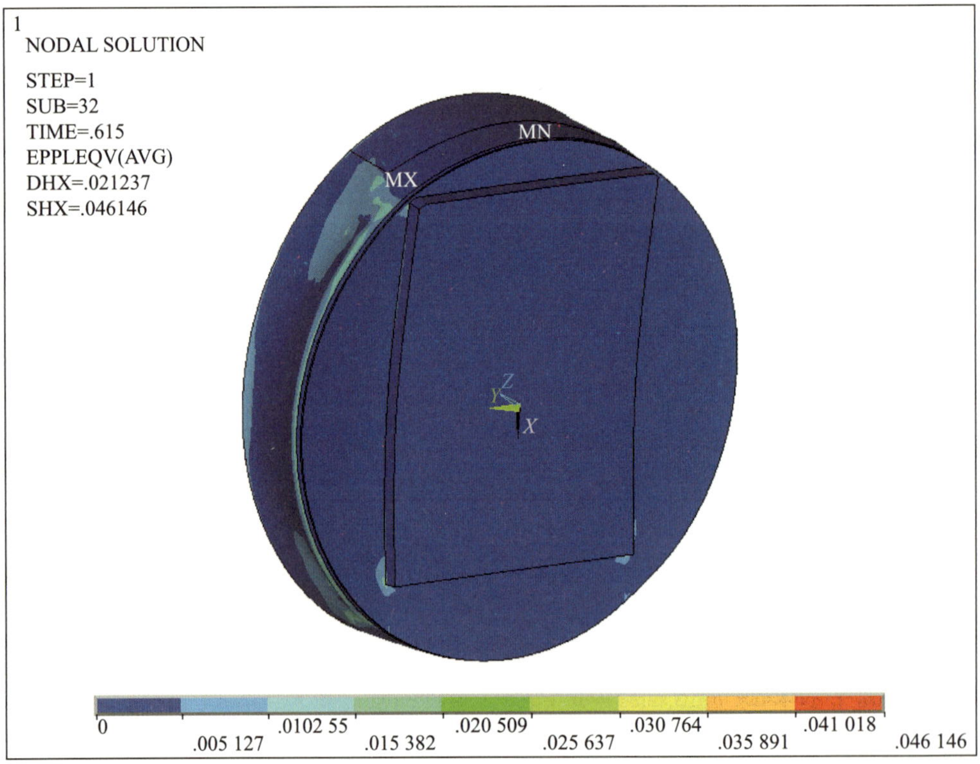

图 2　内筒节点塑性应变

图2中给出了结构上塑性变形较大位置附近某节点的等效塑性应变。从图中可以看出，载荷因子为0.665时塑性应变很小，此时应变随载荷因子的变化曲线较缓，按此方法得到的极限载荷结果具有保守性。

4.2 筒体屈曲极限载荷

采用非线性屈曲分析方法进行筒体屈曲分析，首先选取材料抽样给出的最低屈服极限值进行计算。

当载荷达到1.77 MPa时，载荷不再增加，对应的载荷即结构屈曲载荷。因此，非线性屈曲方法计算给出的屈曲载荷为1.77 MPa。根据ASME规范，取1.5的安全系数，得到筒体屈曲极限载荷值为：1.77/1.5=1.18 MPa。

采用同样的方法，计算得到不同材料性能下的筒体屈曲极限载荷1.18~1.76 MPa。

4.3 人员闸门极限载荷确定

表3 极限载荷确定

单位：MPa

材料的屈服强度	人员闸门极限
252.13	1.46
262.59	1.52
248.43	1.44
299.75	1.73
216.62	1.26
264.07	1.53
221.45	1.29
202.01	1.18
242.17	1.41
236.94	1.38
238.94	1.39
255.07	1.48
268.46	1.56
228.54	1.33
258.12	1.50
234.74	1.36
282.71	1.64
274.83	1.59
226.15	1.31
246.62	1.43

5 结论

根据规范给定的弹性方法进行核电设备的工程设计与力学分析具有较大的保守性，为设备的实际承载能力留下了较大的裕度。二级 PSA 分析结果是严重事故管理导则制定的重要依据，本文对人员闸门进行了极限载荷分析和屈曲分析，分析得到了田湾核电厂 5、6 号机组人员闸门在不同材料性能下的极限承载能力。二级 PSA 分析结果表明，人员闸门能够承受 1 MPa 以上的内压，能够保障严重事故工况下安全壳的完整性。

参考文献

[1] Bertrand C, Georges N. Mechanical analysis of the equipment hatch behavior for the French PWR 900 MWe under severe accident[C]. Proceedings of SMiRT 19, Toronto, 2007: 95-102.

[2] Sandia National Laboratories. Risk-Informed Assessment of degraded containment vessels: NUREG-CR-6920[S]. US Nuclear Regulatory commission office of Nuclear Regulatory Research, Washington, DC, 2006.

[3] 章为民,陆明万,张如一. 确定实际极限载荷的零曲率准则[J].固体力学学报,1989(2): 152-160.

[4] Townley C H A, et al. Elastic-plastic computation as a basis for design charts for torispherical pressure vessel[J]. Mech E, 1971, 185(63): 869-877.

[5] 郑修鹏,施 勛,王艳苹,等. 极限载荷分析方法在核电站管道限制件中的应用[J].核动力工程, 2014(35):152-155.

[6] RCCM 法国压水堆机械设备制造与设计规范 第 1 卷 C 篇《2 级设备》[S].2000.

[7] 余伟炜, 高炳军. ANSYS 在机械与化工装备中的应用[M].北京:中国水利水电出版社,2007.

田湾核电厂5、6号机组运行技术规格书改进

丁小川[1]，高　超[1]，李映林[1]，尚　臣[1]，杨晓燕[1]，孙　涛[1]
(1. 中国核电工程有限公司，北京 100840)

摘要：本文对田湾核电厂5、6号机组运行技术规格书改进情况进行归纳、分析与总结，以供后续项目借鉴。

关键词：OTS；SR；设备可用性数据库

1　背景

田湾核电厂5、6号机组是国内最后一批M310机组，之前福清、方家山、海南等M310机组运行技术规格书（TS）都是在引进的法国机组的基础上沿用的法系技术规格书体系，随着法系技术规格书体系应用积累以及随着三门AP1000机组技术引进而为国内熟知的美系技术规格书体系，逐渐暴露出法系技术规格书体系在应用中的不足，包括上报事件过多等，引起了核安全监管、营运与设计单位的普遍关注，为此国家核安全局要求在2020年底前国内核电厂运行技术规格书体系全面转入美系，针对在建电厂先按照法系技术规格书开展工作，后续转入美系技术规格书体系。

法系技术规格书、美系技术规格书的体系差异（见图1），针对本项目运行技术规格书，需要调研当前国内机组使用反馈，将当前技术规格书存在的问题进行梳理，并优先解决当前技术规格书存在的突出问题，以满足电厂当前运行需求，并为后续改版工作创造有利条件；在不同技术规格书体系下各运行限值和条件（LCO）的范围、总则等可能有所不同，但是各条款本身对应的安全、运行要求等技术基础是相同的，都依赖于系统设计、安全分析等，包括设备运行等相关的参数要求是确定的，可为后续改造打下良好的技术基础。

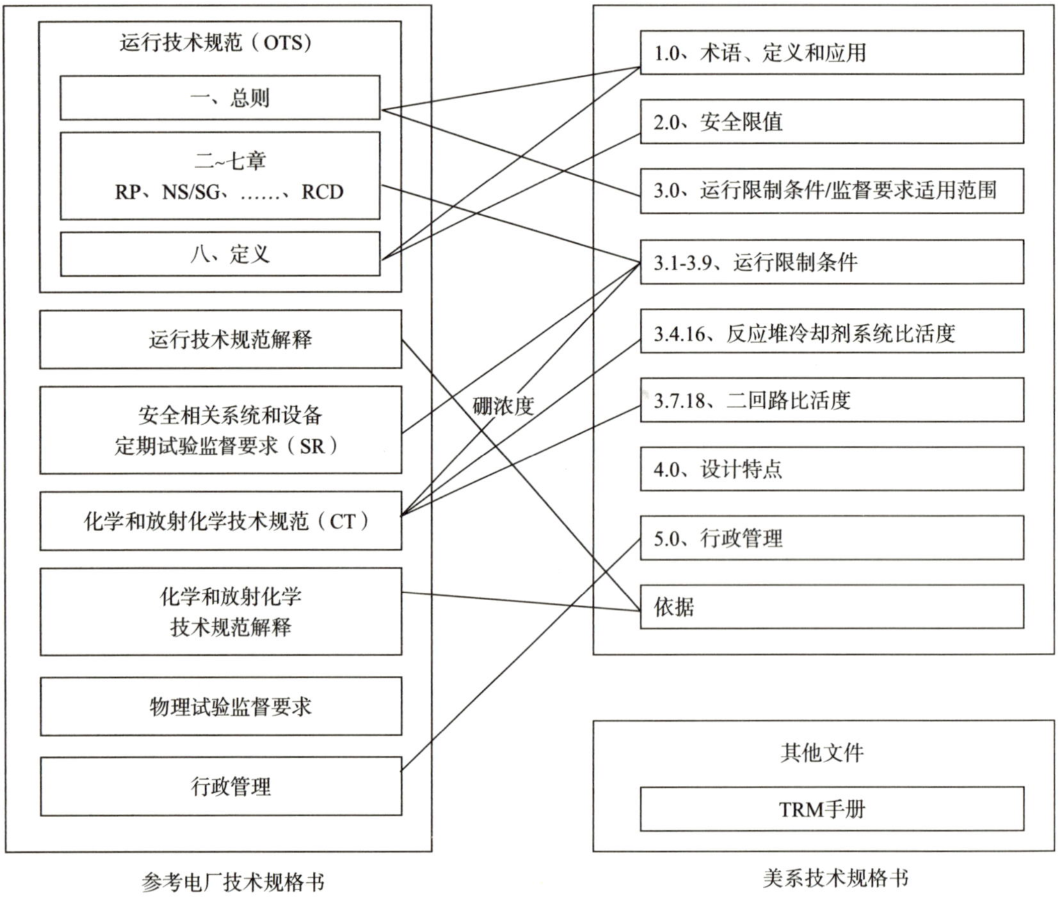

图 1　参考电厂技术规格书与美系技术规格书框架结构对比

2　法系技术规格书通用问题

秦山二扩、方家山、福清 1~4 号、海南昌江核电厂均为法系技术规格书，根据国家核安全局经验反馈平台上相关上报事件分析，和运行技术规格书相关的事件中，约 1/3 的运行事件为人因导致的，相关事件统计见表 1、表 2。

表 1　技术规格书相关运行事件统计

序号	类别	比例
1	人因引入事件	30%
2	定期试验遗漏	3%
3	条款不合理	5%

表 2　超出技术规格书规定的部分上报事件

序号	时间	事件名称	上报原因
1	2015	逆变器故障导致 220V 交流不间断电源配电盘 2LNP001TB 停役的运行事件	人为不可用
2	2016	主控室空调系统碘过滤器回路风机动力电源接线错误导致碘过滤器回路不可用事件	人为不可用
3	2016	因误动跳闸开关导致 1ASG004PO 不可用事件	人为不可用
4	2017	3RJS001 BA 补氮气时 3 RIS001BA 内氮气倒流入供氮管网导致 3RIS001BA 不可用事	人为不可用
5	2017	301 大修再供电实施过程导致 3KRT041MA 不可用产生非预期第一组事件	人为不可用
6	2015	XX 机组大修期间设备闸门未在每次关闭后执行密封性试验	条款不合理
7	2017	大修期间设备闸门未在每次关闭后执行密封性试验	条款不合理
8	2016	定期试验监督要求对测温旁路流体传输时间规定不全面	条款不合理
9	2015	1RGL 系统棒位测量通道定期试验超周期未执行	定期试验漏做
…	…	…	…

在前期调研过程中走访了秦山、福清和海南核电基地，就法系技术规格书应用反馈进行了调研，也基本验证了上述结论，其他相关通用问题总结见表 3。

表 3　运行技术规格书问题

序号	问题分类	问题说明
1	可用性、事件暴露问题	禁止人为引入事件规定过于严格，导致事件过多
2		可用性-事件-监督要求不匹配
3		消防事件多
4	SR 不合理	SR 总则针对实际情况的包络性待改进
5		可用性要求-SR 匹配性不明确
6	化学和放射化学技术规范	作为 FSAR 文件范围过大
7	其他	其他优化，如 DVN 事件优化、监督参数可执行性优化等

3　法系技术规格书通用问题改进分析

3.1　运行技术规格规范（OTS）总则优化分析

根据法系技术规格规范总则部分的要求，除了以“限制条件”规定的，以及安全相关系统和设备定期试验监督要求（简称监督要求）中明确甄别出的第一组 I0 外，禁止人为产生第一组事件。此要求是为了加强监管，保证机组人为引入事件在核安全当局管控之下，在运行期间会偶发由于人因或定期试验等日常活动导致的不可用，一方面是当前技术规格书条款包络范围不足，另一方面也是由于技术规格书的规定过于严格，对机组运行灵活性考虑不足，导致超出 TS 相关规定进而引发运行事件上报。

由于电厂运行数量的增多与核安全监管资源有限性，以及考虑到后续转入美系技术规格书中相关条款，拟在法系框架内允许由于定期试验、人因导致的不可用，按照相应的事件进行处理而不需要进行事件上报。由于本优化主要是减少不必要的事件上报，因此通过豁免人为引入的非计划事件已可满足要求；其他配套要求如限制条件无需修改。

根据上述分析，对 OTS 总则 7.4.1 节修改如下：

其他事件采取的措施

第一组事件

对于既不属于随机事件又不属于计划事件的情况，包括意外引入的人因导致的不可用，按照随机（单一或累积的）事件要求进行处理（遵守维修期限、事件的累积规则）。

无论是计划不可用、随机不可用还是由于人为引入等导致的不可用，本质上都会导致不可用，完成期限、累积规则可以按照随机不可用要求执行，可以被安全分析所包络，满足安全要求。因此本改进不会降低机组安全水平。

采取上述修改后，相关要求变动情况如表 4 所示。

表 4　执行策略影响分析

序号	导致第一组 IO 的原因	执行的规定
1	预防性维修	限制条件（仅允许限制条件中的预防性维修项目）
2	定期试验（计划内）	监督要求 2.1 节、2.2 节
3	定期试验（意外引入事件）	TS 总则 7.4.1
4	人因失误	TS 总则 7.4.1

按照上述要求进行修改后，表 2 中人因相关事件可被 TS 总则 7.4.1 所包络，按照随机（单一或累积的）事件要求进行处理，而无需直接上报。

3.2　可用性-事件-监督要求匹配性

在现场调研中，经常提及的一个问题是技术规格书中的可用性要求-事件-监督要求不对应，导致实际执行时部分条款难以遵守。

以参考电厂 OTS、SR 文件为基础，通过列表的方式，逐一对比在每个模式下，各系统的可用性要求、对应的事件、监督要求之间的关系，梳理出可用性-事件-监督要求之间存在的不一致，结合对安全的影响分析，对可用性要求、事件等进行调整（增加、删除等），以更好满足核安全监管和运行要求。

表 5、表 6 为梳理过程样例，从 RP 模式至 RCD 模式，对各个模式下 1-4 章中规定的可用性-事件、事件-监督要求进行梳理。

表 5　可用性-事件梳理

模式	系统	章节	可用性要求	事件
RP	REN	1.1	硼浓度 硼表必须可用	REN1
RP	PTR	1.1	乏燃料水池的硼浓度	PTR4
…	…	…	…	…

表 6　事件-监督要求梳理

系统	事件	监督方式	问题说明
APG	卡开	关闭试验	一致
KPR	无	可用	无可用性要求
…	…	…	…

针对可用性-事件，在法系技术规格书体系下，部分要求可以没有对应的事件，说明如下：

（1）说明类的条款可以不设事件（如 NS/RRA 模式下“安注箱及 RIS 004 BA 的电动隔离阀必须关闭并断电”无需设置相应的事件）；

（2）不可用后直接进入故障、事故规程的事件不在 TS 中规定，如厂外电丧失等；

（3）OTS 中对如下事件可以不用增加：TS 中规定了 380 V（LLA/B/C/D）、220 V（LNA/B/C/D）、220 V AC（LNE/G/H/P）不间断电源配电盘必须可用，具体的事件中仅有 220 V、220 V AC 不间断电源配电盘相关事件，380 V 配电盘事件包含在 220 V 配电盘事件之中（LN＊1 事件如下：一个 LN 电气盘的一个供电回路不可用（包括一个由 LL＊供电的充电器和蓄电池供电的逆变器或一个 LKE，LKD 供电的变压器）），对此类问题不要求增加相应的事件，维持目前的体系要求。

针对事件-监督要求，允许有如下例外：

（1）部分系统事件（或可用性要求）和监督要求不匹配，但是包含在其他系统中（如 LBP 的可用性要求包含在 LNE/P/G/H 事件中），无需新增事件；

（2）一直在运行的系统，在监督要求中可以不用新增，如 PTR 冷却泵，EVC、EVR 等系统，上述系统的可用性要求在日常巡检中进行核实；

（3）原 M310 中福岛改进项等严重事故相关事件/可用性要求无需新增。

经过上述梳理后，为保证可用性-事件-监督要求一致性，表 7 所示条款需要修改。

表 7　可用性-事件-监督要求待优化清单

序号	系统号	涉及文件	改进描述
1	PTR	TS 事件	缺富集度事件、可用性要求
2	KPR	TS	无事件、可用性要求
3	PMC	TS	无事件、可用性要求
4	DVN	TS/SR	风速和流量需要转换，便于监督

从上述梳理可以看出，考虑到法系技术规格书体系的内在逻辑后，原可用性-事件-监督要求的匹配程度是可以接受的，但是匹配性相比 M310 机组不够直接，实施表 5 中改进后对条款进行了进一步的完善与优化。

3.3 消防专题

目前火灾自动报警系统（JDT）中关于各厂房的火灾报警探测器的限值过于严格（几百个探测器任一失效即算部分不可用），整个消防系统的探测器故障率较高，而且一个分区内有好几个探测器。由于反应堆厂房探测器功率运行时探测器出现故障后难以处理，往往出现故障后会几个月一直挂着 JDT2 设备不可用 I0，叠加为高模式下的 JDT5 后会要求 24 h 内消除事件累加，从而影响试验相关工作。故希望通过一个防火空间内探测器可用百分比的方式来判断系统可用性，减少产生不用的 I0。

经过分析，虽然整个消防系统的探测器故障率比较高，但是每个探测器负责的区域是唯一的，任何一个探测器不可用，依然会导致系统部分不可用，无法依据一个防火分区内探测器可用百分比的方式来判断系统可用性。美系技术要求手册采用数量百分比判断，在低于 50%探测器不可用时，依然会产生运行事件，只是同高于 50%探测器不可用时事件处理的方式不一样。所以，原有的厂房不同区域一个或多个火灾探测回路部分或全部不可用来判断是否记录 I0 和同采用探测器数量百分比来判断性质相同。

综上所述，考虑到设计特点，本改进不具备可行性，后续转到美系技术规格书中也存在同样的问题，需要关注。

3.4 监督要求总则优化

监督要求在实际执行过程中发现如下问题：定期试验对应的适用模式在各文件中均没有规定、试验条件不具备时没有包络条款、漏做定期试验时没有相关规定，导致需要直接上报事件。

为了对运行限值和条件进行监督，需要以规定的频度对相关系统和设备进行定期试验。当核电机组处于运行限值和条件不适用的模式或其他规定状态下时，除非另有规定，不必执行相关监督。对于不可运行的设备或者在规定限值范围以外的变量不必实施监督。为此需要在监督要求总则中补充相应的说明。

此外 OTS 对可用性不要求时不进行定期试验，但在进入要求可用的模式前需要进行可用性验证，部分系统只有进入后才具备试验条件的情况，如 ASG 气动泵（需要汽源，低状态不可用），需要在总则中补充“一旦满足试验条件必须立即执行”的相关规定。

针对定期试验遗漏的情况，可参考美系技术规格书体系做法执行，即允许延缓 24 h 再按照要求宣告违反运行限值和条件。

通过上述条款，在 LCO 不适用的模式下，减少了大量的相关试验；同时针对漏做试验及机组上行时不具备试验条件的情况明确相应的措施，避免直接上报事件，优化了执行策略。

3.5 化学和放射化学技术规范优化

原法系技术规格书中化学和放射化学技术规范包含主回路系统、核辅助系统、汽-水回路、常规岛辅助系统+冷凝器冷却、油品等内容，作为执照文件，其范围过大，运行（非安全）相关的参数过多，在秦山二扩等机组上已经实施了改进，在 FSAR 提交时只提供安全相关参数，其他非安全相关参数在厂内文件中进行控制，以减少执照文件范围，避免文件的频繁升版以及占用过多的监管资源等。

3.6 其他优化

除了 3.1~3.5 节优化之外，还针对 DVN 事件、监督参数可执行性优化方面进行了改进，本节将对上述优化进行说明，针对监督要求分类的优化在第 4 节说明。

1）DVN 优化

原 DVN 系统设置事件 DVN2，在 DVN 烟囱排气速度小于 7 m/s 时要求 1 h 内恢复，且为第一组事件。由于设备故障率较高，DVN2 事件出现概率较高，由于 DVN 为非安全系统，且事故下放射性屏蔽功能不依赖此系统，DVN2 事件需要优化。

根据分析，影响 DVN 事件的主要是 GB 6249 中规定了运行期间剂量约束值和排放控制值，任何厂址的所有核动力堆向环境排放的放射性物质对公众中任何个人造成的有效剂量，每年必须小于 0.25 mSv 的剂量约束值。核动力厂必须按每堆实施放射性流出物年排放总量的控制，对于 3000 MW 热功率的反应堆，其控制值如表 8 所示。

表 8　气载放射性流出物控制值

	轻水堆	重水堆
惰性气体	6×10^{14} Bq/a	
碘	2×10^{10} Bq/a	
粒子（半衰期≥8 d）	5×10^{10} Bq/a	
碳 14	7×10^{11} Bq/a	1.6×10^{12} Bq/a
氚	1.5×10^{13} Bq/a	4.5×10^{14} Bq/a

根据安全分析报告，事故下放射性流出物排放不考虑烟囱的稀释作用（地面排放），DVN 不要求可用。

保证放射性物质排放满足国标要求，在 DVN 风速无法满足要求时，应停止放射性排放，对受影响的系统、放射性排放及可能的影响进行分析，制定适当的措施，包括：

停止 TEG/ETY/TEP 系统的放射性废气排放；将 DVN/DVK/DVW 切换至碘回路运行；禁止燃料操作；监视安全壳内压力；停止排放期间，持续跟踪 TEG 储罐容量；确认烟囱排放满足 GB 6249 中规定的月度、季度、年度放射性排放量要求。

在上述措施基础上，DVN2 事件分组从第一组修改为第二组。

2）监督参数可执行性优化

在运行技术规范中，有很多事件的描述采用的单位和现场工作人员的仪表单位不一致，导致还要换算，影响工作效率，因此需要改进 TS 中的描述，提高现场工作人员的效率，相关修改包括 ASG 补充液位要求（ASG001BA）、REA 补充液位要求（硼酸箱、除盐水箱）、RIS 补充液位要求（安注箱）等。

4 监督要求分类

运行技术规范中相关可用性要求是通过安全相关系统和设备定期试验监督要求来确保的，但是法系技术规格书安全相关系统和设备定期试验监督要求的内容普遍比 OTS 中规定的范围要大。在实际执行过程中，由于没有明确的指导准则，导致不同核电厂的执行策略差异较大；当某项试验不满足监督要求验收准则时，有的核电厂在执行过程中，认为凡是不满足安全相关系统和设备定期试验监督要求的都认为不满足运行限值和条件，执行相应的措施；有些核电厂先根据经验判断是否不满足运行限值和条件，再确定是否执行相应的措施；这给技术规格书的执行带来了不确定性，也不利于核安全监管。

针对上述情况，需要根据监督要求对可用性的影响进行分类：

可用性准则（U 准则）、正常运行准则（N 准则）。

可用性准则定义如下：试验准则不满足将危害到一个或多个 LCO（包括 TS 中规定的非安全相关功能）的可用性要求（同时包括严重事故等事故应对系统对应的可用性要求），定义为 U 组。正常状态准则定义如下：准则 U 以外的监督项目为正常状态准则，包括导致设备降级，但不影响其功能执行期间的性能和可用性的试验准则，定义为 N 类。

当在执行定期试验，U 准则不满足时执行对应的 LCO 的措施；N 准则不满足时，核电厂内自行控制，采取必要的维修等措施，不需要执行 LCO 的措施，相关说明见图 2。

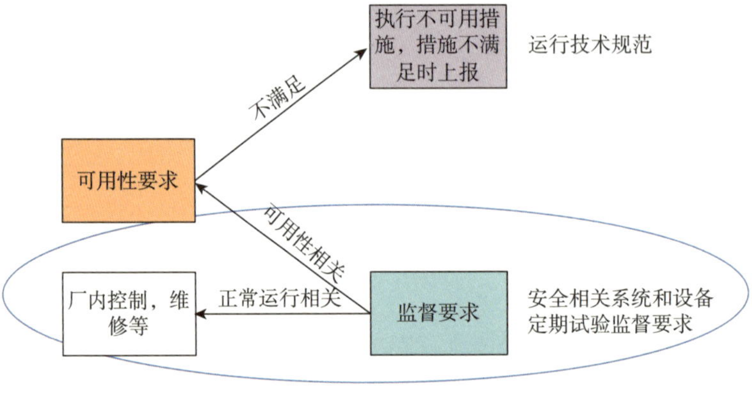

图 2　可用性要求与监督要求分类说明

通过此工作，可以保证核电厂在执行安全相关系统和设备定期试验监督要求的过程中：确定直接影响可用性要求的试验内容；确定系统、设备、构筑物、参数等异常时，维修的优先次序；加强对可用性相关监督条目的监管。

保证核电厂执照文件中的安全承诺与机组日常监管与执行的一致性。

4.1　建立设备可用性数据库

针对各工艺、流体、通风、电气等系统，以功能组成要素为基础建立各类工艺系统通用数据库。系统、设备、构筑物功能的执行通过一系列设备、仪表、逻辑等具体设备实现，无论是安全功能还是非安全功能，其功能实现的原理是基本一致的，构成其功能可用性的基础是一致的或在通用设备可用性数据库中通过相应的注释进行必要的调整以达成统一。

以工艺系统为例，对工艺系统相关试验按照设备类别进行划分，一般可划分为水箱、泵与电机、阀门、管道、换热器等，并对各类设备涉及的试验进行全范围梳理，见表9示例。在针对试验项目进行统计时，还有必要根据设计特点对试验项目进行必要的增加，以保证试验项目的完整性，为下一步核心功能划分奠定基础。

表9 泵与电机定期试验项目统计

序号	定期试验（泵与电机）
1	额定水力特性（流量、出口压力等）
2	额定流量建立时间
3	小流量水力特性（流量、出口压力等）
4	电机电流
5	泵/电机停运相关参数：泵轴承温度、电机轴承温度、电机定子温度、润滑、振动速度
6	泵/电机预警相关参数：泵轴承温度、电机轴承温度、电机定子温度、润滑、振动速度

可用性要求由一系列核心功能组成，在核心功能不满足的情况下即导致可用性要求不满足。以工艺系统为例，相关核心子功能见表10。

表10 工艺设备核心子功能一览表

序号1	功能1	序号2	功能2	序号3	功能3
1	流体输送	1.1	泵	1.1.1	水力特性
				1.1.2	维持运转
		1.2	建立流道	—	—
2	换热	2.1	换热器	2.1.1	换热系数
				2.1.2	换热流量（冷侧）
				2.1.3	换热流量（热侧）
3	反应堆停堆	3.1	维持次临界	—	—
4	放射性物质屏蔽	4.1	保证安全壳完整性	—	—
		4.2	保证安全壳整体泄漏率	—	—
		4.3	蒸汽发生器泄漏率	—	—
5	安全分析要求	5.1	安全分析假设	—	—
		5.2	其他安全分析要求	—	—

在表9基础上，对表8中各类设备监督要求进行初步分类，如小流量特性满足核心子功能1.1.1，试验类别为U类，泵/电机预警相关参数为N类等，建立设备可用性数据库。

在上述工作基础上，再结合4.2节监督要求判定流程确定各具体试验最终的监督要求类别。

4.2 监督要求分类判定流程

建立设备可用性数据库后，在确定各监督要求具体类别时按照如下流程执行：

（1）运行技术规范不要求的系统、功能的类别为N；

（2）非安全的事故应对系统（包括严重事故应对系统等），在技术规格书中通过一个通用要求进行管理：相关的设备不可用时，要求一个月内进行修复，否则进行上报。根据运行经验，一个月的维修期限对设备维修是足够的，因此凡是事故规程相关的非安全系统尤其是严重事故相关的系统对应的监督要求都可以分为可用性准则；

（3）运行技术规范中部分LCO规定“XX功能部分或全部不可用”，针对此类LCO对应的监督要求，一般应划分为U，除非极少数明确不影响系统功能的可以分为N；

（4）其他试验类别根据通用设备可用性数据库确定。

4.3 总结

通过建立设备可用性数据库，并明确相应的监督要求分类方法，对监督要求进行分类，明确了监督要求与可用性要求之间的关系。

根据统计，N类试验在总试验类别中约占35%，此部分内容在厂内文件进行控制，大幅降低了FSAR中定期试验数量。在实际执行时，若试验不满足相应的验收准则，按照相应的事件要求执行，通过上述改进也可限制核电厂运行事件数量，减少核电机组不必要的运行限制。

5 结束语

在核安全局要求国内技术规格书转入美系技术规格书体系的大背景下，本项目运行技术规格书如何编制是个十分棘手的问题。本改进在调研的基础上对原法系技术规格书体系进行了整体的梳理与改进，相比参考电厂法系技术规格书，本项目改进见表11。

表11 运行技术规格书优化总结

序号	问题分类	问题说明	改进
1	可用性、事件暴露问题	禁止人为引入事件规定过于严格，导致事件过多	优化OTS总则，避免人因导致的事件上报
2		可用性-事件-监督要求不匹配	梳理匹配性并开展优化
3		消防事件多	设计差异，有待后续改版
4	SR不合理	SR总则针对实际情况的包络性待改进	优化SR总则
5		可用性要求-SR匹配性不明确	监督要求分为U、N类
6	化学和放射化学技术规范	作为FSAR文件范围过大	执照文件中只保留安全相关参数

续表

序号	问题分类	问题说明	改进
7	其他	其他优化，如 DVN 事件优化、监督参数可执行性优化等	优化 DVN 事件，减少特许申请； 优化监督参数提高可执行性

通过上述改进，基本消除了人因导致的事件上报，可减少约 1/3 的上报事件数量；在 LCO 不适用的模式下，减少了大量的相关试验；同时针对漏做试验及机组上行时不具备试验条件的情况明确相应的措施，避免直接上报事件，优化了执行策略；优化了化学和放射化学技术规范的范围，优化了核安全监管；对监督要求进行了 U/N 分类，核安全局监管的试验数量减少了约 35%（移至厂内文件进行管理），明确了监督要求和 LCO 的关系及执行策略，加强对可用性相关监督条目的监管，进一步减少了不必要的上报事件数量；同时对特定条款如 DVN 事件、监督参考可执行性等电厂继续改进的条款进行了优化。

在实施上述改进后，在维持原法系技术规格书框架的基础上，对技术规格书进行了整体性的优化，相比法系技术规格书，核安全相关的重要条款的要求基本和原法系技术规格书体系下的要求维持一致，非重要条款适当下放至电厂层面进行管理或适当调整；同时通过针对执行过程中碰到的如漏做试验、不具备试验条件、LCO 不要求可用时是否仍然执行定期试验等问题规定了包络性条款，优化了整体执行性，基本解决了当前法系技术规格书在执行过程中遇到的突出问题。

通过本项工作，顺应当前核安全监管要求提供了一整套可用、完善的法系技术规格书，即使后续美系技术规格书改版进度延后，也不会影响机组运行的安全性与灵活性，同时也为后续改版打下了基础。

参考文献

[1] 国家核安全局.HAD103/01 核动力厂运行限值和条件及运行规程[Z].2004.

田湾核电厂5、6号机组与三代技术符合性论证

张 鹤[1]，范 黎[1]
（1. 中国核电工程有限公司，北京 100840）

摘要：田湾核电厂扩建工程5、6号机组的技术方案，考虑了福岛核事故的经验反馈，结合概率安全分析、审评共性问题的解决方案以及国内外同类机组运行经验反馈，实施一系列重大技术改进，极大提高了机组的安全性。本文重点讨论田湾核电厂5、6号机组与三代技术的符合性，首先通过研究三代用户要求文件和我国最新核安全法规要求，梳理出主要的三代核电技术指标及要求，随后将田湾核电厂5、6号机组设计与三代技术要求进行符合性论证分析，从而明确田湾核电厂5、6号机组“准三代”这一技术定位。

1 引言

目前国际上公认的三代核电用户要求包括美国核电用户要求文件（URD）和欧洲核电用户要求文件（EUR），我国发布的新版HAF102《核动力厂设计安全规定》依据SSR-2/1—2016也引入了一些新的设计概念和要求，是我国认可的三代核电技术要求。本文围绕这三份文件的技术内容，总结出三代核电主要的安全设计要求和性能要求，并结合田湾核电厂5、6号机组的设计改进，开展与三代技术要求的符合性分析，为堆型总体技术定位提供依据。

2 三代核电重要技术要求

EUR及URD（公认的三代轻水堆用户要求文件）对于新型轻水堆核电厂设计提出很多新要求，包括安全设计要求和性能设计要求。而新版HAF102则主要针对安全设计有一些新的规定。以下内容针对重要的安全设计要求和性能设计要求分开论述。

2.1 安全设计要求[1-3]

相比于二代电厂，HAF102、EUR及URD这三份文件重点在以下几个领域提出新的设计要求，包括设计扩展工况（多重失效）、严重事故缓解、CDF/LRF、纵深防御层次及独立性、外部灾害及裕量、移动设施等。

1）设计扩展工况（多重失效）

HAF102要求：

（1）必须在工程判断、确定论和概率论评价的基础上得出一套设计扩展工况。

（2）设计必须考虑这些设计扩展工况来确定额外的事故情景，并针对这类事故制定切

实可行的预防和缓解措施。

(3) 应设有替代动力源，以在设计扩展工况下提供必要的动力供应。

EUR 要求：

设计中应当考虑的多重失效事件包括：

(1) ATWS：未能实现停堆的预期瞬态。

(2) SBO：全厂断电。

(3) 安全壳旁通事故（包括主蒸汽管道断裂并伴随蒸汽发生器传热管束损坏）。

2）严重事故缓解

HAF102 要求包含在设计扩展工况中。

EUR 要求：

(1) 为了避免高压下反应堆压力容器破坏，应包括设置可靠的一回路泄压系统，严重事故情况下使其压力低于 2.0 MPa（任一熔融物从压力容器飞射出时）。应采用最佳估算法和工程判断对出现的概率进行校验，目的是使得内层安全壳损坏出现的概率小于放射性限制影响准则（CLI）一个数量级。

(2) 安全壳设计应采取措施以缓解堆芯损坏的后果，特别是：堆芯熔融物的包容和冷却；堆芯/混凝土反应的影响；限制泄漏，应考虑燃料包壳氧化和氢气爆炸所产生的负荷以及其他较大可能发生的严重事故所产生的负荷。

URD 要求：

(1) 提供氢气控制手段，在假设 100%的燃料包壳发生反应情况下安全壳内氢气均匀分布时浓度不超过 10%。

(2) 必须提供安全裕量措施，使与安全壳故障同时发生的或者可引起安全壳故障（如安全壳旁通序列和安全壳直接加热序列）的堆芯损坏序列能通过专设手段得以避免，从而使其概率极小。

3）纵深防御层次及独立性

HAF102 要求：

(1) 设计必须体现纵深防御。纵深防御的各层次之间必须尽实际可能地相互独立，避免一个层次防御的失效降低其他层次的有效性。

(2) 用于设计扩展工况的安全设施（如用于减轻燃料熔化事故后果的设施）应尽实际可能地与安全系统独立。

EUR 要求：

用于缓解严重事故的设备与用于实现 DBC 要求的设备应独立。

4）外部灾害及裕量

HAF102 要求：

(1) 对多机组厂址，设计必须适当考虑特定危险同时影响厂址上若干或所有机组的可能性。

(2) 必须提供适当的裕量，在设计基准外部危险（由厂址危险性评价确定的）发生时保护安全重要物项，并避免产生陡边效应。

EUR 要求：

考虑现有设计裕量和保守假设，应当验证在一定程度上超过设计基准灾害时不存在突然的风险增加。

URD 要求：

应利用既包含内部事件也包含外部事件的 PRA 来评价 ALWR 及其能力并证明它能满足风险评价基准。

5）移动设施

HAF102 要求：

（1）设计必须包含能安全使用移动设备恢复安全壳排热能力的手段，这些移动设备不必在厂区贮存。

（2）设计也应包含通过一些移动设备的安全投运来恢复必要的动力供应，这些移动设备不必在厂区贮存。

（3）必须提供恢复水装量的能力，设计还必须包括能够使用移动设备进行补水，以保证水池有足够的水量来长期冷却乏燃料和辐射屏蔽。

EUR 要求：

厂外移动设备应当满足以下要求：

（1）DEC 工况下预防堆芯损坏的，应在事故开始后 6 h 内接入。

（2）DEC 工况下保护安全壳性能的，应在事故开始后 24 h 内接入。

（3）在任何 DBC 工况下，应在事故开始后 72 h 接入。

除了以上安全要求外，对于三代核电的关键安全要求目标是堆芯熔化概率$<10^{-5}$/堆年，大量放射性释放概率小于10^{-6}/堆年。

2.2 性能设计要求[1-3]

性能设计直接关系到电厂的经济性，是衡量电厂先进性的重要参考。由于 HAF102 主要是对核电厂安全方面提出的要求，性能设计方面主要是总结 EUR 及 URD 的主要要求。相比于二代核电厂的性能要求，这两份文件主要在以下方面的要求有所增强，包括放射性废物最小化、可利用率、机动能力、燃料和堆芯及辐射防护等方面。

1）放射性废物最小化

EUR 要求：

每个机组每年固体废物总量小于 50 m^3/1000 MW，厂区废物储存设施容量应至少满足 5 年废物产生总量的要求。

URD 要求：

燃料湿贮存系统应能容纳 10 年运行卸出的乏燃料加上一个堆芯卸出的燃料。

2）可利用率

EUR 要求：

在一个燃料循环周期内（大于等于 12 个月）设计平均年可利用率应高于 90%。

URD 要求：

（1）应具备负荷跟踪能力。

（2）应能从 100%满功率甩负荷，而反应堆不停堆、主蒸汽安全阀不打开，并能以最低出力连续稳定运行。

（3）核电厂在整个寿期内的年平均可利用率应高于 87%。

（4）非计划自动停堆的次数应小于 1 次/每年。

3）机动能力

EUR 要求：

在 50%额定功率至 100%额定功率范围内，核电厂应具备带自动功率控制的连续运行能力。

URD 要求：

核电厂整个设计寿期，核电厂应能对电网频率变化自动作出反应。在进行负荷跟踪所要求的功率变化时，所提供的控制是频率控制，这种控制是在 50%~100% 功率运行范围内实施的。

4）燃料和堆芯

EUR 要求：

（1）堆芯设计应具有足够的裕量，使得在寿期内的各种不同情况下，操纵员可最优化燃料成本（包括后端成本）与运行维护成本。

（2）堆芯设计应允许燃料循环运行的机动性，换料周期可从 12 个月到 24 个月。

URD 要求：

能提供 24 个月的换料周期，且在换料周期内（从换料后的启动到下次换料后的启动）核电厂具备运行能力。

5）辐射防护

EUR 要求：

工作人员职业照射应低于 1 人 · Sv/年（电厂运行期内平均值）。

URD 要求：

设计和建适应保证：核电厂寿期内平均职业照射低于 1 人 · Sv/年。

3 田湾核电厂 5、6 号机组技术特征与重大改进

3.1 总体技术特征

田湾核电厂扩建工程 5、6 号机组是以福清一期核电厂为参考，基于原 M310 加改进工程技术方案，考虑福岛核事故的经验反馈，结合概率安全分析、在建机组 SAR 审评共性问题的解决方案以及国内外同类机组运行经验反馈，应用成熟技术实施 40 余项重大技术改进，形成安全水平在二代加基础上有明显提升的百万千瓦级压水堆核电厂方案。

田湾核电厂 5、6 号机组总体技术参数初步确定如下：

（1）类型：三环路压水堆。

（2）布置方案：双堆布置。

（3）机组名义电功率：1118 MW。

（4）燃料组件类型：157 组 AFA 3GAA。

（5）换料周期：按 12 个月换料设计，具备过渡到 18 个月换料能力。

（6）电厂可利用率：≥90（对应于 18 个月换料方案）。

（7）堆芯损伤频率（CDF）：$<10^{-5}$/堆年。

（8）大量放射性释放频率（LRF）：$<10^{-6}$/堆年。

通过实施技术改进项目，田湾核电厂扩建工程5、6号机组的总体安全水平得到明显提高，特别是提高了机组严重事故的预防和缓解能力，并进一步提高了核电厂的技术经济性，符合国家稳妥重启核电建设的有关方针政策。

3.2 重大改进项

田湾核电厂扩建工程5、6号机组工程的设计改进项主要包括以下六个方面。

（1）福岛核事故后改进要求

福岛核事故后，国家核安全局于2012年发布了《福岛核事故后核电厂改进行动通用技术要求（试行）》，田湾核电厂5、6号机组设计遵循该要求实施福岛核事故后改进，分别从核电厂严重事故下氢气监测系统、乏燃料水池临时补水、乏燃料水池液位和温度监测、一回路应急补水及安全壳临时喷淋、二回路应急补水、增设移动式应急电源及接口、核岛厂房和泵站、柴油机厂房防水淹能力及厂区水源等方面实施了优化改进。

（2）对实现概率安全目标要求贡献较高的改进项

在考虑典型超设计基准事故基础上，主要基于PSA分析手段，识别出对安全性贡献较大的一系列设计扩展工况事故序列，并有针对性地配置改进措施，包括主泵轴封在严重失电事故工况下完整性改进、增设二次侧非能动冷却系统改进、H4管线设计改进、增设后备柴油发电机、SGTR防满溢改进、停主泵改进等。

（3）为具备完善的严重事故缓解措施实施的改进

为满足新版HAF102要求，田湾核电厂5、6号机组设计中需配置完善的严重事故缓解措施，并尽可能独立于现有的安全系统，同时需制定严重事故管理策略。具体实施的改进项措施包括：增设严重事故卸压阀、增设严重事故监测和控制系统、增设严重事故机柜专用UPS电源、全范围SAMG研制、严重事故下设备可用性分析、增设堆腔注水前期非能动注入系统改进、增设堆腔注水冷却系统及安全壳消氢系统改进等。

（4）解决二代加审评共性问题相关改进

对二代加审评中出现的共性问题进行排查，针对性制定相应策略，采取主给水隔离措施改进，提高核电厂的安全性。

（5）基于最新核安全法规要求的设计分析类改进

最新版核安全法规要求开展全范围事故分析和全范围PSA分析，田湾核电厂5、6号机组根据要求开展全范围事故分析和全范围PSA分析，以满足核安全法规要求。

（6）其他与安全有关的设计改进

从整体考虑，对其他与安全有关的设计采取改进措施，提高田湾核电厂5、6号机组的安全性。

4 田湾核电厂5、6号机组与三代核电标准的符合性分析

本节围绕技术指标、安全设计要求和性能设计要求等方面，针对田湾核电厂扩建工程5、6号机组的设计与三代核电标准的要求开展了详细的符合性分析。

4.1 技术指标

田湾核电厂5、6号机组能够达到URD、EUR的大部分主要技术指标要求，如表1所示。

表1 主要技术指标要求

	5、6号机组	URD	EUR
机组额定功率/MW	≥1080	改进型：1200 非能动型：600	600~1800
热工裕量/%	> 15	> 15	—
堆芯损坏频率/（/堆年）	$<1\times10^{-5}$	$<1\times10^{-5}$	$<1\times10^{-5}$
放射性物质大量释放频率/（/堆年）	$<1\times10^{-6}$	$<1\times10^{-6}$	$<1\times10^{-6}$
单台机组放射性固体废物/（m^3/年）	41.1	50	50
电厂可利用率/%	> 90（按18个月换料）	> 87	> 90
电厂运行方式	以带基本负荷运行为主，并具有一定负荷跟踪运行的能力	负荷跟踪	负荷跟踪

4.2 安全设计要求（见表2）

表2 安全设计要求及符合性分机

序号		安全设计要求	5、6号机组符合性分析
1	设计扩展工况	HAF102：必须在工程判断、确定论和概率论评价的基础上得出一套设计扩展工况	目前已经针对5、6号机组在考虑典型超设计基准事故基础上，主要基于PSA分析手段，识别出对安全性贡献较大的一系列设计扩展工况事故序列。 由于严重事故序列多种多样，对于堆芯熔化的DEC（DEC-B）难以列出类似的清单，主要考虑针对有可能导致放射性物质大量释放的安全壳失效机理进行缓解
2		HAF102：设计必须考虑这些设计扩展工况来确定额外的事故情景，并针对这类事故制定切实可行的预防和缓解措施	针对5、6号机组识别出对安全性贡献较大的一系列设计扩展工况事故序列，并有针对性地配置改进措施，包括主泵轴封在严重失电事故工况下完整性改进、增设二次侧非能动冷却系统改进、H4管线设计改进、增设后备柴油发电机等
3		HAF102：应设有替代动力源，以在设计扩展工况下提供必要的动力供应	5、6号机组除每台核电机组设置两台应急柴油发电机组LHP/Q（6000kW）外，每台核电机组还配置一台备用柴油发电机组LHS，用于应对应急柴油发电机组不可用时替代接入和设计扩展工况，备用柴油发电机组为非安全级，按设计基准地震（SSE）进行抗震设计。同时两台核电机组共用两台水压试验泵柴油发电机组LLS。此种柴油发电机组设置方案可以应对应急柴油发电机组故障、丧失一列厂内应急电源的事故、丧失厂外电源和一列厂内应急电源的事故、SBO事故以及部分包含SBO的叠加事故

续表

序号	安全设计要求		5、6号机组符合性分析
4	设计扩展工况	EUR：设计中应当考虑的多重失效事件包括：ATWS：未能实现停堆的预期瞬态；SBO：全厂断电；安全壳旁通事故（包括主蒸汽管道断裂并伴随蒸汽发生器传热管束损坏）	5、6号机组设计中考虑了多重失效事件，包括ATWS、SBO及安全壳旁通事故，并采取多项设计改进用于应对多重失效事件。比如：对于ATWS工况，增加ATWT保护信号；对于SBO工况，增设备用柴油发电机组；对于安全壳旁通事故，提升安全壳过滤排放系统抗震级别等
5	严重事故缓解	EUR：为了避免高压下反应堆压力容器破坏，应包括设置可靠的一回路泄压系统，严重事故情况下使其压力低于2.0 MPa（任一熔融物从压力容器飞射出时）	5、6号机组设置严重事故卸压阀，在严重事故发生时，及时进行一回路卸压，在反应堆压力容器失效之前把反应堆冷却剂系统的压力降低到2.0 MPa（a）以下，避免高压熔堆
6		EUR：安全壳设计应采取措施以缓解堆芯损坏的后果，特别是：堆芯熔融物的包容和冷却；堆芯/混凝土反应的影响；限制泄漏，应考虑燃料包壳氧化和氢气爆炸所产生的负荷以及其他较大可能发生的严重事故所产生的负荷	5、6号机组设计中需配置完善的严重事故缓解措施，具体改进措施包括：增设严重事故卸压阀、增设严重事故监测和控制系统、增设严重事故机柜专用UPS电源、全范围SAMG研制、严重事故下设备可用性分析、增设堆腔注水前期非能动注入系统改进、增设堆腔注水冷却系统及安全壳消氢系统改进等
7		URD：提供氢气控制手段，在假设100%的燃料包壳发生反应情况下安全壳内氢气均匀分布时浓度不超过10%	5、6号机组取消安全壳大气监测系统（ETY）的移动式氢复合器，保留ETY系统的其他所有功能，采用33台非能动氢复合器消氢包络设计基准事故和严重事故消氢的方案，可以满足在假设100%的燃料包壳发生反应情况下安全壳内氢气均匀分布时浓度不超过10%
8		URD：必须提供安全裕量措施，使与安全壳故障同时发生的或者可引起安全壳故障（如安全壳旁通序列和安全壳直接加热序列）的堆芯损坏序列能通过专设手段得以避免，从而使其概率极小	5、6号机组设计中对安全裕量进行了考虑，并采取相应的改进措施。例如为满足15%热工裕量，增大安注箱水容积满足缓解LB LOCA事故后果；增设严重事故卸压阀，降低严重事故时高压熔堆风险
9	纵深防御层次及独立性	HAF102：设计必须体现纵深防御。纵深防御的各层次之间必须尽实际可能地相互独立，避免一个层次防御的失效降低其他层次的有效性	5、6号机组设计始终贯彻纵深防御原则，各层次之间尽实际可能地相互独立

续表

序号		安全设计要求	5、6号机组符合性分析
10	纵深防御层次及独立性	HAF102：用于设计扩展工况的安全设施（如用于减轻燃料熔化事故后果的设施）应尽实际可能地与安全系统独立	5、6号机组为了应对设计扩展工况采取了多项设计改进，包括增设严重事故专用UPS、增设二次侧非能动冷却系统改进、H4管线设计改进、增设后备柴油发电机等，其中增设严重事故专用UPS、增设二次侧非能动冷却系统改进、增设后备柴油发电机均与安全系统相独立，但是H4管线改进还需采用专设安全设施
11	纵深防御层次及独立性	EUR：用于缓解严重事故的设备与用于实现DBC要求的设备应独立	5、6号机组用于缓解严重事故的措施与实现DBC要求的专设安全设施在功能和系统设置上实现了独立。为数不多的例外是安全壳消氢系统，用于在设计基准事故工况下和严重事故工况下将安全壳大气中的氢气浓度减少到安全限值以下。但是系统中应对设计基准事故和严重事故的氢气复合器是相互独立的，其中2台安全级的氢气复合器用设计基准事故下的消氢，另外31台氢气复合器用于严重事故下的消氢
12	纵深防御层次及独立性	HAF102：对多机组厂址，设计必须适当考虑特定危险同时影响厂址上若干或所有机组的可能性	5、6号机组为多机组厂址，在设计中考虑了特定危险对厂址上所有机组的影响。比如通过厂址筛选、设计基准的选取、适当的防护措施，对外部爆炸、外部洪水、极端风、极端气象、生物现象等外部灾害进行了防护。另外，对于内部灾害，如汽轮机飞射物，设计中也评价了其对整个厂区其他机组的影响。 各个机组针对DBA和DEC工况均设置了独立的应对措施，堆与堆之间不相互共用，但临时供水供电措施是可以厂址共用的
13	外部灾害及裕量	HAF102：必须提供适当的裕量，在设计基准外部危险（由厂址危险性评价确定的）发生时保护安全重要物项，并避免产生陡边效应	5、6号机组对于可能发生的外部灾害，保守地确定了设计基准，并留有充足的裕量，能够使得该外部灾害不会造成事故工况，避免陡边效应
	外部灾害及裕量	EUR：考虑现有设计裕量和保守假设，应当验证证明在一定程度上超过设计基准灾害时不存在突然的风险增加	同上
14		URD：应利用既包含内部事件也包含外部事件的PRA来评价ALWR及其能力并证明它能满足风险评价基准	5、6号机组开展了全范围PSA分析，包括二级PSA、外部事件筛选、内部水淹PSA、内部火灾PSA和地震PSA等概率安全分析工作，识别核电厂设计在安全性上的薄弱环节，为进一步提出相应的设计优化建议提供依据，并得到核电厂全范围的风险评价结果，以确保5、6号机组在满足概率安全目标的基础上能够保持设计上的平衡性

续表

序号		安全设计要求	5、6号机组符合性分析
15	移动设施	设计必须包含能安全使用移动设备恢复安全壳排热能力的手段，这些移动设备不必在厂区贮存	5、6号机组设置安全壳临时喷淋手段，安全壳临时喷淋管线采用2条固定铺设的不锈钢管，一条作为换料水箱取水管，另外一条作为喷淋注水管，事故后通过软管分别与移动泵入口和出口相联。这两条管线与EAS系统的连接点在EAS0009/0010管线上（PTR162/163VB下游），与移动泵的联接口设置在换料水箱的墙外，便于在厂外直接连接。整个管线采用不锈钢管，厂房内、外分别设置两个隔离阀，防止正常运行时EAS系统的水通过管线泄漏。厂房外的接头设计为法兰，平时用盲法兰封堵。喷淋时将1台车载式移动泵通过软管与接口连接，实现安全壳临时喷淋功能
16		设计也应包含通过一些移动设备的安全投运来恢复必要的动力供应，这些移动设备不必在厂区贮存	田湾核电厂址已设置一台2000 kW，6.3 kV中压移动电源，为1~4号机组服务。本工程通过对该6.3 kV中压移动电源励磁进行调整，使其能够输出6.6 kV电压为5、6号机组的一台低压安注泵或一台辅助给水泵的负荷供电，以及设备所需要的控制电源和操作电源。中压移动电源通过室外接口箱和室内转接箱接入到LHA或LHB应急母线上，在失去全部厂内外交流电源（包括备用柴油发电机组）的情况下为上述负荷提供临时电源。 由于本电厂的1~4号机组已设置低压移动电源（容量为750 kW），而本工程需要移动电源供电的负荷小于300 kVA，此移动电源满足供电需求
17		必须提供恢复水装量的能力设计还必须包括能够使用移动设备进行补水，以保证水池有足够的水量来长期冷却乏燃料和辐射屏蔽	5、6号机组对厂区内可利用的水源进行改造，增设取水接口，实现消防车等移动设备从厂区水源的快速取水。应急取水水源主要包括：核岛除盐水储存箱、常规岛除盐水储存箱、高位水池、淡水厂清水池、消防水池、核岛液态流出物排放系统TER水箱和常规岛液态流出物排放系统SEL水箱；位于常规岛的凝结水精处理水箱、凝汽器水箱、除氧器水箱等。在紧急情况下，将临时泵或消防车等补水设备与设置在燃料厂房外的标准接管连接，手动打开阀门，并将冷却水注入乏燃料水池。操作人员利用能够使用的手段监测乏燃料水池的水位或水温，当乏燃料水池水位、水温达到正常范围后停止补水操作
18		厂外移动设备应当满足以下要求：DEC工况下预防堆芯损坏的，应在事故开始后6 h内接入；DEC工况下保护安全壳性能的，应在事故开始后24 h内接入；在任何DBC工况下，应在事故开始后72 h接入	5、6号机组的厂外移动设备，包括用于应急补水的临时泵或消防车、中压移动柴油发电机，能够满足6 h内接入要求

4.3 性能设计要求（见表3）

表3　性能设计要求及符合性分析

序号		性能设计要求	5、6号机组符合性分析
1	放射性废物最小化	EUR：每个机组每年固体废物总量小于50 m^3/1000 MW、厂区废物储存设施容量应至少满足5年废物产生总量的要求	5、6号机组放射性固体废物暂存库（QT）对机组产生的固体废物经处理后进行暂存。废物包在厂内QT库存放一定年限后（一般不超过5年），运往国家规划的低、中放固体废物区域处置场进行最终处置。QT库的贮存能力按四台机组五年产生的废物量来设计
2	放射性废物最小化	URD：燃料湿贮存系统应能容纳10年运行卸出的乏燃料加上一个堆芯卸出的燃料	5、6号机组的乏燃料贮存格架能够容纳20次换料和一个整堆芯容量，满足此项要求
3	可利用率	EUR：在一个燃料循环周期内（大于等于12个月）设计平均年可利用率应高于90%	5、6号机组年平均可利用率应高于90%
4	可利用率	URD：应具备负荷跟踪能力	5、6号机组以带基本负荷运行为主，并具有一定负荷跟踪运行的能力
5	可利用率	URD：应能从100%满功率甩负荷，而反应堆不停堆、主蒸汽安全阀不打开，并能以最低出力连续稳定运行	5、6号机组的设计允许甩去100%外负荷（由电网故障引起），如带厂用电成功，应不造成反应堆停堆，也不引起稳压器安全阀、主蒸汽安全阀以及主蒸汽排大气阀的开启。汽轮机负荷自动降到厂用电水平持续稳定运行，为满足此要求，主蒸汽排冷凝器系统的排汽能力，在额定蒸汽压力下为额定蒸汽流量的85%。在甩负荷的情况下如果汽轮机旁路和凝汽器都失效，则蒸汽可通过大气释放阀排放。由甩负荷引起的汽轮发电机组转速瞬间升高，不应损坏有关设备
6	可利用率	URD：非计划自动停堆的次数应小于1次/每年	5、6号机组可以满足非计划自动停堆的次数应小于1次/年
7	机动能力	EUR：在50%额定功率至100%额定功率范围内，核电厂应具备带自动功率控制的连续运行能力	反应堆可以在15%~100%额定负荷之间的任何负荷下稳定连续运行。在此负荷范围内运行时，反应堆由自动控制系统控制，汽轮机旁路系统或大气排放系统都不投入
8	燃料和堆芯	EUR：堆芯设计应具有足够的裕量，使得在寿期内的各种不同情况下，操纵员可最优化燃料成本（包括后端成本）与运行维护成本	5、6号机组设计采用了157个高性能的AFA3G AA燃料组件，提高了燃料组件的燃耗限值；堆芯布置了61束控制棒组件，使堆芯具有足够的停堆裕量；反应堆采用MODE-G运行模式。堆芯设计寿期或设计卸料燃耗是通过在每一燃料区设置足够的过剩反应性，以及在后续循环中执行换料程序，且每个循环运行的堆芯满足所有安全相关的准则来实现的

续表

序号		性能设计要求	5、6号机组符合性分析
9	燃料和堆芯	EUR：堆芯设计应允许燃料循环运行的机动性，换料周期可从12个月到24个月	5、6号机组的换料周期为按12个月换料设计，具备过渡到18个月换料设计的能力
10	燃料和堆芯	URD：能提供24个月的换料周期，且在换料周期内（从换料后的启动到下次换料后的启动）核电厂具备运行能力	5、6号机组不能满足24个月的换料周期，但是是具备换料后启动运行的能力
11	辐射防护	EUR：工作人员职业照射应低于1人·Sv/年（电厂运行期内平均值）	5、6号机组集体剂量目标值（包含一次十年大修为一个周期，每台机组集体剂量多年平均预期值）为1人·Sv/堆·年，可以满足工作人员职业照射应低于1人·Sv/年的要求
12	辐射防护	URD：设计和建适应保证：核电厂寿期内平均职业照射低于1人·Sv/年	5、6号机组每台机组集体剂量多年平均预期值）为1人·Sv/堆·年

5 结束语

田湾核电厂扩建工程5、6号机组通过实施一系列的技术改进措施，机组的总体安全水平得到明显提高。为了探究5、6号机组与三代技术的符合性，进一步明确5、6号机组的技术定位，本文重点研究了三代核电用户要求EUR、URD及我国新版HAF102三份文件，从影响核电厂安全性和经济性的角度出发，结合福岛后国际普遍关注的新要求，梳理出三份文件中安全性有所增强的设计要求包括：设计扩展工况（多重失效）、严重事故缓解、纵深防御层次及独立性、外部灾害及裕量、移动设施等；性能设计有所增强的要求包括：放射性废物最小化、可利用率、机动能力、燃料和堆芯、辐射防护等。

结合5、6号机组的具体设计，开展详细的符合性分析。分析结果表明，5、6号机组能够满足绝大部分的安全设计和性能设计要求，能够达到三代核电技术指标，在个别要求的符合性上有所欠缺，比如：在设计扩展工况清单及应对措施的梳理上，未基于确定论与概率论、工程判断全面梳理设计扩展工况清单，在附加安全措施独立性上也有所欠缺。但是总的来说5、6号机组能够基本符合三代技术的基本要求，可以达到“准三代”技术定位。

参考文献

[1] European Utility Requirements[M],1998.

[2] ALWR Utility Requirement Document (URD)[R]. EPRI-URD, 2012.

[3] HAF102 核动力厂设计安全规定[Z]. 2016.

田湾核电厂5、6号机组乏燃料水池改进项风险分析

杜金雁[1]，刘文泽[1]
（1. 中国核电工程有限公司，北京 100840）

摘要：乏燃料水池是主要的放射性物质释放源，田湾核电厂5、6号机组的设计在参考电厂福清核电厂1、2号机组的基础上进行了诸多改进，本文归纳了与乏燃料水池相关的设计改进，并分析这些改进对乏燃料水池风险的影响，运用PSA方法进行定量化对比，得出田湾核电厂5、6号机组在乏燃料水池的改进对核电厂风险的影响。

1 引言

本文以田湾核电厂5、6号机组乏燃料水池内贮存的已辐照燃料元件为分析对象，开展乏燃料水池内部事件PSA分析，得到燃料元件损坏频率，并结合与乏燃料水池相关的设计改进，对比设计改进项对核电厂风险的影响。

2 反应堆换料水池和乏燃料水池冷却和处理系统

反应堆换料水池和乏燃料水池冷却和处理系统（PTR系统）是为核燃料厂房乏燃料水池和反应堆厂房反应堆换料水池服务的。PTR系统的主要功能概括如下：冷却乏燃料水池和反应堆换料水池、净化乏燃料水池和反应堆换料水池的水以及为换料水池、乏燃料水池、乏燃料容器转载井提供充水和排水功能。

PTR系统主要包括PTR001/002/006PO、PTR001/002/003RF、换料水箱、乏燃料水池、燃料转运舱、乏燃料容器转载井、乏燃料容器冲洗井、反应堆换料水池等。分为乏燃料水池冷却回路、乏燃料水池的过滤和除盐回路、反应堆换料水池过滤回路及反应堆换料水池充排水回路等部分。

乏燃料水池冷却回路有三台泵（PTR001、002、006PO）和三台热交换器（PTR001、002、003RF），水泵（006PO）用于在正常换料工况下启动，辅助冷却乏燃料水池，其性能参数与001PO和002PO一致。在PTR系统侧，三台热交换器是并联的，因此能够在把奇数系列用于乏燃料水池冷却的同时，把偶数系列作为RRA系统的后备。在RRI系统侧，热交换器是串联的，且每台热交换器都装有旁路设施。此外，在正常换料工况下，RRI系统侧，热交换器也能进行并联供水，以增加PTR系统的冷却能力。三台热交换器位于RRI系统的公共列，因此一个机组的PTR热交换器的RRI水源也能由另一机组提供。PTR系统简化流程图如图1所示。

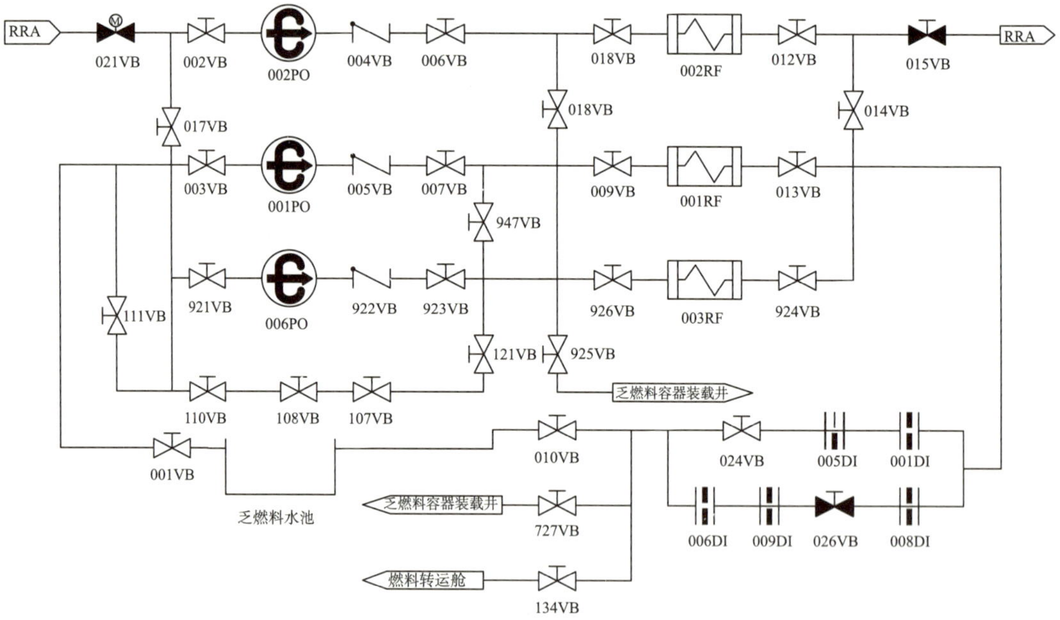

图 1　PTR 系统简化流程图

3　乏燃料水池 PSA

3.1　分析说明

乏燃料水池 PSA 分析参考内部事件一级 PSA 分析方法，对涉及的各方法要素进行分析，定性和定量评价乏燃料水池内的风险水平即重要风险贡献源。

3.2　放射性释放的来源

乏燃料水池 PSA 分析范围限定在燃料厂房内乏燃料水池贮存的已辐照燃料元件上。

3.3　燃料元件损坏状态

乏燃料水池 PSA 采用的燃料元件损坏判定准则为：乏燃料水池水位下降到+11.5 m（乏池液位低 3 报警），认为水位下降到此液位时乏燃料水池内的燃料元件裸露，燃料元件损坏。

3.4　电厂运行状态划分

根据乏燃料水池在不同运行工况下的一些参数（如衰变热水平、衰变热移出配置、燃料元件贮存数量、水闸门位置、与其他腔室的连接状态等）将乏燃料水池的状态划分为两个电厂运行状态（POS）。POS 的划分结果及相关参数见表 1。

表 1　乏燃料水池 PSA POS 清单

POS 编码	名称	热负荷	温度	余热移出手段	水闸门位置	持续时间
N	正常贮存	3.8 MW	<50 ℃	1 列 PTR 系统（一台 PTR 泵+一台 PTR 热交换器）	关闭	7946 h
R	换料	9.5 MW	<50 ℃	2 列 PTR 系统（两台 PTR 泵+两台 PTR 热交换器）	打开	814 h

3.5　始发事件分析

始发事件的选择及分组以 FMEA（系统级失效模式与效应分析）作为始发事件确定的主要方法，参考借鉴国内其他压水堆核电厂乏燃料水池 PSA 始发事件清单，NUREG-1275 Vol. 12 报告中的始发事件清单来补充乏燃料水池 PSA 始发事件，并通过主逻辑图演绎方法和工程评价来完善始发事件清单，验证已确定的始发事件清单，以保证始发事件清单的完整性。最后将始发事件进行归并，得到最终始发事件清单。乏燃料水池风险评估的始发事件清单及频率参见表 2。

表 2　乏燃料水池 PSA 始发事件（组）频率

序号	始发事件类	编号	始发事件组	频率（1/堆年）	数据来源
1	丧失 PTR 冷却	SF_ RF1N	POSN 丧失 PTR 冷却	2.06×10^{-2}	故障树计算
		SF_ RF1R	POSR 丧失 PTR 冷却	1.30×10^{-4}	
2	PTR 系统破口	SF_ PL1N	POSN PTR 系统破口	1.43×10^{-2}	故障树计算
		SF_ PL1R	POSR PTR 系统破口	1.47×10^{-3}	
3	丧失热阱	SF_ OQ1N	POSN 丧失热阱	2.27×10^{-2}	故障树计算
		SF_ OQ1R	POSR 丧失热阱	1.31×10^{-3}	EPS900
4	丧失安全重要电源	SF_ OA1N	POSN 丧失安全重要电源	1.38×10^{-2}	故障树计算
		SF_ OA1R	POSR 丧失安全重要电源	1.41×10^{-3}	
5	丧失厂外电源	SF_ TS1N	POSN 丧失厂外电	2.49×10^{-2}	故障树计算
		SF_ TS1R	POSR 丧失厂外电	2.65×10^{-3}	

3.6　事件序列分析/热工水力分析

事件树分析采用了小事件树-大故障树方法。事件序列的成功准则及人因事件的时间窗口进行特定的热工水力分析。事件序列的终止状态包括以下几类：

（1）乏燃料完好（OK）——乏燃料在任务时间内达到受控稳定状态；

（2）乏燃料损坏（FD）——乏燃料水池水面下降到燃料格架顶端，乏燃料裸露；

（3）转移到其他事件树——表示始发事件诱发的事件，转移到其他事件树继续发展。

3.7 系统分析

采用故障树分析方法评估乏燃料水池事故后前沿系统和支持系统的可靠性。

为支持事件序列分析，建立故障树分析的前沿系统和支持系统包括：反应堆换料水池和乏燃料水池冷却系统、厂用电系统、核岛消防水系统、核岛除盐水分配系统、设备冷却水、重要厂用水等 8 个系统。

3.8 数据分析

乏燃料水池 PSA 所用数据与内部事件一级 PSA 相同。

3.9 人员可靠性分析

乏燃料水池的人员可靠性分析（HRA）主要考虑始发事件前（A 类）和始发事件后（C 类）两类人员失误，以评估人员行为对核电厂乏燃料水池的影响。乏燃料水池 PSA 的人员可靠性分析方法与内部事件相同。

3.10 定量化结果

内部事件导致乏燃料水池内燃料元件损坏频率（FDF）点估计值为 4.76×10^{-10}/堆年，均值为 4.88×10^{-10}/堆年，5%分位值为 3.38×10^{-11}/堆年，50%分位值为 1.83×10^{-10}/堆年，95%分位值为 1.58×10^{-9}/堆年。各始发事件组、POS 对燃料元件损坏频率的贡献参见表 3。

表 3　乏燃料水池 PSA 总 FDF、不同 POS 下 FDF 及各始发事件类 FDF 及所占比例

始发事件组	POSN	POSR	小计（1/堆年）	百分比/%
PTR 系统破口	$2.03\times^{-10}$	$2.85\times^{-11}$	$2.32\times^{-10}$	48.74
丧失 PTR 冷却	$2.01\times^{-10}$	$2.59\times^{-12}$	$2.03\times^{-10}$	42.65
丧失热阱	$3.14\times^{-11}$	$5.58\times^{-12}$	$3.70\times^{-11}$	7.77
丧失外电	$6.72\times^{-13}$	$1.88\times^{-12}$	$2.56\times^{-12}$	0.54
丧失安全重要电源	$8.80\times^{-14}$	$5.22\times^{-13}$	$6.04\times^{-13}$	0.13
合计（1/堆年）	$4.36\times^{-10}$	$3.91\times^{-11}$	$4.76\times^{-10}$	100.00
百分比/%	91.60	8.21	—	

从定量化分析结果可以看出，丧失 PTR 冷却和 PTR 系统破口是主要的风险贡献源。从割集结果可以看出主要的风险贡献如下：

（1）PTR 系统设备发生硬件失效后，PTR 系统的冷却功能在乏燃料水池沸腾前无法恢复，乏池水位不断下降，补水手段失效造成乏池水位下降，燃料元件裸露损坏。

（2）PTR 系统发生不可隔离的破口，事故发生后补水手段失效造成乏池水位下降，燃料元件裸露损坏。

4 乏燃料水池主要改进措施

为提高换料工况下 PTR 系统对乏燃料水池的冷却能力，增加了第三列冷却列 PTR006PO/PTR003RF。在换料工况下运行两个冷却列，乏燃料水池的温度不超过 50 ℃。

对比 PTR 系统两个冷却列的设计（正常运行和换料工况下均为一用一备，水池温度为 61.1 ℃）和三列设计（正常运行工况下一列运行，换料工况下两列运行，乏池温度不超过 50 ℃）的结果如表 4 所示：

表 4 两列与三列冷却系列安全性对比

始发事件组	三列（1/堆年）	两列（1/堆年）	百分比/%
PTR 系统破口	2.32×10^{-10}	2.07×10^{-10}	增加 10.78
丧失 PTR 冷却	2.03×10^{-10}	2.31×10^{-10}	降低 13.79
丧失热阱	3.70×10^{-11}	2.92×10^{-11}	增加 21.08
丧失外电	2.56×10^{-12}	2.57×10^{-12}	降低 0.39
丧失安全重要电源	6.04×10^{-13}	8.26×10^{-13}	降低 36.75
POSN 工况	4.36×10^{-10}	4.38×10^{-10}	降低 0.46
POSR 工况	3.91×10^{-11}	3.33×10^{-11}	增加 14.83
合计（1/堆年）	4.76×10^{-10}	4.71×10^{-10}	增加 1.05

从以上结果可以看出：1）三列冷却系列增加了系统设备，因此丧失 PTR 系统破口始发事件导致的 FDF 增加；2）三列冷却系列的热交换器在 RRI 侧为并联，且都位于 RRI 的公共列，因此丧失热阱始发事件导致的 FDF 增加；3）从 PTR 系统侧，三列冷却列增加了冗余，因此丧失 PTR 冷却始发事件导致的 FDF 降低；4）001PO 和 002PO 由 LLN 和 LLO 提供动力电源，分别接到 LHA 和 LHB 上，006PO 动力电源为 LKD，由 LGB 提供。001PO 和 006PO 的操作电源为 LBA，002PO 的操作电源为 LBB。从动力电源角度三列比两列增加了冗余，因此丧失安全重要电源始发事件导致的 FDF 降低；5）丧失外电导致的 FDF 基本无变化。综合以上各始发事件的变化，两列和三列冷却系列的方案对乏燃料水池的安全性影响变化不大，约为 1%。

但从系统设计角度，增加了一列安全列，需要对设备的布置，配电，提供冷却水方面进行考虑，在实体隔离、防火分区等方面进行综合和全面的考虑。

5 结束语

本文通过介绍乏燃料水池 PSA 分析的方法与结果，评估了乏燃料水池内部事件导致燃料元件损坏的风险，并对比了对乏池风险有直接影响的重要设计改进对乏燃料水池风险的影响，并提出改进项设计时应综合考虑安全性与布置、配电、防火等方面的影响。为后续工程项目在乏燃料水池冷却设计方面提供建议。

田湾核电厂 5、6 号机组内部水淹 PSA 分析

李峰军[1]，马　原[1]
（1. 中国核电工程有限公司，北京 100840）

摘要：内部水淹 PSA 分析是核电厂概率安全分析工作的重要组成部分，本文以田湾核电厂 5、6 号机组为研究对象，结合核电厂运行状态和系统配置开展功率工况和低停工况下内部水淹 PSA 分析，根据核电厂的设计资料，建立内部水淹 PSA 模型，评估了核电厂在功率工况和低停工况下水淹导致的堆芯损伤的风险，得到了定量化分析结果，通过对结果的分析，查找田湾核电厂 5、6 号机组在防水设计上的薄弱环节，供后续设计改进参考，为拓展 PSA 在田湾核电厂 5、6 号机组的应用和核电厂水淹相关安全决策提供技术支持。

关键词：核电厂；水淹；漫延路径；概率安全分析

1　引言

内部水淹概率安全分析是核电厂安全分析工作的重要组成部分。已有的概率安全分析结果与核电运行经验表明，内部水淹对核安全的影响不容忽视。近年来，国内外的核安全监管部门制定的相关法规标准中，明确规定内部水淹是核电厂概率安全分析的一个重要组成部分，我国核安全法规要求核电厂逐步开展并完善包括水淹在内的概率安全评价（PSA）模型，并鼓励核电厂应用 PSA 提高核电厂运营管理水平与核安全水平[1-2]。

本文根据田湾核电厂 5、6 号机组核电厂设计相关信息，建立了水淹 PSA 模型，进行了定量化分析，评价了内部水淹导致的整体风险，确定能够造成不利条件和影响核电厂事故缓解的核电厂内水淹源，评估水淹对与核电厂安全重要相关的结构、系统和设备的影响，找出核电厂设计和运行中存在的薄弱环节。

2　分析方法和流程

根据国内外核电厂开展 PSA 工作的经验，采用合理可行的技术路线是 PSA 顺利实施的基本保证。田湾核电厂 5、6 号机组项目技术路线遵照相关标准或导则的要求[3-4]，如 ASME/ANS RA-Sa—2009、EPRI《Guidelines for Internal Flooding Probabilistic Risk Assessment》、中国能源行业标准《应用于核电厂的概率安全评价-第 3 部分：内部水淹》等 PSA 导则、标准，并参考借鉴国内外先进经验。此外，由于每个核电厂的厂房结构和设备布置各不相同，内部水淹事故的进程也各有差异，田湾核电厂 5、6 号机组水淹 PSA 分析在参考国内外核电厂的水淹源和事故进程分析时，紧密结合了本电厂的设计特点。

田湾核电厂5、6号机组水淹PSA分析流程可以分为定性和定量分析阶段，如图1所示。

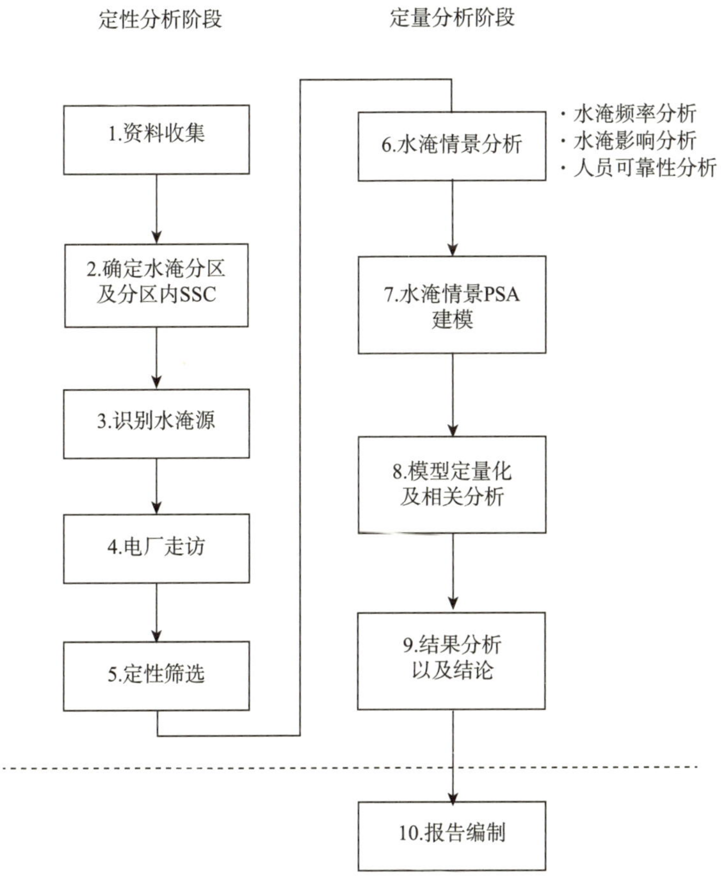

图1　内部水淹PSA主要流程

田湾核电厂5、6号机组水淹PSA分析包括10项任务，可分为定性分析、定量分析和结果分析及文件编制三个阶段。其中定性分析阶段包括任务1~5，定量分析阶段包括任务6~8，结果分析及文件编制包括任务9~10。需要注意的是内部水淹PSA分析是一个不断重复迭代的过程，每个任务不一定严格按照图中的顺序进行。

3　定性分析阶段

在定性分析阶段，首先根据已知的核电厂信息来划分水淹分区和辨识每个分区的水淹源和重要SSC。在进行水淹区域定性筛选前，需要通过走访确认和补充空间信息。基于前三项任务收集的信息，根据筛选准则筛除水淹分区中对核电厂安全无影响的水淹分区，以减少后续工作量。

田湾核电厂5、6号机组选取了包括核岛（不包括反应堆厂房）、常规岛厂房及BOP区域相关厂房在内的水淹分区。根据核电厂的系统设计资料、电气及工艺设备布置资料以及现场走访确认等，找出了各水淹分区可能会受水淹影响的重要设备，建立了水淹设备清单。分析了分区范围内所有贮存和输送液体的水淹源系统，在分析中考虑了以下 4 种类型的水淹源：①分区内的液体系统；②分区内的核电厂内部水源（如水箱和水池）；③通过系统或构筑物与该区域相连的电厂外部水源；④来自其他水淹分区的泄漏。

在定性筛选中，满足以下任意一条的水淹区域即可被筛除：

1）区域无水淹源。

2）如果该区域的水淹不会引起始发事件或无需核电厂立即停堆，并满足如下任一条件，即可筛选掉这些水淹区域：

（1）水淹区域内（包括水源能够漫延到的邻近区域内）没有重要的 SSC；

（2）水淹区域内没有足以引起重要 SSC 故障的水源，或者水淹区域内的水淹缓解系统能够防止不可接受的水淹深度且能够防止水淹喷溅影响。

需要特别说明的是，对于准则 1，若某一分区内没有水淹源，但有导致事故始发或缓解的设备，也可以使用准则 1 先将该分区筛除，而在邻近位置的分区水淹漫延至该分区时，再对该分区进行评价。

通过对水淹分区进行定性筛选，最后剩 270 个水淹分区需建立水淹情景进行定量分析。

4 定量分析阶段

定量分析是内部水淹 PSA 分析的重要组成部分，对于未筛除的水淹分区需建立水淹情景，计算水淹事件频率，分析水淹影响，分析水淹缓解和人员可靠性，作为内部水淹 PSA 模型的输入，建立内部水淹 PSA 模型，完成水淹 PSA 分析的定量化。

4.1 水淹情景的建立

在内部水淹 PSA 分析的量化阶段，需要首先定义水淹情景，以确保对水淹事件频率、水淹影响和水淹缓解分析和量化具备明确的边界和输入。

在田湾核电厂 5、6 号机组中水淹情景包括以下四个要素：①水淹起始分区和水淹源；②水淹事件类型（喷淋、水淹及大水淹）；③水淹影响；④缓解水淹和控制电厂的人员动作。

4.2 水淹频率计算

由于国内对内部水淹 PSA 的研究现状和有限的水淹事件统计数据，本次分析中所用的管道失效基础数据取自美国 EPRI 专用于内部水淹概率安全分析的管道破裂频率报告（第 3 次修订版）[5]。其计算公式如式（1）所示：

$$IE = \rho_{系统i} \times \{系统\ i\ 的水淹源项\} \tag{1}$$

其中：$\rho_{系统i}$ 为失效率，该失效率和管道材质、管道内所含介质、管道直径和破口类型有关；系统 i 的水淹源项是指系统 i 在该特定水淹分区的管道长度。

4.3 始发事件的确定

对水淹导致的始发事件，一般根据水淹是否会导致汽机跳闸或反应堆紧急停堆、是否会导致安全重要设备不可用以及是否会直接导致内部事件等方面进行判断。对于同一水淹事件可归入多个始发事件组的情况，分析中主要依据其最直接的影响选取相应的始发事件，或选取其中最保守的一类始发事件。

按照事件定义，喷淋事件发生时厂房地面没有积水。如果一个水淹事件仅有喷淋影响，就无需考虑该区域设备的淹没。通过确认在每一个水淹区域的设备和确认潜在喷淋的范围以及喷淋保护装置的效果，可以分析喷淋的影响。但在实际分析中，未对每一个水淹源或重要设备一一检查确认其相互距离、数量和保护情况，而是保守假设喷淋会造成喷淋水源所在分区内的设备失效。对于水淹和大水淹类事件，分析中假设当分区内水淹淹没设备底部时即造成设备水淹失效。水淹事件发生后相关各分区的水位高度变化和达到设备水淹失效高度的时间，使用情景信息和水淹高度计算软件计算得到。分析中，对水淹始发事件的确定主要依据水淹源所在系统和破口发生的位置，而对于设备受喷淋和淹浸影响发生的失效，则一般作为建立内部水淹 PSA 模型时的输入和边界条件。

POSB 核电厂系统状态与 POSA 基本相同，分析中认为水淹事件及其导致的始发事件与 POSA 相同。

POSC、D、E、F 核电厂已进入停堆状态，分析中根据水淹事件的影响进行判断，若水淹事件在这些 POS 下导致始发事件，则开展建模分析。

根据以上分析和假设，本项目结合水淹源信息、运行技术规范确定了各水淹情景相应的水淹始发事件。

4.4 定量筛选

为了合理减少后续工作量，集中对风险重要的区域和情景进行进一步的详细分析，根据 ASME 标准，如果区域内水淹情景的频率与包络的堆芯损坏条件概率（CCDP）的乘积小于 1.00×10^{-9}/堆年，则筛除该水淹分区。对于定性筛选后所保留的区域和相应的情景，分析中根据潜在水淹源、漫延路径信息保守估计其导致的堆芯损坏频率（CDF）。通过将该 CDF 值与 1.00×10^{-9}/堆年进行比较，进一步找出重要的分区和情景，作为最终计算水淹高度和 PSA 模化的对象。

5 结果分析

本项目最终确定需要 PSA 建模分析的水淹起始分区 51 个，合并水淹和大水淹情景后，共确定水淹始发事件 210 个，停堆工况水淹始发事件 134 个。分析中以内部事件 PSA 模型为基础，对水淹始发事件建立事件树，在各系统故障树模型中添加设备的水淹失效事件，并设置水淹始发事件后的相应边界条件，通过联解事件树和故障树完成定量化。定量化计算得到本项目内部水淹导致堆芯损坏频率点估计值为 5.49×10^{-8}/堆年，其中功率工况内部水淹 CDF 为 4.94×10^{-8}/堆年，低功率及停堆工况内部水淹 CDF 为 5.49×10^{-9}/堆年。各 POS 内部水淹导致堆芯损坏的频率见表 1，功率工况定量化主要结果见表 2，低功率及停堆工况水淹 PSA 定量化主要结果参见表 3。

表 1　内部水淹导致的堆芯损坏频率

电厂运行状态	CDF/堆年	百分比	均值	5%分位值	中值	95%分位值
POSA	4.94×10^{-8}	89.98%	1.87×10^{-7}	2.53×10^{-8}	1.17×10^{-7}	5.57×10^{-7}
POSB	1.44×10^{-9}	2.62%	5.44×10^{-9}	7.36×10^{-10}	3.40×10^{-9}	1.62×10^{-8}
POSC	2.55×10^{-10}	0.46%	2.08×10^{-10}	1.13×10^{-11}	7.16×10^{-11}	7.75×10^{-10}
POSD	1.38×10^{-9}	2.51%	1.47×10^{-9}	5.70×10^{-10}	1.24×10^{-9}	3.15×10^{-9}
POSE	7.97×10^{-10}	1.45%	8.31×10^{-10}	2.88×10^{-10}	6.28×10^{-10}	1.96×10^{-9}
POSF	1.62×10^{-9}	2.95%	2.19×10^{-9}	5.85×10^{-10}	1.49×10^{-9}	8.52×10^{-9}

表 2　各起始分区对内部水淹 CDF 的贡献-功率工况（前 20 位）

序号	分区编码	CDF（1/堆年）	贡献百分比
1	MX	1.99×10^{-8}	40.28%
2	NE361	9.56×10^{-9}	19.35%
3	K014	3.48×10^{-9}	7.04%
4	NA214	3.41×10^{-9}	6.90%
5	W237	2.70×10^{-9}	5.47%
6	L401	1.92×10^{-9}	3.89%
7	K117	1.78×10^{-9}	3.60%
8	PX111	9.62×10^{-10}	1.95%
9	PX113	9.45×10^{-10}	1.91%
10	K114	6.48×10^{-10}	1.31%
11	L605	5.66×10^{-10}	1.15%
12	W217	4.63×10^{-10}	0.94%
13	W229	3.82×10^{-10}	0.77%
14	NC212	3.39×10^{-10}	0.69%
15	W128	3.09×10^{-10}	0.63%
16	W213	3.07×10^{-10}	0.62%
17	K218	2.85×10^{-10}	0.58%
18	NE717	2.16×10^{-10}	0.44%
19	W215	1.95×10^{-10}	0.39%
20	NE517	1.75×10^{-10}	0.35%

表 3 各起始分区对内部水淹 CDF 的贡献–低功率及停堆工况（前 20 位）

序号	分区编码	CDF（1/堆年）	POS 内贡献百分比
POSB			
1	POSB-MX	5.79×10^{-10}	40.21%
2	POSB-NE361	2.78×10^{-10}	19.32%
3	POSB-K014	1.01×10^{-10}	7.03%
4	POSB-NA214	9.92×10^{-11}	6.89%
5	POSB-W237	7.86×10^{-11}	5.46%
6	POSB-L401	5.59×10^{-11}	3.88%
7	POSB-K117	5.18×10^{-11}	3.60%
8	POSB-PX111	2.80×10^{-11}	1.94%
9	POSB-PX113	2.75×10^{-11}	1.91%
10	POSB-K114	1.89×10^{-11}	1.31%
11	POSB-L605	1.65×10^{-11}	1.14%
12	POSB-W217	1.35×10^{-11}	0.94%
13	POSB-W229	1.11×10^{-11}	0.77%
14	POSB-NC212	9.86×10^{-12}	0.68%
15	POSB-W128	8.99×10^{-12}	0.62%
16	POSB-W213	8.93×10^{-12}	0.62%
17	POSB-K218	8.29×10^{-12}	0.58%
18	POSB-NE717	6.28×10^{-12}	0.44%
19	POSB-W215	5.67×10^{-12}	0.39%
20	POSB-NE517	5.09×10^{-12}	0.35%
POSC			
1	POSC-NE361	2.46×10^{-10}	96.85%
2	POSC-K014	2.32×10^{-12}	0.91%
3	POSC-NE717	1.90×10^{-12}	0.75%
4	POSC-NE517	1.55×10^{-12}	0.61%
5	POSC-NE714	5.88×10^{-13}	0.23%
6	POSC-K016	5.42×10^{-13}	0.21%
7	POSC-NE360	3.36×10^{-13}	0.13%
8	POSC-K113	2.66×10^{-13}	0.10%
9	POSC-K117	1.80×10^{-13}	0.07%
10	POSC-K111	1.25×10^{-13}	0.05%
11	POSC-K110	1.18×10^{-13}	0.05%
12	POSC-K216	8.72×10^{-14}	0.03%

续表

序号	分区编码	CDF（1/堆年）	POS 内贡献百分比
13	POSC-MX	1.15×10^{-14}	0.00%
14	POSC-PX111	2.59×10^{-15}	0.00%
15	POSC-PX113	2.53×10^{-15}	0.00%
16	POSC-NA214	截断值以下	0.00%
17	POSC-NA234	截断值以下	0.00%
18	POSC-NE261	截断值以下	0.00%
19	POSC-NE516	截断值以下	0.00%
20	POSC-NE716	截断值以下	0.00%
POSD			
1	POSD-L401	5.89×10^{-10}	42.68%
2	POSD-NE361	4.86×10^{-10}	35.22%
3	POSD-NE360	1.19×10^{-10}	8.62%
4	POSD-W128	7.78×10^{-11}	5.64%
5	POSD-PX111	4.27×10^{-11}	3.09%
6	POSD-PX113	4.16×10^{-11}	3.01%
7	POSD-L405	1.96×10^{-11}	1.42%
8	POSD-NE261	1.10×10^{-13}	0.01%
9	POSD-NA214	1.09×10^{-13}	0.01%
10	POSD-NA234	1.09×10^{-13}	0.01%
11	POSD-K014	4.48×10^{-14}	0.00%
12	POSD-NE717	3.68×10^{-14}	0.00%
13	POSD-W217	3.68×10^{-14}	0.00%
14	POSD-NE517	2.99×10^{-14}	0.00%
15	POSD-W215	2.69×10^{-14}	0.00%
16	POSD-NE716	2.41×10^{-14}	0.00%
17	POSD-W213	2.03×10^{-14}	0.00%
18	POSD-NE516	1.19×10^{-14}	0.00%
19	POSD-NE714	1.14×10^{-14}	0.00%
20	POSD-K016	9.43×10^{-15}	0.00%
POSE			
1	POSE-NE361	4.53×10^{-10}	40.09%
2	POSE-NE360	1.33×10^{-10}	11.77%
3	POSE-L401	1.10×10^{-10}	9.73%
4	POSE-PX111	3.58×10^{-11}	3.17%

续表

序号	分区编码	CDF（1/堆年）	POS 内贡献百分比
5	POSE-PX113	3.50×10^{-11}	3.10%
6	POSE-W128	1.32×10^{-11}	1.17%
7	POSE-NE717	7.83×10^{-12}	0.69%
8	POSE-NA214	4.26×10^{-12}	0.38%
9	POSE-NE516	2.53×10^{-12}	0.22%
10	POSE-W217	1.46×10^{-12}	0.13%
11	POSE-NE261	1.11×10^{-13}	0.01%
12	POSE-K014	4.00×10^{-14}	0.00%
13	POSE-NA234	2.96×10^{-14}	0.00%
14	POSE-NE517	2.68×10^{-14}	0.00%
15	POSE-W215	2.41×10^{-14}	0.00%
16	POSE-NE716	2.16×10^{-14}	0.00%
17	POSE-W213	1.82×10^{-14}	0.00%
18	POSE-L405	1.69×10^{-14}	0.00%
19	POSE-NE714	1.02×10^{-14}	0.00%
20	POSE-K016	9.36×10^{-15}	0.00%
POSF			
1	POSF-NE361	1.12×10^{-9}	68.71%
2	POSF-L401	4.39×10^{-10}	26.93%
3	POSF-L405	2.24×10^{-11}	1.37%
4	POSF-NE360	2.14×10^{-11}	1.31%
5	POSF-PX111	7.70×10^{-12}	0.47%
6	POSF-PX113	7.51×10^{-12}	0.46%
7	POSF-NE261	3.10×10^{-13}	0.02%
8	POSF-NE717	9.30×10^{-14}	0.01%
9	POSF-NA234	8.36×10^{-14}	0.01%
10	POSF-NE517	7.57×10^{-14}	0.00%
11	POSF-W215	6.81×10^{-14}	0.00%
12	POSF-NE716	6.11×10^{-14}	0.00%
13	POSF-W213	5.14×10^{-14}	0.00%
14	POSF-NA214	5.07×10^{-14}	0.00%
15	POSF-NE516	3.01×10^{-14}	0.00%
16	POSF-NE714	2.87×10^{-14}	0.00%
17	POSF-W217	1.63×10^{-14}	0.00%

续表

序号	分区编码	CDF（1/堆年）	POS 内贡献百分比
18	POSF-W128	1.04×10^{-14}	0.00%
19	POSF-K014	7.49×10^{-15}	0.00%
20	POSF-K016	截断值以下	0.00%

6 总结

田湾核电厂5、6号机组核电厂水淹 PSA 通过确定水淹分区和 SSC 的选取，识别出核电厂的水淹源，通过定性筛选后，建立水淹情景，开展了水淹影响分析，最后建立起符合实际场景的水淹 PSA 模型，获得了田湾核电厂5、6号机组的水淹风险定量化结果。通过水淹 PSA 分析，识别出了核电厂的水淹风险来源及后果，找出了水淹风险的薄弱环节。基于田湾核电厂5、6号机组水淹 PSA 模型，可为进一步开发核电厂水淹在线风险评价系统、水淹安全重要度评估程序等核电厂 PSA 应用工具，提高核电厂的防水淹能力。

参考文献

[1] 国家核安全局. 核动力厂设计安全规定[Z]. HAF102,2004.

[2] 国家核安全局. 核动力厂安全评价与验证. HAD102/17. 2004.

[3] ASME/ANS RA-Sa—2009. Addenda to ASME/ANS RA-S—2008: Standard for Level 1/ Large Early Release Frequency Probabilistic Risk Assessment for Nuclear Power Plant Applications; 2009.

[4] Electric Power Research Institute. Guidelines for Performance of Internal Flooding Probabilistic Risk Assessment; 2009.

[5] Electric Power Research Institute. Pipe Rupture Frequencies for Internal Flooding Probabilistic Risk Assessment; 2013.

[6] 中国核电工程有限公司.《福建福清核电厂1、2号机组内部水淹概率安全分析报告》. 2015年3月.

H4 管线设计改进的概率安全分析

闫　林[1]，马　原[1]
(1. 中国核电工程有限公司，北京 100840)

摘要：本文首先建立二代改进型核电核电厂功率运行工况和停堆工况的内部事件一级 PSA 基准模型，然后对 H4 管线改进项进行分析评价，给出了 H4 管线改进项对降低 CDF 的影响，验证了改进项对降低核电厂风险的有效性。

1　引言

田湾核电厂 5、6 号机组以福清核电厂 1、2 号机组为参考。与国内近期开工的同类型机组或第三代反应堆相比，福清核电厂 1、2 号机组的设计在核电厂事故的预防和缓解方面存在相对薄弱的环节，其总的堆芯损坏频率（CDF）评估结果约为 2.00×10^{-5}/堆年。因此，田湾核电厂 5、6 号机组在设计、建造之初，安全指标 CDF 值在满足法规对新建核电厂的要求方面存在一定的压力，需要进行设计改进以满足监管当局对于概率安全目标的要求。

根据福清核电厂 1、2 号机组以及其他二代改进型核电厂的概率安全分析结果可以发现，该类型核电机组事故后冷却剂装量维持和安全壳内热量导出措施的可靠性相对不足，是该类核电厂的薄弱环节之一；概率安全评价（PSA）风险见解认为，针对性的加强试验维修和操作培训、提高安注泵可靠性、增加冷却剂水装量和安全壳内热量导出手段的冗余性，可以进一步提高该类核电厂的安全性。为了提高田湾 5、6 号机组的安全性，使机组主要安全指标满足新建核电厂要求，有必要针对这一环节进行改进。

在设计过程中，开展 PSA，对核电厂的安全性进行系统性的综合评价，识别核电厂在安全上的薄弱环节、分析不同的改进方案对安全性的影响，得到相应的风险见解，并将这些风险见解与核电厂的设计改进进行迭代，使核电厂设计改进能够有针对性的、最大程度地提高核电厂安全指标，这对于核电厂的安全性的提高具有重要意义。本文以田湾核电厂 5、6 号机组 H4 管线设计改进为例，说明概率安全分析在这一过程中的应用和作用。

2　H4 管线原方案

H4 管线是安注系统和安喷系统（EAS）的连接管线（以 A 列为例，详见图 1）。原设计中 H4 管线上设置的为手动阀，在规程实施中，需要人员到现场进行阀门的操作。因此，在风险评价时不考虑 H4 管线的作用。

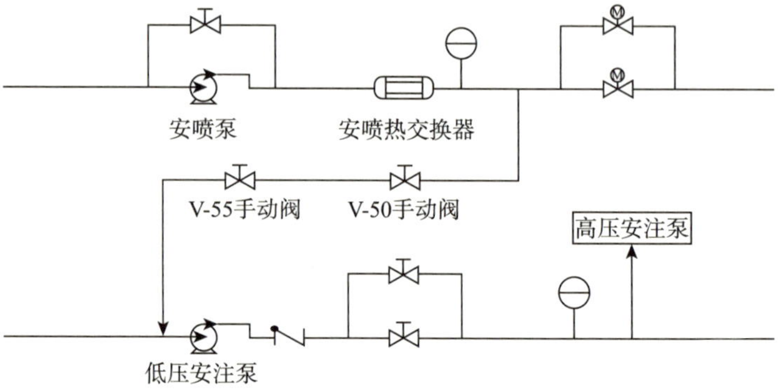

图 1　原 H4 管线方案

3　H4 管线改进方案

针对每个系列，具体的改进方案如下（以 A 列为例，详见图 2）：

1）取消原 H4 管线和 EAS 泵的旁路管线；

2）新增两条 H4 管线，一条连接 LHSI 泵出口与 EAS 泵出口（EAS 换热器上游，H4.1）；另一条连接 EAS 换热器下游与 LHSI 注入管线（位于 HHSI 连接点的上游，H4.2）；

3）每条新增 H4 连接管线上设置两台能在主控室控制的电动隔离阀，和一个限流孔板。

4）新增一条 EAS 泵和换热器的旁路管线，其上设置一台电动隔离阀，一台止回阀和一个限流孔板。

5）将原 LHSI 泵出口母管上的手动隔离阀（RIS059VP、060VP）改为电动阀，可在主控室操作。

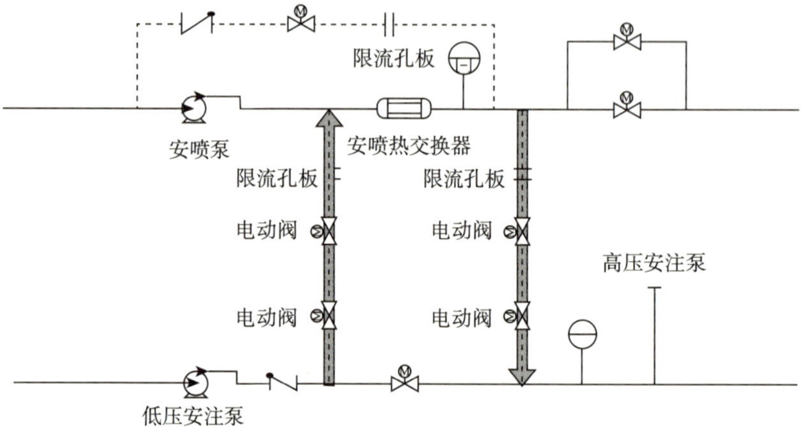

图 2　改进后的 H4 管线方案

H4 管线改进方案能够在主控室远程控制安喷/安注互为备用的功能，使得在事故初期（例如，直接注入阶段 EAS 泵或 LHIS 泵失效的工况）快速投入 H4 管线成为可能，但初始的 H4 相关导则和规程中并未考虑在事故初期使用 H4 管线的情况。这一点对于 H4 管线的使用限制很大，由于在事故发展及 PSA 所考虑的事故序列中，设备的失效是随机的，存在事故初期发生安注泵启动失败或运行失效的可能，若不能在事故初期使用 H4 管线，则这一改进项对于 CDF 的指标改善作用十分微小。

4 H4 管线运行工况梳理

为了进一步提高安注和安全壳排热功能的可靠性，进而提高核电厂的安全水平，本文对潜在的、需要使用 H4 的事故情景进行了梳理，发现需要使用 H4 管线的序列 212 个，合并相似或转出序列后得到事故情景 50 个，并进一步梳理这些事故情景得到 3 种所对应的 H4 管线不同运行模式。

5 概率安全评价

通过修改 PSA 模型，对 H4 管线不同连接运行模式进行了建模分析，计算 CDF 指标的变化情况，结果（功率运行工况）见表 1 中的相应数值。通过 PSA 分析、计算结果可见，H4 管线的快速投入可以显著改善安全指标 CDF 值，特别是用于直接注入阶段的 H4 运行模式，在各种运行模式中作用最为明显。因此，从 PSA 的角度建议增加用于直接注入阶段的 H4 运行模式。

表 1　PSA 对 H4 运行模式的评价结果

需求的 H4 运行模式	说明	备注	堆芯损坏频率/（/堆年）		
			基准未使用任何 H4 运行模式的 CDF	使用该运行模式后的 CDF 值	使用该模式 CDF 减少比例
直接注入阶段，RIS 失效，EAS 备用 RIS	直接注入阶段，使用安喷泵和 H4.2，从 PTR 取水注入堆芯	需注意在 PTR 水箱低低水位后，切换再循环运行的操作		1.35×10^{-6}	16.15%
再循环阶段，RIS 失效，EAS 备用 RIS	24 h 内的再循环阶段，使用安喷泵和 H4.2，从地坑取水注入堆芯，包括冷热段同时再循环注入模式	该运行模式包括：① EAS 备用 RIS 直接启动在冷热段同时注入阶段，以及，② EAS 备用 RIS 已经在直接注入或再循环阶段启用，需要时向冷热段同时注入切换	1.61×10^{-6}	1.43×10^{-6}	11.18%
再循环阶段，EAS 失效，RIS 取水经 EAS 换热器注入堆芯	24 h 内的再循环阶段，使用安注泵、H4.1 和 H4.2，从地坑取水注入堆芯	只考虑了 RIS 经安喷换热器和 H4 管线注入堆芯，未考虑将 RIS 用于喷淋		1.59×10^{-6}	1.24%

通过对计算结果的进一步分析可以发现，除 LOCA 事故外，H4 管线在其他事故类中也可起到非常重要的作用。表 2 是对各始发事件中 H4 管线改进的敏感性分析结果（功率运行工况）。

表 2　不同事故类对 H4 管线改进的敏感性

始发事件组	描述	未改进 H4 管线设计 CDFi/（/堆年）	H4 管线设计改进 CDFi/（/堆年）	减小比例
OD	丧失直流电导致的堆芯损坏	2.02×10^{-8}	6.03×10^{-9}	70.15%
GR	SG 传热管破裂导致的堆芯损坏	4.06×10^{-7}	1.49×10^{-7}	63.30%
BS	一回路小破口事故发生后导致堆芯损坏	3.64×10^{-7}	1.61×10^{-7}	55.77%
PT	一回路瞬态导致的堆芯损坏	6.04×10^{-8}	4.68×10^{-8}	22.52%
TS	丧失外电事故发生后导致堆芯损坏	3.04×10^{-8}	2.54×10^{-8}	16.45%
OQ	丧失热阱导致的堆芯损坏	5.32×10^{-8}	4.51×10^{-8}	15.23%
ST	二回路瞬态导致的堆芯损坏	2.79×10^{-8}	2.39×10^{-8}	14.34%
BL	大破口导致的堆芯损坏	9.10×10^{-8}	8.09×10^{-8}	11.10%
OS	丧失压缩空气导致的堆芯损坏	3.65×10^{-9}	3.25×10^{-9}	10.96%
SW	丧失主给水导致的堆芯损坏	3.47×10^{-8}	3.09×10^{-8}	10.95%
BI	中破口导致的堆芯损坏	2.40×10^{-7}	2.16×10^{-7}	10.00%
WL/WS	给水管道破裂导致的堆芯损坏	1.60×10^{-8}	1.59×10^{-8}	0.63%
ATWS	ATWS 事故发生后导致堆芯损坏	9.80×10^{-8}	9.80×10^{-8}	0.00%
BV	界面 LOCA 导致的堆芯损坏	1.01×10^{-8}	1.01×10^{-8}	0.00%
GC	蒸汽管道破口+SGTR 导致的堆芯损坏	8.08×10^{-10}	8.08×10^{-10}	0.00%
VL/VS	蒸汽管道破口导致的堆芯损坏	1.53×10^{-7}	1.53×10^{-7}	0.00%
VR	压力容器破裂导致的堆芯损坏	1.00×10^{-7}	1.00×10^{-7}	0.00%
合计	堆芯损坏	1.61×10^{-6}	1.07×10^{-6}	33.54%

从表中可以看出，可以快速投入的 H4 管线改进项对丧失直流电类事故、SG 传热管破裂事故和一回路小破口类事故导致的堆芯损坏频率影响较为明显，分别使其降低了 70.15%、63.30%和 55.77%，使总的 CDF 值降低了 33.54%，敏感性较高，说明可以快速投入的 H4 管线所提供的安注/安喷备用功能可以在事故缓解中起到显著作用，对 CDF 指标和核电厂安全性的改善非常明显。

考虑 H4 管线设计改进后，田湾核电厂 5、6 号机组的内部事件 CDF 由 1.61×10^{-6}/堆年下降至 1.07×10^{-6}/堆年；最终田湾核电厂 5、6 号机组全范围 CDF 评价结果为 3.61×10^{-6}/堆年，放射性物质大量释放频率（LRF）评价结果为 8.97×10^{-7}/堆年，相比参考核电厂显著改善，满足了“新建核电厂堆芯损坏频率小于 1.00×10^{-5}/堆年，放射性物质大量释放频率小于 1.00×10^{-6}/堆年”的要求，达到了进一步提高一回路、安全壳排热冗余性，以及核电厂的安全水平的目的。

6 结论

本文以二代改进型核电厂 PSA 工作所识别的薄弱环节“事故后冷却剂水装量和安全壳内热量导出措施的可靠性相对不足”和风险见解为基础，以 H4 管线设计改进为分析对象，使用概率安全分析方法为设计改进提供帮助和指引。通过对不同的设计和 H4 改进方案建立 PSA 模型，并对潜在的、需要使用 H4 的事故情景进行梳理，从 PSA 的角度建议增加用于直接注入阶段的 H4 运行模式；通过 PSA 定量计算和分析，得到了原有设计和不同改进方案的 CDF 值，在评价了 H4 管线设计改进的有效性的同时，也为改进方案的完善和最终确定提供了指引；最终有效地保证了田湾核电厂 5、6 号机组满足新建核电厂安全要求，达到了增加冷却剂水装量和安全壳内热量导出手段的冗余，以及进一步提高核电厂安全水平的目的。

参考文献

[1] HAF102,核动力厂设计安全规定
[2] HAD102/17,核动力厂安全评价与验证
[3] 田湾核电站扩建工程 5、6 号机组最终安全分析报告
[4] 田湾核电站扩建工程 5、6 号机组功率运行工况内部事件一级 PSA 专题报告
[5] ASME/ ANS RA-Sb—2013, Addenda to ASME/ANS RA-S—2008: Standard for Level 1/ Large Early Release Frequency Probabilistic Risk Assessment for Nuclear Power Plant Applications
[6] IAEA Specific Safety Guide No.SSG-3. Development and Application of Level 1 Probabilistic Safety Assessment for Nuclear Power Plants

增设多样化驱动系统改进概率安全分析

杨冠三[1]，杨 健[1]
（1. 中国核电工程有限公司，北京 100840）

摘要：田湾核电厂5、6号机组采用数字化保护系统，在设计时应该考虑怎样应对软件共因故障。在原来的设计中是采用“ECP旁路数字化+BUP上PAMS参数旁路数字化+ATWS缓解系统”的应对方法，该方法除了设置ATWS缓解系统以外，主要依靠手动操作来提供多样性手段。本文主要通过PSA方法分析田湾核电厂5、6号机组增设DAS系统后对核电厂安全方面的影响。

关键词：数字化保护系统；多样性；DAS

1 引言

田湾核电厂5、6号机组采用数字化保护系统，为了解决安全级系统平台发生软件共模故障的有关问题，采取了一定的措施。在最新设计中采取的是在现有的反应堆保护系统（RPR）中选取部分保护功能，纳入一个非安全级系统平台的多样化保护系统（DAS）中。概率安全评价（PSA）是最常用的定量风险评价工具，本文中使用PSA方法评价增设DAS系统以后仪控系统的可靠性，以及改进后对核电厂安全方面的影响。

2 DAS系统介绍

2.1 系统功能

DAS系统是一个自动的逻辑保护系统，根据核电厂一些物理参数的变化，通过向控制棒驱动机构电源柜发出反应堆紧急停堆指令以及向安全驱动器发出专设驱动指令，从而在RPR系统发生软件共模故障而无法提供所需的保护功能时，与有关的手动保护功能一起将反应堆维持在安全状态。

2.2 系统组成及保护逻辑

多样化保护系统包括两部分：仪表部分和信号采集、运算及逻辑处理部分，如图1所示。

DAS系统上端连接所有保护仪表组，仪表组分为热工仪表组和核仪表组。它们监测选定的物理参数（流量、压力等），由2、3或4个传感器测量，这些传感器信号被RPS系统和DAS系统所共用，它们由RPS系统的保护组机柜采集，经隔离分配后，这些模拟量

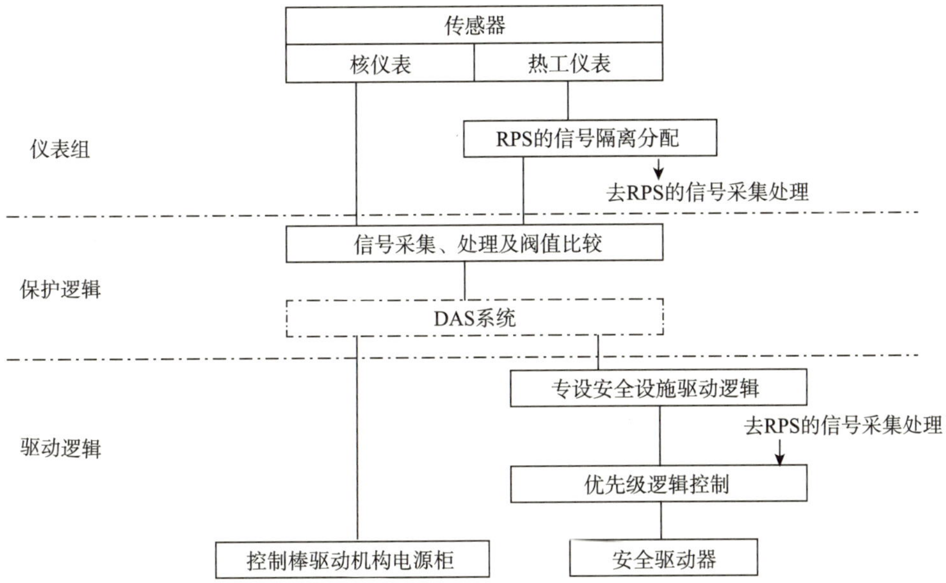

图 1　DAS 系统组成框图

信号再被送到 DAS 系统机柜进行处理。

DAS 系统采集由 RPS 系统送来的保护参数信号，经过处理后进行定值比较，产生用于保护逻辑的“局部脱扣”信号，在 DAS 系统内部，再进行逻辑表决处理（2/4、2/3 或 1/2），产生紧急停堆、汽轮机跳闸、启动安全注射、启动蒸汽管道隔离信号。为了减少 DAS 系统误动作概率，不同于反应堆保护系统，DAS 系统产生的紧急停堆信号设计成得电动作的方式，机柜或者卡件失电不会触发紧急停堆。DAS 系统送出四路紧急停堆信号到控制棒驱动机构电源柜，在电源柜中，经“2/4”处理后，产生触发控制棒保持勾爪线圈失电的“零电流”后，从而使保持勾爪打开，导致控制棒插入堆芯触发紧急停堆。

DAS 系统输出到专设安全设施驱动器的控制信号与反应堆保护系统相同，采用的是有电动作的原则。采用有电动作的原则是因为专设安全设施驱动器的动作通常是有源的，同时也考虑到误动的风险。DAS 系统设计成与反应堆保护系统之间保证有最大限度的实体隔离与电气隔离。DAS 系统不接收经反应堆保护系统软件处理后的信号，同时也不送出信号参与反应堆保护系统软件的处理。

2.3　系统设计准则

DAS 系统自动保护信号的设置，应使始发事故叠加发生 RPR 系统软件共因故障的工况下，满足屏障完整性准则（不能导致一回路压力边界和安全壳完整性丧失）、放射性后果准则、根据多样性原则及保证堆芯可冷却几何形状等确定的堆芯状态相关准则。

为了满足多样性准则，DAS 系统必须采用不同于反应堆保护系统的软件平台实现其相关功能，并且不应从反应堆保护系统软件中接收输入信号或者将多样化的保护信号通过反应堆保护系统软件处理后再发出，从而确保反应堆保护系统的软件故障不会妨碍多样化保护系统执行其保护功能。

3 PSA 分析

仪控系统的设计有助于实现核电厂的安全目标，但随着系统冗余和多样性水平的提高，经济性就会下降。在仪控系统的设计过程中应当考虑解决：如何优化设计以及如何最终保证仪控系统的安全性和经济性。

PSA 方法可以解决仪控系统中的这些问题，PSA 方法是一种常用的系统定量风险评估方法，广泛应用于风险和可靠性评估领域。本文使用 PSA 方法评价增设 DAS 系统以后仪控系统的可靠性的提高，以及改进后提高对核电厂安全方面的影响。

系统分析中比较常用的方法是故障树分析法（FTA），FTA 是一种对顶事件进行逻辑分析以识别这些事件发生的原因并评估其概率的方法。本文根据仪控信号定义了 DAS 系统的顶事件，然后根据系统的配置建立顶事件与组件之间的逻辑关系，即建立故障树模型，然后进行定性和定量分析，得到顶事件的概率，并且分析有无 DAS 系统对核电厂堆芯损坏频率（CDF）的影响。

图 2 是稳压器压力低 3 信号触发反应堆紧急停堆的逻辑，3 个压力传感器中的任意两个传感器检测到稳压器压力低 3 信号，与 P7 信号符合后，触发反应堆紧急停堆。图 3 是顶事件稳压器压力低 3 且 P7 信号失效的故障树模型。电厂有无 DAS 系统的对比数据列于表 1 中。

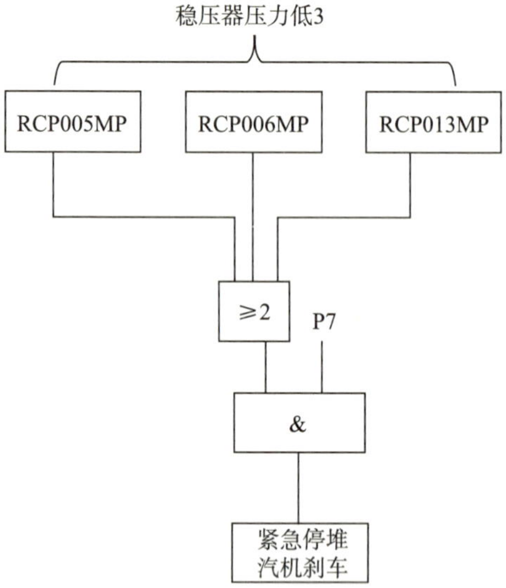

图 2　稳压器压力低 3 信号逻辑图

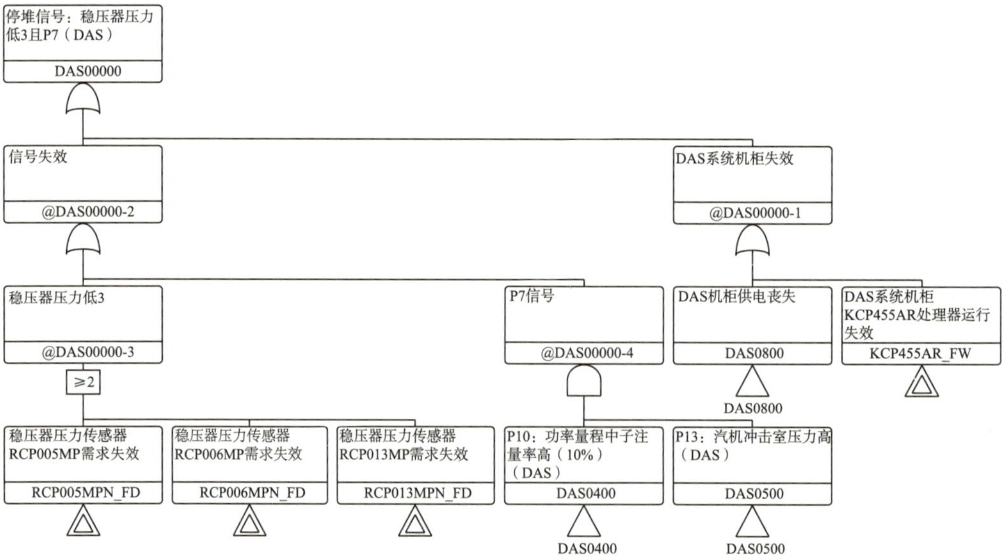

图 3　稳压器压力低 3 且 P7 失效故障树图

表 1　有无 DAS 系统情况下堆芯损坏和各始发事件频率

名称	描述	没有 DAS 系统	有 DAS 系统	增设 DAS 后的影响
CD-ATWS	ATWS 事故发生后导致堆芯损坏	1.49×10^{-7}	8.25×10^{-8}	-44.63%
CD-BI	中破口导致的堆芯损坏频率	2.44×10^{-7}	2.41×10^{-7}	-1.23%
CD-BL	大破口导致的堆芯损坏频率	9.24×10^{-8}	8.93×10^{-8}	-3.35%
CD-BS	一回路小破口事故发生后导致堆芯损坏	2.90×10^{-7}	2.70×10^{-7}	-6.90%
CD-BV	界面 LOCA 导致的堆芯损坏频率	9.74×10^{-8}	9.74×10^{-8}	0.00%
CD-GC	蒸汽管道破口+SGTR 导致的堆芯损坏频率	8.50×10^{-10}	8.28×10^{-10}	-2.59%
CD-GR	SG 传热管破裂导致的堆芯损坏频率	2.00×10^{-7}	1.68×10^{-7}	-16.00%
CD-OD	丧失直流电导致的堆芯损坏频率	9.52×10^{-9}	9.50×10^{-9}	-0.21%
CD-OQ	丧失热阱导致的堆芯损坏频率	5.35×10^{-8}	5.16×10^{-8}	-3.55%
CD-OS	丧失压缩空气导致的堆芯损坏频率	3.28×10^{-9}	2.09×10^{-9}	-36.28%
CD-PT	一回路瞬态导致的堆芯损坏频率	8.36×10^{-8}	5.44×10^{-8}	-34.93%
CD-ST	二回路瞬态导致的堆芯损坏频率	4.22×10^{-8}	2.62×10^{-8}	-37.91%
CD-SW	丧失主给水导致的堆芯损坏频率	3.10×10^{-8}	1.98×10^{-8}	-36.13%
CD-TS	丧失外电事故发生后导致堆芯损坏	2.96×10^{-8}	2.95×10^{-8}	-0.34%
CD-VL/VS	蒸汽管道破口导致的堆芯损坏频率	2.20×10^{-7}	1.50×10^{-7}	-31.82%
CD-VR	压力容器破裂导致的堆芯损坏频率	1.00×10^{-7}	1.00×10^{-7}	-0.00%
CD-WL/WS	给水管道破裂导致的堆芯损坏频率	2.41×10^{-8}	1.60×10^{-8}	-33.61%
总计	堆芯损坏	1.52×10^{-6}	1.32×10^{-6}	-13.16%

注：最后一列的百分比为增设 DAS 系统后频率减小百分比。

通过表 1 可以看出，田湾核电厂 5、6 号机组增设 DAS 系统以后，核电厂总的堆芯损坏频率降低了 13.16%。

4　结论

本文通过对田湾核电厂 5、6 号机组增设 DAS 系统的 PSA 分析，得到一个定量的结果。由于增设 DAS 系统使得田湾核电厂 5、6 号机组堆芯损坏频率降低了 13.16%，从而提高了核电厂的安全性。

参考文献

[1] HAF102—2016,核动力厂设计安全规定,2016.
[2] 周卫华,王巧燕,彭锦.各堆型 DAS 系统功能设计对比研究,核科学与工程,2012.11.
[3] 张朝晖.多样化驱动系统(DAS)测试应用分析,2014.12.
[4] 徐智,丁丁,张瑜.基于 NUREG/CR-7007 的 DAS 优化设计,原子能科学技术,2016.1.

二代改进型核电厂安全壳临时喷淋措施有效性研究

刘　宇[1]，王高鹏[1]，李文静[1]
（1. 中国核电工程有限公司，北京 100840）

摘要：作为核电厂最后一道安全屏障，安全壳起到包容放射性产物、保护公众和环境免受辐射危害等重要作用。当安全壳喷淋系统无法正常运行且 H4 管线无法起到安喷安注互为备用的功能时，通过设置安全壳临时喷淋系统可以防止安全壳超压，降低安全壳内压力、温度并沉降洗涤放射性物质，保证安全壳结构的完整性。本文以二代改进型核电厂田湾核电厂 5、6 号机组为研究对象，研究了安全壳临时喷淋系统对降低放射性物质大量释放风险的影响和对严重事故管理导则（SAMG）、大范围损伤管理导则（EDMG）策略的补充。

1　引言

安全壳作为核反应堆安全和包容放射性物质的最后一道屏障，其完整性对于核电厂及环境安全来说至关重要。安全壳的主要作用如下[1]：

1）结构作用：保护安全壳内重要设备，避免设备受到冲击、腐蚀等外部影响；

2）包容作用：包容放射性产物，是放射性物质和外界环境之间的最后一道生物屏障，防止放射性外泄。

作为核电厂重要的安全物项，安全壳是包容反应堆冷却剂系统的气密承压构筑物，其需要在全寿期内（40~60 年）保证上述功能，同时应减少高温高压对安全壳的热冲击次数及强度，安全壳喷淋系统（EAS）就能实现这个功能。在核电厂正常运行期间，EAS 处于备用状态。当安全壳内的压力和温度升高到一定值时，EAS 启动，将压力和温度降低至可接受的水平（降低安全壳压力也有助于减少泄漏量），限制事故后安全壳内的压力峰值来保证安全壳的完整性。此外，喷淋水中含有的氢氧化钠，有助于去除安全壳大气中悬浮的碘和碘气溶胶，降低安全壳内的放射性水平。同时，当反应堆厂房发生火灾时，若其他消防设施失效，可手动启用 EAS 系统进行灭火。但在严重事故情况下，若 EAS 失效，对于没有设置非能动安全壳热量导出系统（PCS）的二代或二代改进型核电厂，丧失安全壳最终热阱会导致壳内热量无法排出，安全壳可能面临超温超压威胁。因此，需增加安全壳临时喷淋系统（可在事故后 6 h 投入运行）以缓解上述事故。

本文以二代改进型核电厂田湾核电厂 5、6 号机组为研究对象。首先，调研了安全壳临时喷淋系统的实施方法和 PTR 水箱的补水手段；然后，利用 RS 软件对 EAS（包括临时喷淋系统、PTR 补水）建模，识别系统薄弱点，研究安全壳临时喷淋系统对减小放射性物质大量释放频率的影响；最后，结合核电厂 SAMG 与 EDMG 的开发经验，分析安全壳临时喷淋系统在 SAMG 与 EDMG 中的使用。

2　系统概述

2.1　安全壳临时喷淋概述

EAS 由两个相同且实体隔离的列组成，仅有部分系统共用（如化学添加剂系统、与 PTR 水箱相连的喷射器管线、PTR 水箱）。但在发生极端外部事件时（如日本福岛核事故），EAS 泵可能受损或失电不可用，无法带走安全壳内的热量。若考虑使用安全壳临时喷淋系统来降低安全壳压力，则可优化设计中的不足。安全壳临时喷淋流程图如图 1 所示。

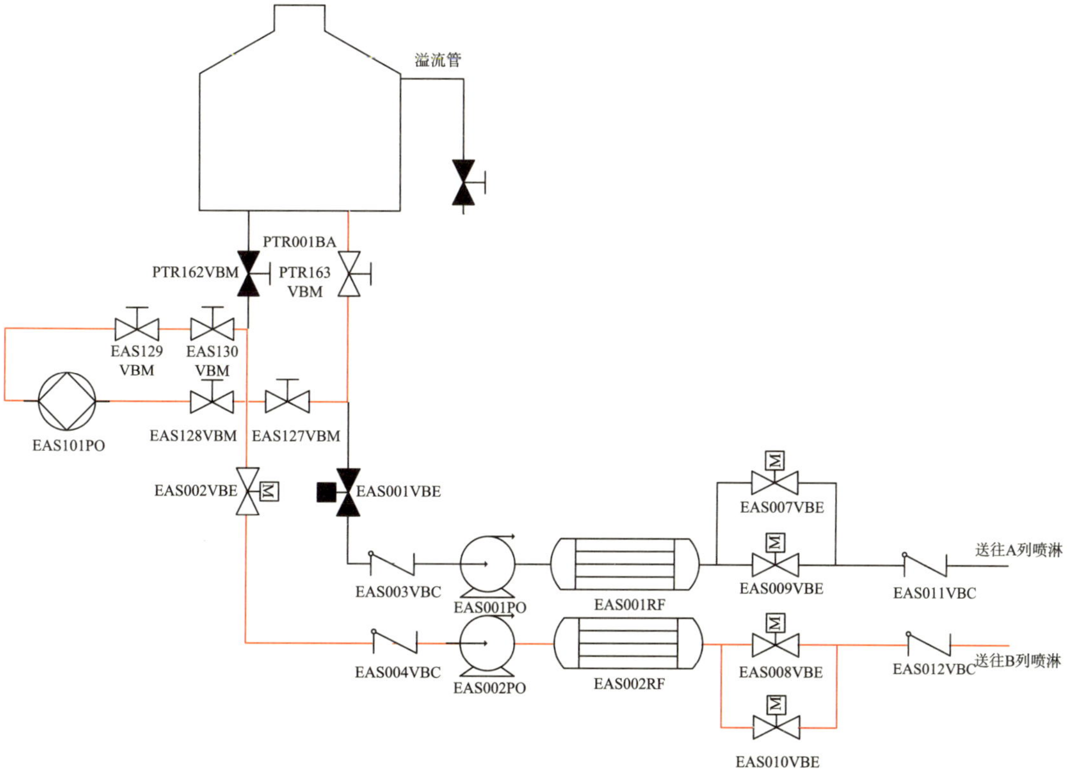

图 1　安全壳临时喷淋系统流程简图

安全壳临时喷淋管线采用 2 条固定铺设的不锈钢管，其中一条为换料水箱取水管，另外一条为喷淋注水管。在发生类似福岛核事故情况下，临时喷淋泵在核岛 PTR001BA 水箱房间附近就位，通过软管分别与临时喷淋泵（车载式移动式变频柴油泵 EAS101PO）入口和出口相连。与临时喷淋泵的连接口设置在换料水箱的墙外，便于在厂外直接连接，临需在厂外就地操作 EAS127/128/129/130VB，厂外的接头设计为法兰，平时用盲法兰封堵。

2.2 PTR 水箱临时补水概述

在运行工况下，PTR 水箱可储水 1762 m^3，能保证在 LOCA 事故后同时向 2 台安全壳喷淋泵、3 台高压安注泵中的 2 台以及 2 台低压安注泵供水约 20 min。这是在 LOCA 后安全注入和安全壳喷淋所需要的水容积。PTR001BA 的补水由 REA 系统（含硼水浓度为 0~7000 ppm）完成；如果移动设备可接入（如二次侧移动泵等设备），非能动应急冷却高位水源（SEF）系统也可作为额外水源依据重力向 PTR 水箱提供补水（图 2）。此外，根据福岛经验反馈，增设 PTR 水箱临时补水手段，补水管线采用固定铺设的不锈钢管，并设置双道隔离。注入点设置在换料水箱溢流管线上，墙外设置有一个隔离阀和补水接口，便于移动泵在厂外直接连接补水管线。补水采用手抬式移动泵通过水带与接口连接，将潜在水源的水补充至换料水箱，如图 3 所示。

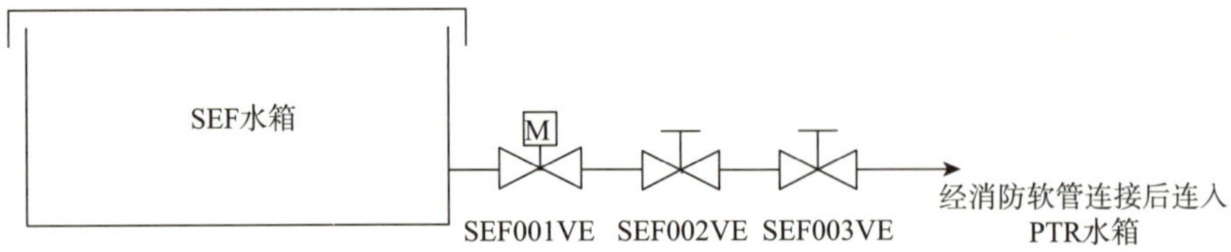

图 2　SEF 水箱向 PTR 水箱重力注水流程简图

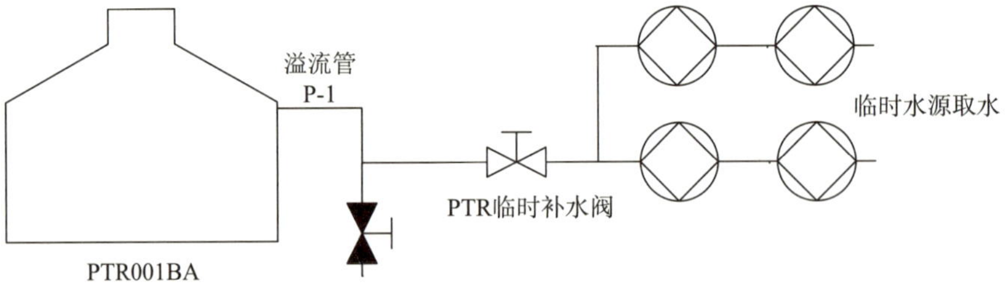

图 3　PTR 水箱临时补水方式流程简图

3　系统模型

3.1　系统模型建立

安全壳临时喷淋系统依赖于手动阀和移动变频泵，手动阀无需其他系统支持，移动变频泵自带燃油发动机，无需其他系统供电或供气。EAS 相关管线上的电动阀在失电时均可采用手动模式操作，与供电供气系统无相关性。安全壳临时喷淋依赖于换料水箱提供足够的冷却水，因此将 PTR 水箱临时补水作为一次侧临时注水失效和安全壳临时喷淋的失效原因之一。建立系统故障树中的假设如下：

1）暂不考虑失效部件的修复，任务时间假设为 24 h；

2）保守认为 PTR 水箱临时补水功能丧失会导致安全壳临时喷淋不可用，模化 SEF 水箱和临时水源向 PTR 水箱的补水过程，认为在临时喷淋投运时，REA 水箱中已无水向 PTR 水箱补充；

3）暂不考虑 EAS 系统中化学添加剂喷射器、喷淋管喷嘴的失效对喷淋功能的影响；

4）假设车载移动泵的柴油补给正常且及时，同时不考虑临时水源的短缺问题。

根据上述假设，安全壳长期热移除、PTR 水箱临时补水和临时喷淋模型如图 4~图 6 所示。

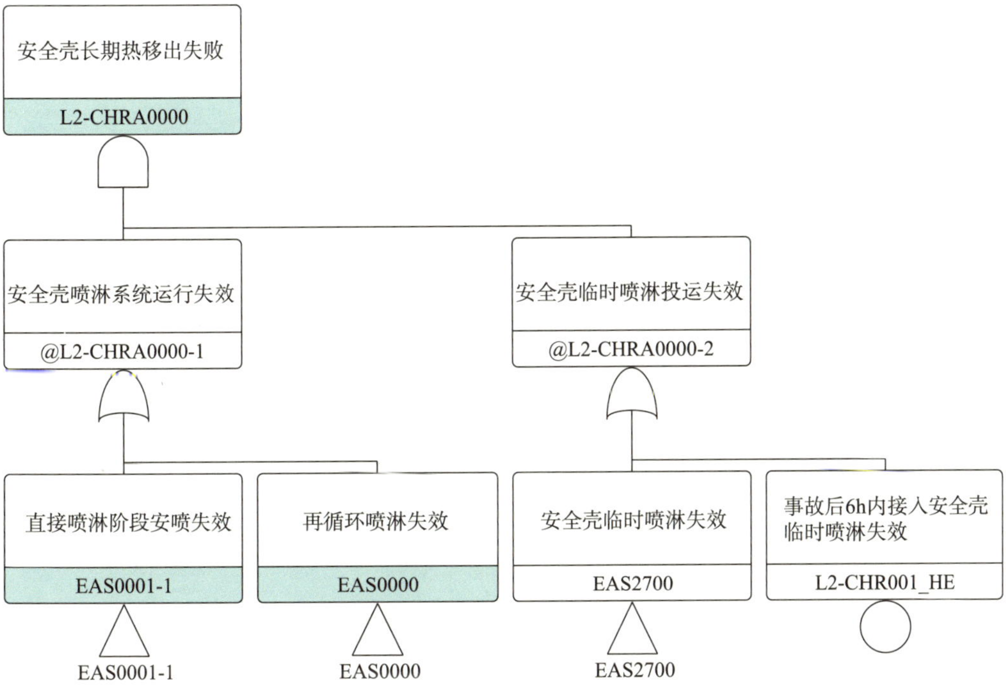

图 4　安全壳长期热移除模型

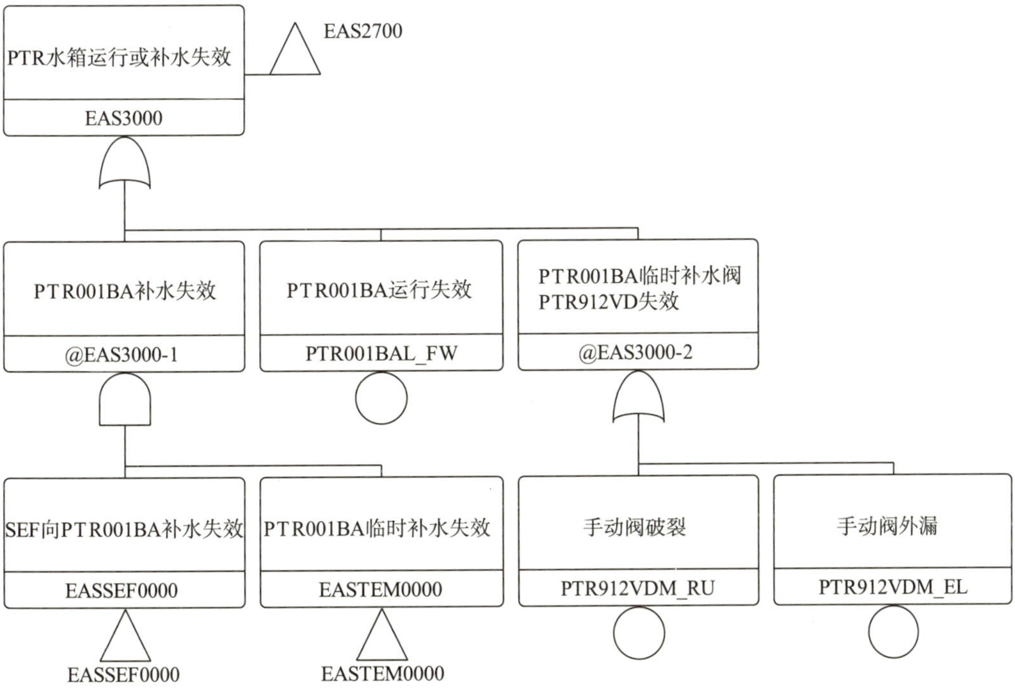

图 5　PTR 水箱临时补水模型

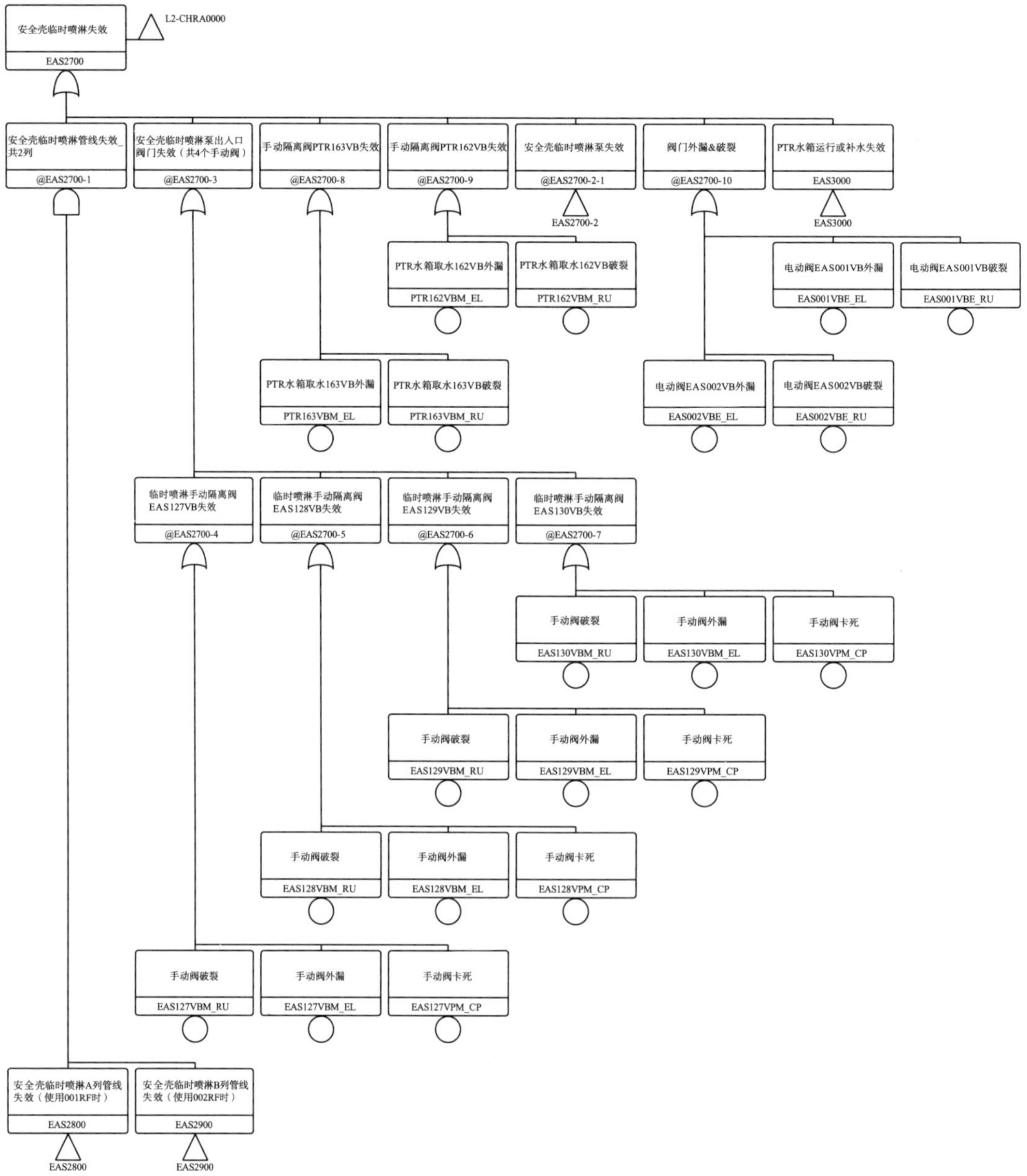

图 6　安全壳临时喷淋系统模型

3.2　结果分析

在功率运行工况下，模型中故障树和各释放类的分析结果如表 1 和表 2 所示。

表 1　各释放类结果

序号	描述	临时喷淋	点估计值/（/堆年）	优化后变化量
1	安全壳保持完好	考虑	7.83×10^{-7}	+16.7%
		未考虑	6.52×10^{-7}	

续表

序号	描述	临时喷淋	点估计值/（/堆年）	优化后变化量
2	IVR 失败情况下的安全壳过滤排放	考虑	1.00×10^{-9}	-3970%
		未考虑	4.07×10^{-8}	
3	IVR 成果情况下的安全壳过滤排放	考虑	8.30×10^{-9}	-1562%
		未考虑	1.38×10^{-7}	
4	安全壳晚期超压失效	考虑	3.14×10^{-11}	-1855%
		未考虑	6.14×10^{-10}	
5	大量放射性释放	考虑	2.79×10^{-7}	-0.43%
		未考虑	2.81×10^{-7}	

表 2　故障树分析结果

序号	故障树题头描述		点估计值（/堆年）	备注
1	安全壳长期热移除失败	考虑临时喷淋	2.39×10^{-5}	
		未考虑临时喷淋	2.60×10^{-03}	
2	安全壳临时喷淋系统运行失效		7.55×10^{-03}	已考虑 6 h 内无法接入临时喷淋的人误概率
3	PTR 水箱运行或补水失效		1.82×10^{-6}	

由表 2 可知，临时喷淋的使用提升了安全壳完好的概率，降低了安全壳晚期超压失效、安全壳过滤排放投运和大量放射性释放频率，这是因为临时喷淋提供了额外的安全壳降温降压手段，大幅地降低了安全壳热移除失效概率。同时，PTR 水箱的运行与补水失效概率较低，即表示临时喷淋系统能够得到可靠的水源支持。

4　对导则策略的影响

临时喷淋系统的设计不仅降低了安全壳长期热移除的失效概率，而且还丰富了 SAMG 和 EDMG 中的策略，提高了核电厂应对极端事件或严重事故的能力（表 3）。

表 3　临时喷淋和 PTR 水箱补水对导则的影响

	序号	导则名称	使用系统	措施 & 目的
SAMG	1	减少裂变产物释放	临时喷淋	降低安全壳内温度和压力，从而降低安全壳泄漏量
	2	控制安全壳状态	临时喷淋	在识别安全壳的首选热阱时增加了“临时喷淋手段”
	3	向安全壳注水	临时喷淋	使用临时喷淋手段向安全壳注水，以保证安喷/安注再循环可用，对 RPV 外的堆芯熔融物进行冷却并洗涤放射性产物等
	4	安全壳卸压	临时喷淋	在识别安全壳的首选热阱时增加了“临时喷淋手段”
	5	减少裂变产物释放	PTR 水箱临时补水	增设 PTR 水箱应急补水措施，通过 PTR 水箱补水为喷淋泵提供水源等

续表

序号		导则名称	使用系统	措施 & 目的
EDMG	6	控制安全壳状态导则	临时喷淋	与 SAMG 中策略相同
	7	就地执行导则	PTR 水箱补水	利用 SEF 水箱依靠重力向 PTR 水箱补水
	8	向一回路注水	PTR 水箱临时补水	启动消防车向 PTR 水箱注水

5 结论

本文以二代改进型核电厂田湾核电厂 5、6 号机组为研究对象，利用 RS 软件定量地模化了安全壳临时喷淋和 PTR 水箱临时补水过程，得到如下结论：

1）临时喷淋系统的失效概率较低，且考虑此系统后可大大降低安全壳长期热移除的失效概率；

2）临时喷淋系统和 PTR 临时补水系统的设计可降低核电厂大量放射性释放频率，降低核电厂晚期超压风险以及安全壳过滤排放系统的需求概率，并大大降低某些序列导致大量放射性释放的可能性，如安全壳晚期超压等；

3）临时喷淋系统和 PTR 临时补水系统的设计可为 SAMG 和 EDMG 提供补充策略，丰富了核电厂应急事故处理的手段。

参考文献

[1] 张渝,余红星. 安全壳内 MSLB 事故下的质能释放与安全壳行为分析[J]. 核动力工程,2002(23):40-43.

增设二次侧非能动冷却系统改进项蒸汽管道布置设计与优化

李利娟[1]，肖　赞[1]
（1. 中国核电工程有限公司郑州分公司，北京 100840）

摘要：本文基于田湾核电厂 5、6 号机组项目中增设二次侧非能动冷却系统（PRS）改进项的布置设计实践，重点针对蒸汽管线布置设计中的难点进行分析，通过对管道和支架的布置设计进行优化，降低了管道应力和支架埋板载荷，解决了管道假想破裂分析和防甩件设置的难题。并根据实际布置设计对上游系统专业进行了优化反馈，使 PRS 蒸汽隔离阀设计为在系统备用状态下保持关闭，提高了机组正常运行时 PRS 的安全性。

1　引言

根据 HAF102《核动力厂设计安全规定》，按照《福岛核事故后核电厂改进行动通用技术要求（试行）》，在 0603 项目设计中，增设二次侧非能动冷却系统（PRS，改进项编码 TW-M-028）。该系统被设计为，在发生全厂断电事故叠加辅助给水系统汽动泵系列失效事故和全部丧失给水事故工况下，在不超过冷却剂压力边界设计条件的前提下，该系统可以通过蒸汽发生器以非能动的方式导出堆芯余热及反应堆冷却剂系统各设备的储热，在 6 h 内保证反应堆的安全。并通过非能动应急高位冷却水源系统对 PRS 换热水箱补水，以满足 PRS 系统在事故后 72 h 内持续排热的要求。通过增加这一冗余冷却手段，能够丰富 0603 项目的严重事故预防措施，加强纵深防御，进一步提高机组的运行安全性。

本文结合对 PRS 蒸汽管道布置设计与优化实践，通过对布置设计难点进行分析，结合管道力学计算报告，兼顾布置设计对上下游各专业的影响，不断调整优化布置方案，最终确定了详细布置设计方案。

2　PRS 系统初步布置设计

2.1　系统总体布置情况介绍

本项目 ET 厂房在结构上与原来的功能发生较大变化，根据新的功能调整布置条件，按抗震 Ⅱ 类建筑物进行了重新设计。PRS 换热水箱布置在 ET 厂房顶部，水箱有效容积为 400 m^3。3 台应急余热排出冷却器并排布置在水箱底部。蒸汽管线在与应急余热排出冷却器入口封头相连接处设置 U 形水封，以避免机组正常运行期间蒸汽热量的损失，PRS 初期流程图如图 1 所示。

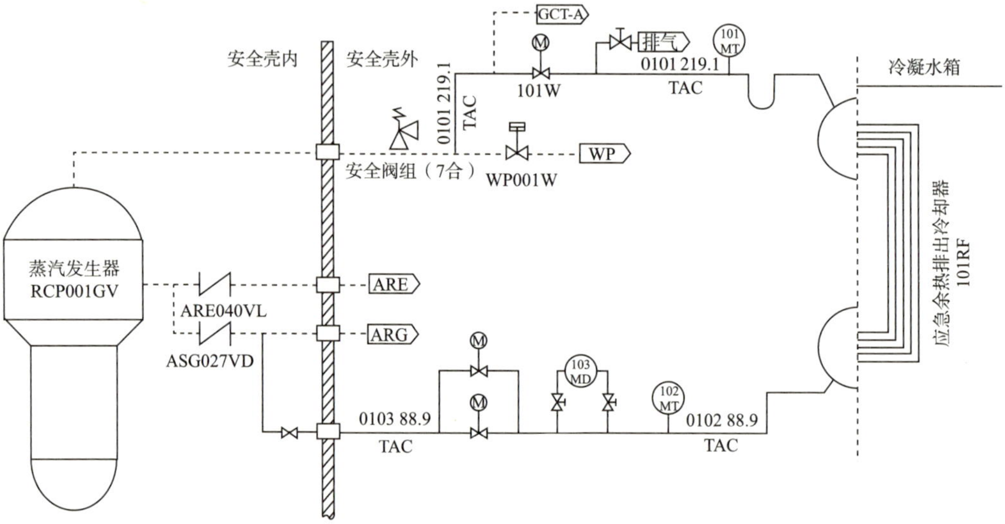

图 1　PRS 系统初期流程图

PRS 的蒸汽管道从电气厂房原 GCT-A 系统在超级管道的接口处引出，3 个蒸汽管道在室外架空布置，绕过龙门架进入到 ET 厂房的凝结水箱间，并接入各个应急余热排出冷却器。

各个应急余热排出冷却器的冷凝水管道室外架空布置，分别经过新增的 PRS 贯穿件进入安全壳内的各个蒸发器间，连接到辅助给水管道的止回阀前。位于 ET 和安全壳之间的室外冷凝水管道设置伴热。蒸汽管道和冷凝水管道上设置相应的疏水排气管线。冷凝水管道上的文丘里管和隔离阀，均布置在 ET 厂房。

2.2　布置设计原则和要点

PRS 蒸汽管道，因其与主蒸汽管道直接相连、管内介质参数高、管壁较厚、管线上有大型隔离阀、穿越厂房较多且需沿安全壳外架空敷设，布置条件苛刻，布置设计面临的困难较多，是 PRS 改进布置设计与优化的重点。

改进项布置及优化工作需坚持的基本原则：严格按照系统流程图的要求对系统设备、管道、阀门的布置进行优化设计，在确保机组运行安全的同时，既能充分发挥系统所需实现的基本功能，又要尽量减少本系统的布置物项对周围空间已有系统设备或结构实体造成的不利影响，同时尽可能多地节约工程投资及运营维护成本。根据上述原则，布置设计要点如下：

1）PRS 管道应从主蒸汽隔离阀和主蒸汽安全阀之间的超级管道上引出，引出位置需与主蒸汽隔离阀保持实体隔离，同时不应增加新的接口。因此应利用原 GCT 系统管道接口，且需将接口外径由 168 扩大为 219，PRS 蒸汽管道接入 GCT 管道的隔离阀前。

2）PRS 蒸汽隔离阀为电动闸阀，应布置在 LW 厂房内。且要考虑检修方便，应布置在 19.4 m 钢平台上方的水平管道。管道沿房间墙体布置，以方便支架生根。并需避让 VVP 安全阀排气管道、安全阀检修吊车及 GCT 供气储罐等诸多物项。

3）管道在室外应沿反应堆厂房外壁架空布置，需在安全壳外壁新增埋件以满足支架生根要求。管道在穿越龙门架和设备闸门生物防护门之间标高在 27~28 m 的“咽喉”部位时，应确保不与设备闸门生物防护门发生干涉，不影响龙门架 70 T 吊车的正常使用。

4）管道布置路程尽量短，以尽可能多地减少管路介质流动阻力。蒸汽管道和冷凝水管道应设置合适的坡度满足蒸汽疏水和非能动自然循环的建立。3 根独立的蒸汽管道自起始端和主蒸汽管接口处，至末端应急余热排除热交换器，管道不允许局部下凹或隆起，而应一路向上倒坡布置；3 根独立的冷凝水管道自起始端余热排出热交换器出口，至末端与 ASG 辅助给水管道接口处，管道同样不允许局部下凹或隆起，而应一路向下顺坡布置。

2.3　管道初步布置设计问题分析

按照上述布置原则和布置要点，布置专业完成了 PRS 系统从超级管道接口至 ET 厂房非能动冷却器之间的蒸汽管道初步布置设计（图 2）。

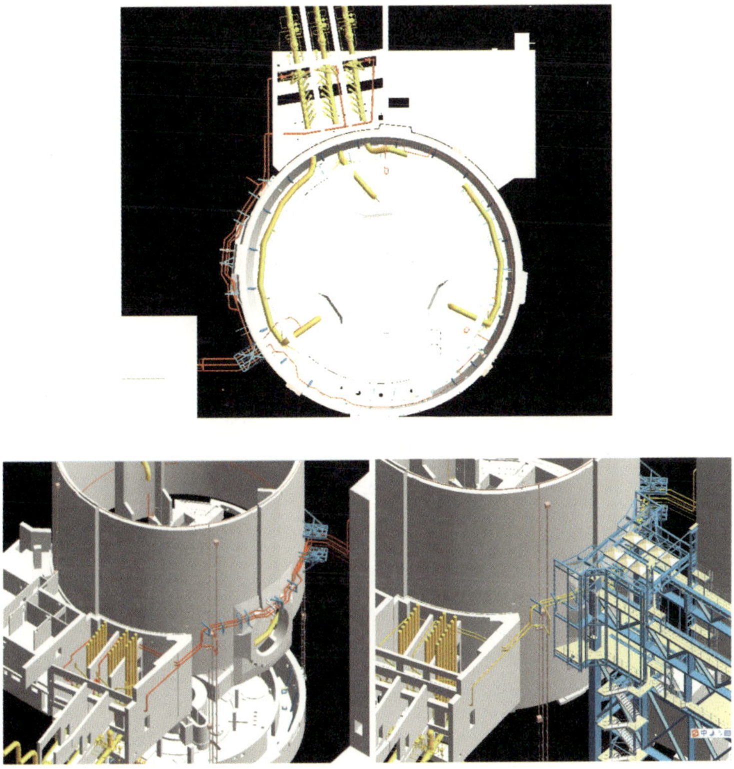

图 2　PRS 系统管道初步布置设计三维图

布置专业提出力学计算条件给力学专业进行管系应力分析，随后根据力学计算结果向结构专业提供了安全壳外壁新增埋板的中心载荷条件，并针对初步布置设计方案，组织了一次公司级专家评审。在此过程中，暴露出初步布置设计存在的下述问题：

1）蒸汽管道壁厚为 18.26 mm，壁厚较厚，固有刚度比较大。管内介质为主蒸汽，管道设计温度为 316 ℃，设计压力为 8.6 MPa，在管系力学计算中二次应力超标。为降低二次应力，管道需增加比较大的膨胀弯。然而管道布置路径必须经过龙门架与 RX 设备闸门生物防护门之间的“咽喉”地带，无水平横向弯曲布置的空间，又不能竖直上下弯曲布置

(蒸汽管道不能有低点)。同时增加膨胀弯会导致管程增加较多，这在增加了系统非能动自然循环阻力的同时，又降低了管道的抗震能力。需优化管道走向与支架设置，重点解决管系阻力、柔性和抗震三者的平衡问题。

2）根据力学返回的计算结果，向反应堆厂房结构专业提供新增埋板条件。但因经管道力学分析计算后得出的支架载荷过大，且3根管道并列布置通过RX设备闸门生物防护门上方，支架生根点位过于集中。其中受力最大的固定支架生根在安全壳设备闸门上方，该处是安全壳受力危险区域，预应力钢筋束布置密集，容易破坏设备闸门洞口安全壳体原有的强度。另外因载荷过大而造成埋板尺寸过大，部分埋板位于设备闸门加厚区斜面上，该处为变截面异型结构，无法布置较大埋板。结构专业对新增埋板的载荷和埋板的尺寸，表示无法接受。需通过调整布置降低支架受力，同时降低支架生根用埋板的载荷和尺寸(表1)。

表1　按照初步布置设计方案计算出的支架埋板中心受力

序号	支架编号	功能	埋件尺寸	埋件中心载荷（N，N. M）					
				N	Ty	Tz	Mx	My	Mz
1	PRS. 126	GL	S型埋板2000×600×25 长边竖直布置	94 792	15 215	37 622	8 490	14 903	11 099
2	PRS. 127	GL							
3	PRS. 128	GL							
4	PRS. 129	GL	非标埋件2000×600×30 长边竖直布置	149 776	32 484	92 812	18 126	23 538	24 655
5	PRS. 130	GL							
6	PRS. 131	GL							
7	PRS. 120	PF	S型埋板2000×600×25 长边水平布置	10 7360	32 268	12 972	14 177	38 983	58 023
8	PRS. 121	PF	P型埋板1200×600×35 长边水平布置	13 489	80 802	82 090	5 602	4 672	108 170
9	PRS. 122	PF							
10	PRS. 123	BV	N型埋板1000×600×30 长边水平布置	86 181	49 359	20 550	2 232	17 296	5 126. 3
11	PRS. 124	PL							
12	PRS. 125	GL	K型埋板600×600×30	12 650	0	21 774	10	11 518	6

3）横跨ET楼与RX之间架空布置的管道长度约12 m，因无管道支架生根可用的结构实体，初步布置设计中支架分别生根在两端构筑物上，造成支架间距较大，管道一次应力超标且抗震能力很差。需考虑在ET楼和安全壳之间增设支架生根用钢结构。

4）根据专家评审会结论，PRS中的蒸汽隔离阀PRS101VV/201VV/301VV在机组正常运行阶段保持常开，从PRS蒸汽隔离阀到ET厂房换热器之间的管道，均充满高温高压蒸汽。根据RCCP相关章节的定义，该段管道被划定为高能管道（RCCP对高能管道定义为：在机组正常工况下，运行温度超过100 ℃或者运行压力超过2. 0 MPa表压的管道，但是，符合上述条件但不超过系统总运行时间的2%，或者核电厂总运行时间1%的管道除外）。对于高能管道的布置设计，按相关法规要求需进行管道假想破裂分析。为防止高能管道破裂影响主蒸汽隔离阀关闭，或防止三路管道破裂后的相互影响，需设置甩击限制器或者进行实体隔离。且 PRS 蒸汽管道敷设在室外，存在受到意外飞射物撞击导致管道断裂的风险。

而布置面临的实际问题是，由于管道布置空间情况复杂，无法实施限制高能管道破裂后的布置预防措施，如空间上的分隔（距离）、实体分隔（混凝土墙）或设置防管道甩击约束件（止挡、支承、锚固点等）。且新增甩击限制器有可能在安全壳外筒壁上生根，载荷较大，对安全壳的完整性有影响。

3 对蒸汽管道初步布置设计的优化

为解决上述问题，需对蒸汽管道布置设计进行优化，以达到优化的最终目的：更有利于系统功能的实现，更有利于系统结构的安全。

3.1 优化工作的实施

1）解决管系阻力、柔性和抗震三者的平衡问题

经对初步布置设计的管道力学计算报告进行分析，为有效降低二次应力，在合适位置增加横向空间弯曲做膨胀弯。针对增设膨胀弯后管道支架的抗震能力不足的问题，经布置专业与力学专业讨论后，决定在 WX 厂房内部增设阻尼器，增加管系的抗震能力。对于增加膨胀弯，可能对管系非能动自然循环阻力造成的影响，通过 FLUENT 软件计算，确认增加的膨胀弯对非能动自然循环的影响可以忽略不计。膨胀弯和阻尼器的增设，不只解决了管系二次应力过大的问题，同时也显著降低了生根在安全壳上的支架载荷，更有利于减少埋板中心的受力和安全壳结构的安全。

2）减少埋板中心受力

根据上文描述，初步设计布置方案计算出的支架埋板中心受力过大，结构无法接受。经分析上述支架的力学计算报告，以受力最大的 PRS. 131 为例，其事故工况下的载荷，主要来自安全停堆地震（SSE）事故下管道运行自重。可以通过调整支架功能和位置，增设支架的办法，来降低 SSE 和管道运行自重作用在支架上的载荷。支架功能的调整，还要确保不影响管系的热胀，不增加管系各点的应力水平。因考虑龙门架和设备闸门生物防护门的影响，三路 PRS 蒸汽管道并排敷设，相互间距较小，在初步布置设计方案中，近一半的支架采用的是共架方式，这也是造成埋板受力偏大的因素之一。在降低支架本身受力的基础上，布置专业后期通过错开支架位置，减少共架，并修改支架形式，形成多点生根，将大块埋板分解为若干小埋板，最终控制单个埋板尺寸不超过 600×600，单个埋板中心受力，不超过它的设计承载力。经过反复调整，预埋板中心的受力如表 2 所示。

表 2 按照初步布置设计方案计算出的支架埋板中心受力

序号	支架编号	埋件尺寸	功能	埋件中心载荷（N，N. M）					
				N	Ty	Tz	Mx	My	Mz
1	PRS. 126	I 型埋板 300×300×25	BT	1 000	0	5 000	0	10 000	0
2	PRS. 127	取消							
3	PRS. 128	D 型埋板 600×600×25 长边竖直	BZ	13 000	0	5 000	0	10 000	0
4	PRS. 129	取消							
5	PRS. 130	取消							
6	PRS. 131	I 型埋板 300×300×25	GL	15 000	0	7 000	0	10 000	0
7	PRS. 120	I 型埋板 300×300×25	PF	35 989	23 824	10 467	4 435	7 750	77
8	PRS. 121	K 型埋板 600×600×30	PF	39 212	31 871	1 646	3 366	9 276	3 155
9	PRS. 122	K 型埋板 600×600×30	GL	29 278	34 171	9 770	5 987	21 987	56 311
10	PRS. 123	K 型埋板 600×600×30	BV	14 190	20 530	3 718	2 866	1 826	42 227
11	PRS. 124	K 型埋板 600×600×30	BV	5 434	32 006	6 796	1 018	2 752	55 239
12	PRS. 125	I 型埋板 300×300×25	PF	22 335	1 353	14 946	3 812	145	8 732

3）解决管道跨 ET 楼和安全壳的支架生根问题

为解决管道跨 ET 楼和安全壳之间的支架生根问题，决定在两个构筑物外墙分别布置独立的悬挑钢平台，供支架生根。因为新增的悬挑钢平台也要在安全壳上新增生根用的埋件，其埋件载荷和尺寸决定于支架对悬挑平台的载荷大小，以及悬挑伸出长度。为了减少支架对悬挑平台的载荷，并尽量减少悬挑的伸出长度，从而在不影响管道悬垂度及一次应力的前提下，对此段管道的支架布置进行了调整，在管道应力满足规范要求的前提下，尽量加大支架间距，使支架尽可能地向两端构筑物靠拢。最终确定的钢悬挑平台的外形和位置如图 3 所示。

图 3 钢悬挑平台的外形和位置模型

4）高能管道假想破裂和甩击件设置问题

（1）PRS 蒸汽隔离阀下游的系统优化反馈

考虑到高能管道布置设计问题、运行维护问题等因素，经布置专业向系统反馈，并在各种设计协调会多轮商讨，最终确定蒸汽隔离阀 1PRS101VV/201VV/301VV 在核电厂正常运行期间常闭，在阀后至水封之间充注氮气或辅助蒸汽。PRS 系统设计为严重事故预防措施，为保证系统可以快速地建立自然循环以及减少隔离阀的瞬间开启造成的管线振动，在蒸汽隔离阀增设小流量旁路，用于在 PRS 投运之前对水封前管线中氮气进行吹扫或对辅助蒸汽进行升温升压。

此外，考虑到阀门固有密封性能，单个蒸汽隔离阀的密封效果没有两个蒸汽隔离阀串联密封效果好，并且假如单个隔离阀泄露增大时，在正常运行期间无在线检修手段，会影响机组的正常运行。因此系统认为需在 PRS 蒸汽管道采用两道串联隔离阀，在两道隔离阀中间接一根小管线至 GCT 系统并设有一块压力表，如果其中一道阀门泄漏，可以通过两阀之间设置的压力表进行监测判断，待确认出泄漏阀门后可以采取处理措施，增加了运行的灵活性，也增加了运行期间在线检修的可能。

经布置专业反复研究后，认为因新增 4 个阀门，在空间上难以实现。后经与厂家沟通，并联的旁路，采用随主隔离阀供货的方式，最终的系统流程图如图 4 所示。

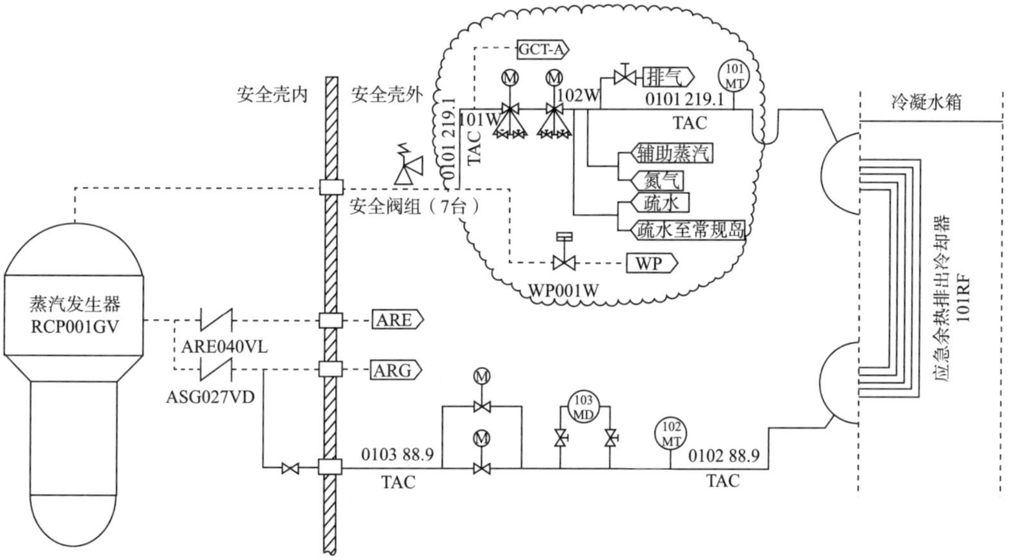

图 4　PRS 系统升版流程图

（2）蒸汽隔离阀上游管线的防甩考虑

PRS 蒸汽隔离阀在系统备用状态下保持关闭后，隔离阀上游至超级管道接口之间，仍为高能管道，应考虑管道破裂并设置防甩措施。如果满足下列设计要求，则不考虑安全壳贯穿件与安全壳隔离阀（直至并包括定义为该管系端部的管道防甩击限制器）之间的主蒸汽管系和支管的破裂：①在核电厂正常和异常工况（即有持续载荷、偶然载荷和热膨胀的情况）以及 1/2 SSE 载荷下，利用 RCCM C3650 节中的方程（7）和（10）之和算得的最大应力变化范围不超过 0.8（1.2Sh+SA）；②在本管段之外的流体系统的管段上发生假想破裂引起的载荷下，根据 RCC-M C3650 节中的方程（10）算得的最大应力变化范围不超过 1.8Sh；

因为以往力学报告中并没有对方程（7）和方程（10）之和的核算，经和力学专业协商，增加了该方程的核算。经计算，按照优化后的管道布置，对超级管道进行评定的方程，最大应力比为 0.88，故可不考虑 PRS 隔离阀至超级管道之间蒸汽管道的破裂（表 3）。

表 3　RCC-M 方程的最大计算应力（截自力学报告）

准则级别	方程	节点	计算应力/MPa	许用极限/MPa	应力比	应力比>0.9 的节点
O 级	6	108	64.35	116.4	0.55	
A 级	7	58	159.04	176.60	0.9	0.9
	9	69	65.52	354.00	0.19	
B 级	10	108	90.51	139.68	0.65	
D 级	10	69	148.34	279.36	0.53	
超级管道*		69	222.43	253.02	0.88	
水压试验	6	108	93.3	116.4	0.8	

4　结论

本文针对田湾核电厂 5、6 号机组增设二次侧非能动冷却系统改进项的布置设计，通过不断地调整优化，实现了以下目的：

1）降低了管系应力和支架载荷，提高了管系的抗震能力。同时降低了管道各处应力比，使得最大应力满足 PSAR 报告中第 3.3.2、1.1.5 节中的要求，验证了 PRS 蒸汽隔离阀上游管线假想破裂分析以及设置防甩措施的问题。

2）降低了支架作用在安全壳上的载荷，将改进项对安全壳的影响降到了最低，有利于保持安全壳的完整性。

3）解决了 ET 楼和安全壳之间架空蒸汽管道支架的生根问题，降低了管道的一次应力，提高了管道的抗震能力，并使得新增悬挑平台对安全壳设计的影响降到了最低。

4）通过向上游系统专业进行反馈，对系统进行优化，解决了 PRS 隔离阀下游管线的假想破裂问题，提高了 PRS 在备用状态下的安全性，并且通过旁路阀的设置，在事故发生时不影响系统顺利投用。

优化后的二次侧非能动冷却系统，降低了管道应力和支架受力，解决了管道假想破裂分析和防甩件设置困难的问题，并使系统布置设计更有利于保持安全壳的完整性和非能动冷却自然循环的建立，为核电厂的安全运行提供了更高保证。

参考文献

[1] 张玉龙,等.增设二次侧非能动冷却系统改进项分析报告.中国核动力研究设计院.2015.
[2] 曹思民,等.二次侧非能动冷却系统手册(PRS)第 2~5 章.中国核动力研究设计院.2015.

[3] 田湾核电站扩建工程5、6号机组初步安全分析报告第三卷第3章.中核集团江苏核电有限公司.2010.

[4] RCC-P 法国140万千瓦压水堆核电厂系统设计和建造规则.1991.

[5] 张亚男,等.二次侧非能动余热排出系统设计及验证分析.中国核电.2012.

田湾核电厂5、6号机组H4改进项工艺布置及优化设计

李翠凤[1]
(1. 中国核电工程有限公司，北京 100840)

摘要：本文描述了H4改进方案的设计详情，充分参考改进涉及的各种因素，利用PDMS软件改进了具体管道布置设计和优化，在原有物项改动尽可能小的情况下实现了管线布置的最短最优化设计，并根据实际布置设计对上游和其他专业进行了优化反馈，取消了阀门EAS041VB-EAS044VB的远传设置及其相应辐射屏蔽墙，取消了安喷泵出口处的冗余法兰，最后对H4改进后的系列管线进行了力学验证。计算结果表明：H4系列改进管线模型的所有节点应力均满足RCC-M设计规范的要求。

1 前言

核电厂专设安全系统的设计目的是防止核电厂稀有事故和极限事故进一步演变、发展为超设计基准的严重事故。专设安全系统具有应对设计基准事故的能力。事故发生后，专设安全系统能将核电厂引导到既定的安全停堆状态，以控制和限制能量释放后果，并保持对放射性危害的有效防御。

为了保证核岛专设安全系统：安全注入系统（RIS）、安全壳喷淋系统（EAS）能在事故工况下安全、稳定地发挥系统功能，保持反应堆和安全壳的完整性，本文对H4工况下的运行线路进行了改进设计，利用PDMS三维设计软件、结合相关的管道设计参数对改进后的系列管线进行了具体管道布置设计和优化，并根据具体管道布置情况对上游系统和相关专业进行了优化反馈，最后进行了相关的力学计算，确保改进方案的合理性和科学性。

2 H4设计现状

2.1 H4管线简介

在LOCA事故状态下，RIS向反应堆冷却剂系统注水，以便重新淹没并冷却堆芯，防止燃料包壳融化保持堆芯的完整性；EAS通过喷淋冷凝蒸汽，使安全壳内压力和温度降低至可以接受的水平，以保证安全壳的完整性。这种状态必须维持几个月，此工况下为了应对超设计基准事故（两列安喷泵同时丧失或两列低压安注泵同时丧失），设计了H4规程（安全壳喷淋泵或安注泵丧失）。H4规程要求对每个EAS和RIS系列投入一套固定的EAS-RIS连接管线，称为“H4连接”。每个连接都将EAS热交换器出口与相应系列的LHSI泵

吸入口相连，连接管线称为“H4 管线”。在 LOCA 事故后至少 15 天时，如果发生两台安喷泵或者两台安注泵失效的超设计基准事故时，利用 H4 管线使 LHSI 泵与安喷泵互为备用完成以下功能：向反应堆堆芯注入冷却剂（RIS 的功能）；通过一台热交换器将余热导出安全壳（EAS 的功能）。

2.2 原 H4 规程设计

原连接管道由两个系统相应系列管道的硬性连接组成：一方面将 EAS 系列 A 同 RIS 系列 A 连接，另一方面将 EAS 系列 B 同 RIS 系列 B 连接，如图 1 所示（以 A 列为例）。每个 H4 连接将一给定系列的 EAS 热交换器出口与同一系列的 LHSI 泵进口接管连接起来。由两个串联的手动阀将 EAS 与 RIS 系统隔离。在安全壳喷淋泵失效的事件中，将 H4 管线上的阀门打开，就可以使安注流量通过安全壳喷淋热交换器进行冷却，从而将堆芯余热排出安全壳。与此类似，在低压安注泵失效的事件中，上述同一连接管道使安注流量得到冷却，并维持堆芯淹没。

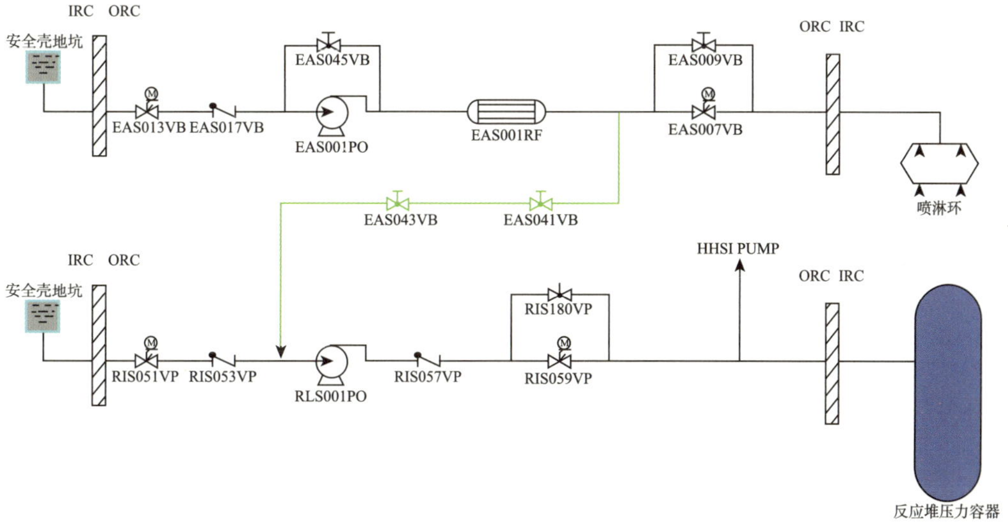

图 1　原 H4 连接方案

在 H4 工况下，不管是 EAS 泵运行还是 LHSI 泵运行，EAS 和 RIS 回路这种偏离原设计本意的使用方法要求安装专门设备（如旁通管、孔板），以改善它们的水力特性，特别对 LHSI 泵运行情况。针对 H4 连接的专门设备的要求有：每台 EAS 泵增加一个装有止回阀的旁路；每台 LHSI 泵出口端设置配备限流孔板的旁路管线，这些设备增加了核电厂的建设和维修成本。

原设计中 H4 管道位于 LHSI 泵上游，且使用频率非常低，为了防止管道内存有气体可能造成 LHSI 泵的气蚀，LOCA 事故发生后几天之内，才需要完成 H4 管线的冲水排气。以 1 号机组为例，H4 规程中需要操作的阀门布置于 K014 房间，事故停堆 7 天后 H4 管线完成充水排气动作，此时 K014 房间的剂量水平在 100~200 mSv/h 之间，H4 规程执行时房间的剂量水平在 30~80 mSv/h 之间[1]，属于辐射分区中的橙区（管理出入区），对相关操作工作人员有很大的辐射危害。

为了改进上述不足，且考虑在 LOCA 事故后长期再循环阶段之外的其他工况下也能够实现安喷、安注互为备用的功能，提高核电厂应对事故的能力，提高核电厂的安全设计水平，需要进行 H4 管线设计改进。

3　H4 管线改进方案

3.1　系统设计

针对每个系列，具体的改进方案如下（以 A 列为例，如图 2 所示）：

1）取消原 H4 管线和 EAS 泵的旁路管线。

2）新增两条 H4 管线，一条连接 LHSI 泵出口与 EAS 泵出口（EAS 换热器上游），在此称为 H4.1 管线；另一条连接 EAS 换热器下游与 LHSI 注入管线（位于 HHSI 连接点的上游）在此称为 H4.2 管线。

3）每条新增 H4 连接管线上设置两台能在主控室控制的电动隔离阀和一个限流孔板。

4）新增一条 EAS 泵和换热器的旁路管线，其上设置一台电动隔离阀，一台止回阀和一个限流孔板。

5）将原 LHSI 泵出口母管上的手动隔离阀（RIS059VP、060VP）改为电动阀，可在主控室操作。

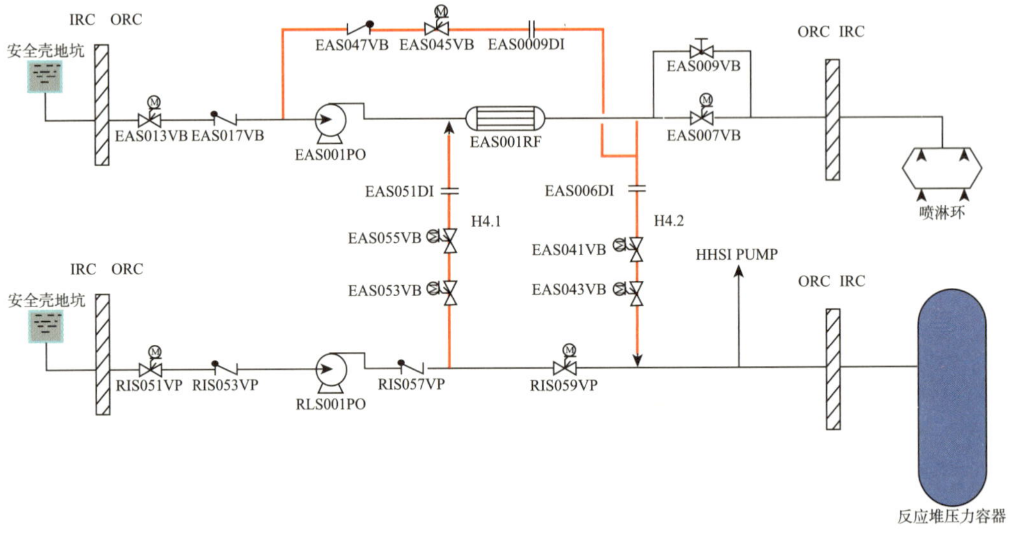

图 2　改进后的 H4 连接方案

在核电厂正常运行时新增 H4 管线的隔离阀均关闭，RIS 与 EAS 相互隔离。H4 管线内充满水，且布置在泵出口，无气蚀风险。因此 H4 管线投运前无需再进行充水排气操作，减少了操作人员进出事故区域的次数，大大降低了辐照风险。H4 规程运行时有以下 4 种运行模式：

1）在 LOCA 事故后长期再循环阶段中，若两列安全壳喷淋泵失效，可在主控室操作关闭低压安注泵出口主路上的电动阀（RIS059VP），打开两条新增 H4 管线上的电动隔离阀，反应堆冷却剂依次通过：LHSI 安全壳地坑→LHSI 泵→H4. 1 连接管线→EAS 换热器→H4. 2 连接管线→安注管线注入堆芯，实现安注系统的补水冷却功能。

2）在 LOCA 事故后长期再循环阶段中，若两列低压安注泵失效，可在主控室操作关闭 EAS 换热器出口主路上的电动隔离阀（EAS007VB、009VB），打开 H4. 2 连接管线上的电动隔离阀，打开 EAS 泵和换热器的旁路管线上的电动阀。反应堆冷却剂依次通过：EAS 安全壳地坑→EAS 泵→EAS 换热器→H4. 2 连接管线→安注管线注入堆芯。由于此工况下注入堆芯的流量小于 EAS 泵的额定流量，为了保护 EAS 泵，设置了旁通管线，实现安注系统的补水冷却功能。

3）在其他事故工况下，如需要安注冷却堆芯，但两列低压安注泵均失效，此时可以利用 H4 管线实现用安喷来备用安注的功能。此运行模式的操作方法与运行模式 2）相同。

4）在其他事故工况下，如需要安喷来冷却安全壳或地坑水，但两列安喷泵均失效，此时可以利用 H4 管线实现用 LHSI 泵来备用安喷泵的功能。在主控室操作关闭 LHSI 泵出口主路上的阀门（RIS059VP），打开 H4. 1 管线上的电动隔离阀，反应堆冷却剂依次通过：LHSI 安全壳地坑→LHSI 泵→H4. 1 连接管线→EAS 换热器→安喷管线喷入安全壳，实现安喷系统对安全壳的降温和降压，降低安全壳内空气的辐射剂量水平。

上述操作均在主控室完成，减少了人员出入高辐射剂量区域的次数，而且能够快速实现安喷安注互相备用的功能，大大增加了 EAS、RIS 在事故工况下的安全性和可靠性。

3. 2 管道布置设计方案

H4 改进设计涉及核岛的专设安全系统（RIS、EAS），其相关管线布置应满足 RCC-P、RCC-M、HAF102、HAD102 及企标 Q/CNPE. J101. 21—2010 等相关规范的布置设计要求。整体上，H4 改进系列管线的 A 列（图 2）与 B 列尽量分开布置，实现冗余备用系统的独立完整性；A 列与 B 列管线布置方案应接近或相似；一个系列（A 列或 B 列）的管线尽量分布在同一个区域内（相同的辐射分区与防火分区），如需跨区分布需考虑相应的孔洞封堵；考虑改进相关管线及附近管线的在役检查要求，方便管道后续的在役检查；考虑管道所在空间的设备、阀门运输、安装、维修及相关人员通道要求；考虑管线的应力与抗震要求；考虑改进布置方案的经济性要求。此外考虑到 H4 规程运行时（LCOA 事故后 15 天）管道实际运行压力与温度，排除了管道破裂因素与内部飞射物影响，因此 H4 布置设计时不考虑防甩击与物理隔离设计。

1）H4 改进管线布置特殊要求

改进设计在原有管道支架、设备、土建墙体、钢结构、电缆桥架、通风风管等物项布置的基础上进行，相关物项繁多，空间拥挤，如图 3 所示。改进设计时原则上考虑尽量保持改进无关物项的原始布置设计和走向。

以 1 号机组为例，H4 改进项涉及 6 条管线，分属两个系列（A 列、B 列），分别为：

（1）1RIS0010（1RIS001PO 出口管线）→1EAS0127（改进管线）→1EAS0003（1EAS001PO 出口管线，A 系列）；

（2）1RIS0009（1RIS002PO 出口管线）→1EAS0128（改进管线）→1EAS0004（1EAS002PO 出口管线，B 系列）；

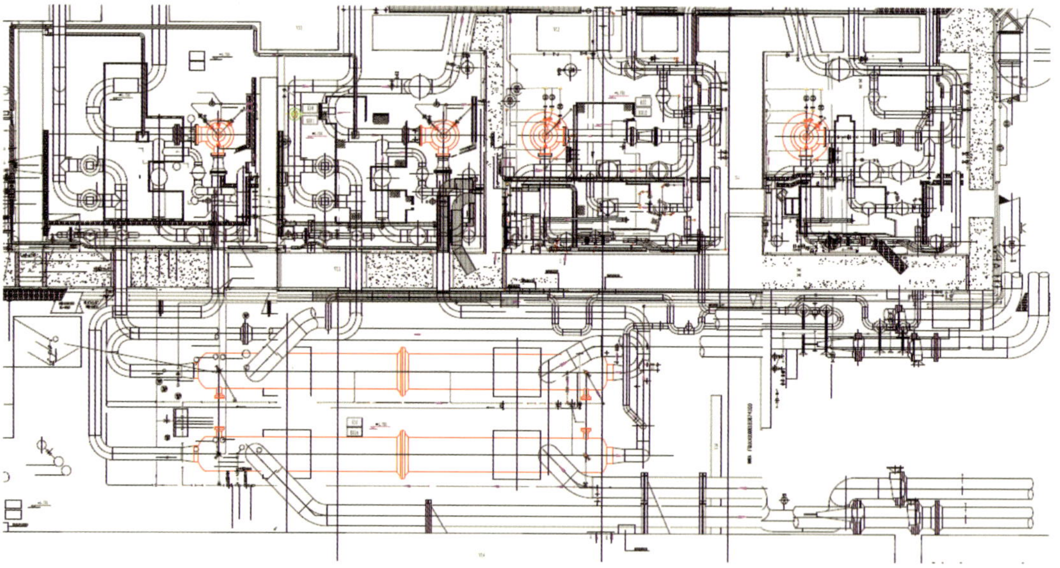

图 3　1KX 厂房-6.7 m 综合布置图（部分）

（3）1EAS0005（1EAS001RF 出口管线）→1EAS0110（改进管线）→1RIS0010（1RIS001PO 出口管线，B 系列）；

（4）1EAS0006（1EAS002RF 出口管线）→1EAS0109（改进管线）→1RIS0009（1RIS002PO 出口管线，A 系列）；

（5）1EAS0149（改进管线）→1EAS0009（1EAS001PO 进口管线，A 系列）；

（6）1EAS0150（改进管线）→1EAS0010（1EAS002PO 进口管线，B 系列）；

由此可以看出此次改进管线涉及 KX 厂房-6.7 m 布置的所有重要设备，参考取消原 H4 管线后的综合布置图（图 3）可以看出，改进管线跨度较大，布置难度较大。为实现改进设计的最优化处理，具体管道布置设计时重点考虑以下几个因素：

（1）原有布置空间：改进涉及管线布管时优先考虑从原有布置空间余量充足的地方穿行，参考取消原 H4 管线后的综合布置图可以画出改进管线布管的理想直线路线图，如图 4 所示。从图中可以看出管道穿行路径上需要注意的物项主要有其他管线、电缆、钢平台。根据参考核电厂 0426 管道三维制作图，改进涉及管线起始点标高在-6.3~4.70 m 之间，管道穿行的 K010~K013 房间的电缆桥架较少，主要为安喷泵、安注泵所在房间的电动阀门供电，底标高在-4.35 m 左右，不影响改进管线主管的走向；这 4 个房间内都设有方便阀门操作和检修的钢平台，标高在-5.79 m 左右，管道布置时应考虑从钢平台上方穿行，避免跟钢平台下方的管道阀门发生干涉，且应留有原有管线阀门安装检修所需的空间。K014、K016 房间没有钢平台但电缆较多，电缆布置在-4.9~3.5 m 的垂直空间内，管道布置时应考虑留出足够的上下或者左右空间，避免发生物项干涉，方便现场施工。

（2）管道受力：H4 改进管线设计温度 120 ℃，压力 2.3 MPa，且跟原有管线的接入点处在设备出入口附近，管道热涨应力较大。布置时相关管线与设备进出口管线相连接的地方尽量采用标准管件连接，防止应力集中；管线布置时考虑布置柔性管段，尽量避免弯头与弯头直接对接的窄 U 形管，尽量保证管道的对称分布，尽量使管道应力均匀分布。此

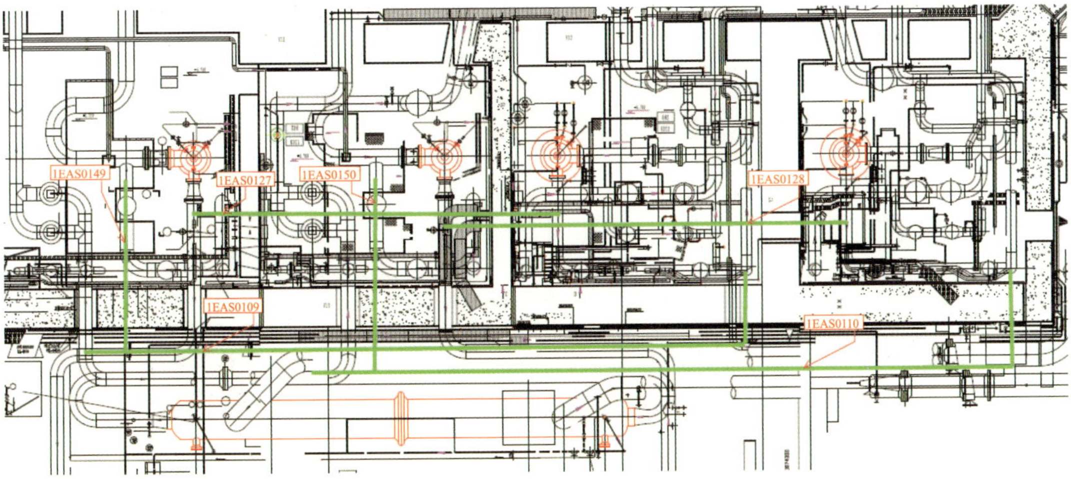

图 4　改进管线布置路径参考图

外管道布置时应考虑受力关键点处（如阀门附近、设备进出口管线接入口附近等）的支架布置设计。改进涉及管线管径较大（8″），管道应力相对较大，支架设置所需空间较大，管线布置时应充分考虑支架的整体合理性，管线不能悬空布置，即管道离上方最近的楼板、下方的地板、附近可以生根的墙体或者钢结构太远，也不能紧贴楼板或者墙体布置。

（3）电动阀门：考虑 H4 规程运行时相关操作区域的辐射剂量水平，改进项设计时把原有手动操作阀门全部改为电动驱动阀门，阀门所需安装、检修空间发生较大变化，布置时应考虑以下方面：①阀门安装、检修所需的空间。电动驱动阀门由于增加电动驱动装置，阀体上部体积增大，要求阀门布置远离墙体、不妨碍人员通行且能实现失电状况下的手动操作，电动装置应便于接近，方便阀门检修。由于阀门全部为远传阀门，阀门的远传连杆长度不应超过 4 m。②土建因素。H4 改进涉及阀门全部为电动远传阀门，设计上优先考虑垂直远传模式，即阀门通过-3.4 m 的楼板实现远传。此时需考虑 K010~K013 房间原有电动远传阀门在楼板上的开孔位置，新开孔洞应尽量跟原有孔洞保持适当距离，防止阀门过近发生干涉或影响手轮操作。此外-3.4 m 楼板上孔洞较多，还应考虑新开孔洞布置方便土建专业的配筋作业，减少改进项对土建专业的影响。③水淹因素。H4 改进项涉及阀门都为电动驱动阀门，电动装置存在水淹失效可能性，因此电动装置应设置于水淹到达不到的区域。根据参考核电厂 0426《核安全相关厂房外部水淹防护分析报告 B 版》(0426GJB307C901)，核电厂本体可以不考虑外部水淹，因此阀门电动装置只要注意内部水淹妨害，布置于严禁水淹区域或者水淹高度以上即可。

2）H4 改进管线的布置设计

H4 改进涉及管线为核岛专设安全设施的一部分，核安全等级为 2 级，属于抗震 I 类物项，管道实际布置时既要考虑管道的刚度要求（抗震性能），又要考虑管道的柔性设计（消除管道的热胀效应）。以 1 号机组 A 系列管线的布置设计为例：根据 3.2 章节 1）部分的布置要素，利用 PDMS 三维设计软件给出了 A 列管线的初步布置方案，如图 5 所示。

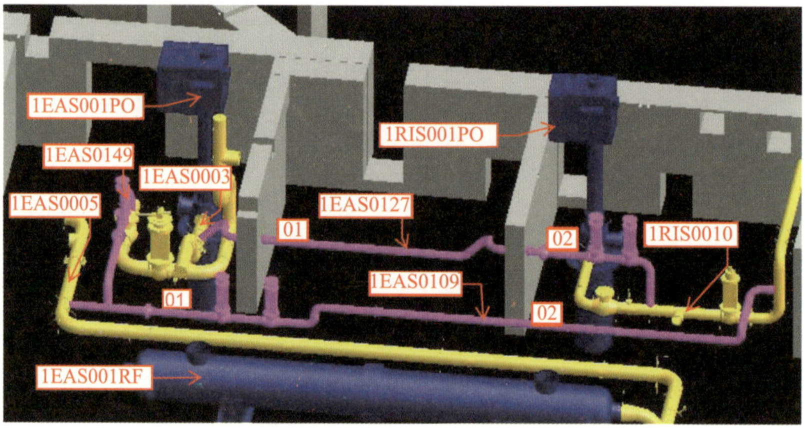

图 5　1 号机组 A 列管线初步布置方案

根据上游系统条件，管道内流体介质为含硼水，设计压力为 2.3 MPa，设计温度为 120 ℃。管线的一次应力主要考虑管材的重量、管道内流体介质的重量、管道附属件（阀门、限流孔板）的重量及设计压力的作用，这些力可通过在管段上设置滑动支架来分担。H4 系列管线设计温度为 120 ℃，二次应力主要考虑热胀的作用，通过估算新增管段的热位移来修改和优化初步管道布置方案和支架设置。此外，考虑到 H4 系列管线（8″）上阀门重量较大，需考虑阀门处的支撑需求。

管段的热位移公式为：

$$\Delta L=\alpha\times S\times\Delta t \tag{1}$$

其中，ΔL 为管段热位移（mm）；α 为管材的平均热膨胀系数（mm/mm/ ℃）；S 为管段长度（mm）；Δt 为温度差（℃）。

H4 系列管线的管道材质为不含钼低碳不锈钢 Z2CN18-10，平均热膨胀系数 α 取 16.0×10^{-6} mm/mm/ ℃，温度差 Δt 取设计温度（120 ℃）与环境温度（25 ℃）的差值。经过计算，各管管段（图 5）热位移数值如图 6 所示。从图中可以看出 1EAS109 管线整体热位移较大，应增加管段的柔性连接以减弱此管线的热位移给相接管线（1EAS0005、1EAS0149、1RIS0010）带来的影响。但由于实际布置空间的限制，无法在初步方案的基础上增加柔性连接，因此考虑通过在 1EAS0109 与管线 1EAS0005 相接处增加轴向限位支架，在管线 1EAS0149 上靠近阀门位置处设计滑动支架，在 1EAS109 上设置滑动支架来解决。管线 1EAS0127 的 01 管段热位移较大，考虑在 01 管端上设置 U 形管段以减弱对相接设备 1EAS001PO、1RIS001PO 进出口管线的影响。而管线 1EAS0149 自成 U 形结构，热位移的影响较小。

综上所述，A 列管线上的支架功能以轴向导向功能为主，滑动功能为辅，并且考虑特殊点的特殊需求。其光滑直管上的支架跨距设置参考表 1[2] 的数据确定，其他形式的管道走向采用式（2）进行简单估算：

$$L=f'\times L0 \tag{2}$$

其中：L 为支架跨距，参考表 1 中的数值；f' 为跨距折减系数（具体数值见表 2）；

$L0$：为光滑直管上的支架跨距。

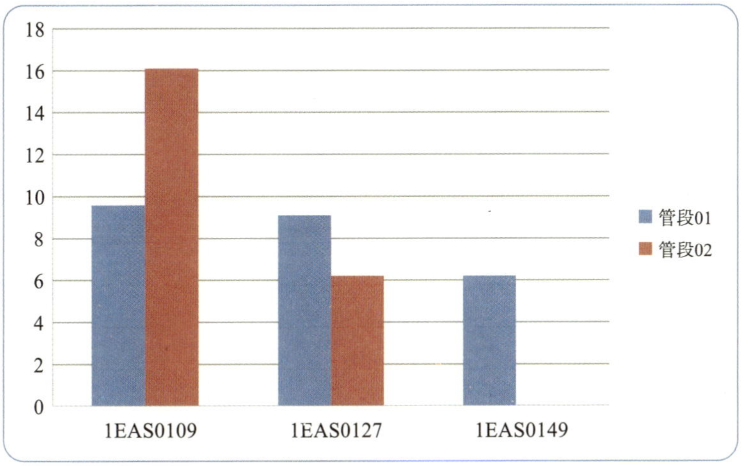

图 6　A 系列管线初步布置方案热位移估算

表 1　光滑直管支架最大跨距表

管道公称直径（ANSI 标准）		管道外径（法国标准）	真空、蒸汽、气体或压缩空气管道	水管
			推荐最大间距/m	
英寸	mm	mm	带保温层管道	带保温层管道
1	25	33.7	2.8	2.2
2	50	60.3	4	3
3	80	88.9	4.5	3.5
4	100	114.3	5	4
6	125	168.3	6.5	5
8	200	219.1	7	5.5
12	300	323.9	9	7
16	400	406.4	10.5	8
20	500	508	12	9
24	600	609	12.5	9.5

表 2　管道走向与跨距折减系数对应表

管段形式	f'（跨距折减系数）
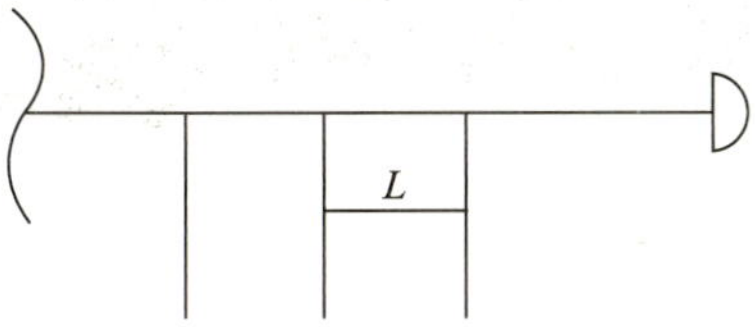	0.86

续表

<table>
<tr><th>管段形式</th><th>f′（跨距折减系数）</th></tr>
<tr><td>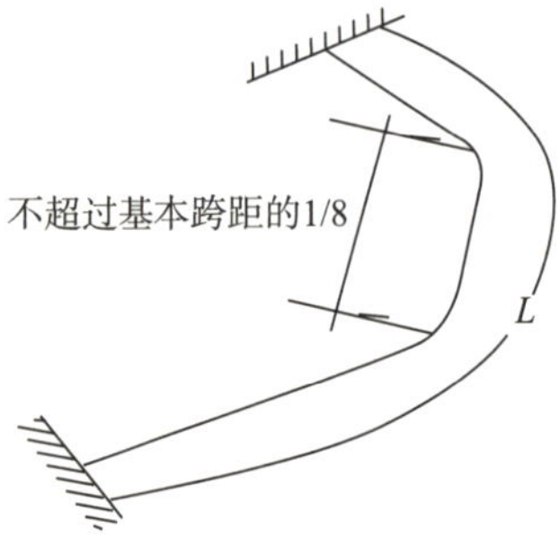
</td><td>0. 84</td></tr>
<tr><td>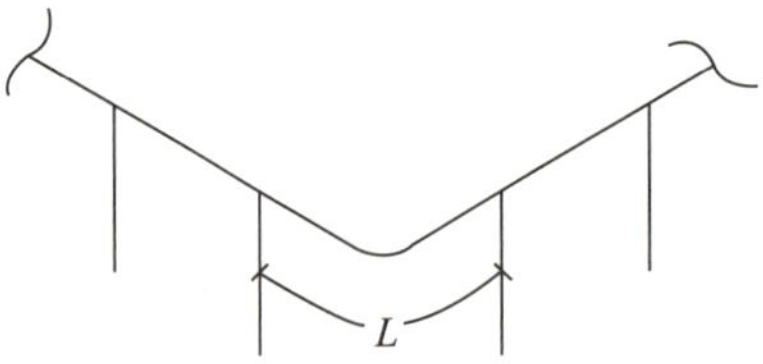
</td><td>0. 76</td></tr>
<tr><td>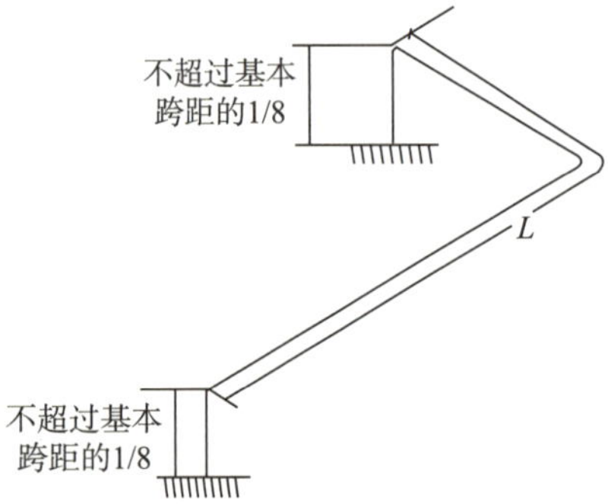
</td><td>0. 64</td></tr>
</table>

A 列管线优化改进后的布置方案如图 7 所示。1 号机组的最终布置方案如图 8、图 9 所示。

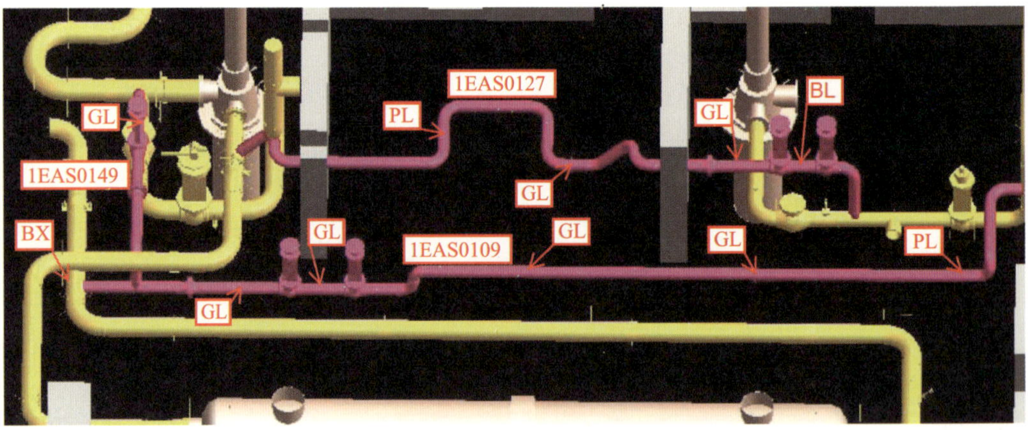

图 7　1 号机组 A 列管线优化布置方案

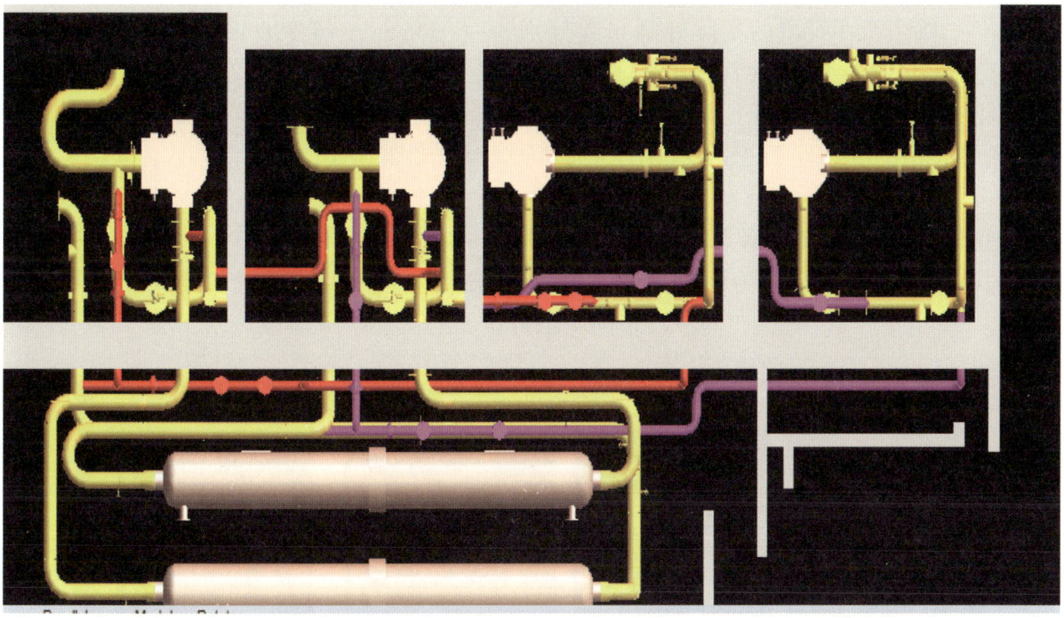

图 8　1 号机组 H4 管线最终布置方案（红色：A 系列管线；粉红：B 系列管线；黄色：与 H4 相接的原布置管线）

图 9　H4 改进后-6.7 m 综合布置图（部分）（蓝色：H4 系列管线）

从图 9 可以看出管线基本按照最短管道路径布置，基本保持了设计改进无关管线的布置不变，实现了布置空间的合理利用；尽可能减少了改进项管材的用量；并且保证了阀门布置的合理性，优化了墙体楼板开孔方案，并有效避免了物项干涉，保证后续现场施工的顺利进行。

3）管道布置方案对上游流程和其他专业的优化反馈

根据 H4 改进设计方案的原因和详情，改进管线上所有阀门均设置为电动远传阀门，方便 H4 规程启动时的远程操作，减少人员辐射，保证人员的人身安全。且远传阀门的操作装置应放置在事故后的可接近区域。但在实际管道布置时发现 EAS041VB-EAS044VB 四个阀门无法布置在 K014（K054）房间或者 K010～K013（K050～K053）房间。

以 1 号机组为例，1EAS041VB-1EAS044VB 四个阀门全部位于 K016 房间，如图 10 所示。此房间底标高-6.7 m，顶标高-0.8 m，为 H4 规程启动情况下的辐射红区（即不可接近区）[1]。阀门所在管段的实际标高布置分别为-6.306 m、-5.798 m，距离上部楼板过远；且管道上方布置有风管、电缆及其他管线，无法实现垂直远传（图 11）。根据 1EAS041VB-1EAS044VB 四个阀门布置立面图（图 11），阀门也无法穿过墙 V13 进入临近房间实现 L 型远传。且 1EAS041VB-1EAS044VB 为电动驱动阀门，H4 规程下可在主控室内实现远程操作即可，因此经与上游系统沟通，确定将 EAS041VB-EAS044VB 改为电动阀门。根据参考核电厂《内部水淹概率安全分析报告》（0426XPSAFXS04），K016、K014 房间内的设备水淹失效高度为距地面 0.8 m 处，实际管道布置的装置只要高度在此以上即可。

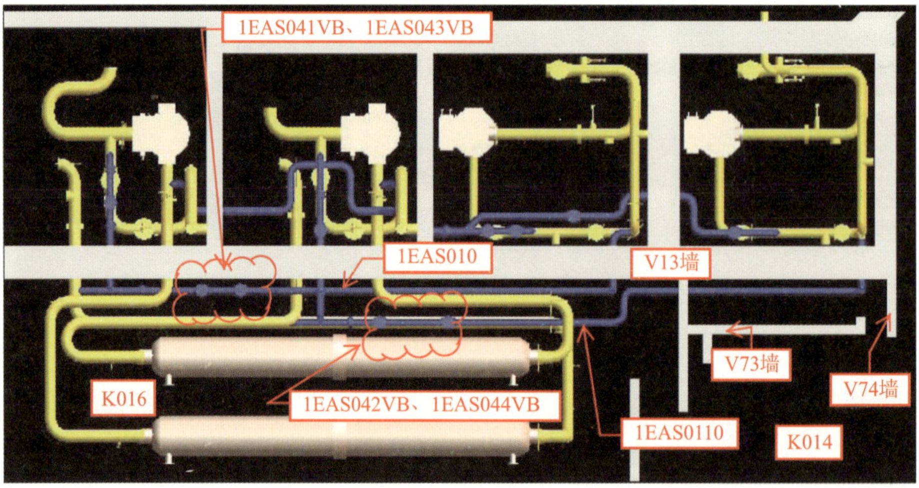

图 10　1EAS041VB-1EAS044VB 布置示意图

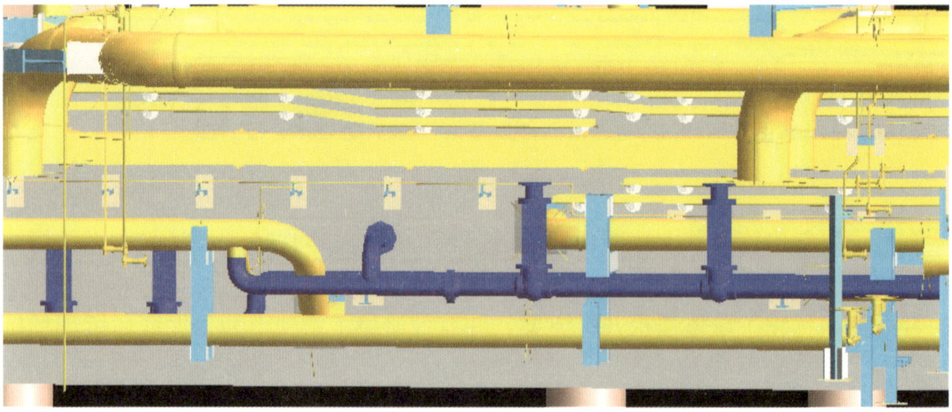

图 11　1EAS041VB-1EAS044VB 布置立面图

原有 H4 管线的远传阀门都布置在 V73、V74 围成的屏蔽空间内，如图 3 对应部分所示。改进项设计时阀门 EAS041VB-EAS044VB 改为电动阀门且布置在 K016 房间，原有辐射屏蔽墙 V73、V74 就失去了原本的作用（图 10），因此从优化布置角度考虑经与土建专业协商取消 V73、V74 墙，保持土建与工艺专业的统一。

H4 原有管线流程中，EAS001、002PO 出口管线上设有法兰，以方便泵的检修和管道拆装。但是由于布置空间的限制，实际法兰的布置在泵口的位置，以 1 号机组 EAS001PO 为例，法兰的布置如图 12（云线部分）所示。由于 EAS 泵本体同出口管线通过法兰连接，仅此就可实现泵的检修和安装。而法兰布置在此处会增加 EAS 泵出口流体阻力，增大管道介质泄漏的可能性，增加管道焊点数量，不利于管道应力的平均分布。且泵出口处仪表、接管众多，管道布置空间有限。鉴于以上原因与系统沟通，取消此处法兰，优化管道布置。

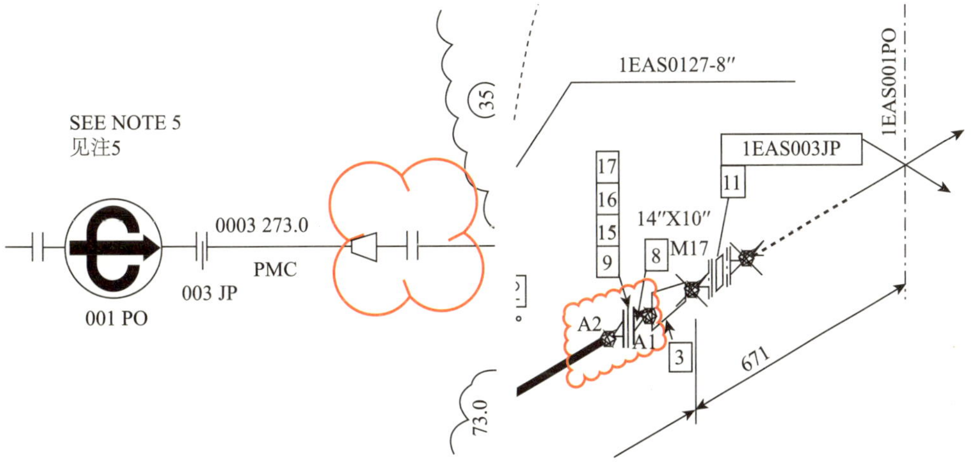

图 12　EAS 泵泵口法兰流程示意（左）与实际布置 ISO 图（右）

此外根据管道的高低走向变化，在管线的高点设置排气口，在低点设置排水口，方便管道的冲洗试压和后续冲水。

4　H4 改进设计的力学验证

为了验证 H4 改进系列管线实际管道布置方案的合理性，及其在所承受载荷（自重、设计压力、热胀、地震等）作用下的机械特性的完好性以及给出与支撑和其他附件相接处的接口数据，对 H4 改进相关管线进行了力学提资。

1）计算中采用了单层反应谱法对管道系统进行了地震分析，得到了管道系统自振频率低于 36 Hz 的各阶频率及各种工况下管道最大应力；

2）计算验证了各载荷工况下要满足的 RCC-M 准则和相应的许用应力极限，对同时按应力比值的递减顺序给出了 10 个最大应力值；

3）计算了阀门在 OBE、SSE 地震工况下的加速度；

4）计算给出了每个支撑的类型、限制自由度以及由管系作用在支撑上的载荷组，校核了管道的功能性。

结果表明：H4 改进项相关管道模型的所有节点应力均满足 RCC-M 规范的要求，RCC-M 规范要求的各个工况下的机械特性的完好性得到了证明。

5 结论

改进的H4管线保证了H4规程情况下人员的安全性，加强了H4系列管线的机动性，增强了核电厂LOCA事故后的安全性和灵活性，为核电厂的安全运行提供了保证。此次H4系列管线设计改进达到了以下目的：

1）参考各种布置因素，利用PDMS设计软件对H4改进系列管线进行了三维立体布置，在改动尽可能小的情况下，合理利用了现有布置空间，实现了布管路线的最短最优化设计。

2）根据H4改进管线的实际布置情况，取消阀门EAS041VB-EAS044VB的远传设置，降低改进费用及后续运营成本；同时取消了V73、V74辐射屏蔽墙，实现了工艺布置与土建专业的统一。

3）取消EAS泵出口管线处设置的冗余法兰，优化管线布置，改善管线的受力状况，降低流体阻力。

4）经过力学计算及分析验证，本改进项涉及管线支架均满足RCC-M规范的要求，并且不会对原安全注入系统、安全壳喷淋系统设计及功能产生影响。

参考文献

[1] 米爱军,黄树明,龙亮.事故后可接近性计算及分析报告(B版)(0426XNI-FSSJ01)[R].2013.
[2] 压水堆核岛机械设备设计和建造规则:RCC-M1993[S].

田湾核电厂5、6号机组新增PRS系统换热水箱布置优化设计分析

赵高伟[1]，刘亚春[1]
（1. 中国核电工程有限公司郑州分公司，北京 100840）

摘要：本文首先对田湾核电厂5、6号机组新增二次侧非能动余热导出系统（PRS）改进项的设计背景予以介绍，然后对换热水箱相关的重要技术问题进行综合研究分析，针对性地提出不同的备选改进方案，然后分别对其进行技术及经济分析与比较，从而筛选出合理且经济的预选方案。最后，所选最优方案在经过上下游各专业的设计验证后得以实施于本项目中。

1 引言

按照《福岛核事故后核电厂改进行动通用技术要求（试行）》，以及田湾核电厂5、6号机组总体改进策划要求，增设二次侧非能动冷却系统（PRS），能够在发生全厂断电事故叠加辅助给水系统汽动泵系列失效事故和丧失全部给水事故工况下，在不超过冷却剂压力边界设计的前提下，以非能动的方式通过蒸汽发生器导出堆芯余热及反应堆冷却剂系统各设备的储热，在6 h内保证反应堆的安全，并通过非能动应急高位冷却水源系统对PRS水箱补水，以满足PRS在事故后72 h内持续排热。

2 设备布置

2.1 应急余热排出冷却器

应急余热排出冷却器为“C”型结构，浸泡在换热水箱底部设备存储区。应急余热排出冷却器作为PRS的关键设备，共3台，分属于单台机组的3个环路，来自蒸汽发生器的蒸汽在传热管内冷凝成水，将热量传导至管外换热水箱中的水体中，应急余热排出冷却器的结构图如图1所示。

2.2 换热水箱

3个应急余热排出冷却器共用一个换热箱。该水箱设置在ET厂房的顶部，池体为混凝土内衬不锈钢钢覆面结构，池体净长约20.600 m，净宽约9.900 m，池底标高约为39.000 m，池壁高约3.0 m。水箱的有效容积满足PRS运行6 h所需的最小冷却水量，约360 m^3，并具备后续补水的措施。初设水箱为一矩形敞口容器，池体中央的局部底板下沉，呈矩形坑，用于容纳3台同型号的换热器，在正常运行及事故工况下，箱内应始终维持淹没换热器所需的最低水位，约8.2 m。

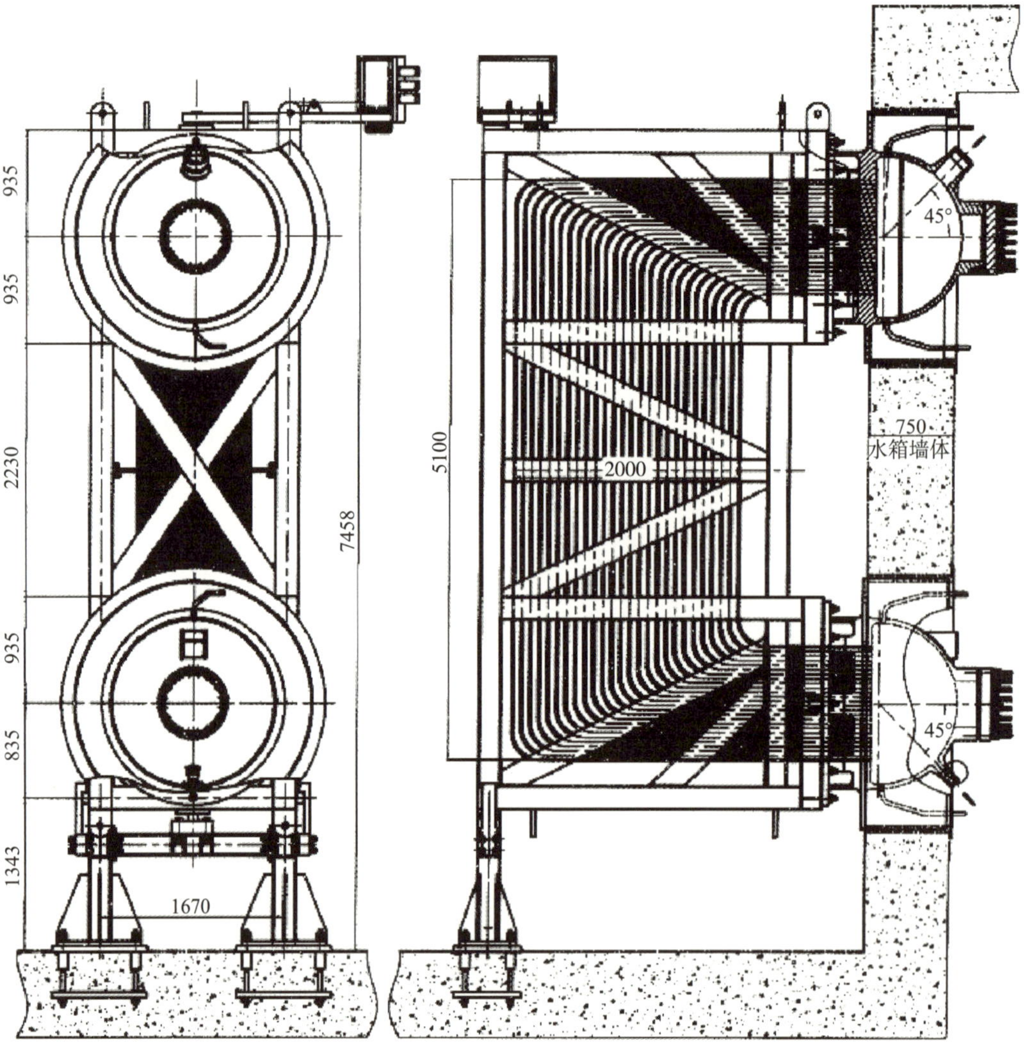

图1　卡规倾斜示意图

2.3　方案比选

1）敞口式换热水箱

根据系统功能要求，此水箱的布置高度应定为30 m，位置应尽量靠近核岛厂房。经过多专业之间的研究分析与探讨，本项目最终将此换热水箱布置在原ET楼的屋顶。ET楼的结构需在参考核电厂的基础上做比较大的修改，以满足换热水箱的布置标高及尺寸要求。ET楼的占地面积不变，但需加高楼层，楼栋总高度由原来的7.8 m修改为45.9 m，其中水箱壁高约12 m，位于ET楼的屋顶，箱顶标高为42.05 m。为了保证水箱在事故工况下能够快速实现蒸发散热，由布置专业负责将水箱设计为敞口式内衬钢覆面混凝土水池结构，如图2~图4所示。

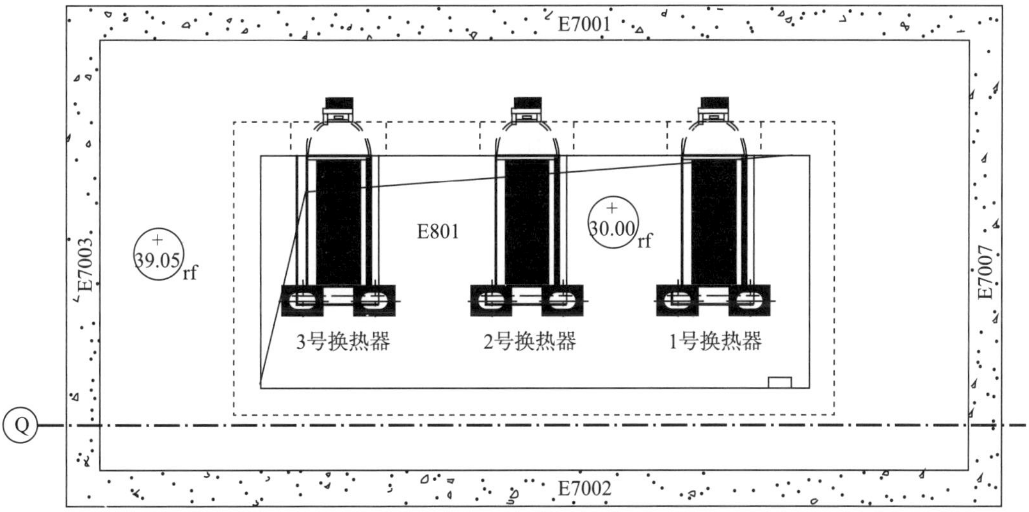

图 2　敞口式换热箱+39.05 m 平面图

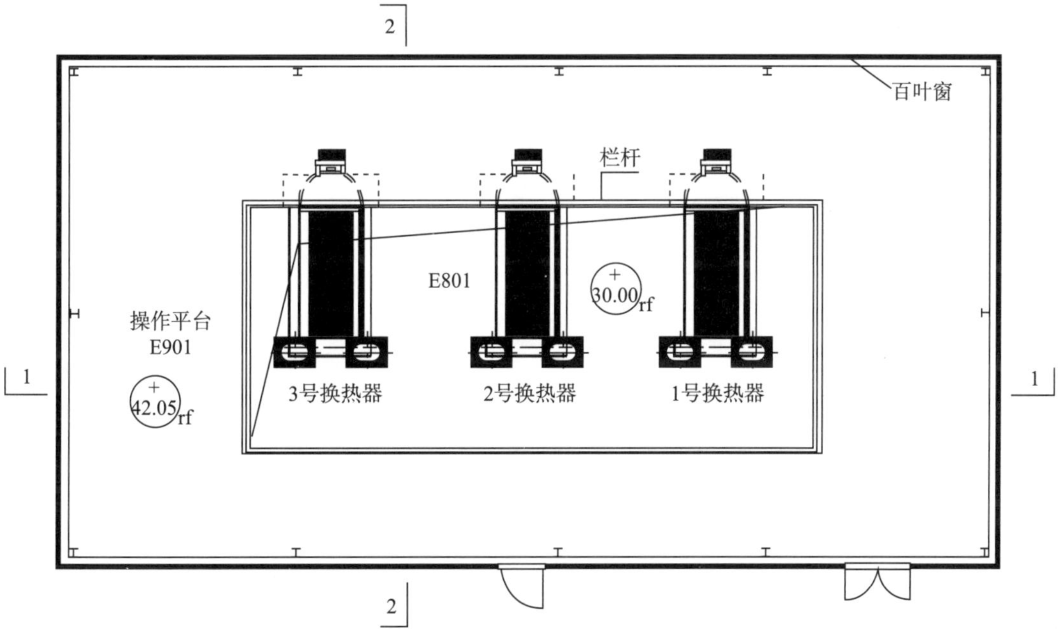

图 3　敞口式换热箱+42.05 m 平面图

水池平面呈长方形（长×宽为 20.6 m×9.9 m，池深约 3 m），池底中央区域为下沉矩形坑，用于容纳 3 台同型号的换热器（长×宽为 12.97 m×5.4 m，坑深约 9 m，高出换热器顶标高 8 m 约 1 m），以保证换热器在事故工况下蒸发掉至少 360 m^3储水后仍能处于最低水位线下的完全淹没状态，且此时所需储水量最小，以尽可能地降低对整栋建筑结构的承载力要求。池顶设计中央敞口的混凝土盖板，盖板中央敞口尺寸与水池中央下沉设备坑的平面尺寸保持一致。盖板中央敞口四周设计钢制护栏，以保证人员安全。为了保证水池内换热器设备的安全，并防止雨水进入水池，在池顶盖板四周设计钢制维护结构及防雨顶棚结构，其中维护结构墙体高 3.3 m，四周墙面上布置面积足够大的百叶窗，以满足事故工况下，水箱内水蒸气扩散至室外大气环境的通量要求。

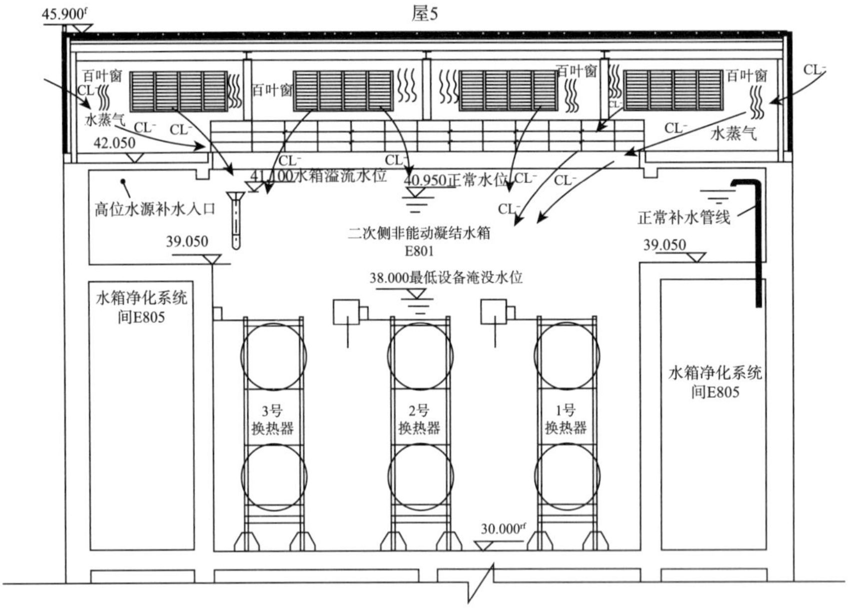

图 4　敞口式换热箱 1-1 剖面图

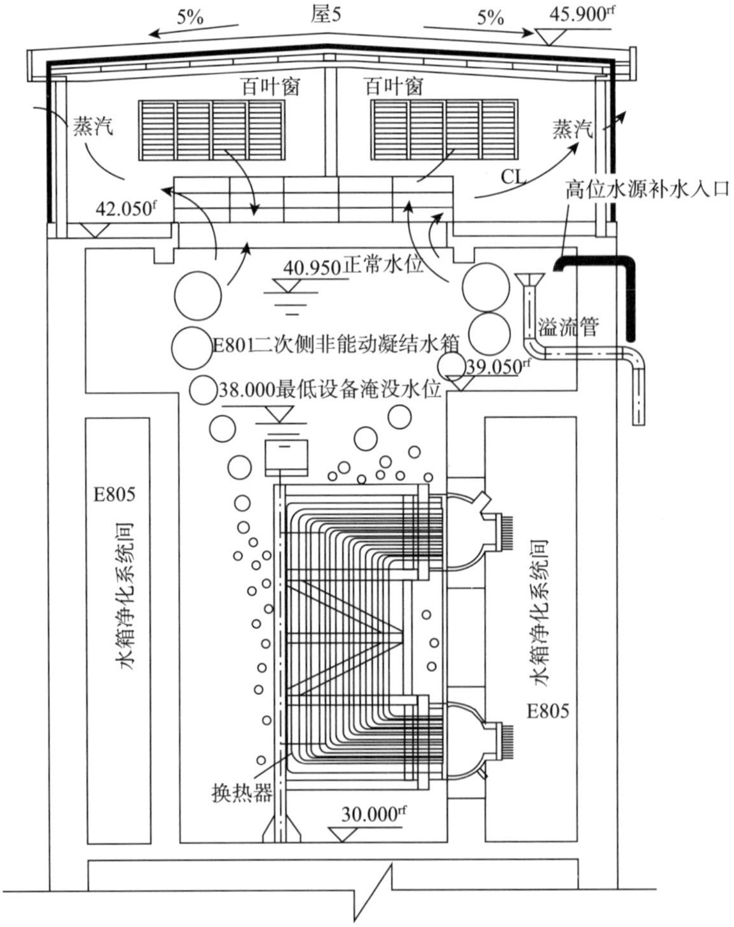

图 5　敞口式换热箱 2-2 剖面图

根据工艺流程要求，换热箱布置正常运行工况下的正常补水管路如图 4、图 5 所示，事故工况下的高位水源补水管路如图 4 所示，消防车应急补水管路、水箱泄空管路、水箱溢流管路如图 4、图 5 所示。正常补水管路依据液面自动控制系统向水池补充待机工况下水体自然蒸发产生的损失量。高位水源补水管路起始端连接高位水箱，用于补充水箱事故工况发生 6 h 后至 72 h 内的水箱蒸发丧失的水量。消防车应急补水管路用于在事故工况下的应急补水。水箱泄空管路用于水箱维护检修时放空换热箱内的储水。水箱溢流管路用于保证水箱在补水管路因自动控制系统失误而过量充水时的水位不超过最高警戒水位，从而保证整栋建筑结构的承载安全。

水箱在事故工况下的热量导出过程比较简单（图 5），即将换热器释放的热量先传输给箱内储水，然后以蒸发散热的方式通过维护结构墙面上的百叶窗将热量扩散至室外大气环境。

2）密闭式换热水箱

因本项目厂址临海，厂区大气环境中的盐分较多，为了尽量减少大气环境中氯离子等有害物质在待机工况下持续浸入换热箱，并在换热箱内富集（图 4），使得换热箱内水体中氯离子浓度不断升高，从而加速对换热器的腐蚀，经业主与中核工程（CNPE）沟通并经设计院各工种之间研究商讨，最终由郑州分公司布置专业将水箱结构设计为加盖密闭式内衬钢覆面混凝土容器，避免换热箱内水体大面积暴露在大气环境中。为了不影响换热箱在事故工况下向外界环境正常排放热量，在水箱的两个对角位置设计了两个同样大小的导热箱，每个导热箱与换热箱之间通过 3 根同型号的 U 形水封管连通，如图 6~图 9 所示。

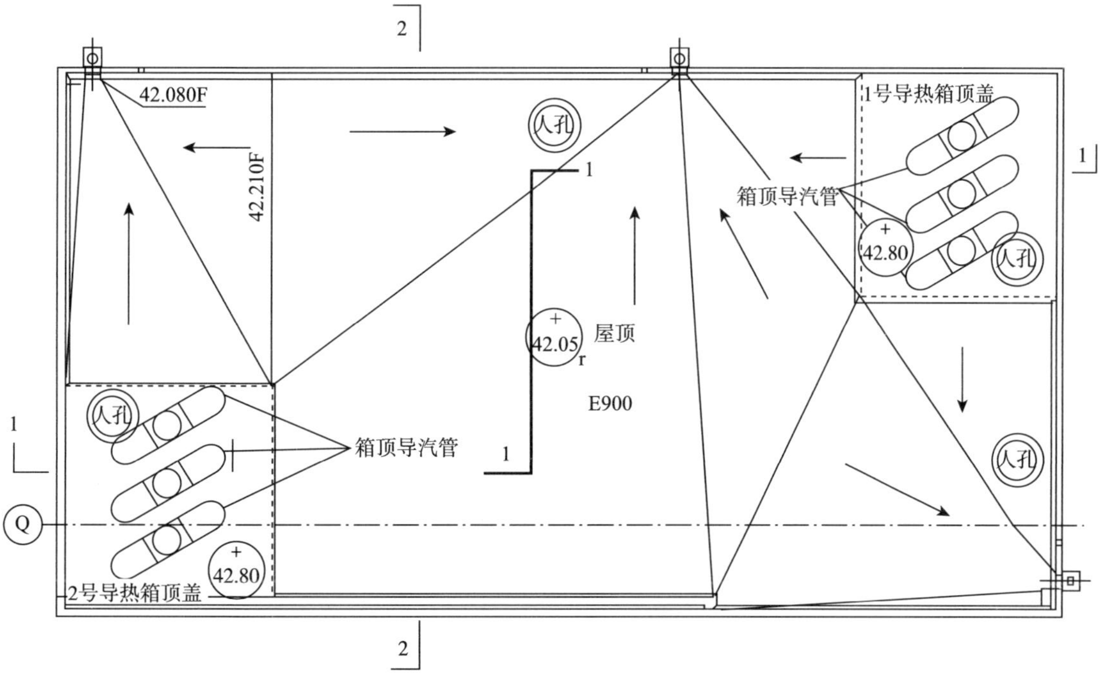

图 6　密闭式换热箱屋顶平面图

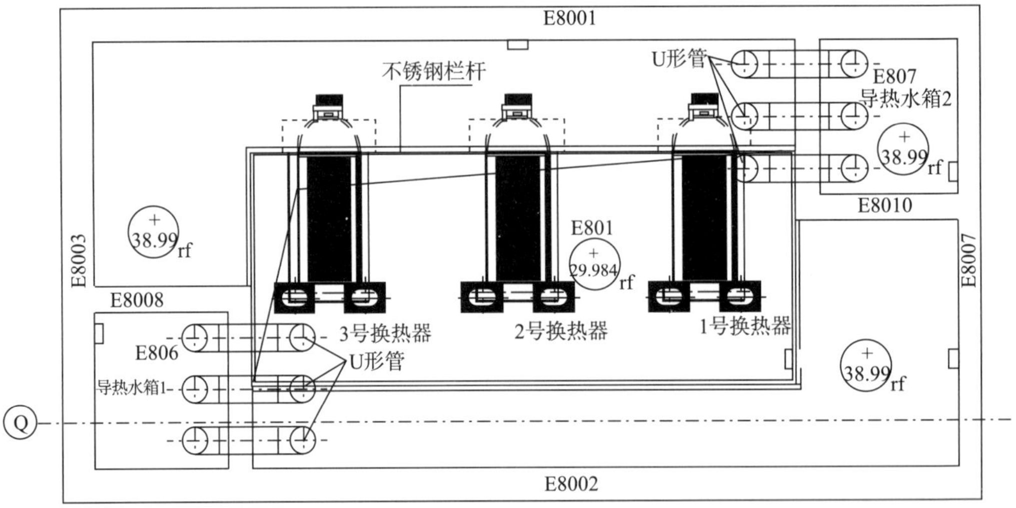

图 7　密闭式换热箱+38.99 m 平面图

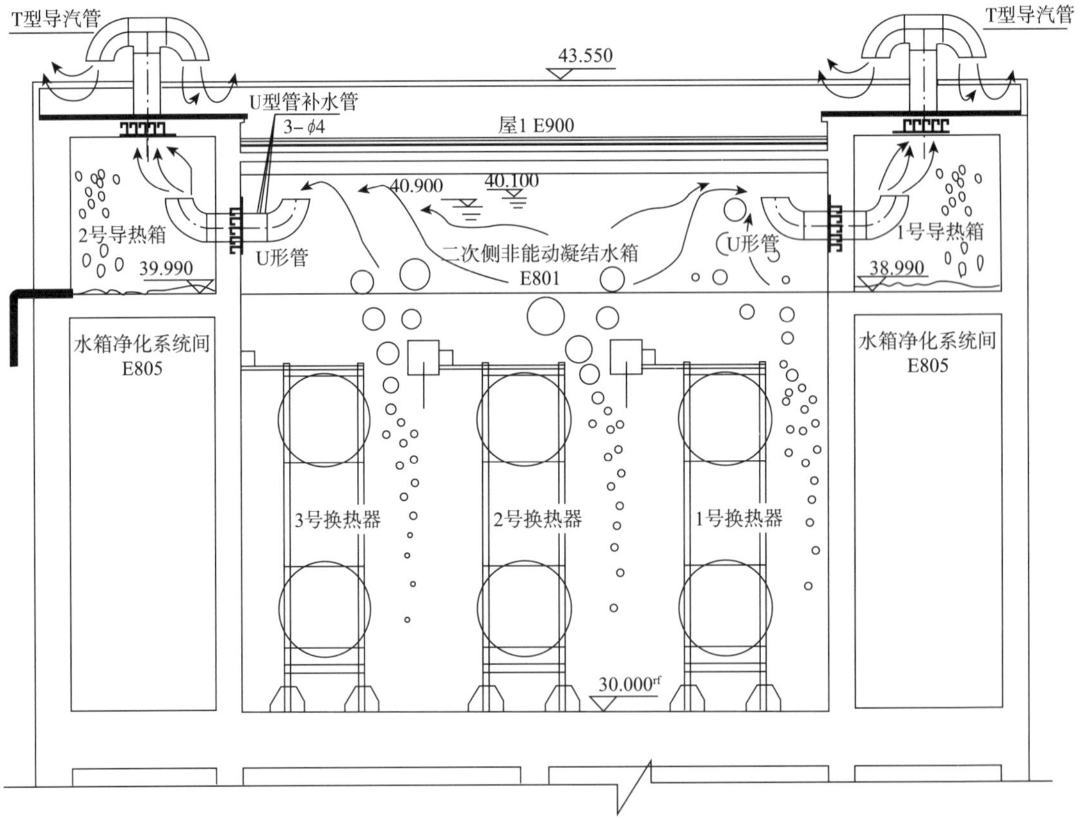

图 8　密闭式换热箱 1-1 剖面图

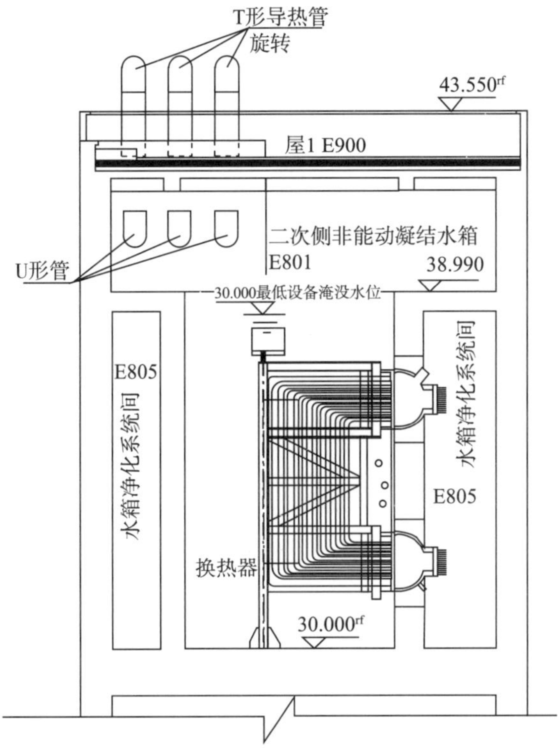

图 9　密闭式换热箱 2-2 剖面图

U 形水封管内平时为充满水状态，单根 U 形管位于换热箱一侧的水平段上侧依次钻 3 个直径为 4 mm 的孔洞，位于正常水位下方 105 mm 处，用于保证水封内的水位与换热箱内水位的一致性，从而实现水箱在待机工况下的密封效果。在事故工况下，U 形管内的部分水封存水在水箱内高压气体及水蒸气的冲击作用下，开始不断向导热箱内溅出；同时在高温蒸发机理的作用下，高于 U 形管补水孔标高的箱内大部分水体被持续不断地转换为水蒸气通过 U 形管出口释放至导热箱内，其中大部分蒸汽再通过导热箱上方的 T 形导气管扩散至室外大气环境，少量的蒸汽因导热箱内温度突降转变为液体汇聚在导热箱底，再通过箱底重力排水管排出导热箱。随着前述作用过程的持续推进，换热箱内的水面被降至 U 形管补水孔标高之下，此后，U 形管得不到换热箱内水体的持续补充，其内的残留水最终被箱内冲出的高温气流蒸发殆尽，U 形导汽管路随之被完全打开，换热箱内的蒸汽开始以最大流量通过 U 形管进入导热箱，最后以蒸汽和高温液体的形式释放至外界环境，导热功能得以实现，导热原理详见图 8。

待机工况下，U 形管内的存水会通过其出口缓慢且源源不断地蒸发至大气环境中，因蒸发作用而丧失的存水会通过入口侧 U 形管水平段 3 个补水孔得到换热箱内水体源源不断地补偿，最终导致换热箱内的水位随之缓慢下降。日积月累，当箱内水位降至正常水位（高于 U 形管补水孔 105 mm）后，触发换热箱正常补水管路自动打开，补水数分钟后，待水位升高至 U 形管入口后，U 形管内的原存水开始通过其出口溢流至导热箱内，此时触发正常补水管路自动断开，完成水箱的补水工作。因 U 形管内的存水长期不参与水箱内水体循环净化处理，水质会恶化，在待机工况下应根据 U 形管内水质检测结果，当水质恶化时，由人工手动打开补水管路，持续补水至少6 m^3，可以完成6根U形管内水体的完全更新，以保持U形管内水体的干净无污染。

3）技术经济分析比较

经过对前述两个水箱设计方案进行技术研究分析，并对其在成本、施工难易度及维护便利性方面进行比较，得出结论如表1所示。

表1　水箱设计方案综合分析表

水箱方案	投资及运行成本	技术优势	技术劣势	安全性	能动否	施工难易度	维护的便利性
敞口式	较高	导热功能的启动比较迅速	不能割断外界大气中有害物质浸入水箱水体	相对较高	导热过程可实现完全非能动	容易	比较便利
密闭式	适中	导热功能的启动相对缓慢	能有效割断外界大气中有害物质浸入水箱水体	高	导热过程可实现完全非能动	较难	不太便利

通过上述对两个方案在技术及经济性方面的综合分析比较，相对于密闭式换热箱，敞口式换热箱的运行成本比较高，具体原因为：①敞口水箱在冬季低温环境下容易结冰，且热量散失较大，需持续开启水箱加热装置，消耗较多的电能；②水箱敞口，容易导致相对多的箱内贮水在一年四季内被持续自然蒸发导致补水量加大，造成水资源的浪费；③水箱敞口，无法割断外界大气环境内有害物质（如氯离子）持续浸入水体内并富集至一定浓度，对换热器产生潜在的腐蚀作用，导致在运行阶段需频繁对箱内水体进行单独的除氯工艺操作，增加比较多的运行维护成本。相对于敞口式换热箱，密闭式换热箱在施工及维护的便利性方面存在一些弊端，主要原因是换热箱加盖后，施工难度增加，体现在顶盖支撑模板的拆卸及箱内钢覆面的施工方面，且在运行阶段对箱体内做检修维护时，通风及采光条件都比较差，需采取额外的机械通风及人工照明措施。经过综合分析比较，密闭式换热器在技术与安全方面无明显的劣势，其导热机理已在华龙项目设计阶段通过试验验证，且更具有经济性。所以最终选择密闭式水箱设计方案。

3　结论

本项目在二次侧非能动冷却系统换热箱方案的设计过程中，先后尝试了敞口式与密闭式两种设计方案，并通过对两种方案在技术、经济、安全、便利性等方面的研究分析与综合比较，得出结论——密闭式换热箱为最佳设计方案，且最终方案在土建设计与施工以及运行的可实施性方面均通过项目各参与方的分析验证和认可。

参考文献

[1] 罗新梅,盛家康.室内敞开水面水蒸发量计算公式探讨.2016.2.

[2] 赵振国. 水面散热的焓差公式及其应用.2004.2.

主泵氮气停车密封在SBO后极端严重失电事故下完整性改进

焦玉龙[1]，王志强[1]
（1. 中国核电工程有限公司郑州分公司，100840）

本文在分析RAZ与RCP系统氮气停车密封规程的基础上，设计了在SBO后极端严重失电事故下主泵氮气停车密封启动的系统改进，并确定氮气储罐规格及相关阀门的电气仪控条件，提高了SBO后超设计基准工况下的主泵停车密封整性保持能力，有助于电厂严重事故预防和缓解，提高了电厂的安全性。

1 引言

田湾核电厂5、6号机组反应堆冷却剂泵为ANDRITZ公司RCP440-TB50轴封式主泵，其第三级密封设置有氮气驱动的停车密封，若发生轴密封损害或严重的注入水故障，停车密封关闭作为最后屏障，起到防止反应堆冷却剂泄漏的作用。在SBO后极端严重失电事故下，高温高压的一回路冷却剂将经过泵轴承进入轴密封区并泄漏，主泵停车密封上游安全壳隔离阀RAZ032VZ失气关闭，此时需确保启动氮气停车密封。

2 设计改进背景

ANDRITZ轴封式主泵轴密封为三级流体动压密封，外加氮气停车密封，其结构如图1所示，其第一、二、三级密封是完全相同的流体动压密封，在第三级密封上部设置有氮气驱动的停车密封[1]。

在主泵正常运行未丧失轴封注入水时，轴封注入水以高于RCP系统绝对压力注入轴封室中，以阻止一回路冷却剂进入泵轴承和轴密封区，防止其泄漏出一回路[2]。在SBO工况下，正常轴封注入水丧失，此时核电厂设置有应急柴油机为水压试验泵机组供电，由水压试验泵机组为主泵提供轴密封注入水，防止一回路冷却剂通过轴密封泄漏出一回路。在SBO后极端严重失电事故下，水压试验泵机组供电电源也丧失，三级密封全部失效，停车密封关闭作为最后屏障，避免反应堆冷却剂向环境泄漏[3]。

当主泵正常运行时，停车密封处于关闭状态，如图2所示的环形间隙。当主泵停止转动后投入停车密封，通过氮气供应系统进行充氮，从而推动活塞向上运动，与上方的密封圈接触，从而实现密封[4]。

图3为目前田湾核电厂5、6号机组ANDRITZ主泵停车密封供氮部分的PID局部图，图中主泵氮气停车密封管线上的阀门一个是电动阀039VZ，另一个是气动阀032VZ。在

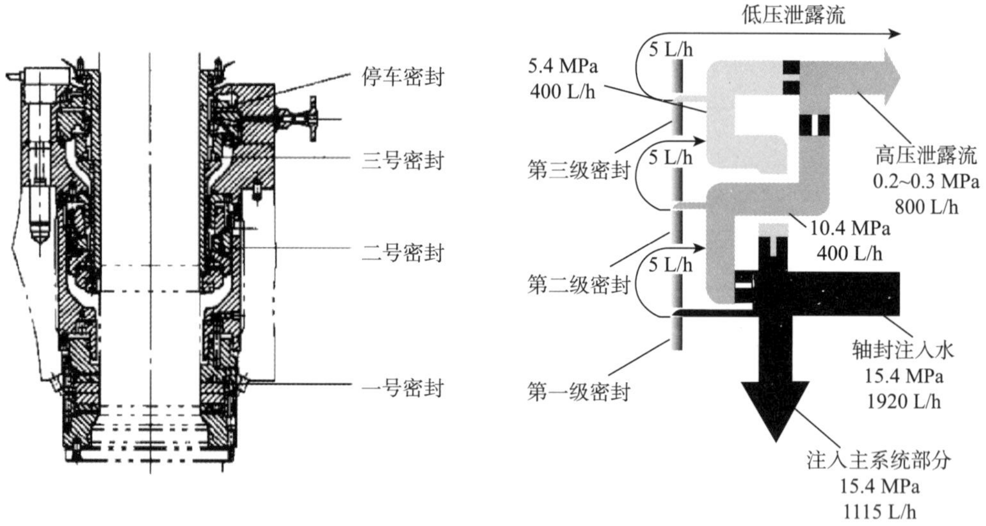

图 1 ANDRITZ 轴封式主泵轴密封示意图

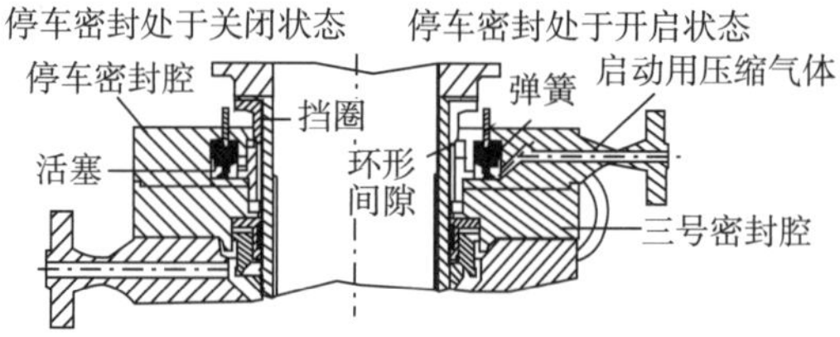

图 2 ANDRITZ 轴封式主泵停车密封

SBO 后极端严重失电事故下，为保证安全壳的严密性，安全壳外 0.7 MPa 氮气隔离阀 032VZ 失气自动关闭，无法为主泵密封供应氮气，停车密封关闭失败，则反应堆冷却剂将会通过主泵轴封泄漏出一回路边界，相当于小 LOCA 事故。

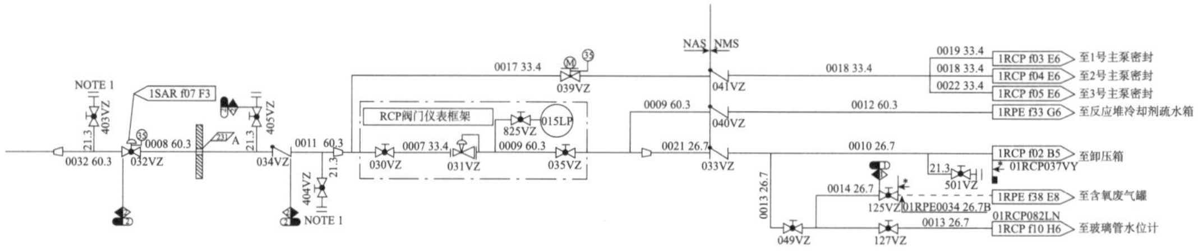

图 3 ANDRITZ 主泵氮气停车密封部分 PID 局部图

本改进为响应国家核安全局开展的核电站全厂断电（SBO）超设计基准事故条件下的预防及缓解技术方案研究要求而实施，针对性的缓解严重事故后果，进而减少对电厂外环境的放射性释放。

3 主泵氮气停车密封启动的系统流程

在 SBO 后极端严重失电事故下气动阀 032VZ 关闭后，为保证主泵停车密封氮气的供应，需于 039VZ 前增加氮气储罐及逆止阀，其系统流程如图 4 所示。

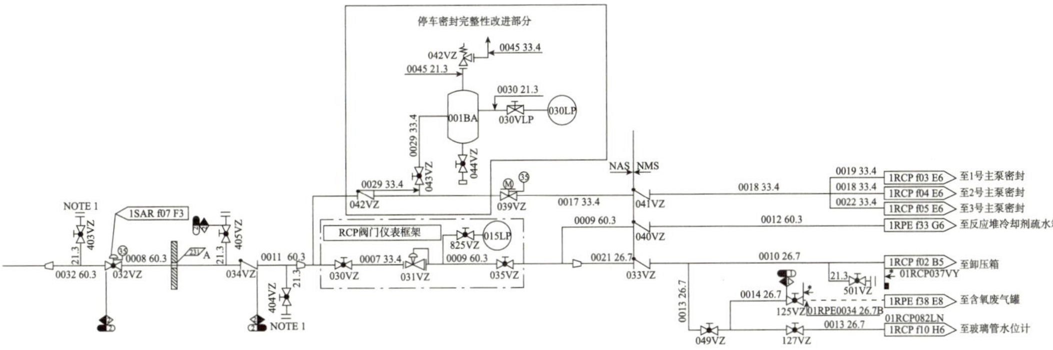

图 4 主泵氮气停车密封启动系统流程图

在主泵正常运行或 SBO 工况下未丧失轴封注入水时，气动阀 032VZ、截止阀 043VZ 开启，电动阀 039VZ 关闭，主泵密封氮气管线无氮气供应，停车密封保持开启状态。

在 SBO 后极端严重失电事故下，气动阀 032VZ 失气关闭，截止阀 043VZ 保持开启状态，电动阀 039VZ 由严重事故专用 UPS 电源系统（系统号：LAU）供电开启，主泵密封氮气管线由储罐 001BA 供气，止逆阀 042VZ 避免储罐氮气向其他管线倒流，从而实现停车密封关闭，使一回路介质与同环境隔离的最后一道屏障发挥作用，增加了主泵机组运行的可靠性。

4 相关设备设计

田湾核电厂 5、6 号机组 ANDRITZ 主泵停车密封所需氮气为 0.025 m^3，按 3 次供气能力考虑，储罐 001BA 可使用容积需不小于 0.075 m^3。根据 JB/T 4746—2002《钢制压力容器封头》[5] 及布置空间要求，可确定采用直径 400 mm 的 EHA 椭圆形封头，储罐高度为 864 mm，可使用容积为 0.1 m^3。其设备简图如图 5 所示。储罐的最高工作压力即为氮气管线的供气压力 0.6 MPa（g），材料为 Q245R，安全阀起跳压力为 1.0 MPa（g），其底部采用支腿固定。

5 电气仪控条件改进

为实现氮气停车密封，达到阻止反应堆冷却剂通过轴密封泄漏出一回路的目的，一方面要求主泵轴密封系统保持完整；另一方面要求氮气停车密封管线上的气动电动隔离阀门在必要时能够可靠动作实现隔离，这就需要给隔离阀设置可靠的供电电源及仪控控制。

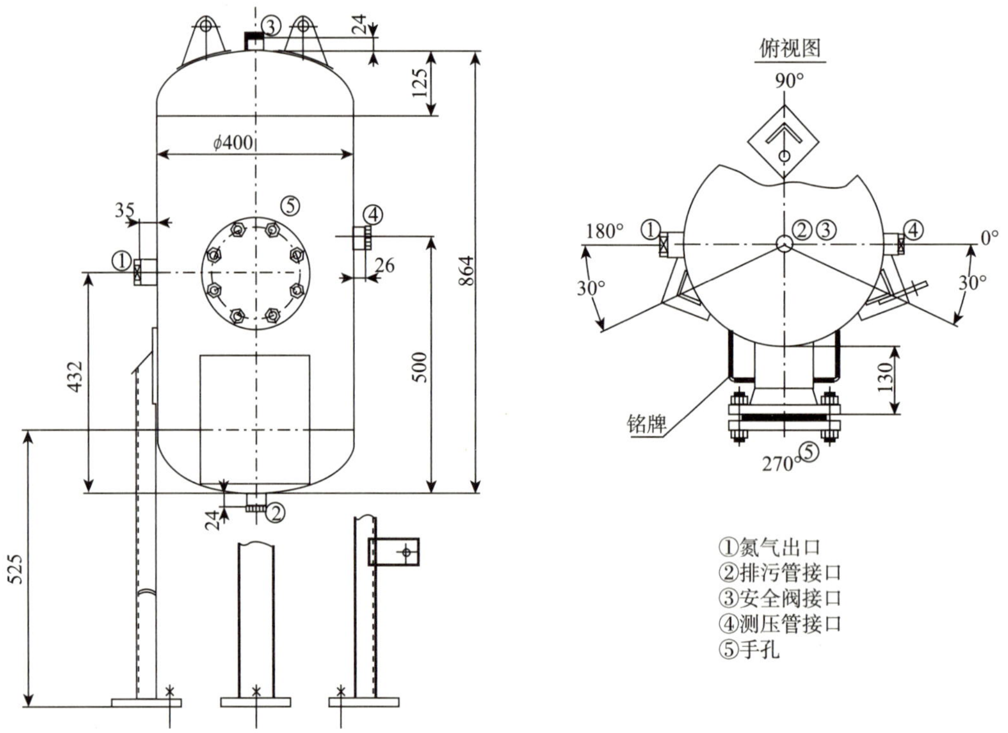

图 5　氮气储罐 001BA 设备简图

氮气供应管线进气阀 039VZ 采用 220 VAC 电磁阀，由新增的严重事故专用 UPS 电源系统（系统号：LAU）中的 220 V 蓄电池通过逆变器输出的 220 V 交流电驱动。正常情况下，通过应急柴油发电机为后备的厂内 380 V 交流电源系统给蓄电池充电；在丧失核电厂外电源工况下，由核电厂内柴油机给蓄电池充电；在各级柴油发电机电源均丧失的严重失电事故工况下，该 220 V 蓄电池容量也可满足 12 h 内阀门供电要求。

安全壳外 0.7 MPa 氮气隔离阀 032VZ 作为安全壳与外界屏障，根据来自保护系统的安全壳隔离信号（CIA），自动关闭安全壳隔离阀，此信号具有优先权，且运行人员可从电站计算机和控制系统（KIC）和后备盘（BUP）控制该阀门。氮气供应管线进气阀 039VZ 需从 KIC 控制，并把启停状态及故障反馈至 KIC。

6　结论

在 SBO 电源丧失的极端严重失电事故下，为确保反应堆冷却剂不会通过主泵氮气停车密封泄漏出一回路，从纵深防御原则考虑，需于氮气供应管线进气阀 039VZ 前增加氮气储罐，其气量按 3 次供气能力考虑设计，必须给电动阀 039VZ 提供可靠驱动电源，由严重事故专用 UPS 电源系统中的 220 V 蓄电池供电，安全壳外 0.7 MPa 氮气隔离阀 032VZ 可从 KIC 和 BUP 控制，并且具有 CIA 优先权。通过本改进项的实施，提高了 SBO 后超设计基准工况下的主泵停车密封完整性保持能力，减小了放射性废物流出的可能性，提高了核电厂的安全性。

参考文献

[1] 廖祥令.方家山核电厂主泵轴密封水系统运行分析[J].核动力工程,2015,36(1):79.

[2] 李林胜.反应堆主泵轴密封[J].装备技术,2015:142.

[3] 广东核电培训中心.900MW 压水堆核电站系统与设备(上册)[M].北京:原子能出版社,2005.

[4] 薛晓攀,王超,等.停车密封在大亚湾核电站反应堆冷却剂泵的应用可行性探讨[J].液压气动与密封,2013(10):50.

[5] 钢制压力容器封头:JB/T 4746—2002[S].北京: 中国质检出版社,2002:37.

反应堆压力容器事故排气系统设计与分析研究

赖建永[1]，任　云[1]，张玉龙[1]，曾　畅[1]，王保平[1]
（1. 中国核动力研究设计院核反应堆系统设计技术重点实验室，四川成都 610213）

摘要：事故过程中，压水堆核电厂反应堆压力容器上部不可凝气体的积聚对电厂安全造成了重大威胁。新一代的核电厂设计针对该问题提出了一系列的应对措施。反应堆压力容器事故排气系统可在事故后排出压力容器顶部的不可凝气体，有利于事故的缓解。本文详细描述了事故排气系统的设计要求和设计方案，并利用流体分析软件 Flowmaster 对系统设计方案进行了分析，确定了系统设计参数。

关键词：压水堆核电厂；排气；Flowmaster

1　前言

美国三哩岛核电厂事故过程中，反应堆压力容器上部不可凝气体的积聚对电厂安全造成了重大威胁。燃料元件的主要成分包括锆氧化物，在发生燃料包壳破损的严重事故下，锆-水反应会产生大量的氢气。冷却剂系统中的不可凝气体的大量存在会阻碍冷却剂的正常流动，从而影响堆芯的冷却效果。三哩岛事故后，该问题引起了业界的高度重视，要求“提供不可凝气体从反应堆高位排放的能力以及其他为维持足够堆芯冷却要求的系统。实现这些功能的系统必须能在主控制室操作，并且不应导致不可接受地增大失水事故的可能性或对安全壳完整性造成不可接受的挑战”[1]。目前，国际上先进压水堆核电厂均设计有相应的措施，以保证在能够有效排出不可凝气体。为进一步提高核电厂的安全性，并满足《核动力厂设计安全规定》（HAF 102—2004）对严重事故缓解措施的要求，我国新建压水堆核电厂开展反应堆压力容器高位排气系统的研究。

本文对反应堆压力容器高位排气系统的设计要求和设计方案进行了阐述，利用流体分析软件 Flowmaster 对系统设计方案进行了分析，确定了系统设计参数。

2　系统设计方案

2.1　系统功能

反应堆高位排气系统包括正常排气和事故排气两部分，其中事故排气子系统的功能为：在事故工况下排出反应堆压力容器顶部积聚的不可凝气体，从而防止这些非凝结性气体对反应堆堆芯传热的影响。

2.2 设计要求

反应堆压力容器高位排气系统的设计应满足如下要求：

1）事故排气子系统属于安全相关系统，其设计应满足单一故障准则的要求，以保证其事故后能正常运行。

2）由反应堆压力容器高位排气系统泄漏或破口引起的反应堆冷却剂的丧失量，不应超过正常的补给水量。

3）事故排气子系统应能排放高温、高压的过热蒸汽、反应堆冷却剂、汽水混合物、放射性气体、氦气、氮气及氢气等。

4）事故排气子系统的所有阀门应在主控制室和远程停堆站上操作，并应在主控制室和事故后监测系统显示其状态。

5）正常排气子系统安全等级为 1 级，事故排气子系统安全等级为 2 级；系统阀门和管道的设计压力为 17.23 MPa（绝对），设计温度为 343 ℃，抗震 1 类。

2.3 系统方案

反应堆高位排气系统的设计示意图如图 1 所示，包括正常排气和事故排气两部分，其中正常排气管线，用于反应堆启、停过程的正常排气。

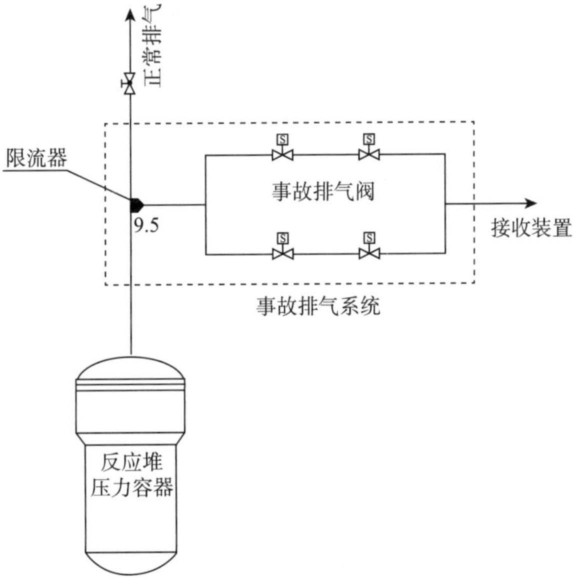

图 1　反应堆高位排气系统示意图

事故排气系统自正常排气管线上引出，由两个排气系列构成，每列包括两台串联的事故排气阀。两列排气管线在下游合为一条管线，通向有抑压作用的接收装置（卸压箱）。

在事故排气系统入口处设置一个内径为 9.5 mm 的限流器，可在下游管道破裂或误开工况下，限制冷却剂的损失流量，能够为化学和容积系统（RCV）补偿，而不至于触发专设安全系统动作。

3 系统分析

3.1 可压缩流体分析原理

可压缩流体的计算，需满足以下关系式：

总压：

$$p_t = p\left(1 + \frac{\gamma - 1}{2}M^2\right)^{\gamma/(\gamma-1)} \tag{1}$$

不可压流体压力损失系数：

$$K_i = \frac{p_{t1} - p_{t2}}{\rho u^2/2} \tag{2}$$

可压缩流体压力损失系数：

$$K_c = \frac{p_{t1} - p_{t2}}{p_{t1} - p_1} \tag{3}$$

质量流量方程：

$$F_1(M) = \frac{p_t}{p} = \left(1 + \frac{(\gamma - 1)M^2}{2}\right)^{\gamma/(\gamma-1)} \tag{4}$$

$$F_2(M) = \frac{m\ (RT_t)^{1/2}}{Ap_t} = \frac{\gamma^{1/2}M}{\left(1 + \frac{(\gamma - 1)M^2}{2}\right)^{(\gamma+1)/2(\gamma-1)}} \tag{5}$$

$$F_3(M) = \frac{m\ (RT_t)^{1/2}}{Ap} = \gamma^{1/2}M\left(1 + \frac{(\gamma - 1)M^2}{2}\right)^{1/2} \tag{6}$$

3.2 关于临界流

当流体进入管道的喉部位置，流速随着压力的降低而增大，直至声速。当流速达到声速时的压力比 p_{t2}/p_{t1} 被称为临界压力比。临界流发生在压力比达到或小于临界压力比的时刻。

以下部件中易发生临界：

1）向大容器或空间排放的管道末端；

2）管道截面增大（突扩或渐扩）；

3）弯管（边界层分离流动）；

4）管道的紧缩处。

根据本文分析对象的特点，在系统的限流器和排气阀位置可能会出现临界流的情况。

3.3 Flowmaster 模型

Flowmaster 是专业的流体仿真、分析工具，在核能领域应用非常广泛。包含一系列精心设计的模块用于各种各样的系统管流计算。具有图形化用户交互界面，能够帮助工程师快速而准确地对各种各样的复杂流体系统进行仿真计算。本文利用 Flowmaster 对反应堆高位排气事故排气系统进行建模计算。模型如图 2 所示。

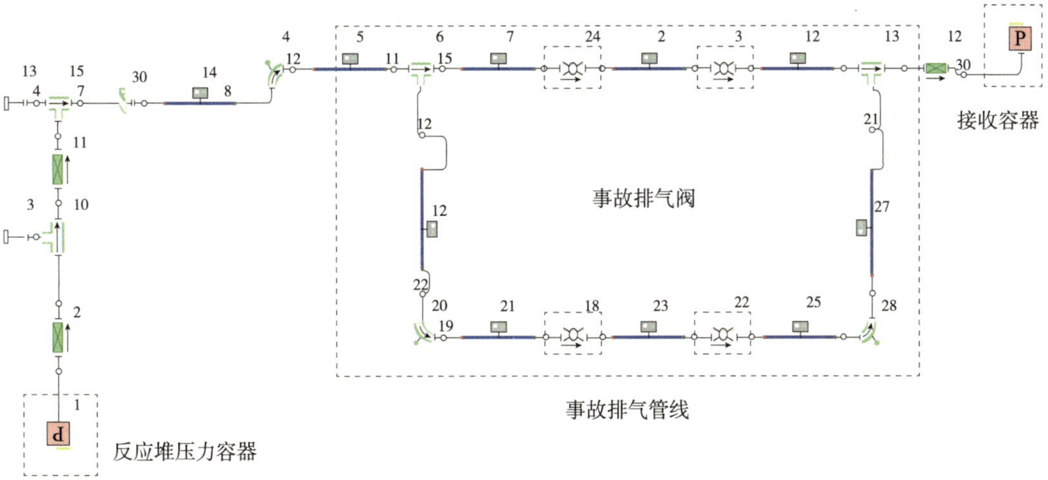

图 2 Flowmaster 分析模型

3.4 分析计算

1）计算工况

为确定管道尺寸及下游背压对排放流量的影响，本文考虑了如下工况：

（1）关于背压，本文考虑了卸压箱处于正常背压和最大背压两种情况；

（2）对于管道尺寸，本文考虑了排气管道为 DN25 和 DN20 两种情况；

（3）对于运行特性，本文考虑了只开启一列排气管道和同时开启两列排气管道的情况；

（4）对于阀门参数，对于不同的计算工况，假设不同阀门的阻力系数，得到阀门阻力系数与排放流量的关系。

2）边界条件

计算时，将反应堆压力容器顶部聚积的不可凝气体全部简化成氢气进行计算。系统分析需确定以下系统设计参数：管道尺寸、阀门参数、运行特性等。计算事故排气工况采用的边界条件如表 1 所示。

表 1 边界条件

边界条件	单位	参数
入口压力	MPa	17.2
下游背压	MPa	0.12/2.1
排气管尺寸	mm	33.4/26.7
限流孔直径	mm	9.5
壁面边界		绝热

3）验收准则

根据系统设计要求，事故排气系统的能力需满足 1 h 内排出反应堆冷却剂系统总容积一半的氢气[2]。根据某核电厂的设计特点，反应堆冷却剂系统的总容积约 320 m^3。根据这一要求，该事故排气系统应具备的排放流量的能力至少应为 160 m^3/h。

3.5 分析结果

本文共分析了 8 种计算工况，计算列表如表 2 所示。

表 2　计算工况列表

工况序号	背压	管道尺寸	开启列数
a1	0.12 MPa	DN25	2
a2	0.12 MPa	DN20	2
b1	0.12 MPa	DN25	1
b2	0.12 MPa	DN20	1
c1	2.1 MPa	DN25	2
c2	2.1 MPa	DN20	2
d1	2.1 MPa	DN25	1
d2	2.1 MPa	DN20	1

对于每种工况，通过假设不同的阀门阻力系数，可得到不同工况下，阀门的阻力系数与排放流量的关系，计算结果如图 3 所示。根据这一关系，在满足根据验收准则的要求的基础上，综合考虑管道尺寸、运行方式等因素，便可确定阀门的阻力系数要求。

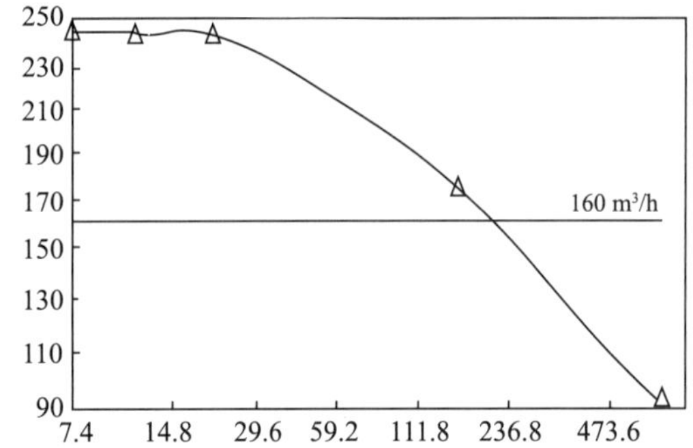

a1

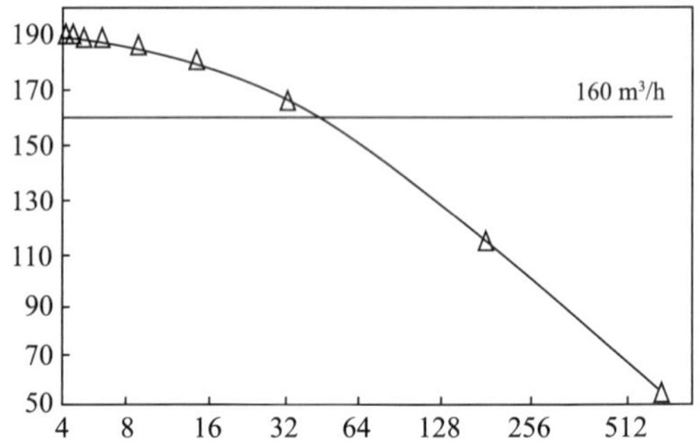

a2

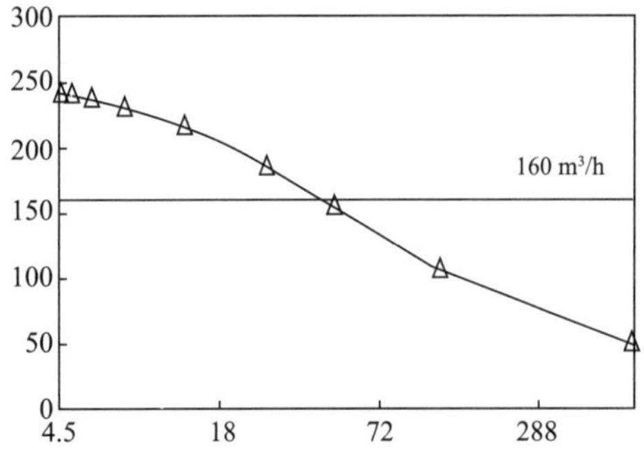

b1

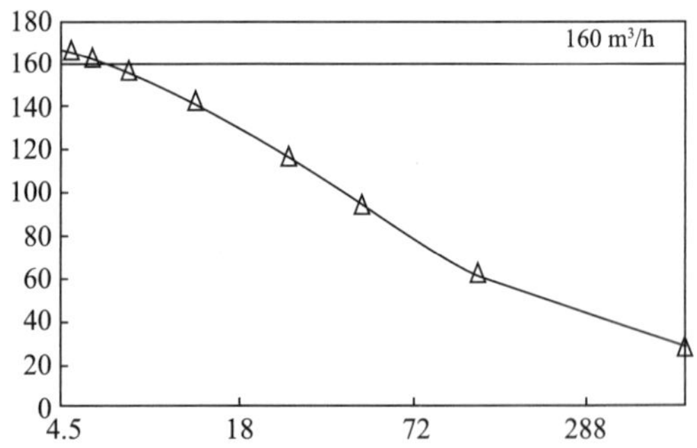

b2

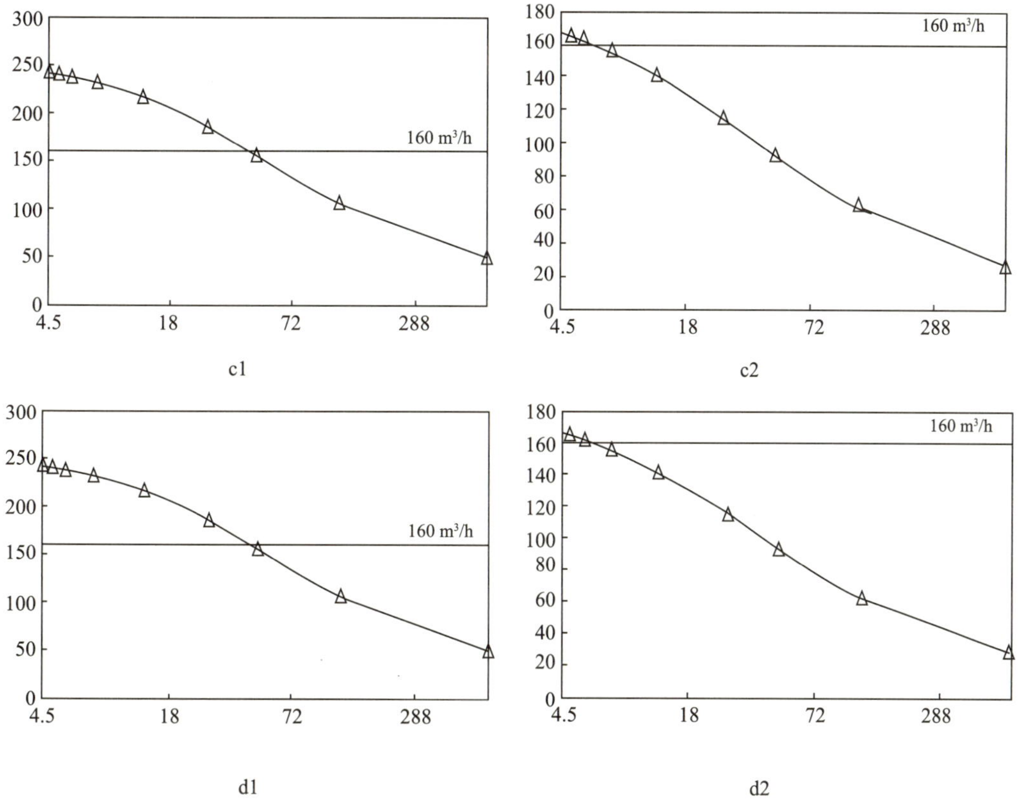

图 3　不同计算工况下阀门阻力系数与系统排放流量的关系

另外，在计算中发现，对于 DN20 的管道由于孔板阻力系数较小（d/D = 0.61），所有计算工况未发生临界现象；对于 DN25 的管道，由于孔板阻力系数较大（d/D = 0.46），在同时开启两列排放管道的情况下，对于假设的阀门阻力较小的部分工况，会在孔板位置发生临界现象（图 3 a1）。

除此之外，通过计算结果，可得到以下计算结论：

1）卸压箱的背压对系统排放能力几乎无影响。

2）在事故工况下，考虑单一故障准则，仅开启 1 列事故排气管道，也能够实现要求的功能。

4　系统设计参数的确定

经过对以上计算结果的比较分析，认为采用 DN20 管道对阀门阻力系数要求过于苛刻，故系统选择 DN25 管道更合适。而系统的背压对排放流量的影响可以忽略不计。

图 4 为采用 DN25 的排放管道，分析同时开启 1 列或 2 列排放管道的计算情况。由图可知，为保证仅开启 1 列排放管道即可满足排放要求，阀门的阻力系数应不大于 36。

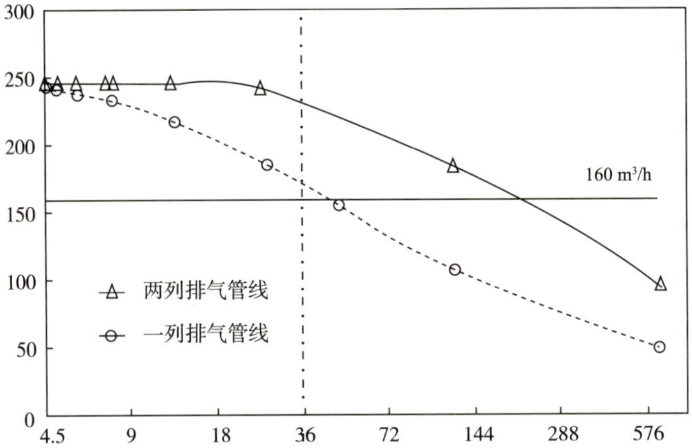

图 4　DN25 排放管道阀门阻力与排放流量的关系

5　结论

本文通过在正常排气系统的基础上，增设事故排气系统，以达到在事故工况下排出反应堆压力容器顶部聚积的不可能气体的目的。利用 Flowmaster 建模对反应堆高位排气系统的排放方案进行计算分析，确定了系统的设计参数，满足设计要求。

参考文献

[1] NUREG-0737 Clarification of TMI Action Plan Requirements, Ⅱ.B.1, "Reactor Coolant System Vents".

[2] Flow of Fluids Through Valves, Fittings and Pipe: Technical Paper No. 410M by the Engineering Department Crane Co., 1988.

蒸汽发生器二次侧非能动冷却系统蒸汽管道凝水影响分析

张玉龙[1]，赖建永[1]，任　云[1]，曹思民[1]，刘文静[1]
（中国核动力研究设计院核反应堆系统设计技术重点实验室，成都 610041）

摘要：田湾核电厂 5、6 号机组新增了蒸汽发生器二次侧非能动冷却系统（PRS）作为严重事故预防与缓解措施，蒸汽发生器二次侧非能动冷却系统的管道与主蒸汽管道相连，在应急余热排出冷却器入口处设置了一个 U 型水封，水封前的蒸汽管道敷设保温层，水封及下游部分管道不敷设保温层。机组运行期间，蒸汽在水封处冷凝，以避免蒸汽进入冷却器，从而减少蒸汽的热量损失。但考虑到保温层的散热，长期运行期间会有少量的蒸汽冷凝成水，如果这部分水回流到主蒸汽管道中，则会增大汽轮机入口的蒸汽湿度。本文计算分析了 PRS 系统蒸汽管道产生的凝结水，并评价了其对蒸汽发生器含湿量的影响。

关键词：田湾核电厂 5、6 号机组；二次侧非能动冷却系统（PRS）；蒸汽发生器；含湿量

1　前言

蒸汽发生器二次侧非能动冷却系统（PRS）为压水堆核电厂严重事故预防与缓解措施，在发生全厂断电事故叠加辅助给水系统汽动泵系列失效事故和丧失全部给水事故工况下，在不超过冷却剂压力边界设计条件的前提下，通过蒸汽发生器以非能动的方式导出堆芯衰变热及反应堆冷却剂系统各设备的显热至最终热阱——环境大气中，实现事故后的缓解作用。

每个环路的蒸汽发生器二次侧都设置一个非能动冷却系列。每个系列包括一台应急余热排出冷却器以及必要的阀门、管道和仪表。三个系列共用一台冷凝水箱。对于每个 PRS 系列（以 1 号系列为例，流程示意图如图 1 所示，蒸汽管线在安全壳外与主蒸汽管道相连，蒸汽管线上设置一台常开的隔离阀（PRS101VV）。蒸汽管线的另一端在经过一个 U 形水封后连接应急余热排出冷却器入口封头的接管嘴，应急余热排出冷却器布置在冷凝水箱底部，要求在整个机组运行期间（包括 PRS 投入运行期间），该冷却器都浸泡在水中，不允许裸露。冷凝水管道连接应急余热排出冷却器下封头接管嘴，并在管道上设置两台并联的隔离阀。冷凝水管线的另一端贯穿安全壳后接入辅助给水管道止回阀，通过辅助给水管道返回蒸汽发生器二次侧。

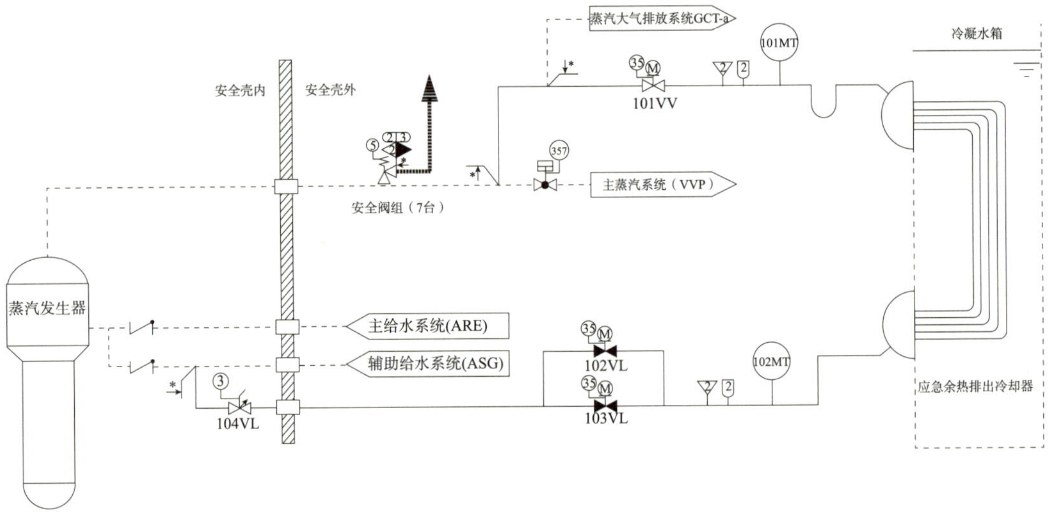

图 1　蒸汽发生器二次侧非能动冷却系统流程示意图

2　问题简述

田湾核电厂 5、6 号机组新增了蒸汽发生器二次侧非能动冷却系统作为严重事故预防与缓解措施，二次侧非能动冷却系统的管道与主蒸汽管道相连，在应急余热排出冷却器入口处设置了一个 U 型水封，水封前的蒸汽管道敷设保温层，水封及下游部分管道不敷设保温层。机组运行期间，蒸汽在水封处冷凝，以避免蒸汽进入冷却器，从而减少蒸汽的热量损失。但考虑到保温层的散热，长期运行期间会有少量的蒸汽冷凝成水，如果这部分水回流到主蒸汽管道中，则会增大汽轮机入口的蒸汽湿度。由于布置原因，田湾核电厂 5、6 号机组二次侧非能动冷却器布置在停堆用更衣室厂房（ET）顶部，导致 PRS 蒸汽管道较长，且大部分管道暴露在厂房外部的大气环境中。考虑到田湾核电厂厂址冬天的气温较低，PRS 蒸汽管道由于散热而导致管道中的饱和蒸汽凝结成水；由于汽轮机对入口蒸汽的含湿量有严格要求，因此有必要对 PRS 蒸汽管道中的凝结水进行计算，评估其是否对汽轮机入口蒸汽的含湿量有影响。

3　计算

3.1　基本假设

假设 U 型水封、应急余热排出冷却器及下游管道与环境处于热平衡状态，无散热，仅考虑二次侧非能动冷却系统 U 型水封前蒸汽管道保温层表面散热全部用作蒸汽冷凝，并假设所有冷凝水全部进入主蒸汽流。

3.2 计算输入

1）蒸汽压力：6.89 MPa（a）
2）蒸汽温度：283 ℃
3）主蒸汽流量：1938 t/h（单台蒸汽发生器）
4）蒸汽管道管径：219.1 mm×18.26 mm
5）蒸汽管道长度：135 m（最长的一列 PRS 蒸汽管道）
6）保温层厚度：100 mm
7）环境最低温度：-12 ℃（厂房环境条件最低值）
8）保温层传热系数：0.07 W/（m·K）
9）保温层外表面传热系数：11.63 W/（m^2·K）

3.3 计算过程

蒸汽温度	T_{op}：=283 ℃=556.15 K
保温层外表面温度（假设）	T_{os}：=0.5 ℃=273.65 K
环境温度	Ta：=-12 ℃=261.15 K
外表面风速	W_v：=0 m/s
保温层厚度	L_{mr}：=100 mm
保温层冷热面平均温度	T_{med}：=（T_{op}+T_{os}）/2=414.9 K
保温层冷热面平均温度	T_d：=T_{op}-T_a=295 K
保温层传热系数	k：=0.07 W/（m·K）
保温层外表面与空气的温差	T_k：=（T_{os}+T_a）/2=267.4 K
管道保温层内径	D_i：=220 mm
管道保温层外径	D_o：=Di+Lmr×2=0.42 m
保温层外表面的传热系数	h_2：=11.63 W/m^2·K
管道长度	L_s：=135 m
饱和蒸汽比焓	h_s：=2 776 000 J/kg
饱和水比焓	h_w：=1 252 000 J/kg
主蒸汽流量	M_s：=1938 t/h=538.33 kg/s
保温层表面热流密度	$q:\ =\dfrac{Td}{\dfrac{Do}{2\cdot k}\cdot\ln\left(\dfrac{Do}{Di}\right)+\dfrac{1}{h2}}=146\ \mathrm{kg/s^3}$
管道保温层表面积	S_s：=$L_s\cdot\pi D_o$=178 m^2
管道保温层表面散热量	Q：=$q\times S_s$=26 kW
汽化潜热	h_{ws}：=h_s-h_w=1524 kJ/kg
冷凝水生产量	M_w：=Q/h_{ws}=0.017 kg/s
蒸汽湿度增量	$\dfrac{M_w}{M_s}$=0.003%

4 结论

蒸汽发生器出口蒸汽含湿量设计要求为≤0.25 %，而根据以往 M310 机组的调试数据，该蒸汽发生器的实际出口蒸汽含湿量约为 0.1%，故蒸汽发生器二次侧非能动冷却系统蒸汽管道由于管道散热而产生的湿度增加（0.003%）对汽轮机的影响可以忽略不计。

参考文献

[1] 国核安发〔2012〕98 号福岛事故后核电厂改进行动通用技术要求(试行),2012.

PRS 蒸汽管道隔离阀冷凝计算分析

曹思民[1]，张玉龙[1]，赖建永[1]，任　云[1]，黄　伟[1]，李海颖[1]
（1. 中国核动力研究设计院核反应堆系统设计技术重点实验室，成都 610041）

摘要： 田湾核电厂 5、6 号机组作为 M310 改进机型，新增了蒸汽发生器二次侧非能动冷却系统（PRS）作为严重事故预防与缓解措施。蒸汽发生器二次侧非能动冷却系统的蒸汽管道与主蒸汽管道相连，凝水管道与辅助给水系统管道相连。在开展布置工作时发现，发现蒸汽管线非常长，若 PRS 蒸汽管线与主蒸汽管线之间的隔离阀常开，会对 PRS 的正常运行造成影响，因此考虑将 PRS 蒸汽隔离阀的状态由常开变换为常关。机组运行期间，蒸汽在蒸汽管道隔离阀阀瓣处冷凝成水，如果这部分水回流到主蒸汽管道中，则会增大汽轮机入口的蒸汽湿度。本文计算分析了 PRS 蒸汽管道产生的凝结水，并评价了其对蒸汽发生器含湿量的影响。

关键词： 田湾核电厂 5、6 号机组；二次侧非能动冷却系统（PRS）；蒸汽隔离阀；冷凝

1　前言

蒸汽发生器二次侧非能动冷却系统（PRS）为压水堆核电厂严重事故预防与缓解措施，在发生全厂断电事故叠加辅助给水系统汽动泵系列失效事故和丧失全部给水事故工况下，在不超过冷却剂压力边界设计条件的前提下，以非能动的方式通过蒸汽发生器导出堆芯衰变热及反应堆冷却剂系统各设备的显热至最终热阱——环境大气中，实现事故后的缓解作用。图 1 给出了 PRS 蒸汽管道隔离阀常关情况下系统流程图。

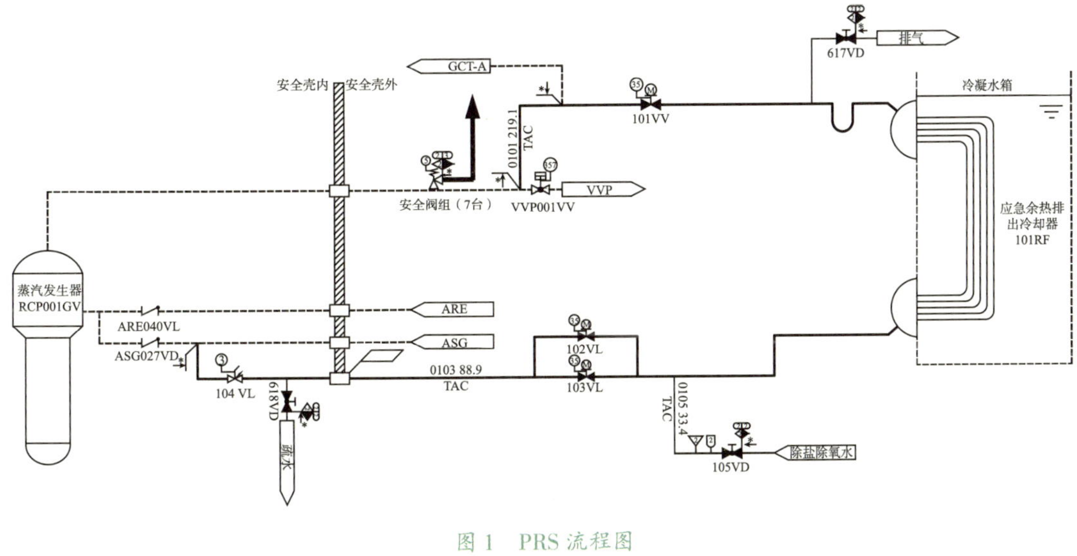

图 1　PRS 流程图

PRS 包括一台应急余热排出冷却器以及必要的阀门、管道和仪表。PRS 蒸汽管线在安全壳外与主蒸汽管道相连，蒸汽管线上设置一台常关的隔离阀（PRS101VV）。蒸汽管线的另一端在经过一个 U 形水封后连接应急余热排出冷却器入口封头的接管嘴，应急余热排出冷却器布置在冷凝水箱底部，要求在整个机组运行期间（包括 PRS 投入运行期间），该冷却器都浸泡在水中，不允许裸露。冷凝水管道连接应急余热排出冷却器下封头接管嘴，并在管道上设置两台并联的隔离阀。冷凝水管线的另一端贯穿安全壳后接入辅助给水管道止回阀，通过辅助给水管道返回蒸汽发生器二次侧。

2 问题简述

田湾核电厂 5、6 号机组新增了蒸汽发生器二次侧非能动冷却系统作为严重事故预防与缓解措施，二次侧非能动冷却系统的蒸汽隔离阀上游管道与主蒸汽管道相连，压力与温度应与主蒸汽系统一致，压力为 6.89 MPa（g），温度为 283 ℃。蒸汽管道隔离阀下游温度为环境温度，需要考虑蒸汽管道中的蒸汽通过隔离阀换热造成的冷凝效应。由于汽轮机对入口蒸汽的含湿量有严格要求，因此有必要对 PRS 系统蒸汽管道中的凝结水进行计算，评估其是否对汽轮机入口蒸汽的含湿量有影响。

3 计算

3.1 基本假设

不考虑蒸汽隔离阀前后温度与压力的变化。蒸汽隔离阀上游管道不对外散热，阀门上游蒸汽对外传递的热量全部用作冷凝。

3.2 计算输入

1）蒸汽压力：6.89 MPa（a）

2）蒸汽温度：283 ℃

3）阀门传热面积：0.026 m^2

4）阀门传热系数：70 W/(m · K)

5）阀门壁厚：25.4 mm

6）阀门下游最低温度：-12 ℃（厂房环境条件最低值）

3.3 计算过程

蒸汽温度	$T_h=556.15$ K
环境温度	$Ta=261.15$ K
阀瓣厚度	$L=25.4$ mm
阀瓣传热系数	$\lambda=70$ W/(m · K)
阀瓣前后温差	$\Delta T= T_h-Ta =295$ K

传热面积	$A=0.026\ \mathrm{m}^2$
阀瓣表面热流密度	$q=A\cdot\dfrac{\lambda\Delta T}{L}=21.138\ \mathrm{kW}$
饱和蒸汽比焓	$h_s=2\ 776\ 000\ \mathrm{J/kg}$
饱和水比焓	$h_w=1\ 252\ 000\ \mathrm{J/kg}$
汽化潜热	$h_{ws}:\ =h_s-h_w=1524\ \mathrm{kJ/kg}$
冷凝水生产量	$M_w:\ =q/h_{ws}=0.0138\ \mathrm{kg/s}$
主蒸汽流量	$M_s:\ =1\ 938\ \mathrm{t/h}=538.33\ \mathrm{kg/s}$
蒸汽湿度增量	$\dfrac{M_w}{M_s}=0.002\ 56\%$

4 结论

蒸汽发生器出口蒸汽含湿量设计要求为≤0.25 %，而根据以往 M310 机组的调试数据，该蒸汽发生器的实际出口蒸汽含湿量约为 0.1%，故蒸汽发生器二次侧非能动冷却系统蒸汽管道由于管道散热而产生的湿度增加（0.002 56%）对汽轮机的影响可以忽略不计。

参考文献

[1] 张玉龙,赖建永,任云,曹思民,刘文静.蒸汽发生器二次侧非能动冷却系统蒸汽管道凝水影响分析[J].科技世界,2016(13):143.

PRS系统蒸汽管道隔离阀泄漏率计算分析

曹思民[1]，张玉龙[1]，赖建永[1]，任　云[1]，黄　伟[1]，李海颖[1]
（中国核动力研究设计院核反应堆系统设计技术重点实验室，成都 610041）

摘要： 田湾核电厂5、6号机组作为M310改进机型，新增了蒸汽发生器二次侧非能动冷却系统（PRS）作为严重事故预防与缓解措施。蒸汽发生器二次侧非能动冷却系统的蒸汽管道与主蒸汽管道相连，凝水管道与辅助给水系统管道相连。在开展布置工作时发现，发现蒸汽管线非常长，若PRS蒸汽管线与主蒸汽管线之间的隔离阀常开，会对PRS的正常运行造成影响，因此考虑将PRS蒸汽隔离阀的状态由常开变换为常关。将PRS蒸汽隔离阀更改为常关后，需要考虑蒸汽隔离阀的质量泄漏率以此对后续的隔离阀后定期排水做出要求。

关键词： 田湾核电厂5、6号机组；二次侧非能动冷却系统（PRS）；蒸汽隔离阀 泄漏率

1　前言

蒸汽发生器二次侧非能动冷却系统（PRS）为压水堆核电厂严重事故预防与缓解措施，在发生全厂断电事故叠加辅助给水系统汽动泵系列失效事故，和丧失全部给水事故工况下，在不超过冷却剂压力边界设计条件的前提下，通过蒸汽发生器以非能动的方式导出堆芯衰变热及反应堆冷却剂系统各设备的显热至最终热阱——环境大气中，实现事故后的缓解作用。图1给出了PRS蒸汽管道隔离阀常关情况下系统流程图。

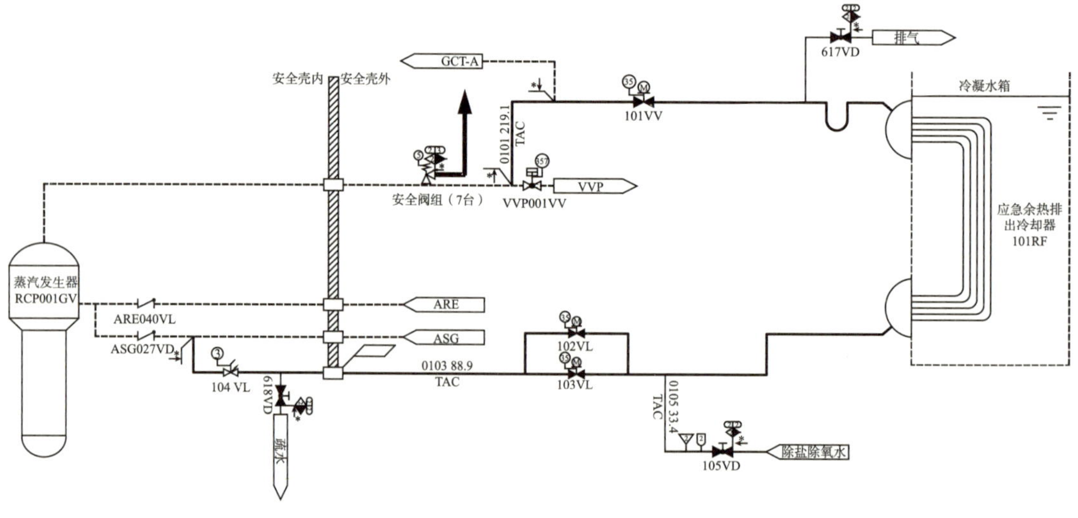

图1　PRS流程图

PRS 包括一台应急余热排出冷却器以及必要的阀门、管道和仪表。PRS 蒸汽管线在安全壳外与主蒸汽管道相连，蒸汽管线上设置一台常关的隔离阀（PRS101VV）。蒸汽管线的另一端在经过一个 U 形水封后连接应急余热排出冷却器入口封头的接管嘴，应急余热排出冷却器布置在冷凝水箱底部，要求在整个机组运行期间（包括 PRS 投入运行期间），该冷却器都浸泡在水中，不允许裸露。冷凝水管道连接应急余热排出冷却器下封头接管嘴，并在管道上设置两台并联的隔离阀。冷凝水管线的另一端贯穿安全壳后接入辅助给水管道止回阀，通过辅助给水管道返回蒸汽发生器二次侧。

2 问题简述

田湾核电厂 5、6 号机组新增了蒸汽发生器二次侧非能动冷却系统作为严重事故预防与缓解措施，二次侧非能动冷却系统的蒸汽隔离阀上游管道与主蒸汽管道相连，压力与温度应与主蒸汽系统一致，压力为 6.89 MPa（g），温度为 283 ℃。蒸汽管道隔离阀下游温度与压力为常温常压，需要考虑蒸汽管道隔离阀的质量泄漏率。

蒸汽管道隔离阀为闸阀，现阀门生产厂家已经对该阀门做了泄漏率试验。试验中阀门上游压力为 7.92 MPa（g），下游压力为大气压，试验介质为水，通过试验得到阀门每毫米的公称直径的体积泄漏率的最高为 0.1 m^3/h。将隔离阀试验于蒸汽管道隔离阀运行环境对比，可知试验采用的阀门上下游压差高于实际情况，对蒸汽管道隔离阀泄漏率的计算适用。

由于 PRS 系统蒸汽隔离阀闸阀泄漏率试验所采用的介质为水，而正常运行环境为蒸汽，而试验得到的最大泄漏率为体积泄漏率。由于阀后为常温，且经过阀门的降压，则泄漏至阀后介质都将变为液态水。因此需要计算阀后泄漏介质在常温常压下的体积。

3 计算

3.1 基本假设

不考虑蒸汽隔离阀后温度与压力的变化以及通过阀瓣冷凝的液滴泄漏到阀门下游。

3.2 计算输入

1）蒸汽压力：6.89 MPa（a）
2）蒸汽温度：283 ℃
3）阀门公称直径：200 mm
4）阀门下游最低温度：50 ℃（厂房环境条件最低值）
5）阀门下游压力：0.103 MPa

3.3 计算过程

阀前蒸汽温度　　　　$T_h = 283$ ℃

阀前蒸汽压力	$P_h=6.89\ \text{MPa}\ (\text{a})$
阀前蒸汽比容	$\gamma_h=0.030\,129\ \text{m}^3/\text{kg}$
阀后液体温度	$T_c=50\ ℃$
阀后液体压力	$P_c=0.103\ \text{MPa}$
阀后液体比容	$\gamma_c=0.001\,012\ \text{m}^3/\text{kg}$
阀门公称直径	$DN=200\ \text{mm}$
阀门体积泄漏率	$V_h=0.1\ \text{cm}^3/(\text{h}\cdot\text{mm})\times 200\ \text{mm}=20\ \text{cm}^3/\text{h}$
阀门质量泄漏率	$M=\dfrac{V_h}{\gamma_h}=20\ \text{cm}^3/\text{h}\div 0.030\,129\ \text{m}^3/\text{kg}=0.66\times 10^{-3}\ \text{kg/h}$
阀后液体体积流量	$V_c=\gamma_c\times M=0.66\times 10^{-3}\ \text{kg/h}\times 0.001\,012\ \text{m}^3/\text{kg}=0.668\times 10^{-6}\ \text{m}^3/\text{h}$

4 结论

对蒸汽发生器二次侧非能动冷却系统蒸汽管道隔离阀采用常关状态时，闸阀的泄漏率进行了计算。在计算时阀门上游介质为蒸汽，下游介质为水，得到阀后泄漏的水的体积流量为 $0.668\times 10^{-6}\ \text{m}^3/\text{h}$。通过计算得到的泄漏流量，可计算出阀后管道定期排水的周期。

参考文献

[1] 张玉龙,赖建永,任云,曹思民,刘文静.蒸汽发生器二次侧非能动冷却系统蒸汽管道凝水影响分析[J].科技世界,2016(13):143.

RELAP5 应用于 PRS 系统蒸汽管道隔离阀常关对自然循环建立时间的影响分析

曹思民[1]，张玉龙[1]，赖建永[1]，任　云[1]，黄　伟[1]，李海颖[1]
（中国核动力研究设计院，成都 610041）

摘要： 田湾核电厂 5、6 号机组作为 M310 改进机型，新增了蒸汽发生器二次侧非能动冷却系统（PRS）作为严重事故预防与缓解措施。蒸汽发生器二次侧非能动冷却系统的蒸汽管道与主蒸汽管道相连，凝水管道与辅助给水系统管道相连。在开展布置工作时发现，发现蒸汽管线非常长，若 PRS 蒸汽管线与主蒸汽管线之间的隔离阀常开，会对 PRS 的正常运行造成影响，因此考虑将 PRS 蒸汽隔离阀的状态由常开变换为常关。本文使用 RELAP5 热工水力计算程序对 PRS 系统蒸汽隔离阀常关状态下 PRS 压力平衡时间开展工作，并分析了蒸汽隔离阀常关对自然循环的影响。

关键词： 田湾核电厂 5、6 号机组；二次侧非能动冷却系统（PRS）；RELAP5

1　前言

蒸汽发生器二次侧非能动冷却系统（PRS）为压水堆核电厂严重事故预防与缓解措施，在发生全厂断电事故叠加辅助给水系统汽动泵系列失效事故和丧失全部给水事故工况下，在不超过冷却剂压力边界设计条件的前提下，通过蒸汽发生器以非能动的方式导出堆芯衰变热及反应堆冷却剂系统各设备的显热至最终热阱——环境大气中，实现事故后的缓解作用。

每个环路的蒸汽发生器二次侧都设置一个非能动冷却系列。每个系列包括一台应急余热排出冷却器以及必要的阀门、管道和仪表。三个系列共用一台冷凝水箱。对于每个 PRS 系列（以 1 号系列为例，流程示意图如图 1 所示），蒸汽管线在安全壳外与主蒸汽管道相连，蒸汽管线上设置一台常开的隔离阀（PRS101VV）。蒸汽管线的另一端在经过一个 U 形水封后连接应急余热排出冷却器入口封头的接管嘴，应急余热排出冷却器布置在冷凝水箱底部，要求在整个机组运行期间（包括 PRS 投入运行期间），该冷却器都浸泡在水中，不允许裸露。冷凝水管道连接应急余热排出冷却器下封头接管嘴，并在管道上设置两台并联的隔离阀。冷凝水管线的另一端贯穿安全壳后接入辅助给水管道止回阀，通过辅助给水管道返回蒸汽发生器二次侧。

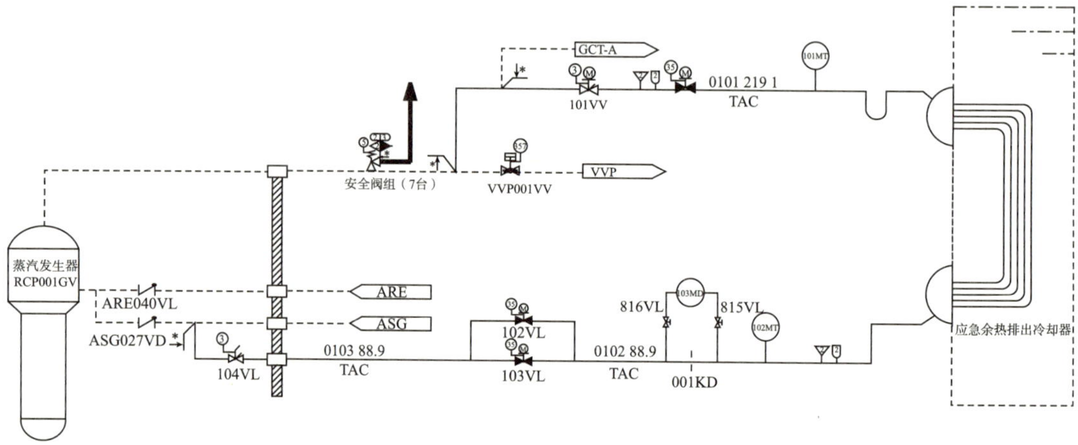

图 1　PRS 流程示意图

2　问题简述

由于布置原因，PRS 蒸汽管道较长，在已有的 PRS 设计方案中，将 PRS 蒸汽管道隔离阀设置为常开状态，此时蒸汽管道隔离阀后的管道压力约与主蒸汽管道压力相同，PRS 启动信号发出后下游阀门开启，便能建立自然循环。为避免 PRS 对二回路的正常运行造成影响，争取正常运行时关闭蒸汽隔离阀，现考虑将 PRS 蒸汽管道隔离阀设置为常关状态。若考虑将 PRS 蒸汽管道隔离阀设置为常关，则蒸汽管道隔离阀后的管道初始压力较低。

PRS 启动信号发出以后，开启蒸汽隔离阀，待管道内压力达到与主蒸汽管道压力大概相同时，才能开启下游阀门使 PRS 建立自然循环。为了评估蒸汽管道隔离阀设置为常关状态对 PRS 自然循环建立时间的影响，需要对 PRS 蒸汽管道隔离阀打开后阀后管道压力随时间的变化进行计算分析。

3　计算

3.1　计算软件

本次采用热工流体计算软件 RELAP5 对上述问题进行模拟计算。RELAP5 是美国爱德华国家工程实验室开发的一款大型系统分析程序，可求解多相流动的质量、动量及能量方程，经过多年的验证及完善，广泛应用于压水堆核电厂的系统运行以及事故工况分析。

3.2　计算假设

假设管壁通过保温处于绝热状态，蒸汽管道不会通过散热引起压力下降。假设蒸汽管道隔离阀开口面积随开启时间呈线性变化。

3.3 计算输入

蒸汽管道面积为0.15 m^2，隔离闸阀全开面积为0.15 m^2，初始状态为关闭，隔离阀前蒸汽压力为6.89 MPa，湿度为0.03。阀后蒸汽管道长度为135 m，初始压力为0.102 MPa。根据阀门开启时间以及阀后湿度的不同，进行了四种模型的计算，各模型的开启时间与湿度如表1所示。

表1 四种模型所对应的开启时间与阀后湿度

	模型1	模型2	模型3	模型4
开启时间/s	45	26	45	26
阀后湿度	0.001	0.001	0.999	0.999

3.4 计算结果

采用模型1进行计算，得到在蒸汽管道隔离阀开启7 s后，蒸汽管道压力达到6.89 MPa。蒸汽管道中的压力变化曲线如图2所示。

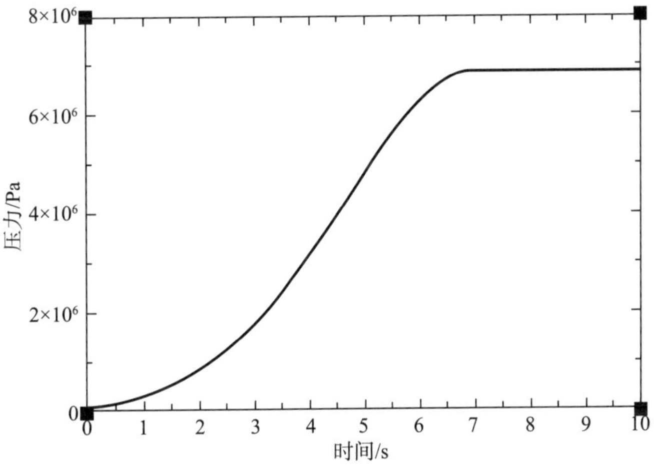

图2 模型1蒸汽管道的压力变化曲线

采用模型2进行计算，得到在蒸汽管道隔离阀开启5.3 s后，蒸汽管道压力达到6.89 MPa。蒸汽管道中的压力变化曲线如图3所示。

采用模型3进行计算，得到在蒸汽管道隔离阀开启0.9 s后，蒸汽管道压力达到6.89 MPa。蒸汽管道中的压力变化曲线如图4所示。

采用模型4进行计算，得到在蒸汽管道隔离阀开启0.6 s后，蒸汽管道压力达到6.89 MPa。蒸汽管道中的压力变化曲线如图5所示。

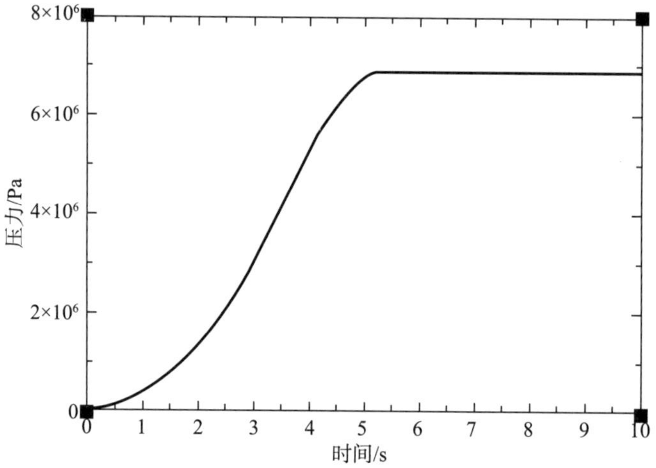

图 3　模型 2 蒸汽管道的压力变化曲线

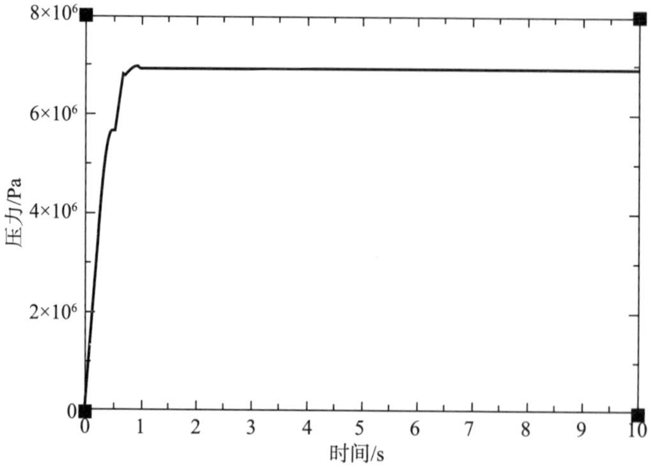

图 4　模型 3 蒸汽管道的压力变化曲线

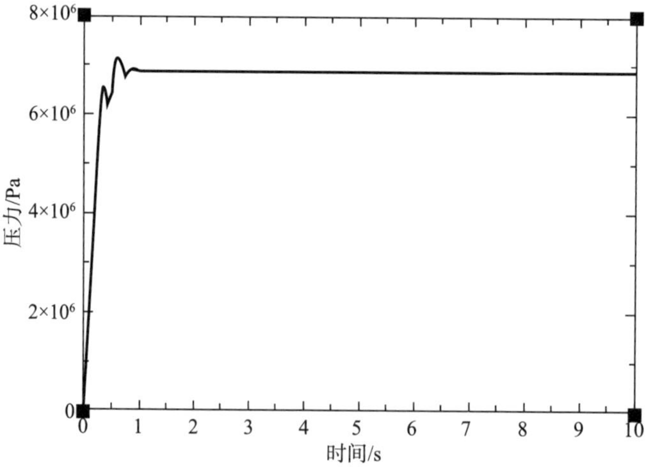

图 5　模型 4 蒸汽管道的压力变化曲线

4 结论

若考虑 PRS 蒸汽管道隔离阀常关，则采用最保守的假设（模型 1）得到，PRS 蒸汽管道隔离阀在开启 7 s 后使阀后管道压力与阀前管道压力相同，因此 PRS 蒸汽管道隔离阀常关的方案对 PRS 自然循环建立时间的影响非常小。

参考文献

[1] 张玉龙,赖建永,任云,等.蒸汽发生器二次侧非能动冷却系统蒸汽管道凝水影响分析[J].科技世界,2016(13):143.

田湾核电厂 5、6 号机组中长期排热厂用水系统机械通风冷却塔设计

焦　迪[1]
(1. 中国核电工程有限公司，北京 100840)

本文主要介绍了田湾核电厂 5、6 号机组重要改进项中长期排热系统机械通风冷却塔设计，这是首次将满足核安全级抗震要求的机械通风冷却塔应用到工程设计中。

1　引言

田湾核电厂 5、6 号机组厂址位于田湾核电厂二期工程西北侧，以福清核电厂一期工程为参考核电厂。为了进一步提高了机组的安全性，特别是提高机组严重事故的预防和缓解能力，在考虑福岛核事故的经验反馈、HAF102 要求及“十二五”新建电厂核安全要求，结合概率安全分析、在建机组 SAR 审评共性问题的解决方案以及国内外同类机组运行经验反馈的基础上，实施了 43 项重大技术改进。

为提高应对严重事故的措施，增设了安全壳及乏燃料水池事故后中长期排热冷却水系统和安全壳及乏燃料水池事故后中长期排热厂用水系统（简称中长期排热冷却水系统和中长期排热厂用水系统）。

2　系统功能

中长期排热冷却水系统和中长期排热厂用水系统用于在“全厂断电（SBO）+丧失最终热阱（LUHS）+一回路小破口失水事故（SB-LOCA）”“SBO+LUHS+异常全堆芯卸料”工况下或是在乏燃料水池失去设备冷却水系统/重要厂用水系统正常冷链冷却且有效补水丧失的情况下将安全壳内堆芯余热及乏燃料水池内的乏燃料衰变热传递至环境大气。

中长期排热厂用水系统在机组正常运行期间不执行运行功能，系统投运时间按上述严重事故发生后 72 h 考虑，旨在事故发生后的中长期导出安全壳内堆芯余热及乏燃料水池内的乏燃料衰变热。

中长期排热厂用水系统为非安全级系统，无能动设备冗余要求；能动设备由后备电源供电。需要应对 SL-2 地震、水淹、生物滋生、冰冻等灾害设防。

为实现上述功能，需要新增包括机械通风冷却塔、辅助泵房在内的建、构筑物。上述建、构筑物在公司设计的核电厂范围内，没有可以参照的工程实例，属于全新设计子项，而且也是公司首次将满足核安全级抗震要求的机械通风冷却塔应用到核辅助冷却系统的设计中。

3　机械通风冷却塔设计

3.1　机械通风冷却塔设计要求

机械通风冷却塔是中长期排热厂用水系统的核心部件，根据系统设计准则，机械通风冷却塔所有组件的安全等级均为非安全级，但应在 SL-2 地震中及地震后保持其功能性。另外，机械通风冷却塔设计需要考虑防龙卷风、防水淹、防生物滋生、防冰冻等措施。机械通风冷却塔能动部件应由后备电源供电（图 1）。

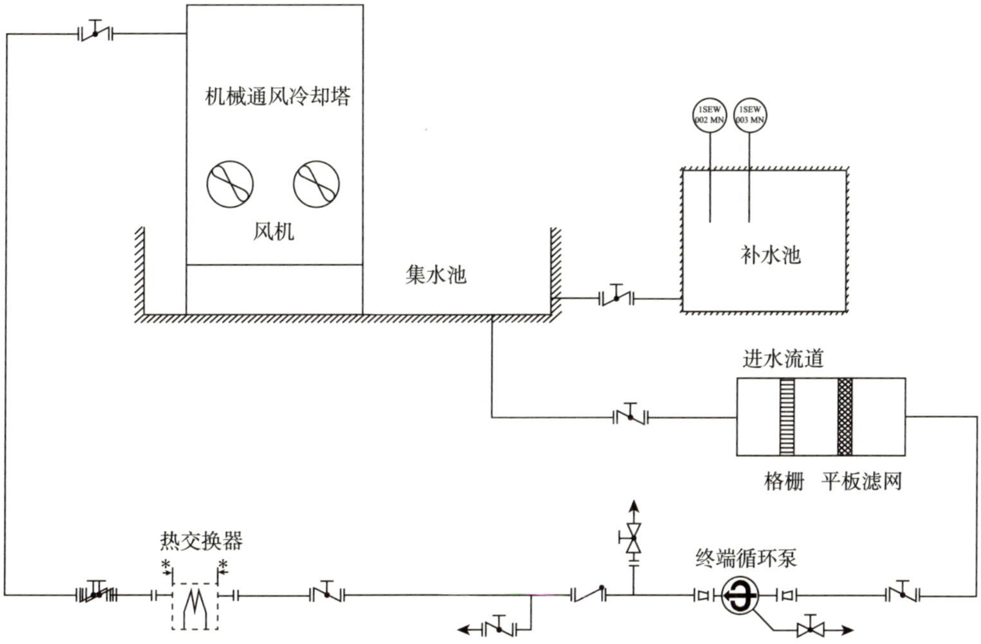

图 1　中长期排热厂用水系统流程图

3.2　机械通风冷却塔热工设计要求

机械通风冷却塔需要在严重事故发生 72 h 之后将中长期排热冷却水系统传入中长期排热厂用水系统的热量全部导出到环境大气中，需导出的热负荷均按事故后 72 h 考虑，其热工设计参数如表 1 所示。

表 1　机械通风冷却塔热工设计参数

设计工况	LUHS+SBO+SB-LOCA	LUHS+SBO+异常全堆芯卸料
热负荷/MW	16.5	12.1
循环水量/（m^3/h）	900	900
入塔温度/℃	48.9	48.9
出塔温度/℃	≤33	≤33

3.3 机械通风冷却塔设计气象参数

根据 GB/T 50392—2016《机械通风冷却塔工艺设计规范》，机械通风冷却塔设计宜采用当地多年平均的每年最热时期 3 个月中不超过 5~10 天的日平均湿球温度作为设计湿球温度，并以与之相对应的日平均干球温度、大气压力作为设计干球温度、大气压。目前内陆厂址核电厂重要厂用水系统一般采用带机械通风冷却塔的二次循环方式，其设计基准气象参数采用 T7（历年日平均湿球温度第七高值的平均值）及与之相对应的干球温度、大气压力。

机械通风冷却塔所属的中长期排热厂用水系统在严重事故发生 72 h 后才投入运行，旨在事故发生的中长期导出安全壳内堆芯余热及乏燃料水池内的乏燃料衰变热，采用 GB/T 50392—2006《机械通风冷却塔工艺设计规范》中规定的设计湿球温度及其对应参数，能够满足 SEW 系统设计需要。在与核安全评审中心沟通后，最终确定采用夏季频率 10%的湿球温度以及相应干球温度、大气压力（表 2）作为机械通风冷却塔设计基准气象参数。

表 2　夏季频率 10%的湿球温度以及相应干球温度、大气压力

湿球温度/℃	干球温度/℃	气压/hPa
26.8	29.2	1009.9

3.4 机械通风冷却塔规模

由于机械通风冷却塔需要在 SL-2 地震中及地震后保持其功能性，但目前国内没有能够满足核安全级抗震要求的成品机械通风冷却塔。重新研发一座满足核安全级抗震要求的机械通风冷却塔需要较长的设计周期，难以满足工程设计进度要求。

公司自主研发了重要厂用水系统机械通风冷却塔，并已经完成科研验收。重要厂用水系统机械通风冷却塔为核安全三级、抗震 I 类构筑物。重要厂用水系统机械通风冷却塔为鼓风式冷却塔，钢筋混凝土结构，采用模块化设计，分为多个单元格，可以以增减单元格的方式适应不同的冷却水需求量，布置灵活。

在本工程中长期排热厂用水系统机械通风冷却塔的设计中，采用上述塔形，可以省去重新研发的时间，仅需根据设计要求进行适应性设计，可以大大缩短设计周期。因此，将重要厂用水系统机械通风冷却塔塔形直接应用于中长期排热厂用水系统机械通风冷却塔的设计中。

1）机械通风冷却塔适应性设计

重要厂用水系统研发的机械通风冷却塔按单格最大热负荷为 10.255 MW，单格冷却塔水量为 900 m^3/h。表 1 中，中长期排热厂用水系统在 LUHS+SBO+SB-LOCA 设计运行工况下需要导出的热负荷最大，为 16.5 MW，超过冷却塔单格最大热负荷。因此，考虑双格配置方案，将系统设计水量 900 m^3/h 平均分配到两个单元，单格冷却水量为 450 m^3/h。热力计算结果如表 3 所示。

表 3 单格冷却水量 450 m^3/h 下冷却塔出塔水温

填料类型	进塔水温/℃	出塔水温/℃
双斜波_ 1.5	48.9	29.78
斜折波_ 1.5	48.9	30.37
双向波_ 1.5	48.9	30.23
s 波_ 1.5	48.9	29.71

从表 3 计算结果可以看出，采用不同填料类型下，冷却塔出塔水温均低于 33.0 ℃，满足系统设计要求。

中长期排热厂用水系统为非安全级系统，没有部件冗余要求，每台机组设置 1 座机械通风冷却塔，每座机械通风冷却塔设置 2 个冷却单元，单格冷却水量为 450 m^3/h。单台机组的中长期排热厂用水系统投入运行时，对应的机械通风冷却塔 2 个冷却单元全部运行。

机械通风冷却塔主要由进水廊道、冷却单元、集水池和电气间等组成。

每个冷却单元设置 1 台风机，冷却塔风机为非安全级、抗震 1A 类设备，有后备柴油机供电。风量为 70×10^4 m^3/h。

每个冷却单元内设置一组 PVC 填料、收水器、玻璃钢支撑。收水器固定在玻璃钢支撑上，玻璃钢支撑和冷却塔结构本体混凝土也应固定在一起。填料分为 3 层布置，层和层之间交错布置。

机械通风冷却塔进水管布置在进水管廊中间，向两侧的冷却单元格布水。

2）机械通风冷却塔集水池设计

（1）冷却塔集水池设计容积

根据 GB/T 50102—2014《工业循环水冷却设计规范》，冷却塔集水池设计容积按照中长期排热厂用水系统设计水量（900 m^3/h）的 1/3 计算，即集水池设计有效容积为 300 m^3。

（2）集水池水源

由于中长期排热厂用水系统仅在核电厂出现超设计基准事故后投入运行，在核电厂正常运行期间，不投入运行，并且需要考虑防生物滋生、防冰冻措施。因此，冷却塔集水池平时不存水，系统投入运行前，集水池初次灌满水源以及系统投运后补水水源来自机械通风冷却塔补水池储存的淡水。

3）对设计准则的响应

（1）机械通风冷却塔风机、管道、阀门安全等级为非安全级。

（2）机械通风冷却塔整体结构、系统管道将通过结构计算保证在 SL-2 地震后保持其功能性。风机、填料和收水器在研发阶段做过专题研究，可以在 SL-2 地震后保持其功能性。

（3）机械通风冷却塔在外部环境温度低的条件下，可以采用不开风机、进风口外部遮挡等方法防止寒冷对系统的影响。

风机在研发设计时已考虑冰冻环境。填料和收水器选择了耐低温的材料，以抵抗寒冷，在火电中已有成熟的经验。

（4）机械通风冷却塔在设计时已考虑的 30% 的热空气回流，以抵抗强风对出风口的抑制作用。风机的电机采用防尘电机；齿轮箱有防护罩；叶片的转速较低，而且叶片材料可以抵抗风沙的磨蚀。

在冷却塔集水池设置集水坑，可以将进入集水池的沙子收集，用泵提升出冷却塔。

（5）机械通风冷却塔室内±0. 00 m 地面比室外地面高 0. 3 m，防止洪水对冷却塔产生影响。

（6）机械通风冷却塔通过投加药剂和定期排污的方式抑制生物滋生，保持水质。

（7）机械通风冷却塔风机由后备柴油发电机供电。

4）机械通风冷却塔布置形式的确定

由于本工程需要新增包括机械通风冷却塔、机械通风冷却塔辅助泵房、后备柴油发电机房等在内的多个子项，在厂区总平面布置空间上受限。需要对厂房布置进行优化。

将两台机组各自对应的机械通风冷却塔进行合并，结构一体。合并后，机械通风冷却塔包括 4 个冷却单元，每个冷却单元内设置 1 台风机、1 组填料和收水器以及相应配水管道和喷头，每台机组对应两个冷却单元。两座机械通风冷却塔的合并，仅为结构体合并，冷却塔内部功能空间以及风机、填料和配水管路的布置并没有发生变化。

重新调整后，总平面布置如图 2 所示，机械通风冷却塔（CT）和机械通风冷却塔辅助泵房（PD）均为两机组共用子项。每台机组对应的机械通风冷却塔进水管廊分别布置在子项南北两侧；机械通风冷却塔出水管廊布置在两个子项之间；取消机械通风冷却塔补水管廊，冷却塔补水管通过机械通风冷却塔进水管廊接入集水池。

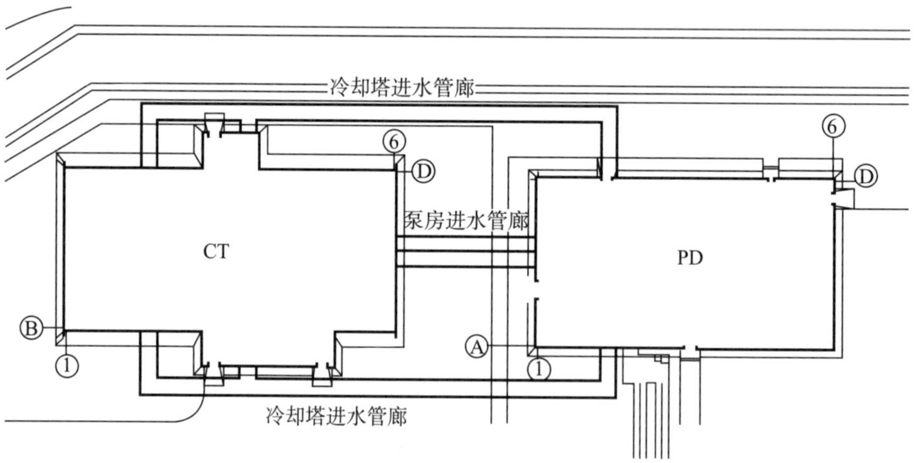

图 2　机械通风冷却塔及辅助泵房总平面布置图

4 结论

田湾核电厂5、6号机组机械通风冷却塔工艺设计，能够满足本工程重要改进项中长期排热厂用水系统的设计要求，并针对总平面等限制条件对布置形式做出适应性设计。首次将公司科研成果——重要厂用水机械通风冷却塔应用于工程设计中，将科研成果转化为工程实际，为后续采用二次循环冷却方式的重要厂用水系统机械通风冷却塔和相关建、构筑物的工程设计提供了工程实例。

田湾核电厂5、6号机组非能动应急高位水池布置设计介绍

焦　迪[1]
(1. 中国核电工程有限公司，北京 100840)

本文介绍了田湾核电厂5、6号机组非能动应急冷却高位水源系统高位水池设计。结合高位水池所执行功能和厂址地形，高位水池设置在厂区北侧山体上，分为4个单体水池，两两连通，呈阶梯状布置。高位水池容量满足两台机组对应严重事故状态下所需供水量。每台机组对应一路高位水池应急输水管，在山体上明敷，厂区内进入浅沟内敷设，引至核岛室外用户用水点处，使用时采用快速接头与用户管道进行连接。阐述了高位水池布置、结构形式和应急输水管布置等设计内容。

1　引言

田湾核电厂5、6号机组厂址位于田湾核电厂二期工程西北侧，以福清核电厂一期工程为参考核电厂。为了进一步提高了机组的安全性，特别是提高机组严重事故的预防和缓解能力，在考虑福岛核事故的经验反馈、HAF102要求及“十二五”新建电厂核安全要求，结合概率安全分析、在建机组SAR审评共性问题的解决方案以及国内外同类机组运行经验反馈的基础上，实施了43项重大技术改进。

在发生厂内交流电源完全丧失的情况下，非能动设备和移动设备成为保障核电厂安全的关键因素。针对本工程，在增加移动设备相关设计改进的基础上，参考AP1000及ACP1000等核电厂的设计经验，增设了非能动应急冷却高位水源系统。严重事故早期72 h内，当厂区移动应急供水设备不能及时接入时，非能动应急冷却高位水源系统通过非能动方式向蒸汽发生器二次侧非能动系统补水，延长二次侧非能动系统有效工作时间；同时可以非能动方式向乏燃料水池补水，确保乏燃料水池内乏燃料的有效冷却。当移动设备成功接入时，又可以作为辅助给水系统水箱、换料水箱和乏燃料水池的额外水源，提供重力补水。

2　非能动应急高位水池设计

2.1　高位水池设计准则

高位水池为非安全级、抗震1类构筑物。高位水池设计容量，应急输水流量和供水压力需要满足两台机组严重事故状态72 h内蒸汽发生器二次侧非能动系统、辅助给水系统

水箱、换料水箱和乏燃料水池的补水需求。非能动应急冷却高位水源系统流程图如图 1 所示。

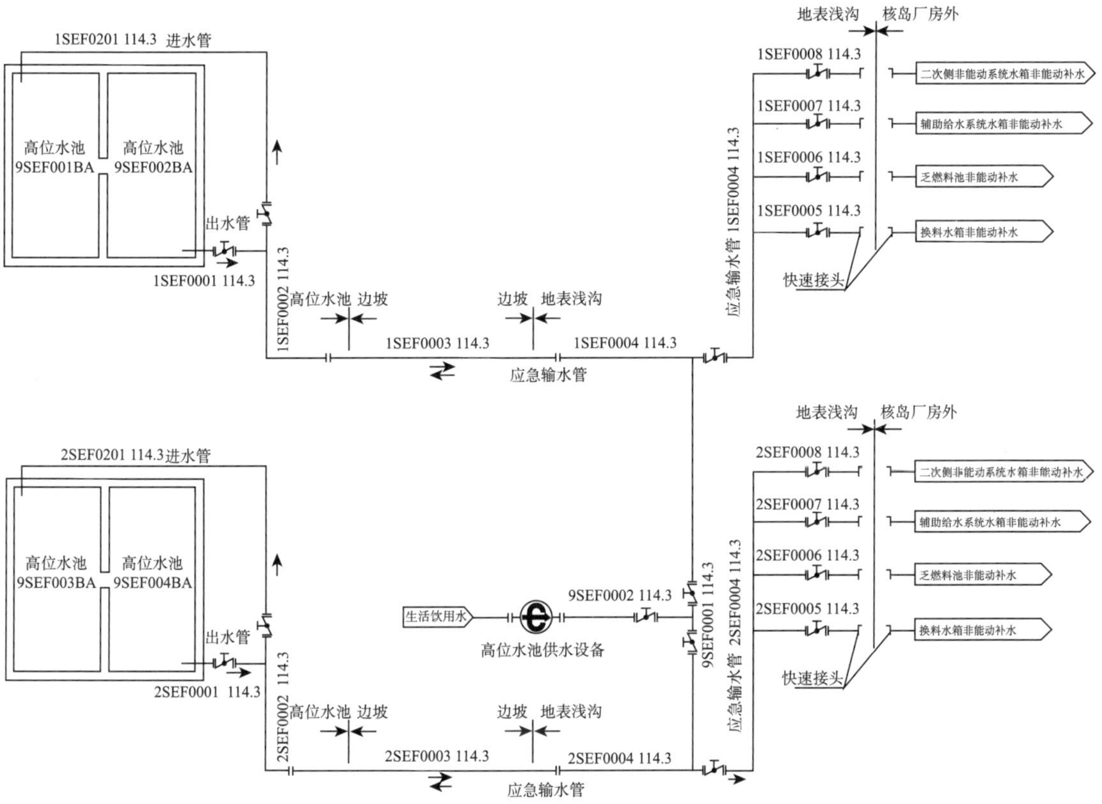

图 1 非能动应急冷却高位水源系统流程图

2.2 高位水池容积

根据非能动应急冷却高位水源系统用户需水量分析，单台机组实际最不利情况是堆芯出现严重事故，并利用蒸汽发生器二次侧非能动余热排出系统带走堆芯余热和乏燃料水池处于“正常贮存”工况丧失冷却，此时单台机组 72 h 所需要的总水量为 1640 m^3。两台机组最严重事故状态 72 h 需要的水量为 $1640\times2=3280$ m^3。因此，高位水池的有效容积为 3280 m^3，考虑到长期储存过程中的蒸发等水量损失，高位水池设计容量定为 3500 m^3。

2.3 高位水池标高确定

高位水池设计标高既要满足最不利供水点的水压要求，又要结合现场地形、地势和地貌等情况综合考虑。首先，需要根据非能动应急冷却高位水源系统用户对供水流量和压力的要求，通过计算确定高位水池最低液位。然后，再结合实际地形、地势情况，确定可以布置高位水池的场地，最终确定高位水池设计标高。

1）高位水池最低液位

根据非能动应急冷却高位水源系统各用户所需供水流量和系统接口处压力分析，在

2.2 节所述单台机组实际最不利情况下，所需补水流量和所需供水压力最大，补水流量不小于 42.9 m^3/h，补水接口处所需供水压力为 0.43 MPa。

高位水池最低液位计算[1,2]：

$$Z_x \geqslant Z_b + 100(H_1 + H_2) \tag{1}$$

其中：Z_x 为高位水池最低液位标高，m；Z_b 为补水接口处管道标高，非能动应急冷却高位水源系统用户在核岛外补水接口处的管道相对厂评标高为 1.1 m，本工程厂评标高为 7.85 m，则 Z_b=1.1+7.85=8.95 m；H_1为计算管路全部水头损失，MPa；H_2为最不利情况下所需供水压力，MPa；取 0.43 MPa。

$$H_1 = \sum \Delta h + H_L \tag{2}$$

其中：$\sum \Delta h$ 为计算管路局部水头损失之和，MPa；H_L 为计算管路局部水头损失，MPa。

$$\sum \Delta h = 0.01 \times \sum \zeta \times \left(\frac{v^2}{2g}\right) \tag{3}$$

其中：$\sum \zeta$ 为局部损失系数之和，计算得到总局部损失系数$\sum \zeta$ 为 4.2；V 为计算管路设计流速，高位水池供水流量 Q 按 43 m^3/h 进行进算，高位水池应急输水管线采用 DN100 复合软管，计算内径 d 为 0.0974 m，则设计流速 $V = 4Q/(3.14 \times d^2) = 1.60$ m/s。

计算得到管路局部水头损失之和$\sum \Delta h$ 为 0.0054 MPa。

$$H_L = 10^{-5} \times \frac{\lambda \rho V^2}{2g} \times \frac{L}{d} \times C_h \tag{4}$$

其中：λ 为水力摩阻系数，是雷诺数 Re 和管壁相对粗糙度 ε 的函数；L 为计算管路长度，取 500 m；C_h 为管道压力损失的裕度系数，取 1.1；

$$R_e = \frac{d \times V}{\nu} \tag{5}$$

其中：ν 为水的运动黏度，取温度 30 ℃时，0.80×10^{-6} m^2/s

$$\varepsilon = \frac{2e}{d} \tag{6}$$

其中：e 为管壁的绝对粗糙度，取 0.015 mm；

经计算得到：

$Re = 3.57 \times 10^5$；

$\varepsilon = 3.08 \times 10^{-4}$；

$Re_1 = \dfrac{59.7}{\varepsilon^{\frac{8}{7}}} = 6.15 \times 10^5$。

$2000 < Re < Re_1$，则计算管路内水流流态处于紊流光滑区，则 $\lambda = 0.3164/Re^{0.25} = 0.0129$，带入式（4），得到计算管路局部水头损失 $H_L = 0.095$ MPa，最终计算得到 $Z_x >$ 61.99 m。

2）高位水池设计标高

为满足事故工况下可在最短时间内启动应急响应，高位水池选址应尽量靠近核岛厂房，最终确定在田湾核电厂 5、6 号机组北侧山体上将进行选址，根据计算得到的高位水池最低液位应大于 61.99 m，结合实际地形和详勘结果，高位水池在北侧山体标高约为

75.00 m 的位置有一处场地可以设置高位水池。

该处地势西北高、东南低，为适应场地条件，并考虑水池功能、施工等因素，高位水池采用半嵌入山体的布置形式。如图 2 所示，田湾核电厂 5、6 号机组建造 1 座高位水池，由 4 个单体水池和 2 个出水廊道组成。总体尺寸：长 36.00 m，宽 25.00 m。

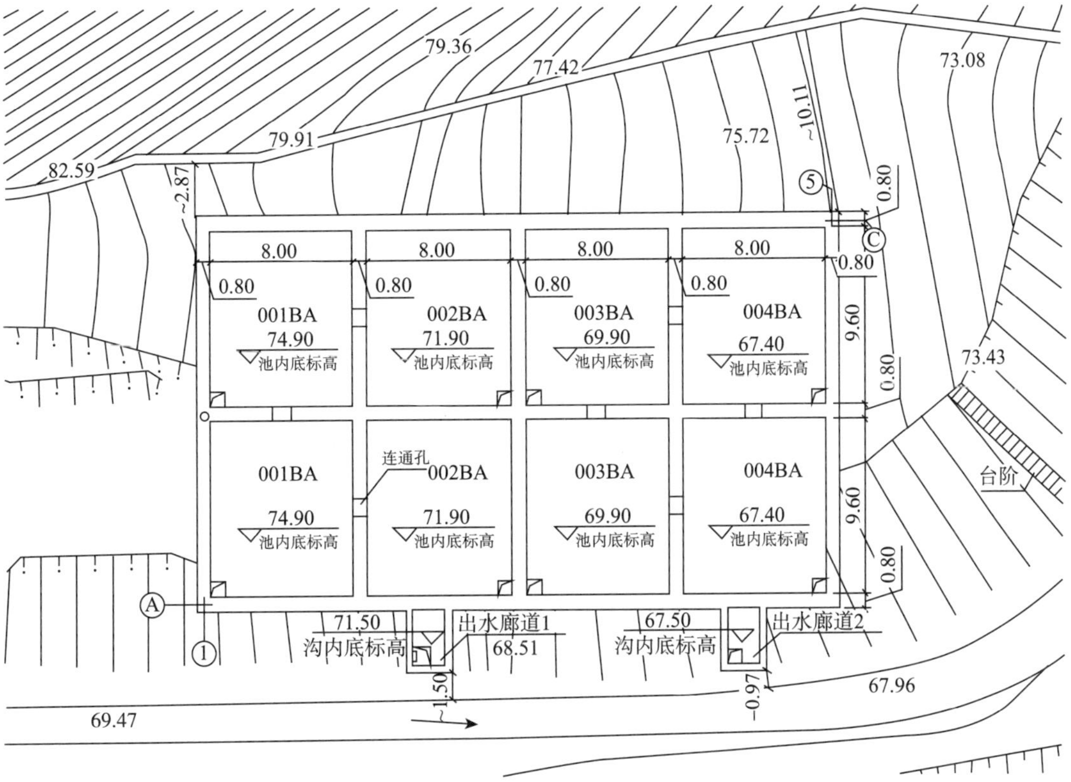

图 2　高位水池定位图

高位水池由 4 个单体水池组成，每 2 个单体水池为 1 组，共分为 2 组。每组水池有效容积对应一台机组所需应急冷却水量 1640 m^3，并对应一个出水廊道。出水廊道内设置有水池进、出水管道和相应阀门。每个单体水池分为 2 格，4 个单体水池采用不同的池底标高。高位水池在竖向上呈阶梯状布置，如图 3 所示。

4 个单体水池中位置最低的 004BA 水池内底设计标高为 67.40 mm，设计最低液位为 68.00 m，满足高位水池最低液位大于 61.99 mm 的要求。

2.4　高位水池具体参数

高位水池设计参数如下：

1）结构形式：钢筋混凝土水池，内壁加装衬里；

2）单池有效容积：820 m^3；

3）总有效容积：3280 m^3；

4）单池数量：4 个；

5）平面尺寸：36 m×25 m；

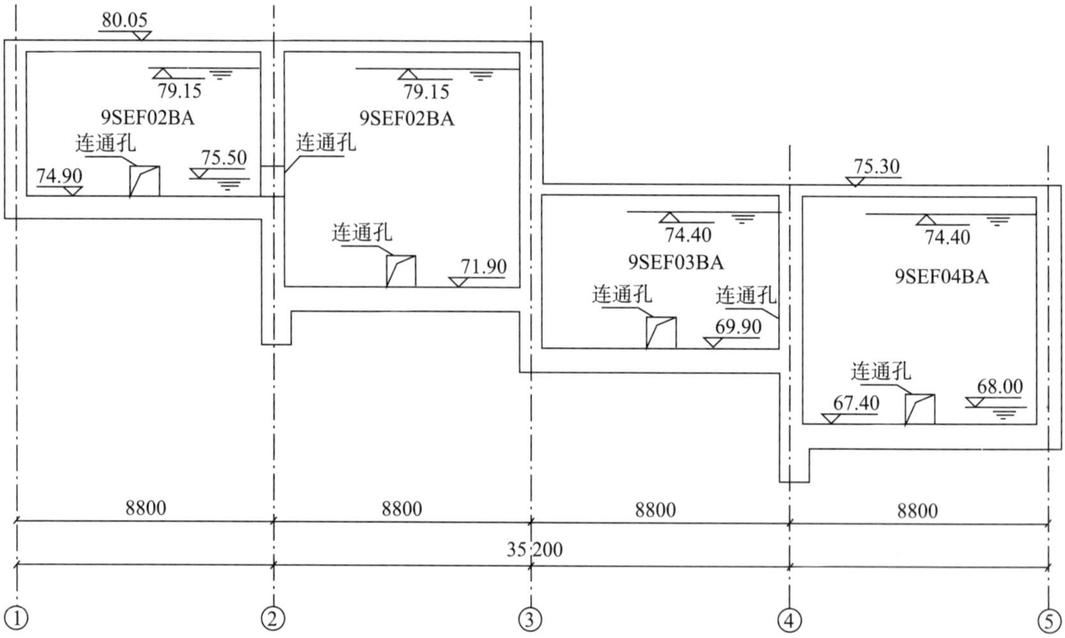

图 3　高位水池剖面图

6）出水流量：43 m^3/h（单台机组），86 m^3/h（两台机组）；

7）水温：3~50 ℃；

8）存水介质：长期储存的生活饮用水。

2.5　高位水池保温

为防止高位水池存水在低温环境下结冰，将高位水池水温控制在 3 ℃以上。

水池本体和进出水金属管道保温层采用岩棉或玻璃棉（密度 40 kg/m^3）保温层，防潮层采用防水胶玻璃布，外部为镀锌板外壳并用涂漆防护。

2.6　高位水池应急输水管

高位水池应急输水管采用 DN100 的增强热塑性塑料复合管。应急输水管线从高位水池接出后，在北侧山体边坡上明敷。敷设至边坡底部后，应急输水管线在浅地表管沟内敷设至核岛室外。使用时采用快速接头与应急冷却水用户管道进行连接。

2.7　高位水池液位监测

高位水池存水容量需要满足两台机组严重事故状态 72 h 内蒸汽发生器二次侧非能动系统、辅助给水系统水箱、换料水箱和乏燃料水池的补水需求。因此，在机组正常运行和非能动应急冷却高位水源系统投入运行期间，需对高位水池液位进行监测。

分别在 002BA 和 004BA 高位水池内设置高、低液位报警。核电厂正常运行期间，高位水池液位应处于有效液位（低液位）之上，可通过主控室或就地液位计进行观察，当发出低液位报警信号时提示高位水池需要进行补水。对高位水池进行补水时，可通过主控室或就地液位计进行观察，水池液位达到高液位时，发出报警信号时提示高位水池已经补满水，可以停止补水操作。

2.8 高位水池补水

高位水池补水水源来自厂区饮用水系统。饮用水系统管网供水压力为0.70 MPa，而高位水池位置最高的001BA水池进水管道标高为75.50 m，单靠饮用水系统管网压力不能满足向高位水池补水的压力要求，因此设置一台增压供水装置从饮用水管网取水，增压后向高位水池供水。

3 结论

田湾核电厂5、6号机组在厂区北侧山体上设置了高位水池，高位水池布置综合考虑了设计准则、地形条件、工程实际等因素，能够满足非能动应急冷却高位水源系统功能，在严重事故下为系统用户提供应急冷却水。

参考文献

[1] 中国市政工程西南设计研究院主编.给水排水设计手册第一册常用资料(第2版)，2000.10.

[2] CJJ/T 98—2014.

田湾核电厂5、6号机组安全壳消氢改进项设计方案论证

刘建平[1]，石雪垚[1]，李汉辰[1]
（1. 中国核电工程有限公司，北京 100840）

摘要：在田湾核电厂5、6号机组的设计中，对安全壳消氢系统实施了设计改进，即取消安全壳大气监测系统（ETY）中的移动式能动氢气复合器，以安全壳消氢系统（EUH）中的非能动氢气复合器来包络设计基准事故和严重事故下的消氢功能。本文通过对田湾核电厂5、6号机组在设计基准事故下安全壳内氢气源项、氢气浓度分布以及非能动氢气复合器消氢能力的分析计算，从而对安全壳消氢系统改进项设计方案进行有效性分析及论证，为田湾核电厂5、6号机组安全壳消氢系统的设计改进提供技术支持及设计依据，并满足国家核安全局的相关安全要求。

关键词：田湾核电厂5、6号机组；安全壳消氢系统设计改进；计算分析；设计论证

1 引言

田湾核电厂5、6号机组的参考电站为M310机组，而M310机组的安全壳消氢分为两个系统来完成，即通过安全壳大气监测系统（ETY）中的移动式能动氢气复合器来实现设计基准事故下的消氢；通过安全壳消氢系统（EUH）布置在安全壳内的非能动氢气复合器来实现严重事故下的消氢。这两个系统（ETY及EUH）各自独立，各自执行其消氢功能。

随着消氢设计技术的发展及工程实践，在田湾核电厂5、6号机组设计中，对安全壳内可燃气体的控制进行了更加系统的功能改进，即取消ETY系统中的移动式能动氢气复合器，安全壳内的消氢功能全部由EUH中的非能动氢气复合器来完成，即EUH系统包络了设计基准事故和严重事故下的全部消氢功能。这项设计改进既能满足消氢系统设计准则及核安全法规的要求，又能够便于设计和运行管理，还可以节约建设投资和运维成本。

本文通过对田湾核电厂5、6号机组在设计基准事故下安全壳内氢气源项、氢气浓度分布以及非能动氢气复合器消氢能力的分析计算，从而对安全壳消氢系统改进项设计方案进行有效性分析及论证，为田湾核电厂5、6号机组安全壳消氢系统的设计改进提供技术支持及设计依据。

2 设计基准事故下的消氢设计改进

2.1 消氢设计准则

依据国家核安全局HAF102《核动力厂设计安全规定》《“十二五”期间新建核电厂安

全要求》《福岛核事故后核电厂改进行动通用技术要求》中的相关安全要求，确定安全壳消氢系统在设计基准事故下的设计准则：

（1）设计基准事故工况下，安全壳消氢系统能够将安全壳内的氢气浓度控制在氢氧混合物发生燃烧的最低可燃限值（4 vol%）以下，以防止安全壳内氢-氧混合气体的燃烧。

（2）安全壳消氢系统在应对设计基准事故时，应满足单一故障准则的要求。

2.2 消氢方案改进

田湾核电厂5、6号机组参考核电厂M310机组设计基准事故下的消氢由2台移动式能动氢气复合器来完成。这2台移动式能动氢气复合器设置在燃料厂房装卸料大厅，LOCA事故后可通过吸入管路与反应堆厂房连接吸入安全壳内的含氢空气，经过复合消氢后的空气再通过输出管路返回反应堆厂房。由于移动式能动氢气复合器需要临时连接安装，与其他系统或设施的接口较多，操作过程中存在安全壳旁通和放射性物质泄漏的风险。另外，虽然设计了辐射防护屏蔽墙，操作过程中对人员的辐照还是不可避免的。因此，随着目前消氢设计技术的发展及工程实践，可考虑对设计基准事故下的消氢设计实施改进。

改进后的消氢设计方案为：取消安全壳大气监测系统（ETY）中的移动式能动氢气复合器，保留ETY系统的其他功能（大气混合、氢气浓度监测等）。其设计基准事故下的消氢功能由安全壳严重事故消氢系统（EUH）位于+37.70 m环形平台的两台非能动氢气复合器来包络，这两台非能动氢气复合器按照安全级要求进行鉴定并要求包络严重事故采购条件，其他的非能动氢复合器仅用于严重事故工况。

田湾核电厂5、6号机组新的安全壳消氢系统（EUH）的设计，依据设计基准事故及严重事故下的事故进程分析及氢气计算结果，初步确定出了非能动氢气复合器的初步设置方案，并通过进一步对初步设置方案进行分析论证（根据隔间结构及设备空间调整氢气复合器的数量、位置等；同类核电厂的对比及工程判断等；考虑氢气复合器性能降级、复合效率降低及失效等），形成了目前的安全壳消氢系统氢气复合器布置方案。氢气复合器为非能动自启动设备，在设计基准事故和严重事故下，只要达到启动阈值（氢气浓度1.0~2.0 vol %）就会自动启动投入运行。表1给出了田湾核电厂5、6号机组新的安全壳消氢系统（EUH）非能动氢气复合器的布置方案

表1 安全壳消氢系统非能动氢气复合器布置方案

安全壳设备隔间	复合器台数及型号	复合器所在楼层
泄压箱间（R348）	2台，XQ-FN/30	0.0 m层
波动管隔间（R448）	1台，XQ-FN/30	3.6 m层
稳压器隔间（R648）	1台，XQ-FN/30	11.5 m层
稳压器隔间（R748）	1台，XQ-FN/30	16.5 m层
1号SG隔间下（R312）	1台，XQ-FN/50	0.0 m层
1号SG隔间中（R612）	2台，XQ-FN/30+XQ-FN/50	11.5 m层
1号SG隔间上（R812）	1台，XQ-FN/50	20.0 m层
2号SG隔间下（R322）	1台，XQ-FN/50	0.0 m层

续表

安全壳设备隔间	复合器台数及型号	复合器所在楼层
2 号 SG 隔间中（R622）	2 台，XQ-FN/30+XQ-FN/50	11.5 m 层
2 号 SG 隔间上（R822）	1 台，XQ-FN/50	20.0 m 层
3 号 SG 隔间下（R332）	1 台，XQ-FN/50	0.0 m 层
3 号 SG 隔间中（R632）	2 台，XQ-FN/30+XQ-FN/50	11.5 m 层
3 号 SG 隔间上（R832）	1 台，XQ-FN/50	20.0 m 层
1 号主泵隔间（R611）	1 台，XQ-FN/30	11.5 m 层
3 号主泵隔间（R631）	1 台，XQ-FN/30	11.5 m 层
电梯间所在隔间（R541）	1 台，XQ-FN/50	7.5 m 层
压力容器顶盖间（R847）	1 台，XQ-FN/50	20.0 m 层
安全壳环廊一环（R710）	3 台，XQ-FN/50	16.5 m 层
安全壳环廊二环（R720）	2 台，XQ-FN/50	16.5 m 层
安全壳环廊三环（R730）	2 台，XQ-FN/50	16.5 m 层
反应堆厂房环形钢平台	4 台，XQ-FN/50（其中 2 台安全级用于设计基准事故下的消氢）	37.0 m 层

3 设计基准事故下的氢气计算

3.1 设计基准事故下安全壳内氢气源项

设计基准事故（LOCA）发生后，安全壳内氢气的产生主要包括以下几种情况：堆芯内锆水反应产氢；冷却剂辐照分解产氢（堆内冷却剂辐照分解及压力容器外部水的辐照分解）；结构材料（铝和锌）受喷淋液腐蚀分解产氢；反应堆冷却剂系统中溶解氢的析出。

依据美国 RG1.7 及 SRP6.2.5 中的假设，对设计基准事故发生后安全壳内的氢气产量进行计算。

3.2 计算分析模型

（1）锆水反应产氢量

$$W_G = (0.022)(W_{Zr})(f_{MW}) \tag{1}$$

式中，

W_G：锆水反应产氢量，lb-mol

W_{Zr}：燃料元件包壳 Zr 的质量，lb-mol

f_{MW}：锆水反应份额

（2）冷却剂辐照分解产氢

$$S_H(t) = \frac{P}{B \times N} \times \frac{G_C \times E_C(t) + G_S \times E_S(t)}{100} \tag{2}$$

式中，

S_H（t）：冷却剂辐照分解产氢速率，lb-mol/s

P：反应堆的功率水平，MW

G_C：堆芯辐照分解氢份额，分子/100 eV

E_C（t）：堆芯冷却剂所吸收的裂变产物 γ 射线能量，eV/s. MW

G_S：堆芯外部冷却剂溶液中辐照分解氢份额，分子/100 eV

E_S（t）：堆芯外部冷却剂所吸收的裂变产物 γ 射线能量，eV/s. MW

B：转化因子，454 g-mol/lb-mol

N：阿伏加德罗常数，6.023×10^{23}分子/g-mol

（3）水溶液对铝或锌腐蚀分解产氢

$$S_C(t) = \frac{A.p.B.C(t)}{(37.8 \times 10^7)} \tag{3}$$

S_C（t）：铝或锌腐蚀分解产氢速率，lb-mol/s

A：铝或锌的表面积，ft^2

p：铝或锌的密度，lb/ft^3

C（t）：铝或锌的腐蚀速率，in/a

（4）反应堆冷却剂中溶解氢的析出

反应堆冷却剂水化学标准中规定在反应堆运行时，每公斤冷却剂中溶解氢浓度为 25~35 cm^3。计算中保守假设反应堆冷却剂系统中每公斤冷却剂中溶解析出的含氢量为最高限值 50 cm^3/kg。

3.3 安全壳内氢气产量及氢气浓度

设计基准事故下安全壳内氢气产量及氢气浓度的计算结果见图 1 和图 2。从图 1 可以看出，冷却剂辐照分解产氢量（堆芯冷却剂辐照分解产氢和地坑水辐照分解产氢）是安全壳内主要的产氢来源。在所计算的时间段（100 天）内，安全壳内总的氢气产量约为 304 kg。从图 2 可以看出，在事故后约 25 天左右，安全壳内的氢气体积浓度达到了 4%的燃烧限值，存在着氢燃的风险，并且随着时间的推移，安全壳内的氢气浓度会不断累积升高。为了消除氢燃氢爆对安全壳完整性的威胁，必须要设置安全壳消氢系统。

3.4 安全壳消氢系统有效性评价

（1）设计改进前移动式能动氢气复合器消氢效果

LOCA 事故后，操作人员立即对壳外的移动式能动氢气复合器实施与壳内的连接安装并进入备用状态，根据氢气监测取样数据，在安全壳内氢气浓度为 1%~3%时，启动运行一台复合器（另一台备用）来降低安全壳内的氢气浓度。图 3 给出了一台移动式能动氢气复合器分别在 1.5%、2%及 3%氢气浓度时投入运行后安全壳内氢气浓度的变化曲线。LOCA 事故后，一台移动式能动氢气复合器投入运行，可将安全壳内的氢气浓度控制在氢气燃烧的限值以下。

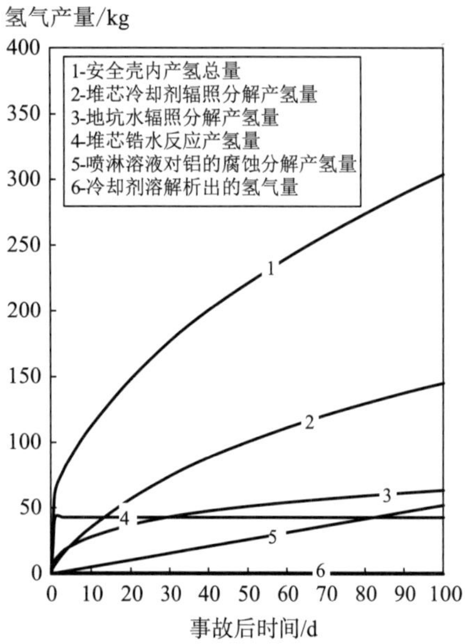

图 1　安全壳内氢气产量

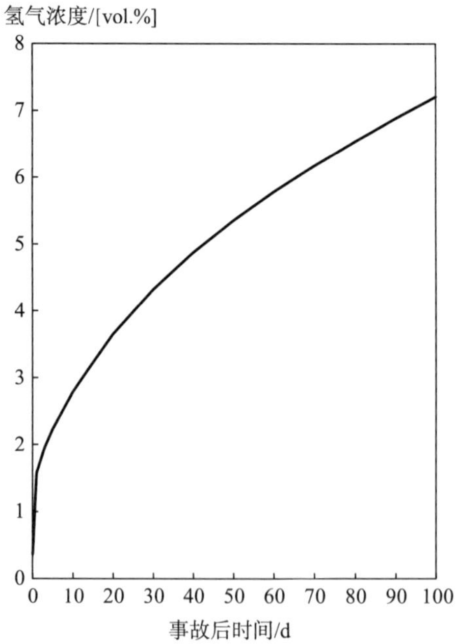

图 2　安全壳内总体氢气浓度

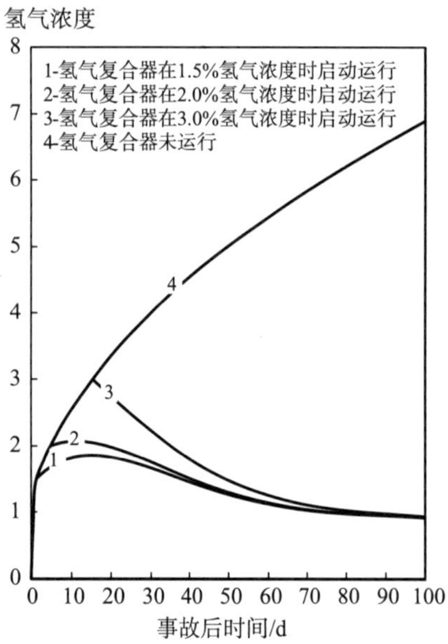

图 3　移动式能动氢气复合器消氢效果

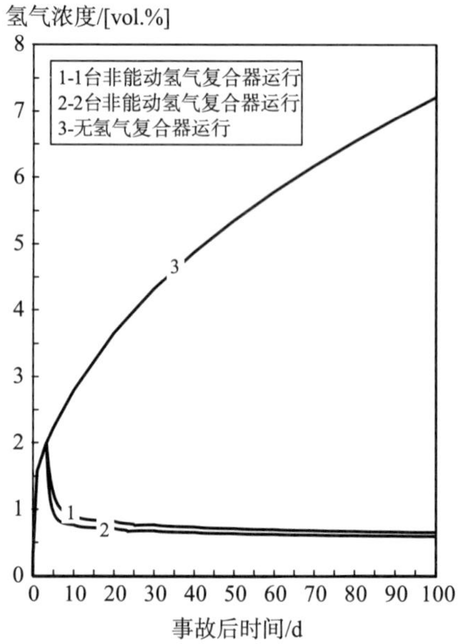

图 4　非能动氢气复合器消氢效果

（2）设计改进后非能动氢气复合器消氢效果

改进后的安全壳消氢系统在应对设计基准事故时，设置了 2 台安全级非能动氢气复合器用于设计基准事故下的消氢，设计上考虑了一台氢复合器故障时另外一台仍能满足单一故障准则的要求。因此在进行消氢能力评价时，分别对一台及两台非能动氢气复合器（XQ-FN/50 型）的工作状态进行了计算，计算中氢气复合器的启动阈值保守地取为 2%。

图 4 给出了 LOCA 事故发生后 100 天内安全壳内氢气体积浓度的变化曲线。由图 4 看出，在事故发生约 79 h（约 3.3 天）后，安全壳内的氢气体积浓度达到氢气复合器的启动阈值 2%，氢气复合器自动投入工作。计算结果表明：如果 1 台氢气复合器工作，从启动点开始大约工作 89 h（约 3.7 天）后可将安全壳内的氢气体积浓度降低到 1%以下。如果 2 台氢气复合器工作，从启动点开始大约工作约 36 h（约 1.5 天）后可将安全壳内的氢气体积浓度降低到 1%以下。总之，氢气复合器能够稳定有效的工作，随着运行时间的推移，可将安全壳内的氢气体积浓度控制在 0.6%的水平。

4 结论

本文通过对设计基准事故下的氢气计算分析及对安全壳消氢系统设计方案的有效性分析论证，可以得出以下结论：

（1）设计基准事故下，一台非能动氢气复合器启动运行（基于单一故障准则），即可稳定有效的复合消除氢气，能够将安全壳内的氢气浓度控制在氢气燃烧的浓度限值(4 vol%)以下。

（2）田湾核电厂 5、6 号机组安全壳消氢系统的设计改进可行有效，满足消氢设计准则的要求，并符合国家核安全局 HAF102《核动力厂设计安全规定》中的相关安全要求。

参考文献

[1] 国家核安全局,HAF102《核动力厂设计安全规定》,2016.

[2] 田湾核电站扩建工程 5、6 号机组初步安全分析报告 6.2.5.3,2015.

[3] NUREG-0800-SRP-6.2.5,2007.

核电厂 DCS 信号无效性管理研究

庞　伟[1]
（1. 江苏核电有限公司，江苏连云港 222000）

摘要： 随着数字化仪控系统（DCS）在核电厂的广泛应用，由信号缺省值和质量位逻辑引起的异常事件时有发生。核电厂信号缺省值和质量位逻辑的管理和优化对机组安全稳定运行有重要意义。本文分析了 DCS 系统信号无效性判断机理，梳理出 DCS 系统设计和调试过程中信号无效性管理的关键点，提出开关量信号断线检测的实现方式以及将机组状态条件引入质量位逻辑的设计思路，有利于后续机组 DCS 系统设计和优化。

关键词： 数字化控制系统；缺省值；质量位；断线检测

1　引言

随着数字化技术的发展，国内核电厂已经从传统模拟控制系统过渡到数字化控制系统。DCS 系统的广泛运用，极大提高了核电厂过程信号的处理能力，提供了丰富的自诊断信息，便于核电厂运维工作的开展。但同时也对电厂设计工作带来挑战，如果不能结合工艺和 Level 0 层设备的特点，实施完善的 DCS 信号无效性管理，容易导致异常事件发生，给核电厂运行经济性和可靠性带来不利影响。

2018 年 7 月 12 日国内某核电厂 1 号机组 DCS 交换机固件升级过程中，循泵热工保护相关的主/辅控制器短时离线，两台循泵跳闸，最终导致停机停堆。

该电厂 1 号循泵 1CRF001PO 电机绕组温度（1CRF123MT/133MT）与 2 号循泵 2CRF002PO 电机绕组温度（1CRF124MT/134MT）的信号处理卡件位于 C525UC 控制站，通过网络将信号传输至 C529UC 控制站，后者实现线圈绕组温度三取二跳泵逻辑，同时质量位的保护逻辑也在 C529UC 中实现，如图 1 所示。

通过逻辑框图可以看出，其 DCS 通道分配和信号处理不合理，一旦发生“断网”故障，质量位逻辑将导致两台循泵跳闸。

本文对 DCS 信号无效性判断机理进行分析研究，结合田湾核电厂 5、6 号机组 DCS 设计和制造过程中的信号无效性管理经验，总结提炼出 DCS 信号无效性管理的关键点和优化建议，为充分发挥数字化控制系统优势，提高核电厂安全性和可用性提供思路。

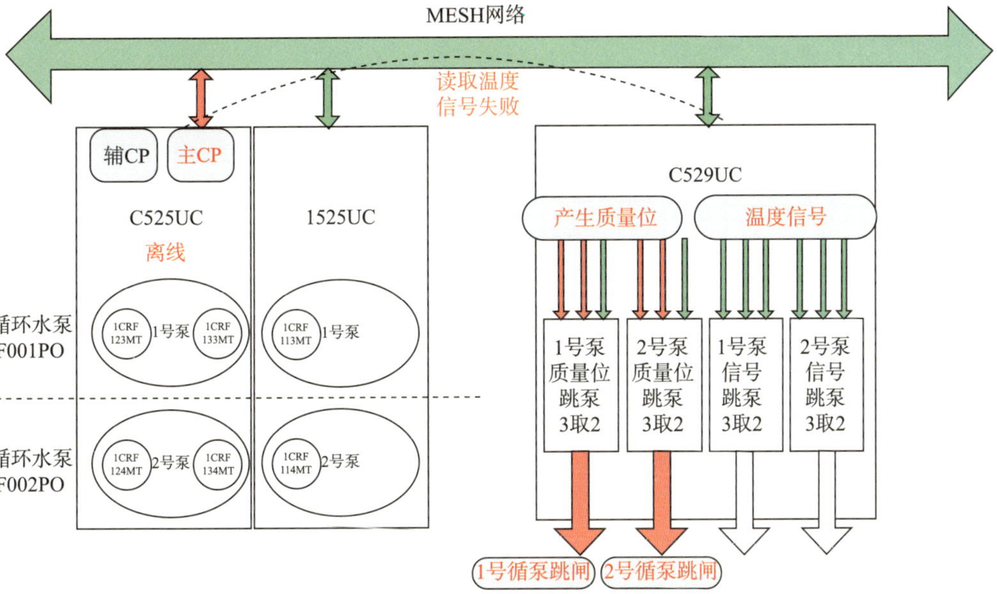

图 1　事件逻辑框图

2　DCS 信号无效性管理方法

2.1　信号无效性处理方法

DCS 信号无效性管理总的技术考虑是通过对信号质量位表达的独立逻辑进行处理，从而在 Level 2 层产生故障指示或者在 Level 1 层触发缺省值或质量位逻辑。

对于 Level 2 层产生故障指示而不参加控制逻辑的信号，在探测到信号失效时，在主控室触发工艺或仪控报警，以提醒操纵员及时干预。对于在 Level 1 层触发缺省值或质量位逻辑的情况，以 RCP 主泵电机线圈温度高 3 跳泵逻辑为例加以说明。

信号正常时，RCP 主泵电机同相两个温度测点经过高 3 阈值比较后，2 取 2 跳泵，如图 2 所示。

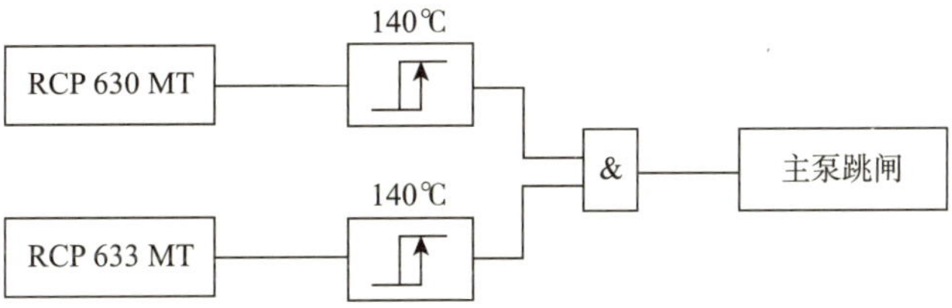

图 2　RCP 主泵电机线圈温度高 3 跳泵逻辑

当两个温度测点中的一个信号失效后，将对应信号的质量位置“1”，同时用缺省值“200 ℃”替代输出。

根据设计输入的要求，可以通过信号质量位逻辑或者触发缺省值两种方式实现保护逻辑退防，如图 3 和图 4 所示。

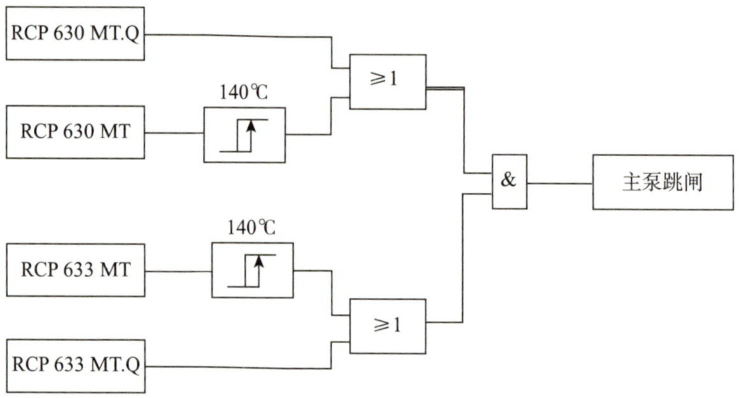

图 3　通过质量位实现的保护逻辑退防

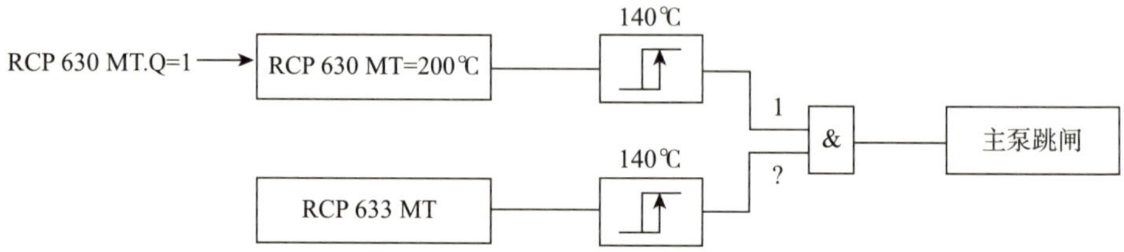

图 4　通过缺省值实现的保护逻辑退防

2.2　信号无效性判断机理

田湾核电厂 5、6 号机组 DCS 系统采用广利核公司的 Hollias-N 平台（NC）和 Firmsys 平台（1E），其信号失效类型可以归纳如下：

（1）Level 0 层故障，包括信号超量程、冷端温度故障、测量回路断路或者短路、DI 异常抖动等。

（2）Level 1 层故障，包括 IO 模块故障，控制器与 IO 模块的冗余网络故障、查询电源失去等。

（3）Level 1 层设备间通信网络故障，包括网络链路故障，网卡故障等。

DCS 平台的 IO 模块、CPU、故障诊断模块等实时监控信号失效情况，发现异常后触发故障报警，并将相应信号的质量位置“坏”，触发缺省值和质量位逻辑。信号质量判断流程如图 5 所示。

田湾核电厂 5、6 号机组在 DCS 系统设计之初就已经明确要求涉及控制和保护功能的信号不得采用通信形式，因此本文不对通信信号作重点介绍。

2.3　DCS 信号无效性管理设计输入

DCS 信号无效性管理设计输入可以归纳为以下 3 部分：

（1）系统设计层面的无效性管理要求，这部分通常由设计院根据系统设计时机组或设备的安全状态要求确定。

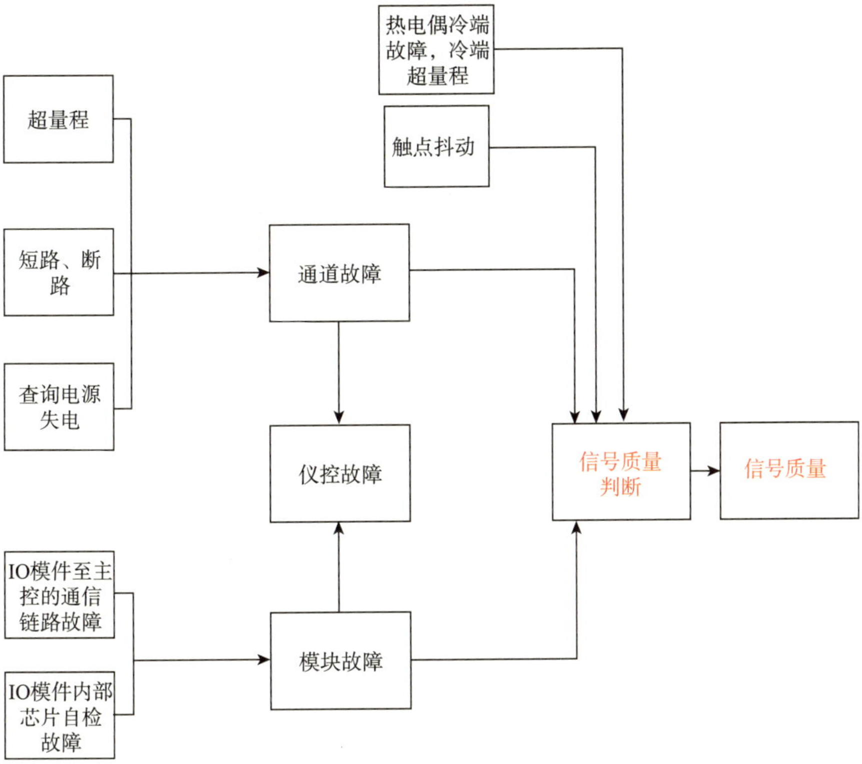

图 5　信号质量判断流程

（2）DCS 跨平台信号引起的无效性管理要求，这部分主要是针对安全级 DCS 和非安全级 DCS 之间传输的信号，由设计院根据安全状态要求确定。

（3）DCS 同平台站间信号引起的无效性管理要求，这部分通常由 DCS 厂家根据其现场控制站分站情况，结合工程经验确定。

2.4　DCS 信号无效性管理范围

田湾核电厂 5、6 号机组 DCS 信号无效性管理范围如下图圈定的信号。

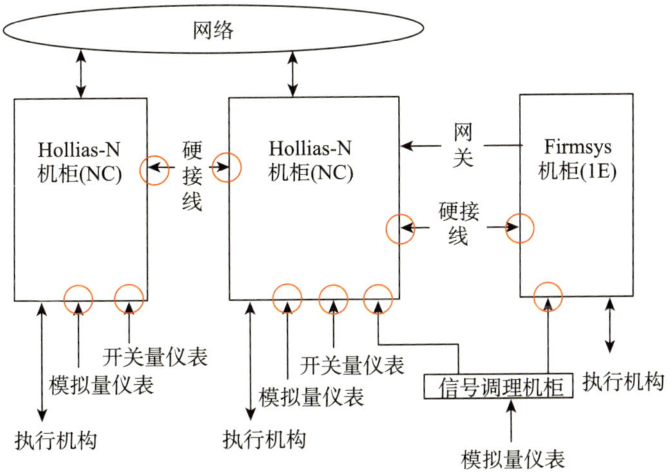

图 6　信号无效性管理范围

1）Firmsys 侧信号：

（1）对信号调理机柜采集的模拟量信号送往 Firmsys 控制站参与设备控制逻辑，对模拟量信号及其阈值设置缺省值。对于参与保护系统表决逻辑的不单独设置缺省值，按反应堆保护系统规格书要求的退防逻辑实施。

（2）A、B 列 Firmsys 控制站间的开关量信号同保护系统处理，不设置缺省值。

（3）Hollias-N 控制站到 Firmsys 控制站硬接线信号设置缺省值。

2）Hollias-N 侧信号：

（1）对从 Firmsys 控制站通过硬接线送到 Hollias-N 控制站，以及 Hollias-N 控制站之间通过硬接线连接，并参与设备控制逻辑的信号设置缺省值。

（2）对信号调理机柜送往 Hollias-N 控制站采集的仪表模拟信号及其阈值参与设备联锁的信号设置缺省值。

（3）对 Hollias-N 控制站直接采集的模拟量信号及其阈值参与设备联锁的信号设置缺省值。

（4）对 Hollias-N 控制站采集的开关量信号，缺省值统一设置为上一有效值。

（5）Hollias-N 控制站间的网络传输信号不进行缺省值设置。

除此之外，对于系统逻辑图和模拟图要求的质量位逻辑按要求实施。

3 DCS 信号无效性管理优化

通过以上对 DCS 信号无效性管理的梳理可以发现，DCS 缺省值和质量位逻辑设计除了要依靠设计院的设计提资，还依赖于 DCS 厂家的工程经验。

在 DCS 设计提资初期，由于机组整体设计深度和颗粒度不足，设计人员难以根据现场仪表、设备，以及 DCS 平台特性制定完善的信号无效性管理方案。而 DCS 厂家又很难站在整个核电厂系统的层面从总体上把握信号失效的后果，也没有办法及时掌握现场设备的信号特性。目前实际应用较多的方法是依靠设计院人员与核电厂业主自身经验，在设计阶段和调试阶段协同分析，消化吸收同类型机组的经验反馈，逐步完善 DCS 信号无效性管理方案。

田湾核电厂 5、6 号机组设计和调试阶段以降低信号失效概率、限制信号失效后果、优化信号失效后质量位逻辑为三个基本目标，从设计源头上对 DCS 供电、DCS 功能和通道分配、缺省值和质量位逻辑进行优化。

3.1 DCS 供电优化

合理、冗余的 DCS 供电设计是降低信号失效概率的有效手段，田湾核电厂 5、6 号机组从 DCS 系统设计之初就高度重视电源可靠性设计，结合功能分区和分组情况制定了以下供电方案，有效防止共因故障发生。

表 1　安全级 DCS 电源配置

序号	设备	正常工作电源	全厂断电事故下电源	严重事故后电源
1	RPC	LN＊（两路）	LLS	LAU
2	ESFAS-A	LNG/LNE	LLS	无
3	ESFAS-B	LNH/LNP	LLS	无
4	SRC-A	LNG/LNE	无	无
5	SRC-B	LNH/LNP	无	无
6	SCID-A	LNG/LNE	无	无
7	SCID-B	LNH/LNP	无	无
8	DTC-A	LNG/LNE	无	无
9	DTC-B	LNH/LNP	无	无
10	APC-A	LNG/LNE	无	无
11	APC-B	LNH/LNP	无	无
12	GW-A	LNG/LNE	无	无
13	GW-B	LNH/LNP	无	无

表 2　非安全级 DCS 外部电源配置

序号	配电柜	第一路供电母线	第二路供电母线	冗余要求
1	5M9KCP591TB	LNF	LNF	无
2	5M1KCP402TB	LNH	LNP	冗余
3	5M1KCP404TB	LLS	无	无
4	5M1KCP502TB	LMB	LNP	冗余
5	5M1KIC602TB	LMB	LNP	冗余
6	5M1KCP401TB	LNE	LNG	冗余
7	5M1KCP403TB	LLS	无	无
8	5M1KCP501TB	LMA	LNE	冗余
9	5M1KIC601TB	LMA	LNE	冗余
10	5M1KCP561TB	LMA	LNE	冗余
11	5M1KCP562TB	LMA	LNE	冗余
12	5M1KCP521TB	LMA	LNE	冗余
13	5M1KCP523TB	LMA	LNE	冗余

表 3　非安全级 DCS 内部电源配置（控制站）

序号	机柜类型	房间位置	数量	冗余要求		
				CPU、IO 板卡供电	24 V 驱动供电	48 V 驱动供电
1	公共控制柜	L511	3 台	冗余	冗余	冗余
2	核岛 A 列	L507	16 台	冗余	冗余	冗余
3	核岛 B 列	L509	11 台	冗余	冗余	冗余
4	常规岛 A 列	L607	17 台	冗余	冗余	冗余
5	常规岛 B 列	L609	14 台	冗余	冗余	冗余

表 4　非安全级 DCS 内部电源配置（服务器柜、继电器柜、网络柜）

序号	机柜类型	数量	冗余要求		
			220 V 交流供电	24 V 驱动供电	48 V 驱动供电
1	服务器柜	3 台	冗余	冗余	无
2	继电器柜	17 台	无	冗余	冗余
3	网关柜	5 台	冗余	冗余	无
4	网络柜	9 台	冗余	冗余	无

3.2　DCS 控制站功能分配和通道优化

田湾核电厂 5、6 号机组所有系统划分为六个功能区，包括核电厂辅助系统、一回路及其辅助系统、二回路及其辅助系统、汽轮发电机系统、最终热阱系统、废物处理系统。在功能区的基础上还细分为 16 个功能组，包括主回路和堆芯、蒸汽发生器及其辅助系统、核辅助系统、公用系统等［1］。DCS 设计过程中应该根据各功能组的特点，将功能分配到不同的控制站，以减少单一故障的影响，例如将冗余设备的控制分配到不同的控制站。上文国内某电厂单台控制柜离线导致两台循泵全部跳闸的事件就是一起典型案例。

合理分配 DCS 控制站功能和通道是满足单一故障准则，限制信号失效后果的重要手段。5、6 号机组工程前期，业主人员联合设计院以“冗余测点分配至不同卡件，冗余设备分配至不同控制站”为总体原则，对 1 555 个重要信号功能进行分析，制定了《DCS 功能分配需求清单》，将考虑的部分情况列举如下：

（1）考虑一回路主泵安全运行的重要性，将三台主泵的控制保护功能和相关信号分配到不同控制站。每台主泵的冗余测点在站内分配到不同的 I/O 卡件。

（2）将化容控制系统中主泵轴封水供应、轴封回流功能和相关的信号分配到三个不同控制站，与三台主泵对应。

（3）将三台蒸汽发生器液位控制功能和相关信号分配到不同控制站，冗余测点在站内分配到不同的 I/O 卡件。

（4）将与三台蒸汽发生器相关主给水流量、主蒸汽流量、主蒸汽压力等信号分配到三个不同控制站，与三台蒸汽发生器对应。

（5）三台主蒸汽隔离阀控制功能和相关信号分配到不同控制站。

（6）三台主给水隔离阀控制功能和相关信号分配到不同控制站。

5、6 号机组两台循环水泵的控制保护功能和相关信号分别分配到 27 号控制站和 25 号控制站，电机三相绕组的冗余测点分配在不同的 I/O 卡件，如图 7 所示。当单一卡件故障时不会导致循泵跳闸，单一控制站故障也不会导致失去两台循环水泵。

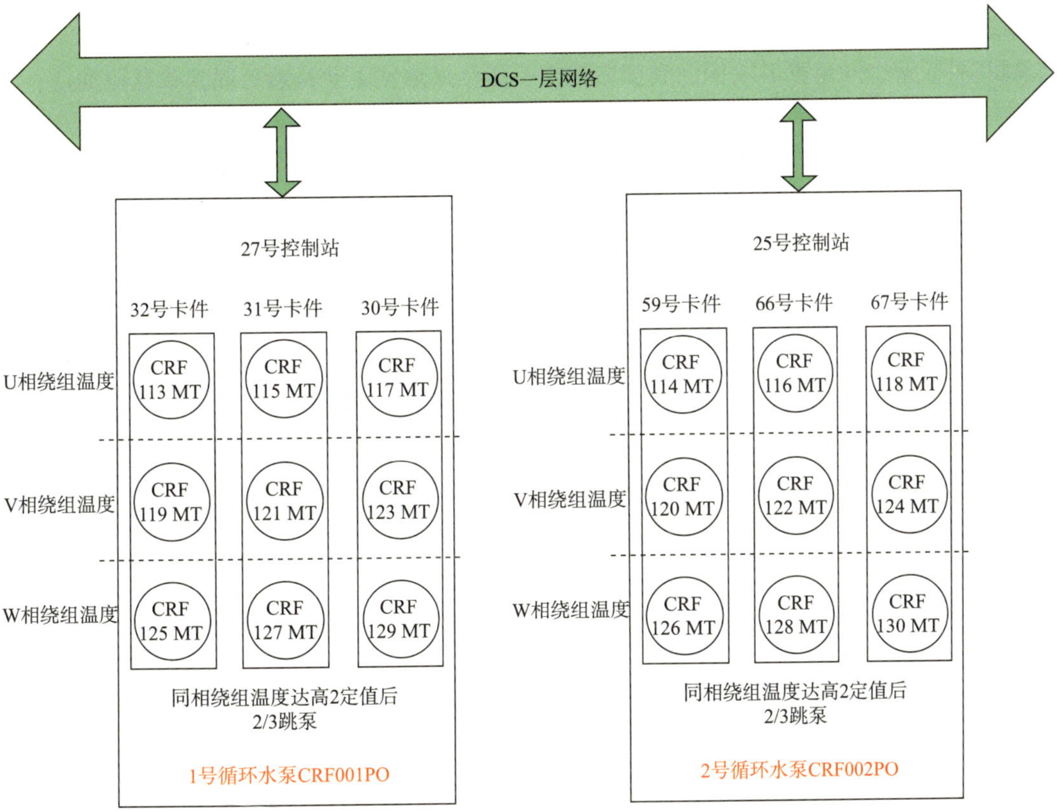

图 7 田湾核电厂 5、6 号机组循泵功能和信号通道分配

3.3 重要设备缺省值和质量位逻辑优化

针对重要设备的连锁保护逻辑，一般由厂家向设计院提资，设计院转化后发给 DCS 厂家进行组态。该模式下设备厂家占主导地位，导致逻辑设计往往过多地倾向设备保护，而忽略了机组整体稳定性和可用性。5、6 号机组工程前期，业主仪控、运行和工艺专业共同梳理划定了 135 个重要设备，核实整理出相关 441 项控制保护功能的质量位逻辑，涉及 741 个信号测点。从信号失效模式、运行干预手段、设备与机组保护取舍等多个角度分析评估，对其中 165 项质量位逻辑进行了优化，总结如下：

1）根据不同信号的失效模式，针对性制定质量位逻辑方案

例如热电阻信号的失效模式主要是断线故障，此时 DCS 将判定测量温度达上限，这种情况下大量温度高联锁保护的质量位逻辑是不必要的。

根据该特点，5、6号机组将主泵电机绕组温度高3跳泵、主泵轴承温度高3跳泵、轴封注入水温高5跳泵等保护的质量位退防逻辑由“2/2→1/1→触发”改为“2/2→1/1→不触发”；将循环水泵电机绕组温度高跳泵、齿轮箱推力轴承温度高跳泵，导向轴承温度高跳泵等保护的质量位退防逻辑由“2/3→1/2→触发”改为“2/3→2/2→1/1→不触发”；取消下泄热交换器RCV002RF下游温度高2触发下泄隔离的质量位逻辑。

2）根据信号功能优化质量位判断逻辑

例如主给水窄量程流量ARE049/050/051MD信号用于ATWT（Anticipated transients without trip）即“未能紧急停堆的预期瞬态”保护，当中间量程两个探测器的电流值大于30%FP对应的中间量程电流值，叠加主给水窄量程流量低于6%则三取二触发跳堆，其质量位退防逻辑为“2/3→1/2→触发”。由于主给水窄量程流量变送器的量程范围是0~15%，因此满功率运行期间，始终处于超量程状态。根据该特点，5、6号机组主给水窄量程流量的质量位判断逻辑设置为“判断超下限，不判断超上限”，防止功率运行期间因为质量位逻辑触发停堆。

3）结合运行人员需求，设置重要控制系统过程量失效处理方式

5、6号机组蒸汽发生器水位调节、稳压器压力调节、稳压器水位调节等重要控制系统原本应对过程量信号失效的处理方式是“三取平均控制；一个信号输入无效时，输出余下的两个信号平均值；两个信号以上无效时，输出保持上一个好值，同时将阀门置手动”。经运行人员实践验证，认为调节系统自动切手动时操纵员难以及时响应，容易引起工艺参数波动。特别是过程量闪发失效的情况，维持调节系统自动状态，能够更好地维持机组状态稳定。因此5、6号机组将重要控制系统过程量失效处理方式改为“三取中值，一个信号输入无效时，输出余下的两个信号平均值；两个信号无效时，输出剩下一个有效输入的值；三个信号无效时，保持上一个好值。阀门不切手动；信号偏差大报警但不剔除，定值保留为5%”。

4）根据保护逻辑的重要性优化质量位逻辑

例如主泵油箱油位异常跳泵逻辑，该保护设计的目的是防止主泵轴承磨损，但是因为已设置轴承温度高跳泵，油位异常跳泵的必要性并不是很大。主泵厂家却设计了上部油箱油位高2、油位低2；轴承油箱油位高3、油位低2；下部油箱油位高4、油位低3，共6项停泵逻辑，涉及12个信号点，信号质量位问题导致误停泵的风险很高。因此田湾核电厂5、6号机组将主泵油箱油位保护的质量位退防逻辑由“2/2→1/1→触发”改为“2/2→1/1→不触发”。

4 存在的不足与改进

4.1 开关量信号通道断线检测能力改进

M310核电机组中大量使用干触点式的开关量仪表，这类仪表虽然接口简单、抗干扰能力强，但是由于信号电缆断线与开关触点断开的电路特征一样，大部分DCS厂家的数字量输入模块没有设计针对开关量回路断线的检测功能，也就无法设计有效的缺省值或者质量位逻辑。实际上这样的检测电路并不复杂，如图8所示。

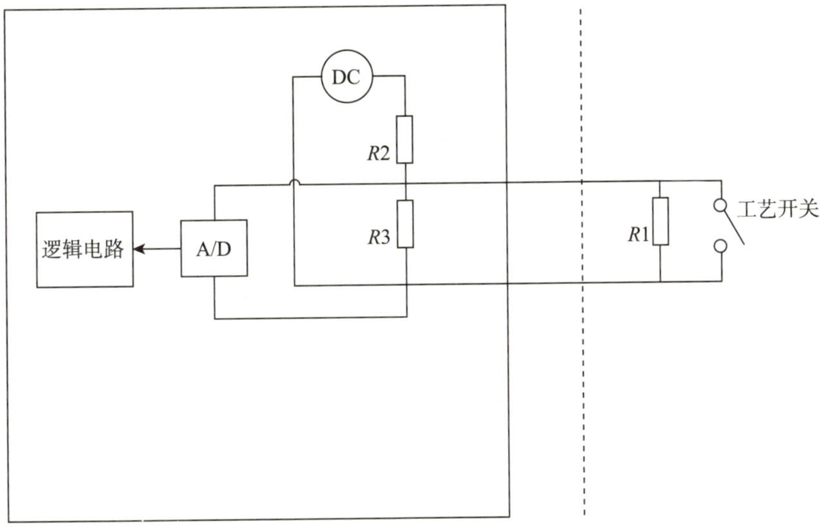

图 8 断线检测电路

当开关闭合时，电阻 R_3 两端的电压为 0；

当开关断开时，电阻 R_3 两端的电压为：

$$V_{R_3} = \frac{V}{R_2 + \frac{R_3 R_1}{R_3 + R_1}} \frac{R_3 R_1}{R_3 + R_1} \tag{1}$$

当信号电缆断线时，电阻 R_3 两端的电压为：

$$V_{R_3} = \frac{V}{R_2 + R_3} R_3 \tag{2}$$

通过测量 R_3 两端的电压，就能够判断开关量信号电缆是否断线。但是因为要测量不同的电压值，需要在普通数字量输入卡件基础上增加 A/D 转换和信号处理功能，导致卡件成本提高。但对于核电厂一些重要的、安全相关的开关量信号通道，增加断线检测功能十分必要。因此就需要在 DCS 合同招标阶段，明确相关要求，促使 DCS 厂家进行研发。

4.2 机组状态条件的引入

目前各核电机组越来越重视 DCS 质量位逻辑，专门对其进行了优化，但大部分依然停留在对现有逻辑的修补上。如果能够联合设计院，更大范围地对机组状态和质量位逻辑的关系进行研究，将机组状态条件引入到质量位逻辑的设计中，将大幅提高核电机组自动化水平和可靠性。

例如 M310 机组稳压器压力高三停堆功能是当稳压器压力变送器测量压力高于 16.45 MPa时“三取二”停堆，根据反应堆保护系统规格书要求，该保护的逻辑退防要求如表 5 所示。

表 5 稳压器压力高三停堆逻辑质量位逻辑要求

	逻辑退防表决
三个信号均有效	2/3
一个信号无效	1/2
两个及以上信号无效	触发保护逻辑

当机组处于余热排出系统冷却正常停堆模式（NS/RRA）时，一回路冷却剂温度范围是 10~180 ℃，一回路压力范围是 0.6~3.1 MPa，同时余热排出系统（RRA）入口隔离阀开启。通过分析 NS/RRA 模式的特征可以发现，此时一回路压力已远远低于稳压器压力高三定值16.45 MPa，稳压器压力高三停堆保护是不需要的。如果将能够表征 NS/RRA 模式的一回路温度、压力、阀门状态作为条件，用于闭锁稳压器压力高三停堆的退防逻辑，将有效降低质量位逻辑误触发的风险[2]，逻辑设计如图 9 所示。

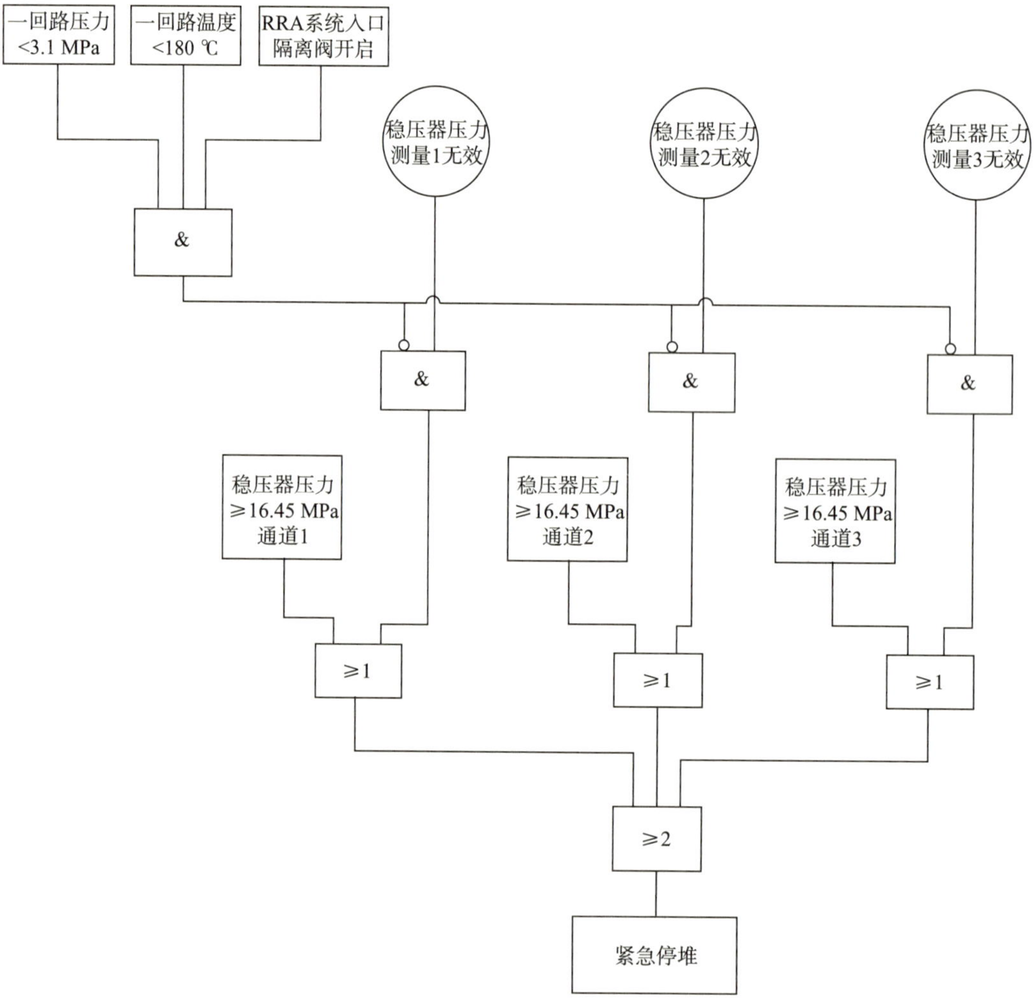

图 9 稳压器压力高三停堆质量位逻辑优化方案

5 结论

随着 DCS 系统在国内核电机组的广泛应用，电厂过程信号处理能力越来越强，运维人员能够获得的信息也越来越多。但是对于较早开发的堆型，其控制水平尚不能与之完全适应。如果不能准确识别和利用 DCS 系统带来的新特征，反而容易造成异常事件的发生。本文对 DCS 信号无效性的判断机理、处理方式，以及设计提资过程进行分析，总结提炼了田湾核电厂 5、6 号机组 DCS 信号无效性管理优化工作中的关键点，提出开关量信号无效性诊断实现方式以及将机组状态引入质量位逻辑的设计思路，为进一步提升 DCS 信号无效性管理水平提供参考。对后续其他机组的 DCS 逻辑设计有一定的参考借鉴意义。

参考文献

[1] 苏林森,杨辉玉,王复生,等.900 MW 压水堆核电站系统与设备[M].北京：原子能出版社,2004.

[2] 肖鹏,刘宏春,简一帆,等.对核电厂 DCS 中信号质量位设置问题的思考[J].上海交通大学学报,2019,53(S1):12-16.

核电厂安全壳密封性试验系统搭建

高　凡[1]
（1. 江苏核电有限公司，江苏连云港 222042）

摘要： 安全壳是压水堆核电机组的第三道安全屏障，其主要作用是防止放射性物质向外界环境扩散。定期检查机组安全壳在反应堆失水事故（LOCA）压力下的泄漏率，是核电机组安全运行的重要保障。基于泄漏率算法模型，搭建安全壳密封性试验系统，具体包括试验设备硬件选型、采集软件编程、试验数据处理方法。通过工程实践，实现了高精度试验数据采集和安全壳泄漏率分析计算。本成果兼具创新及实用性，可广泛运用于核电站安全壳密封性试验。

关键词： 核电厂；安全壳密封性试验；数据采集系统；泄漏率计算

1　引言

核电机组安全壳是钢筋混凝土结构，由圆柱体围墙和半球形穹顶组成。用于包容压水反应堆堆芯以及堆芯冷却系统，是压水堆核电机组的第三道安全屏障，能够抵御因反应堆主回路系统管道或蒸汽管道破裂引起的压力和温度负载，防止放射性物质向外界环境扩散。

因安全壳对辐射和核安全的重要性，其必须满足以下功能：

（1）在机组正常运行工况下，提供实体隔离，限制放射性物质释出；

（2）在核事故发生后，控制壳内放射性释放量，提供生物屏蔽；

（3）为反应堆系统提供对龙卷风、洪水等外部灾害的防护。

安全壳整体密封性的好坏，直接决定压水堆核电机组第三道安全屏障是否完整。安全壳泄漏主要由混凝土气孔/裂缝、机械/电气贯穿件泄漏引起，密封性试验是验证安全壳在反应堆失水事故（LOCA）压力［0.42 MPa（g）］下的泄漏率是否达标。定期进行核电机组安全壳密封性试验，是保障核电厂安全的重要手段。

目前国内核电机组安全壳密封性试验，需要多方协同，缺乏完整的系统实现方案。现有技术手段单一、数据采集可靠性不足、不同堆型的扩展性较差是目前存在的主要问题。本文针对当前国内技术现状，考虑工程运用特点，提出了一种基于传统泄漏率算法模型的系统搭建方案，通过硬件冗余、软件算法优化、接口扩展、异常数据处理等手段，增强了安全壳密封性试验系统的运行可靠性及通用性，并通过工程实践验证。

2 安全壳泄漏率计算

安全壳泄漏率采用绝对法测量，测定在设计压力 0.42 MPa（g）下安全壳内干空气质量的变化。泄漏率指单位时间干空气质量的相对变化，用%/24 h 表示。试验在安全壳升降压过程中（从大气压升至 0.42 MPa（g）再降至大气压）进行。

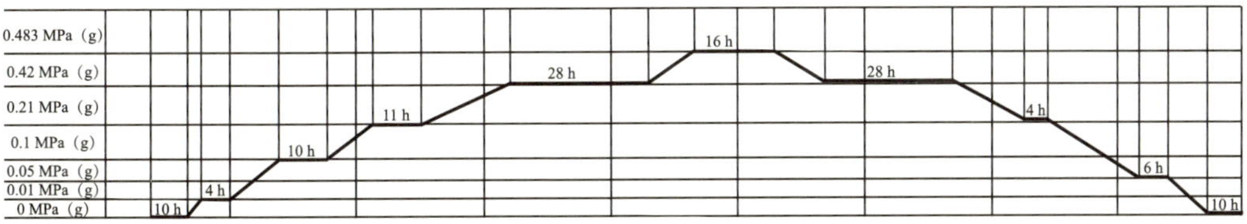

图 1　安全壳试验升降压流程

安全壳内干空气质量依据理想气体方程（1）计算：

$$M = \frac{(P - P_\nu)V}{RT} \tag{1}$$

M：安全壳内干气体总质量；P：安全壳内气体总绝对压力；P_ν：壳内平均水蒸气分压力；V：安全壳自由容积 49 400 m^3；T：安全壳内气体加权温度；R：干空气气体常数 287.11 kgJ/K。

因安全壳内包括多个间隔，各房间内温度、湿度不均匀，为求解泄漏率，需在各房间分别设置传感器，并将测量值进行加权平均，计算出壳内平均温度和平均水蒸气分压。在密封性试验期间，用不同时刻读数值分别计算空气质量，然后用最小二乘法拟合安全壳内“空气质量-时间”曲线，曲线斜率即表示安全壳整体泄漏率。

2.1 平均压力计算

第 i 个采样周期平均压力：

$$P_i = \sum_{j=1}^{m} \frac{P_{ij} \times V_j}{V} \tag{2}$$

P_{ij}：第 j 个压力传感器的第 i 组数据；V_j：分配给第 j 个压力传感器的容积；m：压力传感器个数。

2.2 平均温度计算

$$T_i = \frac{V}{\sum_{j=1}^{m} \frac{V_j}{T_{ij}}} = \frac{1}{\sum_{j=1}^{m} \left(\frac{1}{T_{ij}} \times \frac{V_j}{V}\right)} \tag{3}$$

T_{ij}：第 j 个温度传感器的第 i 组数据；V_j：分配给第 j 个温度传感器的容积；m：温度传感器个数。

2.3 平均水蒸气分压计算

利用 Antoine（安托万）方程，转化相对湿度和水蒸气分压。

$$P_{v_{ij}} = H_{ij} \times 0.133\,28 \times 10^{\left[8.107\,65-\frac{1750.286}{T_{ij}+235}\right]} \tag{4}$$

计算第 i 个采样周期的平均水蒸气分压：

$$P_{v_i} = \sum_{j=1}^{k} \frac{P_{v_{ij}} \cdot V_j}{V} \tag{5}$$

$P_{v_{ij}}$：第 j 个湿度传感器的第 i 组水蒸气分压；H_{ij}：第 j 个湿度传感器测得的第 i 组相对湿度；T_{ij}：第 j 个湿度传感器测得的第 i 组温度；P_{v_i}：第 i 组水蒸气分压；V_j：分配给第 j 个温湿度传感器的容积；k：温湿度传感器个数。

2.4 泄漏率计算

由式（1）至（5），可计算出各时刻干空气质量，并利用最小二乘法进行拟合，得出干空气质量与测量时间的线型方程：

$$\hat{W}_i = At_i + B \tag{6}$$

$\hat{W}_i$：拟合后的安全壳内空气质量；t_i 测量时间；A：拟合斜率，代表安全壳整体泄漏率；B：拟合截距，代表测量初始时刻干空气总质量。

系数 A、B 计算如下：

$$A = \frac{n(\sum t_i W_i) - (\sum t_i)(\sum W_i)}{n(\sum t_i^2) - (\sum t_i)^2} \tag{7}$$

$$B = \frac{(\sum W_i)(\sum t_i^2) - (\sum t_i)(\sum t_i W_i)}{n(\sum t_i^2) - (\sum t_i)^2} \tag{8}$$

估算的安全壳整体泄漏率 Fm（%/24 h）如下：

$$Fm = -2400 * A/B \tag{9}$$

3 试验数据采集系统

3.1 系统硬件设计

为进行安全壳整体泄漏率试验，需采集壳内若干不同区域的温度、湿度、压力值。本文根据某型 1000 MW 压水堆核电机组安全壳内构筑物设计，及各房间传感器体积分配系数，搭建了一套试验数据采集系统，用以采集需要的壳内温度、湿度、压力参数，并计算安全壳泄漏率。系统组成如图 2 所示。

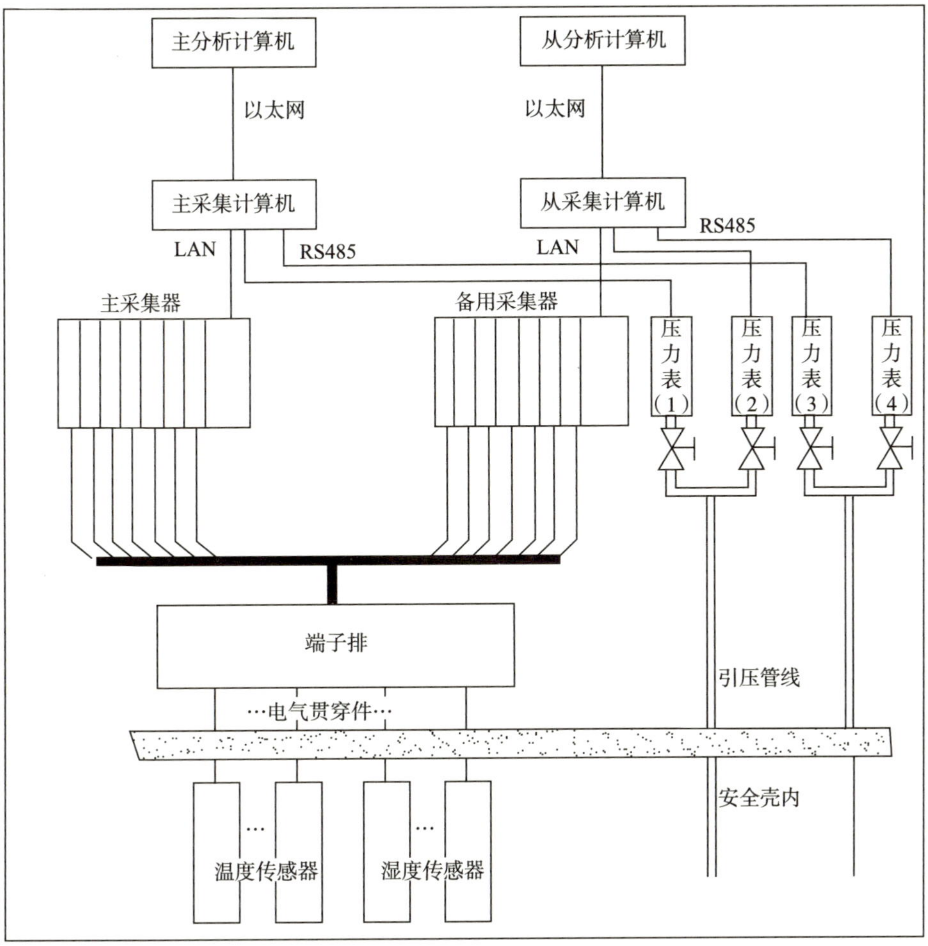

图 2　试验系统组成

表 1　系统硬件配置

序号	设备名称	规格型号	单位	数量	备注
1	高精度数据采集器	Agilent 34980A 多功能开关/测量单元	2	台	
2	多路转换器	34921A 多通道切换采集卡	12	块	
3	温度传感器	PT500A 级，精度 0.25 级	59	个	
4	湿度传感器	VAISALA HMT330，精度 1.5 级	9	个	
5	绝对压力变送器	Paroscientific 715，精度 0.01 级	4	台	
6	大气压力表	Mensor 2500	2	台	
7	24 V 开关电源	菲尼克斯	2	台	
8	采集计算机	SIEMENS IPC847 工控机配 NI/PCI 接口网卡，NI/PCI 双通道串口	2	套	
9	分析计算机	Lenovo X230	2	台	

考虑数据采集的可靠性，配置主、从两套完全冗余的试验系统，分别由两路 UPS 不间

断电源供电。每套系统由就地仪表、采集器、采集计算机、分析计算机构成。采集器循环采集就地温湿度仪表测量值，并将测量值送采集计算机处理，采集计算机将每个时刻的温度、湿度、压力测量值成组写入分析计算机，由分析计算机根据算法编程计算泄漏率。

两套采集系统共用壳内温度、湿度传感器，传感器电缆经电气贯穿件连接至壳外端子机柜，温度仪表采用四线制解法，由采集系统供电，湿度仪表由 24 V 开关电源供电。对每个测点，在接线端子上引出两路电缆分别接入主、从采集器的多路切换卡，分时采集仪表输出，测量数据通过 LabVIEW 串口字符串数组写入采集计算机，以此实现两套上层共用一套就地仪表。

两套采集系统各配备 2 个独立绝压采集回路，传感器布置在控制室，取压口设置在壳内，管线经贯穿件引至控制室，Paroscientific 高精度压力变送器由 RS485 接口直连到采集计算机，通过专用串口通讯协议实时读取壳内压力值。大气压力传感器的采集方式与绝压相同。

3.2 系统软件设计

数据采集软件运行于主、从采集计算机，采用 LabVIEW 图形化语言编程，作为信号采集管控中枢及操作人机交互接口，具有系统设置、数据采集、数据处理、数据显示与数据存储等功能。软件分时采集的温度、湿度模拟信号，实时采集的绝压、大气压通信信号，将显示在人机界面上，并存储、传送至分析计算机。采集软件按照“数据采集-数据分析-数据显示-数据存储”的流程设计。

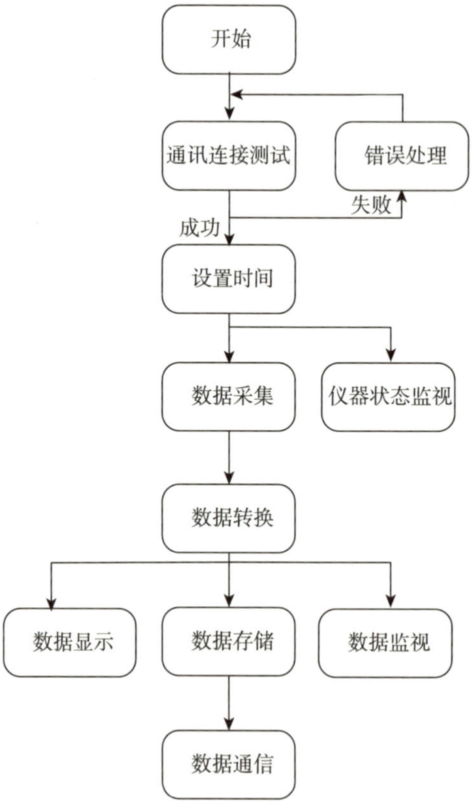

图 3　采集软件流程图

数据采集软件主要具有以下功能：

（1）仪器仪表的通讯自检功能；

（2）试验时间设置功能：按照预设的时间开始采集；

（3）物理量的数据处理与转换功能：对采集到的电信号进行数据处理；

（4）温湿度与压力的显示、升降压速率计算与显示；

（5）各采集物理量的数据存储和数据通信功能；

（6）仪器通讯状态指示，温度、湿度数据异常报警等系统诊断功能；

（7）以设定的采样周期采集数据，并实时传送至数据分析软件；

（8）采集物理量的预设功能：设置采集通道板卡与传感器数量。

LabVIEW 开发的运行主界面集成了多重信息显示，包括测量数据、滚动波形、状态信息、报警信息：

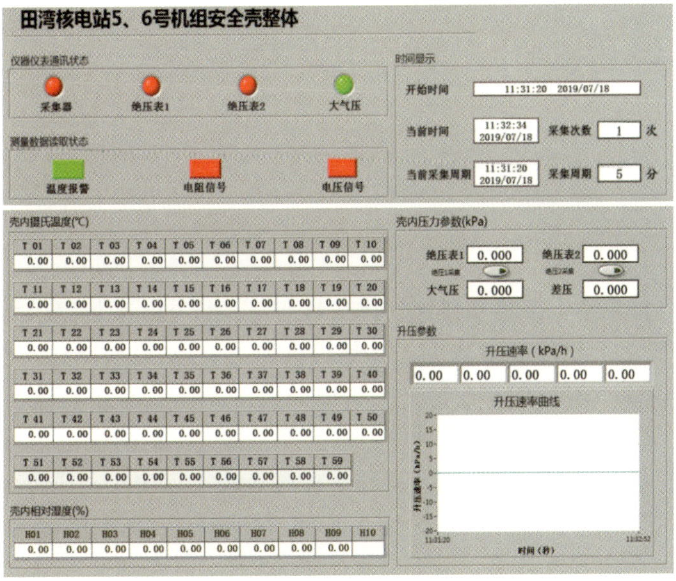

图 4　软件前面板主界面

考虑系统的通用性和可扩展性，主从采集器各配置 6 张采集板卡，每卡 40 通道，可任意配置温度、湿度采集通道，配置信息保存在自定义“setup. ini”文件中，程序运行时，会自动读取“setup. ini”文件，将各通道的定义转换为字符串数组加载。采用配置文件调用的形式，即提升硬件冗余度，又提供足够软接口可供扩展。

数据采集开始前，需通过软件配置采集器的信号通道、开始时间、采集周期。因壳内各传感器体积系数不同，信号通道的配置关乎计算结果，应根据设计输入对应配置。因主、从两套采集系统分时采集，开始时间及采集周期的配置关系到传感器工作状态，开始时刻应间隔足够长（设 2.5 min），采样周期应一致（设 5 min），避免两套采集系统同时对就地传感器供电，系统运行前，应准确设置系统时间或与 GPS 时钟对时。

采集计算机通过以太网卡与采集器连接，软件自动搜索接口 VISA 资源，通过设置 IP 地址与采集器通讯。与 Paroscientific 绝压变送器及 MENSOR 大气压变送器均采用 RS232 串口连接，通过设置 COM 端口信息与变送器通讯。

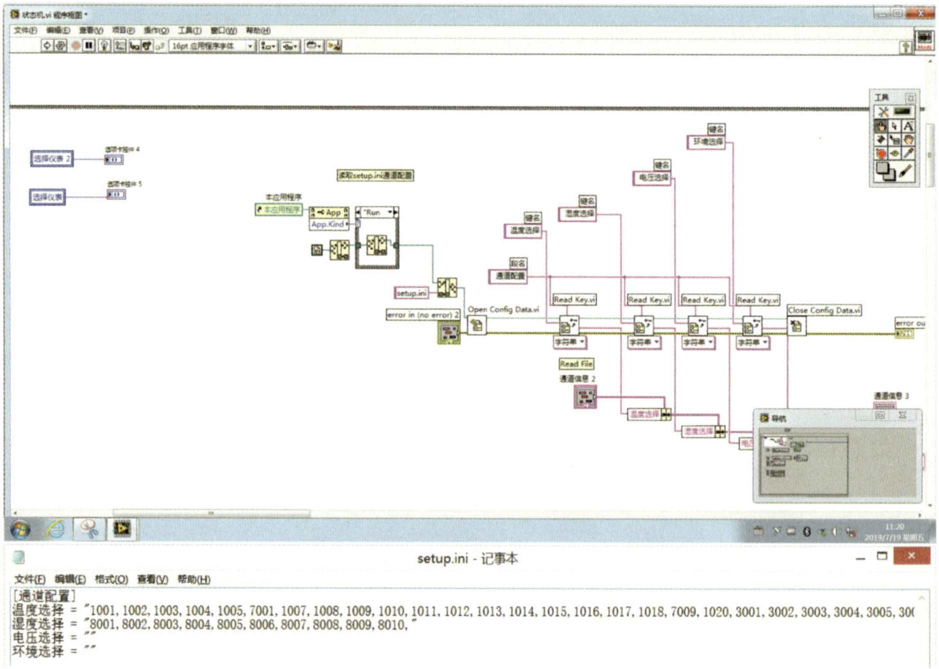

图 5　通道配置信息调用

采集开始后，34 921 A 采集卡快速切换信号通道，34 920 采集器中的高精度万用表分别测量 59 个温度及 9 个湿度通道数据，并将数据通过 LAN 局域网传至数据采集计算机，输入 LabVIEW 字符串数组处理。在每个采集周期内，采集器连续扫描 3 次选中的湿度信号通道，采集到 3 组电压信号，然后进行数据处理，将处理后的湿度值显示并保存。每个湿度测点的显示范围为 0%~100%RH，保留 2 位有效数字。软件实现如图 6 所示。温度信号通道也是每个周期扫描 3 次，采集的信号为四线热电阻，每个温度测点的显示范围为 -20~100 ℃，保留 2 位有效数字，单个温度大于 50 ℃，或相邻温度测点温度差大于 3 ℃时，画面状态栏将显示报警图标。

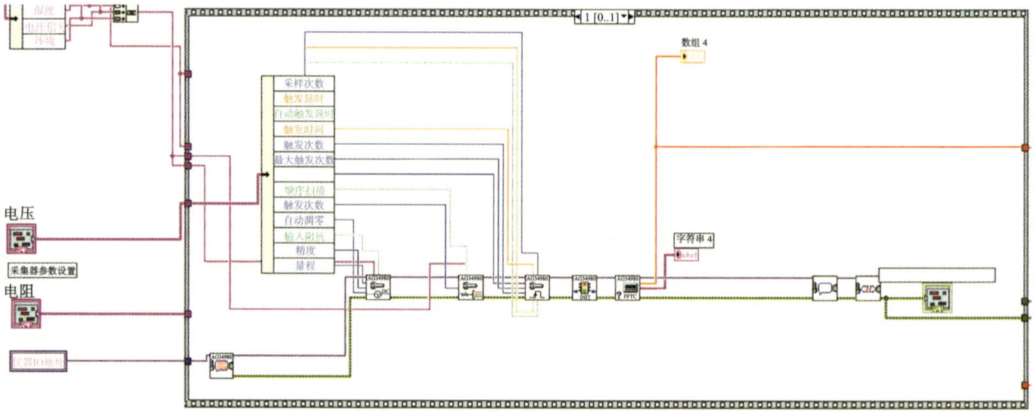

图 6　湿度采集编程

绝压表和大气压力表采用串口通信，程序实现需调用 LabVIEW 算法库的 VISA 资源，自动打开并扫描计算机串口，向串口写入协议指令，并读取串口数据，将处理后的数据进行显示及保存。为避免数据冲突或无效数据，需设置合适的等待时间，时间可通过串口助手调试获取。当采集系统的两块绝压表其中之一发生故障导致数据采集中断时，系统自动将故障测点剔除，使用正常测点数据替代，即绝压 1＝绝压 2，此时画面状态栏将显示报警图标。

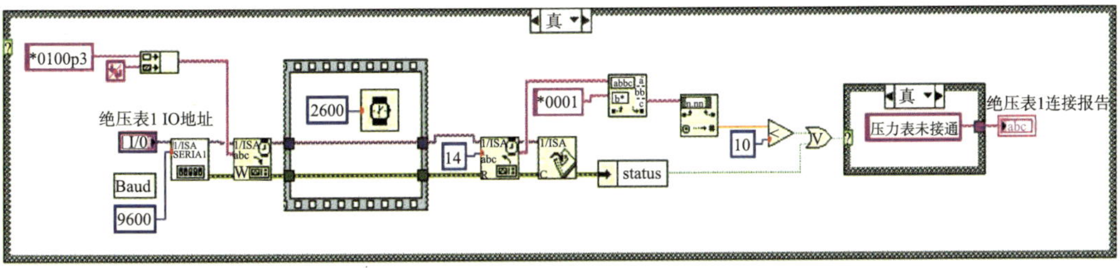

图 7　串口通信编程

采集计算机采集到每个时刻的温度、湿度、壳内绝压、大气压数据，需传至分析计算机计算泄漏率。实现方式是在采集计算机中建立 Excel 数据文件，将各时刻的采集数据按坐标写入数据表格，分析计算机通过 LAN 局域网访问采集计算机 Excel 文件存储地址，调取数据进行离线分析计算。

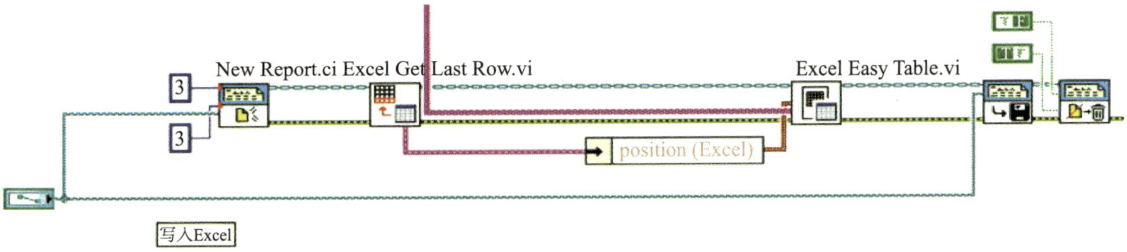

图 8　数据存储编程

在本工程软件编程中，广泛使用 LabVIEW 字符串函数组。通过“字符串与数字转换”“字符串合并”“字符串截取”“字符串匹配”等函数，在编程中实现数据传输、数据正确性判定、数据格式调整、参数识别、动静态数据连接等功能，解决了参数读写、接口通讯中的数据处理问题。

LabVIEW 中所有数据类型都可以完全转换为字符串，不同程序段间以字符串的形式传递数据，可不必考虑传输方与接收方间数据类型匹配问题。采用该编程方案，可有效提升系统的可扩展性。

4　试验数据处理

数据分析计算机定时从数据采集计算机中读取 Excel 表格，根据坐标解析测量数据，并通过泄漏率算法调用，分析计算。分析周期与数据采集周期一致（5 min），每次数据测量结束后进行一次分析计算。随安全壳密封性试验，在整个安全壳升降压过程（从大气压升至 0.42 MPa（g）再降至大气压），每隔 5 min 自动取值分析计算，并实时显示。

根据核电厂设计安全准则，在发生反应堆失水事故（基准 LOCA）后 24 h 内，安全壳泄漏率不得超过安全壳内气体总质量的 0.3%。转化为试验状态下，24 h 内安全壳泄漏率不得超过安全壳内气体总质量的 0.160%，即：$Fm+\Delta Fm \leqslant 0.160\%$安全壳内气体总质量/24 h。$Fm$：试验期间测得的泄漏率；$\Delta Fm$：试验期间泄漏率 Fm 的测量不确定度。

4.1 异常数据剔除

试验过程中，可能因测量仪器错误或者数据采集仪器错误而产生异常数据，应在计算中移除。针对各时刻质量点，计算标准差：

$$wi = W_i - \hat{W}_i \tag{10}$$

$$S^2 = \frac{1}{n-2}\sum (W_i - \hat{W}_i)^2 = \frac{1}{n-2}\sum (wi)^2 \tag{11}$$

$$\bar{i} = \frac{1}{n}\sum i = \frac{n+1}{2} \tag{12}$$

$$si = S\sqrt{1 - \frac{1}{n} - \frac{12(i-\bar{i})^2}{n(n+1)(n-1)}} \tag{13}$$

Wi 表示残差，Si 表示标准差，n 表示数据序列总数，取 95%置信度，定义：

$$D = \left|\frac{wi}{si}\right| \tag{14}$$

$$\begin{aligned} \text{CR}（5\%）&= 1.512\,704+0.165\,416n-0.000\,609n^2+0.0\,000\,017n^3 \\ &\quad -2.385\,636n^{0.5}+2.954\,755\ ln\ (n)\ (n\geqslant 6) \end{aligned} \tag{15}$$

若 $D \geqslant CR$（5%），则判定第 i 组为异常数据，剔除异常数据后再次拟合干空气质量函数，以正确求解泄漏率数据。

4.2 参数稳定判断

安全壳升压通过空压机送风实现，降压通过泄压阀实现，安全壳内大气稳定意味着安全壳内干空气质量状态稳定。因此，整体泄漏率的计算应在空气状态稳定后进行，稳定时间最少应为 4 h。试验时安全壳内大气是否稳定的判据，是以下两点：

1）$L1h$ 必须大于或者等于 0，并且小于 La，即：$0 \leqslant L1h < La$

2）$L2h$ 和 $L1h$ 差的绝对值必须小于或等于 $0.25La$，即：$|L2h-L1h| \leqslant 0.25La$

其中 $L1h$ 表示最后一个小时计算泄漏率的估算；$L2h$ 表示最后二个小时计算泄漏率的估算；La 为密封性试验的最大允许泄漏率，$La=0.160\%$安全壳内气体总质量/24 h。估算方式如下：

$$(L1h \text{ or } L2h) = \frac{-2400\left[n\left(\sum t_i W_i\right) - \left(\sum t_i\right)\left(\sum W_i\right)\right]}{\left(\sum W_i\right)\left(\sum t_i^2\right) - \left(\sum t_i\right)\left(\sum t_i W_i\right)} \tag{16}$$

只有以上两条准则同时满足，计算泄漏率才有意义，否则计算结果不能完全体现真实泄漏率。因此，在正式结果计算前，应先做参数有效性判定。

5 结论

通过系统软硬件设计、数据处理方法优化，据本文开发的核电站安全壳密封性试验系统，通过实际工程验证，具有功能完善、系统运行可靠、数据采集稳定、泄漏率计算准确性高等特点。达到国内先进水平，且试验平台具有较强的可扩展性，可推广运用到不同堆型核电机组的安全壳密封性试验中。该试验系统的成功开发，使中国核电首次具备自主进行安全壳整体密封性试验的能力，具有良好的经济和社会效益。

田湾核电厂5、6项目风险管控案例分析

张　倩[1]，叶碧锋[1]，项守华[1]，王珑璋[1]
（1. 中国核电工程有限公司，北京 100840）

摘要：重大改进项既是田湾核电厂5、6号机组工程设计中的重点，也是必须攻克的技术难点。5、6号项目2015年上半年启动后，设备采购进度及设备资料提资严重滞后设计需求，包括设备采购重启后一些外部变化造成的合同变更。本文以柴油机组合同临时变更作为风险事件开展风险原因分析，风险应对等，最终保证了工程进度，实现了风险的消除。为以后其他工程风险管理提供借鉴。

关键词：设计改进；风险事件；风险管控；工程进度；风险应对

1　前言

随着2015年4月14日集团公司组织召开“田湾核电厂5、6号机组项目推进专题（决策性）”会议，5、6号机组项目全面恢复启动各项工作。2015年12月27日，5、6核电工程浇灌第一罐混凝土，标志着5、6号机组正式开工建设。各项设计和技术服务延续性开展工作。

受福岛核事故影响，为提高机组严重事故的预防和缓解能力，达到与国内同期开工的同类型机组安全相当水平，5、6号机组以福建福清核电厂一期工程为参考，考虑福岛核事故的经验反馈、HAF102及《“十二五”期间新建核电厂安全要求》的要求，结合概率安全分析、在建机组SAR审评共性问题的解决方案、以及国内外同类机组运行经验反馈，以翻版加改进为技术路线，采用M310堆型，应用成熟技术实施42项重大技术改进。其中，14项已在参考电厂中实施，其余28项均属5、6号机组M310堆型首次应用，比如二次侧非能动、ET厂房、LX厂房可居留性改进、安全壳中长期排热系统改进、OB高位水源、PD、CT，LHS等。这些重大改进项的实施没有参考电站可以借鉴，进度上也非常紧张，既是5、6号机组工程设计中的重点，也是必须攻克的技术难点。5、6号项目2015年上半年启动后，设备采购进度及设备资料提资严重滞后设计需求，包括设备采购重启后一些外部变化造成的合同变更。5、6号机组重大改进项设计在进度上面临着一些未知风险。鉴于以上原因，5、6设计管理部始终将对重大改进项的风险管控列为各项管理工作中的重中之重。

2　风险事件描述

柴油发电机组优化设计是5、6号机组采用的一个重大技术改进项。关于电厂柴油发

电机组设置问题，设计管理部组织多次专题会议讨论，邀请专家委开展方案评审，并通过安审中心审核，最终确定5、6机组柴油发电机组优化设计方案：设计每台机组设置两台应急柴油发电机组LHP/Q（6 000KW），将每台核电机组设置一台备用柴油发电机组LHS（6 000KW），用于应对应急柴油发电机组不可用时替代接入和超设计基准事故，附加柴油发电机组为非安全级，按设计基准地震（SSE）进行抗震设计。同时两台核电机组共用两台SBO小柴油发电机组。而电站柴油发电机组厂房结构布置设计依然保留原MA310设计：DA，应急电源-A列柴油发电机厂房；DB，应急电源-B列柴油发电机厂房，一台备用柴油发电机组布置在DY子项，两台小柴油发电机组布置在AK子项。

然而项目重启后，应急柴油发电机组设备重启前定标的阿尔斯通公司发生了重大的转型，其股权转让给美国通用电气，核级柴油机退出了其供货范围。这对5、6号项目的影响是颠覆性的，原本重启时间紧迫，合同主体变更，导致项目需要重新启动招标工作，加剧项目各版块进度风险。

陕西柴油机重工有限公司作为核级柴油发电机组两大主要供货商（另一家为阿尔斯通）之一，曾担任防城港核电站、阳江核电站应急柴油发电机组承包供货商。具有丰富的核级应急柴油机承包经验。2016年4月14日，CNPE与陕西柴油机重工有限公司（SHX）就5、6项目应急柴油发电机组设备签订了承包合同。合同范围包括采购包的设计、设备、文件、运输和技术服务等。应急柴油机组全面开展工作。

3 风险原因分析

3.1 合同主体变更

美国通用电气（简称：GE）于2015年9月收购了法国阿尔斯通能源业务板块，该板块包括：核电站业务、可再生能源及输电业务。阿尔斯通是5、6项目重启前应急柴油机设备的定标供应商，如今退出了核电站业务板块范围，造成应急柴油机发电机组设备合同主体变更。项目需要重新启动应急柴油机的招标采购工作。而一台设备采购周期比较长，对于中标单位的一些外包的进口设备，其采购周期更长。

3.2 设计进度风险

根据以往电站经验反馈：FCD-12个月完成核级柴油发电机组招标工作；FCD-5个月签订核级柴油发电机采购合同。本工程是2016年4月，即FCD+4个月才正式签订了应急柴油发电机设备供货合同。根据工程进度要求，DX厂房于2016年12月26日底层墙体开始浇筑。按二级进度要求核岛厂房开工时间提前5个月提交土建施工图纸，供施工单位进行预埋和钢筋预制。那么2016年7月30日设计要提交底层墙体的施工图，供施工单位预制参考。从4月中旬采购合同的签订到7月底设计施工文件提交，仅3.5个月。在3.5个月时间里，要完成土建接口交换、各专业土建提资、D0、D1、D2条件图、建筑作业图、施工图设计等。从时间上来说，设计周期太短，很难保证项目进度顺利进行。

3.3 接口交换风险

目前项目前期，陕柴的大部分外包设备合同没有签定，而土建设计工作进度紧迫，陕柴土建接口交换值过于保守。还有一部分进口零部件设备合同，如《柴油发电机进口合同》、《进口电气柜合同》等都还未签订。设备兑货未定，进口设备部件兑货周期更长，陕柴前期无法进行准确接口交换，使得接口交换数据过于保守。为将来带来很大设计修改的风险隐患。

3.4 设备到货风险

受设备运输等客观因素影响，进口件设备采购周期较长。而应急柴油发电机组主体合同签订本身有所延误，经与陕柴分析预计一些进口件合同签定时间也会比原计划延误 1~3 个月，预计会影响机组正常设备到货时间。

4 风险应对措施分析

4.1 联合开展工作，缩短审查流程，加强协调力度

CNPE、陕柴、AREVA 联合开展工作，缩短设计审查流程，陕柴发起接口交换单走流程同时邮件抄送 CNPE 设计管理部，CNPE 收到邮件立即召集各专业进行接口处理，等资料单到 CNPE 后，马上就能进行接口意见回复。压缩了接口交换时间。

CNPE 设计管理部、主设人、陕柴技术人员、采购部相关人员建立 EDG 项目专用微信群，便于发现问题即刻能实现沟通，开展异地联合办公。

在施工图准备阶段，核岛厂房设总王珑璋五次带队赴陕柴进行技术沟通交流，进行多次管线综合、方案确定，召开设计联络会等。

4.2 设计、施工板块就工程进度良好协商

设计工期太紧，难以保质保量的完成设计任务，必然存在很大的工程风险。CNPE 组织柴油机厂房设计文件出版时间讨论会。CNPE 设计院、项目控制部、华兴公司参加会议，各方就客观存在的困难，进行积极地协商讨论，确定 DX 设计供图新规定。因 DX 厂房特殊性，项目部及施工单位给予了设计极大的支持和理解，将设计供图由原定的开工时间提前 5 个月供图，修改成开工时间提前 1 个月提供配筋图，同时模板图 FU 的供图方式。

CNPE 设计进展：

作业名称	原计划	变更后计划	实际完成	执行情况
1DA/DB 墙-8.6 到 0.8 m 施工图	2016/7/30	2016/10/30	2016/10/19	提前完成
1DA/DB 楼板-1.5 m&-2.3 m	2016/10/16	2016/10/30	2016/10/19	提前完成
1DA/DB 楼板+0 m	2016/12/15	2017/3/19		按计划进行
1DA/DB 0 m~+3.75 m 墙体结构图	2017/1/30	2017/4/20		按计划进行

续表

作业名称	原计划	变更后计划	实际完成	执行情况
1DA/DB +3.75~+8.4 m 墙体结构图	2017/2/28	2017/4/20		按计划进行
1DA/DB +3.75 m 楼板	2017/3/15	2017/5/15		按计划进行
1DA/DB +8.4 m 楼板	2017/4/15	2017/7/15		按计划进行
1DA/DB+8.4 m~+15.2 m 墙体结构图	2017/5/31	2017/9/15		按计划进行
……				

目前，CNPE 就 DA、DB 0 m 以下墙体模板图已按计划提前一个月出图并发往现场，配筋图 10 月底也能按计划提前一个月完成出图。随后的施工图出版时间也会严格按照进度会议精神执行。项目部意见，这个进度对 DA、DB 的厂房的现状来说还远远不够的，目前对随后设计图纸正在进一步商定中。

陕柴目前设计进展：

—接口文件提交

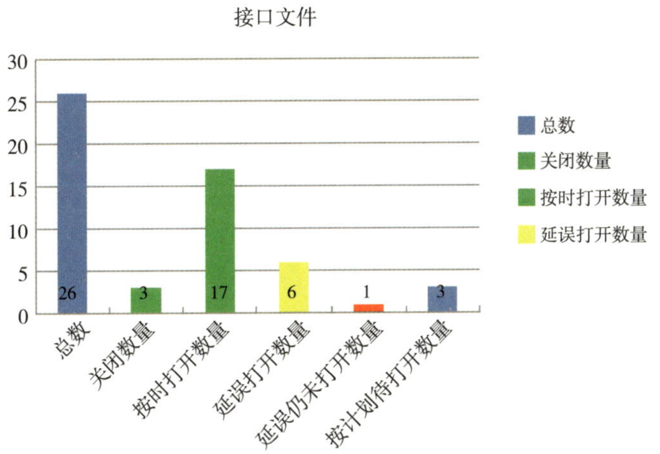

—工程文件提交

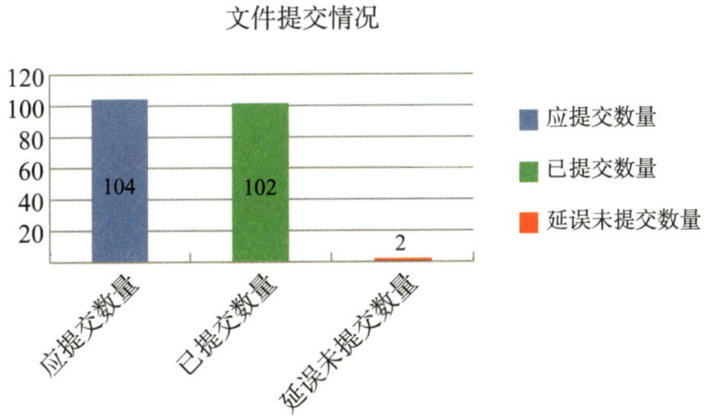

4.3 改进项优化设计方案，减少陕柴设计变更，加快设计进度

本项目的特点翻版+改进，关于 DVD 系统改进项（编号：TW-M-116）因日用油箱间与柴油发电机厂房位于同一个防火分区内，二者之间未设置防火阀。改进方案：日用油箱间划分独立的防火分区，在防火分区边界上增加设计防火阀。

防城港核电站同属于 M310 堆型，陕柴具有防城港核电站应急柴油机厂房设计经验及设计图纸，考虑到工程进展，DX 厂房采用参考防城港方案设计+改进项方案。

防城港消防间（房间号：D223）占地面积大，顶标高+3. 75 m，室内消防水罐外形属于矮扁型。而等容积的 TW56 消防水罐外形属于高耸型，源于参考电站（0 426 项目）消防间占地面积小，顶标高为+4. 3 m，比防城港楼板标高高出+0. 55 m，因毗邻的电气设备间因仪表设备外形比防城港核电设备外形大，所以 5、6 号项目消防间（D223）不能采用防城港方案，不做加大消防间处理，依然保留高耸的消防水罐设计。同时因“日用油箱间需要划分独立的防火分区”的改进方案，消防间需增加一个系列的消防管道和阀门，目前布置空间受限，必须做抬高楼板标高处理，楼板标高需抬高至+4. 50 m。

如果整体抬高该层楼板，对陕柴管道布置等专业影响太大，必然对工程进度不利。如果采用局部抬高，仅消防间楼板抬高至+4. 50 m，结构专业对局部楼层结构进行受力分析，避免陕柴的大范围设计改进，为工程进度争取时间。

4.4 数据包络性分析原则

由于设计进度紧张，陕柴目前还没有完成外包设备合同签订工作。对于前期的接口交换陕柴采用包络性设计，用经验值和安全系数计算，对工程可能出现的情况分别计算，取最不利值进行设计。

4.5 项目间进口部件相互调用

进口设备采购周期长，为了降低由于设备到货对项目产生滞后的不良影响，公司发挥多项目 EPC 总承包模式的优势，同时陕柴作为阳江等多核电项目应急柴油发电机组供货商，陕柴发挥自己的主观能动性，通过技术性能分析，实现项目间进口部件相互调用的措施。项目间材料调用一般是根据各核电项目 FCD 时间的差别，依照后期项目支持前期项目的原则，将后期项目的材料调用至前期项目，再由前期项目经过签订补充合同的方式，将补充采购的成品返还后期项目。

5 风险警示与建议

设备的采购招标延误对设计进度产生重大影响。对于合同主体变更这类不可控因素，采购应第一时间预测存在的风险，及时开启二次招标采购活动。

2015 年 9 月——2015 年 12 月 27 日——2016 年 4 月 14 日

合同主体变更　　5 号机组 FCD　　柴油机组合同签订

从这个时间轴分析，2015 年 9 月到 2016 年 4 月之间的 8 个月时间，采购招标活动及时启动，能很大程度上降低设计、施工、设备到货等后续板块影响。

随着设计、采购、施工一体化计划发布，采购计划中设备接口提资与设计并没有进行匹配，诸多接口还没有开展板块间的关联。设备接口提资对设计进度存在直接的制约因素。此类问题在本项目施工图设计的影响已逐步显现。如 BOP 的 ZC、AL 子项，根据一体化进度设备接口提资时间和施工图设计时间不匹配核岛土建施工图因设备提资不全图纸做云线标记的开口项管理等。建议由项目部应牵头，进行采购、设计板块接口提资计划的关联，降低设计、施工进度风险。

陕柴作为柴油发电机主要承包商，承包了柴油发电机组系统、管道布置等设计任务。CNPE 总包单位加大其设计文件审查力度，及时反馈审查意见。

辅助系统及设施设计改进

田湾核电厂5、6号机组厂区实验室设计优化方案

李庆华[1]，马惠昀[1]
(1. 中国核电工程有限公司，北京 100840)

摘要：田湾核电厂5、6号核电机组厂区实验室（AL）设计过程中，消化吸收参考核电厂化学实验室的使用反馈经验，提出实验室设计优化准则，对实验室平面布置方案、分析仪器需求和厂房规模进行精简和调整，设计完成的厂区实验室相比参考核电厂显著降低工程的总建设投资。该设计方案对两机组共用的压水堆核电厂厂区实验室设计具有很好的参考意义。

关键词：厂区实验室；设计优化准则；功能分区；平面布置

1 前言

田湾核电厂5、6号核电机组厂区实验室（AL）是全厂辅助设施（BOP）中重要的技术性厂房，AL实验室用于及时准确地分析检测2台机组一、二回路系统流质的化学和放射化学参数值。运行人员根据实验室提供的分析结果对系统设备状况进行分析判断，进而采取有效措施以保证核电厂的安全运行，是维护核电厂日常运行以及监测事故发展的重要手段之一。

田湾核电厂5、6号机组AL厂区实验室主要执行以下3项功能：

(1) 监测核电厂在调试、运行及维修过程中一、二回路及其辅助系统的液体和气体样品，对其化学组成及放射性浓度进行监测，试验结果用来确定各系统可能产生的腐蚀和泄漏，以便及时采取有效措施来保证系统的正常运行。

(2) 监测核电厂废水和废气流出物排放系统的样品，以确定气、液态流出物的放射性水平，保证核电厂向环境的受控排放。

(3) 检测核电厂各种油类的品质和运行中油质的变化，确保相关系统设备运行的安全性。

在该项目的设计过程中，通过调研和消化吸收参考核电厂化学实验室的使用反馈经验，发现参考核电厂AL实验室设计，存在一些问题，主要是水化学实验室、油实验室和公用设施功能区房间数量和面积冗余大，流出物实验室使用空间相对不足，以及厂房占地面积过大，由此造成AL厂房工程的总建造成本提高。

为解决上述问题，设计人员研究制定相应的厂区实验室设计优化准则用于指导田湾核电厂5、6号机组的实验室方案设计任务。

2 设计优化准则研究

厂区实验室设计优化准则主要包括下列4条：

（1）根据AL厂区实验室设计输入文件要求，归纳总结田湾核电厂5、6号机组《化学与放射化学技术规范》和《核电厂放射性液态和气态流出物排放管理》等运行技术文件，按样品来源将其分类，确定实验室功能要求，对不同的功能单元分区域布置；

（2）按功能单元对每类样品的分析项目、分析频率进行汇总统计；根据分析项目、参数限值范围确定各功能单元所需的分析仪器规格，仪器数量则由分析项目的日最高分析频率和单个样品分析所需时间来确定，形成田湾核电厂5、6号机组实验室仪器设备配置清单；

（3）根据分析仪器的规格数量以及实验操作流程确定各功能单元实验室房间功能、数量和实验室家具规格数量以及实验室面积。根据仪器安装技术要求，以下大型分析测量仪器通常安装在专用实验室以保证仪器测量的准确性，包括离子色谱仪、原子吸收光谱仪、气相色谱仪、高纯锗γ谱仪、液闪等。在此基础上进一步确定给排水、电气、气体、暖通、辐射监测、通信等公用设施的规模；

（4）结合业主提出的实验室工作人员数量，确定AL实验室所需办公室及附属设施的面积。

3 厂区实验室功能分区规划

田湾核电厂5、6号机组AL厂区实验室要求具备对核电站一回路及核辅助系统样品、二回路及辅助系统样品和核电厂用油以及放射性流出物样品进行化学和放射化学实验分析的功能。根据使用功能和辐射防护计算结果划分为以下7个功能区，包括：水化学实验室、流出物实验室、卫生出入口、油分析实验室、储存区、公用设施功能区、以及辅助设施（办公室、文件室、会议室、卫生间和更衣室等）。如图1所示。

其中水化学实验室中的热实验室区和流出物实验室均处于控制区，化学人员进出需要通过卫生出入口进行管理。低放废液贮存输送间也处于控制区。除此以外的厂房部分均处于监督区。

（1）水化学实验室位于厂房的地面一层和二层，由冷实验室区和热实验室区组成。其主要任务是监测一、二回路及辅助系统中样品的化学组成和放射性活度。其中冷实验室包括悬浮物测量间、冷实验室、天平室、原子吸收间和离子色谱间，其主要任务是用于二回路及辅助系统中样品的制备和化学分析测量。而热实验室区包括放化测量间、放化制样间、原子吸收间、离子色谱间和热实验室，其主要任务则是用于一回路及辅助系统中样品的制备和化学与放化分析测量。

（2）流出物实验室位于厂房的地面一层，包括热冷制备间、热制备间、核素测量间和放射源储存间。其主要任务是监测核电厂废水和废气排放前的放射性水平。

（3）卫生出入口（包括值班室、C2门、三角闸及去污间）用于化学人员进出控制区的管理。

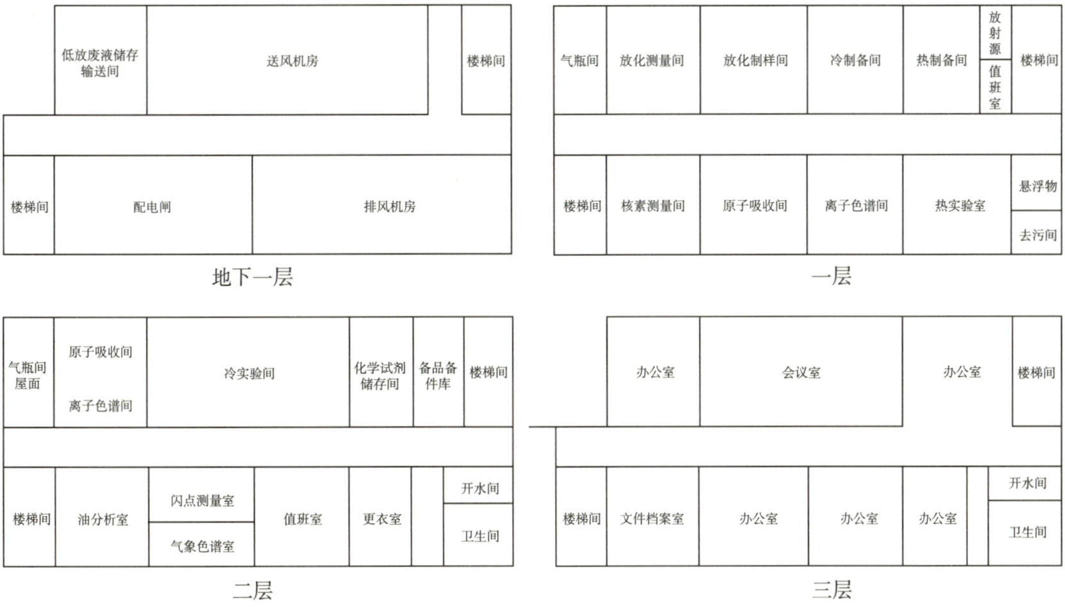

图 1　厂区实验室平面方案设计图

（4）油分析实验室位于地面二层，包括油分析室、闪点测量室和气相色谱室。主要任务是对核电厂使用的润滑油、绝缘油、抗燃油及燃油（贮存或运行中）的品质进行全面监督，以保证相关系统设备的安全运行。

（5）储存区位于地面二层，其主要任务是储存化学试剂和仪器的备品备件。

（6）公用设施功能区位于地下一层，由低放废液储存输送间、通信设备间、送风机房、配电间和排风机房以及地面一层的气瓶间组成。用于向工艺实验室提供电气、暖通、通信、低放废液回收系统和气体等厂区实验室配套辅助设施。低放废液储存箱废水由排水泵送往废液处理系统进行处置。

（7）AL 公用设施布置在地面二层和三层，包括值班室、男女更衣室、文件档案室、工作人员办公室、会议室、开水间，以及男女卫生间。

4　实验室仪器和家具配置分析

按照样品来源将送到 AL 厂房的样品分为以上三类，根据 AL 化学运行技术规范将电站正常运行期间各类样品的分析项目、分析频率及分析仪器配置作以下说明：

（1）由于一、二回路及辅助系统样品涉及核电厂约 30 个主要系统流体的水质指标检测任务，根据 EJ 380—89 中 3. 4、3. 5 条规定，一、二回路及辅助系统样品检测应分别设置热实验室和冷实验室以及各自的实验仪器。依据分析项目的要求，除用于放射性参数测量的 3 种仪器（高纯锗 γ 谱仪、液闪计数仪和低本底 α、β 计数仪）外，冷、热实验室需分别配置约 10 种主要分析仪器（包括便携式电导率仪、便携式 pH 计、总有机碳分析仪、离子色谱仪、原子吸收光谱仪、自动滴定仪、便携式溶氧表、原子吸收分光光度计、正压过滤器、紫外-可见分光光度仪、浊度计等）和相关的称重、加热、干燥等附属仪器设备。

仪器数量则由 2 台机组各类分析项目的日最高分析频率和单个样品的分析时间来确定。

（2）核电厂需对润滑油、绝缘油、抗燃油和燃油的技术指标进行分析，因此将油品分析实验室设计为油品性能测试仪器种类齐全的实验室，涉及油分析仪器约 9 种（包括黏度仪、微水仪、颗粒度仪、酸值自动分析仪、分析天平、温湿度仪、开口闪点测试仪、闭口闪点测试仪、气相色谱仪）。

（3）液态和气态放射性流出物样品主要来自核岛废液排放系统 TER、常规岛废液排放系统 SEL、废气处理系统 TEG、安全壳大气检测系统 ETY、核辅助厂房通风系统 DVN，为实现分析工作需要 3 种主要放化测量仪器（高纯锗 γ 谱仪、液闪计数仪和低本底 α、β 计数仪）和相关称重、蒸发、过滤和干燥等制样用附属仪器设备。

5　与参考核电厂厂区实验室对比

与以往工程中 AL 厂区实验室设计相比，田湾核电厂扩建工程 5、6 号机组的 AL 实验室设计具有功能分区布局更紧凑、占地面积及建筑面积更少的特点。

田湾核电厂扩建工程 5、6 号机组的实验室厂房占地面积为 593.87 m^2，建筑面积为 2309.45 m^2，相比相同功能要求的方家山核电厂厂区实验室，占地面积和建筑面积分别减少 433 m^2 和 691.58 m^2。因此，该方案是在总结以往同类项目厂区实验室的设计与使用经验的基础上优化设计的成果，除流出物实验室的用房面积有适当增加外，其他功能区内实验室用房的数量和面积经调整后明显缩减。

表 1 为田湾核电厂扩建工程 5、6 号机组的 AL 实验室与方家山核电厂厂区实验室各功能区面积的对比。

表 1　厂区实验室各功能区面积的对比　　单位：m^2

功能分区	田湾核电厂扩建工程 5、6 号机组	方家山核电厂
水化学实验室	449.31	584.32
卫生出入口	15.69	
流出物实验室	145	117.22
油分析实验室	91	310.08
储存区	65	719.08
公用设施	517	
辅助设施功能区	619.37	978.42
建筑面积	2309.45	3001.03

6　结论

根据田湾核电厂 5、6 号机组工程项目的总平面布置条件和厂区实验室需要实现的各项分析功能，结合以往同类项目设计经验，在保证核电站厂区实验室的主要功能前提条件下，优化设计，减少实验室用房的数量和面积，使布局更加紧凑合理，减少了投资费用。这不仅已直接应用于二代加改进型压水堆核电站 AL 子项的方案设计，而且对今后其他堆型压水堆核电站（如 AP1000 堆型）的厂区实验室设计开展同样具有很强的指导意义。

参考文献

[1] 李庆华，王晓江. 厂区实验室工艺设计准则研究—2010 第五届绿色财富(中国)论坛会刊[C].北京:中国环境科学学会,2010.

硼和水补给系统取样管线改进设计优化方案

侯　婷[1]，姚亦珺[1]，皮　月[1]，马惠昀[1]
（1. 中国核电工程有限公司，北京 100840）

摘要：在现有的 REA 系统设计中，核取样系统在对硼和水补给系统取样时，主要是通过 9REA001/002BA 小流量管线上与 REN 手套箱相连的取样管线进行取样。由于核取样系统取样频繁、取样时间较长且每次取样时需协调补给水泵的启泵时间，对现场实际操作带来很大的不便。每次取样时需要开启水泵，增加了泵的运行次数，对泵的寿命也有一定影响。改进后，在保持原设计功能的同时，增加补给水箱下游取样点，通过计算分析，验证依靠重力对水箱中的水进行取样的可行性。此种操作简单便利且不用重复启泵，和原有取样方式相结合，增加了取样方式的多样性，使现场操作人员可以根据具体情况实施取样操作。

关键词：硼和水补给系统；阻力计算；设计改进；取样管线变更

1　研究背景

核取样系统通过收集核电厂正常运行和事故后运行的样品并对其进行分析，通过这样的方式为反应堆冷却剂系统及相关辅助系统的运行状况和性能评估提供了一种监测手段，从而实现纵深防御功能。

硼和水补给系统要执行对一回路的补水、稀释等功能，对于补给水箱中的水质有很高的要求，尤其对于水箱中氧含量的控制要求必须在 0.1×10^{-6} 以下。所以定期对水箱中的水进行取样检测是很有必要的。

对于硼和水补给系统中补给水箱 9REA001/002BA 的取样，现分为以下两种：

（1）补给水泵 1/2REA001/002PO 出口取样管线连接至 NA293 房间的液体手套箱取样阀门（9REN260VD/9REN264VD）。

（2）就地取样阀门 1/2REA117VD。

但这两种取样方式均存在不足。

第一种方法，取样需要启动补给水泵，核取样系统每周需要对 REA001/002BA 进行三次取样，每次取样要超过半小时且每次取样需协调和 REA001/002PO 的启泵时间，对现场实际操作带来很大的不便，降低了工作效率，增加了操纵员的工作量，大流量搅动也对溶解氧的分析结果有干扰。

第二种取样方法，取样管接口大，无法接溶解氧表，无排水管线，需要人工排水。且在后期如果 9REA001/002BA 有来自硼回收系统的复用水，将导致罐中液体含放射性，为了保证人员安全，仍需启泵取样。

2 改进方案

鉴于以上问题，拟对取样方式进行优化，分别在 9REA001/002BA 下游增加 1 根管线和两个阀门，将就地取样管线和补给水泵出口取样管线连通，在保持原设计功能的同时，自由组合取样方式。在不需要启动补给水泵的情况下，仅通过静压，9REA001/002BA 中的水可以流动到 NA293 房间的液体手套箱中，满足仪表接口匹配和流量稳定的要求。

具体方案为：从 REA001/002BA 的就地取样管线上（阀 1/2REA117VD 前）增加 1 根直径为 13.7 mm，长度 10 m 左右，等级为 NMS 的管道；2 个公称通径为 DN8 的手动球阀，阀门压力等级 150lb，适用温度 0~80 ℃，采用水平或垂直布置。具体改进方案见图 1（以 9REA001BA 为例）。

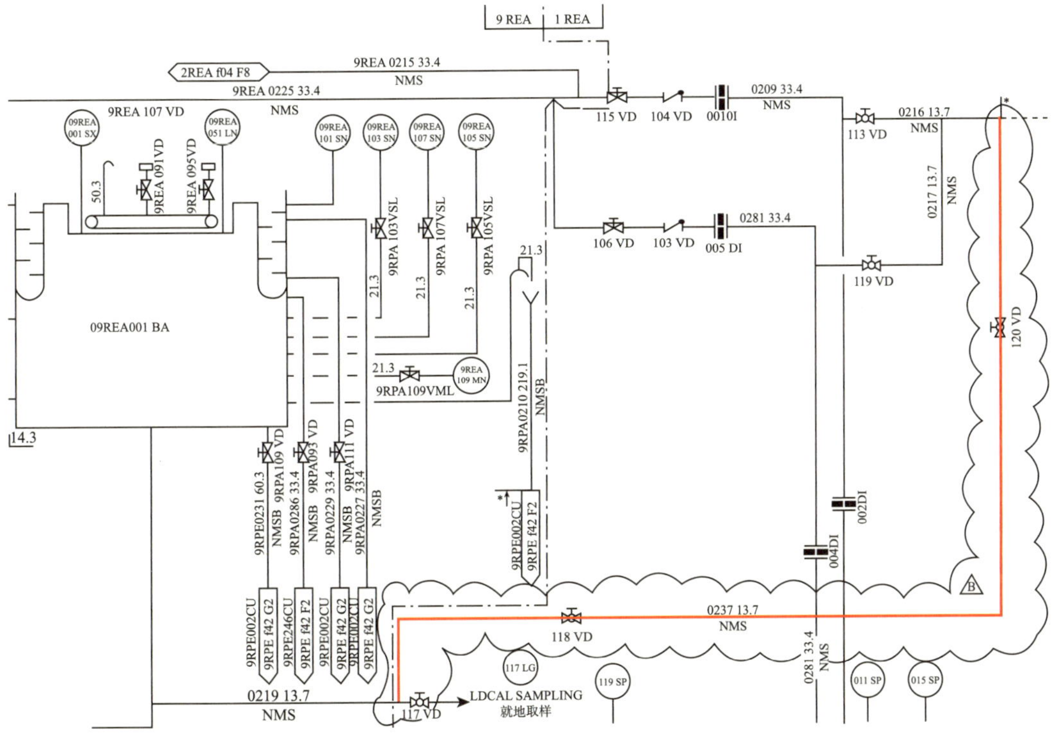

图 1 9REA001BA 取样方式改进流程图

3 设计优化可行性分析

因优化方案要在不启泵的情况下通过静压使 9REA001/002BA 中的水可以流动到 NA293 房间的液体手套箱中，且要满足溶解氧表的最低流量要求。故对于此方案的可行性需要进行管道阻力的分析计算。

REA 补给水箱至液体通风柜简图如图 2 所示。

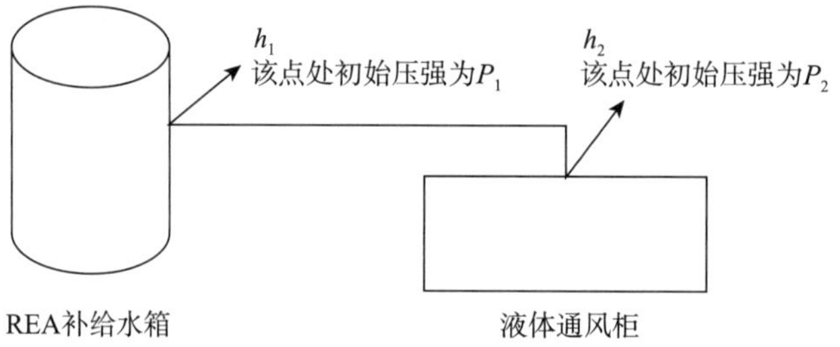

图2 REA补给水箱至液体通风柜简图

根据伯努利方程，有如下公式：

$$\frac{1}{2}\rho v_1^{\ 2} + \rho g h_1 + P_1 - C_1 = P_2 + \frac{1}{2}\rho v_2^{\ 2} + \rho g h_2 \tag{1}$$

式中，

ρ——液体密度，998 kg/m^3；

v_1——液体在REA001BA处的速度，m/s；

v_2——液体在通过液体通风柜处的速度，m/s；

h_1——REA系统补水箱的液位高度，m；

h_2——液体通风柜出口处高度，m；

C_1——液体在路径中损失的压降，Pa。

REA补给水箱正常运行时液位为6.36~11.31 m，以正常运行时最低液位进行计算。液体在REA001BA处的速度为0 m/s，核取样系统取样管线REN0092出口相连的溶解氧表的流量要求2.65×10^{-3} m/s。补给水箱和液体通风柜处静压近似为大气压，补给水箱底部标高0.35 m，REN液体通风柜标高为-4.2 m。各参数已知，通过以上公式可得流体损失总压降的计算值C_1。

对于管道的沿程和局部阻力造成的压降C_2使用达西公式来求解：

管道沿程阻力计算公式

$$\Delta P_{\text{pipe}} = f \times \frac{L}{D} \times \frac{\rho v^2}{2} \tag{2}$$

其中，$f = \dfrac{0.25}{\left[\lg\left(\dfrac{\varepsilon}{3.71D} + \dfrac{5.74}{\mathrm{Re}^{0.9}}\right)\right]^2}$

式中，

ΔP_{pipe}——管道沿程阻力损失，Pa；

f——管道沿程阻力系数；

L——管道长度，m；

D——管道内径，m；

ε——管道内壁的绝对粗糙度，m；

Re——雷诺数。

管道局部阻力计算公式

$$\Delta P_{\text{elbow}} = \zeta \times \frac{\rho v^2}{2} \tag{3}$$

其中，$\zeta = \dfrac{0.21}{\sqrt{\dfrac{R}{D}}}$

式中，

ΔP_{elbow}——局部阻力损失，Pa；

ζ——局部阻力系数；

R——弯头半径，m。

$$C_2 = \Delta P_{\text{pipe}} + \Delta P_{\text{elbow}}$$

以上可得流体流经管道时所产生的总阻力损失。

经计算，C_1=22.9 kPa，C_2=9.22 Pa。

$$C_1 \gg C_2$$

通过流体力学的相应理论和伯努利方程、达西公式的计算及分析验证，最终得出了9REA001/002BA 中的水可以通过重力自流入 REN 取样管线，并能够满足仪表的最低流量要求。

4 结论

根据田湾核电厂 5、6 号机组的实际布置情况，通过流体力学的相关计算，验证了依靠重力取样的可行性。此设计改进优化了取样方案，和原有取样方式相结合，增加了取样方式的多样性，操作便利且不用重复启泵，减少了启泵次数，延长了补给水泵的寿命。且该设计优化对于控制基准和变更后的运行要求无变化，不影响设备相关的系统功能，不影响到机组的正常发电或者机组安全运行。

此设计优化方案可对其他电厂的机组进行技术改进，也可应用于后续华龙项目中。

参考文献

[1]《流体力学》,张鸣远.2001 年 2 月[C].北京:中国环境科学学会.

冬季设备冷却水温度提高措施分析

付浩然[1]，于　沛[1]，王志超[1]
（1. 中国核电工程有限公司，北京 100840）

摘要：由于田湾核电厂厂址地理位置偏北，在冬季时海水温度较低，如不采取措施将有可能导致 RRI 系统供水温度无法满足某些设备的运行要求。为了解决上述问题，开展了大量分析计算工作，对不同方案进行了合理性比较，最终拟采用旁通海水单板换运行方式（旁通海水减少了流经板换的冷媒，隔离一台板换的海水侧，使热侧介质（RRI）部分不被冷却，通过混合以提高设冷水的温度，同时，隔离一台板换，也减少了有效换热面积。）根据设备冷却水、重要厂用水系统以及冬季设冷水温度过低问题的提出原因，从热工计算、运行控制等方面分析提高设冷水温度的方案并论证方案的可行性。

关键词：水温；过冷；旁通；板式换热器

1　冬季设备冷却水温度过低问题的提出

核电厂主泵机组和 DEG、DEL 冷水机组都是 RRI 系统的用户，它们对设冷水的最低温度有要求。经与本工程的主泵潜在供货商沟通，设冷水通过高压冷却器冷却主泵密封注入水，水温过低的设冷水将会导致密封注入水温度过低，产生对主泵的热冲击。对于 DEG、DEL 系统，设冷水水温过低将不能满足 DEG、DEL 系统冷水机组高低压差的要求，无法提供冷水机组制冷剂和润滑油运行的动力，使冷水机组停机，影响系统的正常运行。

根据以上因素，借鉴国内外核电厂的经验，本工程要求设冷水最低供水温度不低于 15 ℃。

如果不采取提高设冷水温度的措施，在海水设计最低温-0.5 ℃，正常工况下设冷水设计最高热负荷为 30.5 MW 下，计算得出设冷水温度为 4.8 ℃，如果考虑机组实际运行的热负荷比设计值要小，那么设冷水温度将会更低，远不能满足设冷水温度下限的要求。

所以，需要采取有关措施，提高冬季设冷水的供水温度。

2　旁通海水单板换方案

提高设冷水温度的措施，可以有以下几种方式：减少冷媒即海水的流量；减少换热面积；旁通一部分热侧流体。从原理上分析，减少冷媒是最直接、最有效的方式。

旁通海水单板换方案综合了上述解决原理：旁通海水减少了流经板换的冷媒，隔离一台板换的海水侧，使热侧介质（RRI）部分不被冷却，通过混合以提高设冷水的温度，同时，隔离一台板换，也减少了有效换热面积。

针对本工程冬季海水温度低、实际运行热负荷小的苛刻条件，推荐采用旁通海水单板换方案。

2.1 方案描述

方案示意图如图 1 所示，系统管路配置如下：

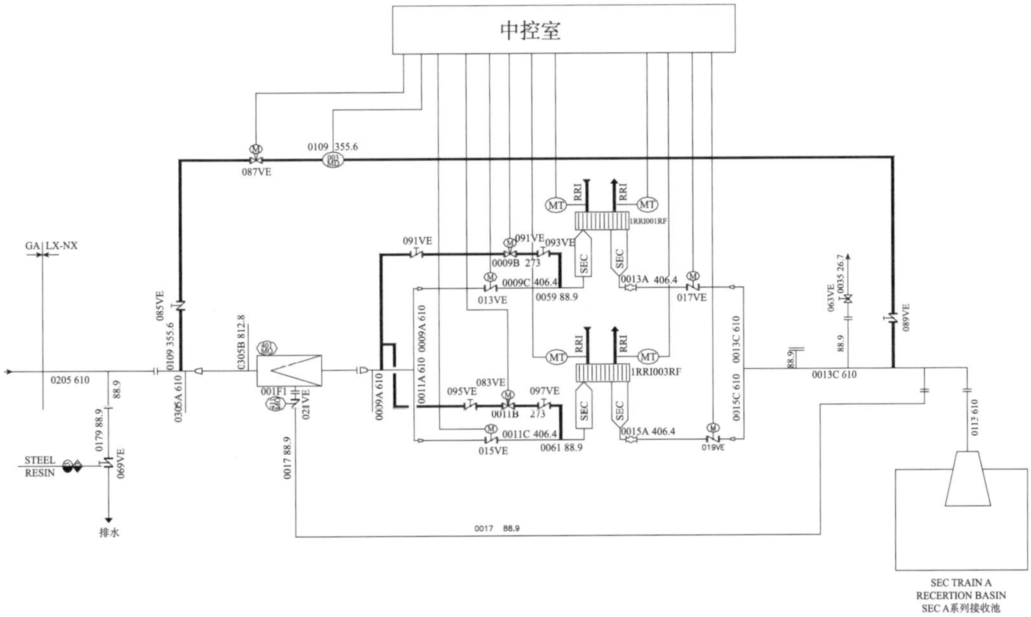

图 1　旁通海水单板换方案示意图

（1）每台板式换热器的海水进出口处设置电动隔离阀。

（2）SEC 系统在板换入口前的 DN600 的海水母管上（核岛中）设置一条 DN350 的海水旁通管，称之为海水主旁通管。在此主旁通管上设置两个手动蝶式隔离阀，一个电动蝶式调节阀和流量计。通过调节阀使海水主旁通管的阻力特性与流经一台板换的海水流道的阻力特性相同。

（3）在板换海水入口前 DN400 的电动蝶阀两侧设置一条 DN250 的海水旁通管，称之为海水辅助旁通管，在此管路上设置两个手动蝶式隔离阀，一个电动蝶式调节阀。

（4）可远传至主控室的控制器（可就地显示并可以修改参数），实现现场控制和主控室远传控制功能。

根据 SEC 系统的管路配置，提供了以下几种调节板换内海水流量的运行模式：

（1）SEC 双泵运行：板换内的海水设计流量为 3300 m^3/h。

（2）SEC 单泵运行：板换内的海水设计流量为 2500 m^3/h。

（3）旁通海水双板换：系统单泵运行，打开 DN350 的海水主旁通管，使海水同时流经旁通管路和两台板换。此模式下流经两台板换的海水流量为 2×920 m^3/h。

（4）旁通海水单板换：系统单泵运行，打开 DN350 的海水主旁通管，关闭某一台板换的海水侧隔离阀，使海水只流经一台板换及海水主旁通管。此模式下流经板换的海水设计流量为 1250 m^3/h。

（5）旁通海水单板换+降低板换内的海水流量：在旁通海水单板换运行模式的基础上，打开在运行板换的 DN250 的海水辅旁通管，关闭此板换 DN400 的隔离阀，流经板换的海水设计流量从 1250 m^3/h 减少为 950 m^3/h。DN250 的海水辅旁通管上设置有调节阀，可以实现调节流经板换的海水流量在 950~246 m^3/h。

2.2 正常工况的热工计算

2.2.1 正常工况下的热负荷分析

在核电厂正常运行工况下，设冷水系统的设计热负荷为 30.5 MW。参考大亚湾核电厂设备冷却水系统正常运行热负荷统计图（见图 2），本工程取 5 MW 作为一个机组的设备冷却水系统的最低设计热负荷。

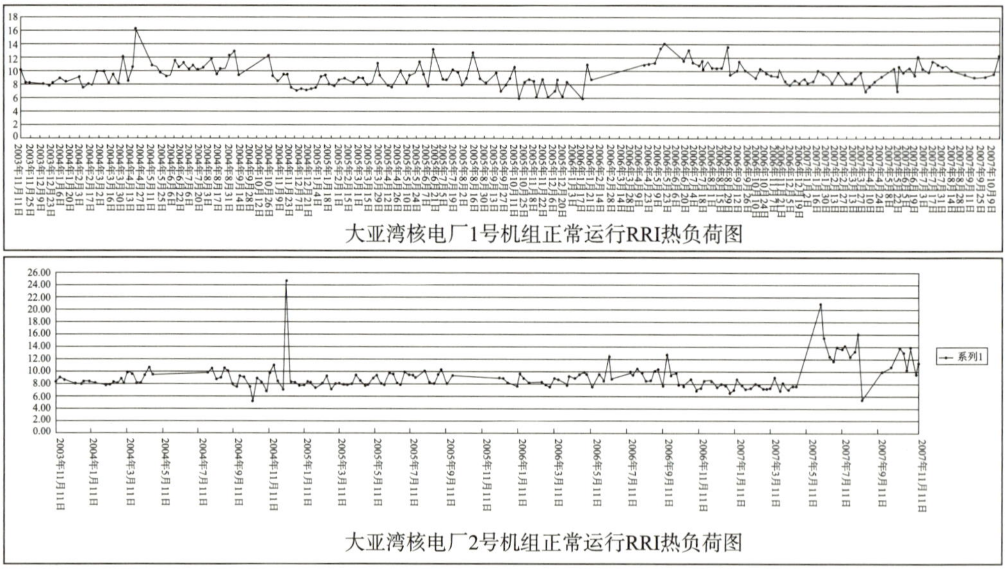

图 2 大亚湾核电厂设备冷却水系统正常运行热负荷统计图

由于机组长期运行在正常工况，而且此工况下冬季设冷水实际运行热负荷很低，能够合理地解决此工况下的设冷水温度过低问题是方案的关键。

对于正常工况的热工计算，需要考虑的热负荷范围为设计最低热负荷到设计最高热负荷：5~30.5 MW，取 8 MW 作为中间值的代表。分别对 5 MW、8 MW、30.5 MW 进行热工计算。

2.2.2 热工计算中海水潮位的影响分析

实际情况中，海水潮位的高低影响到 SEC 泵出流量的大小，不同海水潮位下 SEC 泵出流量见表 1。

表 1 不同海水潮位下 SEC 泵出流量

	潮位/m	单泵流量/（m^3/h）	每台板换内的海水流量/（m^3/h）
设计低潮位	-6.11	2500	1250
平均低潮位	-1.77	2600	1300

续表

	潮位/m	单泵流量/（m^3/h）	每台板换内的海水流量/（m^3/h）
平均潮位	0.03	2650	1325
平均高潮位	1.92	2700	1350
设计高潮位	7.04	2850	1425

在旁通海水单板换方案的运行模式切换中，通过板换的海水流量跳跃性减少后，需要校核设冷水温度是否会超过其温高限值。在此热工核算中，对潮位变化的影响应做如下考虑：切换前海水潮位为平均高潮位，切换后海水潮位变化为平均低潮位。这种潮位的变化增大了切换前后海水流量的变化量，也就增大了切换前后设冷水温度的变化量。对于校核设冷水温度是否过高，是一个保守的考虑。

无论是正常工况还是其他工况，本文的热工计算中只要涉及校核设冷水温度是否过高，都如上述分析一样，保守考虑了潮位的影响。

2.2.3 正常工况热工计算

正常工况下分别对热负荷为 30.5 MW、8 MW、5 MW 进行了热工计算。

设冷水温度随海水温度的变化情况，及对应运行模式下板换内海水设计流量的示意图如图 3~图 5 所示。

正常工况下系统的运行，随着海水温度的降低，当设冷水温度降到 15 ℃时，打开 DN350 的海水主旁通管，关闭一台换热器的海水侧入口 DN400 的隔离阀，机组从正常的双板换运行模式切换到旁通海水单板换运行模式，流经板换对设冷水进行冷却的海水设计流量从 2500 m^3/h 减少为 1250 m^3/h；继续监测设冷水温度，当设冷水温度再次降低到 15 ℃时，打开在运行板换的 DN250 的海水辅旁通管，关闭此板换的海水入口的 DN400 的隔离阀，流经板换的海水流量从 1250 m^3/h 降低到 950 m^3/h，启动海水自动调节模式，随

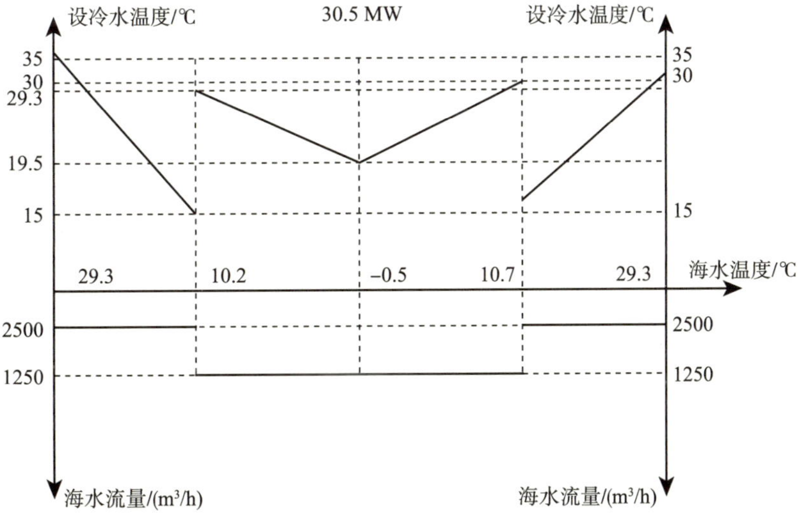

图 3　正常运行工况 30.5 MW

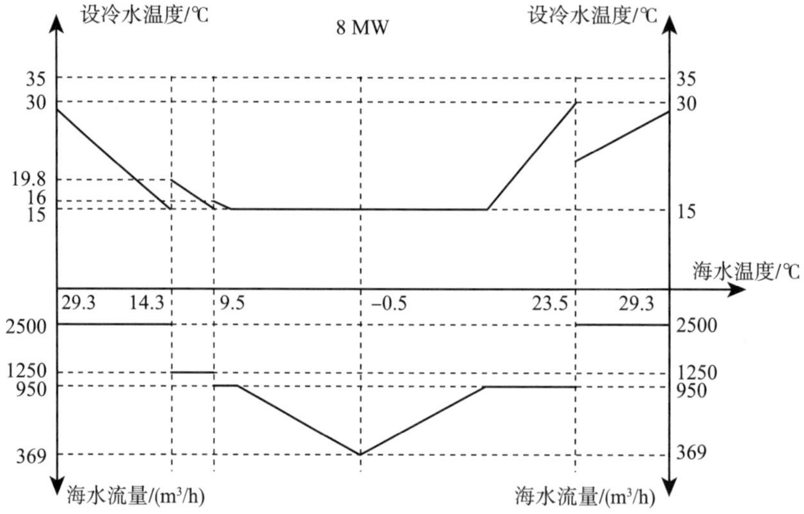

图 4　正常运行工况 8 MW

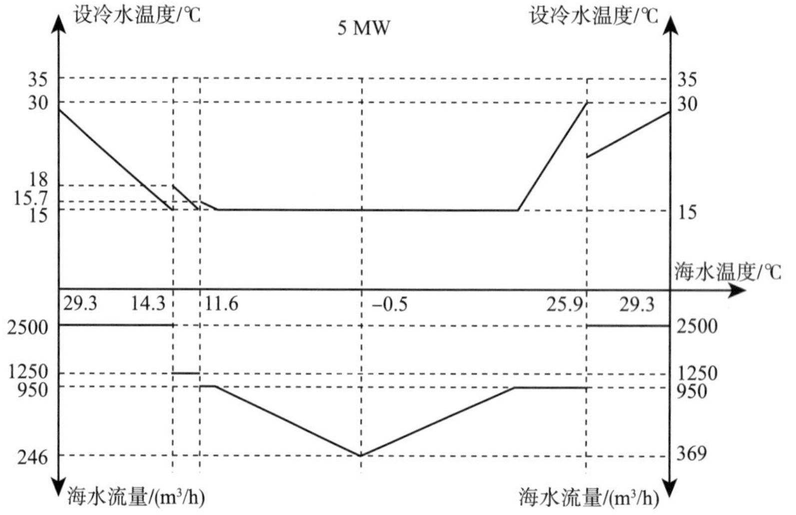

图 5　正常运行工况 5 MW

着海水温度不断降低，自动减少流经板换的海水流量，以保证设冷水温度不低于 15 ℃。在海水设计最低温-0.5 ℃，RRI 系统设计最低热负荷 5 MW 的最苛刻工况下，流经板换的海水流量为 246 m^3/h。

随着海水温度的升高，当设冷水温度升高到 30 ℃时，切换到双板换运行的正常运行模式，流经板换对设冷水进行冷却的海水设计流量恢复到 2500 m^3/h。

如此，在所有的海水温度和 RRI 系统热负荷下，设冷水温度都在其要求的限值范围内。

2.3 正常工况下 SEC 的运行控制

2.3.1 SEC 夏季运行方式

SEC 系统夏季运行方式与参考核电厂运行方式相同，在此不再赘述。对于改进后新增加的旁路管线，0011B-273、0009B-273、0109-355.6，在夏季时关闭，通过关闭 091VE、093VE 隔断 0009B-273 管线，通过关闭 095VE、097VE 隔断 0011B-273 管线，通过关闭 085VE、089VE 隔断 0109-355.6 管线，在夏季保持运行方式与参考核电厂一致。

2.3.2 SEC 冬季运行方式

SEC 冬季运行方式分为两档调节，即在当以夏季运行方式运行时，设冷水板式换热器出水温度降低到 15 ℃时，SEC 转入第一档防低温运行模式，此时 SEC 系统仅运行一台 SEC 泵，打开旁通管路 0109-355.6，关闭单台板换的海水侧，从而进入单板换换热的第一档低温运行模式。当设冷水板式换热器出水温度再次降低到 15 ℃以下，则进入到第二档防低温运行模式。具体操作方式如下（以隔断 1RRI003RF 为例）。

1）第一档防低温运行模式

087VE 电动调节阀主要作用是通过调整开度，使通过 0109-355.6 管路的水头损失与通过单台板换的水头损失相同。该段管路设置流量计，可以通过主控室操作人员对 GA 沟反馈的 SEC 系统总流量和此段管路流量进行分析，对该阀门开度进行微调。调整结束后，无论在夏季工况还是冬季工况开始阶段，此阀门均保持此开度。

在当夏季工况运行时设冷水板式换热器出水温度首次降低到 15 ℃，报警至主控室，进入到第一档冬季调节工况，此时首先手动打开 085VE、089VE，然后关闭 015VE、019VE，此时海水流经 0109-355.6 管路和 1RRI001RF，实现单板换换热方式，设备冷却水系统仍然采用夏季工况运行方式不变。

2）第二档防低温运行模式

当第一档防低温运行模式运行时，出现设冷水板式换热器出水温度再次降低到 15 ℃，报警至主控室，此时启动第二档防低温运行模式，首先手动打开 091VE，093VE，将电动调节阀 081VE 开度调整到最大，关闭 013VE，使 0009C-406.5 管路的海水从 0009B-273 管路通过，此时通过板换管路的水损增加，大部分海水从 0109-355.6 管路旁通通过，可以提高设冷水出板换的温度。

随着海水水温进一步降低，设冷水出板换的温度会在进入第二档防低温运行模式后逐渐下降，此时会降低到 15 ℃（以-1 ℃为阈值），此时会利用 RRI 出水管路的温度传感器来远程自动调控电动调节阀 081VE，降低阀门的开度，减少通过板式换热器的流量，使设冷水出板换的温度维持在 15 ℃以上。

主要实现途径如下：首先在进入第二档防低温运行模式后 RRI 系统出板换温度会随海水温度逐渐下降，如降低到 15 ℃，则通过 RRI 出水管路的温度传感器来远程自动调控电动调节阀 081VE，降低 1 档阀门开度，减少海水通过板换的流量，如果设冷水出板换温度依然在 15 ℃以下，则继续降低 1 档阀门开度，以此类推，直至设冷水出板换温度依然在 15 ℃以上时停止调节。

当自动调节电动调节阀时，本系列备用的板式换热器的电动调节阀 083VE 需要做相同的调节。

3）备用系列的控制

当运行的 SEC 系列在进行防低温运行模式时，备用系列需要进行相同的操作，使备用系列随时可以投入运行，而且当需要系列切换时，保持与运行相同的流态特征。第二档调节的电动调节阀 082VE、084VE 需要根据运行系列的电动调节阀的开度进行随动调节。

4）低温运行模式结束

当海水温度逐渐上升时，设冷水出板换水温逐渐升高，当温度升高到 15 ℃（以 1 ℃为阈值）时，增加电动调节阀的开度，直至调节阀全开，而后温度设冷水出板换温度会随着海水温度上升而继续上升，至 30 ℃时，报警至主控室，远程手动打开 013VE、015VE、019VE，使板换主管路进水，然后现场手动关闭 091VE、093VE、089VE，085VE，将 0109-355.6 的旁通管路关闭，SEC 系统从第二档防低温运行模式直接恢复至夏季正常的运行模式。

2.4 对其他工况的校核

2.4.1 其他工况的热负荷

冬季存在部分 RRI 用户没有工作在最大负荷或者有停运的情况，可以较准确估计到是跟暖通有关的部分用户其热负荷在冬季会有减少，如电气厂房冷冻水系统、核岛冷冻水系统、热洗衣房通风系统等的热负荷在各工况下将减少或停止运行，在冬季设冷水温度控制方案的热工计算中，应考虑减去这部分热负荷。

对于两个机组共用用户，将只会由某一个机组的 RRI 系统负责带走其热负荷。

所以，对于正常运行工况外的其他工况，热工核算都需要考虑两种不同的热负荷：

冬季部分用户热负荷减少，且不带两机组共用用户热负荷，简称为冬季小负荷；

冬季部分用户热负荷减少，且带两机组共用用户热负荷，简称为冬季大负荷。

各工况下的热负荷见表 2。

表 2　各工况下的热负荷

一个机组 RRI 热负荷/MW	系列	启动工况	停堆后 4~20 h 冷停堆工况	停堆后 20 h 保持冷停堆工况	次临界停堆
冬季小负荷	A 列	29.25	44.57	17.33	48.57
	B 列	0	34.45	11	0
冬季大负荷	A 列	40.18	55.5	28.26	59.5
	B 列	0	34.45	11	0

2.4.2 启动工况热工核算

参照正常工况下的系统切换模式，针对启动工况，对 SEC 由正常的双板换运行模式切换到旁通海水单板换运行模式进行了核算。设冷水温度变化情况及对应模式下板换内海水流量的示意图如图 6~图 7 所示。

计算可见，在启动工况下，采取与正常工况一样的切换模式，在整个海水温度变化范

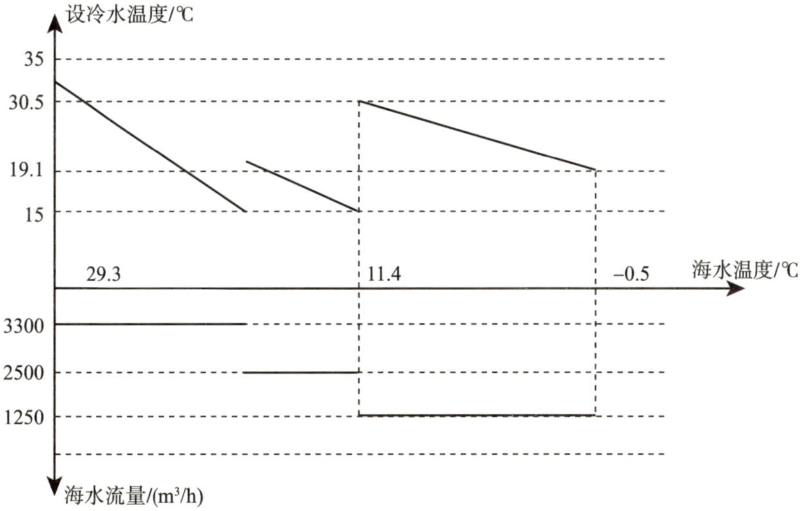

图6　冬季小负荷，启动工况

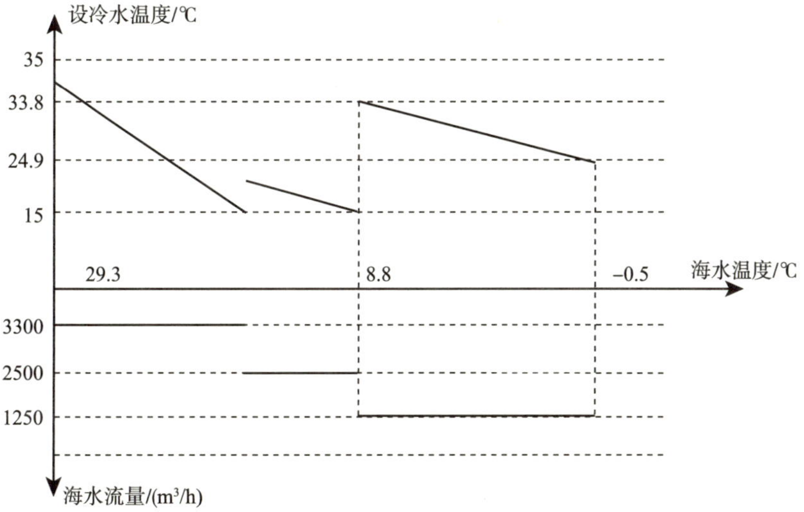

图7　冬季大负荷，启动工况

围内，设冷水温度都在 15~35 ℃，运行描述如下：关注机组启动时的海水温度，如果低于 12 ℃，使 SEC 系统运行在旁通海水单板换的模式下，监测设冷水温度，如果高于 34 ℃，SEC 系统切换到正常的双板换运行模式；如果海水温度高于 12 ℃，使 SEC 系统运行在正常的双板换运行模式下，监测设冷水温度，如果低于 15 ℃，SEC 系统切换到旁通海水单板换的模式。

2.4.3　停堆工况的热工核算

1）对切换过程的核算

参考正常工况下的切换模式，对 SEC 由正常的双板换运行模式切换到旁通海水单板换运行模式进行了核算，见表 3~表 4。

表 3　冬季大负荷

正常双板换切换到旁通海水单板换	停堆 4~20 h A 列	停堆 4~20 h B 列	停堆后 20 h A 列	停堆后 20 h B 列	停堆 4~20 h（仅 1 个 RRI 系列可用）
切换时海水温度/℃	5.42	10.34	10.62	13.54	4.75
切换前 RRI 温度/℃	15	15	15	15	15
切换后 RRI 温度/℃	39.3	33	28.4	20.7	41
RRI 高温限值/℃	40	40	35	35	40

表 4　冬季小负荷

正常双板换切换到旁通海水单板换	停堆 4~20 h A 列	停堆 4~20 h B 列	停堆后 20 h A 列	停堆后 20 h B 列	停堆 4~20 h（仅 1 个 RRI 系列可用）
切换时海水温度/℃	8.34	10.34	12.8	13.54	7.76
切换前 RRI 温度/℃	15	15	15	15	15
切换后 RRI 温度/℃	36.1	33	24.21	20.7	37.9
RRI 高温限值/℃	40	40	35	35	40

计算可见，在停堆 4~20 h（仅 1 个 RRI 系列可用）及停堆 4~20 h A 列的工况下，切换后设冷水温度较高，接近甚至超过了设计最高值，不利于设备热量的移出，所以在停堆工况下，不推荐采用与正常运行一样的切换方式。

根据 2.1 节中对运行调节方式的分析，在停堆工况下，如果 SEC 系统运行在正常的双板换模式，出现设冷水温度降到 15 ℃，则切换到旁通海水双板换模式，不直接切换到旁通海水单板换。即打开 DN350 的旁通管，不隔离板换海水侧，使海水同时流经两台板换和旁通管路。对此切换过程的热工核算如表 5~表 6 所示。

表 5　冬季大负荷

正常双板换切换到旁通海水双板换	停堆 4~20 h A 列	停堆 4~20 h B 列	停堆 4~20 h（仅 1 个 RRI 系列可用）
切换时海水温度/℃	5.42	10.34	4.75
切换前 RRI 温度/℃	15	15	15
切换后 RRI 温度/℃	21.1	18.3	21.6
RRI 高温限值/℃	40	40	40

表 6　冬季小负荷

正常双板换切换到旁通海水双板换	停堆 4~20 h A 列	停堆 4~20 h B 列	停堆 4~20 h（仅 1 个 RRI 系列可用）
切换时海水温度/℃	8.34	10.34	7.76
切换前 RRI 温度/℃	15	15	15

续表

正常双板换切换到旁通海水双板换	停堆 4~20 h A 列	停堆 4~20 h B 列	停堆 4~20 h（仅 1 个 RRI 系列可用）
切换后 RRI 温度/℃	19.6	18.3	20
RRI 高温限值/℃	40	40	40

计算可见，采取这种较缓和的切换模式后，设冷水温度不会有较大的跳跃。

随着海水温度的降低，在旁通海水双板换的运行模式下，仍旧会有一些工况出现设冷水温度低于 15 ℃的情况，此时再切换到旁通海水单板换运行模式，对此切换过程中设冷水温度的变化进行了校核计算，如表 7 所示。

表 7　冬季小负荷

旁通海水双板切换到旁通海水单板	停堆 4~20 h A 列	停堆 4~20 h B 列	停堆 4~20 h（仅 1 个 RRI 系列可用）
切换时海水温度/℃	3.75	7.1	2.74
切换前 RRI 温度/℃	15	15	15
切换后 RRI 温度/℃	32	29.5	33.7
RRI 高温限值 ℃	40	40	40

计算可见，在此切换过程中，设冷水温度保持在 15~35 ℃的范围内。

2）对海水设计最低温度时设冷水温度的核算

在海水设计最低温-0.5 ℃的情况下，采取对应的调节措施（见 2.1 节中的描述），使设冷水温度不低于 15 ℃，核算如表 8 和表 9 所示。

表 8　冬季大负荷

工况	停堆 4~20 h A 列	停堆 4~20 h B 列	停堆后 20 h A 列	停堆后 20 h B 列	停堆 4~20 h（仅 1 个 RRI 系列可用）
海水温度/℃	-0.5	-0.5	-0.5	-0.5	-0.5
采取的措施	旁通海水双板换	旁通海水单板换	旁通海水单板换	旁通海水单板换	旁通海水双板换
板换内有效的海水流量/（m^3/h）	2×920	1250	1250	517	2×920
调节后的设冷水温度/℃	15.2	22	17.6	15	16.3

表 9　冬季小负荷

工况	停堆 4~20 h A 列	停堆 4~20 h B 列	停堆后 20 h A 列	停堆后 20 h B 列	停堆 4~20 h（仅 1 个 RRI 系列可用）
海水温度/℃	-0.5	-0.5	-0.5	-0.5	-0.5
采取的措施	旁通海水单板换	旁通海水单板换	旁通海水单板换	旁通海水单板换	旁通海水单板换

续表

工况	停堆 4~20 h A 列	停堆 4~20 h B 列	停堆后 20 h A 列	停堆后 20 h B 列	停堆 4~20 h（仅 1 个 RRI 系列可用）
板换内有效的海水流量/（m^3/h）	1250	1250	835	517	1250
调节后的设冷水温度/℃	27.6	22	15	15	30

计算可见，通过旁通海水的方案，采取对应的运行方式，可以保证在海水设计最低温时，设冷水温度不低于 15 ℃。

3）停堆工况下的运行

旁通海水单板换方案，根据 SEC 系统的管路配置，提供了以下几种调节板换内海水流量的运行模式：

（1）SEC 双泵运行：板换内的海水设计流量为 3300 m^3/h。

（2）SEC 单泵运行：板换内的海水设计流量为 2500 m^3/h。

（3）旁通海水双板换：系统单泵运行，打开 DN350 的海水主旁通管，使海水同时流经旁通管路和两台板换。此模式下流经两台板换的海水流量为 2×920 m^3/h。

（4）旁通海水单板换：系统单泵运行，打开 DN350 的海水主旁通管，关闭某一台板换的海水侧隔离阀，使海水只流经一台板换及海水主旁通管。此模式下流经板换的海水设计流量为 1250 m^3/h。

（5）旁通海水单板换+降低板换内的海水流量：在旁通海水单板换运行模式的基础上，打开在运行板换的 DN250 的海水辅旁通管，关闭此板换 DN400 的隔离阀，流经板换的海水设计流量从 1250 m^3/h 减少为 950 m^3/h。DN250 的海水辅旁通管上设置有调节阀，可以实现调节流经板换的海水流量在 950~246 m^3/h。

根据上述运行模式的分析，结合停堆工况的热工核算，停堆工况下推荐的运行方式如下：

监测设冷水温度，当温度降低到 15 ℃时，依次切换到下一个运行模式；当设冷水温度高于 34 ℃时，依次切换到上一个运行模式。在此切换过程中，及在海水设计最低温度的情况下，设冷水温度均保持在 15~35 ℃的范围内。

2.4.4 LOCA 工况下设冷水温度的计算

在设计热负荷下，如果不采取任何措施，不同海水温度下设冷水温度如表 10 所示。

表 10 不同海水温度下设冷水的温度

海水温度/℃	$T_{max}=34$	−0.5	8.4
设冷水温度/℃	39.1	7.1	15

LOCA 工况下，考虑充分满足堆芯热量的移出，尽量减少运行人员的操作干预，建议不针对设冷水温度低采取任何措施。在接到“安全壳喷淋”信号时，打开被隔离的板换海水侧隔离阀，关闭两条海水旁通管路的隔离阀，SEC 系统切换回夏季正常的双板换运行模式。

3 结论

田湾核电工程厂址位于我国北方，冬季海水温度很低，设计最低海水温度为-0.5 ℃，如果不采取相应措施，设冷水温度会远低于15 ℃的要求。针对此问题，本报告提出采用旁通海水单板换的解决方案，并对方案的热工计算、运行控制进行了详细的分析描述，论证了其可以实现冬季设备冷却水温度不低于15 ℃的目标。

另外，对于推荐的旁通海水单板换方案，其改进具有以下优势：

（1）考虑了大亚湾核电厂的运行经验反馈，设计最低热负荷取为5 MW，并设计考虑了最低海水温度同时出现情况，设计为保守叠加。

（2）设冷水最低温度的保证值设为15 ℃，根据目前与设备潜在供货商的沟通谈判，也为保守设计，因为主泵和冷水机组的设备供货商基本可以接受设冷水最低温度为10 ℃的要求。虽然如此，本推荐方案还是具有把设备冷却水温度保证在15 ℃以上的调节能力。

（3）对SEC系统的A、B列都设置了旁通海水单板换的旁路，在运行中可以互为备用，也可以根据将来实际的运行情况切换运行，为运行的可靠性提供了冗余性保证。

（4）相对参考核电厂降低了海水泵的设计流量，提高了长期运行的经济性。由于机组长期运行的热负荷大部分处在8~10 MW，远低于设计热负荷30.5 MW，所以正常运行工况下，一年当中将有半年左右的时间需要旁通海水来提高设冷水温度，在此情况下，降低海水泵的设计流量，提高了设备运行的经济性。

通过旁通海水单板换的管路设置，为运行人员提供了多种调节设冷水温度的方式，在设计最高热负荷到设计最低热负荷的范围内，都能调节保证设冷水的温度不低于设计值。随着设计阶段的深入，并结合相关运行经验，设计将会对不同工况下的运行控制进行更加细致的分析，为核电厂实际运行提供更为合理的设计。

M310 机组核取样系统设计改进及进一步优化探究

刘亚光[1]
（1. 中国核电工程有限公司，北京 100840）

摘要：本文结合田湾核电厂 5、6 号机组核取样系统的最新设计，综合梳理自机组引进后随着各个工程的建设，核取样系统的设计改进情况，对改进原因进行分析，对改进项效果以及对后续工程的影响进行总结，同时对部分拟改进项进行可行性探索。旨在为核取样系统合理的安全配置、便捷的取样操作等方面提供建设性的思路和参考意见，并在满足电厂水化学及放射性水化学样品收集、检测功能的基础上，降低取样操作的辐射水平提供可能的方案。

1　系统设计说明

核取样系统可通过手动或者自动（硼浓度计）集中抽取供化学分析和放射性化学分析用的液体样品和气体样品。

样品从下列各系统抽取：

（1）反应堆冷却剂系统；

（2）废液处理系统；

（3）废气处理系统；

（4）蒸汽发生器二次侧和蒸汽发生器（SG）排污系统；

（5）其他辅助系统。

样品被送往核取样间和二次侧取样间，但就地取样接管不作为核取样系统的一部分。该系统没有直接的安全功能。在功率运行或热备用期间，通过与插入限值有关的控制棒束位置来检测硼浓度的快速变化。

在热停堆、正常冷停堆、换料或维修停堆期间，对反应堆冷却剂硼浓度的连续监测，指示了有效停堆裕量并允许对反应堆冷却剂误稀释进行检测。

也可通过手动取样分析来获取或完善上述数据。

在操作员设定的水和硼整定值的基础上，用一台自动设备来估算补水浓度，将这一补水浓度值与硼浓度计测得的反应堆冷却剂硼浓度相比较。

该系统对排放前废物特性的监测，为环境保护提供了保证。

此外，该系统还具有很重要的事故后功能。它可以从反应堆冷却剂系统（RCP）和安全壳喷淋系统（EAS）收集高放射性的液体样品，也可从蒸汽发生器排污系统（APG）取样，来检查一次侧向二次侧可能的泄漏。因此，核取样系统有助于事故的诊断和控制。

2 系统改进

2.1 增加作为稳压器汽相空间扫气通道的改进

在停堆氧化的过程中，需要稳压器汽相进行扫氢操作，将稳压器的汽相空间的氢气排到硼回收系统的前贮槽。而在其他的核辅助系统并无合适的排气通道。因此。利用了已有的 REN 对稳压器汽相空间的取样通道，将氢气通过取样管线排向手套箱。

但是，稳压器取样口在手套箱中，而 TEP 取样扣在气体通风柜中。两条取样管线连接都是使用塑料软管进行的（而稳压器汽相空间的气体具有较高的放射性），较为危险。因此在秦山二期扩建工程在手套箱和通风柜之间增加了专门用于汽相扫气的通道。

该改进方便了扫气期间的操作，在许多同类型的 100 W 机组中也得到了应用。

在后续的工程中，建议在稳压器取样管上新增一条支管直接连接到通风柜。这样减少了通过手套箱管线，同时也减少了手套箱的开孔。

为优化稳压器汽相空间的扫气操作，通过在核取样系统增设扫气管线，将稳压器汽相的蒸汽排放到硼回收系统的前贮槽。

气体通风柜中的快速接头由不带阀的快速接头改为带阀的快速接头。

2.2 增加人员防护和减少取样污染的改进

1）手套箱面板由普通玻璃变为铅玻璃的改进

手套箱是用于高放射性流体取样的一种设备。在秦山二期工程中，REN 系统的手套箱面板为统一的普通钢化玻璃。但是这种玻璃对于辐射的屏蔽作用并不太理想。秦山二期扩建工程中，经由业主提出，将普通的钢化玻璃换成了铅玻璃。但是整块的铅玻璃安装上去很容易碎（手套箱为负压，由于铅玻璃承压力能力较弱，因此很容易碎）。经过尝试，最终采取了铅玻璃和不锈钢的组合结构替换了以前的钢化玻璃。该改进减少了手套箱取样人员所受的剂量，在其他工程中也都已实施。

2）相分离器变更为移动式氢分析仪的改进

REN 系统中的气液相分离器 REN002LZ 的设置，是为了对已知体积的反应堆冷却剂样品进行脱气，从而取得为实验室分析用的溶解气体和脱过气的水，主要用于反应堆运行期间溶解氢的分析，为溶解氢在线表的校准提供依据。

根据秦山二期工程的运行反馈，该装置分析样品需要的时间很长，操作繁琐。分析人员长时间靠近装置内样品易造成较多的辐射剂量。

秦山二期扩建工程采用了更为便捷的移动式氢分析仪来进行测量。该仪表具有便于携带、操作方便等特点。

目前，其他工程也都采取了该项改进。对于以后的工程，还应继续跟踪溶解氢先进的测量手段和测量方法。一旦新技术成熟，还应继续进行该类改进。

3）在就地取样管线上增加双道隔离阀。

根据秦山二期工程的运行经验反馈，在一些系统的就地取样管线中，因为采取的是单道隔离阀的设置，在阀门损坏以后，管道内的流体会流到地面上，污染地面。因此对这些就地取样管线进行了改造。

一些取样管线采用了增加返回的漏斗。对于就进没有 RPE 系统的就地取样管线，采取了设置双道隔离阀的改进措施，防止因为单道阀门的损坏而造成管路的滴水。

4）气体通风柜内的气体取样管线出口快速接头

气体通风柜是对低放射性的气体进行取样的设备。在秦山二期工程中，气体通风柜内的所有气体取样管线出口快速接头都是不带自锁装置的。在取样完毕以后，拔掉快接软管时，管道内可能会有残留的放射性气体逸出，增加了污染的风险。因此，在秦山二期扩建工程中，气体通风柜内的所有气体取样管线出口快速接头都已更换成了带自锁装置的快速接头。

2.3 优化系统设置的改进

1）增加一块钠表的改进

核取样系统具有在线监测二回路水中钠含量的能力。在秦山二期的系统设置中，一个机组只设置了一台钠表用于监测。因为，为了监测两个回路的钠离子的浓度，需要进行切换，切换时间为 30 min。虽然，一般情况下，钠离子浓度不会存在较大变化，但是，这样的设置还是增加了监测盲点。

在秦山二期扩建工程中，增加了一台钠表。每个回路有了对应钠表，取消了切换时间，弥补了监测盲点，优化了系统设计。

2）高温取样冷却器设冷水侧调节阀的改进。

在秦山二期工程中，核取样系统高温取样冷却器设冷水侧采用了自力式温度调节阀。通过自动调节设冷水的流量来调节高温取样冷却器的温度。但是高温取样冷却器进口温度有一定波动，设冷水的温度也不是恒定的，自力式温度调价阀调节太频繁。为了简化操作，参考岭澳工程的设计，核取样系统高温取样冷却器设冷水侧的阀门改为了手动调节阀，并在平时将阀门开度调节到最大，以充分冷却高温的水，简化高温取样冷却器的操作。

该改进简化了设计，方便了现场人员的操作。在所有的类似核电项目中都已采纳了该改进。

2.4 阀门改造及流量计选型改进

1）气体取样管线阀门改造

REN 系统主要的高压取样管线上都设置了闭环调节阀以自动调节取样管线的压力。秦山二期工程采用了西班牙生产的减压阀。但是该减压阀性能差，调节能力弱，而且附近的取样管线也布置不合理，影响操作。

在秦山二期扩建工程中，原本对阀门和取样管线都进行了改进。但是由于取样间空间有限，而且仪表和阀门国产化带来了设置体积的增加，该改进最终并未实施。在以后的工程中，随着国产化设备的制造技术越来越高，对核取样间的布置优化仍是核取样系统改进的一个方向。

2）流量计选型的改进

REN 系统的流量计在秦山二期工程中采用了煤气表式的流量计。但是性能较差。在秦山二期扩建中，电仪所在仪表选型中采用了电磁式流量计。电磁流量计对电导率有一定的最小值要求。在调试运行阶段，由于核电厂启动初期特殊的除盐水冲洗原因，电磁流量计在调试初期出现了不能读数的情况，但是经过最初一段时间后，随着电导率的提升，电磁流量计已能正常工作。该经验对于以后工程的仪表选型有一定的经验意义。

除去以上的一些改进，还有一些因为各种原因取消的改进。通过这些改进尝试，对核取样系统的设计进行了方方面面的优化。对于一些未达到理想效果的改进也对核取样系统的持续优化提供了很好的指导意义，也为以后继续改进提供了宝贵的经验。对于以后的工程除了上述的改进以外，还应根据工程技术和测量技术的发展，不断优化核取样的手段和测量方式，使系统的设计进一步优化。

3 系统优化探究

本设计优化将结合先进的实验室仪器，综合考虑取样系统方案配置，简化一回路反应堆冷却剂取样方式。同时结合一回路水化学和放射性水化学的技术要求，统筹 RCS、RHR、RCV 取样获取的时机和样品检测的内容，通过减少取样管线、减少冷却剂消耗、减少取样产生的废液、减小取样间放射性水平等方面提高反应堆冷却剂取样的先进性和经济性。图 1 为反应堆冷却剂取样点配置图。

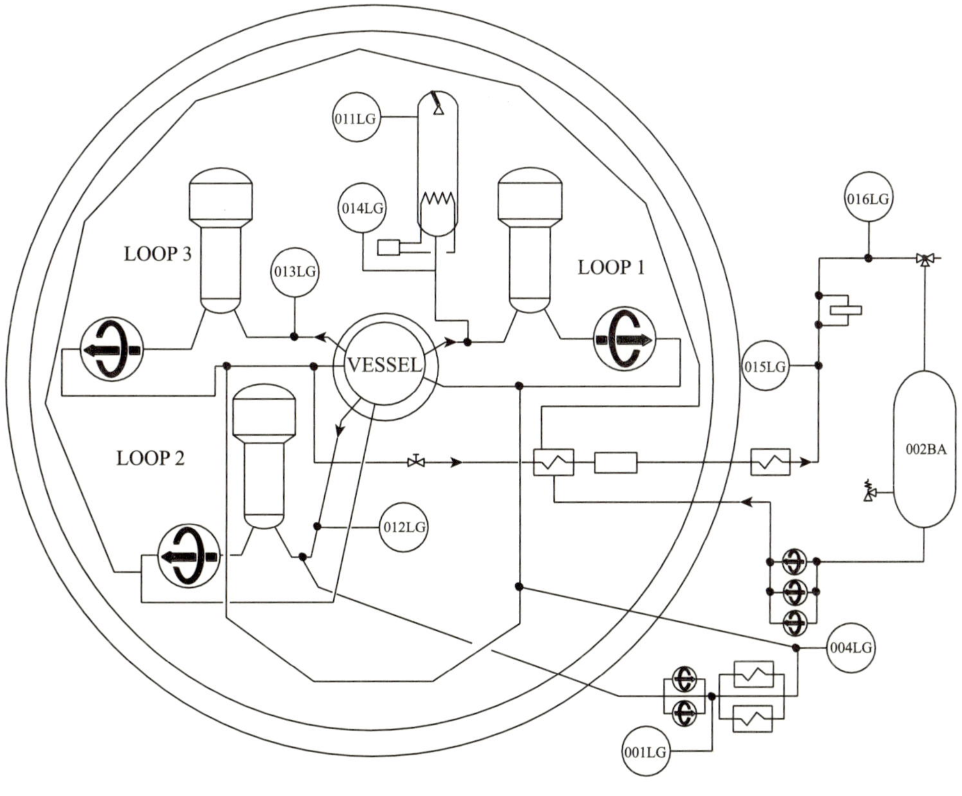

图 1　反应堆冷却剂取样点配置图

3.1 RCS 系统取样配置

2 号环路蒸汽发生器（SG）上游、3 号环路 SG 上游取样管线用于在线自动测量硼浓度，手动测量残渣、可溶性气体、总的 γ 谱。测量目标为监测负反应性余量、监测反应堆冷却剂中的腐蚀产物、测量气体中的总放射性、反应堆冷却剂中的 H_2 含量。另外还用于事故后取样，以检查放射性、硼含量等，系统配置见图 2。

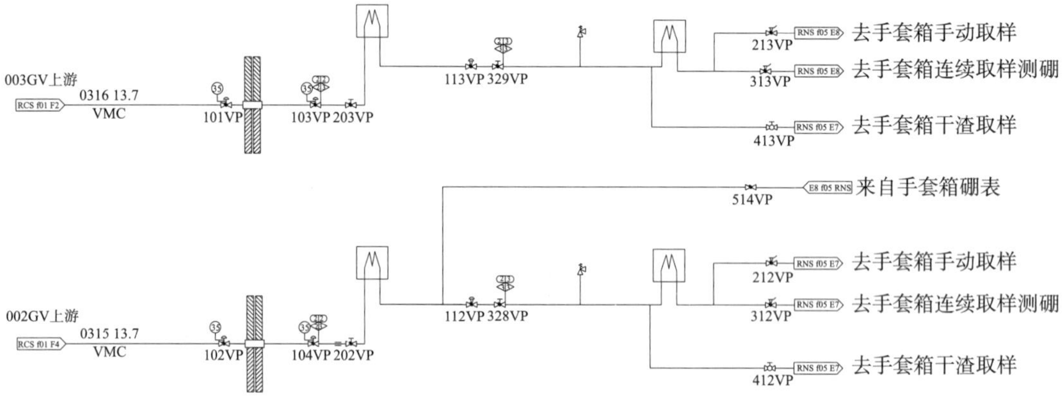

图 2　2 号环路 SG 上游、3 号环路 SG 上游取样管线

稳压器液相空间可进行自动/手动测量硼，从热停堆转换到热备用时，验证反应堆冷却剂系统和稳压器的硼浓度的一致性，系统配置见图 3。

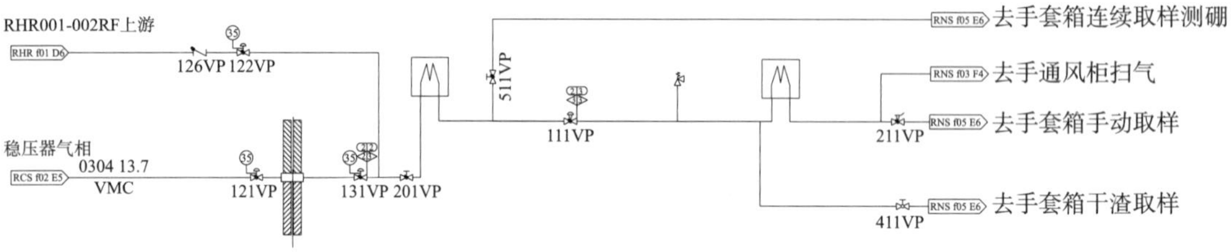

图 3　稳压器液相取样管线

稳压器汽相空间手动取样，用于验证在稳压器产生气泡前，稳压器顶部和底部流体的一致性；在稳压器产生气泡过程中 O_2 和 NH_3 的浓度；在正常运行时 O_2 和 H_2 的浓度，系统配置见图 4。

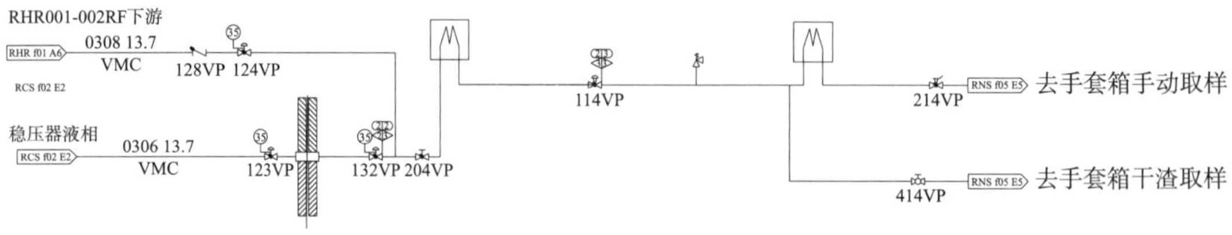

图 4　稳压器汽相取样管线

1）RHR 系统取样配置

RHR 热交换器上游及下游自动取样用于从热停堆转换到热备用时，验证反应堆冷却剂系统和稳压器的硼浓度的一致性。当 RHR 与 RCS 连接时，硼浓度计安装在余热导出泵的下游。为了得到足够高的流量，将 RHR 泵的下游取样管线与 2 号蒸汽发生器上游的一回路取样管线相连，流体以与正常流向相反的方向进行循环，详见图 3、图 4。

2）RCV 系统取样管线配置

RCV 净化装置上游/下游手动取样用于检验过滤器和除盐装置的效率。自动取样用于连接氢分析仪，氢分析仪接在 RCV 系统净化上游的取样管线（见图 5）。

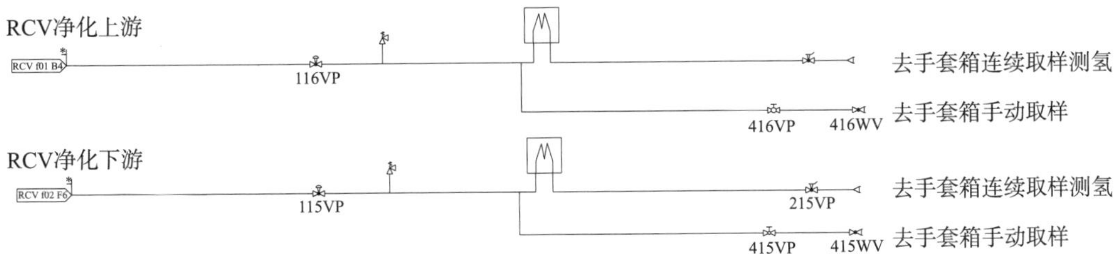

图 5　RCV 系统取样管线配置

3.2　创新方案探究

1）干渣取样管线优化

目前实验室使用 γ 频谱仪，可以直接对液体样品的固体悬浮物质进行成分测量，所有低温冷却器上游的干渣取样管线全部取消。

2）2 号、3 号环路冗余优化

在机组功率运行时，硼表连续运行连接在 2 号环路 SG 上游取样管线上，取样流量为 250 L/h，3 号环路 SG 上游取样管线为备用管线，保持小流量 40 L/h 运行。根据一回路化学规范，在反应性<0.99 k_{eff}，反应堆冷却剂平均温度 TRHR≤T≤294.7 时，如果硼表不在线，需 8 h 手动测量一次。在此工况下，RCV 净化上游硼浓度与一回路内成分相同，可以在 RCV 净化上游取样管线上连接硼表，对此删除 3 号环路取样点及取样管线的设置，在 RCV 连接氢表的取样管线上增加三通，连接硼表进行硼浓度监测，改进方案见图 6。

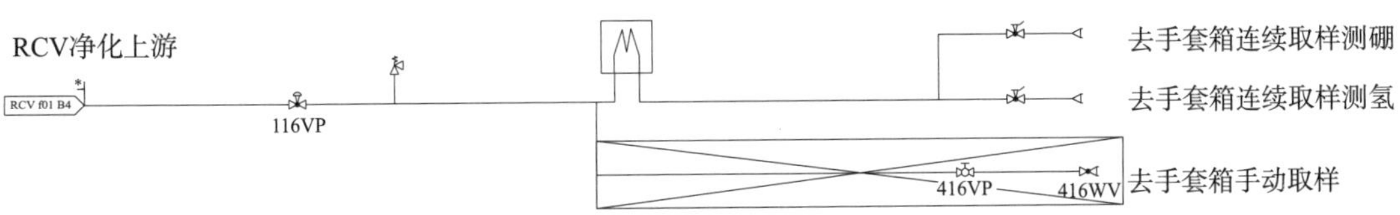

图 6　RCV 净化上游取样管线优化

3）稳压器液相取样管线优化

稳压器液相取样用于从热停堆转换到热备用时，验证反应堆冷却剂系统和稳压器的硼浓度的一致性。RHR 热交换器下游取样点与该取样管线共用，其功能为在冷停堆期间测量。为了防止反应堆冷却剂回路的误稀释，在启动 RHR 系统之前比较 RHR 和 RCS 和硼浓度。该取样管线在机组功率运行期间，均处于隔离或备用状态。根据水化学技术规范要求，可以将该取样管的取样功能与2号环路SG上游取样管线及稳压器气相取样管线进行优化。即将RHR换热器下游取样管线的取样点放置在2号环路SG上游取样管线上；将稳压器液相取样管线与稳压器气相管线共用，分别设置安全壳内部隔离阀对两个取样点进行隔离。优化后方案见图7。

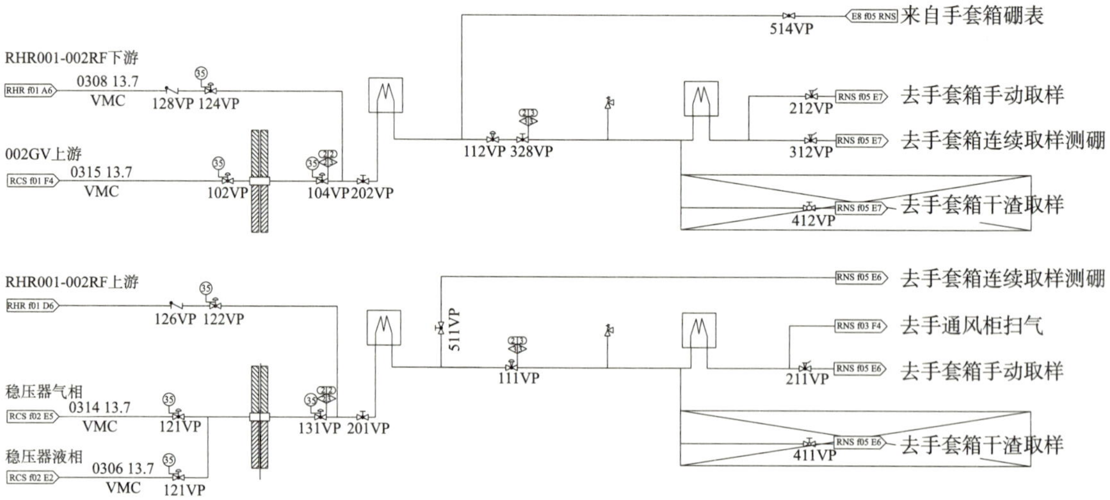

图7　稳压器液相取样管线取消优化方案

4　结论

取样系统设计方案以一回路水化学技术规范为设计依据，在上述改进中未颠覆原规范要求，在充分考虑各取样点投运时机和实施频率的基础上，进一步整合系统资源，提高系统取样管线的利用率。

统筹实验室试验能力与取样方案进行综合配置，结合先进的试验设备，对取样方式进行优化，加强了核取样系统与核岛实验室的匹配程度，节约了不必要的取样资源，对于优化系统的统筹配置具有良好的效应。

在简化配置的核取样系统中，同时减化了机组运行的取样操作规程，降低了人员操作失误，对机组运行的安全性有显著提高。

大型薄壁储液罐抗震分析方法研究

刘嘉一[1]，盛　锋[1]，刘宝君[1]，王元珠[1]
(1. 中国核电工程有限公司，北京 100840)

摘要：本文结合国内外对大型薄壁储液罐抗震特性的研究进展，针对田湾核电厂5、6号机组大型薄壁储液罐的抗震分析方法进行研究和总结。以工程中此类储液罐为例，应用声流单元流固耦合法建立有限元模型进行分析，验证模型的有效性及分析结果的可靠性。并总结此方法在计算效率、计算准确度、可适用性等方面存在的优缺点，为更合理的对具有高度非线性特征的大型薄壁储液罐的抗震分析打下基础。

关键词：大型薄壁；储液罐；抗震；声流单元；流固耦合

1　引言

在对储液罐进行抗震分析时，罐内部液体的晃动可明显改变储液罐的质心和转动惯量等一些力学参数，因此，罐内液体晃动对储液罐造成的载荷是不可忽略的。大型薄壁储液罐中液体对罐壁的影响在20世纪60年代即得到工程界的广泛重视，国内外很多学者开展罐中流体与固体的耦合问题研究。由于大型薄壁储液罐中晃动液体自由表面的不确定性和强非线性边界条件，使其理论分析十分困难。且在对工程中的储液罐抗震分析时，明确定义罐内液体的边界、罐内液体与罐壁之间的移动边界、流体液面大幅度晃动以及几何大变形、黏性参数等多种非线性关系存在较大困难。通过对一些国家的关于储液罐抗震设计规范的比较研究发现，各国的设计规范相互之间存在较大差异，而且这些规范的预测值同震害调查、实验研究以及有限元分析评定之间还有一定的差距。这表明，人们对大型薄壁储液罐的抗震特性还没有完全清楚，所以有必要针对某特定几何尺寸储液罐的抗震分析方法进行更深一步的研究。

在核电厂中，为避免大型薄壁储液罐在地震载荷下发生事故，及其事故引起的次生灾害，大型薄壁储液罐的抗震分析必须被重视。本文结合国内外对大型薄壁储液罐抗震特性的研究进展，针对田湾核电厂5、6号机组大型薄壁储液罐的抗震分析方法进行研究和总结，为进一步掌握具有高度非线性特征大型薄壁储液罐的抗震分析方法积累经验。

2　分析方法

常见的储液罐抗震分析包括以下三种方法：基于附加质量的谱分析法、基于声流单元流固耦合的谱分析法和完全流固耦合时程分析法。各方法在计算效率、计算准确度、可适用性或保守性等方面各存在一些缺点。

在核工程及民用工程中，开展储液罐的有限元抗震分析时，基于附加质量的简化二维模型、等效质量-弹簧的三维模型进行抗震分析是广泛采用的方法，有理论基础、实践基础和标准基础。国内外的专著、设计实践与设计标准中均对此类方法有定义，例如国标50191-93、TID-7024 技术文件及 ASCE-4-98 规范等。然而，在有些情况下，应用 TID-7024 中描述的 Housner 理论分析这些储罐可能是不合适的。主要的问题是 Housner 理论假定水平冲击下流体-储液罐组合系统的刚度足够大且是刚性壁的。近期 Veletsos、Yang、Haroun、Housner 等学者的进一步研究表明对于典型储液罐的设计，罐壁属于薄壁，罐内充装液体质量大，在地震载荷下作用到任何高度的储液罐壁上的水动力压力在完全应用刚性壁假定计算时结果存在偏差。由此，本文在对此类大型薄壁储液罐进行抗震分析时，开展应用更为符合设备实际受载荷状态的基于声流单元流固耦合模型进行分析。

2.1 质量附加法

对罐内液体采用质量附加法是发展较早的方法，国内外规范均有此类方法的描述，是将液体的动压等效为对流质量、脉冲质量和约束质量的方式作用于储液罐壁上。Housner 简化方法是附加质量法中较普遍采用的一种，这是基于刚性壁假设和理想势流假设条件发展出的附加质量法。该方法在计算液体动压时不考虑容器壁的变形，对大直径、薄壁壳体容器的计算结果并不保守。Veletsos 简化方法、Wozniak-Mitchell 简化方法和 Haroun-Housner 简化方法则在一定范围内考虑了容器的柔性。由于在数学模型中采用的简化条件不同，各方法的计算结果在某些容器结构尺寸条件下存在较大差异，特别与容器的高径比有很大相关性。

同一种附加质量的计算方法下，又有二维模型和三维模型的区别。采用板壳元模拟容器，采用三维弹簧-质量系统模拟流体显然更符合物理实际。但在实际计算中，由于密集的流体晃荡振型、容器壁壳式振型以及二者的耦合振型，导致模态分析在数百阶甚至上千阶都无法达到抗震规范要求的截止频率和参与质量的要求。采用梁单元模拟容器，采用二维弹簧-质量系统模拟流体可以避免上述密集模态问题，但是梁模型忽略了流体压力对容器壁产生的环向压力，也忽略了容器壳式模态的影响，所以计算结果不一定保守。另外还有将液体作用以静压的方式施加在计算模型上的等效静力的方法，压力的计算值与选定的加速度值密切相关，为了追求保守性，往往和实际情况相差较大。

2.2 声流单元流固耦合法

声流单元流固耦合法采用板壳元模拟容器，用声流单元模拟流体，容器壁和声流单元间建立位移耦合关系。声流单元又被称为势流单元或静压单元，不是真正意义的流体单元，不能模拟真正的液体流动，只是实现了对静态位势场的模拟，与附加质量法的理论基础是一致的。

和三维模型附加质量法一样，对多数薄壳容器结构同样存在密集振型问题。另外大量存在的低频模态对计算模型的刚度影响非常敏感，单元尺寸的大小对模态分析结果都有较大影响，尽管不一定会影响到最终的谱分析结果，在实际应用中必须对单元尺寸进行敏感性分析。

2.3 完全流固耦合时程分析法

完全流固耦合时程分析法即真正意义的流固耦合方法。采用欧拉网格模拟流体，用拉格朗日网格模拟容器，流体与容器交界面建立耦合关系，进行时程分析。

薄壁容器的流固耦合分析具有多重非线性特征，其解的稳定性对相当多的参数都非常敏感，判定结果的合理性和精确度尤为重要。所要求的 20~30 s 的地震时程分析包含非常多的计算量，对计算性能和计算效率有很高要求，庞大的结果文件量也为结果后处理带来很高的难度。

应用质量附加法进行简化二维、三维有限元模型建立进行分析，在目前的储液罐抗震分析中广泛应用；应用完全流固耦合时程分析法时，因其计算耗时长、计算量大，且在结果后处理时难度大，缺少此类分析结果后处理的指导准则，因此在本文的分析实例中，采用比质量附件法更具合理性的声流单元流固耦合法进行分析更为适合。

3 工程算例

工程中 PTR 水箱及 ASG 水箱等设备均属于大型薄壁储液罐，本文以田湾核电厂扩建工程 5、6 号机组 ASG 水箱为例，应用 Housner 理论建立声流单元流固耦合模型展开分析。

3.1 简化模型的理论基础

3.1.1 液体等效

储液罐内液体的等效简化应用 Houser 理论，结合 TID7024 及 ASCE4-98 规范内容，其简化模型如图 1 所示。图 1 中 M'和 h'分别为约束水对应的质量和质心高度；M_0和 h_0分别为脉冲水对应的质量和质心高度；M_1和 h_1分别为对流水对应的质量和质心高度；k 为等效弹簧刚度。

由 Housner 理论发展起来的计算方程[4]为：

$$M_0 = M\left[\frac{\tanh\left(\sqrt{3}\,\dfrac{R}{H}\right)}{\sqrt{3}\,\dfrac{R}{H}}\right] \tag{1}$$

$$h_0 = \frac{1}{8}\left[\frac{4}{\dfrac{\tanh\left(\sqrt{3}\,\dfrac{R}{H}\right)}{\sqrt{3}\,\dfrac{R}{H}}}\right] \tag{2}$$

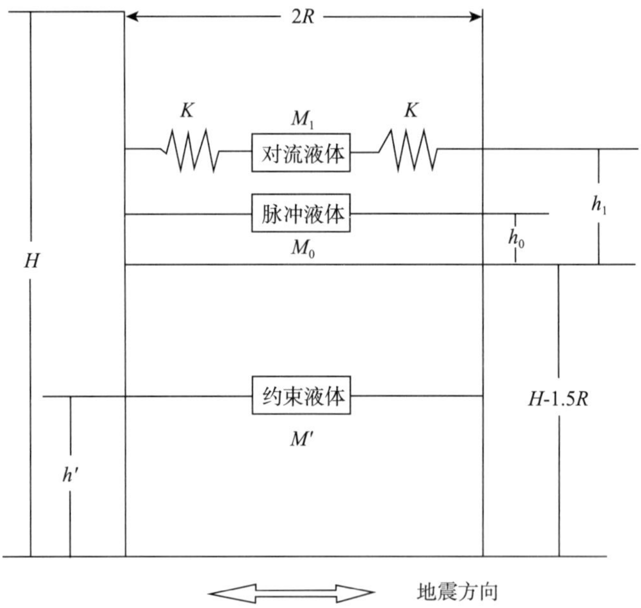

图 1　立式圆柱形储液罐简化模型

$$M_1 = 0.318\frac{R}{H}\tanh\left(1.84\frac{H}{R}\right) \tag{3}$$

$$h_1 = H\left[1 - \frac{\cosh\left(1.84\frac{H}{R}\right) - 2.01}{1.84\frac{H}{R}\sinh\left(1.84\frac{H}{R}\right)}\right] \tag{4}$$

其中，M 为流体总质量；R 为容器内半径；H 为液面高度；长细比 $H/R > 1.5$ 时，计算液体对容器冲击力，假想在液面下 $1.5R$ 处为储液罐的底部，并且在假想的底面与实际底面之间承受一个实体重量，这个重量定义完全约束的流体，如同一个重量为 M' 的刚体同容器壁接触，此刚体将与容器具有相同的加速度[3,6]。

Housner 方法中，振型阶数越高等效弹簧质量块振动衰减越大，一阶晃动在分析中占主要作用，因此在对储液罐抗震分析时，可仅考虑液体的第一阶晃动，罐内液体晃动第一频率 f_1，计算依据的公式如下：

$$\omega^2 = \sqrt{\frac{27}{8}}\frac{g}{R}\tanh\left(\sqrt{\frac{27}{8}}\frac{H}{R}\right) \tag{5}$$

$$f_1 = \frac{\omega}{2\pi} \tag{6}$$

式中，g 为 $9.81\mathrm{m/s^2}$，ω 液体自由振动的圆频率。

计算出液体在地震作用下对容器壁上产生的脉冲质量 M_0 和对流质量 M_1 以及相应质量作用点距容器底部的高度 h_0 和 h_1，以及罐内液体晃动第一阶频率 f_1 结果列于表 1。

表 1　Housner 理论晃动计算

半径 R/m	4.837 15
计算最高液位 H/m	13.1
容器内液体总质量 M/kg	958 080.0
液体高度与半径比 $H/R>1.5$	2.71
脉冲液体的质心高度 h_0/m	4.206
高度 h_0 相应脉冲液体质量 M_0/kg	373 896.143
对流液体的质心高度 h_1/m	10.543
高度 h_1 相应对流液体质量 M_1/kg	112 488.044
f_1/Hz	0.307

3.1.2　罐液耦联振动

设备与液体耦合振动基本周期计算公式（依据 GB 50191—93 中第 19 章）：

$$T_c = \zeta H_w \sqrt{\frac{D}{2t_0}}$$

式中，

T_c ——储罐与储液耦联振动基本自振周期；

t_0——储液 1/3 高度处的壁厚；

H_w ——充液高度；

ζ ——耦联振动周期系数；

D ——储罐内直径。

表 2　储罐与储液耦联振动频率计算

内直径 D/m	9.7
充液高度 H_w/m	13.1
储液 1/3 高度处的壁厚 t_0/m	0.0157
耦联振动周期系数 ζ	0.000 488
储罐与储液耦联振动基本自振周期 T_c / s	0.112
f_1/Hz	8.929

3.2　有限元模型

水箱的流固耦合模型应用板壳元（SHELL181）模拟筒体、封头及封底，应用流体单元（FLUID80）模拟罐内约束及脉冲质量液体，应用弹簧单元（COMBIN14）模拟对流介质，如图 2 所示。

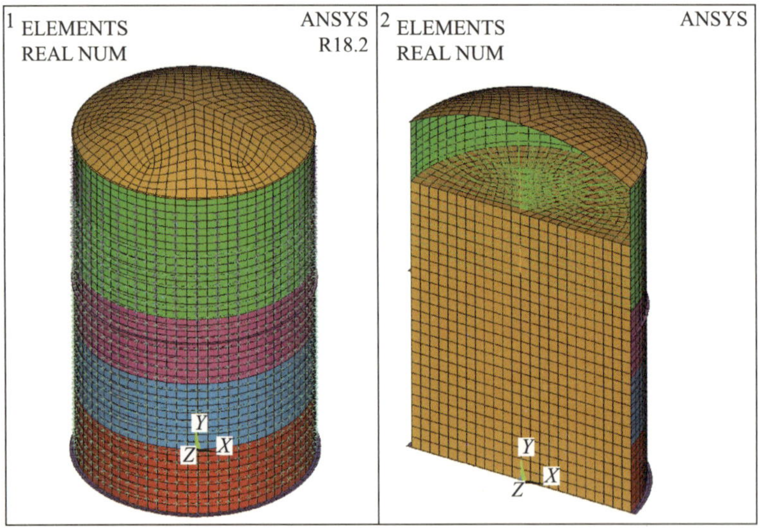

图 2　水箱设备流固耦合有限元模型

3.3　结果分析

应用 ANSYS 程序对水箱流固耦合模型进行分析，模态分析选用模态缩减法提取储罐的振型。流固耦合有限元模型频率与 Housner 理论计算的液体频率及应用国标计算罐液耦联振动频率列于表 3，流固耦合有限元模型计算的振型如图 3、图 4 所示。

表 3　频率对比结果

	Housner 理论	国标	流固耦合模型
液体晃动频率/Hz	0. 307	/	0. 307
罐液耦联频率/Hz	/	8. 929	8. 283

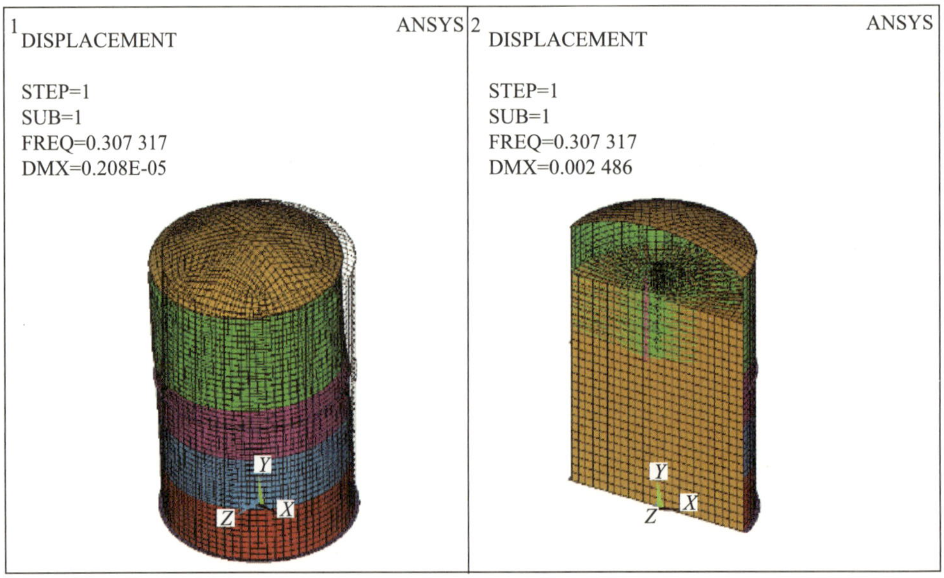

图 3　有液体晃动振型

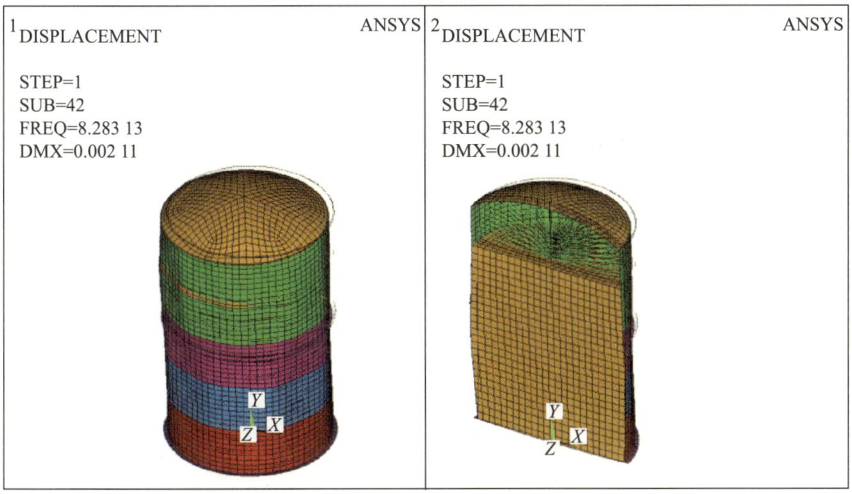

图 4 流固耦联振型

表 3 中的分析结果表明，流固耦合模型的简化是合理的。应用流固耦合有限元模型计算的液体晃动频率与 Housner 理论的计算结果一致，应用流固耦合有限元模型计算的罐液耦联频率与应用国标准则的计算结果误差 7.2%，数值也较为接近，验证了流固耦合有限元模型的合理性。

同时采用此种方法建立流固耦合模型进行抗震分析，还充分考虑了水箱内部液体对罐壁的液压作用，计算得到的液压作用下的罐壁应力结果更为真实，且应用此模型进行计算为合理的分析此类储罐的屈曲分析打下基础。液压载荷及地震载荷下水箱的分析结果如图 5 和图 6 所示。

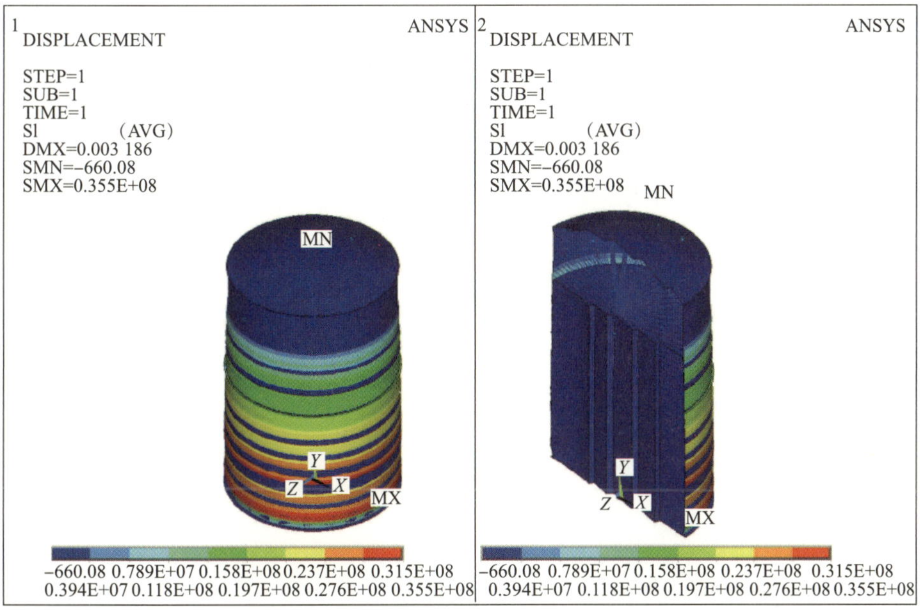

图 5 设备自重载荷下的应力分析结果

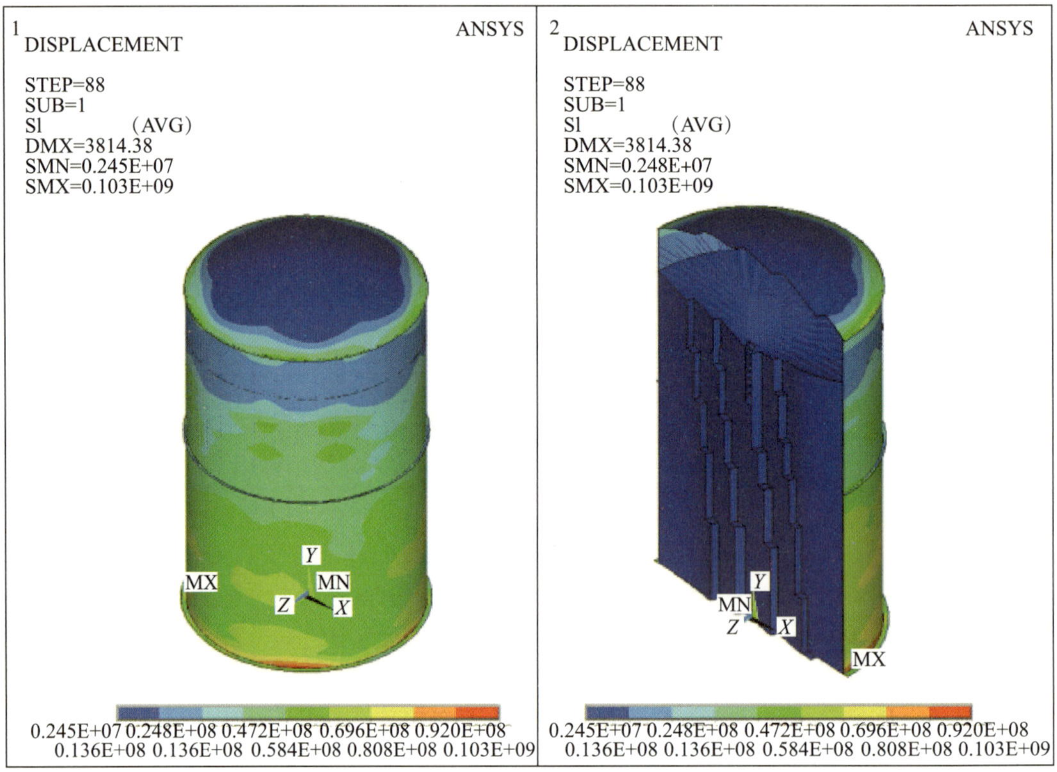

图 6 设备地震载荷下的应力分析结果

4 结论

应用声流单元对大型薄壁储液罐建立流固耦合有限元模型，实现了对静态位势场的模拟，能够考虑罐内液体与罐壁的耦联振动效应，比工程中经常采用的质量附加法更为真实地模拟了液体动水压力的分布和大小对罐体结构产生的变形影响，也避免应用完全流固耦合时程分析法时计算量大、结果后处理繁琐等困难，在更加合理简化模型的基础上，提高分析效率。此方法更适宜应用于工程中对大型薄壁储液罐的抗震分析。

田湾核电厂5、6号机组功率工况火灾概率安全分析研究

刘美汝[1]
（1. 中国核电工程有限公司，北京 100840）

摘要：本文以田湾核电厂5、6号机组为对象，通过分析火灾设备和电缆、火灾致始发事件、点火频率计算等要素，建立了功率工况火灾PSA模型，得到了田湾核电厂5、6号机组功率工况下的火灾导致堆芯损伤的定量风险结果。

关键词：核电厂；PSA；火灾概率

1 引言

核电厂火灾概率安全分析（PSA）是核电厂火灾安全评价的主要方法之一，是全范围PSA的重要组成部分。本项目内部火灾PSA工作主要参考ASME-RA-Sa—2013、中国能源行业标准《应用于核电厂的一级概率安全评价　第4部分：功率运行内部火灾》。内部火灾PSA分析方法主要参照美国核管会（NRC）及美国电力研究所（EPRI）于2005年联合发布的《EPRI/NRC-RES 核动力设施火灾概率风险评价方法》（NUREG/CR-6850）及2009年的发布NUREG/CR-6850 Supplement 1。

2 分析方法和流程

本项目所采用的内部火灾PSA分析流程如图1所示，由于火灾PSA分析较为复杂，图1所示的各项任务并不一定严格依此顺序完成，分析过程中可以根据需要对各任务进行适当的迭代。

本项目的内部火灾PSA分析，可以分为以下几个阶段：

1）准备阶段

本阶段包括任务1、任务2、任务3和任务6。定义电厂边界并将电厂划分为不同的火灾隔间，识别出火灾PSA设备和电缆，查找电厂中的点火源，计算各隔间的点火频率。

2）筛选阶段

本阶段包括任务4、任务5、任务7和任务12。建立火灾PSA初步模型，通过定性及定量筛选准则筛选火灾隔间，将火灾风险相当低或者可以忽略不计的隔间筛除掉，不作进一步分析。

3）详细分析

本阶段包括任务8、任务9、任务10和任务11。对筛选中保留下来的火灾隔间进行电

路失效分析、火灾模拟分析，详细分析火灾可能带来的损坏，评估不同火灾情景对堆芯损坏频率（CDF）的贡献。

4）结果分析

本阶段包括任务 13、任务 14、任务 15。火灾风险定量化计算，得到火灾导致的 CDF，形成火灾 PSA 报告。

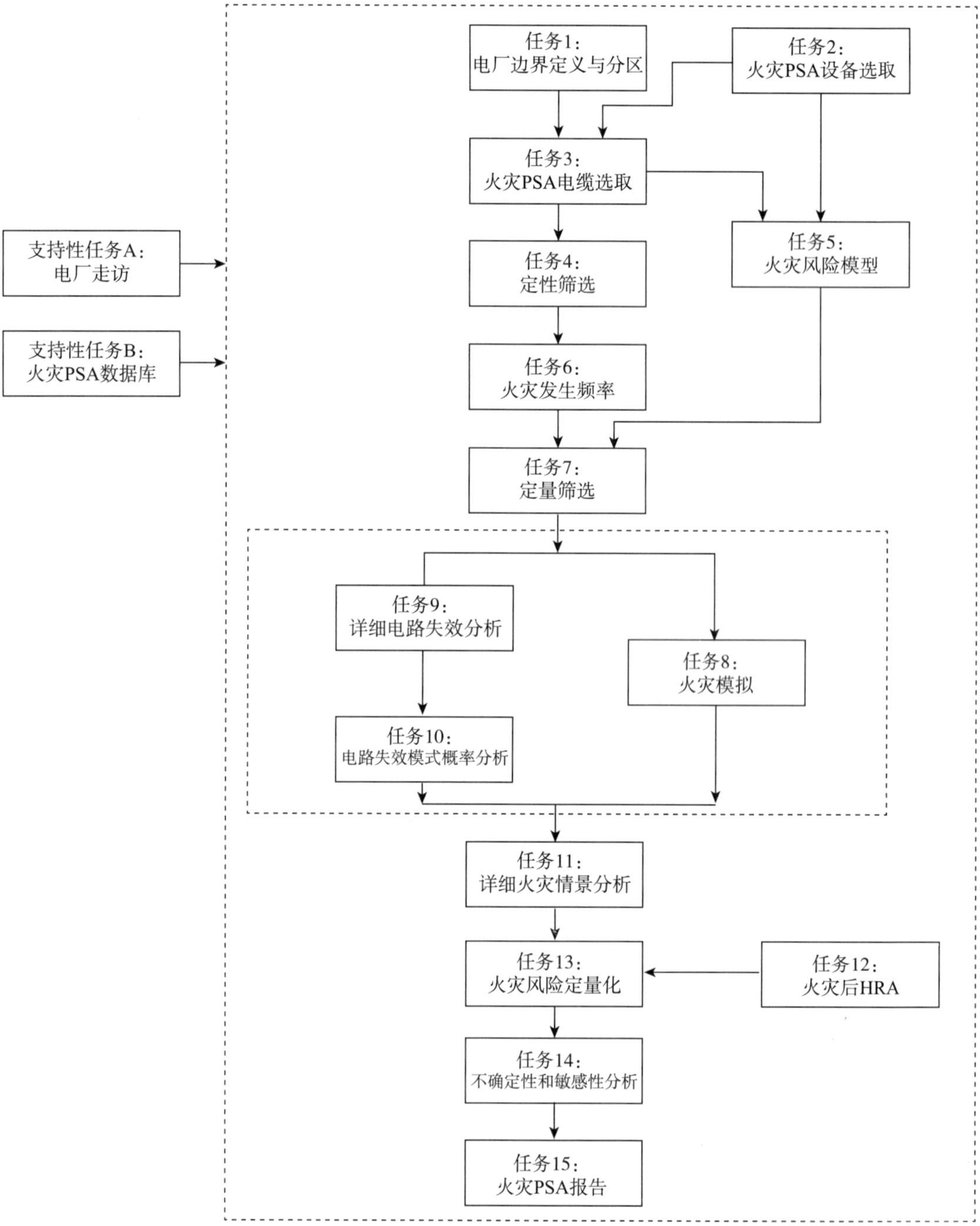

图 1　火灾 PSA 分析流程

3 定性分析

3.1 电厂边界定义

电厂分析边界定义的目的是所定义的分析边界能够包容所有对火灾风险具有明显的潜在贡献的区域。因此，电厂分析边界通过宽泛的包络方法来确定。电厂分析边界从电厂的保护区开始，包括与反应堆正常和应急运行、支持系统以及电力生产（如汽轮机厂房）相关的全部电厂区域。电厂分析边界应当包含含有任务 2 和任务 3（分别为火灾 PSA 的设备选择以及火灾 PSA 的电缆选择）中确认的设备和电缆的所有区域。但很可能在全厂分析边界内的某些区域实际上并不包含火灾 PSA 所关注的设备和电缆，这些区域会在定性筛选（任务 4）中进行筛选。

3.2 火灾隔间划分

对电厂分析边界中的区域，需要划分成若干火灾隔间，以开展内部火灾 PSA。火灾隔间划分的目的是将核电厂划分为一系列的实体分析单元，将电厂的设备与电缆对应到这些区域以研究火灾的影响。此外，点火频率也是以火灾隔间为单位进行计算的。

火灾隔间是一个封闭空间，并不一定具有防火屏障。一般情况下，火灾隔间和消防设计中的防火区相当，其边界为非可燃屏障，封闭区域内产生的热量会被限制在该区域内。火灾隔间的边界可能包括设备闸门、楼梯、门或未密封的贯穿件。消防设计中定义的防火分区在不做进一步分区的情况下可以作为一个火灾隔间。为了 PSA 分析需要，某些情况下可将防火区划分为两个或更多的火灾隔间。在极个别情况下，亦可将两个或者多个防火区合并为一个火灾隔间，特别是在合并后的火灾隔间的风险贡献比较小的情况下。

3.3 火灾 PSA 设备选取

火灾 PSA 设备清单是建立火灾 PSA 模型的基础，在火灾 PSA 模型中进行模化的设备都源于火灾 PSA 设备清单；火灾 PSA 设备清单也是识别火灾 PSA 电缆的前提条件，火灾 PSA 电缆是根据设备清单进行查找并定位的。

火灾不会造成钢等高熔点金属的损坏，因此，非能动的机械设备如手动阀、截止阀、过滤器、热交换器、箱罐等不需要包含在火灾 PSA 设备清单中。对于会受到火灾影响的设备，属于以下几种类型之一的需要保留在火灾 PSA 设备清单中。

（1）火灾所导致的失效会引起始发事件的设备；

（2）具有缓解功能的设备及其支持设备，包括内部事件 PSA 模型中的前沿系统和支持系统中的设备；

（3）用于支持操纵员动作成功执行的设备；

（4）火灾导致的误动作或其他失效模式会对缓解系统功能的成功执行产生不利影响的设备；

（5）火灾导致的误动作或者其他失效模式可能会诱发操纵员执行不适当或者非安全动作的设备；

(6) 内部事件 PSA 模型中包含的所有设备。

3.4 火灾 PSA 电缆选取

火灾 PSA 电缆的选取以火灾 PSA 设备清单为基础，选取火灾 PSA 设备相关的电缆，包括供电、控制、显示及仪表电缆等。在此步骤中，并不针对设备的电缆和电路开展详细的电路失效分析，只是将所有可能影响设备运行的电缆列入火灾 PSA 电缆清单中，建立起电缆与火灾 PSA 设备的关联。

3.5 定性筛选

火灾隔间定性筛选的目的并不是给出火灾隔间的风险值，而是根据预先规定的筛选准则，筛除那些相对于其他隔间火灾风险足够低或者可以忽略不计的隔间，以便对有火灾风险、安全重要的火灾隔间进行重点、详细的定量化评估。

如果某火灾隔间满足以下筛选条件，则筛除该火灾隔间：

(1) 火灾隔间内不包含任何火灾 PSA 设备及电缆；

(2) 火灾隔间内的火灾不会导致自动停堆，或者应急操作规程或其他电厂策略、规程以及惯例所要求的手动停堆，或者由于违反电厂运行技术规范所要求的受控停堆。

通过定性筛选筛除的隔间，无需进行定量化分析。

4 定量分析

4.1 点火频率计算

点火频率分析是进行火灾情景分析和火灾定量化的基础。火灾隔间的点火频率为隔间内所有点火源的点火频率$\lambda_{IS,J}$之和。点火源的点火频率由以下公式计算：

$$\lambda_{IS,J} = \lambda_{IS} W_L W_{IS,J,L} \tag{1}$$

其中：

λ_{IS} 为点火源 IS 的通用点火频率；

W_L 为点火源的位置权重因子；

$W_{IS,J,L}$ 为点火源权重因子，表示火灾隔间 J 中对应电厂区域 L 的 IS 类点火源的数量权重。

本项目通用点火频率数据来源于 NUREG-2169。

对于点火源位置权重因子，用于对多个机组进行分析时进行调整。

点火源权重因子的计算需要区分点火源类型。核电厂中的点火源包括固定点火源和临时性火灾两类。固定点火源是指在核电厂设计中就已经存在的位置固定、燃烧参数已知的点火源，如电气柜、电机等；另一种是由于临时性贮存或人员活动引入的位置和燃烧参数均无法确定的临时性火灾。这两类点火源的点火源权重因子的计算方法不同。计算固定点火源的点火源权重因子时需要对每个火灾隔间内的固定点火源进行计数。临时性火灾的权重因子的计算则依赖于隔间内人员居留、可燃物贮存及维修频率相关的影响因子。

以一般临时性火灾为例，火灾隔间 J 中一般临时火灾的起火源权重因子为：

$$W_{GT,J}=(n_{m,J}+n_{o,J}+n_{s,J})/N_{GT} \tag{2}$$

其中：

$$N_{GT}=\sum(n_{m,J}+n_{o,J}+n_{s,J})$$

$n_{m,J}$ 为火灾隔间 J 的维修影响因子；

$n_{o,J}$ 为火灾隔间 J 的人员居留影响因子；

$n_{s,J}$ 为火灾隔间 J 的可燃物贮存影响因子；

N_{GT} 为所有火灾隔间的临时火灾影响因子之和。

4.2 火灾 PSA 模型建立

火灾 PSA 模型的建立以内部事件一级 PSA 模型为基础，但是由于火灾事件的特殊性，在内部事件一级 PSA 各技术要素的分析中，需要根据火灾的特点进行特定分析或对内部事件模型进行修改，开发火灾 PSA 模型。

1）始发事件分析

火灾所导致的始发事件是基于受火灾影响的设备和电缆进行分析的。假定火灾隔间中的火灾 PSA 设备和电缆在发生火灾后就全部损坏，分析设备和电缆损坏后对电厂的影响，确定火灾隔间发生火灾后导致的始发事件。分析始发事件时，有以下基本假设。

（1）不考虑多个地点同时起火，也不考虑在发生火灾时叠加其他独立的始发事件，即不考虑始发事件叠加；

（2）当一个火灾隔间中的火灾可能导致多种始发事件时，保守选择后果最严重的始发事件作为该隔间的始发事件；

（3）因发生火灾导致违反电厂运行技术规范时，考虑到火灾导致的设备损坏可能不易修复，对于后撤时间小于或等于 24 h 的情况，认为机组将手动停运，模化为瞬态。

2）事件序列分析

各火灾隔间的始发事件对应的事件序列主要为：通用瞬态；丧失主给水；丧失压缩空气；丧失 A（B）列热阱；丧失 48V 直流电源；丧失厂外电源；丧失主外电源。

本项目目前尚没有火灾下的事故运行规程，在对上述各类火灾始发事件进行事故进程分析时，主要参考已有的事故处理规程。因此，各火灾始发事件的事故进程和电厂响应基本与内部事件的分析结果相同，具体可参考内部事件一级事件序列的相关描述。在火灾 PSA 模型中，堆芯损伤状态的定义也与内部事件 PSA 相同。

3）系统分析

本项目的内部事件 PSA 模型中，系统可靠性分析是通过故障树分析实现的。火灾下设备的失效模式和失效概率都会与内部事件模型有所不同，需要在内部事件 PSA 模型的故障树中模化火灾下的设备失效模式或修改原设备失效模式的失效概率。采用 RiskSpectrum 中的交换事件功能来对火灾下设备失效的基本事件进行建模。

4）初步定量化

建立火灾 PSA 模型后，基于以下保守假设进行初步定量化。

（1）火灾隔间内任一点火源起火都会导致隔间内所有设备和电缆的损坏；

（2）火灾隔间内所有火灾 PSA 设备的所有可能的失效模式都必然会发生，例如安注系统的某个阀门，在安注直接注入阶段需要开启，在安注再循环阶段需要关闭，尽管在同一时刻该阀门只能发生一种失效模式，但是在初步模型中仍保守假设该阀门在直接注入阶段和再循环阶段都会发生失效；

（3）火灾隔间内所有火灾 PSA 电缆都会受火灾损坏，这些电缆的相关设备无论是否处于起火的火灾隔间中都认为必然会失效；

（4）不考虑任何灭火动作，认为火灾不会被扑灭。

4.3 定量筛选

定量筛选的目的是选择合适的定量筛选准则对初步定量化结果进行筛选，只对初步定量化结果中风险较高的火灾隔间进行详细分析，在保证火灾风险重点区域得到详细分析的同时，确保所有被筛除的火灾隔间对 CDF 的累积影响比较小。

对于定量筛选准则，NUREG/CR-6850 的第七章及《应用于核电厂的一级概率安全评价 第 4 部分：功率运行内部火灾》（NB/T 20037.4—2013）标准第 5.9 节中，均建议“所有筛选掉的火灾隔间对 CDF 贡献的总和小于对内部事件总 CDF 的 10%”。对于低功率及停堆工况，NUREG/CR-7114 的第四章建议“每个 POS 所有筛选掉的火灾隔间对 CDF 贡献的总和小于该 POS 下内部事件总 CDF 的 10%”

本项目根据所分析电厂的内部事件 CDF，选取筛选准则，所有每个 POS 被筛除的火灾隔间 CDF 之和小于该 POS 下内部事件 CDF 的 10%。

需要强调的是，在定量筛选中被筛除的火灾隔间的 CDF 仍需要保留在最终的火灾风险定量化结果中，不可以删除，定量筛除仅代表这些隔间不需要进行进一步的详细分析。

4.4 电路失效分析

电路失效分析的主要目的是分析导致目标设备失效的电缆/电路的失效模式，并确定失效模式发生的概率值。

电路失效模式分析是通过对与目标设备相关的电缆、电路开展详细的短路分析，确定设备对电缆/电路失效模式的响应，筛除不会影响设备执行需求功能的电缆。火灾导致的电缆失效模式主要包括连续性丧失、接地短路、导体间短路（包括热短路，对地短路）和绝缘损害（主要考虑测量电缆）。这些失效模式可能导致电路或部件误动作、丧失电源、误信号或拒动等。其中电缆发生热短路是最需要关注的故障。热短路指需要分析的单根或多根电缆的某个导体与其他导体发生接触而导致其被动改变电气状态（外加了电压或电流），这种状态的改变通常是短时的。只有特定的组合（两个或多个短路导体）的热短路才会引起误动作。

确定电路失效模式后，需要根据电路的特性，确定电路失效模式的发生概率。NUREG/CR-6850 及 NUREG/CR-7150 给出了不同特性电路在不同失效模式下的概率值及不确定因数。具体参数详见 NUREG/CR-7150。

4.5 火灾后人员可靠性分析

人员可靠性分析（HRA）是核电厂概率安全分析（PSA）的重要环节。本项目火灾 HRA 分析中，始发事件前人员可靠性分析与内部事件 PSA 相同，始发事件后（C 类）人员可靠性分析主要参考 NUREG—1921 导则推荐的方法，按筛选值、Scoping 和详细分析三个阶段进行。

筛选值分析可用于简化火灾 PSA 模型，筛选出重要的火灾事故情景及相关的设备或人员动作。

通过筛选值分析获得的人误概率往往过于保守，分析结果往往不能够满足 PSA 定量化分析要求，因此采用简化的 Scoping 定量化分析方法，用于获得比筛选值结果更加合理的人误概率，同时又能有效降低详细分析的工作量。Scoping 方法将人误动作分为四种类型：主控室内操作（INCR）、就地操作（EXCR）、远程停堆站相关操作（ASD）、响应误报警操作（SPI），并提出评估流程图和 HEP 查找表。

如果经过 Scoping 分析获得的人误概率仍过于保守，无法满足 PSA 整体定量化要求，则需要开展详细分析，以进一步减小定量化结果中的保守性。本项目火灾 HRA 详细分析采用与内部事件一致的分析方法，即采用 HCR+THERP 方法。

4.6 详细火灾情景分析

对于在初步定量化中风险较高的隔间（定量筛选中保留的火灾隔间）需要开展火灾情景级别的详细分析。将火灾隔间级别的分析细化为火灾情景级别的分析并在火灾 PSA 模型中模化，评估各火灾情景的火灾风险。

初步的定量化分析是以火灾隔间为单位进行的，基于“任一点火源起火就会导致隔间内所有设备和电缆损坏”的保守假设进行了初步的火灾风险定量化。但实际上火灾的发展和蔓延过程是与点火源类型、环境条件等密切相关的，某些点火源起火可能只会影响到有限的范围，并不会造成火灾隔间内所有设备和电缆损坏。因此，为了更加真实的评估火灾风险，对于定量筛选中保留的火灾隔间需要开展火灾情景级别的分析。

火灾情景是描述火灾事件的一组要素。火灾情景根据一个或多个点火源的火灾的特征和结果进行定义。本项目中，将火灾后果相同的点火源定义为同一火灾情景。

在火灾情景分析中，需要计算火灾情景的发生频率。火灾情景的发生频率为该火灾情景中所有点火源的点火频率之和。点火源点火频率的计算方法与前文所述方法相同。

在初步的火灾 PSA 模型中，认为火灾隔间内的设备和电缆都会受到火灾损坏，基于受火灾影响的设备和电缆分析火灾隔间的始发事件，建立相应的事件序列，在系统分析的故障树中加入了火灾导致设备和电缆失效的基本事件。在火灾情景分析中，模型的建立方法与火灾隔间级别的分析时的建模方法基本相同。主要不同之处在于，始发事件分析和事件序列的选择需要基于火灾情景中受到损坏的设备和电缆给出，因此，需要根据各火灾情景中受到损坏的目标设备和电缆建立详细的火灾 PSA 模型，计算各火灾情景的 CDF。

5 结果和结论

田湾核电厂 5、6 号机组内部火灾 PSA 项目对功率工况下 5 号机组的内部火灾风险进行了评价。本项目选取了核岛、常规岛及 BOP 区域相关厂房为分析范围，将机组相关区域划分为 114 个火灾隔间，对其中 78 个火灾隔间进行了建模分析。通过定量筛选，选取了 51 个火灾隔间进行了包括电路失效分析、火灾模拟分析在内的详细分析，根据详细分析的结果，开展了火灾情景级别的 PSA 建模分析，完成了火灾风险定量化。最终得到田湾核电厂5、6号机组功率工况内部火灾导致的5号机组的堆芯损坏频率点估计值为6.00×10^{-7}/堆年。

对机组的堆芯损坏频率贡献较大的火灾情景为：功率工况下LX厂房主控室MCR操纵员工作站起火，功率工况下仪控电子设备柜A列L505房间发生火灾，功率工况下低压及中压配电间（A系列）L404房间起火。

由风险定量化结果可见：

（1）通过本次分析发现现有消防设计已实现了绝大部分A/B列的设备和电缆实体隔离，可以有效控制火灾对电厂安全的影响；

（2）电厂内部火灾风险较显著的厂房主要为电气厂房。电气厂房布置有配电盘等大量电气设备和电缆，发生火灾频率较高，各种电气设备和电缆也较易受到火灾影响，造成与核安全有关的系统和设备的正常及应急电源以及用作核电厂的状态控制、显示、自动保护电源的直流电源的部分或全部丧失，进而影响电厂安全运行和事故缓解；

（3）通过编制火灾事故规程和加强模拟机培训等方式来降低火灾后操纵员动作引起的事故风险贡献。另外，也建议主控室消防行动卡中明确灭火动作的执行及主控室撤离等内容，在主控室发生火灾时，可由当值班组或其他班组分配一名操纵员至远程停堆站，以保证主控室和远程停堆站不会同时失去；

（4）电气厂房电缆间和通道间的分析结果表明，这些房价虽然无固定点火源，但是由于电缆布置密集，在发生临时火灾时会导致房间内的电缆部分或全部损坏，具有较高的火灾风险。建议加强对电缆间的管控，严格限制人员活动及临时点火源的引入量。

本项目的内部火灾PSA工作采用了国际先进的分析方法，参考了国际及国内同类电厂的分析经验。在分析开展过程中，也紧密结合电厂的实际情况，将电厂的实际设计及运行情况体现在了本次分析中。本项目的内部火灾PSA工作，评估了田湾核电站扩建工程5、6号机组的内部火灾风险，找出了风险重要的点火源，识别出了支配性的火灾情景，对电厂的消防设计及消防管理提出了改进建议，有助于提高电厂的安全运行水平。

参考文献

[1] Fire PRA Methodology for Nuclear Power Facilities: NUREG/CR-6850[R]. 2005.

[2] Supplement 1, Fire Probabilistic Risk Assessment Methods Enhancements: NUREG/CR-6850 [R]. 2010.

[3] Joint Assessment of Cable Damage and Quantification of Effects from Fire: NUREG/CR-7150 [R]. 2012.

[4] Fire Risk Analysis for Nuclear Power Plants, U.S. Nuclear Regulatory Commission: NUREG/CR-2258[R]. 1981.

[5] Fire Human Reliability Analysis Guidelines Final Report: NUREG/CR-1921[R]. 2012.

[6] Nuclear Power Plant Fire Ignition Frequency and Non-Suppression Probability Estimation Using the Updated Fire Events Database: NUREG-2169[R].2015.

[7] 应用于核电厂的概率安全评价 第四部分：火灾：NB/T 20037.4—2013 [S]. 国家能源局，2013.

SFZ 消防相关系统联动设计改进

关　炜[1]，李　岩[2]
（1. 中国核电工程有限公司，北京 100840；2. ）

摘要：通过对田湾核电厂 5、6 号机组主控室可居留区域、电气厂房控制柜间、应急柴油发电机组厂房、停堆换料更衣厂房，以及特殊 BOP 子项备用柴油发电机厂房和严重事故低压电源厂房的消防系统联动设计进行改进，完善了以上区域的消防系统功能，提高了机组的安全性。

关键词：安全防火分区；消防系统联动；设计改进

1　引言

对于核安全相关厂房内存在火灾风险的某个房间或某几个房间，在设计中必须保证：

1）快速有效地探测到确已发生的火灾；

2）在火灾发生的情况下，对相关区域进行有效的隔离；

3）对安全相关设备采取保护措施，以避免其受到火灾的影响；

4）有效地扑灭火灾，首先由现场操作员或主控制室操纵员分别采用就地操作手段或远程控制措施实施灭火，其次是由消防队员进行干预；

5）控制烟气的蔓延。

为了确保上述功能的执行，需要多个不同系统的共同参与。为此，建立一个新的集合了多个系统功能的伪系统，即安全防火分区系统（SFZ）。该系统发出指令到其他的相关系统，主要作用是隔离防火空间、驱动灭火系统、通风系统和部分排烟系统，即消防相关系统的联动。

目前国内二代核电厂均采用了 SFZ 消防相关系统联动设计，包括在建的二代加改进的田湾核电厂 5、6 号机组。

2　设计改进的工程背景

在《核电厂防火设计规范》（GB/T 22158—2008）[1] 规定的基础上，参照国内核电厂的建设经验、结合福岛核事故后的设计改进经验、结合田湾核电厂 5、6 号机组的工艺系统和厂房布置特点，本工程对核岛和 BOP 子项的部分区域的安全防火分区进行了设计改进。因此，核岛厂房涉及区域的 SFZ 安全防火分区的消防系统联动设计需进行调整。而 BOP 部分特殊子项因为采用了与核岛厂房相同的防火设计规范[1]，消防系统进行了改进后也需增加 SFZ 消防系统联动。

针对上述厂房和区域，本工程对SFZ安全防火分区的消防系统联动设计进行了改进。

3 SFZ消防相关系统联动设计改进的范围

本工程涉及消防系统联动设计改进的范围如表1所示。

表1 SFZ消防系统联动设计改进的范围

位置	涉及子项
核岛厂房	电气厂房
	应急柴油发电机组厂房
	停堆换料更衣厂房
BOP厂房	备用柴油发电机厂房
	严重事故低压电源厂房

4 核岛厂房

SFZ系统组合了与本防火空间有关的灭火系统、通风系统、火灾自动报警系统，SFZ消防系统联动完成的主要功能有：①当某个防火空间发生火灾时，提供安全防火分区自动隔离动作（关闭通风系统防火阀）的监测手段；②提供灭火系统自动运行（启动灭火系统电动阀、熔断阀和雨淋阀）的监测手段；③提供为保障人员安全而采取紧急、重要行动的信息；④提供消防相关系统的远程手动指令。

在核岛厂房中，火灾探测的功能由火灾自动报警系统（JDT）实现，JDT通过网关链接到数字控制系统（DCS）。火灾情况下，当某一防火空间内任一火灾探测器动作时，JDT系统产生JDT“首次火灾记忆”SJ.9信号，并通过网关传送到DCS，并在KIC上生成该防火空间报警信号（其他“烟气蔓延监测报警”不会产生传送至DCS的信号）；当两个或两个以上火灾探测器同时动作时，JDT系统将产生SJ报警信号并将其送至DCS，由DCS自动发出命令关闭该防火空间边界的所有防火阀；当触发的两个或两个以上火灾探测器属于不同类型时（如感烟探测器和缆式线型感温探测器），JDT系统将产生SJ.n（n≠9）并将其送至DCS，由DCS自动发出命令打开该防火空间内的相关灭火系统阀门。另外，从主控制室KIC上（SFZ系统画面或是通风系统画面）或是从JDT就地模拟盘上均能手动关闭相关防火阀。通过以上动作，完成消防系统的联动。

本工程针对主控室可居留区域、电气厂房控制柜间、应急柴油发电机组厂房和停堆换料更衣厂房通风系统防火阀的联动控制进行了设计改造，使这些系统可以完成上述功能，从而保证了火灾情况下防火空间的迅速隔离及烟气的控制（表2）。

表 2　核岛 SFZ 消防系统联动设计改进的系统及控制方式

子项或区域	改进涉及系统	消防相关系统联动控制方式
主控室可居留区域	主控室可居留区空调系统	数字控制系统
电气厂房控制柜间	控制柜间通风系统	
应急柴油发电机组厂房	柴油发电机厂房通风系统	
停堆换料更衣厂房	更衣室通风系统	

5　BOP 厂房

为实现与核岛厂房消防系统相同的功能，特殊 BOP 子项备用柴油发电机厂房和严重事故低压电源厂房的消防系统进行了改进：两个子项各个防火分区的 SJ. 9 信号由 JDT 系统通过 DCS-JDT 网关送至 DCS 并在主控室 KIC 上显示，两个子项内的消防联动控制功能由设置在核岛电气厂房的 JDT 火灾报警控制器完成。

火灾探测的功能仍由 JDT 实现，JDT 系统在防火空间附近的安全场所配备就地模拟盘，在火灾情况下人员可以操作该就地模拟盘。就地模拟盘上的按钮可用于手动控制与防火安全相关系统的设备，并显示设备的状态信息。所有就地模拟盘通过通讯总线与设置在核岛 LX 厂房的 JDT 火灾报警控制器连接。

当某个防火空间发生火灾时，核岛 JDT 火灾报警控制器接收探测器报警信息，并将 SJ. 9 信号送到 DCS，由 DCS 在主控室的操纵员工作站 KIC 上显示 SFZ 报警，当触发的火灾探测器数量≥2 个时，由核岛 JDT 系统的火灾报警控制器自动关闭该防火空间边界的所有通风系统防火阀。另外，在 JDT 就地模拟盘上也能手动控制相关通风系统的防火阀并显示其状态反馈。

当备用柴油发电机厂房中某个防火空间有两种不同类型的火灾探测器发出报警信息时，由核岛 JDT 火灾报警控制器联动打开相应防火空间内的雨淋阀，雨淋阀组中的压力开关动作信号、雨淋阀组前后设置的信号阀状态信号均在主控室 JDT 操作员工作站上显示，压力开关的状态反馈信息在子项内的就地模拟盘上也有显示。备用柴油发电机厂房内的雨淋阀可以由主控室的 JDT 操作员工作站和就地模拟盘远程手动启动，同时还设有应急手动阀，可就地启动（表 3）。

表 3　BOP 特殊子项 SFZ 消防系统联动设计改进的系统及控制方式

子项或区域	改进涉及系统	消防相关系统联动控制方式
备用柴油发电机厂房	通风系统、灭火系统、火灾自动报警系统	火灾自动报警系统
严重事故低压电源厂房	通风系统、灭火系统、火灾自动报警系统	

严重事故低压电源厂房内的水流指示器和信号阀的状态信号在主控室 JDT 操作员工作站上显示，水流指示器的状态反馈信息在子项内的就地模拟盘上也有显示（表 3）。

设计改造后，上述子项的消防系统保证了火灾情况下防火空间的迅速隔离、灭火系统及时启动及烟气的控制。

6 结语

本工程对主控室可居留区域、电气厂房控制柜间、应急柴油发电机组厂房、停堆换料更衣厂房 SFZ 的消防系统联动设计进行了改进后，完善了以上区域的消防系统功能。

本工程对特殊 BOP 子项备用柴油发电机厂房和严重事故低压电源厂房的消防系统联动进行了设计改进，探索由火灾自动报警系统完成消防系统联动控制的新方式，既满足规范要求又兼顾了 BOP 系统设计的特点。通过以上改进，以上子项的防火设计要求满足了核岛相关规范，提高了机组的安全性。

参考文献

[1] 中国国家标准化管理委员会. 核电厂防火设计规范：GB/T 22158—2008[S].

田湾核电厂 5、6 号机组安全防火分区设计改进

关　炜[1]，李艳丽[1]，王　乐[1]，高　鸽[1]
（1. 中国核电工程有限公司，北京 100840）

摘要：通过提高相关防火空间边界耐火极限要求、增设防火空间等方式，对田湾核电厂 5、6 号机组的安全防火分区设计进行了改进，降低了火灾风险，完善了该核电厂的消防设计，降低了工程造价和经济成本。

关键词：防火分区；耐火极限；设计改进

1　设计改进的工程背景

安全防火分区划分是核电厂消防设计的最重要手段之一。目前，我国已全面展开第三代核电技术的研究与设计，对防火设计提出了更高的要求[1-2]。但是，国内仍有少量二代加核电厂在建。

为进一步提高机组的安全性，本文针对在建的田湾核电厂 5、6 号机组，按照目前最新的消防设计要求对其安全防火分区进行了改进，通过提高相关防火空间边界耐火极限要求、在相关厂房增设防火空间等方式，完善了消防设计，进一步降低了该核电厂的火灾风险。

2　安全防火分区改进区域的确认

田湾核电厂 5、6 号机组为二代加改进的 M310 堆型，安全防火分区是在《核电厂防火设计规范》（GB/T 22158—2008）[2-3]规定的基础上，参考国内核电厂设计和运行经验进行划分的，包括下列各项：

1）SFS 安全防火区，边界耐火极限要求不低于 1.5 h；

2）ZFS 安全防火小区，边界耐火极限要求不低于 1.0 h；

3）ZFA 人员疏散通道防火小区，边界耐火极限要求不低于 1.0 h；

4）ZNS 非安全防火小区，边界耐火极限满足相邻防火空间边界要求。

参照国内核电厂的建设经验、结合福岛核事故后的设计改进经验、结合该核电厂的工艺系统和厂房布置特点，确认安全防火分区改进的范围如表 1 所示。

表1 安全防火分区改进的范围

序号	安全防火分区改进区域	改进原因
1	主控室可居留区域	原M310核电厂中，主控室可居留性区域布置不合理、可居留区域范围过大、主控区域和电气仪控设备房间通风系统不独立
2	应急柴油发电机组厂房	日用油罐间火灾风险较高，未独立分区
3	电气厂房电缆廊道	电气厂房-3.40 m层中低压A列电缆廊道防火空间为ZFS，耐火极限较低
4	停堆换料更衣厂房	提高该子项抗震和防火设计要求，按照核岛相关标准对该子项进行防火分区设计
5	备用柴油发电机厂房及严重事故低压电源厂房	均为BOP子项，但以上两个子项的厂房的抗震、主要设备的安全级和质保要求均在设计后期相应提高至核岛相关标准，同时由于以上区域的火灾风险均较高，需按照核岛相关标准对以上两个子项进行防火分区设计改进

3 安全防火分区改进方案

3.1 主控室可居留区域

对于主控室可居留区域，通风系统首先进行了相应的改进：在参考核电厂的设计基础上，将电气厂房主控区域和电气仪控设备房间的通风系统均划分为2套互相独立的通风空调系统；电气仪控设备房间由原有的通风机房供风；对于主控室区域，则在原屋顶区域增设专用的通风系统机房。

由于原有的通风系统在原M310核电厂基础上机房、布置基本不变，因此在防火分区设计中保持原M310核电厂的防火空间设计及编号不变。

对于主控室区域新增设的通风系统机房，进行安全防火分区设计改进，在保留两个机组的主控室区域分别为独立的安全防火区的基础上，将新增的机房根据其供电系列分别划分为独立的安全防火小区，其余房间划分为非安全防火小区（图1）。

3.2 应急柴油发电机组厂房

对于应急柴油发电机组厂房，将其日用油罐间分别划分为独立的防火区，提高日用油罐间的边界耐火极限要求（图2）。

3.3 电气厂房电缆廊道

对于电气厂房-3.40 m层中低压A列电缆廊道，将其从原安全防火小区提高为安全防火区，防火空间的耐火极限提高至1.5 h（图3）。

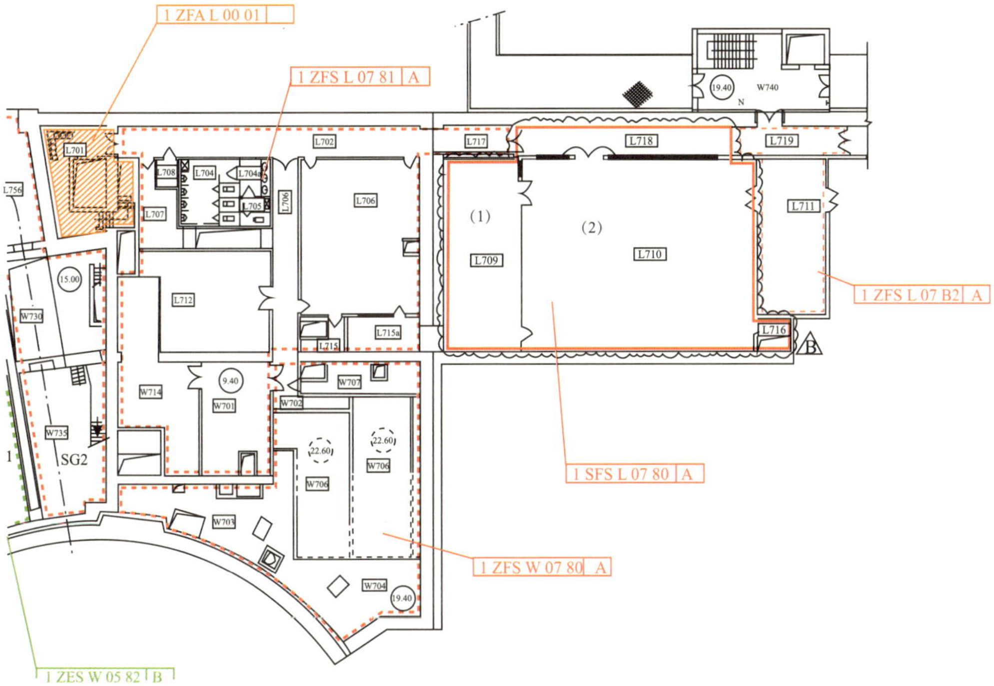

(a) +20.00 m层

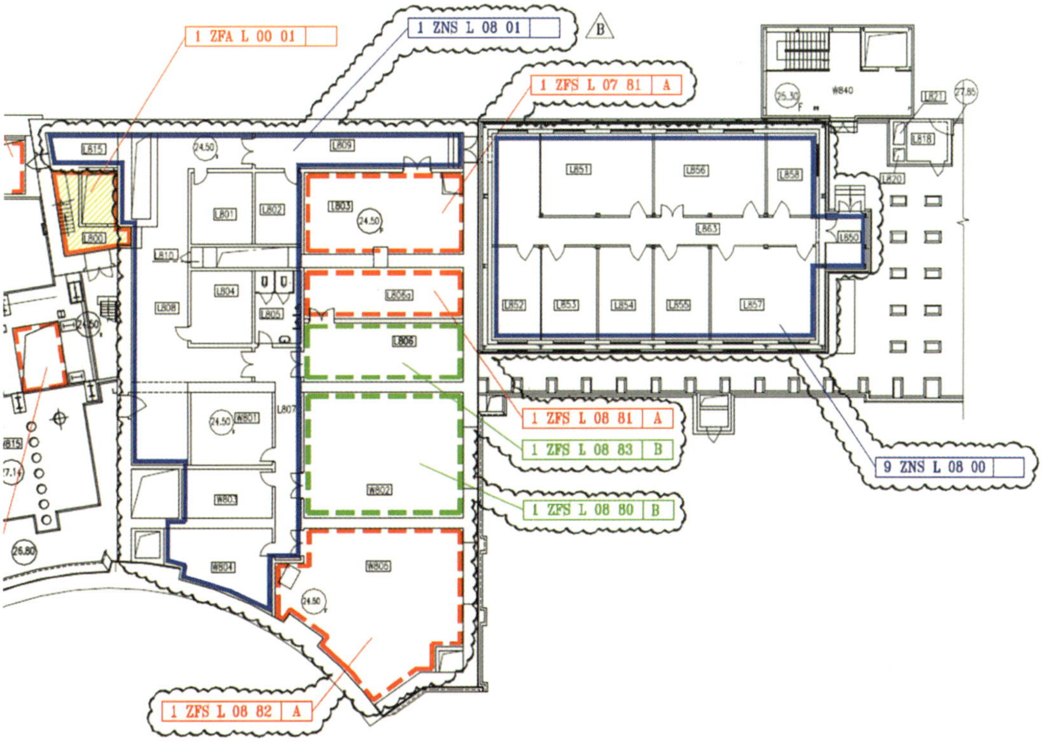

(b) +24.00 m层

图 1　主控室可居留区域安全防火分区改进

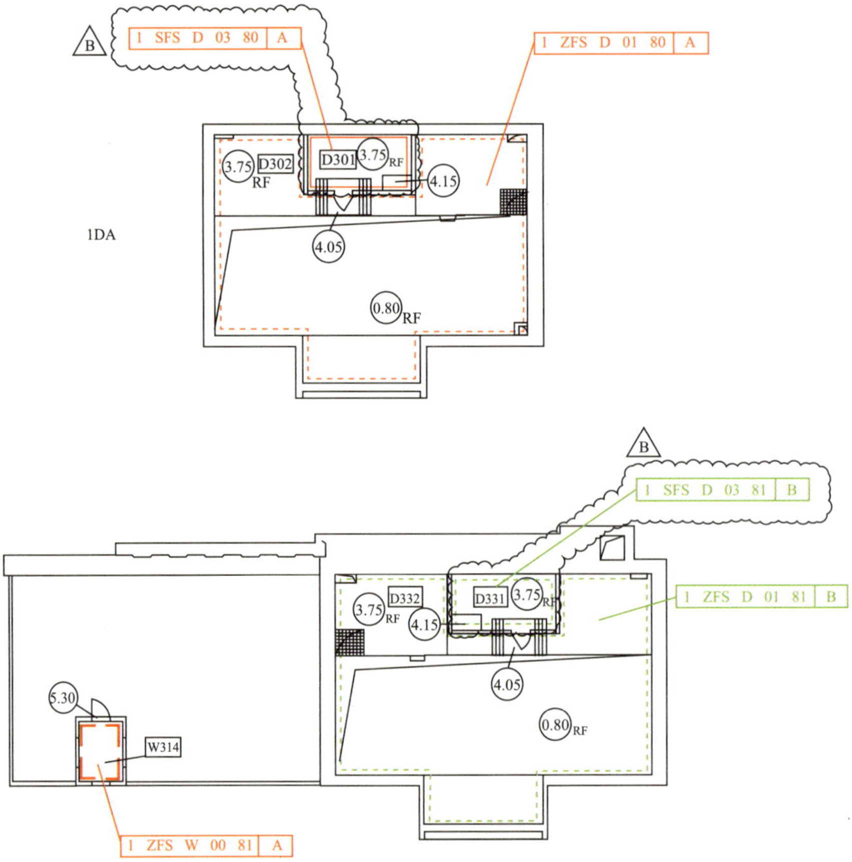

图 2　应急柴油发电机组厂房日用油罐间安全防火分区改进

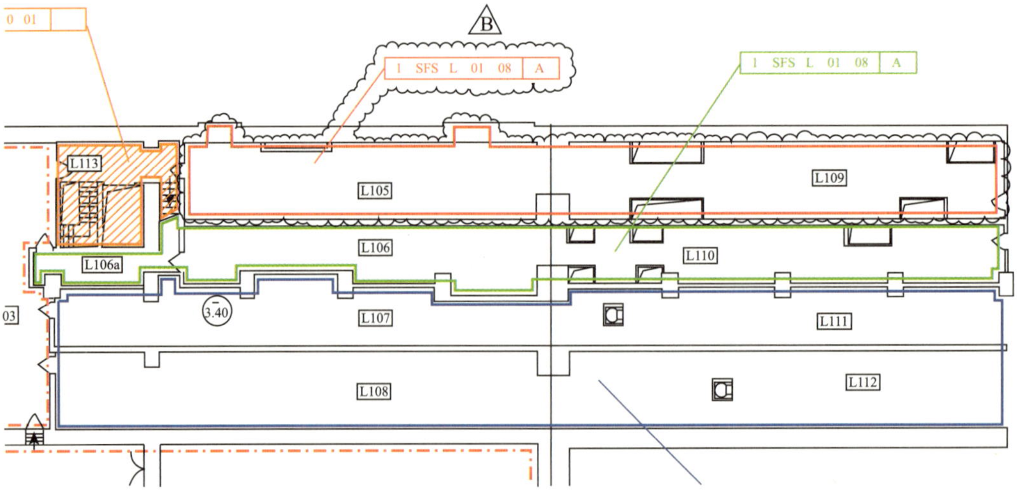

图 3　电气厂房电缆廊道安全防火分区设计改进

3.4 停堆换料更衣厂房

将该厂房各区域分别划分为 ZFS、ZFA、ZNS，位于各防火空间边界上的防火门、防火阀、贯穿件封堵装置等的耐火极限等相关要求也提高至相应规范标准[2-3]的要求。

3.5 备用柴油发电机厂房和严重事故低压电源厂房

对以上厂房，将其各区域分别划分为 SFS、ZFS、ZFA，位于各防火空间边界上的防火门、防火阀、贯穿件封堵装置等的耐火极限等相关要求也提高至相应规范标准[2-3]的要求。

4 安全防火分区改进结果

1）对于主控室可居留区域，通过安全防火分区的改进，使主控室区域的空调机房和应急新风过滤机房的 A、B 系列设备完全实体隔离，防止上述设备产生共模失效，保证主控室区域通风系统的冗余功能，确保主控室区域的可居留性。

此外，根据以往工程经验，对于设计阶段遗留的安全级设备或电缆之间的火灾共模点，需要在火灾薄弱环节分析[4]确认后，采用专门的非能动实体防火保护装置（如防火箱体、防火屏障、防火包覆、电缆托盘段防火包覆等）对共模点进行隔离或保护。本次改进后，通过防火空间实体隔离措施将 A、B 系列完全分开，消除了上述遗留的火灾共模点，避免后续增设电缆托盘段防火包覆和非能动实体防火保护装置。

2）对于应急柴油发电机组厂房、电气厂房电缆廊道、停堆换料更衣厂房、备用柴油发电机厂房和严重事故低压电源厂房，防火分区改进后，火灾风险大大降低，安全性能提高。

5 结论

通过提高相关防火空间边界耐火极限要求、在相关厂房增设防火空间等方式，对以上几个区域的安全防火分区设计进行改进后，消除了主控室区域通风系统 A、B 列安全相关设备和电缆集中布置造成的火灾薄弱环节，提高了日用油罐间等区域的安全性能，降低了火灾风险，完善了该核电厂的消防设计。

在提高核电厂安全性的同时，减少了设计后期补充电缆托盘段防火包覆和非能动实体防火保护设施数量，降低了工程造价和经济成本。

参考文献

[1] 国家核安全局. HAF102—2016 核动力厂设计安全规定.

[2] 国家核安全局. HAD102/11—1996 核电厂防火.

[3] 中国国家标准化管理委员会. GB/T 22158—2008 核电厂防火设计规范.

[4] 王乐,陈闽烽,陈琳. 核电厂火灾共模点处理方法与成果[J]. 科技创新与应用，2013 年 6 月.

核岛 JDT 系统手册的相关改进项设计

李　岩[1]
(1. 中国核电工程有限公司郑州分公司，北京 100840)

本文对田湾核电厂5、6号机组核岛火灾自动报警系统相关改进项设计过程中出现的一些问题进行了归纳、分析与总结，以供后续项目借鉴。

1　引言

为解决原 M310 机组可居留性区域布置不合理、可居留区域范围过大、主控室区域与电气房间通风系统不独立等问题。田湾核电厂5、6号机组增加了可居留性系统设计改进的重要改进项。本文主要针对火灾自动报警（JDT）系统与 DVB 及 DVC 系统设计接口、JDT 系统逻辑图设计、JDT-DCS 接口通信测试等方面的问题进行了分析和总结，对后续核电项目相关设计具有一定的指导意义。

2　DVB 及 DVC 系统功能介绍

2.1　DVB 系统功能

DVB 系统是控制柜间通风系统，执行下列功能：①保持房间内的温度和湿度在所规定的限值内以满足设备运行和人员长期停留的要求；②保证最小的新风量；③维持室内压力略高于出入口区域的压力。

控制柜间通风系统不直接执行与核安全有关的功能。但本系统必须保持核安全有关的设备处于温度和湿度的允许限值内，该系统为安全相关系统。DVB 系统分为 DVB1 和 DVB2 两个子系统，分别对应于电气设备的 A 系列及 B 系列。

2.2　DVC 系统功能

DVC 系统是主控室及其附属可居留区域的空调系统，执行下列功能：①保持房间内的温度和湿度在所规定的限值内以满足设备运行和人员长期停留的要求；②保证最小的新风量；③维持室内压力略高于出入口区域的压力；④在事故情况，对新风及部分回风进行净化，以减小对主控室及可居留区域的放射性污染。

控制室通风系统不执行与核安全直接有关的功能。但是，在厂区污染情况下本系统必须保证操作人员的安全卫生条件。本系统也必须保持核安全有关的设备处于温度和湿度的允许限值内。

3 安全防火分区系统设计要求

对于核安全相关厂房内存在火灾风险的某个房间或某几个房间，在设计中必须保证：①快速有效地探测到确已发生的火灾；②在火灾发生的情况下，对相关区域进行有效地隔离；③对安全相关设备采取保护措施，以避免其受到火灾的影响；④有效地扑灭火灾，首先由现场操作员或主控制室操纵员分别采用就地操作手段或远程控制措施实施灭火，其次是由消防队员进行干预；⑤控制烟气的蔓延。

为了确保上述功能的执行，需要多个不同系统的共同参与。为此，建立一个新的集合了多个系统功能的伪系统，即安全防火分区系统（SFZ）。该系统发出指令到其他的相关系统，主要作用是隔离防火空间，驱动灭火系统、通风系统和部分排烟系统。

3.1 火灾探测

火灾探测的功能由火灾自动报警系统实现，JDT 系统包括六种类型的探测器：点式感烟火灾探测器、火焰探测器、点式感温火灾探测器、缆式线型感温火灾探测器、管型吸气式感烟火灾探测器、温度传感器。

JDT 系统在每个防火空间附近的安全场所配备就地模拟盘，在火灾情况下人员能够操作该就地模拟盘。就地模拟盘上的按钮可用于手动控制与防火安全相关系统（如 DVx、JPx 系统）的设备，并显示设备的状态信息。

所有就地模拟盘通过总线网络将火灾自动报警信号送至火灾报警控制器，火灾报警控制器执行如下任务：①将火灾探测器按照防火空间进行分组；②对火灾进行识别并定位；③发出首次火灾探测信号到数字控制系统 DCS（仅将火灾触发的首个防火空间内的火灾探测信号送往 DCS 进行处理，所有后续出现的其他防火空间的首次火灾探测信号将被闭锁）；④对于同一防火空间的灭火设备通过不同就地模拟盘进行控制的情况，由火灾报警控制器对来自不同就地模拟盘的 TO 按钮指令进行组合，向 DCS 发出统一指令；⑤在就地模拟盘以及主控制室操纵员工作站上显示火灾报警信息；⑥通过 DCS 与其他相关系统的接口实现信息交换和联动控制功能。

3.2 防火空间隔离

当某个防火空间发生火灾时，需将该防火空间与相邻区域进行隔离，以便限制火灾的蔓延。防火空间的隔离措施包括：永久性封闭（如土建孔洞已经用防火材料进行了封堵）、临时性隔离（如保持关闭状态的防火门）以及系统性隔断（如通风系统、地面排水系统）。

通风系统管道通过防火阀进行隔离；地面排水系统管道通过存水弯进行隔离，这些存水弯必须定期进行充水以确保其隔离功能。

作为防火空间边界屏障的组成部分，防火阀按照防火空间进行分组控制。

当某个防火空间发生火灾时，JDT 系统将触发 SJ.9 信号并将其送到 DCS，由 DCS 在主控制室的操纵员工作站（KIC）上显示 SFZ 报警，若该防火空间两个或两个以上火灾探测器同时动作时，JDT 系统产生 SJ 信号，并通过网关传送到 DCS，该信号用于关闭防火空间边界的通风系统防火阀。如果 JDT 系统同时产生 SJ. n（$1\leqslant n<9$）信号（由两个或两个以上不同类型探测器触发），也通过网关传送到 DCS，该信号用于启动灭火系统的控制阀门。

另外，从主控制室 KIC 上（SFZ 系统画面或是 DVx 系统画面）或是从 JDT 就地模拟盘上均能手动关闭相关防火阀。

注意：在没有出现火灾探测信号时，如果 JDT 系统就地模拟盘上的 TO 按钮被按下，则 KIC 上将出现 JDT 系统报警信号，此报警信号可由主控制室的操纵员通过 KIC 上防火阀复位按钮（KG）清除。

4 通风系统设备信息表设计

根据上述安全防火分区系统的设计要求，需要根据 DVB 系统及 DVC 系统防火分区边界通风设备信息表中的要求及总体所消防安全专业给出的操作界面所对应防火空间编号信息，设计 JDT 系统逻辑图及就地模拟盘上的相关内容，主要包括与防火阀相关的：模拟盘编号、模拟盘上对应的按钮 TO、火灾探测信号 SJ 等，并由仪控专业根据 DVB、DVC 系统手册逻辑图设计要求填写主控室控制 KG 命令编号。

图 1 和图 2 分别为 DVB 和 DVC 系统的防火分区边界通风设备信息表的具体填写内容。上述信息表的填写过程中，需要将核岛 JDT 系统手册 6.2 节逻辑图部分、火灾就地模拟盘和信息表对应起来，如果防火阀编号及位置有变化，就需要在就地模拟盘上更正，并修改对应防火分区的逻辑图。通信专业填写的模拟盘按钮及火灾探测信号编码应依据总体专业给出的操作界面所对应防火空间编号进行编写。本工程 DVC 系统新增的防火空间较多，在编写模拟盘按钮的时候，除了应满足编码规则外，还应避免编码重复的情况。

5 JDT 系统手册逻辑图设计

JDT 系统逻辑图应依据上述 DVB 系统或 DVC 系统防火分区边界通风设备信息表的内容修改系统号、防火阀编号、逻辑呼应关系等。

JDT 系统逻辑图是按照防火分区编制的，如防火分区 1SFSL0580A 探测、隔离以及显示，首页内容一般包括：首警信号、JDT 系统逻辑判断、对应模拟盘上按钮信息、DCS 操作指令及报警信息等。第二页内容一般包括：SJ. n（$n\neq 9$）触发信号、DVX 或 JPX 相关系统的模拟盘上操作按钮信息、防火分区相关防火阀的反馈信息及报警显示地点。因为每个防火阀一般对应两个防火分区，所以在修改防火阀编号及报警信息时应注意修改相关两个防火分区的逻辑信息。对于 DVC 系统新增防火分区的逻辑图，应遵循上述原则编制，其中防火空间 SFZ 系统报警卡颜色及等级信息需要总体所消防安全专业确定（表 1）。

图 3、图 4 为 DVB 系统依据最新通风设备信息表内容修改 JDT 系统逻辑图；图 5、图 6为 DVC 系统依据最新通风设备信息表内容新增的 JDT 系统逻辑图。

1DVB1 安全防火阀要求表 - 版本A																				
系统	通风设备信息			通风要求						电气 和仪控要求										
				安装要求				防火要求(分区隔离)			手动控制					自动控制				复位要求
											FAD模拟盘		主控室			FAD 控制		熔断丝控制		
	防火阀	类型	高温开启	安装位置	防火空间1	相邻	防火空间2	防火空间1	防火空间2	供电系列	模拟盘	模拟盘按钮（TO）	操作界面所对应防火空间编号	主控室控制原则	主控制室控制（KG）	自动控制原则	火灾探测信号	外部	内部	
通风	通风	通风	通风	通风	通风	通风	通风	通风	通风	通风	通信	通信	总体	通风	仪控	通风	通信	通风	通风	通风
1DVB1	099VA.F	F	YES	W701	1ZFSL0781A	新风竖井	-	1ZFSW0780A	室外 (air intake)	A	1JDT006CR	1JDT470TO	1ZFSW0780A	Yes	1JDT470KG	Yes	1JDT470SJ	Yes	Yes	Yes
	087VA.F	R	YES	L609	1SFSL0681A	L610	1SFSL0581B	1SFSL0681A	1ZFSW0780A	A	1JDT005CR 9JDT007CR	1JDT361TO [1JDT470TO]	1SFSL0681A [1ZFSW0780A]	Yes	1JDT361KG [1JDT470KG]	Yes	1JDT361SJ [1JDT470SJ]	Yes	Yes	Yes
	053VA.F	S	YES	L605	1SFSL0580A	W620	1SFSW0580A	1ZFSW0780A	1SFSL0580A	A	1JDT005CR	1JDT470TO [1JDT350TO]	1ZFSW0780A [1SFSL0580A]	Yes	1JDT470KG [1JDT350KG]	Yes	1JDT470SJ [1JDT350SJ]	Yes	Yes	Yes
	064VA.F	R	YES	W707	1ZFSW0780A	W620	1SFSW0580A	1ZFSW0780A	1SFSW0580A	A	1JDT006CR 1JDT005CR	1JDT470TO [1JDT450TO]	1ZFSW0780A [1SFSW0580A]	Yes	1JDT470KG [1JDT450KG]	Yes	1JDT470SJ [1JDT450SJ]	Yes	Yes	Yes
	052VA.F	S	YES	W704	1ZFSW0780A	W601	1SFSL0580A	1ZFSW0780A	1SFSL0580A	A	1JDT006CR 1JDT005CR	1JDT470TO [1JDT350TO]	1ZFSW0780A [1SFSL0580A]	Yes	1JDT470KG [1JDT350KG]	Yes	1JDT470SJ [1JDT350SJ]	Yes	Yes	Yes
	082VA.F	R	YES	W603	1SFSW0682A	W607	1SFSW0681B	1SFSW0682A	1ZFSW0780A	A	1JDT005CR	1JDT462TO [1JDT470TO]	1SFSW0682A [1ZFSW0780A]	Yes	1JDT462KG [1JDT470KG]	Yes	1JDT462SJ [1JDT470SJ]	Yes	Yes	Yes
	070VA.F	S	YES	W620	1SFSW0580A	W601	1SFSL0580A	1SFSW0580A	1SFSL0580A	A	1JDT005CR	1JDT450TO [1JDT350TO]	1SFSW0580A [1SFSL0580A]	Yes	1JDT450KG [1JDT350KG]	Yes	1JDT450SJ [1JDT350SJ]	Yes	Yes	Yes
	072VA.F	S	YES	W603	1SFSW0682A	W620	1SFSW0580A	1SFSW0682A	1SFSW0580A	A	1JDT005CR	1JDT462TO [1JDT450TO]	1SFSW0682A [1SFSW0580A]	Yes	1JDT462KG [1JDT450KG]	Yes	1JDT462SJ [1JDT450SJ]	Yes	Yes	Yes
	073VA.F	S	YES	W609	1SFSW0683A	W603	1SFSW0682A	1SFSW0683A	1SFSW0682A	A	1JDT005CR	1JDT463TO [1JDT462TO]	1SFSW0683A [1SFSW0682A]	Yes	1JDT463KG [1JDT462KG]	Yes	1JDT463SJ [1JDT462SJ]	Yes	Yes	Yes
	083VA.F	R	YES	W609	1SFSW0683A	W603	1SFSW0682A	1SFSW0683A	1SFSW0682A	A	1JDT005CR	1JDT463TO [1JDT462TO]	1SFSW0683A [1SFSW0682A]	Yes	1JDT463KG [1JDT462KG]	Yes	1JDT463SJ [1JDT462SJ]	Yes	Yes	Yes
	076VA.F	S	YES	L605	1SFSL0580A	L607	1SFSL0680A	1SFSL0580A	1SFSL0680A	A	1JDT005CR	1JDT350TO [1JDT360TO]	1SFSL0580A [1SFSL0680A]	Yes	1JDT350KG [1JDT360KG]	Yes	1JDT350SJ [1JDT360SJ]	Yes	Yes	Yes
	085VA.F	R	YES	L607	1SFSL0680A	L650	1SFSL0682A	1SFSL0680A	1SFSL0682A	A	1JDT005CR 9JDT007CR	1JDT360TO [1JDT362TO]	1SFSL0680A [1SFSL0682A]	Yes	1JDT360KG [1JDT362KG]	Yes	1JDT360SJ [1JDT362SJ]	Yes	Yes	Yes
	078VA.F	S	YES	L607	1SFSL0680A	L650	1SFSL0682A	1SFSL0580A	1SFSL0682A	A	1JDT005CR 9JDT007CR	1JDT350TO [1JDT362TO]	1SFSL0580A [1SFSL0682A]	Yes	1JDT360KG [1JDT362KG]	Yes	1JDT360SJ [1JDT362SJ]	Yes	Yes	Yes
	086VA.F	R	YES	L609	1SFSL0681A	L650	1SFSL0682A	1SFSL0681A	1SFSL0682A	A	1JDT005CR 9JDT007CR	1JDT361TO [1JDT362TO]	1SFSL0681A [1SFSL0682A]	Yes	1JDT361KG [1JDT362KG]	Yes	1JDT361SJ [1JDT362SJ]	Yes	Yes	Yes
	077VA.F	S	YES	L607	1SFSL0680A	L609	1SFSL0681A	1SFSL0680A	1SFSL0681A	A	1JDT005CR	1JDT360TO [1JDT361TO]	1SFSL0680A [1SFSL0681A]	Yes	1JDT360KG [1JDT361KG]	Yes	1JDT360SJ [1JDT361SJ]	Yes	Yes	Yes
	080VA.F	R	YES	W601	1SFSL0580A	W620	1SFSW0580A	1SFSL0580A	1SFSW0580A	A	1JDT005CR	1JDT350TO [1JDT450TO]	1SFSL0580A [1SFSW0580A]	Yes	1JDT350KG [1JDT450KG]	Yes	1JDT350SJ [1JDT450SJ]	Yes	Yes	Yes
	090VA.F	S	YES	L511	1SFSL0582A	L507	1SFSL0580A	1SFSL0582A	1SFSL0580A	A	1JDT004CR	1JDT352TO [1JDT350TO]	1SFSL0582A [1SFSL0580A]	Yes	1JDT352KG [1JDT350KG]	Yes	1JDT352SJ [1JDT350SJ]	Yes	Yes	Yes
	060VA.F	R	YES	L511	1SFSL0582A	L507	1SFSL0580A	1SFSL0582A	1SFSL0580A	A	1JDT004CR	1JDT352TO [1JDT350TO]	1SFSL0582A [1SFSL0580A]	Yes	1JDT352KG [1JDT350KG]	Yes	1JDT352SJ [1JDT350SJ]	Yes	Yes	Yes
	075VA.F	S	YES	W505	1SFSW0580A	L505	1SFSL0580A	1SFSW0580A	1SFSL0580A	A	1JDT004CR	1JDT450TO [1JDT350TO]	1SFSW0580A [1SFSL0580A]	Yes	1JDT450KG [1JDT350KG]	Yes	1JDT450SJ [1JDT350SJ]	Yes	Yes	Yes

1DVB1 1DVB2 2DVB1 2DVB2

图1 DVB系统防火分区边界通风设备信息

	A	B	C	D	E	F	G	H	I	J	K	L	M	N	O	P	Q	R	S	T	U
1			DVC安全防火阀要求表 - 版本B																		
2	系统	通风设备信息			通风要求						电气 和仪控要求										
3												手动控制					自动控制				
4					安装要求				防火要求(分区隔离)			FAD模拟盘		主控室			FAD 控制		熔断丝控制		复位要求
5		防火阀	类	高温开启	安装位	防火空间1	相邻	防火空间2	防火空间1	防火空间2	供电系	模拟盘	模拟盘按钮（TO）	操作界面所对应防火空间编号	主控室控制原	主控制室控制（KG）	自动控制原	火灾探测信	外	内	
6	通风	通风	通风	通风	通风	通风	通风	通风	通风	通风	通风	通信	通信	总体	通风	仪控	通风	通信	通风	通风	通风
7		1DVC050VAF	S	No	L717	1 ZFS L 07 81 A	L718	1 SFS L 07 80 A	1 ZFS L 07 81 A	1 SFS L 07 80 A	A	1JDT006CR 9JDT007CR	1JDT371TO [1JDT370TO]	1 ZFS L 07 81 A [1 SFS L 07 80 A]	Yes	1JDT371KG [1JDT370KG]	Yes	1JDT371SJ [1JDT370SJ]	Yes	Yes	Yes
8		1DVC051VAF	S	No	L718	1 SFS L 07 80 A	L719	1 ZFS L 07 82 A	1 SFS L 07 80 A	1 ZFS L 07 82 A	A	1JDT006CR 9JDT007CR	1JDT370TO [1JDT372TO]	1 SFS L 07 80 A [1 ZFS L 07 82 A]	Yes	1JDT370KG [1JDT372KG]	Yes	1JDT370SJ [1JDT372SJ]	Yes	Yes	Yes
9		1DVC061VAF	R	No	L709	1 SFS L 07 80 A	L715a	1 ZFS L 07 81 A	1 SFS L 07 80 A	1 ZFS L 07 81 A	A	1JDT006CR 9JDT007CR	1JDT370TO [1JDT371TO]	1 SFS L 07 80 A [1 ZFS L 07 81 A]	Yes	1JDT370KG [1JDT371KG]	Yes	1JDT370SJ [1JDT371SJ]	Yes	Yes	Yes
10		1DVC062VAF	R	No	L711	1 ZFS L 07 82 A	L716	1 SFS L 07 80 A	1 ZFS L 07 82 A	1 SFS L 07 80 A	A	1JDT006CR 9JDT007CR	1JDT372TO [1JDT370TO]	1 ZFS L 07 82 A [1 SFS L 07 80 A]	Yes	1JDT372KG [1JDT370KG]	Yes	1JDT372SJ [1JDT370SJ]	Yes	Yes	Yes
11		1DVC070VAF	F	No	L806	1 ZFS L 08 83 B	通风小室	通风小室	1 ZFS L 08 83 B	通风小室	B	9JDT800CR	1JDT383TO	1 ZFS L 08 83 B	Yes	1JDT383KG	Yes	1JDT383SJ	Yes	Yes	Yes
12	DVC	1DVC071VAF	F	No	L806a	1 ZFS L 08 81 A	通风小室	通风小室	1 ZFS L 08 81 A	通风小室	A	9JDT800CR	1JDT381TO	1 ZFS L 08 81 A	Yes	1JDT381KG	Yes	1JDT381SJ	Yes	Yes	Yes
13		1DVC072VAF	F	No	L806	1 ZFS L 08 83 B	W707	1ZFS W 07 80 A	1 ZFS L 08 83 B	1ZFS W 07 80 A	B	1JDT006CR 9JDT800CR	1JDT383TO [1JDT470TO]	1 ZFS L 08 83 B [1ZFS W 07 80 A]	Yes	1JDT383KG [1JDT470KG]	Yes	1JDT383SJ [1JDT470SJ]	Yes	Yes	Yes
14		1DVC073VAF	R	No	L806	1 ZFS L 08 83 B	通风小室	通风小室	1 ZFS L 08 83 B	通风小室	B	9JDT800CR	1JDT383TO	1 ZFS L 08 83 B	Yes	1JDT383KG	Yes	1JDT383SJ	Yes	Yes	Yes
15		1DVC074VAF	R	No	L806a	1 ZFS L 08 81 A	通风小室	通风小室	1 ZFS L 08 81 A	通风小室	A	9JDT800CR	1JDT381TO	1 ZFS L 08 81 A	Yes	1JDT381KG	Yes	1JDT381SJ	Yes	Yes	Yes
16		1DVC075VAF	S	No	L803	1 ZFS L 07 81 A	L806a	1 ZFS L 08 83 B	1 ZFS L 07 81 A	通风小室	A	9JDT800CR	1JDT371TO	1 ZFS L 07 81 A	Yes	1JDT371KG	Yes	1JDT371SJ	Yes	Yes	Yes
17		1DVC076VAF	R	No	L803	1 ZFS L 07 81 A	L806a	1 ZFS L 08 83 B	1 ZFS L 07 81 A	通风小室	A	9JDT800CR	1JDT371TO	1 ZFS L 07 81 A	Yes	1JDT371KG	Yes	1JDT371SJ	Yes	Yes	Yes
18		1DVC077VAF	F	No	L807	1 ZNS L 08 01	W802	1 ZFS L 08 80 B	1 ZNS L 08 01	通风小室	B	9JDT800CR	1JDT389TO	1 ZNS L 08 01	Yes	1JDT389KG	Yes	1JDT389SJ	Yes	Yes	Yes
19		1DVC088VAF	F	No	L806	1 ZFS L 08 83 B	L806a	1 ZFS L 08 81 A	1 ZFS L 08 83 B	室外	B	9JDT800CR	1JDT383TO	1 ZFS L 08 83 B	Yes	1JDT383KG	Yes	1JDT383SJ	Yes	Yes	Yes
20		1DVC089VAF	F	No	L806a	1 ZFS L 08 81 A	室外	室外	1 ZFS L 08 81 A	室外	A	9JDT800CR	1JDT381TO	1 ZFS L 08 81 A	Yes	1JDT381KG	Yes	1JDT381SJ	Yes	Yes	Yes
21		1DVC090VAF	F	No	L806	1 ZFS L 08 83 B	003/004PI	003/004PI	1 ZFS L 08 83 B	003/004PI	B	9JDT800CR	—	——	Yes	—	No	—	No	Yes	No
22		1DVC091VAF	F	No	L806a	1 ZFS L 08 81 A	001/002PI	001/002PI	1 ZFS L 08 81 A	001/002PI	A	9JDT800CR	—	——	Yes	—	No	—	No	Yes	No
23		1DVC092VAF	F	No	L806a	1 ZFS L 08 81 A	001/002PI	001/002PI	1 ZFS L 08 81 A	001/002PI	A	9JDT800CR	—	——	Yes	—	No	—	No	Yes	No
24		1DVC093VAF	F	No	L806	1 ZFS L 08 83 B	003/004PI	003/004PI	1 ZFS L 08 83 B	003/004PI	B	9JDT800CR	—	——	Yes	—	No	—	No	Yes	No
25		1DVC094VAF	R	No	W805	1 ZFS L 08 82 A	通风小室	通风小室	1 ZFS L 08 82 A	通风小室	A	9JDT800CR	1JDT382TO	1 ZFS L 08 82 A	Yes	1JDT382KG	Yes	1JDT382SJ	Yes	Yes	Yes

附表1

图2　DVC系统防火分区边界通风设备信息

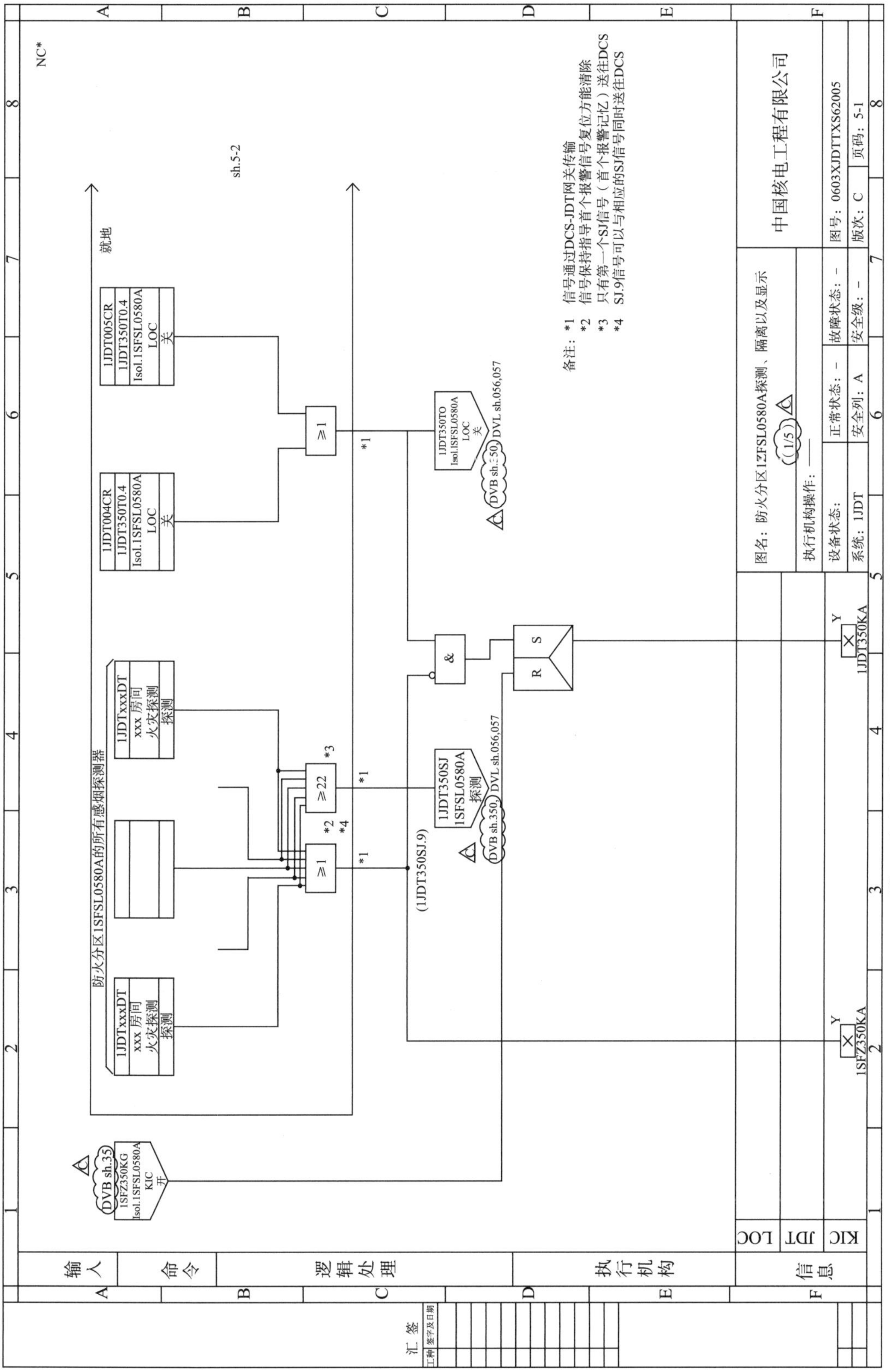

图3 防火分区1SFSL0580A探测、隔离以及显示

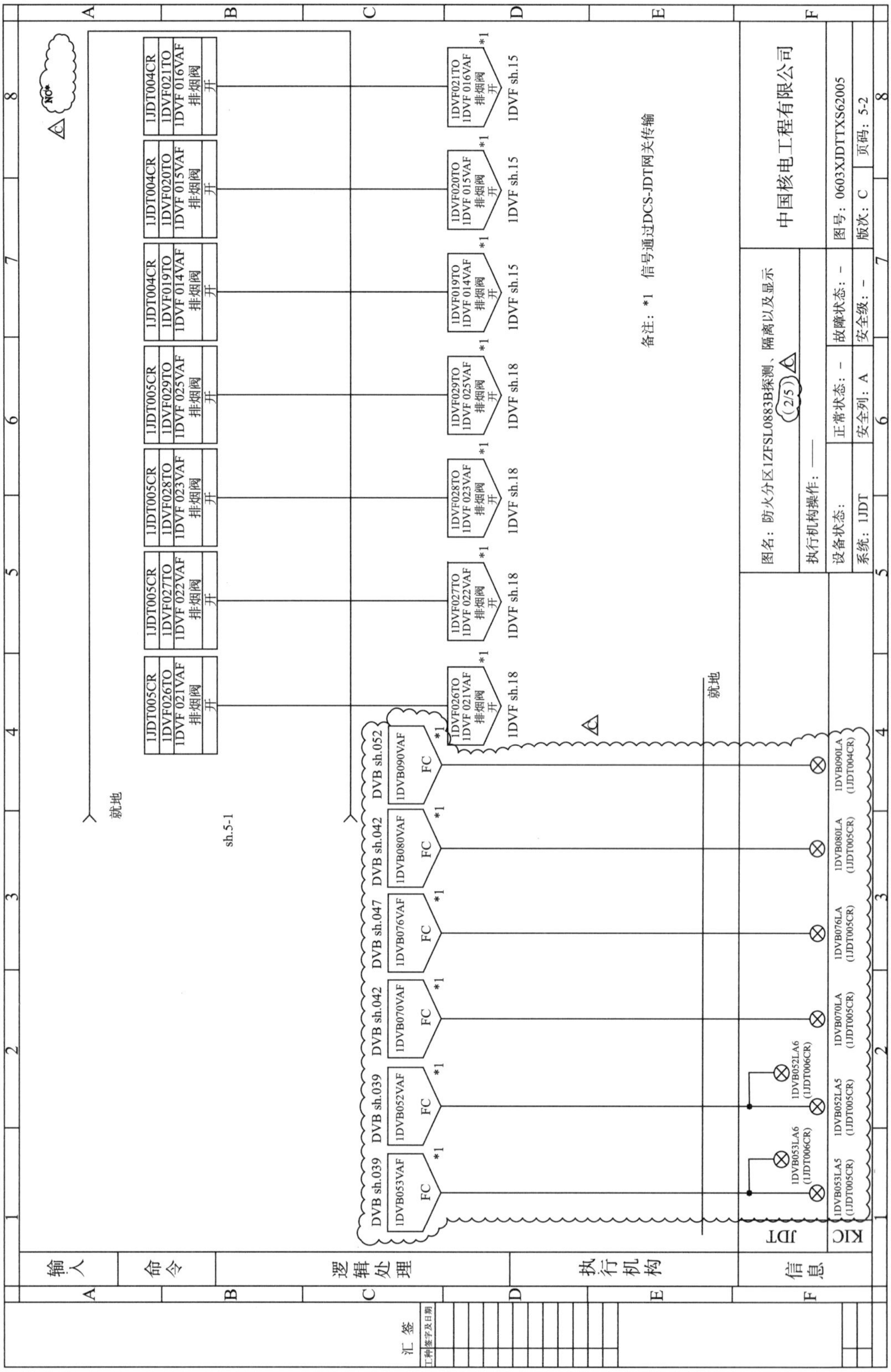

图4 防火分区1SFSL0580A探测、隔离以及显示

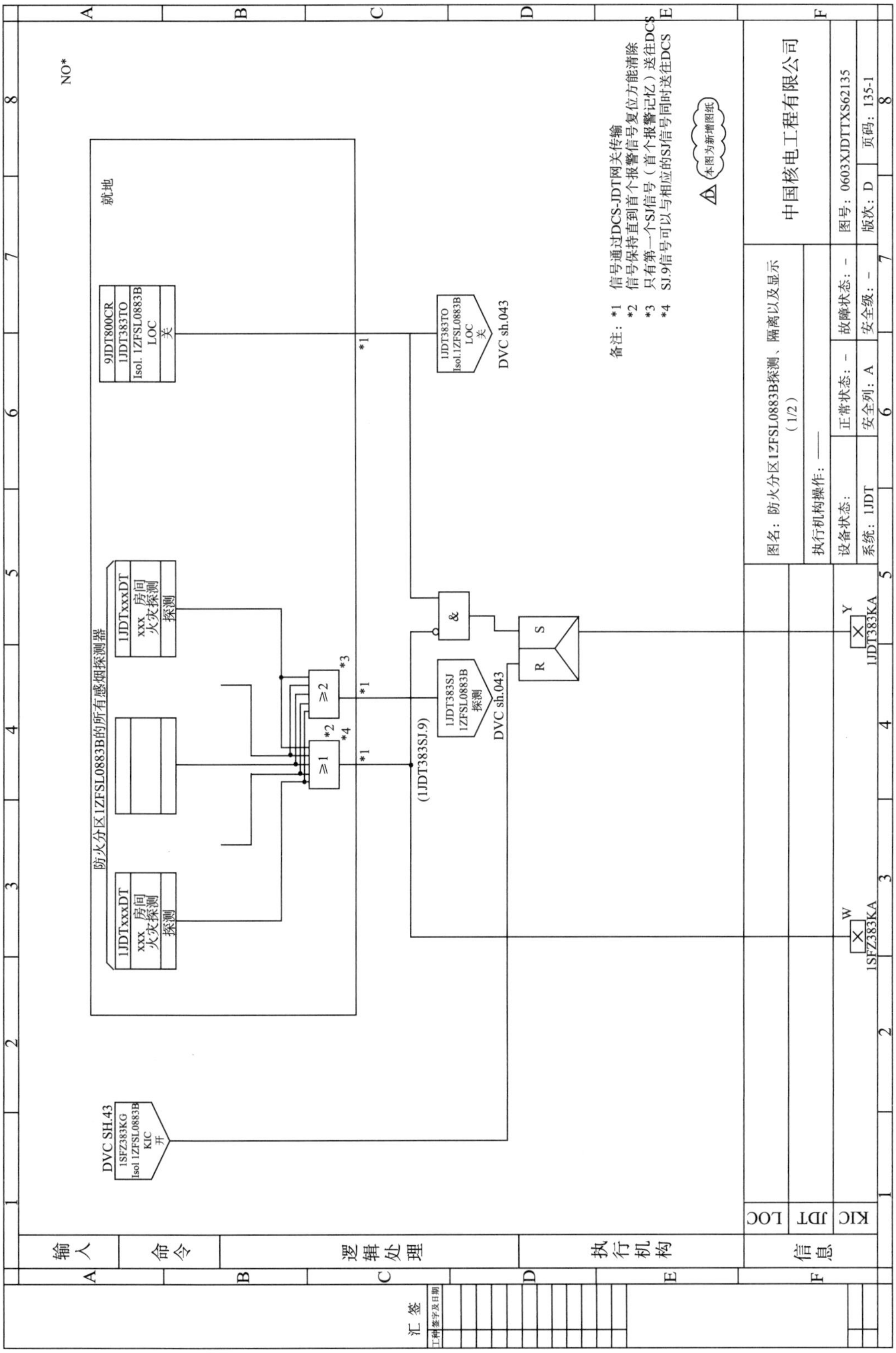

图5 防火分区1ZFSL0883B探测、隔离以及显示

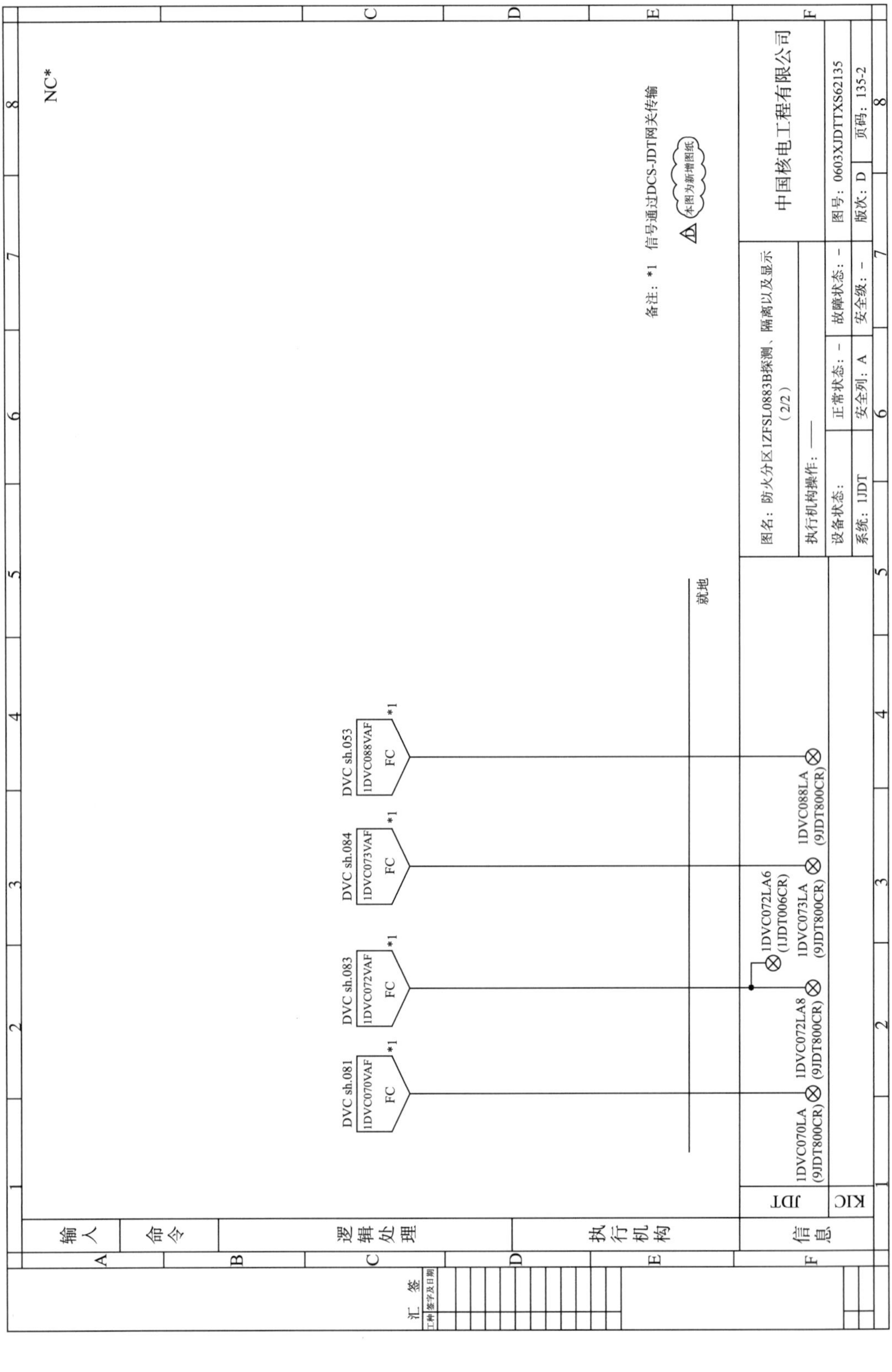

图6 防火分区1ZFSL0883B探测、隔离以及显示

表 1　火灾探测信号触发条件及功能一览表

火灾探测信号	触发条件	功能
SJ	本防火空间内任意两个或者两个以上火灾探测器探测到火灾	用于关闭相关防火阀
SJ. 1、SJ. 2、…、SJ. *n*（$n\neq9$）	本防火空间内第 *n* 个火灾探测子区内两种不同类型的火灾探测器探测到火灾	用于打开消防系统的相关阀门
SJ. 9	本防火空间任意一个火灾探测器探测到火灾	用于触发 SFZ 系统报警

本专业的逻辑图设计完成后，还需要核对 JDT 系统与 DVB、DVC 系统相关逻辑图的呼应关系，如表 2 所示。例如，防火阀的关闭反馈信号需要在 JDT 系统逻辑图防火分区 1SFSL0780A 中显示，则可建立起表 2 中的对应关系，仪控和通信专业均需要修改相关逻辑图。通信专业还应根据模拟盘设计要求，确定反馈信号的显示位置（图 7）。

表 2　JDT-DVC 系统逻辑图呼应关系表

1	防为阀	FD 页码（仪控 DVC）	FD 呼应页码（通信 JDT）
2	1DVC050VAF	DVC LD sh. 48-1	JDT LD sh. 10-2
3	1DVC051VAF	DVC LD sh. 49-1	JDT LD sh. 10-2
4	1DVC061VAF	DVC LD sh. 50-1	JDT LD sh. 10-4
5	1DVC062VAF	DVC LD sh. 51-1	JDT LD sh. 10-2
6	1DVC070VAF	DVC LD sh. 81-1	JDT LD sh. 135-2
7	1DVC071VAF	DVC LD sh. 82-1	JDT LD sh. 137-2
8	1DVC072VAF	DVC LD sh. 83-1	JDT LD sh. 135-2
9	1DVC073VAF	DVC LD sh. 84-1	JDT LD sh. 135-2
10	1DVC074VAF	DVC LD sh. 85-1	JDT LD sh. 137-2
11	1DVC075VAF	DVC LD sh. 86-1	JDT LD sh. 35-4
12	1DVC076VAF	DVC LD sh. 87-1	JDT LD sh. 35-4
13	1DVC077VAF	DVC LD sh. 88-1	JDT LD sh. 139-2
14	~~1DVC063VAF~~		
15	1DVC088VAF	DVC LD sh. 53-1	JDT LD sh. 135-2
16	1DVC089VAF	DVC LD sh. 54-1	JDT LD sh. 137-2

设计过程中呼应页的核对一般需要反复多次，之前的设计过程都是通过非正式方式交换资料，建议后续设计中 JDT 系统与各系统的逻辑呼应关系表应按正式提资执行。

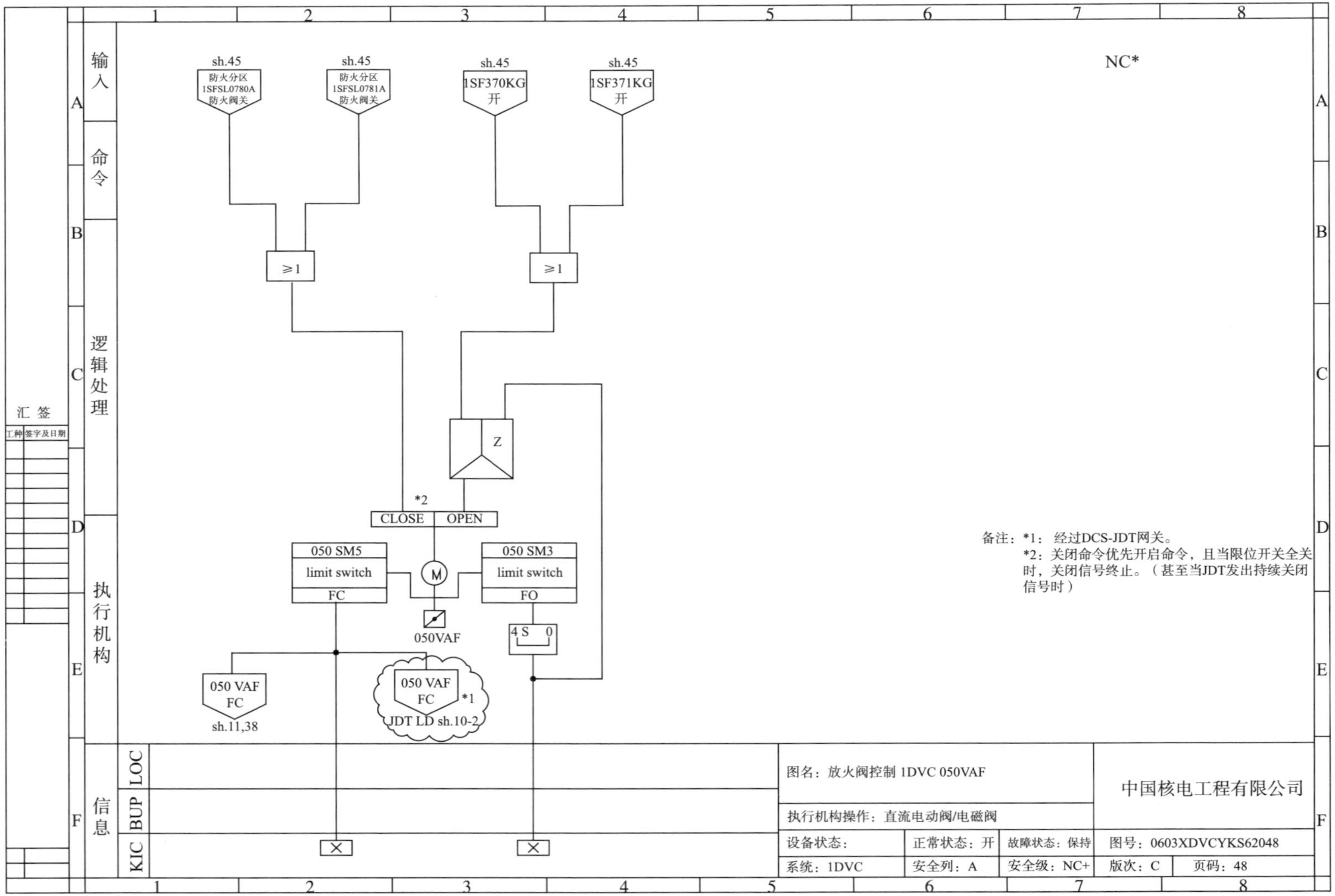

图7　防火阀控制 1DVC 050VAF

6 火灾就地模拟盘设计

对照防火分区边界通风设备信息表及逻辑图内容修改就地模拟盘中相关防火分区的防火阀信息。对于设置在上下两层之间的防火阀，应注意相关两个模拟盘中的编号及位置信息均需对应修改，如图 8、图 9 所示。

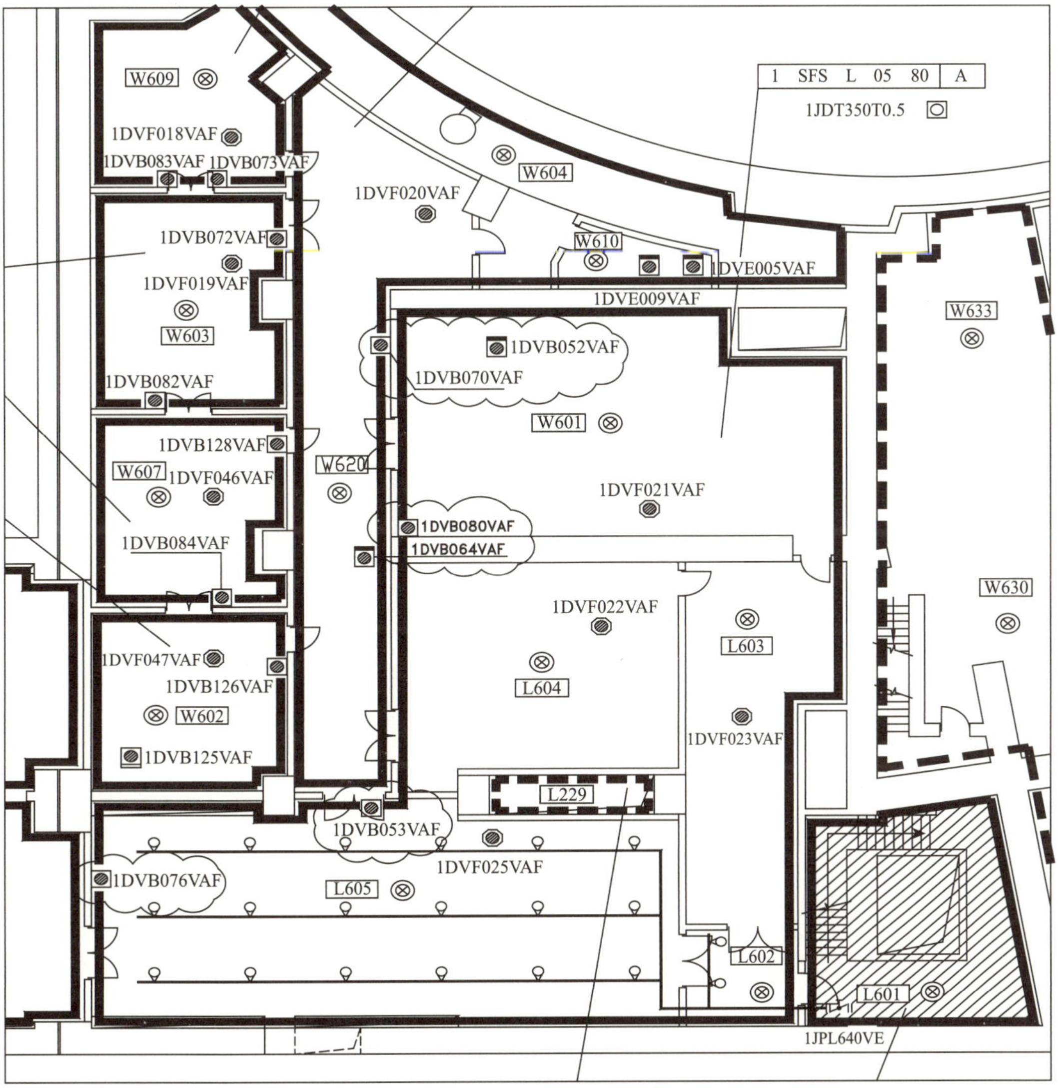

图 8　防火分区 1SFSL0580A 就地模拟盘信息

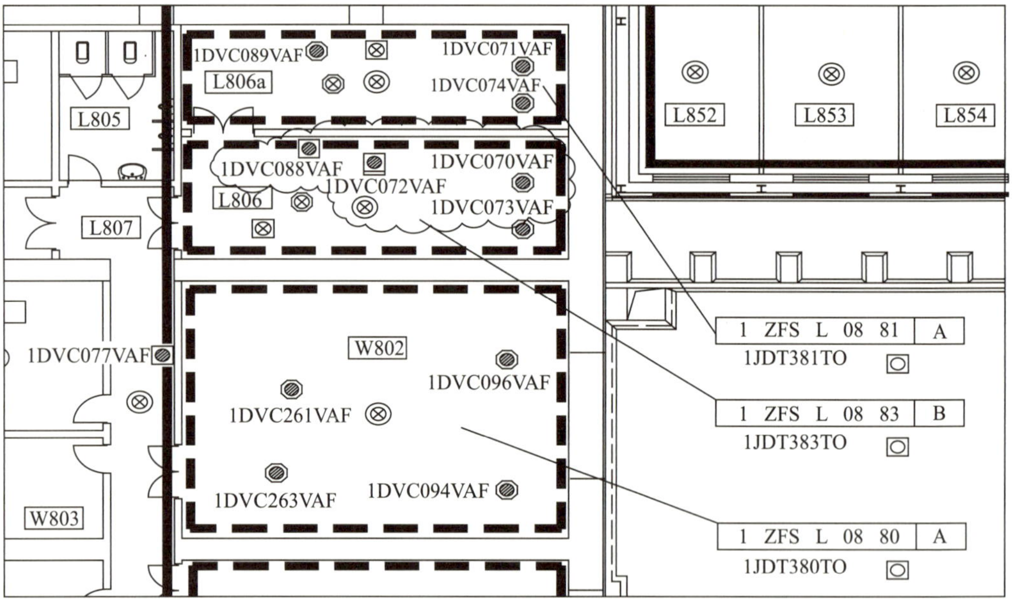

图 9　防火分区 1ZFSL0883B 就地模拟盘信息

7　火灾自动报警系统接口设计

7.1　JDT-DCS 接口功能

本工程需要建立 JDT 系统与 DCS 系统的接口即 JDT-DCS 接口来传输联动信号及状态指示的信号。接口的功能有：①将首次报警信号送至 DCS 系统；②将就地火灾模拟盘上的手动控制信号送至 DCS 系统；③屏蔽后续报警信号；④接受来自 DCS 系统的灭火设备和通风系统的阀门状态信号。

7.2　JDT-DCS 接口设计

JDT-DCS 通信接口设计通过 JDT DCS 12 04 B D 接口信息传递单完成。非安全级 DCS 与第三方系统通信支持双机主从冗余模式，单链路非冗余模式，具体要求如图 10 所示。通信信号交换清单中，需提供双方通信所需的通信参数（图 11），标黄的部分是根据改进项设计最新 DVB、DVC 系统逻辑图中的信息编制的，相对于 DCS 系统，SJ、TO 等信号类型为 DI，VAF 信号反馈至 JDT 系统的为 DO，每点信息均对应唯一的 MODBUS 地址位。信号通过 DCS-JDT 网关传输，信号涉及的图号为 JDT 系统逻辑图中的逻辑页编号，清单中的内容需要和逻辑图、IO list 一致。

JDT-DCS 通信测试需要厂家搭建测试平台，按比例抽取不同类型的数据进行通信测试。测试中主要存在的问题有：信号位号重复、功能码错误、位地址错误等。建议后续项目的 JDT 系统逻辑图、IO 清单的版本与接口传递单版本保持一致，可以减少工作量和错误率。

IEC104通讯参数：
第三方系统IP地址：
DCS IP地址：

Parameter	Value	Unit	Remarks
t0	30	Sec	Time out of connection establishment
t1	15	Sec	Time out of send or test APDUs
t2	10	Sec	Time out for acknowledges in case of no data messages t2 < t1
t3	20	Sec	Time out for sending test frames in case of a long idle state
K	12	APDUs	Maximum difference receive sequence number to send state variable
W	8	APDUs	Latest acknowledge afeter receiving w I-format APDUs
DELTA_MODE	NO	-	Transmission on significant change or at each cycle

JDT 与DCS系统采用MODBUS-RTU 模式
Modbus-RTU通信参数：
波特率： 9600
数据位： 8
停止位： 1
校验位： None

Modbus-TCP通讯参数：
第三方系统IP地址：
DCS IP地址：
端口号：（DCS配置缺省值为502）
最大帧长度：（DCS配置缺省值为259）

图 10　JDT-DCS 接口通信要求

	A	B	C	D	E	F	G	H	I	J	K	L	M	N	O	P	Q	AD	AE	AF	AG	AH	AI	AJ	AK	AL	AM
1	SERIAL-NUMBER	Id-code		DESCRIPTION	SIG TYPE	ALARM	KA code	TYPE	SLAVE ADDRESS	FUNCTION CODE	MOBUSADDRESS	BIT POSITION														本列采色标注内容为升版内容	
2	序号	信号名称	扩展码	信号描述	信号类型	报警等级	KA点名	数据类型	从站地址	功能码	MOBUS地址	位地址	安全分级/分组	功能分级	抗震类别	I/O类型	信号特性	供电方	测量单位	量程下限	量程上限	缺省值	事故追忆/瞬态记录	负载信息	图号	版本	备注
3	1	1JDT311SJ		防火分区 1SFSL0181B 自动报警	DI	Red		BOOL	1	03H	40001.0	0	NC+/A	NC*	1	GATEWAY	NO	JDT					N		LD001	B	JDT-DCS GATEWAY
4	2	1JDT330SJ		防火分区 1SFSL0380A 自动报警	DI	Red		BOOL	1	03H	40001.1	1	NC+/A	NC*	1	GATEWAY	NO	JDT					N		LD002	B	JDT-DCS GATEWAY
5	109	1JDT521SJ.9		防火分区 1ZFSN0281A 自动报警	DI	Red		BOOL	1	03H	40007.14	14	NC+/A	NC*	1	GATEWAY	NO	JDT					N		LD038	B	JDT-DCS GATEWAY
6	110	1JDT525SJ.9		防火分区 1ZFSN0285A 自动报警	DI	Red		BOOL	1	03H	40007.15	15	NC+/A	NC*	1	GATEWAY	NO	JDT					N		LD039	B	JDT-DCS GATEWAY
7	111	1JDT312SJ.9		防火分区 1ZFSL0182A 自动报警	DI	Red		BOOL	1	03H	40008.0	0	NC+/A	NC*	1	GATEWAY	NO	JDT					N		LD040	B	JDT-DCS GATEWAY
8	112	1JDT530SJ.9		防火分区 1ZFSN0380A 自动报警	DI	Red		BOOL	1	03H	40008.1	1	NC+/A	NC*	1	GATEWAY	NO	JDT					N		LD041	B	JDT-DCS GATEWAY
9	198	1JDT311TO		防火分区 1SFSL0181B 手动报警	DI	Red		BOOL	1	03H	40021.0	0	NC+/A	NC*	1	GATEWAY	NO	JDT					N		LD001	B	JDT-DCS GATEWAY
10	199	1JDT330TO		防火分区 1SFSL0380A 手动报警	DI	Red		BOOL	1	03H	40021.1	1	NC+/A	NC*	1	GATEWAY	NO	JDT					N		LD002	B	JDT-DCS GATEWAY
11	200	1JDT331TO		防火分区 1SFSL0381B 手动报警	DI	Red		BOOL	1	03H	40021.2	2	NC+/A	NC*	1	GATEWAY	NO	JDT					N		LD003	B	JDT-DCS GATEWAY
12	201	1JDT332TO		防火分区 1SFSL0382A 手动报警	DI	Red		BOOL	1	03H	40021.3	3	NC+/A	NC*	1	GATEWAY	NO	JDT					N		LD004	B	JDT-DCS GATEWAY
13	202	1JDT350TO		防火分区 1SFSL0580A 手动报警	DI	Red		BOOL	1	03H	40021.4	4	NC+/A	NC*	1	GATEWAY	NO	JDT					N		LD005	B	JDT-DCS GATEWAY
14	346	1DVE126VAF	SM5	1DVE126VAF 防火阀状态反馈	DO	Yellow		BOOL	1	10H	40500.0	0	NC+/A	NC*	1	GATEWAY	NO	JDT					N		LD001, 055	C	JDT-DCS GATEWAY
15	347	1JPL221SD		1JPL221SD 状态反馈	DO	Yellow		BOOL	1	10H	40500.1	1	NC+/A	NC*	1	GATEWAY	NO	JDT					N		LD001	B	JDT-DCS GATEWAY
16	348	1DVE129VAF	SM5	1DVE129VAF 防火阀状态反馈	DO	Yellow		BOOL	1	10H	40500.2	2	NC+/A	NC*	1	GATEWAY	NO	JDT					N		LD001, 055	C	JDT-DCS GATEWAY
17	349	1DVE001VAF	SM5	1DVE001VAF 防火阀状态反馈	DO	Yellow		BOOL	1	10H	40500.3	3	NC+/A	NC*	1	GATEWAY	NO	JDT					N		LD002, 056	C	JDT-DCS GATEWAY
18	350	1DVE002VAF	SM5	1DVE002VAF 防火阀状态反馈	DO	Yellow		BOOL	1	10H	40500.4	4	NC+/A	NC*	1	GATEWAY	NO	JDT					N		LD002, 056	C	JDT-DCS GATEWAY
19	351	1DVE012VAF	SM5	1DVE012VAF 防火阀状态反馈	DO	Yellow		BOOL	1	10H	40500.5	5	NC+/A	NC*	1	GATEWAY	NO	JDT					N		LD002, 004	C	JDT-DCS GATEWAY
20	352	1DVE053VAF	SM5	1DVE053VAF 防火阀状态反馈	DO	Yellow		BOOL	1	10H	40500.6	6	NC+/A	NC*	1	GATEWAY	NO	JDT					N		LD002, 054	C	JDT-DCS GATEWAY

图 11　JDT-DCS 接口通信清单

8　结论

0603 工程核岛 DVB、DVC 系统改进项需要 JDT 系统配合进行相关接口设计、逻辑图设计及火灾就地模拟盘设计等工作，涉及总体所消防安全专业、系部所相关专业、仪控专业、工艺布置专业及火灾报警系统总体设计等，需要各专业间以及与相关设备厂家（如西安核仪器厂、广利核）的紧密配合。除了专业间接口，火警专业的核岛 JDT 系统 6.2 章逻辑图、IO 清单、JDT-DCS 通信清单、就地模拟盘图、核岛火灾报警系统施工图等也是相互对应的，应严格保持一致。

田湾核电厂5、6号机组海水系统梯级过滤设计

杨　嘉[1]，张荣勇[1]，白　玮[1]，李　奇[1]
（1. 中国核电工程有限公司，北京 100840）

本文对田湾核电厂5、6号机组的梯级过滤设计进行了归纳、分析与总结，该设计改进有效提升了海水取水系统的过滤能力，减少了机组由于大规模杂物入侵而造成的过滤设备堵塞甚至非计划停堆的风险，为后续项目提供借鉴。

1　背景和目的

经核电厂运营反馈，田湾核电厂1、2号机组取水工程在初期过滤系统的设置条件下，当大量麦秸秆、浒苔或紫菜突发涌入海水系统时容易造成过滤设备的堵塞，比如曾发生循环水泵房内旋转滤网堵塞，导致循环水泵吸水室水位下降，影响水泵的正常运行，严重时可造成机组跳机停堆。这不但给核电厂的运行维护造成了极大的不便，也给核电厂运行的经济性和安全性造成了影响，社会影响也非常不好。

田湾核电厂紫菜、麦秸秆和浒苔的爆发基本在每年12月至次年2月，以及6月至7月，呈现一定的周期性和规律性，因此，可通过一定的工程措施得以解决。本项目对海水取水系统进行梯级过滤优化，以达到逐级将杂物滤掉，从而减缓由于杂物入侵对海水系统运行带来的不利影响。

2　梯级过滤优化

2.1　原1、2号机组情况

田湾核电厂1、2号机组取水经引水明渠至厂外引水隧洞进水构筑物，构筑物依次设置栅条净距为150 mm的粗格栅和50 mm的细格栅，后经厂外引水隧洞、厂区前池后分别进入循环水泵房和重要厂用水泵房。其中循环水泵房依次设置栅条净距为20 mm的格栅和网孔直径为3.5 mm×3.5 mm的旋转滤网，重要厂用水泵房依次设置栅条净距为20 mm的格栅和网孔直径为3.5 mm×3.5 mm的旋转滤网。

当电厂爆发大量麦秸秆、浒苔或紫菜等污物入侵时，该过滤系统无法进行良好的应对，过滤设备在短时间内迅速堵塞，严重时甚至造成机组的跳机停堆。1、2号机组存在的问题主要有：

1）缺乏拦截大面积污染物的能力（麦秸秆、浒苔等）

2007 年 7 月大量麦秸秆涌入取水明渠，造成高公岛粗细格栅、UQA 旋转滤网堵塞，两台机组分别于 7 月 9 日和 7 月 10 日降功率运行，于 7 月 11 日恢复满功率。

2）取水头部粗格栅间距过大

正常情况下，海水中的漂浮物尺寸较小，粗格栅间距为 150 mm，对海水中的漂浮物基本上起不到拦截作用，增加了后方拦截设施的压力。

3）UQA 旋转滤网工作能力不足

过滤不彻底：由于滤网结构等原因，部分海水未经过网板过滤直接从缝隙流过，部分海水中的漂浮物进入设备，造成设备堵塞（PGB 换热器）；滤网网孔偏小，造成滤网前后压差过大，滤网无法正常运行。

2.2 设计优化

在田湾核电厂 1、2 号机组的基础上，3、4 号和 5、6 号机组分别进行了梯级过滤优化。田湾核电厂 1~6 号机组为取水明渠共用；取水头部为 1~4 号机组一次性建成，5、6 号机组采用不同的机型和方案，取水头部与 1~4 号机组分建。取水明渠在原来基础的上，将南堤和北堤延长，有效减少近海紫菜、生活垃圾等杂物对取水的影响。5、6 号机组自引水明渠取水后经孔径为 50 mm 的移动式抓斗清污机、孔径为 10 mm 的旋转滤网后达到联合泵房内孔径为 3.5 mm 的鼓形滤网，其中部分滤后水经二次滤网后送至 CRF 系统的凝汽器，另一部分滤后水送至 SEC 系统的贝类捕集器后到达板式热交换器。

田湾核电厂通过采取以上工程措施达到梯级过滤的目的，有效缓解大量污物进入循环水泵房和重要厂用水泵房的压力，利于机组的安全稳定运行并提高电厂运行维护的效率。

1）取水明渠改进

取水明渠端部向海域延伸，不仅对温排水起到了良好的控制作用，同时有效避免了近岸垃圾及养殖紫菜进入取水系统，保证了后续梯级过滤系统的有效性。此外，明渠的设计对取水流速进行了良好的控制，使得鱼类得以自主游出渠道，避免了因为取水流速过大而被直接吸入取水系统的可能性。取水明渠的设计（如明渠宽度、波浪条件等）还为后期增设临时拦网创造了条件，为在大规模污物入侵时采取应急方案提供基础和条件。

2）过滤设施改进

5、6 号机组与 1~4 号机组采取不同的机型，取水明渠和取水头部与 1~4 号机组分开设置。5、6 号机组对取水过滤系统为整体进行了梯级过滤优化：自引水明渠取水后经孔径为 50 mm 的移动式抓斗清污机、孔径为 10 mm 的旋转滤网后达到联合泵房内孔径为 3.5 mm的鼓形滤网，其中部分滤后水经二次滤网后送至 CRF 系统的凝汽器，另一部分滤后水送至 SEC 系统的贝类捕集器后到达板式热交换器（图 1）。

此外，田湾核电厂对过滤设备（如格栅除污机、旋转滤网等）均涂刷了防污漆，有效防止了海生物附着，为过滤设备的正常运行提供了基础，且为取水系统梯级过滤的有效性提供了基本保障。

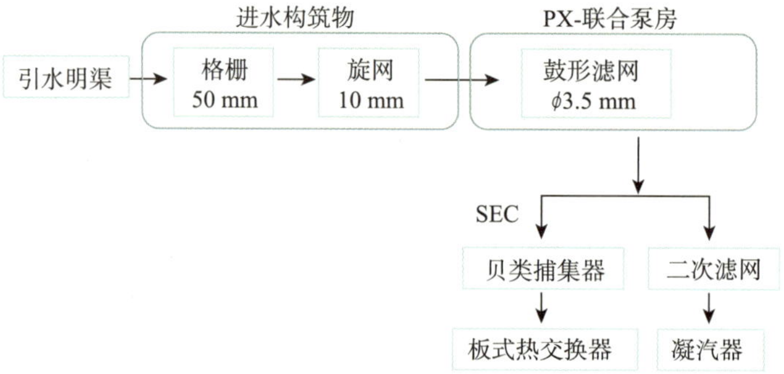

图 1 5、6 号机组梯级过滤优化示意图

2.3 改进后的效果

现根据运行经验反馈，经过设计优化改进，3 号机组运行一年状况良好，在每年发生的紫菜、麦秸秆和浒苔的爆发时均未影响机组的正常运行。梯级过滤对污物的拦截、海洋生态保护都起到了积极的作用，效果良好；且减轻了下游过滤设备的运行负荷，合理并有效地保护了设备的正常运行，避免了设备的损坏。

由于 5、6 号机组的梯级过滤设计为基于设计经验、实验验证及 3、4 号机组的运行经验设计，预计设计改进效果良好。

3 结论

梯级过滤设计优化通过设置多重构筑物或设施达到将杂物逐级滤掉，从而减缓由于大规模杂物入侵而对海水系统运行带来的不利影响的目的。田湾核电厂 5、6 号机组分别通过取水明渠改进及过滤系统的整体优化等措施有效提升了海水取水系统的过滤能力，减少了机组由于大规模杂物入侵而造成的过滤设备堵塞甚至非计划停堆的风险。

对于取水系统污物的大规模爆发具有一定周期规律性的厂址，可通过一定的工程措施得以缓解和解决。在污物爆发时，配合核电厂应急措施，通过梯级过滤的工程措施可将污物逐级滤掉使其避免进入海水系统；减轻了下游过滤设备的运行负荷，避免了设备的损坏；此外，由于防止了鱼类等海洋生物进入取水系统，对海洋生态也进行了有效的保护。

核电厂火灾报警及联动系统调试、维护的实践与思考

丛今跃[1]
（1. 江苏核电有限公司，江苏连云港 222000）

摘要：确保核电厂的消防安全对于我国和谐社会的建立有着很大的影响和作用，想要有效保障核电厂的消防安全，需要得到相应的火灾报警以及联动系统，并且为了最大程度保证系统能够安全稳定运行，需要做好调试以及维护。笔者主要针对我国的核电厂火灾报警以及联动系统的调试和维护的相关实践展开思考和分析，希望能够为该行业作出一点力所能及的贡献，以尽绵薄之力。

关键词：核电厂；火灾报警；联动系统；调试维护

1 核电厂火灾报警和联动系统调试

核电厂内的火灾报警以及联动系统的覆盖区域几乎是百分之百，并且针对不同的防护对象和区域更是展开了不同类型的火灾探测设备进行探测分析。将每一个区域的探测器得到的火警信息传送给区域的火灾报警控制，依靠组网把全厂的火警信息一起集中在消防中心。对于一些重要设备也是可以进行一系列的联动，促使能够从设备的角度完善整个消防保障体系。

1.1 火灾报警和联动系统的调试准备

首先需要准备好火灾报警和联动系统的相关文件以及工器具等，相关的调试文件包括有：

1）策划工单并获得工作许可证

确定工作负责人以及工作计划持续时间和传输电力系统所需的隔离、有关的风险分析和管理许可（例如支架、消防操作或调试等所需的消防隔离许可）。

2）调试规程及质量控制文件

调试程序的经编审批生效后，质量控制人员应选择点并编制质量计划，质量计划应由相应的质量保证部门和办公室批准，同时编制不同的火灾报警系统，以识别相应的危险和风险，从而采取相应的措施。此外，应填写试验启动条件检查表，以确认调试启动条件是否有效。

3）技术文件准备

火灾报警系统图、平面布置图、模块箱接线图、回路编码表、联动关系对照表、试验记录表是火灾报警调试的最基本的材料，特殊设备的使用说明等也可以单独携带。

系统调试开始前召开技术交底会，说明调试技术方案，明确工作组人员的工作任务，

说明相关风险和联系方式等，此外做好纸质记录。与此同时，开工前应召开岗前会，强调上述内容。在仪器的准备上，除了万用表、螺丝刀、钳子、电源板等通用仪器外，还要根据系统中不同的探测器类型选择不同的专用仪器：对于点烟雾探测器，要选择电子烟雾发生器；对于温度检测器，如点温检测器和温度电缆（电缆温度检测器），通常情况下使用可调温度的热风枪；对于火焰探测器，使用特殊的红色和紫外线发射器或明火展开测试。

1.2 调试过程以及方法中的常见问题分析

在完成以上的调试准备后，才能正式开启火灾报警以及联动系统的准备，进行相应的调试，笔者根据相关的调试工作实践以及思考，整理如下：

1）火灾报警控制柜通电测试及程序加载

在主机上主要进行的通电测试，是为了检验火灾报警控制柜设备和有关功能的完整性，并且主要包含的内容含有三个方面，分别有控制器的起始状态检测以及通电测试和主机的基本功能测试、放电试验等等。为了最大程度保障系统的安全稳定，在进行机柜的通电测试的时候，需要系统回线和 24 V 电源线暂时不和主机进行连接。

起始状态检测：含有检测其外观检查机柜和卡件是否存在被破坏的情况，其接线是否完整，此外更是应用万用表检测其接线端子有否出现短路的状况；

完成上述操作后，还需要给主机送电后展开一系列的检测，譬如有：

（1）主电操作：打开控制器的主电源开关，关闭备用电源开关，此时控制器应该报告备电故障；

（2）备电操作：打开控制器的备电开关，关闭主开关，此时应该报告控制器大的主电源故障；

（3）电压输出测试：用万用表检测控制器电路的输出电压和 24 V 电压输出以及可复位的电压输出。

2）消防水、气系统联动的设备调试

消防水、气体灭火系统的联动设备要和火灾报警系统一起调整，核电厂的水灭火及气体灭火系统控制器通常选用 RP-1002PLUS，此种类型的消防控制器的相关调试内容如下：

（1）接线检查和控制器参数设置：除了根据设备规格检查其底座外，还需要检查控制器外部巡视电阻的安装，并且加强对外部控制设备的注意，并联一个专用二极管；控制器参数通常情况下是可以和面板内的六个功能控制键设置它的时间以及动作延时。

（2）控制面板手动进行启动测试：将手动启动的输入作为最高的启动优先级，也就是说当系统接收到手动输入的启动信号后，不管目前的系统处于如何状态，都需要立即进入启动状态，一旦按下手动启动的按钮后，则手动启动指示灯被点亮后，直接锁定一直到控制器复位又或者手动停止进行输入；蜂鸣器产生火灾报警声（可以消音），能够一起和声光报警一起启动，这时候的启动一次输出，并且在延时阶段能够依靠手动停下二次输出。

（3）控制盘自动启动测试：在启动输入端接收到外部传入的启动控制信号后，属于“启动信号”指示灯变亮，蜂鸣器发出报警（可以消音），若是这个时候消防控制盘是手动的模式，那么便不会启动进行输出。如果控制器此刻属于自动状态，那么将声光以及选择阀启动，消防控制盘开始延时，并且将延时倒计时额画面显示出来，点亮延时指示灯，在延时结束后，打开瓶头阀，在延时的这段时间内，紧急停止按钮能够有效中止延时并且把所有的输出都停掉。若是再一次出现手动的启动信号则能够重新进行手动启动的过程[1]。

2 核电厂火灾探测以及报警系统的相关维护

核电站针对每一种报警和联动系统的特点都进行了相应的预防性维修措施探讨，并且已经开始生效了多份预防维修大纲和多个关于试验和维修的相关规程，以此尽可能确保系统的维护工作能够做到有据可依。此外，核电厂对于专业的人员更是展开了定期的培训，并且让系统的主要维护人员可以在系统的调试期间能够积极主动参与进入，并且主导系统的调试工作，由此大大加强他们对于系统的熟悉和了解[2]。在有关文件准备上，更是和调试期类似。火灾报警联动系统复杂的同时也是较为脆弱的，针对存在的故障需要进行及时的迅速排查，由此确保核电的消防安全，下面是针对常见故障的排查方法：

2.1 控制器的常见故障

如果液晶显示黑屏，那么考虑原因是否是工控机电源的供电出现故障，需要对工控机电源的输出进行相应测试，除了该原因，还可能是工控机和液晶的连接出现问题，连接不良，需要将连接线进行相应的检查或者更换插头，最后一个原因就是工控机本身出现了问题，应该需要将其返厂进行维修；

如果是开机发现有“主电故障”，那么需要相关的工作人员及时确认它的控制机柜 220 V 的主电供电能否顺利运行，然后在测试主机电源的模块外部输出状况，一般是交流电保险烧断；

依据同理，如果出现“备电故障”，也是相应从保险、接线以及蓄电池亏电三个表面利用外用表展开检查，顺利排查出正确的故障点进行检测；

如果是回路总线以及 24 V 电源失去，那么首要做的是检测回路板和 24 V 的电源模块输出状况，然后再针对主机的回路以及 24 V 接线状况进行检测，如果接线也正确，那么一般状况下应该是抗浪涌模块出现了破坏，应该及时更换其通道或是将抗浪涌模块进行更换[3]。

2.2 点型探测器（感烟、感温）

对于点式烟雾探测器和点式温度探测器，当发生单点故障时，会显示在火灾报警控制器上。根据点对点对照表和火灾报警系统的布局，找到相应的设备。一般故障原因分为三种情况：线路问题、拆除故障探测器、用万用表测量底座。如果没有 18～26 V 的跳变电压，说明是底座有问题或者接触不良，需要检查线路和底座。探测器地址设置不正确，用电子拨号器或手动拨号器复位，安装后系统复位。探测器损坏：如果系统复位后仍然报告探测器故障，可以判断探测器本身有故障，可以更换探测器。

3 结束语

综上所述，为了更好确保核电厂的消防安全，还需要加强系统的维护，做好相关调试，提供系统的可靠性，促进我国和谐社会的建立。

参考文献

[1] 邓晓飞，张瑞萍，吕爱国，等. 一种核电厂的安全系统：，CN210837202U[P]. 2020.

[2] 殷芳，齐斌. 机电安装工程中火灾报警与联动系统调试研究[J]. 无线互联科技，2020，17(20)：152-153.

[3] 郭夏培，方华松，张锦飞. 核电厂环境因素对火灾探测器的影响[J]. 电力安全技术，2020，22(05)：44-48.

田湾三期核电厂火灾报警系统网络结构设计优化

刘　勇[1]
（1. 江苏核电有限公司，江苏连云港 222042）

摘要：核电厂火灾自动报警系统其正常运行工况需对各厂房的火灾状态做连续监测和对所有探测回路作连续检查。由于 M310 机组火灾报警控制器采用分散式设计，为方便主控室操作人员及时发现就地火警信息，需将分散式控制器采用 RS485 以及以太网通讯方式，将各厂房火警信息集中送至主控图形显示装置。本文通过对各分散式控制器与主控图形显示装置的网络结构进行分析研究，在原设计基础上，依据电力监控系统安全防护规定以及核电厂各厂房监控职责，提出各分散式控制器与图形显示装置采用环形网络结构与定向公开方式，通过工程实践，核电厂火灾自动报警系统网络运行安全、平稳，各厂房火警分工响应明确。在一定程度上提高了核电厂火灾自动报警系统的稳定性与可靠性。

关键词：核电厂；火灾自动报警系统；网络结构

1　引言

核电站火灾自动报警系统由设在核岛、常规岛、BOP 厂房等各火灾报警探测器组成，当火灾探测器触发报警时，在相应厂房的火灾报警控制器上出现声光报警信号。各火灾报警探测器均带有独立地址编码，为能使运行人员快速准确地识别火灾部位，报警信号需通过各分散式火灾报警控制器利用网络通信方式，集中将信号以图形和文字显示在主控室的操作员工作站上。

2　现有设计说明

田湾核电厂 5、6 号机组核岛火灾报警系统原有网络结构中核岛部分采用星型连接，同时将外围管理区厂房同生产控制区进行联网（如图 1）。该种联网方式中，具备如下特点。

（1）5、6 号核岛主机为网络中心点，主控操作员站接受一切就地火灾报警信息。缺点：依据核电厂各厂房监控职责，非生产子项如 AB1，由核电厂保卫处进行统一监管。若所有报警信息集中送往主控 CRT，增加运行人员分辨火警信息的压力，加大人因失误风险。

（2）外围子项直接连入 5、6 号火警网络系统，物理上直通 5 号 DCS，且外围火警控制器与核岛火警主机皆采用对等模式。依据《电力监控系统安全防护规定》，该种网络结构类型，不满足“生产大区至管理大区信号单向传递”以及信息安全监管的要求。

（3）采用星型网络结构具有安装和维护费用较高、共享资源能力差、通信线路利用率不高等缺点。同时5号核岛控制器作为星型中心结点，一旦该中心结点出现故障，则整个网络将瘫痪。

为确保田湾5、6号机组火警通讯的稳定可靠，同时考虑厂房的监控职责分工。将原核岛星型结构修改为环形网络；将不同监控职责厂房分开送至主控图形显示装置与UA消防监控室；取消5、6号机组火灾报警控制主机间的网络通信。

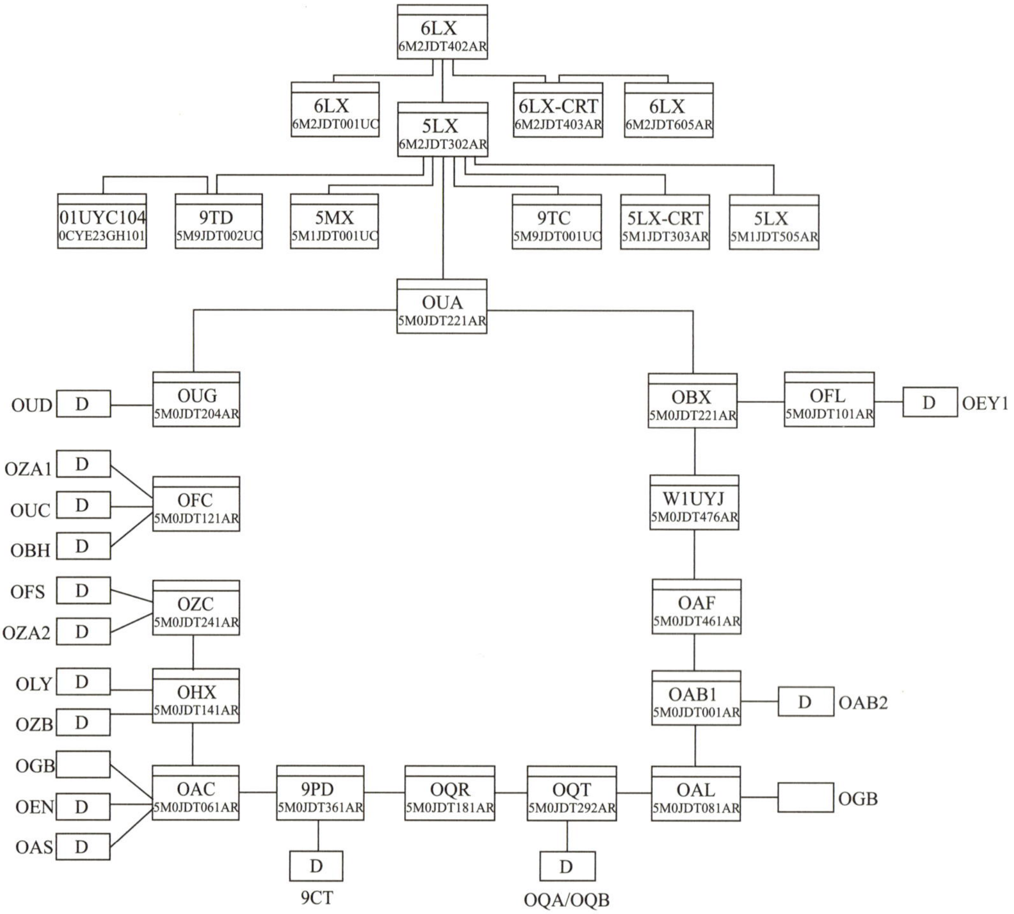

图1 火灾报警系统原网络结构简图

3 设计实现

3.1 环形控制网络设计

原始环形网络中涉及中心交换机，系统投入运行后，该中心交换机工作负荷较重，若中心控制站发生故障后，容易造成整个系统瘫痪。因此在田湾核电厂5、6号机组后期火警网络改进中采用冗余环网来实现高度的可靠性。冗余环网可以自动产生备用链路，当网络上一条链路发生故障时，备用链路会立即通讯，保障网络上的所有设备正常通讯。

在环形网络中，通过对各分散式控制器的网络接口配置，利用光纤作为传输介质，通过环网模块 EKI-7 710 组建成火警系统专用局域网，各火灾报警控制器皆可作为网络中的节点，各节点间可通过火灾报警控制器设置主从或对等关系，各分散式火灾报警控制器均可实现向图形工作站上传本站数据信息，进行数据交换。

1）核岛网络结构修改

田湾核电厂 5、6 号机组原核岛火灾报警系统网络结构设计为星型结构，修改后将 5、6 号核岛火警网络修改为冗余环网结构。同时为满足信息安全管理要求，将 5、6 号机组网络进行物理隔离，6 号机组单独组建环网。结构修改图，如图 2 所示。

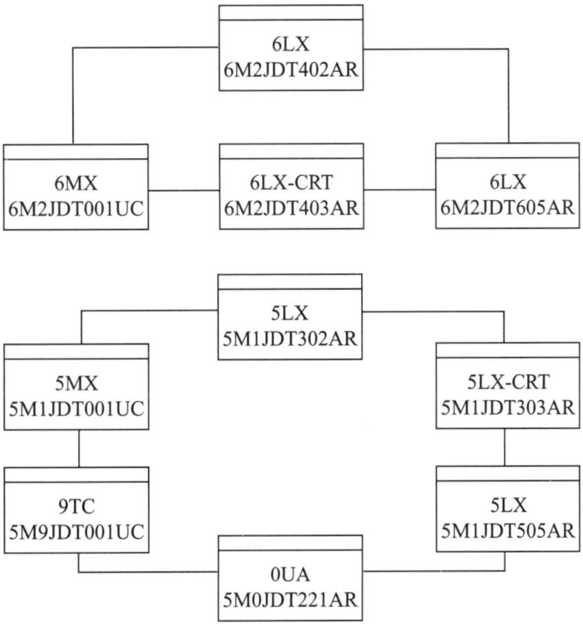

图 2　核岛火灾报警系统网络结构图

2）UA 外围火警网络结构修改

依据《电力监控系统安全防护规定》，UA 双围墙外火警系统仅接入 UA 主机，采用控制器定向公开的方式，切除外围火警系统与核岛主机的网络通讯连接，在保证外围火警具备冗余环网的前提下，最大程度满足信息监管要求。

3）BOP 区域火警网络结构修改

依据 5、6 号机组火警监控职责，QR、AB1、AF、AL、FC、UG、BX、W1UYJ、FL、AC（部分区域）由核电保卫处进行统一火警巡查、监管。ZC、HX、AC（GB 部分廊道）、QA \ QB、PD、TC 由运行三处负责火警监控。为满足田湾核电厂火灾响应分工，BOP 火警网络在冗余环网的前提下（结构修改图，如图 3 所示），作出如下修改：

（1）在 AL 子项新增 1 台火灾报警控制器，接收 YC、ZA1、GB 沟（部分）火警信号。该部分火警信息统一送往主控室操作员站，由运行人员进行巡查、监管。原 AL 火警控制器单独接收 AL 火警信号，火警信息统一送往 UA 操作员站，该部分由保卫人员进行巡视。

（2）在 AC 子项新增 1 台火灾报警控制器，仅接收 GB 部分廊道（AC 侧及 AL 侧）火警信号。该部分火警信息统一送往主控操作员站，由运行人员进行集中监控。原 AC 火警主机接收 AC、AS、EN 火警信息，统一送往 UA 操作员站，由保卫处进行巡视、检查。

（3）原 FC 主机取消接收 ZA1 火灾报警信号，仅接收 YC、BH 火警信息。

（4）将原 QT 主机移至 QA \ QB 子项，接收 QA \ QB 火警信息。该部分火警信息统一送至主控操作员站。QT、QR 火警信息则由 QR 主机进行监控，报警信息集中送往 UA 操作员站。

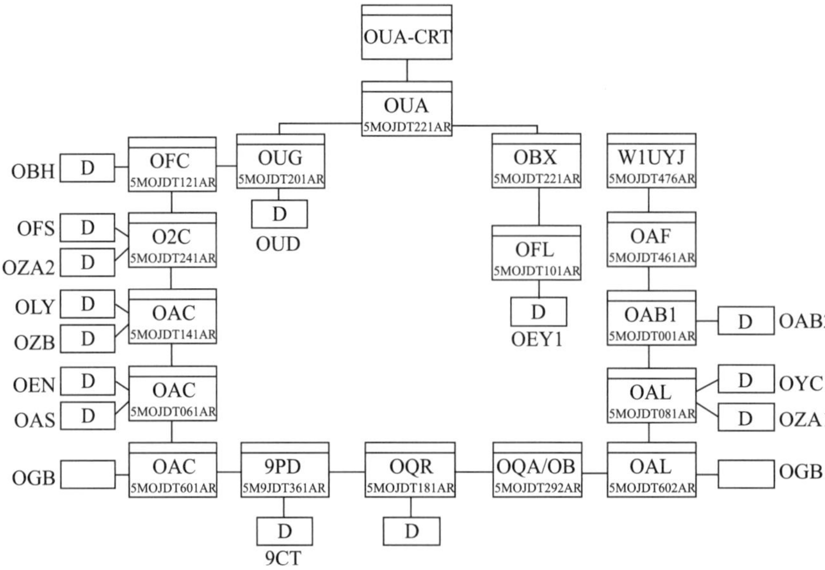

图 3　BOP 区域火灾报警系统网络结构图

3.2　硬件分析

1）火灾报警控制器

JB-QB-9 200 火灾报警控制器为大屏幕网络型火灾报警控制器，为适应工程设计需要，该控制器兼有联动控制功能，可与其他火灾监测设备配套使用，组成配置灵活的报警、联动一体化控制系统。该控制器具有 RJ485、RS232、CAN 总线等多种标准通信接口，可满足用户集中管理、远程监控的联网需求，并能方便进入智能楼宇管理系统，实现数据共享。

JB-QB-9 200 火灾报警控制器具有开放式网络特性，可采用主从模式或对等模式可选架构。通过网口以太网或 CAN 总线进行通讯，最大可进行 64 台控制器联网，组成对等网火灾报警系统，连接在网络上的控制器可以在主机上建立跨机联动控制矩阵，实现网络内远程控制输出。另内网 CAN 总线接口可与回路板、音响声光板、以及总线手动控制盘和多线联动控制盘通讯。可混合接 12 台 LD-9118 总线联动控制盘或 LD-9116 多线联动控制盘；带有 5 个继电器分别为总火警继电器、故障继电器、广播切换继电器、2 个可编程继电器。如图 4 所示。

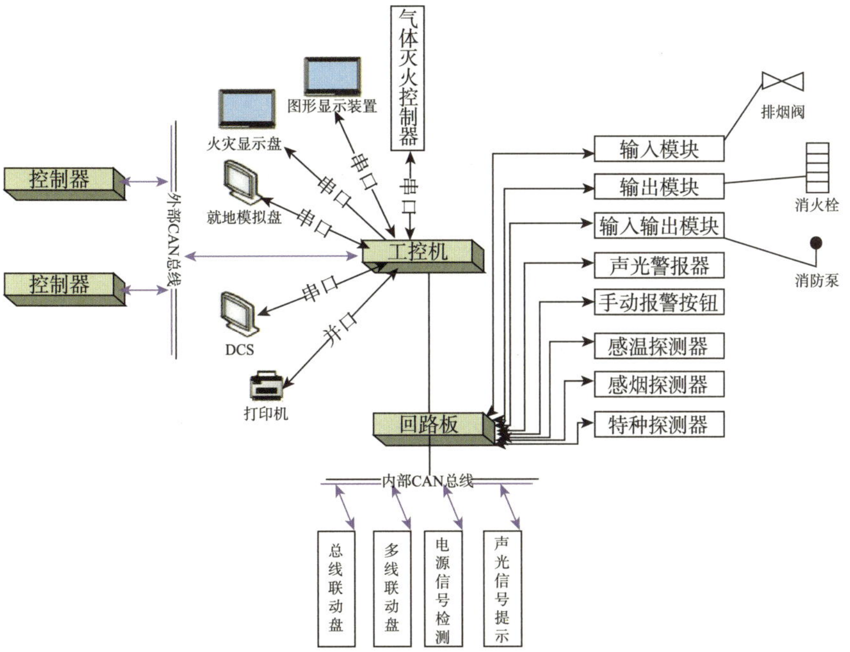

图 4　报警控制器系统图

2）环网模块

EKI-7 657C 网管型交换机支持 Dual-Homing 协议，可实现研华 X-Ring 与基于 RSTP 协议的第三方非研华交换机环网间的互联。Dual-Homing 通过两条互为冗余的链路实现与其他网络的级联，当其中主链路出现故障时，Dual-Homing 可迅速地切换至另外一条备份链路进行通讯，实现两个网络间数据的可靠传输。另外，Dual-Homing 技术可方便地实现快速冗余环网与 RSTP 等冗余网络协议的无缝兼容。Dual-Ring 冗余环网协议是一个非常灵活的环网扩展协议，可实现两个环网（可扩展为多个环）在一台中心交换机中汇聚，方便用户对多个环网进行统一管理并节省布线及设备成本。Dual-Ring 通信结构如图 5 所示。

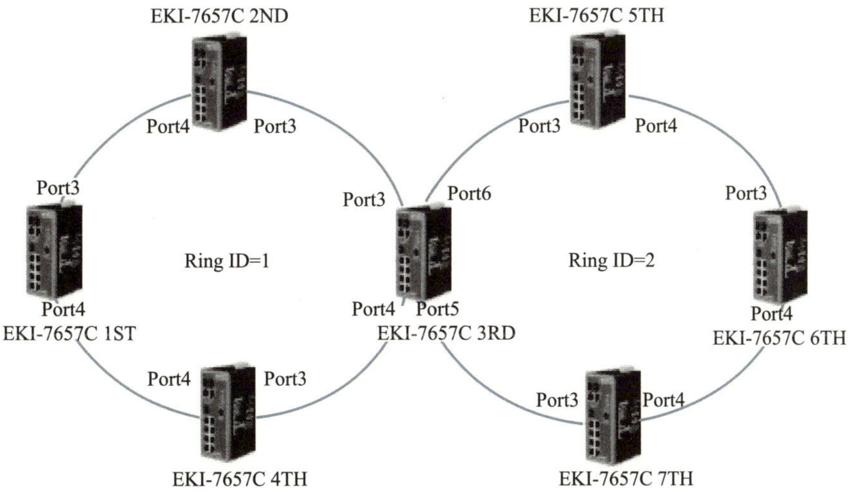

图 5　环网通信结构

在进行环网配置时，需首先对每台交换机进行配置后再进行设备连接，连接中需在Dual-Ring 通信结构中进行环路信息配置，配置信息如图 6 所示。

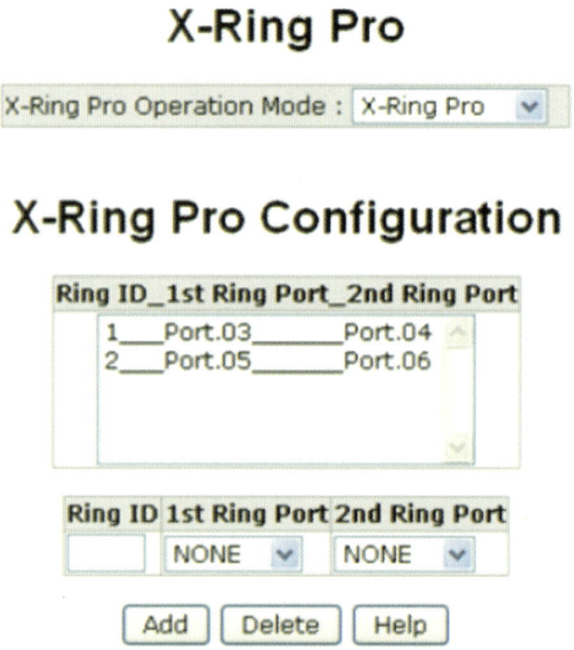

图 6　环路配置信息

环形网络配置成功后，利用 UA 交换机作为两网络的传输媒介，同时为各分散式火灾报警控制器分配 IP 地址，由位于主控及 UA 的火警主机通过配置菜单来对不同分机进行信息甄选，从而使 UA 与主控室 CRT 分别完成对核岛、BOP 区域火警信息的实时监控。

3.3　软件分析

1）运行控制软件

目前火灾报警控制器 JB-QB-9200 具有主机运行控制软件以及离线编程软件。在线主机运行控制系统采用的为 Windows CE 6.0 中文操作系统，该操作系统为一个 32 位、多任务、多线程系统，具有通讯功能强大、图形界面出色、多任务处理、实时性、可定制性的特点。9200 控制器的核心部件采用的为嵌入式工控机，而非普通工控机。

嵌入式系统软件采用模块化设计，简单明了、操作简便、功能结构较为清晰、便于系统功能扩展。同时该软件具有设计灵活的特点，可以对就地火灾报警信息进行实时监控、分析和处理，其网络控制矩阵可以通过设置模块来实现网络的跨机联动，可以完成对联动设备的输入与输出，实现接收与存储控制网络中所有的火灾自动报警信息。系统流程图如图 7 所示。

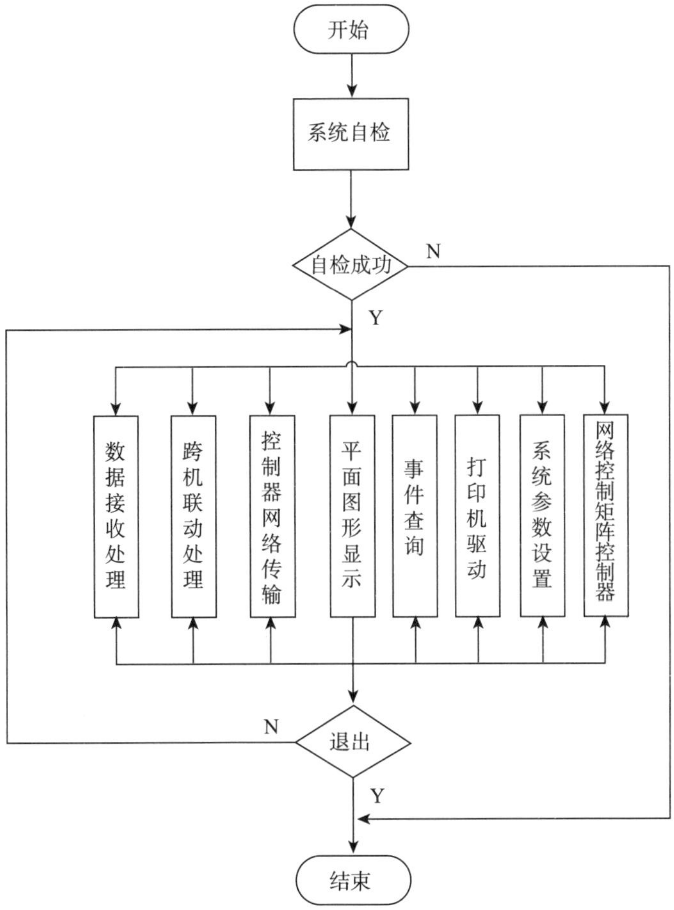

图 7　系统流程图

2）离线编程软件

JB-QB-9200 离线编程系统主要用来为在 9200 火灾报警控制系统主机上运行的控制软件配置数据。离线编程软件主要配置的数据为两大类：一是基础数据配置；二是业务数据配置。基础数据主要是对控制器系统所连接的外部设备的信息进行配置管理，这些外部信息设备主要包括：回路、单元、模拟盘、灭火控制器、DCS、图形显示系统及联网主机等。业务数据主要是火灾显示盘信息显示设置，灭火盘灭火控制器关联关系，各种设备、单元或信号间的联动控制关系。同时除了以上两种重要信息外，离线程序还提供了对配置数据库的简单管理功能，包括按项目名称分类管理数据库，数据库的导出、导入等。如图 8 所示为主机配置参数指令框。可实现对主机的地址和端口进行配置，实现联网控制功能通讯。

图 8　配置参数指令框

4　可靠性分析

田湾核电厂 5、6 号机组核岛火灾报警系统利用冗余环网替换星型结构，在满足信息监管的同时，也保证了火灾报警系统的可靠性。环型控制网络采用对等模式实现信息共享，通过光纤在环型网络中进行传输，每个控制器既是上一分站的接收机，又是下一分站的发送机，每台火灾报警控制器具有同等控制权限，具备发起通信会话资格。控制器之间可直接进行网络通信、资源共享以及协同工作。这种网络通信模式实现了火灾报警控制器向多台其他报警控制器或图形显示装置上传本机数据的功能。环型控制网络具备传输阻抗易于匹配、系统抗电磁干扰能力强，同时网络信息传递可靠性高的特点。目前在田湾核电厂 5 号机组实际运用中显示，在满足《电力监控系统安全防护规定》的前提下，各厂房报警信息可准确传送至 UA 及主控操作员站，网络结构安全、稳定。

5　结论

通过对田湾核电厂 5、6 号机组火灾报警系统网络结构优化，冗余环网解决核电厂各子项火警监督分工不同的问题，确保准确火警信息传送至对应消防监控室，在保障火警系统安全稳定的同时，合理分配报警信息，满足《电力监控系统安全防护规定》，符合火警国标要求。该网络结构的成功优化，使田湾核电厂 5、6 号机组火灾报警系统安全、平稳、可靠的运行。

参考文献

[1] 杨利彪.核岛火灾自动报警系统设计与研究[D].华北电力大学,2013.

[2] 王刚.基于对等网络的嵌入式火灾报警控制器软件设计[D].西安电子科技大学,2016.

[3] 王彤,潘武红,成震.核电厂火灾自动报警系统控制网络设计[J].中国核电,2016,9(3):202-207.

[4] 刘婧婧,何坤,李岩.核岛火灾自动报警系统设计分析[J].自动化与仪器仪表,2017,(1):3.

[5] 谢燕芬.核电厂火灾自动报警系统设计[J].科技资讯,2017,15(12):2.

分布智能图像型火灾探测系统在核电厂的应用研究

丛今跃[1]
（1. 江苏核电有限公司，江苏连云港 222000）

摘要：针对核电行业分析了传统火灾报警系统面临的问题，笔者介绍了图像火灾探测技术的发展历程，并概要性地介绍了图像火灾探测的基本原理和算法。针对田湾核电厂 5、6 号机组，提出了系统改进设计方案，于核岛主控室设置报警监控管理工作站，实现系统的操控和管理。本文简要分析归纳了图像火灾探测系统对传统火灾报警系统的改进方向，给出了技术的未来发展方向和在核电应用的主要方向。通过增设分布智能图像火灾探测系统，田湾核电厂 5、6 号机组的火灾报警系统将更趋完善和高效。

关键词：火灾报警系统；图像火灾探测；分布智能；系统改进

1 问题的提出

目前为止，核电厂的防火安全已经建立了一个相对完善的规范标准体系，然而由于规范编制时间阶段的限制，所有规范都是基本且有局限的。另外，核电也呈现一些典型的行业特点，例如核电行业对新技术的选择采用十分慎重等，这使得即便在已知原有系统可能存在不完善的情况，也不能很快得到弥补解决。就常规岛等几个厂房或场所简单分析如下。

（1）汽轮机厂房和 AC 厂房。可以肯定的是，这两个厂房就是典型的大空间厂房，厂房高度超过 12 m，所以之前的典型设计就是采用线型光束感烟火灾探测器。根据对某核电站汽轮机厂房的调研，发现线型光束感烟火灾探测器（即传统的发射/接受式探测器和反射板式探测器）在厂房均得以使用。然而，此类探测器易受行车移动等情况遮挡，导致探测器误报火警或故障，若较长时间对探测器进行闭锁，又降低了火灾探测的能力。经考察，发现实际上探测器使用的方法有待进一步改进，包括：第一，根据 GB50116—2013《火灾自动报警系统设计规范》第 12. 4 节“12. 4. 1 高度大于 12 m 的空间场所宜同时选择两种及以上火灾参数的火灾探测器”，而之前的应用只采用的线型光束感烟探测。第二，根据 GB50116—2013《火灾自动报警系统设计规范》第 12. 4 节“12. 4. 3 线型光束感烟火灾探测器的设置应符合下列要求：1 探测器应设置在建筑顶部；2 探测器宜采用分层组网的探测方式；3 建筑高度不超过 16 m 时，宜在 6~7 m 增设一层探测器”。而之前的应用探测器的安装位置基于躲避行车或风管和便于维护的考虑，探测器设在了行车下方，约 9 m左右的高度，对于线型探测器，这并不是合适的用法。

（2）主变压器或厂用变压器等变压器区域。根据对部分核电站的考察，主变压器之前主要采用的可恢复式缆式线型感温火灾探测器。变压器的火灾危险性分析的已经很多了，不再赘述。实际应用中的突出问题是：第一，变压器火灾或爆裂前还是会有典型的早期特征，例如产生烟雾或者温度异常偏高或温升较快，传统探测器难以确保对探测器极早期探测；第二，变压器实际应用中并不希望周边悬挂过多的金属缆和感温缆，影响变压器的检修维护，且受环境的影响，感温缆要定期更换等。

（3）油类设备场所火灾危险性大，传统方法的响应及时性差，即时确认能力更差。在核电厂汽轮机轴瓦发生火灾的事故并不少见，其他场所发生渗漏遇高温起火的情况也不少见，而传统的探测方法成效不理想。

（4）核电厂原来发生不少在地下、半地下建筑空间探测器失效或误报的问题，尤其是沿海地区和南方地区，地表湿度越大和温度越高，越容易在地下空间形成凝露等现象。主要出现两类问题：第一误报偏多，例如在电缆隧道等区域内，缆式线型感温火灾探测器误报较多，对于点型感烟探测器，因为凝露作用误报率也偏多；第二点型火灾探测器受损严重，凝露会造成探测器电路受损。

本质上讲核电厂重要防护区域和设备火灾探测需求就是极早期和可靠，而且越早越好。从理论上讲，实现极早期火灾探测，还要能应对环境因素的考验，需要具备以下特质。

（1）探测器一定要能避免因燃烧产物物理传播过程而产生的影响。图 1 为火灾发生、发展和蔓延的过程示意图。燃烧产物的物理传播过程包括烟气的流动升腾、温度的传导/对流/辐射等，可以肯定地讲，只要探测器依赖于燃烧产物的传播，探测的滞后性就会产生，物理传播速度越慢，探测就越慢。其他电厂案例分析中，金属棒探测器不报警，一方面是高温点的温度传播不足以触发报警，另一方面安装位置大大影响了探测效能；线型光束感烟探测器报警不及时，则更加明显地体现出了烟雾传播造成的问题。

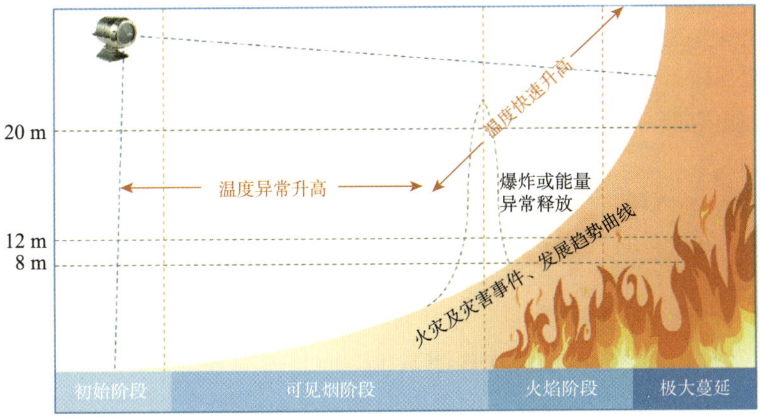

图 1　火灾发生、发展、蔓延的过程

（2）探测器要能实现多参数复合探测，例如烟雾和火焰二复合，或者温度、烟雾和火焰三复合，不但探测更全面，而且可明显降低设备维护量。

（3）探测器一定要能实现即时报警即时确认。传统探测器报警后都要人员进行现场确认，这样会耽误处置事故的时机，且无法对当时报警现象复原。

（4）探测器一定要能耐受恶劣的环境因素影响。一部分防护区域对于传统探测器来讲环境较恶劣，例如温度高、湿度大的地下或半地下建筑。

2 图像火灾探测技术的发展

2.1 图像火灾探测技术的总体发展情况

图像火灾探测技术已经发展了 20 多年的时间，尤其是在美国“9·11”之后，视频图像的分析技术得到了长足的发展，世界范围内从事图像火灾探测技术研究的，包括大学、企业、研究机构。2010 年美国 NFPA72 正式将图像型火灾探测器（Video Image Fire Detector）列入其中，这也为图像型火灾探测器在国际市场的推广起到了推动作用。

正如美国 FM 公司的知名专家 Robert Elliott 在行业性期刊 FS-WORLD（Special Edition for SUPDET 2011）刊文所述，图像型火灾探测器分为以下几个发展阶段。

第一阶段，时间约为 2000 年前后，基于计算机分析的图像火焰探测系统。这一阶段主要采用 CCD 摄像机，配套后端计算机进行集中分析，如图 2 所示，一套计算机可以连接 8~16 路摄像机。

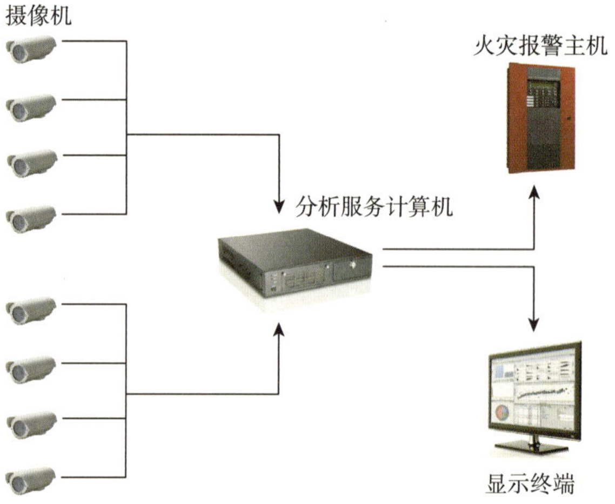

图 2 基于计算机分析的早期探测架构

第二阶段，时间约为 2002 年后，基于计算机分析的图像烟雾探测系统。该类系统最典型的代表是英国 D-tec 公司的 VSD 探测系统。但是因为其基于计算机集中分析的架构，类似图 2 的架构，因此系统的可靠性问题并未得到实质性提升。即便这样，VSD 的应用还是较广的，包括机场、机库等都有应用。

第三阶段，时间约为 2005 年，仍然基于计算机分析，但实现了烟雾和火焰的整合探测。无疑烟雾和火焰整合探测为图像探测系统的能力提升起到了一定的作用。但实际上第一到第三阶段，本质上还主要是计算机算法的发展。

第四阶段，时间约为 2008 年，就是以英特威视为代表的分布式智能探测架构，除了同时进行烟雾和火焰的探测外，不再采用计算机集中分析模式，而主要采用了基于 DSP 或多 ARM 处理器的分布式探测架构，如图 3 所示，每一台探测器独立工作。这种探测模式最大的优势就是大大提高了系统的可靠性，使得探测器之间、探测器与监控主机之间在正常运行情况下互不干扰。探测器总是可以以两个报警输出路由（一路与常规火灾报警系统连接，一路与视频图像报警监控系统连接）实现火灾报警。

正是2008年，英特威视公司的分布智能图像型火灾探测器通过了美国UL的认证，同年中国发布产品标准GB 15631—2008《特种火灾探测器》，其中针对图像型火焰探测器的检测检验提出了标准和要求。这也促使图像型火灾探测器得以进一步发展。

2013年中国国家规范GB 50116—2 013《火灾自动报警系统设计规范》正式颁布，图像型感烟和图像型火焰探测器被写入了规范条文，为这种探测器的应用提供了重要基础。

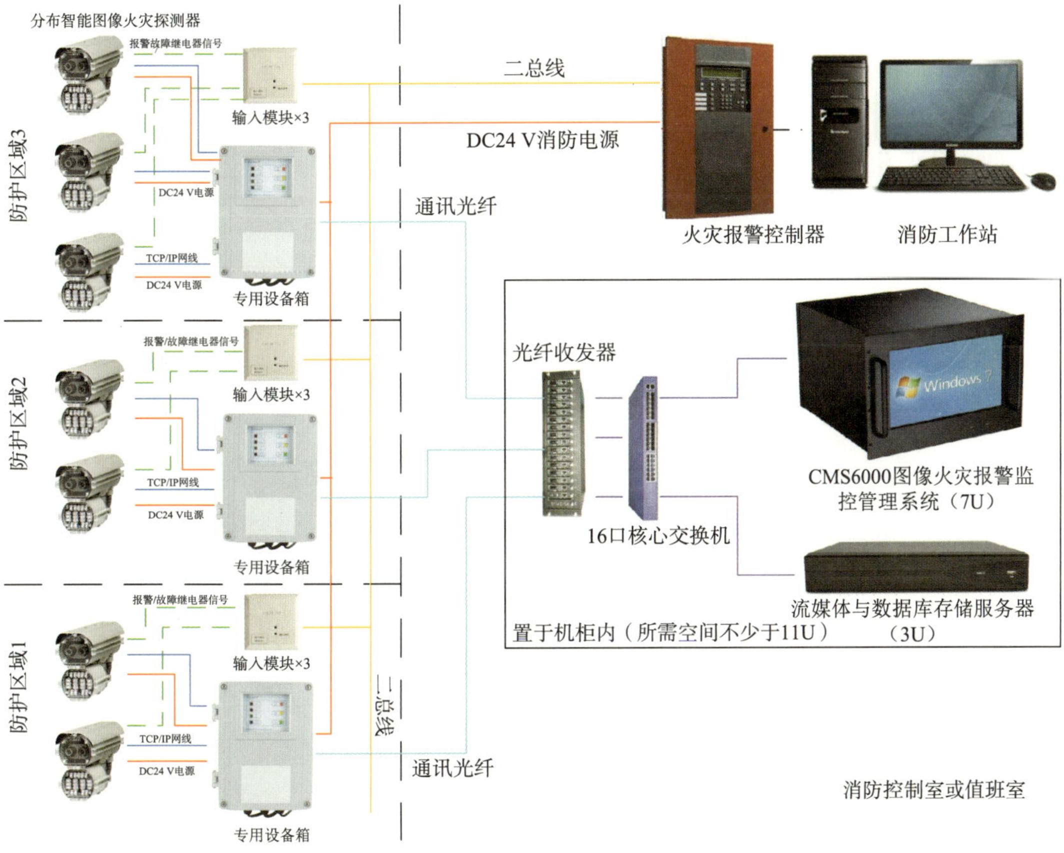

图3 分布智能图像火灾探测系统架构

2.2 分布智能图像型火灾探测器最新发展与进展

近年来图像型火灾探测器作为一种新兴的火灾探测器技术得到了快速发展，其在早期探测、火灾定位定区和即时报警即时确认方面有了很大提高。最新的发展主要从近红外、红外、紫外和可见光多光谱图像复合探测技术、特征识别与融合算法、AI深度学习算法几方面做了深入研究，形成了一系列产品，全面发展了多光谱成像火灾预警探测与监控系统，除了拓展出分布智能多频图像型火灾探测器、红紫外双光成像火灾探测器，还针对火灾极早期侦测开发了多光谱多梯级成像火灾预警探测器，针对高危、高复杂环境开发了立体多传感强复合成像火灾探测器和耐辐照图像型火灾探测器，主要目的是实现极早期火灾预警探测、高可靠性、精确定位、复合参数探测等发展目标。

2.3 分布智能图像火灾探测原理及算法简述

分布智能图像型火灾（感烟、感火焰复合）探测器的基本原理。

（1）基于多频图像（即可见光图像、近红外或红外图像），实现防护区域或被防护对象的视场覆盖，捕捉各种与火灾相关的信息和数据，并进行融合分析，如图 4 的原理框架；

（2）通过对多频图像中烟雾、火焰的特征参数分析（如图 5 的示意）和深度学习分析（如图 6），可以形成烟雾或火焰的概率指标，对于概率超过 90%以上的可以触发报警。实时温度数据可以实现差温、定温的报警；

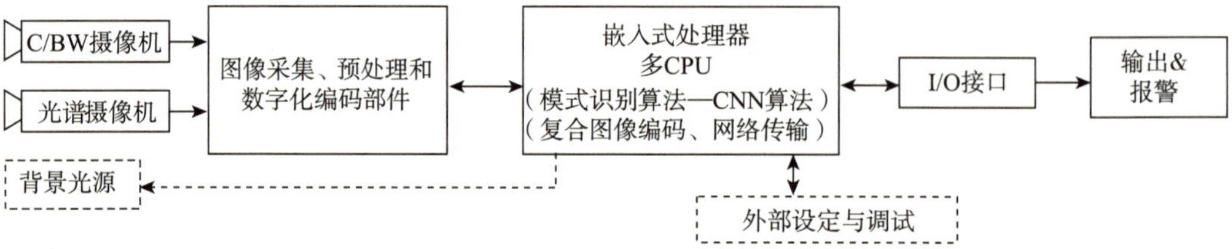

图 4　分布智能图像型火灾探测器原理框架

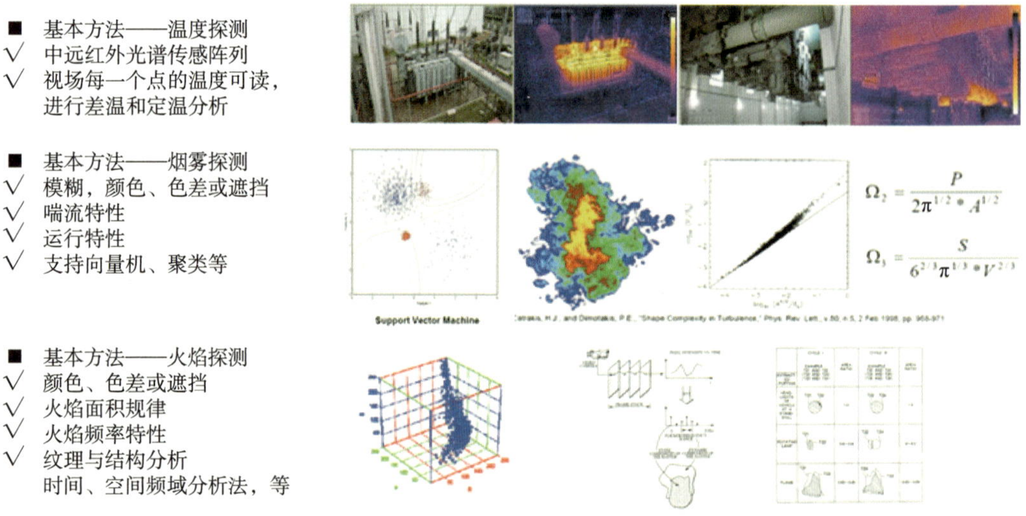

图 5　基于特征分析的原理

（3）该型探测器不需要燃烧的产物传播到探测器的位置，只需要其在视频视场中出现，系统即会进行分析，因此受环境影响的程度减小了；

（4）该型探测器即时报警即时确认，探测器报警后监控中心主机上立即会弹出报警视频，并且烟雾、火焰的报警信息全部叠加到视频上，一目了然；

（5）算法上，探测器感温、感烟和感火焰可以独立报警或复合报警。

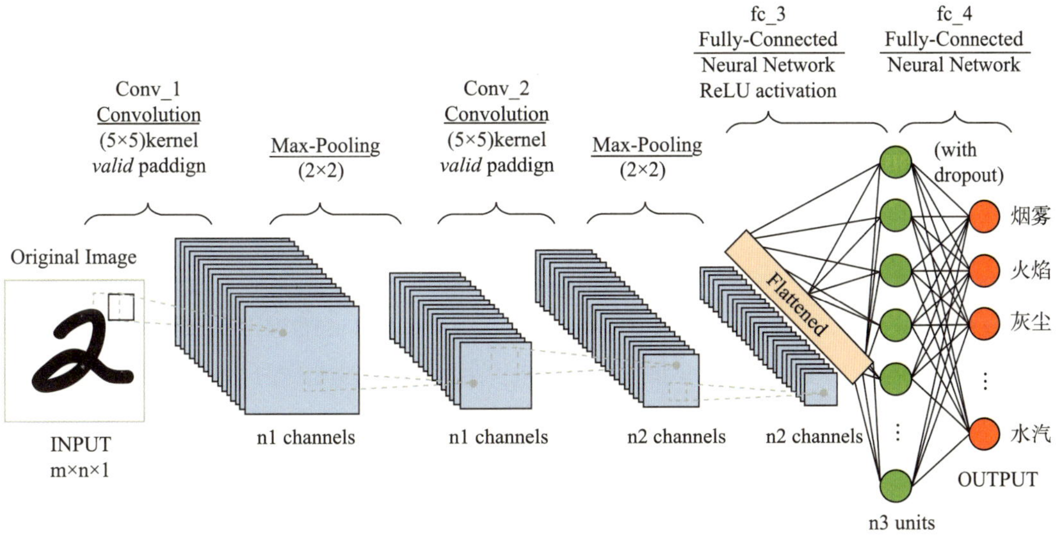

图 6　基于卷积神经网络的深度学习算法架构示意图

2.4　核电厂应用图像型火灾探测器的标准规范发展

根据最新的《核电厂常规岛设计防火规范》送审稿的内容，核电厂常规岛等明确适用图像型探测器的场所如表 1 所示。

除了常规岛，BOP 和核岛区域也有一些重要的建筑或防护区域逐渐会采用复合型图像火灾探测器，例如主泵间等。

表 1　核电厂常规岛等适用图像型探测器的场所

建（构）筑物和设备		可选的火灾探测器类型
汽轮发电机厂房	润滑油贮存传送间	（感温+图像型）/（图像型+感烟）
	电液装置（抗燃油除外）	（感温+图像型）/（图像型+感烟）
	氢密封油装置	（感温+图像型）/（图像型+感烟）
	汽轮发电机组轴承	感温+图像型
	运转层下各层	图像型/感烟/感温
	给水泵油箱（抗燃油除外）	（感烟+图像型）/（感温+图像型）
	主蒸汽管道与油管道（在蒸汽管道上方）	缆式线型感温+图像型
变压器区	主变压器	（感温+图像型）
	辅助变压器	（感温+图像型）
	联络变压器	（感温+图像型）
	高压厂用变压器	（感温+图像型）

续表

建（构）筑物和设备		可选的火灾探测器类型
其他	室内主、辅助开关站	图像型/感烟
	油罐区	缆式线型感温+图像型/光纤感温+图像型
	燃油辅助锅炉燃烧器	（感温+图像型）
	非放射性仓库（机、电、仪库，备品备件库）	（吸气+感温/图像型）/（感烟+感温/图像型）
	润滑油和油脂库	（感温+图像型）/（感烟+图像型）
	机组柴油发电机厂房	（感温+图像型）/（感烟+图像型）
	蓄电池充电维修间	感烟/图像型/火焰
	机、电、仪修车间	感烟/图像型/火焰

注：潮湿环境应装设图像型火灾探测器。

3 田湾核电厂使用分布智能图像型火灾探测器的设计方案

3.1 田湾核电厂5、6号机组设置分布智能图像型火灾探测器的区域选择

针对田湾核电厂5、6的传统火灾自动报警系统进行补强，本次重点针对以下区域设置了分布智能图像型火灾（烟雾/火焰）探测器：

（1）汽轮机厂房内，包括汽机轴承、主油室（主油箱、冷油器和润滑油泵）、润滑油转运间（油净化装置和净油箱）、启动给水泵、电动给水泵和厂房内主电缆桥架；

（2）主变压器、厂用变压器、辅助变压器。

3.2 系统的架构设计

系统总体架构如图7所示。在汽轮机厂房及变压器区域设置图像型火灾探测器和专用设备箱，专用设备箱内置DC24 V消防直流电源、光纤工业以太网交换机等辅助部件；在热控MCC小室设置监控管理服务器、流媒体存储服务器、信息处理主机、（光纤）以太网交换机和UPS不间断电源等，通过光纤与现场的设备进行联网；在核岛主控室设置一套监控工作站，通过光纤网络与热控MCC小室服务器连接。核岛主控室可以进行各种操作，也能收到各种报警信息（包括烟、火报警类型、火灾的位置信息等）。

3.3 探测器的布置

图像型火灾探测器的布置主要的原则是实现被保护设备、设施或建筑的空间视场覆盖。通过采用不同视场角的探测器，完成空间视场覆盖的目的。对于视场中出现的烟雾、火焰，探测器即会进行实时图像分析，快速报警。图8为应用于汽轮机轴承的安装视场示意图，探测器视场的重点是被保护的轴瓦，或者轴承周边部位。

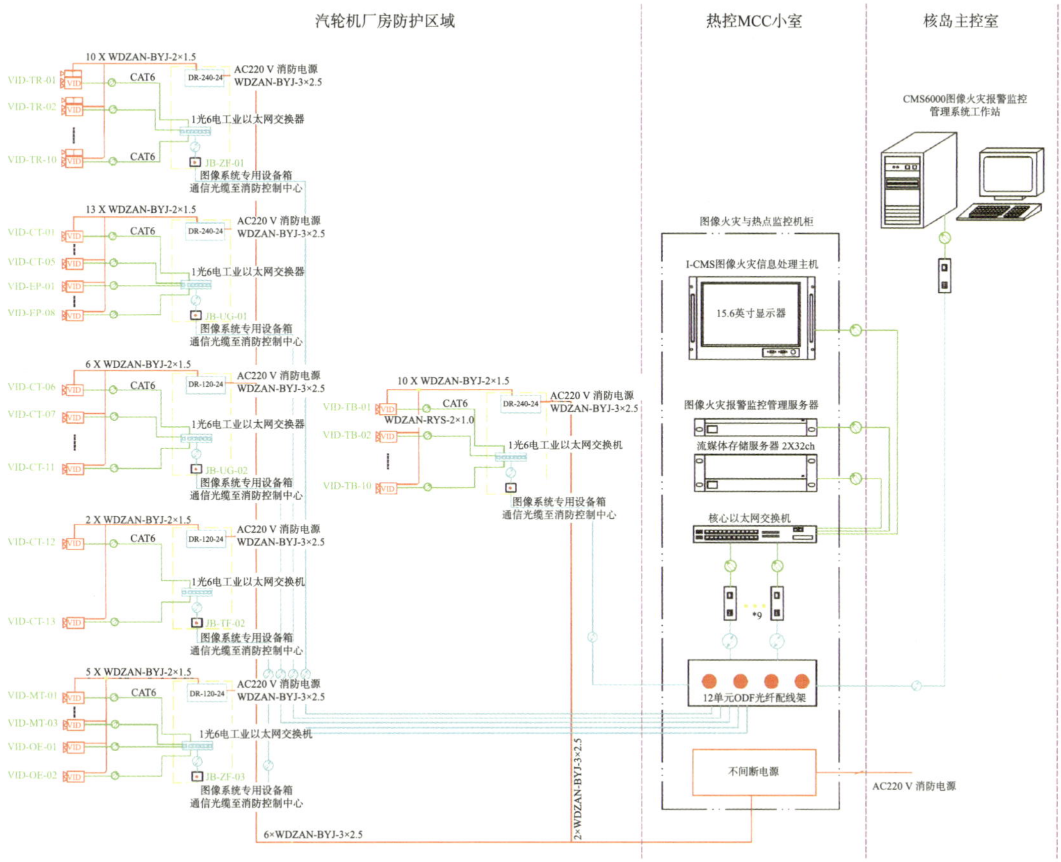

图 7　田湾核电厂 5、6 机组图像火灾探测系统架构图

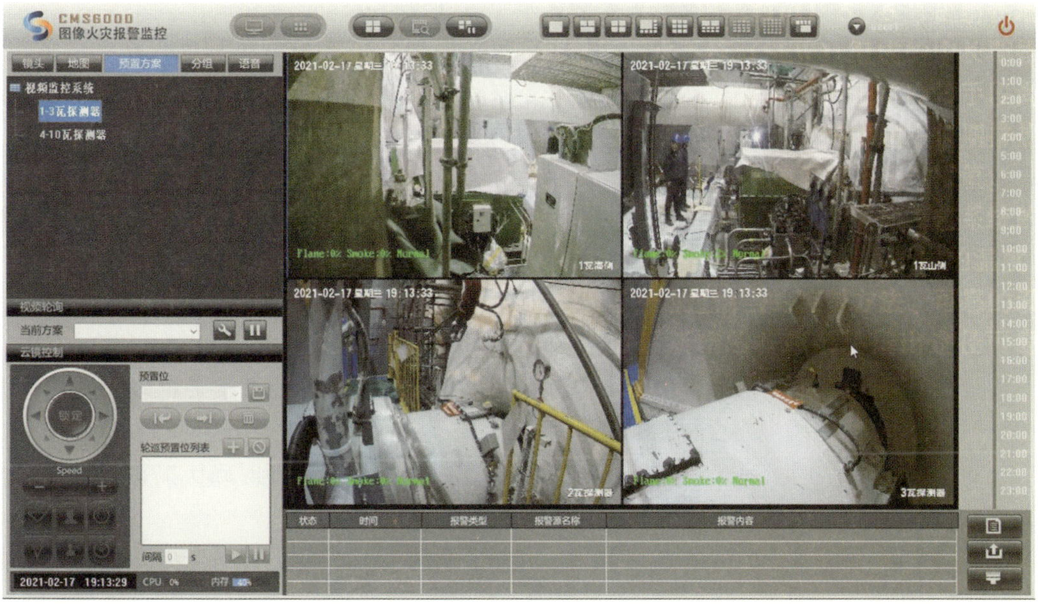

图 8　汽轮机轴承图像火灾探测系统布置视场示意图

4 对传统火灾自动报警系统的改进分析

分布智能图像型火灾（感烟、感火焰复合）探测器的使用会从以下几方面提升火灾自动报警系统的能力：

（1）分布智能图像型探测器完全采用图像成像分析技术，不需要燃烧的产物传播到探测器的位置，避免了传统探测器由于需要燃烧产物发生传播而引起的延迟，大大提高了探测的早期性；

（2）分布智能图像型探测器同时进行烟雾和火焰等多种探测参数的分析识别和报警，是典型的复合探测器，十分有利于工业场所的火灾早期探测，尤其是适用于存在复杂点火源和燃烧源的场所或者传统探测器难以施展的防护区域的火灾早期探测；

（3）分布智能图像型探测器组成的系统可以实现即时报警即时确认功能，以保证第一时间确认火灾，采取必要的应急措施；

（4）分布智能图像型探测器具有较高的防护等级，由于其是基于图像识别探测的，因此不受凝露、潮湿或高温的影响，具有更高的环境适应能力；

（5）分布智能图像型探测器的安装注重的是对防护区域的视场覆盖，不强调一定要安装在高处，避免大量的高处安装维护问题，长期使用成本低。

综上所述，核电厂使用分布智能图像型火灾（感烟、感火焰复合）探测器是必要的，可以大大提高传统火灾报警系统应对灾害事件的能力。

5 未来发展与核电行业应用

图像型火灾探测器的未来发展主要会在三个方面进行：

（1）图像型火灾探测器会大量采用 AI 深度学习算法，会呈现一种令人激动的效果，即在同一类防护场所的使用，探测器会越来越强，在同一场所的系统也可以不断进化，使得探测器规避一切出现过的误报源，早期有效识别火灾相关视频图像和数据；

（2）图像型火灾探测器仍然会更多的采用可见光、红外甚至紫外等多光谱图像进行探测，一方面是确保早期探测性能，另一方面是确保可靠性。而多光谱图像可以提供远超人眼所能及的光谱范围，完成复杂环境、复杂形态的火灾识别；

（3）图像型火灾探测器会随着数字技术和移动互联技术提高，例如企业级 5G 网的应用，实现真正意义上的使用管理移动化，即时报警即时确认，定点定位火灾。

随着核电行业设计防火规范的逐渐更新，图像型火灾探测器会被越来越多的用在核电行业，所使用保护场所主要会包括以下几类。

（1）特别重要的生产设施、设备和厂房，要求极早期探测，即时确认报警，极早期启动应急措施。典型的应用就是汽轮机厂房的应用；

（2）环境特别，例如潮湿凝露环境等，传统探测器难以应对的场所。典型的应用就是室外变压器和地下空间等；

（3）很多需要复合探测，高度可靠，火灾定位和自动联动灭火系统的场所；当然，还有一些希望使用维护方便的大空间厂房、仓库等。

6 总结

通过对核电行业和图像火灾探测技术的综述性分析，结合行业内发生的火灾案例分析，说明传统火灾报警系统有待完善和补强改进。针对田湾核电厂 5、6 号机组，提出了火灾报警系统改进方案，在汽轮机厂房的主要危险场所和变压器区域设置了分布智能图像型火灾探测器，在热控 MCC 小室设置服务器和信息处理主机，在核岛主控室设置报警监控管理工作站，实现系统的操控和管理。通过本次改进设置分布智能图像火灾探测系统，田湾核电厂 5、6 号机组的火灾防控系统将更趋完善和高效。

参考文献

[1] GB 15631—2008《特种火灾探测器》

[2] GB 50116—2013《火灾自动报警系统设计规范》

[3] GB 50745—2012 及送审稿,《核电厂常规岛设计防火规范 》

[4] Robert Elliott, Video Image Detection Review, FS-World Magazine, Special Edition for SUPDET 2011, p.10-14.

[5] Zhigang Liu, Geoge Hadjisophocleous, Guofeng Ding, Choonsiong Lim, Video Image Fire Detection System for Protection of Aircraft Hangars and Large Industrial Applications, FS-World Magazine, Special Edition for SUPDET 2011, 64-70.

[6]《多光谱成像火灾预警探测与监控系统产品选型设计手册》,北京英特威视科技有限公司,2020.09.

BOP设计改进和设计优化探讨

郭家广[1]，任　利[1]，徐　清[1]
(1. 江苏核电有限公司，江苏连云港 222000)

摘要：田湾核电厂5、6号机组采用国内成熟技术M310机型，在其项目启动期间遇上日本福岛发生核事故，在国家对新建核电厂提出了新的安全要求下被迫暂停。暂停期间设计部门根据国家最新要求，在汲取国内外同类型机组运行经验基础上，对相关系统和设备进行设计优化和改进，本文主要对BOP生产相关的子项设计优化和设计改进进行探讨，总结经验供同行和后续机组建设参考。

关键词：BOP；生产子项；设计优化；设计改进

1　前言

田湾核电厂5、6号机组采用国内成熟技术M310机型，与该电站3、4号机组一起于2007年启动初可研相关工作，到2011年之前各项工作进展顺利，工程稳步推进，截至2011年3月之前，5、6号机组FCD前各项工作准备就绪，然而因为日本福岛核事故，在国务院发布了暂停审批核电项目和核电前期工作的通知要求下，5、6号机组工程进展被迫暂停。在前期工作暂停期间，设计管理工作并未停止，期间收集了大量的M310及其他运行核电厂积累的工作经验和良好实践，本文主要对其中有关BOP生产服务子项的设计优化和设计改进经验进行探讨。

BOP（Balance of Plant）生产服务子项是除核岛和常规道之外为核电厂生产运营直接相关的子项。如机电仪修厂房、厂区实验室、制氯站等。为降低电厂建设成本，方案设计阶段对BOP生产服务子项进行了设计优化，以不降低使用要求为前提，尽可能合并功能相近子项，优化布局降低建筑面积。福岛核事故之后，为提高核电厂设计安全，HAF102要求及“十二五”新建电厂核安全要求增加了非能动应急冷却高位水源系统和安全壳及乏燃料水池事故后中长期排热冷却水系统，为实现这两种功能，在BOP新增了高位水池及机械通风冷却塔。下面分别对相关改进进行阐述。

2　设计优化

根据建标〔2010〕78号[1]《电力工程项目建设用地指标》第2.0.7条“核电厂辅助生产和厂前建筑的布置一般不够紧凑，用地面积较大；因此，为减少厂区用地，建议采用管沟综合廊道、管架集中错层联合布置，维修厂房和仓库等应成组布置和多层建筑等形式”。借鉴参考电厂站运营经验反馈和良好工程实践提出改进措施，是提高核电机组安全水平和经济效益的有效途径。

2.1 厂区实验室设计优化

厂区实验室（以下简称 AL）用于及时准确的分析检验一、二回路系统流质的化学和放射化学参数值，其主要功能有三个。

（1）监测核电厂在调试、运行及维修过程中一、二回路及其辅助系统的液体和气体样品，对其化学组成及放射性浓度进行监测，试验结果用来确定各系统可能产生的腐蚀和泄漏，以便及时采取有效措施来保证系统的正常运行。

（2）监测核电厂废水和废气流出物排放系统的样品，以确定气、液态流出物的放射性水平，保证核电厂向环境的受控排放。

（3）检测核电厂各种油类的品质和运行中油质的变化，确保相关系统设备运行的安全性。

通过调研和消化吸收参考电厂化学实验室的使用反馈经验，发现参考电厂实验室设计存在一些问题，主要是水化学实验室、油实验室和公用设施功能区房间数量和面积冗余大，流出物实验室使用空间相对不足，以及厂房占地面积过大，由此造成 AL 厂房工程的总建造成本偏高。

和其他电厂厂区实验室设计相比，5、6 号机组的 AL 设计具有功能分区布局更紧凑、占地面积及建筑面积更少的优点。该子项占地面积为 593.87 m^2，建筑面积为 2309.45 m^2，与参考电厂比较，占地面积和建筑面积分别减少 433 m^2和 691.58 m^2。

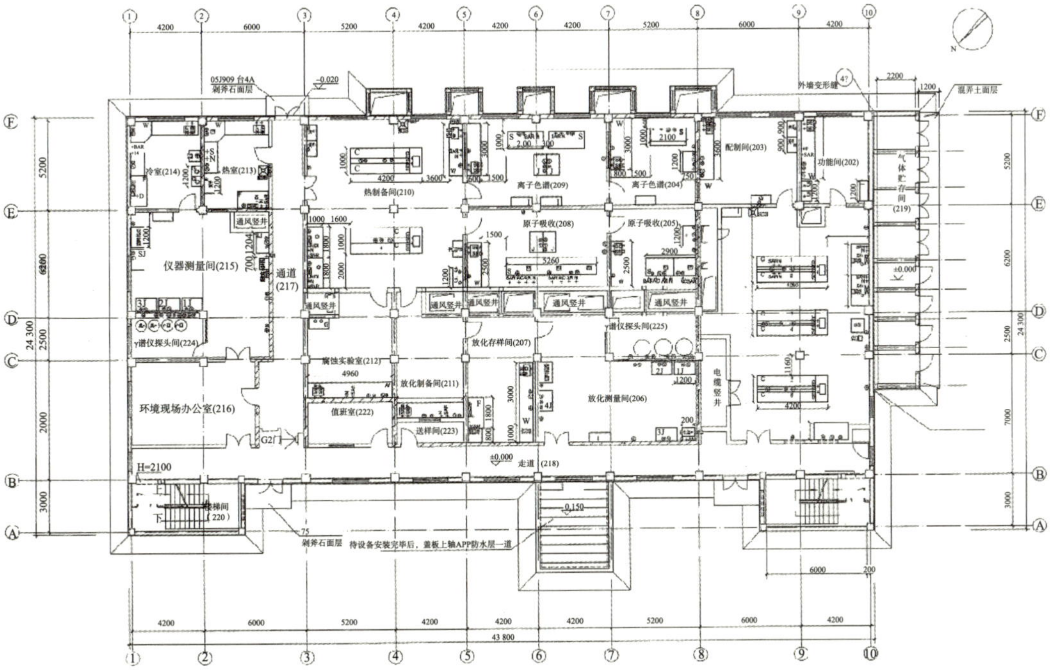

图 1　原设计方案

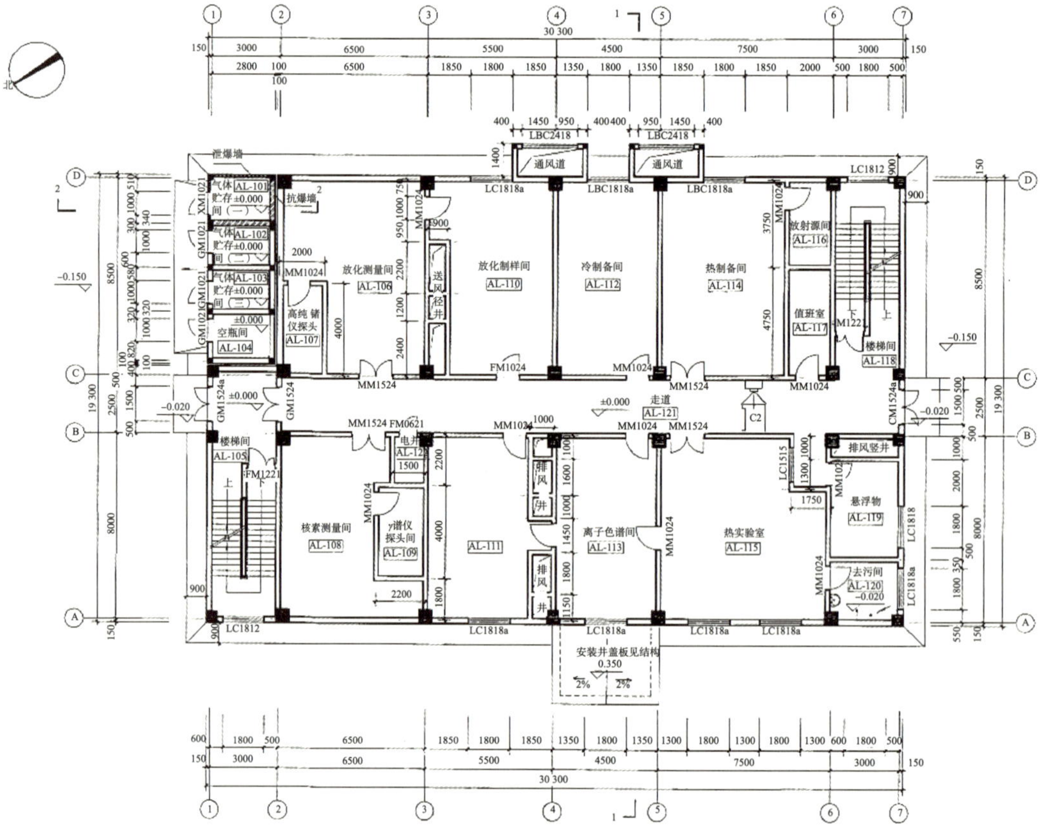

图 2　优化后设计方案

2.2　机电仪修三车间合并

M310 原设计用于非带放设备维修的车间有三个，分别为机修车间、铆焊车间和电仪修车间，三个车间建筑面积合计 9853.11 m^2，建筑基底面积合计 5867.1 m^2，考虑到三个车间功能相近，厂址用地有限，在征集了用户需求的基础上，将三个子项合并建设要求提交给设计院。设计院根据用户要求，对三个子项进行了合并设计，在方案阶段，用户和设计者直接进行了沟通，反复探讨，多次调整，最终确定了最优方案。合并后车间名称改为机电仪修车间，建筑面积 7313.42 m^2，建筑基底面积 5374.35 m^2。优化设计减少了建筑面积和占地面积，满足了用户要求，功能布局更加合理紧凑。

表 1　设计优化产生经济效益分析表

	原设计	优化设计	原设计—优化设计
建筑面积/m^2	9853.11	7313.42	2539.69
建筑费/万元	2583	1917	666

合并后占地面积小于合并前占地面积，减少的建筑面积和占地面积节省了大量的建设费用和建设用地，降低了投资费用，产生了非常可观的经济效益和社会效益。三厂房合并后集约化办公适应电厂发展需要，为后续工程建设具有参考价值。

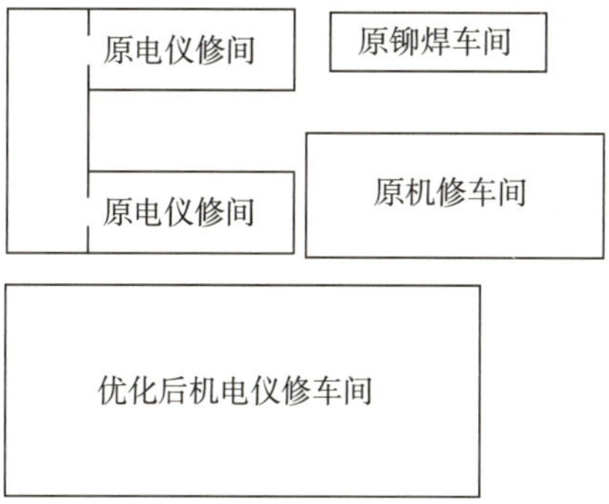

图 3　设计优化前后厂房布置示意图

2.3　辅助蒸汽联网设计

辅助蒸汽设计管理从该核厂一期开始，经过 3、4 号机组辅助蒸汽设计，到 5、6 号机组辅助蒸汽设计，均统一规划了设计管理工作，在各扩建工程初步方案阶段均考虑了辅助蒸汽联网事宜，因此各阶段辅助蒸汽的接口位置、接口参数明确，工艺廊道布局合理，为后续的辅助蒸汽用户扩建和改造等均考虑了预留接口，方便了后续扩建和改造。

在 5、6 号机组核岛、常规岛辅助蒸汽管道与廊道内管道的布置过程中就出现了一些问题，其中一个重要的问题就是辅助锅炉向其它用户供汽与 5、6 号机组干扰问题。5、6 号机组原设计辅助蒸汽先进入常规岛，再从常规岛经过廊道内管道向核岛辅助蒸汽用户供汽。5、6 号机组任意一台机组运行阶段，廊道内管道需要输送常规岛辅助蒸汽到核岛，此时如其它用户需要辅助锅炉提供辅助蒸汽，则无法绕过 5、6 号机组辅助蒸汽管道。经过多次方案对比，最终选定了在常规岛辅助蒸汽管道增加联通管道及隔离阀，对辅助蒸汽管道进行设计优化，优化后辅助蒸汽正常运行时新增隔离阀关闭，当需要用辅助锅炉向其他用户供汽时，打开新增隔离阀，核岛用汽通过 5MX 辅助蒸汽提供，常规岛辅助蒸汽直接输送至核岛用户，该设计方案解决了辅助蒸汽用户的干扰问题，对原设计改动最小，避免了大量图纸修改和系统修改造成的时间浪费和资源浪费。

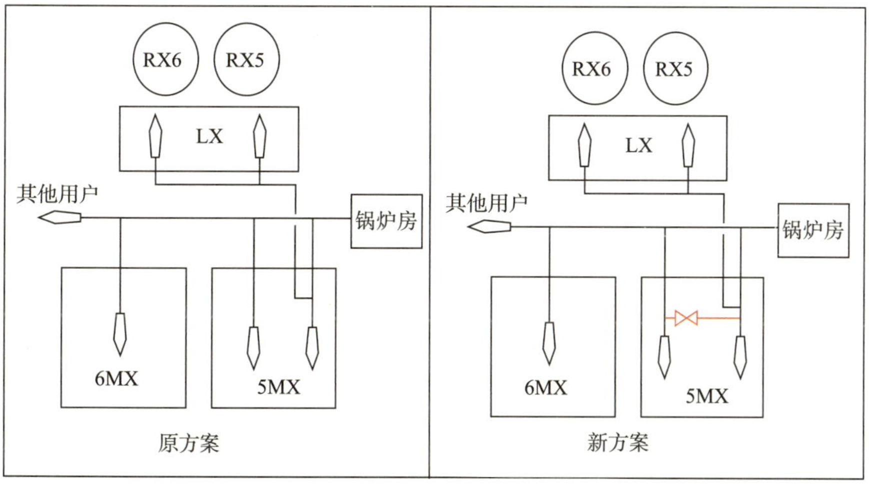

图 4　辅助蒸汽优化设计示意图

2.4 增加加氯备用管线

为了防止循环水内微生物不受控制生长影响循环水安全使用问题，在循环水中加入次氯酸抑制海生物生长是目前各核电站循环水防微生物生长常用手段，为保证整个循环水系统安全，需要在取水头部、循泵之前分别投加次氯酸，取水头部次氯酸输送管道一般沿取水隧洞敷设，为减少管道敷设对隧洞不利影响，以往加氯管道直接直埋入隧洞壁内，该敷设方式好处是隧洞洞壁为一整体，流阻小，缺点是管道不便更换。该电站 1~4 号机组为直埋方式敷设，其中 1、2 号机组运行十多年，管道内堵塞严重，已经影响了次氯酸的有效投加。为解决管道不易更换问题，在 5、6 号机组取水隧洞盖板沟内部增加加氯管道，盖板沟明敷方式便于更换加氯管，统筹解决了 1~4 号机组的加氯管运行多年盐沉积堵塞问题及堵塞管道不便更换问题。隧洞盖板沟也引入了新的问题，就是盖板的防冲刷问题和盖板沟内海生物生长的问题，一旦盖板固定不稳，可能会被水流冲走，威胁下游系统和设备的安全，海生物生长可能会顶开盖板，引起盖板背冲走风险。后经过研究，盖板缝隙用低强度砂浆勾缝进行固定，同时可以隔绝管沟内海水与外部交换，避免海生物生长。同时在管沟内填满沙袋，固定管道避免振动，同时也减少了管沟内空间，避免海生物着床生长。如今已运行一年多，运行状态良好。

除了在隧洞内增加加氯管，在 5、6 号机组厂区 GB 廊道内也增加了 1-4 加氯管道的备用管道。因此当1-4 原有加氯管道损坏或无法使用时，即可接通 5、6 号机组厂区内和隧道内备用加氯管，实现备用管线加氯。

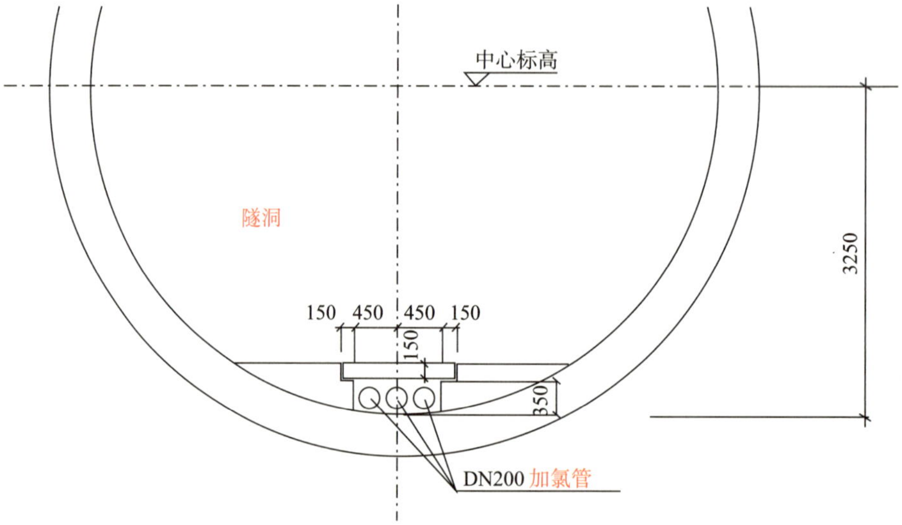

图 5　隧洞内加氯管

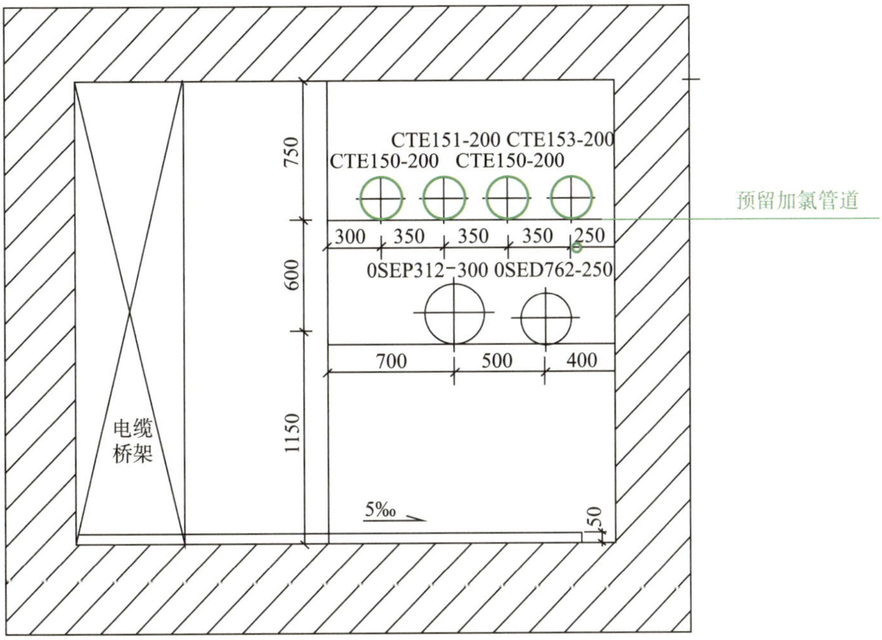

图 6 GB 廊道增加加氯管

3 设计改进

为了进一步提高机组的安全性，特别是提高机组严重事故的预防和缓解能力，在考虑福岛核事故的经验反馈、HAF102 要求及“十二五”新建电厂核安全要求，结合概率安全分析、在建机组 SAR 审评共性问题的解决方案、以及国内外同类机组运行经验反馈的基础上，实施了 43 项重大技术改进，包括新增非能动应急高位水池、增设了安全壳及乏燃料水池事故后中长期排热冷却水系统。

3.1 新增非能动应急高位水池

在发生厂内交流电源完全丧失的情况下，非能动设备和移动设备成为保障核电厂安全的关键因素。针对本工程，在增加移动设备相关设计改进的基础上，参考 AP1000 及 ACP1000 等核电厂的设计经验，增设了非能动应急冷却高位水源系统。严重事故早期 72 h 内，当厂区移动应急供水设备不能及时接入时，非能动应急冷却高位水源系统通过非能动方式向蒸汽发生器二次侧非能动系统补水，延长二次侧非能动系统有效工作时间；同时可以非能动方式向乏燃料水池补水，确保乏燃料水池内乏燃料的有效冷却。当移动设备成功接入时，又可以作为辅助给水系统水箱、换料水箱和乏燃料水池的额外水源，提供重力补水。

高位水池为非安全级、抗震 1 类构筑物。高位水池设计容量，应急输水流量和供水压力需要满足两台机组严重事故状态 72 h 内蒸汽发生器二次侧非能动系统、辅助给水系统水箱、换料水箱和乏燃料水池的补水需求。

高位水池位于厂址北侧山体上，由 4 个单体水池组成，每 2 个单体水池为 1 组，共分为 2 组，呈阶梯状布置。每组水池有效容积对应一台机组 72 h 所需应急冷却水量 1640 m^3，并对应一个出水廊道。两台机组最严重事故状态 72 h 需要的水量为 1640×2＝3280 m^3。因此，高位水池的有效容积为 3280 m^3，考虑到长期储存过程中的蒸发等水量损失，高位水池设计容量定为 3500 m^3。出水廊道内设置有水池进、出水管道和相应阀门。每个单体水池分为 2 格，4 个单体水池根据地势条件采用了半嵌入山体的不同的池底标高。总体尺寸：长 36. 00 m，宽 25. 00 m。

高位水池补水水源来自厂区饮用水系统。饮用水系统管网供水压力为 0. 70 MPa，而高位水池位置最高的水池进水管道标高为 75. 50 m，单靠饮用水系统管网压力不能满足向高位水池补水的压力要求，因此设置一台增压供水装置从饮用水管网取水，增压后向高位水池供水。

高位水池布置综合考虑了设计准则、地形条件、工程实际等因素，能够满足非能动应急冷却高位水源系统功能，在严重事故下为系统用户提供应急冷却水。该系统及建构筑物在国内核电站属首次应用。工程进展顺利，成功完成安装调试随机组投入安全运行。

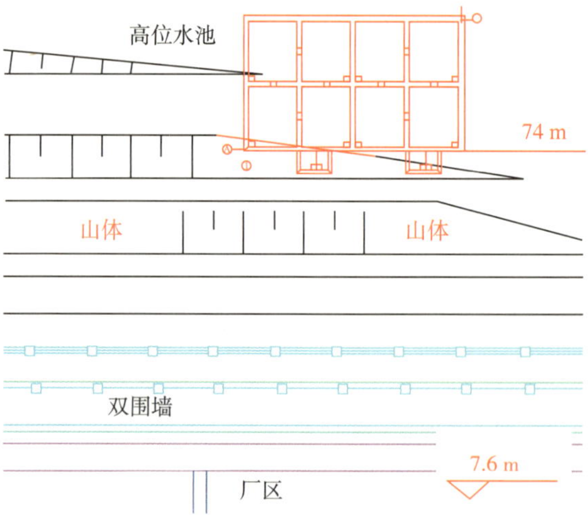

图 7　高位水池厂区平面布置图中位置示意图

3. 2　新增机械通风冷却塔

增设安全壳及乏燃料水池事故后中长期排热冷却水系统，在严重事故发生 72 h 之后将中长期排热冷却水系统传入中长期排热厂用水系统的热量全部导出到环境大气中，该系统为非安全级系统，无能动设备冗余要求，为实现该系统功能，在 BOP 新增包括机械通风冷却塔、辅助泵房在内的建、构筑物。

中长期排热冷却水系统和中长期排热厂用水系统用于在“全厂断电（SBO）+丧失最终热阱（LUHS）+一回路小破口失水事故（SB-LOCA）”“SBO+LUHS+异常全堆芯卸料”工况下或是在乏燃料水池失去设备冷却水系统/重要厂用水系统正常冷链冷却且有效补水丧失的情况下将安全壳内堆芯余热及乏燃料水池内的乏燃料衰变热传递至环境大气。中长期排热厂用水系统在机组正常运行期间不执行运行功能，系统投运时间按上述严重事故发生后 72 h 考虑，旨在事故发生后的中长期导出安全壳内堆芯余热及乏燃料水池内的乏燃料衰变热。

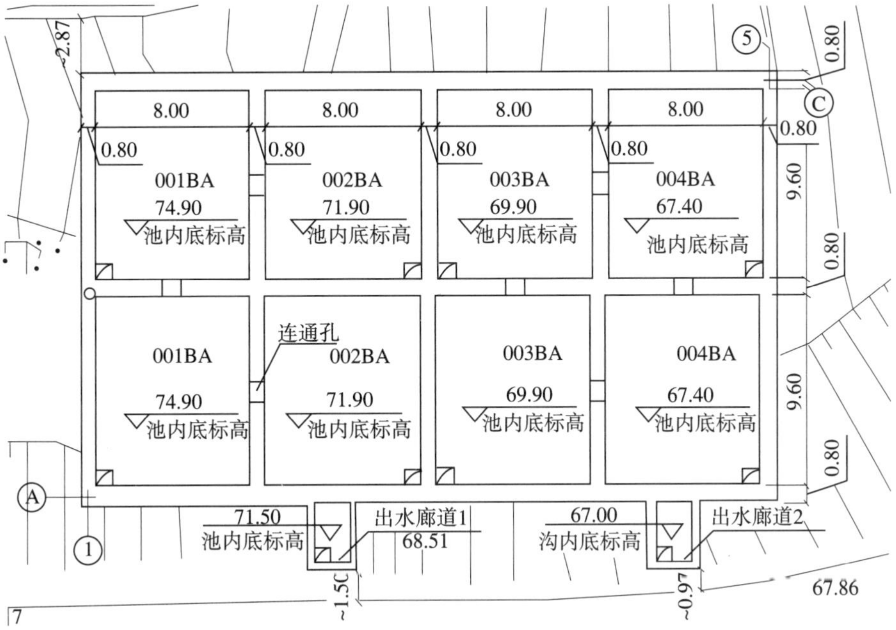

图 8　高位水池定位图

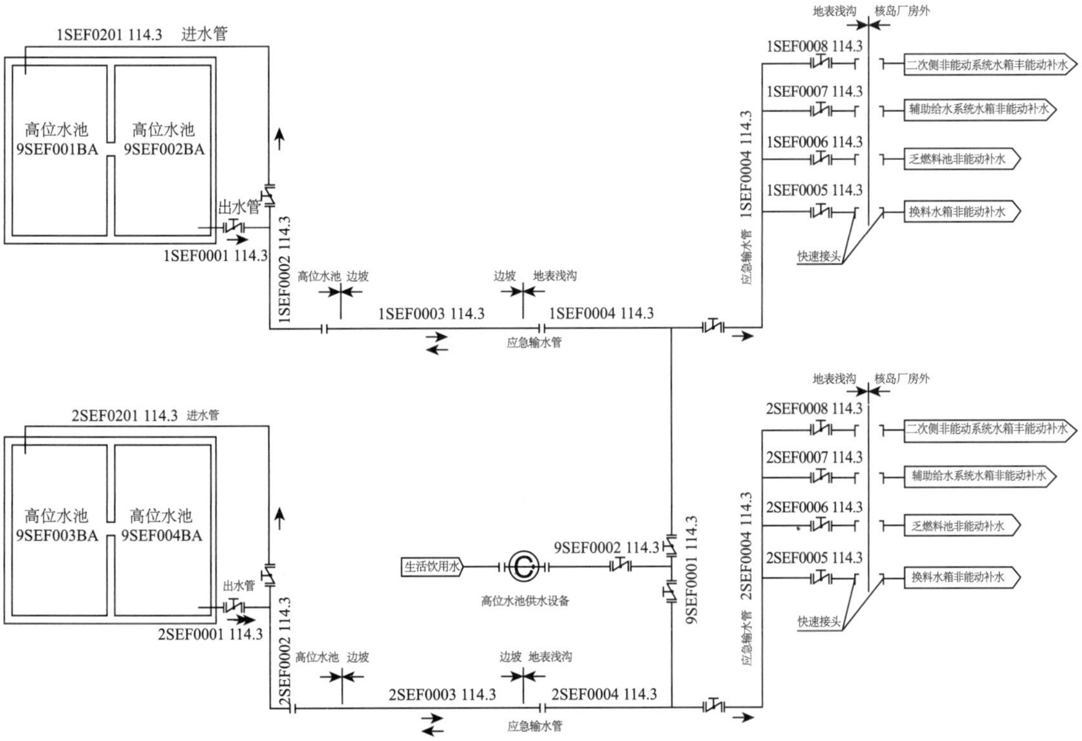

图 9　非能动应急冷却高位水源系统流程图

中长期排热厂用水系统为非安全级系统，无能动设备冗余要求；能动设备由后备电源供电。需要对 SL-2 地震、水淹、生物滋生、冰冻等灾害设防。

机械通风冷却塔是中长期排热厂用水系统的核心部件，包括 4 个冷却单元，每个冷却单元内设置 1 台风机，1 组填料和收水器以及相应配水管道和喷头，每台机组对应两个冷却单元。根据系统设计准则，机械通风冷却塔所有组件的安全等级均为非安全级，但应在 SL-2 地震中及地震后保持其功能性。另外，机械通风冷却塔设计需要考虑防龙卷风、防水淹、防生物滋生、防冰冻等措施。机械通风冷却塔能动部件应由后备电源供电。

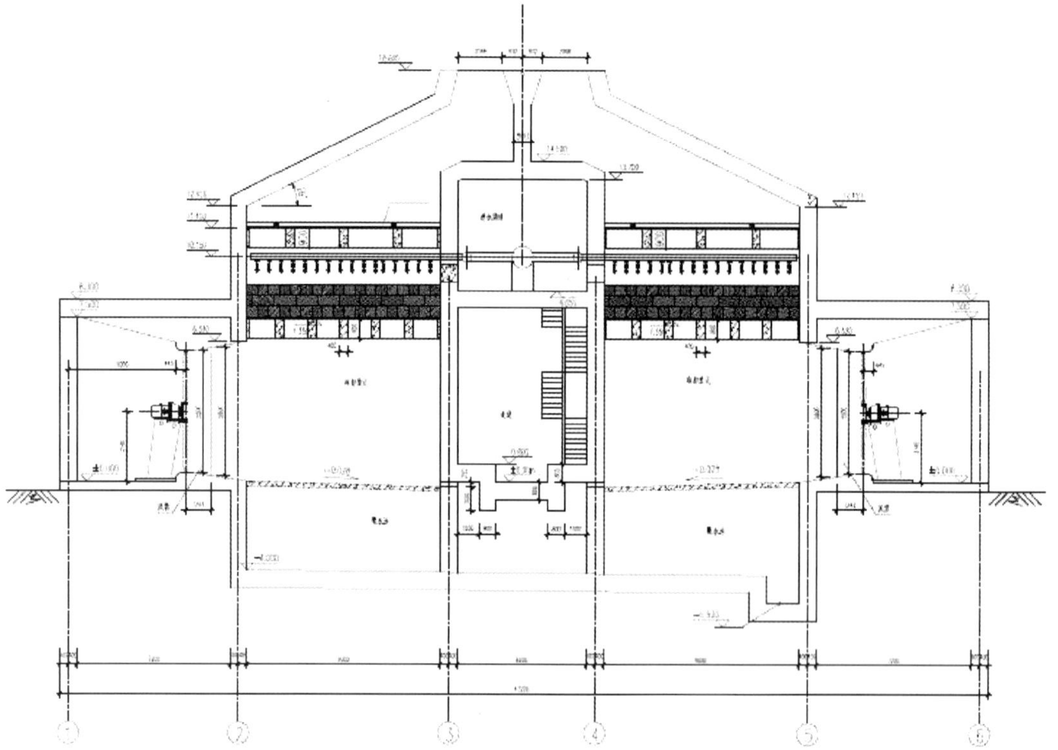

图 10　冷却塔塔体部分

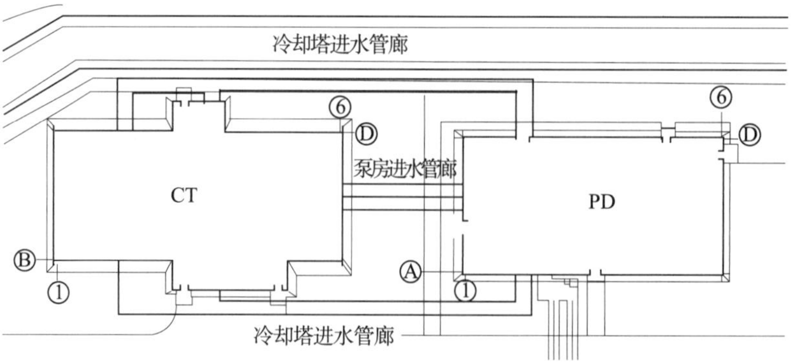

图 11　机械通风冷却塔及辅助泵房总平面布置图

机械通风冷却塔补水池在辅助泵房，总平面布置如上图所示，机械通风冷却塔（CT）和机械通风冷却塔辅助泵房（PD）均为两机组共用子项。每台机组对应的机械通风冷却塔进水管廊分别布置在子项南北两侧；机械通风冷却塔出水管廊布置在两个子项之间。示意流程图如下。

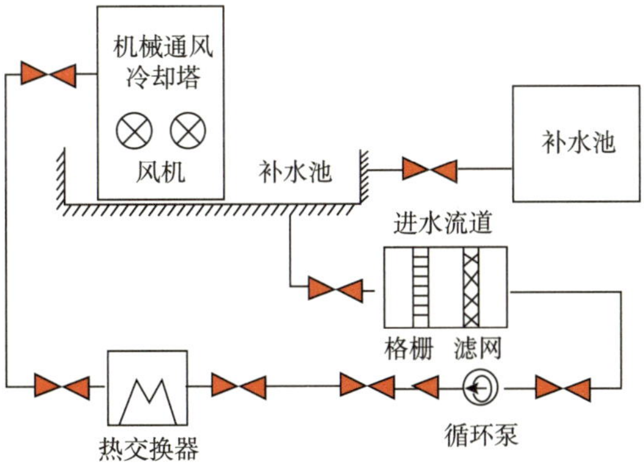

图 12　中长期排热厂用水示意流程图

由于中长期排热厂用水系统仅在电厂出现超设计基准事故后投入运行，在电站正常运行期间，不投入运行，为了防生物滋生、防冰冻措施，冷却塔集水池平时不存水，系统投入运行前，集水池初次灌满水源以及系统投运后补水水源来自辅助泵房补水池储存的淡水。

该系统及其配套建构筑物的设计能够满足本工程重要改进项中长期排热厂用水系统的设计要求，在国内核电站属首次应用。工程进展顺利，成功完成安装调试随机组投入安全运行。

4　结语

上述子项的设计优化和设计改进，减少了 BOP 子项的占地面积和建筑面积，降低了工程投资，进一步提高了机组的安全性、技术先进性和经济性，创造了良好的经济效益和社会效益。部分改进为国内首创，可为核电工程设计提供参考。

参考文献

[1] 建标[2010]78 号《电力工程项目建设用地指标》,国家电力监管委员会主编,2010 年 9 月 1 日施行.

田湾核电厂 5、6 号机组换料水池净化功能优化分析研究

叶碧锋[1]，张　倩[1]
（1. 中国核电工程有限公司，北京 100840）

1　引言

在反应堆压力容器开盖及水池充水的过程中，换料水池的水是通过余热排出系统送至化容系统或硼回收系统的净化单元去净化的；换料水池满水后，水池中的水则改用换料水池净化泵（PTR005PO）去进行连续循环过滤。由于换料水池及一回路系统的水装量较大（约 1 600 m^3/h），且换料水池的连续净化只有过滤功能，没有除盐功能，换料过程中需要较长时间才能将水池中的水的能见度改善到不影响装料的水平。此时需使用 PTR 系统对乏燃料水池进行净化的过滤除盐管线来净化换料水池，通过停止冷却循环泵 PTR001PO 启动 PTR002PO 进行净化处理。但此种情况需要停运 PTR001PO，此时乏燃料水池没有任何冷却或水质净化，需向安全局特别申请，存在改造的必要性。本改造拟在乏燃料水池净化回路上增加跨接管线，改造简单，改造后的换料水池充水后的净化具备了除盐净化的能力，也不必再因为中断乏燃料水池的冷却而进行特许申请，具有重大的推广意义。

2　问题描述

国内某电厂换料前后出现换料水池透明度下降，但乏燃料水池透明度较好的情况。初步分析原因为换料过程中对一回路进行钝化运行时，一回路设备、管道表面的腐蚀产物短期内集中进入回路，造成换料水池透明度下降，影响装卸料操作。

为了能在需要时对换料水池或换料水箱水质进行连续净化，且又不影响乏燃料水池的冷却功能，不降低 PTR 系统的安全功能。结合现场安装情况，拟对 PTR 系统进行改进。

3　原因分析

在原设计中，考虑了停堆换料时对换料水池的过滤及除盐处理。

（1）使用 PTR005PO 及 9PTR003FI、004FI 进行过滤处理，流量为 100 m^3/h。

（2）使用 RCV 净化装置进行处理，最大流量为 27.2 m^3/h。

由于换料水池及一回路系统的巨大水装量（约 1 600 m^3/h），换料过程中可能需要较长时间才能将水池中的水的能见度改善到不影响装料的水平。考虑到在停堆时可能对 RCV

系统净化装置进行维修，且该净化装置处理能力偏低。

因此，在原设计中还考虑到下面情况。

使用 PTR 系统对乏燃料水池进行净化的管线来净化换料水池。此时，停止 PTR001PO 启动 PTR002PO。

另外，在需要净化 PTR001BA 时，也适用 PTR 系统净化管线。此时，开启换料水箱至 PTR002PO 吸入口管线，停用 PTR001PO，使用 PTR002PO 进行净化处理。

上述两种情况均需要停运 PTR001PO，此时乏燃料水池没有任何冷却或水质净化，乏燃料水池冷却和净化系统不执行安全功能，仅用来执行水质过滤功能。且需要净化时因为要中断乏燃料水池的冷却，需向安全局特别申请。改造前的 PTR 系统流程简图见图 1。

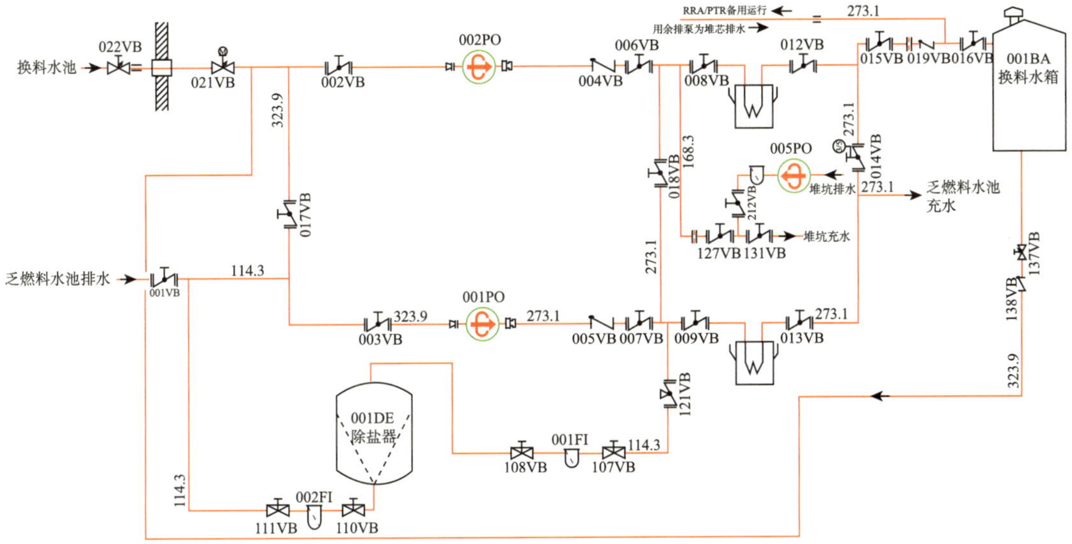

图 1　改造前的 PTR 系统流程简图

4　改进措施及建议

为了能在需要时对换料水池或换料水箱水质进行连续净化，使水质达到装卸料的要求，且又不影响乏燃料水池的冷却功能，不降低 PTR 系统的安全功能。因此，对 PTR 系统进行部分改进。

增设 4 个隔离阀及相应的管道。机组正常运行时，隔离 PTR002PO 管线，仅用 PTR001PO 冷却及过滤乏燃料水池。

如需对换料水池进行净化，PTROO1PO 冷却管线不变。PTR002PO 的吸入口为换料水池，使用乏燃料水池的净化系统来进行水质的净化。

返回管线有 3 条：

a. 通过堆坑充水管线。

b. 通过 PTR/RRA 备用管线。

c. 通过 PTR005PO 过滤管线。

推荐使用 PTR/RRA 备用管线。

如需要对 PTR001BA 水质进行净化，PTR001PO 冷却管线不变。PTR002PO 的吸入口为 PTR001BA，使用乏燃料水池的净化系统来进行水质的净化，同时还可以对 PTR001BA 进行冷却。

改造后的 PTR 系统具备了同时冷却和净化的能力。以后需要净化时不必再因为中断乏燃料水池的冷却而进行特许申请。改造后的流程简图见图 2。

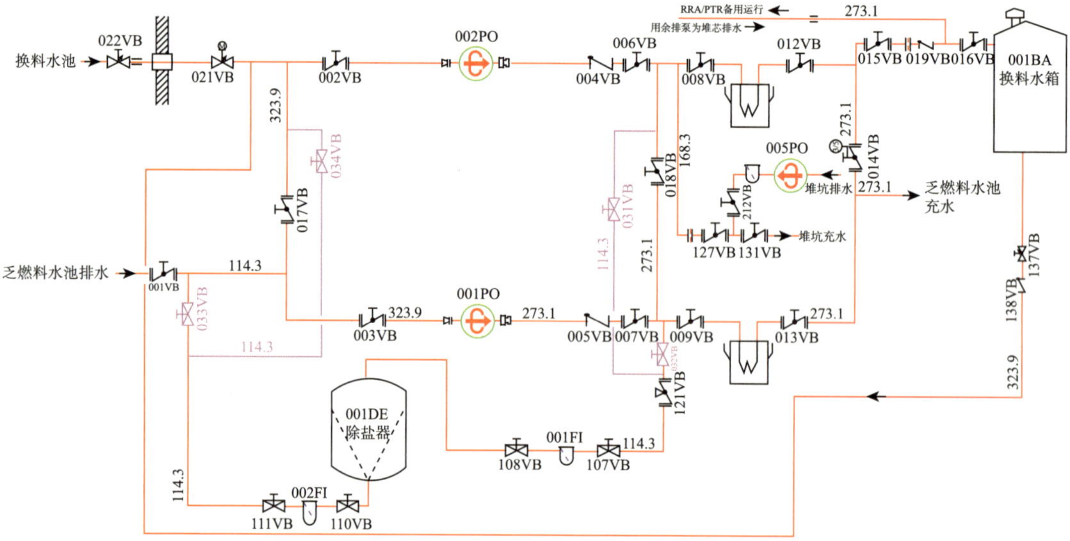

图 2　改造后的 PTR 系统流程简图

5　总结

通过在乏燃料水池的净化回路上增加跨接管线，可以实现对换料水池或换料水箱的连续净化，使水质达到装卸料的要求，既又不影响乏燃料水池的冷却功能，也不降低 PTR 系统的安全功能，值得各电厂推广和使用，具有积极的意义。

常规岛系统及设施设计优化

常规岛暖通空调设计优化

杨　铭[1]，翟金房[1]，张立忠[1]，朱鸿志[2]
（1. 中国电力工程顾问集团东北电力设计院有限公司；2. 江苏核电有限公司）

方家山核电厂和福清核电厂为非集中采暖区，而田湾核电厂 5、6 号机组地处集中采暖区，暖通空调设计既要考虑夏季降温，又要考虑冬季防冻，同时兼顾核电的运行特点。本文对设计过程中的优化进行归纳和总结，以供后续项目借鉴。

1　引言

结合田湾核电厂 5、6 号机组地处集中采暖区的采暖、通风、空调等各系统，对设计过程中的优化设计方案及布置进行了归纳和总结，以供集中采暖区的后续项目借鉴。

2　常规岛厂房布置

常规岛厂房包括汽机房及其辅助间。

汽机房分底层、中间层和运转层。汽机房为整体降标高布置，底层整体降到地下一层。除氧器室内布置在辅助间的顶层。

辅助间内布置化学水处理系统、电缆夹层、电气配电间、励磁设备间、直流配电间、蓄电池室、热控 MCC 小室、5 号机组布置两台机组公用的润滑油传送间等。

同时，厂房长边的两侧布置地下送风系统的进风竖井，靠核岛和变压器两侧无法布置进风竖井。

3　采暖

3.1　采暖换热站

两座常规岛厂房和 BOP 建筑合用一座采暖换热站，供水温度 95 ℃，回水温度 70 ℃。此换热站仅冬季采暖期运行。

正常运行时，加热汽源来自 5 号机组汽轮机中压缸排汽，当 5 号机组停运 6 号机组运行时，6 号机组中压缸排汽向此系统供汽。辅助蒸汽作为备用汽源。

两座常规岛厂房合用一座采暖换热站，此换热站的运行与单台机组是否运行无关，与室外温度有关，在采暖期运行，因此，此系统不必两台机组分别设置。合设较比分设减少投资和避免部分设备的重复设置，如全自动补水定压装置等。且方便运行管理和维护。

此采暖换热站设在汽机房的地上一层，减少蒸汽和凝结水的远距离输送，简化运行管理。

3.2 常规岛厂房采暖系统

1）采暖特点

汽轮机房高大，围护结构保温性能及蓄热性能差，造成采暖热负荷较大。

汽轮机房温度场平面分布不均匀，靠外墙处温度低，中央温度高。

汽轮机房竖向温度梯度大，底层温度低，上层温度高。

大门开启冷风侵入量大，因此在大门开启和大修期间冷风侵入附加耗热量大。

2）采暖系统布置优化

冬季，汽机房采暖按设备停运时维持室内+5 ℃设计采暖系统，计算时不考虑设备散热量。

机组正常运行时，设备散热量很大，往往超过供暖热负荷，一般能保证室内 10～16 ℃的温度。但是，如果散热设备集中布置在厂房中央，对靠近外墙处的温度影响不大，外墙处温度主要受室外空气温度影响，所以供暖设备布置在靠外墙处，用于补偿围护结构的耗热量。

本工程采用散热器热水供暖系统，散热器布置在厂房四周。厂房底层、中间层、运转层和除氧间分别设置散热器，散热器选用钢管柱形散热器。为保证厂房采暖效果及运行调节，采暖系统划分大小要适中，汽轮机厂房与辅助房间采暖系统分层设置采暖系统。单座常规岛厂房设置 6 个采暖系统，有利于运行调节和避免水平失调。

4 通风

4.1 汽轮机房通风

汽轮机房的通风为排除余热。

汽轮机房夏季地下部分采用机械送风，地上部分采用百叶窗自然进风。防爆屋顶风机机械排风。发电机位置的屋面上设筒型风帽排氢。

汽轮机房地上自然进风窗为双层电动防雨保温百叶窗，外层的固定防雨百叶保证夏季暴雨情况的汽轮机房正常进风排热，百叶带保温和每个单元百叶单独开关的功能，冬季有效防止冷风渗透，保证室内采暖系统正常运行。

4.2 电气设备间通风

1）电气配电间通风降温

电气配电间和 6.6 kV 配电间采用机械进风机械排风系统。通风系统夏季和过渡季运行，冬季不运行。通风系统充分利用室外气候条件的天然冷源，减少用电，节能。

通风量按照消除室内设备散热量计算。其中当配电间内布置干式变压器时，其散热量应为配电柜和干式变压器散发的热量总和。

室外空气经风冷直接蒸发屋顶式新风机组过滤和夏季降温后送入室内，吸收配电盘、干式变压器散发热量后，由墙上轴流风机排至室外，室内保持正压，起到有效防尘作用。

电气配电间和6.6 kV 配电间合设2台50%容量的风冷直接蒸发屋顶式新风机组送风，单台风量为15 000 m^3/h，制冷量20 kW；空调机的温控器控制室内温度范围25~35 ℃。

电气配电间设5台轴流风机排风，单台风机的风量为5000 m^3/h，6.6 kV 配电间设1台轴流风机排风，单台风机的风量为2 500 m^3/h。上述风机入口配电动排风阀，电气设备正常运行时，风机停止运行时，冬季为关闭状态，夏季为打开状态，发生火灾时，电动排风阀处于关闭状态。

2）直流配电间和励磁设备间通风降温

直流配电间和励磁设备间设置机械进风机械排风系统。通风系统夏季和过渡季运行，冬季不运行。通风系统充分利用室外气候条件的天然冷源，减少用电，节能。

室外空气经过滤、夏季降温后送入室内，在夏季维持室内温度不高于30 ℃，以满足电气设备对于室内环境温度的要求。保持室内正压，起到有效防尘作用。

直流配电间和励磁设备间合设一套降温系统，包括风冷直接蒸发热泵型屋顶式新风机组2台，1台运行1台备用，单台风量为10 000 m^3/h，制冷量110 kW。

每个房间各设1台轴流风机，单台风机的风量为4000 m^3/h。上述风机入口配电动排风阀，电气设备正常运行时，风机停止运行时，冬季为关闭状态，夏季为打开状态，发生火灾时，电动排风阀处于关闭状态。

3）蓄电池室通风

蓄电池室布置防酸隔爆式蓄电池，为全年需要运行通风系统的房间，蓄电池室及套间采用机械进风，机械排风的通风方式。

室外空气经风冷直接蒸发热泵型屋顶式新风机组过滤、冬季加热或夏季降温后送入室内，室内保持负压，送风量为排风量的80%~90%。夏季维持室内温度不高于30 ℃，冬季维持室内温度不低于20 ℃。送风系统为排风系统的补风和通风热负荷补偿，围护结构热负荷由散热器采暖系统供给。

蓄电池室的事故排风机兼作正常通风机。平时室内通风换气量按每小时不小于6次换气次数设计，事故排风量按每小时不小于12次换气次数设计。

220 V 蓄电池室和110 V 蓄电池室各设2台排风机，正常通风时，每个房间运行1台排风机，发生事故时，运行2台排风机；设上部排风口。套间设1台排风机，设下部和中部排风口。排风机为防腐防爆型轴流风机，风机与电动机为直接连接。单台风机的风量为2000 m^3/h。房间内的风管等采用防腐措施。

220 V 蓄电池室、110 V 蓄电池室和套间合设1套送风系统，包括2台50%容量的风冷直接蒸发热泵型屋顶式新风机组，单台风量3000 m^3/h，机外余压350 Pa，制冷量32 kW，制热量25 kW，电加热量9 kW。

5 结论

本文结合集中供暖地区的气候特点，在厂房供暖和通风系统设置上充分考虑冬季的防冻措施。在电气房间排出余热的通风系统上，充分利用室外气候条件的天然冷源，减少用电，节省能源。

M310 核电机组辅助蒸汽系统优化研究

粘志宇[1]，杨乃林[2]，张铭洋[1]，刘彦达[1]
(1. 中国电力工程顾问集团东北电力设计院有限公司，吉林 长春 130021；2. 江苏核电有限公司，江苏 连云港 222000)

摘要： 本文结合 M310 核电机组辅助蒸汽系统，针对其原设有蒸汽转换（STR）系统的典型方案、各辅汽用户特点等进行了充分研究，从理论上分析了取消 STR 系统的可行性，以此为优化基准，并从提高机组技术经济水平出发，提出由高压缸排汽直接供汽的辅汽汽源优化方案。与目前 AP1000、“华龙一号”等三代核电机组直接由主汽向辅助蒸汽供汽的方案相比，该优化方案能够进一步提高机组出力，提高电厂供电收益。本文的研究成果能够为后续核电机组辅助蒸汽系统设计提供技术支撑（理论基础）。

关键词： M310 核电技术；核电机组；辅助蒸汽系统；高压缸；汽源；蒸汽转换系统

1 引言

M310 核电技术源于法国。我国早期的 M310 核电机组，由法方承包设计、制造，设有蒸汽转换（STR）系统，通过主汽对 STR 系统的换热器供汽加热生产辅助蒸汽（简称辅汽），并作为机组的主要辅汽汽源，如大亚湾核电厂和岭澳核电厂。后续我国自主设计、制造的 M310 核电机组，皆延续了这种设计方案。设计认为，STR 系统产生的辅汽为三回路蒸汽，具有放射性隔离功能。防止主蒸汽遭到放射性污染时，通过蒸汽转换器可以将辅助蒸汽与主蒸汽彻底隔离，可确保无放射性泄漏。但系统需消耗一定的新蒸汽，无疑将损失机组的经济效益。针对上述问题，本文对 M310 核电机组辅汽系统汽源设计进行了充分分析，提出辅助蒸汽系统优化方案。

2 典型 M310 核电机组辅助蒸汽系统概述

辅助蒸汽管道从厂区辅助锅炉接出引至汽轮机房。每台机组设置一路给核岛和辅助给水除氧器，另外一路分别供给汽轮机轴封系统（CET）、蒸汽转换器除氧器、主给水除氧器系统（ADG）、热水生产分配系统（SES）和常规岛热水生产分配系统（SEV）。辅助蒸汽分配系统（SVA）在正常运行时，汽源由蒸汽转换系统供给。SVA 辅助蒸汽分配系统如图 1 所示。

蒸汽转换系统用除盐水作为水源，用主蒸汽作为加热介质，产生绝对压力为1.2 MPa、温度为 188 ℃的辅助蒸汽。单台机组的 STR 系统最大出力为 37 t/h，并通过 SVA 辅助蒸汽分配系统供给核岛和常规岛的用户。

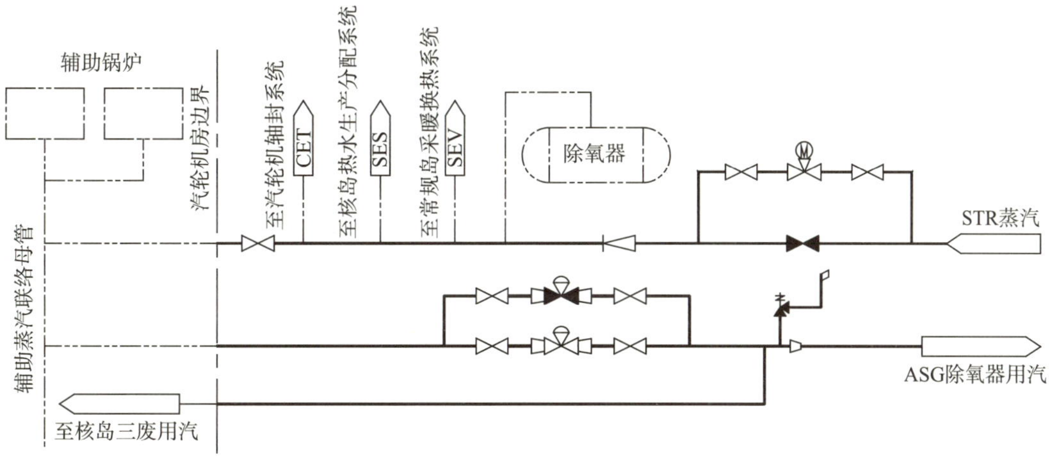

图 1 原 SVA 辅助蒸汽分配系统图

STR 系统主要由蒸汽转换器、疏水箱、疏水冷却器、辅助蒸汽除氧器、给水泵等组成。来自主蒸汽的饱和蒸汽经降压后，在蒸汽转换器壳体内将给水加热产生绝对压力 1.2 MPa（a）、温度 188 ℃的辅助蒸汽。每台蒸汽转换器配备两台 100%容量的给水泵。

根据 M310 核电机组的技术特点，每台机组均设置 STR 蒸汽转换系统。这种方案不仅增加了核电厂的建设投资，同时，较为复杂的系统给核电厂运行和维护造成诸多不便。

3 取消 STR 蒸汽转换系统分析

结合目前国内核电机组的设计和运行情况，通过分析辅助蒸汽系统各用户的用汽要求，论证 M310 核电机组是否可以取消 STR 系统，为优化辅汽汽源设计方案提供基础。

3.1 主流核电机组辅助蒸汽系统设计经验

1）M310 核电机组

辅助蒸汽系统主要有两路供汽源，分别为辅助锅炉和 STR 系统，其中机组启动时，由辅助锅炉供汽；机组正常运行时，由 STR 蒸汽转换系统供汽。同时，汽轮机轴封系统还接有主蒸汽供汽管道，在机组正常运行时轴封系统由主蒸汽供汽。辅助蒸汽系统主要向 ADG、CET、STR、ASG、核岛三废处理、SES、辅助给水泵试验用汽等系统供汽。

上述为目前国内 M310 核电机组的典型设计方案，源于 M310 技术的 CPR1000 核电机组和 ACPR1000 技术核电机组也采用此方案。

2）VVER 核电机组

辅助蒸汽系统主要有三路汽源，分别为辅助锅炉、主蒸汽减压供汽和汽轮机高压缸排汽。在机组初期启动及停机时由辅助锅炉供汽；在机组处于低负荷阶段，由主蒸汽减压供汽；当高排压力大于辅助蒸汽工作压力时，由高压缸排汽提供。

上述方案为目前国内 VVER 核电机组典型设计方案，如田湾核电厂 1～4 号机组。VVER 核电机组典型辅汽汽源及分配示意简图如图 2 所示。

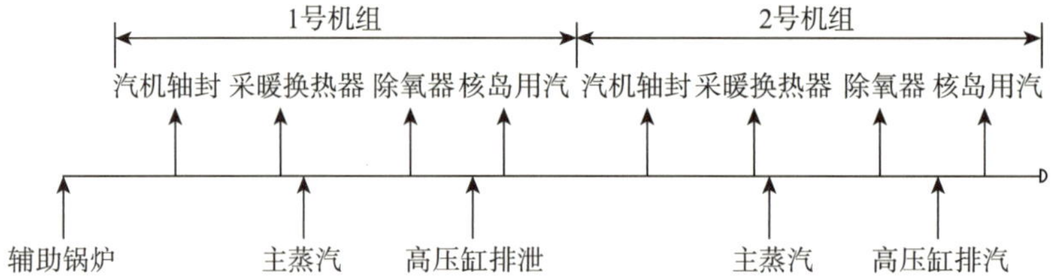

图 2　VVER 核电机组典型辅汽汽源及分配示意简图

3）AP1000 核电机组

AP1000 核电机组辅助蒸汽系统主要有两路供汽源，分别为辅助锅炉和主蒸汽。在机组正常运行条件下，由常规岛主蒸汽系统经减压后供应；当主蒸汽系统不能满足供汽需求时，则由辅助锅炉提供用汽。

上述方案为目前国内 AP1000 核电机组典型设计方案，如三门核电厂、海阳核电厂和彭泽核电厂等，辅汽汽源及分配示意简图如图 3 所示。

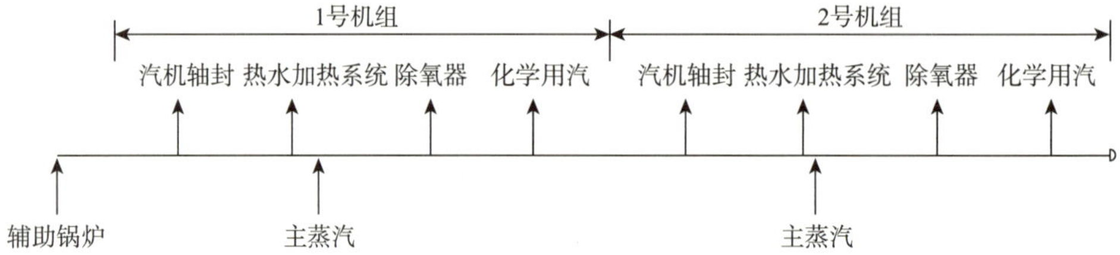

图 3　AP1000 核电机组典型辅汽汽源及分配示意简图

VVER 和 AP1000 核电机组的辅助蒸汽系统皆采用主蒸汽或汽轮机抽汽等二回路蒸汽作为主供汽源，辅助锅炉作为备用汽源。另外，EPR1000 核电技术也已取消 STR 系统。目前国内的核电机组中，仅 M310 核电机组采用了 STR 蒸汽转换系统供汽设计方案。

3.2　STR 系统功能分析

M310 核电机组设置 STR 蒸汽转换系统的目的是隔离辅助蒸汽与二回路汽体系统的直接接触，防止二回路蒸汽遭到放射性污染时通过辅汽系统传播到外界环境和威胁人员安全。但在 M310 技术主要遵循的法国 RCC-P《核电站系统设计和建造规则》（请在此处补充标准编号）中，并没有提出对辅助蒸汽系统的核安全功能要求和核安全防护要求，也没有对该系统及其设备进行核安全评级。

机组正常运行期间，主蒸汽没有放射性，辅助蒸汽系统不需要“隔离”功能。为了防止主蒸汽管道发生大破口和蒸发器传热管大泄漏对反应堆等设备的破坏，以及放射性泄漏对环境的影响，M310 机组在每台蒸发器出口主蒸汽管道上设计了一个双向快速关闭隔离阀。RCC-P 和 RCC-M 对主蒸汽隔离阀的关闭时间、密封性能、结构型式、驱动机构等均有详细要求和规定，确保主蒸汽隔离阀达到对常规岛二回路的隔离功能。在蒸发器发生泄漏时，采用快速关闭主蒸汽隔离阀隔离放射性，该方法简单、有效，许多国家的压水堆工程都采用这种方法，过去发生的事故也证明了该方法简单、有效。

STR 蒸汽转换系统来源于法国 900MWe 核电厂设计，但是作为法国示范核电厂的费森海姆核电厂（英文全称）、布瑟核电厂（英文全称）以及首台采用标准 900MWe 核电厂设计的特里卡斯丹核电站（英文全称）的蒸汽转换器，也因长期使用后管束泄漏严重而停用。我国大亚湾核电站的 1 号机组，也曾因蒸汽转换器发生裂纹而停用检修，耗时近半年时间。目前，在法国和德国共同研发欧洲压水堆 EPR 核电机组中，已明确取消 STR 蒸汽转换系统，作为 EPR 设计改进项之一。

根据 M310 技术核电机组的运行经验，借鉴 VVER、EPR1000 和 AP1000 等核电机组的设计经验，设置 STR 蒸汽转换系统的功能性需求并不必要。

3.3 辅助蒸汽用户及汽源分析

1）辅助蒸汽用户分析

M310 核电机组各辅助蒸汽用户的用汽需求如表 1 所示，其中 ADG、CET、ASG 辅助给水泵及热水生产分配用汽参数为原设置 STR 系统方案时的参数，实际各系统并没有提出具体的参数要求。

表 1　M310 核电机组辅汽用户设计数据

用户名称	蒸汽需求量/（t/h）	需求蒸汽参数/（MPa/ ℃）	投用辅助蒸汽工况
ADG 除氧器	29.2	1.2/ 188	机组启动期间
热水生产分配系统	7.96	1.2/188	两台机组正常运行期间
CET 轴封	21.6	1.2/188	机组启动、停运期间
TEP 硼回收系统	14.2	0.45/165	机组启动、正常运行和停运期间
TEU 废液处理系统	4.69	0.45/165	机组启动、正常运行和停运期间
TES 固体废物处理系统	0.5	0.45/165	系统需要时，间断投运
ASG 辅助给水除氧器	4.3	0.45/165	系统需要时，间断投运
ASG 辅助给水泵实验用汽	5	1.2/188	启动前调试期间

（1）ADG 除氧器

ADG 除氧器为蒸发器型设备，在机组冷态启动前期，先用辅助锅炉蒸汽将除氧器水箱内存水预暖加热到 104 ℃左右，之后系统监测并自动补汽以维持除氧器压力。在启动阶段，由主蒸汽向除氧器供汽，机组升负荷，待具备条件时切换到汽轮机高压缸排汽供汽。ADG 除氧器对加热汽源没有具体要求，仅需要根据汽源参数确定除氧器的预暖时间与蒸汽耗量。

（2）热水生产分配系统

热水生产分配系统辅汽用户为汽水换热器，其可根据供汽源设计情况适当调整供汽参数。其中常规岛及 BOP 部分仅在冬季气温较低时使用。

（3）CET 轴封系统

CET 轴封系统，在凝汽器抽真空、汽机冷态启动和反应堆停堆冷却期间，由辅助蒸汽供汽。而在机组正常运行期间，由主蒸汽直接供汽。主机厂在辅汽供汽管路和主蒸汽供汽管路上均设置压力调节阀，维持调节阀后蒸汽压力在 0.115 MPa 以上即可。

（4）核岛三废处理系统

核岛三废处理系统（TEP、TEU 和 TES）在机组启停和正常运行时皆需要辅汽供汽，对供汽源没有要求，只需维持供汽参数为 0.45 MPa、165 ℃即可。

（5）ASG 辅助给水除氧器

ASG 辅助给水除氧器为蒸发器型设备，利用辅助蒸汽进行预暖和加热。ASG 除氧器对供汽汽源没有要求，只需维持供汽参数为 0.45 MPa（a）、165 ℃即可。

（6）ASG 辅助给水泵实验用汽

ASG 汽动给水泵在机组启动前由辅助蒸汽供汽，进行可用性调试。在机组启动后及正常运行期间，由主蒸汽直接供汽，进行两个月定期试验一次，每次试验时间约 2 h。

2）取消 STR 系统后可用辅汽汽源分析

取消 STR 系统后，辅助蒸汽汽源可以取自本机主蒸汽系统、抽汽系统和辅助锅炉这三个系统。

（1）本机主蒸汽系统

正常运行工况主蒸汽参数为 6.43 MPa、280.1 ℃，参数较高于表 1 各辅汽用户参数需求，故只需设置相应的减压设备，即可满足各用户流量和参数的要求。

（2）抽汽系统

火电机组的汽轮机抽汽系统也是辅助蒸汽的合适汽源之一。核电工程由于汽轮机抽汽湿度较大，若直接供汽，供汽品质仍为湿蒸汽，不能满足核岛三废系统供汽品质需有一定微过热的要求。在抽汽至辅汽供汽管路上设置汽水分离器，去除湿度，蒸汽变为饱和蒸汽（湿度很低），经减压后即可达到核岛用户要求。

（3）辅助锅炉

厂区辅助锅炉可作为各辅汽用户的启动和备用汽源。

3.4 取消 STR 系统的可行性分析

根据前面的论述分析，目前国内其他技术核电机组，均直接使用二回路蒸汽作为辅助蒸汽供汽源，这给取消 STR 系统提供了有利参考。主蒸汽、高压缸排汽或辅助锅炉可作为辅助蒸汽系统的主要和备用汽源，满足各用户的用汽参数和用汽量需求，并可维持原辅汽系统相同的供汽参数。

M310 核电厂设置 STR 蒸汽转换系统的最主要目的是隔离辅助蒸汽与二回路系统的直接接触，防止二回路蒸汽遭到放射性污染时通过辅汽系统传播到外界环境和威胁人员安全。而辅汽用户中，除 ASG 辅助给水汽动泵定期试验用汽外，其他用户均为辅汽与换热器或蒸发器类设备接触，汽体不会排向外界。ASG 辅助给水汽动泵定期试验用汽为排大气，存在直接与人员、环境接触的可能。但该用户为间断用汽，汽量仅为 5 h，首次启动使用辅助蒸汽供汽，之后正常运行时，直接取用 VVP 主蒸汽供汽，这与主蒸汽通过辅汽系统向其供汽是一样的。

综上所述，M310 核电机组取消 STR 蒸汽转换系统是可行的。

4 辅助蒸汽系统优化方案

根据3.3 2）部分，取消STR系统后，辅汽汽源设计方案主要采用两种方案：主蒸汽供汽和高压缸排汽供汽。

4.1 主蒸汽供汽汽源方案

辅助蒸汽系统主要汽源由主蒸汽减压后供汽，备用汽源由辅助锅炉供汽。减压阀选型阀后蒸汽参数为1.2 MPa、188 ℃，与原设计相同。减压阀调节站建议采用气动减压阀，若系统监测到主蒸汽放射性超标，则减压阀调节站可自动快速关闭，辅助蒸汽系统采用邻机主汽或辅助锅炉供汽。

此方案取消了STR蒸汽转换系统给水泵等能耗设备，能够降低核电厂运行费用。同时系统简单，控制方便。但汽源在进入汽轮机前管道上引出，主蒸汽没有做功，能量损失在节流减压环节，机组能耗略差。

4.2 高压缸排汽供汽汽源方案

辅助蒸汽系统主要汽源由高压缸排汽直接供给。高压缸排汽参数为0.959 MPa、178 ℃，相对湿度达15%。在供汽管路上设置一台汽水分离器，去除湿度的蒸汽干度可达99.5%，后接入辅汽母管系统。辅汽备用汽源由辅助锅炉和主蒸汽减压供给：①在机组初期启动及停机时可以由辅助锅炉供汽；②在机组处于低负荷阶段，由主蒸汽减压而来；③当高排压力大于辅助蒸汽工作压力时，辅助蒸汽由高压缸排汽供给。

高压缸排汽供汽方案在取消STR系统给水泵设备、降低核电厂运行能耗的同时，采用已被利用做功的蒸汽作为汽源，提高了汽机进汽量，增加机组出力。仅需增加一套汽水分离器。

5 经济性分析

按一期工程两台M310核电机组常规规划分析，每台M310核电机组蒸汽转换器给水泵轴功率为74 kW，按全厂正常运行时仅1台机组需运行STR系统考虑，且年运行小时数按7000 h计算，取消STR蒸汽转换系统后，两台机组每年可节约电能消耗51.8万kW·h，相当于每年可节约标准煤消耗63.7 tce（即518 000×0.122 9）。

高压缸排汽供汽汽源方案相较主蒸汽供汽汽源方案，由于利用的是已做功的蒸汽，额定工况每台机组出力可增加约2500 kW，两台机组每年可增加供电量1750万kW·h，增加供电收益684万元（即0.391元/kW·h×17 500 000 kW·h=684万元）。

由此可见，采用高压缸排汽供汽汽源方案，机组不仅节省了原STR系统转动设备能耗，且具有更高的供电收益，方案经济性较好，故推荐M310核电机组采用高压缸排汽供汽的辅助蒸汽汽源方案。高压缸排汽供汽汽源方案SVA辅助蒸汽分配系统简图如图4所示。

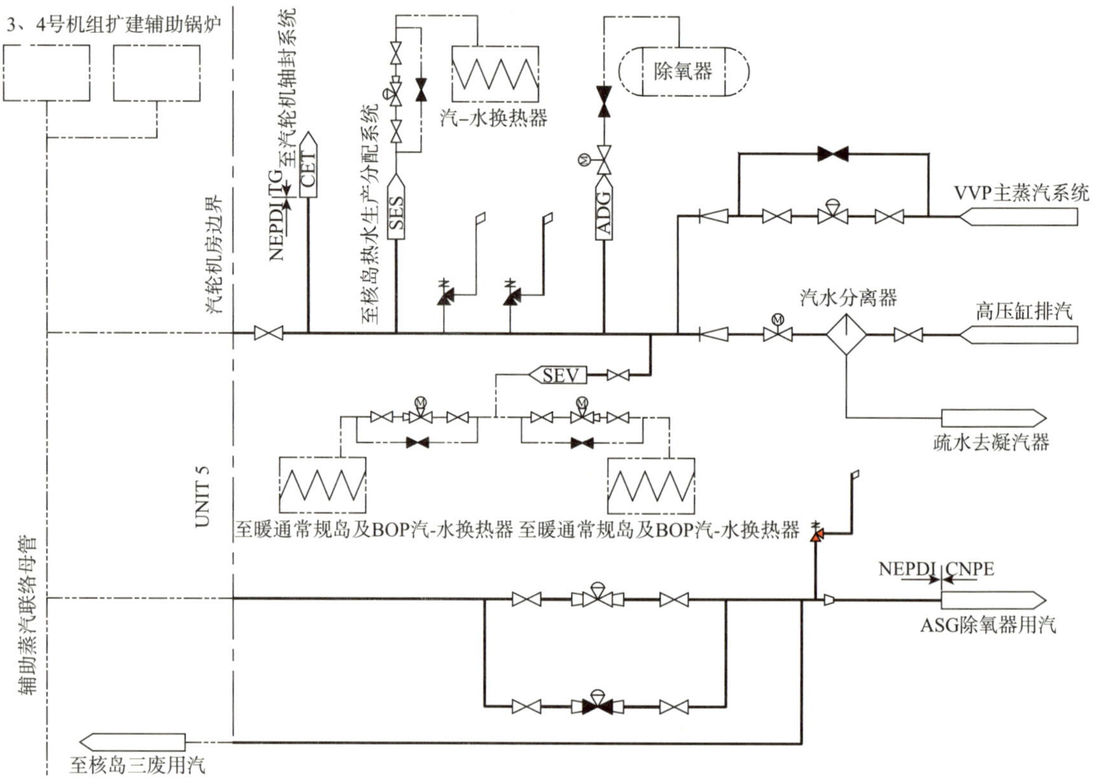

图 4　高压缸排汽供汽汽源方案 SVA 辅助蒸汽分配系统图

6　结论

本文通过充分研究 M310 核电机组原设有 STR 蒸汽转换系统的典型辅助蒸汽系统功能特性以及各辅汽用户用汽需求，在借鉴国内核电机组辅助蒸汽设计经验的基础上，分析了设置 STR 系统的必要性，从而论证了取消 STR 系统蒸汽转换系统的可行性。取消 STR 系统之后，采用主蒸汽经过减压供汽或高压缸排汽经除湿供汽作为辅助蒸汽系统汽源的方案。经过比较，高压缸排汽作为辅汽汽源方案，方案不仅可节省 STR 蒸汽转换系统能耗，且相较主蒸汽供汽方案更大限度地提高了机组出力，提高了核电厂供电收益。因此，最终推荐辅汽汽源采用高压缸排汽供汽的方案，在供汽管路上设置汽水分离器进行除湿，能够满足核岛或其他特殊用户用汽品质要求。

参考文献

[1] 兰花. 关于 M310 核电站常规岛取消 STR 系统的讨论[C].中国电机工程学会核能发电分会 2009 年学术年会论文集,2009.

1000 MW 级核电汽轮机选型优化

杨乃林[1]，粘志宇[2]，马慧勇[2]
（1. 江苏核电有限公司，江苏连云港 222000；2. 东北电力设计院有限公司，吉林长春 130021）

摘要：核电机组在保证安全的同时，也要充分考虑提高经济效益。本文提出近年来核电汽轮机选型的主要优化方向和计算方法，即采用最小年费用法对汽轮机低压缸配置方案进行冷端优化，并结合发电收益进行综合技术经济指标计算和对比，得出优选方案。

关键词：核电；汽轮机；低压缸；背压；末级叶片

1 引言

随着中核集团漳州核电厂一期项目以及中广核集团惠州太平岭核电厂一期项目获得核准，两项目于 2020 年开工。特别是 2019 年，在两国元首共同见证下，中俄签署了《田湾核电站 7、8 号机组框架合同》和《徐大堡核电厂 3、4 机组框架合同》两项框架合同，并分别于 2019 年 1 月 31 日和 6 月 5 日签署总合同，加快推进项目。这些都预示着在受日本福岛事故影响核电发展停滞多年之后，我国核电项目已经重启，即将迎来新的快速发展周期。

近年来核电安全要求不断提高，核电成本不断上升，在全球化石能源价格下行、新能源成本持续下降的大环境下，今后核电发展的市场空间将很大程度上取决于核电的经济竞争力。根据下面某一核电集团近几年核电年度经营情况（图 1），近几年核电上网电价有所下降，说明核电项目在注重安全意识的同时，也需增强成本意识和市场意识，主动适应电力市场化改革要求，降成本、精质量和高效益成为项目建设的重点考虑因素之一。

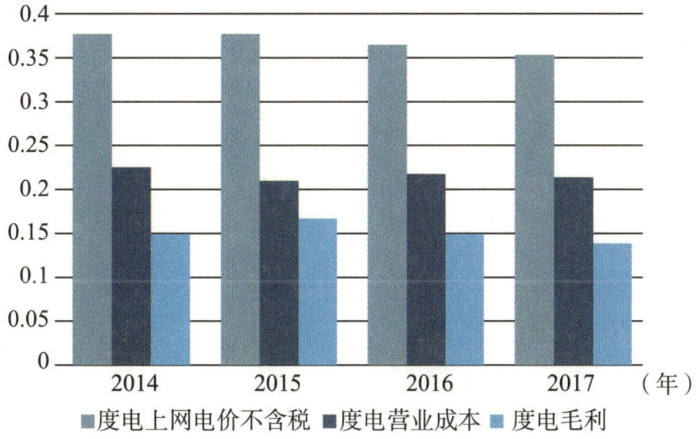

图 1 某一核电集团近几年核电电度经营情况

汽轮机作为核电常规岛中最重要的设备，其选型要求已经由原来的“成熟、可靠、安全第一”变为“安全与经济并辅”的原则。在保证安全的基础上，汽轮机优化选型、提高机组收益已经成为每个项目前期的首要工作之一。本文主要结合目前主流汽轮机厂商的技术特点，围绕汽轮机选型优化，进行深入探讨，提出核电汽轮机经济优化选型的方向和需关注的问题，供设计人员参考。

2 汽轮机选型优化方向

相较于同级别火电机组，由于核电机组参数低、流量大的特点，目前国内 1000 MW 级核电机组，除大亚湾、岭澳一期及田湾一期外，其他机组均采用半转速汽轮机。所以目前 1000 MW 级核电机组，汽轮机选型主要为单轴、节流调节、汽水分离再热、冷凝式半转速汽轮机。气缸为高压缸+低压缸或高中压合缸+低压缸两种，其中汽轮机低压缸的配置可结合末级叶片长度、低压缸数量等形成多种模块组合方案。一般情况下，低压缸配置方案的选择主要致力于获得较小的排汽余速损失，达到排汽容积流量与余速损失的最佳匹配。排汽余速损失和容积流量的关系曲线如图 2 所示。

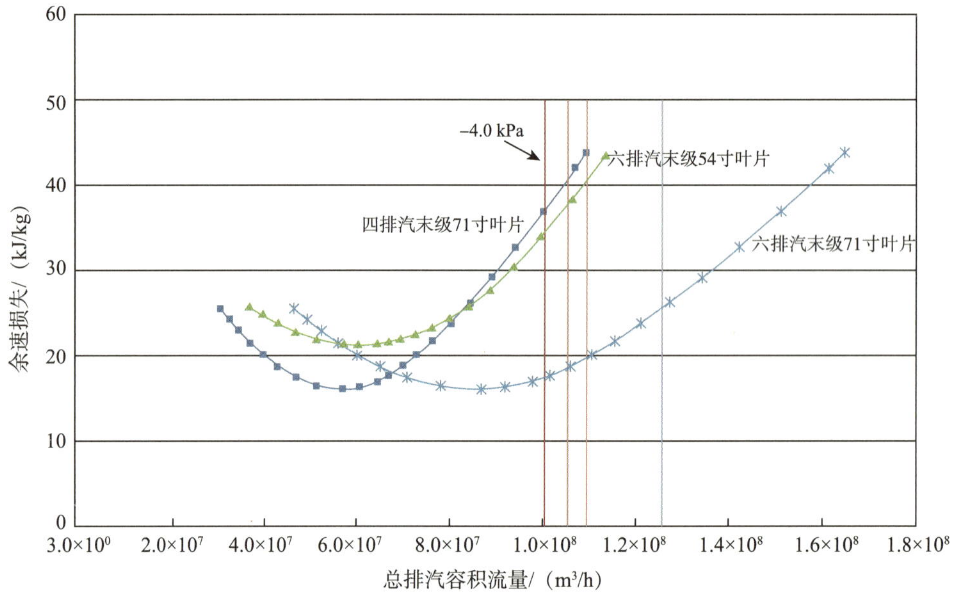

图 2 余速损失与排汽容积流量的关系曲线

图中，不同曲线代表不同的低压缸末级叶片和低压缸数量组合模块，即不同的排汽面积。可以看出，在同一背压下（即同一排汽容积流量），排汽面积越大，对应的余速损失越小。而对于选定的排汽面积方案，当背压降低时，其排汽余速损失减小，机组出力增加。当背压达到阻塞背压时，其排汽余速损失达到最低值，且随背压降低反而增大。对于沿海核电机组，冷端循环水取自海水，温度受季节变化影响较大，所以在确定额定工况经济背压时，不可设定在接近极限低值，以免在冬季海水温度过低时，背压低于阻塞背压反而降低了机组出力，拉低电厂经济性。一般认为，额定工况下排汽余速损失在 35 kJ/kg 以内是比较合理的选取范围。

较大的排汽面积，预示着需要配置较多数量低压缸或更长的末级叶片；而较低的额定背压，则需要汽轮机冷端冷却能力的增加，如循环水系统设备出力增加、凝汽器换热面积增大等。这些不仅带来系统本身设备、管道等的投资增加，也会带来用电、厂房等配套服务设施的消耗增加或投资增大。所以，汽轮机低压缸选型时，需在既有的热端边界条件（核岛堆功率）下，对不同低压缸配置方案分别进行冷端优化计算确定经济背压，再结合工程投资，运行费用和发电收益等因素后综合比较确定，这也是目前汽轮机选型优化的主要方向之一。

3　低压缸配置方案

目前国内各供货商针对 1000 MW 级核电机组开发的末级长叶片大致可分为两类，一类是 1200~1400 mm 等级的叶片，另一类是 1700~1800 mm 等级的叶片。

1400 mm 级末级叶片，目前有很多在役机组和在建机组，技术上成熟，运行经验丰富。1800 mm 等级长叶片，国内三大主机厂皆投入了大量研发工作，相继完成产品开发和相关实验，并已计划在项目中应用。目前国内三大主机厂可采用的低压缸末级叶片方案如表 1 所示。

表 1　国内主流主机厂商末级叶片可用方案部分列举

汽机厂	末级叶片/mm
A 厂	1420
	1710
	1905
B 厂	1430
	1828
C 厂	1375
	1800

针对汽轮机低压缸优化选型，结合国内某一 1000 MW 核电项目，按某厂可采用的 1400 mm级末级叶片和 1800 mm 级末级叶片考虑，进行低压缸优化选型综合分析。其中，对于 1400 mm 级末级叶片，有配置两个低压缸和三个低压缸两种方案，结合设置一个高压缸，分别称为三缸四排汽（1400 mm 级叶片）方案和四缸六排汽（1400 mm 级叶片）方案。对于 1800 mm 级末级叶片，可采用配置两个低压缸的方案，称为三缸四排汽（1800 mm级叶片）方案。当然 1800 mm 级末级叶片，也可配置三个低压缸的方案，本文根据项目厂址条件，暂未考虑。

4 冷端优化及技术经济分析

4.1 冷端优化的目的

冷端优化的目的是结合具体的厂址自然条件，原材料价格和汽轮机主要冷端设备价格，供排水系统主要构筑物的造价和相关的年运行费，发电收益等多方面因素，通过多方案经济、技术比较，寻求最优的冷却水系统配置，即选择汽轮机低压缸方案、凝汽器面积、冷却水量、冷却水泵、冷却水管沟等最优的配套组合方案，确定经济合理的汽轮机冷端各设备的设计参数。

4.2 冷端优化方法

参与冷端优化的因素较多，这些因素不仅相互制约，而且还受地区和时间的影响。其影响优化结果经济性较敏感的因素有冷却倍率，凝汽器热交换的面积，冷却水管沟以及各项经济指标。

在直流供水系统中，增大凝汽器的冷却水量或降低凝汽器端差，可以降低汽轮机的背压，提高发电量，但是需增大冷却水泵功率或增加凝汽器的面积，从而增大工程的造价，增大运行费用，反之亦然。

目前，普遍认可的冷端优化方法是最小年费用法。即是指将投资成本按规定的回收率分摊到每一年中，再加上一年的水泵耗电费，微增出力引起的补偿电量的电费以及大修费等为年费用，其值最小时，说明此方案最为经济。

其计算公式为：

$$NF = P(AFCR) + \mu_a \tag{1}$$

其中：NF 为年费用值；P 为总投资现值；$AFCR$ 为年固定分摊率，等于 $CR+MR$；μ_a 为年运行费，包括水泵的电耗以及微增功率收益；CR 为资金回收系数；MR 为大修费率加税率，按 1.5%考虑。

$$CR = \frac{i(1+i)^n}{(1+i)^n - 1} \tag{2}$$

其中：i 为投资回收率，延续原可研阶段总体院提供资料，取 10%；n 为工程的经济年限，延续原可研阶段总体院提供资料，取 30 年。

4.3 外部条件

年运行小时数分别为 30 年和 7000 h。

冷端优化的费用取值应关注项目运行过程中的实际收益，故循环水泵运行电费及微增出力电价按扣除税率后的上网电价 0.355 元/度计算。

各选型方案汽轮机背压-功率关系曲线如图 3、图 4 和图 5 所示。

三种方案汽轮机主要技术性能参数对比如表 2 所示。

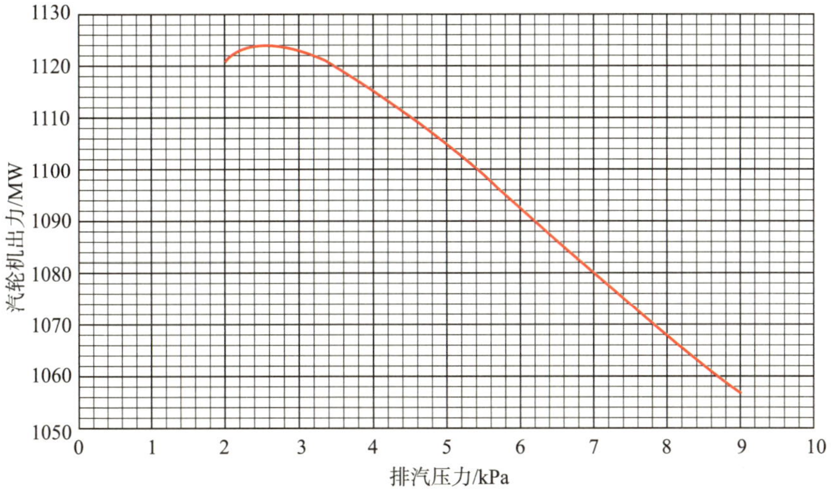

图 3　汽轮机采用四缸六排汽（1400 mm 级叶片）的背压–功率修正曲线

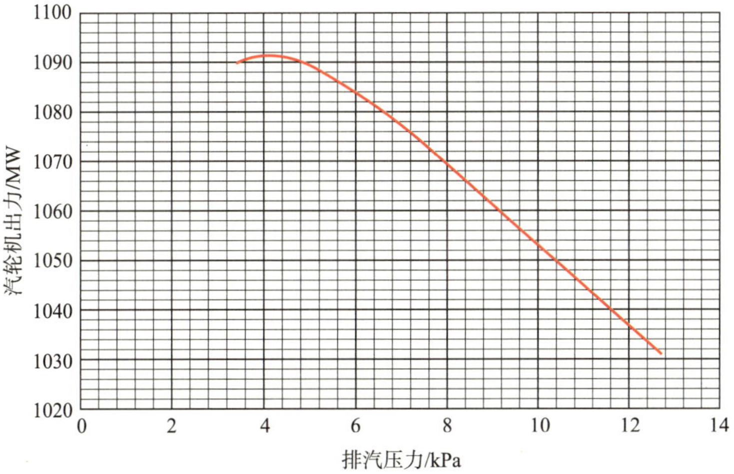

图 4　汽轮机采用三缸四排汽（1400 mm 级叶片）的背压–功率修正曲线

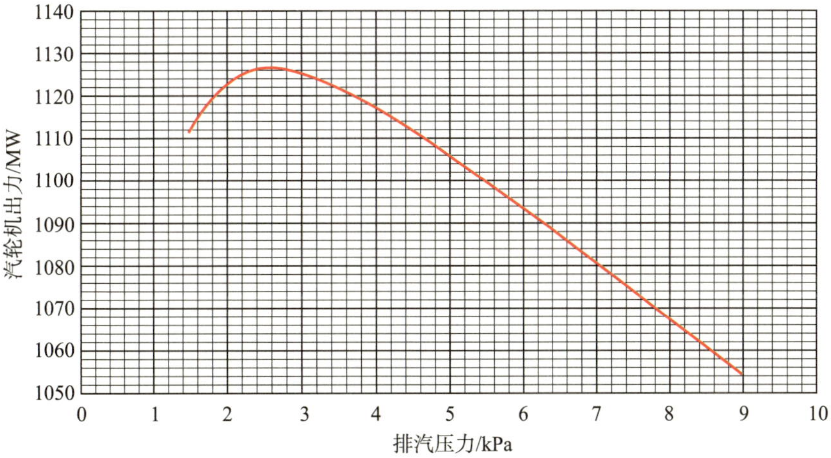

图 5　汽轮机采用三缸四排汽（1800 mm 级叶片）的背压–功率修正曲线

表 2　三种低压缸配置方案主要技术参数

项　　目	单位	三缸四排汽（1400 mm 级叶片）	四缸六排汽（1400 mm 级叶片）	三缸四排汽（1800 mm 级叶片）
额定进汽压力	bar（a）	64. 3	64. 3	64. 3
额定进汽温度	℃	280. 1	280. 1	280. 1
额定新蒸汽流量	kg/s	1613. 4	1613. 4	1613. 4
通流级数	级	33	43	33
额定转速	r/min	1500	1500	1500
额定背压	kPa	4. 9	3. 8	3. 8
额定功率（TMCR）	MW	1089	1117	1119

由三种低压缸配置方案的背压-功率曲线可知，三缸四排汽（1400 mm 级叶片）方案的阻塞背压高于四缸六排汽（1400 mm 级叶片）和三缸四排汽（1800 mm 级叶片）方案的阻塞背压，在机组背压~7. 5 kPa 时，三种低压缸配置方案出力相同；当背压低于~7. 5 kPa 时，四缸六排汽（1400 mm 级叶片）和三缸四排汽（1800 mm 级叶片）方案机组出力大；当背压高于~7. 5 kPa 时，三缸四排汽（1400 mm 级叶片）方案机组出力大。四缸六排汽（1400 mm 级叶片）和三缸四排汽（1800 mm 级叶片）方案的背压-功率曲线趋势一致，但机组出力略有差别。

4. 4　方案初投资对比

不同的选型方案，主机及辅机的设备投资不同，如汽轮发电机、循环水泵等。主厂房的布置方案也不同，一般四缸六排汽方案主厂房长度比三缸四排气方案增加~12 m，而采用较长低压缸末级长叶片的方案可能增加汽轮机平台高度、增大汽机房宽度。故在优化分析时，要充分考虑这些方案之间的投资差异。表 3 为三个方案的投资差异估算对比情况。

表 3　三种低压缸配置方案初投资差异对比

项　　目	单位	三缸四排汽（1400 mm 级叶片）	四缸六排汽（1400 mm 级叶片）	三缸四排汽（1800 mm 级叶片）
汽轮发电机投资	万元	基准	+17 500	+8750
汽轮发电机基础投资	万元	基准	+145	+90
循环水泵及系统辅机投资	万元	基准	+1500	+1500
循环水泵房投资	万元	基准	+51	+51
常规岛主厂房投资	万元	基准	+2475	+1852
胶球清洗系统投资	万元	基准	+224	+0
总投资差别	万元	基准	+21 895	+12 243

4.5 冷端优化计算结果

按既有状态计列，优化结果采用差值处理方式。三种汽轮机低压缸选型方案对比结果如表4所示。

表4 汽轮机低压缸各方案技术经济对比表

项目	单位	三缸四排汽（1400 mm级叶片）	四缸六排汽（1400 mm级叶片）	三缸四排汽（1800 mm级叶片）
最大凝汽器冷却水量	m^3/h	160 301	199 427	198 533
最大凝汽器冷却水量	m^3/s	44.5	55	55
最小凝汽器冷却水量	m^3/h	125 035	155 553	154 856
最大冷却倍率		54	68.5	68
凝汽器冷却管数量	根	57 204	71 166	70 847
凝汽器冷却管长度	m	16	17.1	17.2
凝汽器冷却管流速	m/s	2.2	2.2	2.2
凝汽器冷却管外径	mm	22.225	22.225	22.225
凝汽器冷却管壁厚	mm	0.5	0.5	0.5
凝汽器计算总换热面积	m^2	63 744	84 853	85 077
考虑5%凝汽器堵管率后凝汽器面积	m^2	67 099	89 319	89 555
清洁系数		0.9	0.9	0.9
年平均设计水温对应机组排汽背压	kPa	4.7	3.83	3.83
年平均设计水温对应机组出力	MW	1090.5	1117	1119
冷却水泵平均总轴功率	kW	1507	2364	2350
初投资差值	万元	基准	+21 895	+12 243
年固定投资分摊费用价差	万元	基准	+2651	+1483
年运行费用差值	万元	基准	+653	+642
年发电收益差值	万元	基准	-5757	-6233
年总费用差值（NF）	万元	基准	-2453	-4108

注：上表中投资费用增加用“+”表示；年运行费用增加用“+”表示；年发电收益增加相当于运行费用减少，用“-”表示。年总费用一项考虑了发电收益、运行费用、凝汽器面积、冷却倍率、压力管沟、泵房地下以及三种方案在主设备和主厂房方面的投资差异等因素。

经过冷端优化计算分析，对于举例分析的项目，采用四缸六排汽（1400 mm级末级叶片）和三缸四排汽（1800 mm级末级叶片），与原计划采用的三缸四排汽（1400 mm级末级叶片）方案相比，虽然初投资和水泵年运行费用增多，但机组全年发电量大幅增加，发电收益大幅提高，均具有较高的经济效益。通过技术经济比较，清晰的说明了各种低压缸配置方案的经济性。

5 结论

以上分析，阐明了近年来核电汽轮机设计时主要优化选型的方向，结合主机厂低压缸末级叶片规格和低压缸数量的模块化组合，通过最小年费用法进行冷端优化计算，并结合微增功率带来的发电收益，可得出各模块组合方案的技术经济评价，为工程设计人员核电汽轮机选型优化提供参考。

田湾核电厂5、6号机组汽轮机厂房标高设计研究

霍丽梅[1]
（1. 东北电力设计院有限公司，吉林长春 130021）

1 概述

1.1 汽轮机房底层标高降低的原因

1）主要原因

汽轮机房零米层标高降低是针对汽机房零米标高设定在厂址地坪标高而言。

汽轮机房零米层合理的标高是综合考虑凝汽器第一排管顶标高、海水潮位、核电厂的经济运行等多方面因素，经技术经济比较后确定；而核电厂厂址地坪标高是根据滨海核电厂防洪要求确定。因此，以上两种方法确定的标高可能不在同一高度，通常的情况下厂址地坪标高要高于根据凝汽器第一排管顶标高、海水潮位等推算的汽轮机房零米层标高。如果汽轮机房零米层标高设置在厂址地坪标高，将造成海水循环冷却水的提升高度增大，循环水泵的投资及运行费用增加，降低核电厂的运行经济性。这是研究降低核电厂汽轮机房零米层标高的主要原因，因此降低汽轮机房零米层标高，以减少循环水的提升高度，降低循环水泵运行费用。

2）国内核电厂汽轮机房降标高经济效益比较

表1　秦山核电厂一、二、三期汽轮机房降标高经济效益比较表

序号	内容	秦山三期	秦山二期	秦山一期
1	汽轮机房零米层标高相对于平均海平面/m	−0.5	3.73	5.5
2	CCW泵扬程/m	12.7	16.13	17.9
3	设计制动马力BHP/泵/kW	2562	3254	3611
4	两台机组年能量差值/kW·h	比较基础	+20.6×106	+31.3×106
5	两台机组年能源费用/元	比较基础	+10.3×106	+15.64×106
6	两台机组土石方费用差值/元	比较基础	−3.124×106	−4.43×106
7	两台机组底板费用差值/元	比较基础	−3.122×106	−4.43×106

由上表可以看出，秦山核电厂一期与二期的循环水泵扬程高，运行电耗大、费用高。

汽轮机房采用合适降标高布置可降低循环水泵扬程，节省循环水泵投资和运行费用。

1.2 工程设计参数

1）厂址有关数据

（1）潮位

表2 潮位情况

情况	高度/m
10 000年一遇高潮位	4.90
1000年一遇高潮位	4.41
100年一遇高潮位	3.92
50年一遇高潮位	3.76
33年一遇高潮位	3.67
平均高潮位	1.92
平均潮位	0.03
平均低潮位	-1.77
33年一遇低潮位	-3.48
50年一遇低潮位	-3.53
100年一遇低潮位	-3.61
1000年一遇低潮位	-3.87
10 000年一遇低潮位	-4.11
可能最大台风增水	4.33

（2）常规岛循环冷却水设计水温

本期工程循环冷却水系统采用海水直流冷却系统。设计水温取17.3 ℃，其中，年平均水温15.3 ℃（未考虑温排影响），根据温排水数模研究结果，田湾核电厂规划8台机组运行工况下取水口处的全潮平均温升为2 ℃。

（3）厂址地坪标高

核电厂厂址地坪标高根据滨海核电厂防洪要求确定：根据《滨海核电厂厂址设计基准洪水的确定》（HAD101/09）导则，核电厂安全重要物项必须防御设计基准洪水，以保证它们的运行。

结合田湾核电厂5、6号机组厂址取水区域地理环境和工程布置，偏于安全考虑，厂址地坪标高定为7.850 m；常规岛为8.000 m。

2）常规岛主辅机条件

（1）主要设备选型和技术方案

本工程参考核电厂为岭澳一期，参照岭澳二期。

田湾核电厂5、6号机组常规岛汽轮发电机组（TG包）采用国内东方电气集团的半转速（1500 r/min）冲动凝汽式汽轮发电机组，汽轮机型式为单轴中间再热四缸六排汽，由一个高中压合缸和三个低压缸组成。给水系统配置三台容量各为50%的电动给水泵，凝结水系统配置三台容量为50%的凝结水泵。

田湾核电厂5、6号机组的厂址循环冷却水设计温度取17.3 ℃。

上网电价按负荷因子80%估算，年利用小时数为7008 h，上网电价为386元/（MW·h）。

（2）主要技术参数

主蒸汽压力	6.43 MPa
主蒸汽温度	280.1 ℃
湿度	0.47%
主蒸汽流量	1614 kg/s
平均冷却水温度（海水）	17.3 ℃
TMCR出力	1 118.678 MWe
设计背压	3.8 kPa
发电机型式	水氢氢
发电机励磁方式	无刷励磁
发电机电压	24 kV

1.3 汽轮机房底层标高的确定及汽轮机房半地下布置方案

1）汽轮机房底层标高的确定

按照凝汽器第一排管顶标高和潮位推算汽轮机房底层标高如下：

设计低潮位取-1.77 m；

凝汽器顶部水室至连接井的水头损失按0.81 m；

连接井至排水口的水头损失按0.5 m；

可利用的虹吸高度按7.0 m；

凝汽器水室顶距主厂房底层高度按5.35 m；

厂坪标高按7.850 m（1956年黄海高程）；

凝汽器的第一排管顶标高为-1.77+0.5+0.81+7.0=6.54 m；

汽轮机房底层标高为6.54-5.35=1.19 m。

可以看出，按照凝汽器第一排管顶标高和潮位推算出的汽轮机房底层标高与表3中方案3相近。

表3中方案1为地上布置方案，汽轮机房底层标高0.2 m，中间层标高为6.2 m，运转层标高为16.2 m；方案2在方案1的基础上整体降6.2 m，即汽轮机房底层标高为-6 m，中间层0 m，运转层10 m；方案3在方案1的基础上整体降7.7 m，底层标高-7.5 m，中间层0 m，运转层8.5 m。

表3 汽轮机房地上布置方案与整体降6 m和整体降7.5 m的比较表

项目	方案1 地上布置	方案2 整体下降6 m	方案3 整体下降7.5 m
设计低潮位	年平均低潮位-1.77 m	年平均低潮位-1.77 m	年平均低潮位-1.77 m
确定原则	汽轮机房零米标高为厂坪标高为7.85 m+0.15 m	汽轮机房整体降一层，以中间层标高为零米层计（中间层与底层高差按参考核电厂取6 m）	汽轮机房整体降一层，以中间层标高为零米层计（中间层与底层高差按7.5 m）

续表

项目	方案 1 地上布置	方案 2 整体下降 6 m	方案 3 整体下降 7.5 m
凝汽器第一排管顶标高/m	14.10	8.1	6.6
虹吸利用高度/m	7.5	7.5	7.06
凝汽器顶部水室至连接井的水头损失	0.81	0.81	0.81
连接井（或虹吸井堰上）水位/m	5.79	-0.21	-1.27
连接井至排水口的水头损失/m	0.5	0.5	0.5
汽轮机房零米层标高确定/m	8.00	2.00	0.5
循环水泵几何扬程/m	7.06	1.06	0
全年循环水泵电耗增加/MW·h	29 426	2605	180
增加的运行费用/万元	1136	101	7

注：1. 凝汽器水室顶距主厂房底层高度按 6.1 m 计算；
2. 虹吸井及虹吸井至排水口的水头损失暂按 1 m 考虑；
3. 年利用小时数按 7008 h 计算，表中所列为 1 台机组数值；
4. 厂坪标高按 7.850 m，上表中标高均为黄海高程。

综上所述，中间层与底层高差取 6 m 和 7.5 m 均可行，但是从运行费用来看，方案 3 更经济。因此，采用方案 3 底层标高为-7.5 m，中间层为±0.000 m，运转层为 8.500 m。

2）汽轮机房半地下布置的典型方案

由于核岛厂房、厂区管道及汽轮机房周围其他子项的标高均维持不变，汽轮机房降标高后汽轮机房与其他子项间相连的管道、电缆桥架、连接通道的接口关系发生变化。GB/GD/GA 沟内的连接的管道很多，采用整体降标高方案，它们的相对标高也发生了变化，这些变化增加了相关管道系统计算、相关沟道的接口处理的工作量。

在众多的接口变化中，以连接核岛和常规岛的主蒸汽和主给水系统的变化最为重要，且属于核安全级，按照核岛优先的原则，保证主蒸汽 VVP 和主给水 ARE 管道的安全很重要。

汽轮机房的主蒸汽母管和主给水母管布置由这两个系统的固定点，从核岛贯穿件（第一固定点）来一直到主蒸汽母管（第二固定点）和从主给水母管（第一固定点）去一直到核岛的贯穿件（第二固定点）将分别作为主蒸汽和主给水两个独立管系，两个固定点之间的动态分析、计算和相应的管系计算由中国核电工程有限公司负责。由主厂房整体降标高所引起的主蒸汽管道在汽轮机房内的垂直段的加长，中国核电工程有限公司需对主蒸汽管道重新进行管系静态及动态计算，尤其是主蒸汽管道的防甩击计算难度很大。

为了不引起两个固定点间的主蒸汽管道和主给水管道的变化，减少主蒸汽管道和主给水管道的分析、计算工作，就要保持两个固定点的相对位置不变，有两种方案。

（1）调整汽机房内主蒸汽及主给水母管标高

汽轮机房整体降 7.5 m（底层-7.5 m，中间层 0 m，运转层 8.5 m），主蒸汽母管标高为-2.5 m，要保持与核岛贯穿件（第一固定点）的相对关系不变，就要将主蒸汽母管标高调整到5 m（距底层12.5 m），此标高距离中间层和运转层均较远，且主蒸汽母管固定点承受很大的力和力矩，需土建专业设计框架来支撑，中间层此处设备、管道较多，空间狭小，过于庞大的框架设计将影响设备的安装就位、检修维护等。

（2）汽轮机房增加一跨，布置主蒸汽及主给水母管布置，此跨不降标高

汽轮机房再增加一跨（按8 m考虑），此跨不降标高，主蒸汽、主给水管道母管布置在此跨内，保持两固定点的相对位置不变，其支撑和防甩设计等均可参照参考核电厂，简化设计工作量，增加安全性；此时的汽轮机房长度变为108 m。

由以上论述可知，汽轮机房半地下布置方案包括汽轮机房整体降7.5 m方案和增加一跨的整体降7.5 m的方案（表4）。

表4　汽轮机房地上布置和整体降标高、增加一跨的整体降标高方案主要尺寸对比表

序号	项目	单位	地上布置方案（岭澳二期）	汽轮机房整体降标高方案	汽轮机房增加一跨的降标高方案
1	汽轮机房				
	柱距	m	12.8	12.8	12.8
	长度	m	100	100	108
	跨度	m	44	44	44
	除氧器层标高	m	28.2	20.5	20.5
	运转层标高	m	16.20（以下为厂坪为0.00 m的标高）	8.5（以下均为相对标高）	8.5（以下均为相对标高）
	中间层标高	m	6.20	0.0	0.0
	底层标高	m	0.20	-7.5	-7.5
	200/30 t行车顶标高	m	30.3	26.3	26.3
	屋架下弦标高	m	36.3	30.6	30.6
2	除氧间				
	柱距	m	12.8	12.8	12.8
	长度	m	100	100	108
	跨度	m	15	15	15
	除氧器层标高	m	28.2	20.5	20.5
	运转层标高	m	16.20	8.5	8.5
	电缆夹层标高	m	12.2	8.5	8.5
	底层标高	m	0.20	-7.5	-7.5
	屋顶标高	m	35.6	32.5	32.5
	检修吊车轨顶标高	m	9.2	6.0	6.0

2 改进影响分析

2.1 主要管道布置的影响

对于汽轮机房整体降标高方案来说，主蒸汽管道在汽轮机房内的垂直段加长，中国核电工程有限公司需对主蒸汽管道重新进行管系静态及动态计算，尤其是主蒸汽管道的防甩击计算难度很大。

对于汽轮机房再增加一跨（暂按 8 m 考虑）的整体降标高方案来说，主蒸汽、主给水管的支撑和防甩设计等均可参照参考核电厂，简化设计工作量，增加安全性。

2.2 对投资的影响

1）工程初投资分析

（1）主要管道的投资分析

汽轮机房整体降 7.5 m 后，每台机组主蒸汽管道（OD812.8×32，材质 P280GH，0.612 t/m）和主给水管道（OD406.4×21.44，材质 P280GH，0.212 t/m）均增加 22.5 m，管道共增加 18.55 t，每吨管材按 6 万元，增加造价 18.55×6＝111.3 万元，2 台机组约增加 223 万元，如果考虑管件及支吊架的费用，2 台机组共增加投资费用 319 万元；如果按增加一跨的整体降标高方案计算，每台机组主给水管道母管（暂按 OD813×55，材质 P280GH，1.028 t/m）增加 15 m，主蒸汽管道（OD812.8×32，材质 P280GH，0.612 t/m）增加 16 m，共增加管道增加造价 25.2×6＝151.2 万元，2 台机组共增加 302.4 万元，如果考虑管件及支吊架的费用，2 台机组共增加投资费用 415 万元。

（2）循环水泵的投资分析

一般循环水量的确定是根据当地水温条件进行冷端优化，从制造商已开发的末级叶片技术和系统经济方面，来确定汽轮机排汽压力、凝汽器面积、循环冷却水量等，使包括汽轮发电机组和循环水泵在内的全厂经济性达到最优。

表 3 中可以看出，地上布置方案与半地下布置方案相比较，循环水泵的几何扬程相差 7.06 m，循环水系统的总的水头损失不发生变化，因此循环水泵的电动机功率相差 4570 kW，按每台机组两台循环水泵考虑，每台循环水泵的电机功率减少 2285 kW，经过询价每台机组投资约减少 250 万元，两台机组共减少 500 万元。

2）土建结构的投资分析

（1）汽轮机房结构工程量

①以汽轮机房地上布置方案为基准，汽轮机房整体降标高方案和汽机房增加一跨整体降标高方案增加了土方开挖量。

②汽轮机房降标高布置后，地下部分基础及地上结构工程量有一定的变化。以汽轮机房地上布置方案为基准，汽轮机房整体降标高方案的汽轮机房，长为 100 m，宽为 59 m，整体下降 7.5 m，并考虑到 A 排外增设的长为 24 m，宽为 10 m 的凝汽器抽钛管的地下检修空间，主厂房四周在地下部分的土建结构的混凝土增加量为 12 298 m^3（侧壁：2800 m^3，底板：9498 m^3），二台机组的总量为 24 596 m^3。

对于汽轮机房增加一跨的整体降标高方案，汽轮机房的长度增加了 8 m，为 108 m，宽为 59 m，整体下降 7.5 m，并考虑到 A 排外增设的长为 24 m，宽为 10 m 的凝汽器抽钛管的地下检修空间，主厂房四周在地下部分的土建结构的混凝土增加量为 13 134 m^3（侧壁：2928 m^3，底板：10 206 m^3），二台机组的总量 26 268 m^3。地上结构增加的工程量约为基准量的 10%。

（2）汽轮机房结构工程投资费用比较

①汽轮机房整体降标高方案

表 5　汽轮机房地上布置与整体降标高方案投资比较表（两台机组）

序号	项目	地上布置方案	整体降标高方案	工程量	单价
1	汽轮机房负挖增加费用	基准值	415 万元	137 772 m^3	30.14 元/ m^3
2	汽轮机房结构增加费用（侧壁）	基准值	682 万元	5600 m^3	1218 元/m^3
3	汽轮机房结构增加费用（底板）	基准值	1718 万元	18 996 m^3	904.2 元/m^3
4	汽轮机房框架结构增加费用	基准值	基准值	基准值	基准值

②汽轮机房增加一跨的整体降标高方案

表 6　汽轮机房地上布置方案与增加一跨整体降标高方案投资比较表（两台机组）

序号	项目	地上布置方案	增加一跨的整体降标高方案	工程量	单价
1	汽轮机房负挖增加费用	基准值	448 万元	148 392 m^3	30.14 元/m^3
2	汽轮机房结构增加费用（侧壁）	基准值	714 万元	5856 m^3	1218 元/m^3
3	汽轮机房结构增加费用（底板）	基准值	1846 万元	20 412 m^3	904.2 元/m^3
4	汽轮机房框架结构增加费用	基准值	1647 万元	26 432 m^3	623 元/m^3

3　结论

3.1　综合比较

综合以上论述，将汽轮机房整体降标高和汽轮机房内增加一跨的降标高方案作为可行方案与参考核电厂做详细的技术、安全、经济比较（表 7）。

表 7　综合比较表

序号	项目	地上布置方案（参考核电厂）	汽轮机房整体降标高方案	汽轮机房增加一跨的降标高方案
1	厂区地坪标高	+7.850 m（黄海高程）	+7.850 m（黄海高程）	+7.850 m（黄海高程）
2	汽轮机房底层标高	8.000 m（黄海高程）	0.50 m（黄海高程）	0.50 m（黄海高程）
3	汽轮机房平面尺寸	100 m×59 m	100 m×59 m+10 m×36 m	108 m×59 m+10 m×36 m
4	技术分析			
4.1	汽轮机房布置	同岭澳二期	汽轮机房 A 排侧增加地下空间和披屋，以便于凝汽器传热模块的吊装、凝汽器的组装和传热管束的更换；增加通风竖井；因设备托运必须经由中间层，因此中间层考虑检修区域	汽轮机房 A 排侧增加地下空间和披屋，以便于凝汽器传热模块的吊装、凝汽器的组装和传热管束的更换；增加通风竖井；因设备托运必须经由中间层，因此中间层考虑检修区域。为保证核岛免受影响增加一跨，厂房长 108 m
4.2	汽轮机房内工艺系统	同岭澳二期	1. NI/MX 厂房形成高差，给水泵扬程增加约 8 m； 2. 增加防潮、通风、照明和排水设施	1. NI/MX 厂房形成高差，给水泵扬程增加约 8 m； 2. 增加防潮、通风、照明和排水设施
4.3	建筑结构			
	基础结构	同岭澳二期	钢筋混凝土地下室箱型结构	钢筋混凝土地下室箱型结构
4.4	通风方式		采用机械送风，自然排风的方案	采用机械送风，自然排风的方案
5.	安全分析			
5.1	抗地下渗漏分析		采用现浇钢筋防水混凝土，对变形缝处采用相应的构造措施	采用现浇钢筋防水混凝土，对变形缝处采用相应的构造措施
5.2	抗地下水浮力分析		微风化岩体中没有地下水，抗浮是满足的	微风化岩体中没有地下水，抗浮是满足的

续表

序号	项目	地上布置方案（参考核电厂）	汽轮机房整体降标高方案	汽轮机房增加一跨的降标高方案
5.3	主蒸汽管道的防甩支架分析		由于从核岛贯穿件（第一固定点）和主蒸汽母管（第二固定点）间的管道布置发生变化，防甩击计算难度很大、防甩击支架设计难度大	由于从核岛贯穿件（第一固定点）和主蒸汽母管（第二固定点）间的管道布置与参考电站相同，管道的防甩击计算和防甩击支架的设计均可以参照参考核电厂
6	经济分析			
6.1	工程量比较			
	主要管道增加工程量	基准值	38 t	50 t
	采暖通风增加工程量	基准值	风机箱 13 台，每台风量 45 000 m^3/h，风压 580 Pa，用电容量 20 kW；防爆屋顶通风机（铝制）18 台，风量 168 700 m^3/h，风压 215 Pa，用电容量 15 kW	风机箱 13 台，每台风量 45 000 m^3/h，风压 580 Pa，用电容量 20 kW；防爆屋顶通风机（铝制）18 台，风量 168 700 m^3/h，风压 215 Pa，用电容量 15 kW
	负挖增加工程量	基准值	137 772 m^3	148 392 m^3
	汽轮机房结构增加工程量（侧壁）	基准值	5600 m^3	5856 m^3
	汽轮机房结构增加工程量（底板）	基准值	18 996 m^3	20 412 m^3
	汽轮机房框架结构增加工程量	基准值	基准值	26 432 m^3
6.2	投资费用比较			
	主要管道增加投资	基准值	+319 万元（考虑支吊架等）	+415 万元（考虑支吊架等）
	采暖通风增加投资费用	基准值	+18 万元	+18 万元

续表

序号	项目	地上布置方案（参考核电厂）	汽轮机房整体降标高方案	汽轮机房增加一跨的降标高方案
	汽轮机房负挖增加投资	基准值	+415 万元	+448 万元
	汽轮机房结构增加投资（侧壁）	基准值	+682 万元	+714 万元
	汽轮机房结构增加投资（底板）	基准值	+1718 万元	+1846 万元
	汽轮机房框架结构增加投资	基准值	基准值	+1647 万元
	循环水泵增加投资费用	基准值	-500 万元	-500 万元
6.3	运行费用比较			
	给水泵增加运行费用	基准值	+80 万元	+80 万元
	采暖通风增加运行费用	基准值	+100 万元	+100 万元
	循环水泵增加运行费用	基准值	-2272 万元	-2272 万元
6.4	经济分析结论	基准值	投资增加：2652 万元，运行减少费用：2092万元，约 1.5 年回收初投资	投资增加：4588 万元，运行减少费用：2092 万元，约 2.5 年回收初投资

3.2 结论

1）通过以上分析，可以看到汽轮机房半地下布置从技术上是可行的，且运行经济性较好。

2）汽轮机房整体下降 7.5 m 后，与参考核电厂将有不同，常规岛和核岛之间的接口配合和常规岛内的设计变化所带来的计算、分析工作量很大。

3）从技术、安全角度考虑，为了不因汽轮机房降标高而影响到由核岛来的主蒸汽管道的防甩分析计算和防甩支架的设计，增加一跨的汽轮机房整体降标高是可行的更合理的方案，即底层-7.5 m，中间层 0 m，运转层 8.5 m，增加一个 8 m 跨。

核电厂常规岛主要汽水管道材质选择和规格计算分析

粘志宇[1]
（1. 东北电力设计院有限公司）

摘要：核电厂常规岛蒸汽、给水等主介质参数与常规火电差异较大，管道设计上有不同原则。本文结合田湾核电厂5、6号机组工程总结、分析了国内已运行和在建核电厂常规岛管材的配置情况，最后确定田湾核电厂5、6号机组常规岛主要汽水管道材料的选用原则，并给出管道规格计算方法。

关键词：核电厂；常规岛；管道材料；管道规格计算

1　引言

国内目前正在运行的核电厂有大亚湾核电厂，岭澳核电厂一期、二期，秦山核电厂一期、二期和三期，方家山核电厂，福清核电厂及田湾核电厂一期、二期等。大亚湾核电厂和岭澳核电厂一期都由ALSTOM总包设计和供货，管道设计采用ASTM、API等国外标准，且从德国进口。田湾核电厂一期为俄罗斯总包项目，管道按俄方标准选用并由俄方供货。秦山核电厂为我国第一个自主化设计的核电厂，其材质的选用也多为进口管材。进口管材在国外已有相当多的业绩，但成本非常高，制约了电力工业的发展。岭澳核电厂二期成功实现了主蒸汽、主给水管道和管件的国产化，采用WB36 CN1，并在之后的中广核集团核电项目中广泛沿用。福清核电厂、方家山核电厂，采用的是法国《压水堆核岛机械设备设计和建造规则》（简称RCC-M）材料规范。而采用AP1000核电技术的三门核电厂和海阳核电厂，主要管道材料大多采用美国ASTM系列材料。

上述可见，核电项目汽水管道管材可选品种较多。本专题主要总结和分析了国内1000 MW级核电机组常规岛主要汽水管道材料使用情况，进行归纳、总结和分析，在参照《火力发电厂汽水管道设计规范》（简称《管规》）的基础上，提出了田湾核电厂5、6号机组工程常规岛主要汽水管道推荐选用材料和规格计算方法。

2　核电厂常规岛技术特点对管道材料的要求

与常规火电站相比，核电常规岛汽水管道材料的选取需重点考虑以下问题。

2.1　低参数特点

核电主蒸汽参数最大特点：蒸汽不是过热蒸汽而是带有一定湿度的饱和蒸汽。高加抽汽也为饱和蒸汽，低加抽汽为微过热蒸汽。田湾核电厂5、6号机组采用二代加核电技术，主蒸汽温度280.1 ℃（压力6.43 MPa），主给水压力12.3 MPa（226 ℃）。新开发的三代压水堆核电技术（EPR或AP1000）的蒸汽温度和压力参数与二代加比较，也无大的差别。可见与常规火电相比，核电主蒸汽和主给水参数要低出很多。此工作条件下，管道不会发生蠕变，且给水介质的pH保持在碱性状态，其他类介质也没有很强的腐蚀性。因此，常规岛二回路所用管道对耐温、耐压和耐酸腐蚀的要求不高。

2.2 流体加速腐蚀

核电给水、凝结水及疏水（阀前）管道主要选碳钢管材，管道长期受水冲刷。在管道处于紊流状态下，因流体的高速流动、温度和化学环境的相互影响，促进了碳钢表面起保护作用的氧化层的溶解，从而导致腐蚀破坏，即产生“流动加速的腐蚀（FAC）”现象。美国萨里核电厂2号机组和日本美滨核电厂3号机组，皆曾由于FAC导致管道破裂，发生严重伤亡事故。所以，在设计核电汽水管道时，FAC问题已成为其关注的重点。

FAC问题只发生在碳钢管道中。而为此放弃碳钢管材，直接选用合金钢或不锈钢，显然会大幅度增加投资，顾此失彼。研究表明，通过控制碳钢管材中合金元素Cr含量可以控制管道的FAC腐蚀速率。在冶炼过程中添加少量的Cr，能在运行过程中形成致密而牢固的氧化膜，提高钢材的抗氧化性和抗腐蚀能力。随着钢中Cr含量的增加，相对减薄率降低，当Cr含量接近0.2%时，相对减薄率可下降至0.1%。针对核电机组寿命期长、安全性要求高特点，采用控Cr碳钢管材是提高管道抗FAC腐蚀能力的有效办法之一。

3 核电厂常规岛主要汽水管道材料的选用原则

管道材料的选用必须依据管道的使用条件（设计压力、设计温度、工作介质类别）、经济性、材料的焊接及加工等性能，同时选用的材料应具有足够的稳定性（包括化学性能、物理性能、抗疲劳性能和组织稳定性等）。根据核电常规岛技术特点及相似核电厂情况，确定田湾核电厂5、6号机组主要汽水管道材料初选原则：

1）长期受水冲刷的给水、凝结水管道，采用Cr含量0.2%~0.3%的碳钢材料。

2）主蒸汽是带有一定湿度的饱和蒸汽，温度参数低。管道需要承受湿蒸汽的冲刷腐蚀，其选材的主要原则是考虑材质的抗腐蚀能力。

3）高加抽汽和除氧器加热蒸汽是带有一定湿度的饱和蒸汽，管道需要承受湿蒸汽的冲刷腐蚀。参考相似工程采用2.25Cr低合金钢。低加抽汽为微过热蒸汽，可采用碳钢管材。

4）疏水管道，疏水阀前为饱和水，采用与主管相同或相近材质；疏水控制阀下游为汽液两相混合流体，对管道冲刷腐蚀较重，管道采用不锈钢。

3.1 主蒸汽、主给水管道材料的选择

大亚湾核电厂、岭澳核电厂一期由外方总体设计供货，主蒸汽和主给水管道均采用BS3602 500Nb材料。岭澳核电厂二期实施阶段，借鉴了德国NPP Krümmel、NPP Philipsburg I和NPP ISAR I等核电厂主蒸汽及主给水管道采用WB36 S1管材的设计经验

（WB36 S1 是按德国技术监督局的规范 2001 年版本 459/2 生产的一种专门用于核电厂的主给水和主蒸汽管道用材料），在 WB36 S1 基础上增加控 Cr 要求，衍生出中国核电管道国产化第一号，即 WB36 CN1，并在之后的红沿河核电厂中沿用。现正处于施工建造阶段的福清核电厂、方家山核电厂，则为采用法国《压水堆核岛机械设备设计和建造规则》材料规范研制的核岛蒸汽系统和核辅助系统用 P280GH 管材。而采用 AP1000 核电技术的三门核电厂和海阳核电厂，采用 A335P11 管材。可见，核电厂主蒸汽、主给水管道管材可选品种较多。各可选用管材化学成分及力学性能比较表如表 1 和表 2 所示。

表 1　主蒸汽、主给水管道材料化学成分对比表

钢号	C	Mn	P	S	Si	Cr	Al	Nb	Mo	Cu	Ni
500 Nb	≤0.22	1.0~1.5	≤0.035	≤0.03	0.15~0.35	—	≤0.06	0.015~0.10	—	—	—
WB36 CN1	0.10~0.17	0.8~1.2	≤0.016	≤0.005	0.25~0.5	≤0.3	≤0.05	0.015~0.025	0.25~0.4	0.5~0.8	1~1.3
P280GH	≤0.22	0.8~1.6	≤0.025	≤0.02	0.10~0.40	≤0.25	0.02~0.05	—	≤0.1	≤0.25	≤0.5
A335P11	0.05~0.15	0.3~0.6	≤0.025	≤0.025	0.5~1.0	1~1.5	—	—	0.44~0.65	—	—

表 2　主蒸汽、主给水管道材料力学性能对比表

钢号	屈服极限 σS/MPa	抗拉强度 σb/MPa
500Nb	≥335	500~650
WB36 CN1	≥440	610~760
P280GH	≥275	470~570
A335P11	≥205	≥415

500Nb 管材标准为 BS 3602-1—1987，目前已作废，被 BS EN 10216-2—2002 替代。在现行标准中，500Nb 管材已取消。若使用现行标准中与其相近的材料，性能和国内采购方面有待论证。

WB36 CN1 在四种材料中，屈服极限和抗拉强度最高，是在德国核电主汽、主给水专用管材 WB36 S1 基础上，增加控 Cr 优化而成。管材经过相关评审，已具备一定的国产化规模，并已应用在岭澳核电厂 3、4 号机组，红沿河核电厂一期工程及阳江核电厂一期工程的主蒸汽、主给水管道上。

P280GH 系法国 RCC-M 设计规范中的碳锰钢管材，材料本身含有 Cr。在管道招标采购中，只要严格要求 Cr 含量不低于 0.2%，即可保证管道抗 FAC 腐蚀的强度要求。管道已具备一定的国产化规模。经过苏州热工院对国产 P280GH 的评定，认为国产 P280GH 钢管的化学成分（包括 Cr%）、室温强度、室温塑性、高温强度和低温韧性均满足 RCC-M 技术规格书 M1144 对主蒸汽系统、M1152 对二回路主给水、辅助给水系统和汽机旁路系统采用 P280GH 钢材质的要求。

A335P11 为低合金钢，在四种材料中屈服极限和抗拉强度最低，但耐冲刷腐蚀性能较碳钢好，常用于高温管道（450 ℃以上）。对于工作温度皆低于 300 ℃的核电主蒸汽、主给水，其耐高温特性无法体现。

通过上述分析，主蒸汽（包括旁路）、主给水管道推荐采用 WB36 CN1 或 P280GH 管材。田湾核电厂 5、6 号机组采用法国 M310 加改进堆型，主蒸汽、主给水采用 P280GH 管材。

3.2 抽汽管道材料的选择

根据工程热平衡，核电厂高加抽汽和除氧器加热蒸汽为高湿度湿蒸汽，3、4 号低加抽汽为微过热蒸汽（1、2 号低加抽汽为汽机厂供货范围，未考虑）。目前国内核电机组抽汽管道可用管材主要为 20（控 Cr）钢、A335P11 和 A335P22。

20（控 Cr）钢为在 20 钢材料基础上增加并控制其 Cr 含量 0.2%~0.3%范围内，使其抗 FAC 腐蚀能力大大增强。该管材由攀钢集团攀成钢公司自主研发并应用于岭澳核电厂二期项目，现已按 HD245Cr 牌号纳入了《GB 24512.1—2009 核电站用无缝钢管第 1 部分：碳素钢无缝钢管》标准中。

A335P11 和 A335P22 为低合金钢，其耐冲刷和抗腐蚀能力优于碳钢，适用于湿度较大的抽汽管道，能有效防止夹带水珠的高速湿汽流对管道的冲刷腐蚀。两者相比，在抽汽工作温度下许用应力基本相同。A335P22 中 Cr 含量（1.9%~2.6%）较高于 A335P11（1%~1.5%），其硬度和耐磨性也相对较高。

通过上述分析，高加抽汽和除氧器加热蒸汽为高湿度湿蒸汽，需要考虑抗高速汽（水珠）流冲刷和 FAC 腐蚀，管材推荐采用 A335P11 或 A335P22，两种管材国产化已非常普遍。低加抽汽为微过热蒸汽，可采用 20 钢，也可提高标准采用其他两种管材。田湾核电厂 5、6 号机组参考相似核电厂，抽汽管道统一采用 A335P22 管材。

3.3 低压给水、凝结水管道材料的选择

核电低压给水、凝结水管道温度、压力与常规火电相似，管道选材参照火电可采用 20 钢或 A106B。核电工程中管道选材上需考虑抗 FAC 腐蚀，故低压给水和凝结水管道可采用 20 钢或 A106B（控 Cr）管材。A106B 管材强度稍高于 20 钢，其材质本身含有 Cr 元素（≤0.4%），选用此管材时，要求供货商确保钢材中 Cr 含量不低于 0.2%即可。田湾核电厂 5、6 号机组低压给水、凝结水管道统一采用 A106B 管材。

4 管道规格计算原则

核电厂常规岛汽水管道一般选用外径管，其规格计算主要为管径选择和管道壁厚计算，与常规火电相似，计算主要需考虑：计算工况的选择；设计参数的选取；介质流速的选取；许用应力的选取；修正系统的选取；壁厚负偏差附加值的选取；腐蚀裕量等附加壁厚的选取；对口裕量对管道壁厚的影响。

4.1 计算工况的选择

火电工程管道规格计算一般以汽轮机最大能力工况，即 VWO 工况作为计算工况，并辅以相关规定要求的裕量系数。而核电厂为机跟堆模式，以反应堆额定功率作为汽轮机最大连续出力工况（TMCR）进行汽轮机选型，反应堆不能超负荷运行。受此限制，核电厂汽轮机 VWO 工况实际并不存在。所以，核电常规岛汽水管道的计算工况选择 TMCR 工况，而非 VWO 工况。

4.2 设计参数的选取

管道的设计参数主要为压力、温度和流量，可参照《管规》和 ASME B31.1 规定，以 TMCR 工况为基准计算选取，但主蒸汽和主给水管道设计压力的选取有所不同。

主蒸汽（包括旁路阀前旁路管道）管道设计压力取用核岛蒸汽发生器蒸汽侧（二次侧）的设计压力，一般由核岛设计方提供。田湾核电厂 5、6 号机组 TMCR 工况下，常规岛分界处主蒸汽管道的工作压力为 6.85 MPa（a），而按核岛方提供值，主蒸汽管道设计压力为 8.6 MPa（a）。

主给水管道设计压力取用给水泵关死点压力与泵进水侧压力之和，同时需考虑管内流体动量突变（如水锤）引起的瞬态最大压力，二者取最大值。田湾核电厂 5、6 号机组主给水管道设计压力考虑了瞬态最大压力因素，取值 12.3 MPa（a）。

4.3 介质流速的选取

介质流速的选取对管道设计非常重要。流速过快，会增加介质对管道内壁的冲刷腐蚀，使壁厚减薄增快，同时也会增加系统阻力，增大转动设备出力。流速过慢，会使管道管径、壁厚增大，不利于管道布置，同时也增加了管道投资。由于目前没有针对核电项目汽水管道的技术规定，核电汽水管道介质流速参照《管规》中推荐流速范围选取，并结合参考核电厂情况。

4.4 许用应力的选取

许用应力与管道材料有关，按设计温度，通过查询所选用管道材料的技术标准选取。

4.5 修正系数的选取

修正系数主要为应力修正系数和温度修正系统，与钢种和设计温度有关，可按《管规》中的技术要求选取。

4.6 壁厚负偏差的附加值的选取

与火电相同，核电管道壁厚需考虑壁厚负偏差的影响。壁厚允许负偏差值在所选用管材的相应技术标准中查询，并在管道采购招标时明确提出。

4.7 腐蚀裕量等附加壁厚的选取

火电工程，一般只针对腐蚀性较高的管道考虑附加壁厚，如疏水管道、排污管道，取用 1.6~2 mm 作为附加壁厚加入管道计算壁厚中。由于核电厂安全性要求高，建议常规岛所有存在冲刷冲蚀和 FAC 腐蚀的管道皆考虑适当的附加壁厚。根据相似工程经验，附加壁厚可取 2~3 mm。

4.8 对口余量对管道壁厚的影响

火电汽水管道规格为根据压力、温度等级，一般在《火力发电厂汽水管道零件及部件典型设计》（简称《典管》）中选用。《典管》中的管道品种在计算壁厚时，并未考虑管道对口余量。而实际上由于批量生产，同一规格的每根管道，其外径都存在一定偏差，即管径偏差。由于偏差的存在，管系中管道连接处有效壁厚可能小于管道计算壁厚，成为薄弱环节，存在一定危险。故针对核电厂安全性要求高、寿命高的特点，应考虑对口加工余量对管道壁厚的影响，建议管道取用壁厚不小于计算壁厚加 0.5 倍外径正偏差值。管径偏差在所选用管材的相应技术标准中查询，并在管道采购招标时明确提出。

5 结论

由于核电自身参数特点，管道在材料选择和壁厚计算方面，与常规火电相比，既有相同之处，也有不同之处。工程技术人员在管道设计时，应着重考虑核电参数低、湿蒸汽、抗 FAC 腐蚀要求高和机组寿命期长的特点，结合各个工程的参考核电厂，合理的选用管道材料和计算管道规格。

核电厂常规岛凝结水精处理再生系统增设回收水系统优化方案分析

狄婷婷[1]
（1. 中国电力工程顾问集团东北电力设计院有限公司）

摘要：为了减少常规岛凝结水精处理再生系统用水量，结合方家山核电厂运行情况，本文对常规岛凝结水精处理再生系统增设回收水处理单元的方案进行分析研究，探讨其在田湾核电厂5、6号机组工程上的可行性并给出最佳优化设计方案。

关键词：核电厂；凝结水精处理；再生系统；回收水处理

1 引言

田湾核电厂5、6号机组及方家山核电厂均为M310核电机组，对凝结水精处理出水水质要求相较其他核电机组更为严格，因而对凝结水精处理系统运行、树脂再生的要求更高。为了尽量减少再生后阳、阴树脂层中再生剂的残留量，需要大量的除盐水对树脂进行冲洗，造成除盐水水耗大大增加。为了减少水耗，方家山核电厂增设了凝结水精处理再生系统回收水处理单元，本文结合其运行情况，对回收水处理系统进行分析研究，探讨其在田湾核电厂5、6号机组上设置的可行性并给出最佳优化设计方案。对其他项目的凝结水精处理再生系统的设计提供借鉴。

2 增设凝结水精处理再生系统回收水处理单元的必要性

凝结水精处理系统再生系统中，当前置阳床及混床阳树脂采用HCl作为再生剂时，阳床树脂再生塔及混床阳树脂再生塔中阳树脂层内会残留Cl^-；混床阴树脂采用NaOH作为再生剂时，混床阴树脂再生塔中阴树脂层内会残留Na^+，此类树脂层中残留的再生剂会对凝结水精处理的水质造成影响，因此需要控制再生残留剂的含量。目前仅能通过除盐水长时间的冲洗来去除残留剂。根据国内运行经验，通常核电厂设置的阳、阴树脂再生结束标志为正洗出水电导达到2 μS/cm，但由于核电机组对树脂再生的标准不断提高，正洗出水的电导要求越来越低，因此需加大正洗水用量、延长正洗时间，使再生后树脂内的再生剂残余量可减少到极低的水平。方家山核电厂凝结水精处理混床再生系统的实际运行情况表明，在正洗总时间在达到16 h后，阴树脂再生塔中Na^+、阳树脂再生塔中SO_4^{2-}（方家山核电厂混床阳树脂再生剂采用的是H_2SO_4）的残余量均可达到小于10 μg/L的水平，完全能满足M310机组精处理系统混床阴、阳树脂再生后的正洗水质指标要求。若混床阴、阳树脂的正洗水全部用除盐水，那么每次再生时进行连续16 h的正洗，随着再生次数的累积，正洗除盐水的消耗将达到一个惊人水平。由于制出除盐水也要消耗成本，为了达到节约用水，减少运行成品的目的，考虑对正洗水进行回收处理并将处理后的产水回用到阴、阳树脂的正洗，实现正洗用水的循环使用就变得十分必要。

3 凝结水精处理再生系统回收水处理系统选择

3.1 方家山核电厂回收水处理系统配置

目前在核电项目中增设凝结水精处理系统回收处理单元的仅有方家山核电厂，该厂回收水处理单元简易系统流程如图 1 所示。

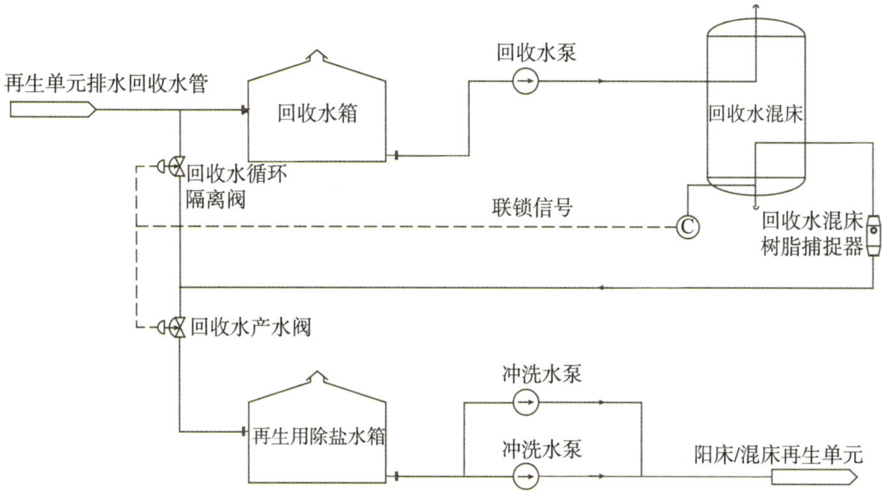

图 1 方家山核电厂回收水处理系统流程图

再生单元进酸/碱再生结束后，将对阳/阴树脂进一步进行正洗，当正洗出水电导率下降到 2 μS/cm 时，将作为启动回收水处理的临界点，此时将阳/阴树脂正洗排水回收至回收水箱临时储存，同时启动回收水泵，将回收水箱中的回收水送入回收水混床进行除盐处理，回收水混床下游设置回收水混床树脂捕捉器，用于捕捉可能漏出的破碎树脂。如果混床出水未达到除盐水水质指标，此时关闭回收水产水阀，打开回收水循环隔离阀，将回收水送回到回收水箱再一次处理，直至处理合格，即回收水混床出水达到除盐水指标时（电导率要求小于 0.07 μS/cm），回收水在单元内的循环结束。此时关闭回收水循环隔离阀，打开回收水产水阀，处理合格的回收水进入再生除盐水箱和再生用除盐水混合后经冲洗水泵升压后重新进入阳床/混床再生单元，对阳、阴树脂进行正洗，实现正洗水的循环使用。

3.2 田湾核电厂 5、6 号机组凝结水精处理再生系统回收水处理方案选择及优化

1）田湾核电厂 5、6 号机组凝结水精处理再生系统回收水处理方案选择

由于方家山核电厂凝结水精处理再生回收水处理系统的运行情况良好，该系统的运行

确实大大减少了再生用除盐水的耗量，降低了凝结水精处理再生系统运行成本，因此田湾核电厂5、6号机组凝结水精处理再生系统也将增设回收水处理系统，其系统流程如图2所示。

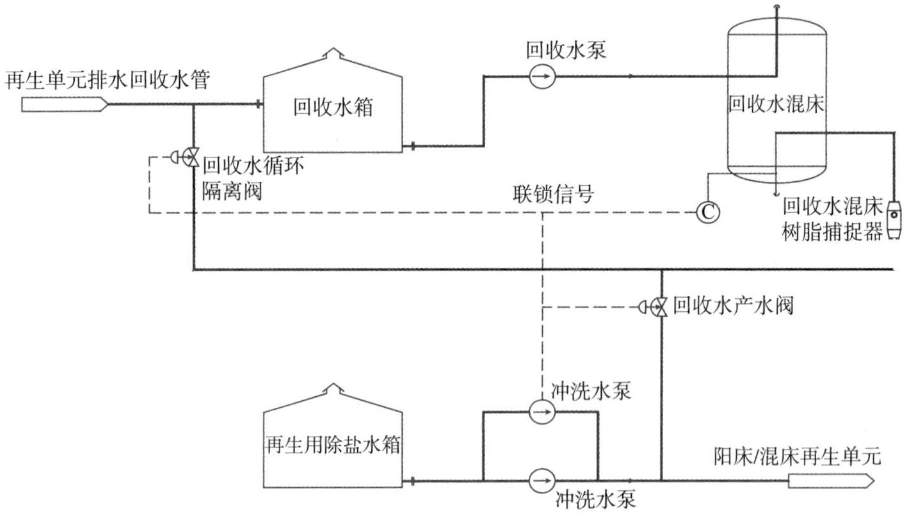

图2　田湾核电厂5、6号机组回收水处理系统流程图

如图2所示，再生单元进酸/碱再生结束后，对将对阳/阴树脂的加强正洗排水电导下降到临界点时，回收水处理系统启动，将加强正洗排水回收进入回收水箱，同时启动回收泵，使回收水在回收水处理系统内部循环。持续处理，当回水收处理合格后，关闭回收水隔离阀，打开回收水产水阀，同时停运冲洗水泵，使回收水直接进入阳床/混床再生单元，对阳/阴树脂进行加强正洗，如此回收水进入一个良性的循环利用过程。

2）田湾核电厂5、6号机组凝结水精处理再生系统回收水处理方案优化

比较图1、图2可知，田湾核电厂5、6号机组对凝结水精处理再生系统回收水处理方案进行了优化。再生单元来加强正洗回收水经过回收水箱、回收水泵及回收水混床处理达标后将跳过再生除盐水箱及冲洗水泵，直接进入阳床/混床再生单元，对阳/阴树脂进行加强正洗。根据方家山核电厂现场实际运行情况，回收水混床出口水电导率控制指标为0.07 μS/cm，电导率远优于再生除盐水水质（除盐水系统产水控制指标为0.1 μS/cm，经过水箱储存电导还会有所升高）。若是将回收水混床产水补入再生除盐水箱与再生用除盐水混合后对阳/阴树脂冲洗，则相当于将处理过的少量低电导率的产水被较高电导率的再生除盐水“污染”后使用；若是直接将回收处理单元产水直接引回阳床/混床再生单元，如此回收水处于一个周而复始的良性循环利用过程，则回收混床产水将会继续降低至趋于稳定值，同时用相对电导率更低的回收处理单元的产水直接对阳/阴树脂进行加强正洗，会使再生后树脂内再生剂残余量降到极低的水平。

综上所述，经过对田湾核电厂5、6号机组凝结水精处理再生系统回收水处理方案的优化，简化了回收处理单元系统流程，充分利用了回收水处理单元的余压，减少了冲洗水泵的运行时间，节省了厂用电，更重要的是改善了阳/阴树脂加强正洗水的水质，进而提高了树脂的再生效果。

4 增设凝结水精处理再生回收水处理系统的节水效果

4.1 循环清洗时间比的选定

根据方家山核电厂的实际运行数据，田湾核电厂5、6号机组循环清洗时间比暂定为2∶1。

为达到相同正洗时间条件下，阳/阴树脂正洗结束后再生剂残余量最小，方家山核电厂进行了小型的循环清洗时间比的选定试验。具体试验内容为：方家山核电厂凝结水精处理系统1号机组和2号机组设定相同冲洗时间总长，不同的混床阴树脂再生塔与混床阳树脂再生塔循环冲洗时间比不同（1号机组为1∶1，2号机组为2∶1），对回收水混床、混床阴树脂再生塔、混床阳树脂再生塔的冲洗水出水水质进行了取样分析，分析数据如表1、表2所示。

表1 1号机组混床阴树脂再生塔/混床阳树脂再生塔循环清洗记录

	回收水混床	混床阴树脂再生塔	混床阳树脂再生塔	循环时间（阴/阳）
电导率/（μS/cm）	—	2.0	1.2	正常再生结束
循环流量/（m^3/h）	—	35	25	
电导率/（μS/cm）	0.053	0.311	0.243	循环1 h/1 h 总长2 h
Na^+/（μg/L）	0.12	22.90	—	
SO_4^{2-}/（μg/L）	0.10	—	7.64	
循环流量/（m^3/h）	—	35	25	
电导率/（μS/cm）	0.053	0.07	0.23	循环4 h/4 h 总长8 h
Na^+/（μg/L）	0.12	17.08	—	
SO_4^{2-}/（μg/L）	0.11	—	4.76	
循环流量/（m^3/h）	—	35	25	
电导率/（μS/cm）	0.053	0.07	0.23	循环8 h/8 h 总长16 h
Na^+/（μg/L）	0.12	17.08	—	
SO_4^{2-}/（μg/L）	0.11	—	4.76	

表2 2号机组混床阴树脂再生塔/混床阳树脂再生塔循环清洗记录

	回收水混床	混床阴树脂再生塔	混床阳树脂再生塔	循环时间（阴/阳）
电导率/（μS/cm）	—	2.3	1.2	正常再生结束
循环流量/（m^3/h）	—	35	25	
电导率/（μS/cm）	0.054	1.08	0.93	循环1.3 h/0.7 h 总长2 h
Na^+/（μg/L）	0.10	27.02	—	
SO_4^{2-}/（μg/L）	0.10	—	25.80	

续表

	回收水混床	混床阴树脂再生塔	混床阳树脂再生塔	循环时间（阴/阳）
循环流量/（m^3/h）	—	35	25	循环 5.3 h/2.7 h 总长 8 h
电导率/（μS/cm）	0.053	0.08	0.54	
Na^+/（μg/L）	0.10	11.60	—	
SO_4^{2-}/（μg/L）	0.10	—	1.28	
循环流量/（m^3/h）	—	35	25	循环 10.3 h/5.7 h 总长 16 h
电导率/（μS/cm）	0.054	0.08	0.24	
Na^+/（μg/L）	0.10	4.97	—	
SO_4^{2-}/（μg/L）	0.10	—	1.15	

注：正洗流速按 15 m/h 考虑。

由表 1 和表 2 比较可见，在同样进行总时长 16 h 循环冲洗后，循环冲洗时间比为 2∶1 时，混床树脂再生塔中残留的 Na^+、混床阳树脂再生塔中残留的 SO_4^{2-} 均远小于 10 μg/L；当循环时间比为 1∶1 时，混床阴树脂再生塔中 Na^+的残留量仍然不合格。因此，循环清洗时间比选定为 2∶1。

4.2 回收水处理单元节水计算

根据方家山核电厂的试验结论，选定的循环清洗时间比为 2∶1，循环清洗时间为 16 h。则田湾核电厂 5、6 号机组凝结水精处理高速混床再生时，对混床阴树脂塔进行 10.3 h 的加强正洗，正洗流量选定为 35 m^3/h（混床阴树脂再生塔直径为 DN1700，正洗流速按 15 m^3/h 考虑），对混床阳树脂进行 5.7 h 的加强正洗，正洗流量选定为 25 m^3/h（混床阳树脂再生塔直径为 DN1500，正洗流速按 15 m^3/h 考虑），则共需正洗水量 $10.3\times35+5.7\times25=503$ m^3。

田湾核电厂 5、6 号机组工程单台机组凝结水精处理系统额定处理流量为 3740.3 m^3/h，高速混床 4 运 1 备，每台高速混床的运行周期约为 1229 h，单台机组年运行小时数为 7000 h，则单台机组初步估算全年可节约正洗用除盐水量：$7000\div1229\times4\times503=11\,459.7$ m^3。

以上计算基于方家山核电厂的试验结论，由于田湾核电厂 5、6 号机组阳树脂再生剂选用 HCl，阳树脂再生塔内残留的再生剂为 Cl^-，因此该项目的混床阳/阴树脂再生正洗的最佳循环清洗时间及循环时间总长等数据应在机组投运后试验选定。

通过对高速混床阴/阳树脂再生时回收水系统的分析研究，回收水单元也可回收前置阳床树脂再生塔加强正洗排水，处理后再回用于前置阳床树脂再生塔的加强正洗。但由于前置阳床再生频率较高，且系统污脏条件下擦洗时间远高于加强正洗，因此暂未做定量分析，具体的再生清洗时长和清洗效果可在田湾核电厂 5、6 号机投运后通过试验确定。

5 结论

本文结合方家山核电厂运行情况，对常规岛凝结水精处理再生系统增设回收水处理系统的方案进行了详细分析研究，确定了其在田湾核电厂 5、6 号机组工程上的可行性并对该系统进行了进一步的优化，通过初步节水估算，该系统每年能为田湾核电厂 5、6 号机组节约凝结水精处理再生系统用正洗除盐水约 2×11 459. 7 m^3，在有效提高树脂的再生效果的同时，还大量节省了再生时除盐水的用水成品。

参考文献

[1] 曹洋.核电凝结水处理系统回收水处理单元的应用.2016.

核电厂重要厂用水低温影响的解决方案

刘晓轻[1]，武　婕[1]，张荣勇[1]
(1. 中国核电工程有限公司，北京 100840)

本文针对田湾核电厂5、6号机组冬季海水低温引起设冷水冬季温度过低问题，从重要厂用水系统设计角度考虑，提出了不同的解决方案，通过分析比较各方案的优缺点，给出了较优的工程方案——核岛双旁通方案，并对该方案的具体设置及运行控制方式进行了详细描述，为同类核电厂冬季设冷水温度过低问题提供了有效的解决方案。

1 引言

田湾核电厂5、6号机组重要厂用水（SEC）系统采用海水直流冷却方式，每个机组有两个系列，每个系列设置两台100%容量的SEC系统泵及两台板式热交换器（50%×2）。该系统通过板式热交换器与上游的设备冷却水（RRI）系统进行热量交换，将设冷水热量带走。

田湾核电厂设计基准水温（考虑温排）为29.3 ℃，最高水温（考虑温排）为33.1 ℃，最低水温为-2.0 ℃。在不采取提高设冷水温度措施的条件下，海水低温条件下，设备冷却水通过热交换器换热器后，RRI系统出口温度就会低于15 ℃。根据田湾核电厂海水水温条件（表1），出现过冷现象的时间（温度低于出现过冷的最大海水温度12.8 ℃）从当年12月份一直到次年4月。所以，必须采取有效的措施解决冬季设备冷却水出水温度过低的问题，以确保核电厂的安全运行。

表1　田湾核电厂多年月平均海水温度

年份	1997—2014年												
月份	1	2	3	4	5	6	7	8	9	10	11	12	平均
水温/℃	3.2	3.9	7.3	12.5	18.1	22.2	25.9	26.8	24.2	19.6	13.1	6.6	15.3

由于设备冷却水用户多，系统复杂，核岛布置空间有限，本工程从重要厂用水系统设计角度解决该问题。

2 重要厂用水系统改进方案比选

本工程SEC系统单泵运行时设计流量为2500 m^3/h，扬程为33 m；双泵运行时设计流量为3300 m^3/h，扬程为43 m。SEC系统主管路的管径采用DN600。根据RRI系统要求，正常运行时一个系列的两台板式换热器同时运行，SEC 泵设计流量为 2500 m^3/h；第一档水量调控时，一台板式换热器运行一台板式换热器隔离，泵供水量为 1250 m^3/h；第二档水量调控时，仍为单板式换热器运行，水泵供水量在 246~1250 m^3/h 之间调节。

由于本项目在实施过程中，核岛负挖在即，对其结构空间大幅度修改并不可行，以下的解决方案也均以核岛结构设计不发生变动为前提条件进行分析。

2.1　水泵调节方案

该方案通过调节水泵供水量来满足板式换热器过流量变化要求。各系列的水泵供水量等同于该系列参与换热的板式换热器过流量之和。

为满足 RRI 系统水量变化可通过大小泵调控和变频调速泵的方式来实现，这两种方式都有节能和降低运行成本的优势。SEC 系统每个系列的泵均需设置备用，采用大小泵的方案设备较多，对泵房空间结构影响较大。由于核级变频技术从未在核电设计中使用过，受限于核电安全要求的成熟性及复杂性，所以不推荐采用。

此外，由于系统流量变化范围较大，采用一条管路供水，不同阶段管内流速变化较大。冬季过冷时水泵流量在 246~1250 m^3/h 之间调节时，管内流速在 0.24~1.23 m/s 之间变化，此时流速均小于参考核电厂流速 2.5 m/s，会出现海生物附着的问题。若设置多路不同管径的供水管道满足流速要求，无疑需要考虑更大的安装空间，所以本工程不推荐采用水泵调节方案。

2.2　泵房回水方案

在泵房设置旁通管道回水至水泵吸水口前，可以通过泵房内回水及泵房外回水实现。具体设置如图 1 和图 2 所示。其中，泵房内回水将水泵一半以上出水回流吸水暗渠，回水管路较短，会引起暗渠的水流扰动，水力情况复杂，并且对水泵设备的影响不能预知，存在风险。泵房外回水将水沿 PX 泵房外侧设置的浅沟回流至前池，增加土方开挖等建设费用。此外，两种方式进行流量调节均需要在主管道（DN600）上设置调节阀，经过调研，大口径的调节阀无法实现本项目中要求的流量调控，并且同样存在水泵调节方案中生物附着的问题，所以不推荐使用此方案。

2.3　核岛单旁通方案

在核岛厂房贝类捕集器之前，设置一根 DN400 的旁通管线，接至板式换热器后的主管道上。管道上设置隔离阀及调节阀。各板式换热器（简称板换）前 DN400 的管路上设置一台蝶式调节阀、一台隔离阀。系统布置简图如图 3 所示。通过旁通管路实现第一档调节，通过调节板换前的阀门开度实现第二档调节。该方案系统设计简单，解决了生物附着问题。但由于布置空间限制，板换前蝶式调节阀和隔离阀布设困难。并且根据对阀门厂家的咨询结果，板换前设置的 DN400 调节阀调控范围有限，不能满足最小流量要求，所以不推荐此方案。

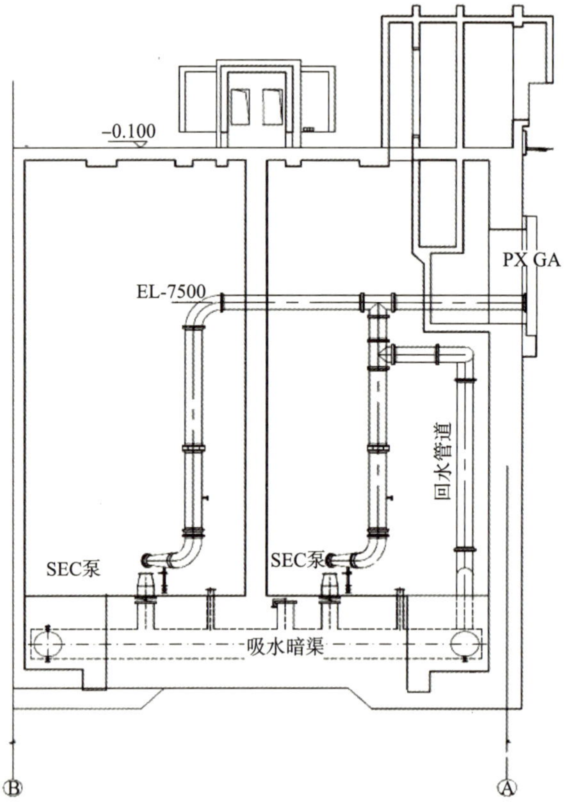

图 1　泵房内回水方案图

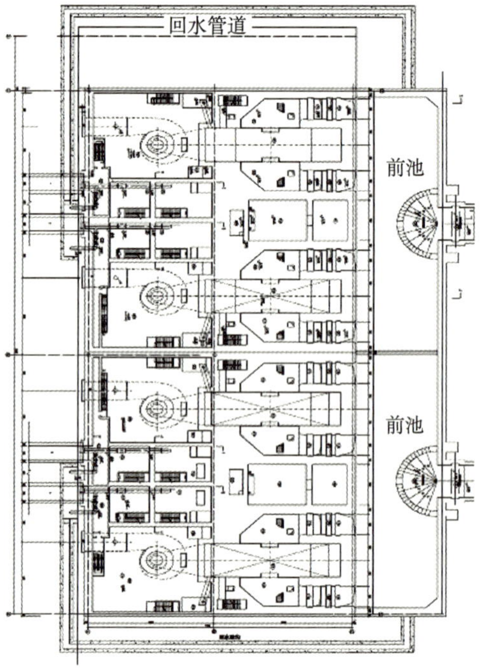

图 2　泵房外回水方案图

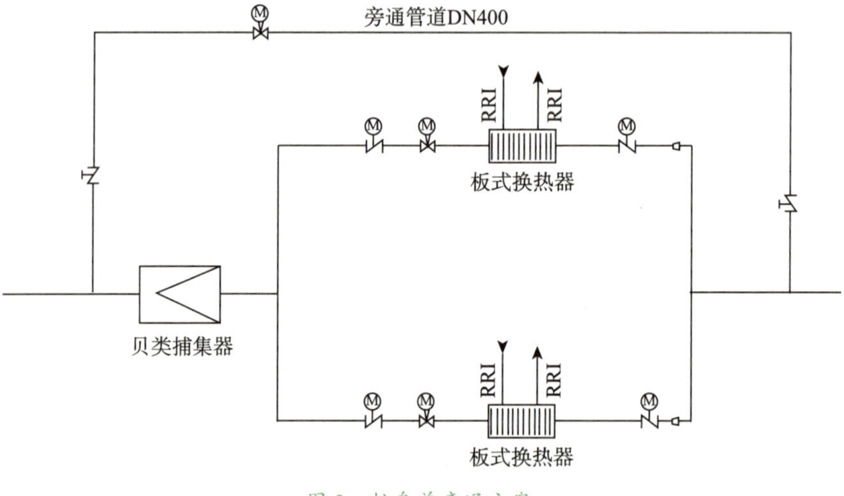

图 3　核岛单旁通方案

2.4　核岛双旁通方案

为满足第二档调节要求，在单旁通方案的基础上，增设 DN200 的辅助旁通管道，即核岛双旁通方案，系统布置简图如图 4 所示。该方案通过主旁通可以实现第一档调节，通过辅助旁路可以实现第二档调节，满足 RRI 系统的所有调控要求，且满足有限的核岛空间布置条件，推荐采用。

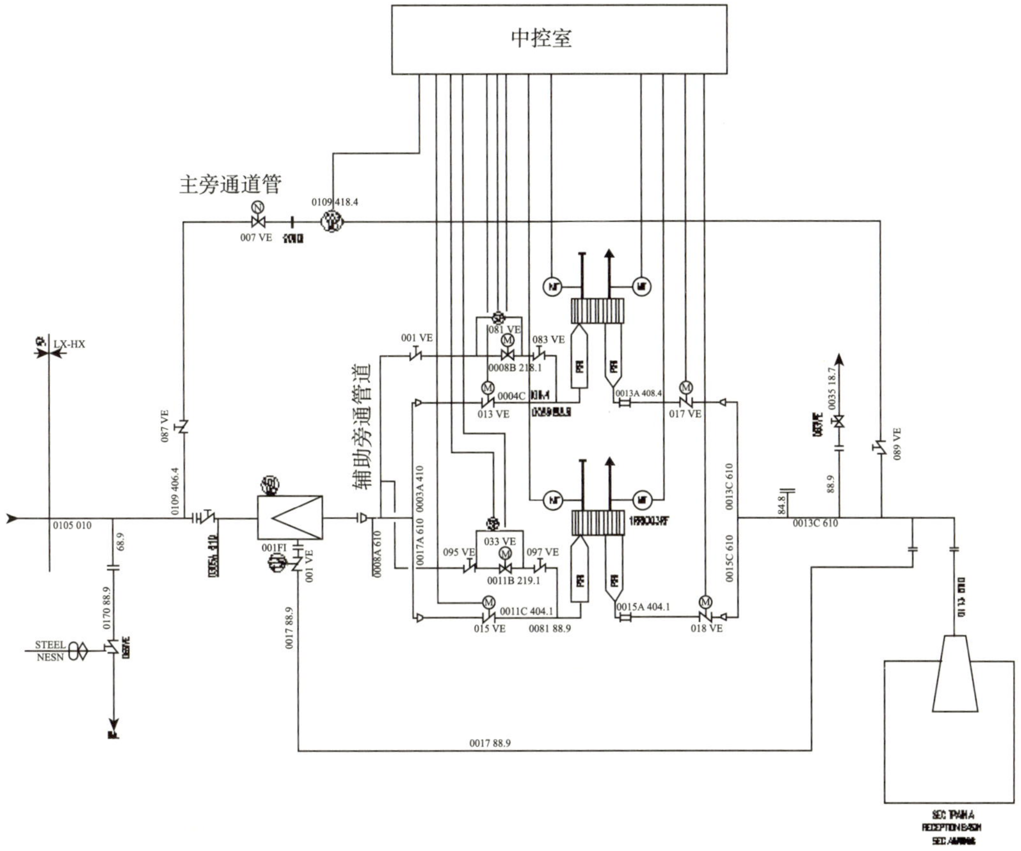

图 4　核岛双旁通方案

针对本工程冬季海水温度低，实际运行热负荷小的苛刻条件，本工程重要厂用水系统改进设计采用了核岛双旁通方案：旁通海水减少了流经板换的冷媒，隔离一台板换的海水侧，使热侧介质（RRI）部分不被冷却，通过混合以提高设冷水的温度，同时，隔离一台板换，也减少了有效换热面积。

3　重要厂用水系统改进回路设计说明

3.1　回路设置

1）每台板换的海水进出口处设置电动隔离阀。

2）SEC 系统在板换入口前的 DN600 的海水母管上（核岛中）设置一条 DN400 的海水主旁通管。在此主旁通管上设置两台手动蝶式隔离阀、一台电动蝶式调节阀、一台流量孔板和一台流量计。

3）在每台板换海水入口前的 DN400 电动蝶阀两侧设置一条 DN200 的海水辅助旁通

管。在此管路上设置两个手动蝶式隔离阀，一个电动截止型调节阀。

4）可远传至主控室的控制器。第一档调节，单板换过流量等于旁通水量。第二档调节，单板换过流量小于旁通水量。旁通流量 1250 m^3/h 时，主旁通管流速为 2.76 m/s；旁通最大水量 2254 m^3/h 时，主旁通管流速为 4.98 m/s。

3.2 控制方式

1）正常运行工况

（1）夏季运行方式

夏季工况为双板换无旁通运行模式，关闭 DN400 的主旁路和 DN200 的辅助旁路上的隔离阀。

（2）冬季运行方式

①第一档低温运行模式

在以夏季运行方式运行时，设冷水板换出水温度降低到 15 ℃时，报警至主控室，SEC 系统转入第一档防低温运行模式。首先手动打开主旁路上的两个隔离阀，然后关闭一台板换前后的电动隔离阀，实现单板换换热方式。

其中，主旁通管道调节阀开度在系统运行前的调试阶段进行调整，使主旁通管的阻力特性与流经一台板换的阻力特性相同。在一个运行周期中该调节阀的开度始终保持不变。

②第二档方低温运行模式

当第一档防低温运行模式运行时，出现设冷水板换出水温度再次降低到 15 ℃，报警至主控室，首先手动打开运行板换的辅助旁路两端的隔离阀，然后关闭板换之前的电动隔离阀，使板换前管路的海水从辅助旁通管路通过，此时通过板换管路的水损增加，过流量减少，从而提高设冷水出口温度。

在第二档防低温运行模式下，辅助旁通管路调节阀最初处于全开状态，根据 RRI 系统侧出水温度，温度再次降低到 15 ℃时，报警至主控室，由操作员手动调小阀门开度，直至最小开度。

（3）低温模式结束

在第二档防低温模式下，当温度升高至 30 ℃时，报警至主控室，由操作员手动调大阀门开度，直至阀门全部打开。当 RRI 系统侧出水温度再次升高至 30 ℃时，报警至主控室，打开运行板换前及被隔离板换两端的阀门，然后关闭两路旁通，恢复到夏季工况的运行模式。

2）堆启动工况

在堆启动工况时，至多要求一个系列的两台泵运行，而另一个系列处于备用状态。关注机组启动时的海水温度，如果低于 12 ℃，使 SEC 系统运行在冬季运行第一档模式下，监测设备冷却水出水温度；如果高于 30 ℃，SEC 系统切换到夏季双板换运行模式。

如果海水温度高于 12 ℃，使 SEC 系统运行在夏季运行模式下，监测设备冷却水出水温度；如果低于 15 ℃，则 SEC 系统切换到冬季运行模式。

3）停堆工况

冷停堆工况时，SEC 系统一个系列的两台泵和另一个系列的一台泵投入运行。次临界停堆工况下，RRI 系统仅一个系列可以运行，则相应运行的 SEC 系列的两台泵运行，另一个系列停运。在停堆工况下，提供以下几种调节板换内海水流量的运行模式：

（1）无旁通双板换：本系列双泵运行；

（2）无旁通双板换：本系列单泵运行；

（3）旁通海水双板换：本系列单泵运行，打开 DN400 的海水主旁通管，海水同时流经旁通管路和两台板换；

（4）旁通海水单板换第一档调节：本系列单泵运行，打开 DN400 的海水主旁通管，关闭一台板换的海水侧隔离阀，使海水只流经一台板换及海水主旁通管；

（5）旁通海水单板换第二档调节：本系列单泵运行，在第一档调节的基础上，打开在运行板换的 DN200 辅助旁通，关闭此板换前的隔离阀，通过辅助旁通管路上的调节阀，实现流经板换的海水流量调节。

监测板换设备冷却水侧出水温度，当温度降低到 15 ℃时，依次从上述模式中的一种切换到下一个运行模式。如果设备冷却水温度高于 30 ℃时，依次切换到上一个运行模式。

4）LOCA 事故工况

在 LOCA 事故工况下，一台 SEC 系统泵就能把热量从安全壳排出。此工况在冬季旁通海水单板换运行模式下发生，则打开被隔离的板换海水侧隔离阀，关闭两条海水旁通管路的隔离阀，SEC 系统切换回夏季的双板换无旁通运行模式。

5）备用系列的控制

当运行的 SEC 系列在防低温运行模式时，备用系列需要进行相同的操作，使备用系列随时可以投入运行。第二档调节的电动调节阀需要根据运行系列的电动调节阀的开度进行随动调节。

4 结论

田湾核电厂 5、6 号机组重要厂用水系统采用核岛双旁通设计，解决了核电厂设冷水温度过低问题。该方案可以满足任何工况下 RRI 系统的供水温度要求，便于调节控制，并能够满足结构空间有限的布置条件，为同类问题提供了有效的解决途径。

参考文献

[1] HAD102/09《核电厂最终热阱及其直接有关的输热系统》

[2]《法国 900 MW 压水堆核电厂系统设计和建造规则(RCC-P)》(91+95 修订)

[3]《压水堆核电厂核岛机械设备设计和建造规则(RCC-M)》(2000 版)

SEC 系统水力过度过程防护改进

刘晓轻[1]，张荣勇[1]，武　婕[1]
（1. 中国核电工程有限公司，北京 100840）

本文对 SEC 系统进行了瞬变流分析，将 SEC 泵后普通止回阀改为双阶段关闭止回阀，并对阀门的关闭过程进行模拟，提出了阀门的关阀时间特性，有效减缓了瞬变过程对 SEC 系统的影响。

1　引言

重要厂用水系统（SEC）向位于核岛厂房的设备冷却水系统（RRI）/SEC 板式换热器提供冷却水。由于热交换器所在标高与位于联合泵房内的 SEC 泵进水池水位有较大高差，压力水管较长，SEC 系统运行过程中，水泵断电或启动时，管道内的压力将发生急剧的变化，在某些特定的条件下系统会产生水锤现象，导致系统供水中断等事故。为确保系统的安全运行，对系统进行详细的水锤计算与过渡过程分析，并选择合适的防护措施是十分必要的。

本文主要模拟、计算和分析重要厂用水系统可能发生的非恒定流瞬时变化情况。水泵断电或启动工况下，通过调节泵出口止回阀的启闭过程以减缓瞬态工况对重要厂用水系统产生的不利影响，并校核水泵正常运行时，板换运行状态切换的瞬态过程。使系统满足以下技术要求：

1）没有出现水泵的极端反转速（120%额定转速）；
2）没有超过管道的设计压力（2.00 MPa）；
3）没有超过阀门的设计压力（1.00 MPa）；
4）没有超过水泵的设计压力（1.00 MPa）；
5）没有出现跌落井中的水被抽空的情况；
6）管路最小压力大于水汽化的最小压力。

2　计算方法

水体流态的变化将引起系统管道内压力波动激荡。由计算机模拟系统元件的特性参数和水体流态瞬变情况及在瞬变过程中引起的相关参数变化。计算应用特性法解决（高斯微积分方程展示贯穿系统的压力波特性）。计算软件采用 AFT Impulse 5.0 版。

本计算采取的方法是模拟各瞬态工况，通过计算、比较和分析确定该系统瞬态计算的控制工况，采取相应的措施以使压力波动、水泵反转、水量回流等情况满足系统的设计要求，从而最终确定阀门相应的启闭参数。

3 SEC 系统水力过度过程防护改进

3.1 系统概况

田湾核电厂 5、6 号机组平行布置，各台机组之间的 SEC 系统相互独立，各机组的 SEC 系统设置 2 个相互独立的系列 A、B，各系列供排水系统的主要节点位置高程相同。其中，6 号机组的 B 系列供水压力管最长，为最不利系列，因此对此系列进行建模，模拟瞬态过程。其中，水泵出口管中心高程为-17.85 m；热交换器出水管的中心高程为 3.124 m，为系统的最高点。

SEC 系统工艺流程如下：从位于 PS 泵房的循环水过滤系统（CFI）鼓形滤网滤后取水，经 GA 沟向位于核岛厂房内的 RRI 系统热交换器提供冷却水，排水通过核岛厂房外的溢流井排入 GS 沟，然后由 GS 沟汇流至虹吸井，最终排入大海。

为防止冬季设冷水温度过低，SEC 系统在核岛设置一路 DN400（连接贝类捕集器前与板式热交换器后的 DN600 海水总管）和两路 DN200（分别设置在两台板式换热器前 DN400 的海水管路上）旁通管路。冬季海水温度过低时，打开 DN400 旁通管路，隔离一台板换，只用一台板换进行换热。当冬季海水温度进一步降低的情况下，打开 DN200 旁路，使流经板换的冷却水量进一步减少。计算模型如图 1 所示。

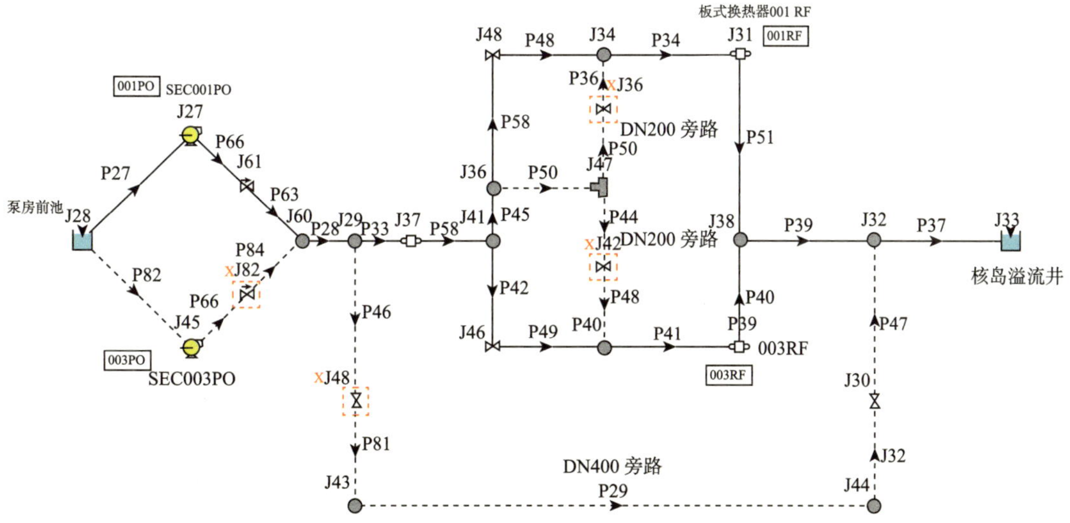

图 1 计算模型

3.2 计算工况

1）稳态计算工况

本系统稳态计算工况为设计基准低水位（DBL）下单泵（004PO）稳定运行和设计基准低水位（DBL）下两泵稳定运行。

2）瞬态计算工况

本系统瞬态计算工况所考虑的潮位为：设计基准低水位（DBL）与设计基准洪水位（DBF）。

SEC 系统会有单泵、双泵运行的正常工况（单板换与双板换运行），也会发生停泵检修或失电重新加载柴油机及单双板换切换的瞬态工况，停泵检修或失电重新加载柴油机瞬态计算所应考虑的工况如表 1 所示（包括每个工况应当重点关注的参数）。

表 1　水泵瞬态运行工况

运行模式	瞬态运行工况	重点关注
单泵运行	单泵运行时停运	系统压力、水泵反转情况
	002PO 运行失电 5 s 后加载	系统压力、待加载泵在启泵瞬间的反转情况、跌落井内水的回流情况
	单泵启动	系统压力
双泵运行	双泵运行停一泵	系统压力、水泵反转情况、跌落井内水的回流情况
	双泵运行失电 5 s 后加载 002PO	系统压力、待加载泵在启泵瞬间的反转情况、跌落井内水的回流情况
	双泵运行失电 10 s 后加载 004PO	系统压力、待加载泵在启泵瞬间的反转情况、跌落井内水的回流情况
	单泵运行时启动另一台泵	系统压力

表 1 中每一个水泵瞬态运行工况均针对两种不同的水位进行瞬态计算，各工况的计算结果应满足系统设计压力、水泵反转速等设计要求。

3）控制工况

选取系统压力最大值较易发生的工况作为控制工况：

工况 1：DBL 水位单泵运行时单泵停运；

工况 2：DBL 水位两泵运行 10 s 后加载 004 泵；

工况 3：DBF 水位两泵运行 10 s 后加载 004 泵。

3.3　计算结果

1）稳态计算与系统设计比较

由表 2 可知，模型稳态计算的结果与系统设计基本吻合，故该模型可以用于瞬态计算。

表 2　稳态计算与系统设计比较

对比	单泵运行流量	单泵运行扬程	双泵运行流量	双泵运行扬程
系统设计参数	2500 m^3/h	33 m	1650 m^3/h	43 m
模型计算结果	2556 m^3/h	32.22 m	1695 m^3/h	42.57 m

2）阀门关阀规律

本工程采用两阶段关闭止回阀。即第一阶段止回阀执行快关，使管道流通面积减小，流体流速提高，缩短第一阶段的关闭时间有利于迅速关闭阀门；第二阶段止回阀执行慢关，管道完全截断流体堆积形成管道压力波动，延长第二阶段关闭时间有助于缓解流体状态改变过快的情况，从而减少水锤的影响。

（1）第二阶段阀门关阀时间

固定止回阀第一阶段关到20%，阀门反应时间3 s，第一阶段用时4 s，改变第二阶段时间3~14 s，对于三个控制工况，分别考察系统发生瞬态工况时的系统最大压力和对于失电后待启动泵的反转情况，计算结果如表3所示。

表3　第二阶段关阀时间的确定

工况 / 关阀时间	DBL工况1	DBL工况2		DBF工况3	
	最大压力/MPa	最大压力/MPa	反转	最大压力/MPa	反转
3-4-3	1.09	0.779	否	0.751	否
3-4-6	0.463	0.712	否	0.680	否
3-4-8	0.432	0.643	否	0.633	否
3-4-10	0.432	0.598	否	0.633	否
3-4-12	0.432	0.578	否	0.633	否
3-4-13	0.432	0.571	否	0.633	否
3-4-14	0.432	0.565	否	0.633	否

由表3可知，随着阀门在第二阶段关闭得越慢，系统最大压力出现减小的趋势，第二阶段阀门关闭时间在12 s之后，各工况下系统最大压力保持不变或变化较小，因此，本工程建议阀门第二阶段的关阀时间为12 s，在11~13 s范围内可调。

（2）第一阶段阀门关阀时间

固定第一阶段关到20%，阀门反应时间3 s，第二阶段用时12 s，改变第一阶段时间3~6 s，对于三个控制工况，分别考察系统发生瞬态工况时的系统最大压力和对于失电后待启动泵的反转情况，计算结果如表4所示。

表4　第一阶段关阀时间的确定

工况 / 关阀时间	DBL工况1	DBL工况2		DBF工况3	
	最大压力/MPa	最大压力/MPa	反转	最大压力/MPa	反转
3-3-12	0.432	0.579	否	0.633	否
3-4-12	0.432	0.578	否	0.633	否
3-5-12	0.432	0.578	否	0.633	否
3-6-12	0.432	0.578	否	0.633	否

由表4可知，第一阶段用时3~6 s，各工况下的压力值有减小或不变的趋势，且均满

足系统最大压力不超过 1 MPa 的要求。因此，建议第一阶段关阀时间为 4 s，可调范围为 3~6 s。

（3）阀门反应时间

当水泵发生失电或者停运时，阀门需要经过 3~6 s 的反应时间才开始进行第一阶段的关闭，对不同阀门反应时间进行瞬态计算，计算结果如表 5 所示。

表 5　不同阀门反应时间的影响

工况 / 关阀时间	DBL 工况 1	DBL 工况 2		DBF 工况 3	
	最大压力/MPa	最大压力/MPa	反转	最大压力/MPa	反转
3-4-12	0.432	0.578	否	0.633	否
4-4-12	0.432	0.578	否	0.633	否
5-4-12	0.432	0.578	否	0.633	否
6-4-12	0.432	0.578	否	0.633	否

由表 5 可知，阀门反应时间 3~6 s 均可满足系统最大压力不超过 1 MPa 的要求。

（4）阀门第一阶段开度

当阀门第一阶段的开度在 20%时，其瞬态工况的系统最大压力相对开度为 10%和 30%的小[4]。且根据工程经验，如果第一阶段关到 10%，即阀门角度为 4°，则第二阶段将用 12 s 将这 4°关闭完全，角度小，用时长，阀门容易发生震动，阀门在控制上较难做到；而如果第一阶段关到 20%，相当于从 8°用 12 s 缓关到 0°，阀门相对不容易震动，且较易控制。因此，本工程选择 20%作为阀门第一阶段的开度。

3）最佳关阀方案计算结果

将优化得出的最佳关阀方案进行所有瞬态工况的参数校核，计算结果如表 6 所示。

表 6　止回阀最佳关阀规律 3-4-12 的瞬态计算结果

工况		DBL			DBF		
		最大压力/MPa	最小压力/MPa	泵反转	最大压力/MPa	最小压力/MPa	泵反转
单泵运行	单泵运行时停运	0.432	0.02	<-10%	0.5	0.02	否
单泵运行	002PO 运行失电 5 s 后加载	0.671	0.025	否	0.611	0.02	否
单泵运行	单泵启动	0.785	0.002	否	0.751	0.03	否
两泵运行	两泵运行停一泵	0.49	0.048	-36.77%	0.578	0.04	-50.20%
两泵运行	两泵运行失电 5 s 后加载 002PO	0.571	0.03	否/-33.68%	0.635	0.02	否/-36.8%
两泵运行	两泵运行失电 10 s 后加载 004PO	0.579	0.02	-33.55%/否	0.584	0.02	-19.8%/否
两泵运行	单泵运行时启动另一台泵	0.643	0.04	否	0.751 P8-2.2 s	0.07	否

由表 6 可知，本工程优化的关阀方案可以满足系统最大压力≤1 MPa，水泵最大反转速不超过极限反转速，且待加载泵在启动瞬间不发生反转。

跌落井的流量随时间变化如图 2 所示。由图 2 可知，不存在跌落井被抽空的现象。

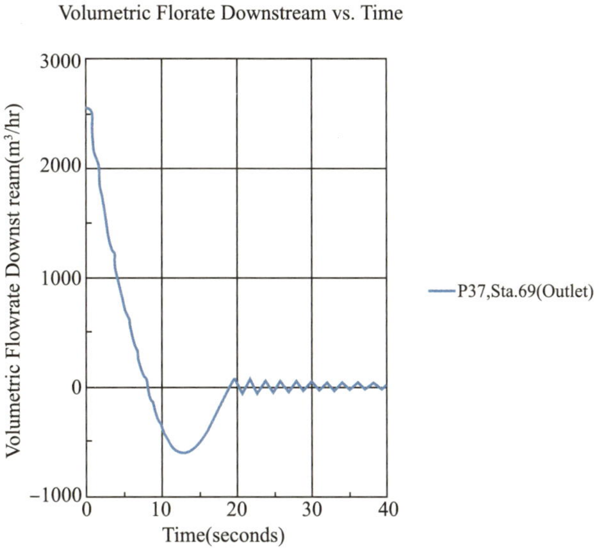

图 2　流入跌落井的流量随时间的变化

4　结论

田湾核电厂 5、6 号机组 SEC 泵后普通止回阀改为双阶段关闭止回阀，有效减缓了瞬变过程对 SEC 系统的影响。根据对该系统控制工况的瞬态计算，确定满足系统设计要求及系统压力较小的最佳关阀方案如下：

阀门开度（从全启开始到完全关断）：第一阶段关闭时开度从 100%~20%，用时 4 s，可调范围 3~6 s；第二阶段关闭时开度从 20%~0，用时 12 s，可调范围 11~13 s。阀门从停泵到开始动作的反应时间为 3~6 s。

参考文献

[1] HAD102/09《核电厂最终热阱及其直接有关的输热系统》
[2]《法国 900 MW 压水堆核电厂系统设计和建造规则（RCC-P）》（91+95 修订）
[3]《压水堆核电厂核岛机械设备设计和建造规则（RCC-M）》（2000 版）
[4] 杨嘉，张荣勇，白玮. 某核电站重要厂用水系统瞬态计算分析［J］. 给水排水，2016，Vol 42 增刊：20-24.

电气和仪表系统及设施设计改进

基于 FPGA 技术实现 ECP 系统的设计改进

徐思敏[1]，杜德君[1]，何庆镭[1]
（1. 中国核电工程有限公司，北京 100840）

摘要：本文介绍了 5、6 号机组基于 FPGA 技术实现的 ECP 系统，这是本项目的重要改进项。该系统为旁路安全级数字化仪控系统，在以往 M310 堆型及改进堆型上，一般采用继电器实现系统级手动命令的相关逻辑。随着 FPGA 技术的飞速发展，DAS 系统采用 FPGA 技术已成为趋势。ECP 系统级手动功能作为保护系统的多样化手段，与 DAS 系统整合后，通过 FPGA 技术实现系统级手动命令的相关逻辑，仍保留保护系统机柜侧的设计不变，从而实现 ECP 系统设计目的。本设计简化了信号接口，充分利用 FPGA 设备标准化模块化自诊断设特性，减少备品备件和后期维修测试工作量。在保证不降低核电厂仪控系统可靠性以及满足相关标准要求的前提下，便于进行定期试验，还减少了设备数量和种类，降低采购成本。

关键词：紧急操作台；多样性驱动系统；ECP

1 概述

紧急操作台 ECP 用于提供旁路安全级数字化仪控系统的紧急手动停堆、停机及专设安全设施的手动操作，在以往 M310 堆型及改进堆型上，一般采用安全级继电器实现系统级手动命令的相关逻辑。随着 FPGA 技术的飞速发展，多样性驱动系统（DAS 系统）作为安全级数字化保护系统的多样化手段，采用 FPGA 技术已成为趋势。ECP 系统级手动功能同样作为保护系统的多样化手段，也可采用 FPGA 技术实现系统级手动命令的相关逻辑。鉴于 ECP 系统与 DAS 系统整合的可能性，进行 ECP 的设计改进，在满足功能的同时，保证不降低核电厂仪控系统的可靠性以及满足相关标准的要求。充分利用 FPGA 设备标准化、模块化自诊断设特性以及定期试验的需求，减少备品备件和后期维修测试工作量。

2 ECP 系统的功能

2.1 ECP 的设置及功能

在操纵员站附近设置了采用模拟监控设备形式的 1E 级紧急操作台（ECP），作为数字化保护功能自动触发表决和符合逻辑的后备，以及数字化反应堆保护系统共因故障的多样化手段，提供如下手动操作。

（1）旁路数字化反应堆保护系统直接手动触发停堆；

（2）专设安全设施系统级的手动操作，以及触发汽轮机停机等系统级的手动操作。具体包括如下功能：

- 反应堆停堆；
- 安全注入；
- 安全壳隔离；
- 安全壳喷淋；
- 辅助给水启动；
- 蒸汽管线隔离；
- 主给水隔离；
- 主高压网解列；
- 辅高压网解列；
- 汽轮机停机。

2.2 ECP 命令的优先级

仪控系统处理来自不同安全级功能的驱动命令，以及自动和手动启动命令的优先级，其中 ECP 的手动操作命令在整体仪控系统中处于如下位置：

驱动命令来源	优先级
ESFAS 命令、安全级手动命令（ECP、1E BUP）	↑高
DAS（包含 ATWS 功能）	
非安全、NC 级命令	低

2.3 ECP 试验

ECP 上系统级手动功能必须进行定期试验。

3 ECP 的设计及改进

3.1 设计改进思路

本项目的 ECP 设计依据如下：

（1）IEEE 603—2009 中第 5.16 节 “IEEE Std 7-4.3.2—2003 provides guidance on performing an engineering evaluation of software common-cause failures, including use of manual action and non-safety-related systems, or components, or both, to provide means to accomplish the function that would otherwise be defeated by the common-cause failure” 可采用手动操作和非安全相关系统和（或）部件防范共因故障；

（2）IEEE 7-4.3.2—2010 中第 5.16.3.1 节 “a set of display and control (safety or non-safety) shall be provided in the main control room for manual actuation and control of safety equipment to manage plant critical safety functions, including...” 为应对基于数字化保护系统

的共因故障，可在主控室采用安全级或非安全级的显示和控制手段实现安全级设备的手动驱动和控制；

（3）依据 BTP 7-19—2012 中第 1.5 节，NRC 推荐了两种安全级系统的多样化手动防范，具体的两种方法如图 1 所示：

- 采用一种手动触发手段（One Manual Initiation Means Needed）

在以往项目中，通常采用 1E 级继电器及机柜搭建的逻辑，以满足法规标准对 ECP 功能的要求，但此种方案成本较高。

- 采用两种手动触发手段（Two Manual Initiation Means Needed）

在本项目中设计了异于保护系统平台的非安全级平台，即多样性驱动系统（DAS），其目的与 ECP 相同，均作为数字化保护系统共因故障的多样化手段，由于 ECP 与 DAS 系统的目的一致且控制对象基本重合，具备将两者整合的基础。在本项目中，DAS 系统采用 FPGA 技术实现，与基于计算机的控制系统和保护系统具有了充分的多样性，同时 FPGA 技术替代安全级继电器实现 ECP 功能是合理的。

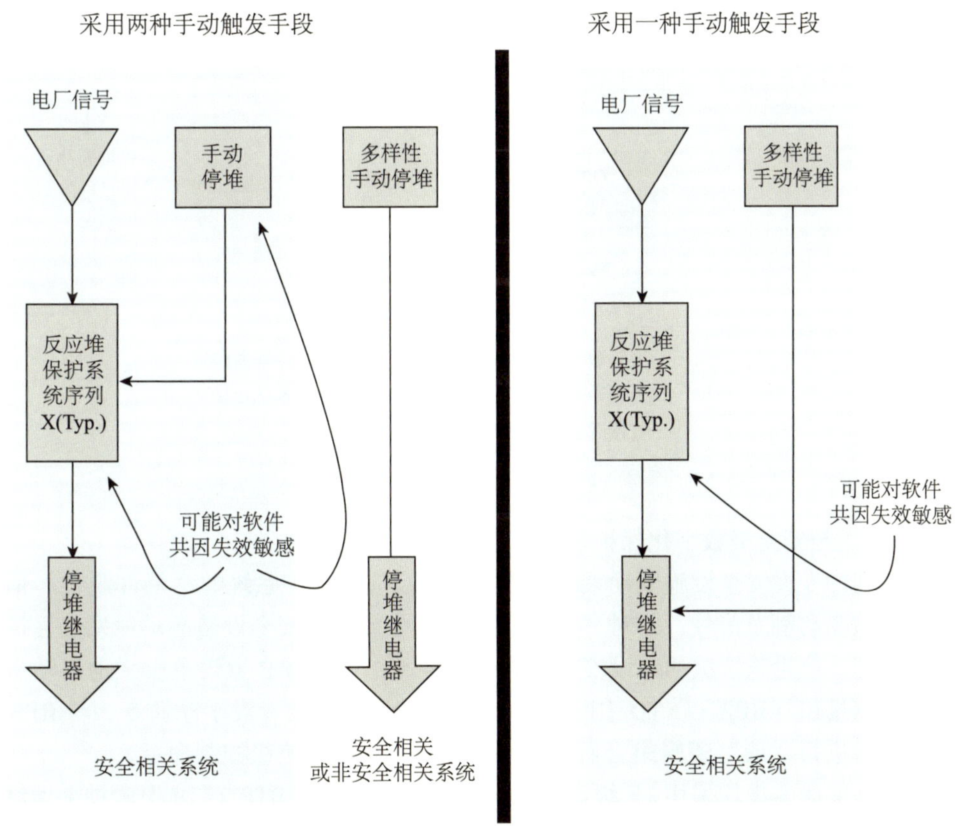

图 1　两种手动触发手段与一种手动触发手段（BTP 7-19 第 1.5 节附图）

综上所述，在本项目的设计中，将 ECP 系统级的手动操作与 DAS 系统整合。

3.2　设计改进方案

ECP 的手动控制设备包含位于主控室两个操纵员站之间紧急操作台（ECP）上的手动

控制按钮和 ECP 硬逻辑处理单元。ECP 上的手动命令既通过 RPS 软件同时也通过基于 FPGA 技术的 FitRel 平台实现的 DAS 系统。FitRel 平台基于 FPGA 技术，和在 Firmsys 平台（安全级数字化保护系统）中的路径具有独立性。整合后的 ECP 系统结构如图 2 所示。

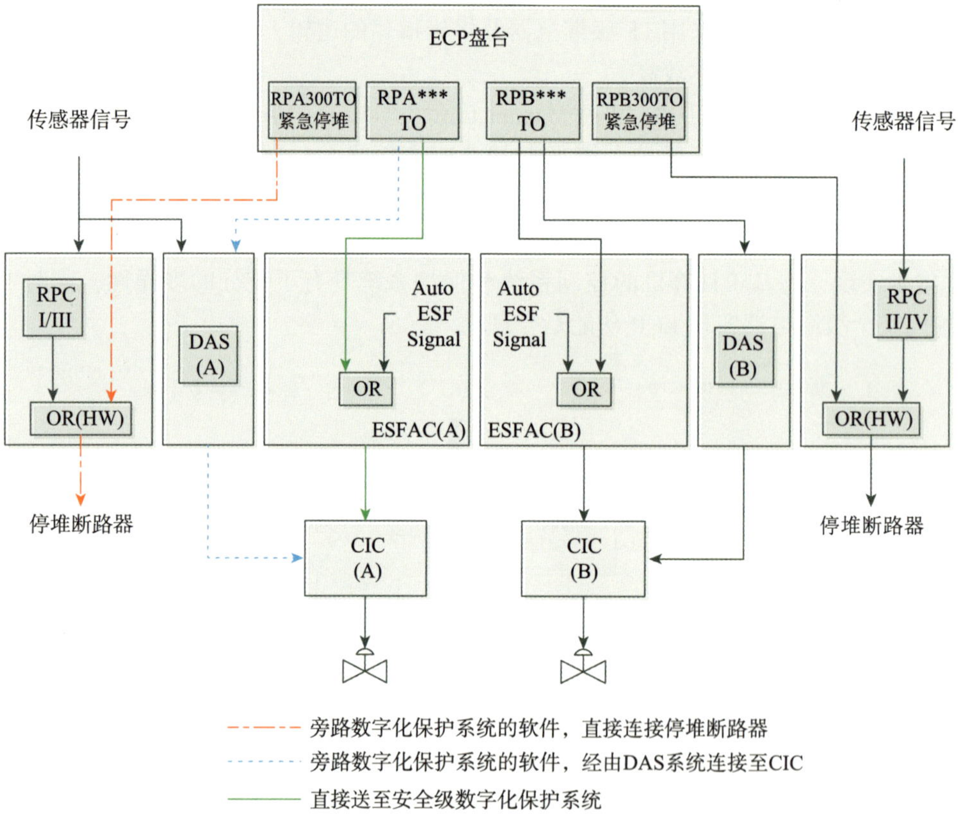

图 2　整合后的手动命令的传输路径

1）直接送至安全级数字化保护系统的 ECP 系统级控制命令

每个序列的专设安全设施驱动系统均接收来自反应堆保护系统的“局部脱扣”信号或专设安全设施驱动触发信号，并对“局部脱扣”信号或专设安全设施驱动触发信号进行表决和逻辑处理，产生系统级的专设安全设施自动控制指令。ECP 上设置了手动启动专设安全设施的控制按钮（RPA *** TO/RPB *** TO）触发系统级的专设手动命令，与 RPS 软件触发保护逻辑进行“或”逻辑组合后，产生专设安全设施系统级控制命令。

该部分功能的实现均采用 1E 级设备和部件，该部分符合 BTP 7-19 中两种手动触发手段的第一种安全级手段。

2）旁路数字化保护系统的软件，经由 DAS 系统连接至 CIC 的 ECP 系统级控制命令

由 ECP 上的手动控制按钮所发出的系统级安全命令除送至安全级数字化保护系统软件外，还提供一路旁通安全级数字化保护系统软件的路径，经非安全级 DAS 系统连接至设备接口模块 CIM（位于设备接口机柜 CIC）的输入端。在紧急状态下，可以手动启动专设安全设施。

3）旁路数字化保护系统的软件，直接连接停堆断路器

ECP 上设置了与安全级 I&C 系统相关的手动停堆控制按钮（RPA300TO/RPB300TO），可触发手动停堆命令，与 RPS 软件触发保护逻辑进行“或”逻辑组合后，产生对停堆断路器的控制命令。

3.3 系统独立性保证

ECP 手动控制的逻辑部分（FitRel 平台部分）与各系统直接的独立性通过以下方式保证：

（1）与 RPS 之间采用硬接线方式进行信号交互，没有网络通信连接；

（2）与 RPS 共用的传感器信号和开关量信号分别通过 RPS 侧的模拟量调理分配板卡和继电器分配给 ECP（FitRel 平台部分）；

（3）到 RPS 侧 CIM 的输出信号通过安装在 RPS 系统 CIC 中的隔离用继电器进行隔离。

3.4 ECP 的试验

3.4.1 自诊断功能

ECP（FitRel 平台部分）通过机柜监视与系统自诊断来检测故障 ECP 自诊断定位到板卡级，包括对 AI/AO/DI/DO/MPU 板卡故障以及内部总线通讯故障的监视，自诊断信息经过 MPU（主处理单元）处理，结果由 DO 输出最终在主控室画面显示。当 MPU 发生故障时，主控室画面上的 ECP 系统状态不可信，此时通过机柜监视功能定位故障点。

3.4.2 定期试验

定期试验覆盖自诊断功能范围之外的其他故障，以保证系统的可靠性和可用性，主要为检验 ECP 与反应堆保护系统 RPS、多样性驱动系统 DAS 之间的连接。ECP（FitRel 平台部分）定期试验在每个停堆换料期间进行，范围为从 ECP 盘台上的按钮到 CIM 和盘台上的指示灯。

ECP（FitRel 平台部分）和 RPS 分别进行试验。执行 ECP 定期试验时，通过 RPS 侧的分断端子切断该侧的输入信号，以保证试验路径唯一。

ECP（FitRel 平台部分）功能区的大气排放阀手动调节按钮需要进行按钮测试，以检查这些按钮设备状态是否正常，以及这些设备与 ECP 控制柜的接口是否正常。该项测试不受 KIC/BUP 模式切换闭锁，但是推荐与 BUP 盘台整体定期试验一同进行。测试时，首先确认 BUP 上 GCT-A RPS/DAS 切换开关切换到 RPS 控制，然后依次按下 GCT-A DAS 功能区的大气排放阀手动调节按钮，通过 KSC012LA 按钮测试灯来检查测试结果。如果按钮测试灯依次被点亮再熄灭，则表明设备以及系统间接口正常；反之，则存在故障。

ECP 和 BUP 盘台上的灯试仅由 RPS 实现，ECP（FitRel 平台部分）不实现灯试功能。

4 结束语

本文所述的 ECP 整合方案满足法规标准在多样性、独立性、可靠性、单一故障等方

面的要求，在田湾核电厂 5、6 号机组上，采用基于 FPGA 技术的 FitRel 平台开发 ECP 系统级的手动控制逻辑，与 DAS 系统实现整合。与以往项目采用 ECP 的逻辑全部采用安全级继电器实现的方案相比，本项目在保证不降低核电厂仪控系统可靠性，以及满足相关标准要求的前提下，减少了设备数量和种类，降低了采购成本。简化信号接口，充分利用 FPGA 设备标准化、模块化自诊断设特性，减少备品备件和后期维修测试工作量。

大气排放阀多样化手动控制设计

张　楠[1]，葛月霆[1]
（1. 中国核电工程有限公司，北京 100840）

摘要： 核电厂大气排放阀的控制一直以来都是非常重要的一个安全级控制系统。3 台排放阀的控制分别在保护组机柜 IIP、IIIP、IVP 中实现。大气排放阀的控制采用一个比例积分控制回路，利用蒸汽发生器出口压力与大气排放阀整定压力的差值进行调节。安全分析要求在保护系统共模故障的情况下，可以通过手动控制阀门的开度。本文介绍了一种保护系统共模故障的情况下，通过 DAS 手动无扰切换并控制大气排放阀开度的控制方法，保证了大气排放阀控制的安全性和可靠性。

关键词： 大气排放阀；多样化控制；DAS

1　引言

大气排放阀的控制是核电厂非常重要的一个安全级控制系统。这是因为反应堆功率不能像汽轮发电机负荷那样快速地改变。在汽轮机负荷发生大幅度下降以后，汽轮发电机旁路系统通过主蒸汽直接排放到凝汽器或者排放到大气，从而为反应堆提供一个人为负荷的办法来降低核蒸汽供应系统中的温度瞬态和压力瞬态的幅度。当蒸汽发生器排放系统不能使用时，大气排放阀将提供一个可控的人为负荷，以确保反应堆处于安全状态。因此，保证大气排放阀功能的安全性和可靠性，对于核电厂的安全可靠运行有着重要意义。随着数字仪控系统的应用，大气排放阀也面临着软件共模故障引起控制功能失效的风险。为大气排放阀增加多样化手动控制方案对于提高大气排放阀控制功能的安全性和可靠性十分必要。

2　大气释放阀控制原理

图 1 为某核电站的大气排放阀控制原理图。

大气排放阀的自动调节功能原理为：设定大气排放阀整定压力值，利用蒸汽发生器出口压力与大气排放阀整定压力的差值进行调节，当蒸汽发生器出口压力高于大气排放阀整定压力时，根据差值调节大气排放阀的开度，对二回路蒸汽进行排放并将二回路压力降低达到大气排放阀的整定压力值。大气排放阀整定压力值通过保护组机柜内的程序进行设定，这个整定值称之为内给定值，当需要调整整定值时，可以通过核电厂计算机信息和控制系统由操纵员进行手动调整设定，或者通过后备盘上的调节单元进行调整设定，这个整定值称为外给定值。

在核电厂功率运行期间，大气排放阀整定压力值由保护组机柜内的程序设定，在核电厂启停堆期间或者事故后，由操纵员手动设定压力整定值或者阀门开度。大气排放阀的手动控制功能通过手自动切换操作模块实现。可以通过核电厂计算机信息和控制系统上的切换模块实现，或者通过后备盘上的手自动控制切换模块实现。大气排放阀的控制切换至手动控制模式时，阀门的开度由操作员根据运行需要直接调节。

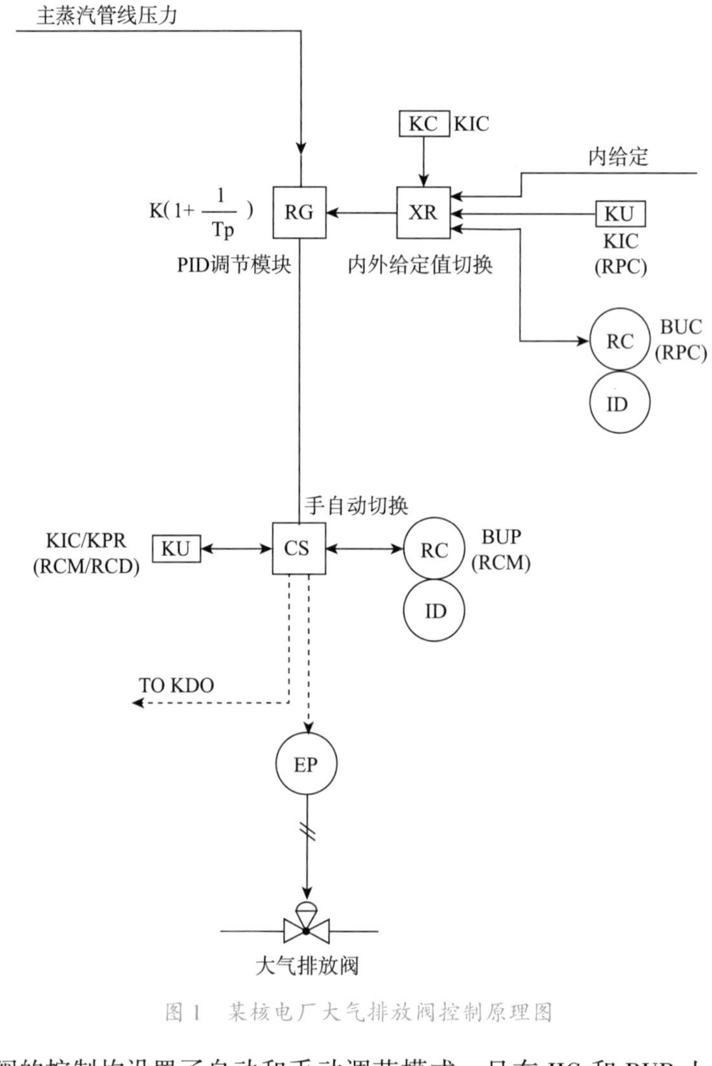

图 1　某核电厂大气排放阀控制原理图

大气排放阀的控制均设置了自动和手动调节模式，且在 IIC 和 BUP 上均可实现控制，3 台大气释放阀的控制分别在保护组机柜 II，III，IV 中实现，以保障大气释放阀运行的安全性与可靠性。

目前数字化仪控系统在核电厂应用中越来越广泛，大大改善了核电控制系统的性能，但是大量软件的使用也带来了共模故障的隐患。当 DCS 发生软件共模故障时，3 台大气释放阀的控制功能将同时丧失，这会严重影响核电厂的安全运行。

3　多样化手动控制设计

多样化保护系统（DAS）用于应对核电厂数字化保护系统软件共模故障，多样化保护功能的选取通常基于多样化和纵深防御分析。DAS 系统与安全级仪控系统采用不同的平台，与保护系统相隔离和独立。保护系统主处理单元及其 I/O 的任何故障不得妨碍 DAS 执行其全部功能。当保护系统发生共模故障时，大气排放阀的控制功能为不可用或不可信状态。根据事故分析，大气排放阀的开度调节在多个事故处理策略中的功能是必须的，因此大气排放阀需要具有多样性的控制和监视手段，通过主控室 DAS 操作盘台可直接实现对安全设备的手动控制，因此，当发生反应堆保护系统共模故障时，DAS 的功能不受影响。

针对大气排放阀存在软件共模故障失效风险的情况，提出了一种大气释放阀的多样化手动控制设计。控制原理见图 2。

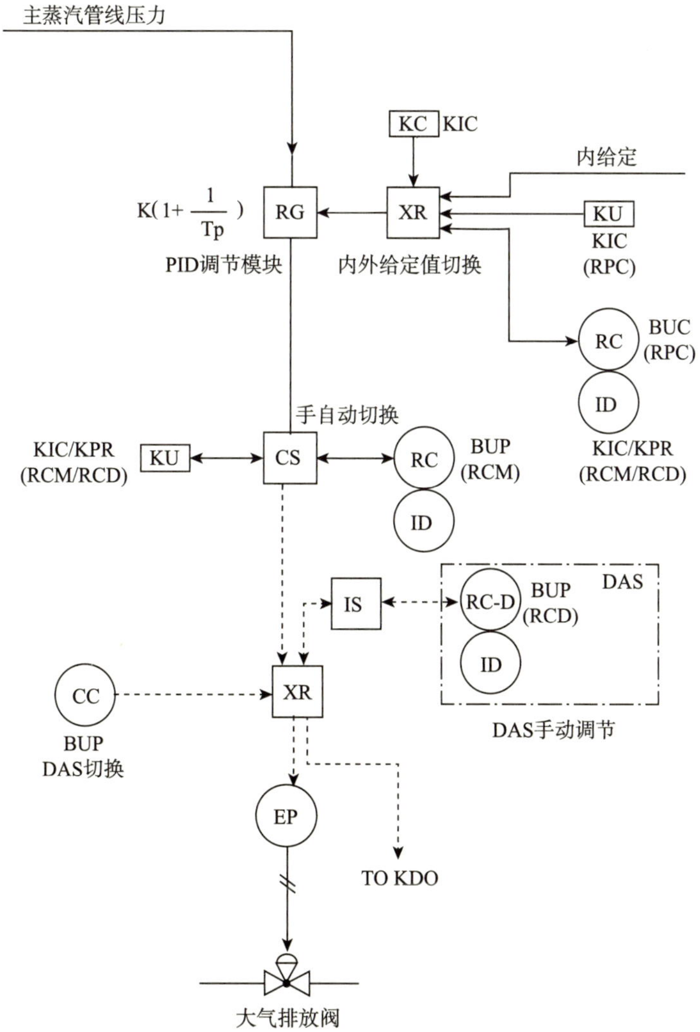

图 2　大气排放阀多样化手动控制设计原理图

在原有大气释放阀控制原理的基础上，增加了大气释放阀的多样化手动控制。由于DAS系统提供的功能独立于安全级仪控平台，因此可在保护系统发生共模故障时保持功能。在保护组机柜Ⅱ、Ⅲ、Ⅳ正常运行时，DAS的手动调节功能不投运，通过安全级DCS实现大气排放阀的控制功能。当发生共模故障时，通过DAS手动切换模块，将大气排放阀的控制切换到DAS，操作员可在DAS平台实现对大气排放阀阀门开度的手动调节。这一设计保证了软件共模故障事故下大气排放阀的控制功能，操纵员可在DAS平台进行大气排放阀阀门开度的调节，保持二回路压力维持在正常状态，提高了大气排放阀控制的安全性和可靠性。

在后备盘上设置“GCT-A DAS”切换功能区，分为RPS/DAS切换和DAS控制两部分，用于DAS切换的模拟量切换模块应为安全级，需采用继电器或用于模拟量切换的硬件设备，用于保护系统的调节信号和DAS系统手动调节信号的切换，DAS手动调节的控制设备要求与DAS整体保持一致，为有抗震要求的非安全级产品。DAS的切换和DAS操作不受工作站和后备盘模式切换的影响，大气排放阀DAS切换后备盘控制设计如图3所示。

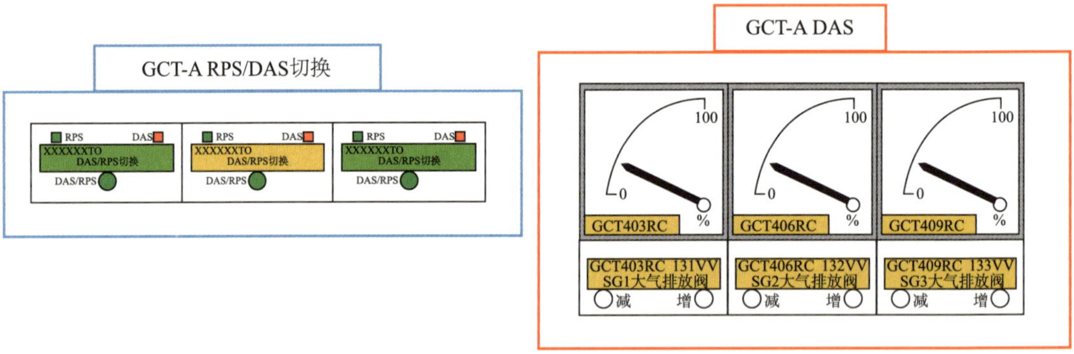

图3　大气排放阀DAS切换后备盘控制设计

RPS模式时，DAS采集模拟量切换模块的输出做跟踪处理，当RPS软件发生共模故障时，操纵员手动切到DAS模式后，DAS的指令输出基于跟踪值进行手动增减。在DAS模式时，RPS采集模拟量切换模块的输出做跟踪处理，RPS平台恢复到正常时，需要操纵员根据DAS执行策略，在事故得到缓解后再手动切换到RPS模式。

在后备盘上DAS功能区具有定期试验的功能对DAS功能区的按钮进行示灯试验。正常时，RPS/DAS模式切换在RPS模式时，随时可以做按钮测试，通过BUP示灯按钮测试指示灯来反馈测试结果，当RPS/DAS模式在DAS时，逻辑上会闭锁示灯按钮测试指示灯。

4　结束语

目前，在多个在建的核电厂已经设置了大气排放阀的多样化手动控制，事故安全分析表明，这一设计可以缓解数字化仪控系统发生软件共模故障的后果，保障了大气排放阀执行功能的安全性和可靠性。

参考文献

[1] 压水堆核电站核岛电气设备设计和建造规则:RCC-E—2005[S].
[2] 李宗.AP1000多样化驱动系统在ATWS缓解中的作用[M]. 北京:原子能出版社,2008.
[3] 毛从吉,毋琦.从安全评审角度看核电站数字化仪控设计[J]. 自动化仪表,2012(7):39-42.
[4] 董九虹.非能动反应堆蒸汽排放控制分析[J].科技创新导报,2015(14).

核取样多级减压控制系统的改进应用

张　雷[1]，郭　林[1]，李俭秋[1]，刘　琦[1]
（1. 中国核电工程有限公司，北京 100840）

摘要：本文结合 M310 二代改进型压水堆在运核电机组的经验反馈和仪控技术水平的提升，从核电厂安全性、成熟性、先进性和经济性等方面进行考虑，提出一种新型的核取样多级减压控制系统方案。采用 PLC（可编程控制器）控制技术取代基地式压力/差压调节器机械控制技术。通过该技术改进，将极大提高核取样多级减压控制系统的控制效率和精度。

关键词：多级减压控制；PLC 控制；取样系统

1　引言

核取样系统（REN 系统）可集中抽取供化学分析和放射性化学分析用的液体样品和气体样品。在核取样系统液体取样管路设置有减压调节阀，将一回路或二回路的液体样品压力降低到适合运行人员手动取样的压力，以保证取样安全和可靠[1]。由于核取样间布置的独立性和特殊性，该类减压调节阀目前均采用就地控制。以往的 M310 型核电机组采用基地式压力/差压调节器对减压调节阀进行就地控制，该控制方式落后，操作不便，调节精度差。为满足现场设备运行、控制要求，本文对核取样系统减压调节阀控制系统改进方案进行介绍。改进后的系统采用 PLC 控制技术，可以有效提高核电厂数字化控制率和控制系统的先进性。

2　以往的 M310 核电机组问题解析

以往的 M310 核电机组核取样系统减压调节阀控制系统采用基地式压力/差压调节器机械控制技术，存在如下问题：

（1）减压调节阀采用基地式压力/差压调节器进行就地自动控制调节，该调节器为全机械结构，技术落后，控制精度差，在 M310 型核电机组应用效果一般。

（2）M310 型核电机组基地式压力/差压调节器布置分散，占地面积大，运行操作不方便。

（3）M310 型核电机组基地式压力/差压调节器其信号显示和调节采用模拟盘面，可视精度和控制精度都不可避免人为操作的误差，而且设备调试和运行操作不方便。

（4）M310 型核电机组基地式压力/差压调节器很多气路管线和引压管线错综复杂，给布置带来很大的困难。

（5）基地式压力/差压调节器属于市场淘汰产品，目前核电厂合格供货商中只有一家，货源单一，性价比低，日后备品备件的采购和更新，均存在一定风险。

3 系统改进

核取样系统减压调节阀控制系统的设计改进，可分为系统控制的改进、系统布置的改进和设备选型的改进 3 个方面。

3.1 系统控制的改进

3.1.1 改进前的控制方案

减压调节阀的动作是由气-气阀门定位器控制执行机构中压缩空气压力的增加或减小而驱动阀门的开大或关小，从而保证各管道上的压力为所设定的压力值。压缩空气压力的改变来自基地式气动压力/差压调节器，它是用一个敏感元件检测各管道上的压差或压力，经过机械和气动机构转换成气动信号去控制减压调节阀。即在基地式气动压力/差压调节器的作用下保证过程参数维持在设定值，基地式气动压力/差压调节器的调节信号输出为 0.02~0.1 MPa。

基地式气动压力/差压调节器基本调节原理图如图 1 所示。

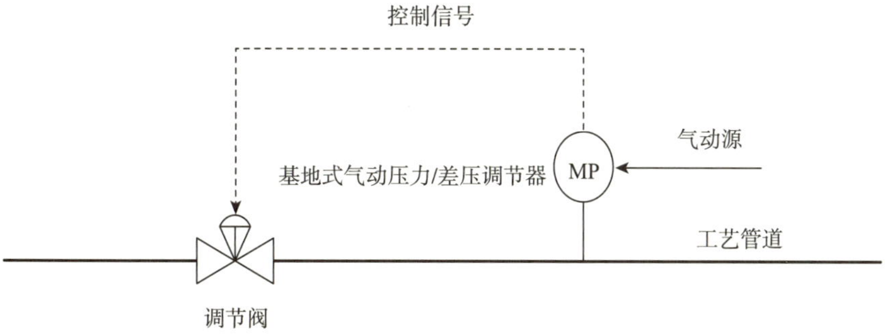

图 1　基地式气动压力/差压调节器控制模拟简图

3.1.2 改进后的控制方案

采用新型控制方案，将选用可编程控制器（PLC）[2]和压力/差压送器取代基地式气动压力/差压调节器对减压调节阀进行 PID（比例-积分-微分）控制[3]。该套新型控制方案，主要包括 3 个方面变化：减压调节阀选用电气阀门定位器控制的调节阀；在被测介质工艺管路增设压力/差压变送器；增设 PLC 控制器进行阀门控制调节。

减压调节阀的动作是由电气阀门定位器控制执行机构中压空压力的增加或减小而驱动阀门的开大或关小，从而保证各管道上的压力为所要求的值。压力/差压变送器测量管道上的压力/差压信号，并通过电缆送到 PLC 模拟量采集卡，在 PLC 控制器中将压力/差压信号与定值信号比较，经 PID 进行偏差控制后，将调节命令转化成 4~20 mA 信号后，通过电缆将信号送到电气定位器（如分体安装，则送到电气转换器 E/P），转换成气动信号去控制减压调节阀，以保证阀门下游压力过程参数维持在设定值。

PID 控制模块应采用正作用进行控制，减压调节阀为正作用气开阀。控制模拟简图如图 2 所示，当下游工艺压力测量值超过定值升高，定值和测量值产生负偏差，通过 PID 控制（正作用），阀门控制信号减小，由于阀门（正作用气开阀）关小，下游压力降低，达到控制效果。

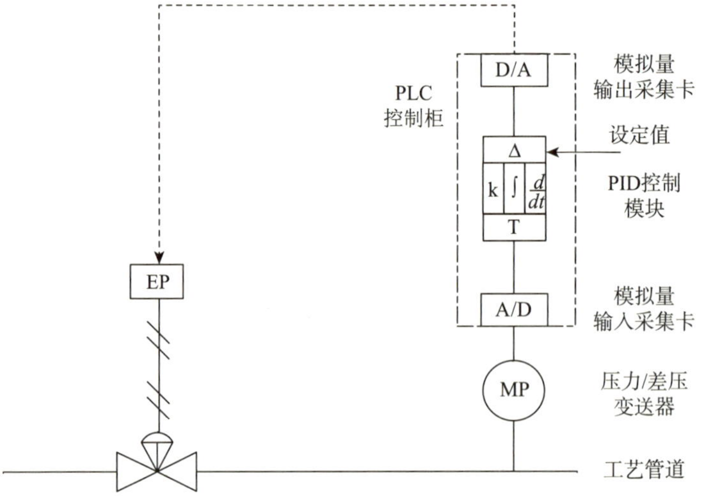

图 2　PLC 方案控制模拟简图

控制方案具体改进详见表 1。

表 1　系统控制方改进前后比较

阀门位号	仪表位号	阀门类型比较		调节系统比较		
		M310 型机组	5、6 号机组	M310 型机组	5、6 号机组	
111～116VP	111～116MP	气动减压阀（带气气定位器）	气动减压阀（带电气转换器+带气气定位器）	基地式压力/差压调节器	压差变送器	+PLC 控制器
241～244VL 281～283VL	241～244MP 281～283MP	气动减压阀（带气气定位器）	气动减压阀（带电气定位器）	基地式压力/差压调节器	压力变送器	

3.1.3　具体实施

根据 REN 系统工艺运行和设备布置的特点，以及工艺运行的监控管理要求，REN 阀门就地控制系统的功能与组成确定如下：

在 NX 厂房核取样间 NB294b 中设置就地控制柜 9REN201AR，实现对 REN 系统取样管道压力过程参数进行监测、管理，同时通过 PID 策略控制压力调节阀对管道压力进行调节。在就地控制柜中还设置有手动控制方式控制压力调节阀对管道压力进行调节。同时在 NA293 房间设置分屏就地控制柜 9REN202AR，分屏就地控制柜中设有第二个显示屏，功能与 9REN201AR 显示屏一样，可进行监控操作。

9REN201AR 就地控制柜位于 NB294 厂房中，控制柜下部进线，包络尺寸 1200×1600×

400（$W\times H\times D$，单位 mm），采用墙装安装方式。9REN202AR 分屏就地控制柜位于 N207 厂房中，控制柜下部进线，尺寸 550×600×400 mm（$W\times H\times D$），采用墙装（或架装）安装方式。

控制柜 9REN201AR 用于安装 PLC 控制设备和触摸显示屏。9REN201AR 中的 PLC 控制设备一方面接收来自 REN 系统取样管道的压力/差压过程参数，在控制柜 9REN201AR 进行显示；另一方面，对 REN 系统取样管道的压力/差压参数进行 PID 控制，再将控制信号送出，对压力调节阀进行控制调节。同时 9REN201AR 将画面信息同步传输到 9REN202AR 进行分屏显示和控制。

控制柜 9REN201AR/9REN202AR 机柜前面板为触摸屏，包括运行流程图、设备状态报警信息、工艺运行参数指示和手自动切换/阀门手动控制按钮等，用于直观地表示整个 REN 阀门系统的工艺流程状态信息，可以对压力/差压信号和阀门控制开度进行指示，并可以通过屏显指示器和触摸操作按钮进行手自动切换、阀门手动控制和压力/差压整定值设定等。

3.1.4 改进后成效分析

将机械化控制系统改进为数字化控制系统，对控制系统进行了诸多改进，主要体现在以下方面。

1）提高了管道工艺参数测量精度

压力/差压变送器通过测压元件传感器感受被测液体压力/差压信号并转化为标准的电信号（4~20 mA），相对于基地式气动压力/差压调节器自带的压力/差压仪表，仪表测量精度更高，信号通过电信号传输更加平稳，误差更小。

同时压力/差压变送器的体积比基地式气动压力/差压调节器（安装空间 278 mm×118 mm）小，所需安装空间小，更加适合核取样间布置空间紧张的环境。

2）提高了系统控制性能

PLC 为工业级控制器，其产品已经标准化、系列化、模块化，并在核电厂有诸多应用业绩。PID 控制（比例-积分-微分控制）是 PLC 控制器的基本功能，PID 过程控制模块已经由 PLC 厂家开发，功能非常完善，只需设置一些参数即可实现 PID 控制功能。PLC 的 PID 功能为全数字化控制，能很好地满足取样减压调节阀的控制功能。

而基地式气动压力/差压调节器的调节部分由差动机构、比例作用单元、微分单元、积分单元组成。如图 3 所示，调节机构为全机械机构，依靠气源为动力，其结构不但非常复杂，而且和 PLC 相比调节性能差、故障率高、操作性能差。在一些核电厂由于这些原因，运行人员放弃使用其调节功能。

3）提高系统的安全性

PLC 控制系统采用 LNF（220 V 交流不间断电源系统）进行供电，系统进行了冗余设计，采用 CPU 模块冗余、通讯模块冗余、接口模块冗余、电源模块冗余、软冗余等来保证系统稳定不间断运行，更安全可靠。同时模块有自诊断功能，模块故障可以在线插拔和维护，且不影响系统其他部分正常工作。而基地式气动压力/差压调节器一旦失效，相应回路将丧失调节和监控功能。

4）提高人机交互功能

PLC 控制系统采用触摸屏可视化监控画面取代了气动压力/差压调节器指针指示和旋钮控制。监控画面设计有主要工艺设备（热交换器）、仪表、被控阀门的流程视图，每台

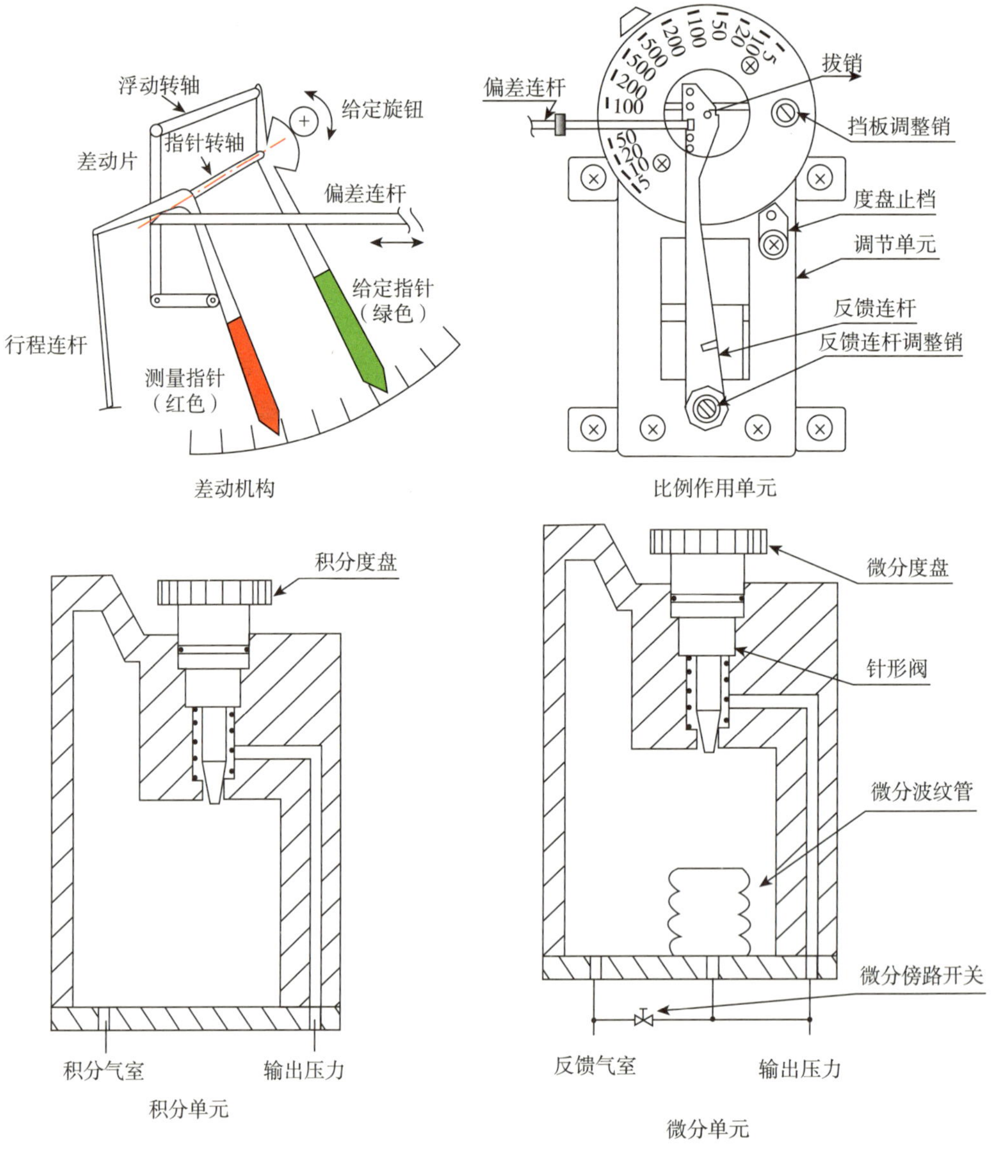

图 3　基地式气动压力/差压调节器的调节部分结构图

阀门合理设置手自动切换按钮、手动控制按钮、压力/差压整定值设定框、PID 参数设定框等，每台仪表设置数据显示框。能更加清晰地了解现场运行状态并实施控制操作，更加直观和人性化。

3.2　系统布置方案的设计改进

3.2.1　改进前系统布置

系统布置主要包含了设备布置、管路布置两个方面。

设备布置主要包括阀门布置、基地式气动压力/差压调节器以及安装支架的布置。由于阀门随工艺管线进行布置，在此不再叙述阀门布置方式。基地式气动压力/差压调节器在反应堆冷却剂取样间集中布置在605CQ落地支架上，在蒸汽发生器排污取样间随各减压调节阀分散布置在支架上。

管路布置包括压缩空气系统管道到基地式气动压力/差压调节器的气路管线和从基地式气动压力/差压调节器到减压调节阀的气路控制管线。这些管线错综复杂，布置存在困难。

3.2.2 改进后的系统布置

具体布置改进如下。

（1）反应堆冷却剂取样间111～116 MP、111～116 VP配备的分体电气转换器，缩短阀门气路控制管线。

（2）蒸汽发生器排污取样间241～244 VL、281～283 VL取消了阀门气路控制管线。

（3）取消了基地式气动压力/差压调节器的分散布置，采用PLC集中监控。

（4）取消了基地式气动压力/差压调节器的动力供气管线。

3.2.3 改进后成效分析

1）SG排污取样间简化阀门气路控制管线

采用压力变送器后，可以取消压缩空气系统管道到基地式气动压力/差压调节器的气路管线和基地式气动压力调节器到阀门的气路管线。

2）集中监控提高效率

以往的M310核电机组基地式气动压力/压差调节器分散布置。采用PLC控制系统后，所有的监控操作都集中在PLC控制柜，可以更好地提高运行人员的工作效率。

3.3 设备选型的设计改进

3.3.1 改进前后设备选型对比

设备选型差异可参见表1。

3.3.2 改进后成效分析

田湾核电厂5、6号机组选用压力/差压变送器+PLC控制器的方案替代基地式气动压力/差压调节器，选用工业领域目前成熟的产品，货源充足、稳定。而基地式压力/差压调节器属于市场淘汰产品，货源单一，对后期核电厂设备维护，备品备件的采购均存在风险。如设备停产，对在运核电厂减压调节阀控制系统进行技术改进，难度将很大。

4 结论

本文从系统控制方式的改进、系统布置的改进、设备选型的改进3个方面介绍了核取样多级减压控制系统的改进。控制方式的改进提高了控制系统的安全性、控制性能、测量精度等；系统布置的改进减少了气路管线，提高了监控效率，降低了日常维护和运营成本；设备选型的改进提高了调节效果和运行寿命，也降低了日常维护和运营成本。该技术改进已经应用于田湾核电厂5、6号机组中。

参考文献

[1] 广东核电培训中心.900MW 压水堆核电站系统与设备[M].原子能出版社,2005.
[2] 王也仿.可编程控制器应用技术[M].机械工业出版社,2004.
[3] 陶永华.新型 PID 控制及其应用[M].机械工业出版社,2002.

辅助给水系统仪控方案设计优化

马天宇[1]，张　冬[1]，尚雪莲[1]，闫桂银[1]
（1. 中国核电工程有限公司，北京 100840）

摘要： 辅助给水系统（ASG）是作为正常给水系统的备用，在任一正常给水系统（APA、ARE、APD）发生事故丧失给水时，可向蒸汽发生器二次侧提供给水，导出堆芯余热。在传统压水堆核电站辅助给水系统的设计中，辅助给水系统不具备自动隔离功能，只能由操纵员根据实际运行工况手动调节给水流量或隔离辅助给水，以确保蒸汽发生器水位保持在正常范围。在田湾 56 号机组核电项目中，为进一步提高事故工况下，尤其是 SGTR 事故工况下核电站的安全性和可靠性，对辅助给水系统仪控方案做如下改进：在辅助给水系统运行期间，当 A 列和 B 列蒸汽发生器高高液位同时出现时，形成自动隔离信号，通过关闭辅助给水调节阀隔离辅助给水，以防止一次侧向二次侧泄漏，带来放射性介质外泄的风险。同时，自动隔离辅助给水方案可以给操纵员更多的时间来判断事故工况，采取更合理的处理措施。

关键词： 辅助给水；自动隔离；仪控

1　选题背景和意义

辅助给水系统（ASG）属于专设安全设施系统之一，其对于保证核电厂事故工况下的安全性和可靠性尤为重要。辅助给水系统作为正常给水系统的备用，在任一正常给水系统（APA、ARE、APD）发生事故时，系统启动运行，向蒸汽发生器二次侧提供给水，导出堆芯余热。为保证对蒸汽发生器的给水量，辅助给水系统配置 2 台电动泵和 2 台汽动泵，每台泵可提供 50%的给水容量，所以辅助给水最大可以 200%的给水量对蒸汽发生器补水。如 4 台泵满负荷运行且辅助给水管线上的调节阀全开，短时间内将导致蒸汽发生器达到高水位。因此操纵员需要及时介入，根据实时工况控制调节阀开度，以减小辅助给水量。同时，在辅助给水运行期间，如若发生 SGTR 事故，一次侧向二次侧泄漏，会导致蒸汽发生器在短时间内达到高水位，存在放射性介质外泄的风险。

传统压水堆核电厂辅助给水系统没有自动隔离功能，在发生上述工况的条件下，只能通过操纵员及时介入，手动调节辅助给水调节阀开度，控制辅助给水量或隔离辅助给水。为应对上述工况下可能导致的蒸汽发生器满溢事故，在田湾核电厂 5、6 号电机组项目仪控方案设计中对原有的仪控方案进行了改进，增加了自动隔离功能。在蒸汽发生器达到高高水位时，自动隔离辅助给水，防止蒸汽发生器满溢。同时也为操纵员提供了更充足的时间来判断事故工况，以便采取更准确有效的方式处理事故工况。

2　参考电厂辅助给水系统工艺配置及仪控设计方案

2.1　辅助给水系统工艺配置

参考电厂辅助给水系统工艺配置如图 1 所示。系统设备主要配置 2 台辅助给水电动泵和 2 台辅助给水汽动泵，6 个调节阀（ASG012~017VD）。辅助给水电动泵 ASG001PO 属 A 列，ASG002PO 属 B 列，经由两台辅助给水电动泵提供的给水汇合后，分别由 3 个辅助给水调节阀 ASG012VD、ASG014VD、ASG016VD 为 3 台蒸汽发生器提供给水。为确保辅助给水的可靠性和及时性，通常采用泵的启动命令直接连锁调节阀开启，所以辅助给水调节阀 ASG012/014/016VD 的开启既要受 A 列 ASG001PO 的启动命令控制，又要受 B 列 ASG002PO 的启动命令控制。为实现这一目的，ASG012/014/016VD 的气动管路上需配备 2 个电磁阀，分别接受来自 A 列和 B 列的连锁开启指令。

与之类似，两台辅助给水汽动泵 ASG003PO 属 A 列，ASG004PO 属 B 列，由两台辅助给水汽动泵提供的给水汇合后，分别经由 3 个辅助给水调节阀 ASG013VD、ASG015VD、ASG017VD 为 3 台蒸汽发生器提供给水。调节阀 ASG013VD、ASG015VD、ASG017VD 同样采用两个电磁阀（A 列和 B 列）串联布置。

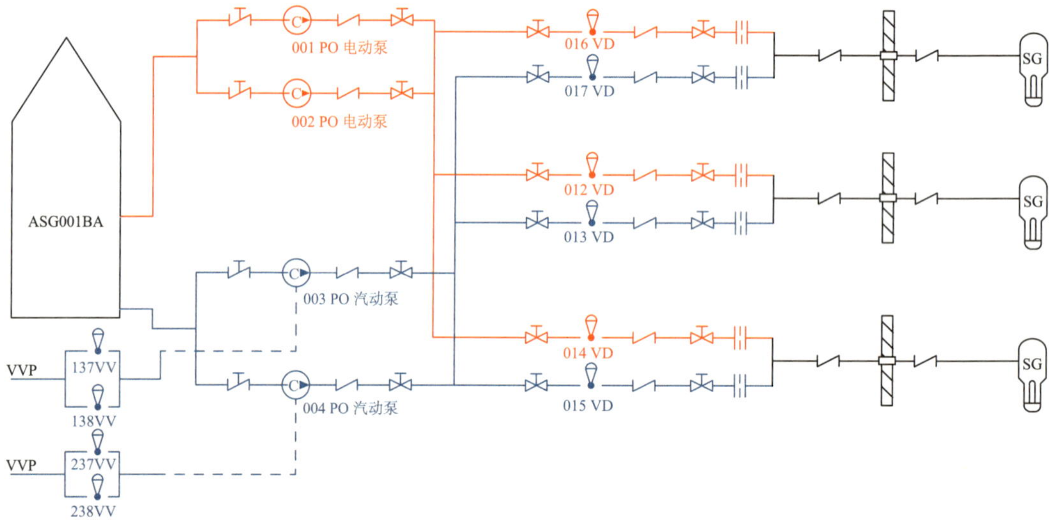

图 1　M310 辅助给水系统配置简图

电动泵和汽动泵的辅助给水汇合后送入蒸汽发生器。为蒸汽发生器提供辅助给水的 3 条管路，每条均由两路组成，一路来源于辅助给水电动泵的供水，另一路来源于辅助给水汽动泵的供水。每台电动泵或汽动泵均可提供 50%的给水容量，因此，无论是单独启动电动泵还是汽动泵，均可为蒸汽发生器提供 100%的供水容量。

2.2　方福海项目辅助给水系统仪控设计方案

由于本设计优化主要针对 6 个辅助给水调节阀的控制逻辑，电动泵和汽动泵对应电磁阀的控制逻辑并无太大差别。所以此处以辅助给水电动泵 ASG001/002PO 以及对应的调节阀 ASG012/014/016VD 为例进行描述。

除手动开启命令和测试命令以外，控制辅助给水电动泵启动、调节阀 ASG012/014/016VD 全开、辅助给水系统投运的主要信号来源如下：

（1）电动主给水泵系统（APA）和启动给水系统（APD）泵停运且余热排出系统（RRA）低 3 流量信号；

（2）CEX 泵供电母线（6.6 kV 电源）失电信号；

（3）蒸汽发生器给水流量低且中间量程信号有效；

（4）蒸汽发生器低低液位或安注信号。

这些信号将直接形成电动泵启动命令，进而联锁对应调节阀全开。方福海项目辅助给水电动泵启动信号 A 列逻辑如图 2 所示。

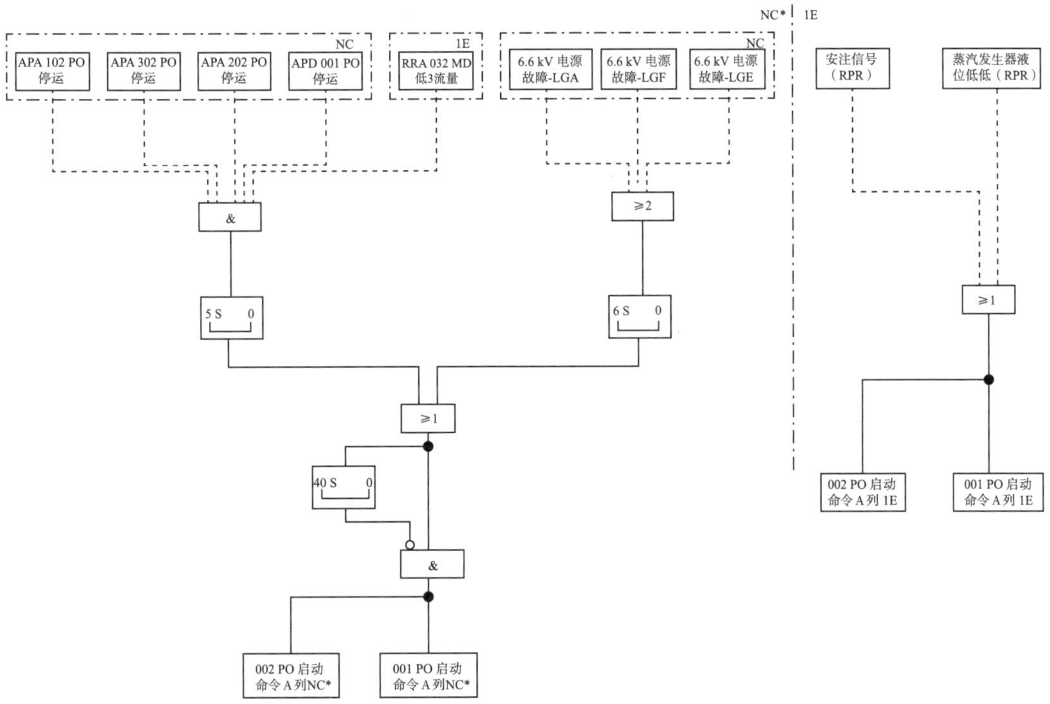

图 2 方福海项目辅助给水系统启动信号 A 列逻辑简图

辅助给水电动泵 ASG001/002PO 对应调节阀 ASG012/014/016VD 的控制逻辑如图 3 所示。

辅助给水调节阀 ASG012/014/016VD 全开命令分为 1E、NC* 和 ATWT 三部分。图中任何信号使得辅助给水系统投运，电磁阀 EL1 和 EL2 失电 3-2 导通，调节阀全开，每台辅助给水电动泵以 50%的供水能力向蒸汽发生器提供给水。此时操纵员需实时跟踪蒸汽发生器液位，一旦发现蒸汽发生器液位过高，则需通过 BUP、KIC 或 KPR 上的复位按钮将调节阀复位，此时调节阀先导电磁阀 EL1 和 EL2 的 1-2 导通，调节阀至于可调位置。此时操纵员则需根据实际运行工况调节阀门开度，进而控制给水量。

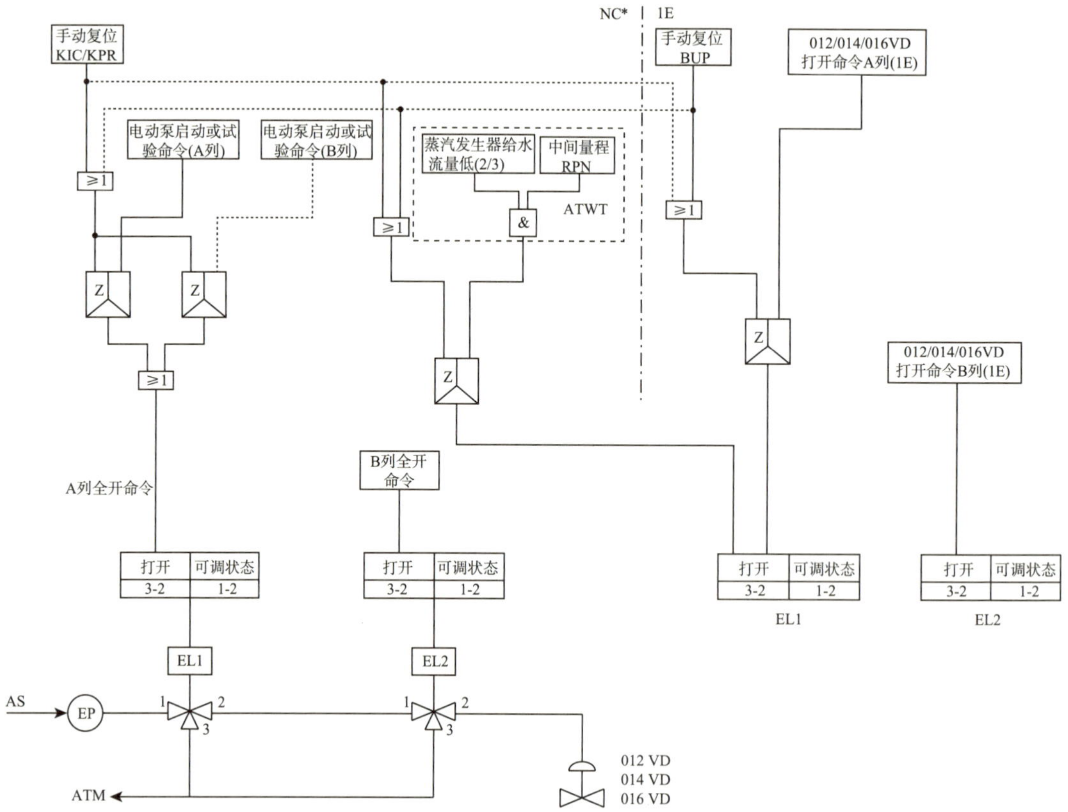

图 3　方福海项目辅助给水系统控制逻辑简图

所以，参考电厂辅助给水系统调节阀的控制实则为手动控制，此种控制需操纵员实时干预，且存在因操纵员的操作失误而导致一次侧放射性介质向二次侧泄漏的可能，不能有效规避由 SGTR 事故带来的风险。

3　田湾核电厂 5、6 号机组仪控设计方案

田湾核电厂 5、6 号机组辅助给水系统工艺配置与参考电厂工艺配置相同，此章节不再赘述。相比于参考电厂，田湾核电厂 5、6 号机组辅助给水系统仪控设计方案增加了自动隔离控制，此章节详细讲述自动隔离方案的控制策略、控制逻辑、方案实施以及控制方案优越性。

3.1　自动隔离方案控制策略

田湾核电厂 5、6 号机组辅助给水流量调节阀控制方案与方福海项目相比，增加了自动隔离控制方案，具体控制策略如图 4 所示。

在核电厂正常运行工况下，辅助给水系统不启动，调节阀保持全开。当辅助给水系统启动后，每个调节阀的两个先导电磁阀失电全开。此时系统进入蒸汽发生器液位跟踪模式，实时跟踪蒸汽发生器液位并判断蒸汽发生器液位高高信号是否有效。当 A 列和 B 列均出现蒸汽发生器液位高高信号，两列信号共同组成自动隔离信号，此时 DCS 将发出 0% 阀

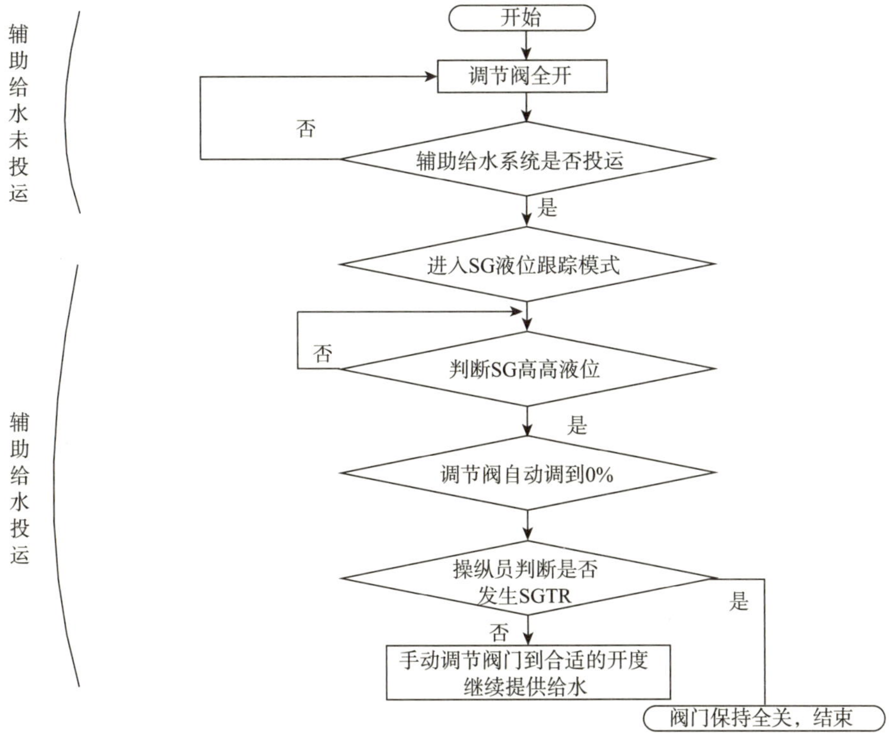

图 4　田湾核电厂 5、6 号机组辅助给水系统控制策略简图

门开度的模拟量信号，关闭出现蒸汽发生器液位高高信号对应的调节阀。此时操纵员可根据其他相关运行参数判断是否发生 SGTR 事故，如发生该事故，则保持调节阀关闭状态，隔离该蒸汽发生器的辅助给水，如未发生 SGTR 事故，操纵员可根据实时液位以及辅助给水需求量手动调节阀门开度，控制辅助给水供给量。

3.2　自动隔离方案控制逻辑

辅助给水电动泵管路调节阀和汽动泵管路调节阀的自动隔离控制方案是一致的，所以本节逻辑讲述以辅助给水电动泵管路调节阀控制逻辑为例，自动隔离方案控制逻辑如图 5 所示。

田湾核电厂 5、6 号机组辅助给水系统启动信号与参考电厂一致，也由 NC*、ATWT、1E 三类启动信号组成，此小节不再赘述。

辅助给水系统投运后，辅助给水电动泵 ASG001/002PO 启动，此时调节阀的两个先导电磁阀失电，3-2 导通，阀门全开，系统以 200%的最大给水量向蒸汽发生器提供给水。当出现 A 列或 B 列蒸汽发生器液位高高信号时，该列对应电磁阀得电，1-2 导通，阀门处于可调状态，操纵员可手动调节阀门开度。当 A 列和 B 列蒸汽发生器液位高高信号同时出现，此时辅助给水电动泵 ASG001PO 或 ASG002PO 为启动状态，两列信号将共同作用，形成自动隔离信号，DCS 将发出调节阀 0%开度的模拟量信号，关闭调节阀，隔离辅助给水。该自动隔离信号仅强制关闭产生液位高高信号的蒸汽发生器对应管线的调节阀，隔离该管线上的辅助给水。

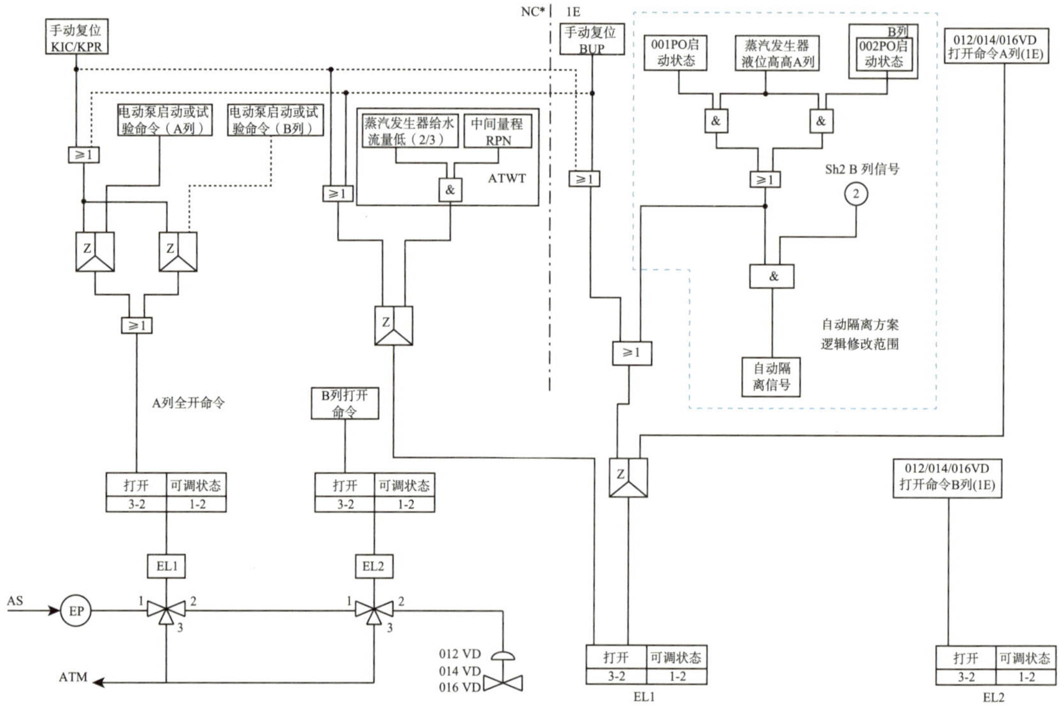

图 5　田湾核电厂 5、6 号机组辅助给水系统控制逻辑图

当调节阀关闭，辅助给水被隔离后，操纵员可根据主控室获取的相关运行参数判断是否发生 SGTR 事故。如真实发生 SGTR 事故，则调节阀保持关闭状态，如未发生 SGTR 事故，操纵员可切换到手动控制模式，并根据实际运行工况手动给定阀门开度，控制辅助给水量，可保证该条管线的正常给水功能。

3.3　自动隔离方案实施

基于上述控制逻辑，自动隔离方案需通过 DCS 组态进一步实施，其中自动隔离触发阀门关闭、KIC/BUP 手动模式切换等均属 1E 级逻辑，对于调节阀的控制尤为重要。下文以调节阀 ASG012VD 的 1E 级 DCS 组态逻辑为例，对上述系统的关键功能进行讲述，DCS 组态逻辑如图 6 所示。

辅助给水系统投运后，串联的 2 个电磁阀失电，调节阀全开，操纵员如需手动调节，则可切换到手动模式，可在 KIC（电厂计算机信息和控制系统）上直接输入阀门开度或通过 BUP 上的增减按钮逐步调节阀门开度。如系统运行中发生蒸汽发生器液位高高，触发自动隔离信号，则阀门强制 0% 开度。重点功能实现如下：

（1）FX20 为具备 21 点横坐标的斜坡函数，其纵坐标对应固定的阀门开度。在 KIC 手动调节模式下，图中对应选择器切到“0”位置，可任意给定阀门开度，通过斜坡函数 FX20 实现阀门开度渐变，而不发生跳变，满足手自动切换无扰的设计要求。如果输入模拟量值的质量位为 1，即输入值不可用，则选择器切到“1”位置，通过“KEEP”模块可将阀门开度保持在上一输入值，直到输入值可用。

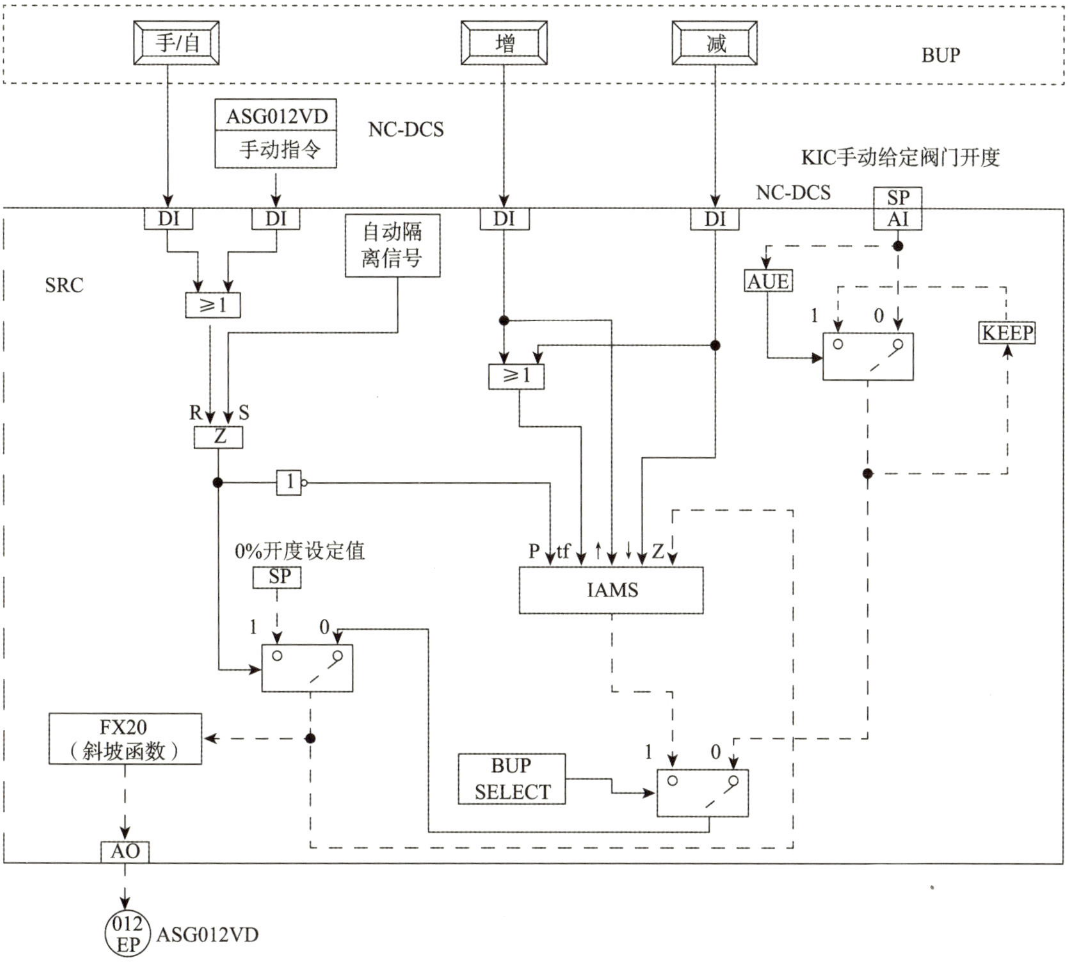

图 6 控制逻辑 DCS 功能图

（2）IAMS 模块具有 5 个输入，分别为允许增减、快慢速增减选择、增、减、跟踪。当 KIC 不可用或需通过 BUP 控制阀门开度，则可通过“BUP SELECT”切换到 BUP 手动调节模式，此时 IAMS 模块的跟踪位 Z 会记录 KIC 手动调节模式下的最后一次阀门开度值，使得 BUP 手动调节从此开度值开始调节，从而实现了从 KIC 手动模式到 BUP 手动模式的无扰切换。

（3）若从 BUP 手动模式切换到 KIC 手动模式，KIC 上可直接给出任意所需阀门开度值，通过 FX20 斜坡函数，阀门开度可实现从上一阀位到输入阀位的渐变，而不发生跳变，实现了从 BUP 手动模式到 KIC 手动模式的无扰切换。

（4）从系统投运后调节阀全开状态或触发自动隔离调节阀全关状态，切换到手动调节模式（无论是 BUP 手动还是 KIC 手动），给出的开度值皆通过 FX20 斜坡函数实现阀门开度的渐变，而不发生跳变，从而实现无扰切换。

3.4 自动隔离方案的优越性

田湾核电厂 5、6 号机组辅助给水系统调节阀控制方案与参考电厂相比，增加了两列蒸汽发生器液位高高自动隔离对应调节阀的控制方案，在控制逻辑合理性、降低事故风险、减少运行人员工作量等方面均具有一定优越性，具体分析如下。

（1）辅助给水流量调节阀自动隔离逻辑采用 A 列和 B 列蒸汽发生器液位高高信号共同组成自动隔离信号，进而关闭调节阀，隔离辅助给水，不仅对原有控制逻辑无影响，隔离后手动复位和调节的措施也可有效避免单列设备故障或虚假信号导致的误隔离而影响辅助给水的正常供给。

（2）自动隔离逻辑仅会关闭产生液位高高信号的蒸汽发生器对应管线调节阀，隔离该管线的辅助给水，并不会影响对另外两个蒸汽发生器的正常给水。

（3）任一蒸汽发生器产生液位高高信号，自动隔离逻辑均会及时关闭调节阀并隔离辅助给水，操纵员有充足的时间判断是否发生 SGTR 事故，可有效避免真实 SGTR 事故造成的蒸汽发生器满溢，同时也能有效降低因 SGTR 事故造成的放射性介质外泄风险。

（4）调节阀控制逻辑中增加了自动隔离逻辑后，操纵员无需时时担心蒸汽发生器液位过高而发生满溢，一旦出现蒸汽发生器液位高高信号则触发自动隔离关闭调节阀，操纵员只需根据主控室信息判断是否发生 SGTR 事故，决定是继续保持调节阀关闭状态还是切换到手动调节模式继续提供辅助给水即可。所以增加自动隔离逻辑后，可有效减少操纵员工作量，也可在一定程度上降低人因导致的蒸汽发生器满溢概率。

4 结论

本文在 M310 堆型辅助给水系统现有工艺管线布置的前提下，提出了流量调节阀自动隔离仪控设计方案，并应用于田湾核电厂 5、6 号核电机组项目。通过对比参考电厂和田湾核电厂 5、6 号机组项目仪控方案，得出增加自动隔离控制方案的优越性。辅助给水系统作为核电厂专设安全系统之一，对核电厂安全稳定运行具有重要意义。现有仪控设计方案已能保证系统功能的稳定实现，但仍有进一步改进的空间，需要核电仪控设计人员逐步探索。

提高 RRI 系统冬季供水温度改进的仪控设计报告

王　欢[1]，李玉荣[1]，李昌磊[1]，张　雷[1]
（1. 中国核电工程有限公司，北京 100840）

摘要：本文介绍了田湾核电厂扩建工程 5、6 号机组中提高冬季时设备冷却水系统（RRI）供水温度（TW-M-131）改进项的仪控设计，本改进在重要厂用水系统（SEC）实现，仪控设计工作主要包括新增仪控设备的选型和控制逻辑设计。同时随着项目推进，总结当前设计的不足之处并提出优化建议，为在运核电厂改造和后续新建核电厂设计提供借鉴方案。

关键词：水温；过冷；板式换热器

1　引言

由于田湾核电厂厂址地理位置偏北，在冬季时海水温度较低，因此会出现设备冷却水温度偏低的情况，如不采取措施提高设备冷却水温度，则有可能导致 DEG、DEL 系统的冷水机组，以及主泵高压冷却器的冷却水温度偏低，从而影响其正常运行。以往设计的核电厂由于地理位置偏南，冬季设备冷却水低温问题不显著，鉴于田湾核电厂冬季过低的海水温度，有必要实施提高冬季时 RRI 系统供水温度的改进。本改进在 SEC 系统实施，冬季采用旁通海水加单板换运行方式，以提高设备冷却水温度。

2　重要厂用水系统概述

2.1　系统功能

重要厂用水系统的功能是把由设备冷却水系统收集的热负荷输送到最终热阱——海水。该功能由两条与安全有关的冗余系列来完成，用海水来冷却 RRI/SEC 板式热交换器。重要厂用水系是冷却系统的一部分，具有安全功能，在正常运行和事故工况下给与安全有关且需要降温的构筑物、系统和部件等提供冷却源。

2.2　系统描述

重要厂用水系统为一个开式循环系统，冷却介质为海水。系统设计成有两个独立的系列，系列 A 和系列 B，每个系列均由两台 100% 容量的重要厂用水泵并联。从循环水过滤系统（CFI）吸入海水，正常工况下由一个系列的 1 台泵运行即能满足冷却需求，事故或其他工况下需要两个系列2台或3台泵运行。海水经取水管道、贝类捕集器及2台并联的板式热交换器，将设备冷却水冷却后排入大海，流程示意图见图1。

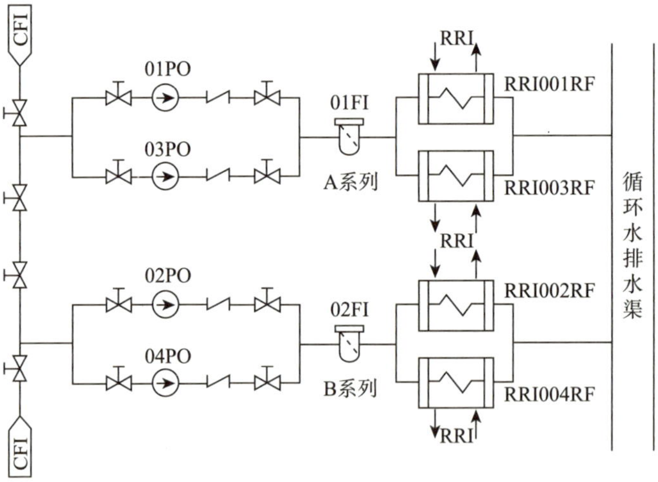

图1 SEC系统流程示意图

2.3 系统改进方案

2.3.1 冬季设备冷却水温度过低问题的提出

由于地理位置偏北，田湾核电厂在冬季时海水温度较低，根据海工多年月平均海水水温统计，冬季1月份海水平均温度最低，只有2.6 ℃，而夏季8月份海水平均温度最高，约27.2 ℃，SEC系统设计基准水温为考虑历年最高第7日平均水温（27.8 ℃）和温排水影响（1.5 ℃）后的计算值29.3 ℃。冬季海水水温2.6 ℃远低于SEC系统设计基准水温29.3 ℃，因此在冬季设备冷却水水温会显著降低，不满足主泵机组和DEG、DEL系统冷水机组提出的最低15 ℃冷却水水温的要求。

对于主泵机组，设备冷却水通过高压冷却器冷却主泵密封注入水，水温过低的设备冷却水将会导致密封注入水温度过低，产生对主泵的热冲击；对于DEG、DEL系统，设备冷却水水温过低将不能满足冷水机组高低压差的要求，无法提供冷水机组制冷剂和润滑油运行的动力，使冷水机组停机，影响系统的正常运行。

鉴于田湾核电厂冬季过低的海水温度，有必要实施提高冬季时RRI系统供水温度的改进。本改进在SEC系统实施，冬季采用旁通海水加单板换运行方式，以提高设备冷却水温度。

2.3.2 系统改进方案

经过各个方案的比选，最终确定本改进采用旁通海水单板换的方案。方案简述如下。

海水温度首次低于15 ℃时，通过隔离一台板换，使未经冷却的设备冷却水与被冷却后的设备冷却水混合来提高设备冷却水温度；如果设备冷却水温度继续降低，则通过控制调节阀开度减少流经板换的海水流量，从而达到提高设备冷却水冬季供水温度的目的。

以单系列举例，改进后的流程简图见图2。

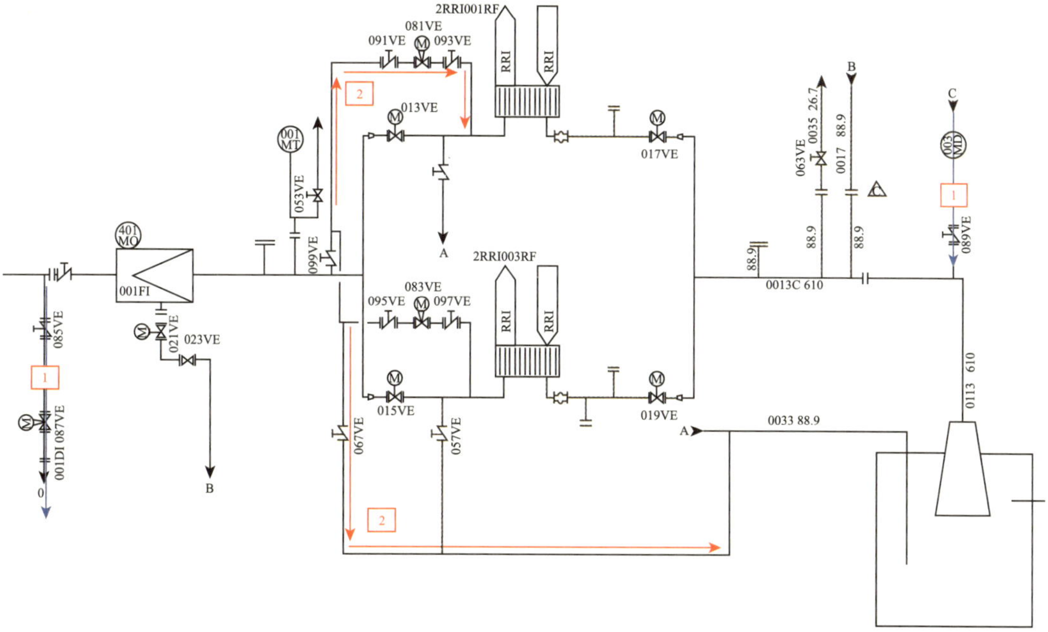

图 2　板换改进方案流程简图

注：图中“1#”管线为主旁路，“2#”管线为辅助旁路。

新增仪控设备见表 1。

表 1　新增仪控设备列表

	隔离阀	调节阀	流量仪表
A 列	SEC013/015/017/019VE	SEC081/083/087VE	SEC003MD
B 列	SEC014/016/018/020VE	SEC082/084/088VE	SEC004MD

运行方案：

在系统调试阶段通过主管道流量仪表与主旁路管道上的流量仪表的比较，在主控室调整主旁路调节阀开度，使主旁路流量为主管道流量的一半，在之后的一个运行周期内该调节阀的开度始终保持不变。

在正常运行工况，主旁路和辅助旁路处于隔离状态，双板换运行模式。

当板换出口设备冷却水温度首次降低到 15 ℃，报警至主控室，隔离运行系列的一台板换，主旁路投入运行，进入第一档防低温运行模式。

在第一档防低温运行模式下，设备冷却水温度再次降低到 15 ℃时，报警至主控室，辅助旁路投入运行，进入冬季工况的第二档防低温运行模式。在此运行模式下，辅助旁路调节阀最初处于全开状态，当设备冷却水温度再次降低到 15 ℃时，报警至主控室，由操作员手动调小阀门开度，减少流经板换的海水使设备冷却水温度升高，直至最小开度；反之，当温度升高至 30 ℃时，报警至主控室，由操作员手动调大阀门开度，直至阀门全部打开。在辅助旁路调节阀处于全开状态时，当设备冷却水温度再次升高至 30 ℃时，报警至主控室，打开运行板换前和被隔离板换两端的电动隔离阀，关闭主旁路和辅助旁路，恢复到正常运行模式。

3 系统改进的仪控设计

3.1 新增设备的选型

3.1.1 流量仪表选型

主旁路管路上设置流量仪表（SEC003/004MD），在系统调试期间，通过调整主旁路调节阀开度，使主旁路流量为主管道流量的一半，从而使旁通海水加单板换运行模式下的主管路和主旁路具有相同的流量，使流经运行板换的海水流量保持稳定的换热效果。

重要厂用水系统工艺介质为海水，具有较高的导电性；主旁路管径较大，DN350，但前后直管段较短；加之海水有一定的含沙量，正常运行时流量较大，具有较强的冲刷力度，对于流量测量普遍适用的节流装置有较强的腐蚀性。综上所述，主旁路流量仪表不宜选用节流装置+变送器的方式。

本系统测量海水流量的仪表传统选用超声波流量计，但超声波流量计对前后直管段要求较高，一般应满足前15D后5D的要求。插入式超声波流量计维修保养时，探头插拔需要较大的操作空间，维护更换时又易造成海水泄漏；而外夹式超声波流量计需要不定期补充耦合剂，测量受外部干扰较多，测量精度不易保证。故主旁路流量仪表也不宜选用超声波流量计。

经与系统专业沟通，该段工艺管道具有以下特征：

（1）海水流量较大，在防低温运行模式下，主旁路工艺管道将长期处于满管运行状态；

（2）关于管道布置，具有一定的前后直管段；

（3）管道材质为碳钢，内部衬胶；

（4）允许的压力损失较小。

综合考虑以上情况，本项目选用电磁流量计，其特点如下：

（1）国产电磁流量计技术已经相对成熟，且已有满足核电项目的抗震要求的产品；

（2）电磁流量计无节流装置，不会造成压力损失；

（3）电磁流量计对前后直管段要求较低，一般满足前5D后3D即可；

（4）电磁流量计准确度较高，在规定的流速范围内，准确度等级可达0.5级。

结合以上分析，本改进项新增主旁路流量测量仪表确定选用电磁流量计。

3.1.2 调节阀选型

调节阀根据执行机构类型不同可分为气动调节阀和电动调节阀，核电项目中气动调节阀应用普遍。由于M310核电机组设备布置相对固化，改进项新增设备的安装布置需考虑该房间原有设备的布置情况，由于安装空间有限，体积较大的设备在不改变原布置方案的情况下没有合适的安装位置，所以体积偏大的气动执行机构在本项目中不具备布置条件。

关于阀门的安全位置，气动阀具有失电/失气时自动动作到安全位的特性，从而保证系统在安全的状态运行。对于普通的电动阀门，通常故障时（如失电）将保持原位，所以考虑系统安全方面，气动阀更具有优势。但在本改进项中，调节功能仅在冬季防低温运行模式下投运，在此模式下即使阀门故障时保持原位，在稳定运行情况下不影响系统功能，且温度调节为缓慢过程，短时故障系统亦能运行一段时间，因此具备一定的维修窗口。对于重要厂用水系统，如阀门故障导致设备冷却水系统温度持续降低产生不利影响，亦可切换至备用列运行，待阀门故障排除后由操纵员确定原运行列是恢复运行状态或者保持备用状态即可，因此故障安全位不是本改进阀门选型的关键因素。

通过对成熟电动执行机构厂家调研，了解到目前电动执行机构，包括一体化电动执行机构，在其他工业领域的应用已非常广泛，技术成熟，且有通过核电厂 K3 鉴定的一体化电动执行机构，即电动执行机构直接接收 DCS 发出的 4~20 mA 控制命令，本身可完成调节阀控制，不需 DCS 内部设计控制逻辑，调节阀的连续阀位反馈也是直接送 DCS，调节阀的控制和状态反馈均无需经由电气开关柜。

综上所述，仪控专业和系统专业确定本改进项调节阀选用一体化的电动调节阀。

3.2 逻辑设计

3.2.1 新增设备冷却水高/低温报警

对于参考电站，板换出口设备冷却水未设置温度限值报警，在冬季防低温运行模式下，需要根据设备冷却水温度变化判断具体运行模式和调节阀门开度，且都是手动实现，故本项目需增加设备冷却水温度高/低报警，以此作为提醒操纵员模式切换和调节的依据。对于温度高报警，增加夏季、冬季运行模式选择开关，夏季该报警不触发。由于改进在重要厂用水系统实现，故温度阈值信号由设备冷却水系统送至重要厂用水系统参与报警逻辑，逻辑图见图 3。

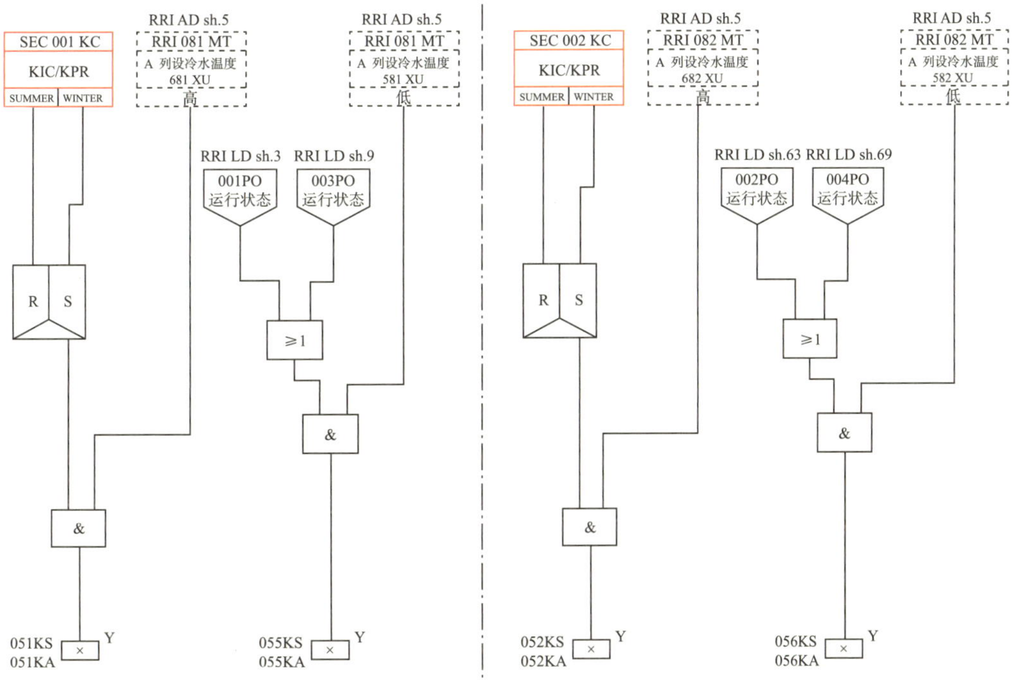

图 3 设备冷却水温度高/低报警逻辑图

3.2.2 阀门控制方式

对于主旁路调节阀，当前设计其作用为调节主旁路流量，调试期间确定其开度后将不再变化，故采用开环控制。在安喷信号触发时，应关闭旁路运行模式以保证板换的换热效果，保证设备冷却水系统对安全列用户的冷却。因此在安喷信号触发时，确保每列至少有一台板换前后隔离阀打开的情况下，自动关闭主旁路调节阀，其控制逻辑图见图 4。

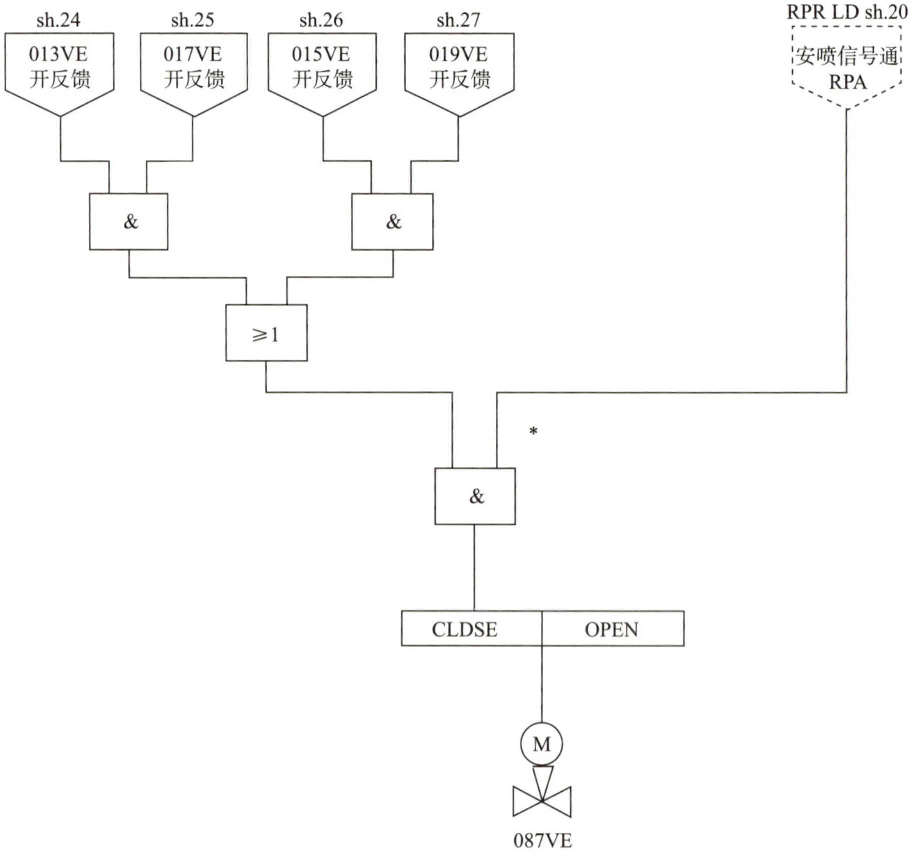

图 4　主旁路调节阀控制逻辑图

对于辅助旁路调节阀，由于调节作用对于温度有延迟，阀门动作后需要一段时间设备冷却水温度才能相应变化，由于缺少项目经验，延时采样时间和阀门开度控制不能确定，故采用开环控制，操纵员根据温度变化趋势，每次调节时自行确定调节时机和阀门开度，并记录相关数据。

所有调节阀无快开、快关（安喷信号关闭主旁路调节阀除外）要求，故没有快速开关控制按钮，阀门所有操作通过给定开度控制，电动调节阀的真实开度亦能通过连续的阀位反馈体现，操纵员可在主控室画面了解阀门状态。

4 优化空间

由于此改进项初次实施，在系统设计时，采用开环控制保证了实现设备冷却水温度调节的功能。后续运行过程中，随着运行经验的积累，可探索闭环控制，即调节阀根据设备冷却水温度自动控制开度。同时，本节还总结了其他可优化的方面。

4.1 调节阀选型

电动调节阀选型在采购过程中暴露出一些问题：

1）调研阶段

调研不够充分，仅调研了国外一家技术力量雄厚且核电业绩广的厂家，调研结论不具有普适性。

2）设计阶段

仪控专业和系统专业协商确定的电动调节阀采购技术要求并未全部落实到阀门采购规格书和采购清单中。

3）文件审查阶段

两家中标厂家中有一家此前未曾调研，其供货产品具有远传送出阀门综合故障信号（包含三相电缺失、过力矩、调节信号缺失等）的能力，但标准配置该信号无法远传送给DCS系统，如要远传则需要更换功能模块，而更换功能模块需要返厂，这将严重影响项目进度，无此故障信号又不能直观地通过报警来提示阀门出现故障。经分析，电动调节阀可通过调节指令和连续的阀位反馈的对比初步判断阀门是否故障，且目前电动执行机构选型有就地FAULT（过力矩）指示灯，即在不修改电动执行机构选型的情况下，也能得到部分阀门故障信息，所以接受当前阀门设计，取消了这些阀门的远传综合故障信号。

此类问题发生的原因在于调研不全面带来的认识偏差，采购要求出版时的提资和会签流程不完善，以及设备采购技术要求不完整。在后续电动调节阀选型时可重点关注。

4.2 主旁路调节

根据当前设计，主旁路调节阀开度在项目调试期间即确定，防低温运行模式期间开度不再变化，设计意图是使主管道和旁路具有相同的阻尼（流量）。但在实际运行过程中应根据环境条件确认是否需要调整其开度，如已进入第二档调节模式也不能使设备冷却水温度保持正常状态，应调节主旁路调节阀开度，系统操作规程视实际运行状态可能需要修改。

4.3 辅助旁路调节

依据本项目运行经验和历史运行数据，后续可探索辅助旁路调节阀的闭环控制，即根据板换出口设备冷却水温度自动调节阀门开度。

闭环控制可采用步进式控制，需要设定采样周期和步长两个参数[1]。温度控制存在一定的延时，阀门动作后板换出口设备冷却水温度发生变化并达到稳定后需再次判断阀门是否需要继续调节，此时间即为采样周期，而每次调节的开度大小需要经过反复尝试，才能达到最好的温度调节效果，此为闭环控制的步长。运行经验可提供数据依据，确定采样周期和步长后，可探索闭环控制，示意图见图 5。

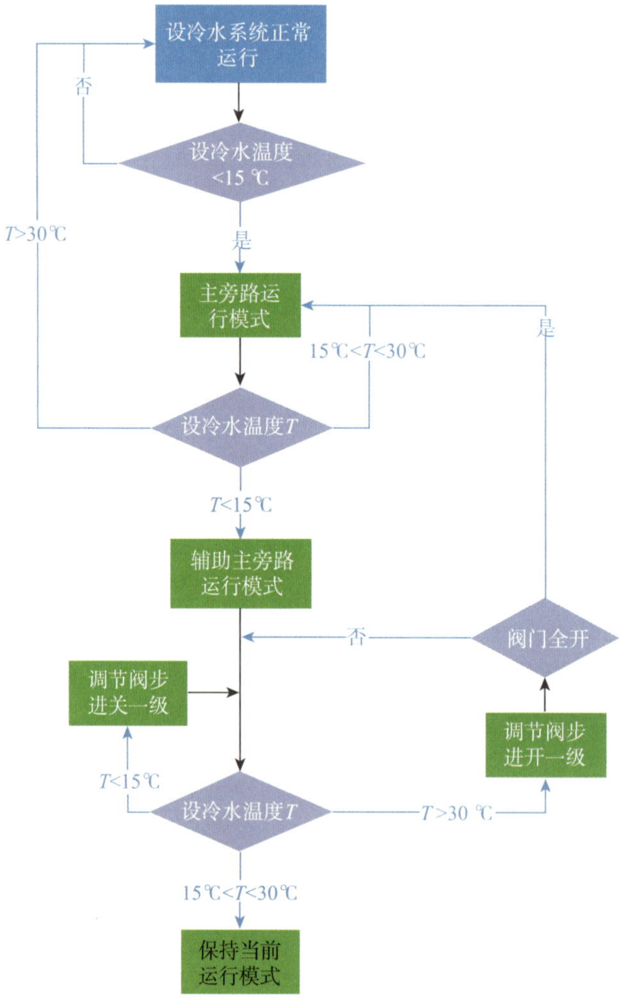

图 5　闭环逻辑示意图

4.4　随动调节

SEC 系统设置为两个冗余系列，正常工况下，一个系列运行，另一系列备用，在运列故障会切换到备用列。在冬季防低温运行模式下，如果发生列间切换，当前设计需要手动将备用列各调节阀状态调整到与原运行列一致或重新调节阀门开度，不能实现“无扰切换”。

两个系列调节阀设置完全相同，每个位置均有相对应的阀门（SEC081VE 对应 SEC082VE，SEC083VE 对应 SEC084VE），在运行列阀门进行调节动作时，备用列对应的调节阀同步动作，保持开度一致。同时在进入冬季防低温运行模式时，就将相关手动阀置于合适状态，如果发生列间切换，则能实现平稳过渡，不会造成设备冷却水温度剧烈波动，此即随动调节。

随动调节通过将对某一台阀的 DCS 调节信号同时送给两台阀门来实现，首先应识别运行列，如 A 列在运行，则将 SEC081VE 的调节信号同时送给 SEC081/082VE，如 B 列在运行，则将 SEC082VE 的调节信号同时送给 SEC081/082VE，从而实现 A 列和 B 列的辅助旁路调节阀保持在相同开度，示意图见图 6。

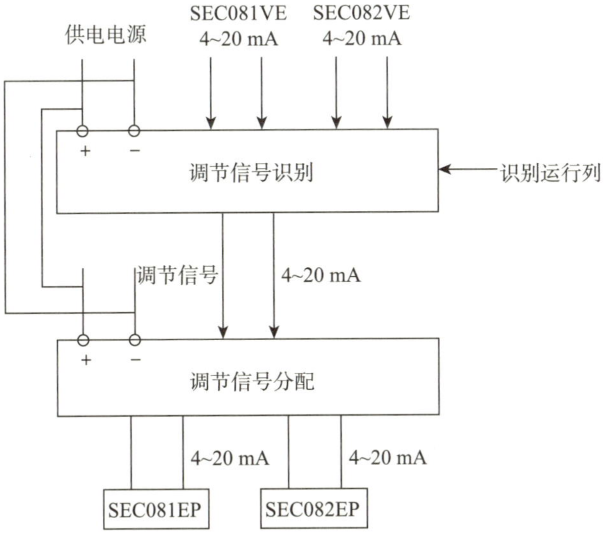

图 6　调节信号识别与分配示意图

如 DCS 系统可实现此逻辑与功能，则可通过修改 DCS 实现，如 DCS 不能实现，可采用增加分配模块实现 DCS 信号的识别与分配，为后续项目改造提供技术依据。

5　总结

设备冷却水系统为全厂需要冷却的设备提供冷源，其温度较低时可能会影响某些设备（如主泵、DEG 和 DEL 的冷水机组）的正常运行，因此必须保证其温度在设计范围之内。对于本改进项进行的仪控设计，满足了工艺系统基本的控制要求，同时也提出了可优化的项目和建议，为保证电厂正常运行提供了有力保障。同时，目前已有部分在运电厂提出了冬季设备冷却水温度过低的改造，实现方式在重要厂用水系统和设备冷却水系统均有，虽然方式不同但原理相似，本文的设计理念可为改造电厂和后续新建电厂提供设计依据。

参考文献

[1] 白洪光.电动调节阀的步进式控制[R].2008.

主蒸汽系统主蒸汽流量优选模式设计

张　楠[1]，李玉红[1]
（1. 中国核电工程有限公司，北京 100840）

摘要：参考电站用于蒸汽发生器水位控制的主蒸汽流量测点每个环路有两个，输出采用两测点信号的高选输出，设置了偏差过大和变送器失效报警。当两台变送器的偏差在可接受范围内时，可以按照 voter 高选输出原则作为水位控制信号，但在出现两台变送器偏差大时，无法判断是哪台变送器失效，从而无法选择哪台作为蒸汽发生器水位控制的基准，可靠性较差。本设计优化对每一环路分别增加一路主蒸汽流量测点，在主蒸汽流量变送器一次根阀后增加新的引压管线，并增设一个差压变送器从而增加蒸汽流量测量点。同时修改主蒸汽流量送往用于控制蒸汽发生器液位的信号的逻辑，形成中选控制模式，在一台变送器发生故障时可迅速剔除该故障变送器，剩余两台变送器仍可稳定工作，提高控制系统的可靠性。

关键词：主蒸汽流量测点；冗余测点；VVP 系统

1　引言

以往 M310 核电机组用于蒸汽发生器水位控制的主蒸汽流量测点每个环路有 2 个，输出采用两测点信号的高选输出，设置了偏差过大和变送器失效报警。当 2 台变送器的偏差在可接受范围内时，可以按照 VOTER 高选输出原则作为水位控制信号，但在出现两台变送器偏差大时，无法判断是哪台变送器失效，从而无法选择哪台作为蒸汽发生器水位控制的基准，可靠性较差。蒸汽发生器的水位控制直接关系到电厂的经济效益，更是与核安全息息相关。因此，电厂在蒸汽发生器水位控制中的可靠性需要进一步提高。

本项目对每一环路分别增加一路主蒸汽流量测点，在主蒸汽流量变送器一次根阀后增加新的引压管线，并增设一个差压变送器从而增加蒸汽流量测量点。同时修改用于蒸汽发生器液位控制的主蒸汽流量信号的逻辑，形成中选控制模式，在一台变送器发生故障时可迅速剔除该故障变送器，剩余两台变送器仍可稳定工作，提高控制系统的可靠性。

2　主蒸汽流量测点概述

在原 M310 机组的基础上，田湾核电厂 5、6 号机组每个蒸汽发生器配置 3 个主蒸汽流量变送器。增加 3 个 VVP 系统主蒸汽管道流量变送器（每个蒸汽发生器一个，安全分级为 NC，仅参与主蒸汽流量 NC 的优选逻辑用于蒸汽发生器液位控制和给水泵转速控制）。

	主蒸汽流量	
	原 M310	5、6号机组
SG1	VVP001MD（IIIP） VVP004MD（IVP）	VVP001MD（IIIP） VVP004MD（IVP） VVP007MD（NC）
SG2	VVP002MD（IIIP） VVP005MD（IVP）	VVP002MD（IIIP） VVP005MD（IVP） VVP008MD（NC）
SG3	VVP003MD（IIIP） VVP006MD（IVP）	VVP003MD（IIIP） VVP006MD（IVP） VVP009MD（NC）

3　新增三通道冗余仪表控制逻辑设计

3.1　新增主蒸汽流量变送器参与逻辑

（1）控制室指示、记录和计算机输入；

（2）主给水泵转速和蒸汽发生器水位控制信号；

（3）对于优选模块的设计在任何一个输入通道无效或任何两通道之间的偏差超过设定值，都将触发报警（VVP001KA）。当一个通道无效时，表决器输出为余下两个有效输入的平均值。当两个或两个以上输入信号无效时，表决模块将输出保持上一时刻有效值。输入信号无效时指该信号的质量位无效或该输入信号与其他两个信号输入的偏差绝对值大于5%。

3.2　设计优化变更对比

（1）修改用于蒸汽发生器液位控制的主蒸汽流量控制信号的逻辑，形成中选控制模式，在一台变送器发生故障时可迅速剔除该故障变送器，剩余两台变送器仍可稳定工作。

（2）修改用于给水泵控制的主蒸汽流量信号的逻辑，形成中选控制模式，在一台变送器发生故障时可迅速剔除该故障变送器，剩余两台变送器仍可稳定工作。

3.3　新增仪表布置方案

布置方案参见图1。对每一环路分别增加一个主蒸汽流量测点，在主蒸汽流量变送器一次根阀后增加新的引压管线，并增设一个 NC 级差压变送器从而增加蒸汽流量测点。保证新增不同保护组仪表布置的物理隔离。

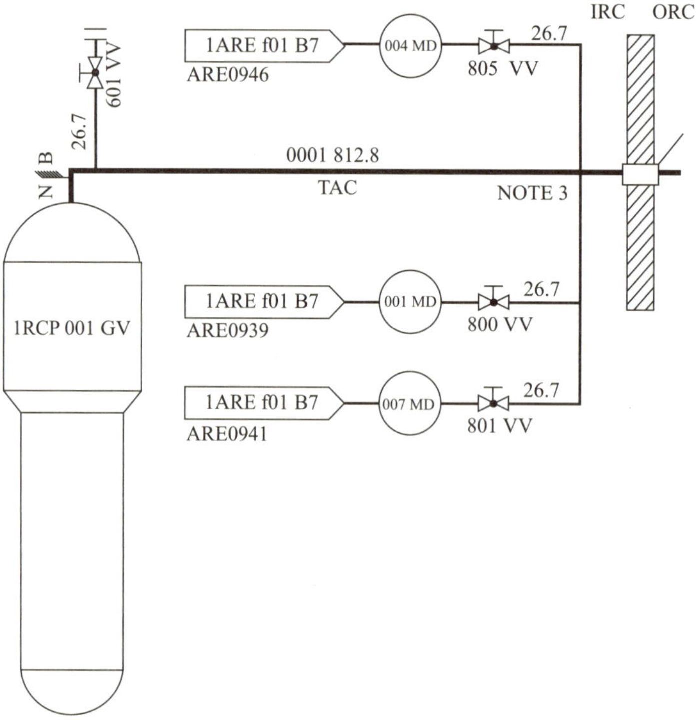

图 1　主蒸汽流量仪表布置

4　结束语

主蒸汽流量优选模式设计优化有利于提高电厂在蒸汽发生器水位控制中的可靠性。通过该设计优化可实现 3 个流量信号参与 VOTER 次高优选，这样在一台变送器故障时，可以迅速剔除该故障变送器，剩余两台变送器仍然可以稳定工作，完成对于蒸汽发生器的水位控制。蒸汽发生器的水位控制直接关系到电厂的经济效益，更是与核安全息息相关，此优化方案有利于电厂的经济性和安全性提高。

安全壳及乏燃料水池事故后中长期排热系统仪控设计

王志强[1]，李昌磊[1]
(1. 中国核电工程有限公司，北京 100840)

摘要：本文结合 M310 二代改进型压水堆事故后的系统功能分析，同时借鉴日本福岛核泄漏事故的经验反馈，从核电厂安全性、成熟性、先进性和经济性等方面进行考虑，提出一种基于 M310 堆型极端事故工况下安全壳内堆芯及乏燃料水池的冷却和控制系统方案，通过对系统相关参数监控、逻辑控制以及合理的仪控设备选型，为核电厂相关事故后提供可靠的余热排出途径，提高核电厂的纵深防御能力。

关键词：设备冷却水系统；压水堆；仪控系统设计

1 引言

设备冷却水系统（RRI）和重要厂用水系统（SEC）的系统功能是冷却各种“核岛”热交换器，将热负荷传递至最终热阱。但日本福岛核事故中，在地震后全厂断电（SBO）等极端工况下，RRI 和 SEC 功能的冷却功能完全丧失，导致事故升级直至最终放射物的失控释放。为了解决原 M310 堆型在“全厂断电（SBO）+丧失最终热阱（LUHS）+一回路小破口失水事故（SB-LOCA）”和“SBO+LUHS+异常全堆芯卸料”极端工况下安全壳内堆芯及乏燃料水池冷却能力的丧失，根据新版核安全法规，田湾核电厂 5、6 号机组新增了由中长期排热冷却水系统（RRW）和中长期排热厂用水系统（SEW）组成的中长期排热系统。中长期排热冷却水系统（RRW）主要用于在事故发生 72 h 后，正常冷却手段尚无法恢复的情况下，将安全壳内堆芯余热及乏燃料水池内的乏燃料衰变热通过中长期排热厂用水系统（SEW）传递至环境大气，使安全壳内压力和乏燃料水池温度不超过限值。

新增的中长期排热仪控系统，需要重点分析在极端事故工况下中长期排热工艺系统的设备运行工况、对应仪控系统的运行条件和相关控制逻辑，通过监测工艺系统中的温度、压力、流量、液位等相关参数判断工艺系统的运行状态，通过恰当的控制方法、可靠的设备布置方案和合理的设备选型，保证核电厂相关事故后新增的备用余热排出途径可靠运行。

2 工艺条件介绍

2.1 中长期排热冷却水工艺系统

每台机组的 RRW 系统包括一台中间循环水泵，一台板式换热器，一台波动箱。热交换器位于泵的入口，将热量传递给中长期排热厂用水系统。RRW 系统主要设备位于核电厂外围设施（BOP）的 PD 子项内，RRW 供回水管道通过 GF 管沟进入核燃料厂房，与设备冷却水系统的管道连接。

核电厂正常运行工况下，RRW 系统处于停运备运状态。安喷换热器、安喷泵电机、安注泵电机以及反应堆换料水池和乏燃料水池冷却及处理系统换热器由 RRI 系统冷却。RRW 系统与 RRI 系统换热器之间手动隔离阀门处于关闭状态。中长期排热系统流程图见图 1。

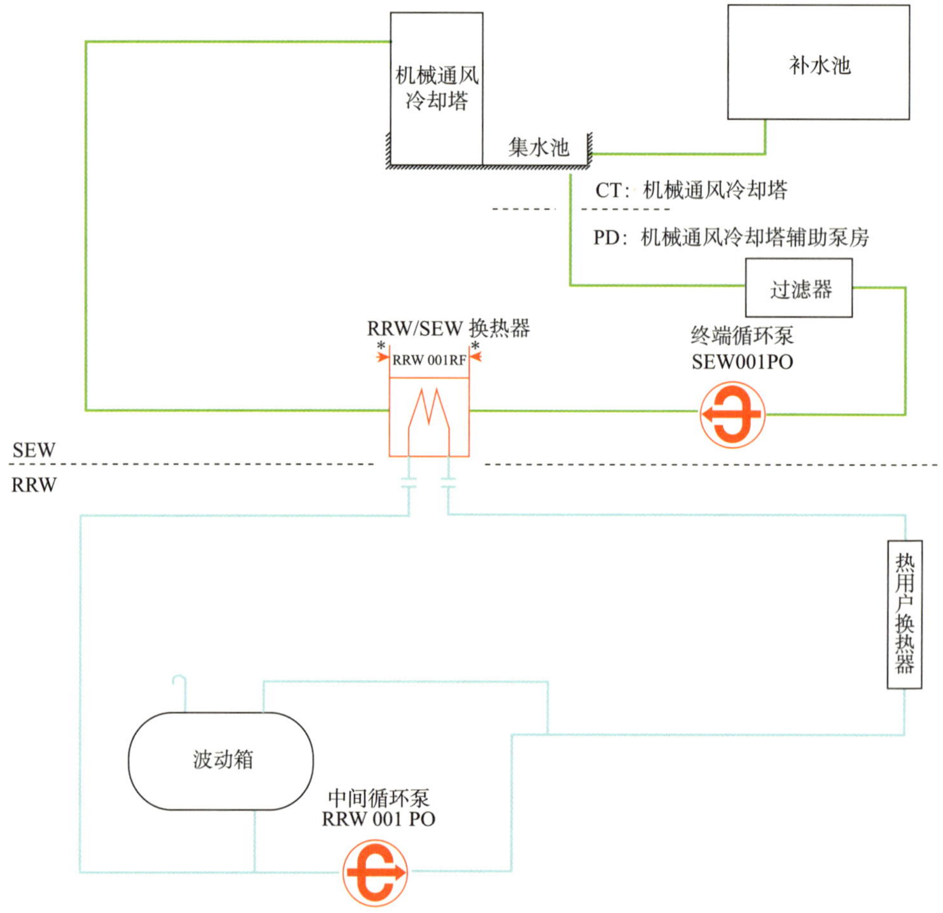

图 1　中长期排热系统流程简图

2.2　中长期排热厂用水工艺系统

每台机组均有各自的 SEW 系统，单台机组的 SEW 系统为二次循环冷却回路。系统从 PD 厂房进水流道平板滤网后取水，经终端循环泵提升后，进入 RRW/SEW 热交换器，换热后通过冷却塔进水管廊进入机械通风冷却塔配水系统，经气-水换热后，将热量排至大气。循环冷却水进入冷却塔集水池，经泵房进水管廊汇入进水流道。SEW 系统从补水池补水，补充水通过冷却塔进水管廊进入机械通风冷却塔集水池。

3 仪控系统设计

中长期排热仪控系统的设计，主要从系统的启停与运行、主要仪控参数及控制逻辑和仪控设备选型 3 个方面考虑。

3.1 系统的启停与运行

3.1.1 系统备用期的运行

在中长期排热系统备用期间，整个 RRW 管路充满除盐水，需要定期检验水质，SEW 系统处于停运备运状态，仅补水池充满水，整个 SEW 系统管路为空水状态。RRW 与 SEW 系统需要定期试验，通过小流量管线测试 RRW 系统泵的可运行性，并通过定期启动 SEW 系统来验证 SEW 泵和机械通风冷却塔风机的可运行性。

3.1.2 系统的启动、运行与停运

1）系统启动

在发生 SBO 叠加 LUHS 事故时，中长期排热冷却水系统 RRW 应保证在事故发生 72 h 内完成启动而投入运行。RRW 投运前，中长期排热厂用水系统 SEW 要求已投入正常运行。

打开 SEW 补水池出水连通管隔离阀使机械通风冷却塔集水池和进水流道充满水，并在充满水后关闭上述阀门，确认 SEW 系统冷却回路隔离阀置于开启状态，在后备电源供电正常情况下，启动终端循环泵使 SEW 系统处于运行状态，确认冷却回路运行参数是否正常并对冷却回路完成检视后启动 RRW 系统。

RRW 投运时，首先确认需冷却的热用户，通过操作相应的手动阀门隔离 RRI 系统中不必要的管线，相关用户所在管线与 RRW 处于连接状态。手动关闭中间波动箱补水阀门，在后备电源供电正常情况下，手动开启中间循环泵使 RRW 系统处于运行状态。

2）系统运行中

SEW 系统启动后，需要维持 SEW 泵和机械通风冷却塔持续运行，排出 RRW 系统收集的热量；并通过补水保持补水池的水量始终高于最低水位（满足 SEW 系统连续运行 24 h 补水量的不动水位）。单台机组 SEW 系统投运后，需要通过人工方式操作补水池出水连通管隔离阀向机械通风冷却塔集水池进行补水。

SEW 系统投运 24 h 后，仍需继续运行，则需要向补水池进行补水，补水水源为饮用水系统（SEP）、高位水池（OB）储存的淡水以及可被利用的其他淡水水源。如上述淡水水源丧失，则通过临时补水泵和临时管材组接补水回路，从大海抽取海水向补水池补水。

3）系统停运

因 RRI 和 SEC 系统热量导出能力高于 RRW 和 SEW 系统，当正常冷却回路故障排除，RRW 系统停止运行并且 RRI 和 SEC 系统恢复运行后 SEW 系统停止运行。如果中长期排热系统需要长期运行，运行期间可根据核电厂的实际运行条件（中长期排热厂用水温度、被导出的热量等），确定机组的停运时间。

如果泵、风机机械故障或电动机失电，会导致运行中的泵、风机突然停运。RRW 系

统泄漏并且补水失效，会造成波动箱水位持续下降，并引起波动箱低液位信号报警，如果正常及临时补水均无法恢复，中间循环泵将停止运行。如果补水池正常补水和临时补水（海水）均无法恢复，SEW 泵和冷却塔风机将停止运行。如果中长期排热厂用水系统 SEW 故障引起 RRW 系统热量无法排出，需要手动停止中间循环水泵。如果 RRW 系统因故障停运，需要手动停止 SEW 泵和冷却塔风机。

3.2 主要仪控参数及控制逻辑

3.2.1 系统供电与仪控设备布置

1）系统供电

为了应对系统运行时的 SBO 工况，RRW 和 SEW 的系统用电设备均由后备柴油发电机组 LHS 供电。LHS 系统经过变压器的电压转换，分别为中长期排热系统中的泵、就地控制柜提供 380 VAC 和 220 VAC 电源，并为泵控制接触器提供 110 VDC 电源。当系统定期试验时，能动设备由 6.6 kV 中压共用及厂区配电系统供电。

2）仪控设备布置

为了保证 RRW 和 SEW 系统在“SBO+LUHS+SB-LOCA”和“SBO+LUHS+异常全堆芯卸料”工况下的监测和操作可行性，RRW 和 SEW 系统所有仪表均为就地设置，PD 厂房设置了单独的中长期排热系统控制室。运行人员可以通过就地仪表和 PD 控制室就地控制柜查看中长期排热系统的监测信息和系统报警，完成相关设备的运行控制并就地处理相关故障。

3.2.2 监测参数及相关控制

1）SEW 补水池容量监测

补水池内平时储存淡水，初次充满水源为饮用水系统（SEP），为保证 SEP 系统在机组正常运行工况下的功能，补水池的液位信息和高/低液位报警应送往 KIC 指示。

SEW 系统的首要补水水源为 SEP 系统，为保证补水池中的容量满足单台机组 SEW 系统 24 h 连续运行的补水量，在 SEW 系统投运后，补水池的液位信息应送往 PD 控制室。此外，PD 控制室可根据补水池的容量信息，预估冷却水源的维持补水时长，并为 SEW 系统提前规划其他补水途径。

2）机械通风冷却塔风机的控制

机械通风冷却塔风机的启停均为手动控制，风机的减速机配有组合探头，以实现对风机减速器的油温、油位、振动进行监测，运行人员可通过送往 PD 控制室显示的监测信息了解风机的运行状态。为了保证冷却塔稳定的冷却功能，除了机械故障或者电源丧失，冷却塔风机并不会在其减速器产生油温高、油位低、振动剧烈等报警时连锁风机停运。风机会持续工作，直至运行人员确认接入的机械通风冷却塔已经失效后手动切换至另一机组未失效的机械通风冷却塔。

3）泵的启停与相关控制逻辑

中长期排热系统中的终端循环泵 SEW001PO 的启停均为手动控制，泵驱动端温度 SEW001MT 送往 PD 控制室显示，并触发轴承温度高和温度高高报警。为了保证 SEW 稳定的冷却功能，除了机械故障或者电源丧失，SEW001PO 轴承温度高和温度高高报警并不连锁泵停运。

相比 SEW001PO 的启停控制，中长期排热系统中的中间冷却水泵 RRW001PO 则增加了波动箱液位低而连锁停泵的逻辑。此逻辑的设置是出于系统泄漏并且补水失效工况的考虑，在此工况下，波动箱水位持续下降并引起波动箱低液位信号报警，由于正常及临时补水均无法恢复，RRW 系统对热用户的冷却功能即将丧失，为了保护中间冷却水泵 RRW001PO 免受气蚀损坏，系统采取了停泵措施。此外，如果泵发生机械故障，会导致运行中的泵出口压力降低，将引发泵出口压力低报警，如无法排除故障，应手动停止中间循环泵 RRW001PO 运行。

4）系统回路温度监测与控制

热量导出是中长期排热系统的主要功能，因此，回路中的介质温度是监测中长期排热系统正常运行的重要参数。为保证热用户在热能产出高峰时仍保证稳定的余热排出效果，在 SEW 系统机械通风冷却塔经过换热后，要求出塔水温不高于 33 ℃（且在备用及投运期间补水池池水温度要求≥0 ℃，以避免结冰），在此前提下 RRW/SEW 板式换热器冷却水出口温度正常设计为 40 ℃，当板换 RRW 出口温度高于 45 ℃时，会触发高温报警。

另外，为了防止热用户中 PTR 系统介质硼结晶，RRW 系统设计最低水温为不低于 7 ℃。SEW 系统运行后，如果 RRW 系统冷却水温度不能维持≥7 ℃，可采用间断运行机械通风冷却塔风机、间断运行终端循环泵等方式使得 RRW/SEW 热交换器热侧出口温度维持在 7~40 ℃。

5）热用户泄漏监测

若安喷换热器、乏池冷却换热器热侧介质向 RRW 侧泄漏，波动箱水位会持续上升，并引起 RRW 系统管道内的介质放射性升高。当辐射监测仪表 KRT906MA 监测到放射性超过报警域值时，会引发报警。此时应排查泄漏点，并隔离泄漏的热用户换热器，启动另一列安喷换热器或另一台乏池冷却换热器。

3.3　仪控设备选型及分析

中长期排热系统的设备分级均为 NC，由于设备所处的 PD 和 CT 厂房的辐照分区均为白色，在仪控设备选型时均无需考虑辐照影响。但考虑中长期排热系统的投运可能在地震震动之后，为了保证系统的完整性和可用性，能动设备的抗震要求为 1A，非能动设备的抗震要求为 1F，控制柜的抗震要求为抗震 1I。另外，SEW 系统的介质在补水过程中可能由淡水改变为海水，所以，SEW 回路仪表的设备材质选择需要考虑耐腐蚀性。

除了对仪控设备的上述要求之外，为了系统稳定运行与操作的便利，中长期排热系统的仪控设备选型还考虑了以下内容。

1）补水池液位仪表设备选型及分析

SEW 补水池中淡水是中长期排热系统的首要补水水源，是排热系统维持运行 24 h 以上的关键因素。为了在极限安全地震震动（SL-2）时和 SL-2 后 SEW 补水池水容量监测的完整性和可运行性正常，仪控系统为 SEW 补水池设置了一块经过抗震鉴定的压力变送器类液位仪表 SEW003MN，信号送往 PD 控制室显示。

此外还设置了一块抗震等级为 NO 的液位仪表，即 SEW002MN。主要考量因素为：SEW002MN 是主控室监测 SEP 系统淡水储存量的液位表，其信息送往 KIC 显示和报警，这块仪表在相应工况下的功能并不是必需的，选择非核级且无抗震鉴定要求的导波雷达液位变送器也符合经济性的要求。

SEW002MN 采用了导波雷达液位变送器，而 SEW003MN 采用了 K3 类相对压力变送器，仪表采用了不同的测量原理，在一定程度上也能避免补水池液位仪表因共模故障而同时失效。

2）波动箱液位仪表设备选型及分析

RRW 系统介质正常状态下为除盐水，当除盐水无法补充时，可采用临时补水口补充饮用水（SEP）或消防水，而 RRW 系统波动箱 RRW001BA 则具有为介质的泄漏提供补偿作用。除此之外，波动箱还具备的功能有：提供泵的吸入压头、对水的膨胀和收缩提供补偿、监测热用户端的泄露以及吸收回路内压力的波动。为使波动箱完成上述功能，需要对波动箱的液位进行监测，中长期排热系统使用 RRW001CN 作为测量 RRW001BA 液位连通筒，并在 RRW001CN 上预留测量用接口，RRW001CN 按照抗震 1F 要求设计。

为了满足极限安全地震震动（SL-2）时和 SL-2 后波动箱的液位监测的完整性和可运行性，仪控系统为波动箱设置了一块经过抗震鉴定的压力变送器类液位仪表 RRW001MN，并将液位信息送至 PD 控制室显示并连锁停泵逻辑。另外，仪控系统为波动箱设置了一块就地磁浮子液位测量仪表 RRW001LN，以便就地观察波动箱液位，并方便监测 RRW 系统补水操作。

3）RRW/SEW 换热器温度仪表选型及分析

RRW/SEW 换热器是 RRW 系统与 SEW 系统耦合的关键设备，RRW/SEW 换热器冷却水入口/出口温度 RRW001/002LT 和换热器厂用水入口/出口温度 SEW001/002LT，是 PD 厂房运行人员监测换热器工作状态的重要参数。

在中长期排热系统运行期间，PD 厂房内的中间循环泵 RRW001PO 和终端循环泵 SEW001PO 会长期处于运行状态，仪控专业为上述测点选择了 4 块就地压力式温度计。考虑的因素为：相比常用的双金属温度计，压力式温度计能明显降低泵运行产生的振动对测量精度的影响。

4 结论

本文主要从系统的启停与运行、主要仪控参数及控制逻辑和仪控设备选型 3 个方面介绍了田湾核电厂 5、6 号机组新增的中长期排热系统。通过新增系统的控制和运行，可在极端工况下为核电厂关键设备和系统的余热排出正常冷链提供可靠且有效的备用冷却途径。合理的仪控设备布置和选型不仅便于运行维护，且能有效提高核电厂运行的可靠性和经济性。田湾核电厂 5、6 号机组新增的中长期排热系统，可明显提高核电厂的纵深防御能力和安全性能。

参考文献

[1] 广东核电培训中心.900MW 压水堆核电站系统与设备[M].原子能出版社,2005.

主控制室通风系统可居留性设计改进仪控方案分析报告

王梦月[1]，武海博[1]
（1. 中国核电工程有限公司，北京 100840）

摘要：为解决原 M310 型机组主控室可居留性区域布置不合理、可居留性区域范围过大、主控室区域通风系统与电气仪控间通风系统不独立等问题，工艺系统进行了设计改进，通过减小可居留区域，增加碘过滤系统的内部回风循环过滤以及应急过滤机组 2×100%冗余设计，切实改善主控室区域的可居留性。本文重点分析以上设计改进对仪控设计方案的影响，修改相关设备的控制方案，并针对原仪控方案中存在的缺陷和问题，提出了相应的优化设计方案，以保障主控室区域的可居留性，对后续核电项目中通风系统的仪控设计具有积极的借鉴意义。

关键词：主控室通风；DVB 系统；分动隔离阀

1 引言

为了满足《STANDARD REVIEW PLAN》NUREG-0800 的要求，提高主控室的可居留性，暖通专业对原 M310 型机组主控制室空调系统（DVC）提出设计改进。新增控制柜间通风系统（DVB），将原 M310 型机组主控制室空调系统（DVC）中为 A/B 系列电气仪控间通风的功能改为由 DVB 系统来实现，而 DVC 系统仅为主控室及人员可居留区域服务，以此来减小可居留区域面积，更加有利于可居留区域对外界维持正压，减少非过滤泄漏途径引入的放射性污染。另外，增加碘过滤系统的内部回风循环过滤以及应急过滤机组 2×100%冗余，增加过滤系统在事故工况下的可靠性，减少由过滤泄漏引入放射性污染的风险，有效降低可居留区域的放射性污染浓度。

新增的 DVB 系统分为两部分，DVB1 和 DVB2，分别完成原 M310 型机组中的 DVC1（仅 A 系列电气仪控间通风）和 DVC2 的功能，除与 DVC 系统共用新风口外，其他设计均独立于 DVC 系统。对于仪控设计方案而言，由于工艺设备的增加以及风管布置的修改，需重新为可居留区域及控制柜间划分房间，因此需要重新划分防火边界，相应防火阀的控制联锁方案需做出相应调整。

增加碘过滤系统的内部回风循环过滤，则需增加相应的回风碘过滤气动隔离阀（通过二位四通电磁阀控制)，其控制要求有别于其他气动隔离阀（通过二位三通电磁阀控制)；由于应急过滤机组 2×100%冗余设计改进，应急风机的原控制方案不再适用，用以保障碘吸附器吸附效率的电加热器的原控制方案也不能完全适用，在事故工况下，存在由于电加热器故障导致碘吸附器吸附效率下降而引入放射性污染的风险，因此需修改碘吸附管线应急风机及电加热器的控制方案。

此外，针对原 M310 型机组主控制室空调系统控制方案中存在的缺陷和问题，提出相应的优化设计方案，进一步提高空调系统的可靠性，有利于提高主控室的可居留性。

2　防火阀控制方案

由于重新划分后的防火分区变化较大，防火阀的数量及联锁信号变化较大，防火阀的联锁控制方案需由通风、消防、通信及仪控 4 个专业共同商定，仪控专业最终根据防火分区边界通风设备信息表中对防火阀的手动控制及自动控制要求，完成防火阀联锁控制逻辑设计。

其中手动控制信号包括来自消防模拟盘按钮的关阀信号，以及来自 KIC 的开阀和关阀信号，自动关阀信号为火灾探测信号。另外由于防火阀电动执行机构的固有特性，阀门开启反馈信号触发时，阀门尚未全开，阀门开启控制信号需再延续 4 s，如图 1 所示。基于 DCS 平台特点，阀门开启控制信号由阀门开启反馈信号来复位，因此需要将阀门开启反馈信号延时 4 s 再触发。防火阀控制逻辑示例如图 2 所示。通过增加此延时，可以避免防火阀出现无法完全打开的问题。

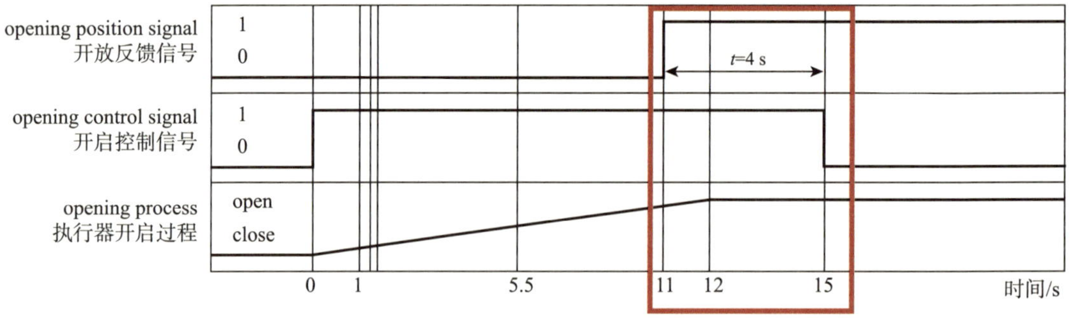

图 1　防火阀电动执行机构开启过程

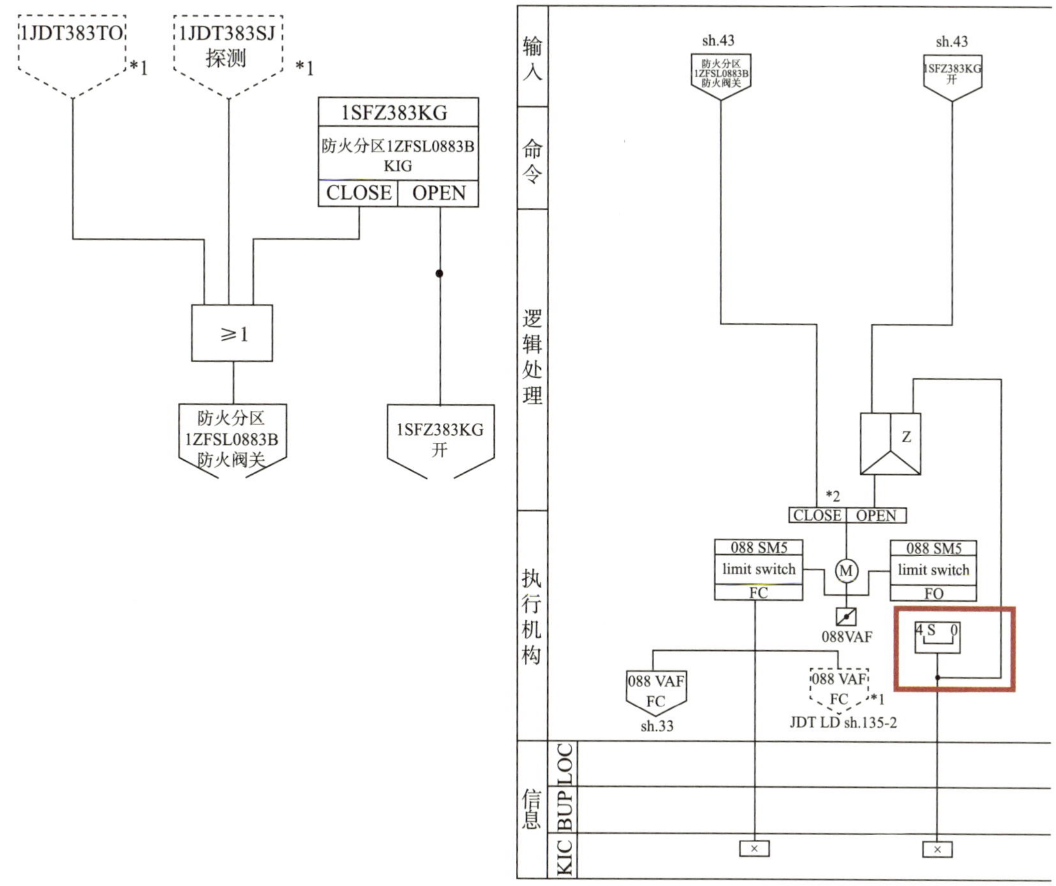

图 2　防火阀控制逻辑示例

3　碘过滤管线应急风机及电加热器的控制方案

原 M310 型机组主控室碘过滤系统流程图如图 3 所示，碘过滤管线应急风机（1/2 DVC001ZV、1/2DVC002ZV）及电加热器（1/2DVC006RS、1/2DVC012RS）的工艺设计方案如下：

A 列设备及仪表：006RS，010ST，011ST，001ZV，003VAN；

B 列设备及仪表：012RS，012ST，013ST，002ZV，004VAN；

其中 006RS 和 012RS 串联，001ZV 和 002ZV 并联，A 列与 B 列共用一套过滤装置。

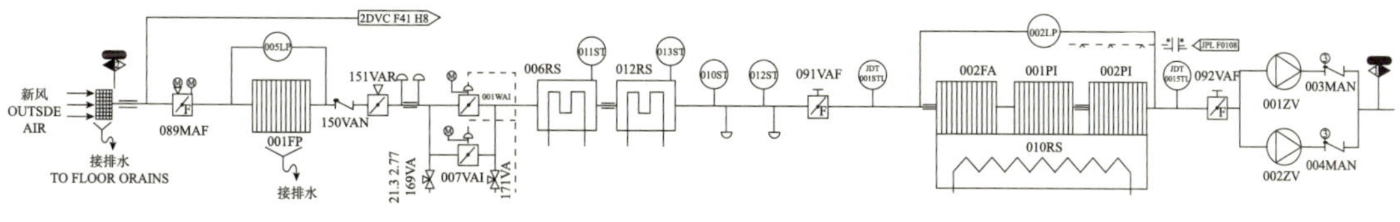

图 3　碘过滤系统流程图

改进后的碘过滤系统流程图如图 4 所示，工艺设计方案如下：

A 列设备及仪表：006RS，010ST，011ST，001ZV，003VAN；

B 列设备及仪表：012RS，012ST，013ST，002ZV，004VAN；

A 列与 B 列完全独立设计。

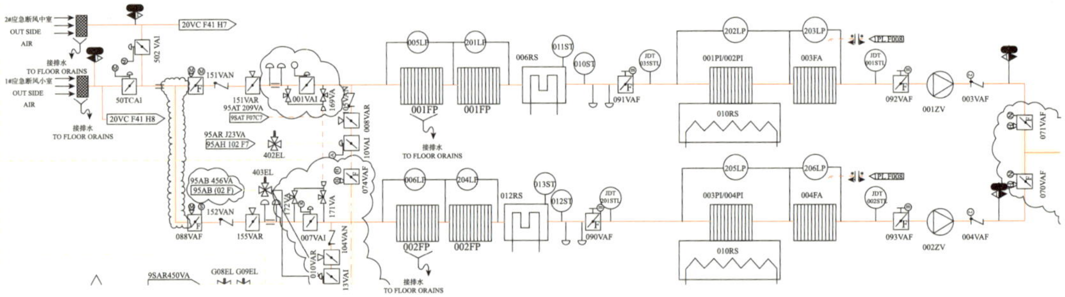

图 4　改进后的碘过滤系统流程图

由于原 M310 设计中，006RS 和 012RS 串联，001ZV 和 002ZV 并联，A 列与 B 列共用一套过滤装置 002FA、001PI、002PI。当辐射监测信号 XKRT018MA（A 列）触发时，自动启动 A 列送风机 001ZV；当辐射监测信号 XKRT019MA（B 列）信号触发时，自动启动 B 列送风机 002ZV，如图 5 和图 6 所示。

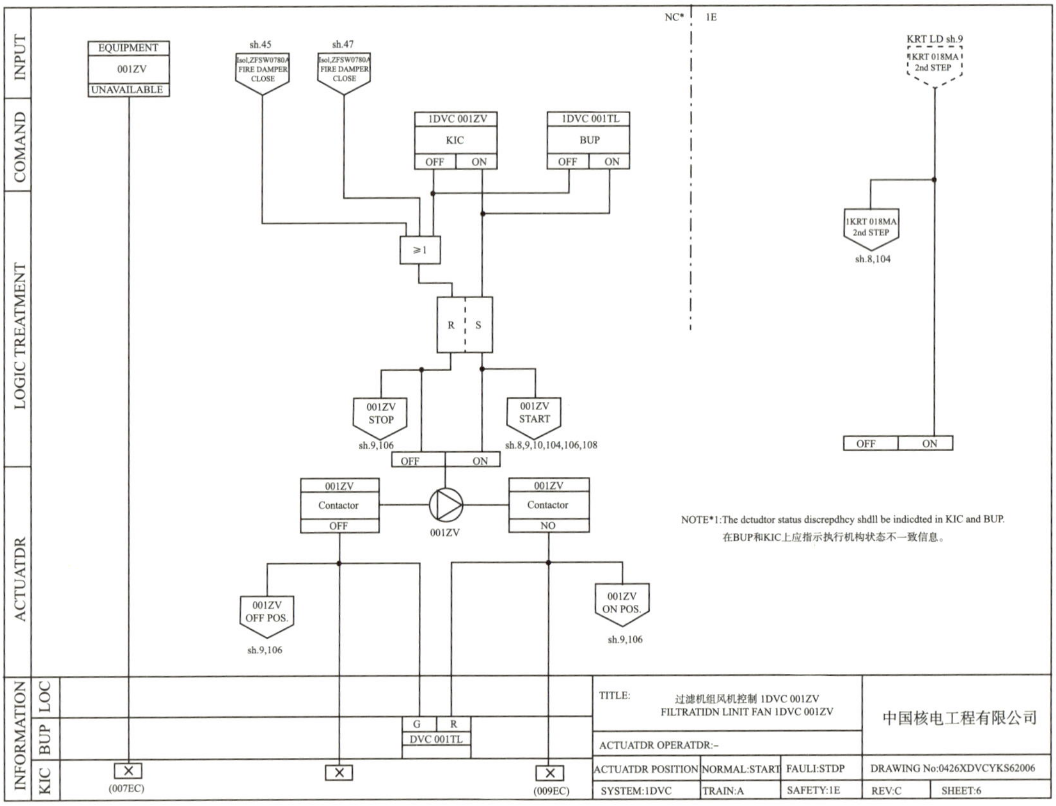

图 5　原 M310 碘过滤风机 DVC001ZV 控制逻辑

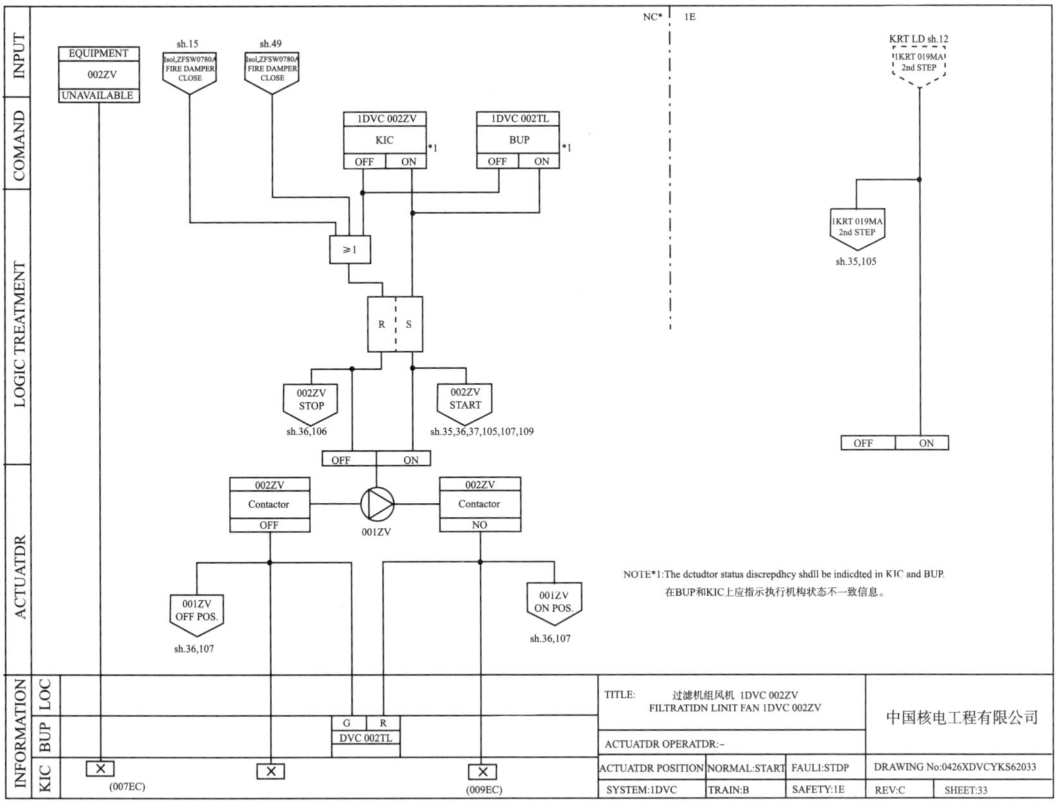

图 6 原 M310 碘过滤风机 DVC002ZV 控制逻辑

XKRT018MAT 和 XKRT019MA 的触发没有必然关联，可能都会触发，因此 001ZV 和 002ZV 可能同时在运行，006RS 和 012RS 也可能同时在运行。按照此仪控设计方案，电加热器 006RS 和 012RS 的启停分别由 001ZV 和 002ZV 出口的止回阀 003VAN 和 004VAN 联锁控制，且 DCS 输出的启动命令为保持型长信号，如图 7 和图 8 所示。若失去 220 V 电源（DCS 失去供电），则 006RS 停运（失去 A 列供电）或 012RS 停运（失去 B 列供电）。失去一列设备并不影响另一列设备的运行，也不影响碘过滤管线的过滤效率。

改进后，A 列与 B 列碘过滤管线完全独立设计，2×100%冗余，且 001ZV 与 002ZV 互锁，当 XKRT018（019）MA 信号触发时，优先启动 A 列送风机 001ZV，只有当 XKRT018（019）MA 信号存在且 003VAN 未打开，才能切换至 B 列送风机 002ZV，如图 9 和图 10 所示。

若 006RS 和 012RS 沿用原 M310 的控制方案，当 DCS 失去 A 列电源时，会导致 A 列电加热器 006RS 停运，而此时 A 列送风机 001ZV 继续运行，无法自动切换至 B 列送风机 002ZV。另外，由于辐射监测信号为 1E 级，而主控室发出的手动控制信号为 NC 级，只要辐射污染未解除，该信号未消失，主控室也无法实现手动切换。失去电加热器将无法保证温湿度，从而会使得碘过滤器过滤效率下降甚至失效，无法保障事故下的人员安全。

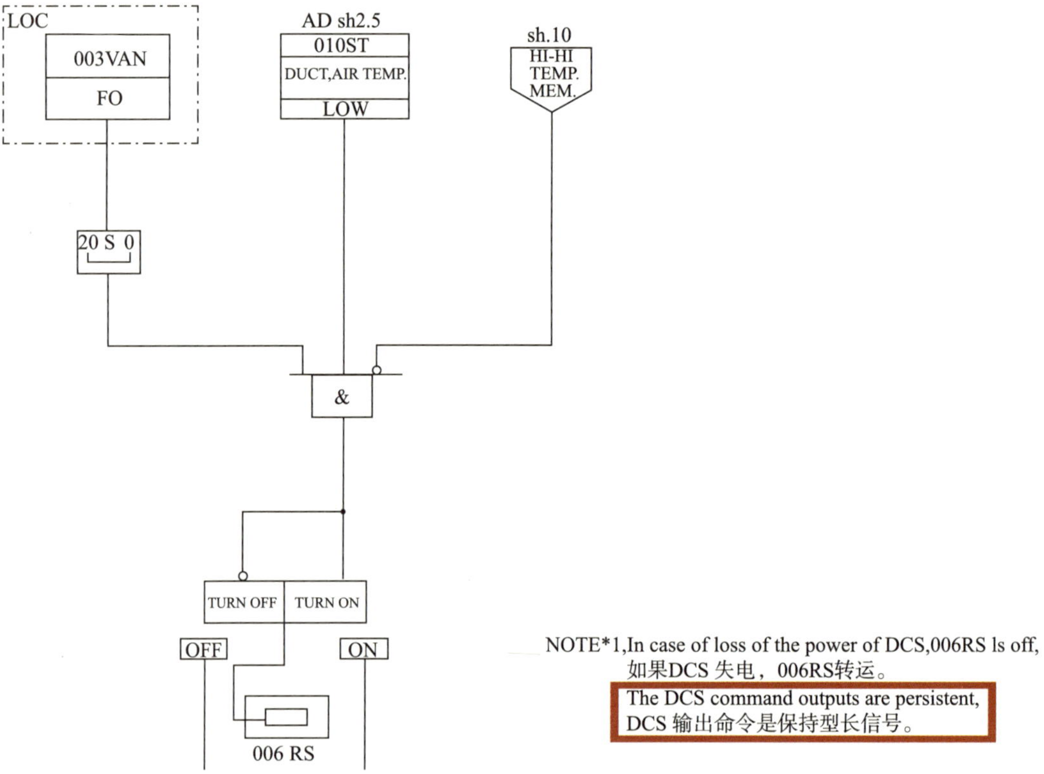

图 7　原 M310 碘过滤电加热器 DVC006RS 控制逻辑

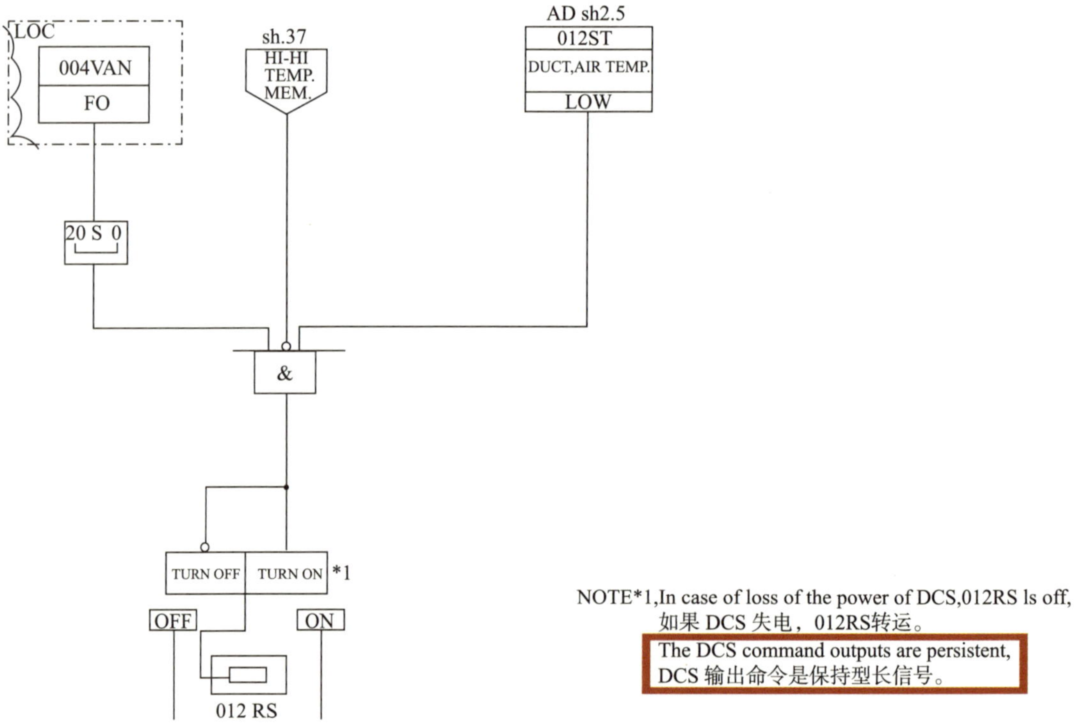

图 8　原 M310 碘过滤电加热器 DVC012RS 控制逻辑

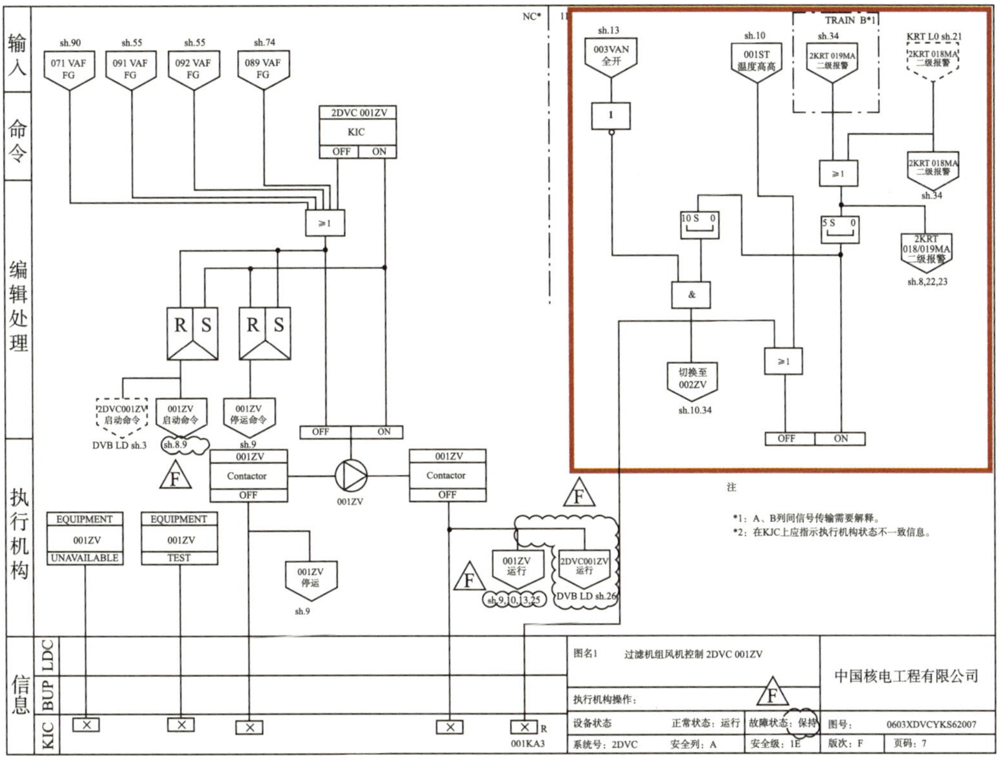

图 9 改进后碘过滤风机 DVC001ZV 控制逻辑

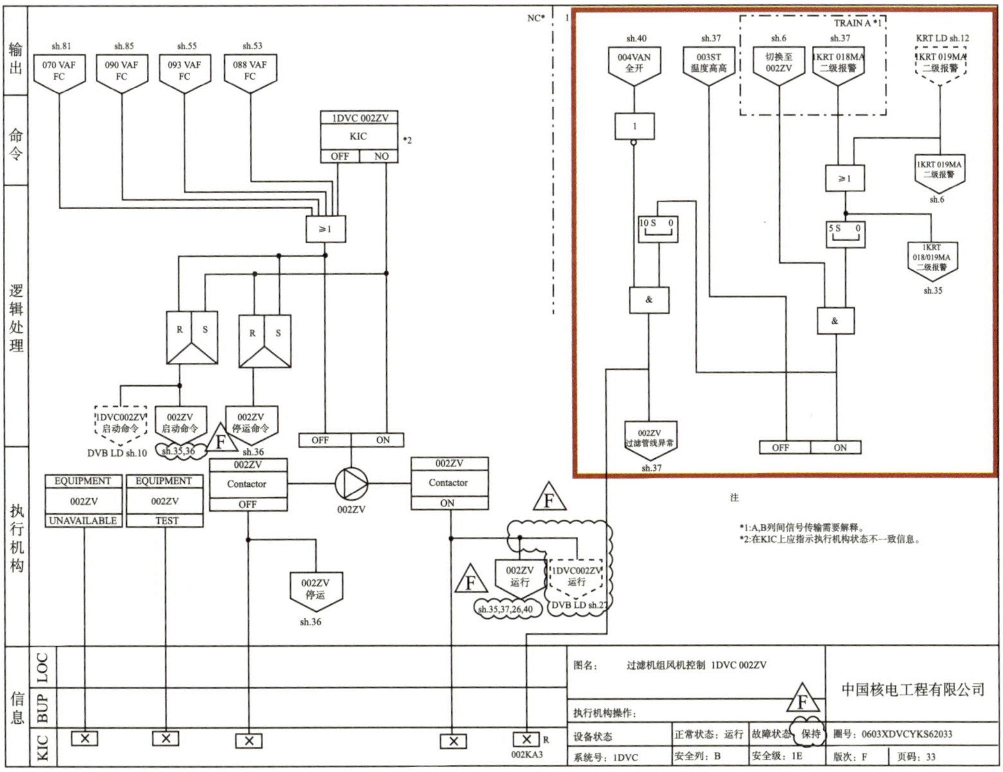

图 10 改进后碘过滤风机 DVC002ZV 控制逻辑

因此，在改进后的控制方案中，将 006RS 及 012RS 的 DCS 输出命令修改为脉冲信号，由电气开关柜实现信号保持，从而避免了 DCS 失电对碘过滤管线的过滤效率造成影响。

但经进一步分析，修改后的控制方案依然存在缺陷，即，如果当前运行电加热器发生机械故障或电气故障时，同样会面临无法切换问题，因此又增加了电加热器故障报警（1/2DVC001KA4、1/2DVC002KA4），即当电加热器不可用信号触发，或者当电加热器启动控制信号触发 3 s 后，电加热器未启动，则在主控室触发报警，由操纵员在开关柜上操作来实现 A、B 列的切换。006RS 和 012RS 改进后的最终控制逻辑如图 11 和图 12 所示。

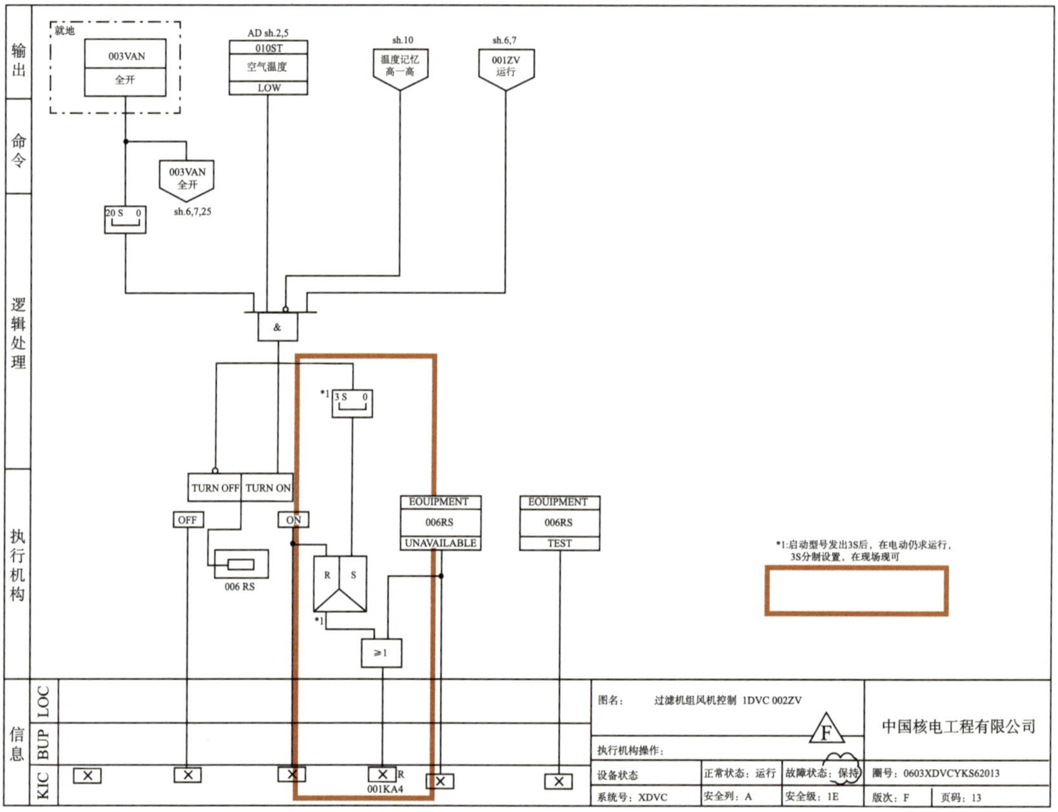

图 11　改进后碘过滤电加热器 DVC006RS 控制逻辑

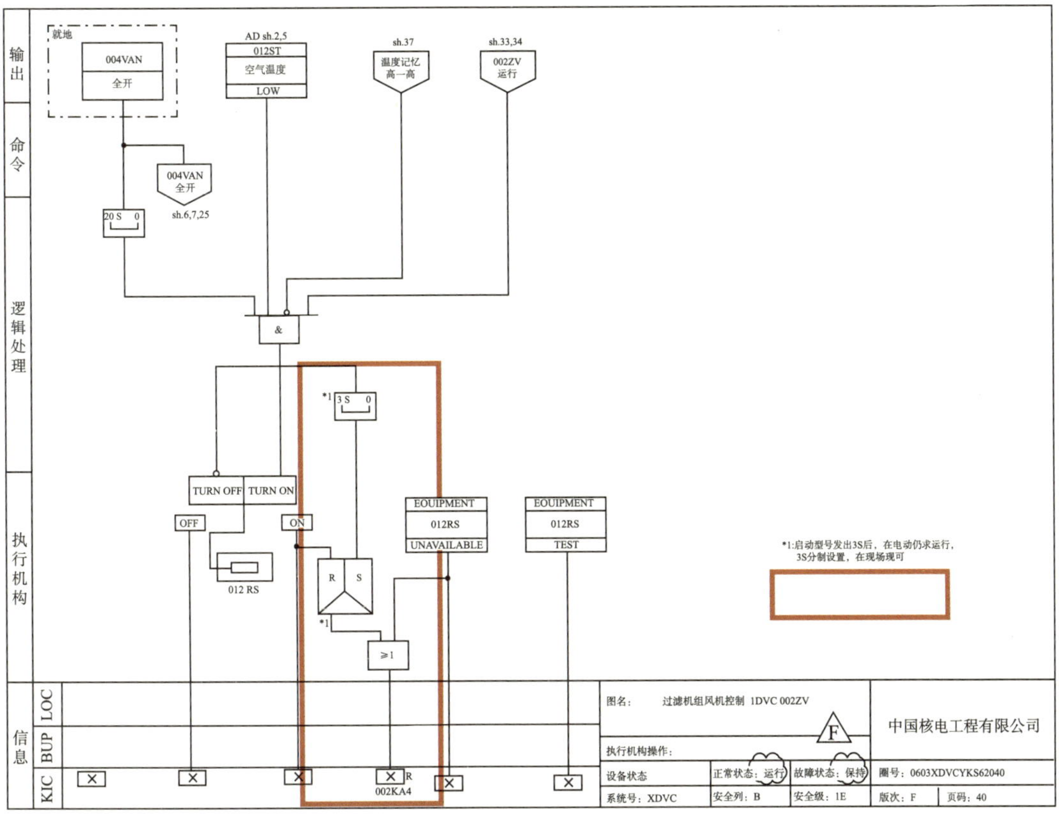

图 12　改进后碘过滤电加热器 DVC012RS 控制逻辑

4　气动隔离阀控制方案

4.1　正常新风隔离阀、碘过滤管路隔离阀、排风隔离阀的控制逻辑

改进后的正常新风隔离阀（1/2DVC002VAI、1/2DVC102VAI、1/2DVB100VAI、1/2DVB101VAI、1/2DVB200VAI、1/2DVB201VAI）、碘过滤管路隔离阀（1/2DVC001VAI、1/2DVC007VAI）、排风隔离阀（1/2DVC153VAI、1/2DVC154VAI）与原 M310 DVC 系统中同类阀门的设计相一致，均由二位三通电磁阀控制，控制要求也一致。

但在设计过程中发现，原设控制方案存在一定缺陷，以 A 列应急风机 001ZV 为例，如图 14 所示隔离阀的 NC＊控制信号为如图 13 所示的“001ZV START”信号，1E 级控制信号为 KRT 信号，当 KRT 信号触发后，应急风机 001ZV 启动，正常新风隔离阀关闭，碘过滤管路隔离阀打开，当 KRT 信号消失后，应急风机 001ZV 保持运行状态，正常新风隔离阀和碘过滤管路隔离阀应保持当前位置不动作，但此时如果“001ZV START”信号为 0，则正常新风隔离阀会开启，碘过滤管路隔离阀会关闭，风机和隔离阀状态将出现不一致的情况。

因此，需修改隔离阀的 NC*级控制信号，修改后的逻辑如图 15 所示，分析如下。

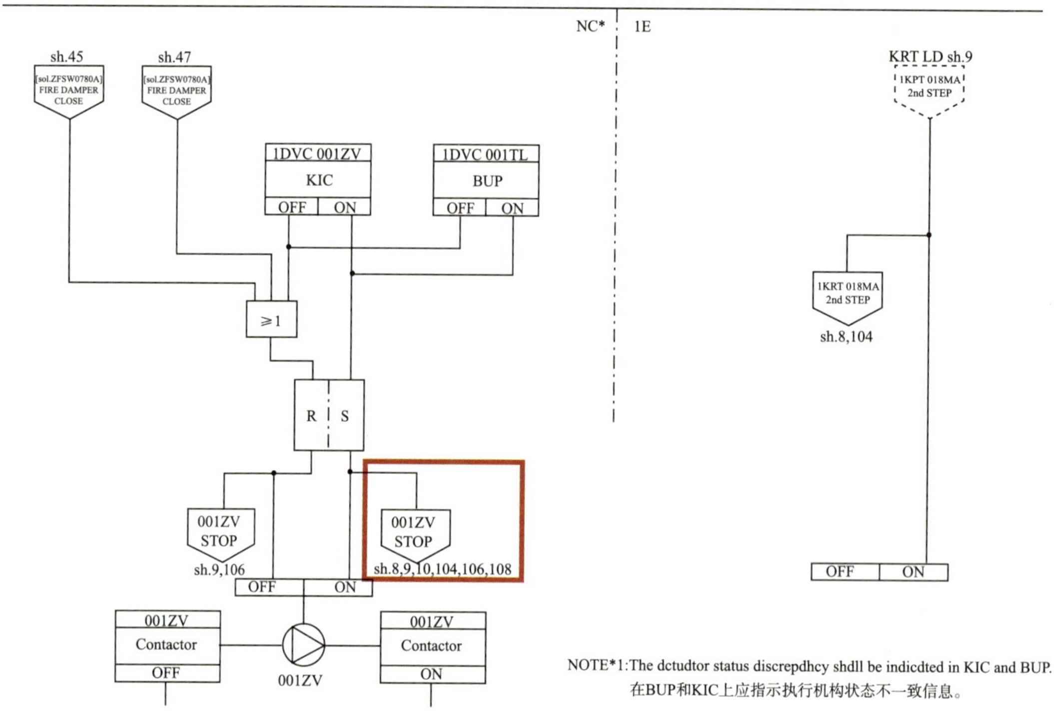

图 13　原 M310 隔离阀控制逻辑

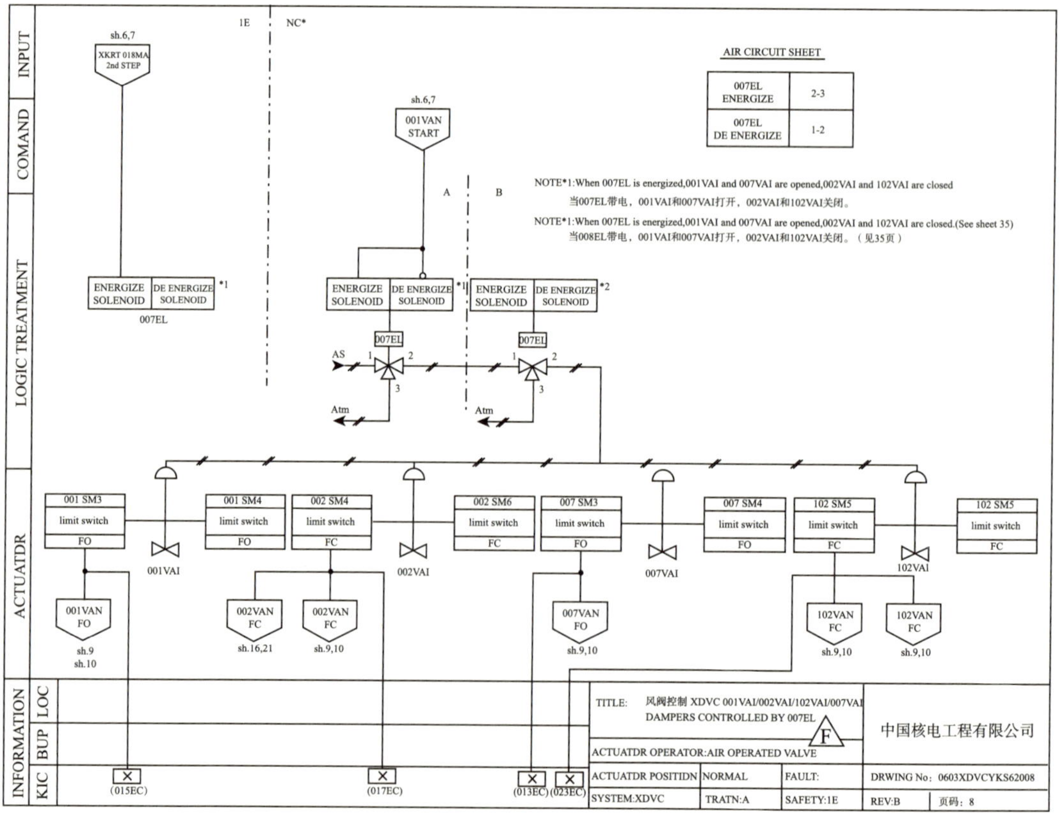

图 14　原 M310 隔离阀控制逻辑

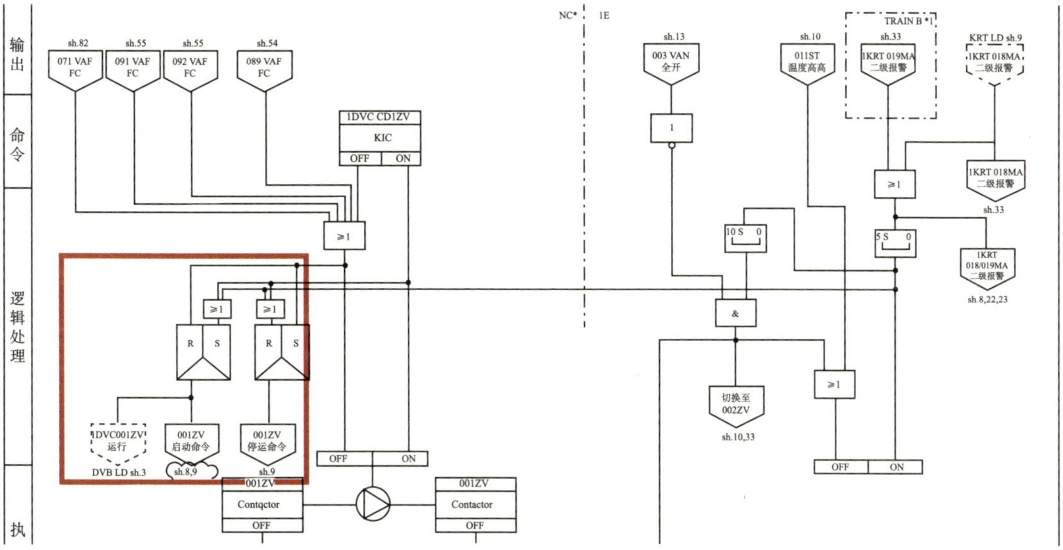

图 15　改进后的隔离阀控制逻辑

当图 15 中的“001ZV 启动命令信号”的初始状态为 1 时，相应的隔离阀（如图 16～图 18 所示）在正确的位置，此时若 KRT 信号触发后又消失，风机保持运行，隔离阀状态

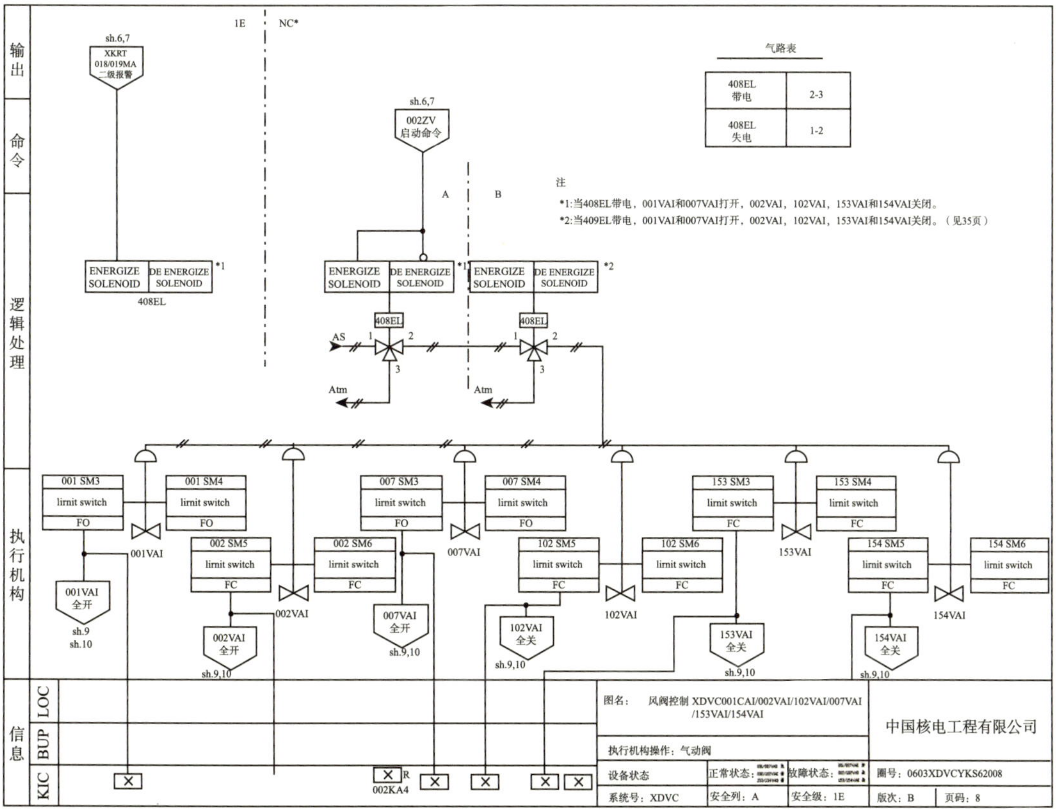

图 16　改进后的隔离阀控制逻辑

将保持不变；当图 15 中的 001ZV 启动命令信号的初始状态为 0 时，此时若 KRT 信号触发，且不超过 5 s，隔离阀会马上动作，但由于风机 001ZV 的启动信号有 5 s 延时，KRT 信号未能启动风机，当 KRT 信号消失后，隔离阀马上又恢复动作前状态，风机和隔离阀状态一致；当图 15 中的 001ZV 启动命令信号的初始状态为 0 时，若此时 KRT 信号触发，且时长超过 5 s，风机 001ZV 成功启动，隔离阀动作，KRT 信号消失后，001ZV 仍保持运行，信号“001ZV 启动命令”仍为 1，隔离阀不改变状态，风机和隔离阀状态一致。综上分析，此控制方案可行，避免出现由于逻辑原因导致风机和隔离阀状态不一致情况。

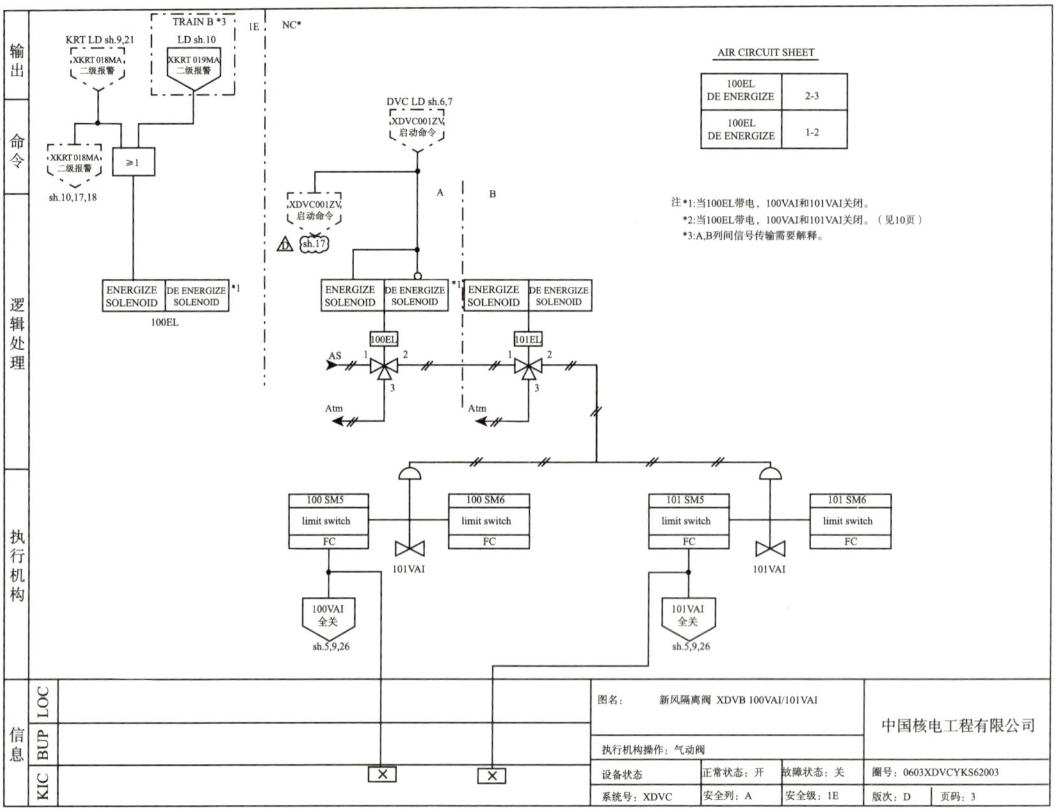

图 17　改进后的隔离阀控制逻辑

4.2　新增回风碘过滤隔离阀的控制逻辑

主控室可居留设计改进对碘过滤系统进行优化，增加内部回风循环碘过滤设计，其中新增的回风碘过滤气动隔离阀 1/2DVC101VAI、1/2DVC103VAI，其控制要求有别于 4.1 所述气动隔离阀，风机 001ZV 启动 10 s 后，若 003VAN 全开，则开启隔离阀1/2DVC101VAI，风机 001ZV 停运则关闭隔离阀 1/2DVC101VAI；风机 002ZV 启动 10 s 后，若 004VAN 全开，则开启隔离阀 1/2DVC103VAI，风机 002ZV 停运则关闭隔离阀 1/2 DVC103VAI。1/2DVC101VAI、1/2DVC103VAI 是通过控制二位四通电磁换向阀使执行机构在气源作用下将阀门打开或关闭，以 1DVC 101VAI 为例，其控制逻辑如图 19 所示。

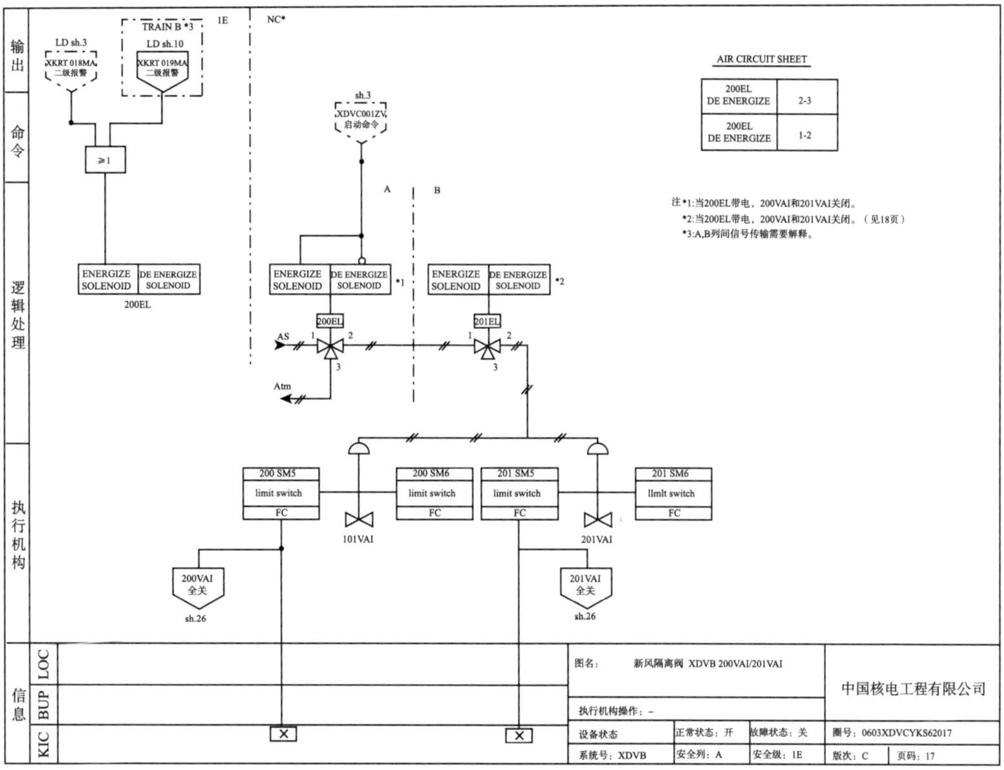

图 18 改进后的隔离阀控制逻辑

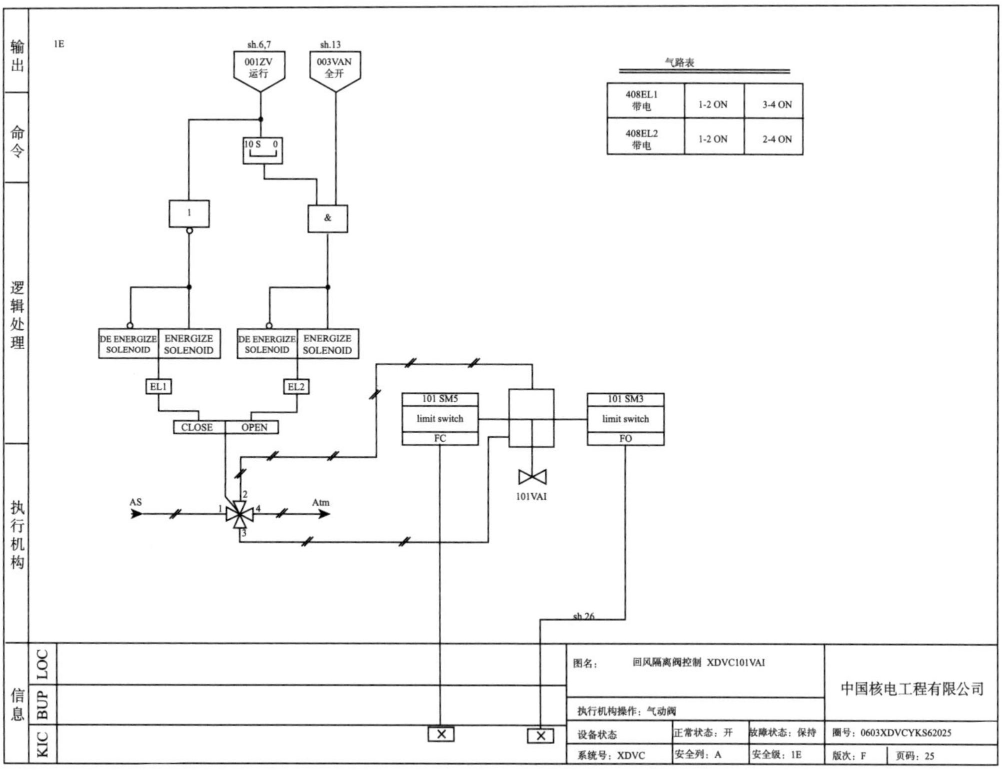

图 19 回风碘过滤隔离阀控制逻辑

5 结束语

本文结合田湾核电厂5、6号机组主控制室通风系统可居留性设计改进，针对仪控方案中较为重要的几项改进，提出明确的控制方案，逐项进行对比、分析、总结，可为其他类似通风系统的设计提供参考，有助于丰富设计经验，进而减少设计失误。

参考文献

[1] 苑晓东.主控室可居留区空调系统手册 第2-5章[R].2016.
[2] 苑晓东.可居留性系统设计改进分析报告[R].2015.
[3] 王梦月.主控制室空调系统(DVC)第6.2节 逻辑图[R].2018.
[4] 崔明路.主控制室空调系统(DVC)第6.2节 逻辑图[R].2012.

田湾核电厂5、6号机组装卸料机电控系统设计改进技术报告

何志军[1]，张　鹏[1]
（1. 中国核电工程有限公司，北京 100840）

摘要：本文详细总结了田湾核电厂5、6号机组装卸料机电控系统的诸多创新技术和设计改进项，涉及提升运行安全、缩短安装工期、增强系统抗干扰能力以及提升系统运维便利性等方面内容，重点介绍了田湾核电厂5、6号机组装卸料机电控系统的系统架构设计、硬件选型设计、电缆敷设路径改进、控制逻辑优化和上位机画面优化等内容。与M310参考电站相比，田湾核电厂5、6号机组装卸料机电控系统的设计充分吸纳和借鉴了以往核电项目装卸料机的设计供货经验、在役电站技术服务经验以及其他核电工程项目业主的使用经验反馈，在硬件设计和软件设计两方面均对电控系统进行了优化改进，其电控系统在整体性能上有了大幅提升。

关键词：装卸料机电核系统；数字化仪控系统；控制逻辑

1　引言

装卸料机是燃料操作与贮存系统（PMC）的关键设备之一，其安装在反应堆的换料水池上方。在核电站停堆换料期间，负责在反应堆堆芯和燃料转运装置的倾翻架之间完成燃料组件的装卸和转运操作。从国内外压水堆核电站运行经验来看，装卸料机的综合性能对核电站的经济性和燃料组件操作的安全性起着至关重要的作用。装卸料机电控系统作为整个设备的控制核心，对其安全性、可靠性及高效性的要求更是不言而喻。

田湾核电厂5、6号机组装卸料机在方家山和海南装卸料机供货项目中积累的设计、调试以及使用反馈经验基础上，针对电控设备的选型、布置、电缆敷设路径、电控系统运行参数以及控制逻辑等方面进行了全面优化，其安全性、可靠性和经济性有了大幅提升。同时为减轻换料操作人员的劳动强度，电控系统增强人机界面的功能，完善了设备的故障信息显示，实现了装卸料机的全自动数字化控制。

田湾核电厂5、6号机组装卸料机电控系统采用了全自动数字化控制系统，其主要特点如下。

a. 采用了更加可靠准确的自动定位系统；
b. 具备安全、快速抓取/插入燃料组件的检测及控制系统；
c. 具有友好的人机界面和高度容错性能的控制系统；
d. 简洁且符合人因工程设计的操作控制台；
e. 可靠的驱动设备和优化的工艺操作路径；
f. 高效的故障诊断信息显示和实用的运行维修指导程序。

2　装卸料机功能及电控系统需求分析

2.1　装卸料机功能分析

装卸料机由提升、抓取、旋转、运行、定位、报警和显示系统等部分组成，能作 X、Y 和 Z 三个坐标轴线方向的运动，以及在堆腔内作 0°～270°范围内的旋转运动，以完成装卸和转运燃料组件的任务[1]。它可看作是典型的桥式起重机应用，其概图如图 1 所示。

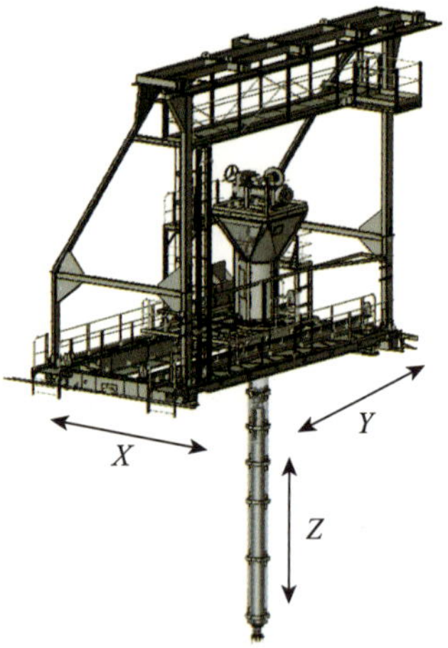

图 1　装卸料机概图

装卸料机电控系统根据操作指令、大/小车坐标（或主提升标高）、载荷等联锁条件控制不同的执行机构完成操作任务，综合分析装卸料机的操作工艺主要涉及四个运行机构和三种操作模式。针对装卸料机运行机构的功能分析如表 1 所示。

表 1　装卸料机运行机构的功能

		大车（X 向）	小车（Y 向）	主提升（Z 向）	电视杆（Z 向）
运行速度		0～15 m/min	0～12 m/min	0～12 m/min	5.5 m/min
手动模式	控制方式	手柄	手柄	手柄或按钮	按钮
	位置检测	标尺 双编码器	标尺 双编码器	双编码器	单编码器
	电机驱动	伺服电机 双驱动	伺服电机 单驱动	伺服电机 单驱动	AC 电机
	联锁保护	两侧同步检测 运动故障检测	运动故障检测	运动链检测、 载荷保护 （双传感器）、 运动故障检测	载荷保护 （单传感器）、 运动故障检测
半自动/自动模式	控制方式	目标坐标输入	目标坐标输入	目标坐标输入	按钮
	位置检测	双编码器	双编码器	双编码器	单编码器
	电机驱动	同手动模式	同手动模式	同手动模式	同手动模式
	联锁保护	大/小车可同时运行	大/小车可同时运行	同手动模式	同手动模式

2.2　装卸料机电控系统需求分析

装卸料机电控系统的功能主要包括正常功能和安全保护功能两部分。正常功能是在反应堆水池范围内，通过大、小车编码器精确完成坐标定位，控制主提升抓取/插入燃料组件；安全保护功能是电控系统应设计有冗余保护措施，确保在操作燃料组件时，保护燃料组件和设备免受损坏。装卸料机电控系统应连续监控装卸料机大车和小车位置，测量系统误差小于±1 mm；同时应连续监控主提升标高，测量系统误差小于 3 mm。

田湾核电厂 5、6 号机组装卸料机电控系统的自动定位点有 159 个，包括 157 根燃料组件坐标定位点（15×15 堆芯）、1 个转运区倾翻架定位点和 1 个触动装置试验定位点[2]。

3 装卸料机电控系统设计

装卸料机电控系统设计是依据装卸料机技术规格书要求，确定电控系统的硬件配置和电气元件选型，完成施工图设计、电控系统集成、软件功能测试、设备机电联调、出厂验收、现场安装调试以及最终的设备交付。整个设计过程严格按照项目质保大纲、核安全法规、设计标准规范等要求进行，确保设计要求均正确地体现在技术条件、图纸、细则、程序或说明书文件中。

3.1 电控系统设计

装卸料机电控系统硬件主要由电源柜、控制台、限位开关、传感器和编码器等设备组成，包括配电系统、PLC 控制系统、人机界面系统、伺服驱动系统、位置测量系统和载荷测量系统等。装卸料机电控系统在进行硬件设计时对接线箱、控制台以及柜内的电气元件均实施了三维建模，以确保柜内电气元件布置的合理性和箱柜机械安装接口的正确性。

电气元件选型原则是依据参考电站和业主的使用经验反馈，优先考虑在已有设计供货项目中采用过的电气元件，同时尽可能地确保与机械设备的安装接口不变，减少给施工图设计带来变化。对于现场反映使用情况良好且型号未被替换的电气设备，继续沿用原有选型，比如数显表、按钮、指示灯和接近开关等。若现场反馈问题较多或型号已淘汰的电气设备，则寻找新替代型号，比如抓具限位、PLC 控制器、触摸屏等。关键电气部件均选用国内外性能可靠的知名品牌产品，比如 SEW、库伯勒、西门子和菲尼克斯等。电缆选用满足移动敷设需求和耐辐照技术指标的德国和柔电缆，其余为预制电缆（SEW 和菲尼克斯）。传感器均采用预制连接器连接，缩短现场安装时间，避免人为接线错误。

PLC 采用西门子 S7-317 T-CPU 控制器，带 PN/DP 总线接口，负责位置检测、载荷测量、运功控制和逻辑控制等功能。西门子 T-CPU 控制器在普通 PLC 中集成了运动控制功能，内含成熟的运动控制模块，用户可快速建立运动控制系统。但因其采用西门子独特的 PROFIBUS-DP（Drive）总线，若需连接第三方电机驱动设备，则必须使用 IM174 接口模块完成协议转化，才能实现对电机伺服驱动器的位置控制和同步控制。同时每个 IM174 接口模块只能连接两个伺服驱动器和 4 个绝对值编码器，因此装卸料机电控系统需要安装有 2 个 IM174 接口模块。IM174 接口模块通过预制电缆与大车、小车、主提升和电视杆编码器连接。

电机伺服驱动系统是装卸料机电控系统的重点，抓具定位精度要求为±3 mm，因此电控系统对于大、小车的定位控制要求更高，偏差为±1 mm。因此大、小车和主提升机构均采用 SEW 公司的 CFM 系列伺服交流电机配合 MOVIDRIVE MDX61B 驱动器构成的电机伺服驱动系统。而电视杆只要求完成恒速控制，因此采用了普通交流鼠笼电机。

电控系统 PLC 控制器通过 PROFIBUS-DP 总线与位置和载荷数显表、远程 I/O 模块以及所有电机伺服驱动器相连；触摸屏上位机则通过 PROFINET 总线与 PLC 控制器连接；T-CPU 与 IM174 接口模块之间采用 PROFIBUS-DP（Drive）总线，组成 PROFIBUS-DP 总线式的运动控制系统。装卸料机电控系统的总线网络图如图 2 所示。

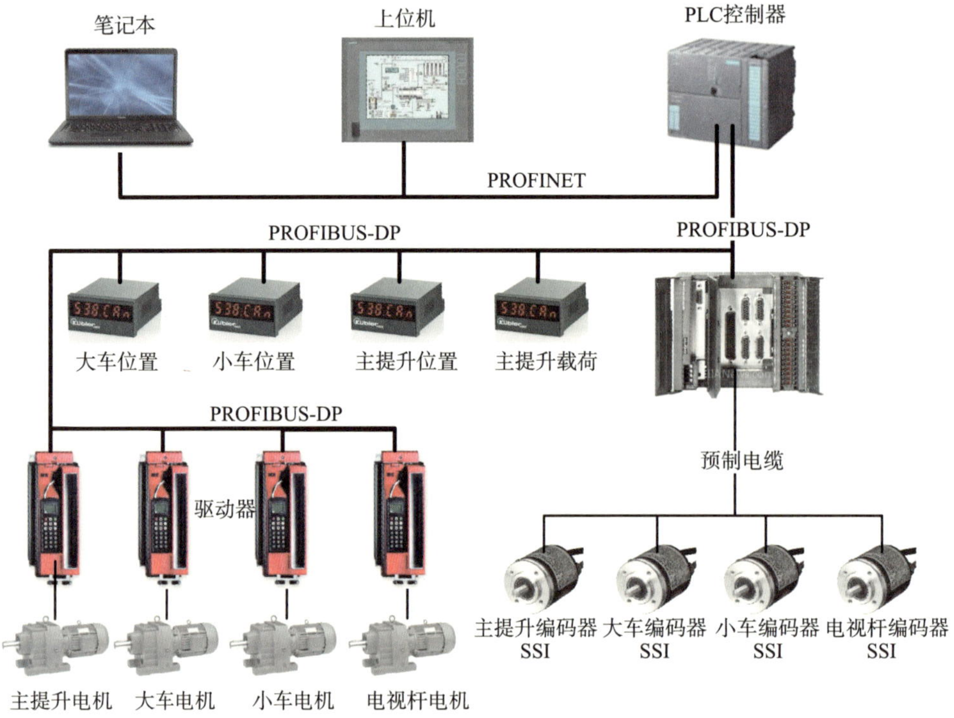

图 2　装卸料机电控系统的总线网络图

3.2　电控系统设计改进项

装卸料机电控系统设计充分吸纳和借鉴了 M310 参考电站装卸料机的自主设计供货经验、在役电站技术服务经验以及业主使用反馈经验，在硬件设计和软件设计两方面均对电控系统进行了优化改进。

1）电控系统硬件优化

与 M310 参考电站相比，装卸料机电控系统的硬件优化包括提升运行安全、节约设计成本、缩短安装周期、增强系统抗干扰能力等方面，主要内容如表 2 所示。

表 2　电控系统的硬件优化

序号	优化项目	主要内容
1	增加浪涌保护	线路设计中增加电涌保护器，提升电控系统抗冲击干扰能力，保护内部设备的安全
2	增加小车照明	增加小车照明装置，为调试检修人员提供小车平台照明，可根据需要打开、关闭或调节小车照明亮度
3	大车防撞传感器[3]	为防止大车轨道上及轨道附近有异物或障碍物时出现意外，在大车端部安装防撞超声波传感器，提高装卸料机运行的安全性

续表

序号	优化项目	主要内容
4	增加连接器	以往设计只有控制台进出线采用连接器，其他均为葛兰连接，工厂调试完成后，核电现场仍需重新端接，容易出现端接错误，重复性工作量大且耽误工期。优化后所有箱柜均采用连接器，支持热插拔，提高工作效率
5	闭路电视	小车采用双球机摄像头，可更好地观察堆芯状态，避免视觉死角问题； 录像机与显示器改用 VGA 连接，提高摄像画面清晰度，为操作员观察提供更有利的保证
6	增加报警灯	报警灯分三种颜色，显示装卸料机不同运行工况，提高运行安全性
7	驱动器	驱动器新增滤波器，提高电控系统抗干扰能力； 所有驱动器增加 DP 接口，全部挂在现场总线上，提高驱动器通讯响应速率
8	增加在线绝缘监测装置	新增在线绝缘监测装置对水下抓具限位开关进行实时监测，当有故障时上位机有报警提示
9	优化电缆敷设路径[4]	全面优化电缆敷设路径，缩短电缆长度，提升电缆敷设和更换便利性，避免以往电缆安装不便、容易出现电缆缠绕和外护套划伤等问题
10	三维建模	对控制台、电源柜和接线箱等建立三维模型，辅助完成电控设备的碰撞检查，确保电控设计的合理性和正确性

表 2 中第 1~8 项硬件优化涉及装卸料机电控原理图、接线图和布置图的设计改进；第 3、6、7 和 8 项优化涉及到电控系统的控制程序优化。与 M310 参考电站相比，表 3 中第 9 项是装卸料机电控系统的一项重要改进。装卸料机设备上敷设的动力电缆、控制电缆、测量电缆种类繁多。电缆敷设路径直接影响到电缆使用长度，敷设难易程度，乃至传输信号抗干扰能力。同时电缆作为电气设备中较易磨损的部件，在将来换料大修过程中，电缆属于定期检修更换的部件，因此其敷设路径直接关系到电缆维修更换的难易度，进而影响在核电厂大修期间的设备检修工期。

装卸料机电缆敷设包括大车/小车电缆以及主提升部件上的电缆，此项优化在布置形式和敷设方案两方面均进行了优化。原敷设于装卸料机小车上的电缆敷设路径是从小车架底部的电缆托盘上穿过；主提升塔架上的电缆主要用于连接控制台与上部塔形构件顶部接线箱，敷设路径经过小车、大车、大车门架支腿以及大车门架横梁中部位置，再悬垂至上部塔形构件顶部接线箱。优化改进后不仅可以减少电缆使用量，节约成本，而且更加易于调试或检修人员对电缆进行敷设、维修和更换操作，有效减少设备安装和检修工期。

针对现有电缆敷设路径设计、以往设备调试经验和运行经验反馈，归纳总结出装卸料机小车和主提升塔架电缆敷设存在的隐患和问题。原 M310 堆型的装卸料机小车电缆托盘处于小车架正下方，如图 3 所示。

图 3　装卸料机小车托盘与电缆敷设路径

如图 3 所示，装卸料机小车架下方是堆芯换料水池，高度方向的净空距离很大，这种电缆敷设方式会带来以下问题。

（1）电缆托盘安装和电缆敷设需要从换料水池底部搭建脚手架，费时费力。

（2）敷设全过程中设备不能移动，装卸料机和脚手架长时间占用换料水池内的有限空间，对其他调试工作进度产生影响。

（3）在核电厂的运行中，电缆检修和更换工作的实施极为不便。

M310 参考电厂装卸料机主提升塔架上的电缆敷设路径如图 4 所示。主提升塔架电缆敷设路径从小车平台上开始，经过小车拖链、大车端梁、大车门架支腿、大车门架横梁，最终悬垂至塔架，电缆长度大约 45~50 m，会带来以下问题。

图 4　装卸料机主提升塔架电缆敷设路径

（1）大车门架高度十多米，电缆路径需经过门架支腿和门架横梁，敷设难度很大，需要借助脚手架和空中吊篮，施工工作不便。

（2）从门架横梁中部悬垂至塔架顶部电缆在塔架需要旋转塔架时容易与金属结构发生刮蹭，甚至会导致电缆损坏，降低使用可靠性。

（3）不同类型电缆长距离在一起敷设，增加了对敏感信号的电磁干扰。

M310 参考电站的装卸料机大车电缆采用钢管走线方式。电缆敷设路径优化后，大车电缆从主梁侧面和底部敷设改为在大车台面上敷设，选用菲尼克斯电缆固定套件夹紧电缆，直接安装在大车走台台面上，便于拆装检修。

电缆敷设路径优化后，小车电缆敷设路径改为小车台面护栏上，如图 5 所示。在小车架周边设置一系列直通线槽，用于布置从电源柜与控制台之间的电缆。改变原有小车架下面设置电缆托盘的设计，不仅方便电缆敷设，而且在检修过程中避免了以往需要在反应堆水池内搭设高空脚手架的情况，大大减少检修工期以及人员受辐射累计剂量。

电缆敷设路径优化后，主提升塔架电缆不再经过小车、大车、门架支腿以及门架横梁来敷设，改为从塔架上经过柔性拖链，悬垂后直接敷设至小车台架上，所有电缆均安装固定在柔性拖链内部。当塔架在正常工作方位时，柔性拖链及电缆处于初始状态。当需要旋转塔架时，因预留了旋转所需要长度，柔性拖链可以随塔架自由旋转，为电缆提供机械保护的同时最大限度确保电缆位置变换。不仅能够做到美观整齐、使用方便，而且还起到保护电缆的作用，达到减少电缆敷设量和电缆磨损率的目的。

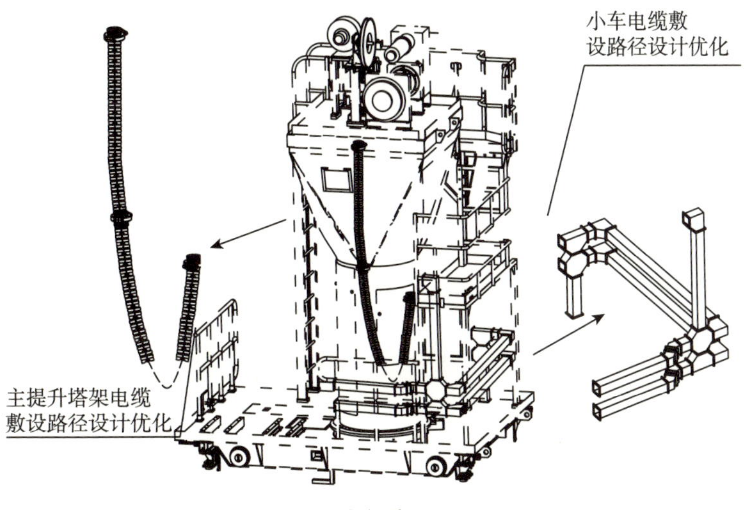

图 5　优化后的装卸料机电缆敷设路径

2）电控系统的软件优化

装卸料机电控系统的软件优化涉及上位机画面优化和下位机控制程序优化两部分，主要内容如表 3 所示。

表 3　电控系统的软件优化

序号	优化内容	涉及范围
1	大/小车到达安全区域边界后禁止向外运行，但可自由退回安全区	下位机
2	触动装置位置增加显示载荷释放功能	上、下位机

续表

序号	优化内容	涉及范围
3	增加小车平台照明控制程序	上、下位机
4	优化故障信息显示，增加 IM174 模块故障、运动故障和驱动器故障等信息显示	上、下位机
5	增加驱动器故障复位功能	上、下位机
6	增加大车超声波防撞联锁控制程序	下位机
7	电视杆载荷传感器设置冗余	上、下位机
8	优化主提升减速区，偏移法换料时取消高速停止点	下位机
9	调试接口标准化设计，增加调试画面及调试参数修改功能	上、下位机
10	修改安全区域边界	下位机
11	取消网络模式，与转运仪采用硬接线通信	上、下位机

其中第 9 项是装卸料机调试接口参数标准化设计，通过识别和提取了在现场调试时需要修改的关键技术参数，梳理出关键技术参数的上位机信号和下位机程序地址的对应表，形成关键技术参数清单如表 4 所示。

表 4　装卸料机电控系统调试接口参数表

序号	信号名称	变量	信号缩写
1	触动装置大车坐标	DB10. DBD170	BTZC
2	触动装置小车坐标	DB10. DBD174	TTZC
3	大车堆芯中心坐标	DB10. DBD2	B_ CC
4	小车堆芯中心坐标	DB10. DBD6	T_ CC
5	堆芯半径（内圈）	DB10. DBD10	CCRAD
6	堆芯半径（外圈）	DB10. DBD14	CERAD
7	C2Z 大车低限位值	DB10. DBD18	C2Z_ BLL
8	R1Z 大车上限位值	DB10. DBD54	R1Z_ BUL
9	R1Z 小车低限位值	DB10. DBD58	R1Z_ TLL
10	R1Z 小车高限位值	DB10. DBD62	R1Z_ TUL
11	R3Z 大车低限位值	DB10. DBD106	R3Z_ BLL
12	R3Z 大车高限位值	DB10. DBD110	R3Z_ BUL
13	R3Z 小车低限位值	DB10. DBD114	R3Z_ TLL
14	R3Z 小车高限位值	DB10. DBD118	R3Z_ TUL
15	倾翻区大车中心线坐标	DB10. DBD122	B_ UCC
16	倾翻区小车中心线坐标	DB10. DBD126	T_ UCC

续表

序号	信号名称	变量	信号缩写
17	主提升上限位编码器标高	DB11. DBD2	HULE
18	TV 杆上限位编码器标高	DB102. DBD348	TV_ ULE
19	TV 杆空载值	DB64. DBD134	TVW-UL
20	主提升在上限位空载值	DB12. DBD12	MW_ UL
21	主提升在最大浮力空载值	DB12. DBD16	MW_ MB
22	倾翻区全下位	DB11. DBD42	UFDE
23	堆芯全下位	DB11. DBD34	CFDE
24	主提升标定主载荷传感器采集值	DB59. DBW14	H_ CMLSAV
25	主提升标定从载荷传感器采集值	DB59. DBW24	H_ CRLSAV
26	主提升主载荷标定斜率系数	DB59. DBW65	H_ MLCK
27	主提升从载荷标定斜率系数	DB59. DBW66	H_ RLCK
28	TV 杆标定主载荷传感器采集值	DB64. DBW24	TV_ CMLSAV
29	TV 杆标定从载荷传感器采集值	DB64. DBW48	TV_ CRLSAV
30	TV 杆主载荷标定斜率系数	DB64. DBD134	TV_ MLCK
31	TV 杆从载荷标定斜率系数	DB64. DBD138	TV_ RLCK
32	大车正方向纠偏系数（微慢调）	DB102. DBD316	B_ PKSS
33	大车正方向纠偏系数（慢调）	DB102. DBD320	B_ PKS
34	大车正方向纠偏系数（微快调）	DB102. DBD324	B_ PKSF
35	大车正方向纠偏系数（快调）	DB102. DBD328	B_ PKF
36	大车反方向纠偏系数（微慢调）	DB102. DBD332	B_ DKSS
37	大车反方向纠偏系数（慢调）	DB102. DBD336	B_ DKS
38	大车反方向纠偏系数（微快调）	DB102. DBD340	B_ DKSF
39	大车反方向纠偏系数（快调）	DB102. DBD344	B_ DKF

如表 4 所示，电控系统在调试过程中需根据现场环境修改的底层参数涉及触动装置位置、安全边界、倾翻区坐标、编码器复位值、全下位标高、大车纠偏控制以及载荷标定参数等。5、6 号装卸料机电控系统在上位机“调试画面”中增设“参数设置画面 A”和“参数设置画面 B”。

参数设置画面 A 划分为运行区域坐标设置、运行区域半径设置和运行区域边界设置三个部分，每个参数右侧设有“设置”按钮。点击“设置”按钮后自动弹出数字键盘，输入相应参数后点击“确定设置”按钮即可完成参数修改。

参数设置画面 B 划分为载荷设置区域、Z 轴数据设置和纠偏比例设置三个部分，每个参数右侧设有“设置”按钮。点击“设置”按钮后自动弹出数字键盘，输入相应参数后点击“确定设置”按钮即可完成参数修改。

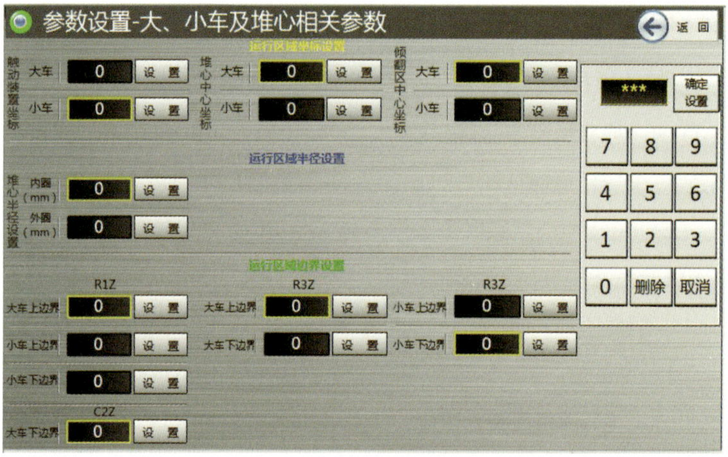

图 6　参数设置画面 A

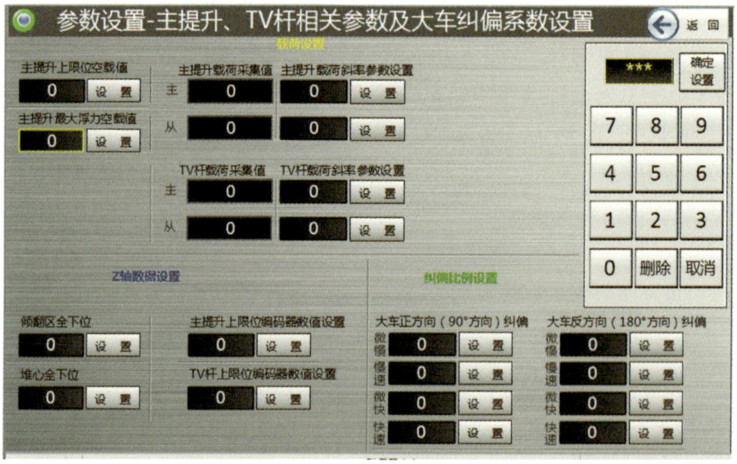

图 7　参数设置画面 B

以上调试参数均直接通过上位机画面对 PLC 中 DB 数据块进行修改和存储，即使在 PLC 失电的情况下依然可以对修改的数据参数实现记忆。调试人员在现场调试过程中根据实际需求，采用“开发者”模式登录可获得全部参数的修改权限，完成电控系统的关键参数修改。在役电站业主则采用“管理员”模式登录，即可获得相应参数的修改授权[5]。不仅可有效避免误修改底层控制程序参数的可能性，而且可以大幅节省现场调试所需的时间。

4　结束语

装卸料机作为核电站机组停堆换料的关键设备，而电控系统作为整个设备的控制核心，因此装卸料机对其电控系统的安全性、可靠性及高效性的要求不言而喻。本文详细介绍田湾核电厂 5、6 号机组装卸料机电控系统的设计方案和电控系统的改进项等内容，重点介绍了电控系统的系统架构设计、电气元件选型以及设计改进等内容。与 M310 参考电站相比，田湾核电厂 5、6 号机组装卸料机电控系统的设计充分吸纳和借鉴了以往装卸料机的设计供货经验、在役电厂技术服务经验以及使用反馈经验，在硬件设计和软件设计两方面均对电控系统进行了优化改进，其整体性能有了大幅提升。

参考文献

[1] 李均,唐兴贵,等.装卸料机技术规格书[R].中国核电工程有限公司,2014.

[2] 何志军,张磊,等.装卸料机软件需求规格书[R].中国核电工程有限公司,2016.

[3] 袁骏,何志军.装卸料机安全防护措施的应用研究[R].核工程研究与设计,2017.

[4] 马宁,何志军.核电厂装卸料机电控系统调试[R].核工程研究与设计,2015.

[5] 何志军,张鹏.机电一体化设备设计调试和经验反馈[R].中国核电工程有限公司,2017.

田湾核电厂5、6号机组主控室进风剂量率核级监测道设计改进

杨 康[1]，王 平[1]
（1. 中国核电工程有限公司，北京 100840）

摘要：本文从国内法规要求出发，介绍了田湾核电厂5、6号机组主控室空调系统放射性监测的必要性，描述了仪表的设计方案。本文指出了现役M310型核电厂主控室进风剂量率监测仪所面临的主要问题，根据产生此问题的根本原因和田湾厂址特点，对田湾核电厂5、6号机组主控室进风剂量率进行了设计改进。最后，本文介绍了改进后监测仪表的鉴定试验要求，对仪表系统设计和仪表硬件设计有指导意义。

关键词：主控室空调系统；监测仪；核级仪表

1 引言

《核动力厂设计安全规定》（HAF 102—2016）要求核动力厂必须采取适当的措施，并向控制室人员提供足够的信息，以在较长时间内保护控制室人员免于受到事故工况下形成的高辐照水平、放射性物质的释放、火灾、易爆或有毒气体的危害[1]。《核动力厂内应急设施设计准则》（NNSA-HAJ-0001—2017）中明确要求在新风口应设置辐射监测设施，能够快速的探测到污染，并实现从正常空调系统自动切换为应急通风过滤系统或关闭正常空调系统[2]。

依照标准要求，核电厂设置了主控室空调系统，为主控室可居留区服务，维持其可居留性，在厂区污染情况下该系统保证操作人员的辐射安全。同时，在电厂辐射监测系统（KRT）中，设置了主控室进风剂量率监测仪，当主控室进风γ剂量率超过阈值时，自动启动新风过滤管线，切换到事故下的新风口取风，确保主控室人员避免受到过量辐射。

2 现场问题反馈

现役核电厂主控室进风剂量率监测仪，存在仪表闪发报警的问题。综合秦山二期1~4号机组，方家山1号机组，福清1~2号机组的数据，每年闪发报警次数每台机组平均在1.5~2次。报警持续约3~5 s，并触发机组I0，给机组运行带来安全隐患。仪表发生报警后，机组操纵人员会及时通知辐射防护人员现场排查，经辐射防护人员检查设备未发现异常，认定均属于仪表误报警。

3 原因分析

现役核电厂主控室进风剂量率监测仪测量下限为 1 μGy/h，测点处仪表的一级报警阈值为 2 μGy/h，二级报警阈值为 5 μGy/h。报警阈值仅稍高于仪表测量下限，当仪表测量信号受到仪表统计涨落、外部电磁环境扰动、仪表接地不良等外界扰动时，极易瞬间突破报警阈值，触发机组 I0。

控室进风剂量率监测仪闪发报警的根本原因是仪表探测下限不够低，在田湾核电厂 5、6 号机组项目中进行改进。

4 设计改进

为提高主控室进风剂量率监测仪测量稳定性，将监测仪的测量下限降低一个数量级，达到 0.1 μGy/h，即在 0.1 μGy/h 的剂量场下，仪表可以给出稳定可信的剂量率测量值。主控室进风剂量率监测仪放射性测量的核心部件是电离室探测器。电离室是气体工作在饱和区的气体探测器，电离室内由入射辐射产生的离子对被电极全部收集，既无离子复合也无气体放大作用，因此电离室产生的电流信号较弱。为达到提高电离室输出电流从而改善仪表信噪比的目的，采用增大灵敏区体积的方法。

根据福岛事故后改进项要求，田湾项目中主控室进风系统（DVC）做了系统优化，取消了新风混合室。主控室进风剂量率监测仪测量的是周围 γ 剂量率，仪表需要与待测气体接触，所以目前需要安装在正常取风口（W912、L943）。此房间与室外大气直通，并没有通风供暖条件，为提高主控室进风剂量率监测仪测量稳定性，在核级仪表常规型式试验基础上，补充进行了超低温性能试验。

4.1 降低仪表测量下限

1）电离室饱和电流计算公式

电离室饱和电流计算公式[3-5]：

$$I = 92.6 \times \frac{\phi \cdot V \cdot P \cdot T_0}{P_0 \cdot T} \tag{1}$$

式中，

I 为电离室饱和电流，安培（A）；

ϕ 为 γ 场强度，伦琴每小时（R/h）；

P 和 T 为电离室内气体的压力和温度；

P_0 和 T_0 是标准压力和温度；

92.6 是标准温度压力下单位体积单位照射量率下产生的电流，（$fA/cm^3 \cdot R/h$）。

2）灵敏区体积的确定

常压电离室内工作气体压力和温度可以近似认为是标准压力和温度，（1）式可简化为：

$$I_{常} = 92.6\ (\Phi \times V) \tag{2}$$

1 R/h 在单位体积（1 升）电离室内产生的饱和电流为：

$$I_1 = 92.6\times1\ \text{R/h}\times1000\ \text{mL} = 9.26\times10^{-11}\ \text{A} \tag{3}$$

对应可以得出 1 μR/s 在单位体积（1 L）电离室内产生的饱和电流

$$I_2 = 9.26\times10^{-11}/\ (1/3600) = 3.3336\times10^{-13}\ \text{A} \tag{4}$$

因为在空气中 1 μR/s =31.4 μGy/h，在 0.1 μGy/h 剂量场下，电离室单位体积(1 L)饱和电流为：

$$I_3 = 3.3336\times10^{-13}/31.4/10 = 1.0616\times10^{-15}\ \text{A} \tag{5}$$

探测器后端电子学中模拟电压转化范围一般为 1 mV～10 V，为保证测量准确，仪表测量下限（0.1 μGy/h）对应的模拟电压应该至少 10 倍于模拟电压转化下限，即仪表测量下限对应的模拟电压不少于 10 mV。

从工程实践经验可知，电离室静电计高阻 R 最大为 3.3 TΩ（$1\text{T}=10^{12}\ \Omega$）。

综上所述，灵敏体积为 V（L）的电离室产生的饱和电流，经高阻转化后必须满足如下公式

$$V\times I_3\times R = V\times1.0616\times10^{-15}\ \text{A}\times3.3\ \text{T}\Omega \geqslant 10\ \text{mV} \tag{6}$$

计算得到，电离室灵敏区体积 V 最小约为 3 L，从现有仪表厂家工艺能力和保守起见，电离室灵敏区体积 V 设置为 8 L，此时电离室产生的饱和电流为 28 mV 大于 10 mV 满足设计要求。

4.2 超低温试验

1）技术要求

温度-20 ℃±3 ℃时，仪表连续通电，指示值变化应≤±20%。

2）试验方法及试验情况

将温度降至-20 ℃±3 ℃，持续通电，保持 24 h，试验结束前 30 min 记录 10 个测量值，求出平均值与试验前的标称值计算相对误差。经试验，主控室进风剂量率监测仪相对误差为 19.1%，满足要求。

5 仪表可靠性分析

主控室进风剂量率监测仪为核级仪表，进行了一系列型式鉴定试验及下位机软件 V&V 验证。

5.1 型式鉴定试验项目及主要参考标准

表 1 鉴定试验项目及主要参考标准[6-12]

项目序号	鉴定试验项目	主要参考标准
1	外观检查	Q/DB 62.8279—2017 4.1 节、GB/T 14054—2013 6.3 节
2	指示值相对固有误差	Q/DB 62.8279—2017 4.2.1 节

续表

项目序号	鉴定试验项目	主要参考标准
3	有效测量范围	Q/DB 62. 8279—2017 4. 2. 4 节
4	统计涨落	GB/T 14054—2013 6. 9 节
5	响应时间	GB/T 14054—2013 6. 10 节
6	初始化功能	Q/DB 62. 8279—2017 4. 3. 7 节
7	脉冲计数功能	Q/DB 62. 8279—2017 4. 3. 8 节
8	通讯功能检查	Q/DB 62. 8279—2017 4. 3. 9 节
9	四级报警	GB/T 14054—2013 6. 12 节
10	指示值稳定性	Q/DB 62. 8279—2017 4. 2. 5 节、EJ/T 1197—2007 5. 4 节
11	过载	GB/T 14054—2013 6. 8. 2 节
12	能量响应	GB/T 14054—2013 6. 4 节
13	角响应	GB/T 14054—2013 6. 5 节
14	报警阈值调节范围	Q/DB 62. 8279—2017 4. 3. 1 节、GB/T 14054—2013 6. 12 节
15	报警响应稳定性	GB/T 14054—2013 6. 13. 2 节
16	接地浮空	GB/T 14054—2013 5. 9 节
17	源检	Q/DB 62. 8279—2017 4. 3. 5 节
18	模拟量输出	Q/DB 62. 8279—2017 4. 3. 6 节
19	绝缘电阻	GB/T 19661. 1—2005 5. 6 节
20	漏电流	GB/T 19661. 1—2005 5. 7 节
21	介电强度	GB/T 19661. 1—2005 5. 8 节
22	电磁兼容性试验	GB/T 14054—2013 7. 2 节
23	基准条件下的标称读数	Q/DB 62. 8279—2017 4. 6. 1 节、GB/T 14054—2013 7. 4. 1. 1 节
24	额定低温	Q/DB 62. 8279—2017 4. 6. 2 节、GB/T 14054—2013 7. 4. 1. 2 节
25	额定高温	Q/DB 62. 8279—2017 4. 6. 3 节、GB/T 14054—2013 7. 4. 1. 2 节
26	贮存低温	Q/DB 62. 8279—2017 4. 6. 5 节、GB/T 14054—2013 7. 4. 1. 2 节
27	贮存高温	Q/DB 62. 8279—2017 4. 6. 6 节、GB/T 14054—2013 7. 4. 1. 2 节
28	湿度试验	Q/DB 62. 8279—2017 4. 6. 4 节、GB/T 14054—2013 7. 4. 2. 2 节
29	电源电压变化	GB/T 14054—2013 7. 1. 2 节
30	抗振动特性	GB/T 12727—2017
31	热老化	GB/T 12727—2017
32	耐辐照	GB/T 12727—2017
33	抗地震试验	GB/T 12727—2017、HAF. J0053—1995、NB/T 20040—2011
34	磨损试验	EJ/T 1197—2007 5. 5 节
35	超低温试验	GB/T 14054—2013 7. 4. 1 节

5.2 软件 V&V

主控室进风剂量率监测仪在有资质的第三方机构进行了下位机软件 V&V 验证，并出具测试报告。测试应包含如下项目。

功能性：实时显示、运行参数设置及显示、系统参数设置及查看、工程参数设置、菜单语言、日期时间、通讯口设置、手动控制、检查和试验。

安全性：报警测试、用户权限、参数读/写和数据删除权限、密码修改、日志查看和删除、显示/删除历史值。

容错性：使用超过输入范围的数据对软件进行输入测试、使用人为的误操作的测试、使用错误数据类型的参数对软件进行输入测试、使用错误的数据序列对软件进行输入测试、使用错误的操作序列对软件进行测试。

易操作性：从软件的人机交互界面对软件进行测试。

6 结束语

本文基于相关法规要求，对主控室空调系统放射性监测设计进行了系统阐述。对于现有仪表实际应用中面临的工程问题，通过理论计算，给出了增大灵敏体积这种切实可行的解决方案。仪表开展了一系列型式鉴定试验和下位机软件 V&V 验证，进一步证明了核级仪表的可靠性。

田湾核电厂 5、6 号机组通过改进主控室进风剂量率监测仪提高了核电厂的运行安全，适用于田湾厂址环境条件，同时为辐射防护最优化提供了切实可行的工程实践方案。

参考文献

[1] 国家核安全局.HAF102 核动力厂设计安全规定[Z].2016.

[2] 国家核安全局.NNSA-HAJ-0001 核动力厂内应急设施设计准则[Z].2017.

[3] 卢希庭.原子核物理[M].原子能出版社,2001.

[4] 复旦大学,清华大学,北京大学.原子核物理实验方法[M].原子能出版社,1985.

[5] 汲长松.核辐射探测器及其实验技术手册[M].原子能出版社,1990.

[6] 西安核仪器厂.XH-3209I 型区域 γ 辐射剂量率监测道技术条件:Q/DB 62.8279[S].2017.

[7] 国家标准化管理委员会. 辐射防护仪器能量在 50 keV~7 MeV 的 X 和 γ 辐射固定式剂量率仪、报警装置和监测仪:GB/T 14054[S].2013.

[8] 国防科学技术工业委员会.核电厂安全级电气设备质量鉴定试验方法与环境条件:EJ/T 1197[S].2007.

[9] 国家标准化管理委员会.核仪器及系统安全要求:GB/T 19661.1[S].2005.

[10] 国家标准化管理委员会.核电厂安全级电气设备鉴定:GB/T 12727[S].2017.

[11] 国家核安全局.HAF J0053 核设备抗震鉴定试验指南[Z].1995.

[12] 国家能源局.核电厂安全级电气设备抗震鉴定试验规则:NB/T 20040[S].2011.

KRT 高 2 信号影响主泵动作的相关改进

张　倩[1]，李晓静[1]，尤　伟[1]
（1. 中国核电工程有限公司，北京 100840）

摘要：田湾 56 项目现场反馈，在模拟机试验时发现，当反应堆冷却剂剂量监测仪表 KRT001MA 和 KRT026MA 在高 2 阈值触发时，会连续触发安全壳外两道密封和下泄流量的隔离阀 RCV010VP 和 RCV089VP 关闭，其中 RCV089VP 关闭后将导致主泵高压泄露流量低，触发主泵停运保护，并进一步触发反应堆停堆。本文针对此改进进行设计优化分析，分别探讨三种设计方案的可行性。

关键词：KRT 高 2 信号；主泵停运；三级报警

1　背景描述

田湾核电厂 5、6 号机组项目现场反馈，在模拟机试验时发现，当反应堆冷却剂剂量监测仪表 KRT001MA 和 KRT026MA 在高 2 阈值触发时，会连续触发安全壳外两道密封和下泄流量的隔离阀 RCV010VP 和 RCV089VP 关闭，其中 RCV089VP 关闭后将导致主泵高压泄露流量低，触发主泵停运保护，并进一步触发反应堆停堆。

经过同类电站经验反馈查询，福清核电厂 1~4 号机组，同田湾核电厂 5、6 号机组，所采用的主泵由安德里茨厂家供货，存在同样的逻辑问题。而大亚湾核电厂等 M310 机组所采用主泵是 30 泵，在 RCV089VP 关闭后，并不会触发主泵停运命令，不会导致停泵、停堆。

2　问题分析

KRT001MA 和 KRT026MA 监测仪表主要用于监测一回路的放射性水平。两级报警阈值相差很小，KRT 表触发一级报警后会瞬间达到并启动二级报警，各项目反馈 KRT 表计均多次出现误发（包括表计故障和失电）的情况，此逻辑的设置容易导致误停堆，即便相关信号为真实信号，也不应该停运主泵。因为主泵停运后，机组状态的后撤只能依靠一回路的自然循环，将导致机组更难以进入冷停状态，不利于事件的处理。

KRT001MA 监测 RCV0117 下泄管道，KRT026MA 监测 REN0081 取样管线。当 RCV 下泄隔离（包壳破损稳压器液位降低或 CIA 等信号引起）后，KRT001MA 监测仪表的 γ 剂量率就不具有代表性，此时的放射性监测由 KRT026MA 监测道完成。

3　设计改进优化分析

3.1　方案一取消触发引起主泵停运的逻辑

假设取消 KRT001MA 和 KRT026MA 高 2 阈值触发 RCV089VP 关闭的逻辑，操作员在主控室控制操作 RCV089VP 阀门的关闭，这样操作员可以判断权衡燃料破损放射性外泄的风险和一回路反应堆运行高温高压下用主泵不停堆带出热量的风险。同时依然保留 KRT001MA 和 KRT026MA 高 2 阈值，触发稳压器泄压管线隔离阀 RCV010VP 的关闭的逻辑。

此方案的弊端，当操作员看到 KRT 报警，无法判断是一回路破损还是信号的误报，增加人因误差的风险。同类电站反馈 KRT 表计均多次出现误发（包括表计故障和失电）的情况，此逻辑的设置容易导致误停堆的信息。如果不增加其他监测手段监测燃料破损，那么 KRT 监测功能就丧失了，相当于没有执行岭澳核电厂关于 KRT 的改进。

3.2 方案二通过提高定值，减小误动的可能性

KRT001MA 和 KRT026MA 监测仪表主要用于监测一回路的放射性水平。其中 KRT001MA 监测 RCV0117 下泄管道，KRT026MA 监测 REN0081 取样管线。CIA 阶段（隔离信号 A 阶段，

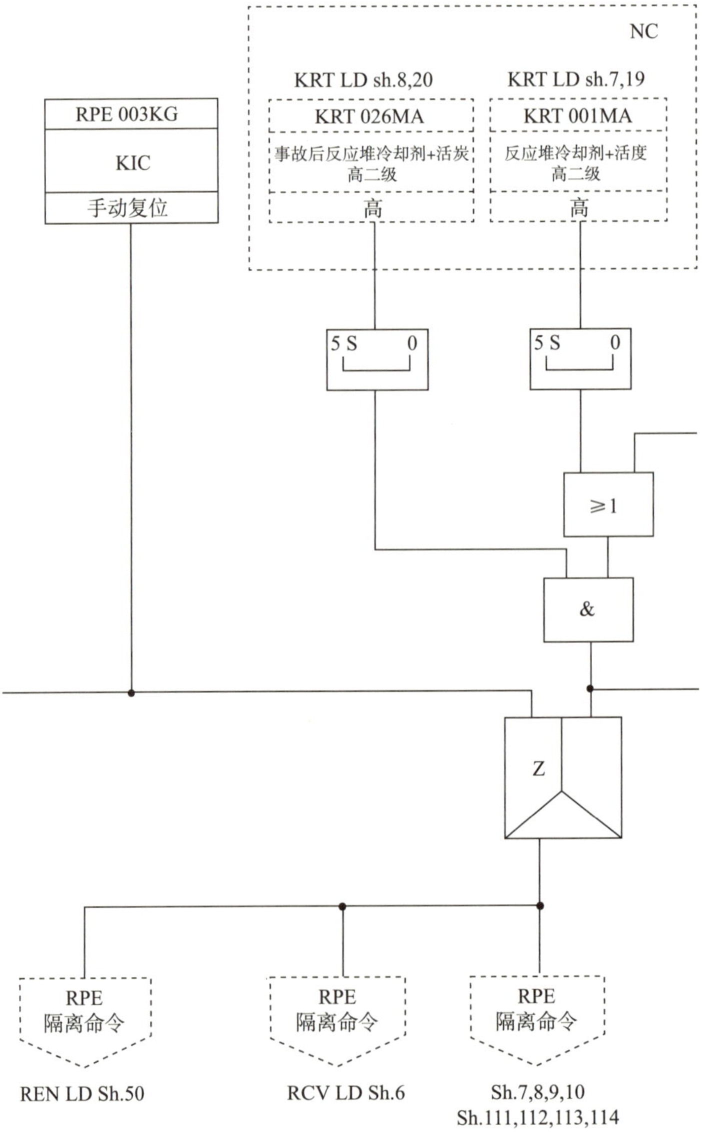

图 1 仪表响应逻辑关系

安注）情况下会导致 RCV 系统下泄隔离，KRT001MA 监测仪表的 γ 剂量率就不具有代表性，此时的放射性监测由 KRT026MA 监测道完成。当两个监测仪表都达到 2 级报警阈值后，会触发 RCV、RPE 及 REN 系统有关阀门的关闭，防止一回路的高放射性后果。

根据仪表响应的逻辑关系，KRT026MA 和 KRT001MA 监测仪表都达到 2 级报警阈值时，才会触动 RCV010VP 及 RCV089VP 阀门，REN 相关阀门，以及 RPE 安全壳隔离阀的关闭。如果 2 级报警阈值设置过高，会导致 RCV 下泄和 RPE 系统排往三废处理系统的废液放射性很高，不满足防护和系统的设计要求。

3.3 方案三增设三级报警

KRT001MA 和 KRT026MA 两个监测仪表都达到 2 级报警阈值后，关闭 RCV010VP 及 RPE 系统的安全壳隔离阀。KRT 仪表 KRT026MA 另外增设一个三级报警通道，当达到三级报警值时，再关闭 REN 取样系统阀门以及 RCV089VP。

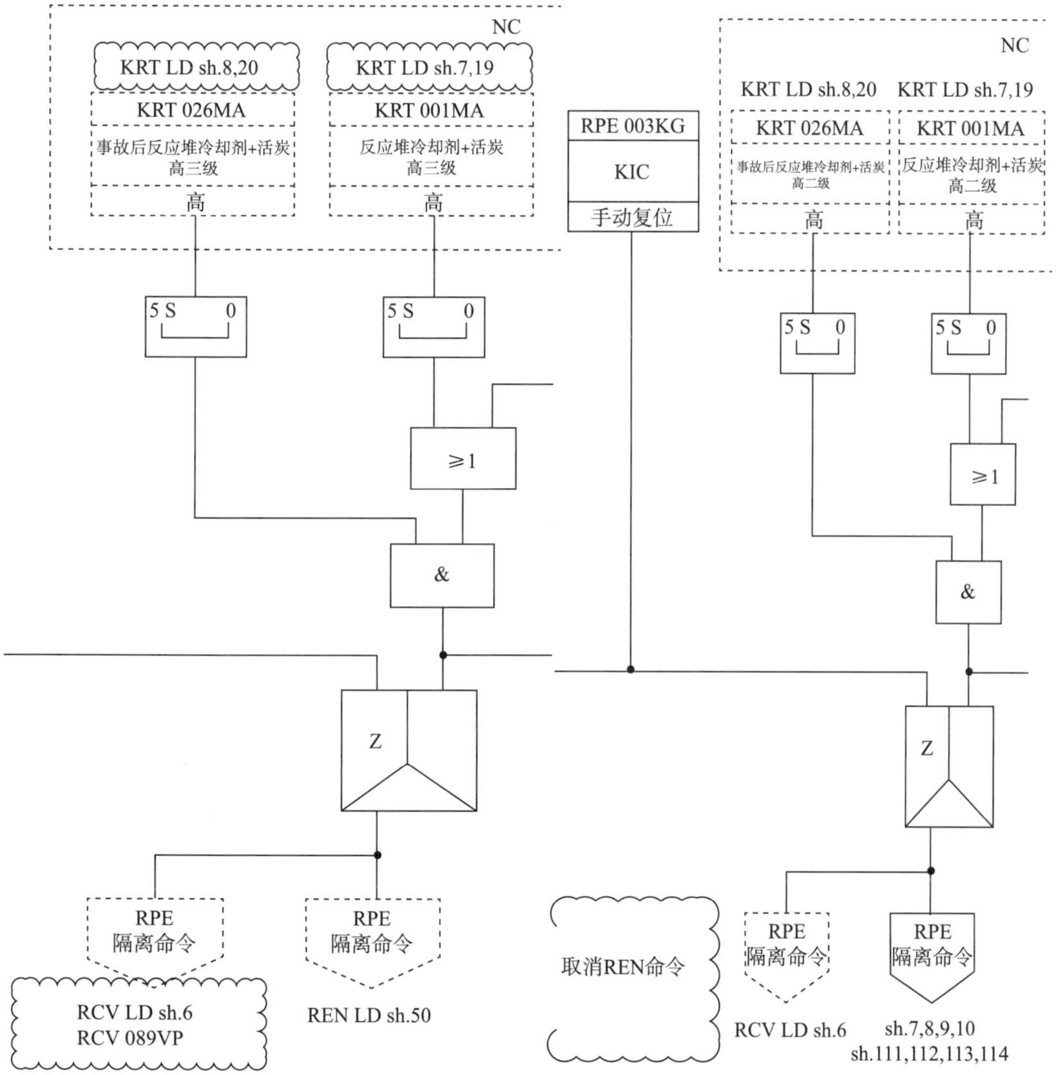

图 2　KRT001MA 和 KRT026MA 的仪表报警逻辑关系

基于修改后仪表报警的动作逻辑关系，KRT026MA 仪表的二级报警阈值对应 37 GBq/t 主冷却剂^{131}I 当量的防护设计源项，当主回路源项水平达到 37 GBq/t 的^{131}I 当量时，则关闭 RCV010VP 和 RPE 系统的阀门，以满足防护和系统的设计要求。在保证满足防护和系统设计要求的前提下，这两块监测仪表的报警阈值的设定基于相同的标准，配合使用保证一回路放射性水平监测的多样性，既互相校核，保证监测的可靠性，又警示多种工况，逐步递进，起到一定的监测预警作用。

表 1 和表 2 给出了 KRT001MA 和 KRT026MA 在不同主冷却剂工况下仪表位置处的剂量率水平。根据放化规范，KRT001MA 的二级报警阈值按照主冷却剂^{131}I 当量约为 4.44 GBq/t考虑，此时需加强监督，加密监测 γ 谱。一级报警阈值取二级报警阈值的一半，起警示作用。

表 1　KRT001MA 监测仪表处剂量率水平

报警值	KRT001MA 报警阈值/(mGy/h)	监测仪表处剂量率水平/(mGy/h)	备注
一级报警	0.6	—	一级报警阈值取二级报警阈值的一半，起警示作用
二级报警	1.3	9.46×10^{-1}	主冷却剂^{131}I 当量 4.44 GBq/t

如果 RCV 下泄隔离后，只能通过 KRT026MA 来监测一回路放射性水平，KRT026MA 一级报警阈值按照主冷却剂^{131}I 当量约为 4.44 GBq/t 考虑，二级报警阈值按照 37 GBq/t（对应燃料包壳破损率为 0.25%，防护设计值）考虑。

表 2　KRT026MA 监测仪表处剂量率水平

报警值	KRT026MA 报警阈值/(mGy/h)	监测仪表处剂量率水平/(mGy/h)	备注
一级报警	0.25	1.2×10^{-1}	主冷却剂^{131}I 当量 4.44 GBq/t
二级报警	2	1.6	主冷却剂^{131}I 当量为 37 GBq/t

三级报警阈值按照安全壳高放射性安喷手动投运依据的壳内辐射条件，考虑 1%的燃料包壳破损，卤素（I）和碱金属（Cs）的释放份额为 3%，该条件对应的监测仪表处剂量率水平如表 3 所示，因此建议 3 级报警阈值设置为 70 mGy/h。

表 3　KRT026MA 监测仪表三级报警阈值

主回路源项	监测仪表处剂量率水平（mGy/h）	三级报警阈值（mGy/h）
对应安全壳高放射性安喷手动投运依据的壳内辐射条件	71.1	70

当 KRT026MA 达到二级报警阈值（对应主冷却剂 37 GBq/t 的^{131}I 当量）时，会关闭

RCV010VP 下泄流的阀门以及 RPE 系统的安全隔离阀 RPE003VY、RPE018VP、RPE028VP、RPE056VE。此后，轴封水是经过净化后的下泄流体，不会影响 RCV 系统的辐射防护设计。REN 由于还会对一回路进行取样，对 REN 系统的防护设计会产生影响，根据 REN 系统手册，REN 系统考虑了事故后取样的功能，使用安装在 KSC 主控室的特别按钮可阻止发出 B 阶段安全壳隔离信号。然后，操作员可从控制室重新打开隔离阀(101~104 VP)；装有专设设施，如铅屏蔽桥、事故后连接件等，这样可以对安全壳内的高放射性一回路水进行连续取样和监测。采用与 RPE 系统相连的机械连接可以将水重新送回安全壳内。

当达到三级报警阈值时，再关闭 RCV089VP 以及 REN 取样阀门 REN103VP/REN104VP/REN131VP/REN132VP/REN232VY/REN236VY。

4 总结

本文基于田湾核电厂 5、6 号机组项目反馈，针对 KRT001MA 和 KRT026MA 高 2 阈值触发 RCV089VP 关闭，导致主泵高压泄露流量低，触发主泵停运保护，并进一步触发反应堆停堆的问题，进行了设计优化改进的分析，最终确定采用 KRT001MA 和 KRT026MA 一级和二级报警阈值不变，KRT026MA 增设一个 3 级报警，当两个监测仪表都达到 2 级报警阈值后，关闭 RCV010VP 及 RPE 系统的安全壳隔离阀。当 KRT026MA 达到三级报警值时，再关闭 REN 取样系统阀门以及 RCV089VP，监测阈值如表 4 所示。

表 4　KRT001MA 和 KRT026MA 监测仪表阈值设置

报警值（mGy/h）	KRT001MA	KRT026MA
一级报警值	0.6	0.25
二级报警值	1.3	2
三级报警值	—	70

田湾核电厂5、6号机组启动阶段运行状态显示的功能研究

陆　斌[1]，李　骜[1]
（1. 中国核电工程有限公司，北京 100840）

摘要：随着数字化、信息化、自动化技术的高速发展，数字化仪控系统和先进的数字化主控室设计已广泛应用到核电项目。为了满足田湾核电厂5、6号机组启动阶段的运行任务要求，保证核电厂能够安全、可靠、经济的运行，并充分发挥数字化核电厂的优势，需开展核电厂启动阶段运行状态显示的功能研究，基于任务分析确定核电厂启动阶段运行状态显示功能的设计要求及范围、显示功能信息筛选方法及布置原则，为田湾核电厂5、6号机组启动阶段的运行任务设计配套的、合理的显示功能。

关键词：数字化仪控；状态显示；DCS

1　引言

核电厂的组成和结构极其复杂，其启动阶段的运行任务所涉及的系统和设备数量众多，对各部分的操作顺序、操作时机和操纵员的相互配合也都有着复杂而精准的要求。在启动阶段操纵员需同时关注多个系统的参数，操作多个系统的设备，需对电厂运行状态总体把握，并对重要操作快速响应。

当前，新建核电厂大多采用全数字化仪控技术，数字化核电厂能够以非常灵活的方式向操纵员提供多种多样、数量庞大的信息显示和操作功能。从数字化运行角度来说，所有的运行任务（包括：正常运行、异常运行和事故运行）最终都将通过运行状态显示功能来实现。然而，DCS系统中的信息大多是按照分系统显示的，无法满足电厂启动过程中同时监视多个系统参数，操作多个系统设备的要求，没有充分体现出DCS系统的优势。

因此，一方面为了满足田湾核电厂5、6号机组启动阶段的运行任务要求，保证机组能够安全、可靠、经济的运行，另一方面充分发挥数字化核电厂的优势，需开展数字化核电厂启动阶段运行状态显示的功能研究，为数字化核电厂启动阶段的运行任务设计配套的、合理的（包括信息的完整性，以及信息的合理布置等）显示功能。

2　核电厂启动阶段运行任务和功能需求

根据核电厂正设计的运行原则，要开展核电厂启动阶段运行状态显示的功能研究，首先要分析并梳理核电厂启动阶段的运行任务及功能需求。

2.1 需遵守的技术要求

在核电厂运行技术规范中，根据热力学和堆物理的特性，以及相似的运行条件和运行目标，将核电厂运行划分为6个标准运行模式：反应堆完全卸料模式（RCD）、换料停堆模式（RCS）、维修停堆模式（MCS）、RRA冷却正常停堆模式（NS/RRA）、蒸发器冷却正常停堆模式（NS/SG）、反应堆功率运行模式（RP）。核电厂的启动阶段依次经过上述6个标准运行模式，在不同运行模式间转换和过渡，并严格遵守标准运行模式下的技术条件和安全限值要求。

2.2 运行任务梳理

核电厂的启动阶段分为几个主要的过渡阶段，表1给出了核电厂启动的主要过渡阶段和运行任务。

表1 主要过渡阶段和运行任务

序号	主要过渡阶段	阶段目标	主要运行任务
1	维修冷停堆到正常冷停堆	装料及装料后反应堆水池排水； 一回路充水排气	静态充水排气； 一回路升压； 动排气； 主泵的启动
2	从正常冷停堆到正常中间停堆	对一回路进行净化、升温和加药； 继续升温和稳压器建立汽腔； 隔离余热排出系统	建立稳压器汽腔； 余热排出系统的隔离； 二回路启动准备
3	从正常中间停堆到热停堆	继续对一回路进行升压升温，到达热停堆工况	升温升压； 二回路暖管； 从辅助给水向主给水的切换
4	从热停堆到热备用	反应堆临界	提棒至给定棒位； 稀释到临界硼浓度； 提棒达临界
5	从热备用到带负荷运行	汽机冲转、并网及升负荷	实现主给水供水； 提升功率； 汽机冲转、并网及升负荷； 二回路启动确认

2.3 运行规程文件

根据HAF103《核动力厂运行安全规定》第5章的要求“必须根据营运单位的政策和国家核安全监管部门的要求制定全面地适用于正常运行、预计运行事件和事故工况下的运行规程”。在核电厂中所有的运行任务全部要求通过对应的运行规程来实现，做到有法可依。

核电厂启动阶段中进行不同标准运行模式转换时需执行总体运行规程：G 规程和 E 规程用于核岛的启停，而 GS 规程用于常规岛启停。对于每年的换料大修，使用 D 规程（换料大修规程）。

在机组启停过程中，对运行技术规范应特别重视，机组状态发生重要变化时，只有相应的状态点控制文件（DHP）签署后，机组状态才允许改变。机组处于某些状态时，要求签署相应的静态控制点文件（SHP）。

标准运行模式和总体运行规程之间的结合关系可以用图 1 的形式表述。

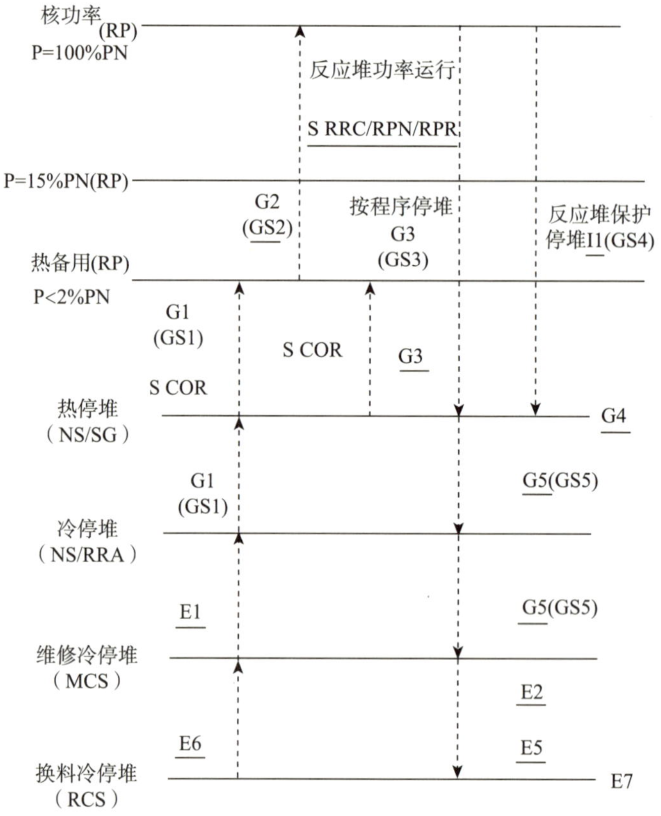

图 1　运行模式和运行规程

3　核电厂启动阶段运行状态显示功能研究

3.1　技术方案

在核电厂启动阶段运行任务和功能需求分析结果的基础上，从运行角度出发，结合各标准运行模式的技术要求和模式转换要求，开展核电厂启动阶段运行状态显示功能研究，分析电厂在各标准运行模式稳态运行状态下，及在相邻模式转换的过程中，执行总体运行规程所需信息，及信息的布置方法，开发出核电厂启动各阶段运行状态显示功能，应用于标准运行模式状态转换前的初始条件检查和总体运行规程执行过程中的综合监视。运行状态显示功能研究技术方案如2所示。

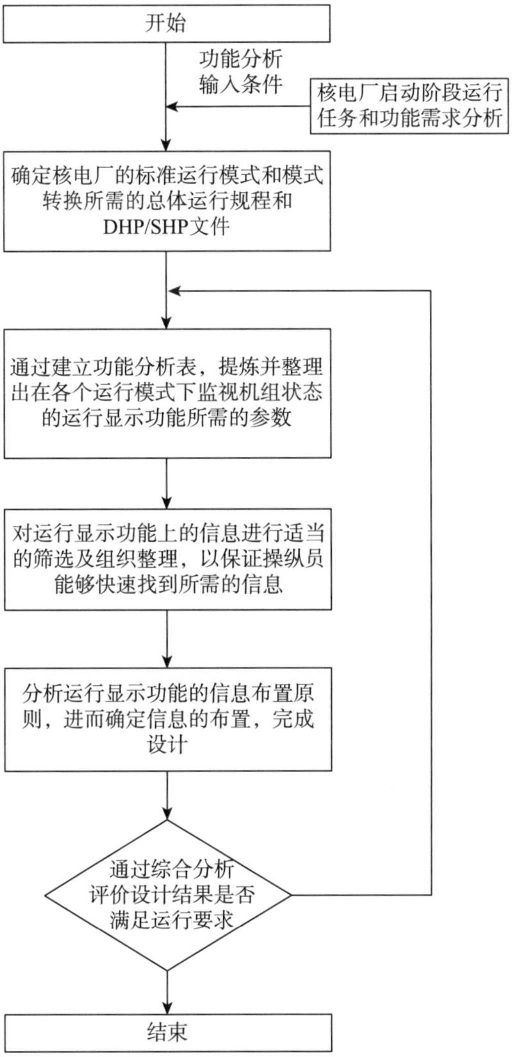

图2 运行状态显示功能研究技术方案流程图

3.2 运行状态显示功能设计范围

通过进行数字化电厂总体运行功能分析，研究机组各个运行模式的状态转换过程，形成了完整覆盖各个机组运行模式的总体运行显示功能，以实现总体运行显示功能信息完整性和全局性之间的平衡，使得总体运行显示功能既有足够的针对性，又不至于过于细致而丧失总体性，从而利于操纵员在执行启堆任务时对电厂状态的总体把握和必要机组状态信息的定期或持续监视。启动阶段运行状态显示功能的设计范围如下。

a. 在核电厂启动过程中的运行任务执行过程所需的时间较长，除某些情况外，瞬态的过程也比较缓慢。正是考虑到启动阶段执行特点，并结合核电机组的运行文件体系，确立了“对于机组的每个标准运行模式，均需设置对应的总体运行显示功能，以监视该模式下的机组状态”的原则。

b. 此外，在某些阶段，当机组进行模式转换时，机组将处于快速变化的瞬态过程。为有针对性地进行机组的状态监视，确立了“对某些快速瞬态过程，需设置对应的总体运行显示功能，以监视瞬态过程中的机组状态”的原则。

根据上述两条原则，设计完成完整覆盖各个机组运行模式的运行显示功能。见表2。

表2　运行显示功能清单

名称	编码	功能概述
RP 模式监测	KOO101HGD	本显示功能主要包括： （1）RP 模式下需要操纵员关注的 P 信号、C 信号； （2）运行技术规范中要求的重要参数的显示和记录； （3）运行技术规范中要求的重要设备的状态； （4）控制棒状态的监视； 用于核对“运行限值和特殊注意事项”一节中 OTS 的相关内容；以及策略执行过程中对全厂状态的监视
NS/SG 模式监测	KOO102HGD	本显示功能主要包括： 1. NS/SG 模式下需要操纵员关注的 P 信号、C 信号； 2. 运行技术规范中要求的重要参数的显示和记录； 3. 运行技术规范中要求的重要设备的状态； 用于核对“运行限值和特殊注意事项”一节中 OTS 的相关内容；以及策略执行过程中对全厂状态的监视
NS/RRA 模式监测	KOO103HGD	本显示功能主要包括： （1）运行技术规范中要求的重要参数的显示和记录； （2）运行技术规范中要求的重要设备的状态； 用于核对“运行限值和特殊注意事项”一节中 OTS 的相关内容；以及策略执行过程中对全厂状态的监视
MCS 模式监测	KOO104HGD	本显示功能主要包括： （1）运行技术规范中要求的重要参数的显示和记录； （2）运行技术规范中要求的重要设备的状态； 用于核对“运行限值和特殊注意事项”一节中 OTS 的相关内容；以及策略执行过程中对全厂状态的监视
RCS 模式监测	KOO105HGD	本显示功能主要包括： （1）运行技术规范中要求的重要参数的显示和记录； （2）运行技术规范中要求的重要设备的状态；
RCD 模式监测	KOO106HGD	本显示功能主要包括： （1）运行技术规范中要求的重要参数的显示和记录； （2）运行技术规范中要求的重要设备的状态
二回路监测	KOO201HGD	本显示功能主要包括： （1）需要二回路操纵员关注的 P 信号、C 信号； （2）蒸发器水位、放射性和二回路系统、RRI、SEC 系统

续表

名称	编码	功能概述
二回路监测	KOO201HGD	的重要设备的状态和重要参数的显示记录； （3）发电机功率调节 P-Q 图； 与“各个模式监视显示功能”配合使用，用于核对“运行限值和特殊注意事项”一节中 OTS 的相关内容；以及策略执行过程中对常规岛状态的监视
从热停堆到低功率运行	KOO107HGD	本显示功能主要包括： （1）G2 执行过程中需要操纵员关注的 P 信号、C 信号； （2）G2 执行过程中要求的重要参数的显示和记录； （3）G2 执行过程中要求的重要设备的状态； （4）控制棒状态的监视； G2 执行过程中主要使用的监视显示功能
机组处于热停堆工况	KOO108HGD	本显示功能主要包括： （1）机组维持在热停堆时操纵员需要关注的 P 信号； （2）机组处于热停堆时需要关注的重要参数的显示和记录； （3）机组处于热停堆时重要设备的状态和控制； （4）控制棒状态的监视； 本显示功能为 G4 执行过程中主要使用的监视显示功能，用于监视机组处于热停堆工况时关键设备的状态

电厂标准运行模式转换与运行显示功能的对应关系见图 3。

3.3 运行状态显示功能所需的信息整理

对于每个标准运行模式，根据相关 DHP 文件、SHP 文件以及核电厂《运行技术规范》OTS 的技术条款，通过建立功能分析表分析并整理出在各模式下监视机组状态所需的参数。

3.4 运行状态显示功能所需信息的筛选

在整理出运行显示功能所需参数，并确定运行显示功能的设置原则后，由于拟显示在运行显示功能上的信息较多、种类复杂，需对运行显示功能上的信息进行适当的筛选及组织整理，以保证操纵员能够快速找到所需的信息。

为便于运行，减少屏幕的切换操作次数，每个运行显示功能应能显示在一个屏幕上。又因屏幕分辨率有限，一幅屏幕所含的信息量不能无限大，因此需确定屏幕上显示的信息进行限制和筛选，筛选原则如下。

（1）“为使电厂的运行状态满足《技术规范》/《总体运行规程》的强制要求所需的系统信息”或者“为反映电厂关键瞬态过程所需的信息”应直接包含在总体运行显示功能中。

（2）对于某些运行重要，但不属于上一条的系统信息，可在对应的系统显示功能中详细监视，在运行显示功能中仅需保留概况信息。

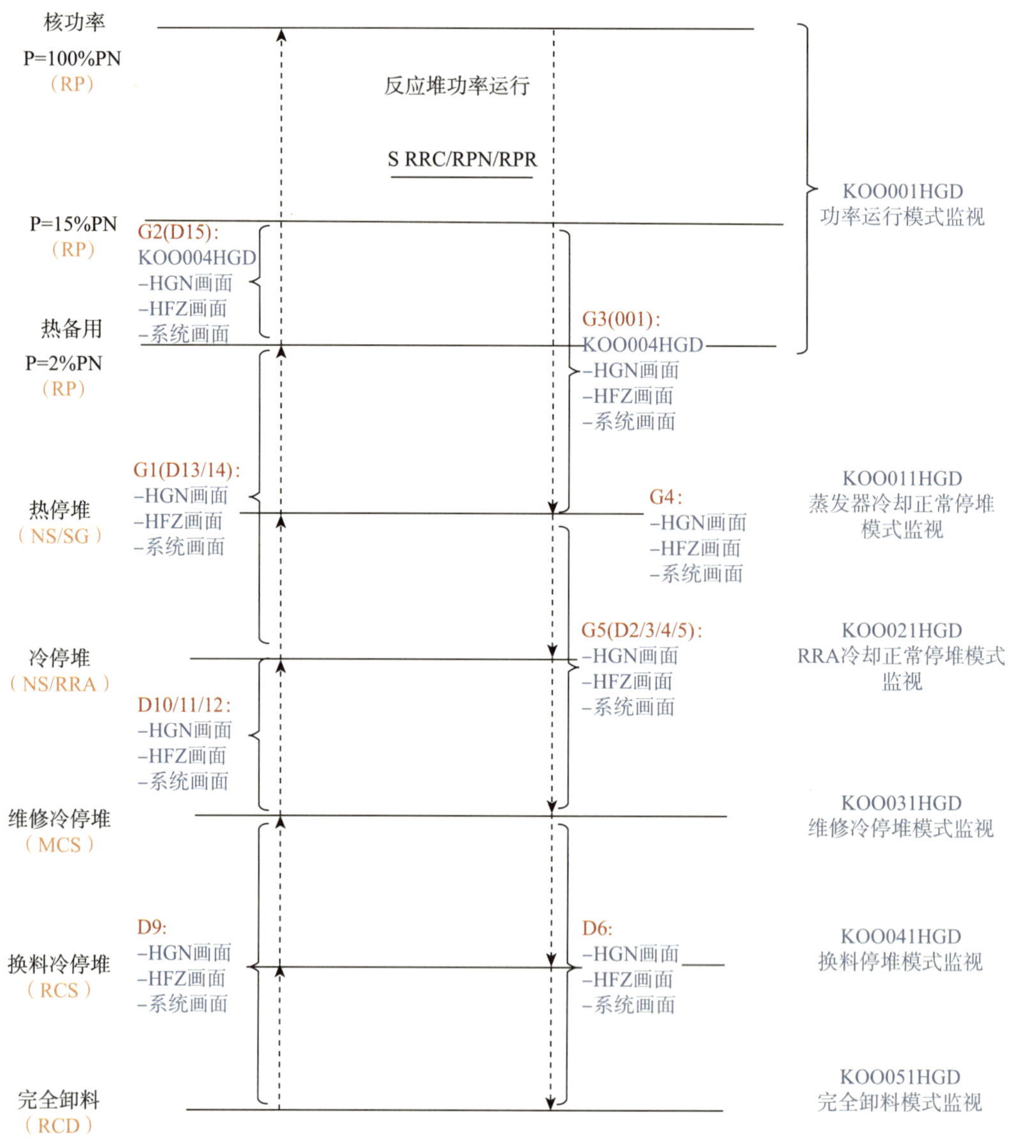

图 3　运行模式和运行显示功能

（3）当筛选剩余的信息过多时，可根据“信息的重要性”和“信息监视要求的频度”精简。

表 3 给出了功率运行模式下按照上述原则进行信息筛选后的所需信息示例。

表 3　功率运行模式信息示例

信号	信号描述
1 环路平均温度	RCP624KM，环路 1 平均温度
2 环路平均温度	RCP626KM，环路 2 平均温度
3 环路平均温度	RCP628KM，环路 3 平均温度
压力变化梯度	压力变化梯度（RCP609KM）
……	……

3.5 运行状态显示功能布置原则

对于含有多类信息的显示功能来说，若不能合理的对这些信息的显示进行管理和优化，将导致寻找信息时的效率大大降低。在综合考虑操纵员的操作特性及运行习惯后，将各类信息按照标准信息布置模板进行整理显示，得到运行显示功能。布置原则为根据信息的种类来对运行显示功能中的信息进行分组，并将组内信息按照所属系统的不同再划分为不同的子组，子组及子组内的信息按照位号的流水顺序进行布置。并且各运行显示功能使用统一的布置模板。

上述原则的一种典型模板样例如图 4 所示。

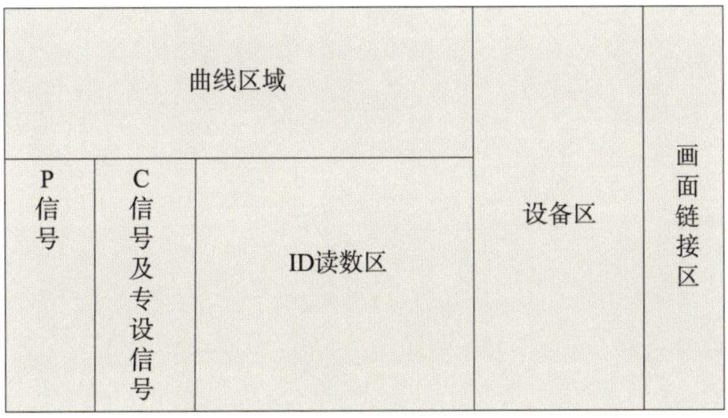

图 4 运行状态显示功能模板样例

按照信息种类分类使得操纵员可以轻易地确定所要寻找的目标信息的类别。而按照类别使用模板统一布置，则可以使操纵员在明确了目标信息的类别后，直接到屏幕上对应小区域中区寻找，而不用考虑所使用的具体是哪个阶段的运行显示功能。图 5 给出了功率运行模式运行状态显示功能的示例。

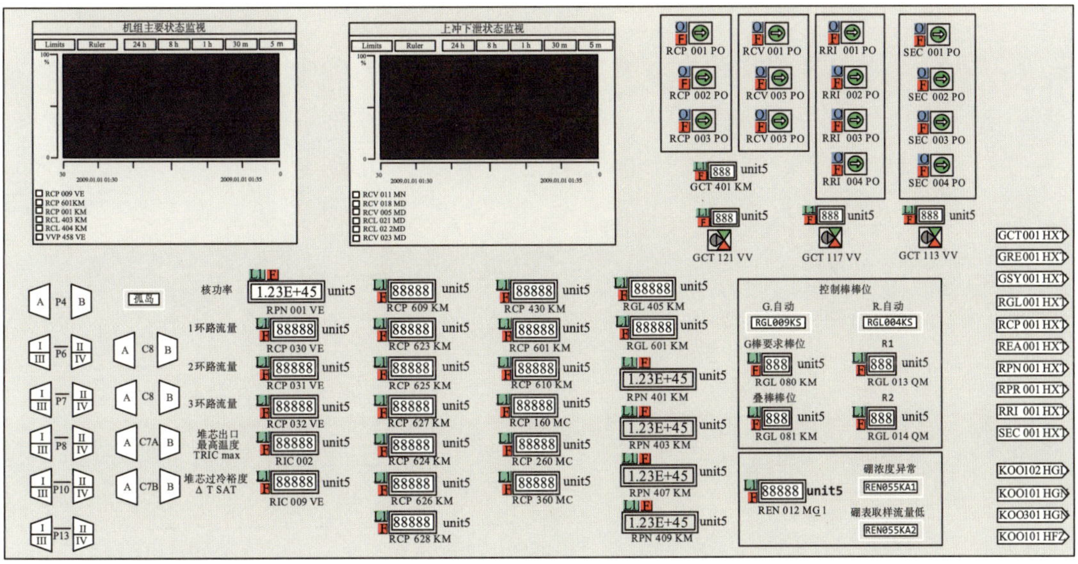

图 5 功率运行模式运行状态显示功能示例

4 总结

本文通过进行田湾核电厂5、6号机组启动运行阶段运行任务功能分析，研究机组各个运行模式的状态转换过程，形成了完整覆盖各个机组运行模式的运行显示功能，以实现总体运行显示功能信息完整性和全局性之间的平衡，使得总体运行显示功能既有足够的针对性，又不至于过于细致而丧失总体性，从而利于操纵员在执行启动运行任务时对电厂状态的总体把握和必要机组状态信息的定期或持续监视，保证电厂经济性（即：保持可靠、高效的正常运行），以及日常运行的安全性（即：检测和纠正偏离正常运行状态，以防止预计运行事件升级为事故工况）。

田湾核电厂5、6号机组电缆敷设设计优化

葛双波[1]

(1. 中国核电工程有限公司郑州分公司，北京 100840)

摘要：电缆敷设设计是核电设计的重要组成部分，具有电缆数量多、分类复杂、用途广泛和要求严格等特点。电缆敷设主要是设计利用电缆敷设软件在电缆桥架布置图纸中为电缆设计出合理的路径及电缆信息，施工单位根据电缆路径清单现场指导施工，路径清单中的电缆信息及长度是核电厂采购电缆及施工的主要参考依据。电缆敷设设计中任何差错都可能给现场带来不利影响，例如造成返工、浪费电缆材料以致增加工程成本，甚至影响工程进度。本文根据 0603 电缆敷设设计过程中产生的，分析并改进电缆敷设进行质量优化。

关键词；电缆敷设；仪控；LX 厂房

1 引言

1.1 背景

电缆敷设设计工作的主要任务是利用电缆敷设专用软件，在电缆桥架布置图纸中为电缆设计出合理路径，用于指导现场电缆敷设施工，并作为核电厂电缆采购数量的主要参考依据。以海南核电项目为例，共设计电缆路径 49 546 根，出版文件 1 424 册，敷设电缆总长度合计 4 010.8 km，历时 2.5 年，分公司最高峰时月投入人力达近 30 人。期间任何设计差错都有可能给后续现场施工带来不利影响，影响整个工程进度。本文通过对海南核电厂电缆敷设设计质量管理工作进行总分析，找出其不足之处，并提出了相应的改进意见，为后续核电厂电缆敷设设计质量管理工作提供参考。

核电设计阶段，用电设备遍布全厂，数万根电缆延伸至全厂各个角落。根据已经完成的 M310 机组统计，全厂双机组有 5 万多根电缆，AP1000 机组因采用了非能动技术，全厂单堆电缆数量 2 万多根，华龙一号在能动的基础上增加了非能动系统，全厂双机组预计突破 6 万根。核电电缆敷设是核电设计中最繁重的一项任务，需完成数量庞大中压、低压、控制、测量、通信、保护组等电缆路径设计。电缆敷设设计包括电缆桥架建网、电缆路径设计、电缆路径出版、现场设计服务及电缆敷设优化等。

核电运行阶段，数量庞大的电缆也会产生比较繁重的检修维护任务，核电厂全厂各子项布局较大，BOP 子项分布在全厂不同区域，跨岛电缆具有长度长、数量多、路径复杂等特点，核岛内数百个房间，电缆路径跨厂房、跨房间较多，加大了检修维护人员的工作强度。郑州分公司研究开发的核电厂全厂可视化电缆管理系统涵盖了全厂除非技术性厂房内部电缆外的所有电缆相关信息，包括电缆两端设备及所属位置、电缆所经电缆桥架长度类

型、电缆类型和采购资料等信息，通过轻量化三维模型的形式展现全厂电缆分布，利用此系统可快速定位故障电缆编码、类型等基本信息及电缆路径及所经过房间等信息，并自动输出最优检修路径，供运行人员选择。本系统可根据填充率不同定义桥架的不同颜色，从而直观了解全厂电缆桥架的满载情况。本系统在技服项目完成后，可自动或手动输入技改内容，以保证系统电缆信息与现场完全一致。

1.2 电缆敷设设计现状

中核集团在建核电厂电缆敷设设计工作主要采用电缆敷设专用软件 CDMS，海南核电厂是首批采用 CDMS 进行电缆敷设设计的核电厂，其电缆敷设设计工作已经基本完成，本部分主要介绍海南核电厂电缆敷设设计质量管理体系。

郑州分公司自 2017 年 3 月启动 0603 电缆敷设设计工作以来，按计划积极开展电缆敷设设计，承担了除核动力院和东北院之外的电缆敷设建网和系统电缆路径设计工作，工作量占项目的 85%。目前已完成 95% 的电缆敷设设计工作，积极配合解决现场安装问题。0603 全厂电缆敷设涉及 292 个系统，相关设备 29 175 台套，共设计电缆 55 145 根，电缆类型 515 种，电缆长度 4676 km，出版电缆路径清单 1758 册（表 1）。

表 1　0603 电缆敷设数据表

代码	类型	根数	长度/m	根数占比	长度占比
A	中压	715	108 885	1.3%	2.3%
B	低压	12 228	839 455	22.2%	18%
C	控制	28 409	2 346 997	51.5%	50%
M	测量	10 695	1 002 165	19.4%	21.5%
P	广播	134	29 625	0.24%	0.6%
T	电话	546	138 755	1%	3%
S	声报警	368	41 384	0.67%	0.9%
I	对讲	145	33 287	0.26%	0.7%
G	光缆	906	112 792	1.6%	2.4%
F	火灾	999	22 483	1.8%	0.5%
总计		55 145	4 675 832	100%	100%

1.3 电缆敷设软件介绍

电缆敷设设计管理系统，简称 CDMS（Cabling Design Management System），是由中国核电工程有限公司与中软信息系统有限公司联合开发的专门用于核电厂电缆敷设的软件，是一款功能强大的电缆敷设设计和管理软件，它涵盖了电缆敷设设计、现场施工管理、防火分析等各个方面。CDMS 软件包括设计模块、任务管理、查询模块、数据接口、防火模块、现场模块、系统管理 7 个部分。0603 项目电缆敷设施工文件为电缆路径清单，预计出版 1100 册，设计周期 20 个月，现场设计服务按照经验会持续到机组发电。

2 电缆敷设设计优化分析

田湾核电厂5、6号机组是参考0426项目建设的最后一个M310机组，与参考核电厂不同之处在于，增加了改进项内容，由于DCS供货商的变化，导致电气厂房5、6层机柜布置和桥架布置变化较大，上述变化对电缆敷设设计产生较大影响。郑州分公司电仪所承担0603工程80%左右的电缆敷设设计任务，在充分考虑差异的基础上，发挥主观能动性，积极开展电缆敷设设计优化工作，主要从LX厂房建网、参考核电厂数据应用、电缆路径设计、DCS相关电缆敷设、图纸管理更新等方面进行了一系列优化，并取得了良好的效果。

2.1 LX厂房建网优化

0603项目DCS供货商与参考核电厂不同，导致LX厂房部分层的布置发生了变化，尤其是机柜高度变高导致桥架层数减少，对桥架布置图产生较大的影响，需重新设计LX厂房主托盘布置图。因此电缆敷设建网也无参考核电厂数据可参考，只能重新建网。电缆敷设建网主要是拾取主、次托盘图纸中的各种建网所需信息，如何能快速准确地提取是优化电缆敷设设计的重要方法。主托盘节点提取过程十分繁琐，传统的方法是，设计人员打开图纸，粘贴5 m×5 m的标准小网格，对照读取每个节点的坐标值（如70-B-N-D），长期如此操作，容易产生视觉疲劳，导致取点坐标错误。为了优化改进提取节点，设计人员充分分析了主次托盘图纸构成，将每张图的MESH网格选择一个X/Y参照先，并引入参照比例和X/Y数字字母，在CAD文件中编写程序语句，调用小插件后可自动生成点选的节点坐标。

如图1所示，左边为主托盘图纸中的MESH网格，右边为开发成功的节点建网工具小插件。在CAD软件中输入“JDJW”命令即可调用此工具，缩放比例为5000/网格边长，节点字体可选取参照字体大小，X参照线可选取80左网格线，Y选取D下网格线。参数设定完成后，可点击“图中选点”，开始选取主托盘节点。

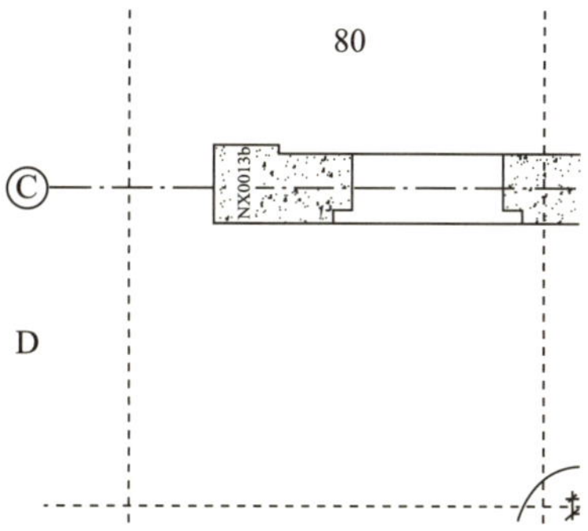

图1 节点建网工具参数选定

鼠标点选节点后，程序文件会自动计算相对坐标的距离，并按比例和参考网格计算出节点具体坐标，自动显示在CAD图纸中，以逗号分开，显示结果如图2所示。做节点数据表时，可复制粘贴进行编辑。不再需要小网格定位，提高了工作效率。

2.2 参考核电厂数据优化

0603工程参考0426设计，并加入了改进项设计，大部分的厂房桥架布置未发生较大变化，在电缆敷设设计支持，分公司内部讨论可以借用参考核电厂0426的建网数据表，筛选相关数据批量处理。在0603项目电缆敷设设计工作开始之初，通过CDMS软件批量

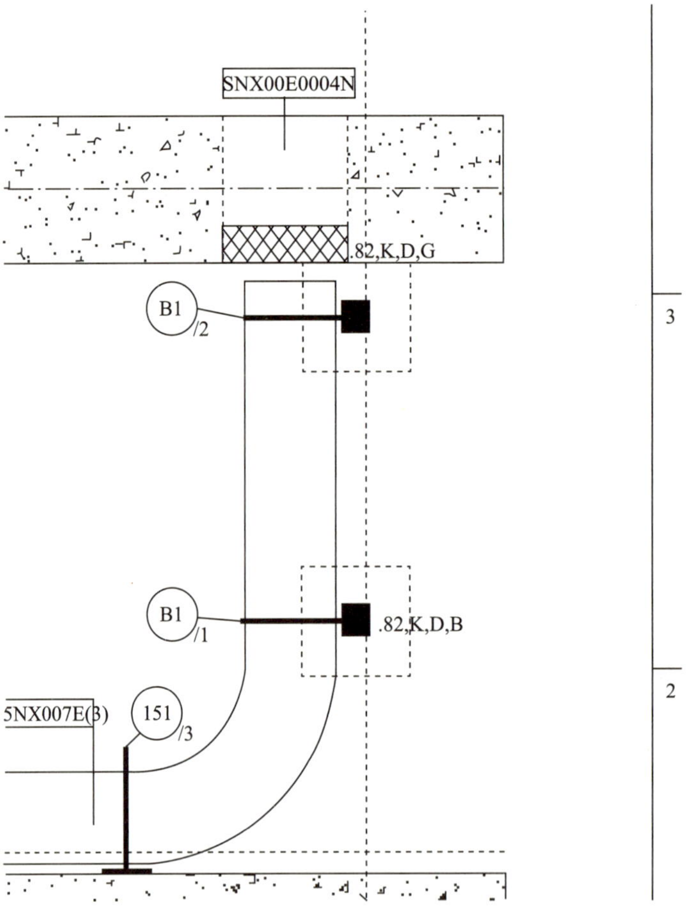

图 2　节点提取效果图

导出了 0426 全厂所有建网数据，包括常规岛和 BOP 子项建网，利用轴线和房间筛选出所需建网的相关建网数据，整理成对应一册图纸的建网数据表，数据表中包含轴线、桥架节点、孔洞、设备、连接等子表格，通过对比 0603 施工图，修改电缆敷设建网数据，针对施工图中修改的内容，及时在数据表中修正，确保了 0603 电缆敷设建网数据与图纸的一致性。

0426 全厂网格分布与 0603 的网格分布不一致，需整体考虑建网换算关系，确定对应关系，保证桥架节点信息的准确性。根据参考核电厂整理完的数据表导入 CDMS 软件时，需先导入孔洞信息，再导连接信息，对于报错内容采用颜色标记，逐一分析无法导入的原因，可能是被连接一方的建网信息尚未导入，需待信息都导入后在建立连接，另一种可能是孔洞信息不匹配，需核实图纸进一步修正。通过利用参考核电厂 0426 的建网数据信息，0603 的电缆敷设建网效率大大提升。

2.3　电缆路径设计优化

核电电缆敷设设计中尤其是 M310 机组，在电缆路径设计时尽可能按照参考核电厂相应路径设计，可以有效避免关键路径的桥架满载，以免影响其他电缆路径设计。因此，

0603 工程电缆路径设计的原则是有参考路径的电缆严格按照参考路径敷设。由于设备布置修改、改进项设计、系统设计变化等原因引起的电缆清单与参考核电厂不一致的情况，需要对此类电缆的路径重新设计。正常设计方法是，确定起终点设备所在房间，判断桥架大致走向，包括上下穿楼层位置，然后根据电缆类型在主托盘图纸中寻找能走通的电缆路径，一步步走到电缆终点，完成敷设。如敷设过程中遇到桥架满载，需更换路径。常规方法的缺点是效率低，并且要求设计人员对全厂桥架走向需十分熟悉。

无参考路径的电缆路径设计比较麻烦，为了有效解决此类电缆的敷设，提升电缆路径设计效率，分公司借助三维模型，自动查询电缆路径，能够便捷的输入所需经过的桥架名，设计人员可根据三维路径敷设电缆路径，能够大大提高敷设效率。PDMS 软件中已建立了设备位置和核岛桥架模型，只需确定起终点设备位置，在桥架距离设备较近处建立虚拟连接，根据所需敷设的电缆类型（中压、低压、控制、测量、通信）确定敷设桥架类型，软件可自动寻找能够敷通的路径，并将最终路径输出供设计人员使用。设计人员需判断电缆路径是否满足要求，然后再在 CDMS 软件中进行敷设出版。此方法较传统方法效率大大提高（图 3）。

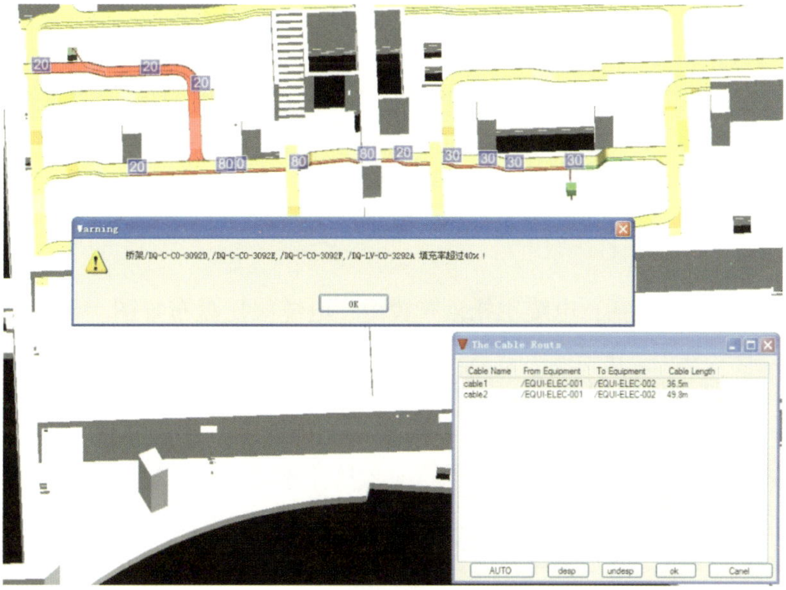

图 3　PDMS 电缆路径设计

2.4　DCS 电缆敷设优化

参考核电厂 0426 项目 DCS 采用美国 IOM 供货商的控制系统，0603 项目 DCS 由核利时公司供货，不同的供货商机柜尺寸和布置均不相同，柜间电缆的布置也不同，因此 DCS 柜间电缆需重新敷设，无任何可参考信息。DCS 相关电缆有 6600 余根，在系统设计中属于电缆较多的，DCS 电缆由 DCS 供货商开列，总部仪控专业审核后转而提资给分公司完成敷设工作，鉴于流程流转复杂，留给我们敷设的时间并不充裕，往往是收到提资后一个月内必须完成敷设并完成出版（表 2）。

表 2　DCS 电缆数据表

DCS 电缆类型	KCP 电缆数量/根	KCS 电缆数量/根
低压电缆	1052	192
控制电缆	2809	846
测量电缆	668	144
通信电缆	612	330

为了按计划保质保量完成 DCS 电缆敷设工作，分公司电仪所收到总部仪控所提资后，采取了一系列措施以提高电缆敷设效率：

1）整理相关电缆，将起终点设备在相同房间路径相似的电缆安排由同一设计人员敷设完成；

2）电缆起终点设备在不同层或距离较远、跨厂房的电缆安排由设计经验丰富的设计人员完成；

3）利用三维桥架模型，导出桥架分类布置图，让设计人员明确桥架通道走向，便于规划路径；

4）不同版次的电缆表修改由同一设计人员完成，避免升版遗漏；

5）与 DCS 设计、采购人员保持良好沟通，随时修改电缆信息。

经过上述一系列措施，DCS 相关柜间电缆按时完成出版，并在后续提资升版时做到了每一处修改的跟踪记录，以便应对现场问题的解决。

2.5　图纸数据管理优化

电缆敷设相关图纸包括：电缆主托盘布置图、电缆次托盘布置图、建筑平面图、网格坐标图、BOP 子项图等，在电缆敷设设计初期，设计人员会根据收到的提资图纸开展建网工作，将设备、桥架等图纸中的信息输入 CDMS 软件，供电缆路径设计使用。为了有效保证电缆敷设建网图纸的最新，图纸管理安排两个文件夹，一个用来放置收到的图纸资料单，另一个按厂房和图册放置收到的图纸，前者只存放通过正式渠道收到的资料单，后者则存放所有图纸，升版修改图纸时应标记更新时间，便于判断最新图纸。

电缆敷设相关图纸均开通共享功能，只有管理员具备修改和写入权限，其他设计人员在电缆敷设时可以随时打开共享文件夹只读图纸信息。电缆敷设管理人员同时将最新版图纸信息上传至 CDMS 软件，保证两处图纸的一致性。

3　电缆敷设设计优化成果

电缆敷设设计工作与参考核电厂相比存在很多不同，分公司根据实习情况和电缆敷设设计经验，做出了优化措施，在一定程度上解决了电缆敷设设计困难，并且取得了显著的效果，超预期完成了电缆敷设建网，提前 5 个月完成了 5+9 号机组电缆路径清单出版，电缆路径设计更加便捷，现场问题的处理也更加高效。

3.1 提升建网效率

分公司在0603电缆敷设工作开始之初，对参考核电厂数据进行了分图册、分区域处理，批量将机组号、网格坐标等数据进行处理，并将导入CDMS软件前的建网数据与0603施工图进行对照核对差异，并及时修改建网数据，形成了一套详细的操作方法，有效保证了0603项目建网数据的准确性，大大缩短了建网时间，提高了建网效率，缩短建网时间60%左右。

针对LX厂房需重新建网问题，分公司提前组织人员针对性的开发了小工具软件，利用工具可以自动拾取CAD图纸中的部分信息，然后通过EXCEL文件中的宏命令，将数据批量处理成能导入CDMS软件的数据。能够在一定程度提升建网效率，可缩短建网时间35%左右。

3.2 提前出版文件

0603工程是最后一个M310机组项目，在拥有丰富的M310机组设计经验的基础上，业主提出了59个月的建造计划。电缆敷设任务开始之初，为了匹配现场施工进度，设计部在参考核电厂出版计划的基础上，提前1~3个月编制了3级进度计划。电缆敷设设计开始后，在三院四方会上，业主提出提前出版电缆路径清单的需求，并要求提前4个月完成5+9号机组电缆路径清单出版，以便现场开展施工。

分公司充分响应业主和设计部的号召，科学合理规划主次托盘图纸建网计划，将施工图作为第一次建网图纸，将细化图作为第二版图纸进行建网数据修改，保证建网数据的准确性。编制了电缆路径清单赶工计划，内控保证在现场需求前半个月出版文件并开始审签。为了保证计划的有效完成，批量索要上游系统电缆表，并开展周例会，每周一上午汇报上周完成情况并通知本周任务，督促设计人员加班完成电缆路径设计任务。经过一系列的努力，最终提前5个月完成了5+9号机组电缆路径清单出版任务。

3.3 提高路径敷设效率

0603工程由于改进项、系统设计、设备布置、BOP部分子项等变化，导致系统电缆表与参考核电厂不一致，大量电缆需要重新设计路径。传统电缆路径设计方法效率非常低，人均一天敷设5~8根电缆，远远不能满足现场需求。分公司借用PDMS软件三维模型首次尝试在模型中预敷设，将电缆路径敷设方案再导入CDMS软件，可以有效提高电缆路径设计效率。

3.4 高效解决现场问题

分公司为高效解决现场电缆敷设施工问题，派3名电缆敷设设计设计人员长期驻扎0603现场，及时解决施工问题。核电安装阶段，电缆敷设问题往往被最后发现，例如设备到货现场后，发现自带供电箱无对应电缆供电，直接影响设备的调试验收，系统调试阶段发现某根控制电缆现场未敷设，如不尽快处理，很可能会影响现场调试节点。因此，电缆敷设犹如医院的救护车，务必保证最快速度解决现场问题。分公司电缆敷设一直遵循“137原则”，现场小问题由设代1天内给出解决方案，设代不能解决的问题反馈到分公司后3天内务必讨论给出解决方案，重大问题一周内必须解决，如无法解决需上报所内知悉。这一原则有效解决了现场电缆敷设问题的解决效率，为现场施工铺平了道路。

4 结论

电缆敷设设计是核电设计的重要组成部分，涉及各个厂房以及电气、仪控、通信、工艺等多专业，优化的电缆敷设设计可以给核电的建设降低成本并节约工期。经过参与多个核电厂的电缆敷设设计及施工，了解了电缆敷设在整个项目中扮演的角色，能够独立完成好各项设计任务。每一项目完成以后我们都应总结在项目进行过程中需要优化的地方，通过分析现场遇到的设计图纸、施工问题和接口问题，提出需要优化的地方，为后续核电设计提供经验与帮助。

参考文献

[1] 熊宇.EM8 安装技术要求金属结构现场预制、电缆桥架和接地系统.2010.10.
[2] 肖孟男,熊宇. 在地震条件下电缆桥架的安装说明.2008.9.
[3] 肖孟男. 固定电缆附件安装标准图.2009.01.
[4] 张昊. 核岛电缆敷设准则.2007.12.
[5] 许玫. 电气设备隔离准则.2007.11.

田湾核电厂5、6号机组电气物项细化材料统计定制开发

刘院写[1]，刘鹏然[1]
（1. 中国核电工程有限公司，北京 100840）

摘要：田湾核电厂5、6号机组基于PDMS三维平台进行三维细化设计，其中电仪专业的设计主要包括主、次电缆桥架和支吊架的三维模型布置，为满足田湾核电厂5、6号机组细化设计特点和高精度的设计理念，电仪专业有针对性地对细化设计材料统计进行开发，同时在设计中的各个环节制定了相应的质量控制措施，以提高电气物项细化材料统计的质量和效率。本文主要介绍了如何制定相关措施及利用二次开发工具，在建模、校对、材料统计等环节提高三维设计质量。

关键词：三维细化设计；材料统计；仪控

1 引言

三维协同设计是工程设计行业发展的趋势，三维设计工具提供了一种可视化的设计过程。田湾核电厂5、6号机组基于PDMS三维平台进行三维设计，核电厂三维模型按1∶1的比例建立，在PDMS中进行材料统计，大大提高材料统计的效率和精度，且充分利用三维设计成果。细化设计工作主要是在现场安装之前，对电缆主托盘、电缆次托盘、照明图、通信等进行二次设计，以用于指导现场备料、预置等工作，对细化设计中的材料统计内容需要更为准确。为更好完成细化图纸设计工作，相对参考核电厂进一步提升设计成品质量、工作效率，便捷、快速指导现场安装施工，充分借助PDMS三维模型，实现主、次托盘及支吊架安装材料的自动统计，进一步提升细化设计图纸的出图速度和准确性，提高设计效率。

结合田湾核电厂5、6号机组三维模型情况，在PDMS的基础上对电气物项细化材料统计进行定制开发，通过电气物项细化材料统计工具，直接从PDMS模型中导出细化设计材料清单，统计结果详细、准确，极大提高了细化设计工作效率，节省大量人力，同时开发其他工具辅助电气物项细化材料统计，提高三维模型设计质量，提高细化设计的工作效率；细化统计结果说明所开发工具集的优化功能。以期对后续类似项目提供借鉴和参考。

2 三维细化工作内容

2.1 三维模型要求

田湾核电厂5、6号机组三维细化设计及材料统计主要针对主电缆桥架、次电缆桥架、

支吊架模型。相应准确的三维模型才能保证统计出的材料清单准确，首先保证模型外形与CAD图纸相同，再根据主、次电缆桥架、支吊架各自的特点校核模型。模型所包含的属性信息需要完整。

1）主、次电缆桥架细化设计

三维设计人员根据工作程序及CAD图纸从ZONE层开始依次创建，主、次电缆桥架，需要准确定位模型，参考土建厂房的墙、地板或梁柱的坐标来定位。

主、次电缆桥架模型类型严格按照图纸选择，设置桥架参数包括桥架类型、宽度、长度、弯头、隔板、连接形式、是否加盖等，确保后期材料统计的正确性。次电缆桥架建模过程中还需要与其他专业进行局部综合，适当调整次电缆桥架。

细化设计时则要求校核模型，主电缆桥架中COMPONENTS元件需要逐一命名，次电缆桥架中COMPONENTS元件不需要命名，但要保证BRAN层命名正确。

2）支吊架细化设计

根据设计提供的标有支架编号的主、次电缆桥架布置细化图和支吊架材料清单等选取正确的元件。要根据细化图准确的定位，按照命名规则要求对支吊架进行命名。

具体命名规则按照《CNPE-MSW-5120-1070　田湾核电站扩建工程5、6号机组三维细化设计工作细则》中的规定命名。模型校核完成后按照细化材料统计步骤导出材料清单。

2.2　三维统计结果要求

主、次电缆桥架材料统计：以桥架段为单位，统计出每一段桥架中的直段长度，弯头、三通、四通、垂直及水平转向鱼尾板、转接装置等个数；隔板以段为单位，统计出每段隔板的长度。材料统计可以按区域、视图、框选等方式自由统计，也可以根据设计的要求进行单张图纸、一个房间、一册图纸等方式进行统计。

支吊架材料统计：以单个支吊架为单位，统计出每个支吊架的型钢单个长度以及相同型钢的汇总长度，拖臂、U型卡、连接杆、锚固板、盖板等元件的个数，每个支吊架材料信息还需要包括房间号和编号信息。

3　三维细化材料统计程序

针对田湾核电厂5、6号机组（0603工程）细化设计工作特点及要求，在PDMS软件中采用PML语言进行二次开发，开发了主、次桥架细化材料统计程序，便于准确统计细化的材料清单，省时省力。

主电缆桥架及支吊架细化材料清单统计在一个程序界面，模型统计前需要先根据细化图纸信息按顺序添加桥架及支吊架房间号，支吊架编号，核查是否漏设后统计材料清单。相应的程序界面如图1所示。

图 1　主、次桥架细化材料统计程序界面

4　细化设计的质量控制措施

为提高 0603 项目的三维设计质量，亟需在三维设计的各个环节制定相应的质量控制措施：从三维模型初始建立、校对到建立统一的三维设计程序命名体系，到深度二次开发辅助工具进行三维设计命名校验，再到定制开发细化材料统计工具降低人工干预度，提高细化图设计质量。通过这些措施，在田湾核电厂 5、6 号机组三维细化设计中，设计质量得到了有效控制，三维模型质量得到了极大提高，自动导出的材料量信息也更为准确，为工程细化设计工作带来了极大的帮助。

4.1　细化设计工作流程

0603 项目细化设计中，设计人员需要按照要求提供标有支架编号的主、次托盘布置细化图图纸，三维设计人员按照细化图核对模型，增加模型中桥架、支吊架属性信息，应用细化材料统计工具统计出初步的细化材料清单提供给设计；设计按照三维提供的材料清单校核并编制出版细化设计材料清单。过程中三维设计结合施工图、出图前专业综合结果校核细化设计图纸内容并及时反馈，设计反过来校核三维导出的材料清单，同时省略人力计算材料清单的过程，保证了模型、图纸和材料的一致性，细化材料清单更准确，工作效率也得到提高。

4.2　新增相关程序文件、工作细则及规定并进行宣贯

根据 0603 项目细化设计工作实施情况，电仪专业新增编制了《田湾核电站扩建工程

5、6号机组电仪所细化设计文件编码细则》《电气仪控所田湾核电站扩建工程5、6号机组火灾细化设计工作细则》《田湾核电站扩建工程5、6号机组照明细化设计工作细则》《田湾核电站扩建工程5、6号机组电缆次托盘细化设计工作细则》《田湾核电站扩建工程5、6号机组电缆主托盘细化设计工作细则》等规定，相应三维设计也新增了《田湾核电站扩建工程5、6号机组三维细化设计工作细则》。这些实施细则及规定，规范了各级设计人员的设计流程和设计要求，提高了设计成品质量，制定了各类出图及清单的设计模板，保证了出版文件的一致性。

电仪专业及时对这些程序文件和规定进行了学习和宣贯，保证了各项设计工作的顺利进行。

4.3 工作内容培训

细化设计工作开始之前，针对细化设计工作，安排电气物项细化材料统计定制开发负责人对参与三维细化工作的设计人员进行必要的培训，其培训内容主要包括三维设计相关工作程序、企标、技术规格书以及电仪专业相关图纸等。通过培训使设计人员对三维设计内容有整体性、统一性认识，用以指导并规范设计人员的工作流程和设计标准，使三维设计更规范化、程序化，确保三维设计的准确性和可用性。在注重理论培训的同时，加强实践培训，设计过程中遇到问题及时解决，并开发辅助工具，提高工作效率及质量。

4.4 积极开发各类软件及工具

针对三维建模有些操作过于重复及繁琐，已建模型中有些错误目视不易察觉，有规律的错误需要进行批量查证和修改，对已有模型做一些数据统计工作等情况，电仪专业自主开发了一系列的软件及相关工具，提高工作效率，保证了模型和材料清单的质量。

1）三维模型校验工具

原来的模型校验，是校验者根据CAD图纸定位尺寸，逐步测量三维模型，查漏补缺，核查模型的准确性，这样工作效率低，且容易出现质量问题。为提高校验速度和校验精度，提高模型质量，在CAD下开发工具，把CAD图纸直接转化为PDMS可以识别的辅助线，导入PDMS中直接核查三维模型。根据辅助线与模型是否重叠来核查模型的准确性（图2，俯视图）。

黄色主桥架模型，蓝色支吊架模型，白色土建模型，洋红色为辅助线，通过这种可视化的对比使模型校验工作更为直观、准确。

2）主电缆桥架模型设计工具

0603项目细化设计材料统计程序主要根据桥架命名来确定桥架类型规格，BRAN层下元件同样需要按照命名规则命名，因此需要保证桥架模型命名正确。三维模型修改过程中，BRAN及其COM元件命名难免发生变化，COM元件太多，逐个命名工作效率太低，且易产生命名错误导致材料统计不准确；另外三维设计阶段，为实现桥架材料按照单张图纸统计，主桥架跨房间跨图纸时，桥架建到同一BRAN中需要拆分BRAN，故而开发了BRAN命名简化程序。开发工具界面如下，桥架命名操作更快捷，统计更为简单（图3）。

3）次电缆桥架建模工具

根据0603项目三维模型特点，次电缆桥架三维模型完全按照图纸规格建模，相应

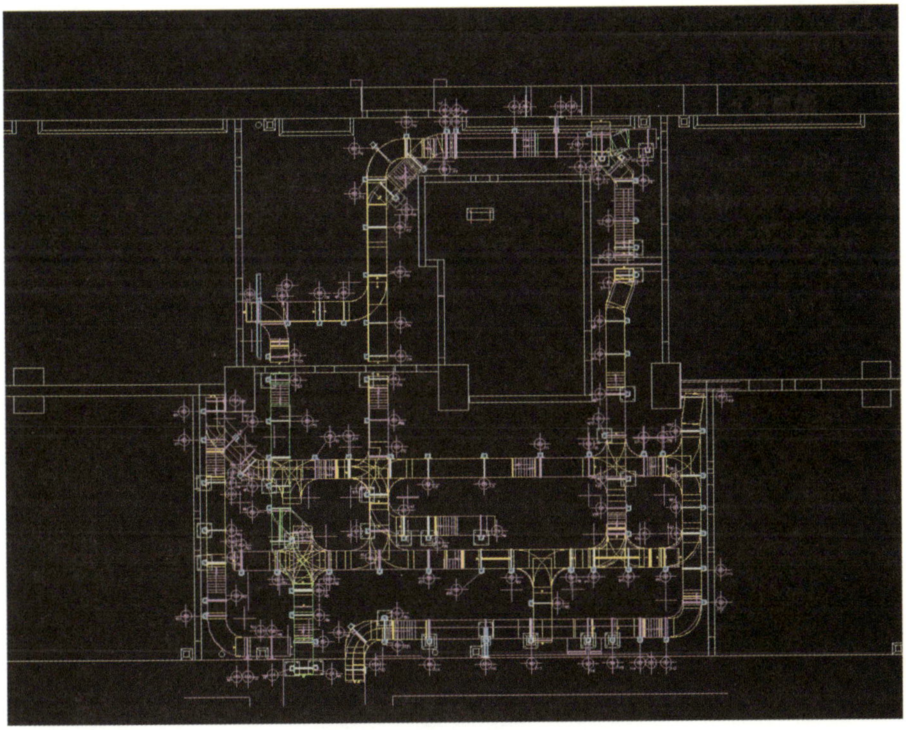

图 2　主、次桥架细化材料统计程序界面

BRAN 层次下 COM 元件无需命名，但 BRAN 命名位数较多，完全手动输入会增加错误率，开发次托盘建模工具简化设计，提高工作效率，保证模型质量。开发工具界面如图 4 所示。

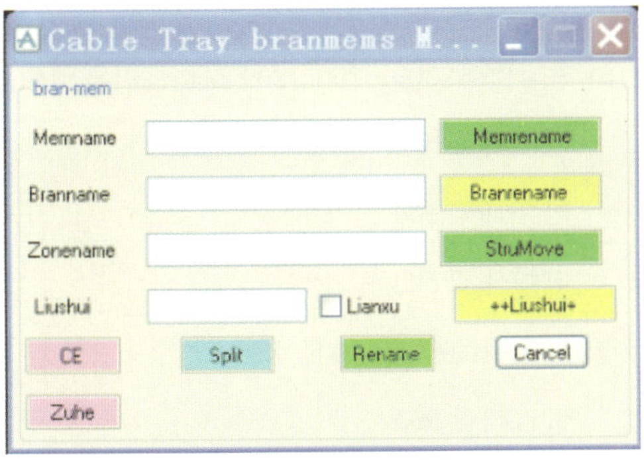

图 3　BRAN 命名及拆分工具

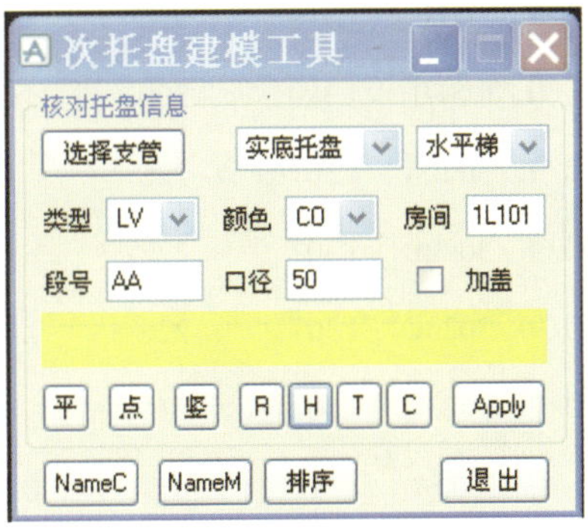

图 4　次托盘建模工具

4.5　加强校审过程控制

采用三维核电厂设计系统暨 PDMS 进行核电设计，提高了设计效率和准确率，但是也带来了不同于传统二维设计的问题。校核及时进行三维模型校审工作，避免后续建模完成后大量修改及返工。

4.6 质量改进

1）加强经验反馈

三维设计人员对细化工作中的典型问题进行总结，在公司理正办公系统的经验反馈平台上，完成了多项经验反馈工作。将各环节发现、反馈的问题、经验教训及时、高效地反馈到每一个细化设计人员，将已有经验反馈到后续设计中去。平时工作中多进行相互交流可以互通有无，共同提高。

2）加强质量问题宣贯

在细化设计过程中对于反馈的质量问题，集中宣贯并分析原因，找到改进措施。详细介绍问题产生原因及处理过程及处理方法，让细化设计人员吸取经验教训，学习处理类似问题的方法，避免相关问题再次出现。

5 三维细化材料统计结果

由 PDMS 三维模型直接导出主、次托盘及支吊架细化设计材料清单更为准确，经格式微调后可直接用于细化设计出图。以下列举主桥架、支吊架、次桥架细化材料清单，如表 1~表 3 所示。

表 1 主桥架材料统计清单

托盘编号	房间号	部件标准号	数量	单位	部件描述
C/CO/9L/3051A	L310	226	1.08	米	电缆梯架 500
C/CO/9L/3051A	L310	234	1	个	用于电缆梯架 500 的水平 90°弯头 R500
C/CO/9L/3051B	L310	226	1.85	米	电缆梯架 500
C/CO/9L/3051B	L310	300	4	个	用于桥架 500、300、200 的垂直可调节鱼尾板
LV/CO/9L/3022A	L307	226	1	米	电缆梯架 500
LV/CO/9L/3022B	L307	226	1.08	米	电缆梯架 500
LV/CO/9L/3023C	L307	226	0.78	米	电缆梯架 500
LV/CO/9L/3023C	L307	234	1	个	用于电缆梯架 500 的水平 90°弯头 R500
M/CO/9L/3060A	L310	231	0.4	米	带盖托盘 300
M/CO/9L/3060B	L310	231	2.88	米	带盖托盘 300
M/CO/9L/3060B	L310	239	1	个	用于带盖托盘 300 的水平 90°弯头 R500
M/CO/9L/3060B	L310	300	4	个	用于实底 500、300、200 的垂直可调节鱼尾板
M/CO/9L/3060C	L310	231	0.68	米	带盖托盘 300
M/CO/9L/3060D	L310	231	0.64	米	带盖托盘 300

表 2　支吊架材料统计清单

支架编号	房间号	安装方式	部件标准号	数量	单位	部件描述
8	L307	138	35	0. 29+0. 29+1. 00=1. 58	米	方钢 100×100×6
8	L307	138	329A	2	个	用于方钢 100 的盖板
8	L307	138	61	2	个	锚固板 P4A
8	L307	138	9	2	个	托臂 U 型卡 121×140×M12
8	L307	138	194	1	个	托臂 CS5 水平安装（托臂长度 520）
8	L307	138	190	1	个	托臂 CS5 水平安装（托臂长度 670）
24	L307	80	35	0. 4	米	方钢 100×100×6
24	L307	80	329A	1	个	用于方钢 100 的盖板
24	L307	80	9	1	个	托臂 U 型卡 121×140×M12
24	L307	80	194	1	个	托臂 CS5 水平安装（托臂长度 520）

表 3　次桥架材料统计清单

托盘编号	元件描述	标准号	材料汇总	单位
	实底托盘部分			
/A/LV/CO/1L306/AA	带盖托盘 100	232	2. 6	米
/A/LV/CO/1L306/AA	用于带盖托盘 100 的水平 90°弯头 R150	240	1	个
/A/M/RE/1L306/K 带盖	带盖托盘 50	233	7. 18	米
/A/M/RE/1L306/K 带盖	用于带盖托盘 50 的水平 90°弯头 R150	241	3	个
/A/M/RE/1L306/K 带盖	用于实底 50 的垂直可调节鱼尾板	302	4	个
/B/C/GR/1L306/YS 带盖	带盖托盘 100	232	6. 39	米
/B/C/GR/1L306/YS 带盖	用于带盖托盘 100 的水平 90°弯头 R150	240	2	个
/B/C/GR/1L306/YS 带盖	用于实底 100 的垂直可调节鱼尾板	301	4	个
	带孔托盘部分			
/LV/CO/1L509/AB	带孔托盘 200	228	16. 54	米
/LV/CO/1L510/AB	用于带孔托盘 200 的水平 90°弯头	236	2	个
/LV/CO/1L511/AB	用于桥架 500、300、200 的水平可调节鱼尾板	304	4	个

6　结论

本文介绍田湾核电厂 5、6 号机组电仪专业三维细化设计工作内容、三维细化设计流程、制定相关措施，结合二次开发工具，有效地解决了电仪专业三维细化设计工作中的难点，提高了三维模型的设计精度，规范三维模型的命名，导出细化设计材料清单，极大地提高了模型质量，减少了因人为原因引起的模型错误，工作效率得到很大的提高，为田湾核电厂 5、6 号机组细化设计工作的顺利完成提供了坚实保障。

参考文献

[1] 王元.PML 基础. 2005.11.
[2] 张军. 三维模型质量检验方法的探讨.2012.02.25.
[3] 张涛. 三维数字城市模型质量检验方法的研究. 2015.09.
[4]张昊. 核岛电缆敷设准则.2007.12.
[5]许玫. 电气设备隔离准则.2007.11.
[6]徐轲. 田湾核电站扩建工程 5、6 号机组电缆次托盘细化设计工作细则.2017.6.
[7]徐轲.田湾核电站扩建工程 5、6 号机组电缆主托盘细化设计工作细则.2017.6.

大修再供电系统布置改进分析

徐向华[1]，陈凤新[1]
（1. 中国核电工程有限公司郑州分公司，北京 100840）

摘要：大修期间再供电（LRT）系统以 380 V AC、220 V AC 和 110 V DC 电源作为再供电系统电源，在厂用配电设备大修期间，正常情况下由厂用电源供电的负荷，改由再供电系统供电，那么，这就牵涉电源切换问题。根据参考核电厂及业主反馈，以往 M310 核电厂采用再供电抽屉的 LRT 系统电源切换方式存在诸多不便，如再供电抽屉较重，转运至设备间麻烦；再供电抽屉所在配电盘仍有部分正常供电设备，影响检修维护人员安全；再供电抽屉电源切换需现场临时接线，导致设备间临时电缆太多，尤其大截面电缆，弯曲不便，且不能永久固定；存在火灾危险和人身安全隐患等。因此，针对该问题，0603 工程进行了 LRT 系统改进，旨在 LRT 系统电源切换可靠便利。本文对 LRT 系统改进项方案进行分析及布置设计介绍，为后续核电厂设计参考积累经验。

关键词：核电厂大修；电源；LRT 系统

1 引言

核电厂在机组正常停堆换料期间，为保证日后机组安全可靠运行，正常供电配电盘会按计划停电进行检修维护，这样会导致配电盘下游负荷失电不可用，如照明盘、风机、吊车、电梯、工艺泵、监测仪表、直流操作等与检修换料相关不能断电的负荷，因此需要为这些负荷提供大修期间再供电电源，此系统称之为大修期间再供电（LRT）系统。

2 系统设计

LRT 系统电源分为 380 V AC、220 V AC 和 110 V DC。

2.1 参考核电厂设计

简单地说，LRT 系统整体由以下几个部分构成：

1）再供电接线箱

在给每个再供电设备提供正常电源的开关附近都安装了一个永久固定的大修再供电接线箱，这个接线箱电源由 LKA/LKB/9LKI/9LBG 提供电源。接线箱装有微动开关，与替用抽屉联锁，箱门打开时，使再供电回路断路器欠压保护跳闸。

2）替用抽屉

在大修期间，再供电负荷的正常供电抽屉（断路器或接触器单元）被替用抽屉（断路器或接触器单元）所替换，替用抽屉与其相对应的再供电接线箱用可移动电缆相连接。

替用抽屉采取防误插措施，内装有微动开关，用于抽出时触发上级断路器的欠压保护跳闸。这些抽屉平时放置于电气设备储藏室。

3）移动电缆

为了实现接线箱与替用抽屉的动力连接和上述的防误插功能，抽屉上带 12 m 长的软连接电缆。包括一根长 12 m 的四芯动力电缆和一根长 12 m、2×1. 5 mm^2的控制电缆。

4）控制操作部分

只有在接线箱关闭，且替用抽屉被插入并锁定在再供电回路盘柜内时，再供电回路断路器才能闭合。闭合后再供电回路断路器以与正常运行相同方式的手动操作。

LKA/LKB 为 380 V AC 系统提供电源，其原理接线图如图 1 所示；9LBG 为两机组的 110 V DC 提供电源，其原理接线图如图 2 所示，9LKI 通过一个 380 V AC/220 V AC 变压器实现为两机组 220V AC 提供电源，两机组通过接线箱内的转换开关实现切换的，其原理接线图如图 3 所示。

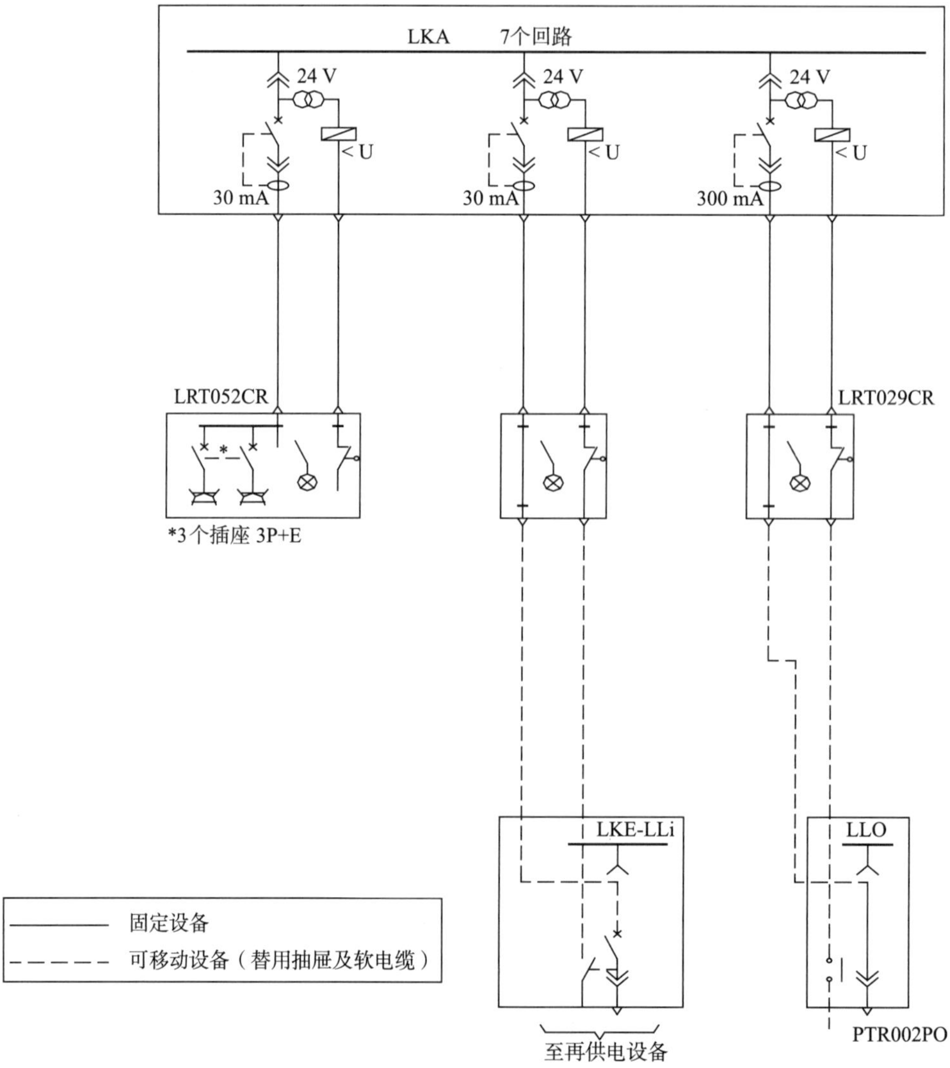

图 1 LKA/LKB 为 380 V AC 系统供电原理接线图

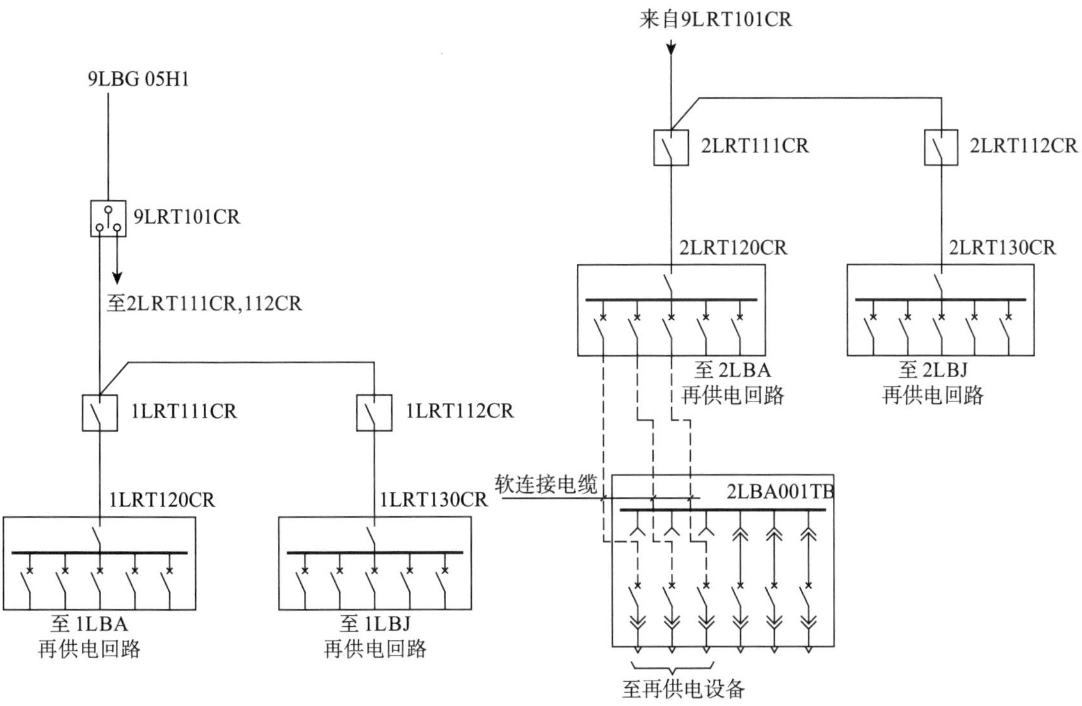

图 2　9LBG 为两机组的 110 V DC 供电原理接线图

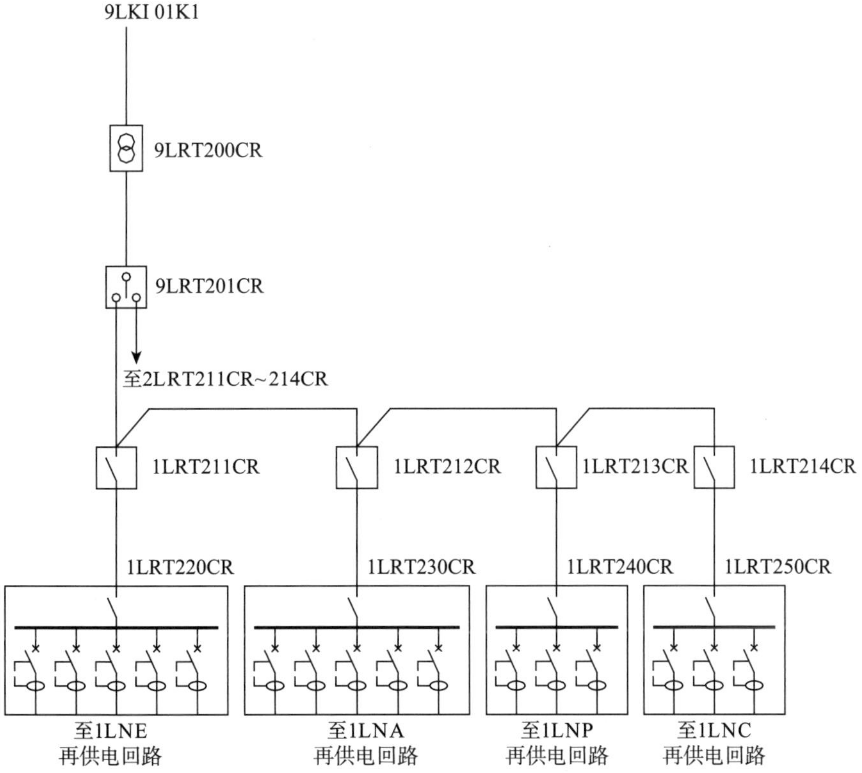

图 3　9LKI 通过变压器为两机组 220 V AC 供电原理接线图

PTR 泵的再供电接线箱下游，通过软电缆连接了一个母线桥单元，以替代负荷正常供电回路的动力电源。用于试验插头相连接的控制按钮，在正常供电接触器单元上，就地控制再供电断路器的闭合。一旦再供电断路器闭合，则 PTR 泵启动。从正常供电接触器单元到再供电回路断路器的切换命令过程中，一直维持跳闸保护的功能。此切换操作是通过一个安装于母线桥单元的 110 V DC 继电器实现的，其原理接线图见图 4。

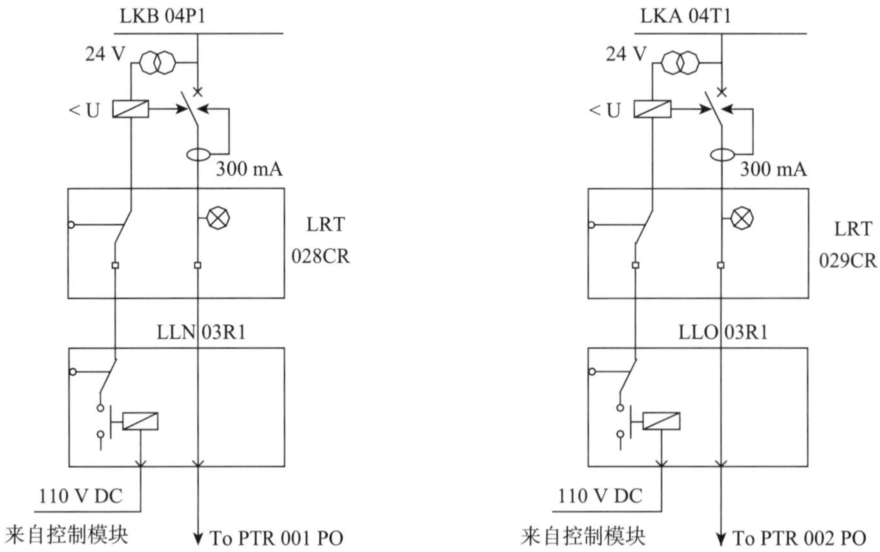

图 4　从正常供电接触器单元到再供电回路断路器的切换原理接线图

2.2　本次改进设计

1）380 V 再供电系统构成

（1）再供电插座箱

将参考核电厂中的再供电接线箱改为插座箱（一台插座箱对应一个再供电设备回路），同样固定于给再供电设备提供正常电源的开关附近，插座箱的上游配电盘电源不变。

（2）正常电源插座箱和插头箱

取消了替用抽屉和移动电缆，每个正常运行回路中均新增了一个永久正常电源插座箱和正常电源插头箱，固定于再供电插座箱附近。正常运行时，再供电负荷的正常电源插头箱插头插于正常电源插座箱，在大修期间，将正常电源插头箱上的插头从正常电源插座箱转插到再供电插座箱，完成正常运行电源与再供电电源的切换操作，并实现了电气的电源的物理隔离。

（3）控制操作部分

改进后的再供电实现完整控制操作为：①至再供电负荷的正常运行电源从 380 V 配电盘中断开并隔离挂锁；②将相应的 380 V 正常运行电源插头箱上的插头从正常电源插座箱上拔出，并将正常电源插座箱上插座挂锁隔离；③确认再供电插头箱上游 380 V 再供电母线出线单元的开关处于断开隔离状态；④将大修再供电插座箱插头上的机械锁打开，并将正常运行电源插头箱的插头插入；⑤通过闭合位于上游 380 V 再供电电源母线出线单元的开关给再供电插座箱供电，相应负荷实现再供电。

其控制原理图如图 5 所示，图 5（a）适用于一般小三箱类负荷，图 5（b）适用于电机、加热器等含有二次控制类负荷。

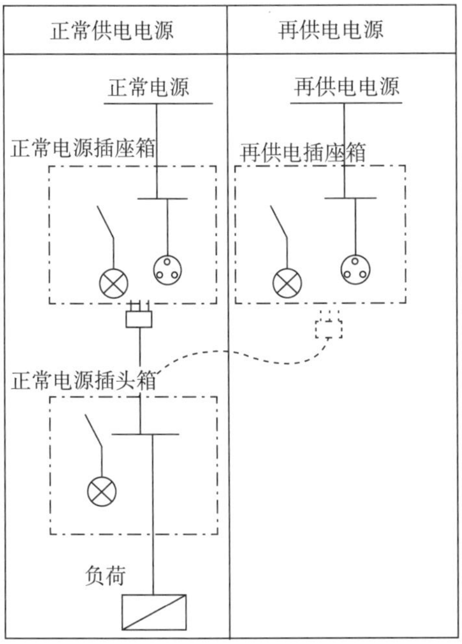

(a)

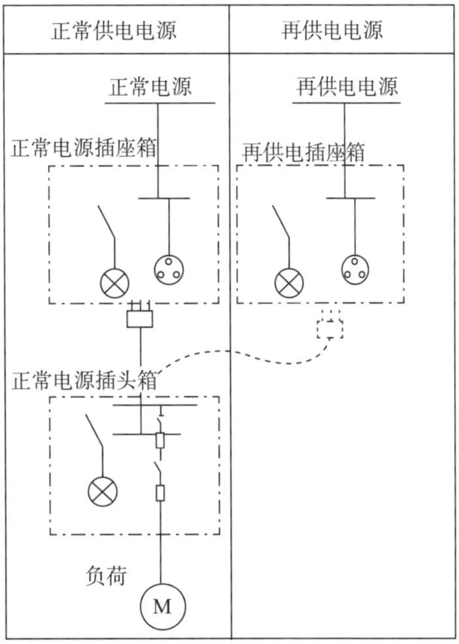

(b)

图 5　380 V 再供电系统控制原理图

2）220 V AC 和 110 V DC 再供电系统构成

（1）再供电插座箱

将参考核电厂中的再供电接线箱改为插座箱（一台插座箱对应一个再供电设备回路），同样固定于给再供电设备提供正常电源的开关附近，插座箱的上游配电盘电源不变。

（2）开关箱

每个上述再供电插座箱配置一个开关箱，用于插座箱的投入。

（3）切换箱

用于机组之间的再供电电源切换，切换后给相应机组的开关箱下游的插座箱供电。

（4）变压器箱

用于交流 220 V 再供电系统，两机组共用。

改进后的再供电实现完整控制操作为：①至再供电负荷的正常运行电源从 110 V DC 或 220 V AC 配电盘中断开并隔离挂锁；②将正常运行电源插头箱上的插头从正常电源插座箱上拔出，并将正常电源插座箱上插座挂锁隔离；③确认再供电插头箱上游 110 V DC 或 220 V AC 开关箱开关处于断开状态；④将大修再供电插座箱插头上的机械锁打开，并将正常运行电源插头箱的插头插入；⑤通过闭合位于上游设备的开关或断路器给再供电开关箱供电；⑥闭合开关箱上的开关给再供电插座箱供电，相应负荷实现再供电。

其控制原理图如图 6~8 所示，其中图 6 为 110 V DC 再供电系统配电原理接线图，图

7 为 220 V AC 再供电系统配电原理接线图（1 号机组），图 8 为 220 V AC 再供电系统配电原理接线图（2 号机组）。

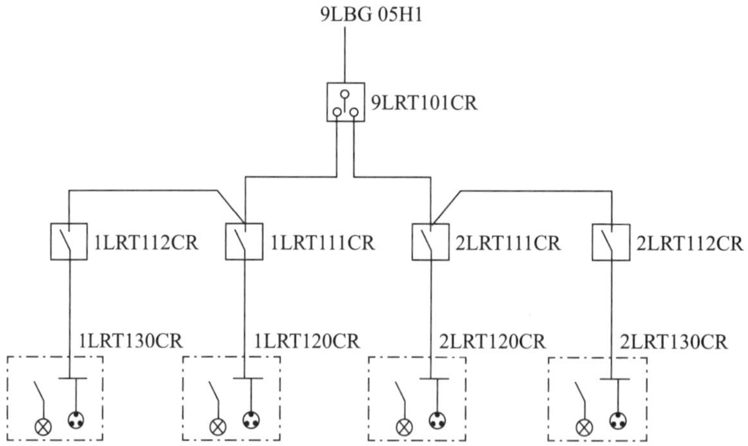

图 6　110 V DC 再供电系统配电原理接线图

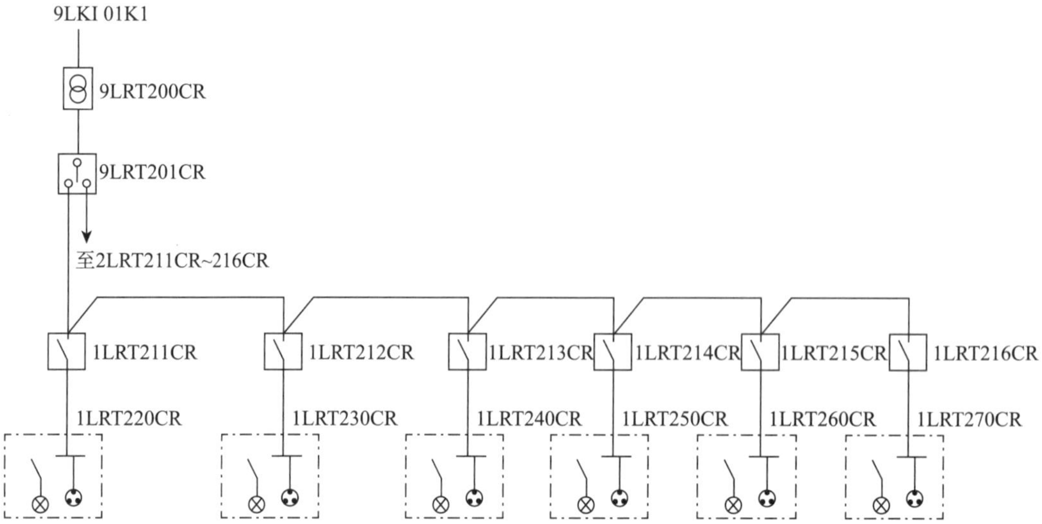

图 7　220 V AC 再供电系统配电原理接线图（1 号机组）

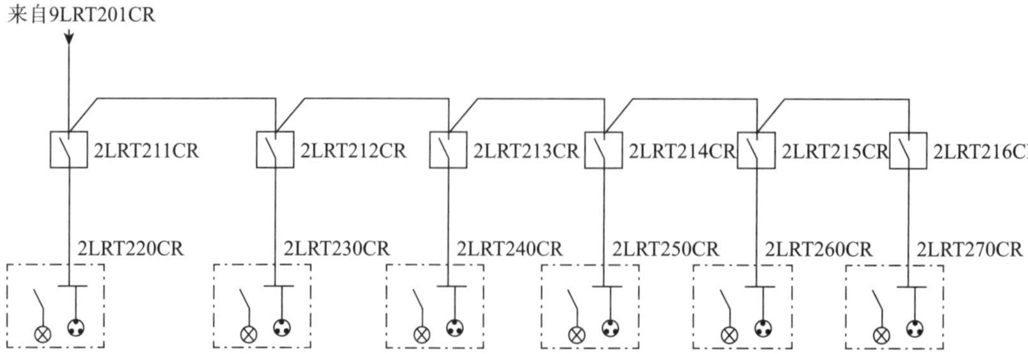

图 8　220 V AC 再供电系统配电原理接线图（2 号机组）

3）设备特性

插座箱上的插座安装在箱体底部前侧，以便操作；插座带防护盖，并兼备挂锁功能；切换箱、开关箱、插座箱、变压器箱的箱门上装有用以指示带电的警示灯；所有再供电设备（箱子、机柜、装置等）箱体采用特殊黄色用于明显辨认。

4）系统布置

（1）380 V AC 再供电回路位于 LX 厂房 7 m 层的 LKA 和 LKB 配电盘专用段上。

（2）再供电插座箱与再供电负荷的正常供电配电盘就近布置同一房间内，并与正常供电的插座箱和插头箱布置在一起（插头箱自带 2 m 柔性软电缆，布置在两个插座箱中间，优先“一”字排列布置，空间受限时可倒“品”字布置），以便操作。如图 9（a）所示为 0426 工程中再供电接线箱 LRT025CR 和 LRT026CR 的布置，图 9（b）为本次改进后再供电插座箱 LRT025CR 和插头箱 DAI811CR 及正常插座箱 DAI801CR、再供电插座箱 LRT026CR 和插头箱 DAI812CR 及正常插座箱 DAI802CR 的布置。

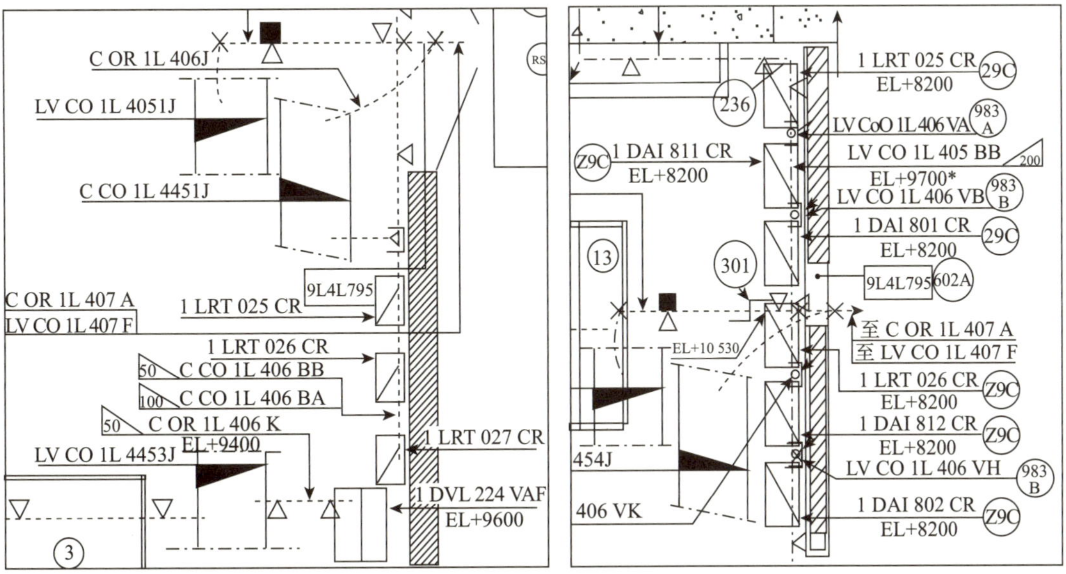

(a)　　　　(b)

图 9　系统布置

（3）每组再供电插座箱、正常供电的插座箱和插头箱均配备两个 983 或 988 型竖梯和次托盘用于和电缆主通道永久相连。

（4）安装 A 列 B 列之间的电缆应隔离。

（5）当不用的时候，再供电插座箱需挂锁停用，不得它用。

3　结论

改进后的大修再供电系统增加了一定量的小三箱，同时带来以下诸多便利：摈弃了笨重的替用抽屉，节省了人力、物力及电气设备储藏室空间；化简临时接线为插拔模式，避免了误接线风险；摈弃了移动电缆，便于管理，同时保证了人行安全和场地整洁；真正做到了“一劳永逸”。

6.6 kV 厂用母线段 LGE/LGF 布置在 MX 厂房可行性分析

李　明[1]，贤　丹[1]，李　岩[1]
（1. 中国电力工程顾问集团东北电力设计院有限公司，吉林 130021）

本文对 6.6 kV 厂用母线段 LGE/LGF 布置在常规岛 MX 厂房的可行性进行了分析，对类似工程提供布置参考。

1　概述

1.1　背景

田湾核电厂 5、6 号机组，计划建设 2 台 M310 加改进型 1000 MW 级压水堆核电机组。两台机组 6.6 kV 厂用母线采用单母线接线，按照厂用电负荷分类，6.6 kV 厂用母线分为：

1）对单元厂用设备供电的单元厂用母线：LGA、LGD、LGE、LGF；

2）对常备厂用设备供电的常备厂用母线：LGB、LGC；

3）对应急厂用设备供电的应急厂用母线：LHA、LHB；

4）机组共用厂用母线：9LGIA、9LGIB。

按照 M310 堆型核电厂设计准则，上述 6.6 kV 母线段均布置在 LX 厂房。

1.2　布置在 LX 厂房存在的问题

根据田湾核电厂 5、6 号机组参考核电厂的经验反馈，并经实地调研，发现 LX 厂房 6.6 kV 配电间布置十分拥挤，由于空间狭小，导致设备布置不能满足国内相关规程的规定，存在设备施工安装困难，运行、检修、调试不方便等问题。特别是 LGE/LGF 段，还存在迂回供电现象，导致 6.6 kV 电缆敷设长度大量增加。为此，田湾核电厂根据 5、6 号机组专家咨询意见，提出将 LGE/LGF 段布置在常规岛 MX 厂房的设想。LGE、LGF 段在 LX 厂房布置如附图 1 所示。

2　布置在 MX 厂房可行性分析

2.1　LGE、LGF 段负荷性质

LGE、LGF 段所接负荷为单元机组的高压电动机和低压变压器，且这些负荷大多位于常规岛 MX 厂房内或其附近。它们是核电厂单元机组正常运行时所需要的负荷，当机组正

常停运后，这些负荷均可停用。LGE、LGF 段正常电源由高压厂用变压器 B 两个分支供电，接线图及配置图如附图 2、附图 3 及附图 4 所示。负荷统计如表 1 和表 2 所示。

表 1　LGE 段负荷清单

序号	用电设备名称	代码	额定容量/kW	备注
1	APA 泵（电动给水泵）	APA001PO	11 000	
2	CRF 泵（海水循环泵）	CRF002PO	6000	
3	CEX 泵（凝结水泵）	CEX002P0	1800	
4	ATE 泵（增压泵）	ATE002P0	500	
5	ATE 泵（增压泵）	ATE003P0	500	
6	CI 厂房变压器（凝结水精处理）	LKY001TR	630 kVA	
7	次氯酸钠发生器变压器	CTE001TR	1340	

表 2　LGF 段负荷清单

序号	用电设备名称	代码	额定容量/kW	备注
1	APA 泵（电动给水泵）	APA002PO	11 000	
2	APA 泵（电动给水泵）	APA003PO	11 000	
3	CEX 泵（凝结水泵）	CEX003P0	1800	

2.2　布置在 MX 厂房方案

根据常规岛 MX 厂房总体布置，初步考虑将 LGE/LGF 段布置在 MX 厂房层高 11.7 m、B-C 跨 8-9 轴之间的电气用房 LGE/LGF 配电间内，如附图 5 所示。配电间占用面积约为 9 m×9 m，下方为电缆夹层；LGE/LGF 配电间距高压厂用变压器电缆敷设路径长度约 95 m，在 MX 厂房内处于供电负荷中心。

2.3　运行可靠性分析

按照 RCC-E 准则，LGE、LGF 段为非 1E 级设备。LGE、LGF 段布置在 LX 厂房时，地震设防等级为核级水平；当布置在 MX 厂房时，地震等级为 7 度设防；由此可见，布置在 LX 厂房抗震性能要高于 MX 厂房。LGE、LGF 段所接用电设备除 1 台 PX 泵房循环水泵外，其他均为常规岛用电设备，按照本工程厂址设计条件，常规岛用电设备及建筑物地震等级均按 7 度设防，因此 LGE、LGF 段配电柜设备及房间按照 7 度设防即可满足抗震要求。

LGE、LGF 段布置在 MX 厂房，缩短了 LGE、LGF 段从高压厂用变压器引接电源电缆的敷设长度，缩短了常规岛电动给水泵等负荷的电缆敷设长度，相应减少了电缆故障概率，提高了供电的可靠性。

2.4　经济性分析

LGE、LGF 段布置在 MX 厂房将减少 6.6 kV 电缆及其控制电缆的敷设长度，减少从 LX 厂房到 MX 厂房动力电缆桥架的层数；控制及直流电缆将增加 5.5 km。经初步对比分析，两台机组常规岛电力电缆将节约 10 km 左右，综合考虑电缆采购成本、电缆敷设成本，初步估算，节约投资约 400 万元。具体比较如表 3、表 4 所示。

表 3　6.6 kV 电缆工程量对比表

序号	电缆类型及规格	电缆起点	电缆终点	进出建筑物名称		电缆敷设估算长度/m		减少的电缆长度/m	备注
				原方案	新方案	原方案	新方案		
1	6.6/10 kV，15×（1×500 mm²），铜芯，k3 类电缆	高厂变 B 低压分支 a	LGE 进线柜	TA、MX、LX	TA、MX	195	95	1 500	单台机组
2	6.6/10 kV，15×（1×500 mm²），铜芯，k3 类电缆	高厂变 B 低压分支 b	LGF 进线柜	TA、MX、LX	TA、MX	195	95	1 500	单台机组
3	6.6/10 kV，6×（1×400 mm²），铜芯，k3 类电缆	LGE 馈线柜	#1 电动给水泵	LX、MX	MX	120	30	540	单台机组
4	6.6/10 kV，3×（1×500 mm²），铜芯，k3 类电缆	LGE 馈线柜	#2 海水循环水泵	LX、PX	MX、PX	—	—	—	两者电缆敷设估算长度相近
5	6.6/10 kV，3×185 mm²，铜芯，k3 类电缆	LGE 馈线柜	#2 凝结水泵	LX、MX	MX	160	40	120	单台机组
6	6.6/10 kV，3×50 mm²，铜芯，k3 类电缆	LGE 馈线柜	#2 增压泵	LX、MX	MX	160	40	120	单台机组
7	6.6/10 kV，3×50 mm²，铜芯，k3 类电缆	LGE 馈线柜	#3 增压泵	LX、MX	MX	165	45	120	单台机组
8	6.6/10 kV，3×50 mm²，铜芯，k3 类电缆	LGE 馈线柜	凝结水精处理变压器 1B	LX、MX	MX	135	25	110	单台机组
9	6.6/10 kV，3×50 mm²，铜芯，k3 类电缆	LGE 馈线柜	#1 次氯酸钠发生器	LX、MX	MX	—	—	—	两者电缆敷设估算长度相近
10	6.6/10 kV，6×（1×400 mm²），铜芯，k3 类电缆	LGF 馈线柜	#2 电动给水泵	LX、MX	MX	110	40	420	单台机组
11	6.6/10 kV，6×（1×400 mm²），铜芯，k3 类电缆	LGF 馈线柜	#3 电动给水泵	LX、MX	MX	100	50	300	单台机组
12	6.6/10 kV，3×185 mm²，铜芯，k3 类电缆	LGF 馈线柜	#3 凝结水泵	LX、MX	MX	160	40	120	单台机组
	合计							4 850	单台机组

表 4　控制、直流电缆工程量对比表

序号	电缆类型及规格	电缆起点	电缆终点	进出建筑物名称		电缆敷设估算长度/m		增加的电缆长度/m	备注
				原方案	新方案	原方案	新方案		
1	4×2.5，K3类，12根	LGE/LGF段开关柜	DCS机柜	LX	MX、LX	30	90	720	单台机组
2	10×1.5 K3类，12根	LGE/LGF段开关柜	DCS机柜	LX	MX、LX	30	90	720	单台机组
3	4×1.5 K3类，4根	LGE/LGF段开关柜	DCS机柜	LX	MX、LX	30	90	240	单台机组
4	2×2×1.5 K3类，14根	LGE/LGF段开关柜	DCS机柜	LX	MX、LX	30	90	840	单台机组
5	直流电源电缆，2×120 mm^2，铜芯，K3类，2根	LGE/LGF段开关柜	LBA段配电屏（暂定）	LX	MX、LX	30	90	120	单台机组
6	直流电源电缆，2×120 mm^2，铜芯，K3类，2根	LGE/LGF段开关柜	LBJ段配电屏（暂定）	LX	MX、LX	30	90	120	单台机组
	合计							2760	单台机组

3 布置在 MX 厂房对相关专业影响

3.1 对工艺系统、布置设计的影响

LGE、LGF 段布置在 MX 厂房 B-C 跨电气用房，没有占用工艺专业的设备布置空间，故对工艺专业无影响。

3.2 对仪控设计的影响

LGE、LGF 段布置在 MX 厂房，不影响仪控专业的设计。

3.3 对电气控制、保护设计的影响

LGE、LGF 段布置在 MX 厂房，与参考核电厂相比，对电气控制、保护专业设计的影响主要体现在如下几个方面：

1）每台机组 LGE、LGF 段 6.6 kV 开关柜至 DCS 控制电缆敷设路径将加长，从 MX 厂房到 LX 厂房控制电缆桥架有可能要增加层数。

2）LGE、LGF 段布置在 MX 厂房，6.6 kV 配电柜控制、保护用交、直流电源的引接电缆将加长。

3.4 对土建结构设计的影响

LGE、LGF 段布置在 MX 厂房 B-C 跨电气用房，建筑载荷有所增大，但由于占用空间较小，对土建结构设计无影响。

4 结论

6.6 kV LGE、LGF 段所接负荷主要为常规岛 MX 厂房用电设备，从投资、运行和维修角度分析表明，布置在 MX 厂房是可行的。

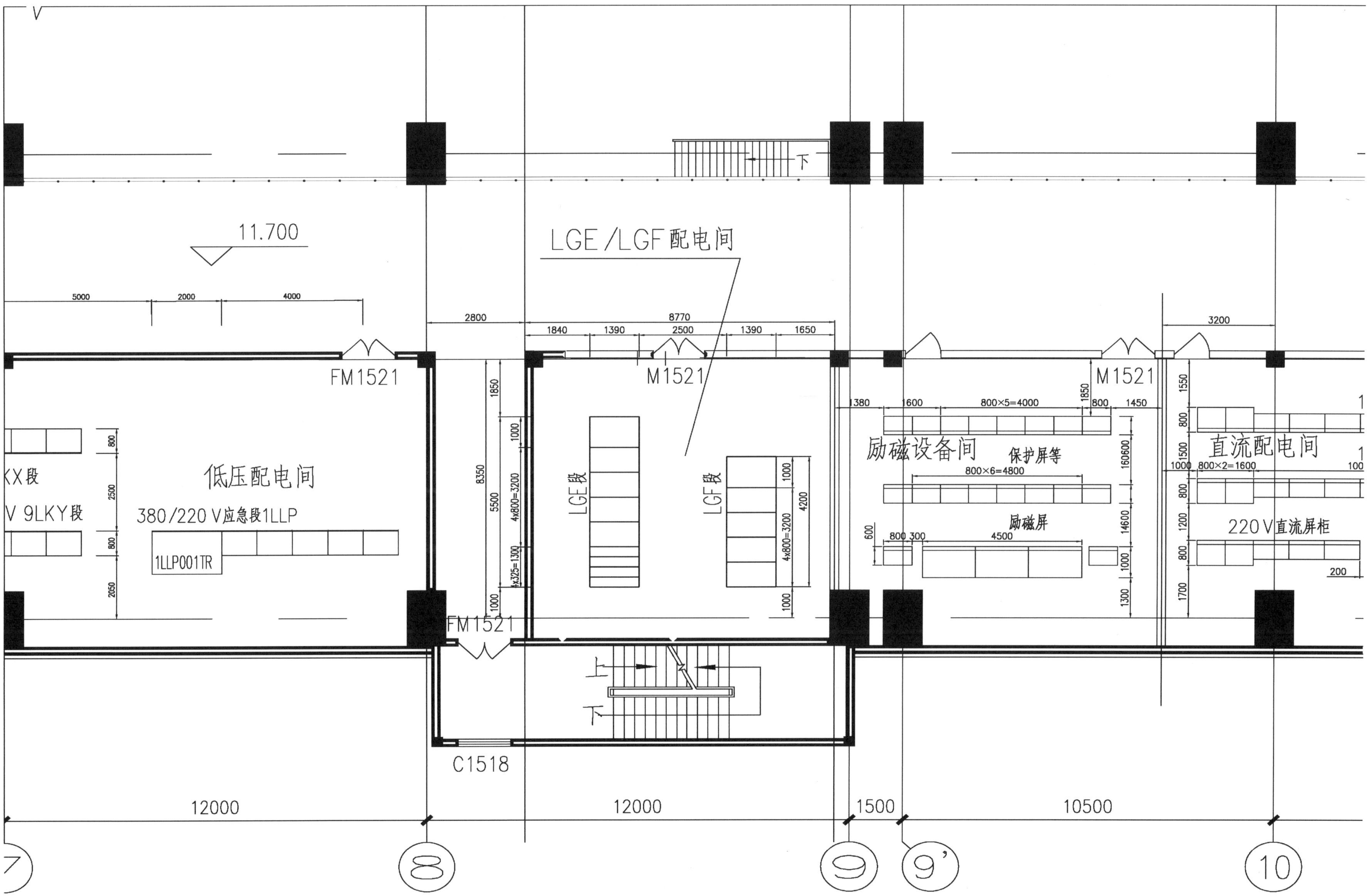

附图5　LGE/LGF段在MX厂房布置图

H003IIS-D0501-04

设综甲级 A122000185

主母线 Main busbar 额定电流 In						
接线图 Single line diagram	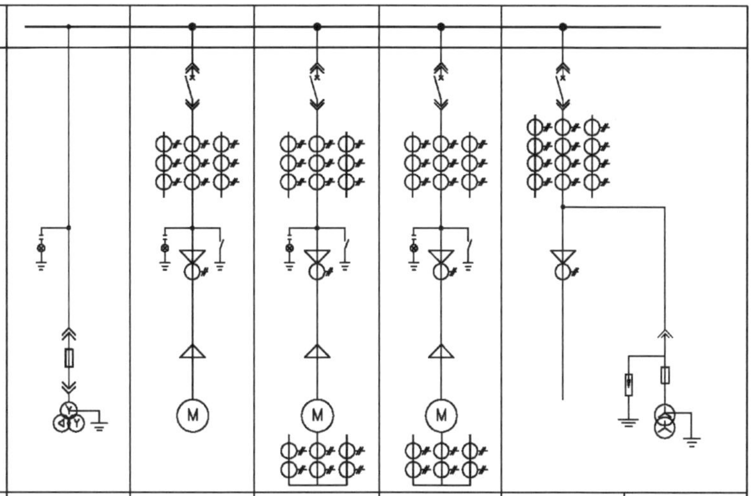					
设备编号 Functional identity	1LGF002HU	1CEX003PO	1APA003PO	1APA002PO	1LGF001JA	1LGF001HU
设备名称 Nameplates	电压互感器 Voltage transformer	#3凝结水泵 pump	#3电动给水泵 pump	#2电动给水泵 pump	正常电源进线 incoming	电压互感器 Voltage transformer
设备容量(变压器kVA,电动机kW) Capacity of equipment (transformer,kVA;motor,kW)		1800	11000	11000	34000	
计算电流(A) Rated circuit current(A)		185	1069	1069	2974	
断路器型号及额定电流/开断电流 Circuit-breaker type and Rated circuit current/short-circuit breaking current		1250A/50kA	1250A/50kA	1250A/50kA	3150A/50kA	
熔断器型号 Fuse type	0.5A					0.5A
接触器型号 Contactor type						
电流/电压互感器变比 Ratio of current(voltage)transformer	6600/100V,CL:0.5,100VA	300/5A,CL:0.5,10VA 300/1A,CL:5P20,2.5VA	1500/5A,CL:0.5,10VA 1500/1A,CL:5P20,2.5VA	1500/5A,CL:0.5,10VA 1500/1A,CL:5P20,2.5VA	4000/5A,CL:0.5,10VA 4000/1A,CL:5P20,2.5VA	6600/100V,CL:0.5,100VA
接地开关型号 Earthing switch type						
电缆型号及规格(mm^2) Cable type and NOxcoresxsection		EPR,K3,6.6kV 3x(1x400)	EPR,K3,6.6kV 6x(1x400)	EPR,K3,6.6kV 6x(1x400)	EPR,K3,6.6kV 15x(1x500)	
电缆编号 Cable No		1CEXA202	1APAA204-205	1APAA202-203	1LGFA200-204	
零序电流互感器型号 Zero sequence current transformer type						
二次接线图号 Standard diagram number						
开关柜型号 Panel type						
开关柜宽度(mm) Panel width	800	800	800	800	1000	
回路编号 Circuit code No	0501	0401	0301	0201	0102	0101
开关柜编号 Panel code No	5	4	3	2	1	

版次	日期	状态	修改内容摘要	修改	校核	批准

TNPS Extension Project Unit 5&6

田湾核电站扩建工程5、6号机组

文件编码 Doc. No. TW1LG*13 104E1DI 43DD

中国电力工程顾问集团 东北电力设计院 | 田湾核电站扩建工程5、6号机组 | 施工图 | 设计阶段

批准		校核	
审核		设计	
日期	2010年4月15日	比例	

5号机组6.6kV单元母线(1LGF)接线图

图号 H003IIIS-D0501-04

附图4 LGE段配置接线图

H003IIS-D0501-03

设综甲级A122000185

主母线 Main busbar 额定电流 In										
接线图 Single line diagram	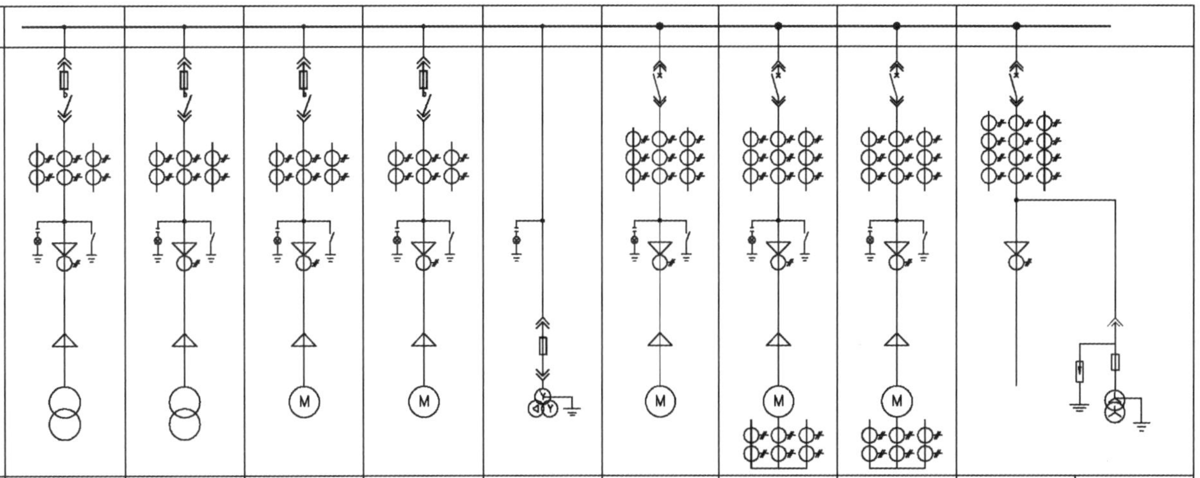									
设备编号 Functional identity	1CTE001TR	1LKY001TR	1ATE003PO	1ATE002PO	1LGE002HU	1CEX002PO	1CRF002PO	1APA001PO	1LGE001JA	1LGE001HU
设备名称 Nameplates	#1次氯酸钠发生器 transformer	凝结水精处理变压器1B transformer	#3增压泵 pump	#2增压泵 pump	电压互感器 Voltage transformer	#2凝结水泵 pump	#2海水循环水泵 pump	#1电动给水泵 pump	正常电源进线 incoming	电压互感器 Voltage transformer
设备容量(变压器kVA,电动机kW) Capacity of equipment (transformer,kVA;motor,kW)	800	800	500	500		1800	6000	11000	34000	
计算电流(A) Rated circuit current(A)	70	70	51	51		185	618	1069	2974	
断路器型号及额定电流/开断电流 Circuit-breaker type and Rated circuit current/short-circuit breaking current						1250A/50kA	1250A/50kA	1250A/50kA	3150A/50kA	
熔断器型号 Fuse type	250A	250A	250A	250A	0.5A					0.5A
接触器型号 Contactor type	R400	R400	R400	R400						
电流/电压互感器变比 Ratio of current(voltage)transformer	100/5A,CL:0.5,10VA 100/1A,CL:5P20,2.5VA	100/5A,CL:0.5,10VA 100/1A,CL:5P20,2.5VA	75/5A,CL:0.5,10VA 75/1A,CL:5P20,2.5VA	75/5A,CL:0.5,10VA 75/1A,CL:5P20,2.5VA	6600/100V,CL:0.5,100VA	300/5A,CL:0.5,10VA 300/1A,CL:5P20,2.5VA	1000/5A,CL:0.5,10VA 1000/1A,CL:5P20,2.5VA	1500/5A,CL:0.5,10VA 1500/1A,CL:5P20,2.5VA	4000/5A,CL:0.5,10VA 4000/1A,CL:5P20,2.5VA	6600/100V,CL:0.5,100VA
接地开关型号 Earthing switch type										
电缆型号及规格(mm^2) Cable type and NOxcoresxsection	EPR,K3,6.6kV 3x(1x50)	EPR,K3,6.6kV 3x(1x50)	EPR,K3,6.6kV 3x(1x50)	EPR,K3,6.6kV 3x(1x50)		EPR,K3,6.6kV 3x(1x400)	EPR,K3,6.6kV 3x(1x500)	EPR,K3,6.6kV 6x(1x400)	EPR,K3,6.6kV 15x(1x500)	
电缆编号 Cable No	1CTEA200	1LKYA200	1ATEA202	1ATEA201		1CEXA201	1CRFA201	1APAA200-201	1LGEA200-204	
零序电流互感器型号 Zero sequence current transformer type										
二次接线图号 Standard diagram number										
开关柜型号 Panel type										
开关柜宽度(mm) Panel width	325	325	325	325	800	800	800	800	1000	
回路编号 Circuit code No	0901	0801	0701	0601	0501	0401	0301	0201	0102	0101
开关柜编号 Panel code No	9	8	7	6	5	4	3	2	1	

版次	日期	状态	修改内容摘要	修改	校核	批准

TNPS Extension Project Unit 5&6

田湾核电站扩建工程5、6号机组

文件编码 Doc No	TW1 LG*13 103F1D1 43DD

中国电力工程顾问集团 东北电力设计院			田湾核电站扩建工程5、6号机组	施工图 设计阶段
批准	范占讯	校核	[signature]	5号机组6.6kV单元母线(1LGE)接线图
审核	田浩	设计	郭颖	
日期	2010年4月15日	比例		图号 H003IIIS-D0501-03

附图3 LGE段配置接线图

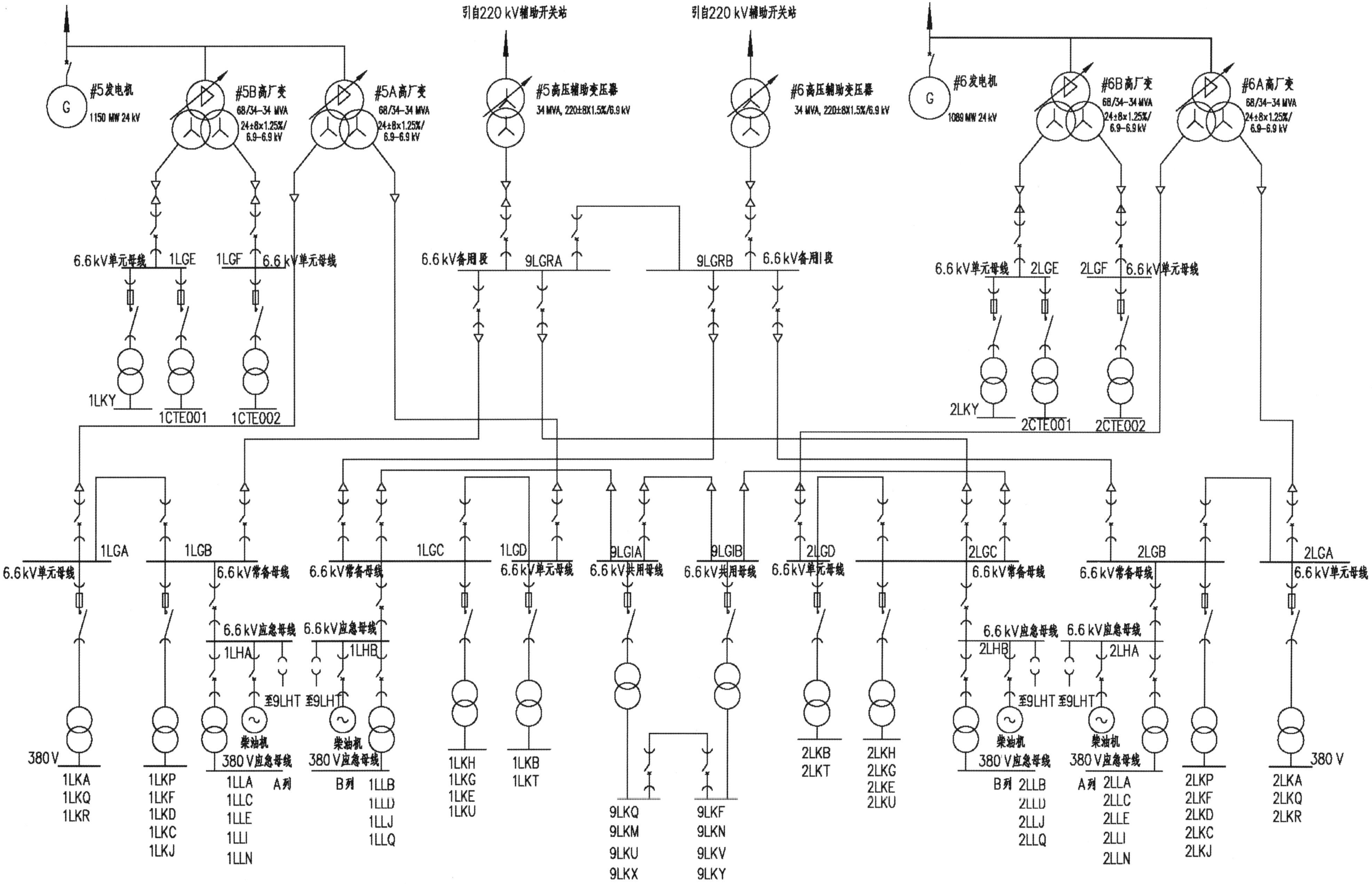

附图2　田湾核电厂5、6号机组高压厂用电系统接线图

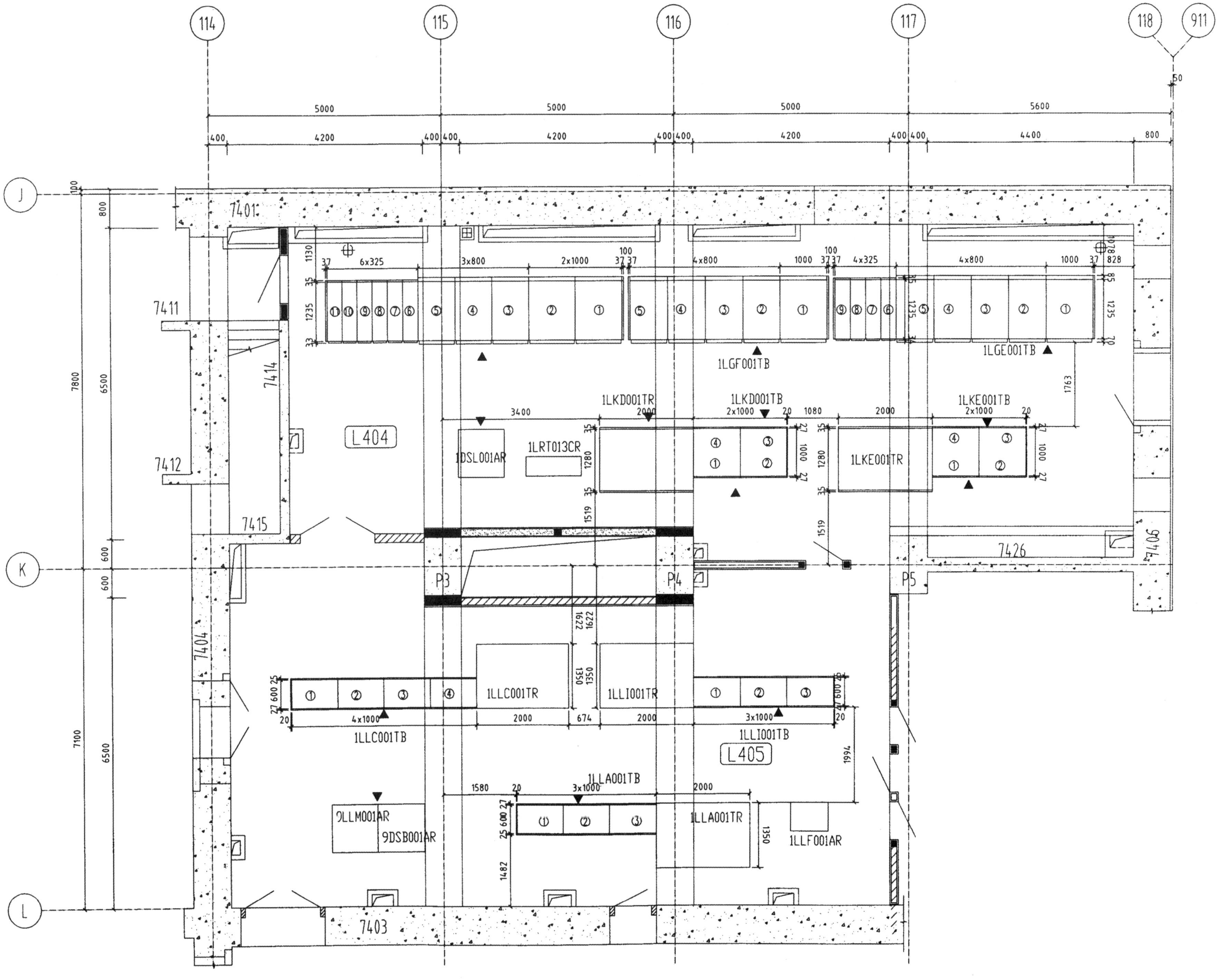

附图 1　LGE/LGF 段在 LX 厂房布置

220 kV 备用电源方案优化

李　明[1]，李　岩[1]，贤　丹[1]
(1. 中国电力工程顾问集团东北电力设计院有限公司，吉林 130021)

本文结合田湾核电厂5、6号机组的建设，对田湾核电厂多堆布置220 kV备用电源方案优化进行了分析，为后续多堆核电厂提供借鉴经验。

1　前言

田湾核电厂规划建设8台核电机组，一期工程已建成2台1000 MW级俄罗斯产VVER1000压水堆核电机组（简称1、2号机组），于2007年投产；一期扩建工程计划再扩建2台俄罗斯产同型压水堆机组（简称3、4号机组），目前已进入工程实施阶段。

为推进5、6号机组前期工作，受江苏核电的委托，现编制5~8号机组备用电源专题报告，以便作为相关报告的技术支撑。按照委托要求，本文在原有的工作成果基础上，依据相关评审意见、田湾核电厂1~4号机组备用电源的建设情况以及田湾核电厂厂址备用电源规划，对5~8号机组的备用电源方案进行分析研究。

根据江苏核电有限公司委托函，5~8号机组备用电源方案专题报告相关输入条件如下：

1）田湾核电厂规划远景8台机组共用1套备用电源系统；8台机组备用电源最终容量达到400 MVA，所有机组启备变全部接入厂内220 kV备用电源系统。

2）备用电源系统从公用电网接入2路220 kV独立电源。3、4号机组建设期间，新建香河变至田湾核电厂的220 kV线路。云台至田湾核电厂线路随田湾核电厂备用电源容量增长适时增容改造。

3）江苏省电力公司同意江苏核电在3、4号机组工程建设时，将220 kV备用电源母线由单母线的接线方式改造/扩建成双母线接线方式的申请。

4）5、6号机组按ACPR1000设计，备用电源容量参照M310机型，7、8号机组备用电源容量参照田湾核电厂3、4号机组。

2　备用电源前期工作概况

田湾核电厂内现有1座220 kV备用电源开关站，220 kV配电设备采用户内GIS设备，采用单母线接线，电源进线1回，来自云台变电站，线路长度约9.3 km；馈线2回，通过220 kV高压电缆分别接入1、2机组高压厂用备用变压器，为1、2号机组提供备用电源。

随着3、4号机组的建设，江苏核电有限公司对田湾核电厂8台机组的备用电源方案重新规划，并委托江苏电力公司相关部门对供电方案进行设计、复核等工作，主要结论如下：

1）田湾核电厂220 kV备用电源共需要2条外部电源线路。在5、6号机组等后续扩建工程时，将建成一个双母线的220 kV开关站，供所有机组共用。

2）一期工程已经建设成1条至云台变电站的220 kV线路，申请容量为126 MVA。扩建工程3、4号机组时，再建设1条220 kV线路（至香河变电站）。为了保证共用的220 kV备用电源线路能满足多台机组共用，新建的香河线路的容量应申请为400 MVA（220 kV线路所能输送的最大容量）。另外，需要公司相关部门与电网公司协商，对云台线路进行增容，使其容量达到400 MVA。

3）3、4号机组的备用电源从现有220 kV开关站引接，在一期工程的基础上，将单母线接线扩建为双母线接线，新建电源进线1回，来自香河变电站，线路长度约21 km；新建2回馈线，通过220 kV高压电缆分别接入3、4号机组高压厂用备用变压器，为3、4号机组提供备用电源；并留有母线向西扩展的可能性。

3 备用电源主要设计原则

3.1 备用电源的功能

按照压水堆核电厂相关设计、运行准则，在各种运行工况下，每台机组应有2个或2个以上的厂外交流电源为厂用电系统供电。田湾核电厂8台机组均接入500 kV电网，因此，500 kV开关站成为1路主优先电源，另1路优先电源即备用电源则来自220 kV开关站，每台机组还设有多台柴油发电机组作为核岛应急电源，这3路电源构成了核电厂纵深防御系统，为机组的安全运行提供保障。机组正常运行时，厂用电系统由每台机组的发电机母线经高压厂用变压器供电；当发电机不可用时则由500 kV开关站通过外部电网经主变压器倒送供电；当发电机、500 kV开关站、主变压器、高压厂用变压器均不可用时，则由220 kV开关站经备用变压器向保证机组安全相关的设备供电；当500 kV开关站、220 kV开关站都不可用时，则由柴油发电机向应急附属设备供电。

为确保机组安全运行，相关安全运行规程根据3个电源的可用性，对机组的运行方式提出了规定，M310机组规定如表1所示。

表1 M310机组规定

主优先电源（500 kV开关站）	备用电源（220 kV开关站）	厂内柴油发电机	机组运行准则
可用	可用	至少1台可用	可以运行
可用	预计停电36 h以上	2台可用	停机停堆
可用	预计停电72 h以上	1台不可用	停机停堆
可用	不可用	2台不可用	停机停堆
不可用	可用	2台可用	热停堆
不可用	不可用	2台可用	冷停堆

从表 1 可以看出，备用电源是保证核电机组安全运行的重要一环。

3.2 主要原则

根据《核电厂优先电源》（GB/T 13177—2000）及《压水堆核电厂厂用电系统设计准则》（EJ/T 1134—2001），厂外备用电源引接应遵循的主要原则如下：

1）厂外主电源与辅助电源应由两个实体独立的系统（但路径不一定分开）来保证，以尽量减少同时发生故障的可能性，所引接的系统应有高度的可靠性，并具有足够的容量。

2）厂外主电源与辅助电源中的每一个电源均应能使所有由其供电的厂用设备从一个电源切换到另一个电源时再加速或启动。

3）对于双堆电厂，厂外辅助电源为 2 台机组共用。

4）如果厂外主电源发生故障，则经过一段电动机剩磁衰减所需的延时之后，辅助电源应能自动投入运行，主电源由手动恢复运行。

5）在多机组核电厂里，2 台或 2 台以上的机组可以共用优先电源。共用电源应能同时向共用该电源的机组的每种设计运行方式所需的总负荷供电。

6）为保证辅助电源的质量，辅助变压器采用有载调压措施。

7）针对田湾核电基地最终为 8 台机时的辅助电源进行综合分析。

8）工程造价合理，运行费用较低。

9）电源建设的进度应满足机组分步试运时对电源的要求。

10）针对极端气候条件、地震、飞机坠落或破坏活动等外部灾害事件，对厂外电源不提供特殊保护。

4 备用电源容量需求分析

4.1 5、6 号机组备用电源容量分析

按照委托函，5、6 号机组按 ACPR1000 设计，备用电源容量参照 M310 机型。

M310 堆型机组在我国已有近 20 年的成熟建造、运行经验，一般采用双堆布置。按照 RCC-E 设计准则，其备用电源设计原则是 2 台机组设置 2 台 220 kV 高压备用变压器，作为 2 台机组共用的备用电源。

备用电源的容量是按照最大停堆厂用负荷来统计的，统计原则如下：

1）一个单元机组处于冷停堆状态，其常备和应急厂用设备由厂外备用电源供电；

2）另一个单元机组在正常运行时发生主电网失电，同时反应堆失水（小破口）的故障，该单元机组的常备和应急厂用设备切换到厂外备用电源上；

3）应能对一台反应堆主冷却剂泵恢复供电，以使处于热停堆状态的反应堆冷却剂温度均匀，缩短冷却周期；

4）在上述情况下仍需运行的两个单元机组共用及厂区厂用设备。

根据上述统计原则，参照类似机组，一台机组停堆时负荷清单如表 2 所示。

表 2　M310 机组停堆运行负荷清单

序号	用电设备名称	代码	额定容量/kW	计算系数	计算负荷/kVA
1	单元厂用段	1LGA			
1.1	主冷却剂泵	1RCP002PO	6500	1	6500
1.2	合计				6500
2	常备厂用段	1LGB			
2.1	#1 闭式冷却水泵	1SRI001PO	330	0.85	280.5
2.2	#3 闭式冷却水泵	1SRI003PO	330	0.85	280.5
2.3	核岛通风机	1DVN004ZV	225	0.85	191.25
2.4	CI 厂房通风变压器 1A	1LKP001TR	800	0.85	680
2.5	NI 厂房变压器	1LKD001TR	800	0.85	680
2.6	NI 厂房变压器	1LKJ001TR	630	1	630
2.7	NI 厂房变压器	1LKC001TR	630	0.7	441
3	常备厂用段	2LGC			
3.1	#2 闭式冷却水泵	2SRI001PO	330	0.85	280.5
3.2	NI 厂房变压器	2LKE001TR	800	0.85	680
3.3	PX 厂房变压器	2LKH001TR	1000	1	1000
4	厂用应急段	1LHA	8029	1	8029
5	厂用应急段	2LHB	6081	1	6081
6	厂用公用段	9LGIA	6238	1	6238
7	厂用公用段	9LGIB	5781	1	5781
合计					31 272.75

考虑一定的备用容量，每台 M310 堆型机组高压备用变压器容量选择为 34 MVA。则 2 台机组需要的最大厂外电源容量为 68 MVA。

4.2　7、8 号机组备用电源容量分析

按照委托函，7、8 号机组按照 VVER 堆型设计，备用电源容量参照田湾核电厂 3、4 号机组。按照 VVER 堆型设计准则，每台机组设置 1 台高压备用变压器，作为机组的备用电源，备用电源的最大容量按照满足 1 台机组 40%停堆负荷考虑。根据田湾核电厂 3、4 号机组的设计，每台高压备用变压器的容量选择为 70 MVA。

4.3　8 台机组备用电源总容量分析

田湾核电厂 8 台机组备用电源总容量汇总如表 3 所示。

表 3　备用电源容量汇总

项目	高备变容量/MVA	需要系数	计算容量/MVA	备注
1 号机组	63	0.9	56.7	
2 号机组	63	0.9	56.7	
3 号机组	70	0.9	63	

续表

项目	高备变容量/MVA	需要系数	计算容量/MVA	备注
4 号机组	70	0.9	63	
小计	266		239.4	
5 号机组	34	0.9	30.6	
6 号机组	34	0.9	30.6	
7 号机组	70	0.9	63	
8 号机组	70	0.9	63	
小计	208		187.2	
合计	474		426.6	

表 3 中需要系数的选取是考虑高备变的负载率一般为 0.85~0.95 之间，故取 0.9。

根据田湾核电厂接入系统报告，1~4 号机组共用一座 500 kV 开关站，5~8 号机组共用一座 500 kV 开关站，两座开关站之间无电气上的联系，即 1~4 号机组和 5~8 号机组的厂外主优先电源是相互独立的。由于 8 台机组同时停堆的概率性极小，厂外 500 kV 又是主优先电源，故不考虑 8 台机组停堆同时切换到 220 kV 备用电源上。因此 220 kV 备用电源容量的估算还应计算 8 台机组同时停堆的同时率，如假设有 6 台机组同时停堆切换到 220 kV 备用电源，同时率取值为 0.75，则 8 台机组 220 kV 备用电源容量总需求为 426.6×0.75=319.95 MVA。由此可见，两条 220 kV 厂外输电线路按照 400 kVA 容量申请建设是合适的。

5　5~8 号机组备用电源方案

5.1　方案设想

根据江苏核电《田湾核电站 220 kV 备用电源方案》及讨论会会议纪要，以及江苏省电力设计院《220 kV 备用电源一次接入系统设计复核报告》，田湾核电厂 8 台机组远景将共用一套厂内 220 kV 备用电源系统，所有机组启备变全部接入厂内 220 kV 备用电源系统。备用电源系统从公用电网接入 2 路 220 kV 独立电源。3、4 号机组建设期间，新建 1 条香河变至田湾核电厂的 220 kV 输电线路；现有云台变至田湾核电厂的 220 kV 线路随田湾核电厂备用电源容量增长适时增容改造；现有 220 kV 备用开关站将由单母线改为双母线接线。这一设想已获得江苏省电力公司的同意并取得正式批文。

按照上述边界条件，5~8 号机组备用电源方案设想为：5~8 号机组备用电源均从厂内一个 220 kV 开关站引接，5、6 号机组建设时，扩建 2 个双母线间隔；7、8 号机组建设时，再扩建 2 个双母线间隔；接线示意图如图 1 所示。

5.2　备用电源方案独立性及可靠性分析

1）独立性

根据《核电厂优先电源》设计标准，厂外优先电源与备用电源应由两个实体独立的系

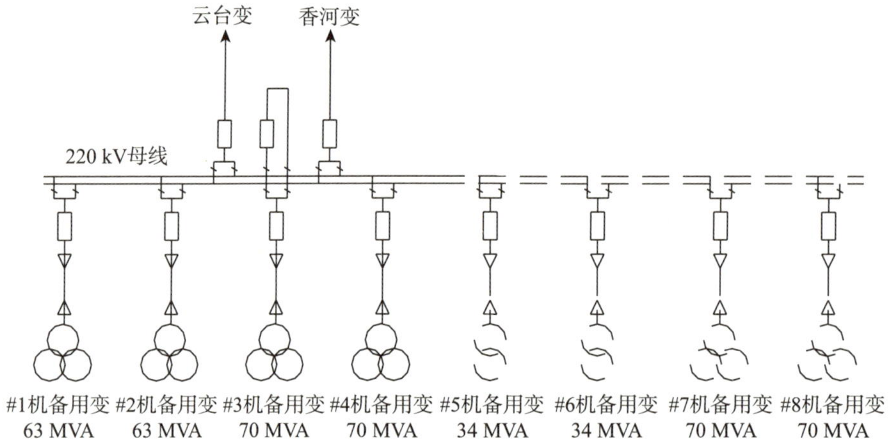

图 1　220 kV 备用电源方案接线示意图

统（但路径不一定分开）来保证，以尽量减少同时发生故障的可能性，所引接的系统应有高度的可靠性，并具有足够的容量。下面从备用电源的接入点、输电线路、开关设备、控制电路方面来分析备用电源方案的独立性。

（1）备用电源的接入点

田湾核电厂 8 台机组备用电源系统从公用电网接入 2 路 220 kV 备用电源，1 路来自云台变电站，1 路来自香河变电站，2 路电源在实体上完全隔离，因此是相互独立的。当地 220 kV 电网主电源来自新海发电厂及 500 kV 电网变电所（伊芦变电所）。根据田湾核电厂扩建工程《220 kV 备用电源一次接入系统报告》电气计算，当新海发电厂或 500 kV 伊芦变电所故障时，均能为核电厂提供 220 kV 备用优先电源。

根据田湾核电厂接入系统相关报告，1~4 号机组的 500 kV 开关站通过 4 条架空线接入盐都变电所和伊芦变电所，即采用 2 点接入 500 kV 系统；5~8 号机组的 500 kV 开关站通过 4 条架空线接入姚湖变电所和临海变电所，即通过 2 点接入 500 kV 系统；根据接入系统的稳定计算，在任 1 点发生永久故障时，均能保持系统及核电机组的稳定运行，不会失去 500 kV 优先电源。由此可见，1~4 号机组的 500 kV 优先电源与 5~8 号机组的 500 kV 优先电源是相互独立的。故在电源接入点上，田湾核电厂 8 台机组的 500 kV 厂外主电源与 2 路 220 kV 备用电源在引接点上也是互相独立的。

（2）输电线路

从厂外引接的 2 路 220 kV 输电线路，分别来自当地电网 2 个方向不同的变电站，输电线路在实体上是相互独立的。2 条 220 kV 线路与 500 kV 输电线路在实体也是相互独立的。

（3）开关设备

田湾核电厂一期 500 kV 开关站及 5、6 号机组的 500 kV 开关站与厂内备用电源220 kV 开关站没有任何电气上的联系，在实体上，开关设备分别布置在完全独立的厂房内，不存在共用的开关设备。

（4）控制电路

500 kV 开关站与 220 kV 开关站的控制电路是相互独立的，控制、继电保护是单独设置的，且是双重化设置的，故厂外500 kV主电源与备用电源的控制电路是完全独立的。

通过上述分析，田湾核电厂厂外500 kV主电源与220 kV备用电源的独立性满足《核电厂优先电源》标准要求。

2）可靠性

220 kV备用电源的可靠性主要从电源回路数、开关站的接线及设备、输电线路方面来分析。

（1）电源回路数

田湾核电厂8台机组备用电源来自当地220 kV电网，共引接2路，当地220 kV电网主电源来自新海发电厂及500 kV电网变电所。根据江苏省电力设计院《220 kV备用电源一次接入系统设计复核报告》，供电质量、容量均能满足核电厂备用电源要求。

（2）开关站的接线及设备

按照田湾核电厂备用电源规划，220 kV备用电源开关站采用双母线接线。双母线接线为220 kV变电站应用最多最为常见的接线型式，这种接线具有运行方便、灵活、操作简单，便于维修、扩建等优点，运行经验丰富，可靠性极高。220 kV备用电源开关站配电装置设备采用户内SF_6气体绝缘开关设备（GIS），具有体积小、占地少、可靠性高、维护简单和极少检修等一系列优点，在电力系统特别是核电厂得到广泛应用。根据近几年有关部门对220 kV GIS设备可靠性统计结果，220 kV GIS设备可用率为99.9%以上，强迫停运率为0.5次/百台年。

（3）输电线路

厂外2路220 kV输电线路长度分别为21 km和9.3 km，均采用单杆架设。根据近几年有关部门对220 kV输电线路可靠性统计结果，220 kV输电线路可用率为99.2%以上，强迫停运率为0.2%百千米年。

通过上述分析，田湾核电厂厂外500 kV主电源与220 kV备用电源的可靠性满足《核电厂优先电源》标准要求。

5.3 方案实施的可行性

现有220 kV开关站GIS设备厂房建筑尺寸为长26 m，宽10 m，除布置一期设备外，还预留了3、4号机组扩建设备场地。根据现场实际情况，220 kV开关站GIS设备厂房具备向西扩建的能力，能够满足5~8号机组备用电源扩建的需要。

6 结论

1）按照《核电厂优先电源》（GB/T 13177）及《压水堆核电厂厂用电系统设计准则》（EJ/T 1134），田湾核电厂8台机组共用1座厂内220 kV开关站作为每台机组的备用电源是可接受的。因此建议5~8号机组备用电源从厂内220 kV开关站引接方案。

2）厂内220 kV开关站采用双母线接线，并采用高可靠性的GIS设备，能够保证每台机组备用电源的可用性。

3）建议厂外2条220 kV输电线路容量按照一类负荷、400 MVA建设，以满足田湾核电厂8台机组备用电源容量及可靠性的需求。

常规岛直流控制系统供电方案分析

潘旭影[1]，彭雄伟[2]
（1. 中国电力工程顾问集团东北电力设计院有限公司；2. 江苏核电有限公司）

本文对田湾核电厂5、6号机组常规岛直流控制系统供电方案进行了详细的总结，以供后续项目借鉴。

1 引言

在方家山、福清核电厂设计经验基础上，结合本工程重启后的实际情况，田湾核电厂5、6号机组常规岛直流控制系统设置了2套直流电源系统供电方案。以下对具体方案进行了详细介绍。

2 工程概况

2.1 工程概况

田湾核电厂规划建设8台核电机组，一期工程已建成2台1000 MW级俄罗斯产VVER1000压水堆核电机组，于2007年投产；一期扩建工程再扩建2台俄罗斯产同型压水堆机组，目前已经投产；田湾核电厂5、6号机组（简称本工程），规划建设2台M310加改进型1000 MW级压水堆核电机组，参考核电厂是福建福清核电厂一期工程。本工程2台机组均采用发变组单元接线，以500 kV电压接入系统，发电机出口设断路器。

2.2 设计条件

首先，参考核电厂福清一期工程已经建成并投入使用，其常规岛直流控制系统设计为：常规岛每台机组设置一套110 V直流系统LBM，包括一组蓄电池350 Ah和两套高频开关电源装置120 A。LBM系统共设两段110 V直流母线，蓄电池和一套高频开关电源装置接入一段母线上，直流负荷和另一套高频开关电源装置接入另一段母线上，两段母线通过隔离开关相连。110 V直流系统LBM共设置3面直流馈线柜和1面直流分电屏为常规岛范围内的直流控制负荷提供电源。

其次，根据同类参考核电厂方家山核电厂经验反馈，其常规岛在已有一套350 Ah直流电源系统LBM基础上，新增一套400 Ah直流系统LBN为MX范围内的直流控制负荷提供电源。

最后，本工程重启后，根据DL/T 5044—2014直流规程最新要求，低压配电装置应按

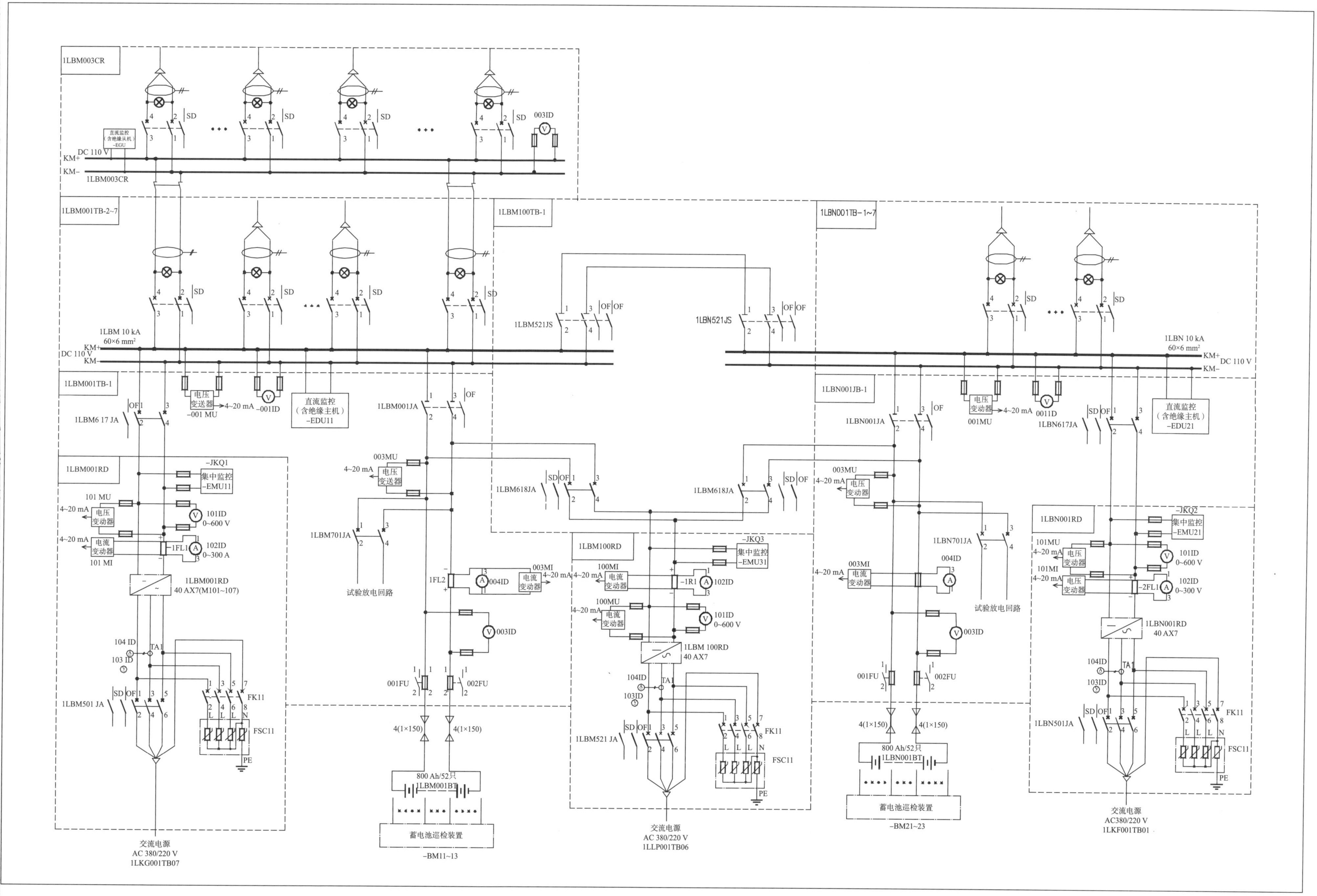

图 1　5 号机组 LBM/LBN 直流系统图

配电间的分布分别设置若干分电屏供电，考虑到由于本工程重启后，受厂房等条件限制，直流电源房间与低压配电装置房间距离也比较近，因此直流控制系统从配电屏直接向低压配电装置供电，未设置直流分电屏向其供电。同时为了保证低压配电装置的直流控制电源的可靠性，同一面低压配电装置屏采用双电源供电，两路直流电源分别来自两组不同直流系统的方案。

据此，本工程常规岛直流控制系统考虑设置 2 套直流电源系统。

3　常规岛 110 V 直流控制电源系统供电方案

3.1　常规岛 110 V 直流控制电源系统设计

常规岛每台机组设置两套 110V 直流系统 LBM 和 LBN，包括两组 800 Ah、52 只的防酸隔爆式铅酸蓄电池组，三套容量为 260 A 的高频开关充电器，LBM 系统和 LBN 系统各设一段直流母线，两段母线上分别接入一组蓄电池和一套高频开关充电器，另一套高频开关充电器两段母线共用，两段母线通过隔离开关相连。常规岛直流电源系统（LBM、LBN）用于生产和分配 DC 110 V 直流电源，供给 MX、TA、JX 等厂房的直流控制、保护、信号等负荷。

三台充电器由不同的交流电源供电，独立运行且互为备用，并具备并联运行的条件。当其中一段母线的充电器故障或失电时，第三台充电器投入承担起故障充电器的工作。三台充电器的输出开关是相互独立的，可以根据系统运行方式的需要合闸或断开。

常规岛 110 V 直流控制系统单线图如图 1 所示。

3.2　常规岛 110V 直流系统设备说明和定义

1）充电器

常规岛 110 V 直流电源系统（LBM、LBN）每套蓄电池充电器由 7 台 110 V/40 A 的高频充电模块组成，每只高频开关充电模块的工作原理及组成如图 2 所示。

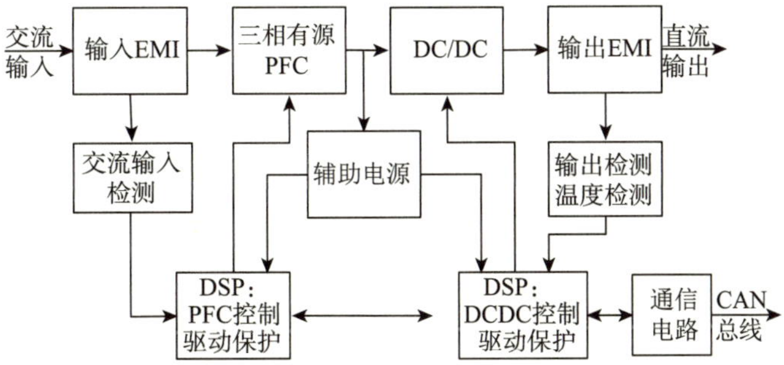

图 2　高频开关充电模块工作原理

直流控制系统充电器的参数如表 1 所示。

表 1　直流控制系统充电器参数

交流输入电源	三相 380 V AC ±15%
额定功率时的效率	⩾0. 92
额定功率时的功率因数	⩾0. 99
交流电流谐波含量	⩽5%
每个电池的平均浮充电压	2. 25
每个电池的平均均充电压	2. 35
电压调节范围	99～143 V
稳压精度	±0. 5%
稳流精度	±0. 5%
纹波系数	±0. 1%RMS

2）直流屏

直流配电屏由蓄电池进线开关单元、充电器出线断路器单元、蓄电池放电试验出线单元、负荷出线断路器单元、电压监测及绝缘测量仪、馈线状态监测模块等组成。

3）设备布置

常规岛 DC 110 V 蓄电池组布置在常规岛 MX 厂房 11. 7 m 蓄电池室内。

常规岛 DC 110 V 直流充电屏和配电屏布置在常规岛 MX 厂房 11. 7 m 直流配电间内。

3. 3　常规岛 110 V 直流系统运行方式

1）按运行状态划分

浮充方式——充电器终端电压为设置的浮充电压。最大输出电流由整定值确定，此方式适用于蓄电池在能量充足时长期运行。

均充方式——充电器终端电压设置为均充电压，最大电流依据电池参数设置，此方式适用于蓄电池放电后快速补充能量。

放电方式——此状态为充电器退出运行由电池提供后备能量时的工作方式。

2）按操作方式划分

“自动控制”，这是一种常规运行模式，在这种运行模式下，充电器将根据以下情况自动选择“浮充”“均充”运行方式：

当充电电流大于 0. 01C10，充电器进入均充模式；当充电电流小于 0. 01C10 并倒计时 3 h 后，充电器转入浮充模式。

当交流失电时间超过 10 min，交流电源恢复后充电器将转入均充模式；若失电时间不足 10 min，交流电源恢复后充电器维持浮充模式。

若监控计算的电池组剩余容量小于整定值，充电器将转入均充模式。

若连续浮充运行超过设定的时间，则充电器自动进入均充模式。

“手动控制”，这是一种非常规的运行模式，在这种模式下，操作人员可以手动控制充电器的均充、浮充转换模式。

4 结论

本文对本工程常规岛直流系统方案进行了详细的介绍，希望对今后常规岛直流系统供电方案设计具有一定的帮助作用。

220 kV 开关站直流系统方案及二次屏柜布置分析

潘旭影[1]，彭雄伟[2]
(1. 中国电力工程顾问集团东北电力设计院有限公司，吉林 130021；2. 江苏核电有限公司)

工程扩建时的设备布置和取电设计时通常情况都比较复杂，需要根据工程现场的实际情况综合考虑设计方案。本文对田湾核电厂 5、6 号机组 220 kV 开关站（TD）直流系统方案及二次屏柜布置进行详细介绍，根据本工程实际情况，考虑在 220 kV 开关站新增 2 套 110 V 直流电源系统；同时，从整体上考虑 220 kV 开关站二次屏柜布置方案。

1 工程概况

田湾核电厂规划建设 8 台核电机组，一期工程已建成 2 台 1000 MW 级俄罗斯产 VVER1000 压水堆核电机组，于 2007 年投产；二期扩建工程再扩建 2 台俄罗斯产同型压水堆机组，目前已经投产；田湾核电厂 5、6 号机组（简称本工程），规划建设 2 台 M310 加改进型 1000 MW 级压水堆核电机组，参考电站是福建福清核电厂一期工程。

1.1 辅助电源接线

根据江苏核电有限公司《田湾核电站 220 kV 备用电源方案》讨论会会议纪要，以及江苏省电力设计院《220 kV 备用电源一次接入系统设计复核报告》，田湾核电厂 8 台机组远景将共用一套厂内 220 kV 备用电源系统，所有机组启备变全部接入厂内 220 kV 备用电源系统。220 kV 开关站采用户内 GIS 设备，双母线接线，两回线路分别引接自云台变和香河变，为全厂提供备用电源。按照上述设计条件，本工程从厂内现有 220 kV 开关站扩建 2 个 GIS 间隔用于 5、6 号机组的辅助变压器电源。

1.2 220 kV 开关站监控系统

田湾核电厂 1~4 号机组网控楼（WIUAC）已经在一期工程中建成。现有 NCS 系统设备集中布置在网控楼内，部分站控层设备布置在 TIUYA（厂内现有建筑）和 31UCB（厂内现有建筑）内。1~4 号机组现有 NCS 系统采用分层、分布式结构，配置双冗余网络。该系统所属站控层设备（包括服务器、操作员站、工程师站、远动接口设备、网络交换机、打印机等）和对时系统设备已经建成，系统 I/O 信号处理能力可以满足扩建工程的需要；系统所属间隔层设备包括 1~4 号机组 500 kV GIS、220 kV GIS 和各机组测控单元。

本期工程考虑在现有 NCS 系统基础上增加间隔层设备，即为扩建的 2 台辅助变压器相关的 220 kV GIS 间隔设备配置相应的测控单元，并将其接入现有 NCS 系统。

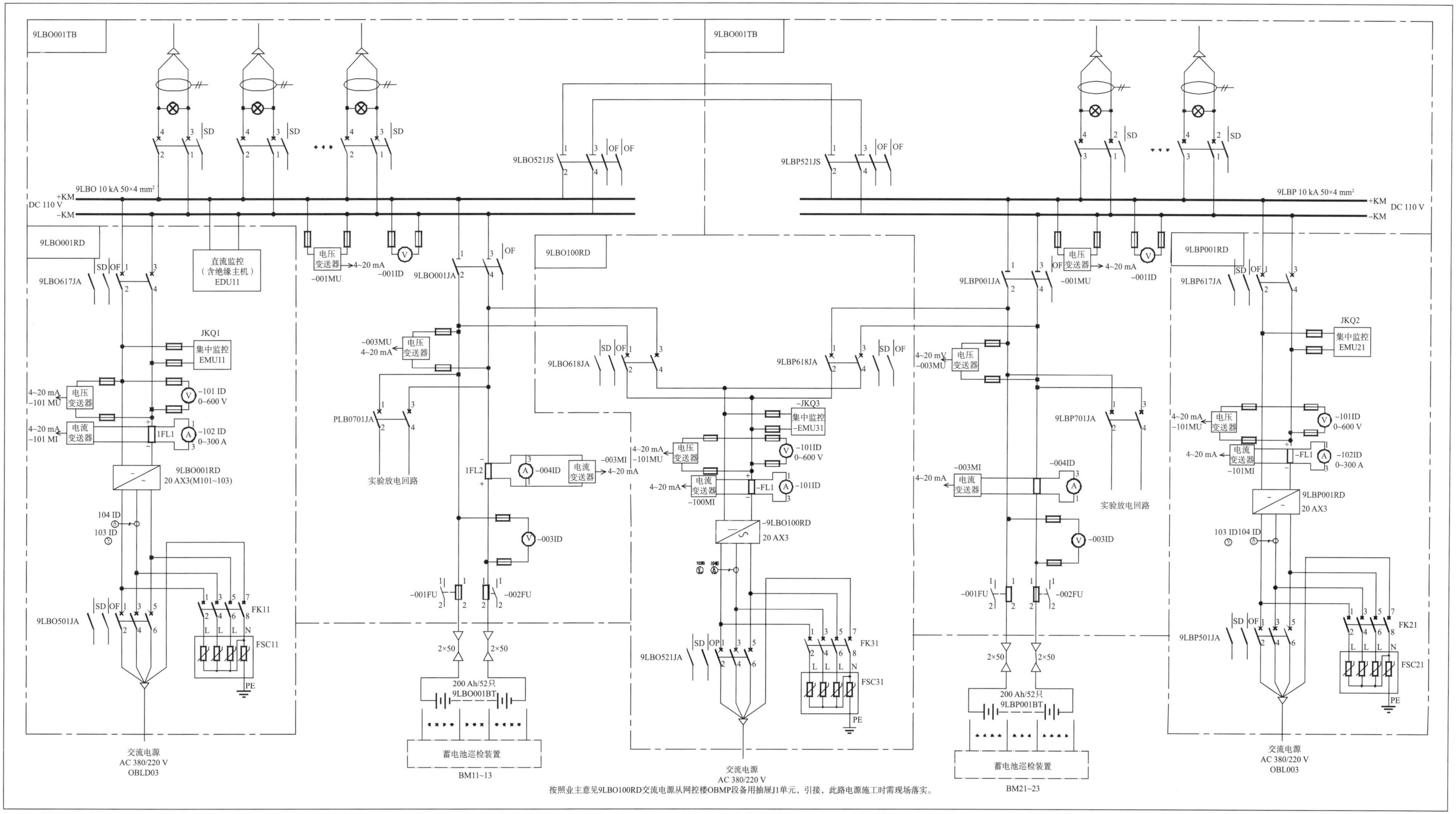

图1　220 kV 开关站 9LBO/9LBP 直流系统图

1.3 直流电源

综合考虑现场的实际情况，考虑到用电负荷分布情况，并核算直流电缆距离和电压降后，本工程决定在 TD 厂房继电器室新设直流电源系统 9LBO 和 9LBP，为 5~8 号机组辅助变间隔的直流负荷供电，而不从网控楼或本工程的开关控制楼（TC）中的直流系统供电。

2 220 kV 开关站直流电源系统供电方案

2.1 直流电源系统设计

本工程在 TD 厂房继电器室设置两套 110 V 直流系统 9LBO 和 9LBP，包括两组200 Ah、52 只阀控式密封胶体蓄电池组及三套容量为 60 A 的高频开关充电器。9LBO 系统和 9LBP 系统各设一段直流母线，两段母线上分别接入一组蓄电池和一套高频开关充电器，另一套高频开关充电器两段母线共用，两段母线通过隔离开关相连。220 kV 开关站直流电源系统（9LBO、9LBP）用于生产和分配 110 V 直流电源，供给 TD 厂房的直流控制、保护、信号等负荷。

三台充电器由不同的交流电源供电，独立运行且互为备用，并具备并联运行的条件。当其中一段母线的充电器故障或失电时，第三台充电器投入承担起故障充电器的工作。三台充电器的输出开关是相互独立的，可以根据系统运行方式的需要合闸或断开。

220 kV 开关站直流控制系统单线图如图 1 所示。

2.2 直流系统设备说明和定义

1）充电器

220 kV 开关站直流电源系统（9LBO、9LBP）每套蓄电池充电器由 3 台 110 V/20 A 的高频充电模块组成，每只高频开关充电模块的工作原理及组成如图 2 所示。

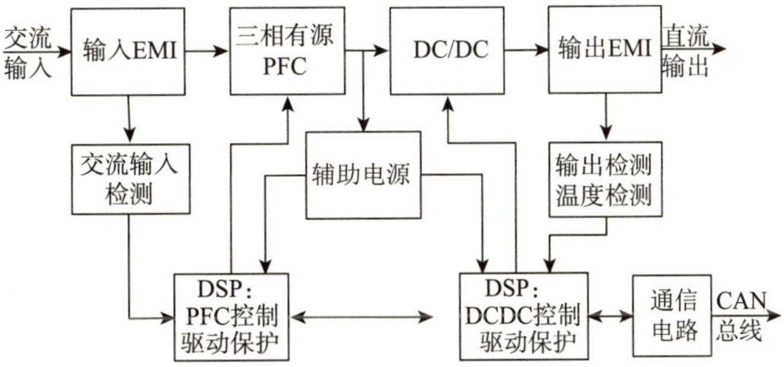

图 2 高频开关充电模块工作原理

9LBO、9LBP 直流系统充电器的参数如表 1 所示。

表1 充电器参数

交流输入电源	三相 380 V AC ±15%
额定功率是的效率	≥0.92
额定功率时的功率因数	≥0.92
交流电流谐波含量	≤30%
每个电池的平均浮充电压	2.25
每个电池的平均均充电压	2.35
电压调节范围	99~143 V
稳压精度	±0.5%
稳流精度	±0.5%
纹波系数	±0.1%RMS

2）直流屏

直流配电屏由蓄电池进线开关单元、充电器出线断路器单元、蓄电池放电试验出线单元、负荷出线断路器单元、电压监测及绝缘测量仪、馈线状态监测模块等组成。

3）蓄电池

经过核算，220 kV 开关站直流电源系统采用200 Ah 容量蓄电池即可满足TD 厂房的直流控制、保护、信号等负荷的供电要求，经与业主及供货商协商，220 kV 开关站直流电源系统采用阀控式密封胶体蓄电池组屏布置。

2.3 直流控制电源系统运行方式

1）按运行状态划分

浮充方式——充电器终端电压为设置的浮充电压。最大输出电流由整定值确定，此方式适用于蓄电池在能量充足时长期运行。

均充方式——充电器终端电压设置为均充电压，最大电流依据电池参数设置，此方式适用于蓄电池放电后快速补充能量。

放电方式——此状态为充电器退出运行由电池提供后备能量时的工作方式。

2）按操作方式划分

“自动控制”，这是一种常规运行模式，在这种运行模式下，充电器将根据以下情况自动选择“浮充”“均充”运行方式：

当充电电流大于0.01C10，充电器进入均充模式；当充电电流小于0.01C10并倒计时3 h后，充电器转入浮充模式。

当交流失电时间超过10 min，交流电源恢复后充电器将转入均充模式；若失电时间不足10 min，交流电源恢复后充电器维持浮充模式。

若监控计算的电池组剩余容量小于整定值，充电器将转入均充模式。

若连续浮充运行超过设定的时间，则充电器自动进入均充模式。

“手动控制”，这是一种非常规的运行模式，在这种模式下，操作人员可以手动控制充电器的均充、浮充转换模式。

3 220 kV 开关站二次屏柜布置方案

3.1 二次屏柜布置方案介绍

本工程220 kV开关站扩建两个辅助变间隔，为此在TD厂房外侧扩建了一个继电器室9TD302，用于布置相应的二次屏柜（图3）。

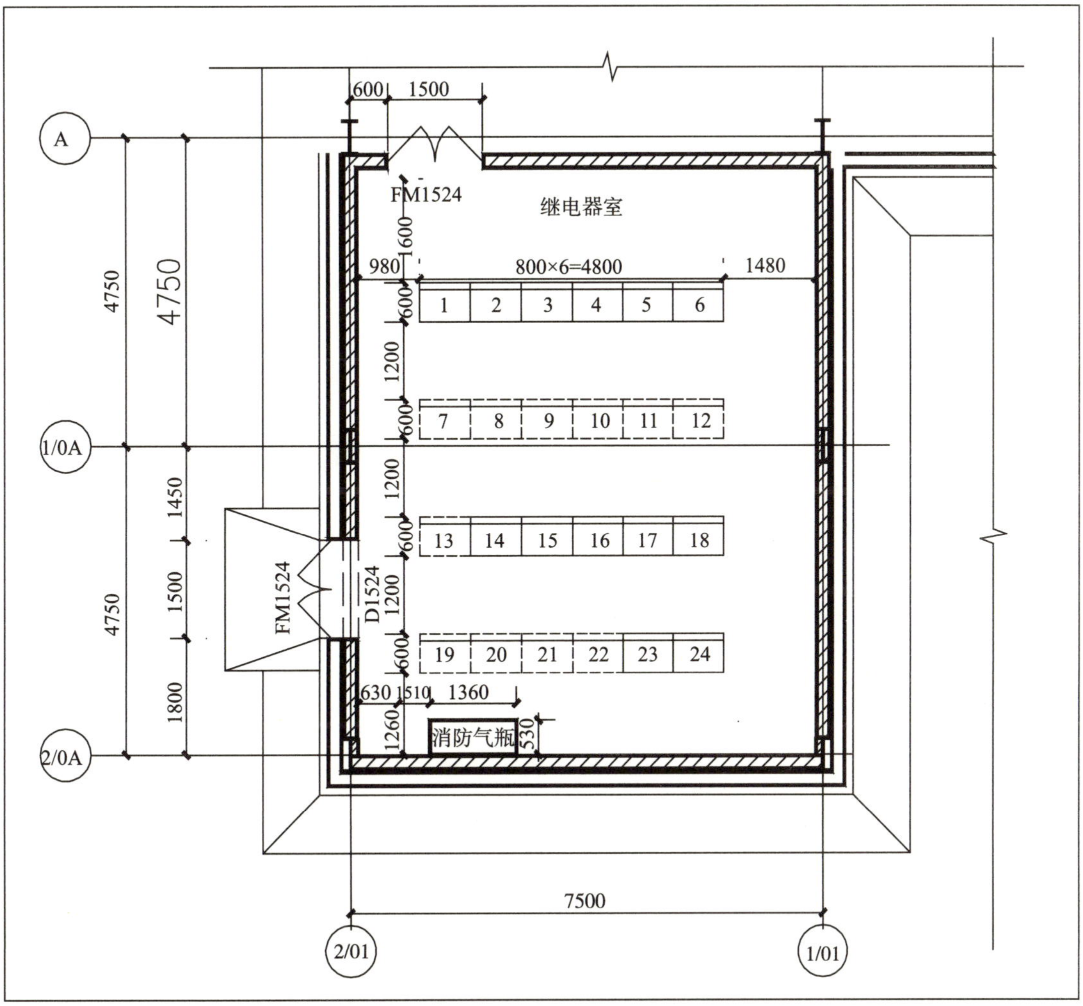

图3 继电器室9TD302设备布置图

（1）220 kV辅变间隔NCS测控屏2面、220 kV断路器操作屏2面、220 kV电缆在线监测屏1面、220 kV继电器室关口表屏1面，共计6面屏，布置在图3中1~6位置；

（2）两套直流系统9LBO和9LBP，设有直流充电器屏3面、直流配电屏2面、蓄电池屏2面，共计7面屏，布置在图3中14~18、23、24位置；

（3）考虑为7、8号机组扩建预留部分屏位。

3.2 扩建继电器室 9TD302 房间的方案

由于1~4号机组网控楼W1UAC中剩余的备用屏位已不足以给5~8号机组的辅助变间隔扩建使用，因此，经过综合考虑现场的实际情况，决定本工程在TD厂房外侧扩建一个继电器室9TD302，用于布置二次屏柜。

这样布置屏柜的优点也比较明显。本工程对应的GIS就地控制柜就布置在220 kV GIS室里，220 kV GIS室与图3的继电器室仅一墙之隔，故GIS就地控制柜与相关的二次屏柜距离很近（约为50 m），可最大程度地减少控制电缆长度；其次，对于GIS合分闸回路控制电缆，由于GIS就地控制柜与断路器操作屏距离较近，不必因距离太长而放大电缆截面；再次，对于直流电源回路电缆，直流电源由9LBO和9LBP直流配电屏提供，距离用电负荷（GIS就地控制柜、二次屏柜等）很近，电缆截面选择上无需因为电缆距离导致的电压降条件而扩大。技术合理可行，运行安全可靠。同时，因距离近，电缆短，截面小，也方便现场接线和施工。另外，在继电器室就近布置5、6号机组相关的220 kV GIS二次设备，也便于机组运行维护管理，而且也为7、8号机组扩建时的二次设备布置预留了足够空间。

4 结论

本文对本工程220 kV开关站直流系统方案及二次屏柜布置进行了详细的介绍，希望对今后开关站扩建工程的方案设计具有一定的帮助作用。

常规岛低压控制系统接线方案分析

潘旭影[1]，彭雄伟[2]
（1. 中国电力工程顾问集团东北电力设计院有限公司；2. 江苏核电有限公司）

本文对田湾核电厂5、6号机组常规岛低压控制系统接线方案进行了归纳、分析与总结，以供后续项目借鉴。

1 工程概况

田湾核电厂规划建设8台核电机组，一期工程已建成2台1000 MW级俄罗斯产VVER1000压水堆核电机组，于2007年投产。一期扩建工程再扩建2台俄罗斯产同型压水堆机组，目前已经投产。田湾核电厂5、6号机组，建设2台M310加改进型1000 MW级压水堆核电机组，参考核电厂是福清核电厂一期工程。

2 低压交流电源系统

2.1 低压交流电源系统设计条件

1）低压系统设计基准

本工程低压380/220 V交流电源系统的功能是通过6.6/0.4 kV低压厂用变压器向低压配电盘供电，然后由低压配电盘向核电机组的常规岛厂用设备供电。在正常运行工况下，厂用设备的稳态电压变化范围不应超过±5%额定电压。每台干式变压器6.6 kV侧通过电缆与6.6 kV配电盘的真空接触器加熔断器相连，0.4 kV侧通过母线与380/220 V配电盘相连。低压厂用变压器的6.6 kV侧均为熔断器加真空接触器控制，而380 V低压侧不装设断路器。对于核电机组用的重要厂用设备均为双重化或三重化配置，分接在不同段内独立供电，因此不会由于一台低压厂用变压器故障而导致重要设备失电。

2）低压系统接线

常规岛低压系统按下列原则分成多个主要配电盘和分配电盘：

（1）单元厂用配电盘（LKQ001TB、LKR001TB、LKT001TB）

单元厂用配电盘所接的用电设备均为在机组正常运行期间需要供电，而在失去正常厂用电源时不需要参与机组停运的厂用设备。

（2）通风厂用配电盘（LKP001TB、LKU001TB）

通风厂用配电盘所接的用电设备均为与常规岛厂房通风系统有关的厂用设备。

（3）常备厂用配电盘（LKF001TB、LKG001TB）

常备厂用配电盘所接的用电设备主要为在正常厂用电源消失时，仍需要运行的低压厂用设备。

（4）凝结水精处理配电盘（LKX001TB、LKY001TB）

凝结水精处理配电盘所接的用电设备均为与常规岛厂房凝结水处理系统有关的厂用设备。

（5）MX 厂房公用配电盘（9LKF001TB）

MX 厂房共用配电盘所接的用电设备均为常规岛厂房两台机组公用的厂用设备。

（6）TB/TC 厂房低压配电盘（0LKF001TB、0LKQ001TB）

TB/TC 厂房低压配电盘所接的用电设备均为与 TB 和 TC 厂房有关的厂用设备，为两台机组公用负荷。

常规岛低压系统配电盘布置在 MX 厂房+11.7 m 电气配电间内。

3 低压交流电源系统控制接线方案

3.1 低压厂用变压器柜控制接线

低压厂用变压器柜的温控器控制电源均采用 AC 220 V，由电缆引自相邻电源进线开关柜；温控器的输出信号由电缆经相邻开关柜转接至 DCS，低压厂用变压器的零序 CT 设置在相邻开关柜，相关引出线由此开关柜引出。

3.2 控制电源和小母线

1）直流控制电源和小母线

根据 DL/T 5044—2014 直流规程最新要求，低压配电装置应按配电间的分布分别设置若干分电屏供电。受厂房等条件限制，直流电源房间与低压配电装置房间距离也比较近，因此低压配电装置直流控制电源未采用从直流分电屏直接供电的方式。但是为了保证直流电源的可靠性，低压配电装置不设置直流小母线，而是采用由直流系统馈线屏直接供电，同时在每面低压配电装置内设置手动切换回路的方案。

每面开关柜的两路直流电源分别来自两组不同直流系统。1/2MX 低压配电装置直流电源分别取自 1/2 LBM/LBN；9LKF 段低压配电装置直流电源分别取自 1LBM/2LBM；1/2 LLP 段低压配电装置直流电源分别取自 1/2 LBA/LBN。

框架断路器电动机回路、框架断路器馈线回路、塑壳断路器由 DCS 或 PLC 控制的电动机回路均采用 DC 110 V 控制电源。

2）交流控制电源和小母线

低压配电盘每段设一组 AC 220 V 小母线，供电给各柜温控器、照明级加热器回路。每段交流小母线由来自其他厂用段的交流系统的一路交流电源供电。

塑壳断路器就地控制的电动机回路采用 AC 220 V 控制电源，AC 220 V 控制电源均取本回路断路器上口处。

3.3 控制回路保护接线

1）电动机回路

额定功率 90 kW 及以上的电动机回路，采用框架式空气断路器作为保护和操作电器，空气开关配置智能脱扣器，回路的瞬动、过载保护均由智能脱扣器实现；额定功率小于 90 kW的电动机回路采用塑壳断路器作为瞬时短路保护电器，接触器作为操作电器，采用热继电器作为电动机的过载保护设备。塑壳断路器采用电子脱扣器。

2）馈线回路

为下一级母线供电的电源馈线回路，采用框架式空气断路器作为保护和操作电器，空气开关配置智能脱扣器，回路的短延时短路保护均由智能脱扣器实现；照明、检修设备和带就地控制箱的设备等不需频繁操作的电源馈线回路采用塑壳断路器作为回路的保护电器；需要自动控制的油箱加热器回路采用塑壳断路器作为回路的保护电器，接触器作为操作电器。

3.4 CT 及表计配置

1）CT 配置

（1）变压器回路

630 kVA 及以上容量的低压厂用变压器低压侧设一组（三相）保护用 CT。

（2）电动机回路

对于容量为 90 kW 及以上的电动机回路宜装设零序 CT，与电流继电器构成单相接地短路保护。对 55 kW 及以上的电动机回路，如果相间短路保护能满足单相接地保护灵敏度时，可由相间短路保护兼做单相接地短路保护；当不满足时，应另装设零序 CT，与电流继电器构成单相接地短路保护。

2）电流表及电压表配置

（1）馈线回路配电流表和电流变送器情况如表 1 所示。

表 1　馈线回路配电流表和电流变送器情况

LK*/LLP 段	进线回路配电流表、电压表、电压变送器	备注
框架断路器回路	配电流表	
塑壳断路器回路	不配电流表	

（2）电动机回路配电流表和电流变送器情况如表 2 所示。

表 2　电动机回路配电流表和电流变送器情况

	负荷容量	电流表	电流变送器	备注
LK*	负荷≥90 kW	■	■	框架 DL
	55 kW≤负荷<90 kW	■	■	塑壳
	负荷<55 kW			塑壳

续表

	负荷容量	电流表	电流变送器	备注
LLP	负荷≥90 kW	■	■	
	55 kW≤负荷<90 kW	■	■	塑壳
	负荷<55 kW	■	■	塑壳

4 结论

本文对田湾核电厂5、6号机组常规岛低压控制接线方案做出详细介绍，通过对设计中遇到的问题进行归纳、分析和总结，以供后续项目借鉴。

核电厂发变组保护系统配置

高华平[1]，彭雄伟[2]
（1. 中国电力工程顾问集团东北电力设计院有限公司；2. 江苏核电有限公司）

核电厂发变组保护因采用不同的堆型而有所不同，本文以田湾核电厂5、6号机组为例介绍M310改进型1000 MW级压水堆核电机组发变组保护系统的配置。

1 工程概况

田湾核电厂规划建设8台核电机组，1、2号机组为2台1000 MW级VVER1000压水堆核电机组，3、4号机组为2台1000 MW级VVER1000压水堆核电机组，5、6号机组建设2台M310改进型1000 MW级压水堆核电机组。

1~4机组以500 kV电压等级接入华东电网，采用一个半断路器的接线方式，2回出线至盐城变电所，1回出线至连云港变电所，1回出线至伊芦变电所。

5、6号机组新建500 kV户内GIS，采用一个半断路器的接线方式，2回出线至花果山变电所，1回出线至姚湖变电所，1回出线至艾塘变电所。

2 5、6号机组系统

2.1 5、6号机组一次接线

5、6机组采用发电机-变压器单元接线方式，设出口断路器，机端并接一台励磁变压器，两台三卷高压厂用变压器分别为6.6 kV系统LGA、LGD、LGE、LGF供电，发电机经三台单相两卷主变压器接入新建500 kV户内GIS（TB厂房）。

2.2 一次设备

发电机采用东方电机厂生产的TA-1100-78型三相同步发电机，额定参数 $S_n = 1278$ MW $U_n = 24$ kV $In = 30\ 739$ A $\cos\phi = 0.9$（滞后） $f_n = 50$ Hz $N_n = 1\ 500$ r/min $U_{fn} = 461$V $I_{fn} = 5795$ A，设出口断路器。主变压器为特变电工沈阳变压器集团有限公司生产的3台439 MVA530±2×2.5%/24 kVYn-d11单相两卷无载调压主变压器。高压厂用变压器为2台68/34-34MVA24±8×1.25%/6.9-6.9 kV三相三卷有载调压高压厂用变压器。发电机出口断路器为瑞士ABB公司生产的HEC 7C型断路器。

2.3 二次设备

每台机组配置南京南瑞继保电气有限公司生产的2面发电机及励磁变保护屏，每面屏装设一套 PCS-985G 型发电机保护装置。2 面主变压器及两台高压厂用变压器保护屏，每面屏装设一套 PCS-985BT 型主变及高厂变保护装置、一套 PCS-985UP 型机组功率突降切机保护装置。1 面非电量保护屏，装设一套 PCS-974-G 型非电量保护装置。发电机配套 ALSTOM 公司的无刷励磁系统，由 3 台 21. 7 kVA24/0. 33 kVYN-d11 干式励磁变压器整流供电。

3 发变组保护配置

3. 1 发变组保护配置图

根据《继电保护和安全自动装置技术规程》《国家电网公司十八项电网重大反事故措施（修订版）》《防止电力生产事故的二十五项重点要求》《核电厂常规岛设计规范》要求，参考福清核电厂 1、2 号机组设计，发电机变压器组保护、电流互感器、电压互感器配置及出口方式如图 1 所示。

3. 2 发电机保护

1）差动保护

变斜率比率差动保护比率差动的动作特性采用变斜率比率制动曲线。合理整定起始斜率和最大斜率的定值，可保证区内故障时最大的灵敏度，区外故障时躲过暂态不平衡电流。

工频变化量比率差动保护工频完全反映差动电流及制动电流的变化量，不受正常运行时负荷电流的影响。

2）定子接地保护保护

B 屏注入式保护采用高性能数字滤波技术，设有两段电阻定值，一段动作发信，另一段动作跳闸。可在发电机静止、启机、停机、空载、并网运行等各种工况下实现保护。

A 屏基波零序电压保护发电机 85%~95%的定子绕组单相接地，对三次谐波的滤除比达 100 以上，保护只反应基波分量，动作跳闸。三次谐波电压比率判据只保护发电机中性点 25%左右的定子接地，机端三次谐波电压取自电压互感器开口三角零序电压，中性点侧三次谐波电压取自发电机中性点接地变，动作发信。

3）匝间保护

采用频率跟踪、数字滤波、全周傅氏算法，三次谐波滤过比大于 100，取自发电机出口专用 PT 开口三角上的纵向零序电压。

4）过电压保护

过电压保护根据东方电气提供的《4 级核能发电机保护要求》（Q1131）整定Ⅰ段为 1. 2UN 1s，Ⅱ段为 1. 1UN 6s，均动作跳闸。

5）定子过负荷保护

保护动作量同时取发电机机端、中性点定子电流，定时限发信。

反时限保护模拟发电机的发热过程，模拟散热。当定子电流大于下限电流定值时，发电机开始热积累，如定子电流小于下限电流定值时，热积累值通过散热慢慢减小。反时限

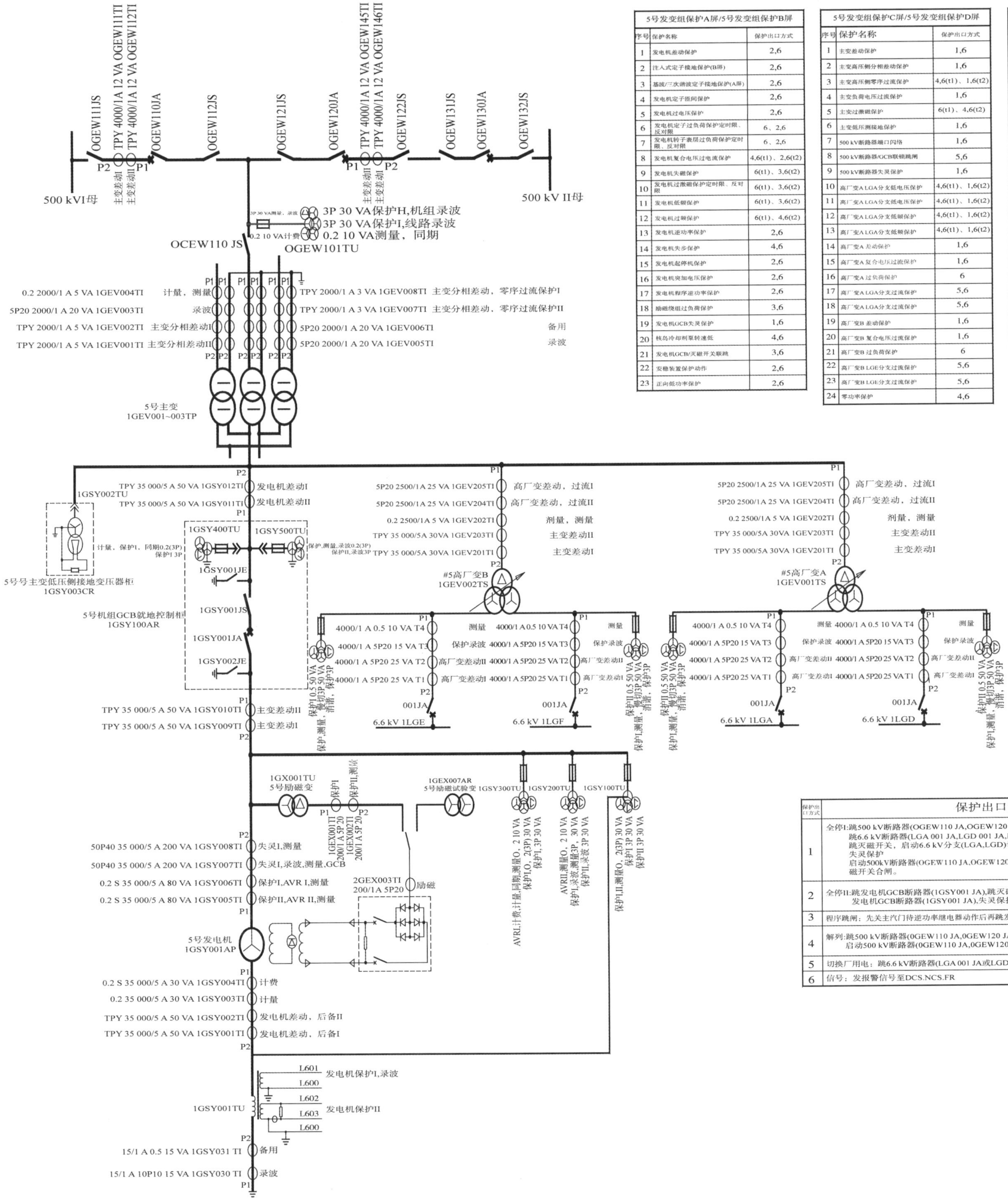

5号发变组保护A屏/5号发变组保护B屏		
序号	保护名称	保护出口方式
1	发电机差动保护	2,6
2	注入式定子接地保护(B屏)	2,6
3	基波/三次谐波定子接地保护(A屏)	2,6
4	发电机定子匝间保护	2,6
5	发电机过电压保护	2,6
6	发电机定子过负荷保护定时限、反对限	6、2,6
7	发电机转子表层过负荷保护定时限、反对限	6、2,6
8	发电机复合电压过电流保护	4,6(t1)、2,6(t2)
9	发电机失磁保护	6(t1)、3,6(t2)
10	发电机过激磁保护定时限、反对限	6(t1)、3,6(t2)
11	发电机低频保护	6(t1)、3,6(t2)
12	发电机过频保护	6(t1)、4,6(t2)
13	发电机逆功率保护	2,6
14	发电机失步保护	4,6
15	发电机起停机保护	2,6
16	发电机突加电压保护	2,6
17	发电机程序逆功率保护	2,6
18	励磁绕组过负荷保护	3,6
19	发电机GCB失灵保护	1,6
20	核岛冷却剂泵转速低	4,6
21	发电机GCB/灭磁开关联跳	3,6
22	安稳装置保护动作	2,6
23	正向低功率保护	2,6

5号发变组保护C屏/5号发变组保护D屏		
序号	保护名称	保护出口方式
1	主变差动保护	1,6
2	主变高压侧分相差动保护	1,6
3	主变高压侧零序过流保护	4,6(t1)、1,6(t2)
4	主变负荷电压过流保护	1,6
5	主变过激磁保护	6(t1)、4,6(t2)
6	主变低压测接地保护	1,6
7	500 kV断路器端口闪络	1,6
8	500 kV断路器/GCB联锁跳闸	5,6
9	500 kV断路器失灵保护	1,6
10	高厂变A LGA分支低电压保护	4,6(t1)、1,6(t2)
11	高厂变A LGA分支低电压保护	4,6(t1)、1,6(t2)
12	高厂变A LGA分支低频保护	4,6(t1)、1,6(t2)
13	高厂变A LGA分支低频保护	4,6(t1)、1,6(t2)
14	高厂变A 差动保护	1,6
15	高厂变A 复合电压过流保护	1,6
16	高厂变A 过负荷保护	6
17	高厂变A LGA分支过流保护	5,6
18	高厂变A LGA分支过流保护	5,6
19	高厂变B 差动保护	1,6
20	高厂变B 复合电压过流保护	1,6
21	高厂变B 过负荷保护	6
22	高厂变B LGE分支过流保护	5,6
23	高厂变B LGE分支过流保护	5,6
24	零功率保护	4,6

5号发变组E屏		
序号	名称	保护出口方式
1	主变重瓦斯	1,6
2	主变压力释放1/2	1,6
3	主变断流阀	1,6
4	主变油面温度1/2高高	1,6
5	主变线圈温度高高	1,6
6	主变压力突发	1,6
7	主变冷却器全停	1,6
8	发电机定子断水	3,6
9	发电机转子接地II段保护	3,6
10	励磁变温度高高	3,6
11	发电机励磁系统故障	2,6
12	主变轻瓦斯	6
13	主变线温度1高	6
14	主变线温度2高	6
15	主变线温度高	6
16	发电机转子接地I段保护	6
17	高厂变A 重瓦斯	1,6
18	高厂变A 油面温度1 高高	1,6
19	高厂变A 油面温度2 高高	1,6
20	高厂变A 调压A 相压力释放	1,6
21	高厂变A 调压B 相压力释放	1,6
22	高厂变A 调压C 相压力释放	1,6
23	高厂变A 调压A 相重瓦斯	1,6
24	高厂变A 调压B 相重瓦斯	1,6
25	高厂变A 调压C 相重瓦斯	1,6
26	高厂变A 冷却器全停	1,6
27	高厂变B 重瓦斯	1,6
28	高厂变B 油面温度1 高高	1,6
29	高厂变B 油面温度2 高高	1,6
30	高厂变B 调压A 相压力释放	1,6
31	高厂变B 调压B 相压力释放	1,6
32	高厂变B 调压C 相压力释放	1,6
33	高厂变B 调压A 相重瓦斯	1,6
34	高厂变B 调压B 相重瓦斯	1,6
35	高厂变B 调压C 相重瓦斯	1,6
36	高厂变B 冷却器全停	1,6
37	高厂变A 轻瓦斯	6
38	高厂变A 油面温度1 高	6
39	高厂变A 油面温度2 高	6
40	高厂变A 线圈油位异常	6
41	高厂变A 油位异常	6
42	高厂变A 调压油位异常	6
43	高厂变B 轻瓦斯	6
44	高厂变B 油面温度1高	6
45	高厂变B 油面温度2高	6
46	高厂变B 线圈温度高	6
47	高厂变B 油位异常	6
48	高厂变B 调压油位异常	6

保护出口方式	保护出口说明
1	全停I:跳500 kV断路器(OGEW110 JA,OGEW120 JA),跳发电机GCB断路器(1GSY001 JA) 跳6.6 kV断路器(LGA 001 JA,LGD 001 JA,LGE 001 JA,LGF 001 JA),关主汽门，跳灭磁开关，启动6.6 kV分支(LGA,LGD)切换，启动发电机GCB断路器(1GSY001 JA)失灵保护 启动500kV断路器(OGEW110 JA,OGEW120 JA)失灵保护，闭锁短路器合闸、闭锁灭磁开关合闸。
2	全停II:跳发电机GCB断路器(1GSY001 JA),跳灭磁开关、关主汽门，发电机GCB断路器(1GSY001 JA),失灵保护。
3	程序跳闸：先关主汽门待逆功率继电器动作后再跳发电机GCB断路器(1GSY001JA),跳灭磁开关。
4	解列:跳500 kV断路器(0GEW110 JA,0GEW120 JA)，启动500 kV断路器(0GEW110 JA,0GEW120 JA),失灵保护。
5	切换厂用电：跳6.6 kV断路器(LGA 001 JA或LGD 001 JA),启动6.6 kV分支(LGA或LGD)切换。
6	信号：发报警信号至DCS.NCS.FR

图1　5号机组发变组保护配置图

保护热积累值大于热积累定值保护动作跳闸。

6）转子表层过负荷保护

转子表层过负荷反应发电机转子表层过热状况，也可反应负序电流引起的其他异常。保护动作量取发电机机端和中性点的负序电流。

转子表层过负荷定时限发信。

当负序电流超过下限启动值时，反时限部分启动，并进行累积。反时限保护热积累值大于热积累定值保护动作跳闸。负序反时限保护能模拟转子的热积累过程，并能模拟散热。发电机发热后，若负序电流小于发电机长期运行允许负序电流时，发电机的热积累通过散热过程，慢慢减少。负序电流增大，超过发电机长期运行允许负序电流时，由当前热积累值开始，重新热积累的过程。

7）复合电压过流保护

过流Ⅰ段、Ⅱ段复合电压由发电机端相间低电压和负序电压或门构成各带一段延时，具有电流记忆功能。

8）失磁保护

设三段失磁保护，Ⅰ段采用静稳阻抗圆特性动作发信，Ⅱ段经母线低电压判据采用异步阻抗圆特性动作程序跳闸，Ⅲ段采用异步阻抗圆特性动作跳闸。

定子阻抗计算采用发电机机端正序电压、正序电流。

9）过激磁保护

发电机过励磁保护反时限通过对给定的反时限动作特性曲线进行线性化处理，计算得到过励磁倍数后，采用分段线性插值求出对应动作时间，具有累积和散热功能。

定值根据东方电气提供发电机过励磁曲线及《4级核能发电机保护要求》（Q1131）整定，低定值定时限报警，高定值反时限程序跳闸。

10）频率保护

低频设四段保护，Ⅰ段、Ⅱ段、Ⅲ段有累积延时低频及单次持续运行低频保护，Ⅳ段为持续运行低频保护。低频保护经断路器接点、无电流闭锁。

过频保护动作发信。

频率保护根据东方电气所提供发电机频率允许值及相应时间整定。Ⅰ段、Ⅲ段累积跳闸，Ⅳ段持续运行低频跳闸。

11）功率保护

电流取自发电机端测量级电流互感器，电压取自发电机机端电压互感器。

逆功率保护取发电机 1%P_n，延时动作跳闸。

程序逆功率保护经主汽门、发电机断路器接点闭锁，延时动作跳闸。

低功率保护经汽机保护动作或主汽门关闭接点闭锁，延时动作跳闸。

12）失步保护

阻抗组件计算采用发电机机端正序电压、正序电流。失步继电器第一部分为透镜特性，第二部分为遮挡器特性，第三部分为电抗线。区外失步动作发信，区内失步动作跳闸。

13）启停机保护

保护采用不受频率影响的算法，以保证对发电机的保护，经低频组件闭锁投入。

零序过电压保护发电机定子接地故障。

差回路过流及低频过流保护发电机相间故障。

14）误上电保护

取发电机机端电压、机端及中性点电流、发电机断路器接点，低频闭锁延时跳闸。

15）断路器失灵保护

电流取自发电机端P级电流互感器，采用相电流或负序电流、保护动作接点、断路器接点判别，动作跳闸。

16）励磁绕组过负荷保护

反应励磁绕组平均发热状况，电流取自励磁变低压侧电流互感器。

绕组过负荷定时限发信。

反时限保护能模拟励磁绕组过负荷的热积累及散热过程，绕组电流超过启动值时开始累积，热积累值大于允许值时动作跳闸。

17）外部重动

设GCB、灭磁开关跳闸后启动程序跳闸。核岛冷却剂泵转速低开入接点闭合后解列。安稳保护动作接点闭合后跳闸。

18）非电量保护

发电机断水开入接点闭合后启动程序跳闸。励磁系统故障开入后跳闸。

3.3 变压器保护

1）差动保护

考虑大型发电机变压器组暂态影响较大，差动保护采用具有暂态特性的TPY级电流互感器。

比率差动保护采用变斜率动作特性，根据保护动作方程给定最大斜率、最小斜率、启动电流，经二次谐波（A屏）、波形（B屏）判别涌流闭锁，动作跳闸。

差动速断保护当任一相差电流大于整定值时动作跳闸。

采用工频变化量比率差动保护变压器内部轻微故障，经二次谐波（A屏）、波形（B屏）判别涌流闭锁，动作跳闸。

2）主变分侧差动保护

分侧差动保护快速反应主变高压侧绕组内部故障，由比率差动及差动速断保护构成，动作跳闸。

3）复压过流保护

过流保护经变压器低压侧电压闭锁，经延时跳闸。

4）主变高压侧零序过流保护

设Ⅰ段、Ⅱ段零序过流保护与线路保护配合作为系统接地后备保护，动作跳闸。

5）主变过励磁保护

主变过励磁保护反时限通过对给定的反时限动作特性曲线进行线性化处理，计算得到过励磁倍数后，采用分段线性插值求出对应动作时间，具有累积和散热功能。

定值根据根据主变压器厂提供的过励磁曲线整定，低定值定时限报警，高定值反时限程序跳闸。

6）500 kV 断路器闪络保护

闪络保护发电机并列过程中当断路器两侧电压方向为180°时断口易发生闪络，电流取500 kV 串内电流互感器，动作跳闸。

7）功率突降保护

保护利用发电机正向有功功率突降为零过程中的频率突增、电压突增、有功功率突降、电流突降等电气特性，电流取自主变高压侧套管及发电机端电流互感器，电压取自主变高、低压侧电压互感器。由电压突增、电流突降、频率突增、过频、功率等元件启动，低功率、电流突降、低电流判据动作，正、负序电压闭锁，动作跳闸。

8）非电量保护

主变压器、高压厂用变压器重瓦斯、油温过高、绕组温度过高、压力释放阀动作、突发压力继电器动作、断流阀动作等开入接点闭合，经非电量保护装置动作跳闸，可经过压板投退。

主变压器、高压厂用变压器轻瓦斯、油温高、绕组温度高、油位异常经非电量保护装置发信。

4 保护相关二次接线

与发变组双套电量保护相关电流互感器、电压互感器均采用独立保护级绕组，电流互感器在保护范围上交叉以避免保护有死区，两套保护出口分别跳相关断路器的第一、第二组跳闸线圈。非电量保护同时跳相关断路器的第一、第二组跳闸线圈。

双套保护屏直流电源分别取自不同的直流系统，非电量保护直流电源采用双电源手动切换。

第一套保护开入及开出量采用耐火电缆，电流回路电缆截面为4 mm^2，电压回路电缆截面为2.5 mm^2，出口跳闸回路电缆压降不小于5%。

5 结论

大型发电厂中如何在满足规程要求的前提下合理配置发电机及变压器保护非常重要，本文结合田湾核电厂5、6号机组工程特点，阐述了本工程的保护配置及相关二次回路要求，以供后续工程参考。

500 kV开关站网络计算机监控系统设计分析

刘明燕[1]，彭雄伟[2]
（1. 中国电力工程顾问集团东北电力设计院有限公司；2. 江苏核电有限公司）

本文对田湾核电厂5、6号机组（简称本工程）的500 kV开关站网络计算机监控系统（简称NCS系统）设计情况进行了归纳和总结，以供后续工程借鉴。

1 引言

本工程根据机组和500 kV开关站GIS的系统情况，结合业主方及当地网调和省调部门意见，并考虑了NCS系统供货商产品实际情况等，确定了NCS系统的最终方案。

本工程NCS系统，用于500 kV升压站设备的运行监视和操作控制以及电厂与华东网调、江苏省调、连云港地调之间的远动数据通信，并能支持接入电力调度数据网。此外，该系统还应能够支持与电厂在建的其他应用系统（电量计费系统、DCS系统、AVC控制装置、微机保护设备、UPS、智能直流监测装置、消防等）接口通信。

2 工程概况

田湾核电厂规划建设8台核电机组。1～4号机组为4台1000 MW级俄罗斯产VVER1000压水堆核电机组，公用一座500 kV开关站。5、6号机组建设2台M310加改进型1000 MW级压水堆核电机组，2台机组均采用发变组单元接线，以500 kV电压接入系统；发电机出口设断路器。

本工程新建1座500 kV升压站，根据规划，此升压站为5～8号机组公用。500 kV配电装置采用一个半接线，规划共4个串。本工程采用4回出线与华东电网连接，2回进线与5、6号主变GIL连接；预留下期2回主变进线。500 kV配电装置均采用户内GIS方案。

本工程新建的500 kV配电装置的监控全部纳入NCS系统，系统结构及软件均需考虑预留下期扩建。

3 NCS系统配置

NCS系统的结构基于“分布式计算机环境”概念，采用网络结构。系统是开放的，硬件设备可以在不影响系统其余部分正常运行的情况下，采用简单方式进行替换、升级和扩充，而不需对软件作任何修改，并满足工程扩建的需要。升压站运行管理为无人值班方式。

NCS 系统按站控层与间隔层两个控制层构成。NCS 网络结构采用双以太网，正常情况下，双以太网采用负荷平衡工作方式，一旦某一网络出现故障，另一网能完全接替全部通信负荷。网络通信介质采用光纤或电缆。

NCS 系统拓扑图如图 1 所示。

3.1 站控层设备配置

站控层设备包括两台主机、两台远动数据处理及通信装置、一台工程师工作站、三套操作员工作站，以及通信管理机、交换机、打印机等设备。

两台主机并列运行，冗余配置，同时工作。所有的信息数据均存放在主机的数据库中，通过权限设置任一台计算机都可将采集来的实时数据进行分析运算、分类和处理，并可进行功能组态、软件设置及网络管理。五防功能可在操作员工作站实现。

NCS 系统站控层设备之间、站控层设备与间隔层设备之间、间隔层设备之间通过交换机互联。NCS 系统与其他应用系统（电量计费系统、DCS 系统、AVC 控制装置、微机保护设备、UPS、智能直流监测装置、消防等）的接口通信可通过通信管理机进行。NCS 系统与各级调度之间的远动数据通信通过远动数据处理及通信装置进行。

3.2 间隔层设备配置

间隔层由网络连接的 500 kV 网络单元测控装置和发变组测控装置组成。对于 500 kV 网络，按每个断路器配置一台测控装置，同时为 500 kV 母线及直流系统等其他系统设备设置 3 台测控装置。对于发变组测控装置，按每台机组配置一台测控装置。

间隔层设备具有交流采样、电压切换、防误闭锁、同期检测、断路器就地手动操作和主接线状态及测量数据液晶显示等功能。在站控层及网络失效的情况下，间隔层能独立完成其就地监控功能。

3.3 布置位置和组屏

站控层设备布置如图 1 所示；其中 LX 的光电交换机组 1 面屏，单独布置在 LX511 房间里。对于间隔层测控装置，500 kV 断路器测控装置组 9 面屏，500 kV 母线其公用测控装置组 2 面屏，布置在 9TC 开关控制楼。机组测控装置按每台机组 1 面屏，布置在 1/2MX 汽轮机房里。

4 NCS 系统方案的特点

4.1 关于时钟信号

根据本工程程序文件规定及采购包划分，时钟同步系统单独考虑设计和采购，不包含在 NCS 系统内。NCS 系统只负责接收来自时钟同步系统的时钟信号。

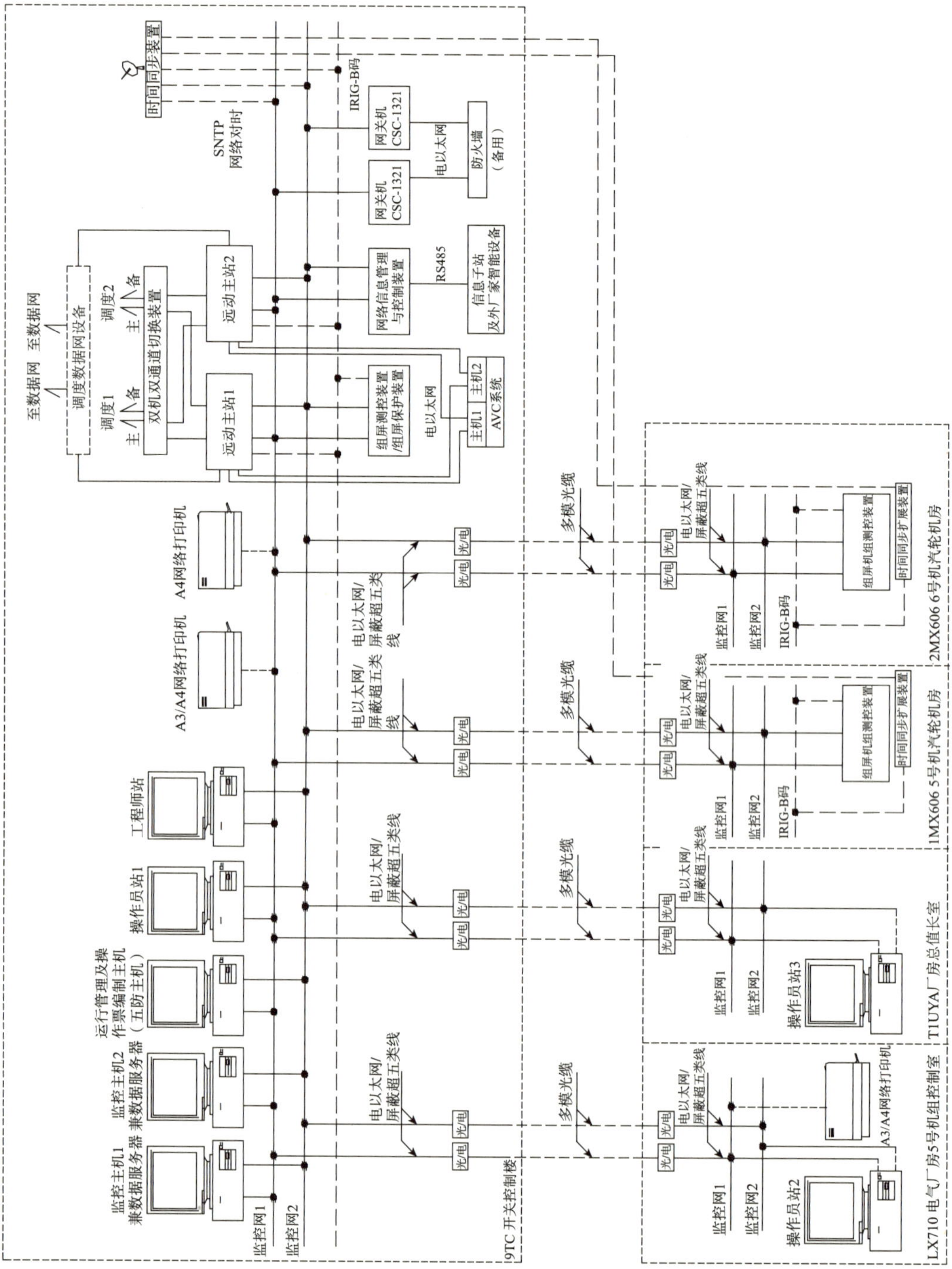
时间同步装置
SNTP
网络对时
IRIG-B码
网关机
CSC-1321
网关机
CSC-1321
电以太网
防火墙
（备用）
至数据网
至数据网
调度数据网设备
调度1
调度2
主
备
主
备
双机双通道切换装置
远动主站1
远动主站2
网络信息管理与控制装置
RS485
信息子站及外厂家智能设备
组屏测控装置/组屏保护装置
电以太网
主机1
主机2
AVC系统
A3/A4网络打印机
A4网络打印机
监控主机1
兼数据服务器
监控主机2
兼数据服务器
运行管理及操作票编制主机（五防主机）
操作员站1
工程师站
监控网1
监控网2
光/电
电以太网/
屏蔽超五类线
多模光缆
9TC开关控制楼
操作员站2
A3/A4网络打印机
LX710电气厂房5号机组控制室
操作员站3
T1UYA厂房总值长室
组屏机组测控装置
时间同步扩展装置
1MX606 5号机汽轮机房
2MX606 6号机汽轮机房

图1 NCS系统拓扑图

4.2 关于 LX710 主控室操作台

在 5 号机组主控室 LX710 内，NCS 系统一套操作员站（含 1 台主机、双显示器及键盘和鼠标）、NCP 系统一套操作员站（含 1 台主机、双显示器及键盘和鼠标）以及 1 台打印机共同布置在一个操作台上。操作台（含显示器支架等附件）由 NCP 系统提供。

4.3 关于光电交换机

根据业主方及当地网调和省调部门的要求，为提高网络可靠性，NCS 系统布置在 5 号机组 1MX、6 号机组 2MX、T1UYA 的设备与 TC 的设备之间的通信方式采用光电交换机，而不使用传统的光电转换器。

TC 的光电交换机布置在通信管理机屏内。LX 厂房中，NCS 系统与 NCP 系统的光电交换机共同布置在一面屏内，屏柜由 NCS 系统提供，布置在 LX511 房间中。5 号机组、6 号机组的光电交换机布置在机组测控屏内。T1UYA 的光电交换机布置由业主方根据现场实际情况确定位置。

4.4 关于 500 kV 断路器测控屏

参照参考核电厂设计方案，并结合 NCS 系统供货商产品的实际情况考虑，每台500 kV 断路器设一台断路器操作箱。断路器操作箱与 NCS 系统设备一同招标采购。同一断路器的断路器操作箱与测控装置一起组 1 面屏。

4.5 关于 DCS 与 NCS 之间的信号

根据业主方及当地网调和省调部门的要求，本工程 DCS 与 NCS 之间的信号采用硬接线传递。因此，来自 DCS 的 DI 信号与 AI 信号是通过电缆接入了 NCS 机组测控屏，而不是走通讯线缆进入 NCS 通信管理机屏。

4.6 关于网络交换机

NCS 网络交换机采用的是赫斯曼品牌 MAR1030 交换机。此型号交换机送出的是“直流有电/装置状态正常”信号，而不能送出设计上通常所见的“装置失电报警”报警信号。

5 结论

以上是对本工程 NCS 系统方案进行的归纳和总结。每个电厂的 NCS 系统在方案设计上都有它自己的独特之处，希望本工程的 NCS 系统方案能为后续工程提供参考借鉴。

采用变频调速配置的核电厂循环水系统设计

王　芳[1]，张荣勇[1]，白　玮[1]
（1. 中国核电工程有限公司，北京 100840）

摘要：本文针对某核电站凝汽器过冷的问题提出了冬季低水温时提高海水水温和低水温时降低通过凝汽器的循环水流量两种解决途径。考虑到核电厂循环水泵的特点，采用每台循泵都进行变频调速并带手动切换工频旁路的供电方案不仅可以解决凝汽器侧过冷问题，能更好地适应我国北方地区，还能有效降低电耗、提高经济效益，可为后续核电厂循环水系统设计提供参考。

关键词：核电厂；变频；循环水系统

1　引言

某核电厂厂址冬季海水温度低，凝汽器所需循环水量明显降低。为解决凝汽器过冷的问题，一是在冬季低水温时提高海水水温；二是在冬季低水温时降低通过凝汽器的循环水流量。提高水温常规做法是通过温排水回流实现，而降低通过凝汽器的循环水量的做法较多，主要包括循环水回流、循环水旁路、采用双速电机循环水泵、采用多泵组合和循环水泵变频调速等。

从节能和避免凝汽器过冷等角度考虑，冬季循环水泵需低流量运行，本项目采用循环水泵 1 机 2 泵变频调速配置方案，既节省了年运行费用，又解决了凝汽器过冷问题。

2　厂址参数

该厂址多年逐月月平均海水水温如表 1 所示。

表 1　多年逐月平均海水水温

月份	1	2	3	4	5	6	7	8	9	10	11	12	平均
水温/℃	3.2	3.9	7.3	12.5	18.1	22.2	25.9	26.8	24.2	19.6	13.1	6.6	15.3

3　凝汽器过冷问题的概述

3.1　凝汽器针对不同海水温度的特性曲线

不同海水温度所对应的凝汽器热负荷-背压特性曲线如图 1 所示，不同海水温度所对应凝汽器循环水量-背压特性曲线如图 2 所示。从图 1、图 2 可以看出，海水温度过低会引起凝汽器的背压过低，在冬季的 1 月份海水平均温度达到了 3.2 ℃，此时凝汽器背压仅能达到约 1.9 kPa，远低于设计背压 3.8 kPa。

凝汽器热负荷-背压特性曲线

设计条件	
设计工况下凝汽器净热负荷	1 784 186 kW(TMCR工况)
凝汽器设计压力	3.8 kPa
凝汽器面积	94 229 m^2(含5%面积余量)
设计循环水流量	56.5 m^3/s
循环水设计进口温度	17.3 ℃
冷却管	钛管 ϕ22.225×0.5/ϕ22.225×0.7

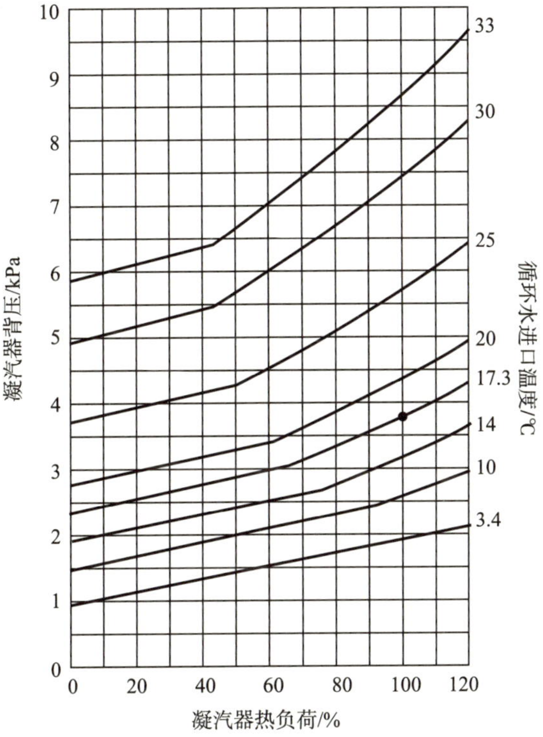

图 1　凝汽器热负荷-背压特性曲线

3.2　凝汽器过冷问题的提出

对于该核电厂冬季运行出现的低水温情况，如果循环水泵采用一机两泵定速运行，汽轮机设备供应商给出的结论是：机组背压过低，有效焓降增大，使汽轮机的出力随之增加，末级做功能力增加，叶片的应力增大，对末级叶片安全性造成很大影响。易产生激波，使振动加剧。建议机组不在该种工况下运行。

对于在低温情况下是否可以半侧运行，减少因温度过低对背压的影响，汽轮机设备供应商给出的结论是：凝汽器半侧运行指的是凝汽器在不停机的情况下每个壳体停用一半运行一半，凝汽器半侧运行必须在汽轮机降负荷下进行。凝汽器半侧运行的主要目的是对停用的半侧凝汽器进行在线清洗和堵漏，不允许在此状况下长期运行。

凝汽器循环水量–背压特性曲线

设计条件	
设计工况下凝汽器净热负荷	1 784 186 kW(TMCR工况)
凝汽器设计压力	3.8 kPa
凝汽器面积	94 229 m²(含5%面积余量)
设计循环水流量	56.5 m³/s
循环水设计进口温度	17.3 ℃
冷却管	钛管 ϕ22.225×0.5/ ϕ22.225×0.7

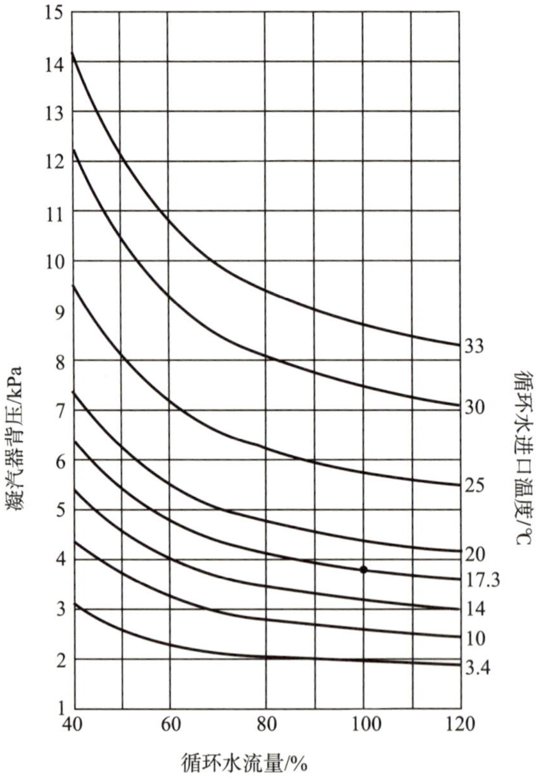

图 2　凝汽器循环水量–背压特性曲线

3.3　解决过冷方案分析

解决凝汽器过冷的问题，一是在冬季低水温时提高海水水温；二是在冬季低水温时降低通过凝汽器的循环水流量。提高水温常规做法是通过温排水回流实现，而降低通过凝汽器的循环水量的做法较多，主要包括循环水回流、循环水旁路、采用双速电机循环水泵、采用多泵组合和循环水泵变频调速等。为了明确确实可行的防止凝汽器过冷的方案，下面就各不同方案做出分析，通过不同方案的分析，提供可行的防止过冷的方案。

1）提高水温的方案

在排水虹吸井设置回流管沟，通过回流管沟将温排水回流至泵房前池入口处。首先，从水温情况来分析，由于循环水经过了凝汽器增温，设计温升为 8 ℃，回流循环水可以起到提高循环水进水温度的功能。但冬季最冷月平均水温为 3.2 ℃，实际极限最低温度达到了-2 ℃，即使循环水全部回流，月平均水温最多达5.3 ℃，而且这还是在低潮位设计值的水量条件下，实际运行时水量要大于设计值，对温升的贡献值更小。所以采用回流循环水提高温升的设计不能有效改善冬季凝汽器过冷的问题。其次，即使该方案可行，从布置角度来看，循环水系统回流也存在较多问题。循环水回流有两种情况：①设置在溢流堰前；②设置在溢流堰后。为简化方案，以下仅设置一条回流管线，回流量为50%：

（1）设置在溢流堰前

管沟直径DN3600，流速3.03 m/s，流量30.80 m^3/s

（2）设置在溢流堰后

管沟直径DN4000，流速2.42 m/s，流量30.40 m^3/s

回流管沟布置在所有穿越沟道和管线的下方，内底标高-5.00 m（绝对标高）。该方案存在以下问题：

（1）横穿众多沟道（GB、DG），管线（GE），负挖深（-13 m左右，相对标高），管线长（500 m），工程量较大，核电主厂区沟道布置本身就很复杂，空间不足，再加上重力回流管线，更加难上加难。

（2）由于回流管沟两端的闸门常年关闭，海生物生长情况比较严重，长期运行的可用性存在一定隐患。

（3）取水口如果设置堰前，对排水虹吸井设计有一定影响；如果设置堰后，循环水温度将偏低。

（4）无论怎样提高回流量，泵房前池温度提高有限。

2）降低通过凝汽器的循环水量

（1）循环水回流方案

主要方法是在循环水系统进入凝汽器前设置回流管，回流管设有阀门，将部分循环水回流至泵房前池，直接减少循环水量，管径暂定DN3000。该方案虽然相比从排水虹吸井回流的方案在挖方和横穿沟道和直埋管线等方面要好，但依然存在工程量大，调节不便，尤其是回流管沟两端的阀门常年关闭，海生物生长情况比较严重，长期运行可用性的问题无法解决。而且由于冬季低水温出现时间长，长期回流导致经济性很差，对电能造成较大的浪费。

（2）双速电机方案

针对一机两泵的M310标准配置，双速电机方案仅有秦山二期具备运行经验，但秦山二期的双泵运行条件不太理想，有很大的震动现象出现。本核电厂为百万千瓦机组，循环水泵参数比秦山二期工程大，根据本核电厂的冬夏季工况，主要参数初步确定为$Q=55/43.8\ m^3/s$，$H=15/11.64$ m，电机功率考虑采用5600/3000 kW。对于电机，国内主要电机厂家虽均可以提供如此大功率的双速电机，但大功率循环水泵在不停机变速时存在较大的冲击影响，这在秦山二期循环水泵变速时就曾有体现，现场有很大的噪音和震动产生，致使秦山二期循环水泵变速实际运行时很少采用。

大功率双速电机循环水泵的运行有个无法回避的问题，即在变速时的停泵水锤很难解决，可能影响循环水泵的长期运行安全性，甚至影响循环水泵的电机寿命；电机厂家推荐采用变频器进行调速，而不是采用双速电机来调整转速。

（3）变频调速方案

中压变频控制技术在国内不同领域已广泛采用。6.6 kV 等级的中高压变频控制在国内也有了很多实例，主要在钢厂、发电厂、水泥厂和水厂等领域，使用在风机、泵类和冶金设备上。

变频调速是通过控制水泵电机的供电频率调整水泵转速，改变水泵性能曲线。不同的供电频率对应不同的流量，可以按照凝汽器的需要来提供循环水量。循环水泵采用变频调速控制，可以根据不同季节、不同海水温度调控循环水量，可以很好地解决冬季海水温度过低影响凝汽器安全运转的问题。

变频调速技术已经相对成熟，不同功率的高压变频设备均有供货厂家供应，ABB、SIMENS 等知名公司均可以满足我方循环水泵的变频要求。

3）变频调速方案

（1）变频调速的原理

变频调速的原理通过流体力学的基本定律可知：水泵转速 n 与流量 Q、压力（扬程）以及轴功率 P 具有如下关系：

$$Q_1/Q_2=n_1/n_2 \tag{1}$$

$$H_1/H_2=(n_1/n_2)^2 \tag{2}$$

$$P_1/P_2=(n_1/n_2)^3 \tag{3}$$

$$n=60f(1-S)/p \tag{4}$$

其中：n 为电动机的输出转速；f 为输入的电源频率；S 为电动机的转差率；p 为电机的极对数。交流电动机在不改变转差率和极对数情况下，直接改变输入的电源频率即可改变电机的输出转速。

式中，Q_1、H_1、P_1为水泵在 n_1转速时的流量、压力（或扬程）、轴功率；Q_2、H_2、P_2为水泵在 n_2转速时的相似工况条件下的流量、压力（或扬程）、轴功率。由式（1）~式（3）可知，泵的流量与其转速成正比，压力（或扬程）与其转速的平方成正比，轴功率与其转速的立方成正比。由式（1）~式（4）可知，在其他运行条件不变的情况下，通过调低电机输入的电源频率，即可降低循环水量，解决凝汽器侧过冷问题，而且电机的轴功率比与输出转速比成立方的关系，节电效果显著。

（2）变频调速方案说明

本方案在变频调速的基础上辅以工频旁路，保证变频失效时，工频旁路能正常运行，具体如图 3 所示。

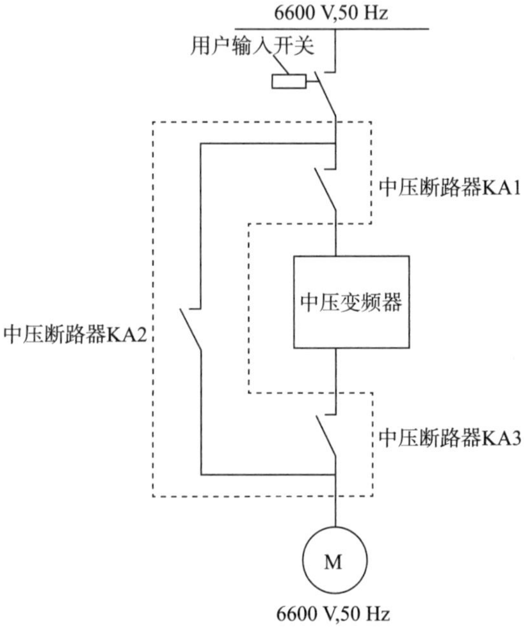

图 3 变频器配置原理图

系统配套三台高压断路器，变频运行时，断路器 KA1 和 KA3 闭合，KA2 打开；工频运行时，断路器 KA2 闭合，KA1 和

KA3 打开。循环水泵的电机采用适合变频器要求的异步电动机，电机与循环水泵通过齿轮箱连接。齿轮箱保证循环水泵在变频器故障切换至工频运行时，循环水泵仍能在设计转速下运行。

（3）变频工频切换

变频器故障时，水泵系统切换至工频运行的方式分为自动和手动，具体采用何种方式需计算确定。在不对电网造成大的冲击情况下，变频器故障切换至工频运行所需要的时间约为 2 s，由于惯性循环水泵继续运行，切至工频后循环水泵即可进入稳定运行状态。通过循环水瞬态分析计算，凝汽器处真空破坏阀延时 2 s 打开，凝汽器水室气化严重。在保证系统正常，不发生气化的情况下，真空破坏阀必须在 0.4 s 内打开，而根据系统设计，真空破坏阀全开的情况下，循环水泵禁止启动，所以对于本工程变频器故障切换至工频运行推荐采用手动方式，即循环水泵停运后，重新启动。此外，通过调研情况了解到，变频器在实际的运行中性能稳定，具有很高的无故障率。

当循泵由工频运行切换至变频运行时，同样推荐采用手动切换的方式。无论是变频切换为工频还是工频切换为变频，均需满足循泵的运行条件才能切换。而且切换重启时间很短，对运行影响很小。

（4）变频控制

变频器的控制输入主要有两种方式：凝汽器的背压——直接控制参数；循环水量——间接控制参数。由于循环水温和凝汽器的背压存在惯性迟缓问题，一般 30～40 min。因此，要求调试时对变频调节参数进行观察，以确定安全经济运行方式。采用凝汽器背压作为控制参数虽然直接，经济效率高，但可能对循泵和循环水流态造成不利影响，需进一步分析论证。以循环水温作为控制参数，即给出不同温度下对应的循环水量。此法控制方便，简单易行。根据海水温度、凝汽器的背压等参数，初步确定了循环水泵变频调速的运行工况：循泵的设计最小流量为 17.25 m^3/s（低于 8 ℃），对应的输入频率为 32.8 Hz；循泵的设计中间流量为 22.6 m^3/s（8～14 ℃），对应的输入频率为 40 Hz；循泵的设计最大流量为 28.875 m^3/s（14～33.6 ℃），对应的输入频率为 50 Hz。后期再根据实际情况确定调频档级。

不同供电频率对应着不同的流量，根据循泵性能曲线和管道特性曲线，绘制了每个特征频率下的流量扬程曲线，具体如图 4 所示。

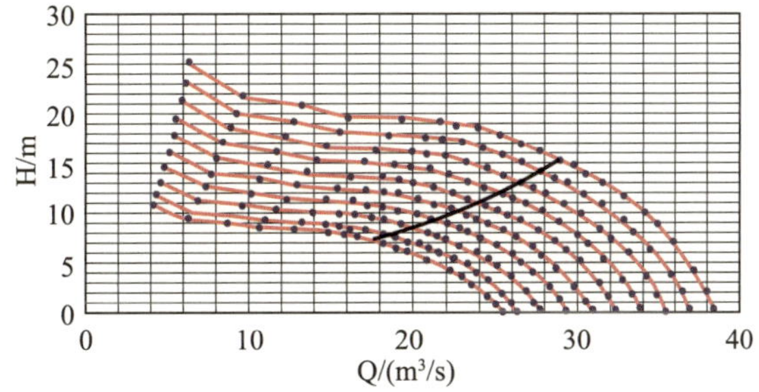

注：图中红色曲线分别是（从上而下）水泵169~111 r/min的流量扬程曲线，黑色曲线为管损曲线。

图 4　循环水泵不同频率下的 Q-H 曲线

（5）配套设施

① 变频器用房

每台循环水泵配置一套变频器，布置在一个房间，每套变频器用房占地面积约（16.7 m×5.3 m），4 台共计约 360 m^2。

② 变频器的环境要求

工作温度。变频器内部是大功率的电子元件，极易受到工作温度的影响，产品一般要求为 0~55 ℃，但为了保证工作安全、可靠，使用时应考虑留有余地，为了变频器更有利的运行，希望变频器置于空气调节的环境里，温度控制在 25±3 ℃，相对湿度 RH≤70~75%。实践证明，置于空调环境下变频器的故障概率要比没有空调环境变频器少得多，系统的可靠性增加很多。变频器的空调最好采用独立专用空调，避免使用车间空调或中央空调，因为中央空调、车间空间会把空气中的油污、灰尘和腐蚀性气体进入变频器柜内，引起变频器电力电子、微电子（IC 集成电路）元器件的损坏。

电磁波干扰。变频器在工作中由于整流和变频，周围产生了很多的干扰电磁波，这些高频电磁波对附近的仪表、仪器有一定的干扰。变频器和电机的距离应该尽可能短。

③泵房针对变频设备技术要求的布置方式

PX 泵房属于联合泵房，布置非常紧凑，典型的 PX 泵房布置方式很难在循环水泵房间满足变频装置的需要，而且如果将变频装置布置在循环水泵房内，该区域的振动值较大，湿度很大，而且测量仪表较多，不利于精密设备的长期运行。从总图的特点看，在 PX 泵房外两侧设置独立的变频调速房间，无论是对泵房的布置还是对变频调速的运行均较合理，但需要考虑远距离供电而产生的特殊要求。

4）节能降耗水平

根据初步确定的循环水泵变频调速方案：循泵的设计最小流量为 17.25 m^3/s（低于 8 ℃），对应的输入频率为 32.8 Hz，对应的电机轴功率为 1431.7 kW，运行时间为 4 个月；循泵的设计中间流量为 22.6 m^3/s（8~14 ℃），对应的输入频率为 40 Hz，对应的电机轴功率为 2603.9 kW，运行时间为 2 个月；循泵的设计最大流量为 28.875 m^3/s（14~33.6 ℃），对应的输入频率为 50 Hz，对应的电机轴功率为 4882.4 kW，运行时间为 6 个月。

节省厂用电计算如下：

（4882.4−1431.7）kW×4×30×24 h+（4882.4−2603.9）kW×2×30×24 h=9 938 016 kW·h+3 281 040 kW·h=13 219 056 kW·h。

在保证机组安全运行的条件下，通过对循环水泵进行优化配置，可以达到节省投资、降低能耗、降低运行费用的目的。年节省厂用电约 1321.9 万 kW·h，按 0.43 元/ kW·h 计，年节省运行费用约 568.4 万元，全寿期节省运行费用最少约 28 420 万元。若后期再根据实际情况确定循环水泵变频调速档级，则节省运行费用将更多。

4 结论

综上所述，针对凝汽器过冷的问题提出了冬季低水温时，提高海水水温和低水温时降低通过凝汽器的循环水流量两种解决途径。提高水温常规做法是通过温排水回流实现，降低通过凝汽器的循环水量的做法主要包括循环水回流、循环水旁路、采用双速电机循环水泵、采用多泵组合和循环水泵变频调速等。通过对比分析确认采用变频调速方案。

通过对变频调速方案的进一步分析论证和实地调研考察得到如下主要结论：

1）变频调速技术成熟，实际应用安全可靠，满足核电厂安全稳定运行的要求。

2）考虑到核电厂循环水泵的特点，采用每台循泵都进行变频调速并带手动切换工频旁路的供电方案，不仅可以解决凝汽器侧过冷问题，而且能更好地适应我国北方地区，还能有效降低电耗、提高经济效益。

3）变频控制采用海水温度作为输入条件，把不同的海水温度作为调整供电频率的参考条件。

参考文献

[1] 给水排水设计手册(第 1 册)：常用资料.北京：中国建筑工业出版社,2010.

[2] NB/T 25046 核电厂水工设计规范(2015 年版).北京：中国计划出版社,2015.

运用 QC 手法提升田湾核电厂 5、6 号机组核岛直流系统设计质量

齐索妮[1]，沈　岩[1]，张学勤[1]，陈怀宇[1]
（1. 中国核电工程有限公司，北京 100840）

摘要：核电厂直流系统在全厂断电后仍能为重要负荷提供电源，其配电质量可靠性直接影响全厂断电后反应堆的可靠性。田湾核电厂 5、6 号机组增加了许多福岛核电厂改进项，增大了直流系统设计难度。同时项目进度也非常紧张，设计进度与设备到货进度产生了严重的不匹配，会引起设备到货后的大量设计修改。为提高核电厂直流系统设计质量，利用 QC 手法分析了制约直流系统设计质量的特性要因，制定多项措施提高系统设计质量，并最终取得了良好效果。

关键词：直流系统；负荷统计；设计质量 QC

1　直流系统简介

直流及交流不间断电源系统（简称直流系统）为电气和仪控系统的控制、信号、保护、监测、仪表、自动装置、执行机构、事故照明装置等提供纯净可靠的交直流电源，保证整个核电厂的运行正常、安全、可靠。并在发生失去全部厂外电源和厂内应急柴油发电机的全厂断电事件时，为负荷提供一定时限的最终供电保证。

在电力工程中由于直流系统设计不合理、设备选型不当或缺乏正确的运行管理方法而导致电力设施损坏、系统故障、事故波及范围扩大、甚至造成人身伤亡事故屡有发生，给电力系统和国家财产造成极大损失。所以要求电力系统设计、施工和运行部门必须对直流系统给予高度重视[1]。

田湾核电厂 5、6 号机组以福清核电厂一期为参考核电厂，设计上在参考福清核电厂 3、4 号机组的基础上又融入诸多经验反馈和福岛核事故后改进项。由于常规岛部分变更了设计单位，数字化仪表和控制系统采用国内供货，直流系统接口增多、使得直流系统的设计复杂性增大，设计修改量次数增多。同时，由于业主不断提前设计进度，关键设备制造厂家变更生产厂址，大修再供电方案确定时间晚、改动大，导致直流系统设计进度与设备供货进度产生了严重的不匹配现象，大大增大直流系统的设计风险。因此在设计过程中就应该重视对设计质量的管控，减少设计变更对工程进度和工程造价的影响，降低因设计质量问题造成的系统故障和事故范围，尽最大可能完善设计，提升设计质量。

2 直流系统配电质量影响因素梳理

在直流系统设计之初，需要归纳和梳理各用电方提供的用电资料，以直流系统负荷统计计算表的形式为直流系统计算提供输入参数，该项负荷统计工作涉及大量负荷数据的录入和验证，是一项非常繁琐和细致的工作[2]。直流系统设备容量选择都是根据负荷统计计算结果得来，可以说直流系统设计质量优劣取决于负荷统计工作的好坏。因此要加强直流系统设计质量管理的主要症结在于提高负荷统计工作的准确性，但从设备收资上看，田湾核电厂5、6号机组直流系统设计将产生大量设计变更。设计人员结合以往核电厂直流系统设计变更情况以及田湾核电厂5、6号机组的工程特点，归纳出以下原因造成直流系统负荷统计变更量大（表1）。

表1　要因汇总表

用电信息不准确	计算方法粗放	人手不足
用电量不准确	分工不明确	同时负责多个项目
设备描述有误	负荷系数裕度大	设计用机器效率低
设备位号有误	缺少标准规定	Excel 闪退
设计变更多	设计进度不匹配	电脑速度慢
用电系列弄错	设备制造后设计变更多	设备容量有限
设备机组号不准确	设计冻结后设计方案变更	供货周期长
用电信息缺失	统计方法原始	容量确定早
用电设备缺少功率因数	手工录入易出错	设计进度赶
缺少设备英文描述	负荷无人负责	业主提前进度
用电设备缺少房间号	用电提资多为新员工	供货进度紧张
用电设备机组号不准确	设计分工不明确	厂家搬迁影响供货
用电资料升版次数多	错误率多	沟通环节增多
设计进度不合理	沟通少	组织机构调整

按照人员、设备、材料、方法、环境这五个方面，将要因分成大、中、小三类（表2）。

表 2　要因分类表

大要因	中要因	小要因
料	用电信息不准确	用电量不准
		设备描述有误
		设备位号有误
		设计变更多
		用电系列弄错
		设备机组号不准确
	用电信息缺失	用电设备缺少功率因数
		缺少设备英文描述
		用电设备缺少房间号
	用电资料升版次数多	设计进度不合理
环	设计进度赶	业主提前进度
	供货进度紧张	厂家搬迁影响供货
	沟通环节增多	组织机构调整

经过整理，组合成的特性要因图（图 1）。

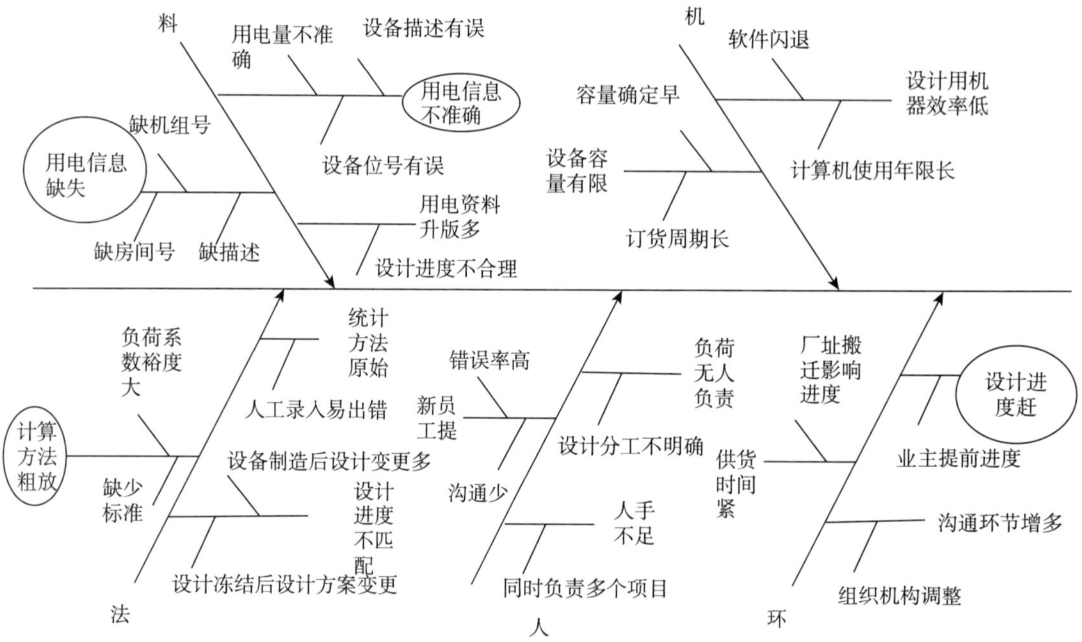

图 1　特性要因图

3 提高设计质量措施

通过对特性要因图的分析，得到直流系统负荷变更量大的主要原因是图 1 中圈出的四个原因。至此，找到田湾核电厂直流系统负荷统计工作变更量大的原因。为解决以上问题，研究制定了以下措施。

1）创造性地利用负荷大数据开展用电资料质量管理

长期以来直流系统设计方一直缺乏对用电资料进行有效的校核，除非是特别不合理的请求，一般都会按照用电资料为其配电，但是用电资料的准确性一直由提资方来把握，随着设计的核电厂越来越多，系统设计方积累的负荷数据也越来越全面。在田湾核电厂中尝试采用与参考核电厂比对的方法对用电资料进行校核。

通过逐项核对田湾核电厂各专业提交的用电量与参考核电厂的差异，对差异项进行梳理，并在用电资料的回文中逐项体现（图 2），共计发出类似审查意见单 20 多份，校核出用电资料错误信息 38 项（设备英文名称描述不全并未统计在内）。将问题反馈给各专业后，用电资料修改了 36 项，用电资料错误率减少了 94.7%。

接受部门(单位) 核工程仪控设计所\仪控二室	版次 A	编制	16-12-13

资料需求期限：

对方文号：　0603XNIZL2162S023

内容：

贵方资料已收悉，对贵方资料意见如下：

1．请补充部分设备的英文描述，否则供货商无法为设备制作中英文标牌；

2．请补充1ASG101SH、2ASG201SH、PTR006AR的房间号；

3．REA059MD参考电厂后期已修改为REA059RK，请核实是否需要进行同样修改；

4．XREA001SX和XREA002SX原参考电厂机组号为9，请核实机组号；

5．RRB004TB参考电厂为B列，请核实系列；

6．RRI001SZ-004SZ参考电厂功率为0.8kW,请核实功率;

7．RIS001SZ-002SZ，ETY101-102AR参考电厂无，请核实是否为新增；

8．SEC003MD-004MD，请填写具体功率，否则将影响我方配电开关选择；

9．220V交流电源负荷需要填写功率因数，以便我方进行负荷计算。

感谢一贯的支持与合作！

图 2　用电资料审查意见回复

2）利用好项目管理平台，及时暴露问题、反馈问题、解决问题

田湾核电厂业主临时提前设计进度，直流系统配电柜的生产厂家更换新的生产地址导致设备供货周期缩短，这些外部环境倒逼使得设计进度异常紧张。由于系统设备生产远早于最终设计确定，为了避免设备供货后可能发生的颠覆性修改——设备容量、设备数量以及设备布置的变更。直流系统设计人员及时开展了负荷梳理工作。

针对无人负责的设备，根据参考核电厂进行梳理，一般都找到了对应的负责人。对于梳理后仍无人负责的设备，一一明确设备位号，经统计用电资料缺失达 33 项，并及时向项目办发文协调，要求相关专业及时提交用电资料（图 3）。

主送：	采购部，设计管理部，郑州分公司	我方发文编号：0603BW201020170136
抄送：		对方发文编号：0603BW610020170129
发自：电仪所	是否要求回文：否	要求回文日期：
回文要求：	页数：	附件页数：

题目：　直流系统负荷统计亟需解决的若干问题

根据充电器、逆变器设备交货进度的要求，1月底应完成相关设计输入冻结。因此我方发送备忘录《0603项目核岛直流及交流不间断电源系统设计输入冻结的函》（0603BW216020160045），要求各用电方于11月30日前提交或升版用电资料。但截止到3月3日我方收到的上游资料还存在以下问题：

1. 经清理，与参考电站相比仍有部分负荷未收到相关提资，例如：1GEV111AR，1GEV112AR，1GEV113AR，9SKH501AR，1GSY100AR，1GEX001AR，1GPA100AR，1NCS001AR，1KK0101AR，1SAP001DS，1DTV601PP，1TEP101CR，1TEP103CR，1RGL030HC，9KRT501AR，9REN001PJ，0EM300WS，9TES716CR，9TEG503CR，0NCS004HV，9RRB005AR，9RRB007AR，9RRB001AR，0NCS004HV，0TER201AR，9KRT501AR，0SEL201AR，9REN001PJ，0NCS200AR，1SAP002DS，1DVL011RK，1DVD002AR，1DVD004AR等设备。（注：6号机组设备同5号机组设备）请东北院、CNPE及分公司相关专业核查，并于3月8日前予以反馈。否则我方将取消这些负荷的供电回路。

2. 根据几轮接口交换，东北院2月27日提交的D、E版接口仍有部分负荷信息不全以及电流与容量不匹配的问题。具体意见我方将通过接口回复。

3. 截止到3月3日，我方仍未收到DCS-0101DB的正式接口资料，目前只能根据广利核与仪控专业的邮件完成负荷供电设计。其中KME、KSN系统负荷仍无法最终确定，且设备负荷系数仍未提交。

直流系统负荷统计工作直接影响直流设备容量固化和相关终版接口的提交，进而影响到设备布置和设备交货进度，请项目办协助解决上述问题，以便我方顺利进行容量固化并发出供货商的接口。

图 3　未提资负荷清理

经过项目办的及时协调与沟通，无人负责的负荷及时提交了用电资料。19 项无主的用电资料最终都得到了正确提资。

3）打造高效设计平台

设备到货早于设计完成往往会导致设备到货后与设计信息不匹配的问题，特别是电缆端接问题，若在设备到货后再解决端接问题则需要重新设计、采购、制造转接箱，直接或间接影响工程进度。若能提高设计效率，迅速定位影响端接的电缆，则可以在设备到货前降低设备电缆端接风险。

因此，进行电缆设计之初就打造了高效设计平台，将电缆校核与电缆选型联动进行，根据系统各回路特点，建立了电缆自动选型表（图 4）。

通过利有自动计算功能的电缆设计选型表开展设计活动，节省的设计时间（图 5）。

同时还能减少工程流转时间约 1 人月，减少与供货厂家的接口时间约 2 人月，提升了设计进度。

A	B	C	D	E	G	H	I	J	K	L	M	N	O	P	Q
					压降										结果
	系统	母线电压（V）	设备容量	计算电流（A）	电缆长度	电缆阻抗（90 ℃）	计算压降（V）	允许压降值（V）	规格（mm2）	单极约合根数（根）	单极选择根数	载流量（A）	根据载流量选择单极根数	设备每极最大端接	
			蓄电池（Ah）												
蓄电池与配电盘 BT-TB	ETU	220	3000	906	24.1	9.81883E-05	4.2878063	2.2	240	1.9	2				
	EDA	110	2500	517.00	23.3	9.81883E-05	2.3655731	1.1	240	2.2	3				
	EDB	110	1000	240	25.4	9.81883E-05	1.1971122	1.1	240	1.1	2				
	EDP	110	1200	415	30.7	0.000127379	3.2457562	1.1	185	3.0	3				
	EDJ	110	350	38.36	33.9	0.000336646	0.8755509	1.1	70	0.8	1				
	9EDG	110	2000	407.88	22.3	0.000157101	2.8579009	1.1	150	2.6	3				
	ECA	48	2000	382	28.9	9.81883E-05	2.1679593	0.48	240	4.5	5				
	ECB	48	800	190	22.5	9.81883E-05	0.8395103	0.48	240	1.7	2				
	ECD	48	300	49	22.7	0.000336646	0.7489021	0.48	70	1.6	2				
			充电器（A）												
充电器与直流配电盘 RD-TB	ETU	220	1000	1000	12.3	9.81883E-05	2.4154332	3.3	240	0.7319494	1	535	2	8*240	每极2*（1*240）
	EDA	110	800	800	10.5	0.000157101	2.6393026	1.65	150	1.5995773	1	350	3	4*240	每极1*（3*150）
	EDB	110	400	400	8.5	9.81883E-05	0.6676807	1.65	240	0.404655	1	535	1	2*240	2*240
	EDP	110	630	630	20	0.000157101	3.9589539	2.2	150	1.7995245	2	350	2	4*240	每极1*（2*150）
	EDJ	110	100	100	8.5	0.000673291	1.1445955	1.65	35	0.6936943	1	160	1	70	2*35
	9EDG	110	800	800	27	0.000157101	6.7867781	2.2	150	3.0848991	3	350	3	4*240	每极1*（3*150）
	ECA	48	630	630	20	0.000157101	3.9589539	0.96	150	4.1239103	4	350	2	4*240	每极1*（4*150）
	ECB	48	315	315	20	9.81883E-05	1.2371731	0.96	240	1.288722	2	535	1	2*240	每极2*（1*240）
	ECD	48	125	125	20	0.000336646	1.6832287	0.96	70	1.7533632	2	160	1	70	每极1*（2*70）
			逆变器（kVA）												
直流盘与逆变器 DL-TB	ETU/EAE	220	100	454.5455	16.8	0.000157101	2.399366	3.3	150	0.7270806	1	350	2	4*240	每极1*（2*150）
	EDA/EAG	110	50	454.5455	14.9	0.000157101	2.1280091	1.65	150	1.2897025	2	350	2	4*240	每极1*（2*150）
	EDB/EAH	110	40	363.6364	16.2	0.000127379	1.5007617	1.65	185	0.9095526	1	450	1	4*240	2*185
	EDP/EAP	110	50	454.5455	10.9	0.000157101	1.5567315	1.65	150	0.9434736	1	350	2	4*240	每极1*（2*150）
	EDJ	110													
	9EDG/9EAF	110	50	454.5455	104.6	9.81883E-05	9.3368186	2.2	240	4.2440084	4	535	1	4*240	每极4*（1*240）

图 4　电缆自动选型表

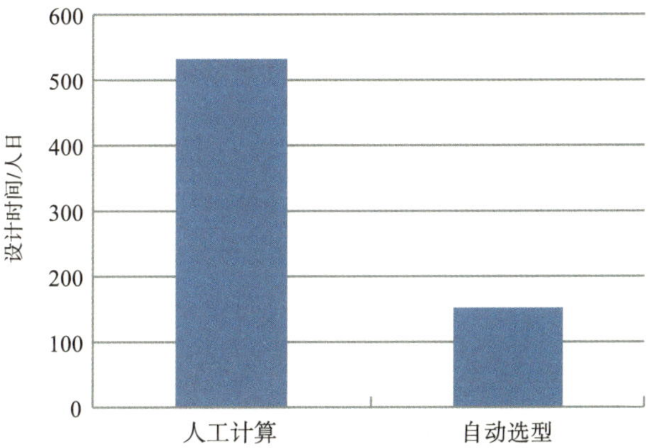

图 5　高效设计平台节约设计时间比较

4）立足工程实际，积极开展科研

为了加强直流系统的供电能力，积极开展基于实测的负荷系数的研究，该课题申报已通过公司自主立项课题审查，相关研究正在开展。

5）及时淘汰落后产能

对于已工作满 6 年的机器，及时递交申请，并换新机器，重装了新版的 Excel 软件。从事该项设计的三人中已有两人在今年用上了更新的计算机及设计软件。

4　设计质量提升效果

通过开展以上措施，在设备开工制造前，升版馈线表。各系统设计改正情况如表 3 所示。

表 3　系统设计改进项统计

系统号	负荷总量	QC 管理后修改量	未提资负荷	QC 管理后仍未提资的负荷
LAA	8	6		
LBA	42	21		
LBB	17	3		
9LBG	20	10		
LBJ	21	15		
LBP	6	1		
LCA	66	34		
LCB	21	0		
9LCD	13	5	33	14
LMA	26	17		
LMB	4	2		
LNE	94	58		
9LNF	39	23		
LNG	16	12		
LNH	8	3		
LNP	23	12		
合计	432	222		

从统计表中可以看出，执行 QC 管理后，在设备开工前完成了 51.4%的设计修改，同时将未提资负荷量降低了 42.4%，有效提高了系统设计的完善度与准确度。大大降低了设备开工后产生了设计变更量，减少了因此造成的工程质量和工程经济方面的风险。

5　结论

直流系统设计为后工种，设计质量受到的客观原因、外部制约大。设计人员利用 QC 这把金钥匙，试着采用相关的 QC 手法来提前梳理和解决设计过程中的设计问题，提高设计文件品质。在利用 QC 手法解决问题的过程中，设计人员也增强了与各专业间的沟通与协调能力，设计方法与设计能力也不断突破旧的范畴而获得了新的发展。同时也对设计过程中的薄弱项进行了针对性的改善措施，涌现出新的科研课题、设计优化方法，这是运用质量管理带来的附加成效。在以后的设计工作中，设计人员将继续学习 QC 知识，开展 QC 活动，将设计实践与 QC 活动广泛结合，进一步提升设计质量。

参考文献

[1] 白忠敏，等.电力工程直流系统设计手册，中国电力出版社，1999.

[2] 王贵，刘爱芳，蒋戈凌. 发电厂直流辅助电源系统负荷统计与计算[J]. 电气应用，2013 年 06 期.

[3] 周冰. QC 手法运用实务，厦门大学出版社，2017.

严重事故专用 UPS 电源系统设计及优化

王　贵[1]，沈　岩[1]，李　芳[1]
（1. 中国核电工程有限公司，北京 100840）

为进一步提升 M310 改进型机组的安全性和纵深防御能力，田湾核电厂 5、6 号机组为此实施了一系列重大改进，其中包括增设严重事故专用 UPS 电源系统（LAU）。该系统向用于严重事故预防和缓解所需的非能动安全系统的执行机构及专用仪控机柜等设施提供电源，满足该类设备在失去全部交流电源，包括 SBO 工况时，持续工作不少于 12 h 的要求。

1　引言

LAU 系统用电负荷包括交流 220 V 电磁阀、交流 220 V 仪表和机柜、交流 380 V 电动阀、直流 110 V 的控制柜和直流 48 V 电磁阀，设计需考虑满足不同类型、多种电压等级设备的用电要求。与核岛典型直流和 UPS 系统设计不同，在系统构建、容量计算、设备选择、控制保护、信号状态、电源切换、暖通条件等方面均进行了一定程度的改进和优化，在满足设备供电要求的前提下，做到合理性、可靠性、经济性并蓄。

2　设计方案

2.1　概述

严重事故相关用电设备包括动力和控制负荷，中间电压等级选为 220 V DC。

系统包括一台充电器，一组 220 V 蓄电池组，一套输出电压为三相 380 V 的逆变器，一套输出电压为单相 220 V 的逆变器及相关的配电盘。

系统充电器的输入电压为 380 V AC，既能从 A、B 列交流应急配电装置获得电源，也能从 LLS 配电装置获得电源。电源切换通过“插座-插头”形式手动切换，该切换装置设置于严重事故专用 UPS 电源间，便于统一管理和事故时必要的电源转换。充电器电源的多样性除了最大限度的保存蓄电池组的容量外，同时保证了 LAU 系统在电厂正常运行条件下的供电可靠性，为部分 NC 级且在正常和严重事故工况下均需投运的设备单独从 LAU 供电提供了便利性。

考虑阀门电机大的启动电流可能对母线电压波动带来的不利影响，三相 380 V 的逆变器为严重事故专用卸压阀供电。单相 220 V 逆变器为仪表和控制负荷供电，其他电压等级的负荷（包括 110 V、48 V DC）则通过电源变换装置（AC/DC 变换器）为其供电。

严重事故专用 UPS 电源设备布置在严重事故低压电源厂房 AK 内。为避免部分馈线电缆截面过粗，为 110 V、48 V DC 负荷供电的电源变换装置设置在用电设备侧。

用电设备电源间切换尽量采用自动方式，无法实现的考虑采用“插头-插座”的手动切换方式，同时满足正常运行时系列间的物理隔离要求。

严重事故专用 UPS 电源系统设计方案的特点主要体现在以下方面：一组直流系统同时满足不同类型、不同电压等级用电负荷的需求；具备从 A、B 列应急母线、LLS 柴油发电机组获得正常电源的能力；根据阀门启动过程确定逆变器容量；根据蓄电池工作周期确定容量；适当延长蓄电池再充电时间，合理选择充电器容量；对于 1E 级用电设备设置与 1E 级电源的切换装置。

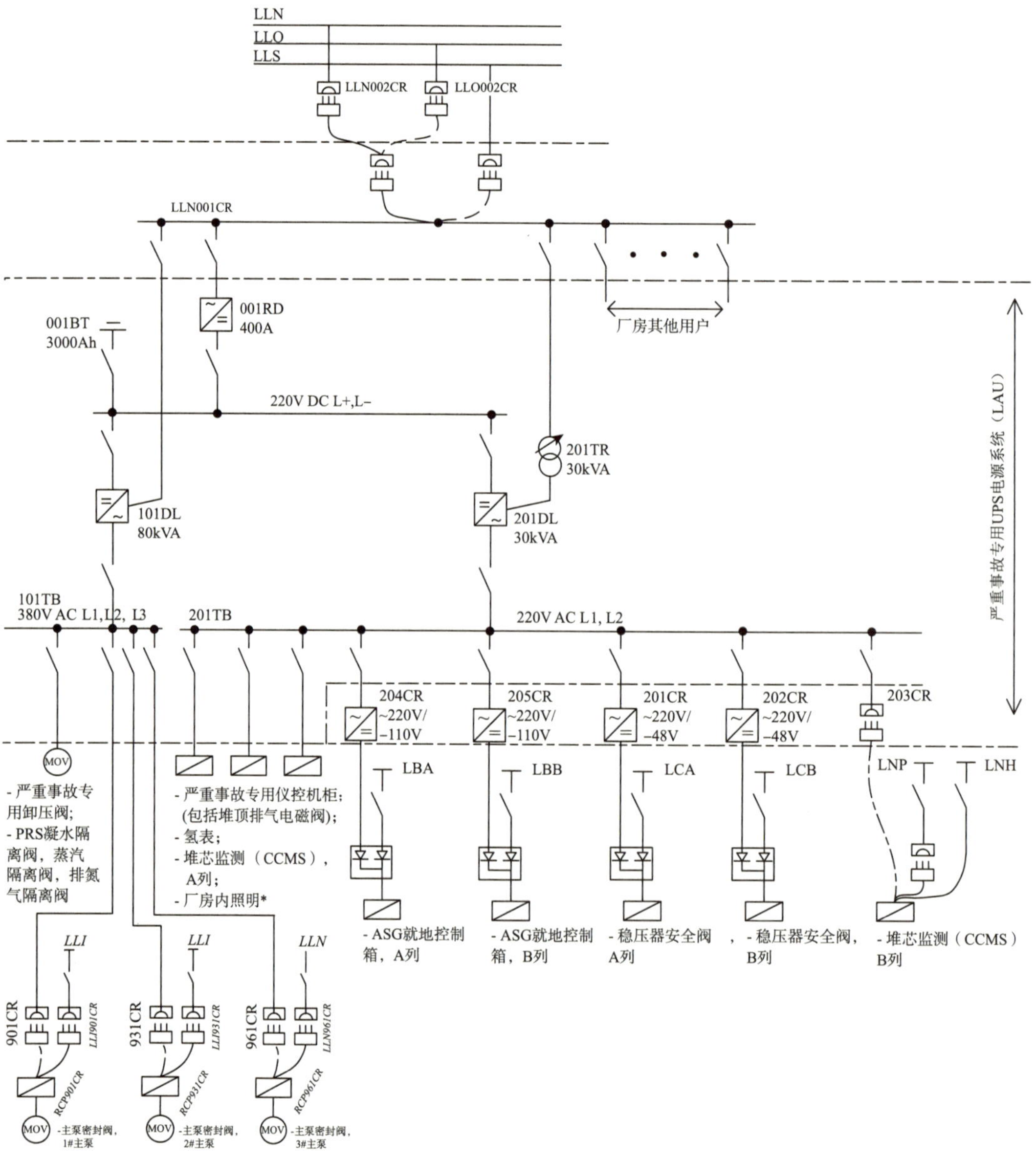

图 1　严重事故专用 UPS 电源系统图

2.2 系统接线

严重事故预防和缓解设施包含的电气设备多样，包括仪表和控制设备、电动和电磁阀门执行机构等；这些设备具备不同的电压等级，包括 380 V 交流、110 V 和 48 V 直流。

典型的直流系统将为每个直流电压等级设置一套系统，380 V 交流系统则采用交直流一体式 UPS 装置。本系统设计将采用一套直流系统，分别设置 380 V 和 220 V 逆变器，110 V 和 48 V 直流用电设备将分别通过 220 V/110 V 和 220 V/48 V 变换器获得电源。由于不用为每个直流电压等级单独设置直流电源系统及相应的充电器、蓄电池组和相关的配电装置，极大节省了设备和用房投资。

严重事故条件下，为尽可能延长 LAU 系统的供电时间，LAU 系统将设计为具备从应急柴油发电机组、备用柴油发电机组和 LLS 柴油发电机组获得电源的能力；并具备从另一机组取得电源的能力。最大限度地增强系统可用性，提高电厂应对严重事故的能力。

2.3 蓄电池工作周期

LAU 系统的供电对象包括一定数量（如阀门电装等）短时冲击负载，这类负载工作时间短，但是短时冲击电流会很大，为制定蓄电池组的工作周期，这些阀门的工作时序分析是必要的。

LAU 系统供电的阀门电装电压均为 380 V AC，包括严重事故专用卸压阀 2 组，主泵密封高低压泄露隔离阀 6 组，主泵氮气密封电动阀 3 组以及二次侧非能动凝水隔离阀 9 组。

二次侧非能动凝水隔离阀、主泵相关密封电动阀在 SBO 事故发生同时动作，持续 12 s；严重事故专用卸压阀在事故后 10 min 开始至 12 h 内均有可能动作，两个阀门间隔 1 min，依次动作，保守考虑，将其放在蓄电池周期末；在工作周期制定中，最小时间单位以 1 min 为准；由 220 V AC UPS 供电的仪表和控制负荷建立为持续性负载，并贯穿整个工作周期。LAU 系统蓄电池工作周期详见表 1。

表 1　LAU 系统蓄电池工作周期

序号	负荷名称	负荷特性							事故放电电流时序		
		数量	电压	容量 (kW)	设备总容量 (kW)	计算电流 (A)*	启动电流 (A)**	启动时间 (5)**	0~1 min (A)	1~716 min (A)	716~720 min (A)
1	严重事故 I&C 机柜（含电磁阀）	2	220 V AC	2.00	4.00	21.39					
2	乏池监测电源箱（PTR）	2	220 V AC	1.00	2.00	10.70					
3	氢表	2	220 V AC	1.00	2.00	10.70					
4	堆芯监测（CCMS）	2	220 V AC	2.00	4.00	21.39					
5	堆顶排气电磁阀	4	220 V AC	0.10	0.40	2.14					
6	氮气密封电磁阀	3	220 V AC	0.12	0.36	1.93					
合计	220 V AC 负荷组 1:		220 V AC		12.76	68.24					

续表

序号	负荷名称	负荷特性							事故放电电流时序		
		数量	电压	容量（kW）	设备总容量（kW）	计算电流（A）*	启动电流（A）**	启动时间（5）**	0~1 min（A）	1~716 min（A）	716~720 min（A）
	折算至 220 V DC 段 1：		220 V DC		15.95	81.02			81.02	81.02	81.02
7	稳压器安全阀	3	48V	DC	0.05	0.15	3.13				
8	稳压器隔离阀	3	48V	DC	0.05	0.15	3.13				
9	ASG 控制箱	2	110 V DC	2.50	5.00	45.45					
合计	220 V AC 负荷组 2：		220 V AC		7.57	43.02					
	折算至 220 V DC 段 2：		220 V DC		9.46	48.07			48.07	48.07	48.07
10	严重事故专川卸压阀 1	1	380 V AC	7.50	7.50	15.50	94.00	60.00			
11	严重事故专用卸压阀 2	1	380 V AC	5.50	5.50	9.83	85.00	60.00			
合计	380 V AC 负荷组 3：				7.50		94.00				
	折算至 220 V DC 段 3：					63.49		190.00			63.49
12	主余密封高压、低压泄露隔离阀	6	380 V AC	0.09	0.54	2.05	13.80	12.00			
13	主泵氮气密封电动阀	3	380 V AC	0.09	0.27	1.03	6.90	12.00			
合计	380 V AC 负荷组 4：				0.81	3.08	20.70				
	折算至 220 V DC 段 4：					6.86		12.00	6.86		
14	二次侧非能动凝水隔离阀	6	380 V AC	1.50	9.00	21.64	300.00	10.00			
合计	380 V AC 负荷组 5：				9.00	21.64					
	折算至 220 V DC 段 5：					76.19		10.00	76.19		
	总计：		220 V DC						212.14	129.09	192.58

LAU 蓄电池工作周期	0~1 min（A）	1~716 min（A）	716~720 min（A）
min/A	212.14	129.09	192.58

*：适用于经常负荷。

**：适用于冲击负荷。

在该蓄电池工作周期的基础上，基于标准 NB/T 20028.1—2001[1]（MOD. IEEE std 485—1997）来计算蓄电池容量。由于不同容量蓄电池组具有不同的放电特性参数，为避免手工计算可能出现的多次演算。本项目中采用了 ETAP 软件的“蓄电池容量计算”模块对 LAU 系统蓄电池容量进行了计算，计算结果与厂家提供的计算结果接近，蓄电池选型一致。

蓄电池选择 105 节，放电终止电压为 1.75V；设计裕度取 10%；老化系数取 1.25；温度校正因子取决于事故条件下蓄电池间的最低温度，在失去全部交流电源包括 SBO 工况的条件下，暖通系统将不能维持蓄电室的正常工作温度范围，蓄电池室的温度可能低至5 ℃。保守考虑，对应的温度校正系数取 1.3（@4.4 ℃）。最终选取的蓄电池容量为3000 Ah。

2.4 逆变器选型

阀门电机在启动过程中，其起动电流可能达电机额定电流的数倍，根据 380 V 低压感应电动机技术规格书的要求，规定其初始起动电流不超过额定电流的 8 倍。为保证在事故后阀门电机能可靠快速起动，我们根据阀门电机的起动容量来确定逆变器容量。

同时，严重事故快速卸压阀与二次侧非能动凝水隔离阀、主泵密封电动阀等不同时动作，两组事故卸压阀也是依次动作，因此，电机容量更大的严重事故卸压阀决定了 380 V 逆变器的选型。阀门的电机的起动容量为：

$$Sst=7.5/0.75\times7=70\ (\text{kVA})$$

考虑其他处于额定运行状态的阀门电机功率以及效率损失，380 V 逆变器的容量选择为 80 kVA。

220 V 逆变器的容量选为 30 kVA。

2.5 充电器选型

充电器容量由持续性负载及蓄电池再充电的容量决定[2]。

LAU 系统的持续性负载包括由 220 V 逆变器供电的仪表和控制设备以及 380 V 逆变器的空载损耗；

由于与一般直流系统相比，LAU 系统蓄电池的事故后工作时间从 1 h 大幅度延长到 12 h，蓄电池容量很大，相应的蓄电池再充电的容量也较大，如果按照一般的准则考虑采用 0.1 C_{10}来确定蓄电池再充电容量，会导致充电器容量过大，且正常运行时，充电器工作在极低的负载率条件下，很不经济。

本优化项目中，采用了在事故放电过程，蓄电池的实际放电容量来确定蓄电池的再充电容量，从而优化充电器的容量选型。

根据运行期间持续性负载（I_C）与蓄电池再充电容量的要求（C_D）。LAU 系统持续性负载计算值约为 130 A，蓄电池容量计算值为 3000 Ah，如果按照一般的准则采用 0.1 C_{10}的话，蓄电池的再充电电流则为 300 A，充电器需选择 630 A 才能满足要求，正常运行时，充电器工作在极低的负载率条件下。

实际上，蓄电池在实际的工作周期中并不会将 3000 Ah 的容量全部放完，如果只考虑该部分容量（约 1 700 Ah）的补充电，充电器的容量可有效降低，此时充电器容量为：

$S_{chgr}=129.09+(1.1\times1\,700)/10\approx316$ A

选择 400 A 的蓄电池充电器即可满足要求。

2.6 负荷侧电源切换

除了部分严重事故专用设施直接由 LAU 系统供电外，在正常运行和严重事故工况下均需工作的 1E 级用电设备需要实现 1E 级电源与严重事故专用电源 LAU 的切换，电源切换除了考虑安全级和非安全级设备以及 A、B 列设备间的隔离外，更重要的是满足不同运行工况下对电源层次的需求，即 LAU 作为严重事故专用电源，LAU 的故障或降级不能影响电厂在其他工况下的运行。所采取的切换方式与负荷的特性紧密相关。

本系统中为适应不同的用户需求，使用了两类不同的电源切换方式：

1）“插头-插座”人工切换方式：

（1）应用于三环路的主泵隔离阀的电源切换（LAU 901CR、LAU 931CR 和 LAU 961CR），每环路设置一台控制箱及两台插座箱，控制箱用于控制主泵隔离阀的开闭，正常运行时，控制箱电源由应急低压电源供电的插座箱获取；失去应急交流电源后，由 LAU 供电的插座箱（LAU 901CR、LAU 931CR 和 LAU 961CR）获取。

（2）应用于 B 列堆芯监测 CCMS 装置的电源切换装置（LAU 203CR），RIC012AR 设计为可同时接受两路 220 V 交流电源，一路固定接于 LNH，另一路在 LNP 供电的插座箱和 LAU203CR 间切换。

2）并联二极管，利用二极管的正向导通和反向阻断特性可自然的实现两组电源间的切换：

（1）应用于 ASG 就地控制箱的电源切换装置（LAU204CR、LAU205CR），ASG606CR 与 ASG607CR 设计为同时接受两路 110 V 直流电源，二极管已设置在其内部，LAU204CR、LAU205CR 将 220 V AC 整流为 110 V DC 直接向二者提供第二路电源；

（2）稳压器安全阀的电源切换装置（LAU 201CR、LAU 202CR），LAU 201CR、LAU 202CR 将 220 V AC 整流为 48 V DC，同时并联二极管也设置在其中，它们是 LAU 系统中仅有的 1E 级电气设备。

2.7 效益分析

设计方案同时考虑了合理性和经济性，采用两套逆变器共用一套蓄电池的方案，可节省蓄电池的采购成本、土建成本、人力成本；取消直流负荷，可节省直流开关柜的采购成本；对事故后放电时间较长的 LAU 系统，适当延长充电器的再充电时间，减小了蓄电池充电器的容量，节省充电器的采购成本；简化 380 V UPS 旁路设计，节省 UPS 采购成本。设备精简降低采购成本的同时，也减小了建筑用房需求，同时降低了工程建设成本；预计节省设备采购费用超过 170 万元。

3 厂房设计

考虑到核岛厂房布置窘迫，也便于对内外部灾害的统一设防，本项目在靠近核岛附近设置单独子项来容纳相关专用设备。该子项代号为 AK，与水压试验泵柴油发电机组共用，位于要害区围栏内。

LAU 部分主体建筑两层设计，楼下布置有两个机组的铅酸蓄电池组；楼上布置有充电器、逆变器及相关的配电装置。配电间的楼顶分子项设置有通风机房。

3.1 建筑条件

蓄电池室为防酸、防火、防爆建筑，室内的门、窗、地面、墙壁、天花板等有耐酸处理，地面采用易于清洗的面层材料以及约 0.5%的排水坡度。

LAU 设备间设可开启外窗，该窗户的设置满足失去全部交流电源后电气设备间自然通风和换气的要求；根据福岛后行动策划，该外窗应可防龙卷风袭击。

蓄电池室、LLS 设备间、LAU 设备间的门向外开启，尺寸满足设备运输要求。为满足安装期间设备的竖向运输需求，在二层的楼板上还留有吊装孔。

3.2 暖通条件

电气设备在运行期间会释放热量，铅酸蓄电池组在运行中特别是补充电/均充过程中会析出氢气，设备内外的绝缘水平还受环境湿度的影响。所以维持电气设备间的温湿度水平及换气水平是必要的。

与核岛其他直流系统的不同之处在于，LAU 系统需要在失去全部交流电源的条件下运行至少 12 h，此时，因失去交流电源，电气设备间同样会失去通风，此时设备间的散热需要通过自然通风实现。

自然通风换热效率有限，这对电气专业散热量计算提出了更高的要求。我们根据事故后实际的设备运行情况结合蓄电池组的工作周期，对失去全部交流电源后的 12 h 内的散热量进行了分段计算，计算结果通过了通风专业的温度校核。

蓄电池容量受温度影响，蓄电池放电运行时，析出少量氢气，在事故后的 12 h 内，析出的氢气量都应在安全阈值之内。

3.3 给水排水条件

蓄电池室应设置洗眼器，水池内外及水龙头应做耐酸处理，管材应采用耐腐蚀材料；蓄电池室内的污水应进行酸碱中和或稀释并达到环保要求后排放。

3.4 仪控条件

蓄电池室设置氢气浓度探测器，探测器报警设置为两级，限值分别为 0.5%和 1%，报警信号送至主控室。

4 结论

严重事故专用 UPS 电源系统具有为选定负荷持续供电 12 h 的后备能力；采用同一直流系统为不同电压等级的设备供电极大减少了设备投资；对用电负荷时序的精准统计提高了蓄电池、充电器容量选择的准确性；针对不同负荷匹配相应的电源切换方式增强了系统可用性。本次优化是一种核岛交流不间断电源系统新模式的成功实例。其中严重事故专用 UPS 电源系统接线方案、蓄电池工作周期制定、充电器容量选型等可为后续工程提供借鉴。

参考文献

[1] NB/T 20028.1—2010，核电厂用蓄电池 第 1 部分：容量确定［S］.
[2] GB/T 14546—2008，核电厂直流电力系统设计推荐实施方法［S］.

田湾核电厂 5、6 号机组柴油发电机组设置优化改进

吴 昊[1]
（1. 中国核电工程有限公司，北京 100840）

本文对已运行核电厂柴油发电机组的设置进行了分析与研究，并在此基础上针对田湾核电厂 5、6 号机组柴油发电机组的设置提出了优化改进方案，使其更加安全合理。

1　修改产生的原因和背景

在方家山、福清核电厂 1~4 号机组等项目中，柴油发电机组的配置如下：

（1）每个核电机组设置两台应急柴油发电机组，6.6 kV，6000 kW，安全级，抗震 I 类。负荷为 6.6 kV 应急母线所带设备。

（2）所有核电机组共用一台厂区附加柴油发电机组，6.6 kV，6000 kW，非安全级，不抗震。负荷为 6.6 kV 应急母线所带设备。

（3）两个核电机组共用两台水压试验泵柴油发电机组，380 V，200 kW，非安全级，抗震 I 类。负荷为水压试验泵系统、事故后监测系统等。

此配置中厂区附加电源柴油发电机组为厂址共用。在田湾核电厂 5、6 号机组项目中，提出在全厂断电叠加丧失热阱的事故状态下，柴油发电机组不仅应给所需的安全设备供电，还应能够在事故发生 72 h 后手动加载第二套冷链（安全壳及乏燃料水池事故后中长期排热系统），因此对柴油发电机组的设置有了更高的要求。

2　设计修改描述

2.1　初步设计阶段

在田湾核电厂 5、6 号机组项目的初步设计阶段，为了保证在全场断电工况下堆芯充分冷却和安全壳的完整性，从纵深防御角度考虑设置后备柴油发电机组，其目的是在不可预测的严重事故工况下，如果丧失全部电源，可通过后备柴油发电机组为相关设施恢复供电，防止事故进一步扩大。

因此拟对本项目每个机组增设一台中压后备柴油发电机组，两个核电机组共增设两台中压后备柴油发电机组，其配置如下：

（1）每个核电机组设置两台应急柴油发电机组，6.6 kV，6000 kW，安全级，抗震 I 类。负荷为 6.6 kV 应急母线所带设备。

（2）所有核电机组共用一台厂区附加柴油发电机组，6.6 kV，6000 kW，非安全级，抗震I类。负荷为6.6 kV应急母线所带设备。

（3）每个核电机组设置一台后备柴油发电机组，6.6 kV，4000 kW，非安全级，抗震I类。负荷为安全壳及乏燃料水池事故后中长期排热系统、水压试验泵系统、事故后监测系统等。

增设后备柴油发电机组是为了应付全厂断电超设计基准事故。对安全分析可能有三方面的影响：一、如果机组发生全厂断电事故，增设后备柴油发电机组后，辅助给水泵可以加载到后备柴油发电机，给蒸汽发生器提供辅助给水，同时，蒸汽发生器产生的蒸汽通过大气释放阀或者安全阀带走，保证了堆芯长期余热及时带走，确保堆芯安全。二、机组发生全厂断电事故，轴封泵可加载到后备柴油发电机组，使主泵轴封不发生泄漏，保证一回路完整性。三、安全壳喷淋泵也可以加载到后备柴油发电机，这样安全壳喷淋系统也可启动，如果全厂断电情况下出现安全壳升温升压现象，安全壳喷淋系统启动可实现对安全壳降温降压，确保安全壳完整性。总之，增设后备柴油发电机组对应付全厂断电超设计基准事故是有利的。

同时，出于成本因素考虑，业主建议取消参考电站中设有的两套互为备用的LLS水压试验泵柴油发电机组；因此后备柴油发电机组设计安全要求不低于LLS柴油发电机组，用于应对超设计基准事故，配置独立的厂房和电缆通道，按设计基准地震（SSE）进行抗震设计，适当提高抗震余量，水淹设防标准高于应急柴油发电机组。取消LLS柴油发电机组后，9LLS001AR母线的应急电源改为后备柴油发电机组，直接接入6.6 kV交流后备母线。

由于后备柴油发电机组设计安全要求及环境可用性要求不低于原LLS柴油发电机组，取消LLS柴油机并改为后备柴油发电机组给9LLS001AR母线供电后，能够满足其原有的功能需求，并且其加载时间更短，部分负荷还设置了严重事故专业仪控机柜UPS电源供电，通过后备柴油发电机组充电，供电可靠性得到进一步提升。

综上所述，后备柴油发电机组电源方案具体为：每个核电机组设置一台后备柴油发电机组LHW，以及一组后备中压配电盘LHC，LHC与LHA及LHB连接，下设三组变压器，分别为LLK001TR（后备柴油发电机组辅助系统及厂房辅助系统配电变压器）、LLS001TR（水压试验泵交流电源配电变压器）和LLT001TR（安全壳及乏燃料水池事故后中长期排热系统配电变压器），同时还设置了6.6 kV移动电源的接口。

另外由9LGIA/B通过一台变压器LLK002TR为后备柴油发电机组辅助系统及厂房辅助系统提供正常电源。

接线简图如下：

通过分析可以看出，增设后备柴油发电机组在设计上是可行的，虽然对各个专业的设计都造成了影响，特别是增加了设备投资和电厂建设投资，但后备柴油发电机组进一步提升了电厂供电可靠性，提高核电厂纵深防御能力，对应对超设计基准事故是有利的，加强了核电厂的安全保障。

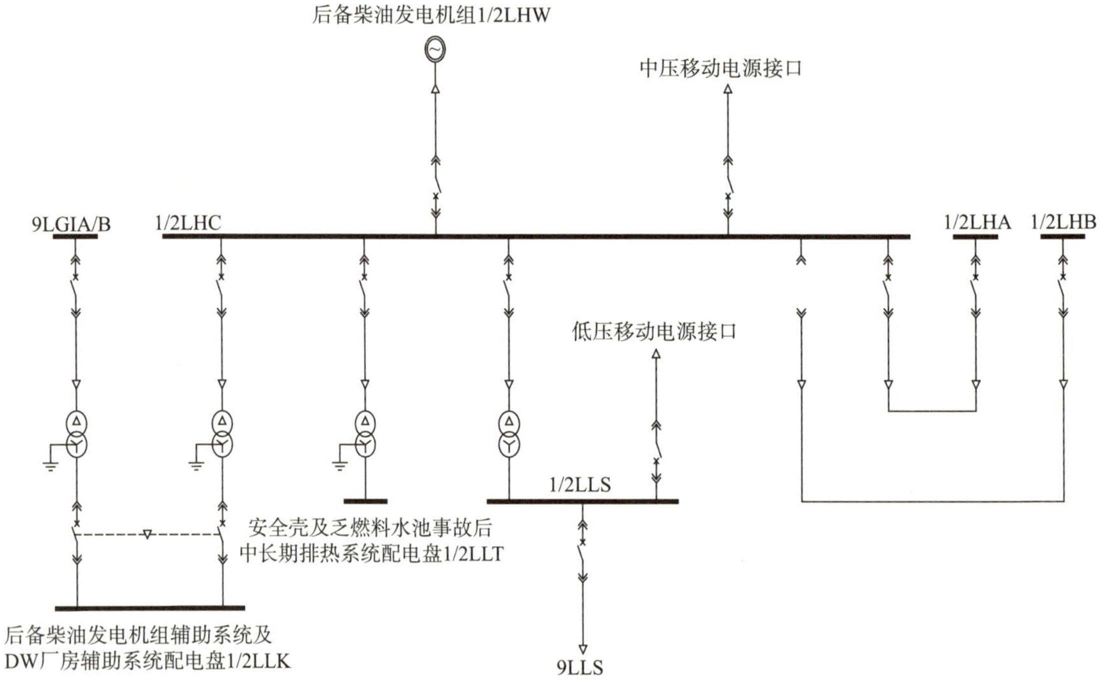

图1 接线简图

2.2 施工图设计阶段

在施工图设计阶段，初步设计阶段的改进被发现仍存在不足，主要问题为电气接线相对复杂，尤其是基于此改进的钥匙联锁系统过于繁琐，因此实施了更进一步的设计优化，其配置如下：

（1）每个核电机组设置两台应急柴油发电机组，6.6 kV，6000 kW，安全级，抗震I类。负荷为6.6 kV应急母线所带设备。

（2）每个核电机组设置一台备用柴油发电机组，6.6 kV，6000 kW，非安全级，抗震I类。负荷为6.6 kV应急母线所带设备、安全壳及乏燃料水池事故后中长期排热系统。

（3）两个核电机组共用两台水压试验泵柴油发电机组，380V，300 kW，非安全级，抗震I类。负荷为水压试验泵系统、事故后监测系统等。

田湾核电厂5、6号机组除每台核电机组设置两台应急柴油发电机组LHP/Q（6000 kW）外，每台核电机组还配置一台备用柴油发电机组LHS（6000 kW），用于应对应急柴油发电机组不可用时替代接入和超设计基准事故，备用柴油发电机组为非安全级，按设计基准地震（SSE）进行抗震设计。同时两台核电机组共用两台水压试验泵柴油发电机组LLS。

此种柴油发电机组设置方案可以应对应急柴油发电机组故障、丧失一列厂内应急电源的事故、丧失厂外电源和一列厂内应急电源的事故、SBO事故以及部分包含SBO的叠加事故。

田湾核电厂5、6号机组各柴油发电机组在正常或事故运行工况下可以如下应对：

当机组正常运行（包括换料大修）时，应急柴油发电机组LHP/Q作为LHA/B母线的应急电源；

当机组发生故障（任意一台应急柴油发电机检修或者故障）时，可以将备用柴油发电机组 LHS 接入，替代退出的应急柴油发电机组，确保 LHA/B 母线的备用电源可用，并可以延长 LHP/Q 退出所造成的不可用后撤时间（IO 时间）；

当机组发生事故（丧失一列厂内应急电源的事故、丧失厂外电源和一列厂内应急电源的事故、SBO 事故）时，将备用柴油发电机组 LHS 接入一列厂内应急电源，可以减缓事故影响并减轻事故后果。LHS 接入后为一列安全设施供电，包括安注泵、安喷泵、辅助给水电动泵、设冷水泵、海水泵等设备，确保堆芯冷却和安全壳完整性，同时，给蒸汽发生器提供辅助给水，蒸汽发生器产生的蒸汽通过大气释放阀或者安全阀带走，保证了堆芯长期余热及时带走，确保堆芯安全。水压试验泵柴油发电机组将在 SBO 发生后自动启动为水压试验泵 RIS011PO 和 LNE360CR 提供应急电源，确保机组主泵轴封不发生泄漏，并确保机组应急控制用电。

当机组发生叠加事故（SBO 叠加丧失热阱）时，将备用柴油发电机组 LHS 接入一列厂内应急电源，可以减缓事故造成的影响并减轻事故后果。LHS 接入后为一列安全设施供电，包括安注泵、安喷泵、辅助给水电动泵等设备，并在事故发生 72 h 后手动加载第二套冷链，为机组提供后备冷却，确保堆芯冷却和安全壳完整性，同时，给蒸汽发生器提供辅助给水，蒸汽发生器产生的蒸汽通过大气释放阀或者安全阀带走，保证了堆芯长期余热及时带走，确保堆芯安全。水压试验泵柴油发电机组将在 SBO 发生后自动启动为水压试验泵 RIS011PO 和 LNE360CR 提供应急电源，确保机组主泵轴封不发生泄漏，并确保机组应急控制用电。

接线简图如下：

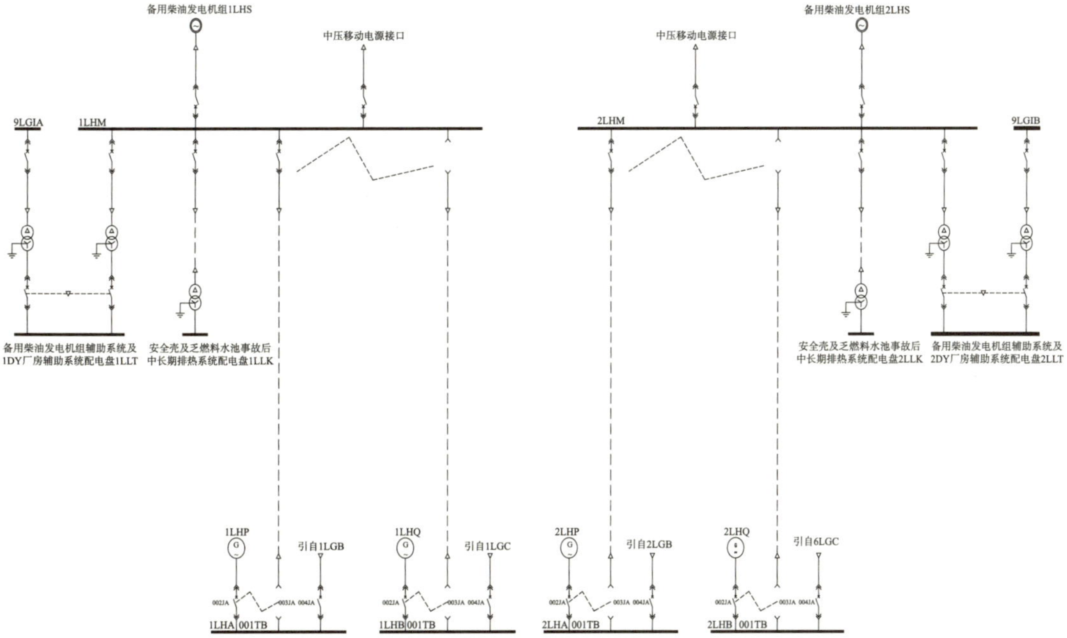

图 2 施工接线简图

优化的柴油发电机组设置方案的主要优点如下：

1）简化了电气接线，便于维护维修。由于每台机组设置一台备用柴油发电机组，可以从其中压母线直接设置至 LHA 和 LHB 的馈线，取消 9LHT，使得原来的钥匙联锁系统大大简化。优化后的备用柴油发电机组接线示意图见图 2；

2）根据 PSA 计算结果表明，优化后的方案与原设计风险概率相当。新方案的备用柴油机接入时间较 M310 明显减少，增加了机组运行的安全性；同时原采用备用柴油发电机兼 LLS 小柴油机的功能，而在新方案中，配置 LLS 小柴油机，与备用柴油机功能各自分开。具体见下表。

关于不同柴油机配置方案的 PSA 分析结果

	功率 CDF	低功率 CDF	停堆 CDF
田湾 PSAR	1.80×10^{-6}/堆年	8.49×10^{-9}/堆年	5.22×10^{-7}/堆年
M310	1.83×10^{-6}/堆年	8.60×10^{-9}/堆年	5.28×10^{-7}/堆年
新方案	1.79×10^{-6}/堆年	8.48×10^{-9}/堆年	5.17×10^{-7}/堆年

3）保留水压试验泵柴油发电机组可以使设计多样化；

4）在执行备用柴油发电机组替代应急柴油发电机组时，可延长应急柴油发电机组不可用的时间等。

通过研究认为，取消厂区附加柴油发电机组，并通过增加备用柴油发电机组的数量及其容量，提高了设备冗余性，同时保留了原设计中成熟的水压试验泵柴油发电机组配置，是一种更优化的柴油发电机组设置方案。

3　结论

文章对方家山、福清核电厂 1～4 号机组等参考电站项目中柴油发电机组的配置进行了分析与研究，并针对田湾核电厂 5、6 号机组柴油发电机组的设置在不同的设计阶段中进行的优化改进（包括原因及具体措施）进行了描述与分析，希望对后续核电项目柴油发电机组的设计工作能够起到借鉴及指导的作用。

关于 6.6 kV 中压母联回路机械钥匙联锁方案的设计优化

杨卓彦[1]
(1. 中国核电工程有限公司，北京 100840)

本文针对田湾核电厂 5、6 号机组全厂电气系统钥匙联锁方案中的各 6.6 kV 中压母线联络回路所采用的钥匙联锁方案进行分析，找出该方案在联锁安全方面的缺陷，并针对该缺陷提出改进措施。

1 引言

由于核电厂电气设备配置复杂、系统众多，为了最大限度地保证操作运行人员的安全和设备安全，核电厂电气设备按照 NB/T 25022—2014（核电厂全厂电气设备机械联锁技术规范）的要求，装配了比较完善的机械钥匙联锁装置，实现了电气系统五防配置：1)、防止误合断路器、负荷开关、接触器等；2)、防止带负荷分、合隔离开关；3)、防止带电挂接地线、合接地开关；4)、防止带接地线（接地开关合位）合闸；5)、防止误入带电间隔。该电气五防配置是保证核电厂安全运行的关键因素之一，可以避免人为操作失误而造成核电厂操作人员伤亡事故和设备的严重损坏。

虽然相对于常规的发电厂，核电厂已配备较完善的机械钥匙联锁系统，但在联锁方案和联锁配置上还有一定的优化空间，以最大限度地提高机械钥匙联锁装置的可靠性并确保人员及设备的绝对安全。

本文以下针对田湾核电厂 5、6 号机组全厂电气系统钥匙联锁方案中的各 6.6 kV 中压母线联络回路所采用的钥匙联锁方案进行分析，找出该方案在联锁安全方面的缺陷，并针对该缺陷提出改进措施。

2 母联回路联锁方案分析

根据田湾核电厂 5、6 号机组全厂电气系统钥匙联锁图，共有 15 个 6.6 kV 中压母联回路。本文以下例举其中一典型母联回路钥匙联锁方案进行分析。

2.1 优化前联锁方案分析

图 1 中母联回路的接地开关设置在隔离柜，断路器柜不设接地开关。

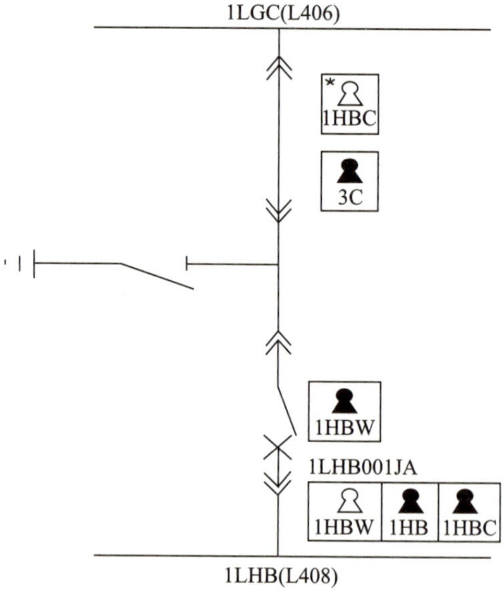

图 1　母联回路联锁方案示意图

根据田湾核电厂5、6号机组现场操作规范的要求，母联回路断路器柜从运行状态到检修状态的操纵顺序是：先断开1LHB段母联回路断路器释放钥匙1HBW（证明隔离钥匙），置换出钥匙交换盒1LHB001JA中的两把钥匙1HB和1HBC，其中的1HBC（允许隔离钥匙）插入到隔离开关侧时，隔离开关从运行位置移出。母联回路两侧开关都打开后，合上隔离开关侧的接地开关。这样的设计是为了使母联回路不带电安全接地后检修断路器柜。

而断路器柜从检修状态到运行状态的操纵顺序是：母联回路隔离开关侧接地开关分闸后，隔离开关推至运行位置，然后断路器柜手车推至运行位置。

2.2　联锁方案安全隐患

然而根据田湾核电厂5、6号机组业主反馈，在核电站现场，当由母联回路连接的两段母线在不同的房间，或两个房间之间还有一定的步行距离时，会造成如下的两个机械钥匙联锁安全隐患：

1）母联回路上的断路器和隔离开关安装在两个房间，1LHB母线进线断路器柜安装在L408，1LGC母线侧隔离开关柜安装在L406。

当L408的断路器柜检修时，不能保证L406的隔离手车侧的电源断开，可能会使断路器柜电缆室带电，严重威胁断路器检修人员的人身安全。

2）L406的隔离开关侧的地刀分闸后，隔离手车推至工作位恢复送电时，不能保证L408的断路器柜已完成检修。

2.3　优化后联锁方案分析

针对上述两点问题，将母联回路机械钥匙联锁方案做如下改进（图2）：

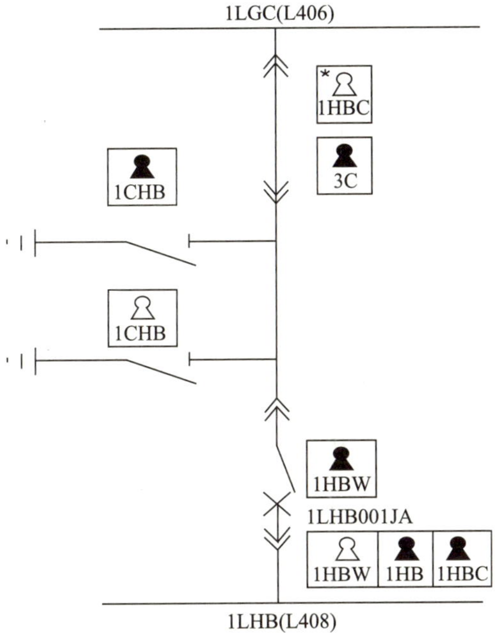

图 2　优化后母联回路联锁方案示意图

如图 2 所示，在母联回路的 1LHB 母线侧断路器柜和 1LGC 母线侧隔离开关柜都设置接地开关，两个接地开关之间设置钥匙联锁。

根据该改进，断路器柜从运行状态到检修状态的操作顺序是：L408 的断路器柜摇至试验位，取出钥匙 1HBW（证明隔离钥匙），用该钥匙交换出钥匙交换盒 1LHB001JA 中的钥匙 1HB 和 1HBC，其中的 1HBC（允许隔离钥匙）插入到 L406 的隔离开关侧时，隔离开关从运行位置移出。母联回路两侧的开关都断开后，L406 隔离开关侧的接地开关合闸后释放钥匙 1CHB，然后将该钥匙插入到 L408 断路器侧后闭合 L408 的接地开关。

而断路器柜从检修状态到运行状态的操作顺序是：L408 的断路器柜接地开关分闸，释放钥匙 1CHB，然后该钥匙插入到 L406 隔离开关侧使接地开关分闸，两个接地开关都分闸后将 L406 隔离开关摇至工作位，最后将 L408 的断路器柜摇至工作位。

3　结束语

该改进消除了上述的两个机械钥匙联锁安全隐患，从设计上对全厂电气系统的 6.6 kV 中压母联回路钥匙联锁方案进行了优化，这对田湾核电厂 5、6 号机组的现场操作人员生命安全和全厂电气设备投资保护具有重要的意义。

参考文献

[1] NB/T 25022—2014：核电厂全厂电气设备机械联锁技术规范

田湾核电厂5、6号机组中压应急配电系统二次图设计优化

杨卓彦[1]
(1. 中国核电工程有限公司，北京 100840)

福岛核事故后重启的田湾核电厂5、6号机组项目（项目编号为0603）设计变化比较大，0603项目中的6.6 kV交流应急配电系统（LHA/B系统）是核安全和电厂主要设备的保护所必需的设备，包括安全级（1E级）厂用设备及主设备安全厂用设备。安全级（1E级）厂用设备用来防止、限制、减少放射性物质的泄漏。主设备安全厂用设备用来保障电厂主要设备的安全，以维持发电设备在可运行状态。故中压应急配电系统必须被设计成具有高度的安全性和可靠性。

本文采用对照分析研究的方式，相比参考电站（方家山核电厂1、2号机组，福清核电厂1~4号机组），分别对0603项目LHA/B系统二次接线的各项设计优化及改进，进行详细地描述与分析，使LHA/B系统的二次接线设计更加合理，可靠及安全。

1 引言

2009年6月，国家发改委同意田湾核电厂5、6号机组开展前期工作。田湾核电厂5、6号机组已在2011年3月前完成系统设计第一阶段的工作，日本福岛核事故后，国家核安全局对新建和在建核电工程提出了安全改进要求。为此，国家核安全局暂停了田湾核电厂5、6号机组的设计审评工作，设计工作暂停。经过一系列安全整改后，以2015年12月为FCD日期重新启动设计工作，技术路线仍为二代改进型M310技术。

重启后的田湾核电厂5、6号机组项目设计工作是以2010年的设计工作为基础，并反映了福岛核事故后的改进项和差异项；反映了福清核电厂1~4号机组和方家山项目的审评成果和审评结论，吸纳了福清、方家山项目在设计、建造和调试过程中的经验反馈；同时考虑其他同类M310机组的安全重要共性问题，将审评达成的共识充分反映进去。田湾核电厂5、6号机组项目时隔4年后重启，系统设计变化很大。

2015年3月，田湾核电厂5、6号机组中压应急配电系统的施工图阶段的设计中，系统设计变化最大的就是中压应急配电系统的二次设计。本文将系统分析整理这些二次设计优化点（与参考电厂进行对比），这对田湾核电厂5、6号机组及后续各项目的中压应急配电系统的二次设计具有重要的指导意义。

2 二次设计优化简述

LHA/B 系统二次接线共有六处重要的设计改进。

一是在报警回路中增加了断路器/接触器试验位和工作位的并联位置信号，以保证只有当断路器/接触器手车处于抽出位置或中间位置时，开关柜能够发出报警信号。

二是弹簧储能装置未储能信号增加延时后接入报警回路，从而防止在断路器合闸后弹簧正常储能期间开关柜发出报警信号，影响操作人员的判断。

三是 PT 断线问题，通过对 PT 二次侧接线的改进，从而防止 PT 回路两相或三相断线故障，电压继电器会误发低电压报警信号而误启动应急柴油发电机组。

四是就地试验盒的就地合分闸回路与远方合分闸回路的电气联锁改进。

五是 001JA/002JA/003JA 就地试验合闸回路与进线开关分闸位置联锁信号。

六是合分闸位置、设备不可用信号公共端修改，取消图中 001BN:4 和 001BN:13 之间的连接线，从而防止安全级和非安全级的机柜出现直接连接。

2.1 报警回路中增加了断路器/接触器试验位和工作位的并联位置信号

在参考电站及海南项目的设计中，断路器/接触器处于非工作位时，开关柜会发出设备不可用的报警信号；当对二次回路进行试验时，由于断路器/接触器处于试验位（非工作位），也会发出设备不可用的报警信号，导致 DCS 的远方合闸指令无法发出，二次回路试验无法进行。

之前的修改方案将试验位信号单独送至 DCS 显示，同时取消了报警回路中的非工作位报警，对于该方案，在断路器/接触器处于抽出状态或未完全摇至试验位时，不会发出设备不可用的报警信号，导致出现设备无法运行时开关柜并无报警信号发出，操作员无法判断故障位置。

田湾核电厂 5、6 号机组项目中通过对二次报警回路的改进，在报警回路中增加断路器/接触器试验位和工作位的并联位置信号，开关柜在“试验位”时不触发报警信号，当断路器/接触器手车处于抽出位置或中间位置时，开关柜能够发出报警信号。这样就能给操作员正确的报警提示，便于有效准确地盘查处理问题，也能提高报警状态下的问题处理效率，保证核电运行的绝对安全。

2.2 弹簧储能装置未储能信号增加延时后接入报警回路

在以往 M310 电站的设计中，断路器的弹簧储能机构未储能是开关柜设备不可用报警信号发出的条件之一，但是当断路器合闸完成之后，弹簧储能机构会自动重新储能，在此期间，弹簧储能机构处于未储能状态，开关柜会发出设备不可用的报警信号，而实际上，此工况对于开关柜是正常运行状态，发出的报警信号是误信号，会影响操作人员的准确判断。

田湾核电厂 5、6 号机组项目中通过对二次报警回路的改进，将弹簧储能装置未储能信号增加延时，延时时间需避过合闸后弹簧储能机构完成自动储能的时间，之后再接入报警回路，从而防止在弹簧储能期间开关柜发出报警信号，影响操作人员的准确判断。

对该延时继电器工作情况说明。

初始状态，断路器已储能处于分闸状态，未储能接点001JA：S1：21/22断开，已储能接点001JA：S1：53/54闭合，时间继电器001XT：B1得电，报警回路里的001XT：触点15/18导通，001XK得电，不会触发报警。

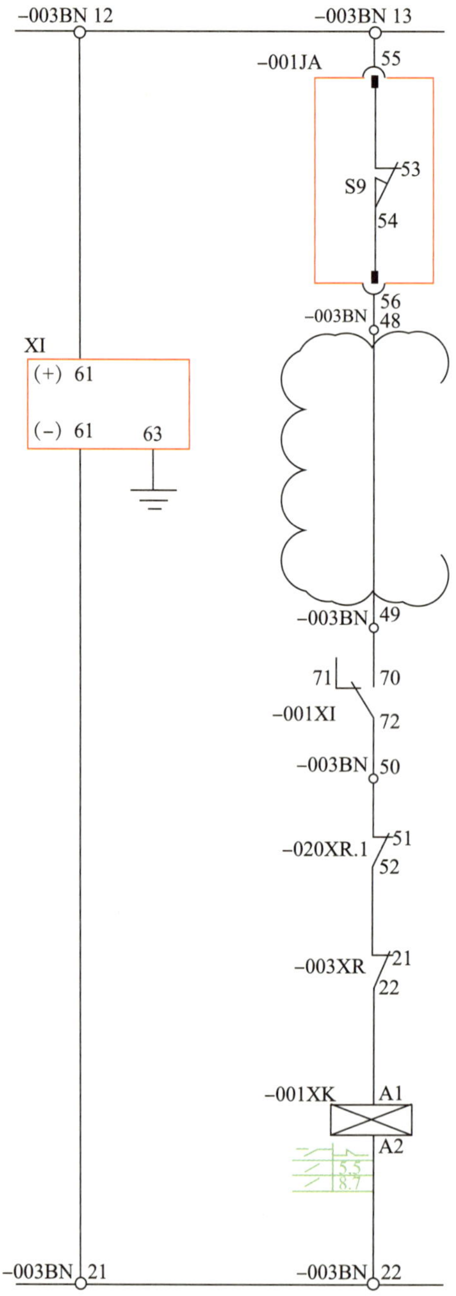

图1　方家山核电厂1、2号机组报警继电器回路

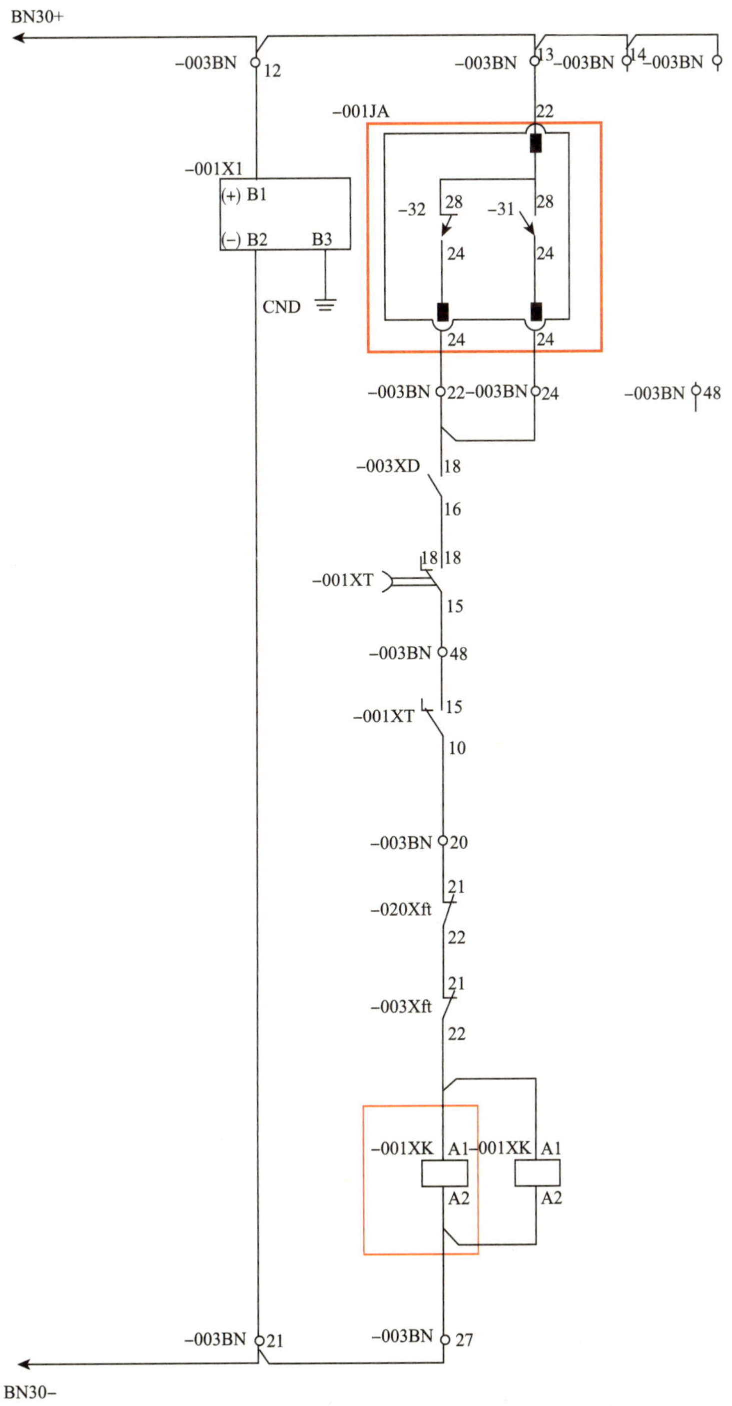

图 2 田湾核电厂 5、6 号机组报警继电器回路

对断路器进行合闸时，原来储好的能量消耗掉，未储能接点 001JA：S1：21/22 闭合，004LA 未储能灯亮；已储能接点 001JA：S1：23/24 打开，时间继电器 001XT：B1 失电。根据延时继电器瞬时打开延时闭合的功能，合闸后在 30 s 内，不论 001XT：B1 是否得电，

报警回路里的 001XT：触点 15/18 都保持导通，001XK 得电，不会触发报警。（在时间超过 30 s 后，如果断路器未储能，001JA：S1：23/24 打开，时间继电器 001XT：B1 失电，则 001XT：触点 15/18 断开，001XK 失电，触发报警。）

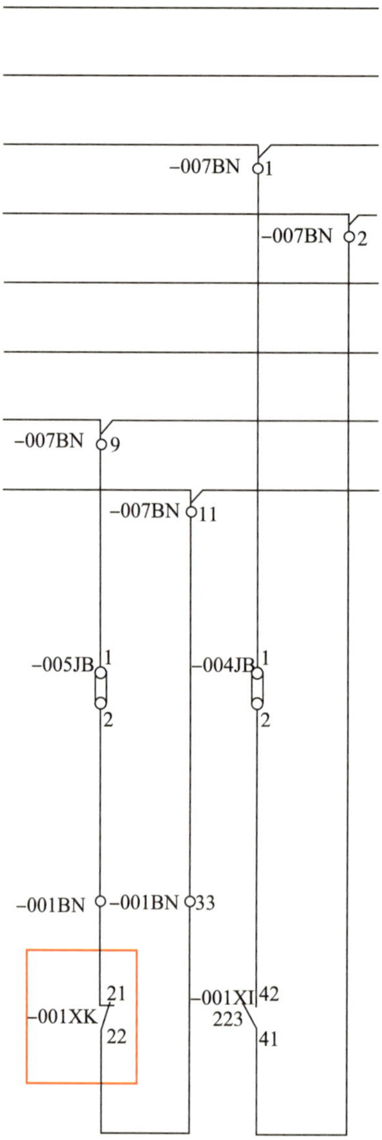

图 3　田湾核电厂 5、6 号机组报警小母线

对断路器进行分闸时，断路器仍保持已储能状态，已储能接点 001JA：S1：23/24 闭合，时间继电器 001XT：B1 保持得电，报警回路里的 001XT：触点 15/18 都保持导通，001XK 得电，不会触发报警。

这样就消除了断路器合闸完成之后，弹簧储能机构正常自动储能期间开关柜误发出的设备不可用的报警信号，使操作人员能准确判断系统运行情况，确保核电机组运行的绝对安全。

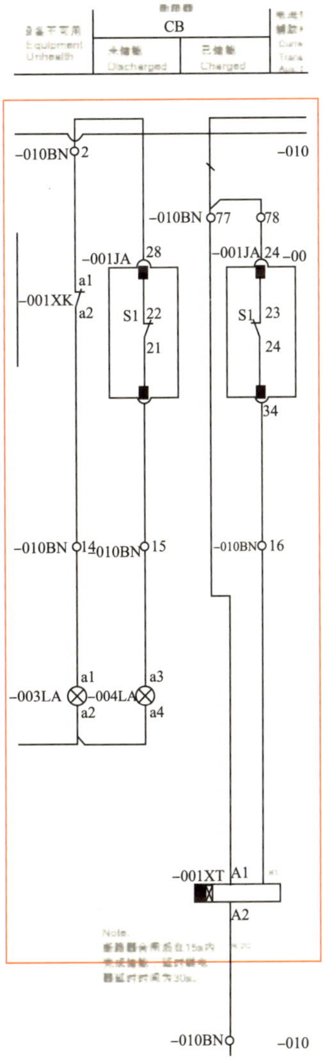

图 4　田湾核电厂 5、6 号机组断路器延时继电器回路

2.3　PT 断线问题

在中压应急配电系统的电压互感器的二次设计中，当检测到配电盘母线低电压时，同时通过两个电压继电器 001XR 和 002XR，向 DCS 发出低电压报警；而当电压监视回路本身出现低电压信号不一致时，也会向 DCS 发出故障报警。

在以往 M310 核电项目中，如果发生电压互感器 PT 回路两相或三相断线故障，电压继电器会误发低电压报警信号，可能导致应急柴油发电机组误启动。根据现场反馈的这个问题，从参考电站项目开始，对这个问题进行了设计改进并已收到了良好的实践效果。

做法就是，通过对 PT 二次侧回路接线的改进，可以避免误发低电压信号的问题。方法为将其中一组电压继电器直接连到 PT 的二次侧，以避免由于断线故障造成的三相电压全部丧失，从而误发低电压报警信号以误启动应急柴油发电机。

田湾核电厂5、6号机组中继续沿用该经验反馈。

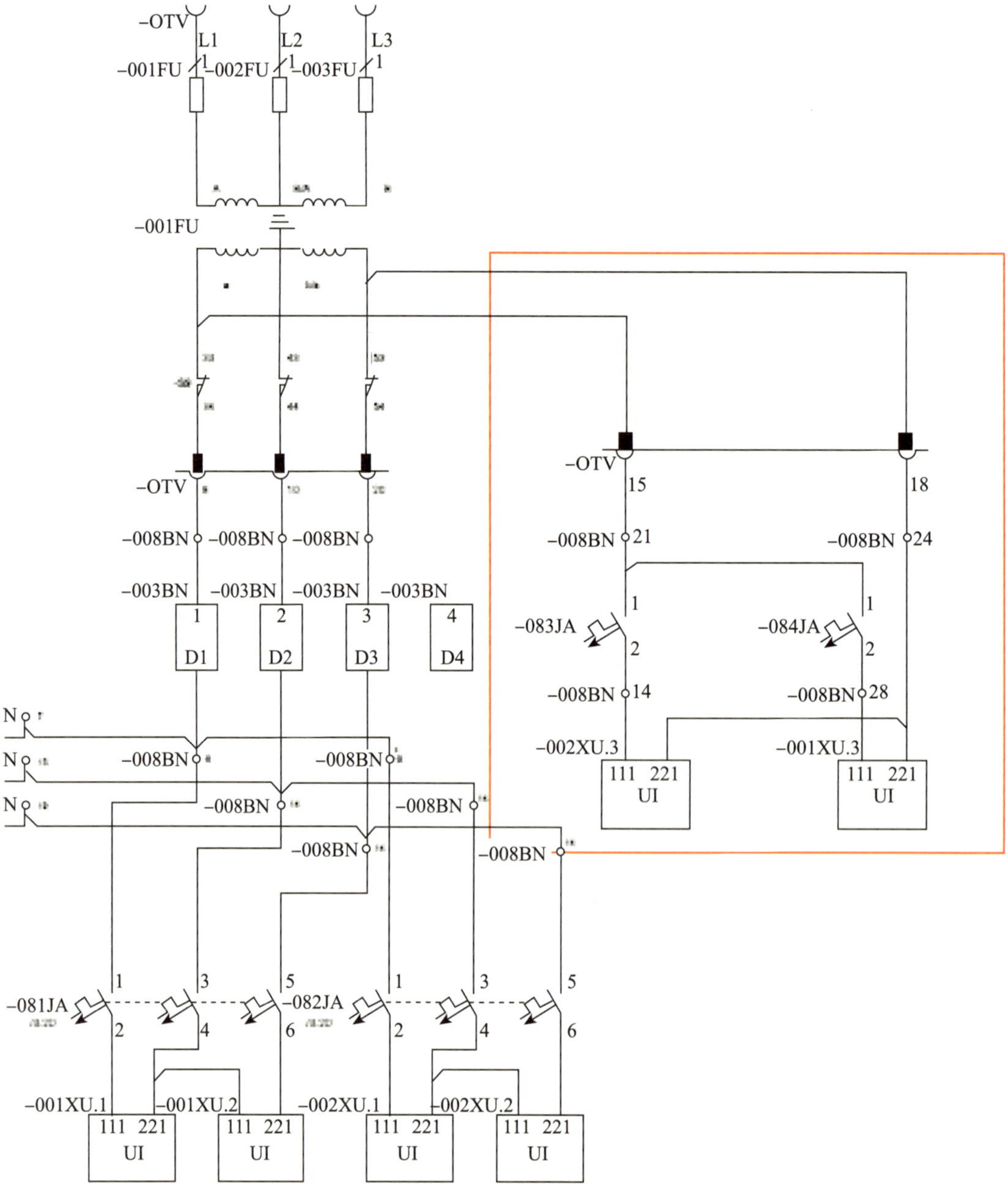

图5 田湾核电厂5、6号机组电压互感器柜电压回路

PT回路发生单相断线，电压继电器不会发出配电盘失压信号，因此应急柴油机不会启动。但由于断线各相电压不一致（图6），配电盘报警继电器会发出设备不可用报警（图7），主控室会收到报警信号004KA1（6.6 kV配电盘综合故障报警信号图8）。在实际运行中，操作员可通过主控/就地手动操作，断开LHA/B 001JA，起动应急柴油机，恢复中压应急母线的供电。

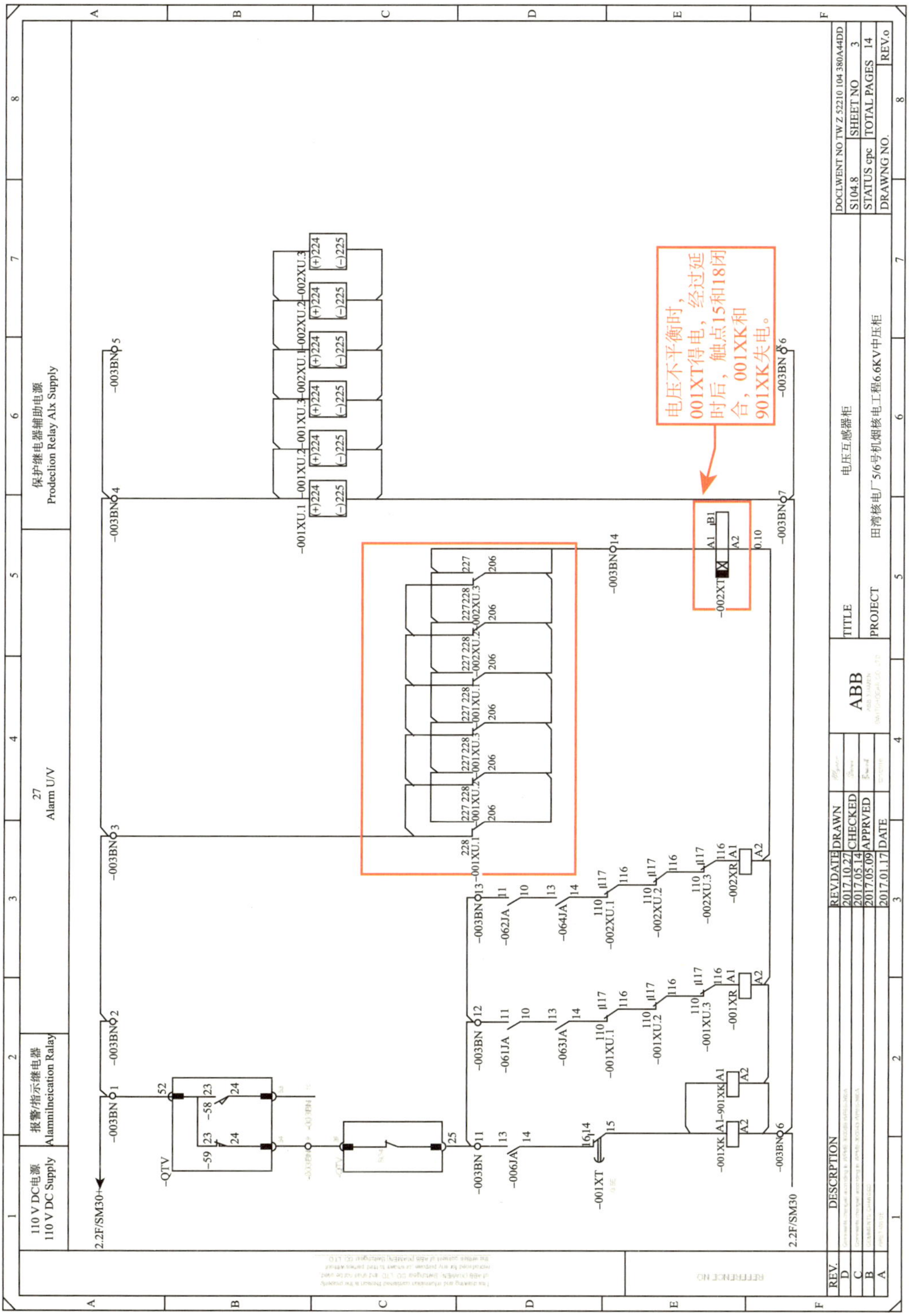
电压不平衡时，001XT得电，经过延时后，触点15和18闭合，001XK和901XK失电。
电压互感器柜
田湾核电厂5/6号机烟核电工程6.6KV中压柜
保护继电器辅助电源
Prodection Relay Alx Supply
27
Alarm U/V
110 V DC电源
110 V DC Supply
报警/指示继电器
Alarmilneication Ralay
TITLE
PROJECT
ABB

图6 电压不一致逻辑

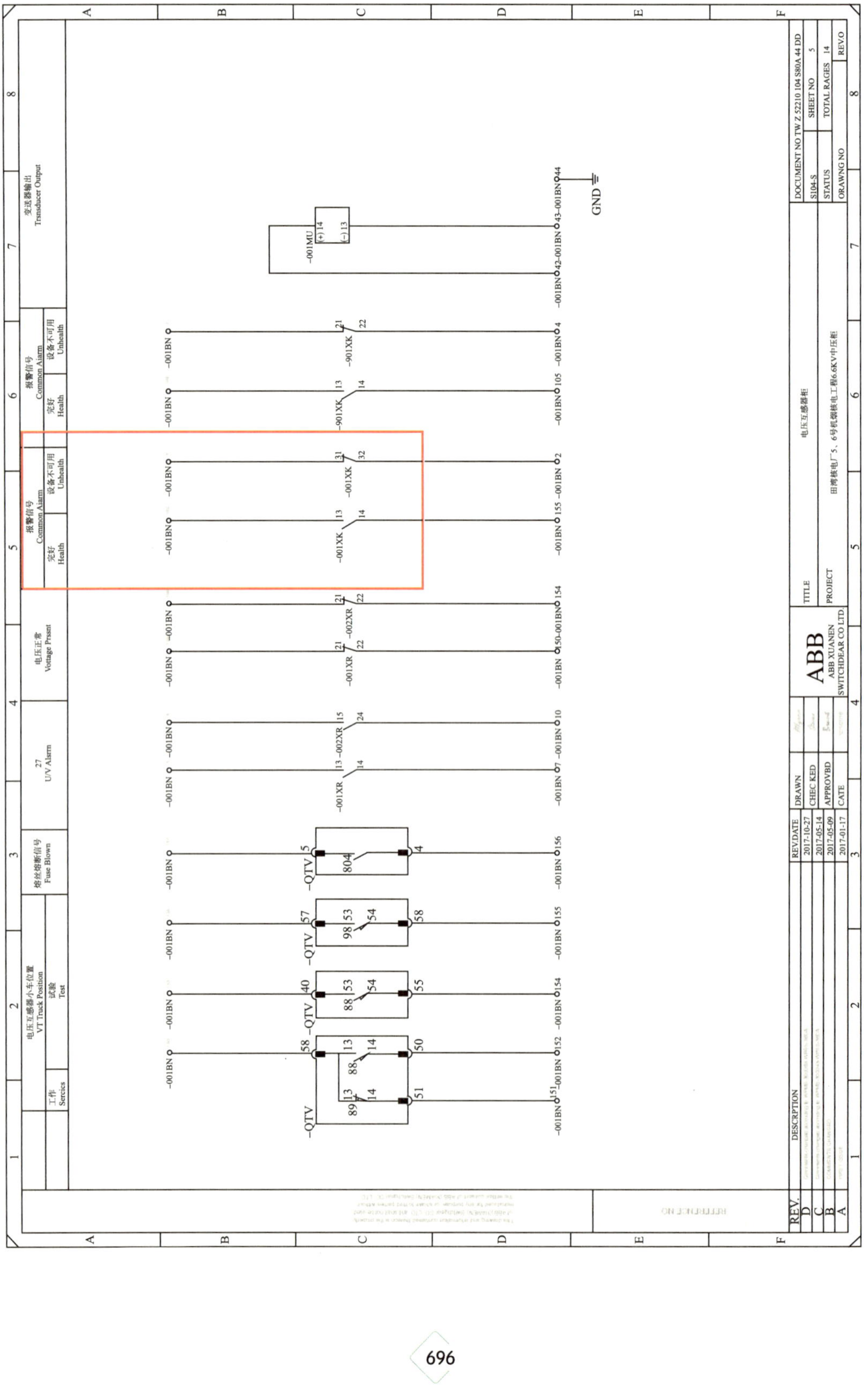

图7 设备不可用报警信号

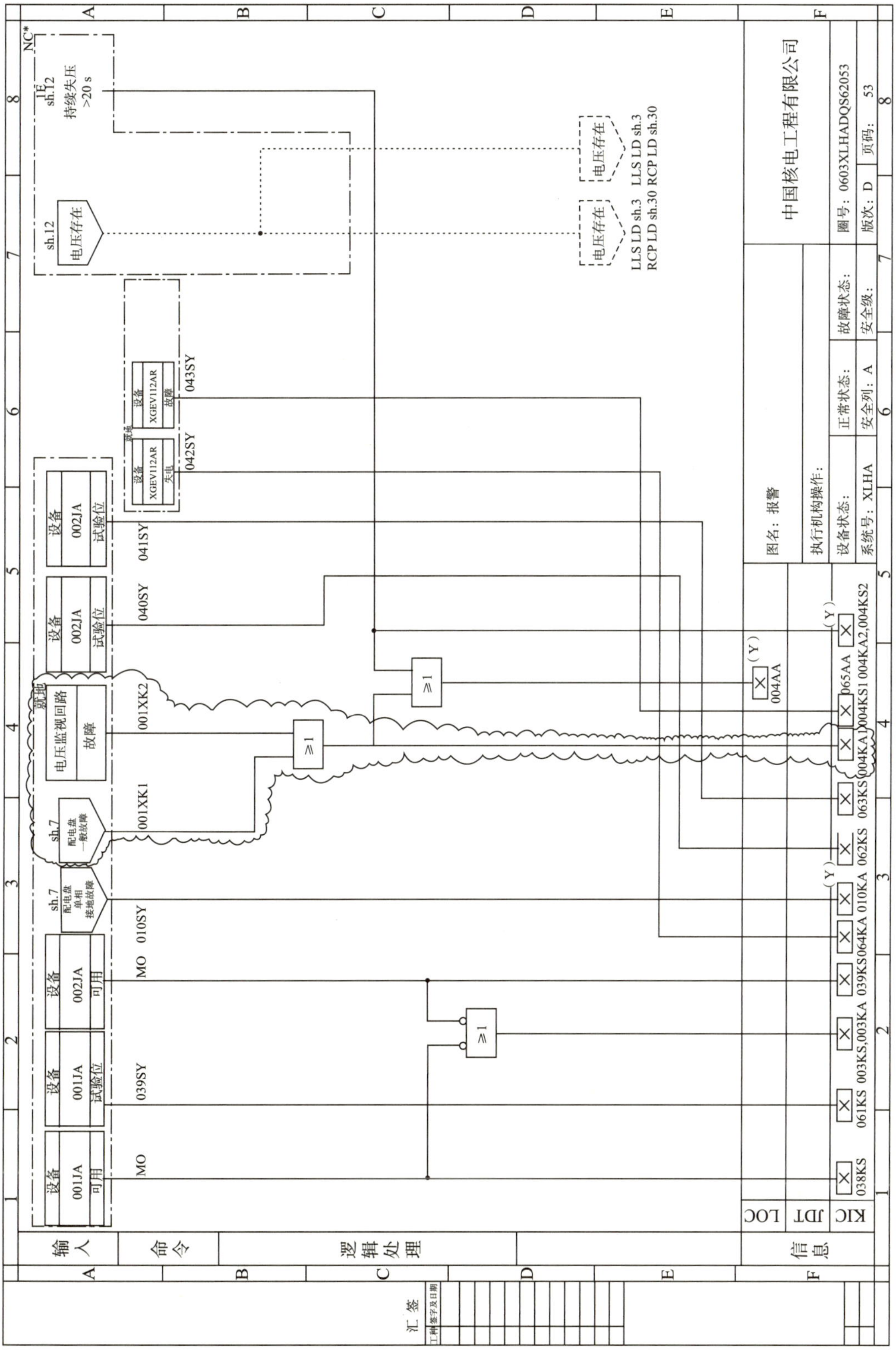

图8 6.6kV配电盘综合故障报警信号

2.4 就地试验盒就地合分闸回路与远方合分闸回路的电气联锁改进

在参考电站项目中压应急配电系统的断路器柜和FC柜二次设计中，没有设置就地控制合分闸常开接点与远方合分闸常闭接点的闭锁关系。

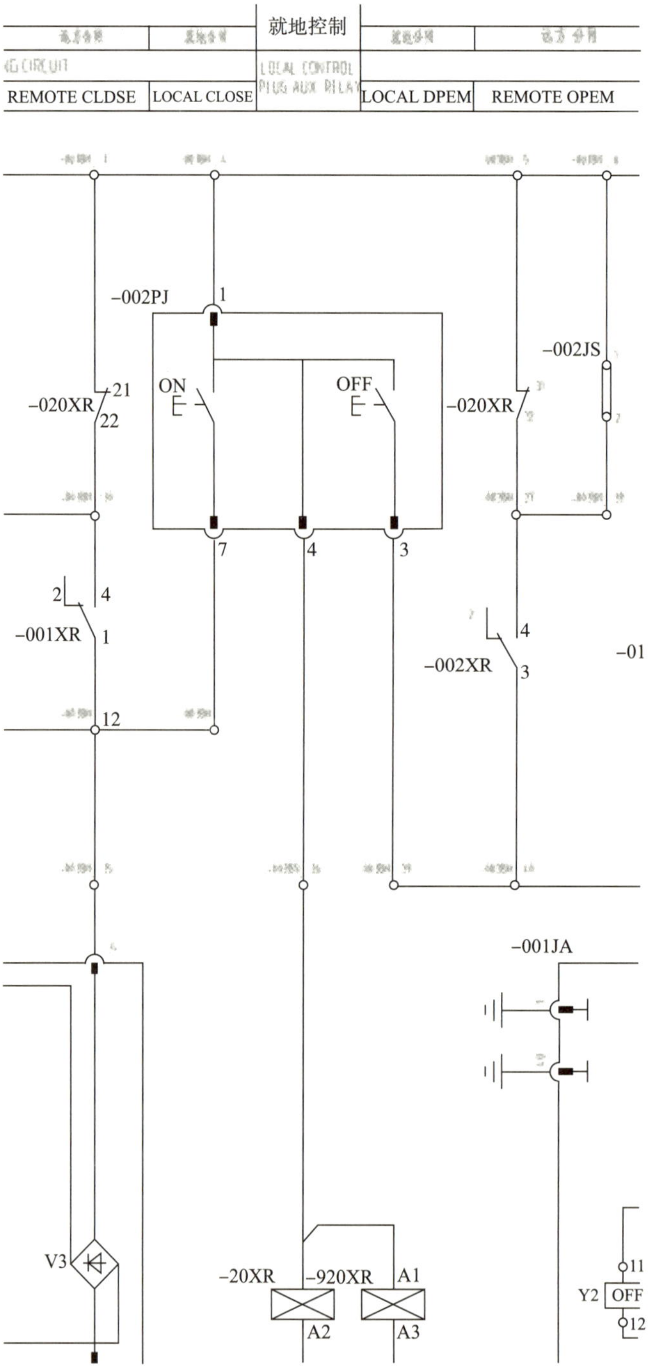

图9 方福1、2就地分合闸和远方分合闸闭锁回路

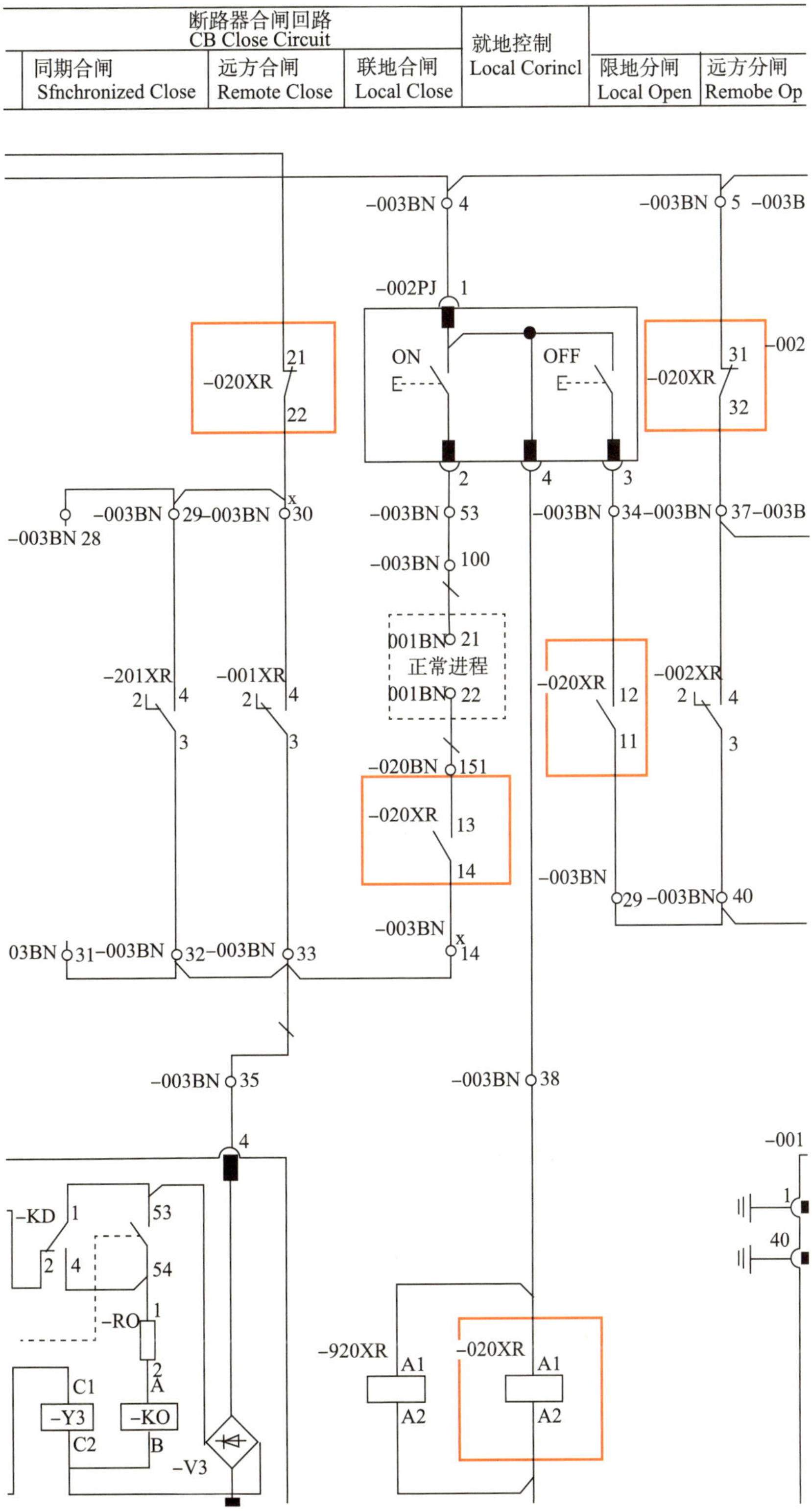

图 10　田湾核电厂 5、6 号机组就地分合闸和远方分合闸闭锁回路

在田湾核电厂5、6号机组第三次设计联络会上，根据LG＊系统就地合分闸回路020XR常开接点的设置，同时也分析了在中压应急配电系统的就地合分闸回路设置020XR常开接点的必要性。

原因是：当就地试验盒插入的状态下，如果此时继电器020XR故障了，这时远方合闸回路中的接点21和22就不能断开，如果这时候从主控室发来一个远方合闸指令（继电器001XR接点3和4闭合）要闭合断路器，而此时在没有设置常开接点13和14时，就地合闸回路也是通的，就会出现就地合闸和远方合闸同时出现的问题，这对在就地执行操作的人员的人身安全构成严重威胁。

而在就地合分闸回路分别增设一对020XR常开接点后，当就地试验盒插入的状态下，就算继电器020XR故障，此时就地合分闸接点回路保持断开状态，远方合分闸接点回路保持连通。故就地合分闸操作无效，通过远方合分闸指令来操作断路器。

2.5 001JA/002JA/003JA就地试验合闸回路与进线开关分闸位置闭锁信号

中压应急配电系统正常进线开关（001JA）的就地试验合闸回路增加与应急柴油机（002JA）和后备柴油机进线开关（003JA）分闸位置联锁信号。在应急柴油机和后备柴油机进线开关的就地试验合闸回路分别增加与正常进线开关分闸位置联锁信号。

也就是说，当001JA在就地试验或检修时，为了保证现场检修人员的操作安全和设备安全，必须先断开002JA和003JA。同理，当002JA在就地试验或检修时，必须先断开001JA；当003JA在就地试验或检修时，必须先断开001JA，详见图11~图13。

而在参考电站项目中压应急配电系统的001JA/002JA/003JA的二次图中却没有三者之间的这套联锁关系。

2.6 合分闸位置、设备不可用信号公共端修改

在以往M310的设计中，开关的合分闸信号进入安全级的DCS机柜，而设备不可用的信号进入非安全的DCS机柜，参考电站项目中压应急配电系统二次图的原设计中，这几个信号使用一个公共端，导致安全级和非安全级的机柜出现直接连接。根据安全系统的隔离准则要求，安全级和非安全级的机柜是不能直接连接的。

田湾核电厂5、6号机组项目中需要取消图中001BN：4和001BN：13之间的连接线。

在田湾核电厂5、6号机组DCS端接表中，001JA合闸位置、断开位置在1E级机柜KCS135AR中；001JA不可用信号在非1E级机柜KCP419AR中。

同时系统的二次接线也取消了连接，如图14中的触点4和13。

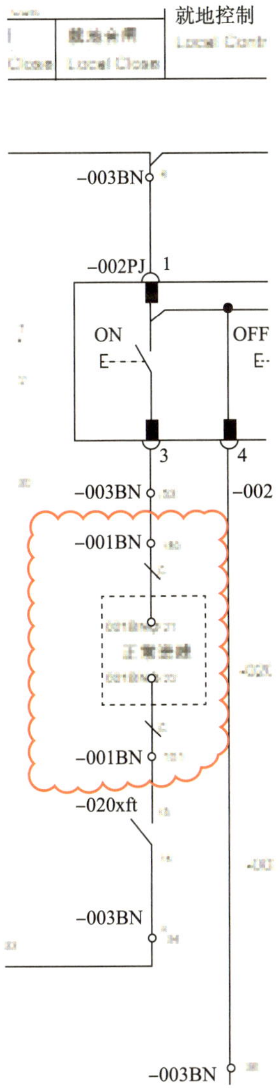

图 11　柴油发电机组进线柜就地合闸回路

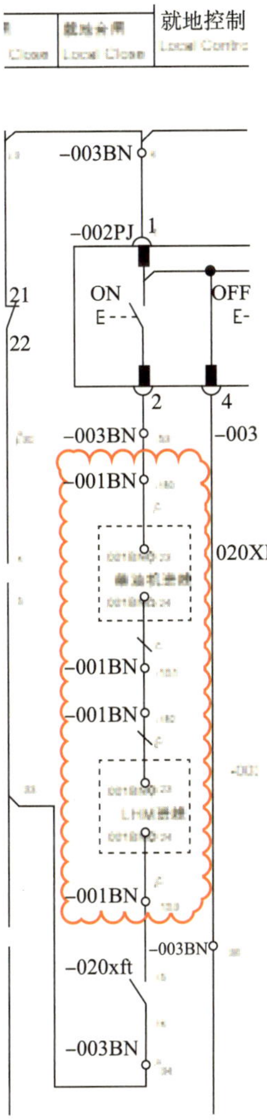

图 12　正常电源进线柜就地合闸回路

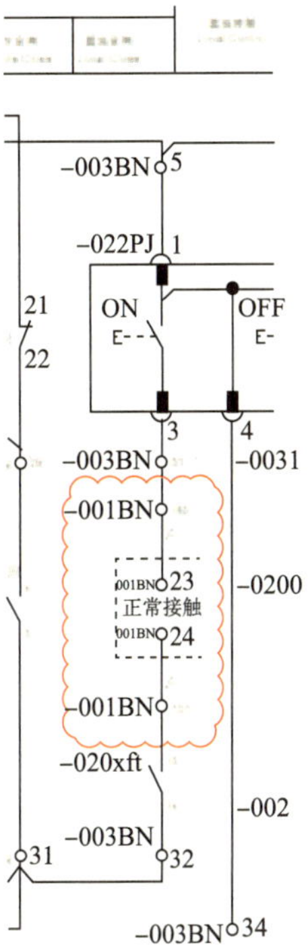

图 13　LHM 进线柜就地合闸回路

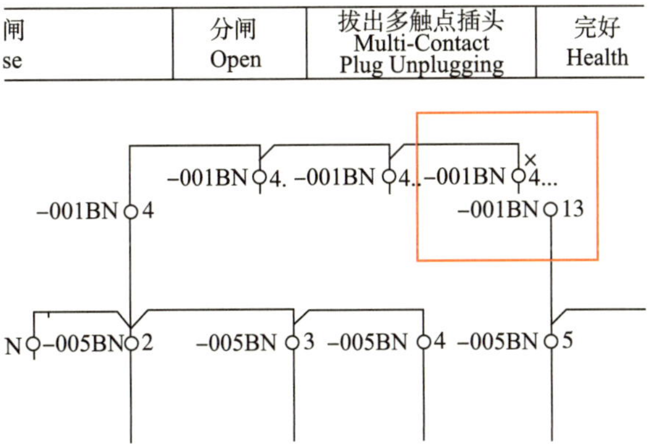

图 14　001BN 中接点 4、13

3 结束语

通过上述二次设计优化，优化 1）和 2）使中压应急配电系统的报警回路更加合理，报警信号更为准确，有效地避免了故障状态不报警和开关柜误发报警等问题，更好满足现场操作人员的需求及人身设备安全。

优化 3）通过对 PT 二次侧回路接线的改进，避免由于断线故障造成的三相电压全部丧失，而误发低电压报警信号，进而导致应急柴油发电机组误启动的问题。由于 PT 单相断线，各相电压不一致，主控室会收到报警信号 004KA1（6.6 kV 配电盘综合故障报警信号）；在实际运行中，通过主控/就地手动操作，断开 LHA/B001JA，起动应急柴油机组，恢复中压应急母线的供电。

优化 4）通过在就地控制合分闸回路分别增加一对常开触点，当就地试验盒插入的状态下，继电器 020XR 故障了，此时就地合分闸回路保持断开状态，远方合分闸接点保持连通。故就地合分闸操作无效，通过远方合分闸指令操作断路器。避免了在没设就地常开触点同时 020XR 故障时，就地合分闸和远方合分闸同时出现的问题。

优化 5）通过增加 001JA/002JA/003JA 就地试验合闸回路与进线开关分闸位置的联锁信号，使得在任何时候，001JA/002JA/003JA 三个断路器中只能有一个断路器柜可以处于安全试验或检修状态，另外两个处于完全断开的状态。

优化 6）通过取消图中 001BN：4 和 001BN：13 之间的连接线，使安全级的 DCS 机柜与非安全级的 DCS 机柜完全隔离，这就符合了安全系统的隔离准则要求。

通过这些二次设计优化，使中压应急配电系统能更加安全可靠地实现其设计功能。

这些改进对 0603 项目及后续项目的现场操作人员生命安全和全厂电气设备投资保护具有重要的意义，以防止严重人身和设备事故的发生，这为核电站节省了不可估量的后续潜在经济投入。

变频器在核电厂大型水泵中应用的可靠性设计和分析

吴　震[1]
（1. 中国核电工程有限公司，北京 100840）

田湾核电厂5、6号机组由于环境问题传统调速导致汽机过冷，循环水泵拟采用变频改变电机转速，进而改变水量以调节汽机的冷却程度。本文从变频器的选择设计角度考虑，把可靠性作为选择依据。对可靠性进行了介绍，并对相关参数的获取给出了一些方法。并且本文还将一些调研资料的数据进行了分析，并根据工程情况对变频器的一些问题设计方案进行了的介绍。

1　引言

田湾核电厂5、6号机组由于根据统计当地海水温度和常规岛设计方给定的海水流量推算出：海水温度过低会引起凝汽器的背压过低，在冬季的1、2月份海水平均温度都达到了3 ℃左右，此时凝汽器背压仅能达到约2.8 kPa，远低于设计背压4.9 kPa。

对于田湾核电冬季运行时出现的低温情况，如果发电机采用一机两泵定速运行，东方电气初步分析后得出的结论如下。

“机组背压过低，有效焓降增大，使汽轮机的出力随之增加，末级做功能力增加，叶片的应力增大，对末级叶片安全性造成很大影响。易产生激波，使振动加剧。建议机组不在该种工况下运行。”

当前M310百万千瓦级压水堆核电机组的循环水系统设置模式均为一机两泵的独立单元制，该种布置方式在核电厂工程进度快，沟道需要提前负挖的情况下最有利于目前的建设模式。但一机两泵的独立单元制循环水系统不能根据海水温度的变化进行水量调节，无法满足系统安全运行的要求，同时也不能满足节能的要求。

鉴于以上情况，本项目提出了把变频调速技术作为研究方向，利用高压变频器对循环水泵进行无级调速，完全根据海水温度来精确调节循环水泵的转速进而控制水量，调控手段非常灵活。

该方案不但完全适应了原有的沟道布置方式和厂房布置方式，而且提高了整个系统的调控性能，大大降低了多泵组合调速、变极调速中水量突变对管道和设备形成的冲击，延长了设备的使用寿命；同时，该方案还具有降低系统厂用电率、节约能源等优点。

变频调速原理基于异步电动机的转速公式：

$$n = n_s(1 - s) = \frac{60f}{p}(1 - s) \tag{1}$$

式中，

n ——异步电动机的转速；

f ——异步电动机的频率；

s ——电动机转差率；

p ——电动机极对数。

由速度公式可知，转速 n 与频率 f 成正比，只要改变频率 f 即可改变电动机的转速，变频调速就是通过改变电动机电源频率实现速度调节的。当频率 f 在 0~50 Hz 的范围内变化时，电动机转速调节范围非常宽。

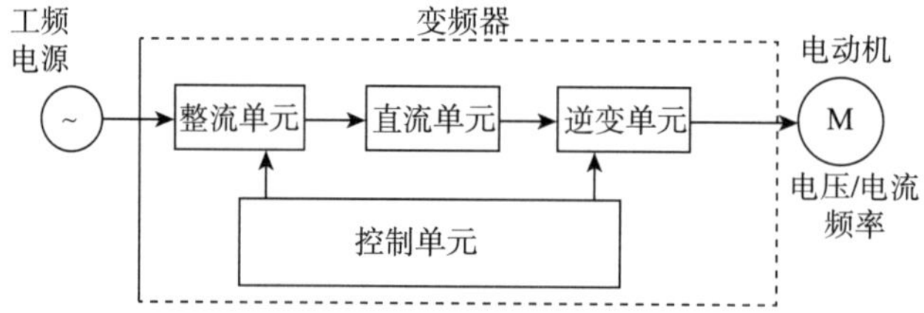

图 1　变频器的基本结构

变频器根据逆变器直流输入侧（即图 1 中的直流单元）并联电容或串联电感的不同可分为电压源型变频器和电流源型变频器两大类。

电流源型变频器和电压源型变频器各有优缺点。它们的技术特点对比如表 1：

表 1　变频器的不同方案技术对比

	1	2	3
选用的技术方式	电流源型变频器	电压源型变频器（中性点箝位式）	电压源型变频器（单元串联式）
其对应电路结构	SCR	IGBT　箝位	多个 IGBT
其对应的输入变压器	普通变压器	移相变压器（12 脉波）	复杂多绕组移相变压器（多脉波）
整流器件	SCR	二极管	二极管
逆变器件	SCR	IGBT 或 IGCT	IGBT
调速性能	差	好	较好
带故障运行	可以	不可	可以
旁路方式	无	有	有

电流源型变频器技术成熟有足够的运行经验，并且晶闸管结构简单，耐压和过流能力强，可靠性较高；但因其有大电感，需要与电网交换无功功率，导致功率因数略低，电流动态响应较困难，需求的动态力矩跟不上，特性较软；作为两电平变频器，它的共模电压和 dv/dt 问题较突出，对电机绝缘的要求较高。

电压源型变频器与电流源型变频器相比，技术发展的较晚一些，运行经验稍短，IGBT 和 IGCT 在耐压和过流方面比起晶闸管相对较差，但是通过中性点箝位或低压功率单元串联等技术可以在一定程度上克服这些问题；电压源型变频器的优势在于功率因数高、开关速度快、关断均匀、输出波形好；由于控制技术出色，通过电流反馈形成闭环控制，响应速度快，可高速、高精度地实现对电机的磁通力矩控制，使电机特性可硬可软，动态性能好。至于共模电压和 dv/dt 问题，中性点箝位变频器可较好地解决。

电压源型变频器的直流环节储能元件采用大电容，直流电源内阻较小，对于负载来讲相当于恒压源。这种变频器的逆变器中采用的器件主要是场效应电力电子器件，这类功率器件的开通和关断由电压信号进行控制，我们也称之为电压源型电力电子器件。按照目前功率元件的制造水准，电压源型中压变频器的最大供电容量大约在 36 MVA，在容量上此类变频器可以满足田湾核电厂 5、6 号机组循环水泵电动机（容量 6000 kW）的需要。

电压源型变频器主要有中性点箝位变频器、单元串联变频器和 NPC/H 混合型变频器等几种。目前市场上应用较多的是中性点箝位变频器和单元串联变频器。

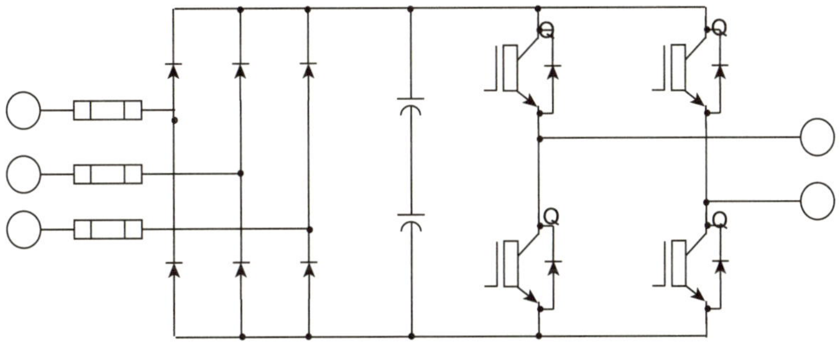

图 2　功率单元结构示意图

2　变频器的可靠性分析

变频器是一种高科技高精度的电气与电子及计算机技术相结合的精密复杂的电气设备。因此在运行时间较长而有可靠性要求很高的核电厂设计中，必须慎重考虑该设备的每一个环节和每一部分器件的安全可靠性，以便为最后设备选型提供重要参考。

从前面的变频器的市场调研中我们可以看出变频器的主要构成部分为：功率变换部分、控制部分、散热冷却部分。而在兆瓦级的范围内，由于电压等级的升高这三部分都出现了种种问题，变频器的制造商们由于各自技术力量的不同采用了各种各样的方法去解决这些问题。从常规的角度对于这些产品而言很难去比较孰优孰劣，所以对我们核工业来说从可靠性的角度去比较这些不同结构的产品的优劣就成了一种与众不同但又行之有效的手段。

2.1　变频器可靠性

可靠性，通常来讲是指变频器在一定的运行条件下，能持续在一定时间内实现其自身特定功能的能力。

要评估某一复杂系统的可靠性，应首先确定系统内基本部件的可靠性，然后得到基本模块的可靠性，最后综合考虑采用的冗余方式及其维护保养方法的因素来最终确定系统的可靠性。

平均无故障时间 MTBF（Mean Time Between Failure）是用来描述系统可靠性的基本

参数。

2.2　元器件的可靠性的相关因素

在关注系统可靠性的同时，也应考虑系统的维护保养方法。因为对于变频调速传动系统（VSDS）和变频器而言，可靠性研究的基础就是确定所有元件的失效率，而结果则是失效率和维护因素的综合产物。

1）失效率是对不同来源的资料进行全面调查后得出：

传动系统中变频器以外的其他部件，如断路器、变压器、电机的失效率可以从文献、标准和使用经验中查到。

对于印刷电路板（PCB），包括主控制板、门极驱动电路板等，几种常用电路板类型的典型值可以利用相关厂家的标准资料计算得到。一般要根据现场经验加入修正系数。

对于功率元件部分，如功率开关器件、直流侧电容器，可以根据元件生产商的资料结合现场经验以及加入修正系数并且宜参考企业的验收标准参数出厂烤机时间等相应修正。

2）修复时间主要取决于以下几点：机械系统的设计情况，售后服务的周到性；备品备件供应情况；功能强大的故障诊断系统和配备的技术力量；机组大修检修间隔和冗余器件的更换的方式。

本项目所需的变频器功率为 6 MW 左右，从前期调研结果来看我们面临的市场选择的主要是：中性点箝位电压型变频器和多单元级联的电压型变频器。各种电压型变频器都有功率因数高的二极管整流桥（$\cos\varphi=0.96$）、中间直流容性储能环节和采用类似 IGBT 的自关断器件，负载一般为异步电动机。而我们从上面列举的途径得到一些我们需要的各种关于变频器的可靠性的评估参数，从而能够得以对厂家的产品结合我们的情况进行评估以做出选择。

2.3　调速传动系统几种变频方案的可靠性计算实例

鉴于 5、6 号机组的循泵容量 6 MW 左右为兆瓦级，我们调研资料参考了额定功率 5 MW左右的变频器几种不同方案的故障失效率：（1）功率单元级联电压型变频器，每相为五个单元串联，正常运行时只需四个单元同时工作即可。假定 IGBT 不采用并联形式，则这种变频器可分为三个模块（每相一个模块），每个模块为 4+1 个单元冗余，负载感应电动机电压等级为 4.16 kV；（2）同样结构不含冗余的单元级联变频器；（3）NPC-VSI 类型变频器。

这三种不同的变频传动系统的总失效率示意图见图 3。图中柱状图为统计时间内的器件总失效时间，故障率落在实线下方的情形会直接导致临时停机。落在实线上方的情况有冗余单元缓冲，不会导致直接停机，除非再一次损坏，但已损坏的单元要找适当的时间更换。在不采取更换措施时，调速传动系统可靠度函数如图 4 所示。图 5 总结了当一个元件失效时不同系统和不同维护方案时的 MTBF。

在无冗余时，采用 NPC-VSI 方案的变频传动系统表现出比采用多单元级联型 VSI 方案更高的可靠性。由分析可知，无冗余的多单元级联型结构可靠性较低，为了在可靠性方面有竞争力，必须采用单元 N+1 冗余的方案。为了更换冗余失效单元，推荐采用定期更换方案，在 LCC（LIFE CYCLE COSTS）评估中应该考虑失效单元的影响。

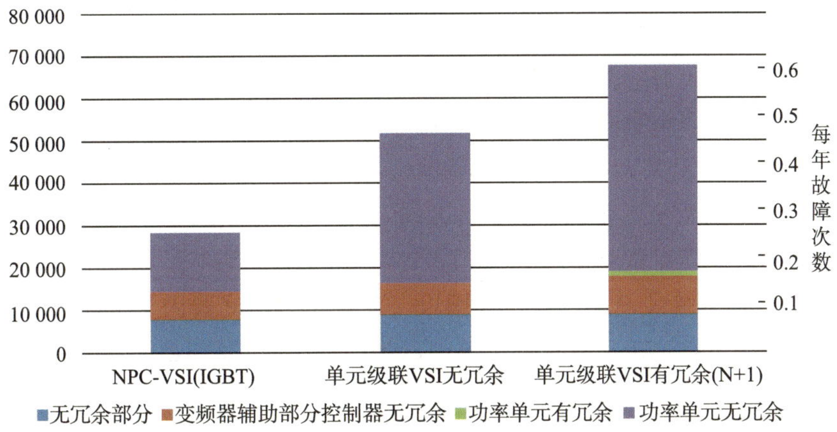

图 3　三种 5 MW 系统单元件故障时的失效率示意图

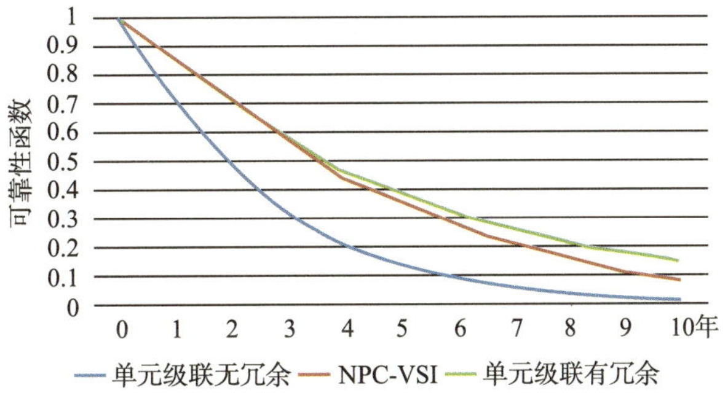

图 4　不采取更换措施时三种配置的可靠度函数

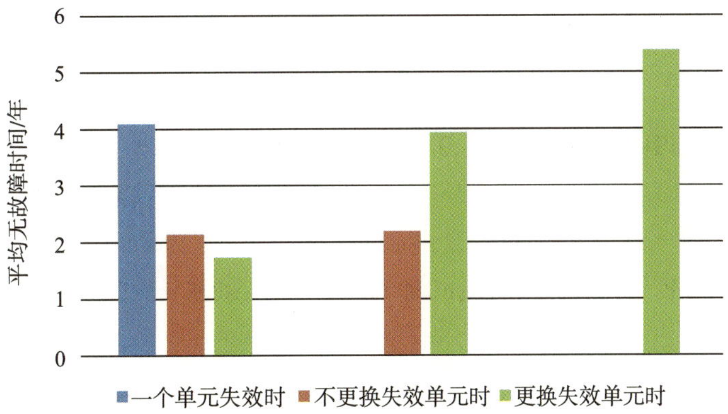

图 5　三种 5 MW 级系统不同情况时的 MTBF

图 6 为三种系统配置的每年平均停机小时数的比较，从图中可以看出，有冗余时甚至增加了停机时间，但在计划停机时也有机会修理。平均停机时间的主要部分是由系统其他无冗余的部件产生的，如电机和变压器。多单元级联型 VSI 的变压器的高复杂性导致了更高的失效率和更多的停机时间，尽管修复时间假定很短。图 6 所示为所研究的这几个系统的可利用率，它主要由电机和变压器所决定。与电机和变压器的修复时间相比，由于有本

地备件库存使修复时间很短，不同的变频器结构对可利用率只有很小的影响。

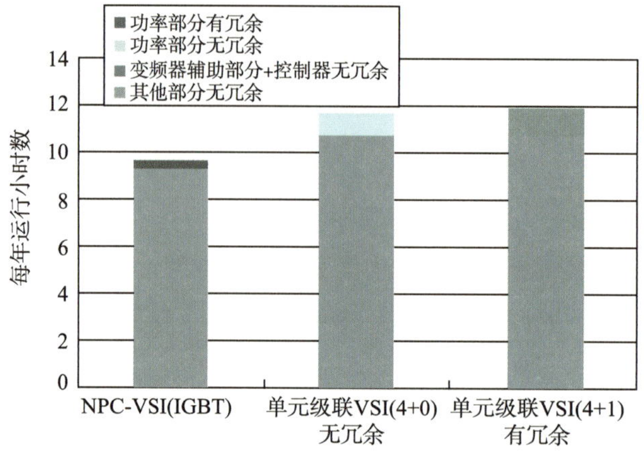

图 6　三种 4 MW 系统的平均停机时间

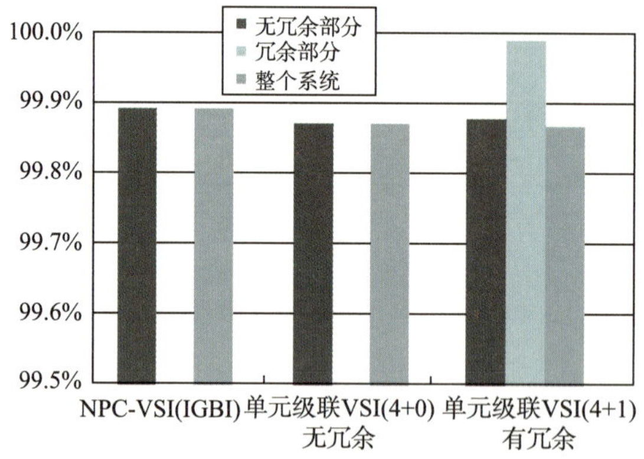

图 7　三种 4 MW 系统的系统可利用率

2.4　中点箝位型变频器可靠性的现场数据

根据调研资料【1】得到的 300 多台含有 HV-IGBT 的 NPC-VSI 传动系统的现场数据，其中包含大约 5×10^9 h 的运行数据，这些数据仅包括调速传动系统的变频器部分（见图 8）。图 9 的运行数据表明：在变频器上大约出现了 70 次关联失效故障，其中，大约 50% 的故障由 IGBT 器件和门极驱动单元引起，另外 50%的故障来源于变频器的其他部件。

另外，从现场数据计算得到的变频器的 MTBF 稳定运行 7~8 年之间，当然这里不包括变压器、断路器和电机。这些结果证实了根据失效率推导和相关计算的结果。

2.5　选型结论

在兆瓦级的功率范围内，采用 N+1 冗余方案时，低压 IGBT 的多单元级联型变频器的可靠性是较其他两类竞争力更强。

当具有多单元级联型变频器的调速传动系统采用适当的冗余措施后（通常每相一个冗余单元），其可靠性就可达到其他采用更少元件的系统的水平；但比起其他结构的变频器，

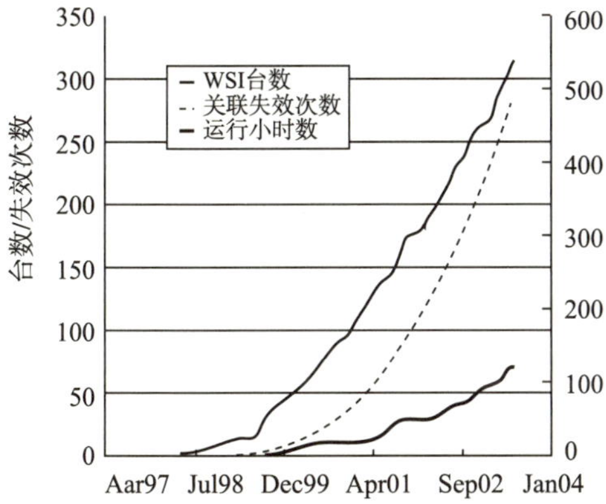

图 8 体现 NPC-VSI 可靠性指标的现场运行数据

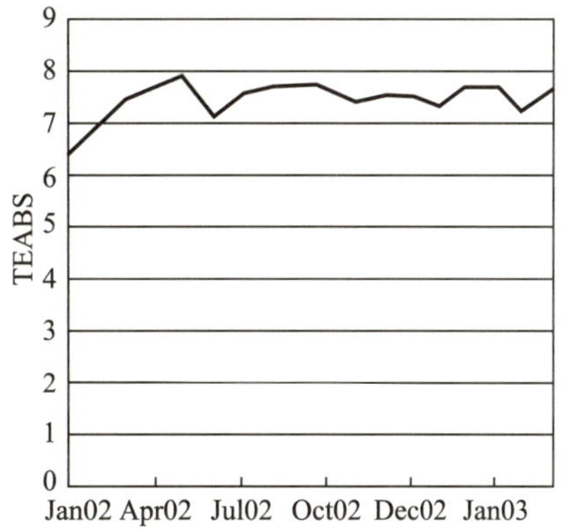

图 9 由现场运行数据得到的 NPC-VSI 的 MTBF

在多单元级联型变频器中，由于元器件众多必须预先考虑更多元器件失效时的情况，而失效元器件需要在核电厂检修中更换。因此，这类变频器的维护工作量预计要比结构简单的变频器显著增加，以达到同样的可靠性。但是由此我们可以看到该类设备的可维护性比 NPC-VSI 型的要高，定期的维护意味着可靠性的提高。

此外，在涉及该类选择的时候，还要依据所配备的运行维护人员的技术水平，以及变频器所应用的场所。若在配备值班人员巡检，并且操作人员技术水平较高的情况下，则以尽量选择带有冗余的单元级联的器件为佳，在前面的图中我们也可以看到，当把定期更换元器件，并且管理情况良好时，带有冗余的单元级联型 VSI 的可靠性要比 NPC-VSI 的可靠性要高。

3 变频器设计选型中的问题

大多数变频器容量可从三个角度表述：额定电流、可用电动机功率和额定容量。其中后两项，变频器生产厂家由本国或公司生产的标准电动机给出，或随变频器输出电压而降低，都很难确切表达变频器的能力。选择变频器时，只有变频器的额定电流是一个反映半导体变频装置负载能力的关键量。负载电流不超过变频器额定电流是选择变频器的基本原则。

需要着重指出的是，确定变频器容量前应仔细了解设备的工艺情况及电动机参数，如循环水泵为普通鼠笼异步电动机额定电流，加速是应有短时轻微过载等情况。应保持在无故障状态下负载总电流均不允许超过变频器的额定电流。高压变频器的系统图如图 10 所示。

变频情况下电动机的定子绕组铜耗和转子绕组铜耗其大小与电源频率 f 没有直接关系，但高次谐波及脉动电流增加了电动机的铜耗。

杂散损耗及附加损耗：不论何种形式的变频器，变频后除基波外，都产生高频谐波，

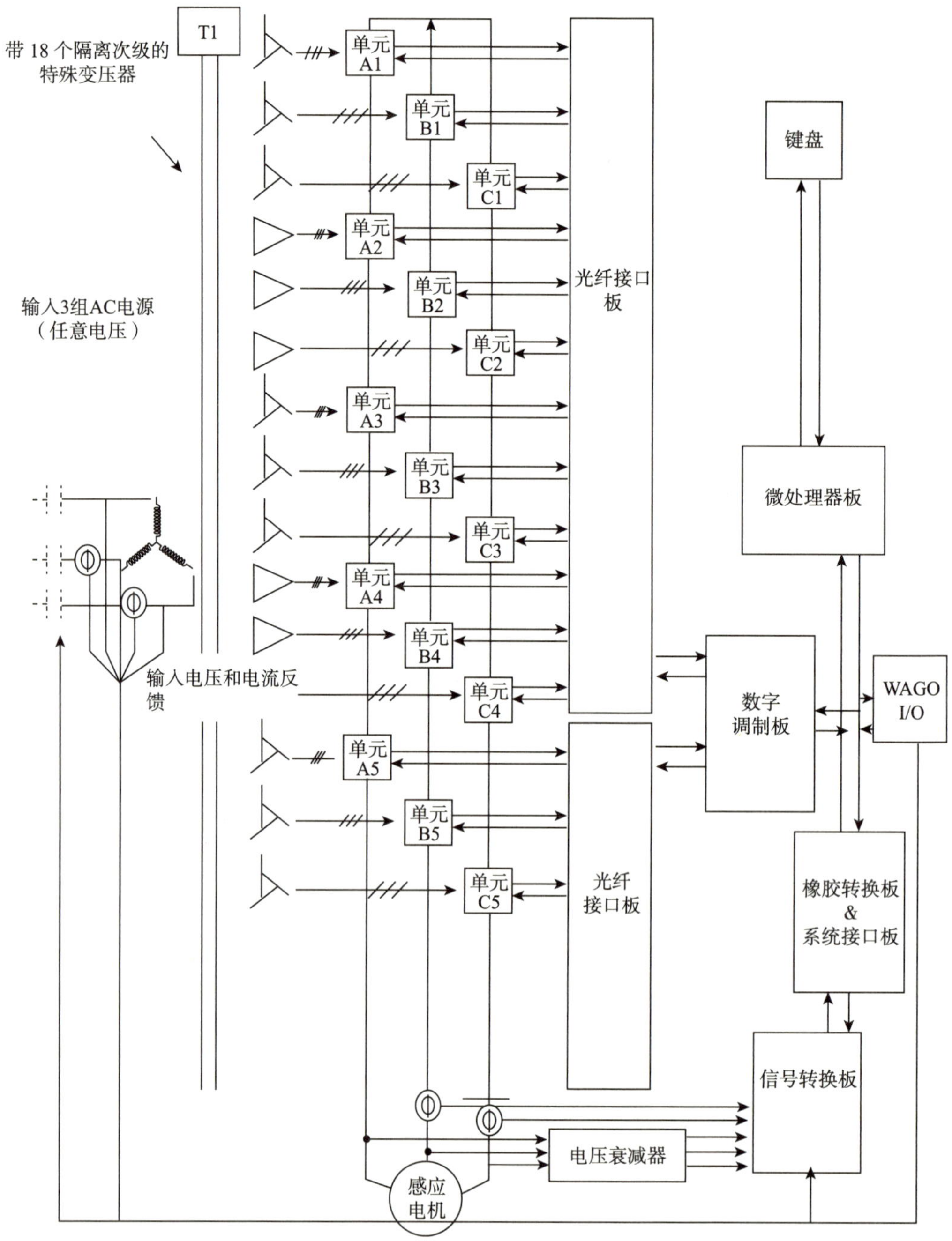

图10　变频器串联结构系统图

这些附加的高次谐波，许多谐波的转矩方向是与基波转矩方向相反的，另外高次谐波也会增加涡流损耗。综上所述，变频调速后，电动机的磁滞损耗、涡流损耗、轴承摩擦损耗、定转子铜损及杂散损耗在功率中所占比例都有所增加，有关文献指出，变频调速后电动机电流增加10%，温升增加20%。

变频器供给电动机的是脉动电流，电动机在额定运行状态下，用变频器供电与用工频电网供电相比由于波形的损耗，电流应当比工频电流要大3%~5%。

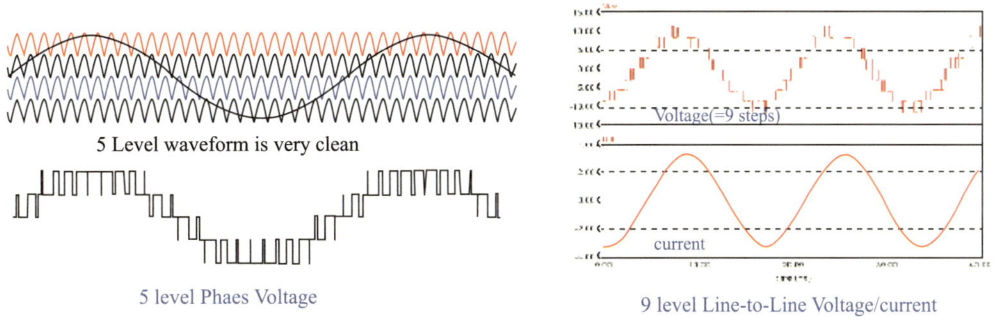

图11　变频器输出波形

所以选择变频器电流或功率要比电动机电流或功率大一个等级，最小额定工作电流为：

$$P_{nv} \geqslant 1.1P_n$$

式中，

P_{nv}——变频器额定功率；

P_n——电动机额定功率。

一般情况下变频器的功率比电动机功率大10%足以满足电机的电能需要，应注意的是，变频器的额定容量及参数是针对一定的海拔高度和环境温度而标出的，一般指海拔1000 m以下，温度在40 ℃或25 ℃以下。若使用环境超出该规定，在根据变频器参数确定型号前还要考虑由此造成的降容因素。

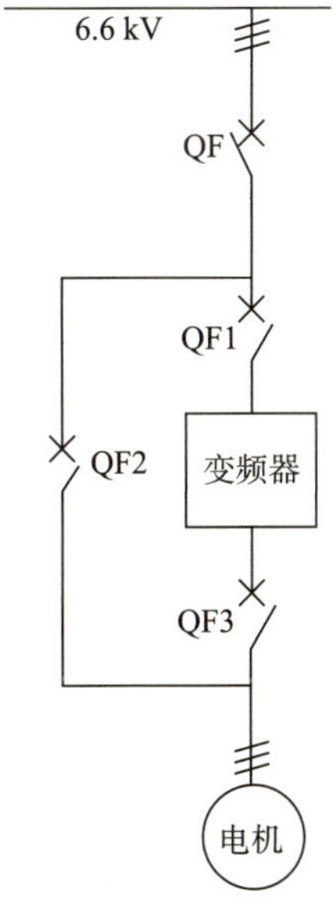

图12　变频电机单线图

3.1 变频器的外部配置及应注意的问题

1）电机的绝缘寿命

电压源型变频器的逆变部分通常用快速电力电子半导体器件如 IGBT，因而电压上升速度很高，使电机的匝间绝缘承受很大的电压应力，特别是首端线卷的匝间。其所承受的电压应力的强度大小决定于电压脉冲的峰值、电压的上升速度和调制频率、变频器和电动机之间的电缆特性和长度、电机绕组的设计以及其他的系统参数。

用漆包线的散嵌绕组类型的电动机可能能够承受上述脉冲电压而不会明显地缩短寿命。

2）变频器的防护

（1）选择合适的外部熔断器，以便保护因内部短路对整流元件的损坏。变频器的型号确定后，若变频器内部整流回路前没有保护硅元件的快速熔断器，变频器与电源之间应配置符合要求的熔断器和隔离开关，不能用断路器代替熔断器和隔离开关。

（2）选择变频器的引入和引出

a）变频器的进线电缆由于是变频器与电网连接的地方，很容易受到变频器谐波的影响，为了防止电缆中高次谐波使电网侧的各种保护产生误动作，宜采用屏蔽动力电缆。

b）变频器的输出电压中确实含有除基波以外的其他谐波。较低次谐波通常对电机负载影响较大，由于磁通能量变化引起转矩脉动，而较高的谐波又使变频器输出电缆的漏电流增加，使电机出力不足，故变频器输出的高低次谐波都必须抑制。变频器输出电压还因 V/f 特性的关系，在低频时输出电压很低，因此必须重视变频器与电动机之间的导线压降，变频器与电动机之间的导线不宜过长，导线的线径除满足载流量外，还要求导线压降不大于实际工作电压的 2%左右。

c）控制电缆选用屏蔽电缆，动力电缆选用屏蔽电缆或者从变频器到电机全部用穿线管屏蔽。

d）电机电缆应独立于其他电缆走线，其最小距离为 500 mm。同时应避免电机电缆与其他电缆长距离平行走线，这样才能减少变频器输出电压快速变化而产生的电磁干扰。如果控制电缆和电源电缆交叉，应尽可能使它们按 90°角交叉。与变频器有关的模拟量信号线与主回路线分开走线，即使在控制柜中也要如此。

e）在输入侧装交流电抗器或 EMC 滤波器。根据变频器安装场所的其他设备对电网品质的要求，若变频器工作时已影响这些设备正常运行，可在变频器输入侧装交流电抗器或 EMC 滤波器，来抑制由功率元件通断引起的谐波畸变和传导辐射。

（3）大功率电机的变频器的接地

对于小型小功率的电气控制系统，如果系统地线与保护地线不分，系统还是可以正常工作的。但是，对于如轧钢机、集装箱提升设备等用高压大功率变流装置，系统抗干扰能力和安全保护可靠性的要求尤为突出，必须实施系统地线与保护地线的分离。

系统保护地母线一般采用与厂房钢结构连接而实现良好接地，而对于整个控制系统的系统地及屏蔽地通过地线汇流排连接至符合标准的单独接地极接地。地线汇流排一般要采用 25 mm^2 以上大截面绝缘导线或镀绝缘漆铜排，以保证一点接地。此时要注意屏蔽的接地电极与变压器 N 线等其他强电设备接地电极的距离大于 15 m。变频器正确接地是提高系统稳定性，抑制噪声能力的重要手段。变频器的接地端子的接地电阻越小越好。变频器的接地应和动力设备的接地点分开，不能共地。信号线的屏蔽层一端接到变频器的接地。

4 变频调速在后续项目上的应用前景

4.1 变频调速采用后带来的各方面的效果

在可靠的前提下实现了电机速度无级变化来调节循泵的水量，从而解决了冬季汽轮机过冷的问题，还有明显的节能效果。

1）实现了电机的软启动，延长了电机寿命

电机直接启动时的最大启动电流为额定电流的6~7倍。变频器启动的负荷曲线，启动时基本没有冲击，电流从零开始，仅是随着转速增加而上升，不管怎样都不会超过额定电流。因此循泵变频运行延长了电动机和开关的使用寿命：避免了启动电流、启动转矩对电机的冲击，延长电机使用寿命。

2）减少设备磨损。变频后电动机转速一般工作在40 Hz左右，电机转速比较低，减轻了对水泵叶片磨损和轴承的磨损，延长了水泵的使用年限，降低了检修费用。

3）降低噪声

据统计当转速降低60%时，水泵附近1.5 m噪声水平测试88 dB，比工频运行时的105 dB减少17 dB。同时克服了由于调整门线性度不好，调节品质差，引起管道锤击和共振，造成水系统上水管道强烈震动的缺陷，大大延长了各种水系统管道的寿命。

4）能够实现机组的自动控制

变频调速装置配有计算机接口，可以很方便地与DCS系统联接，很容易实现机组负荷自动控制。并且变频调速可以直接通过增减频率来调整，操作非常简单、灵活。

4.2 变频调速应用前景

核电厂中运行的大量的风机、水泵都可以采用变频调速技术。根据节约电能效公式率计算，采用变频调速技术能大幅度降低厂用电的用电率，节约大量的能源，响应国家节能减排的政策，也可以降低核电厂的运行成本，时间越久，收益越大。变频后的节能效果可以参考某火电厂凝结水泵变频改造前后的所属机组试验结果：见图13（凝结水泵在相同负荷时工频、变频运行的实测功率）

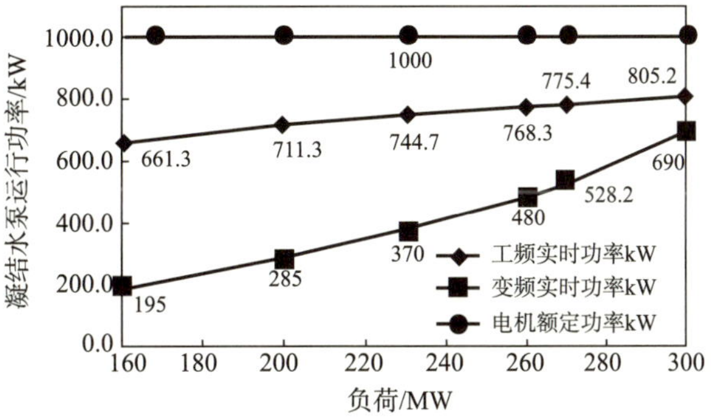

图13 调频技术节能数据表

在可靠性充分的验证后，在运行核电厂的循环水泵中技改使用可以节约大量电能并改善现有循环水泵的运行环境。(以每台循环水泵 5000 kW 计，节约 0. 3 元的节电率每台就可每年节省费用 600 万元，则每期机组 4 台水泵每年节电 2 400 万元。)

运行核电厂的循环水泵中，循环水泵的选择一般选用全年的平均水温选择水泵。这样的方式不仅使冬季水量过大时出现汽轮机过冷情况还会在夏季海水温度升高时出现水量不够的情况，所以采用变频器后可以采用提高转速来加大供水量从而使发电机不必降功率运行，这对电厂来说全年满发具有重要的意义。

田湾核电厂5、6号机组废液处理系统的改进

杨梦倩[1]，范雯雯[1]，高瑞发[1]
（1. 中国核电工程有限公司，北京 100840）

本文对比了田湾核电厂5、6号机组废液处理系统（TEU）增设除盐器和过滤器前后的系统废液处理的流程和去污能力，阐述了改进项的增设对TEU系统废液处理流程带来的优化，布置的变化以及对相关专业工作的影响，实现了工艺排水一次通过除盐单元后排放浓度满足了排放标准，得到了改进项是合理可行的结论。

1 引言

废液管理系统的设计目标是收集和处理核电厂运行时（包括预期运行事件期间）产生的放射性废液，并将其放射性及化学物质浓度降低到排放可接受的水平。废液处理系统（TEU）是废液管理系统的重要组成部分。该系统用于接收、贮存、处理和监测核电厂控制区产生的放射性废液，经TEU系统处理后的废液放射性活度浓度低于排放管理限值，才可有控制的向环境排放。

TEU系统根据收集废液的放射性水平和化学特性分为工艺排水、化学排水和地面排水，其中工艺排水的放射性水平较高，年预期产生量约占年废水总产生量的22.5%，通常经预过滤后送至两台串联的除盐器净化处理。处理后的废液经取样分析低于排放限值则经核岛液态流出物排放系统（TER）排放，否则就返回除盐器循环净化处理。

田湾核电厂5、6号机组工程所有排放液态流出物的放射性水平都必须满足GB 6249—2011《核动力厂环境辐射防护规定》的规定，使排放废液的放射性活度浓度和总量低于排放控制值。对于滨海厂址，系统排放口处除^{3}H、^{14}C外其他放射性核素的总排放浓度≤1000 Bq/L[1]。

福清、方家山核电项目计算结果是：设计源项下废液处理系统的工艺废水，经两台串联除盐器净化后的平均活度浓度为3990 Bq/L，超过排放限值。因此，评审专家建议从系统设计上能够使工艺排水一次通过除盐单元即可满足排放要求。为此，田湾核电厂5、6号机组工程TEU系统针对参考电站的上述情况进行了工艺优化，通过增设除盐器提高TEU系统去污能力，优化工艺流程，以保证预期运行工况下的废液经处理可满足达标排放。

2 废液处理系统的功能

废液处理系统为两堆共用，用于贮存、监测和处理三类放射性废液：工艺排水、化学排水、地面排水，废液的分类原则如下：

- 工艺排水一般是化学物质含量低的放射性废液（划分界限取决于经济因素，目的是尽可能减少处理的总成本，其中包括固体废物的处理）；

- 化学排水一般是含化学物质含量高的放射性废液；
- 地面排水一般是化学成分不定的低放射性废液（其放射性浓度低于排放限值）。

图1给出了TEU系统针对以上三种放射性废液所进行处理方式的流程简图，其中，虚线框中为改进项的设计内容。

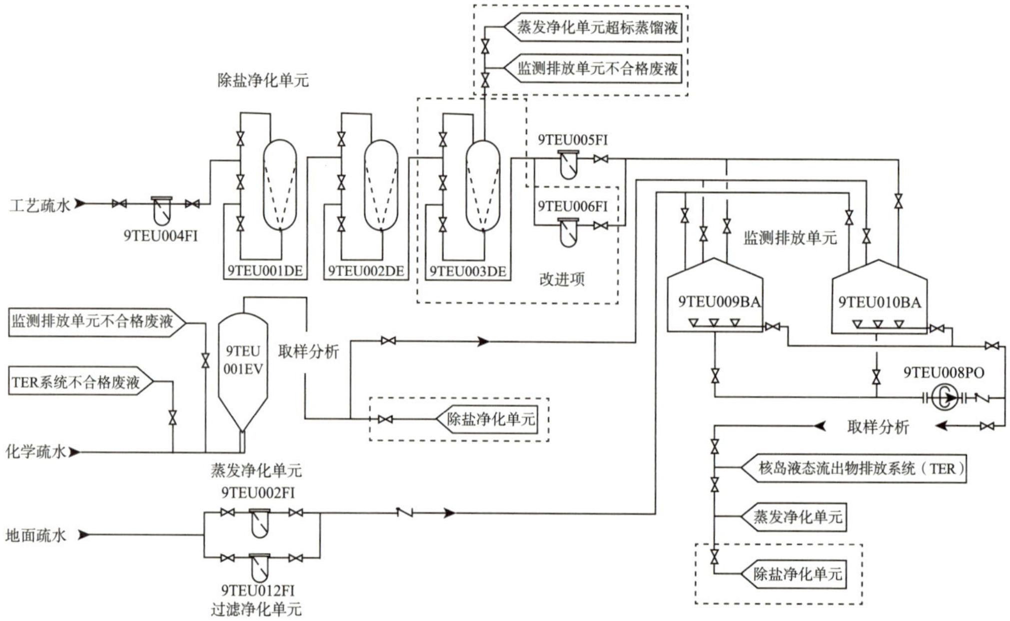

图1　废液处理系统流程简图

由图1可知，正常运行工况下，田湾核电厂5、6号机组工程中TEU系统采用不同的处理手段，分类收集并处理以上三种废液，最终集中监测排放处理后的合格废液。其中，TEU系统对地面排水采取直接排放过滤处理，对化学排水采取蒸发处理，对工艺排水采取除盐处理。

进入TEU系统的工艺排水通过除盐单元净化处理后，排至监测槽（9TEU009/010BA）。

除盐净化单元由下列设备组成：

1）一台滤芯型预过滤器（9TEU004FI），其过滤粒度为5 μm；

2）三台串联的除盐器（9TEU001/002/003DE），每台除盐器有旁通管线，可根据运行需要旁路其中任意一台；

3）两台滤芯型树脂滞留过滤器（9TEU005/006FI），其过滤粒度为25 μm。

由图1可知，若TEU系统处理的各路废水在经过一次处理后监测不能满足排放浓度控制值要求，则需要对废液进行循环处理，将放射性水平超标废液返回处理。

3　废液处理系统的改进项设计优化分析

3.1　工艺优化情况

根据田湾核电厂5、6号机组工程的参考电站福建福清核电厂一期工程TEU系统的工艺流程，工艺排水通过两台串联的除盐器（9TEU001/002DE）和一台树脂滞留过滤器（9TEU005FI）后进入监测槽（9TEU009/010BA）进行废液的取样分析。根据0426工程源项，工艺排水一次通过两台除盐器后放射性活度浓度较高，不可直接排放，需返回蒸发单元处理。这使得废液的处理时间增长，处理的控制过程较为复杂。

田湾核电厂5、6号机组工程TEU系统通过增设一台混床除盐器（9TEU003DE）、一台树脂滞留过滤器（9TEU006FI）以及相应的管线和阀门，通过以下三种方式优化工艺废水净化处理工艺：

（1）工艺排水一次性通过除盐单元的三台串联的除盐器（9TEU001/002/003DE）和一台树脂滞留过滤器（9TEU005FI）同时使废液的放射性水平低于排放限值，送至监测槽。

（2）蒸发单元的蒸馏液经取样分析后，放射性水平低于排放限值时直接送至监测槽，否则送至增设的混床除盐器（9TEU003DE）进一步净化后，再排向监测槽。

（3）监测槽内的废液经取样分析，放射性水平低于排放限值时，则送往TER系统进行排放，否则返回混床除盐器（9TEU003DE）入口，与树脂滞留过滤器（9TEU006FI）、监测槽形成的净化循环回路，进行单独净化处理。

此改进项通过上述三种途径实现了废液处理流程优化。放射性活度浓度略高于排放阈值的废液不必与放射性活度较高的其他来源的不达标废液混合后全部返回到蒸发单元，可以通过新增设的循环净化回路进行除盐处理，从而高效的得到可直接排放的合格废液。这使得返回到蒸发单元的废液量减少，使得浓缩液的产生量降低，废液处理的时间缩短，废液处理的流程得到了优化，正常运行状态下系统控制的复杂程度降低，废液处理的效率得到了提高。

3.2 新增设备情况

废液处理系统工艺优化部分新增设备主要有：混床除盐器1台、树脂滞留过滤器1台、阀门39个以及管道36根，设备情况如表1所示，除盐器（9TEU003DE）外形图见图2。

表1 TEU工艺优化新增设备清单

名称	设备位号	数量	安全等级	规范等级	抗震等级	质保等级	房间号	外形尺寸/mm	设备参数	材料
混床除盐器	9TEU003DE	1	NC	NA	NO	Q3	ND457	Φ1000×3670	最大工作压力1.0 MPa（g）；最大工作温度50 ℃；最大流量12 m^3/h；	不锈钢
树脂滞留过滤器	9TEU006FI	1	NC	NA	NO	Q3	NC450	L×W×H=1500×1200×2000	最大工作压力1.05 MPa（g）；最大工作温度70 ℃；最大流量10 m^3/h；过滤粒度25 μm；过滤效率98%	不锈钢

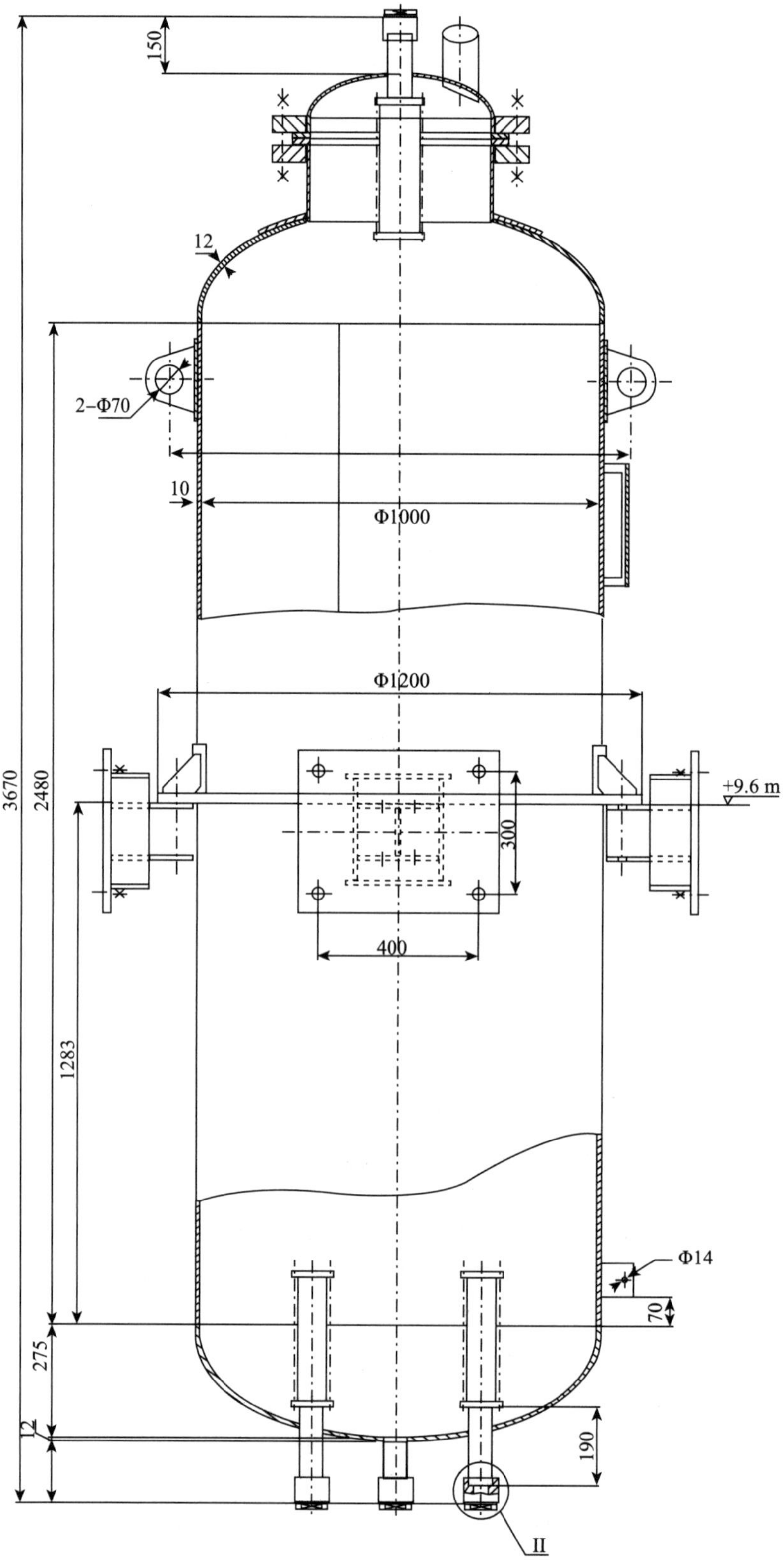

图 2　混床除盐器（9TEU003DE）外形图

3.3 布置改进情况

改进后的混床除盐器（9TEU003DE）和树脂滞留过滤器（9TEU006FI）分别布置在ND457房间和NC450房间。在参考核电厂0426工程中，这两个房间均为备用间，此改进项在布置方面合理可行。

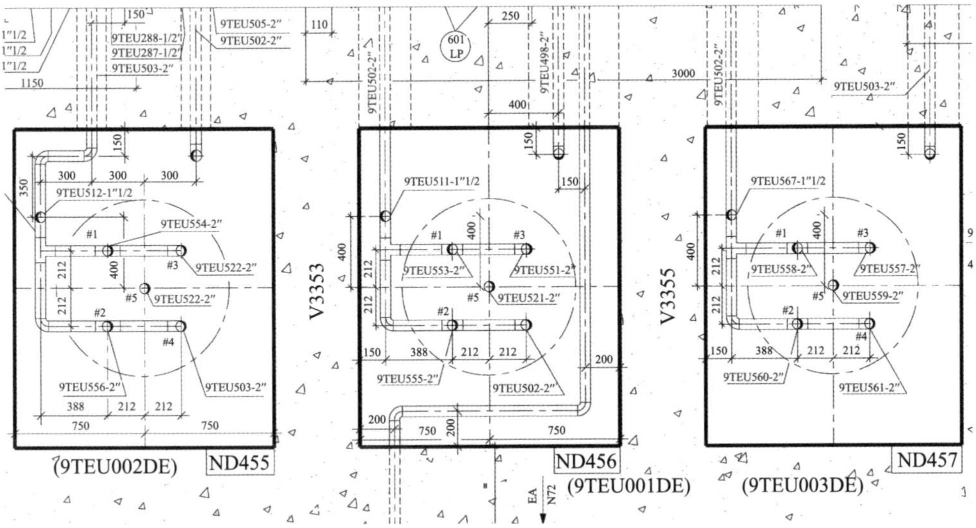

图3 ND457房间（+7.3 m）平面布置图

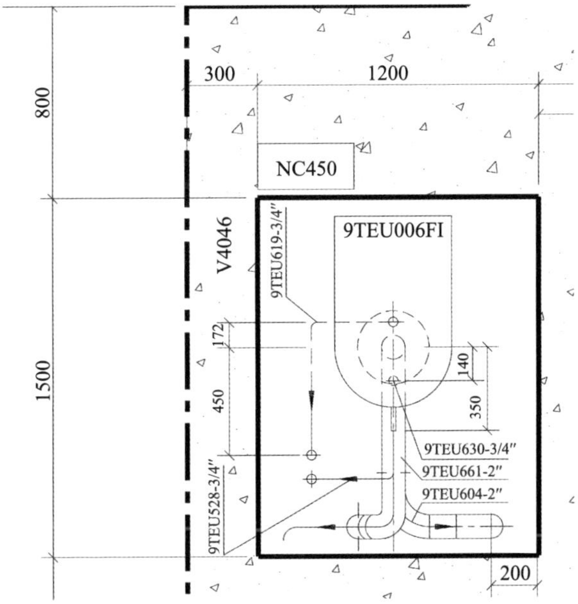

图4 NC450房间（+9.9 m）平面布置图

4 废液处理系统的改进项设计优化评价

4.1 去污能力的提升

一台除盐器的去污因子为10~100[2]。在本设计源项下，废液处理系统的工艺废水，经两台串联除盐器净化后的平均活度浓度为3990 Bq/L，超过排放限值。实行本设计优化后，除盐单元去污因子至少提高10倍。废液一次通过三台串联的除盐器净化后，废液的平均活度浓度为399 Bq/L，可一次性通过后满排放要求，进入TER系统排放。

4.2 设计改进影响分析

TEU系统除盐工艺优化改进，对各专业影响如下：

1）对工艺专业的影响

工艺专业需根据设计需要，增设一台混床除盐器、一台树脂滞留过滤器及其相应的管线和阀门，并需修改系统手册、报警手册、工艺流程图、管道清单、阀门清单以及向下游工种提交设计输入等。

2）对布置专业的影响

布置专业需要根据上游系统专业的设计输入，新布置一台混床除盐器、一台树脂滞留过滤器及其相关的管道和阀门，修改相关的管道布置图、综合布置图、设备就位图、远传阀门技术规格书等，增加部分管道三维布置图、支吊架组装图及对应的材料清册，并向结构专业、力学专业等下游专业提交设计输入等。

3）对设备设计及采购的影响

增加了一台混床除盐器、一台树脂滞留过滤器、相应的阀门，工艺专业向设备专业提交设备任务书和阀门清单的提资，由设备专业出设备图，采购专业出阀门规格书等。

4）对电气仪控专业的影响

增加除盐器和树脂滞留过滤器对应的就地压力表以及过滤器下游管线的流量计，工艺专业向仪控专业提资，由仪控专业开展相关设计。

5 结论

废液处理系统增设一台混床除盐器和一台树脂滞留过滤器组成的循环净化回路的设计优化方案，使废液处理系统的去污因子至少提高10倍，可以实现设计源项下一次通过改进净化工艺后，能够满足排放要求。

由于除盐器的增设，工艺排水可以一次通过TEU系统除盐单元后达到排放标准进入TER系统排放，未达到排放标准而返回到蒸发单元的废液量减少，降低了浓缩液的产生量，缩短了废液处理的时间，优化了废液处理的流程，降低了正常运行状态下系统控制的复杂程度，提高了废液处理的效率。同时，可以通过控制使得略高于排放阈值的废液不必与放射性活度很高的不达标废液混合后全部返回到蒸发单元，而是通过新增的循环净化回路进行除盐处理，从而高效的得到可直接排放的合格废液。

本改进项工艺设计合理，对各个相关专业的工作无负面影响，经济成本的增加合理可控，提升了本系统的运行效率。此设计优化已在田湾核电厂 5、6 号机组工程实施，后续将在快堆、小堆以及 M310 堆型在役核电厂废液处理系统改进等项目上有应用前景。

参考文献

[1] GB 6249—2011 核动力厂环境辐射防护规定
[2] 废液处理系统手册

导引线差动保护在核电站的应用及改进

彭雄伟[1]，万玉晶[1]，谢金平[1]，杨乃林[1]，任　利[1]，尚一凡[1]
（1. 江苏核电有限公司，江苏连云港 222000）

摘要：M310 型核电机组为其中压母线之间的各段馈线电缆分别设置了过流保护，但部分保护的速动性无法实现。为此，新建 M310 型核电机组增设了导引线差动保护。本文介绍了 SolkorRf 型导引线差动保护的原理，以及在组成、整定、校核等方面的独特性。介绍了该保护出现的一起误跳闸事件，并采用 RCA 方法对误跳闸事件的原因进行分析。分析结果表明，普通的屏蔽型控制电缆不能作为导引线使用。就此问题提出了改进建议。

关键词：核电厂；导引线保护；差动保护；误动；根本原因

M310 型核电机组的中压厂用母线一般有 3~4 级，上下两级母线通过一段电缆连接。每一段连接电缆都设置了专门的过流保护，但由于这几段电缆的总长度有限，第一段电缆和最末段电缆上发生短路时的故障电流相差不大，电厂只能通过逐段增加保护动作延时的方式来实现保护选择性（每段增加 200 ms）。这使得第一段电缆的过流保护动作时间过长，保护速动性无法实现，存在安全隐患。

为解决此问题，近年新建的 M310 型核电机组在第一段电缆上增设了 SolkorRf 型导引线差动保护。这类保护采用金属导引线，动作迅速，结构简单，适用于短线路[1-3]。但一方面，这类保护现阶段在国内的应用较少[3]，另一方面，SolkorRf 型保护装置是进口产品，在构成、整定等方面也比较独特，导致部分工程人员对其认识不足，在应用过程中出现了一些共性问题。本文对 SolkorRf 型保护的原理及特点进行了介绍，并结合一起误跳闸事件提出了设计改进建议，希望能为同行提供参考。

1　原理和特点

1.1　组成和原理

SolkorRf 属于环流型导引线差动保护，由西门子生产。每台 SolkorRf 继电器内含一个综合变流器，用于将 CT 二次侧传来的三相电流转换为一个单相电流，其结构如图 1 所示。当回路上发生不同类型的故障时，综合变流器的输出电流不相同。相应地，保护灵敏性也不相同。

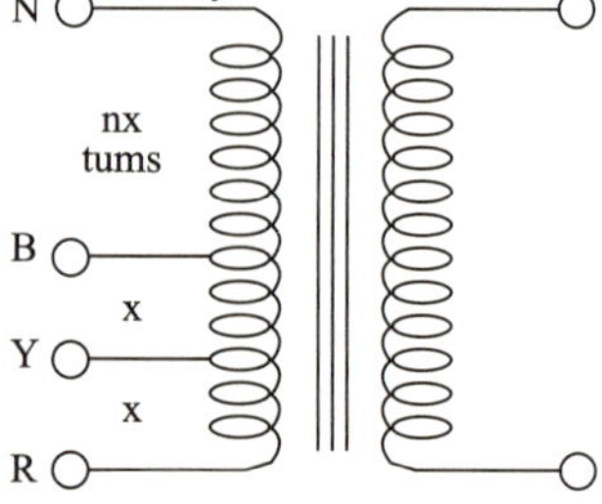

图 1　综合变流器结构示意图

SolkorRf 保护系统由导引线和两侧的保护继电器组成，如图 2 所示。

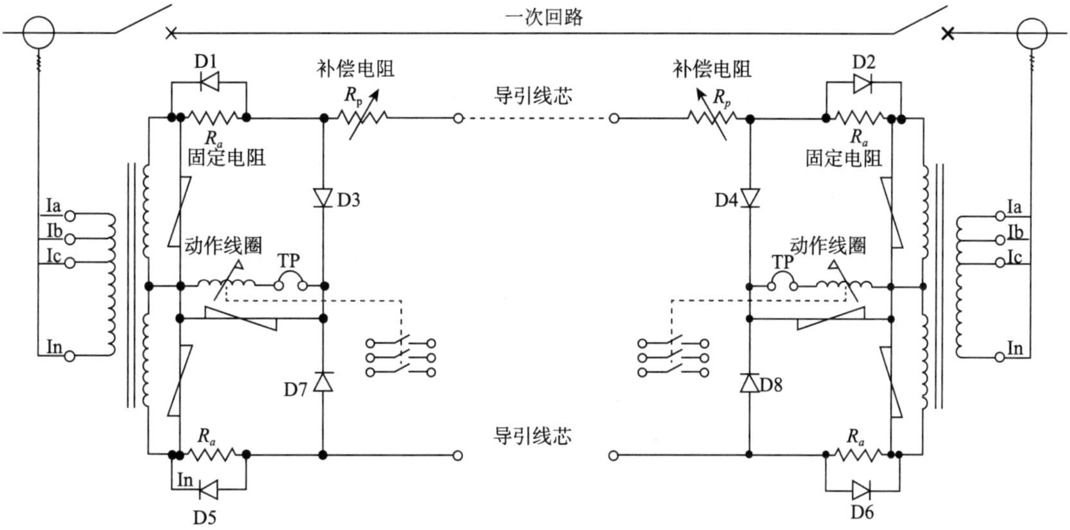

图 2 SolkorRf 保护回路图

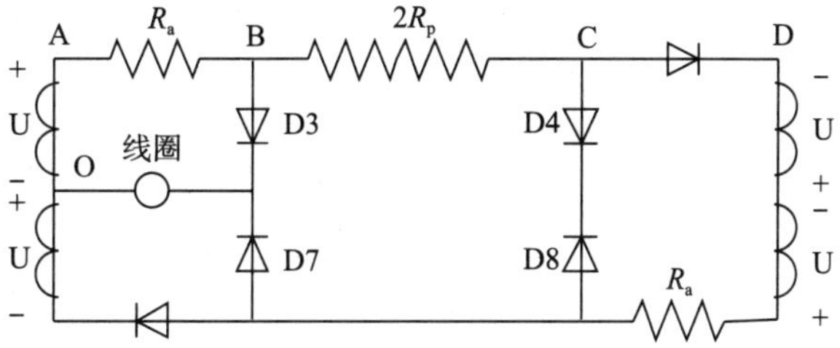

图 3 无区内故障时 SolkorRf 的工作原理图（正半周）

无区内故障时，两侧综合变流器输出大小相同、方向相反的电流在回路上循环流过。回路上各点的电位由其所在位置的阻抗决定。正半周时，保护原理图如图 3 所示。如以 O 点为零电位，则 B 点电位 $U_{BO}=U-I*R_a$。式中 U 为综合变流器的二次侧的一个绕组的输出电压（变流器二次侧有两个绕组互相串联），I 为综合变流器二次侧的输出电流。由 $4U=I*(2R_a+2R_p)$ 可知 $U_{BO}=(R_p-R_a)*\frac{I}{2}$。理论上，只要 $R_a>R_p$，保护就不会误动。

1.2 现场整定

常见差动保护的整定对象是动作电流数值，而 SolkorRf 保护继电器的动作电流数值由其运行方式（全波/半波）、绝缘能力（5 kV/15 kV）、综合变流器一次绕组接入匝数（N/N1 端子），以及额定电流（1 A/5 A）决定，并在出厂前完成了设置，现场一般不需进行整定。但为了确保保护不误动，现场需结合导引线的实际参数设置电流回路上的电阻值。

SolkorRf 继电器的面板上预留的 5 个电阻，阻值分别 35 Ω、65 Ω、130 Ω、260 Ω、500 Ω。现场可将他们分别接入或退出电流回路，用以补偿导引线的电阻 R_l，使之与保护装置内内置的电阻 R_a 匹配。接入保护回路的电阻值需满足以下算式：

$$R_p=(S_v-R_l)/2T \tag{1}$$

式中，S_v 和 T 根据保护运行方式确定，R_l 为导引线的电阻值。

某项目中 S_v 取 2000，T 取 1；导引线截面为 4 mm^2 的铜芯线，长度为 300 m，故 R_l 为 2.8 Ω。计算可得 R_p = 998.6Ω，取 1000 Ω，即面板上的 5 个电阻应全部接入保护回路。

1.3 灵敏度校核

现场虽不需要对保护动作电流数值进行设置，但仍应对其灵敏性进行校核。如前文所述，因使用了综合变流器，SolkorRf 针对不同相间发生的两相短路故障的灵敏度是不一样的，这是它与常见差动保护的一个明显区别。本项目中，导引线差动保护回路的 CT 变比为 2000/1，I_n =1 A，相应的保护动作电流值如下。

表 1　发生不同故障类型时的保护电流

故障类型	保护动作电流（I_n=1 A）	对应的一次电流/A
AB	1.75I_n	3500
BC	1.75I_n	3500
CA	0.87I_n	1740
ABC	1.01I_n	2020

由表可知，当 AB 相间短路和 BC 相间短路故障时，保护的动作电流最大，保护灵敏度最低，故以这两种故障进行灵敏度校验。经仿真计算，某项目中，当馈线末端发生 AB 相间短路时，流经差动保护的电流数值达到 25 kA，远大于 3500 A，故灵敏度满足要求。

2 误跳闸事件

2019 年 10 月 16 日，某 M310 机组处于调试状态，其厂用电由 220 kV 辅助电源系统提供，A 列电源的最上级馈线的保护配置如图 4 所示。图中，SolkorRf 为导引线差动保护继电器，SPAJ142C 为过流保护继电器。

10 时 30 分，该机组主控室的一路照明丧失，同时 DCS 画面上显示 A 列 6.6 kV 母线及其下游 380 V 母线失电报警信号。现场检查发现开关 LGR113JA 已分闸，但开关柜无异常，SolkorRf 和 SPAJ142C 上也无报警指示；开关 LGB002JA 已分闸，开关柜上报警指示灯点亮，SolkorRf 动作掉牌，SPAJ142C 保护无异常。进一步检查，确认一次系统设备无异常，且当天辅助变压器低压侧的最大负荷电流仅为 40 A，远小于保护动作定值。可知本次事件是由 LGB 母线侧的 SolkorRf 保护误动作，跳开本侧母线进线开关 LGB002JA，同时联跳上游馈线开关 LGR113 JA 所致。

3 原因分析及改进

根本原因分析法（Root Cause Analysis，RCA）是核电行业广泛使用的一种分析方法，它通过故障描述、证据收集、原因分析与评定、重构故障场景、制定纠正行动并验证等环节，以逻辑化、客观化的形式找出设备故障根本原因。

3.1 原因分析和评价

误跳事件发生后，电厂成立了 RCA 调查小组，结合装置原理、运维经验，以及相关文献的信息，列出了可能导致保护误跳闸的原因，并逐一进行了分析和评价。

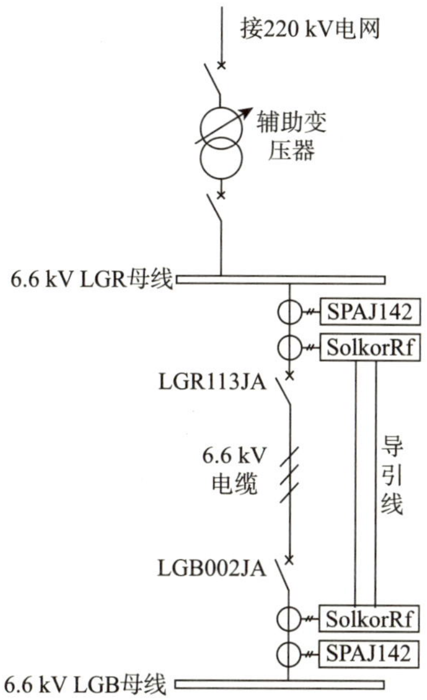

图 4　保护配置图

表 2　保护误跳闸的原因及评价

	原因	支持证据	反对证据
1	装置故障	无	校验保护，确认其动作值在合格范围内。
2	整定错误	无	导引线电阻约 2.8 Ω，现场整定为 1000 Ω，满足要求。
3	接线松动	无	保护装置背采用 O 型线鼻，检查接线未发现松动情况； 检查确认 CT 回路接线牢固，连片无开路情况。
4	二次回路绝缘异常	无	采用 1000 V 电压等级进行导引线回路绝缘检查，芯线的对地绝缘值为 2.0 GΩ 和 1.5 GΩ，满足要求； 采用 1000 V 电压等级进行 CT 回路绝缘检查，绝缘值均大于 550 MΩ。
5	感应干扰	导引线与中、低压动力电缆同沟敷设、开关柜内继电器较多，电磁感应干扰难以避免。	导引线屏蔽层双端接地，能有效抑制敷设路径上的电磁干扰； 参考核电厂采用相同设计，运行至今未出现类似误动； 运行期间，误动事件并未重复发生。

续表

	原因	支持证据	反对证据
6	保护动作功率低	见下文	无
7	导引线性能差	根据说明书描述，导引线应满足英国 ESI 09-6 标准。	实际采用的是带总屏蔽的控制电缆。
8	导引线敷设不规范	屏蔽层双端接地时，如两端的地网存在电压差，屏蔽层上会流过环流，导致误动。	屏蔽层采用双端接地方式，符合规范要求。在导引线两侧的地网已进行了等电位连接的情况下，电缆屏蔽层两端接地不会形成环流。
9	控制电缆电容电流大	跳闸回路越长，电容电流越大，可能使跳闸继电器误动。	导引线采用规格为 4×4 mm^2 的屏蔽控制电缆，长 316 m。两根线芯之间的电容量为纳法级，电容电流为微安级，远小于保护线圈的吸合电流，不会导致误动。 芯线未发生接地故障。
10	无外部闭锁措施	设置外部闭锁措施是该保护的典型应用方案之一。国内部分项目也设置了外部闭锁。	差动保护作为电气设备的主保护，一般不设置外部闭锁措施，否则会降低保护的灵敏性。

注：限于篇幅，部分故障原因未列出。

现针对第 6 项保护动作功率低进一步分析。如前文所述，无区内故障时，如果出现二极管 D3 的正极电压比负极电压高，且电流大于线圈动作电流的情况，保护就会误动。相应地，保护动作电压门限值由二极管 D3 两端的反向电压、动作线圈的吸合电压、二极管 D3 的正向导通电压这三部分组成。

（1）二极管 D3 两端的反向电压

本次事件中，CT 变比 2000/1，$R_a = 1900\ \Omega$，$R_p = 1000\ \Omega$，综合变流器在三相平衡条件下的变比为 $100/\sqrt{3}$，故 D3 两端的反相电压为

$$-U_{BO} = -(R_p - R_a)\frac{I}{2} = -(R_p - R_a)\frac{\sqrt{3}\dfrac{I_{prim}}{n_{CT}}}{2n_{zbl}}$$

$$= -(1000 - 1900)\frac{\sqrt{3}\dfrac{I_{prim}}{2000}}{2100} = \frac{9\sqrt{3}}{4000}I_{prim} \tag{2}$$

（2）动作线圈的吸合电压和二极管正向导通电压

厂家未提供线圈的吸合电压，现场也暂无时间窗口进行实测，现采用吸合电流进行等效分析。假设线圈动作时的阻抗为 Z_c，吸合电流为 $I_{c.op}$，则其吸合电压 $U_{c.op} = I_{c.op}Z_c$。二极管正向导通电压为 $U_{d.c}$ 是一个固定值。

综上所述，保护的动作门限功率为

$$P_r = (U_{c.op} - U_{BO} + U_{d.c})I_{c.op} = \left(I_{c.op}Z_c + \frac{9\sqrt{3}}{4000}I_{prim} + U_{d.c}\right)I_{c.op} \tag{3}$$

由上式可知，一次电流越小，保护动作门槛越低，这与常规差动保护的特性是一致

的。在本次事件发生时，一次电流极低（仅 40 A），使得保护的动作功率下降，进而降低了保护的抗干扰能力。

3.2 构建故障场景

表 1 中的第 2、3、4、5、6、10、11 条均不存在或不会导致保护误跳，不是本次事件的原因因子，故以第 1、7、8、9、12 条机理为基础构建故障情景图，以明确故障环节与原因之间的逻辑关系。

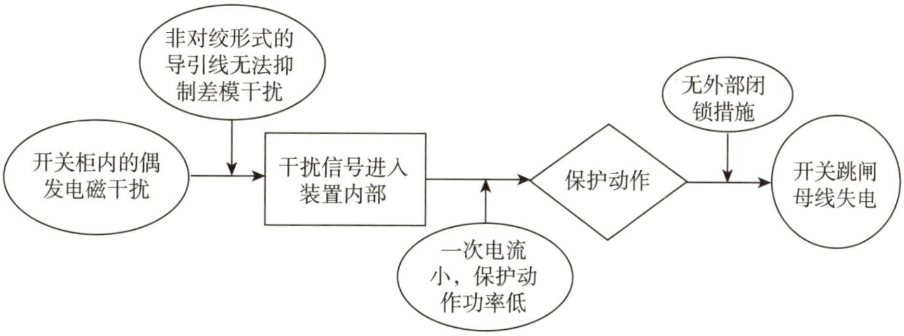

图 5　故障场景图

3.3 根本原因及改进措施

（1）开关柜内的偶发电磁干扰是本次误跳事件的直接原因。

（2）根据装置说明书，导引线应选用符合英国 ESI 09-6 标准的线缆。其主要特点是采用了对绞形式，能抑制线芯间的差模干扰[5]。而本次事件中，现场使用的是普通屏蔽型控制电缆，非对绞形式，不能抑制芯线间的差模干扰。因此，导引线技术性能不满足要求是本次事件的根本原因。

（3）一次电流小，虽然会降低保护动作功率，但它是系统的正常运行方式，也与常规差动保护的工作特性一致。因此，它不是本次事件的根本原因，但可认为是促成原因。

（4）若设置了外部闭锁条件，那么即使导引线差动保护误动，也不会发生误跳闸事件。因此，无外部闭锁措施也可以认为是本次事件的根本原因。

（5）改进措施是将现有导引线更换为符合 ESI 09-6 标准的线缆。在尚未更换前，可将 SPAJ142C 继电器的过流保护报警节点串入跳闸回路，避免保护误动导致开关跳闸。考虑到 AB 相间短路时，SolkorRf 保护最灵敏，动作值最低（0.87 A，二次值），故可将 SPAJ142 继电器的过流报警定值设置为 0.5 A。

4 结语

（1）与常见差动保护相比，SolkorRf 型导引线差动保护在组成、现场整定内容、灵敏度校核等方面有较大差别，工程人员需加以注意。

（2）非对绞形式控制电缆的抗差模干扰能力差，不应作为导引线使用。否则，在一次负荷较小等特殊工况下，导引线差动保护会因电磁干扰而误跳开关。

(3) 电厂如采用了非对绞形式控制电缆作为导引线，应尽快替换。如暂不具备替换条件，可先设置外部闭锁措施，以提高保护动作的可靠性。

参考文献

[1] 贺家李，宋从矩，李永丽，等. 电力系统继电保护原理(增订版)[M].北京：中国电力出版社，2004.

[2] 苏宇铿. 导引线纵联电流差动保护[M]. 北京：水利电力出版社，1990.

[3] 翟大海，谢勇，谭富娟. 缩短厂用电保护时间级差的工程应用[J]. 电力建设，2010，31(10)：67-70.

[4] 王芊，刘国伟. 光纤差动保护的导引线接口装置[J].电力系统保护与控制，2009，37(12)：86-88.

[5] 张学军.纵差保护用导引电缆的应用和设计[J]. 电线电缆，2001，3：25-27.

节能型变压器励磁涌流衰减慢对过流保护的影响及应对措施

尚一凡[1]，杨锡宏[1]，姜越岭[1]，彭雄伟[1]
（1. 江苏核电有限公司，连云港市 222000）

摘要：本文对田湾核电厂5、6号机组新建培训中心采用的SCB13新型节能型干式变压器在冲击试验中上游断路器过流保护动作跳闸事件的原因进行了分析，并结合分析结果和实际录波参数给出了针对此类节能型变压器问题的解决方案和注意事项。

关键词：变压器能效；励磁涌流；过流保护

根据国家发改委在《国家发展改革委办公厅关于田湾核电站扩建工程5、6号机组节能评估报告的审查意见》（发改办环资［2015］1222号）中三、（二）条意见："选用高效节能设备。要选用达到国家1级能效标准的产品和设备，特别是变压器、风机、水泵、电机、空调、照明器具等，将能效指标作为重要的技术指标列入设备招标文件和采购合同"，田湾核电厂5、6号机组常规岛及BOP所有干式变压器均选用了许继集团的SCB13型节能变压器，能效等级达到了现行《GB20052—2013 三相配电变压器能效限定值及能效等级》标准中的能效1级，而往期工程中使用的干式变压器为SCB10型能效3级变压器。调试期间，在对新建培训中心使用的干式变冲击送电试验中，变压器高压侧断路器过流保护动作跳闸，变压器投运未成功。本文将就本次事件的原因及处理措施展开分析。

1 变压器过流保护动作经过

2018年10月29日，在对5、6号机组培训中心122配电间干式变压器5M0 LKP001TR进行冲击送电试验期间，第一次冲击送电成功，正常运行10 min，然后停运并间隔5 min后进行第2次冲击送电、正常运行5 min，停运并间隔5 min后进行第三次冲击时，变压器6 kV侧断路器合闸后立即跳闸，变压器投运未成功。

检查发现，变压器6 kV侧断路器SPAJ142C型综合保护装置B相黄色电流指示灯、跳闸红色指示灯亮并出现"2"故障代码，即B相过流Ⅰ段保护跳闸。

2 变压器高压侧断路器过流保护定值计算及校验

5M0LKP001TR变压器为许继集团生产的SCB13系列环保型、低损耗干式变压器，额定容量800 kVA，一次侧额定电压6.3 kV±2×2.5%，二次侧额定电压400 V，短路阻抗5.65%，接线方式为DYn11，空载损耗942 W，负载损耗5945 W（120 ℃）。

2.1 过流保护动作定值计算[1]

$$I_{\mathrm{dz}}=\frac{K_k K_{jx}}{K_f}K_{\mathrm{zqd}}\times\frac{I_e}{N_{LH}}=\frac{K_k K_{jx}}{K_f}K_{\mathrm{zqd}}\times\frac{S_N}{\sqrt{3}\,U_N}\times\frac{1}{N_{LH}} \tag{1}$$

K_k——可靠系数，取 1.3；

K_{jx}——接线系数，取 1；

K_f——返回系数，取 0.8；

K_{zqd}——负荷自启动系数，取 1.3；

N_{LH}——CT 变比，100/1；

则过流保护动作值为

$$I_{\mathrm{dz}}=\frac{1.3\times1}{0.8}\times1.3\times\frac{800}{\sqrt{3}\times6.3}\times\frac{1}{100}=1.55\ \mathrm{A}$$

2.2 灵敏度校验

6.6 kV 系统短路容量按 50 kA 考虑。

6.6 kV 系统阻抗：

$$Z_Q=\mathrm{c}\times\frac{U_N}{\sqrt{3}\,I''_{kQ}}=1.1\times\frac{6.6\ \mathrm{kV}}{\sqrt{3}\times50\ \mathrm{kA}}=0.083\,8\ \Omega$$

$$R_Q=0.1\times Z_Q=0.008\,38\ \Omega$$

$$X_Q=0.995\times Z_Q=0.083\,4\ \Omega$$

800 kVA 变压器参数计算：

$$Z_{THV}=u_{\mathrm{kr}}\%\times\frac{U_r^2}{S_r}=5.65\%\times\frac{6.3\ \mathrm{kV}^2}{800\ \mathrm{kVA}}=2.803\ \Omega$$

$$R_{THV}=P_{\mathrm{krT}}\times\frac{U_r^2}{S_r^2}=5945\ \mathrm{W}\times\frac{6.3\ \mathrm{kV}^2}{800\ \mathrm{kVA}^2}=0.369\ \Omega$$

$$X_{THV}=\sqrt{Z_{THV}^2-R_{THV}^2}=\sqrt{2.803^2-0.369^2}=2.779\ \Omega$$

变压器与上游开关柜之间电缆为单根 3×150 电缆，长度 300 m，经查阅电缆手册，此规格电缆每公里电阻为 0.15 Ω，每公里电抗为 0.085 Ω。

$$R_{TL}=0.15\times0.3=0.045\ \Omega$$

$$X_{TL}=0.085\times0.3=0.0255\ \Omega$$

因此高压侧总的阻抗

$$Z_{HV}=\sqrt{R_{HV}^2+X_{HV}^2}=\sqrt{(R_Q+R_{THV}+R_{TL})^2+(X_Q+X_{THV}+X_{TL})^2}$$

$$=\sqrt{(0.008\,38+0.369+0.045)^2+(0.083\,4+2.779+0.025\,5)^2}=2.92\ \Omega$$

在变压器低压侧两相短路时，高压侧的最小两相短路电流为：

$$I''^{(2)}_{\min}=\frac{\sqrt{3}}{2}\times I''^{(3)}_{\min}=0.95\times\frac{\sqrt{3}}{2}\times\frac{U_{NHV}}{\sqrt{3}\times Z_{HV}}=0.95\times\frac{\sqrt{3}}{2}\times\frac{6.6\ \mathrm{kV}}{\sqrt{3}\times2.92}=1074\ \mathrm{A}$$

（注：380 V 侧短路，计算最小短路电流时 c 为 0.95）

过流保护灵敏度=远端短路值/过流值=1074 A/（1.55 A×100）=6.93 倍>1.25 倍，满足灵敏度要求。

过流保护动作时间设为 0.3 s。

变压器高压侧断路器过流Ⅰ段保护定值 1.55 A 换算至一次侧 155 A，整定时间 0.3 s；断路器所在母线进线开关的过流Ⅰ段定值换算至一次侧为 1200 A，整定时间 0.6 s。此保护定值的设置可以满足级差配合要求。

3 变压器高压侧断路器过流保护动作原因分析

结合现场初步分析，变压器高压侧断路器过流保护定值的设定未能躲过变压器空载合闸的励磁涌流导致了保护的误动。5、6 号培训中心与前期建立的 3、4 号培训中心负荷参数完全相同，保护定值设置也完全相同。不同的是，3、4 号培训中心干变采用的是 SCB10 型变压器，能效等级为三级，而 5、6 号培训中心采用的是能效一级 SCB13 型变压器，空载损耗、负载损耗更小。因此应考虑变压器损耗相关参数对空载合闸电流的影响。

变压器空载合闸时会出现很大的励磁涌流，以图 1 变压器空载合闸等效电路进行分析。

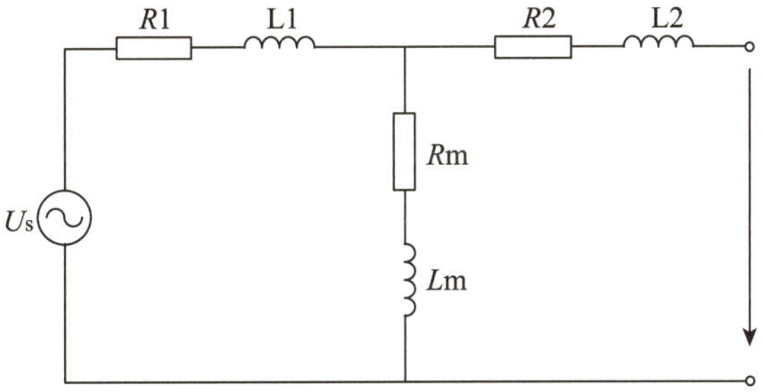

图 1 变压器空载合闸等效电路

其中，设电源电压为 $u_1=U_m\sin(\omega t+\alpha_0)=Ri+N_1\dfrac{\mathrm{d}\Phi_t}{\mathrm{d}t}$，式中 α_0 为合闸时电压 u_1 的初相角，R 为合闸回路总电阻，$R=R_1+R_m$，i 为变压器一次侧电流，Φ_t 为合闸回路与一次绕组交链的总磁通，$i=\dfrac{\Psi_t}{L}=\dfrac{N_1\Phi_t}{L_1+L_m}$，可得微分方程[2]

$$U_m\sin(\omega t+\alpha_0)=RN_1\frac{\Phi_t}{L}+N_1\frac{\mathrm{d}\Phi_t}{\mathrm{d}t} \tag{2}$$

解方程得：

$$\Phi_t=\Phi_m\sin(\omega t+\alpha_0-\varphi)+[\Phi_{res}-\Phi_m\sin(\alpha_0-\varphi)]\mathrm{e}^{-\frac{t}{\tau}}=\Phi_t'+\Phi_t''$$

考虑最不利情况下合闸（电压过零点合闸），即 $\alpha_0=0°$，上式变为

$$\Phi_t=\Phi_m\sin(\omega t-\varphi)+[\Phi_{res}+\Phi_m\sin\varphi]\mathrm{e}^{-\frac{t}{\tau}} \tag{3}$$

式中 $\Phi_m=\dfrac{LU_m}{N_1\sqrt{R^2+(\omega L)^2}}$，$\tau=\dfrac{L}{R}$，$\varphi=\arctan\dfrac{\omega L}{R}$。

Φ_t' 为磁通的稳态分量，Φ_t'' 为磁通的暂态分量，τ 为空载合闸电流衰减的时间常数。

由上式可以看出，对于同一时刻 t，时间常数 τ 越大，磁通的暂态分量 Φ_t'' 越大，即励磁涌流的暂态分量衰减越慢。

变压器铁心磁动势 $F = \Phi_m R_m = N_1 I_0$，电动势 $E = 4.44 f N_1 \Phi_m$，代入得

$$R_m = \frac{4.44 f N_1^2 I_0}{E} \tag{4}$$

由于 $R_1 \ll R_m$，可近似认为 $R \approx R_m$。对于3、4号培训中心使用的SCB10型变压器和新建培训中心使用的SCB13型变压器，其频率、一次绕组匝数、电动势完全相同，仅空载电流 I_0 不同。经查阅变压器出厂试验报告，SCB10型变压器的空载电流为 $0.264\% I_e$，SCB13型变压器的空载电流为 $0.17\% I_e$，由公式知SCB13节能型变压器的铁心磁阻 R_m 更小。从变压器本体来看，节能型变压器铁心硅钢片性能高，因此磁阻较传统变压器更小，则其时间常数 τ 更大，空载合闸涌流衰减慢。

可通过变压器磁通的变化曲线解释励磁涌流的衰减机理。变压器磁通的变化曲线见图2[3]，虚线为无损变压器的曲线，实线为有损变压器的曲线。图中 Φ_{sat} 为变压器的饱和磁通，$\Phi_{p.k}$ 为无损变压器变化磁通的平均值。只考虑正向饱和性，在磁通大于 Φ_{sat} 阶段，变压器铁心饱和，励磁电感迅速下降，涌流产生；在磁通小于 Φ_{sat} 阶段，励磁电感无穷大，涌流为0，产生间断角。由图可以看出，对于有损变压器，每个周期磁通的暂态分量都会衰减，间断角不断增大，最终暂态分量衰减为0，只剩下磁通的稳态分量。变压器损耗越大，空载合闸励磁涌流衰减得越快。

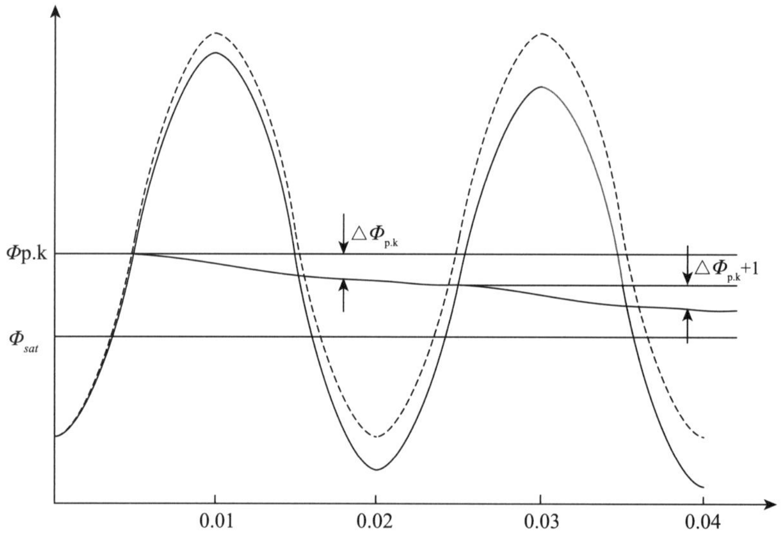

图2　变压器磁通变化曲线

综上所述，可认为5M0 LKP001TR变压器高压侧断路器过流保护误动的原因是新型节能型变压器励磁涌流衰减变慢导致原保护设置无法满足躲过变压器励磁涌流的要求，在保护动作时间（0.3 s）时的电流值未衰减至保护动作值之下。因此应考虑调整保护定值。

4 解决方案

为确认定值的调整值，使用 MATLAB SIMULINK 对变压器进行了建模仿真，模型如下：

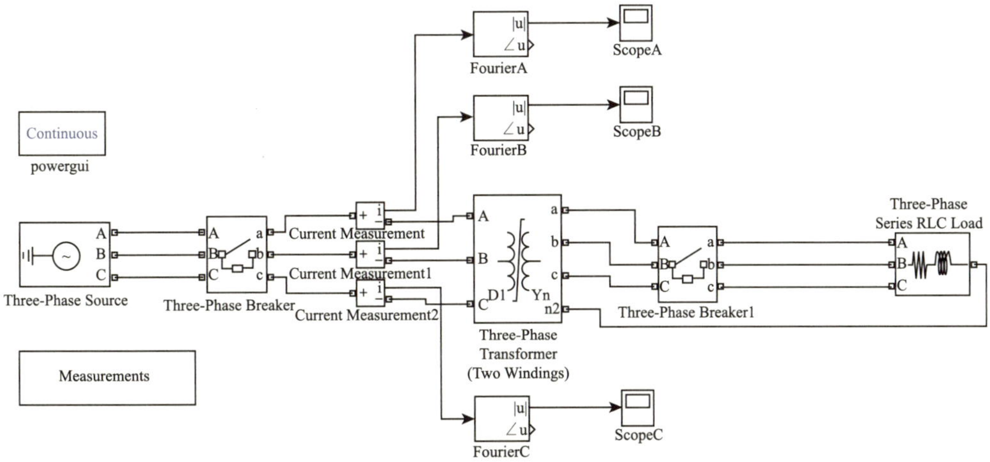

图 3 变压器建模

设置断路器过零点合闸，所得仿真结果里三相中 B 相励磁涌流衰减最慢，其仿真波形如图 4 所示。

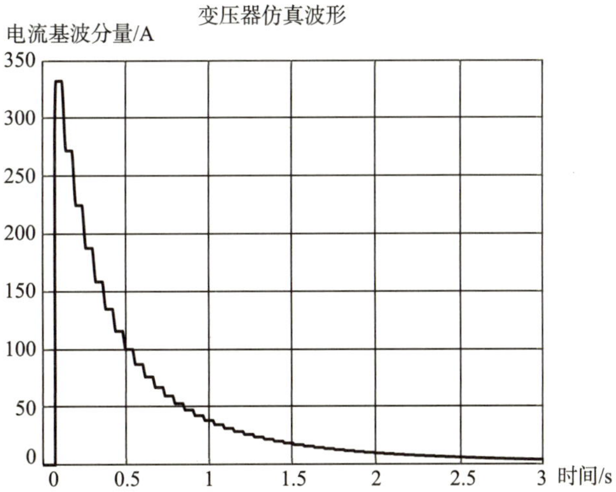

图 4 变压器仿真波形

从波形上可以看出，变压器电流值约在 0.36 s 左右衰减至动作值（一次值 155 A）以下。

我们在现场进行了多次录波，捕捉到了一次电压过零点合闸（即最恶劣合闸情况）的波形曲线，如图 5 所示。二次电流在 0.35 s～0.36 s 之后降至过流一段动作值 1.55 A

以下。

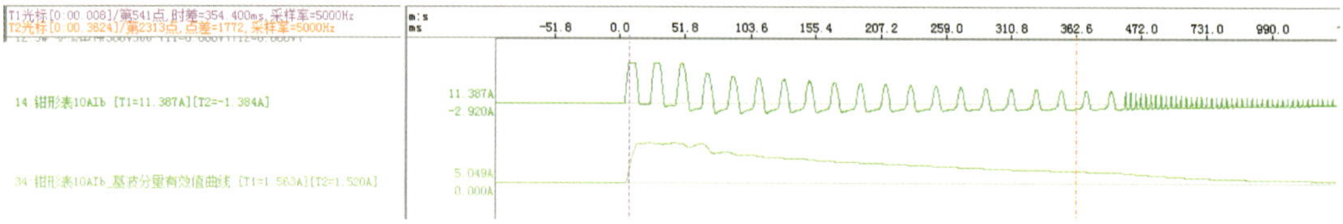

图 5　变压器录波波形

综上所述，结合上级保护的设定（一次侧 1200 A，整定时间 0.6 s），为满足保护的动作要求和上下级差配合，我们将断路器的动作时间由 0.3 s 调整至 0.4 s，以躲过变压器空载合闸励磁涌流。

调整保护定值后，我们在现场重新进行了干式变冲击试验，三次冲击中保护均未动作，试验成功。

5　结论

电气设备的高效节能是社会发展的必然趋势，未来在新建的发配电项目中，能效一级的节能型变压器将逐步取代传统变压器。在设计、调试和后续的生产运维中，我们应重点关注新型变压器性能上的变化对继电保护设置的影响，采用软件仿真、试验定量等手段对各类定值进行调整，以确保相关保护的可靠性、选择性、灵敏性和速动性要求。

参考文献

[1] DL/T 1502—2016,厂用电继电保护整定计算导则[S].

[2] 潘洋,来磊.单项变压器空载合闸励磁涌流暂态特性建模与实验[J].仪器仪表学报,2012,33(5):1148-1153.

[3] 张建松,何奔腾.变压器衰减励磁涌流的实用计算方法[J].电力系统自动化,2005,29(12):57-60.

田湾核电厂5、6号机组凝结水抽取系统调节阀振动防治

杨乃林[1]，粘志宇[2]，霍丽梅[2]，郭家广[1]
（1. 江苏核电有限公司，连云港 222000；2. 东北电力设计院有限公司，长春 130021）

摘要： M310类核电机组的凝结水系统调节阀（CEX025/024VL）振动是此机型的通病，尤其CEX025VL阀门在80%功率平台均存在开度异常波动问题，导致CEX管道振动增大，致使阀门电动头发生损坏，严重影响了系统设备安全稳定运行；许多机组将其列入TOP10问题。田湾核电厂5、6号机组工程前期充分收集各电站经验反馈，在施工图设计时，从系统和设备设计层面提出了主要优化方向和方法，从管道阀门振动的根源流体扰动方面采取措施，保证CEX管道内凝结水流线平顺分布，改一次节流为多级节流，改一次大幅下降为逐级下降，去除局部节流的陡降；同时辅以必要的管道固定、支撑、限位措施；以期彻底解决M310机组CEX调节阀振动这一共性问题，并通过试验进行验证。

关键词： 核电；CEX；凝结水；调节阀；管道；振动

在核电厂各个工艺系统回路中，广泛运用调节阀来调节流体的压力、温度、流量、液位等工艺参数，以满足过程控制、系统功能的需要。然而，调节阀运行的工况往往比较复杂，经常面临着流量、压差变化大而开度很小等极端工况，在这些工况下，管道局部涡流、阀门内部闪蒸/气蚀等情况时有发生，伴随着气液两相介质的相变，能量释放和介质动静能的同时在转变，阀芯、阀座极易被冲刷、吹损。阀门和所处管道常会发生剧烈的振动，对阀门本体以及周边管道或支架产生损伤。M310型机组凝结水抽取系统（简称CEX）凝结水流量控制站调节阀和再循环气动调节阀就经常发生类似问题，本文根据现场工艺参数和问题具体表现，通过分析找出症结所在，采取对应措施消除缺陷，解决此类问题。

1 问题研究背景

凝结水抽取系统（CEX）主要功能是将凝汽器中冷凝水，经过加压、升温后输送至主给水除氧器，系统由凝汽器、凝结水泵、轴封加热器及相关的管线、阀门等组成。系统设有一个凝结水流量控制站，由1路100%全流量调节阀组和1路30%小流量调节阀组组成，两路调节阀组分别设置了气动调节阀CEX025VL和气动调节阀CEX026VL。流量控制站根据汽轮机功率、凝结水量和除氧器水位控制调节阀门开度，机组在30%~100%额定功率之间运行时，凝结水全流量调节阀CEX025VL开启，凝结水小流量调节阀CEX026VL关闭；机组在30%以下功率运行时，凝结水全流量调节阀CEX025VL关闭，凝结水小流量调节阀CEX026VL开启。运行中两个流量调节阀开度具有适当的重叠度；

为了保证凝结水泵在低流量运行时的安全经济性，CEX系统还设置了至凝汽器的最小

流量管路，管路上配有最小流量气动调节阀 CEX024VL。当一台凝泵运行而凝结水量小于 450 m^3/h 时，或当两台凝泵运行而凝结水量小于 900 m^3/h 时，CEX024VL 都要配合凝泵运行。CEX 系统流程见图 1。

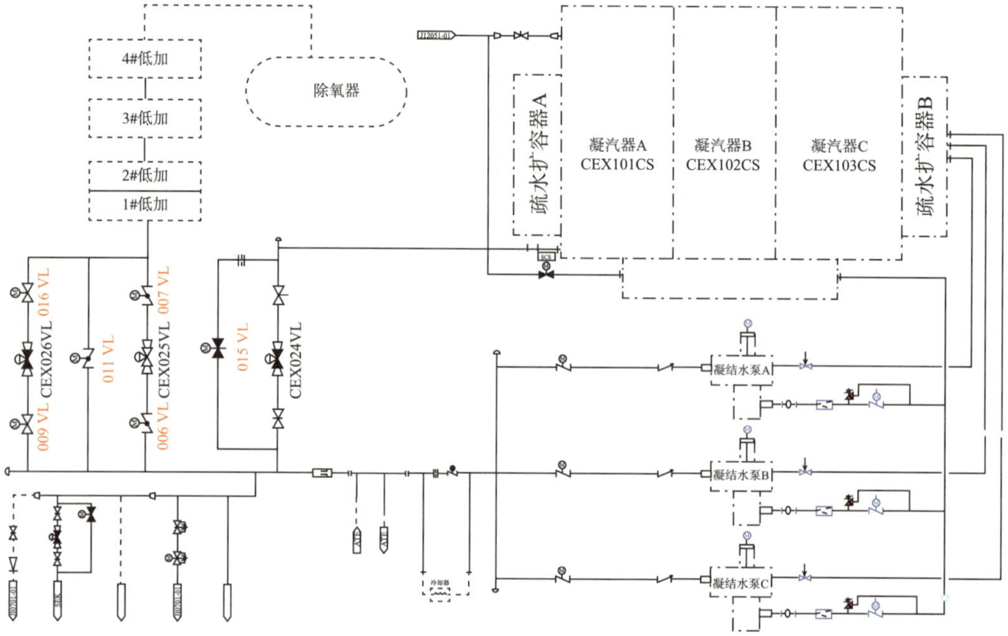

图 1　凝结水抽取系统 CEX 流程图

凝结水流量控制站系统布置如图 2 所示。

图 2　CEX 系统的凝结水流量控制站布置

在众多核电厂中，凝结水系统调节阀振动问题较为突出，尤其在国内已经投运的 20 多台 M310 型核电机组中，CEX024、025、026VL 皆发生了不同程度的振动大、影响机组正常运行的情况，问题现象归类为：

1）CEX024VL：

（1）阀门开启后，阀门下游振动较大，上游振动相对较小。阀门开度较大时，管道振动及噪声都增大。

（2）振动过程不稳定，波动大，瞬时可达 500~600 mm/s。现场噪音很大，伴有类似沙石冲击管道的噪音。

2）CEX025VL：

（1）阀门实际开度在与设计选型计算值差别较大。

（2）在汽轮机功率为 700~840 MM 时，开度 26%~33%之间，阀门振动剧烈，阀门所在管道支架处螺栓明显松脱，CEX 母管靠近 CEX025VL 支管处支吊架直接振松脱，支架从墙上脱落到地上。

3）CEX026VL：

（1）在机组功率低于 30%FP 的运行区间，凝结水小流量调节阀 CEX026VL 及其连接管道随着开度变大振动增强，在开启凝结水大流量调节阀 CEX025VL 之前，CEX026VL 阀门振动最剧烈，甚至将新安装的位于 CEX026VL 前后端的阻尼减震器完全震坏。

（2）阀门开度在 20% 以下时振动很小，随着开度的增大，振动明显增大，在机组功率 30%时，阀门开度最大，此时振动最大，阀门关闭 90%后无明显振动现象；

（3）现场噪声很大，伴有类似沙石冲击管道的噪声。

2 振动产生的机理分析

通过对多个投运项目 CEX 阀门及管道振动的检测，确定振动的激励源来自阀门本身，与管道布置无关。调节阀及管道强烈的高频振动，振源来自阀门本身，与阀门前变径过急造成阀门进口流速高、阀门内部发生空化振动或湍流振动有极大关系。

2.1 空化振动

空化作用是由于液体在调节阀两端压差大于某值而产生的。如图 3，阀前压力为 P_1 的液体流经调节阀阀芯、阀座节流处时，因节流口流速急剧上升，由能量守恒定律可知，速度突然增加，压力必然骤降，若此时压力降低至液体入口温度下的饱和蒸气压力（P_v）时，阀门流体会部分汽化，并在流体中形成气泡。当介质经过节流口后，速度下降，压力得到恢复。若恢复后的压力 P_2 仍然低于饱和蒸气压力（P_v）时，则流体将继续汽化，形成汽液两相流，即闪蒸。若压力恢复到大于饱和蒸气压力（P_v）时，流体不能继续汽化，同时液体中的气泡会因压力回升的作用而破裂还原为液态，即空化。根据流体力学，此时气泡内的压力趋近于无穷大，即有较大的压力产生，它迫使气泡破裂，并形成强大的压力冲击波，这种现象称为汽蚀，此压力冲击波作用在阀芯、阀座金属表面上，使材料很快被破坏（开头如蜂窝），同时，引起较为强烈的振动和噪声。

调节阀开度越小，阀门前后压差越大，流体加速并产生汽蚀的可能性也就越大。在调节阀设计时，主要通过对阀门节流部件的优化设计，来减少发生汽蚀的可能性或降低汽蚀程度，进而预防空化振动。

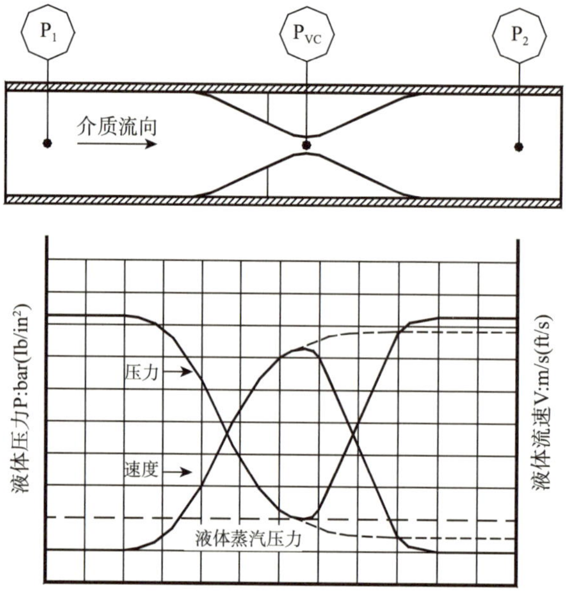

图 3　调节阀进出口压力、流速变化曲线

2.2　湍流振动

介质在阀内的节流过程也是其受摩擦、阻力和扰动的过程。当流道内的流体流速较低时，流动呈层流状态，而当流体流经节流口而流速增加过大时，会转变为湍流状态。根据艾默生过程管理（天津）阀门有限公司对 CEX025VL 阀门的 CFD 仿真模拟分析，当流体流通过阀芯、阀座时，由于节流口流通面积突然变小，压力骤降而速度增大，形成了较为严重的湍流体，并在阀芯底部产生了明显的漩涡流。这种旋涡的形成及影响因素十分复杂，并有很大的随机性，当旋涡频率与调节阀及其附属装置的固有频率接近或一致时，就会引发结构振动响应。而事实证明，在 M310 投运电厂中，CEX 系统调节阀湍流振动较为严重。

3　防治措施

调节阀振动的产生原因有很多种，且难以准确判断产生振动的主因。田湾核电厂 5、6 号机组在 CEX 系统调节阀设计选型阶段，吸取了前期投运项目充分的振动情况反馈并结合上述振动机理分析，进行了有针对性的阀门合理选型和优化设计。

3.1 合理选择阀门减压级数

为防止液体流经调节阀时产生闪蒸和汽蚀现象，尤其是压差较大的调节阀，在阀门设计计算时，应进行阀门是否会发生闪蒸和汽蚀判定。当判定会发生汽蚀时，应采取防治措施。调节阀防护闪蒸与汽蚀方法主要有提高阀前压力 P_1 和多级减压方法，田湾核电厂 5、6 号机组采用的是多级减压方法，采用多级阀芯，通过多级节流分级降压来分担压差，使每一级的压降都不会大于本级入口压力对应的闪蒸压差，避免发生闪蒸和汽蚀。

工程设计中简化了闪蒸和汽蚀的验算，以阻塞流压差 ΔP_S 为判定准则。依据判定方法，当调节阀两端压差 ΔP 大于阻塞流压差 ΔP_S 时，即 $\Delta P > \Delta P_S$，阀门内部发生了汽蚀，阀门处于阻塞状态。

其中 $\Delta P = P_1 - P_2$，P_1：阀前压力，MPa；P_2：阀后压力，MPa；

阻塞流压差 ΔP_S 计算公式：

$$\Delta P_S = F_L^2 \left(P_1 - F_F P_V\right)$$

其中：$F_F = 0.96 - 0.28\sqrt{\dfrac{P_V}{P_C}}$

P_C：热力学临界压力，22.15 MPa；

F_L：液体压力恢复系数，与阀门阀芯形状、阀体结构和阀门流向有关，一般通过试验获得；

P_V：调节阀入口液体温度下对应的饱和蒸汽压力。

根据上述公式，对 CEX 系统调节阀进行计算判定：

1）CEX024VL：

Q：982 t/h；P_1：2.89 MPa；P_2：0.1 MPa；T：34 ℃；SG：0.994 kg/dm^3；根据前期项目阀门设计参数，F_L取 0.828。

$\Delta P = P_1 - P_2 = 2.89 - 0.1 = 2.79$ MPa

$\Delta P_S = F_L^2 \left(P_1 - F_F P_V\right) = 0.8282\ (2.89 - 0.95 * 0.005) = 1.97$ MPa

$\Delta P > \Delta P_S$，此工况阀门内部将发生汽蚀。

2）对 CEX025VL：

Q：3 505 t/h；P_1：2.55 MPa；P_2：1.86 MPa；T：28.6 ℃；SG：0.994 kg/dm^3；$F_L = 0.828$。

$\Delta P = P_1 - P_2 = 2.55 - 1.86 = 0.77$ MPa

$\Delta P_S = F_L^2 \left(P_1 - F_F P_V\right) = 0.828^2\ (2.55 - 0.95 * 0.005) = 1.61$ MPa

$\Delta P < \Delta P_S$，所以阀门内部不会发生汽蚀。

3）对 CEX026VL：

Q：1402 t/h；P_1：2.85 MPa；P_2：0.95 MPa；T：23.1 ℃；SG：0.994 kg/dm^3；$F_L = 0.828$。

$\Delta P = P_1 - P_2 = 2.85 - 0.95 = 1.9$ MPa

$\Delta P_S = F_L^2\ (P_1 - F_F P_V) = 0.828^2\ (2.85 - 0.95 * 0.005) = 1.95\ \text{MPa}$

$\Delta P < \Delta P_S$，此工况阀门内部将发生汽蚀。

根据前面的计算判定，CEX025VL 阀门不会汽蚀，采用一级减压即可。CEX024VL 和 CEX026VL 将发生汽蚀，需采取多级减压方式。田湾核电厂 5、6 号机组项目两个阀门皆采用了 3 级减压方案，并且相较参考电厂取消了阀后节流孔板。

3.2 优化节流部件、改善流体流动状态

对节流部件进行优化，使其具有较好的稳流作用，可有效减缓湍流，避免引起湍流振动。田湾核电厂 5、6 号机组项目 CEX 系统调节阀采用打孔阀笼节流件方案。打孔阀笼可以对流体起到较好的稳流作用，通过合理的布置阀笼打孔的大小，间距以及排列形式，可以有效地控制流束的大小和分布方式，避免流束经过节流后交汇而加剧流体的湍流。

图 4　打孔阀笼剖面示意图

3.3 增大管系刚性

在阀门合理、优化设计选型的同时，增大管系刚性，提高管系固定频率、避免共振也是调节阀振动防治的必要辅助措施。田湾核电厂 5、6 号机组，通过管系合理布置，在保证应力分布合理的条件下，在 CEX024VL、025VL 和 026VL 调节阀附近，皆设置了固定或径向限位支架，以便制约管道振动。由于汽蚀一般发生在阀腔出口，故限位支架设置在调节阀出口处。

4 调试、运行情况

田湾核电厂 5 机组 CEX 系统 5 月开始调试，机组 9 月商运。在调试及运行过程中，CEX024/025/026VL 没有发生过振动现象，运行稳定。6 号机组情况相同。证明采取的振

动防治措施起到了很好的效果。

5 结论

M310 机组 CEX024/025/026 V 调节阀在运行过程中的振动问题已成为共性问题，本文分析了现场的振动特点，确认了振动的来源，并根据阀门前变径管计算及阀门阻塞流计算，确认了阀门振动具体原因，结合系统设置情况，提出了具体的振动防治和阀门优化措施。经过田湾核电厂 5、6 号机组运行实践，证明防治措施切实、有效，效果很好，这对其他厂址类似缺陷整改措施的制定具有很强的参考意义。

田湾核电厂5、6号机组核取样系统仪控设计优化与改进

赵　雷[1]
(1. 江苏核电有限公司，江苏连云港 222000)

摘要：核电厂核取样系统对核电厂水质监测具有重要意义，因此保证系统稳定性，降低故障率尤为重要，本文从设计角度入手，总体论述了REN阀门就地控制系统的设计思路，以设计优化REN阀门就地控制系统为出发点，探讨调试及运行初期遇到的问题，总结解决方法，并积极推进相关改造实施，实现取样系统的自动化控制，总结处理问题的思考方法，希望对系统后续运行提供借鉴意义以及后续机组提供参考。

关键词：田湾核电厂；核取样系统；调试经验；系统改进

1　前言

田湾核电厂5、6号机组核取样系统（以下简称REN系统）主要功能是为一回路、二回路水质取样，分别布置在NA293、NA294两个房间，作为M310机组重要的水质监测系统，系统设置了硼表、氢表、电导率表、pH表，钠表、辐射仪表等在线监测仪表，同时有13路取样回路用于手动取样，便于人工分析，而且该系统具有很重要的事故后功能，它可以从反应堆冷却剂系统（RCP）和安全壳喷淋系统（EAS）收集高放射性的液体样品，也可从蒸汽发生器排污系统（APG）取样，来检查一次侧向二次侧可能的泄漏，因此，核取样系统有助于事故的诊断和控制。为保护人员取样安全，系统中设置有冷却器和调节阀，用于样品介质降温降压，同时下游设置有温度开关、压力开关，用于超温超压情况下对取样人员的保护，防止人员受到伤害，仪控人员在安装调试过程中，一二回路取样管线均出现取样回路断流或无样水流出的问题，本文将着重介绍5、6号机组核取样系统在调试运行阶段出现的各类问题以及解决方案，通过一系列对REN系统的设计优化改进，大大提升了REN系统仪控设备的运行稳定性。

2　REN系统缺少阀门控制系统处理

2.1　问题概述

在对技术文件审查期间发现，REN相关调节阀无控制系统（无法操作，调节），流量计、差压变送器的模拟量仪表无外送显示终端，整个取样系统按照现有设计无法手工取样，将导致硼表、辐射仪表不可用（占第二组IO：REN1，KRT4），氢表、电导率表、pH

表、钠表不可用（影响化学技术规范相关指标），查阅相关文件，设计仅在 2016 年出过一版 REN 阀门就地控制系统的技术规格书，无详细设计方案及采购设备清单。

2.2 解决方案筛选

为解决 REN 阀门无控制系统导致无法开启，取样系统不可用，进而影响一二回路水质监测，影响机组的稳定运行的问题，以下将从对系统稳定、经济最优化筛选出最合适的方案。

1）方案一　参考方家山、福清核电厂已有设计

参考电站 REN 系统配置的是基地式调节器，通过基地式调节器来调节取样回路流量，达到满足用户需求的目的。基地式调节器具有指示、记录和调节的功能，但调节功能较弱，灵敏度低，反应速度慢，在系统有较大波动时，难以调节到正常水平。

如果参考核电厂型号新广仪 KFDB12-112222B4T-K. M. 7，改为基地式调节器，替换掉现场已供货的气动调节阀，差压/压力变送器，将造成现场设备提前报废，造成大量的经济损失，而且需要同时变更该工艺管道，经济成本高，工作量大，故此方案只能作为备选方案。

2）方案二　将信号引至 DCS，通过 DCS 控制

将信号引至非安全级 DCS，通过 DCS 控制的方案，需增加 64 根两芯电缆以及相对应的卡件，并增加相应的组态逻辑，目前相关 DCS 机柜空间不足且电缆敷设难度大。

相关阀门及仪表分散于 NA293/NA298/NA299/NB294 四个房间，距离 DCS 机柜较远，需要重新敷设 64 根 150 m 左右的两芯电缆，增加 6 块 AO 模块和 6 块 AI 模块，但相关机柜已无足够多的备用卡槽，且从操作方便性上，不利于化学人员就地取样。

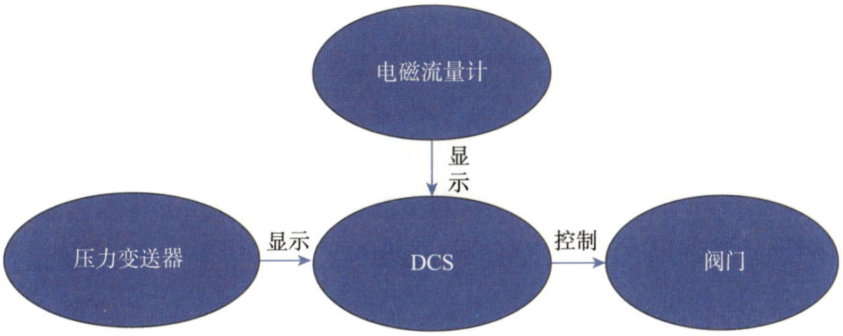

图 1　外送 DCS 流程图

3）方案三　重新设计就地控制系统

设计一套独立的就地控制系统实现阀门的手自动控制，用于接收并显示就地压力信号和流量信号，并通过压力信号来调节阀门的开度，也可以手动开关阀门。

4）方案确定

通过以下表 1 对 3 种方案的对比分析可以看出，方案三具有更好的可操作性，人工成本更低，经济性更好，且能将对系统的影响降低到最少，因此决定通过设计一套阀门就地控制系统来控制取样管线相关阀门的动作。

表 1　3 种方案对比表

方案	施工范围	工作量	对系统影响	对机组影响	时间	成本
方案一	需替换现场已有设备（26 块压力变送器，26 块调节阀）	大	大	不涉及	需重新采购基地式调节器，需重新选型，时间跨度长	成本高：造成现场设备浪费，造成经济损失
方案二	需增加相关卡件及控制程序及电缆，但机柜已无足够空间且电缆敷设难度大	大	小	涉及 DCS 改造，增加 DCS 负担	需重新采购卡件，设计逻辑，工作量大，耗时长	成本中等：DCS 卡件成本高，电缆需求大，人工成本高
方案三	仅需增加控制系统及电缆	小	小	不涉及	设计采购一套基于 PLC 的系统，技术较为成熟	成本相对较低：施工量小，人工成本低

2.3　设计方案

1）前期设计准备

通过在 NX 厂房核取样间 NB294 中设置就地控制柜 5M9REN201AR，实现对 REN 系统取样管道压力过程参数进行监测、管理，同时具备手动或 PID 自动调节的方式对管道压力进行调节，因 NB294 房间噪声大，距离一回路取样环路过远，不利于 NA293 房间一回路取样参数及调节阀门的操作，应同时设置分屏 5M9REN202AR，且功能应于 5M9REN201AR 显示屏一样，可进行监控操作。阀门就地控制柜 5M9REN201AR 安装 PLC 控制设备和触摸显示屏，一方面接收来自 REN 取样系统取样管道的压力等过程参数，在显示屏上进行显示，另一方面，通过对 REN 取样系统压力参数进行 PID 调节，再将控制信号送出，完成对调节阀的自动控制。同时触摸显示包括运行流程图、设备状态报警信息、工艺运行参数指示和阀门控制手自动切换按钮，用于直观地显示整个 REN 阀门系统的工艺流程信息。框架结构见图 2。

2）确定 PLC 的 I/O 接口及 I/O 点数

PLC 的 I/O 接口类型应配置模拟量输入/输出接口、通信接口共 3 种接口，模拟量输入/输出接口应为 4~20 mA DC 信号。对通信接口的要求：5M9REN201AR 距离较近可用网线接口；5M9REN202AR 距离较远，网线远距离传送衰减率高，使用光纤通信更为合适。

根据现场设备和功能需求确定，REN 系统 PLC 总 I/O 点数为：AI 点 38 个，AO 点 26 个。

3）画面设计

控制画面应保证画面的完整性，需要显示流量、压力等模拟量仪表的实时变化，以及调节阀实时开度命令，关于 PID 设置，画面可手动输入，不需要外接设备。具体设计如下：主画面应以流程图的方式显示，主要工艺设备、仪表、被控调节阀应在图中进行

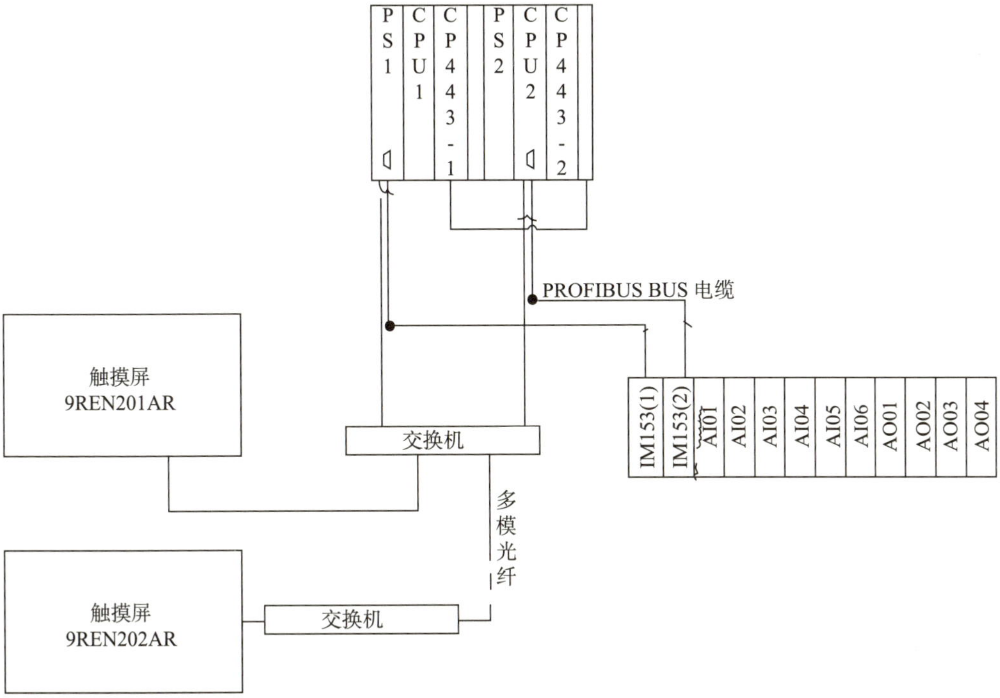

图 2　系统框架结构

体现；针对每台仪表应设置数据显示框；针对每台阀门合理设置阀门状态显示框、手自动切换按钮、手动控制按钮、压力/差压整定值设定框、PID 参数设定框，设计图见图 3。

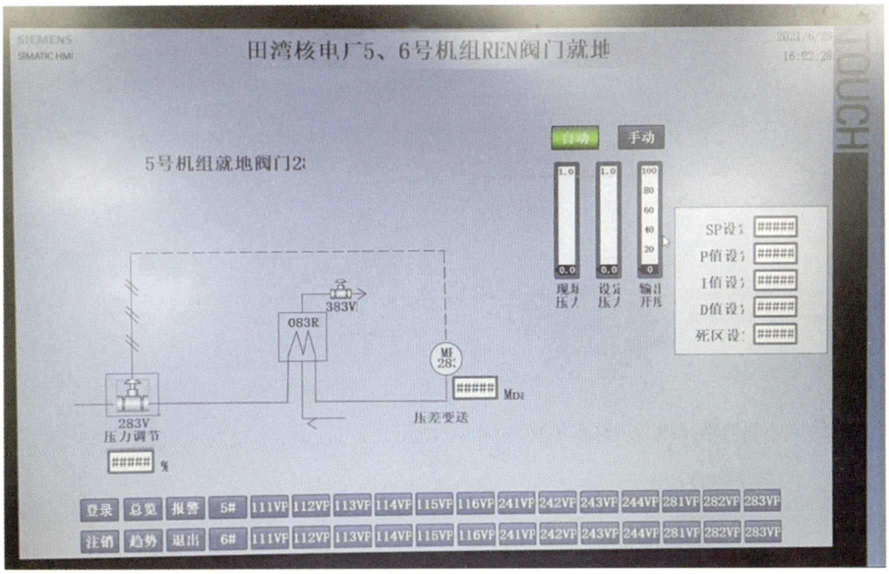

图 3　画面设计完成图

4）PID 控制设计

现场选购阀门为正作用阀门，故 PID 控制模块应采用正作用进行控制，当下游工艺压力测量值超过定值升高，定值和测量值产生负偏差，通过 PID 控制（正作用），阀门控制信号减小，由于阀门关小，下游压力降低，达到控制效果，控制模拟图见图 4。

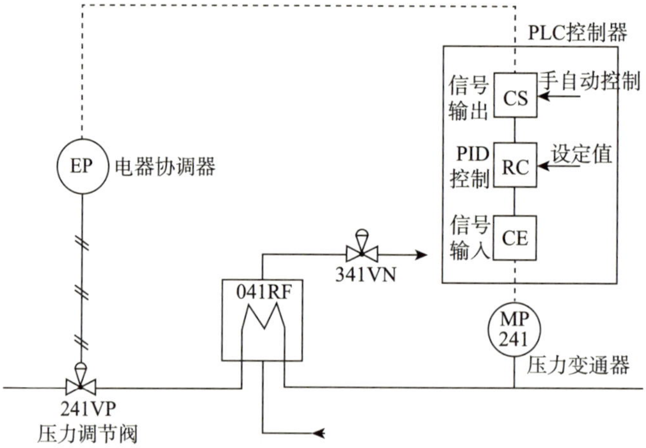

图 4　压力变送器与压力调节阀控制模拟图

5）实施

通过前期的方案确认、工艺设计、仪表型号确认，完成了从组态到画面的设计，PLC 选择市面较为成熟的西门子 PLC，型号 S7-400，画面选用配套的博图软件进行设计。机柜装配图见图 5，6 个 AI 模块，4 个 AO 模块，主备 CPU 设置，具备冗余性，提高了系统的稳定性，避免因 CPU 故障，触发机组第二组 I0：REN1，KRT4。

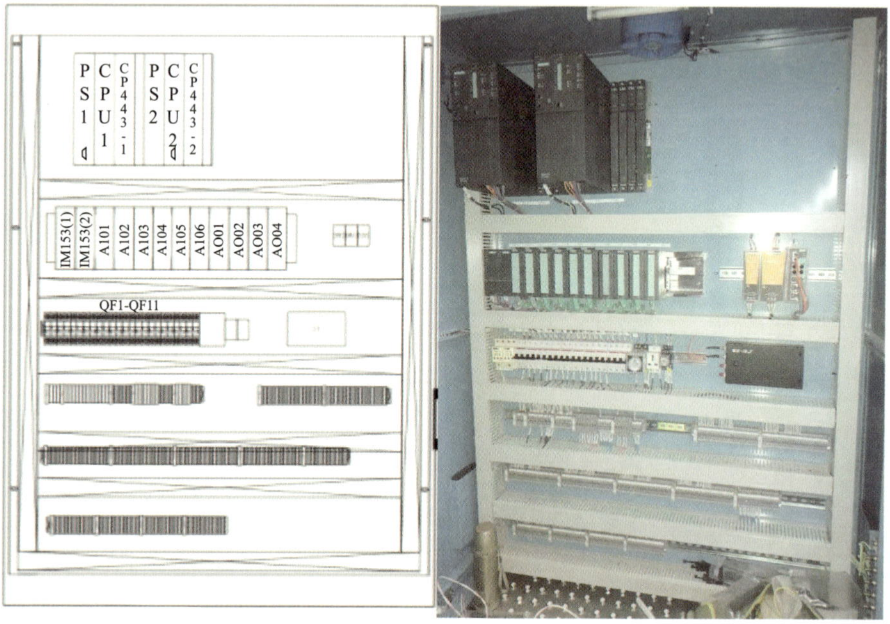

图 5　机柜装配图

2.4 REN 系统阀门控制系统软件优化

1）PID 参数及死区可设置精度低

在对 APG 排污调节阀 5M1REN281/282/283VL 调试过程中发现，PID 参数以及死区设置精度过低，仅能设置到小数点后一位，不能满足 PID 设置需求，5M1REN281VL 三路阀门开度波动很大，难以达到理想的 PID 控制要求。

通过使用博图软件对画面程序进行离线修改，修改完成将程序下装触摸屏中，使参数可设置到小数点后 3 位，使 PID 调节更加顺畅稳定，完成了 APG 排污取样回路的流量自动调节。

2）为降低人因失误风险，跨前一步对画面显示进行优化

5、6 号机组的阀门操作选择按钮集中在控制系统主画面下方，间距小而密集（见图 6），存在人员误操作风险，如造成 5M1REN112/113VP（阀门下游有硼表断流会出现 IO、氢表）、5M1REN281/282/283VL（下游有 KRT002/003/004MA，断流会出现 I0）阀门动作，产生机组 I0（REN1/KRT4），对机组的安全运行产生影响。

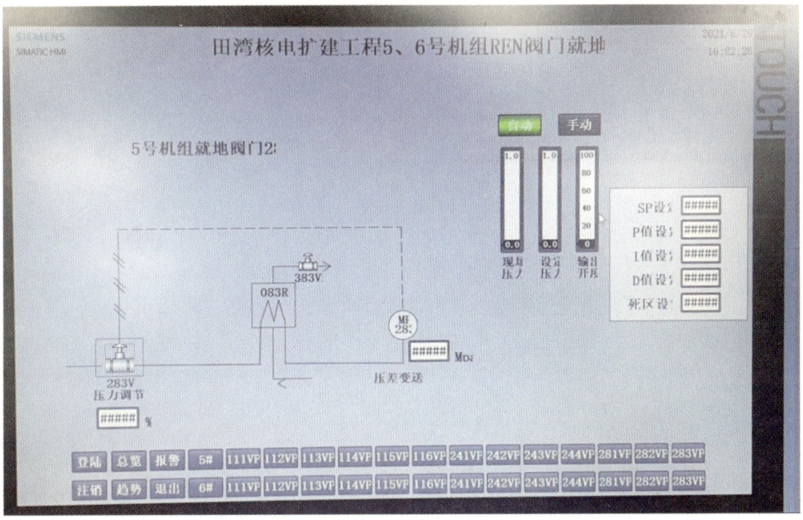

图 6　修改前页面布局

在发现该问题及可能造成的影响后，通过对画面进行优化，将 5、6 号机组号操作分开，分机组选择操作，将人因失误工作自检运用其中，减少误操作风险，见图 7，图 8。并增加压力仪表数值趋势曲线，便于对后续数值的分析，见图 9。

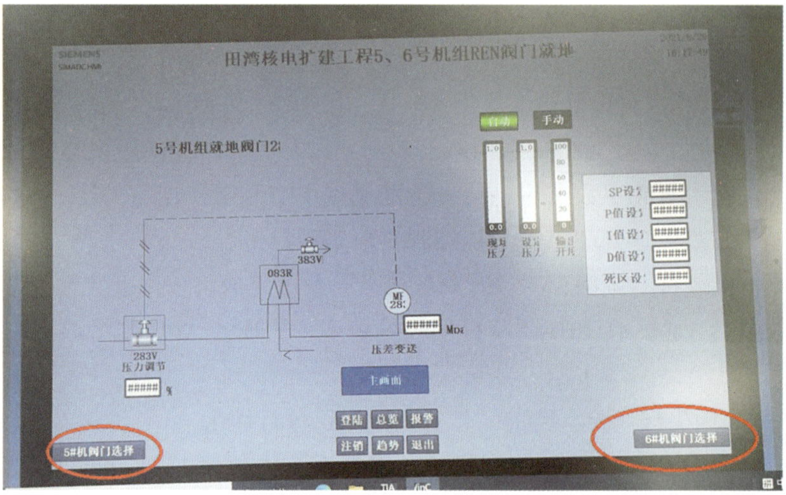

图7　修改后页面布局

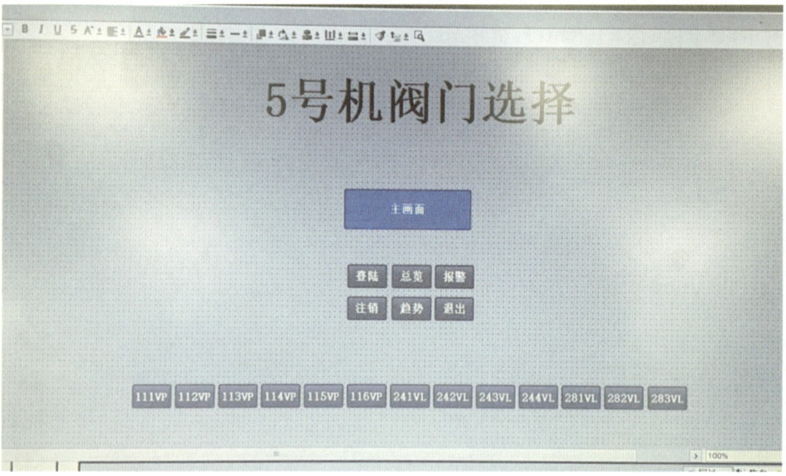

图8　修改后页阀门选择页面

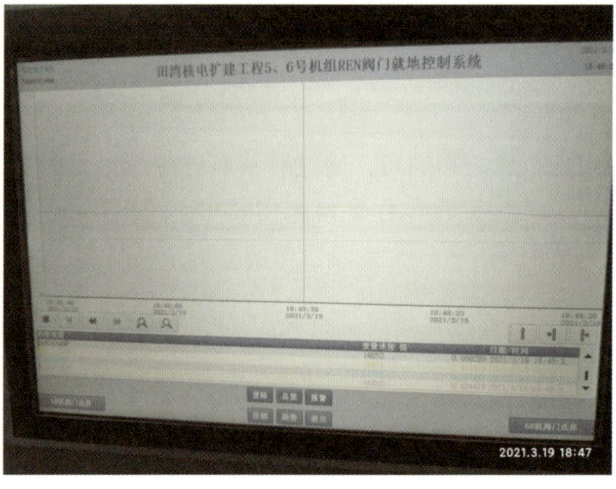

图9　新增压力趋势曲线

3 温度开关定值漂移，影响系统安全

2019 年下半年 5 号机热试期间配合化学进行调试试验时发现，就地温度计已经达到 60 ℃左右，而温度开关仍未触发定值报警（温度高定值为 45 ℃），对其他几路进行检查发现了同样的问题，检查安装公司校验记录发现仅间隔半年左右，温度定值高漂，使系统失去了超温保护的功能，很容易造成取样人员烫伤、取样设备损坏等严重后果。对所有温度开关重新校验，重新投运仪表，正常触发报警，试验顺利进行。

通过分析，机械式温度开关稳定性差，回差大，定值易漂移，且温度类仪表调校困难、耗时，NA298/299 属于红区，中子辐射水平高。将温度开关换型为热电阻温度探头，增强测量稳定性。热电阻价值远低于温度开关，换型可有效降低维修/更换成本。且有效降低集体剂量。

根据现场实际情况以及原温度开关技术参数，设计了图 10、图 11 两种尺寸的热电阻温度计，将原开关量触发报警的方式改为模拟量阈值判断的方式触发报警，更为可靠，准确，极大地降低设备成本及维护成本，使用原温度开关的电缆接入 DCS 机柜 RTD 卡件上，5、6 号机组号机各需修改 19 块仪表。

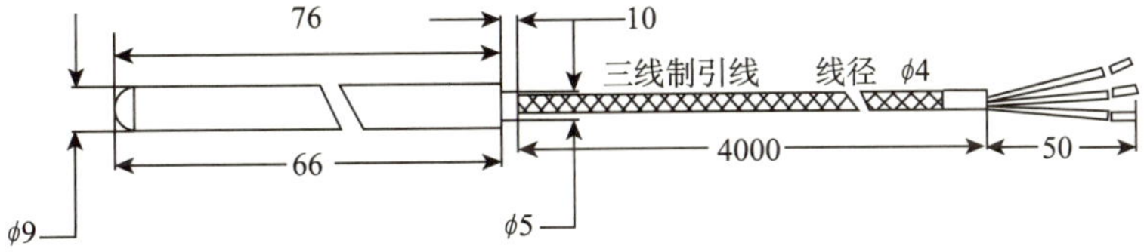

图 10　热电阻温度计设计图方案 1

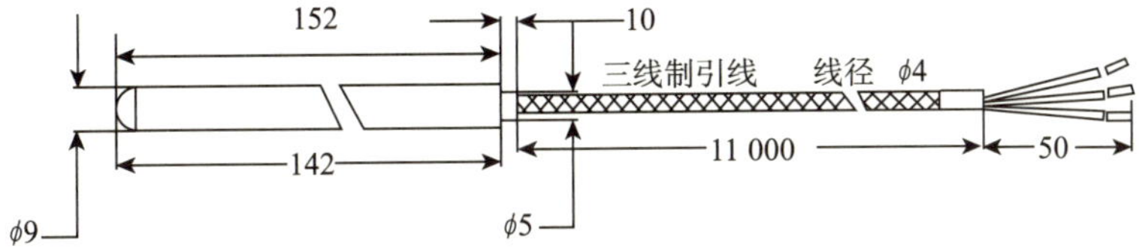

图 11　热电阻温度计设计图方案 2

4 实现系统实时监测钠含量

问题描述：REN 系统 3 路样水共用一台钠表，电磁阀切换过程中，3 路样水混合，导致测量数据存在交叉污染，影响对钠离子监测的准确性。由于钠表需要电磁阀切换来完成 3 路管线的测量，造成不能实时监测钠含量，APG 排水钠含量是二回路泄漏率重要水化学指标，1 台钠表测量 3 个环路的方式可靠性较低，若钠离子发生浓集会对传热管造成腐蚀。

增加 2 台钠表，使得每一路取样均设置 1 台钠表，能提高测量准确性，防止系统腐蚀，保证机组安全运行，见改造后对系统的稳定性有了显著的提高，可以为运行人员提供更为有效的操作依据，从而减少钠离子对各系统设备的腐蚀，从而达到更好的经济效益。

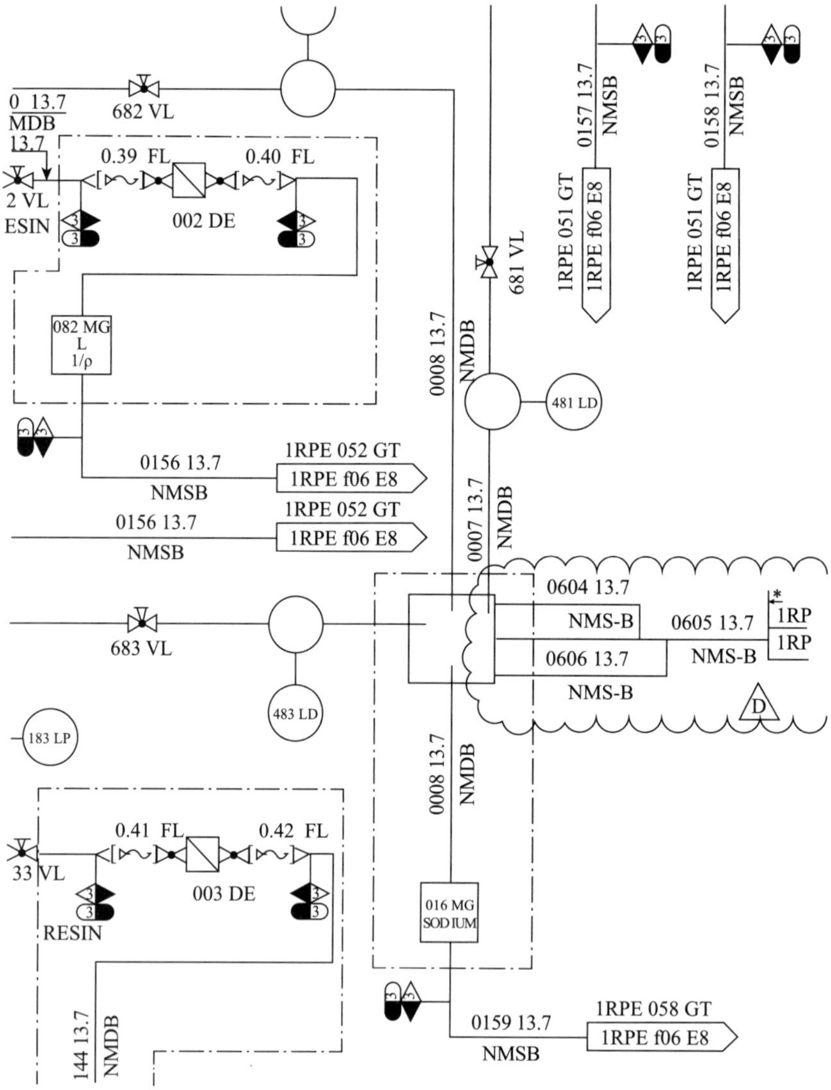

图 12　修改前流程图

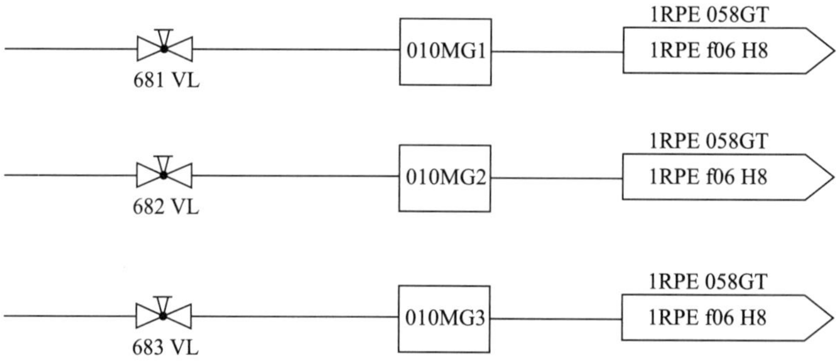

图 13　修改后流程简图

5 结论

核取样系统兼具正常运行工况下的化学取样功能和事故工况下的事故后辐射监测功能，本文以设计优化 REN 阀门就地控制系统为出发点，探讨调试及运行初期遇到的问题，总结解决方法，并积极推进相关改造实施，实现取样系统的自动化控制，进一步提高了系统稳定性，减少机组 I0 事件的产生，对后续机组核取样系统的调试及改进有一定的借鉴意义。

参考文献

[1] 贾京京，张志柳.核电机组调试期间设备和系统的维护保养，2017：65-69.

地震自动停堆设备在田湾核电厂 5、6 号机组的实践

郎德嵩[1]，苏　鑫[1]
（1. 江苏核电有限公司，江苏省连云港 222000）

摘要：田湾核电厂 5、6 号机组为降低地震灾害带来的损失，设计了地震仪表系统，由该系统发出的地震警示及地震自动停堆触发信号，发送至多样化保护系统。信号在多样化保护系统进行逻辑判断，若满足逻辑条件则发出自动停堆信号，通过停堆断路器断开和棒控电源柜断电两种停堆方式，实现可靠停堆。

关键词：核电厂；地震；自动停堆；断路器

地震发生的概率较小，由于核电厂的特殊性，一旦发生地震对核设施造成了破坏，核辐射原料从安全壳外泄将对人员安全、周围环境造成巨大破坏。根据核安全有关标准和法规的要求，在田湾核电厂 5、6 号机组设置地震仪表系统（KIS），用于监测地震信号，并在超过指定阈值时实现反应堆停堆功能。从而减少地震带来的包括辐射、有毒物质释放等次生灾害的发生。

1　地震自动停堆设备

田湾核电厂 5、6 号机组由地震仪表系统（KIS）监测到地震后产生报警，自动打印地震累积绝对速度（CAV）及反应谱分析报告，用于运行人员分析地震烈度并采取相应措施。发生强烈地震时，核电厂正常运行将存在巨大安全隐患，KIS 设置地震加速度值超过阈值将直接发出地震自动停堆触发信号。

1.1　地震仪表系统

地震仪表系统（KIS）的功能是在地震发生时和发生后向运行人员提供必要的信息。

这些信息包括：

（1）为防止不应有的停堆和不安全的连续运行所需的地震数据记录；

（2）为运行人员提供报警信号和可供查看的数据，运行人员能根据这些数据估计地震的烈度，并及时决定采取的应急操作和进一步的运行方式。

KIS 系统还可以提供详细分析所需要用到的数据。

地震仪表系统由加速度传感器、强震记录器、时程响应分析仪、通讯模块、报警箱和供电组件等部分组成，除了传感器外，其他设备均放置在室内的地震仪表系统主机柜内部。

13 台三轴向加速度传感器就地安装在田湾核电厂 5、6 号机组厂房的 13 个监测点，其

中 Y 轴与核电厂建筑北极平行放置，通过信号电缆与机柜内部的 13 台数字强震记录器进行连接。记录器通过网络交换机与机柜内部的时程响应分析仪进行连接和数据传输，进行实时波形显示。田湾核电厂 5 号机共 9 个测点，6 号机共 4 个测点。

具体测点位置如图 1 所示。

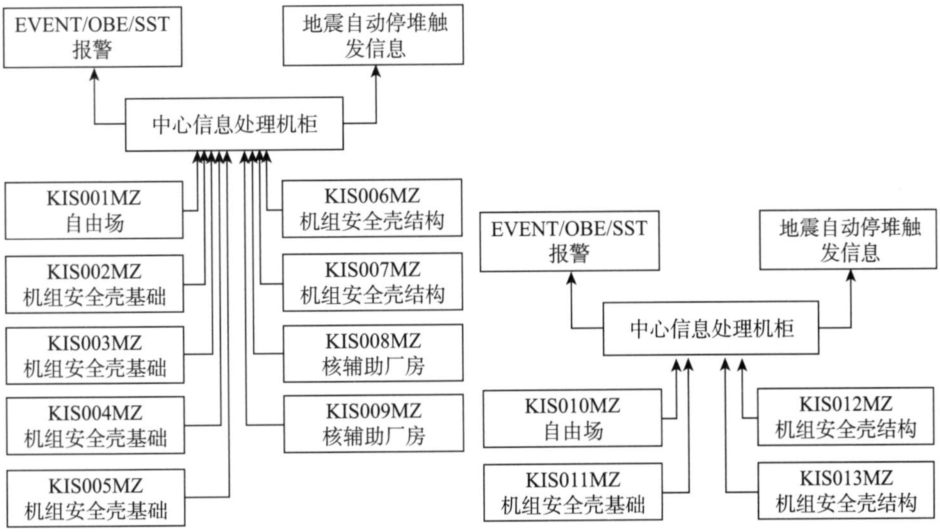

图 1　田湾核电厂地震仪表测点示意图

当系统检测到地震事件报警信号时，系统内部的时程响应分析仪将自动进行 CAV 计算流程。地震仪表系统设置多段信号报警，由操纵员判断是否超过安全限值，判断地震带来的影响。若地震加速度信号高达停堆阈值，将发出地震停堆触发信号。系统也会自动打印反应谱分析报告，用以确认地震反应谱特征。

当安装在自由场（编号 KIS001MZ）、5 号机组的安全壳基础（编号 KIS003MZ）和核辅助厂房基础（编号 KIS009MZ）的这三个传感器中，任意一台传感器的任一轴向（X、Y、Z）检测到的地震加速度值达到 EVENT 触发阈值时，将会触发安装在 5 号机组信息处理机柜系统进行数据记录；当安装在 6 号机组安全壳基础传感器（KIS010MZ）任一轴向（X、Y、Z）检测到的地震加速度值达到 EVENT 触发阈值时，将会触发安装在 6 号机组信息处理机柜系统进行数据记录。

传感器数据记录长度为地震事件前 30 s 数据、地震事件数据和地震事件后 30 s 数据；数据记录完成后，系统软件自动进行反应谱和 CAV 计算分析，并打印计算报告。

地震报警信息直接发送到报警箱，由报警箱触发地震事件报警。满足地震报警触发逻辑条件时，报警箱自动点亮地震事件报警指示灯，并同时向主控室发送地震事件报警信号。

安装在自由场传感器对应的强震记录器记录数据达到 OBE 报警阈值时，报警阈值由系统软件进行计算判别，并将报警信息发送到报警箱进行 OBE 报警显示和报警输出，同时存储地震数据，并通知系统时程响应分析仪并进行 CAV 和反应谱数据分析计算。

当报警箱接收到系统软件发送的 OBE 报警信号时，报警箱自动点亮 OBE 报警指示灯，并向主控室发送 OBE 报警信号。OBE 报警由 5 号机组产生，6 号机组系统无 OBE 报警功能。

设定为停堆脱扣信号通道的传感器对应的强震记录器记录数据达到停堆信号输出阈值（SST）时，发送地震停堆触发信号至主控制室及 DAS，报警信息直接发送到报警箱（无需时程响应分析仪进行数据分析）进行报警显示和报警输出。

共产生三级报警，各报警设置如表 1 所示。

表 1　报警设置相关信息

报警类型	测点	报警阈值	备注
EVENT	1/3/9/10	X：0.01g Y：0.01g Z：0.01g	NA
OBE①	1	$X+Y$：0.095g Z：0.063g	$X+Y$ 为水平方向矢量和
SST	2/3/4/5/10/11/12/13	X：0.09g Y：0.09g Z：0.085g	NA

注：①OBE Operating-Basis Earthquake，操作基准地震，即核电厂可在此级别地震下安全运行。

涉及停堆功能的 8 个探测器位于两个机组安全壳基础的四周。每个机组 4 个三轴向探测器监测，由记录器判断三轴向任意轴向超过阈值将送出自动停堆脱扣信号。

1.2　停堆执行设备

停堆功能主要由反应堆保护系统（RPR）和棒控棒位系统（RGL）等设备执行。

控制棒驱动机构所需的动力电来自于棒控电动发电机组，发出的三相 260 V 交流电经反应堆停堆断路器传递给棒控电源柜，棒控电源柜经过整流生成直流电作用于控制棒驱动机构。停堆断路器由反应堆保护信号控制通断。动力电传输的示意图如图 2。

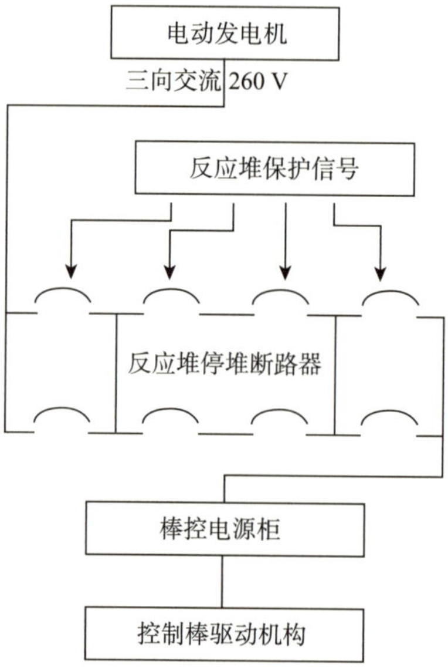

图 2　棒电源传输示意图

RPR 系统是一个逻辑系统，它根据核电厂一些物理参数的变化，对停堆断路器和安全驱动器的逻辑控制，确保反应堆的安全。系统上端连接所有的保护仪表组，包含热工仪表和核仪表组。仪表组监测选定的物理参数，当参数变化达到或超过保护动作整定值时，系统发出保护动作的启动信号。这些信号进过逻辑处理，符合逻辑组合要求时给出保护动作触发信号。保护动作触发信号传送到停堆断路器和安全驱动器，由驱动器完成保护功能。停堆断路器作为紧急停堆系统的驱动器是 RPR 的一部分。处理保护系统软件功能多样性分组外，还设置了多样化保护系统（DAS），解决了安全级系统平台发生软件共模故障有关的问题。DAS 主要功能有触发紧急停堆、汽轮机刹车以及启动安全注入功能等。

RGL 系统是主要的反应堆控制系统之一，其主要功能是根据电网负荷变化相应提、插控制棒来调节堆芯的反应性，从而控制堆芯功率，实现反应堆中反应性的控制。田湾 RGL 包括棒控和棒位两个部分，棒位部分用于显示控制棒在堆芯的实际位置，棒控部分用于控制棒的移动和保持。棒控部分共有 17 台机柜，一台逻辑控制柜和 16 台电源柜，共控制 61 束控制棒。

2 地震自动停堆功能的实现

由图 2 可知在动力电传输过程中的两个节点：反应堆停堆断路器和棒控电源柜，其中的一个设备电路断开，控制棒驱动机构得不到所需电流，控制棒将下落导致停堆。为使驱动机构可靠执行地震停堆指令，核电站设计两种停堆信号传输路径。

2.1 通过棒控电源柜断电紧急停堆

当电厂运行工况达到保护动作整定值时，反应堆保护系统自动动作，停闭反应堆，并在相应的事故工况下驱动专设安全设施，以缓解事故后果。地震发生时，地震仪表系统将地震自动停堆触发信号送往 DAS 系统。以单机组为例，为防止硬接线路故障，停堆信号无法送达，4 个自动停堆信号每个信号分为两路送往 DAS 机柜。

DAS 机柜使用 2 块输入模块采集该 8 路信号，相互独立，减少共模故障。在 DAS 机柜中进行两个退防表决逻辑（输入信号一组 4 个地震自动停堆触发信号输入分配到一个 DI 卡件，另一组 4 个地震自动停堆触发信号输入到另一个 DI 卡件：1、一般情况下有 4 个有效输入时 2/4；1 个无效输入 2/3；2 个无效输入 2/2；3 个无效输入不产生有效输出），达成表决逻辑条件后输出停堆信号。

停堆信号重新一分为四，经一台 IO 转接柜传到棒控逻辑柜。当需要反应堆紧急停堆时，棒控逻辑柜接收停堆信号，并分发给所有棒控电源柜，棒控电源柜软件判断两路或以上停堆信号触发时，软件发出命令关闭整流器，控制棒动力电被切断，控制棒失去驱动机构的夹持，在重力作用下无论是处于静止的或是运动的所有棒束，都将在 3 s 内迅速的掉入堆芯，迫使反应堆处于次临界状态，最终实现停闭反应堆。

但是棒控电源柜设计没有抗震要求，在出现较大地震时，棒控逻辑柜存在接收信号断路或棒控电源柜故障等风险，有可能导致控制棒无法下落或部分下落而无法快速停堆的事件发生。

2.2 通过停堆断路器断开自动停堆

在正常情况下，停堆断路器接收来自反应堆保护系统的自动停堆信号，与来自主控室和远程停堆站的手动紧急停堆信号，触发断路器跳闸。

为保证地震停堆功能整个回路的抗震要求，将DAS系统的地震停堆指令输出路径增加至停堆断路器盘（RTB）。DAS侧增加至RTB的干触点D/O，经过逻辑处理后的两个地震停堆脱扣信号输出分别送至保护组Ⅰ和Ⅲ通道，该两个信号经1E隔离继电器模块后送至停堆断路器RPA100JA及RPA200JA的激励线圈，通过激励线圈打开停堆断路器RPA200JA及RPA100JA，停堆断路器输送的260 V三相交流电被切断，控制棒驱动电源被切断，控制棒驱动机构线圈失电，钩爪打开，控制棒靠重力落入堆芯。

结果同电源柜切断控制棒动力电一样，最终实现停闭反应堆。为防止控制棒自由下落时断路器重新闭合，设置有3 s延时，在这段事件内断路器不可能重新闭合。

增加硬接线控制停堆断路器停堆方式，更可靠实现在强地震条件下自动停堆的功能。同时需增加该输出信号（地震自动停堆脱扣信号）的定期试验，通过主控的测试按键触发测试信号，测试DAS机柜与RTB之间硬接线的连通性。

3 后续改进建议

为使整个地震自动停堆回路可靠性的增强，提出以下两点建议：

1）建议更改接收信号端子排所使用的供电线路冗余，提高棒控逻辑柜接收信号可靠性；

2）考虑到地震仪表系统使用的三轴向加速度仪故障或连接该测量线路的节点松动导致的短时异常信号产生地震停堆信号，建议在在DAS四取二逻辑入口处增加延时，以消除单路信号误触发。

4 结论

田湾核电厂5、6号机组地震自动停堆功能及设备经调试期验证，两种停堆实现方式使核电厂在地震来临时可以可靠地实现反应堆自动停堆，避免出现安全事故，有利于核电厂地震应急的开展。

参考文献

[1] 朱秀云，潘蓉，李建波.考虑SSI效应的核电站厂房楼层反应谱对比分析[J].核技术，2013，36(4)：040610.

[2] 逄俊杰，李建波，钟红.成层地基对核电厂楼层反应谱的影响分析[J].水电能源科学，2010，20(10)：67-69.

[3] 郑华，魏淑虹.核电厂地震自动停堆综述[J].核科学与工程，2015，35(4)：664-674.

[4] 周林兵，吴雄伟，李道忠.核电地震仪表系统的测试分析[J].大地测量与地球动力学，2013，33(Ⅱ)：103-105.

[5] 李冬梅.某核电站安全壳的隔震地震反应分析[D].哈尔滨工程大学，2007.

后　记

本书于2018年下半年开始改进项相关论文的收集准备工作，历经四年时间最终收集了一百多篇改进项相关论文，记录了包括41项重大改进、350项重要技术改进在内的多项技术改进成果，机组改进后的主要安全指标达到或接近三代核电技术标准。本书为持续推动地方经济建设和我国核电事业安全高效发展，为我国节能减排，发展核电清洁能源，调整能源结构等方面具有积极意义；同时为我国核电建设积累了科研设计、建筑安装、工程管理、设备制造、调试运维等宝贵经验，而且为我国核电事业发展培养了核电技术和管理人才，对于推进我国核电事业的自主化持续、安全、稳定发展具有重要意义。

5、6号机组项目凭借工程设计的创新性、安全性、先进性和绿色节能等特点获得“2022年工程建设项目设计水平评价一等成果”。

虽然M310机组已经完成使命，新的机型已经诞生，但由于5、6号机组是在日本福岛核事故之后新开工的核电机组之一，采用了新技术和新方案，满足了当前核电发展的新趋势，因此相关经验有一定的学习和借鉴意义。

本书成书时间仓促，离不开相关领导和相关人员的大力支持和配合。在此对本书成书过程中提供支持和帮助的相关领导和人员表示衷心的感谢！